U0727173

"信息化与工业化两化融合研究与应用"丛书编委会

顾问委员会　　戴汝为　孙优贤　李衍达　吴启迪　郑南宁　王天然
　　　　　　　　　吴宏鑫　席裕庚　郭　雷　周　康　王常力　王飞跃

编委会主任　　吴　澄　孙优贤

编委会副主任　柴天佑　吴宏鑫　席裕庚　王飞跃　王成红

编委会秘书　　张纪峰　卢建刚　姚庆爽

编委会委员（按姓氏笔画排序）

于海斌（中国科学院沈阳自动化研究所）　　张纪峰（中科院数学与系统科学研究院）

王　龙（北京大学）　　　　　　　　　　陈　杰（北京理工大学）

王化祥（天津大学）　　　　　　　　　　陈　虹（吉林大学）

王红卫（华中科技大学）　　　　　　　　范　铠（上海工业自动化仪表研究院）

王耀南（湖南大学）　　　　　　　　　　周东华（清华大学）

卢建刚（浙江大学）　　　　　　　　　　荣　冈（浙江大学）

朱群雄（北京化工大学）　　　　　　　　段广仁（哈尔滨工业大学）

乔　非（同济大学）　　　　　　　　　　俞　立（浙江工业大学）

刘　飞（江南大学）　　　　　　　　　　胥布工（华南理工大学）

刘德荣（中国科学院自动化研究所）　　　桂卫华（中南大学）

关新平（上海交通大学）　　　　　　　　贾　磊（山东大学）

许晓鸣（上海理工大学）　　　　　　　　贾英民（北京航空航天大学）

孙长银（北京科技大学）　　　　　　　　钱　锋（华东理工大学）

孙彦广（冶金自动化研究设计院）　　　　徐　昕（国防科学技术大学）

李少远（上海交通大学）　　　　　　　　唐　涛（北京交通大学）

吴　敏（中南大学）　　　　　　　　　　曹建福（西安交通大学）

邹　云（南京理工大学）　　　　　　　　彭　瑜（上海工业自动化仪表研究院）

张化光（东北大学）　　　　　　　　　　薛安克（杭州电子科技大学）

国家出版基金项目
NATIONAL PUBLICATION FOUNDATION

信息化与工业化两化融合研究与应用

智能自动化促进工业节能、降耗、减排

孙优贤　吴　澄　王天然　编著

科学出版社

北　京

内 容 简 介

有效提升我国工业自动化水平,促进工业企业实现节能、降耗、减排,对于我国走新型工业化道路、建设创新型国家意义重大。中国工程院信息学部于 2011 年启动了重点咨询项目"工业自动化促进节能、降耗、减排"。本书汇集了项目研究报告的主要内容和观点。

本书总结了人类文明的发展历程,从战略高度将自动化技术的发展放在生态文明建设的大背景下分析。本书按石化、化工、钢铁、有色金属、建材、火电六大行业,从信息化和工业化深度融合的角度展开。从各行业的总体发展情况入手,对节能减排的现状、问题、技术瓶颈等进行了全面的总结和梳理,通过典型案例和数据分析,讨论了智能自动化技术的实施情况、应用效果、存在问题及其改进方向,对智能自动化的相关前沿技术进行了展望。

本书可供各级政府部门及企事业单位的各类管理、技术人员学习和参考。

图书在版编目(CIP)数据

智能自动化促进工业节能、降耗、减排/孙优贤,吴澄,王天然编著 .—北京:科学出版社,2015

(信息化与工业化两化融合研究与应用)

ISBN 978-7-03-042022-0

Ⅰ.①智⋯ Ⅱ.①孙⋯ ②吴⋯ ③王⋯ Ⅲ.①自动化-应用-工业企业-节能-研究 Ⅳ.①TK01

中国版本图书馆 CIP 数据核字(2014)第 224238 号

责任编辑:姚庆爽 / 责任校对:郑金红
责任印制:张 倩 / 封面设计:黄华斌

科 学 出 版 社 出版
北京东黄城根北街 16 号
邮政编码:100717
http://www.sciencep.com
新科印刷有限公司 印刷
科学出版社发行 各地新华书店经销

*

2015 年 6 月第 一 版 开本:720×1000 1/16
2015 年 6 月第一次印刷 印张:41
字数:820 000
定价:180.00 元
(如有印装质量问题,我社负责调换)

本书编著者、调研项目负责人

孙优贤　浙江大学教授、中国工程院院士
吴　澄　清华大学教授、中国工程院院士
王天然　中科院沈阳自动化研究所研究员、中国工程院院士

各篇章执笔人

第一篇　工业化、智能自动化与节能、降耗、减排
邵惠鹤　上海交通大学教授
吴　澄　清华大学教授、中国工程院院士

第二篇　重点行业节能、降耗、减排的工业自动化关键应用技术
（第1章　智能自动化促进石化行业节能、降耗、减排）
钱　锋　华东理工大学教授
杜文莉　华东理工大学研究员
钟伟民　华东理工大学研究员
王振雷　华东理工大学研究员
程　辉　华东理工大学副研究员
叶贞成　华东理工大学副研究员
赵　亮　华东理工大学助理研究员
蒋　达　华东理工大学助理研究员
李进龙　华东理工大学助理研究员
杨明磊　华东理工大学博士后
田　洲　华东理工大学博士后
罗　娜　华东理工大学副研究员
梅　华　华东理工大学助理研究员
祁荣宾　华东理工大学副研究员

（第 2 章　智能自动化促进化工行业节能、降耗、减排）

钱　锋　华东理工大学教授

杜文莉　华东理工大学研究员

钟伟民　华东理工大学研究员

孔祥东　华东理工大学博士生

李朝春　华东理工大学博士生

罗　娜　华东理工大学副研究员

程　辉　华东理工大学副研究员

胡贵华　华东理工大学博士后

叶贞成　华东理工大学副研究员

王振雷　华东理工大学研究员

杨明磊　华东理工大学博士后

田　洲　华东理工大学博士后

和望利　华东理工大学副研究员

张良军　浙江中控技术股份有限公司高级工程师

张树吉　浙江中控软件技术有限公司高级工程师

刘文烈　浙江中控软件技术有限公司工程师

（第 3 章　智能自动化促进钢铁行业节能、降耗、减排）

孙彦广　冶金自动化研究设计院副院长、高级工程师

杨春节　浙江大学教授

吴　敏　中南大学教授

徐化岩　冶金自动化研究设计院高级工程师

吕　辛　中国钢铁工业协会高级工程师

（第 4 章　智能自动化促进有色金属行业节能、降耗、减排）

桂卫华　中南大学教授、中国工程院院士

阳春华　中南大学教授

王雅琳　中南大学教授

陈晓方　中南大学副教授

谢永芳　中南大学教授

李勇刚　中南大学教授

贺建军　中南大学教授

蒋朝辉　中南大学副教授
王晓丽　中南大学副教授
胡长平　有色金属协会重金属部部长

（第 5 章　智能自动化促进建材行业节能、降耗、减排）
刘　民　清华大学教授
郝井华　清华大学自动化系博士
董明宇　清华大学自动化系博士
刘　涛　清华大学自动化系硕士
张君海　清华大学自动化系博士研究生
林建华　清华大学自动化系博士研究生

（第 6 章　智能自动化促进火电行业节能、降耗、减排）
邵之江　浙江大学教授
冯晓露　浙江大学副教授
赵　均　浙江大学副教授
徐祖华　浙江大学副教授
赵伟杰　浙江大学兼职研究员
王可心　浙江大学助理研究员
朱豫才　浙江大学教授
孙长生　国网浙江省电力公司电力科学研究院高级工程师
尹　峰　国网浙江省电力公司电力科学研究院高级工程师
陈世和　广东电网公司电力科学研究院高级工程师
罗　嘉　广东电网公司电力科学研究院高级工程师

"信息化与工业化两化融合研究与应用"丛书序

　　传统的工业化道路,在发展生产力的同时付出了过量消耗资源的代价:产业革命 200 多年以来,占全球人口不到 15% 的英国、德国、美国等 40 多个国家相继完成了工业化,在此进程中消耗了全球已探明能源的 70% 和其他矿产资源的 60%。

　　发达国家是在完成工业化以后实行信息化的,而我国则是在工业化过程中就出现了信息化问题。回顾我国工业化和信息化的发展历程,从中国共产党的十五大提出"改造和提高传统产业,发展新兴产业和高技术产业,推进国民经济信息化",到党的十六大提出"以信息化带动工业化,以工业化促进信息化",再到党的十七大明确提出"坚持走中国特色新型工业化道路,大力推进信息化与工业化融合",充分体现了我国对信息化与工业化关系的认识在不断深化。

　　工业信息化是"两化融合"的主要内容,它主要包括生产设备、过程、装置、企业的信息化,产品的信息化和产品设计、制造、管理、销售等过程的信息化。其目的是建立起资源节约型产业技术和生产体系,大幅度降低资源消耗;在保持经济高速增长和社会发展过程中,有效地解决发展与生态环境之间的矛盾,积极发展循环经济。这对我国科学技术的发展提出了十分迫切的战略需求,特别是对控制科学与工程学科提出了十分急需的殷切期望。

　　"两化融合"将是今后一个历史时期里,实现经济发展方式转变和产业结构优化升级的必由之路,也是中国特色新型工业化道路的一个基本特征。为此,中国自动化学会与科学出版社共同策划出版"信息化与工业化两化融合研究与应用"丛书,旨在展示两化融合领域的最新研究成果,促进多学科多领域的交叉融合,推动国际间的学术交流与合作,提升控制科学与工程学科的学术水平。丛书内容既可以是新的研究方向,也可以是至今仍然活跃的传统方向;既注意横向的共性技术的应用研究,又注意纵向的行业技术的应用研究;既重视"两化融合"的软件技术,也关注相关的硬件技术;特别强调那些有助于将科学技术转化为生产力以及对国民经济建设有重大作用和应用前景的著作。

我们相信,有广大专家、学者的积极参与和大力支持,以及丛书编委会的共同努力,本丛书将为繁荣我国"两化融合"的科学技术事业、增强自主创新能力、建设创新型国家做出应有的贡献。

最后,衷心感谢所有关心本丛书并为其出版提供帮助的专家,感谢科学出版社及有关学术机构的大力支持和资助,感谢广大读者对本丛书的厚爱。

中国工程院院士

2010 年 11 月

引　言

节能、降耗、减排是我国实现可持续发展的必然选择,也是推进新型工业化的关键环节。先进的工业自动化技术是实现节能、降耗、减排的最有效手段之一。特别是对现有的生产过程,先进测量技术、先进控制技术、优化运行技术等的应用,可以有效地节省能耗、降低物耗、减少排放、提高质量,极大地提高企业综合经济效益及核心竞争力,提高企业在全球化经济形势变革中的应变能力。同时,自动化技术在实现节能、降耗、减排的过程中,还将极大地促进装备工业、流程工业、仪器仪表工业等领域工程技术加快发展。可以说,有效提升我国工业自动化水平,促进工业企业实现节能、降耗、减排,对于我国走新型工业化道路、建设创新型国家意义重大。在这一背景下,中国工程院信息学部于 2011 年启动了重点咨询项目"工业自动化促进节能、降耗、减排",项目负责人是孙优贤、吴澄、王天然。

智能自动化是自动化发展的高级层次。调研组以原始化、农业化、工业化、信息化的人类文明发展历程为线索,从原始文明、农业文明、工业文明和生态文明来阐述工业化、智能自动化与节能、降耗、减排的关系。

原始时代人类是靠"采集食物、捕猎动物"为生;农业文明是以农业经济为主体的文明形态,获得的物品绝大部分用于满足自给自足,少量用于交换,其共同特点是技术落后、消费低,但与自然和谐共处。工业化是以科技为动力,以工业为中心,以机器生产为主要标志,并由此引起经济制度、政治制度、生活方式乃至思维方式全方位的深刻社会变革的过程。工业化与工业文明的特点是高效率、高投入、高产出、高能耗和高污染。工业化促使社会发生巨大进步,带来工业文明,但也付出了巨大的代价。在整个 20 世纪,人类消耗了约 1420 亿吨石油、2650 亿吨煤、380 亿吨铁、7.6 亿吨铝、4.8 亿吨铜。占世界人口 15% 的工业发达国家,消费了世界56% 的石油、60% 以上的天然气和 50% 以上的矿产资源,带来资源的高消耗和环境的高污染。

生态文明是工业文明发展到一定阶段的产物,是超越工业文明的新型文明境界,是在对工业文明带来严重生态安全进行深刻反思的基础上逐步形成并正在积极推动的一种文明形态,其特征是低消耗、低污染、整体协调、循环再生、健康持续。生态文明是人类社会文明的高级形态,是人与自然和谐的社会形态。

随着信息化包括数字化、网络化、智能化的迅速发展,当今世界正兴起一场现代科技革命或称新的工业革命,它必将促进生态文明。人类文明由此开始了以计算机为工具,以数字化为基础,以自动化、网络化、信息化、智能化为核心技术,以低消耗、低污染、整体协调、循环再生、健康持续发展为目标和内容的"信息化与生态文明"的进程。

智能自动化是数字化、网络化、智能化和自动化的充分融合,是自动化发展的高级层次。在工业领域,智能自动化是信息化(数字化、网络化、智能化)与工业化深度融合,是工业生产"节能、降耗、减排"的重要手段和桥梁。智能自动化技术在对现有装置、工艺不进行大改动的前提下,通过设备(装置)、流程(工艺)、控制(自动化系统)的紧密结合,以低投入、高产出实现节能、降耗、减排,是工业过程达到最佳运行效果不可或缺的关键支撑技术。对于目前大量现有的工业装置而言具有非常重要的现实意义。

本书汇集了项目调研组的主要观点和调研报告的主要内容。总结了人类文明的发展历程,从战略高度将自动化技术的发展放在生态文明建设的大背景下分析。本书按石化、化工、钢铁、有色金属、建材、火电六大行业,从工业化和信息化深度融合的角度展开。从各行业的总体发展情况入手,对节能减排的现状、问题、技术瓶颈等进行了全面的总结和梳理,通过典型案例和数据分析,讨论了智能自动化技术的实施情况、应用效果、存在问题及其改进方向,对智能自动化的相关前沿技术进行了展望。

1. 智能自动化促进石化行业节能、降耗、减排

我国石油和化学工业总产值占全国规模工业总产值的 12%,能源消耗量占全国能源消耗总量的 15%,是节能、降耗、减排的重点行业。随着石油化工生产过程日趋大型化、集中化和连续化,对生产过程的优质、高产、低耗、环境保护及技术经济等方面有了更高的要求,特别是当今全球能源紧缺,如何实现过程生产的最优化,最大限度提高生产率、节能降耗减排是未来急需解决的问题。我国石油化工行业近年虽然在装置设备、运行技术等方面得到了很大的提升,但和国际先进水平相比仍有较大差距。目前国际上大型石化企业为提高竞争力,把联合装置及集成设计、新型装备设计、新型节能和环保技术、资源和能源综合利用技术等作为发展战略的研究重点。调研报告选取石油化工行业代表性工业——炼油、乙烯、芳烃以及精对苯二甲酸生产过程,对其在节能、降耗、减排方面进行了国内外现状分析和自动化技术的应用情况介绍,并结合典型的工业应用案例阐述了自动化技术促进石油化工行业节能、减排、降耗的应用效果和前沿技术。我国现有的大中型石化装置基本都配套了集散控制系统(DCS)和紧急停车系统(ESD);先进控制技术已成为保障化工装置平稳运行的重要手段;实时优化技术也逐步受到企业重视,进入加速发展期。但石化行业智能自动化技术的发展仍面临诸多问题和挑战,过程动态模拟、网络环境下工业控制系统的安全防范技术、先进控制和优化调度一体化方面的研究还有待进一步加强。

2. 智能自动化促进化工行业节能、降耗、减排

化学工业在我国经济发展中具有举足轻重的地位,但其在自身发展过程中也消耗了大量资源与能源,产生了大量的污染排放物。从化工行业战略发展方向看,当前全球化学工业的发展趋势为:高新技术进步推动全球化学工业趋于大型化、基地化和一体化,产业集中度进一步提高;化工产品向多样化、高附加价值及高性能化方向发展;生产过程向清洁化方向发展;应用信息技术,加快化工传统产业升级。调研报告选取化工行业几类量大面广、具有代表性的重点领域——煤化工、合成氨、尿素、制碱、氯乙烯行业,介绍了其在节能、降耗、减排方面的国内外现状和自动化技术的应用情况,并结合典型的工业应用案例阐述了自动化技术促进化工行业节能、减排、降耗的应用效果。我国化工行业尤其是煤化工和制碱行业的部分装置规模较小、自动化技术运行水平不高,部分控制设备陈旧,而新型工艺技术正处于示范推广阶段,在融合国产装备、国产检测仪表、国产 DCS 以及先进控制和优化运行软件方面的工作有待加强。化工行业智能自动化的前沿技术包括先进的过程模拟技术、智能控制和预测性诊断技术、资源的优化调度和能源的梯级利用技术、企业生产计划优化等。

3. 智能自动化促进钢铁行业节能、降耗、减排

报告调研了钢铁工业智能自动化的现状。钢铁企业在工艺装备过程控制、流程优化、企业管理和节能减排等方面的信息化水平大幅提升,并加速向集成应用转变。基础自动化在全行业普及应用,重点统计钢铁企业已全面实施生产制造执行系统,主要钢铁企业实现了企业管理信息化,逐步形成了过程控制优化、生产管理控制和企业信息化多层次、多角度的整体解决方案。

报告总结了钢铁工业各流程智能自动化技术促进节能、降耗、减排的八项成功案例,包括大型焦炉炼焦生产过程智能优化控制系统、$550\mathrm{m}^2$ 烧结机智能闭环控制系统、操作平台型高炉专家系统、高炉煤气余压能源回收装置优化控制系统、冶金电炉智能控制系统、连续铸钢过程模型和优化控制系统、1880mm 热轧关键工艺控制及模型技术、冷轧板形多目标协调优化控制系统等。

报告调研分析了钢铁行业智能自动化技术需求与前沿技术,包括冶金流程在线连续检测和监控系统、冶金过程关键变量的高性能闭环控制、计算机流程模拟、智能制造执行系统、能源管理和优化系统、实时优化管理、知识管理和商业智能、网络安全等。

4. 智能自动化促进有色金属行业节能、降耗、减排

自 2002 年以来,我国有色金属产量和消耗量居世界第一且持续增长。尽管我

国有色金属工业发展迅速,但由于存在能耗高、资源利用率低、污染严重等问题,其发展受到严重制约。

为解决资源、能源与环保的问题,我国有色金属工业正朝着现代冶金和绿色冶炼方向发展,同时对自动化技术提出了更高要求。为实现有色冶金自动化技术的突破,国内外学者在工艺参数分析与检测、过程建模以及过程优化与控制等方面开展了大量研究工作,取得了一些成果。我国一些大型有色金属生产企业通过实施智能自动化技术,在节能、降耗、减排方面取得了显著成效。调研报告分别从选矿、铅锌冶炼、铜冶炼、镍冶炼、氧化铝生产、电解铝生产、氧化镁生产、稀土萃取分离以及铝加工装备等有色金属工业过程中选取了典型案例进行分析总结,给出了针对具体工业对象所采取的智能自动化关键技术(包括智能检测、建模、优化与控制技术等)、开发的系统以及实施后的节能、降耗、减排效果;最后,报告中指出了有色金属工业自动化前沿技术,包括恶劣环境下的工艺指标在线分析与检测技术、现代有色冶金体系反应器建模与全信息流程模拟技术、现代有色冶金绿色生产的综合优化控制技术、有色冶金过程污染物防治的自动化关键技术等。

5. 智能自动化促进建材行业节能、降耗、减排

我国建材行业近年来在产业规模、全行业结构调整、工艺装备水平、节能减排等方面均取得了突出成就,但目前仍存在着经济增长方式和产业结构不合理、行业大而不强、整体技术创新能力不足等突出问题,制约了我国建材行业进一步快速健康发展。随着国家节能降耗减排政策力度的不断加大及建材行业经济形势的日趋严峻,我国建材行业节能降耗减排的迫切性日益突出,也面临着很大挑战。智能自动化技术是我国建材行业实现节能降耗减排的关键支撑技术,近年来已在国内外水泥、平板玻璃、建筑卫生陶瓷等建材行业得到应用,取得了较好的节能降耗减排效果。但与先进国家相比,面向建材行业、具有我国自主知识产权的先进适用的智能自动化技术还十分缺乏,智能自动化技术在我国建材行业中的应用总体上仍处于单元技术局部应用阶段,且成功应用案例还较少,在我国建材行业中的推广应用还面临着瓶颈。为进一步推动我国建材行业节能降耗减排工作,需要进一步引导建材企业提高对智能自动化技术在本行业节能降耗减排中的重要性的认识,国家和社会应加大对面向建材行业的先进适用的智能自动化技术的研发和技改投入,通过产学研用紧密合作和协同创新,不断提升我国在上述技术领域的研究和应用水平,为我国建材行业进一步实现节能降耗减排和转型升级,提高行业整体经济效益和综合竞争力提供技术支撑。

6. 智能自动化促进火电行业节能、降耗、减排

经济社会发展引发的对能源的大规模需求有增无减,以煤电为主的能源结构

短期内无法改变；火电企业平均煤耗仍有较大下降空间；环境、生态与气候问题严峻，氮氧化物、微颗粒物减排任务艰巨，《火电厂大气污染物排放标准》已全面执行。

　　报告回顾总结了我国电力工业的总体发展情况，对节能减排的现状和问题进行了梳理。重点针对火电行业不同机组、不同类别设备的能耗和各种污染排放情况进行了统计与分析，对锅炉、汽轮机、电气、自动化系统的节能措施和脱硫脱硝等减排措施进行了细致的技术分析；回顾了火电行业自动化技术的发展和现状，对火电机组集散控制系统的应用和国产化、常规控制系统的运行情况和当前普遍存在的瓶颈问题进行了深入的剖析；重点讨论了国内外火电行业优化控制软件的研发和节能降耗减排的应用情况，以中石化上海石化热电部热电机组、神华国华电力大型火电机组为例，讨论了优化控制软件的实施情况、应用效果、存在问题及其改进方向。调研报告对智能自动化技术促进火电行业节能、降耗、减排的前沿技术进行了展望。报告中指出，新一代智能自动化技术将以优化、适应为特征，以节能、降耗、减排、高效为目标，实现火电机组全范围、全工况、全自动的闭环运行。面向节能、降耗、减排控制的新型检测技术、超超临界机组的高端控制、适合我国燃煤发电的高效低排放优化控制技术、电网和电厂的协调节能优化技术，以及提高机组自动化与运行可靠性的程控与诊断技术将是其中的重点。通过精细实施、可靠运行、长效维护，研发自主知识产权的智能自动化技术，将为火电行业的技术进步提供强有力的技术保障。

　　在项目调研和研究报告撰写过程中，调研组参考了大量国内外同行专家的研究和应用成果，得到了各级政府部门、各重点行业主管部门和企业的大力支持。在此谨致以衷心感谢！

目　　录

"信息化与工业化两化融合研究与应用"丛书序

引言

第一篇　工业化、智能自动化与节能、降耗、减排

第1章　人类社会文明的发展进程与工业化、智能自动化 ┄┄┄┄┄ 3

1.1　原始化与原始文明 ┄┄┄┄┄┄┄ 3

1.2　农业化与农业文明 ┄┄┄┄┄┄┄ 4

1.3　工业化与工业文明 ┄┄┄┄┄┄┄ 5

1.4　信息化与生态文明 ┄┄┄┄┄┄┄ 7

　　1.4.1　信息化发展和未来经济模式的几种提法 ┄┄┄┄┄ 7

　　1.4.2　信息化核心技术发展的新趋势 ┄┄┄┄┄┄┄ 9

　　1.4.3　可能引发的经济和社会的重大变革 ┄┄┄┄┄ 19

第2章　工业化进程中孕育和促进智能自动化的发展 ┄┄┄┄┄ 22

2.1　智能自动化是自动化发展的高级层次 ┄┄┄┄┄ 22

2.2　国内外智能自动化技术的发展历程 ┄┄┄┄┄ 23

　　2.2.1　离散工业智能自动化的发展 ┄┄┄┄┄ 23

　　2.2.2　流程工业智能自动化的发展 ┄┄┄┄┄ 35

2.3　智能自动化在工业化进程中的重大作用 ┄┄┄┄┄ 39

第3章　工业化的高度发展引发能源、资源、环境的严重问题及对策 ┄┄ 41

3.1　当前资源、环境因素与经济社会发展面临的严重问题 ┄┄┄┄┄ 41

　　3.1.1　工业化的高度发展引发的严重问题 ┄┄┄┄┄ 41

　　3.1.2　以传统增长模式为核心的经济发展体系的生态缺陷 ┄┄┄ 41

3.2　我国资源、环境与经济社会发展关系走过的历程 ┄┄┄┄┄ 42

3.3　人类经济社会与自然生态环境系统的和谐相容、统一共处 ┄┄┄ 43

3.4　我国能源、资源、环境因素与低碳经济发展的关联与比较 ┄┄┄┄ 44

　　3.4.1　经济与社会发展水平比较 ┄┄┄┄┄ 44

　　3.4.2　能源结构与能源经济效率比较 ┄┄┄┄┄ 45

3.5　改善能源、资源、环境严重问题的对策——建设生态文明 ┄┄┄┄ 46

　　3.5.1　建设生态文明 ┄┄┄┄┄ 46

　　3.5.2　大力发展循环经济和清洁生产 ┄┄┄┄┄ 47

　　3.5.3　对工业产品进行全生命周期分析和管理 ……………………… 50
　　3.5.4　建立生态工业园区,实现产业间生态链接 ………………… 51
　　3.5.5　大力发展智能自动化技术,推进工业过程节能降耗减排 … 53
第4章　我国工业节能降耗减排的现状、迫切需求和严峻形势 ………… 55
　4.1　我国工业节能降耗减排的现状 ……………………………… 55
　　4.1.1　我国能源总量 …………………………………………… 55
　　4.1.2　我国是世界上第一大能源生产和消费国 ………………… 55
　　4.1.3　我国能源利用效率较低 ………………………………… 56
　　4.1.4　我国的能源结构分布 …………………………………… 57
　　4.1.5　我国工业节能降耗减排的发展现状 …………………… 59
　4.2　"十一五"以来我国节能减排的回顾 ……………………… 65
　　4.2.1　节能减排取得显著成效 ………………………………… 65
　　4.2.2　淘汰落后产能成效显著 ………………………………… 66
　　4.2.3　十大重点节能工程取得积极进展 ……………………… 67
　　4.2.4　节能服务产业快速发展 ………………………………… 68
　　4.2.5　"节能产品惠民工程"取得明显成效 …………………… 68
　4.3　"十二五"期间我国节能、降耗、减排的严峻形势和迫切需求 … 69
　　4.3.1　节能、降耗、减排的主要目标与基本思路 ……………… 69
　　4.3.2　我国节能、降耗、减排的严峻形势 ……………………… 70
　　4.3.3　节能、降耗、减排的压力及难度 ………………………… 71
第5章　智能自动化与工业节能、降耗、减排 …………………………… 72
　5.1　智能自动化技术在工业企业的节能、降耗、减排中的重要作用 … 72
　5.2　促进节能、降耗和减排的智能自动化关键共性技术 ……… 76
　　5.2.1　先进检测技术与装置 …………………………………… 76
　　5.2.2　专用控制装置 …………………………………………… 76
　　5.2.3　先进控制与优化技术 …………………………………… 76
　　5.2.4　生产执行系统 …………………………………………… 78
　　5.2.5　全流程能量管理系统 …………………………………… 78
　5.3　智能自动化促进工业节能、降耗、减排的一些解决方案 … 78
　　5.3.1　流程工业的智能自动化与节能、降耗、减排 …………… 78
　　5.3.2　智能自动化促进石化行业节能、降耗、减排的解决方案 … 81
　　5.3.3　智能自动化促进化工行业节能、降耗、减排的解决方案 … 84
　　5.3.4　智能自动化促进钢铁行业节能、降耗、减排的解决方案 … 87
　　5.3.5　智能自动化促进有色金属行业节能、降耗、减排的解决方案 … 94
　　5.3.6　智能自动化促进建材行业节能、降耗、减排的解决方案 … 101

　5.3.7　智能自动化促进火电行业节能、降耗、减排的解决方案 ············· 105
　5.3.8　智能自动化促进生物制药行业节能、降耗、减排的解决方案·········· 107
　5.3.9　智能自动化促进印染行业节能、降耗、减排的解决方案 ············· 112
　5.3.10　智能自动化促进造纸行业节能、降耗、减排的解决方案 ··········· 119
参考文献·· 127

第二篇　重点行业节能、降耗、减排的工业自动化关键应用技术

第1章　智能自动化促进石化行业节能、降耗、减排············· 131
1.1　石化行业节能、降耗、减排的发展现状 ····························· 131
　1.1.1　炼油行业节能、降耗、减排现状分析 ························· 134
　1.1.2　乙烯行业节能、降耗、减排现状分析 ························· 140
　1.1.3　芳烃行业节能、降耗、减排现状分析 ························· 145
　1.1.4　PTA行业节能、降耗、减排现状分析 ························· 147
1.2　国内石化行业自动化技术应用情况 ································· 150
　1.2.1　先进控制 ·· 150
　1.2.2　运行优化 ·· 151
　1.2.3　调度与决策 ·· 151
　1.2.4　信息集成 ·· 152
1.3　智能自动化技术在石化行业的应用案例 ························· 152
　1.3.1　炼油行业先进控制与运行优化技术 ························· 152
　1.3.2　芳烃行业流程模拟与运行优化技术 ························· 160
　1.3.3　乙烯行业先进控制与运行优化技术 ························· 165
　1.3.4　PTA行业流程模拟与优化控制技术 ························· 177
1.4　石化行业智能自动化技术发展瓶颈 ······························· 187
1.5　石化行业智能自动化前沿技术 ····································· 188
参考文献·· 189

第2章　智能自动化促进化工行业节能、降耗、减排············· 192
2.1　引言 ··· 192
2.2　化工行业节能、降耗、减排的发展现状 ··························· 193
　2.2.1　煤化工行业节能、降耗、减排现状分析 ····················· 193
　2.2.2　合成氨行业节能、降耗、减排现状分析 ····················· 195
　2.2.3　尿素行业节能、降耗、减排现状分析 ······················· 197
　2.2.4　制碱行业节能、降耗、减排现状分析 ······················· 199
　2.2.5　氯乙烯行业节能、降耗、减排现状分析 ····················· 203
2.3　国内化工行业自动化技术的应用情况 ····························· 209

2.3.1 仪表检测与 DCS 应用 ·· 209

2.3.2 过程建模 ·· 214

2.3.3 先进控制 ·· 216

2.3.4 运行优化 ·· 218

2.3.5 智能控制 ·· 219

2.3.6 信息集成 ·· 220

2.4 智能自动化技术在化工行业的典型应用案例 ·············· 220

2.4.1 煤化工行业应用案例 ·· 220

2.4.2 合成氨行业应用案例 ·· 226

2.4.3 国产自动化成套控制系统在大型尿素装置中的应用案例 ·············· 231

2.4.4 先进控制技术提升制碱行业水平的应用案例 ·············· 237

2.4.5 模拟与优化控制技术在氯乙烯行业中的应用案例 ·············· 239

2.5 化工行业节能降耗减排的瓶颈问题及其智能自动化前沿技术 ······ 244

2.5.1 煤化工行业瓶颈问题与前沿技术 ·············· 244

2.5.2 合成氨行业瓶颈问题与前沿技术 ·············· 245

2.5.3 尿素行业瓶颈问题与前沿技术 ·············· 246

2.5.4 制碱行业瓶颈问题与前沿技术 ·············· 246

2.5.5 氯乙烯行业瓶颈问题与前沿技术 ·············· 247

参考文献·· 248

第3章　智能自动化促进钢铁行业节能、降耗、减排·············· 251

3.1 钢铁行业节能、降耗、减排的重要性 ·············· 251

3.1.1 钢铁行业面临的挑战 ·············· 251

3.1.2 解决节能、降耗、减排问题的迫切性 ·············· 253

3.1.3 国内外同类装置物耗、能耗、排放水平的比较 ·············· 253

3.2 智能自动化与钢铁行业物耗、能耗、排放 ·············· 256

3.3 钢铁行业自动化技术应用现状 ·············· 257

3.3.1 过程控制和优化 ·············· 257

3.3.2 生产管理控制 ·············· 260

3.3.3 企业级信息化 ·············· 261

3.4 智能自动化技术促进节能、降耗、减排的成功案例 ·············· 261

3.4.1 大型焦炉炼焦生产过程智能优化控制系统·············· 261

3.4.2 550m² 烧结机智能闭环控制系统 ·············· 270

3.4.3 操作平台型高炉专家系统 ·············· 283

3.4.4 高炉煤气余压能源回收装置优化控制系统 ·············· 295

3.4.5 冶金电炉智能控制系统 ·············· 299

　　　3.4.6 连续铸钢过程模型和优化控制系统 ·············· 304
　　　3.4.7 1880mm热轧关键工艺控制及模型技术 ·········· 311
　　　3.4.8 冷轧板形多目标协调优化控制系统 ·············· 326
　　3.5 钢铁行业智能自动化技术需求与前沿技术分析 ········· 333
　　　3.5.1 技术需求 ·· 333
　　　3.5.2 前沿技术分析 ····································· 334
　　参考文献 ··· 335
第4章　智能自动化促进有色金属行业节能、降耗、减排 ········ 340
　　4.1 有色金属行业节能、降耗、减排的重要性 ············· 340
　　　4.1.1 我国有色金属工业的战略地位及发展趋势 ········ 340
　　　4.1.2 我国有色金属工业发展受到的严重制约 ·········· 341
　　　4.1.3 我国有色金属工业发展的转折点和分水岭 ········ 342
　　　4.1.4 有色金属行业的可持续发展对工业自动化提出的新要求 ··· 343
　　4.2 有色冶金过程高能耗、高污染和高排放的原因分析 ····· 343
　　4.3 国内外技术现状 ······································· 345
　　　4.3.1 过程建模技术 ····································· 345
　　　4.3.2 在线检测技术 ····································· 346
　　　4.3.3 过程优化控制技术 ································· 347
　　　4.3.4 铜材和铝材的加工自动化技术 ·················· 348
　　4.4 智能自动化促进有色冶金节能、降耗、减排案例分析 ··· 356
　　　4.4.1 选矿自动化 ······································· 356
　　　4.4.2 铅锌冶炼生产过程智能优化控制 ················ 366
　　　4.4.3 铜冶炼生产全流程综合自动化关键技术及应用 ···· 378
　　　4.4.4 镍冶炼过程自动化 ································· 395
　　　4.4.5 氧化铝生产过程优化控制 ······················ 400
　　　4.4.6 铝电解低电压高效节能控制技术 ················ 423
　　　4.4.7 大型高强度铝合金构件制备重大装备智能控制技术 ··· 430
　　　4.4.8 氧化镁生产智能自动化 ·························· 442
　　　4.4.9 稀土萃取分离过程自动化 ······················ 449
　　4.5 前沿技术和展望 ······································· 455
　　　4.5.1 恶劣环境下的工艺指标在线分析与检测技术 ······ 455
　　　4.5.2 现代有色冶金体系反应器建模与全信息流程模拟技术 ·· 456
　　　4.5.3 现代有色冶金绿色生产的综合优化控制技术 ······ 457
　　　4.5.4 有色冶金过程污染物防治的自动化关键技术 ······ 458
　　参考文献 ··· 458

第5章　智能自动化促进建材行业节能、降耗、减排 ……………………………… 465

5.1　建材行业近年来取得的成就 …………………………… 465

5.2　建材行业节能降耗减排的迫切性及面临的挑战 ………… 467

　5.2.1　建材行业节能降耗减排的迫切性 …………………… 467

　5.2.2　建材行业节能降耗减排面临的挑战 ………………… 470

5.3　智能自动化技术在建材行业节能降耗减排中的应用概述 … 472

　5.3.1　智能自动化技术在水泥行业中的应用概况 ………… 473

　5.3.2　智能自动化技术在平板玻璃行业中的应用概况 …… 478

　5.3.3　智能自动化技术在建筑卫生陶瓷行业中的应用概况 … 481

5.4　智能自动化技术在建材行业的应用案例 ……………… 481

　5.4.1　智能自动化技术在水泥行业中的应用案例 ………… 481

　5.4.2　智能自动化技术在平板玻璃生产过程中的应用案例 … 499

　5.4.3　智能自动化技术在陶瓷行业中的应用案例 ………… 509

5.5　智能自动化技术在我国建材行业应用推广面临的瓶颈和解决
　　对策 …………………………………………………… 512

5.6　面向建材行业节能降耗减排的智能自动化技术未来发展趋势 … 515

　5.6.1　面向建材行业极端生产环境下新型检测技术和装置 … 515

　5.6.2　面向建材生产全流程的智能控制与操作优化技术和系统 … 515

　5.6.3　面向建材生产全流程的智能综合模拟技术 ………… 516

参考文献 ……………………………………………………… 516

第6章　智能自动化促进火电行业节能、降耗、减排 …………………………… 519

6.1　引言 …………………………………………………… 519

6.2　我国发电工业节能降耗减排的发展现状 ……………… 523

　6.2.1　电力工业发展回顾和节能减排情况分析 …………… 524

　6.2.2　火电行业的能耗和污染排放统计与分析 …………… 529

　6.2.3　火电行业节能降耗减排的潜力分析与措施 ………… 535

6.3　火电行业自动化技术的发展及其现状 ………………… 545

　6.3.1　火电行业自动化系统的概述和组成 ………………… 545

　6.3.2　火电行业的 DCS 应用情况 ………………………… 546

　6.3.3　常规控制调节系统运行现状分析 …………………… 553

　6.3.4　国内外控制系统节能降耗优化应用现状分析 ……… 560

6.4　节能、减排与降耗智能自动化技术的典型案例分析 …… 575

　6.4.1　先进控制在中石化上海石化热电部的应用 ………… 575

　6.4.2　优化控制技术在神华国华电力的应用 …………… 584

6.5　智能自动化技术促进火电行业节能、降耗、减排的前沿技术 …… 594

6.5.1　过程参数在线测量与检测新技术 ·················· 594

6.5.2　超超临界机组的高端控制 ······················· 601

6.5.3　适合我国燃煤发电的高效低排放优化控制技术 ·········· 606

6.5.4　电网和电厂的协调节能优化 ······················ 613

6.5.5　提高机组运行可靠性的程控与诊断技术 ·············· 615

参考文献 ·· 616

索引 ··· 620

第一篇

工业化、智能自动化与节能、降耗、减排

第1章　人类社会文明的发展进程与
工业化、智能自动化

本章结合人类社会文明和工业化的发展历程,提出为什么要节能、降耗、减排及当前存在的问题,总结成功的经验和失败的教训,并进一步阐述智能自动化促进和推动节能、降耗、减排的技术和重大意义。

人类文明发展的历程可以用"四化"即原始化、农业化、工业化、信息化来概括[1],文明的进程也可表述为原始文明、农业文明、工业文明和生态文明。

1.1　原始化与原始文明

原始社会是人类社会发展的第一阶段。

原始社会以亲族关系为基础,以母系社会为前提,人口很少,经济生活采取平均主义分配办法。对社会的控制则靠传统和家长来维系,而无政府权力。在典型的原始社会里,没有专职的领袖。年龄与性别相同的人具有同等社会地位。如有争执就按照传统准则进行调停,人们普遍遵守这些准则。世界各地都有原始社会,形式多样。有些以狩猎和采集经济为主,有些则以渔业为主,或者以简单的自然农业为主,部落组织是某些原始社会的特征。

在采集狩猎时代,依靠大自然的施舍,以捕捉小动物、采集食物为主,人们90%的生活必备品是来源于采摘和狩猎者,那时人类还没有学会驯化动物。所以,采集狩猎时期社会的能源主要是人力,同时以计数系统来管理那些采集狩猎到的物品。[1]

原始社会分为几个阶段。

1) 旧石器时代

旧石器时代大约为距今 250 万～1 万年。旧石器时代的人类经济活动,主要是通过采摘果实、狩猎或捕捞获取食物。当时人们群居在山洞里或部分地群居在树上,以一些植物的果实、坚果和根茎为食物,同时集体捕猎野兽、捕捞河湖中的鱼蚌来维持生活。

2) 中石器时代

中石器时代为距今 1.5 万～8000 年,是以片石器和细石器为工具。中石器时代是旧石器时代和新石器时代之间的人类物质文化发展的过渡性阶段,是直接取之于自然界的攫取性经济高涨,并孕育向生产性经济转化的时期。这一时期细石器被大量使用。广泛使用弓箭,在一些地方还发现了独木舟和木桨[2]。

　　3) 新石器时代

　　新石器时代始于距今约 8000 年前,是以凿磨后制成的石器为主要工具,如石斧、石凿和石铲等,是人类原始(母系)氏族的繁荣时期。除个人常用的工具外,所有的财产归集体公有。有威望的年长妇女担任首领,氏族的最高权力机关是氏族议事会,参加者是全体的成年男女,享有平等的表决权。每个氏族都有自己的名称、共同信仰和领地。当氏族内部的成员受到外人伤害,全族会为他复仇。在新石器时代,产生了农业和畜牧业,磨光石器流行,并发明了陶器。

　　总之,原始社会的人类生产力水平很低,生产资料都是公有制的。随着生产力水平的提高,出现产品的剩余之后,就出现了贫富分化和私有制,原先的共同分配和共同劳动的关系被破坏,而被剥削与被剥削的关系所代替。

　　原始时代人类是靠"采集食物、捕猎动物"为生,其特点是技术落后、消费低但与自然和谐共处。

1.2　农业化与农业文明

　　从旧石器的原始时代到随后的农业革命是一个漫长的历史过程(公元前 8000 年至前 1500 年),人类由靠"采集食物、捕猎动物"为生走向以"栽培植物、畜养动物"为生,人类文明开始了"农业化"(农业文明)的进程。随着科学技术的进步,农业化被注入了新的内涵,农业化的水平也不断提高。图 1-1 为古埃及耕牛图。

图 1-1　耕牛图——古埃及(约公元前 1200 年)

　　农业文明是建立在农业经济基础之上、以农业发展为特征的人类社会进步形态。农业文明这种社会历史形态大约于公元前 8000 年左右在亚洲西部开始出现;公元前 3000 年左右,欧洲开始进入这种文明时期。获得的物品绝大部分用于满足自给自足,少量用于交换。土地是农业文明时期生产的主要对象,因此它成为农业文明中经济、文化和政治制度赖以存在的基础。

农业文明是以农业经济为主体的文明形态,当人们进行耕垦、饲养、栽培之后,才开始有了农业文化。当农业生产发展到一定的规模,农业技术形成一定的体系,生产经验积累到一定的程度并开始上升到理性的认识,才能称之为农业文明。

1.3　工业化与工业文明

工业化是以科技为动力,以工业为中心,以机器生产为主要标志,并由此引起经济制度、政治制度、生活方式乃至思维方式全方位的深刻社会变革的过程。人类文明史上,工业化是人类社会由传统农业社会向现代工业社会转变的必经阶段。工业化过程的推移是近五百年社会历史活动的主流和中轴线。近现代史是在以工业物质生产活动为基础的场景上,构建和展现近现代政治、经济、文化的成败和兴衰的历史。

工业化的进程经历了几次工业革命(industry revolution)或称产业革命。

1)"第一次工业革命"

"第一次工业革命"是以蒸汽机和纺纱机为代表的机械技术带动,工厂机器生产取代了作坊手工制作。

第一次工业革命在 1775～1800 年始于英国,它是经济发展过程的一部分。大约 18 世纪中叶,先有珍妮纺纱机(图 1-2),再有瓦特蒸汽机的发明,后来是各地工厂开始兴起,远洋航路的推动。正是英国人的这一工业化或产业革命,揭开了世界工业化潮流的序幕。

图 1-2　德国伍珀塔尔博物馆的珍妮纺纱机模型

　　首先纺织业迈向了机械化,诸如之前都是由手工业者在自己家里完成的清洗羊毛、纺纱成线以及轧机织布等工序,将集中到一处完成,就形成了纺织厂。再加上纺织织布新方法的产生和不断增加的专业化,使生产率迅速提高,并促使其他手工业也效仿起来,集中在一个地方完成所有工序。工厂就这么产生的。接着是炼铁方法的创新和蒸汽机的发明,连续的创新导致了冶金以及铁路、轮船和其他运输工具的产生。这些生产扩大了贸易,推广了工业化。先是传到主要的欧洲国家,随后传到美国和日本。

　　工业革命的结果使人类由自给自足的小农经济走向以"货物和服务的商业性生产"为中心的工业经济,开始了人类文明史上的第一次工业革命,人类文明从而开始了"工业化"(工业文明)的进程[1]。

　　2)"第二次工业革命"

　　"第二次工业革命"是在 20 世纪初期,以福特等大规模生产线为代表的电气技术带动,开创了规模化生产的时代。

　　第二次工业革命是在 1870 年和 1913 年之间开始的。在这个时期里,技术进步逐渐依靠科学发展。当时在美国的底特律,福特汽车生产改变了生产工序,创建了流水作业的生产线(图 1-3)。这与过去在工厂中分批作业的模式不同,流水作业将每个岗位的任务重复化和简单化,也使工人易于培训。创建了大规模生产所需要的工业生产原则,就是把工人简单、重复的动作进行量化分析,总结出最优化的规范,仿佛是给人的动作进行编程,因此人也变成了机器。这种变革将人类带入了大规模生产的新时代。前两次工业革命不仅使人们变得更加富裕,而且推动了城市化进程[3]。

图 1-3　全世界第一条汽车装配流水线——福特 T 型车(1913 年)

　　在第二次世界大战以后,开始了一个生产和贸易空前发展的时期。战后制造业的增长借助了对战前发明的广泛使用,像装配线生产、电力、汽车和耐久消费品等,还出现了一些崭新的技术:合成材料、石化产品、核能、喷气飞机、电信设备、微电子产品、机器人。

第二次工业革命不仅导致了第二产业的产业化,也有力地促进了第一产业的农、林、牧、副、渔业等的产业化。工业革命还推动了第三产业的产业化,如金融业、保险业、运输业、教育业、零售业、饮食业等都向着产业化的方向发展。在工业化的进程中,人类不断地发明和引进先进的科学和技术,提高了劳动生产率,并使工业化的内涵也不断地发生变化。工业化经历了机械化、电气化、自动化等不同的阶段,从而使工业化的水平不断提高[1]。

工业化与工业文明的特点是高效率、高投入、高产出、高能耗和高污染。整个20世纪,人类消耗了约 1420 亿吨石油、2650 亿吨煤、380 亿吨铁、7.6 亿吨铝、4.8亿吨铜。占世界人口 15% 的工业发达国家,消费了世界 56% 的石油、60% 以上的天然气和 50% 以上的矿产资源。

1.4　信息化与生态文明

三百年的工业文明以人类征服自然为主要特征[4]。世界工业化的发展使征服自然的文化达到极致;一系列全球性生态危机说明地球再没能力支持工业文明的继续发展,需要开创一个新的文明形态来延续人类的生存,这就是生态文明,是"绿色文明",是工业文明发展的必然结果与最高境界。

从人类文明发展的历程来看,农业化、工业化、信息化不是相互排斥,而是一个渐进的、发展的、由表及里、由浅入深的过程;促进它们的相互融合,就是人类文明发展的永恒的主题。

随着信息化包括数字化、网络化、智能化的迅速发展,当今世界正兴起一场现代科技革命或称新的工业革命。它必将促进生态文明,人类文明由此开始了以计算机为工具,以数字化为基础,以自动化、网络化、信息化、智能化为技术,以低消耗、低污染、整体协调、循环再生、健康持续发展为目标和内容的"信息化与生态文明"的进程。

1.4.1　信息化发展和未来经济模式的几种提法

1946 年第一台电子数字计算机的发明开始了当代的数字化革命的进程,特别是 1971 年第一个微处理芯片的发明和 20 世纪 90 年代互联网的普及应用,强化和加速了这场信息革命,就本质而言,它是一场关于人类信息和知识的生产和传播的革命[1]。信息化包括数字化、网络化、智能化。

信息化的进展和各种新技术、新能源的出现,将对世界工业结构和发展趋势产生巨大的影响[5]，最近世界各国对这种现代科技革命或称工业革命提出各种提法和观点。

　　2011 年 9 月，由 Palgrave Macmillan 出版社在美国正式出版发行华盛顿特区经济趋势基金会主席杰里米·里夫金（Jeremy Rifkin）的《第三次工业革命》一书[5]，从能源使用方式发生变化和管理这些能源系统的新信息手段出现这一角度，提出第三次工业革命的标志是互联网和可再生能源的结合将形成新能源互联网。

　　另外，2012 年 4 月 21 日，英国《经济学人》杂志（The Economist）以封面文章的形式发表保罗·麦基里（Paul Markillie）的评论《第三次工业革命》[6]，以"第三次工业革命"为题，发表了一组专题报告。其副标题是"制造业的数字化将改造商品生产的方法，并且改变职业的政治学"。文章认为："第一次工业革命"是纺织机为代表的机械技术的进步；"第二次工业革命"是福特的大规模生产线为标志；而未来的"第三次工业革命"，是以数字化制造及新型材料应用为代表。制造业正朝着数字化方向发展，它不仅改变着商业，还有许多其他领域也将受到影响。大量引人注目的科技正在涌现，包括智能软件、新兴材料、更灵巧的机器人、辐射范围更广的网络服务等。文章还认为："第三次工业革命"将使大规模流水生产线转变为客户化的规模生产[6]。

　　"第三次工业革命"与第二次工业革命不同的是："第二次工业革命"带来流水线大规模生产，如果你想改变产品的设计，通常需要很多成本；但是，"第三次工业革命"意味着你可以更加频繁地更改设计，而不用花费太多成本。

　　最近，德国又提出"第四次工业革命"，它是以信息-物理融合系统（Cyber-Physical System，CPS）为基础的将人、对象和系统联系起来的物联网和互联网的结合。

　　上述各种不同的提法的实质是反映一种动向，而不在于叫法。经历了深刻影响全球的金融危机，现在普遍认识到还是要重视实体经济，要重视制造业，要重视制造业的信息化（数字化、网络化、智能化），要重视学科和技术的交叉融合。西方也常用"再工业化"，核心是制造业信息化。

　　无论"再工业化"也好，"第三次工业革命"也好，其核心驱动力是科技，特别是信息技术。这一点国际、国内的看法是一致的。

　　对于信息化，我国也早已有了全国性的部署：1986 年开始的 863 计划，制造业信息化作为一个主题（CIMS），每年全国有几千人从事研究、开发和企业应用。"第三次工业革命"中提到的许多技术，我国一二十年前也开始研究了，而且不乏优秀的成果。在我国十五大、十六大、十七大、十八大都有信息化的提法。我们现在是在一个新的起点来对待"第三次工业革命"。

1.4.2　信息化核心技术发展的新趋势

与工业化延伸人类自然力中的"体力"相对应,信息化延伸的是人类自然力中的"脑力"。当前以数字化、网络化、智能化为内容的信息化核心技术的涌现,还必将掀起一场浪潮,对驱动未来世界经济产生颠覆性影响。

1) 智慧软件、新材料、灵巧机器人和以三维印刷为代表的新生产工艺等新技术

在《经济学人》杂志的文章中认为导致"第三次工业革命"的重要技术有:智慧的软件、新材料、灵巧机器人、新的生产工艺(以三维印刷为代表)以及一系列基于Web 的服务。

《第三次工业革命》一书则从能源使用方式发生变化和可以管理这些能源系统的新信息手段出现这一角度,提出第三次工业革命的标志是互联网和可再生能源的结合将形成新能源互联网[5]。

2) 以"信息-物理融合系统"为基础的物联网和互联网技术

提出"第四次工业革命"的技术基础是以信息物理融合系统为基础的将人、对象和系统联系起来的物联网和互联网。

3) "驱动经济未来的 12 种颠覆性技术"

2013 年 5 月 24 日美国《华盛顿邮报》网站报道题为"驱动经济未来的 12 种颠覆性技术"[4],是美国麦肯锡全球研究所的研究人员进行的一项新研究。他们搜罗了大量可能具有颠覆性的技术,并对每一种技术或许能够在多大程度上改变经济进行了尽可能的预测。他们得出的结论几乎不具有权威性,但这项研究对于我们如何看待技术创新产生了一些重要的影响。

这 12 种技术是:移动互联网、知识型工作的自动化、物联网、云计算、高级机器人、全自动和几乎全自动的车辆、下一代基因组学、能源储存、3D 打印、高级材料、高级油气勘探和采集技术、可再生能源等,并估算了这些技术可能具有的经济潜力。

(1) 其中的前 4 种技术:

① "移动互联网",在发达世界基本普及,在新兴市场增长迅速。

② "知识型工作的自动化",如能够接听客服来电的电脑合成声音。

③ "物联网",如在物体上植入传感器,用来监控产品在工厂中的流向。

④ "云计算"。

据估算在 2025 年每一个创新领域会给世界经济带来 1 万亿美元以上的收益。排在首位的移动互联网将带来 3.7 万亿～10.08 万亿美元的收益;知识型工作的自动化位列第二,为 5.2 万亿～6.7 万亿美元。

不过他们认为,从现在到 2025 年,某些最具吸引力的创新领域并不会造成非常大的经济影响,如无人驾驶汽车、3D 打印和可再生能源。

实际上,这项研究对人们的最大启发在于:将在中期内对经济构成最大影响的事物,并非那些看上去令人浮想联翩、吸引极大公众关注的事物。反过来,最具影响潜力的创新主要是那些多年来一直在以新的方式演变的创新,实际经济收益源自正在趋于成熟的新兴技术与存在了数十年的传统技术的巧妙的结合。

(2) 还有一些技术离"颠覆性"技术有一定距离,例如:

① 下一代核(裂变)不太可能在 2025 年之前带来显著影响。

② 聚变能,它比下一代核裂变更难以确定。

③ 碳封存,难以在 2025 年前降低成本并开展大规模部署。

④ 先进的水净化技术,比目前已知的方法更为经济的方法还难以在 2025 年之前实现操作。

⑤ 量子计算,其适用性和影响力尚不明晰,商业化的时间框架也难以确定。

(3) 以下几项技术与入选的颠覆性技术存在一定差距:

① 私人太空飞行。

② 有机发电二极管/发光二极管(OLED/LED)照明有可能被对它们感兴趣的人们广泛使用,但是不可能在 2025 年前突破狭隘的行业限制为经济价值带来颠覆性的影响。

③ 无线充电具有某些应用前景,但总体而言影响力有限,且成本高昂。

④ 柔性显示器长期以来一直在发展,将为移动设备和电视提供令人振奋的新体验,但到 2025 年该技术不太可能有广泛的颠覆性影响力。

⑤ 三维立体显示器已受到广泛关注,但是该技术能否在 2025 年前带来广泛的经济影响力尚不得而知。

4) 从经济、社会发展角度提出的未来四大重要技术

美国国家情报委员会(National Intelligence Council, NIC)发表的《2030 年全球趋势》(Global Trend 2030)从经济、社会发展角度,提出了未来四大重要技术:

(1) 信息技术。

① 数据技术(如数据驱动、数据挖掘、大数据等);

② 社交网络技术;

③ 智慧城市。

(2) 自动化和制造技术。

① 机器人技术;

② 遥控和自治车辆;

③ 增材制造/3D 打印。

(3) 资源技术。

① 转基因作物;

② 精细农业;

③ 水资源管理;

④ 生物质能;

⑤ 太阳能。

(4) 健康技术。

① 病毒管理;

② 人口增长。

从上述提出的驱动未来经济发展的技术其核心是以数字化、网络化和智能化为内容的信息化技术的发展,现对与智能化、信息化密切相关的一些新技术的发展趋势作一些讨论。

1.4.2.1　更聪明的计算机软件——智慧的软件

计算机软件的发展,将使大多数物品都能通过软件在计算机上转化为一个三维模型,称为数字化模型。通过基于数字化模型的计算机虚拟技术,将可在计算机屏幕上对产品进行检测并开发新功能,即可从各个角度来检测一件产品,并可清楚地观看和检测产品内部的情况。同样,更聪明的计算机软件可以应用于规划厂房的布局和为生产机器编程。总之,可大大提高生产速度并降低成本[3]。

1.4.2.2　更灵巧的高级机器人

机器人技术的迅猛发展,使下一代机器人能够克服当今工业机器人价格昂贵、安装费钱,而且移动不便的不足,变得更加灵巧和便宜,而且会取代人的工作。它们会抓取、装运、暂存、拾取零部件以及进行清理打扫等,这些技能让它们可应用于更广泛的领域。像 20 世纪是个人计算机时代一样,21 世纪将会成为个人机器人时代。

以日本大型工业机器制造商 Fanuc 公司为例,该公司对一些生产线进行了自动化改造,机器能在无人监督的情况下工作长达数周。其他很多诸如使用激光切割及喷射铸造的工厂,也实现了这种无人干预的生产方法[3]。

1997 年,美国以麻省理工学院(原名斯坦福研究学院)研发的机器人外科手术技术为基础,Intuitive Surgical 公司推出了达芬奇(Da Vinci)机器人外科手术系统(又称机器人外科辅助手术机器人),能让外科医生坐镇立体声控制台通过患者床边的机器手臂实现对内窥镜手术器械的远程控制。FDA 已经批准将达芬奇机器人外科手术系统用于成人和儿童的普通外科、胸外科、泌尿外科、妇产科、头颈外科以及心脏手术。

如图 1-4 所示,达芬奇机器人外科手术系统由三个部分组成:外科医生主控制台、病人床边用于放置手术器械的手术推车和成像处理设备。该系统的三维可视化功能可提供深度感知,而其类似手腕状关节的微型化手术器械提高了外科医生的灵活度和运动范围。该系统还通过减少手的抖动和把外科医生的动作经系统处理之后按比例提供给机械手臂来加强(对手术精度的)控制。相比医生手动的腹腔镜手术,更符合人体工程学的仪表、手、眼结合和直观的器械动作。

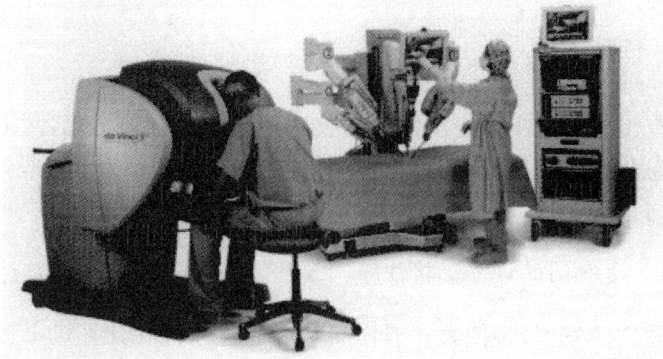

图 1-4　达芬奇机器人外科手术系统的组成

1.4.2.3　新的制造方法——三维印刷技术又称增材制造

网络的发展,使信息传递的费用近乎于零。自 20 世纪后半期开始,高技术合成材料的日新月异,使碳纤维、石墨烯以及各种新鲜合金材料层出不穷。到 21 世纪初,网络和新材料技术结合,使最有名的 3D (也称立体印刷)打印技术诞生。通过这种技术,可以一层一层地"堆砌"出与样品完全相同的产品。这就是为什么它也被称为"添加式制造"。3D 打印机除了具有无人值守的特点之外,还能制作许多对传统工厂来说太复杂而做不了的东西。假以时日,这些神奇的机器将可能在任何地方制造出你想要的任何东西[3,6]。

1) 定义

3D 打印技术在学术上称增材制造(Additive Manufacturing,AM)。它是 CAD 数据分层堆积材料制造物体,其有多种工艺方法:

(1) 激光固化(SLA)-紫外光;

(2) 熔丝堆积(FDM)-电热;

(3) 选择烧结(SLS)-CO_2,固体激光器;

(4) 3D 打印(3DP)-黏结剂粘接;

(5) 金属直接成形:金属粉、丝;

(6) 激光(CO_2、固体、光纤激光器);

(7) 电子束、离子束、电弧。

2）主要用途

（1）概念验证。

① 工业设计；

② 交易会/展览会；

③ 投标组合；

④ 包装设计；

⑤ 产品设计。

（2）设计验证和测试。

① 设计验证/分析；

② 反复设计和优化；

③ 成型、装配和功能性测试。

（3）生产与制造。

① 直接制造金属零件；

② 制造陶瓷或复合材料零件。

（4）制模和二次操作。

① 热成型；

② 砂型铸造；

③ 金属镀层；

④ EDM 加工。

（5）小批量生产、大批量生产。

① 失蜡铸造；

② 吹塑制模；

③ 塑料挤塑；

④ 环氧制模。

在有些国家的牙医诊所中在修复牙时，就通过计算机生成牙齿的模具造型，并按照编制的程序，用粉末材料熔合，当场就制造出一个小部件，安装或填制在牙齿上。在关节替换手术以及工业部件的制造中，这样的技术也普遍运用。不管是关节、牙齿，还是飞机部件，通过计算机即可建立模型，"随心所欲地打印"出自己想要的部件，如图 1-5 所示。[6]

麦基里在文章中援引通用全球研究中心 Idelchik 的话说，"有一天，我们将用它生产发动机"。而其他一些公司认为会出现一种混合型的 3D 打印系统，将能直接制造出整条组装线的大部分部件，不仅节省了大量材料和工时，而且可以准确地安装在其他装置上。[3]

3D 打印技术的突破，将使工厂彻底告别车床、钻头、冲压机、制模机等传统工具，改由更加灵巧的电脑软件主宰。

图 1-5　用 3D 打印机打印出所需产品

　　当今,一些汽车公司已用 3D 打印技术制造汽车模具和配件;一些飞机制造公司用 3D 打印技术打造航模和零件;软件公司用它设计电脑鼠标和键盘;医疗设备公司也用它为用户定制助听器和牙套;建筑师用它复制建筑模型[3];更惊人的是,2014 年据报道,美国科学家已研发出采用 3D 打印技术,用喷射脂肪干细胞打印出人类心脏瓣膜和小血管,有望在十年内实现用人体自身的干细胞打印人类心脏并进入人体的实验阶段。

　　3) 全球的发展

　　(1) 历年发展。1993～2011 年 3D 打印机历年产值如图 1-6 所示,从 1993 年的 200 万美元发展到 2011 年的 1.8 亿美元。

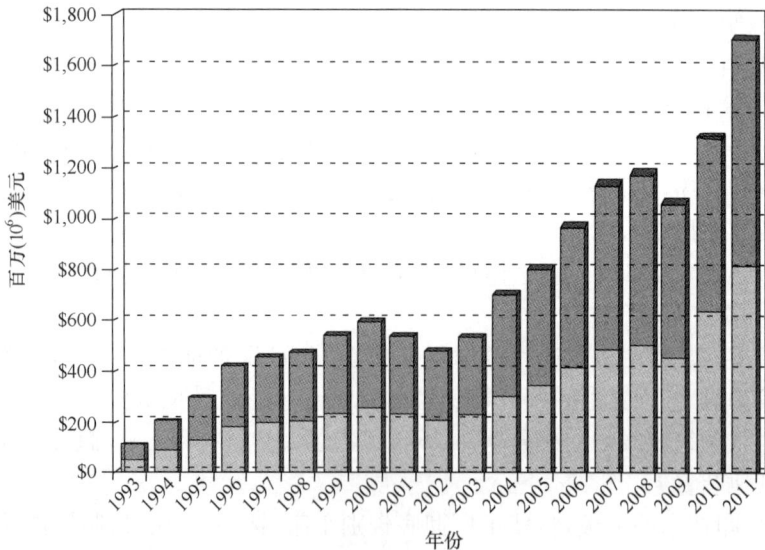

图 1-6　历年来的发展图

（2）发展预测：3D 打印机的产值 2019 年预计可达到 60 亿美元（图 1-7）。

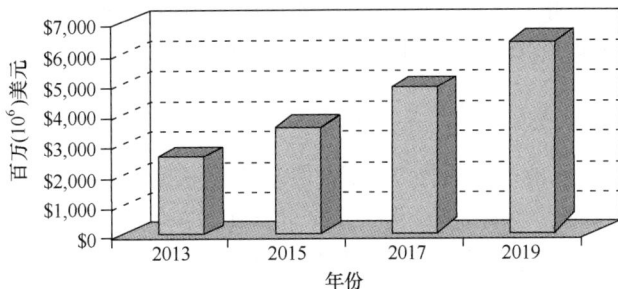

图 1-7　预测发展图

中国有些公司已下线生产 3D 打印机，并出口美国，它标志着中国在 3D 打印设备制造领域取得了重要技术突破。

4）讨论

3D 打印技术的发展前景如何？世界各国仍有很多不同的评价。

（1）3D 打印技术将对未来生产与生活模式的改变产生重大影响。

① 正在重塑全球制造业竞争格局：美国国家科学基金会（National Science Foundation，NSF）认为，3D 打印技术是 20 世纪最伟大的制造技术革命；英国《经济学人》杂志则认为，它将"与其他数字化生产模式一起推动实现第三次工业革命"。

② 改变未来生产与生活模式：3D 打印将使制造变为社会化制造（social manufacturing），即每个人都可以成为一个工厂。它将改变制造商品的方式，改变世界的经济格局，进而改变人类的生活方式。

③ 奥巴马政府推动 3D 打印技术发展：在俄亥俄州成立新的研究所，确信 3D 打印将帮助制造业工作岗位不会生根在中国或印度，制造业工作岗位会回归美国，使更多人返回工作，构建持续发展的经济。

（2）3D 打印技术的增长速度快，但规模还小。

① 预测 3D 打印到 2016 年将达到 31 亿美元，2020 年达到 52 亿美元，8 年内增加 300%；

② 美国《时代》周刊将 3D 打印列为"美国十大增长最快的工业"；

③ 但 3D 打印行业在 2012 年，市场规模达到 13 亿美元，仅占全球制造市场 0.02%。

（3）3D 打印技术存在的问题。

① 制造成本高：10～100 元/克；

② 制造效率低：金属材料成形，100～3000 克/时；

③ 制造精度尚不能令人满意：成形过程变形、粗糙度相当于铸件、生产率与精度相矛盾；

④ 工艺与装备研发不充分,尚未进入大规模工业应用。

总之,三维印刷值得关注。虽然现在的快速原型制造应用范围有限,影响还不是很大,但其发展如果结合新材料的突破,可能带来重大变革。

1.4.2.4　基于互联网的制造业服务

互联网技术的发展与广泛推广应用,使基于互联网的制造业服务变成完全的产业链。例如,通过互联网,一家欧洲公司可以从另一家位于美国的公司那里获得设计图纸和样品,并在中国找到一家加工企业。在线制造业服务商,就像 MFG.com 一样,撮合全球大大小小的企业展开合作并相互购买产品和服务。通过网站可以向任何一个拿着笔记本上网的人,加入制造业服务并与使用 3D 打印技术一起成为一条龙服务[5]。

1.4.2.5　互联网和可再生能源的结合将会形成分散式能源的新能源互联网

杰里米·里夫金在《第三次工业革命》一书中认为,无论是那些古老的大河文明(hydraulic civilizations),还是第一、第二次工业革命,人类历史上所有经济和生产力的进步,在其产生条件上都有两个共同之处:一是能源使用方式发生变革;二是可以管理这些能源系统的新信息手段出现。他认为互联网和可再生能源的结合将会形成分散式能源的新能源互联网。它是以信息化、智能化与其他新技术融合为核心,其实质是将分散式、扁平式的通信科技应用于能源系统,形成分散式能源体系,将改变仅在少数地方蕴藏、需要大量投资的传统的集中式能源体系,将会产生如下颠覆性的变化[5]。

1) 从化石燃料结构向可再生能源转型

当今,化石能源在枯竭,价格飞涨,加重了成本负担,难以适应未来新的发展需要,而且其科技特别是基础设施的规划等已非常过时,而分散式能源体系的能源在世界每个角落都可以被找到。如可再生能源,太阳能、风能、地热、潮汐能等。它们蕴藏量大,可以供人类使用到历史的终结,而且是生态文明的。

欧盟委员会提出了 20-20 计划,也就是欧盟成员承诺到 2020 年可再生能源消费量要占总能源消费量比重的 20%。

2) 用世界各地建筑收集分散的可再生能源形成分散能源系统

杰里米·里夫金提出,将建筑转变成能量采集器,即将每栋建筑转化为微型发电厂,以便就地收集可再生能源。

如何收集这些可再生能源呢?欧盟原准备集中在意大利、希腊和西班牙,在那里建设大型的太阳能发电厂,然后通过高压输电线输送到其他国家。当时无人反对,但是从这几年的实施来看,无法通过集中太阳能、风能项目来支持整个欧洲大陆经济发展。[5]

　　因为,可再生能源可以在任何地方找到,就不需要集中收集,所以应重新认识构成世界的一砖一瓦,将每一处建筑转变成能就地收集的可再生能源的迷你能量采集器。欧洲刚刚开始建设能收集可再生能源的住宅,很快中国也会引进这项技术。这项浩大的工程将可能持续四十年,将来每个住宅就是一个小型发电厂。

　　现在是垄断的大型公共能源公司生产能源,然后卖给用户。未来,我们会有数以百万计的小型住宅发电,并把多余的电回售给电网,价格也会越来越便宜。

　　3) 使用氢和其他存储技术来存储间歇式能源

　　在每栋建筑物及基础设施中使用氢和其他存储技术来存储间歇式可再生能源。这样,可利用社会全部的基础设施来储藏间歇性可再生能源,使其能有持久可依赖的环保能源供应。

　　4) 利用互联网技术将每一大洲的电力网转化为能源共享网络

　　利用网络通信科技把电网转变为智能通用网络,就像信息在网络上产生和传播一样,从而让千百万的人可以把周围建筑产生的电能输送到电网中去,在开放的环境中实现与他人的资源共享。

　　5) 形成以插电式或燃料电池为动力的交通物流网络

　　运输工具将转向插电式电动车并且将出现燃料电池动力车。电动车所需要的电,可以通过共享的电网平台进行买卖。将改变全球运输模式,使之成为由插电式和燃料电池型以可再生能源为动力的运输工具构成的交通运输网。在全国和州际建立充电站,人们可以在充电站买卖电能。

　　6) 无线充电

　　无线充电具有某些应用前景,但总体而言影响力有限,且成本高昂。

1.4.2.6　知识型工作自动化

　　知识型工作自动化是运用电脑来进行复杂分析、精确判断,创造性地解决问题。随着人工智能、机器学习和自然语言用户接口(如语音识别)的不断进步,知识型工作正在逐步实现自动化。例如,计算机能够回答"非结构性"的问题(如未被准确写入软件查询的日常用语),如此一来即便没有经过专业的训练,员工或客户也能自行获取信息。随着越来越多的知识型工作由机器完成,某些类型的工作可能实现完全自动化。预估该技术在 2025 年可带来 5.2 万亿～6.7 万亿美元的经济效益。

1.4.2.7　以信息-物理融合系统为基础将人、对象和系统联系起来的物联网和互联网技术

　　随着计算技术、嵌入式计算技术、传感器技术、通信技术和自动控制技术的迅速发展,信息-物理融合系统(CPS)应运而生。2006 年,美国国家科学基金会在嵌

入式系统的基础上提出了 CPS 的概念。CPS 是在嵌入式系统的基础上融入了智能性、控制性等其他功能的新一代智能系统,其核心是 3C (Computation、Communication、Control)的融合。CPS 是一个综合计算、网络和物理环境的多维复杂系统,通过 3C 技术的有机融合与深度协作,实现计算、通信与物理系统等大型工程系统的一体化设计,可使系统更加可靠、高效、实时协同,具有重要而广泛的应用前景。CPS 是一类将数字化、网络化系统与物理过程密切整合的设备系统,是计算和物理设备系统发展的新趋势。汽车电子控制系统、智能电网、智能机器人等技术都属于这个范畴。

物联网(the internet of things)是新一代信息技术的重要组成部分。物联网是"物物相连的互联网"。它的定义是:通过射频识别(RFID)、红外感应器、全球定位系统、激光扫描器等信息传感设备,按约定的协议,把任何物体与互联网相连接,进行信息交换和通信,以实现对物体的智能化识别、定位、跟踪、监控和管理的一种网络。这有两层意思:第一,物联网的核心和基础仍然是互联网,是在互联网基础上延伸和扩展的网络;第二,其用户端延伸和扩展到了任何物体与物体之间,进行信息交换和通信。而互联网是人和人相连。因此,物理网和互联网的结合是人和物相连。

因此,以 CPS 为基础,将人、对象和系统联系起来的物联和互联网相结合将成为未来新一代智能信息技术。

1.4.2.8　生态文明建设中的信息化和自动化技术

以计算机为工具,数字化为基础,自动化、网络化、信息化、智能化为核心的信息化和自动化技术促进了"生态文明"的进程。

自动化技术是一种运用控制理论、仪器仪表、计算机和其他信息技术,对工业生产过程实现检测、控制、优化、调度、管理和决策,达到增加产量、提高质量、降低消耗、确保安全等目的的综合性技术,主要包括工业自动化软件、硬件和系统三大部分。工业控制自动化技术作为 20 世纪现代制造领域中最重要的技术之一,主要解决生产效率与一致性问题。虽然自动化系统本身并不直接创造效益,但它对企业生产过程有明显的提升作用。

随着工业化的进程,现代工业过程正向复杂化、高速化、大型化方向发展,并且要达到节能、降耗、安全、环保,因此,工业过程有多种约束条件、多变量、强耦合、非线性、大时滞、不确定性、多控制目标等问题,对自动化技术提出更高的要求。近年来,出现了对复杂系统建模与控制、非线性控制系统理论、离散事件动态系统、混杂系统理论、大系统理论、随机系统滤波与控制、分布参数系统控制、自适应控制、鲁棒控制、智能控制、最优控制、系统辨识与建模等各种控制理论以及针对复杂工业过程所具有的多变量、强耦合、强非线性、不确定性、生产边界条件变化大等综合复杂性,将控制理论与方法和智能方法(模糊推理、神经网络、知识挖掘、专家系统等)相结合,开展了智能建模技术、软测量技术、智能控制技术、多变量智能解耦控制技术,基于综合生产指标的优化控制技术等智能自动化技术也应运而生。

当前,生态文明建设是以科技创新为支撑,大力推进工业节能降耗减排是一个重要方面。围绕工业生产源头、过程和产品三个重点,组织实施余热余压回收利用工程、工业锅炉和窑炉改造工程、内燃机系统节能工程、电机系统节能改造工程、热电联产工程、工业副产煤气回收利用工程、高效节能机电产品推广工程、企业能源管控中心建设工程、绿色通信推广工程、节能产业培育工程等十大重点节能工程,提升工业能源利用效率,促进行业节能技术产品装备、企业节能管理水平再上新台阶。

1.4.3　可能引发的经济和社会的重大变革

信息化、网络化和智能自动化与新型能源等新技术的结合及一系列颠覆性技术驱动未来经济,产生足以改变经济社会进程的巨大力量,将预示着重大经济转型时代的来临。

1) 将改变制造业原有的投入方式

传统工业文明的崛起是以大量自然资源的投入为基础的,但随着现代科技革命的兴起,新材料不断涌现、3D 打印技术广泛推广、机器人越来越方便地被使用,这将使我们能够以较少的自然资源和人力资源投入,达到规模化经济的效果。这样,生产将更有弹性,且劳动力投入将更少。

现在,如果你对于一个产品有了创意,你可能会发现,把这个创意转换成可以制作和销售的产品会非常困难,甚至不可能。然而,这种情况正在改变。

未来你可以拿着产品设计,去许许多多的网站——包括国际网站,用 3D 打印机打印出你的产品。无须定制成千上万个,可以只定制半打,将产品拿给朋友看看他们是否喜欢,还可以改变你的设计。你自己就可以是一个工厂。

人们可以自己制造产品的这一天已经临近,这有点像回到了第一次工业革命之前,人们在自己的家里制造商品,小镇上有许多小作坊。未来,技术的发展使得制造产品方便,而且成本低,这有利于小公司、小作坊和个人去制造产品。

2) 将改变制造商品的方式

未来的制造业将远离大规模制造模式,向更加个性化的生产模式靠拢。建立在虚拟制造技术基础上的附加制造技术,已开始用于产品的个性化生产。如在 3D 打印机协助下,按照个性化要求打印出图纸作为设计样板,专门生产个性化汽车配件、定制 iPhone 手机、按照用户的耳朵形状量身定制助听器等产品,由 3D 打印机制造的模具浇铸而成或直接使用越来越多可打印的材料进行生产,将成为一种趋势。

与以往历次工业革命一样,现代科技革命首先会对制造业的发展带来巨大影响,它将改变制造商品的方式,并改变就业的格局,将使工厂逐渐走出大批量制造的时代,可以生产少量但多样化的产品。也就是说,从设计到开模生产,只要在电脑上设计,就可用 3D 打印机"打印"出物件。这就改变了简单重复性操作的格式,使制造业和信息高科技等智能行业的界限越来越模糊,使发明和制造过程充分整合,使设计和生产过程合二为一。

3）生产更靠近消费者,更靠近市场

生产方式的改变,将促使欧美国家企业舍弃把制造过程"外包"到低工资国家的战略,而把生产部门迁回发达国家。

这就经常要求设计人员和生产人员在没有语言障碍的情况下保持零距离的互动,凡此种种,都将促使企业舍弃把制造过程"外包"到低工资国家的战略,而把核心生产部门搬回发达国家。

生产方式的改变使生产更靠近消费者,也就是说更靠近市场,这样可以对市场的反应更迅速。而如果是在中国制造,可能需要几个月的时间,先是要把设计送到中国制造产品,然后再运回美国。当然这并不意味着,发达国家的所有的制造业公司都会放弃在中国制造产品。

现在,新型制造业已经开始出现,这意味着制造业的生产方式会和过去有很大的不同。例如,现在如果你想制造跑车,可以用钢铁或者铝制造,再或者用轻巧的碳纤维。

如果你想用铁制造跑车,中国很在行。但是,如果你想用碳纤维来制造跑车,你可能会更多地考虑美国或者德国这些在碳纤维技术方面有优势的国家。因而,是否迁回,还是要看你想要制造什么。

2008 年金融危机之后,欧美开始重视制造业,欧盟加大制造业科技创新力度,美国于 2011 年也成立"先进制造业伙伴关系（AMP）",以期通过政府、高校、企业合作强化制造业。

4）将出现新型的高技术服务业

随着数字信息技术的革命性进步,服务业和制造业之间的关系变得越来越密切,产业边界越来越模糊,同时数字化发展带来了原有服务业部门的重构。

5）"颠覆性技术"将重构产业格局

例如,柯达公司 1975 年最早掌握数码相机技术,但为保护其胶卷市场而放弃数码相机商业化,而日本富士、东芝 1988 年将数码相机投放市场,同年我国政府注资 8 亿为乐凯扩大胶卷生产。现在乐凯的胶卷收入仅为其总收入的 2%（乐凯几年前已经转型）,而柯达面临破产。

1994 年我国大连与松下合资组建华录,但很快被 VCD/DVD 取代,2004 年

LCD 彩屏已问世,河南安彩集团仍收购美国康宁公司 CRT 生产线,没有开工,CRT 市场已萎缩。同年 TCL 收购法国汤姆森公司 CRT 生产线,导致连续 2 年亏损。

　　手机巨头诺基亚满足于功能手机的业绩,对智能手机的转型反应迟钝,在移动应用的商业模式缺乏创新,被评为 2012 年将消失的品牌,而苹果公司通过 iPhone 实现微处理器、操作系统、移动应用软件的整合,加上商业模式创新,引领了移动互联网时代的到来。

第2章　工业化进程中孕育和促进智能自动化的发展

2.1　智能自动化是自动化发展的高级层次

　　工业自动化是机器设备或生产过程在不需要人工直接干预下,按人工预先设置的目标实现测量与控制。工业自动化技术是涉及机械、微电子、计算机与控制等技术领域的一门综合性技术。

　　工业革命是工业自动化技术发展的助产士。正是由于工业革命的需要,自动化技术才得到了蓬勃发展,同时,自动化技术也促进了工业的进步。如今自动化技术已经被广泛应用于流程工业、电力、机械制造、建筑、交通运输、信息技术等领域,成为提高劳动生产率、节能、降耗、减排的主要手段。

　　控制系统经历了传统的基地式气动仪表控制系统、电动单元组合式模拟仪表控制系统、集中式数字控制系统和集散式计算机控制系统(DCS)的发展历程。

　　工业自动化的发展从20世纪40年代开始至今经历了几个阶段。

　　1) 第一阶段:40年代至60年代初

　　40年代至60年代初,由于市场竞争、资源利用、减轻劳动强度、提高产品质量、适应批量生产需要,出现各种单机自动化加工设备,并不断扩大应用。此阶段主要为单机自动化阶段,主要特点是以机械技术为基础的单机(单设备)自动化。

　　2) 第二阶段:60年代中至70年代初期

　　60年代中至70年代初期,随着市场竞争加剧,要求产品更新快、产品质量高,并适应大中批量生产和减轻劳动强度需要,在单机自动化的基础上,出现各种组合机床、组合生产线和数控机床,同时CAD、CAM等软件开始用于实际工程的设计和制造中。此阶段主要是以电气技术为基础的自动生产线为标志。此时,加工设备适合于大中批量的生产和加工。

　　3) 第三阶段:70年代中期至今

　　70年代初期,美国学者首次提出计算机集成制造系统(Computer Integrated Manufacturing System,CIMS)概念,随后在流程工业也提出CIPS概念,使自动化领域发生巨大变化,其主要特点是:CIMS是一种实现集成的相应技术,把分散独立的单元自动化技术集成为一个优化的整体,并作为一种哲理和方法,逐步为人们所接受。所谓哲理,就是企业应根据需求来分析和克服存在的"瓶颈",不断提高实力和竞争力的思想策略。实现集成的相应技术是:数据获取、分配、共享以及控制和网络通信。

70 年代中期以后,由于市场环境的快速变化,要求多品种、中小批量生产,将自动化技术推向广度和深度发展,使各相关技术高度综合发挥整体最佳效能。同时,并行工程作为一种经营哲理和工作模式自 80 年代末期开始应用和活跃于自动化技术领域,并将进一步促进单元自动化技术的集成。

智能是知识和智力的总和,知识是智能的基础,智力是指获取和运用知识求解的能力。近年来,随着控制、计算机、通信、网络和智能化等技术的发展,智能从各方面融入工业自动化,工业自动化特别是流程工业领域正迅速从工厂的现场设备层覆盖到检测、控制和管理各个层次的综合自动化。工业自动化技术已不是建筑在以往机械技术、电气技术基础上,而是建筑在信息化技术基础上,自动化已发展成为智能自动化。

智能自动化是数字化、网络化、智能化和自动化的充分融合,智能自动化是自动化发展的高级层次。在工业领域,智能自动化是信息化(数字化、网络化、智能化)与工业化深度融合的重要手段和桥梁。

2.2　国内外智能自动化技术的发展历程

2.2.1　离散工业智能自动化的发展

2.2.1.1　制造业智能自动化的发展[7]

随着人类生产力的发展和工业化的进程,“制造”的概念和内涵在所涉及的范围和服务的对象两个方面大大拓展。

“制造”涉及的工业领域包括机械、电子、化工、轻工、食品和军工等国民经济的大量行业。制造业已被定义为将可用资源(包括物料、能源等)通过相应过程、转化为可供人们使用和利用的工业品或生活消费品的产业。

“制造”的对象不是仅指具体的工艺过程,而是包括市场分析、产品设计、生产工艺过程、装配检验和销售服务等产品整个生命周期过程。国际生产工程学会 1990 年给“制造”下的定义是:制造是一个涉及制造工业中产品设计、物料选择、生产计划、生产过程、质量保证、经营管理、市场销售和服务的一系列相关活动和工作的总称。

蒸汽机是制造业时代的开端,近年来,制造自动化技术的研究发展迅速,在加工技术方面实现底层自动化并广泛采用加工中心、产品设计普遍采用 CAD、CAE 以及计算机仿真等手段、企业管理也已采用科学的规范化的管理方法和手段并提出了一系列新的制造系统概念,如计算机集成制造系统、敏捷制造、并行工程等。制造业自动化发展趋势,可用全球化、虚拟化和绿色化三化来概括。

1) 制造全球化

由于当前,在各种工业领域中,国际和国内市场的竞争越来越激烈,不得不扩展新的市场,使国际化经营不仅是大公司,而且也是中小规模企业取得立足的重要因素。另外,由于互联网的快速发展,提供了技术信息交流、产品开发和经营管理的国际化手段,推动了企业间向着既竞争又合作的方向发展,促使制造业走向全球化。全球化制造的技术基础是网络化、标准化和集成化。

2) 制造虚拟化

制造虚拟化(virtual manufacturing)是以制造技术和系统建模及仿真技术为基础,集现代制造工艺、计算机图形学、并行工程、人工智能和多媒体技术等多种高新技术为一体的综合技术。它包括产品设计和制造过程的虚拟技术。虚拟化可以大大加快产品的开发速度和减少开发的风险。

产品设计的虚拟技术是面向产品的结构和性能的分析技术。它以优化产品本身性能和成本为目标,包括产品的运动仿真和干涉检验、动力学分析、造型设计、人机工程学分析、强度和刚度有限元计算等。

制造过程的虚拟技术是面向产品生产过程的模拟和检验技术。检验产品的可加工性和加工方法及工艺的合理性。它以优化产品的制造工艺,保证产品质量、生产周期和最低成本为目标,进行生产过程计划、组织管理、车间调度、供应链及物流设计的建模和仿真。

3) 制造绿色化

环境恶化程度与日俱增,正在对人类社会的生存与发展造成严重威胁。制造业量大面广,对环境的总体影响很大。制造业一方面是创造人类财富的支柱产业,但同时又是当前环境污染的主要源头。因此,如何最有效地利用资源和最低限度地产生环境污染,是摆在制造业企业面前的一个重大课题,于是一个新概念——绿色制造(green manufacturing)由此产生。

所谓"绿色制造",就是没有(或少有)环境污染的制造。它贯穿于产品的全生命周期,如在产品设计时就必须考虑产品的可回收性(可拆卸性),制造过程中的无切削、快速成形、挤压成形等。这些除了依赖于工艺革新外,还必须依靠信息技术,通过计算机的模拟、仿真与控制实现绿色制造。

离散工业智能自动化的发展是从柔性制造、集成制造、敏捷制造、网络化制造走向智能制造。

2.2.1.2 柔性制造系统

1) 柔性制造技术的出现

柔性制造系统(Flexible Manufacturing System,FMS)是对各种不同形状加工对象实现程序化、柔性化加工的各种技术的总和,适用于多品种、中小批量(包括单件产品)的加工。

在制造加工业中,传统的自动化生产线主要实现单一品种的大批量生产。其优点是,由于设备是固定的,生产产品是单一的,所以设备利用率和生产率都很高,单件产品的成本就很低。但由于其生产是"刚性"的,一条自动化生产线只能加工一个或几个相类似的零件。如果想要获得其他多品种的产品,则必须对生产线结构进行大调整,其经费和工作量投入往往与构建一个新的生产线不相上下。因此,刚性的自动化生产线只适合生产大批量制造少数几个品种的产品,不适用于多品种、小批量的生产。

"柔性"是相对于"刚性"而言。柔性是指能适应外部环境变化和内部变化的能力。适应外部环境变化的能力,可用系统满足新产品要求的程度来衡量,而适应内部变化的能力,可用克服干扰(如机器出现故障)的能力来衡量柔性。

随着社会发展和生活水平的提高,市场更加需要具有特色和个性化的产品。激烈的市场竞争迫切要求改变传统的大规模生产方式,将由能生产适应市场动态变化、开发周期短、生产成本低、质量高的不同品种产品的柔性生产所替换。随着批量生产时代的到来,柔性占有相当重要的位置。

2) 柔性技术

柔性技术主要包括:

(1) 机器柔性:机器柔性是当要求生产不同类型的产品时,机器随产品变化而加工不同零件的难易程度。

(2) 工艺柔性:工艺柔性包括工艺流程不变时自身适应产品或原材料变化的能力和为适应产品或原材料变化而改变相应工艺的难易程度。

(3) 产品柔性:产品柔性包括产品更新或完全转向后,系统能够非常经济和迅速地生产出新产品的能力,以及产品更新后,对老产品有用特性的继承和兼容能力。

(4) 维护柔性:维护柔性是采用多种方式处理故障,保障生产正常进行的能力。

(5) 生产能力柔性:当生产量改变时,能经济地运行的能力。

(6) 扩展柔性:当生产需要的时候,可以很容易地扩展系统结构、增加模块,构成一个更大系统的能力。

3) 柔性制造系统

柔性制造系统是一个由计算机集成管理和控制的、用于高效率地制造中小批量多品种零部件的自动化制造系统。FMS 是一套可编程的制造系统,具有如下功能:

(1) 具有多个标准的制造单元数控机床;

(2) 含有自动物料输送设备,能在计算机的支持下实现信息集成和物流集成;

（3）可同时加工具有相似形体特征和加工工艺的多种零件；

（4）能自动更换刀具和工件；

（5）能方便地联网，并容易与其他系统集成；

（6）能进行动态调度，在发生局部故障时，可动态重组物流路径。

目前 FMS 演变成小型化、低成本的柔性制造单元 FMC。它可能只有一台加工中心，但具有独立自动加工能力。有的 FMC 具有自动传送和监控管理的功能，有的 FMC 还可以实现 24 小时无人运转。

2.2.1.3 集成制造

1）计算机集成制造系统

随着计算机辅助设计与制造的发展，针对企业面临的激烈市场竞争，1973 年美国的约瑟夫·哈林顿博士提出计算机集成制造系统（Computer Integrated Manufacturing System，CIMS），是一种将从产品设计研制、生产到售后服务的生产周期作为一个不可分割的整体的企业组织生产哲理。它是在信息技术、自动化技术与制造的基础上，通过计算机技术把分散在产品设计制造过程中各种孤立的自动化子系统有机地集成起来，充分利用与制造相关的一切信息资源，在动态的竞争环境中寻求优化方案，创造一种整体优化的生产模式，适用于多品种、小批量生产，实现整体效益的集成化和智能化的制造系统。CIMS 可以说是 21 世纪工业综合自动化最主要的生产模式。

CIMS 模式主要由工程设计、产品加工和生产管理等组成，其支持系统有计算机辅助办公 CAO 系统、管理信息系统 MIS、决策支系统 DSS、办公室信息系统、计算机辅助设计 CAD、计算机辅助工艺规划、计算机辅助工程和计算机辅助制造等。

2）现代集成制造系统

当前，我国的计算机集成制造系统已发展为"现代集成制造系统"（Contemporary Integrated Manufacturing System），在广度与深度上进行了拓展。"现代"的含义包含计算机化、信息化、智能化；"集成"的内容，包括信息集成、过程集成及企业间集成等三个阶段的集成优化；不仅把技术系统和经营生产系统集成在一起，而且把人（人的思想、理念及智能）也集成在一起，使整个企业的工作流程、物流和信息流都保持通畅和相互有机联系，所以是人、经营和技术三者集成的产物。

3）效益评价

CIMS 是企业管理运作的一种手段，是一种战略思想的应用，其初期投资大、涉及面广、资金回笼周期长，短期内很难见到效益，因此在对 CIMS 作效益评价时不能单凭货币标准来衡量其效益，要多方面综合考虑其效益指标，可以从下面几个方面来理解。

（1）提高劳动生产率为企业带来的利润，为国家增加国民收入所做出的贡献。

（2）提高企业对市场的应变能力和抗风险能力，对企业实现经营战略所做出的贡献；提高企业市场竞争力、促进技术进步所做的贡献。

（3）为提高整个企业员工素质和技术水平所做的贡献。

（4）为节约天然资源所做出的贡献。

（5）为国家优化产业结构、发展新产业、提高在国际市场上的竞争力所做的贡献。

2.2.1.4　敏捷制造

1）敏捷制造提出的背景

计算机技术和信息技术的迅猛发展，使得信息化浪潮汹涌而来。20 世纪 90 年代，美国为了提高在未来世界中的竞争地位，重新夺回美国制造业的世界领先地位，在美国国防部的资助下，由美国通用汽车公司（GM）和里海（Leigh）大学的雅柯卡（Iacocca）研究所牵头，组织了百余家公司，并由通用汽车公司、波音公司、IBM、德州仪器公司、AT&T、摩托罗拉等 15 家著名大公司和国防部代表共 20 人组成了核心研究队伍，于 1994 年底提出了《21 世纪制造企业战略》。在这份报告中提出了敏捷制造系统（Agile Manufacturing System，AMS）和虚拟企业的新概念。这一新的哲理产生了巨大的反响。

2）敏捷制造系统

敏捷制造是以信息技术和柔性智能技术为主导的一种先进制造技术，敏捷制造是将柔性生产技术、具有技术和知识的劳动者与能够促进企业内部和企业之间合作的灵活管理集成在一起，来迅速适应市场需求并作出快速响应的具有创新精神的组织和管理结构。敏捷制造比起其他制造方式具有更灵敏、更快捷的反应能力。

敏捷制造有三个要素：生产技术、管理和人员。敏捷性是通过将生产技术、管理和人员三种资源集成为一个协调的、相互关联的系统来实现的。

敏捷制造的核心思想是反映企业驾驭市场变化快速反应的能力，满足顾客的要求。除了充分利用企业内部资源外，还可以充分利用其他企业乃至社会的资源来组织生产。

（1）敏捷制造的特点。

① 从产品开发开始的整个产品生命周期都是为满足用户需求的。

② 采用多变的动态组织结构。

③ 着眼于长期获取经济效益。

④ 建立新型的标准体系，实现技术、管理和人的集成。

⑤ 最大限度地调动、发挥人的作用。

（2）敏捷制造的优缺点。

① 优点：生产更快、成本更低、劳动生产率更高、机器生产率加快、质量提高、

提高生产系统可靠性、减少库存、适用于 CAD/CAM 操作。

② 缺点：实施起来费用高。

3）敏捷制造系统的体系结构

敏捷制造系统结构的参考模型由功能、信息、资源、组织和过程实施五个模块构成，其中过程实施是核心，它将其他四模块结合成一个有机整体，如图 2-1 所示。

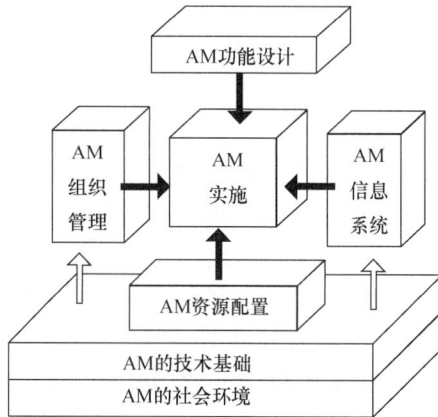

图 2-1　敏捷制造系统结构的参考模型

（1）敏捷制造（AM）的关键技术。

AM 的关键技术有信息服务技术、敏捷管理技术、敏捷设计技术、敏捷制造技术四类。

① 信息服务技术指信息技术、计算机网络与通信技术、数据库技术等。

② 敏捷管理技术指集成的产品与过程的管理、决策支持系统、经营业务过程重组等。

③ 敏捷设计技术指集成化产品设计与过程开发技术，是一系列技术的综合。

④ 敏捷制造技术指可重组和可重用的制造技术，包括虚拟制造技术、快速原型技术、数控技术和柔性制造技术等。

（2）AM 的功能设计包括如下内容。

① 敏捷管理：制定符合竞争机制的企业经营战略、组建敏捷捕捉市场机遇的快速响应体系、构建企业间优势互补的动态联盟体系和建立敏捷供应链等。

② 敏捷化设计：使用集成化产品设计与过程开发方法开发产品、采用动态仿真技术实现产品性能分析和引入智能知识推理机制提高设计过程的敏捷性等。

③ 敏捷制造技术：按车间作业分布自治进行企业资源重组、按可选工艺方案的协同决策进行工艺过程重组、采用即插即用总线接口技术实现现场的成组插件互连等。

（3）AM 的组织管理。

采用以动态联盟作为组织形式和以扁平化网络结构作为管理方式。

（4）AM 的信息系统。

敏捷制造信息系统是由若干个成员的节点构成的，且具有独立自治和相互协同能力的信息子系统优化组合而成。它具有快速构建、快速运作、快速重组和快速适应能力。

2.2.1.5　网络化制造系统

1）网络化制造提出的背景

网络技术特别是 Internet/Intranet 技术的迅速发展，正在给企业制造活动带来新的变革，其影响的深度、广度和发展速度远超过人们的预测。1996 年 5 月美国通用电器公司发表了计算机辅助制造网 CAMNet 的结构和应用。它通过万维网提供多种制造支撑服务，目的是建立敏捷制造的支撑环境。

正如 1997 年 10 月在新加坡召开的第四届国际 CIM 大会上，大会主席 Robert Gay 博士指出："自 1995 年的第三届国际 CIM 大会以来，基于 Internet 的生产经营活动是出人意料地迅猛增长。"1997 年美国国际制造企业研究所发表了《美国-俄罗斯虚拟企业网》研究报告，提出开发一个跨国虚拟企业网的原型，使美国制造厂商能够利用俄罗斯制造业的能力，建立美俄虚拟网络企业，为发展实现全球制造起到示范作用。

英国利物浦大学在欧共体（欧盟的前身）资助下建立《英国西北虚拟企业网》支持实现英国西北地区中小企业的合作与发展。

1998 年 12 月，欧洲联盟公布了"第五框架计划（1998-2002）"，将虚拟网络企业列入研究主题。

可见，信息技术正在推动制造业技术和组织的变革，它利用各种计算机辅助技术和远程信息网络将位于异地的、具有不同功能的工厂连接起来，引起了生产组织的变化。因此，在信息技术与网络技术，特别是因特网技术的迅速发展和广泛应用的背景下，针对市场竞争的压力和企业提高自身生产经营管理水平的需要，产生了网络化制造这一先进制造模式。

网络化制造（Internet Manafacturing，IM）是指通过采用先进的网络技术、制造技术及相关技术，构建面向企业特定需求的基于网络的制造系统，能突破空间对企业生产经营范围和方式的约束，开展覆盖企业产品全生命周期包括产品设计、制造、销售、采购、管理等各个业务活动，实现企业间的协同和各种社会资源的共享与集成，高速度、高质量、低成本地为市场提供所需的产品和服务。

我国科技部关于"网络化制造"的定义是"按照敏捷制造的思想，采用 Internet 技术，建立灵活有效、互惠互利的动态企业联盟，有效地实现研究、设计、生产和销售各种资源的重组,从而提高企业的市场快速反应和竞争能力的新模式。"

2) 网络化制造的内容

基于网络的制造,包括以下几个方面。

(1) 制造环境内部的网络化,实现制造过程的集成。

(2) 制造环境与整个制造企业的网络化,实现制造环境与企业中工程设计、管理信息系统等各子系统的集成。

(3) 企业与企业间的网络化,实现企业间的资源共享、组合与优化利用。

(4) 通过网络,实现异地制造。

总之,制造的网络化,特别是基于 Internet/Intranet 的制造已成为重要的发展趋势。

3) 网络化制造的生产模式(图 2-2)

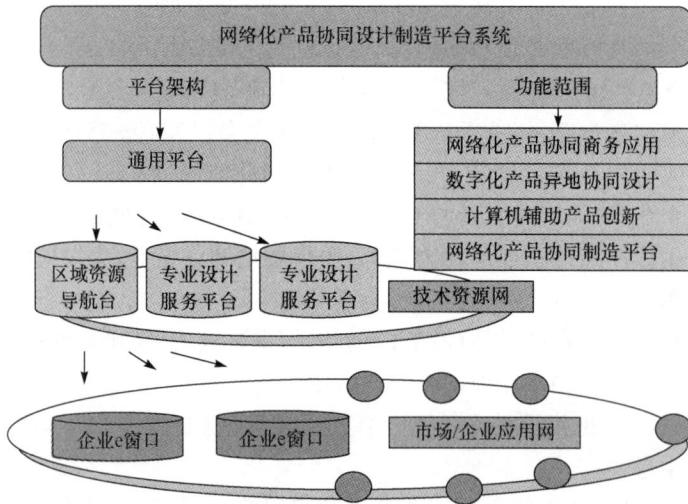

图 2-2 网络化制造的生产模式

网络化制造是利用以因特网(Internet)为标志的信息高速公路,灵活而迅速地组织社会制造资源,把分散在不同地区的现有生产设备资源、智力资源和各种核心能力,按资源优势互补的原则,迅速地组合成一种没有围墙的、超越空间约束的、靠电子手段联系的、统一指挥的经营实体——网络联盟企业,以便快速推出高质量、低成本的新产品。

网络化制造的生产模式有:[8]

(1) 制造系统的敏捷基础设施网络(Agile Infrastructure for Manufacturing System Network,AIMSNet)。

制造系统的敏捷基础设施网络(AIMSNet)包括:

① 预成员和预资格论证;

② 供应商信息；

③ 资源和伙伴选择；

④ 合同与协议服务；

⑤ 虚拟企业运作支持；

⑥ 工作小组合作支持等。

AIMSNet 是一个开放网络，可为任何企业提供服务，而且是无缝隙的，即企业从内部和外部获得服务没有任何区别。通过 AIMSNet 可以减少生产准备时间，使生产更为流畅，并可开辟生产活动的新途径。利用 AIMSNet 把能力互补的大、中、小企业连接起来，形成供应链网络。各企业更强调自己的核心专长，通过相互合作，有效地处理任何不可预测的市场变化。

（2）计算机辅助制造网络（Computer Aided Manufacturing Network，CAMNet）。

CAM 网络是通过 Internet 提供产品设计的可制造性、加工过程仿真及产品的试验等多种制造支撑服务，使得各企业成员能够快速连接和共享制造信息。建立敏捷制造的支撑环境在网络上协调工作，将企业中各种以数据库文本图形和数据文件存储的分布信息通过使能器集成起来以供合作伙伴共享，为各合作企业的过程集成提供支持。

（3）网络化制造模式下的 CAPP 技术。

CAPP（Computer Aided Process Planning）技术是指借助于计算机软硬件技术和支撑环境，利用计算机进行数值计算、逻辑判断和推理等的功能来制定零件机械加工工艺过程。借助于 CAPP 系统，可以解决手工工艺设计效率低、一致性差、质量不稳定、不易达到优化等问题。CAPP 是联系设计和制造的桥梁和纽带，所以网络化制造系统的实施必须获得工艺设计理论及其应用系统的支持。CAPP 系统是当前网络化制造系统研究和开发的前沿领域。

CAPP 系统包括：

① 基于 Internet 的工具化零件信息输入机制建立；

② 基于 Internet 的派生式工艺设计方法；

③ 基于 Internet 的创成式工艺设计方法等。

（4）企业集成网络（enterprise integration network）。

企业集成网络提供的各种增值服务包括：

① 目录服务是帮助用户在电子市场或企业内部寻找信息、服务和人员；

② 安全性服务是通过用户权限为网络安全提供保障；

③ 电子汇款服务是支持在整个网络上进行商业往来。

通过这些服务，用户能够快速地确定所需要的信息，安全地进行各种业务以及方便地处理财务事务。

2.2.1.6　智能制造

1) 智能制造提出的背景

智能制造(Intelligent Manufacturing,IM)源于人工智能的研究。人工智能就是在计算机上实现的智能。产品性能的完善及结构的复杂化、精细化,以及功能的多样化,促使产品设计信息、生产线和生产设备内部的信息、制造和管理过程的信息量的爆炸性增长,使制造系统由原先的能量驱动型转变为信息驱动型,这就要求制造系统不但要具备柔性,而且还要表现出智能,否则是难以处理如此大量而复杂的信息工作量的。其次,瞬息万变的市场需求和激烈竞争的复杂环境,也要求制造系统表现出更高的灵活、敏捷和智能。因此,智能制造越来越受到重视。

1992年,美国执行新技术政策,大力支持信息技术和新的制造工艺相融合的智能制造技术,希望借助此举改造传统工业并启动新产业。

日本于1989年提出智能制造系统,并于1994年启动了先进制造国际合作研究,包括公司集成和全球制造、制造智能体系、分布智能系统控制、快速产品实现的分布智能系统技术等。

1994年,欧洲联盟启动了39项核心技术,其中信息技术、分子生物学和先进制造技术三项均突出了智能制造的位置。

中国20世纪80年代末也将"智能模拟"列入国家科技发展规划,正式提出"工业智能工程",作为技术创新计划中创新能力建设的重要组成部分,智能制造将是该项工程中的重要内容。

由此可见,智能制造正在世界范围内兴起,它是制造技术,特别是制造信息技术发展的必然结果,是自动化和集成技术向纵深发展的结果。

2) 智能制造系统

智能制造系统(Intelligent Manufacturing System,IMS)是一种由智能机器和人类专家共同组成的人机一体化智能系统。它在制造过程中能进行智能活动,诸如分析、推理、判断、构思和决策等。通过人与智能机器的合作共事,去扩大、延伸和部分地取代人类专家在制造过程中的脑力劳动。它把制造自动化的概念更新扩展到柔性化、智能化和高度集成化。智能制造系统不仅能够在实践中不断地充实知识库,具有自学习功能,还有搜集与理解环境信息和自身的信息,并进行分析判断和规划自身行为的能力。

智能化是制造自动化的发展方向。智能化可广泛应用于制造过程的各个环节,实现制造过程智能化。例如,专家系统可用于工程设计、工艺过程设计、生产调度、故障诊断等;神经网络和模糊控制技术等先进的智能方法可应用于产品配方、生产调度等;人工智能技术可用于解决特别复杂和不确定问题。

日本在1990年4月推出"智能制造系统 IMS"国际合作研究计划。美国、欧洲共同体、加拿大、澳大利亚等许多发达国家都参加了该项计划。该计划共计划投资10 亿美元,对 100 个项目实施前期科研计划。

3) 智能制造系统的几种先进模式

智能制造系统从广义概念上来理解,计算机集成制造系统(CIMS)、敏捷制造(AM)等都可以看做是智能自动化的例子。

智能制造系统除制造过程本身实现智能化外,还逐步实现智能设计、智能管理等,再加上信息集成、全局优化,逐步提高系统的智能化水平,最终建立智能制造系统。智能制造系统有几种先进模式。

(1) 多智能体系统。

多智能体(Multi-Agent System,MAS)中的智能体(agent)是用以描述计算机软件的智能行为。它是从商品经济活动中被授权代表委托人的代理商的概念借用到人工智能和计算机科学领域。曾经有人预言:"基于 agent 的计算将可能成为下一代软件开发的重大突破"。

随着人工智能技术在制造业中的广泛应用,多智能体(MA)系统是解决产品设计、生产制造乃至产品的整个生命周期中的多领域间的协调合作的一种智能化方法,也是实现系统集成、并行设计,以及智能制造的一种有效的手段。

在分布式制造网络环境中,根据分布式集成的基本思想,应用分布式人工智能中多 Agent 系统的理论与方法,实现制造单元的柔性智能化与基于网络的制造系统柔性智能化集成。根据分布系统的同构特征,智能制造系统的局域实现形式,实际也反映了基于 Internet 的全球制造网络环境下智能制造系统的实现模式。

(2) 整子制造系统。

整子制造系统(Holonic Manufacturing System,HMS)的概念是 1994 年在国际智能制造系统研究项目中提出的。holon 是 holos(整体)和 on(粒子)两词的组合,定义为制造系统中一个自治的和协作的合成体,它可以转换、运输、存储信息以及物理实体。整子系统就是由很多不同种类的整子构成,通过互相协作以达到特定的目标。它将从订单、设计、生产和销售的整个生产活动整合起来。用来实现敏捷自治企业。

整子的最本质特征是:

① 智能性:整子具有推理、判断等智能能力。

② 自治性:每个整子可以对其自身的操作行为作出规划,可以对意外事件(如制造资源变化、制造任务货物要求变化等)作出反应,并且其行为可控。

③ 协作性:每个整子可以请求其他整子执行某种操作行为,也可以对其他整子提出的操作申请提供服务。

④ 敏捷性:具有自组织能力,可快速、可靠地组建新系统。

⑤ 柔性:适应快速变化的市场而改变制造。

　　整子的上述特点表明,它与智能体的概念相似。由于整子的全能性,有人把它译为全能系统。

　　在整子制造系统(HMS)中,被称为 holon 的智能体可以是软件实体,也可以是物理实体;一个 holon 也可属于另一个 holon。holon 与 agent 有很多共同点,如自治性、协作性和开放性。多智能体系统(MAS)为整子制造系统(HMS)的发展提供了技术支持。

2.2.1.7　自动化仓库技术的发展

　　自动化仓库是自动化技术在仓储领域(包括主体仓库)中的应用,其发展可分为五个阶段:人工仓储阶段、机械化仓储阶段、自动化仓储阶段、集成化仓储阶段和智能自动化仓储阶段。在仓储领域中,智能自动化仓储将是主要发展方向。

　　1) 人工仓储

　　物资的输送、存储、管理和控制主要靠人工实现,其优点是实时性和直观性,并且创建人工仓储的投资比较低。

　　2) 机械化仓储

　　物料是用各种各样的传送带,工业输送车、机械手、吊车、堆垛机和升降机等机械来移动和搬运,用货架托盘和可移动货架存储物料,用限位开关、螺旋机械制动,并通过人工操作机械来存取设备,在机械监视器上来监视人工操作。仓储的机械化提高了搬运速度和精度,并可使货物的存取达到更高的高度和更重的重量。

　　3) 自动化仓储

　　自动化技术的发展促进了仓储技术的发展,使仓储技术从机械化走向自动化。从开始采用自动导引小车(AVG)、自动货架、自动存取机器人、自动识别和自动分拣等系统发展为旋转体式货架、移动式货架、巷道式堆垛机。

　　4) 集成化仓储

　　随着计算机技术的发展,工作重点从各个设备的局部自动化转向物资的控制和管理,并要求实时、协调合一体化,于是便形成了"集成系统"的概念,在集成化系统里包括了人、设备和控制系统,通过计算机之间、数据采集点之间、机械设备的控制器之间以及它们与主计算机之间的通信,可以及时地汇总信息,仓库计算机及时地显示和记录订货、到货时间和库存量,管理人员可随时掌握货源及需求并作出决策。在集成化系统中,整个系统的有机协作,使总体效益和生产的应变能力大大超过各部分独立效益的总和。集成化仓库技术作为计算机集成制造系统中物资存储的中心,受到人们的重视。

　　5) 智能自动化仓储

　　人工智能技术的发展促使自动化技术向更高级的阶段——智能自动化方向发展,因此,仓储技术的智能化将具有广阔的应用前景。

2.2.2　流程工业智能自动化的发展

2.2.2.1　我国流程工业企业对综合自动化技术的需求

流程工业是指在国民经济中占有重要地位的石化、炼油、化工、冶金、制药、建材、轻工、造纸、采矿、环保、发电等行业,是国民经济发展中极为重要的基础支柱产业,也是制造业的重要组成部分。流程工业的特点是以处理连续或间歇的物料和能量流为主,产品多以大批量的形式生产。但流程工业均存在能耗高、成本高、劳动生产率低、资源利用率低的缺点。能耗普遍比国外先进水平高出 30%,劳动生产率只有国外的 20%~30%,生产成本普遍比国外高出 1~2 倍。又如有色金属行业,我国十种常用有色金属年产量为 650 多万吨,居世界第 2 位,但由于总体过程自动化技术和装备水平与国外相比还有较大的差距,我国有色金属行业采选业资源利用率仅为 35%,而发达国家为 60% 以上;硫利用率(环境污染)我国为50%,发达国家为 95% 以上。

据美国 ARC 公司调查,应用流程工业综合自动化技术可获得显著的经济效益,例如,产品质量提高 19.2%,劳动生产率提高 13.5%,产量提高 11.5%。这正是流程工业综合自动化技术的重要潜在市场。

2.2.2.2　国外流程工业自动化技术发展的现状

20 世纪 80 年代后期,随着计算机技术和网络技术的迅速发展,流程工业出现了集控制、优化、调度、管理、经营于一体的综合自动化新模式。

国外大型流程企业,特别是石油化工企业十分重视信息集成技术的应用,提出以数学模型为核心的工厂信息集成系统,从低层到上层采集信息,从供应链的源头到产品的客户,连接实时数据库和关系数据库,对生产过程进行过程监视、控制和诊断,环境监测,单元整合,模拟和优化。在管理决策层进行物料平衡、生产计划、调度、排产、企业资源计划、离线在线模拟与优化等为内容的综合自动化系统。1995 年,美国、日本、西欧等国已有 100 多家炼油、化工企业在实施综合自动化技术,如日本三井石油化学工业公司、美国德曹达公司、高尔公司等化工企业都相继建立了以智能自动化为核心的综合自动化系统。目前国外实施综合自动化技术的大型流程工业企业已占很大比例。

另一方面,国外已有许多传统的自动化仪器仪表厂家,如 Honeywell、ABB、Rockwell 等著名公司,逐步向智能化和综合自动化整体解决方案供应商转化。例如,在线过程优化软件能使生产装置安全平稳和优化运行。它包括获取正确反映生产装置状态的原始生产数据;利用数据校正技术,分析、综合出产品质量、装置能力及状况、能源消耗、故障报警等信息,实现质量监控、故障诊断和安全管理;同时,利用流程模拟技术模拟生产装置状况,进行生产作业计划的优化调度,以最少的能耗、最高的安全性或最大的产品效益,确定各个生产装置的负荷,并通过静态实时优化向先进控制层提供最优操作条件。

Rockwell 公司提出 e-Manufacturing 解决方案、ABB 公司提出基于 MES(生产过程制造执行系统)的综合自动化解决方案。AspenTech 和 Honeywell 这两家大公司都已不再局限于过程自动化系统与软件领域,而是在其中下层自动化软硬件优势的基础上分别提出了面向企业整体的解决方案,如 AspenTech 公司推出的 Aspen Engineering Suite、Aspen Manufacturing Suite 和 Aspen Supply Chain Suite 套件,并提出"智能化工厂(Plantelligence)"的概念。Honeywell 的子公司 HiSpec Solutions 推出面向石油与天然气、制浆造纸、化工、炼油工业的 Unified Manufacturing Solutions for Business Optimization 套件。

因此,这些大公司已逐步形成了对流程企业综合自动化软件和系统产品的垄断之势,软件及服务价格动辄在几十万到几百万美元,并已开始大规模地向我国国内市场推销。

2.2.2.3　我国流程工业综合自动化技术的发展

近二十年来,我国在流程工业综合自动化领域已取得很大的发展,如集散控制系统(DCS)、现场总线技术,以及先进控制、实时优化、生产优化调度和过程优化管理等软件已广泛应用于国内众多石化、化工、医药、冶金、建材/轻工等流程企业,产生了巨大的经济效益和社会效益。但在总体上看,与国际先进水平相比还有不小差距。因此,对于在国民经济中占有重要地位的流程工业全面应用综合自动化技术,从而全面提升企业综合竞争力已成为基本共识。

随着我国市场经济体制的不断完善和加入 WTO,工业企业通过技术改造增加产品竞争力的愿望越来越迫切,需要大量以生产过程制造执行系统(MES)为主要内容的综合自动化技术、软件和服务。在石化、钢铁、炼油、电力等行业,已采用了不少国外智能化和先进控制与过程优化软件,但由于这些软件对我国工业企业的适应性不够,且其工程服务和维护费用过高等因素,进口软件产品并非都取得了预期的效益,这也为我们自行开发适合我国工业企业特点的、具有较高性能价格比的 MES 各功能软件,并提供及时、周到、价格适宜的现场工程服务带来机遇。

例如,浙大中控软件公司推出了工业自动化整体解决方案 InPlant (Intelligent Plant),是实现集控、优化、调度、管理、经营于一体的综合自动化的成套软件与工程服务,将可全面提升企业产品质量、生产能力、信息化水平以及综合竞争力。InPlant 突破了传统自动化体系的层次概念,以统一数据管理,统一通信、统一平台,有机地整合、优化各种独立、分离的产品与技术,发挥其产品、技术体系的最大功能,从而获得最大的效益。[9]

InPlant 通过计划调度与排产优化技术和流程模拟来提高设备利用率和劳动

生产率;通过数据和信息的综合集成,如先进的管理技术(ERP 与 CRM)、协同办公、电子商务、企业门户、价值链分析技术等促进企业价值的增值,最终提高企业的综合竞争力。

InPlant 兼具兼容性与开放性,能提供"一步到位"的全程服务,最大限度地保护用户已有的投资。

InPlant 的优势是安全和低成本。它利用各种高可靠性的控制系统、检测和执行机构对设备与装置的运行提供保证,进而对关键装置进行故障诊断与健康维护,并通过先进的建模技术、控制技术和实时优化技术来提高产品的合格率和转化率,降低能耗和原料消耗。

企业通过实施智能化与综合自动化可以获得显著的经济效益。下面以流程工业供应链为例说明为企业提供整体解决方案的益处。企业供应链环节所涉及的成本占企业总成本的 $60\%\sim80\%$,因此,高效的供应链管理可以使总成本下降 10%,相当于节省总销售额的 $3\%\sim6\%$。这种效益是从以下几方面取得的。

(1) 生产制造成本下降 15%;

(2) 运输费用下降 10%;

(3) 按时交货率提高 15%;

(4) 订单完成时间减少 $25\%\sim35\%$;

(5) 仓库库存下降 $50\%\sim80\%$;

(6) 现金周期比一般公司好 $40\%\sim65\%$;

(7) 客户需求预测和管理明显改进。

由此可见,对流程工业而言,除了工艺和装备的革新与进步外,最重要的技术手段就是智能化与综合自动化技术。

2.2.2.4　电力系统自动化的发展

随着国民经济的发展、人民生活水平的提高,电能的需求在不断增加,人们对电能质量的要求也越来越高,促使发电设备数量增多,电网结构和运行方式越来越复杂,为了保证用户的用电,必须对电网进行管理和控制。

1) 电力系统运行管理和调度的任务

电力系统运行管理和调度的任务是:

(1) 维持电力系统的正常、安全运行。一旦系统发生事故,其危害是难以估计的,因此,维持电力系统的安全运行是首要任务。

(2) 为用户提供高质量的电能。反映电能质量的参数是电压、频率和波形。这三个参数必须控制在规定范围内,才能保证电能的质量。稳定电压的关键是调节系统中无功功率的平衡,稳定频率的关键是调节系统中有功功率的平衡,稳定波形的关键是调节发电机。

（3）保证电力系统经济运行，使发电成本最低。

（4）电网调度自动化。

电力系统是一个分布面广、设备量大、信息参数众多的系统。为了有利于能量的传送，发电厂发出电能供给用户，电压必须经过从低到高，再从高到低几级不同电压级别的变电站，从而形成复杂的电力网拓扑结构。电网调度正是按照电网的这种拓扑结构进行管理和调度。

电网是按电压级别设置调度中心。电压级别越高，调度中心的级别也越高，整个系统是一个宝塔形的网络图。一般电网调度采用分级调度方法，上一级直接管理和调度其下一级调度中心。它可简化网络的拓扑结构，使信息的传送变得更加合理，且可大大减少通信设备，并提高系统运行的稳定性。我国电力系统调度分为国家调度中心，大区网局级调度控制中心，省级调度控制中心，地区调度控制中心，县级调度中心。

2）监视控制和数据收集系统

电网调度自动化是一个总称，由于各级调度中心的任务不同，调度自动化系统的规模也不同，但无论哪一级调度自动化系统，都具有一种最基本的功能，就是监视控制和数据收集系统（Supervisory Control And Data Acquisition，SCADA）。

SCADA 主要包括以下一些功能（图 2-3）。

图 2-3　电网调度 SCADA 图

3）电网调度自动化的网络化

数字传输技术和光纤通信技术的发展，使得电网调度自动化进入了网络化。目前电网调度中大多采用分布式计算机系统。随着国民经济的迅速发展，我国进入了大电网、大机组、超高压输电的时代。随着我国电网自动化系统的发展，电网调度自动化水平将会进一步提高，进入世界先进水平行列。

4）电力系统的能量管理系统（Energy Management System，EMS）

（1）自动增益控制（Automatic Gian Control，AGC）。

AGC 系统要求做到对发电机发电多少是由电厂上级的调度中心根据全局优化的原则来进行控制，而不是由电厂直接控制。

（2）经济调度控制（Economic Dispatch Control，EDC）。

EDC 的目的是控制电力系统中各发电机的出力分配，使电网运行成本最小，EDC 常包含在 AGC 中。

（3）安全分析（Security Analyze，SA）。

SA 功能是电网调度为了做到"防患于未然"而配备的功能。它通过计算机对当前电网运行状态的分析，估计可能出现的故障，预先采取措施，避免事故发生。如果电网调度自动化系统具有了 SCADA＋AGC/EDC＋SA 功能，就称为能量管理系统（EMS）。

5）电力系统运行管理系统

电力系统运行管理系统的具体内容有，数据采集、信息显示、监视控制、报警处理、信息存储及报告、事件顺序记录、数据计算、具有 RTU（远端终端单元）处理功能、事件追忆功能。

2.3　智能自动化在工业化进程中的重大作用

信息化、智能自动化与工业化的融合就是在工业化进程中，逐步使用信息与智能自动化技术，使之渗透到工业领域相关要素，包括企业管理、企业营销、工业设计、工业生产、工业安全、工业装备与工业产品中，并形成新型工业装备，使其达到优化设计、优化调度、优化流程、提升效率、降低成本、节能降耗与增强活力，提升工业素质和工业能力，是工业转型升级的驱动力，是现代工业发展的灵魂。

当今工业化是基础，是社会发展最主要拉动力。现在，新型制造业已经开始出现，我国制造业占国民经济的 20％，而新型制造业的核心是数字化与智能自动化技术，可见，智能自动化在工业化进程中具有重大作用。然而，近年来，我国工业快速发展，已成为具有全球影响力的制造业大国，但工业大而不强的问题仍十分突出。利用信息化和智能自动化技术来升级传统产业发展的需求已经非常迫切。随着工业的不断发展壮大，我国工业信息化与智能自动化技术也有了更多的发展机会。

当今世界正处在科技创新突破和新科技革命的前夜,在今后的十至二十年,很有可能发生一场以绿色、智能和可持续为特征的新的科技革命和产业革命。为了全面实现小康社会和现代化建设目标的战略任务,面对可能发生的新科技革命,我国必须及早准备。[10]

我国制造业(包括流程工业)的发展过程中,无论是系统运行优化还是工厂的节能降耗和提高产品质量,以至于企业核心竞争力,都与智能自动化系统有着密切的联系。随着生产规模的扩大、竞争的激烈、环保要求的提高,智能自动化技术日益成为全面提高企业核心竞争力的关键。

中国工业化在这个阶段的根本任务是继续走中国特色新型工业化道路,实现由工业大国到工业强国的转变。为此,需要企业在创新能力、产业升级和制度创新上下工夫。创新(特别是原始创新)是中国能否真正"后来居上"的关键和决定性因素。

信息化与智能自动化对于人类社会和国家民族发展的重要性不言而喻。智能自动化与信息化将推进生产力的发展、促进生产关系的变革,会触发经济、社会转型和由工业社会向信息社会的转变,而且将影响一个国家在人类历史长河中的重新定位。因此,认识信息化和智能自动化,以信息化和智能自动化谋发展,也成为每一个国家在信息时代必须关注的重大主题[10]。

第3章　工业化的高度发展引发能源、资源、环境的严重问题及对策

3.1　当前资源、环境因素与经济社会发展面临的严重问题

3.1.1　工业化的高度发展引发的严重问题

人类社会一直是在与其外部环境的相互联系、相互作用中发展前进的。从人类的发展观看,人类的发展是沿着经济-社会-环境三个层次扩展,并交织在一起不断深化。

自工业革命以来相当长的时期里,普遍奉行追逐国内生产总值(GDP)的不断扩张的传统经济模式。它是单向的"资源-产品-废弃物"线性经济,需要高强度地开采和消耗资源,同时高强度地破坏生态环境。实际上 GDP 是不计资源环境代价的经济增长的代名词,其本质是长期割裂经济社会与生态系统的联系作用,将人类社会从生态系统中孤立出来,并视资源环境可无限任意取用的变相反映。以 GDP 为唯一表征经济增长的结果,在剥离与资源环境的关联制约下犹如脱缰之马,无顾忌地驱使着人类经济社会向其外部生态环境肆意冲击。[11]

随着以增长为核心的大规模经济建设,一幕幕令人震惊的资源、能源耗竭,环境污染与生态破坏的情景,以及自然界反馈给人类生存发展的种种威胁报复,使得人类的发展观遭遇到严峻的挑战。

工业化与工业文明带来的是高效率、高投入、高产出、高能耗和高污染。整个20 世纪,人类消耗了约 1420 亿吨石油、2650 亿吨煤、380 亿吨铁、7.6 亿吨铝、4.8亿吨铜。占世界人口 15% 的工业发达国家,消费了世界 56% 的石油和 60% 以上的天然气,以及 50% 以上的矿产资源。

世界工业化的发展引发一系列全球性生态危机,说明地球再没能力支持工业文明的继续发展,需要开创一个新的文明形态来延续人类的生存。

3.1.2　以传统增长模式为核心的经济发展体系的生态缺陷

以传统增长为核心的经济发展体系模式,其生态缺陷突出表现为[11]:

1) 割裂与生态环境大系统的关联

在我们赖以生存的地球上,人类经济社会只是生态环境这一大系统的子系统。但是,工业社会以来的实践,并不顾及生态环境系统自然法则的制约,视人类经济社会子系统的行为与生态环境大系统独立无关。其结果,使得人类社会与自然生

态系统格格不入,并陷入严重矛盾冲突的境地。

2) 引发各种严重的生态环境恶化问题

生态系统是通过自身不断的物质循环运动,维持着生态平衡,并支撑着人类社会的发展。然而,现有的人类经济社会,为追逐资本的不断循环增殖,一直信奉沿袭着资源－生产/消费－废物的单向线性的物质代谢方式。在有限的生态大系统的承载能力下,毫无节制地从地球上攫取着资源能源,尤其是不可再生的资源能源,又通过粗放扩张型的生产方式和日益膨胀的消费行为,将大量的废物抛入环境,不断加剧着地球资源能源的危机,引发着各种严重的生态环境恶化问题。

3) 缺乏与生态系统共生相容的构造功能

由生产者、消费者和分解者三类基本成员及其共生结构形成的生态系统,通过物质能量的梯级传递与循环利用,维持着生态系统的物质转换与动态平衡。但是人类社会的经济结构,特别是支持经济增长与发展的产业结构,整体缺乏与生态系统共生相容的构造功能,很少顾及结构本身生态特性的改进,导致更广泛的、深层次的结构性资源环境问题。

具有致命生态特征的人类系统,极大地冲击破坏着它与生态环境大系统的统一协调,进而严重危及恶化着人类自身的生存与发展,因此,根除人类系统自身的生态缺陷,变革长期支配人类社会的传统经济增长与发展方式,是人类在可持续发展道路上成功的关键。

3.2　我国资源、环境与经济社会发展关系走过的历程

尽管现存生态系统尚未完全遏制人类的经济增长,然而不断扩张的经济增长以及与其相伴随的人口与需求的激增,使环境资源的匮乏日益显著。

在"八五"期间,经济增长遭遇了资源环境难关。"因为按当时的经济增长速度对煤炭消耗的弹性系数来计算,煤炭的需求量将达到15亿吨左右,这是环境所不能承受的。仅酸雨对农作物和生态带来的影响,就可能抵消掉工业增长带来的效益。"但是,最终还是给经济增长速度让步,将生态环境置于"敲边鼓"的位置[11]。

到"九五"期间,要求实现的两大转变,写进党的十四届五中全会《建议》和《九五"计划纲要》中。但受到长期以来囿于传统经济增长理论的束缚,资源环境变量不能进入生产函数和经济增长的贡献要素,还是着眼于经济规模、产业结构、科学技术、劳动者素质,乃至经济体制、对外开放等传统经济因素。

党的十六大发出走新型工业化道路的号召,并将新型工业化明确表述为"科技含量高、经济效益好、资源消耗低、环境污染少、人力资源优势充分发挥"这样令人振奋的前景。这一包容资源环境考虑的新型工业化的概念内涵,终于使得在以工业化表征经济增长发展阶段的方式中,资源环境成为转变经济增长方式的必要组

成。如何将资源环境因素切实综合到经济发展过程中,走出新型工业化的路子,正是我国亟待解决的探索性问题。

党的十七大提出,"要加快转变经济发展方式,推进产业结构优化升级,坚持走中国特色新型工业化道路。"重点内容是推进产业结构调整和优化升级;优化工业布局;加强环境保护;把扩大国内消费需求作为拉动经济增长的主要动力;高度重视农村劳动力转移问题和大力推进科技创新。

明确提出在发展工业与保护环境的关系上,短期利益要服从长远利益,局部利益要服从全局利益,追求经济增长应与保护环境相统一。对规模不经济、技术落后、能源和原材料消耗高、污染严重的企业,必须下决心关停。通过提高经济规模、技术和环境保护标准等手段,严格市场准入规则。

党的十八大提出,"坚持走中国特色新型工业化、信息化、城镇化、农业现代化道路,推动信息化和工业化深度融合、工业化和城镇化良性互动、城镇化和农业现代化相互协调,促进工业化、信息化、城镇化、农业现代化同步发展。"十八大代表纷纷表示,党的十八大报告为中国特色新型工业化道路指明了方向。

就生态建设与经济发展的关系,十八大提出将生态文明建设列为五位一体总布局之一,把生态文明建设提升到了与经济、政治建设同样的地位。

中国经过最近三十多年的高速发展,已经成为世界第二大经济体。然而也付出了巨大的环境代价。从全球范围看,节能、循环、低碳正成为新的发展方式,"绿色工业革命"已拉开帷幕。

3.3　人类经济社会与自然生态环境系统的和谐相容、统一共处

产业的生态化,即采取资源环境与经济发展一体化的战略与政策。利用市场机制,围绕以产品与生产技术为核心的产业系统进行生态结构重组转型,促进产业系统的生态质变。以产业结构生态化重组转型为核心内容的生态产业建设,将内在地支撑着传统经济增长方式的转变与循环经济体系形态的形成,同时也会有力地促进我国新型工业化的进程与经济跨越式的发展[11]。

人类社会作为地球这个生态环境大系统中的子系统,应是一个能够减少对外界资源的索取、优化能源的使用、促使各种废物的再生,对其物质代谢过程具有反馈循环机能的子系统。从与生态环境大系统的关系看,它又应是一个可以合理参与地球生态系统的物质循环,并与其协调相容的有机组成部分。

核心点在于通过产业结构生态重组为基础的产业生态化,创建一种由全新的生产消费方式支撑的经济体系与发展模式,以改进提高人类经济社会系统的生态化。这一体系模式,不仅具有自身物质的循环反馈机制,也能有机地融入到自然生态系统的物质循环过程中。以此为基础的人类经济社会与自然生态环境系统的和

谐相容、统一共处,这才是科学合理地维护生态系统的动态平衡,实现人类可持续发展的正确含义[11]。

3.4　我国能源、资源、环境因素与低碳经济发展的关联与比较

在经济飞速发展的今天,当世界各地的人们在不断扩大生产规模,创造物质财富,满足日益增长的物质文化生活需求的同时,也对人类赖以生存的资源环境造成严重的破坏。由于大量碳排放而导致的环境污染和温室效应就是明显的例证。2003 年英国政府在《能源白皮书》中首次提出"低碳经济"的概念,认为低碳经济是通过更少的自然资源消耗和更少的环境污染,获得更多的经济产出。低碳经济是创造更高的生活标准和更好的生活质量的途径和机会,也为发展、应用和输出先进技术创造了机会,同时,也能创造新的商机和更好的就业机会[12]。

发展低碳经济与经济、技术、社会人文和制度环境等因素的关联度较高。

3.4.1　经济与社会发展水平比较

从表 3-1[12]所述国家 2009 年 GDP 总量看,美国和日本超过中国,但 2010 年中国为 5.87 万亿美元,日本为 5.47 万亿美元,中国已经超过日本成为世界第二大经济体。从 GDP 增长速度看,我国达到 9.1%,远远高于上述国家。经济快速发展,总量迅速扩张,对能源的需求量也不断增长。据统计,我国 2009 年能源消费量30647 万吨标准煤,比 2000 年的 150406 万吨标准煤增长了 1 倍多,能源需求的快速增加带来较高的碳排放量。因此,节能减排的任务十分艰巨。

表 3-1　2009 年中国与发达国家经济与社会发展指标比较

国家	GDP 总量/万亿美元	GDP 比上年增长/%	第三产业比重/%	人口总数/万	城市化率/%
美国	14.3	1.4	78.0	30721	80.0
英国	2.8	1.1	80.0	6111	96.0
法国	3.0	0.9	72.0	6442	95.0
德国	3.8	1.7	70.0	8233	94.5
日本	4.8	0.7	73.0	12798	79.6
中国	4.2	9.1	43.4	133861	46.6

注:根据 2009/2010 年《世界经济年鉴》、2010 年《国际统计年鉴》、2010 年《中国统计年鉴》数据整理

3.4.2　能源结构与能源经济效率比较

3.4.2.1　能源消费结构比较

中国能源总量比较丰富,其中以煤炭、石油、天然气为主。煤炭储量为 1.5 万亿吨,在能源结构中占主导地位,居世界第 3 位;石油储量为 70 亿吨,居世界第 6 位;天然气储量为 33.3 万亿米^3,居世界第 16 位。同时中国又是世界上人均能源保有量最低的国家之一,煤炭和水利资源人均拥有量相当于世界平均水平的 50%,石油、天然气人均资源量仅为世界平均水平的 1/15 左右,人均能耗水平不足世界平均水平的 1/2。目前中国是世界上第一大能源生产国,2010 年全国能源生产总量达到 29.9 亿吨标准煤,比 2005 年增长 38.3%,年均增长 6.7%。另一方面,中国是世界上第二大能源消费国,2005 年全国能源消费总量达 22.33 亿吨标准煤,占世界的 13.9%,而 2010 年中国全年能源消费总量达 32.5 亿吨标准煤,同比增长 11.2%,占世界能源消费总量的 20.3%,已成为全球第一大能源消费国[13]。

中国的能源分布结构决定了煤炭成为能源消耗的主体。一次能源消费中,煤炭占较大的比重,20 世纪 50~60 年代为 90% 左右,70 年代为 80% 左右,80~90年代为 70% 左右,到 2000 年煤炭比重仍占到 65%。根据中国工程院《中国可持续发展能源战略研究》的报告,在今后相当长的时间里,煤炭仍然是主要能源,到2050 年,中国一次能源消费中煤炭比重依然会保持在 50% 左右。

3.4.2.2　能源经济效率比较[12]

能源经济效率也称能源强度,是指产出单位经济量(或实物量、服务量)所消耗的能源量。能源强度越低,能源经济效率越高。能源经济效率指标通常用宏观经济领域的单位 GDP 能耗和微观经济领域的单位产品能耗来衡量。从单位 GDP 能耗指标看,2009 年中国为 1.077 吨标准煤,比上年降低 3.61%,但仍与发达国家存在较大差距。据世界银行数据,目前,中国单位 GDP 能耗约是美国的 4 倍、日本的 7 倍、韩国的 2 倍、印度的 1.8 倍。

中国能源利用效率较低,目前全国总体能源利用效率为 33%,与世界先进水平相差近 10%,其中电力、钢铁、有色、石化、建材、化工、轻工、纺织等 8 个行业主要产品单位能耗平均水平比国际先进水平高 40%,单位产值能耗是世界平均水平的 2.4 倍,比美国、日本、欧洲分别高 2.5 倍、8.7 倍、4.9 倍。据统计,2004 年我国消耗了全球 8% 的石油、10% 的电力、19% 的铝、20% 的铜和 31% 的煤炭,然而中国GDP 总量仅占世界 GDP 总量的 4%,这意味着 4% 的 GDP 消耗了全球 15% 的能源。而根据《BP 世界能源统计报告》[13],2010 年我国煤炭、石油、天然气的消耗量分别占世界的 48.2%、10.6% 和 3.4%,分列世界第 1 位、第 1 位和第 4 位,而二氧化碳的排放量达到了 83.32 亿吨,占世界总排放量的 25.1%,居世界首位。这些数据表明中国的经济发展走的是一条高能耗、高污染的道路。

低碳经济的实质是能源结构和能源利用效率问题。实践表明,在一定的能源生产和消费量情况下,能源结构的调整可以减少大量的碳排放。我国非煤能源比重较低,仅达到 29.7%,远低于上述发达国家。在化石能源消费中我国煤炭消费占 70.3%,石油和天然气比重占 22%。可再生能源中核能、水电和风能仅占7.7%。能源利用效率微观数据表明,我国主要耗能工业产品单位能耗与国际先进水平还存在一定的差距,节能降耗还存在很大空间。应通过加大科技研发支出,构建起低碳经济技术体系,提高能源利用体系整体效率。

3.4.2.3 碳汇林业发展比较

"碳汇"是指自然界中碳的寄存体。研究表明,森林植被是地球上存在的巨大碳汇,它们通过光合作用可以吸收和固化二氧化碳,进而抵消部分工业源二氧化碳的排放量。碳汇林业与低碳经济呈正相关关系。因此,碳汇林业在应对气候变化,发展低碳经济中具有重要作用。科学研究表明,林业每生长 1 平方米,平均吸收1.87 吨二氧化碳,释放 1.62 吨氧气。发达国家为保护生态环境,减少碳排放,积极发展碳汇林业。目前,日本的森林覆盖率已经达到 67%,韩国 64%,瑞典 54%,加拿大 44%,美国 33%,德国 30%,法国 27%,印度 23%。2009 年,我国森林覆盖率达到 20.3%[12]。

3.5 改善能源、资源、环境严重问题的对策——建设生态文明

3.5.1 建设生态文明

人类社会文明经历了原始文明、农业文明、工业文明。从人与自然的关系看,原始文明是人类完全被动接受自然的阶段,特点是技术落后、消费低,但与自然和谐共处;农业文明是人类开始初步对自然进行探索与开发的阶段,特点是耕种、驯养、效率低、人口增加,区域性不和谐;工业文明是人类社会征服自然、改造自然的阶段,特点是高效率、高投入、高产出、高能耗、污染严重。整个 20 世纪,人类消耗了约 1420 亿吨石油、2650 亿吨煤、380 亿吨铁、7.6 亿吨铝、4.8 亿吨铜。占世界人口 15% 的工业发达国家,消费了世界 56% 的石油、60% 以上的天然气和 50% 以上的矿产资源。

生态文明是工业文明发展到一定阶段的产物,是超越工业文明的新型文明境界,是在对工业文明带来严重生态安全进行深刻反思基础上逐步形成和正在积极推动的一种文明形态,低消耗、低污染、整体协调、循环再生、健康持续,是人与自然和谐的社会形态。生态文明是人类社会文明的高级形态。

党的十八大提出,"全面落实经济建设、政治建设、文化建设、社会建设、生态文明建设五位一体总布局",明确把生态文明建设放在突出地位,融入经济建设、政治建设、文化建设、社会建设各方面和全过程。其实质是,树立尊重自然、顺应自然、保护自然的生态文明理念作为推进生态文明建设的重要思想基础,体现了新的价值取向。要认识到,人类与自然是平等的,人类不是自然的奴隶,也不是自然的上帝。在开发自然、利用自然中,人类不能凌驾于自然之上,人类的行为方式应该符合自然规律。必须摈弃人定胜天的思维方式和做法,按照人与自然和谐发展的要求,在生产力布局、城镇化发展、重大项目建设中都要充分考虑自然条件和资源环境承载能力。

推进生态文明建设,是涉及生产方式和生活方式根本性变革的战略任务,不单单是做好资源环境方面的工作,要把生态文明理念、原则、目标等深刻融入和全面贯穿到中国特色社会主义事业的各方面和现代化建设的全过程,推动形成人与自然和谐发展的现代化建设新格局。也就是要强烈关注环境保护、资源循环利用、节能减排等相关领域,清楚地看到生态文明建设对于经济持续发展的至关重要。"十二五"期间,中国在生态建设、环境保护和节能减排领域中,将投资8万亿元。

推进生态文明建设要从生产、消费、基础设施、天然生态和生态理念五个方面着手,如图3-1所示。

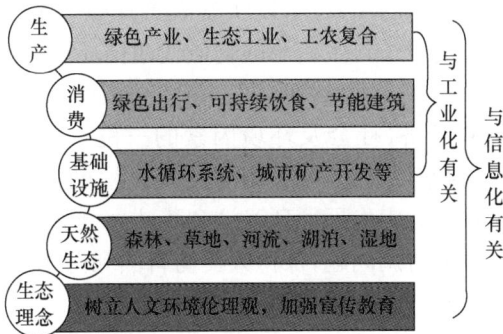

图 3-1　推进生态文明建设的五个方面

3.5.2　大力发展循环经济和清洁生产

1) 传统经济模式向融入生态法则的循环经济模式转变[11]

人类的发展观,大体沿着经济—社会—环境三个层次扩展并交织在一起不断深化。长期以来,传统经济增长模式普遍奉行追逐国内生产总值(GDP)的不断扩张。在工业文明发展过程,按其物质的流动状态经历为三种模式,即传统的单向直线型、末端治理型和循环经济型。将以 GDP 为导向的传统经济增长模式转变为一种融入生态法则的循环经济模式,是一项艰巨而伟大的创造和变革。中国依靠投资、加工出口、国内消费为三大拉动力的经济发展模式也越来越难走下去。但经济发展终究需要一定的速度,今后中国经济将放缓平稳发展作为常态,要找出新的经济发展增长点就是生态文明建设。

基于循环经济的生态工业的发展目标是向生态文明过渡。发展循环经济,正是协调统一人类社会与生态环境大系统相互关系的有效途径,也是我国走新型工业化道路的最佳选择。循环经济与传统线性经济的比较如图 3-2 所示。

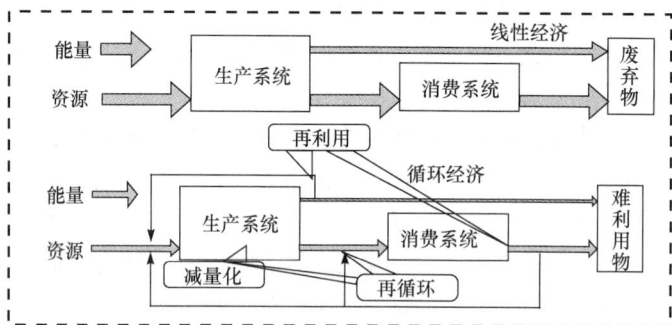

图 3-2　循环经济与传统线性经济比较

循环经济是以资源环境作为支撑经济发展的物质基础,人类经济社会是生态环境的子系统作为思想认识的出发点,以实现人类社会与生态环境的协调相容为目标,依据资源—生产/消费—再生资源的物质代谢循环模式而创建的一种新的经济发展体系与形态。

循环经济模式包含经济、社会及环境因素的三位一体的可持续发展,即"资源—产品—再生资源"的循环,它是解决当前及今后人类面临的资源紧缺和环境污染问题的经济增长模式。大力发展循环经济和清洁生产突出反映人类社会与其外部生态环境大系统的冲突协调问题,保持人类与自然和谐相处,可以提升经济发展的质量,并成为当今人类共同奋斗的目标。

2) 循环经济生态工业运行的三 R 原则

循环经济生态工业的三 R 原则是减量化原则(Reduce)、再利用原则(Reuse)和再循环原则(Recycle)。

(1) 减量化原则又称减物质化。

要求用较少的原料和能源投入,达到生产或消费目的,进而到从经济活动的源头就注意节约资源和减少污染。例如,要求产品小型化和轻型化,并要求产品的包装应该追求简单朴实而不是豪华浪费,从而达到减少废物排放的目的。

(2) 再利用原则。

再利用原则是尽可能多次和多种方式使用人们所购买的东西。例如,要求制造产品和包装容器能够被反复使用,生产者应该将制品设计成可以被再三使用,抵制当今世界一次性用品的泛滥。再使用原则还要求制造商应该尽量延长产品的使用期,而不是非常快地更新换代。

(3) 再循环原则又称资源化原则。

再循环原则是尽可能多的再生利用或资源化,要求生产出来的物品在完成其使用功能后能重新变成可以利用的资源,而不是不可恢复的垃圾。按照循环经济的思想,再循环有两种情况:一种是原级再循环,即废品被循环用来产生同种类型的新产品,例如,报纸再生报纸、易拉罐再生易拉罐等;另一种是次级再循环,即将废物资源转化成其他产品的原料。原级再循环在减少原材料消耗上面达到的效率要比次级再循环高得多,是循环经济追求的理想境界。

在技术可行、经济合理的基本原则下,以减量化为核心,以再循环和资源化为重要内容,提高资源产出率,减量化应放在首位,全过程都必须做到无毒化、无害化。

3) 工业体系中实现循环经济的三种形式和层次

工业体系中循环经济有三种实现形式和层次。

(1) 企业内部的循环经济——单个企业的清洁生产。

清洁生产是指企业运用产品的生命周期理论,从选材、过程控制、产品设计和废弃物的再使用、再循环四个方面综合考虑,力求企业的经济效益和生态效益双赢。

清洁生产的目标是通过资源的综合利用、短缺资源的代用、二次资源的利用及节能、节水、省料,合理利用自然资源,减缓自然资源的消耗;减少废料和污染物的生产和排放,促使生产和消费过程与环境相容,降低对人类和环境的风险,从而保证经济、社会和环境的可持续发展。

清洁生产的内容包括:

① 清洁的能源:包括常规能源的清洁利用、可再生能源的利用、新能源的开发和各种节能技术的创新和运用。

② 清洁的生产过程:尽量少用或不用有毒有害原料、减少或消除生产过程的各种危险因素、采用少废或无废和物料的再循环工艺和高效设备、生产过程的控制要简便可靠。

③ 清洁的产品:产品在使用中和使用后不含对健康和生态环境不利的因素,易于回收和再生,包装合理,产品报废后易处理、易降解。

(2) 企业之间的循环经济——企业间共生形成的生态工业园区。

生态工业园区是依据循环经济理念和工业生态学原理设计建立的一种新型工业组织形态。在生态工业园区中,一个企业产生的废物或副产品是另一个企业的资源,从而形成一个相互依存的生态工业系统。

(3) 产品消费后的资源再生回收。

建立废弃物资源化产业体系。

4）大力发展循环经济

大力发展循环经济核心是通过产业结构生态重组为基础的产业生态化,创建一种由全新的生产消费方式支撑的经济体系与发展模式,以改进提高人类经济社会系统的生态化功能。这一体系模式,不仅具有自身物质的循环反馈机制,也能合理有机地融入到自然生态系统的物质循环过程中。以此为基础的人类经济社会与自然生态环境系统的和谐相容、统一共处,这才是科学合理地维护生态系统的动态平衡,实现人类可持续发展的正确含义。

例如,山东太阳、泉林、晨鸣、华泰、齐明,宁夏美利和江苏双灯等纸业公司大力推行循环经济,提高节能治污水平。以速生林、芦苇基地和制浆造纸相结合,建设生态工业园区,使经济发展和生态保护得到了有效协调,整个系统实行水资源封闭循环利用,同时在工厂附近建设调节水库,集中尾水用于林地、苇田灌溉,达到了水资源充分利用。

3.5.3　对工业产品进行全生命周期分析和管理

产品的全生命周期,是指从对产品的市场需求分析、产品工程设计、产品制造装配、产品营销、包装运输、产品使用消费,最终到产品淘汰报废的整个生命历程。产品全生命周期管理（Product Life-cycle Management,PLM）是在 Web 环境下,从市场的角度,以整个生命周期内产品数据集成为基础,研究产品在生命周期内从产品的规划、设计、制造到营销等过程的管理与协同,以达到缩短产品上市的时间、降低费用、尽量满足用户的个性化需求,如图 3-3 所示。

PLM 是一种在激烈的市场竞争的环境下,管理整个产品开发过程中如何用协同工作的协调方法,来为企业增加收入和降低成本的先进企业信息化管理思想,也是一套以企业的产品为中心,以提升创新能力和随需求而提高的应变能力为目标,以信息技术（包括应用软件）为手段,建立从概念、开发、生产到维护的整个产品生命周期的应用系统和具体的解决方案。

PLM 来源于全球制造业信息化的长期实践和发展。自 20 世纪末提出以来,发展十分迅猛,成为全球制造业关注的焦点。例如,近年来国外大中型汽车制造商已有超过 70％使用了 PLM 系统,从而节约了开发成本、缩短了开发周期、提高了经营效率。而我国在 PLM 的研究应用上则刚刚处于起步阶段。PLM 系统的核心是,协同包含两方面的含义,即产品全生命周期内各阶段之间的协同管理和产品开发各个阶段或环节上各相关企业、相关部门和相关人员之间的协同工作。

PLM 是产品数据管理（PDM）的继续发展和优化,PDM 是 PLM 系统中的一个子集,其功能也是 PLM 系统中非常重要的基础内容。但是,PLM 系统更加强调对产品生命周期内跨越供应链的所有信息进行管理和利用,这是两者本质的区别。

　　PLM 系统包括计算机辅助设计（CAD）、产品数据管理（PDM）和协同产品商务（CPC）三种不同层次的信息系统。CAD 主要用于企业的部门内部；PDM 主要用于企业部门之间；CPC 则是不受时空限制，可应用于不同企业（含供应商及客户）之间的产品开发信息系统。

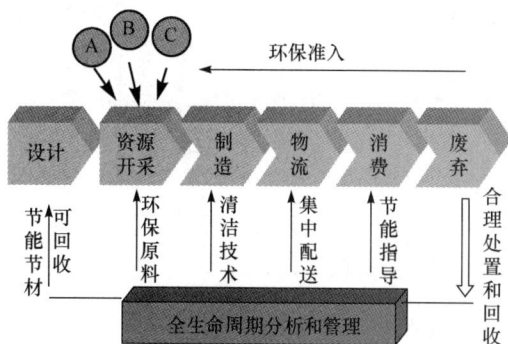

图 3-3　全生命周期分析和管理

　　具体来说，PLM 的实质就是通过构筑产品信息数据，建立一个统一的产品研发系统平台。在这个平台上：

　　（1）参与设计的人员通过浏览器就可共享所有的设计文档与信息，甚至可以通过浏览器共同完成某种产品的开发设计工作。

　　（2）可以根据不同需求，实时提供个性化的技术信息咨询服务。可以做到，不仅是企业的员工之间，也包括企业的用户和合作伙伴，都可以跨越时空的限制，参与到该企业产品研发设计的各个环节，使产品从设计时就可充分注意和体现出用户的需求。

　　（3）产品的设计信息可直接进入企业的生产制造系统，从而大大缩短了新产品从创意到上市的时间周期。

3.5.4　建立生态工业园区，实现产业间生态链接

3.5.4.1　生态工业园区与产业链

生态工业园区的主要特点：

（1）废物充分交换与利用；

（2）物质和能量的梯级利用；

（3）基础设施共享。

　　例如，线路板产业链"铜"流动代谢。产业链其物流有几个方面组成，每个厂或公司就是一个共生单元，共生单元间的共生关系如图 3-4 所示。

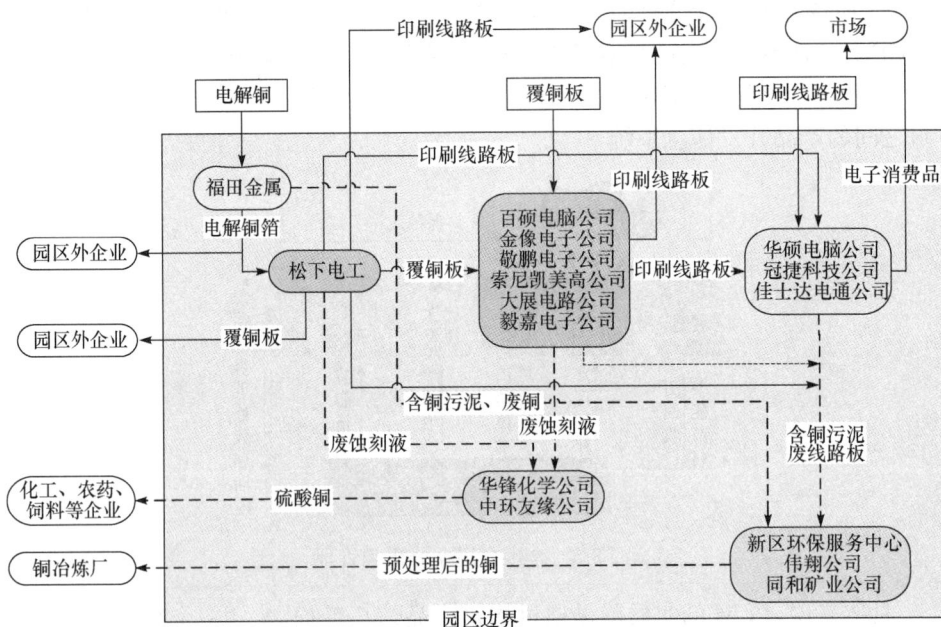

图 3-4　线路板产业链"铜"流动代谢图

3.5.4.2　以钢铁企业为核心的"生态工业园区"[14]

实现钢铁企业可持续发展,必须走"科技含量高、经济效益好、资源消耗低、环境污染少"的发展循环经济的生态钢铁工业的新型工业化道路,而构建钢铁生态工业园、发展生态钢铁工业是最有效的途径。

钢铁生态工业园是一种新型钢铁企业的组织形式,是通过正确模拟自然生态系统来设计工业园区的物流和能流,实现生态环境与经济效益的协调与统一。它由若干企业、自然生态和居民区共同构成,彼此合作并与地方社区协调发展区域性网络系统。其目标是通过钢铁生态产业链的构建使物质和能量多级利用、高效产出或持续利用,最终实现园区的污染"零排放",如图 3-5 所示。

钢铁生态工业园具有如下特征。

1) 污染"零排放"

在生态工业园中,各企业相互合作,钢铁生产过程中产生的废料、废渣、废气、废铁成为其他企业的原料,形成钢铁生态产业链,以"自然耦合"的方式实现环境污染的"零排放"。

2) 园区生态经济效应

通过构建合适的钢铁生态产业链,企业间形成工业代谢和共生关系的园区经济"生态圈"。在"生态圈"中,每一个企业都与其他企业具有前后关联效应,并在园区内高度聚集,从而产生显著的经济效应。

3）物质、能量闭路循环

生态工业园遵循"生产—回收—再利用—设计—生产"的循环经济模式,在园区内形成物质、能量的闭路循环流动,从而实现资源、能源的高效、持续利用。

4）园区生态环境良好

在生态工业园中,工厂间通过高效率的分工、协作,实现废物的循环利用,进而达到生态环境的良性循环。

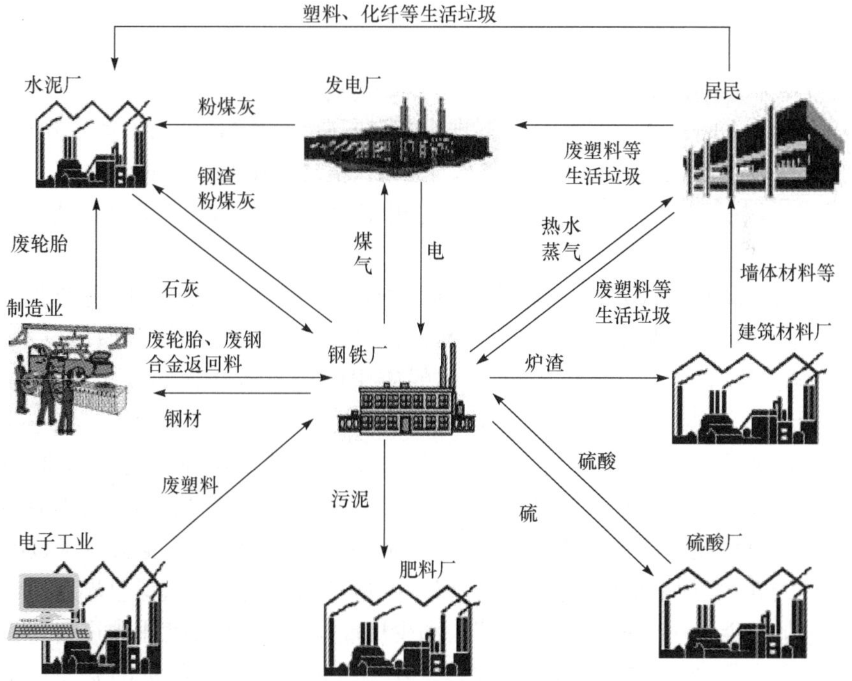

图 3-5　以钢铁企业为核心的"生态工业园区"

3.5.5　大力发展智能自动化技术,推进工业过程节能降耗减排

目前,我国钢铁、有色、电力、化工等高耗能行业普遍存在"三高"(高能耗、高消耗、高污染)的问题。单位产品能耗比世界先进水平高 40% 以上。因而,应按照科学发展观和加快转变经济发展方式的要求,建立资源节约型、环境友好型社会。节能减排是国民经济能够继续保持可持续发展的战略性问题之一,是当前对于各行各业都极其重要的任务。随着社会和经济的发展,绿色电厂、绿色楼宇以及绿色化工等与节能环保相关概念被提出,节约能源、减少原材料消耗以及绿色环保等新的约束对自动化技术提出了更高的要求。

在工业生产过程中实现节能降耗、资源优化,除了大力发展循环经济和清洁生产、建立生态工业园区、对工业产品进行全生命周期分析和管理以及采用先进的工艺和设备之外,必须大力发展智能自动化技术。当今的过程自动化系统已发展为智能自动化,由过程控制层(PCS)、制造执行层(MES)和经营规划层(BPS)三层结构组成的综合过程自动化系统。企业要达到总体的节能降耗和资源优化,获得最大的经济效益,提高竞争力,除了在各层次上采用先进技术和优化技术外,还必须在系统集成方面采用优化操作、优化调度以及优化企业资源规划和经营管理的一体化综合过程自动化系统。

信息化对企业的贡献则主要体现在:一方面提高了企业设计与生产经营水平、带动企业管理内涵的进步、节约能源消耗、减少生产过程污染排放、促进资源的循环利用;另一方面,还可以提高企业管理水平、提高产品质量、劳动生产率和资源利用率。如果说自动化系统是企业主体骨干,那么信息化则是企业神经系统。因此,企业"节能降耗"必须要自动化与信息化相结合,互相渗透才能够取得更好的效果[15]。

能耗的下降有两种方式:一种是把高耗能产业合理转移出去,提高产业结构;另一种是降低单位增加值能耗,提高能源使用效率。先进的智能自动化技术正是"节能降耗减排"的有力武器。先进控制的应用使得节能降耗的效果可达 5%～7%[16]。因此,智能自动化技术当前面临的十分紧迫的问题,是如何增强工业控制系统的功能和效率,更好地应用先进的控制技术来帮助企业降低成本、提高效率、改善质量,实现低碳化与"节能减排"的目标。专家学者提出:"节能改变世界,智能创造未来",以科技创新为支撑,大力推进工业节能降耗,推动节能新技术、新材料和新产品的开发应用,加快节能技术的研发改造,推动生态发展、绿色崛起[16]。

当前的节能已不是简单意义的节约和少用能源,而是要靠使用先进科学技术,先进管理理念等来提高能源的利用效率。在当今世界性市场经济的激烈竞争中,随着化学工业日益朝着集成化、大型化方向发展,系统的复杂性不断增加,表现为过程具有强耦合性、不确定性、非线性、信息不完全性和大纯滞后性等特征,并存在着苛刻的约束条件,控制目标多元化,变量数目增多且相关性增强,工业企业必须应用智能自动化技术来保证产品的质量、成本和数量的优势。在现代企业中,先进控制与优化技术对于企业的节能降耗减排、高效运行起着十分重要的作用,具有许多显著的优点,因此得到了广泛的推广和应用。"节能降耗减排"需要从自动化等高新技术中寻求出路。

第4章 我国工业节能降耗减排的现状、迫切需求和严峻形势

4.1 我国工业节能降耗减排的现状

4.1.1 我国能源总量

中国能源总量比较丰富,其中以煤炭、石油、天然气为主。煤炭储量为1.5万亿吨,在能源结构中占主导地位,居世界第3位;石油储量为70亿吨,居世界第6位;天然气储量为33.3万亿米^3,居世界第16位。同时中国又是世界上人均能源保有量最低的国家之一,煤炭和水利资源人均拥有量相当于世界平均水平的50%,石油、天然气人均资源量仅为世界平均水平的1/15左右,人均能耗水平不足世界平均水平的1/2,见表4-1。

表4-1 我国能源总量表

能源名称	储量	居世界位数	
煤炭储量	1.5万亿吨	居世界第3位	
石油储量	70亿吨	居世界第6位	
天然气储量	33.3万亿米^3	居世界第16位	
煤炭和水利资源人均拥有量		人均拥有量相当于世界平均水平的50%	人均能源保有量是世界上最低的国家之一
石油、天然气人均资源量		为世界平均水平的1/15左右	
人均能耗水平		不足世界平均水平的1/2	

4.1.2 我国是世界上第一大能源生产和消费国

目前中国是世界上第一大能源生产国,2010年全国能源生产总量达到29.9亿吨标准煤,比2005年增长38.3%,年均增长6.7%。另一方面,中国是世界上第一大能源消费国。2005年全国能源消费总量达22.33亿吨标准煤,占世界的13.9%,是全球第二大能源消费国,而2010年中国全年能源消费总量达32.5亿吨标准煤,同比增长11.2%,占世界能源消费总量的20.3%,已成为全球第一大能源消费国,见表4-2。

表 4-2　2010 年全国能源生产总量与消费总量表

	2005 年（标准煤）	2010 年（标准煤）	2010 年增长百分比	2010 年占世界百分比
全国年能源生产总量	21.62 亿吨	29.9 亿吨	比 2005 年增长 38.3%年均增长 6.7%	是世界上第一大能源生产国
全国年能源消费总量	22.33 亿吨（占世界的 13.9%）	32.5 亿吨	同比增长 11.2%	占世界能源消费总量的 20.3%是全球第一大能源消费国

4.1.3　我国能源利用效率较低

中国能源利用效率较低,目前全国总体能源利用效率为 33%,与世界先进水平相差近 10%,其中电力、钢铁、有色、石化、建材、化工、轻工、纺织等 8 个行业主要产品单位能耗平均水平比国际先进水平高 40%,单位产值能耗是世界平均水平的 2.4 倍,比美国、日本、欧洲分别高 2.5 倍、8.7 倍、4.9 倍。据统计,2004 年我国消耗了全球 8%的石油、10%的电力、19%的铝、20%的铜和 31%的煤炭,然而中国 GDP 总量仅占世界 GDP 总量的 4%,这意味着 4%的 GDP 消耗了全球 15%的能源。而根据《BP 世界能源统计报告》,2010 年我国煤炭、石油、天然气的消耗量分别占世界的 48.2%、10.6%和 3.4%,分列世界第 1 位、第 1 位和第 4 位,而 CO_2 的排放量达到了 83.32 亿吨,占世界总排放量的 25.1%,居世界首位,见表 4-3。这些数据表明中国的经济发展走的是一条高能耗、高污染的道路。

表 4-3　我国总体能源利用率表(高能耗、高污染)

2010 年		世界先进水平	与世界比较
全国总体能源利用效率	33%	与世界先进水平相差近 10%	
主要产品单位能耗*		比国际先进水平高 40%	
单位产值能耗		是世界平均水平的 2.4 倍	比美国高 2.5 倍、日本高 8.7 倍、欧洲高 4.9 倍[17]

续表

2010 年		世界先进水平	与世界比较
煤炭	消耗量占 世界 48.2%		消耗量第 1 位
石油	消耗量占 世界 10.6%		消耗量第 1 位
天然气	消耗量占 世界 3.4%		消耗量第 4 位
二氧化碳	排放量 83.32 亿吨	占世界总排放量 的 25.1%	排放量居世界首位

＊指电力、钢铁、有色、石化、建材、化工、轻工、纺织等 8 个行业主要产品单位能耗平均水平

4.1.4　我国的能源结构分布

中国的能源结构分布结构决定了煤炭成为能源消耗的主体。一次能源消费中，煤炭占较大的比重，20 世纪 50～60 年代为 90% 左右，70 年代为 80% 左右，80～90 年代为 70% 左右，到 2000 年煤炭比重仍占到 65%。根据中国工程院《中国可持续发展能源战略研究》的报告，在今后相当长的时间里，煤炭仍然是主要能源，到 2050 年，中国一次能源消费中煤炭比重依然会保持在 50% 左右，见表 4-4。

表 4-4　我国一次能源消费中煤炭所占比重表

时期	50～60 年代	70 年代	80～90 年代	2000 年	2050 年
一次能源消费中煤炭所占比重	90% 左右	80% 左右	70% 左右	65%	50% 左右

一直以来，中国的电力工业都是以燃煤火电为主。20 世纪 50 年代，煤电占总装机容量的 90.4%，占总发电量的 82.2%，到 2000 年煤电在总装机容量的比例仍然高达 74.4%，占总发电量的 81%。电力工业的迅速发展使发电用煤占煤炭的比重由 1980 年的 18% 逐年上升到 2010 年的 50%。2005 年我国发电耗煤量 10.3 亿吨，火电耗煤量占煤炭总量的 47.6%；2006 年，全国发电用煤 12 亿吨，排放的 CO_2 占全国总排量的 54%，烟尘排放量占全国总排放量的 20%，见表 4-5。如今，电力工业已经成为能源消耗的大户，因此，电力工业的节能减排无疑对我国重要资源的节约和优化配置具有十分重要的意义。

我国工业节能降耗减排总体情况见表 4-6。

表 4-5　我国发电耗煤量火电耗煤量占煤炭总量的百分比

年火电装机容量	发电耗煤量/亿吨	标准煤耗/（克/千瓦时）	占煤炭总量百分比/%	排放 CO_2 量/亿吨	排放 CO_2 占总排放量百分比/%	烟尘排放量占总排放量百分比/%
2005 年 3.84 亿千瓦	10.3	374	47.6			
2006 年 4.84 亿千瓦	12	366			54	20
2007		355				
2008 年 6.03 亿千瓦	13.19	345	47.23	24	38	
2009		342				
2010 年 7.06 亿千瓦		335	50			
2011 年 7.65 亿千瓦		330				

表 4-6　我国工业节能降耗减排总体情况

年份	供电标准煤耗/（克/千瓦时）	发电厂用电率	电网输电线损率	全国电力二氧化硫排放	已投运脱硫机组
1992	448(1980 年)	7%	8.93%		
2005	374			1300 万吨	
	366				
	355				
	345				
	342				
2010	335			926 万吨（比 2005 年降低 374 万吨约下降 29%）	5.78 亿千瓦
2011	330	6.11%（减少 0.89%）	6.37%（减少 2.56%）	913 万吨比上年下降 1.4%	

- 供电标准煤耗 2011 年比 1980 年下降 118 克/千瓦时
- 发电厂用电率由 1992 年 7% 下降到 2011 年 6.11%，减少了 0.89%
- 电网输电线损率由 8.93% 降为 6.37%，减少了 2.56%
- 2010 年，电力 SO_2 排放 926 万吨，比 2005 年排放量下降 374 万吨，降低约 29%；单位火电发电量 SO_2 排放量为 2.3 克/千瓦时，好于美国 2010 年水平（2.9 克/千瓦时）
- 占煤机组容量 86%；比美国 2010 年高 31%
- 2010 年电力烟尘排放总量降低 55.6%，单位火电发电量烟尘排放量降低约 37.5%，为 0.5 克/千瓦时；2011 年，电力烟尘排放总量降至 155 万吨左右，单位火电发电量烟尘排放量降低到 0.4 克/千瓦时
- 2011 年，电力 NO_x 排放量由 740 万吨增加 1003 万吨，排放绩效由 3.62 克/千瓦时降至 2.6 克/千瓦时

　　发展低碳经济、实行节能减排是我国实现可持续发展的必然选择,也是推进新型工业化的关键环节。我国"十一五"规划明确规定了节能减排约束性指标,要求在 2010 年单位 GDP 能耗降低 20%,主要污染物排放总量减少 10%。"十一五"期间,前四年全国单位国内生产总值能耗累计下降 14.38%,距离完成降低 20% 左右的目标仍然十分艰巨。"十二五"规划中也明确提出了在节能减排上的目标:分别为单位 GDP 二氧化碳排放降低 17%,单位国内生产总值能耗下降 16%,主要污染物排放总量减少 8%~10%。"十二五"规划中还明确了主要污染物控制总类,在"十一五"化学需氧量、二氧化碳这两个类别基础上,增加了氨氮和氮氧化物(NO_x)两个类别的污染物控制指标。指标明确了 2015 年我国单位工业增加值能耗、二氧化碳排放量和用水量分别要比"十一五"末降低 18%、18% 以上和 30%,工业固体废物综合利用率要提高到 72% 左右;明确今年这四项指标同比要分别降低 4%、4% 以上和 7% 左右,以及提高 2.2%。

　　火电行业是我国的煤炭消耗大户,2008 年火电厂发电累计耗用原煤 13.19 亿吨,占全国煤炭生产量的 47.23%。根据 1 吨原煤燃烧约产生 1.83 吨二氧化碳来核算,估算其二氧化碳排放量为 24 亿吨,约占二氧化碳排放总量的 38%[18]。在产业结构和能源消费结构一时不会有重大变化的情况下,技术进步、技术创新对节能减排显得尤为重要。只有在技术、工艺、设备和材料的创新与应用上取得重大突破,才能在较短的时间内推进节能降耗减排工作再上新台阶。采用先进的信息化和自动化技术推进高耗能、高排放行业的节能减排将为完成"十二五"规划目标提供坚强的技术支撑。在今后节能减排的工作中,电力工业,尤其是火电工业无疑是重中之重。

　　在经济全球化的背景下,火电企业如何提升核心竞争力,实现可持续发展,采用先进的自动化技术设备无疑是一条走出以往"高投入、高能耗、高污染"发展道路的有效途径。

4.1.5　我国工业节能降耗减排的发展现状

4.1.5.1　电力工业节能减排情况分析

　　截止到 2010 年底,我国发电行业装机容量达 96219 万千瓦,其中火电为70663 万千瓦,占总容量的 73.47%;2011 年电力装机容量达 10.63 亿千瓦,同比增长 8.3%,其中火电装机容量为 7.65 亿千瓦,占总容量的 72%。2012 年全国用电量达到 4.96 万亿千瓦时,同比增长 5.5%,发电装机容量超过 11 亿千瓦。

　　电力工业是国民经济发展的基础产业,电能与其他能源相比,具有清洁、方便、易于传输、易于转化为其他形式能量等诸多优点,电力工业的发展状况是衡量一个国家经济发展程度、人民生活水平的重要标志之一。新中国成立之初,全国发电装机容量只有 185 万千瓦,发电量只有 43 亿千瓦时,分别位列世界第 25 位和 21 位,人均用电量只有 9 千瓦时。改革开放的三十年来,我国电力工业开始迅速发展。从 2000 年开始到 2007 年的七年中,电力年均增长 12.8%,比我国五十多年来电力平均年增 11.7%速度高 1.1 个百分点[19]。进入"十一五",电力发展进一步加速,前两年平均达 14.5%,而 2007 年则达 15.6%的新高峰,一年新增电量 4400 亿千瓦时,新增发电装机容量达 1.095 亿千瓦。1978 年我国发电装机容量占全球总发电装机容量的比例不到 3%,而 2008 年已超过 15%。1987 年,我国电力装机容量达到了 1 亿千瓦,1995 年和 2000 年分别跨过了 2 亿千瓦和 3 亿千瓦。到 2011 年底,全国装机容量达到 10.63 亿千瓦。发电装机容量和发电量从 1996 年起一直位居世界第二位。2011 年中国净发电量总额达到 4.47 万亿千瓦时,超过美国的年净发电量 4.1 万亿千瓦时,跃居世界第一位。

4.1.5.2　炼油行业节能减排情况分析

步入 21 世纪以来,随着国民经济的快速发展,作为基础能源和原材料产业,国内炼油工业先后克服了各种困难,取得了巨大的进步。目前中国的炼油工业已经成为世界炼油工业不可分割的一部分。

炼油能力持续提高,排名世界第二。自 2000 年以来,我国的炼油能力已经由 2.76 亿吨/年,增加到 2005 年的 3.245 亿吨/年,年均增长 3.3%。而 2006 年后,我国的炼油能力更是得到了突飞猛进的提升,从 3.69 亿吨/年提升到了 2010 年的 5.12 亿吨/年,年增长率高达 9.7%,世界排名一直位居第二,仅次于美国。2010 年中国石化与中国石油分别在世界最大炼油公司中的排名第 3 和第 9。中国在世界炼油工业中的地位也日渐重要。

但炼油行业节能减排形势严峻,行业低碳发展压力增大。在石油和化学工业"十二五"发展指南中要求,2015 年,万元工业增加值能源消耗和二氧化碳排放量均比"十一五"末下降 15%。化学需氧量(COD)和氮氧化物排放总量均减少 10%,氨氮排放总量减少 12%,二氧化硫排放总量减少 8%,废水达标排放。化工固体废物综合利用率达到 75%,有效处置率达到 100%。

国际能源机构统计结果显示,2008 年中国二氧化碳排放量居世界第一位,美国次之,排名前十位国家二氧化碳排放量占世界总排放量的 65%。为应对气候变化,世界各国均对二氧化碳排放提出了更高要求。在哥本哈根会议上,中国政府承诺,到 2020 年,单位国内生产总值二氧化碳排放量比 2005 年降低 40%~45%,并将制定相应行业约束性指标。炼油属于高能耗、高排放行业,实施节能减排,加强环境保护,实现企业与社会、环境的协调发展已成为企业履行社会责任的必由之路。

4.1.5.3　煤化工行业节能减排情况分析

进入 21 世纪以后,国际石油价格持续上涨和长期高位运行,我国石油对外依存度又不断提高,在这种双重压力下催生了国内煤制甲醇、煤制烯烃和煤制油等以石油替代为目标的现代煤化工产业。目前全球有 117 家大型煤化工能源一体化工厂,共有 385 座大型现代气化炉,总生产能力达到 45000 兆瓦,地区分布为东亚和大洋洲占 22%,非洲和中东占 34%,欧洲占 28%,北美占 15%。气化用原料 49% 为煤炭,36% 为石油焦。产品比例:37% 为各类化工产品,36% 为间接法合成油,19% 用于发电。以煤气化为核心的现代煤化工产能年增长率达 5%,高于全球化工产能年均增长率 3.6% 的水平。

自 2004 年 8 月国内第一套煤液化项目开工建设,大型煤制烯烃项目开始规划,在"十一五"期间,煤制甲醇、二甲醚,甲醇羰基合成制醋酸等煤化工项目成为投资热点,煤化工产业进入了一个新的发展时期。

生态平衡和环境容量是煤化工未来发展需要重点考虑的因素,煤制油从根本上说是将一种资源转化成另外一种资源。生产 1 吨油品需消耗约 4 吨煤、10 吨水,对地区水资源压力很大,而水资源的高消耗可能导致生态失衡,这与新的国家战略中的可持续发展原则相悖,也是目前发展煤化工的一个重要限制因素。预计在今后一段时间内,项目的节水技术应用是产业研发和项目投资的一个重要方向。由于中国煤炭资源和水资源总体为逆向分布,在煤化工规划时必须要考虑水资源平衡和项目的节水技术应用。

目前我国煤化工总体水平较低,当前主要存在如下不足。

(1) 高能耗、高污染、低效率、低效益。煤化工由于煤的特性造成加工过程长、投资大、污染重等问题,这样的过程更适宜采用新技术,实施大型化。

(2) 煤化工气化技术进步缓慢。煤气化是煤化工的龙头和基础,在相当程度上影响煤化工的效率、成本和发展。

我们追求的是高效、低耗、无污染的煤气化工艺。煤气化工艺距今已有一百多年,煤气化技术演进的历程:以氧气(或富氧)气化代替空气气化,以粉煤代替块煤、碎煤,以气流床和流化床代替固定床,由常压气化进展到高压气化,这些都是煤气化工艺技术演进升级的重要趋势。我国煤气化工艺的更新进展缓慢,所引进的技术对煤化工全局气化技术的改进的带动作用有限。

(3) 低水平重复建设严重。当前在全国范围内形成甲醇热,在建和拟建的甲醇装置能力已超过 1000 万吨。众所周知,世界甲醇市场供过于求。近年内世界几套以廉价天然气为原料的超大型甲醇装置投产后,甲醇价格将进一步下降。他们的目标是向我国出口,届时国内有些甲醇企业将受到严重冲击。值得关注的是,大量正在建设或拟建的甲醇装置其规模均偏小,而甲醇装置的规模效益明显。大量的资料表明,煤基甲醇装置必需依赖于低价煤、大型化、先进技术及低投资四者紧密结合才有国际竞争力。煤基甲醇没有足够大的规模是不具备国际竞争力的。

(4) 我国新型煤化工成套技术仍处于起步阶段,先进控制与优化运行技术以及信息集成方面的应用还有很大发展空间。

因此无论建设新装置还是改造老装置,迫切需要在简化工艺流程改造的同时,研究和推广应用煤化工生产成套自动化技术,从根本上扭转我国煤化工装置能耗、物耗高的困境,提高反应效率,减少污染物排放,提高国际竞争力,让我国的煤化工持续健康发展。

4.1.5.4　钢铁行业节能减排情况分析

1) 平稳较快发展

"十一五"时期,我国粗钢产量由 3.5 亿吨增加到 6.3 亿吨,年均增长 12.2%。钢材国内市场占有率由 92% 提高到 97%。2010 年,钢铁工业总产值 7 万亿元,占全国工业总产值的 10%;资产总计 6.2 万亿元,占全国工业企业资产总值的10.4%,为机械、汽车、造船、建筑、家电等行业等国民经济的快速发展提供了重要的原材料保障。

2) 品种质量明显改善

"十一五"时期,我国钢铁产品结构进一步优化,钢材品种齐全,产品质量不断提高,大部分品种自给率达到 100%。高强建筑用钢板、抗震建筑用高强螺纹钢筋、航天器用合金材料、高性能管线钢、大型水电站用钢、高磁感取向硅钢、高速铁路用钢轨等高性能钢铁材料开发取得长足进步。有力支撑了相关领域和国家重大工程的顺利实施,如北京奥运会场馆、上海世博会场馆、灾后重建、载人航天、探月工程、西气东输、三峡工程以及京沪高铁等。

3) 技术装备水平大幅度提高

"十一五"时期,据统计,钢铁企业 1000m³ 以上的高炉生产能力所占比例由48.3% 提高到 60.9%,100t 以上炼钢转炉生产能力所占比例由 44.9% 提高到56.7%。轧钢系统基本实现全连轧,长期短缺的热连轧、冷连轧宽带钢轧机分别由26 套和 16 套增加到 72 套和 50 套。宝钢、鞍钢、武钢、首钢京唐、马钢、太钢、沙钢、兴澄特钢、东特大连基地等大型钢铁企业技术装备达到国际先进水平。

4) 节能减排成效显著

"十一五"期间,淘汰落后炼铁产能 12272 万吨、炼钢产能 7224 万吨;高炉炉顶压差发电、煤气回收利用及蓄热式燃烧等节能减排技术得到广泛应用;部分大型企业建立了能源管理中心,促进了钢铁工业节能减排。2010 年钢铁企业各项节能减排指标全面改善,吨钢综合能耗降至 605 千克标准煤、耗新水量 4.1 米³、二氧化硫排放量 1.63 千克,与 2005 年相比分别下降 12.8%、52.3% 和 42.4%。固体废弃物综合利用率由 90％提高到 94％。

5）节能减排技术有待进一步系统优化

节能减排技术有待进一步系统优化。例如,吨钢综合能耗高于国际先进水平约 15％;重点大中型企业工序能耗高于国家强制性标准中的参考限定值;高炉、转炉煤气放散率分别达到 6％和 10％,余热资源回收利用率不足 40％;高炉、转炉煤气干法除尘普及率较低;烧结脱硫尚未普及;绿色低碳工艺技术开发还处于起步阶段;二氧化硫、二氧化碳减排任务艰巨;主要污染物排放控制水平有待进一步提高;重点大中型企业吨钢烟粉尘、SO_2 排放量与国外先进钢铁企业相比尚有较大差距;氮氧化物、CO_2、二噁英等污染物减排尚处于研究探索阶段。

4.1.5.5　有色金属工业节能减排情况分析

我国有色金属工业发展迅速,2002～2011 年,十种有色金属产量从 1012 万吨增长到 3424 万吨,年均增长 14.5％。我国已成为有色金属生产和消费大国,据 2011 年统计资料显示,铜、铝、铅、锌四种最主要的有色金属产量和消费量均占较大比重。并且随着我国国民经济的高速稳定增长与高新技术产业的快速发展,以及国防安全的需要,有色金属需求将更加旺盛。有色金属工业是我国 2009 年为实现"保增长、调结构"的经济目标推出的"十大振兴产业"之一。2012 年是我国"十二五"规划承上启下的重要一年,随着我国国民经济的高速稳定增长与高新技术产业的快速发展,以及国防安全的迫切需要,有色金属需求更加旺盛,消费持续迅猛增长。

（1）我国有色金属冶炼的资源利用率低。其中常用有色金属的资源回收率仅为 60％,比发达国家低 10～15 个百分点。尽管"十一五"我国共伴生金属得到了综合开发,其综合利用率提高到 40％以上,但仍比发达国家低 20 个百分点。

（2）我国有色金属工业占全国能源消费量高。有色金属工业单位产品能耗为 4.76 吨标准煤,能耗约占全国能源消费量的 3.48％。其中铜、铝、铅、锌冶炼能耗占总能耗的 90％以上,而电解铝又占有色金属总能耗的 75％。电解铝耗电约占全国发电量的 5％。

（3）我国有色金属工业能源利用效率不高。虽然我国有色金属工业能源利用效率得到了较大提高,但在能源消耗方面与工业发达国家相比,仍有较大差距。我国有色金属行业单位产品能耗比国际先进水平高 15％左右,其中,从不同产品看,国内电解铝平均电耗比国际水平高 2％;铜闪速炉冶炼平均能耗比国际先进水平高 20％;窑闭鼓风炉锌冶炼平均能耗比国际先进水平高 33.4％;铅冶炼平均能耗比国际先进水平高 84.2％。

（4）环境污染严重。有色冶金生产过程中产生大量的固体废弃物、废水和废气,环境污染严重。据资料显示,2011 年,我国有色金属工业主要三废达标排放率均低于全国平均水平,特别是二氧化硫、烟尘、粉尘与国内平均水平相比还有较大差距。全国工业二氧化硫达标排放率为89%,有色金属工业二氧化硫达标排放率为76%;全国工业烟尘达标排放率为90%,有色金属工业烟尘达标排放率为85%。另外,有色金属工业生产每年排放可能超过3亿吨的温室气体(折合CO_2),还排放大量的其他有害气体,如SO_2等,不仅污染环境,同时大量的余热不能得到有效利用,造成能源浪费。有色金属工业的废水重金属污染严重,目前有色金属工业废水达标排放率为91%,低于全国工业废水93%的达标排放率。

4.1.5.6　建材行业节能减排情况分析

1) 我国建材行业取得突飞猛进的变化

我国水泥产量连续26年位居世界第一,占世界水泥总产量的60%。浮法玻璃生产企业和浮法玻璃生产线数量连续21年居世界第一。"十一五"期间实现了快速发展,我国水泥、平板玻璃等主要建材产品产量和效益稳健增长,2010年,我国水泥产量为18.8亿吨,平板玻璃产量为6.6亿重量箱,建筑陶瓷产量为78亿米^2,卫生陶瓷产量为1.7亿件,分别较上一年增长11.9%、10.5%、13.2%和15.7%。规模以上建材企业完成销售收入2.7万亿元,实现利润2000亿元,分别较上一年增长29.5%和42%。节能减排等也取得了较大进步。

2) 建材行业是我国工业行业中的能源消耗和污染物排放大户

建材行业是资源、能源消耗和污染物排放的大户,全行业能源消费量约占全国能源消费总量的十分之一,在全国工业部门中列第四位。2009年,建材行业能源消耗总量2.12亿吨标准煤,约占工业部门能源消耗总量的11.6%,约占全国能源消耗总量的8.3%;烟粉尘排放406.4万吨,占全国工业总排放的36%,是全国烟粉尘排放最多的工业行业;二氧化硫排放165万吨,占全国工业总排放的8.8%,仅次于电力和钢铁行业,位居工业行业第三;氮氧化物排放123.5万吨,占工业企业氮氧化物排放总量的9.6%;二氧化碳排放10.6亿吨,约占全国二氧化碳排放总量的17%。

3) 节能降耗减排取得显著的效果

近年来,建材行业对节能降耗减排工作一直十分重视。一些大型建材企业对水泥窑系统、玻璃熔窑、陶瓷窑炉、水泥磨机等高耗能设备或整条生产线,通过引进先进的生产设备,改进高耗能设备的结构和生产工艺,采用富氧燃烧、蓄热室燃烧、高效喷嘴、余热回收利用、高效保温/隔热材料、脱硫脱硝等节能环保材料和工艺,电机变频调速、DCS/PLC装置,高温烟气分析仪、高温红外测温仪、固体流量计、在线物料水分分析仪等先进检测技术和装置,预测控制、模糊控制等先进控制技术,以及MES、EMS等系统级节能技术,进行了较全面节能环保技改,取得了显著的节能降耗减排效果。

另外,一些中小型建材企业从自身实际出发,采用余热回收利用、电机变频调速、DCS/PLC 装置、高效保温材料等单项技术对若干高耗能设备进行了局部节能环保技改,也取得了一定的节能降耗减排成效。

4) 单位产品能耗、污染物排放指标居高不下

近年来,建材行业单位产品能耗/物耗高、污染物过度排放的现象虽有较大改善,但其单位产品能耗、污染物排放指标与国际先进水平相比仍有较大差距,水泥综合能耗 139 千克标准煤/吨水泥,比国际平均水平高 4%,比国际先进水平高18%;浮法玻璃平均单耗 19 千克标准煤/重量箱,比国际平均水平高 15%,比国际先进水平高 27%;陶瓷辊道窑烧成能耗 33500~46000 千焦/千克瓷,约是国际先进水平的 2 倍。

但从总体上看,建材行业节能降耗减排效果与国家、行业协会所提的目标还有较大差距,建材行业节能降耗减排面临着严峻的挑战。

4.2　"十一五"以来我国节能减排的回顾

党中央、国务院高度重视节能减排工作,把节能减排作为调整经济结构、转变发展方式、应对气候变化、推动科学发展的重要抓手。在"十一五"规划规定单位GDP 能耗降低 20%、主要污染物排放总量减少 10% 的约束性指标。钢铁、电力、石油化工、建材和有色冶金等高能耗行业能耗占全国工业能耗 70% 以上,而其主要产品单位能耗平均比国际先进水平高 40%,能源利用效率仅为 33%,比发达国家低 10 个百分点左右。国务院成立节能减排工作领导小组,制订节能减排方案,强化目标责任和政策激励、调整产业结构、实施重点工程、推动技术进步、加强监督管理等一系列强有力的政策措施,节能减排取得显著成效。

4.2.1　节能减排取得显著成效

国家发展和改革委员会关于《"十一五"节能减排回顾》的报告中指出,"十一五"期间,全国单位 GDP 能耗下降 19.1%,全国二氧化硫排放量减少 14.29%,全国化学需氧量排放量减少 12.45%,基本完成或超额完成了"十一五"规划确定的目标任务。"十一五"期间,节能减排的成效主要体现在六个方面[20]。

1) 保持经济平稳较快发展

以能源消费年均 6.6% 的增速支撑了国民经济年均 11.2% 的增速,能源消费弹性系数由"十五"时期的 1.04 下降到 0.59,缓解了能源供需矛盾。

2) 扭转了能源消耗强度和污染物排放大幅上升的势头

"十五"后三年全国单位 GDP 能耗上升了 9.8%,全国二氧化硫和化学需氧量排放总量分别上升了 32.3% 和 3.5%;"十一五"期间,全国单位 GDP 能耗下降了 19.1%,全国二氧化硫和化学需氧量排放总量分别下降了 14.29% 和 12.45%。

3) 产业结构优化升级

通过实施十大节能重点工程形成节能能力 3.4 亿吨标准煤;新增城镇污水日处理能力 6500 万吨、处理率达到 77%;燃煤电厂投运脱硫机组容量达 5.78 亿千瓦,占全部燃煤机组容量的 82.6%,节能减排能力明显增强。

重点行业先进生产能力比重明显提高,大型、高效装备得到推广应用。2010 年与 2005 年相比,电力行业 300MW 以上火电机组占火电装机容量比重由 47% 上升到 71%;钢铁行业 1000m³ 以上大型高炉比重由 21% 上升到 52%,干熄焦技术普及率由不足 30% 提高到 80% 以上;建材行业新型干法水泥熟料产量比重由 39% 上升到 81%,水泥行业低温余热回收发电技术由开始起步提高到 55%;化工行业离子膜法烧碱比重由 29.5% 提高到 84.3%;电解铝行业大型预焙槽产量比重由 80% 上升到 90%。

4) 技术进步推动节能减排效果显著

重点行业主要产品单位能耗均有较大幅度下降,能效整体水平得到提高。"十一五"时期,火电供电煤耗由 370 克/千瓦时降到 333 克/千瓦时,下降了 10.0%;吨钢综合能耗由 694 千克标准煤降到 605 千克标准煤,下降了 12.8%;水泥综合能耗下降了 24.6%;乙烯综合能耗下降了 11.6%;合成氨综合能耗下降了 14.3%,能效水平得到大幅提高。

5) 环境质量有所改善

根据 113 个环保重点城市空气质量监测,2009 年达到二级标准以上的城市比例由 2005 年的 42.5% 上升到 67.3%;地表水国控断面劣五类水质比例由 2005 年的 27% 下降到 18.4%;七大水系国控断面好于三类比例由 2005 年的 41% 上升到 57.3%。

6) 为应对全球气候变化做出了重要贡献

"十一五"通过节能提高能效少消耗能源 6.3 亿吨标准煤,减少二氧化碳排放 14.6 亿吨,得到国际社会的广泛赞誉,也树立了我负责任大国的形象。

这些成绩的取得,是在我国经济增长速度大大超出预期、高耗能行业增速过快、产业重型化趋势没有改变以及应对国际金融危机、战胜雨雪冰冻和地震等多起自然灾害的情况下取得的,实属来之不易。

4.2.2 淘汰落后产能成效显著

加快淘汰落后产能是实现节能减排目标的重要措施,也是转变发展方式、优化经济结构、提高经济增长质量和效益的重大举措[21]。

"十一五"期间,大力推动落后产能淘汰工作,圆满完成了"十一五"确定的目标。关停小火电机组 7200 万千瓦,淘汰落后炼铁产能 12172 万吨、炼钢产能 6969 万吨、水泥产能 3.3 亿吨等,在关闭造纸、化工、纺织、印染、酒精、味精、柠檬酸等重污染企业方面也都取得积极进展。主要政策措施如下。

(1)分解落实目标任务,加大奖励惩罚力度。每年将目标任务分解到市、县和具体企业。对完成淘汰落后产能任务较好的地区和企业,在资金、土地、融资等方面给予倾斜,中央财政设立专项资金对经济欠发达地区淘汰落后产能给予奖励。对未按期完成淘汰落后产能任务的地区,暂停对该地区项目的环评、核准和审批;对未按要求淘汰落后产能的企业,依据有关法律法规责令停产或予以关闭。

(2)完善相关技术标准,坚决淘汰落后产能。制定实施主要用能产品能耗限额标准,对达不到能耗限额标准的落后产能坚决予以淘汰。切实加强对落后产能企业执行环境保护标准、产品质量标准、能耗限额标准和安全生产规定的监督检查。

(3)充分发挥市场机制作用,提高落后产能企业成本。推进资源性产品价格改革,提高土地使用价格,实行差别电价,提高差别电价加价标准。对超过限额标准的,实行惩罚性价格政策。

(4)确保社会稳定,高度重视职工安置工作。研究制定职工安置措施,认真落实安置政策,通过多种渠道、多种手段,促进淘汰落后产能企业职工再就业。

4.2.3 十大重点节能工程取得积极进展

在"十一五"期间,国家有力推动了十大重点节能工程的实施,共形成节能能力 3.4 亿吨标准煤,另外,支持了 5200 多个重点节能工程项目,形成节能能力 1.6 亿吨标准煤。大大超额完成了"十一五"期间规定的实现节能 2.4 亿吨标准煤目标[21]。

十大重点节能工程包括:燃煤工业锅炉(窑炉)改造工程、区域热电联产工程、余热余压利用工程、节约和替代石油工程、电机系统节能工程、能量系统优化工程、建筑节能工程、绿色照明工程、政府机构节能工程、节能监测和技术服务体系建设工程。

十大重点节能工程是实现"十一五"单位 GDP 能耗降低 20%左右目标的一项重要的工程技术措施。十大重点节能工程的实施取得了良好的经济和社会效益。

(1)大幅度提高了能源利用效率。2009 年与 2005 年相比,火电供电煤耗由 370 克/千瓦时降到 340 克/千瓦时,下降了 8.11%;吨钢综合能耗由 694 千克标准煤降到 615 千克标准煤,下降了 11.4%;水泥综合能耗下降了 16.77%;乙烯综合能耗下降了 9.04%;合成氨综合能耗下降了 7.96%;电解铝综合能耗下降了 10.06%。

（2）促进了先进节能技术的推广应用。纯温余热发电、新型阴极铝电解槽、高压变频、稀土永磁电机、等离子无油点火等一大批高效节能技术和产品得到普遍应用。

（3）促进了节能环保产业发展。我国高效照明产品、家用电器、电机、新型节能墙材等节能设备和产品的市场规模得到大幅度提升，节能环保装备的研发和制造水平显著提高。

4.2.4　节能服务产业快速发展

"十一五"期间，为推行发达国家普遍采用的一种有效的市场化节能机制合同能源管理，2010 年 4 月，国务院制定了《关于加快推行合同能源管理促进节能服务产业发展的意见》，为合同能源管理推广创造了良好的政策和体制环境，使节能服务产业迅速发展，专业化节能服务公司迅速壮大、产业规模大幅增长、服务范围不断扩展、服务水平显著提高，节能服务公司已成为我国节能战线上一支重要力量[21]。

合同能源管理是指节能服务公司与用能单位签订合同，为用能单位提供节能诊断、融资、改造、运行等一系列服务，并通过分享节能效益方式回收投资和合理利润的商业模式。加快推行合同能源管理，积极发展节能服务产业，是利用市场机制促进节能提高能效、减缓温室气体排放的有力措施，是培育战略性新兴产业、形成新的经济增长点的迫切要求，是建设资源节约型和环境友好型社会的客观需要。

2010 年与 2005 年相比，节能服务公司从 80 多家增加到 800 多家，从业人员从 1.6 万人增加到 18 万人，节能服务产业规模从 47 亿元增加到 840 亿元，合同能源管理项目投资从 13 亿元增加到 290 亿元，形成年节能能力从 60 多万吨标准煤增加到 1300 多万吨标准煤。节能服务产业拉动社会投资累计超过 1800 亿元。

4.2.5　"节能产品惠民工程"取得明显成效

为提高能源效率，促进产业升级，扩大消费需求，2009 年 6 月，国家发改委、财政部组织实施了"节能产品惠民工程"，以财政补贴方式推广高效节能空调、节能汽车、节能灯、三相异步电动机和稀土永磁电动机等高效节能产品，目前已形成家用电器、交通工具、照明产品、工业设备等四大类高效节能产品推广体系。

"节能产品惠民工程"中央财政安排 160 多亿元，推广高效节能空调 3400 多万台、节能汽车 100 多万辆、节能灯 3.6 亿多只。据初步测算，直接拉动消费需求 1200 多亿元，实现年节电 225 亿千瓦时，年节油 30 万吨，减排二氧化碳超过 1400 多万吨。培育和形成了高效节能产品消费市场，促进了产业结构升级和技术进步，而且让普通消费者得到了"价格下降、节电省钱、生活质量提高"等多重惠民效果[21]。

1) 推广高效节能空调成效显著

中央财政安排 115.4 亿元,支持推广 3400 多万台高效节能空调,直接拉动消费 700 多亿元,实现年节电 100 亿千瓦时,产品寿命期内节电 800 亿～1000 亿千瓦时,年节约电费 50 亿元,寿命周期内节约电费 400 亿～500 亿元,并在夏季用电高峰时段减少 30% 左右的用电负荷。

高效节能空调的市场占有率从推广前的 5% 上升到目前的 70% 以上,使新能效标准得到顺利实施,原三、四、五级低能效空调已全部停止生产,行业整体能效水平提高 24%,达到世界先进水平。

使高效节能产品的售价大幅度降低,高效节能空调价格从推广前每台 3000～4000 元下降到 2000 元左右,部分型号的一级能效节能空调市场售价最低降至 1000 元左右,累计节约老百姓购买费用 300 亿元。

2) 推广节能汽车初见效果

支持推广 100 多万辆 1.6L 及以下节能用车,直接拉动消费 508 亿元,实现年节油 30 万吨,产品寿命期内节油 450 万～600 万吨。

1.6L 及以下节能用车型号从推广前 101 个增加到 341 个,每月销售数量从推广前不到 5 万辆上升到目前 30 万辆左右,市场份额从 7% 上升到 30% 以上。

4.3 "十二五"期间我国节能、降耗、减排的严峻形势和迫切需求

4.3.1 节能、降耗、减排的主要目标与基本思路

"十二五"规划提出的到 2015 年节能、降耗、减排总体目标是:

(1) 单位国内生产总值能耗下降到 0.869 吨标准煤,比 2010 年的 1.034 吨标准煤下降 16%,总实现节约能源 6.7 亿吨标准煤;

(2) 全国化学需氧量和 SO_2 排放总量分别控制在 2347.6 万吨、2086.4 万吨,比 2010 年的 2551.7 万吨、2267.8 万吨分别下降 8%;

(3) 全国氨氮和氮氧化物排放总量分别控制在 238.0 万吨、2046.2 万吨,比 2010 年的 264.4 万吨、2273.6 万吨分别下降 10%。

"坚持节约优先、立足国内、多元发展、保护环境,加强国际互利合作,调整优化能源结构,构建安全、稳定、经济、清洁的现代能源产业体系"是推动能源生产和利用方式变革的新思路。

"节能改变世界,智能创造未来"。"十二五"期间工业节能、降耗、减排工作要以科技创新为支撑,大力推进工业节能降耗。围绕工业生产源头、过程和产品三个重点,组织实施余热余压回收利用工程、工业锅炉窑炉改造工程、内燃机系统节能

工程、电机系统节能改造工程、热电联产工程、工业副产煤气回收利用工程、高效节能机电产品推广工程、企业能源管控中心建设工程、绿色通信推广工程、节能产业培育工程等十大重点节能工程,提升工业能源利用效率,促进行业节能技术产品装备、企业节能管理水平再上新台阶。

4.3.2　我国节能、降耗、减排的严峻形势

长期以来,我国政府高度重视资源环境问题,坚持实施可持续发展战略,把节约资源、保护环境作为基本国策,努力建设资源节约型、环境友好型社会。国务院总理温家宝在 2009 年 12 月的哥本哈根气候大会上向全世界庄严承诺:到 2010 年使单位国内生产总值能源消耗比 2005 年降低 20% 左右;到 2020 年中国单位国内生产总值的二氧化碳排放下降 40%~45%,这充分体现了我国政府实行节能减排可持续发展策略的坚定决心[22]。

在"十二五"规划中,节能减排将作为一项重大专项规划,其中包括研究建立节能减排倒逼机制和长效机制。在产业结构和能源消费结构一时没有重大变化的情况下,技术进步、技术创新显得尤为重要。只有在技术、工艺、设备和材料的创新与应用上取得重大突破,才能在较短的时间内推进节能降耗减排工作再上新台阶。采用先进的工业自动化技术推进高耗能、高排放行业的节能减排将为完成"十二五"规划目标提供坚强的技术支撑。

节能、降耗、减排是"十二五"期间国民经济能够继续保持可持续发展的战略性问题之一,是当前对于各行各业极其重要的任务。先进的智能自动化技术是"节能、降耗、减排"的有力武器。如何加快装备制造业的发展和技术进步,增强工业控制系统的功能和效率,以及更好地应用先进的控制技术来帮助制造企业降低成本、提高效率、改善质量、实现"节能、降耗、减排"的目标,是当前工业自动化行业面临的十分紧迫的问题。

目前,我国工业生产仍普遍存在"三高"(高能耗、高消耗、高污染)的问题。钢铁、有色、电力、化工等高耗能行业能耗占全国工业能耗 70% 以上,而其主要产品单位能耗平均比国际先进水平高 40% 以上,能源利用效率仅为 33%,比发达国家低 10 个百分点左右。因而,我们应努力奋斗,尽早缩短这一差距,按照科学发展观和加快转变经济发展方式的要求,建立资源节约型、环境友好型社会。

我国"十二五"期间节能减排目标:单位 GDP 能耗比 2010 年下降 16%;化学需氧量和 SO_2 排放总量以及氨氮和氮氧化物排放总量比 2010 年分别降低 8% 和10%。节能产业作为委以重任的一大支撑产业,其发展势头不容小视,但能耗惊人。

我国 GDP 的支柱产业主要集中在电力、石油石化、煤炭、化工、钢铁、有色、建材、造纸、纺织等传统高耗能、高污染行业,这些行业是节能减排的重点实施企业。

在高污染方面,以电力行业为例:发电侧排放二氧化硫,达全国排放总量的 50%以上,烟尘排放占全国排放量的 20%以上。输电侧和配电侧由于线损率一直没有实际改善导致耗能严重,按我国发电量 3 万亿千瓦时测算,耗费在输电及配电侧线路及变电设备空载损耗上的电就达到 1800 多亿千瓦时,相当于一座 3600 万千瓦火电站的年发电量。

在高能耗方面也存在很大的问题,如引擎和电机占总工业能源消耗的 65%。中国的电机能力超过了 5 亿千瓦,每年消耗 800~1000 亿千瓦时的能量,占总能源消耗的 60%和工业能源消耗的 75%。驱动鼓风机和电泵的电机则达到了 2.5 亿千瓦,其中 70%都应该使用变速驱动,但实际只有 20%使用了变速驱动,造成了巨大的电能浪费。据统计,中国的能源效率仅为美国的 26.9%,日本的 11.5%。

中国已经成为世界第二大能源消费国,能源消费总量占到了全球的 15%左右。而且,随着中国经济的快速发展,能源消耗依然在呈持续上涨趋势,且增速迅猛,能源形势不容乐观。

节能的号角已响彻国内工业市场,但企业用户仍主要采用购置变频器、节能电机等节能装备的直接方式来实现节能,而智能自动化领域的技术在企业寻求节能过程中,将会扮演更为重要的角色。

4.3.3　节能、降耗、减排的压力及难度

随着工业化、城镇化进程加快和消费结构持续升级,我国能源需求呈刚性增长,受国内资源保障能力和环境容量制约以及全球性能源安全和应对气候变化影响,资源环境约束日趋强化,"十二五"时期节能、降耗、减排形势仍然十分严峻,任务十分艰巨。这是由于:

(1) 节能、降耗、减排的约束性指标增多了,"十二五"规划纲要草案除了继续要求化学需氧量排放量和 SO_2 排放量分别下降 8%,还新增要求氨氮和氮氧化物分别减排 10%;

(2) "十二五"将大幅抑制能源消耗;

(3) 行业节能减排的空间趋小、难度加大;

(4) 石油和化工等重点耗能产品,能耗与国际先进水平的差距还很大;

(5) 减排的这四项指标是约束性的,是一定要完成的,严峻的"节能"形势之外,"减排"重任的完成也不容乐观;

(6) 部分高耗能产品生产增长较快,一些过去停工减产的又在恢复生产,产能大量释放,局部地区电力供需偏紧,节能减排任务非常严峻。

第5章　智能自动化与工业节能、降耗、减排

智能自动化是信息化、网络化、智能化和自动化的充分融合。智能自动化是自动化发展的高级层次。智能自动化促进电力、石化、化工、钢铁、有色、建材等传统高能耗、高污染行业的节能、降耗、减排将在以后篇章专门阐述。本章将介绍智能自动化促进流程工业和建材、医药、印染和造纸等其他高能耗、高污染行业节能、降耗、减排的重要作用和解决方案。

5.1　智能自动化技术在工业企业的节能、降耗、减排中的重要作用

"十二五"时期,世界科技保持快速发展态势,学科交叉和技术融合加快,创新要素和创新资源在全球范围内流动加速,科学技术正孕育着新的突破。网络和信息技术加速渗透和深度应用,将引发以智能、泛在、融合和普适为特征的新一轮信息产业变革。新型节能环保技术、新能源技术等加速突破,将推动世界进入绿色、清洁、低碳发展的新阶段。

智能自动化中的"自动化"是广义的、泛指能使装置高效运行的相关技术,也应该包括管理技术、信息化技术、建模技术等。

智能自动化技术是节能、降耗、减排的支撑技术,而且当前的新型工艺技术包括绿色制造、清洁生产等,也都亟须融入智能自动化技术。

降耗,主要指降低原材料消耗,提高资源利用率。减排,主要指减少污染排放,即减少碳、硫、工业废水、固体废弃物(矿产资源领域)等排放。节能、降耗、减排主要依赖于工艺改造突破和自动化技术的应用。设备(装置)、流程(工艺)、自动化(系统)三者的紧密结合,将在节能、降耗、减排中发挥重要作用,可使新工艺达到最优性能。

智能自动化技术是实现节能、降耗、减排的最有效手段之一。由于工艺改造很多时候是由先天条件所决定的,而且难度很大、费用高,而自动化技术可以使现有生产过程和装备在不进行大改动的前提下,应用智能自动化的先进控制技术、过程优化技术、优化运行技术等,使工业过程达到低投入、高产出,实现节能、降耗、减排的最佳运行效果,大大提高企业的经济技术指标、综合经济效益以及核心竞争力。因此,智能自动化技术对于目前大量现有的工业装置而言,是不可或缺的关键支撑技术,具有非常重要的现实意义。

　　智能自动化技术如今已经被广泛应用于电力、化工、石化、冶金、建材等流程工业以及机械制造、建筑、交通运输等领域,已成为提高劳动生产率、增加产量、提高质量、节省能源、降低消耗、减少污染排放、确保生产安全等主要手段。

　　智能自动化技术作为 21 世纪现代制造(流程)领域中最重要的技术之一,主要解决生产效率与一致性问题。无论高速大批量制造企业还是追求灵活、柔性和定制化企业,都必须依靠智能自动化技术。智能自动化系统本身并不直接创造效益,但它对企业生产过程起着明显的提升作用,是解决下述问题的重要手段:

　　(1) 提高生产过程的安全性;

　　(2) 提高生产效率;

　　(3) 提高产品质量;

　　(4) 提高生产管理水平;

　　(5) 减少生产过程的原材料损耗、能源损耗和污染排放。

　　据统计,对智能自动化系统投入和企业效益方面提升产出比约 1∶4 至 1∶6 之间。特别在资金密集型企业中,自动化系统占设备总投资 10% 以下,起到“四两拨千斤”的重要作用。

　　提高能源利用效率,节约资源,降低生产成本,提高企业市场竞争力,增加企业经济效益,有利于环境保护和可持续发展,已成为流程工业重要任务之一。

　　利用智能自动化技术达到工业节能、降耗、减排是一个系统问题,它涉及与生产过程节能降耗、减排相关的先进检测技术与装置、先进控制技术、建模技术、实时优化技术、生产管理和生产制造执行系统(MES)技术以及能量管控系统(EMS)等方方面面的智能自动化技术及融合问题,逐步形成实时检测、基础控制、先进控制、物流跟踪、质量管理控制、生产设备实时维护、计划实时调度、实时运行优化、实时生产操作优化、能源管控和企业管理信息化多层次、多角度的信息化整体优化解决方案,促进企业节能降耗减排的重要支撑技术。因此,智能自动化技术对提高产品的产量、质量、生产效率,降低生产过程的能耗、物耗、污染物排放和工人劳动强度,实现生产过程的高效、经济、安全和稳定运行,最终提高企业的经济效益和综合竞争力具有重要作用。具体表现为以下几个方面。

　　1) 先进检测技术与装置提供关键信息

　　先进检测技术与装置利用先进传感手段及智能信息处理等技术,实现对生产过程中对能耗/物耗、质量、安全、环保等指标有重要影响而采用传统检测手段难以检测的关键工艺参数在线检测,为生产过程的监测、控制与优化提供关键信息。

　　2) 先进控制技术获取经济效益

　　通过先进控制技术获取经济效益来提高企业竞争力,已成为一种发展趋势。先进控制算法的实现是通过应用软件作用于系统才能表现其应有的价值。

3) 工艺流程模拟挖掘生产过程潜能

生产过程集成模拟、控制、优化的综合自动化平台,通过全厂工艺流程模拟来挖掘生产过程潜能,制定不同操作负荷下最优决策,实现不同设备条件和经济条件下,以物耗、能耗为最优目标的实时自动化与优化运行。

4) 保持工业装置的持续高效、优化运行以降低物耗能耗

综合应用化工反应与传递过程机理模型、计算机模拟、智能信息处理、生产过程优化等技术,开发大型关键装置的生产过程建模、模拟及优化运行关键技术,通过工艺机理分析、能耗物耗瓶颈分析、运行参数的优化调整,实现在保障安全平稳运行的基础上有效降低物耗能耗,保持工业装置的持续高效、优化运行,从而达到提高资源和能源的利用率、优化生产过程的目标。

5) 数学模型、专家经验和智能技术的结合取得节能减排效果

把工艺知识、数学模型、专家经验和智能技术结合起来,例如,钢铁企业把它应用于炼铁、炼钢、连铸和轧钢等典型工位的过程控制和过程优化。如高炉炼铁过程优化与智能控制系统,烧结、焦化综合优化控制,转炉动态数学模型、智能电炉控制系统、连铸结晶器液位控制、加热炉燃烧控制、轧机智能过程参数设定等,取得了工艺装备明显的节能减排效果。如武钢应用高炉操作平台型专家系统后,高炉利用系数提高 0.172,焦比降低 41.86 千克/吨,喷煤比提高 22.98 千克/吨,年节约焦炭 32452 吨;沙钢冶金电炉采用智能控制技术,取得了冶炼时间缩短 3%、吨钢电耗下降 5% 的效果。

6) 最优决策和专家知识库实现对缺乏精确模型的对象进行有效控制

最优决策和专家知识库,例如,焦化生产过程中,在保证焦炭质量、现有煤种和库存限量等条件下,自动优化出炼焦用煤成本最低的配煤方案。达到尽量少配主焦煤和煤源紧张的煤种,尽量多配挥发份高、弱黏性煤或不黏性煤,尽量扩大炼焦煤源,节能增源。将焦炉加热控制与推焦操作管理有机地结合起来,采用智能控制原理,在控制过程中利用计算机模拟人的控制行为功能,最大限度地识别和利用控制系统动态过程所提供的特征信息,进行启发和直觉推理,从而实现对缺乏精确模型的对象进行有效控制。

7) 故障诊断与预报发现设备异常状况,预报设备潜在故障

故障诊断与预报技术利用信号处理、模式识别、神经网络、专家系统、控制理论等多种技术,通过监测设备状态参数和工艺参数,来发现设备异常状况,预报设备潜在故障,分析造成故障可能的原因,进而保障生产安全,实现生产过程优化控制,降低能耗/物耗,提高设备利用率和延长设备使用寿命,提高产量和质量,降低成本。

8) 能源管控系统实现能源计划、能源调度和能源监控

根据各自企业特点,建立企业级的能源管控系统(EMS),实现了能源计划、能

源调度和能源监控等功能,为能源管控模式转变提供了技术支撑,节能降耗取得实效。

支撑系统节能的能源管控和综合利用关键共性技术,包括企业能源监控技术、企业能效评估与分析技术、能源动态平衡和优化调度技术以及全流程能量系统全局优化技术。

9)厂级监控信息系统实时监视与经济优化运行

厂级监控信息系统(SIS)是电厂基于全厂性的实时、历史数据库,通过应用软件实现全厂实时生产过程监视与机组的优化运行指导,以求达到各项经济指标如全厂煤耗、用电率、补给水率和设备检修的最佳状态。通过对设备信息完整的记录,分析机组及辅助设备整体的运行状态,形成厂级生产过程的实时监视与经济优化运行,为实现经济目标控制下的全厂的协调生产和经营提供决策支持。

10)生产制造执行系统实现生产过程的操作优化

实施生产制造执行系统(MES),逐步形成了过程控制优化、生产管理控制和企业信息化多层次、多角度的信息化整体解决方案。

11)实时运行优化实现生产过程低碳、高效运行

实时运行优化是实现生产过程低碳、高效运行的核心技术,主要指系统运行中工艺操作参数的实时优化,及当工况与环境发生变化时的操作优化。流程工业生产过程中,物流质、能量流、信息流相互耦合,控制、优化和调度紧密结合,其整体运行行为表现为多尺度、多层次、多功能、非线性、强耦合等特征。其运行优化约束条件多,既有生产工艺指标约束,又有系统原料参数、输入参数、工艺参数甚至状态参数的约束。

实时运行优化技术是利用专家系统、神经网络、预测控制、案例推理、进化计算等优化技术,根据企业与能耗/物耗、产量、质量、成本、环保、安全等综合生产指标密切相关的运行指标要求、运行工况和运行指标实际反馈值,优化关键工艺操作参数的设定值,以降低能耗/物耗和污染物排放,提高产量和产品质量及附加值,降低成本,确保生产安全,提高经济效益。

12)全流程工程系统建模实现高能耗生产的低碳高效运行

全流程工程系统建模是实现高能耗生产过程低碳高效运行的前提和先决条件,涉及目标模型、系统模型、约束模型和评估模型。采用信息化、自动化技术和系统优化融合的工程系统运行优化的理论、方法与关键技术,通过持续实现环境友好、资源和能源综合利用与节约,发展节约型生产、清洁生产和绿色生产,提高企业创新力和适应力,是实现石油和化工行业改造和提升,保持可持续发展的必然选择。

5.2　促进节能、降耗和减排的智能自动化关键共性技术

利用智能自动化技术达到工业节能、降耗、减排是一个系统问题,已由单一的基础级控制发展为由先进检测技术与装置级、专用控制装置级、先进控制级、生产管理和制造执行系统(Manufacturing Execution System, MES)级和全流程能量管理系统(Energy Management System, EMS)级组成的多层次的信息化整体优化解决方案,它涉及实时检测、基础控制、先进控制、物流跟踪、质量管理控制、生产设备实时维护、计划实时调度、实时运行优化、实时生产操作优化和能源管控等智能自动化技术,其各级的关键共性技术如图 5-1 所示。

5.2.1　先进检测技术与装置

与物耗、能耗、污染排放相关的感知、检测、监测的先进检测技术与装置,利用先进传感手段及智能信息处理等技术,实现对生产过程中能耗/物耗、质量、安全、环保等指标有重要影响而采用传统检测手段难以检测的关键工艺参数在线检测,为生产过程的监测、控制与优化提供关键信息。它是构成智能自动化的信息基础。

5.2.2　专用控制装置

支撑节能、降耗、减排的软硬件开发平台和专用控制器。它是以计算机技术、控制技术和通信技术为基础,按大型机组或过程控制的要求,选用各种标准化的独立功能组件融为一体组合成的集中分散型控制的专用控制装置。包括除了能组成常规的 PID 控制外,还能构成各种复杂的控制系统,如前馈调节、多参数解耦、超驰调节等,能适应计算机设定值控制要求的控制系统,还有逻辑控制、顺序控制和监控组件,构成一个立柜或几个立柜,加上显示操作台等组成大型控制装置,在故障报警时能将控制系统自动地切换到安全位置。它是构成智能自动化的控制基础。

5.2.3　先进控制与优化技术

先进控制是提高装置操作性能,达到节能降耗、提高整体经济效益为目的的技术。自 20 世纪 70 年代以来,先进控制技术已广泛应用于冶金、化工、石油、电力、轻工、造纸、医药、环保等工业过程控制中,主要包括预测控制、智能控制、多变量控制、自适应控制等控制技术。它是构成智能自动化的先进技术。

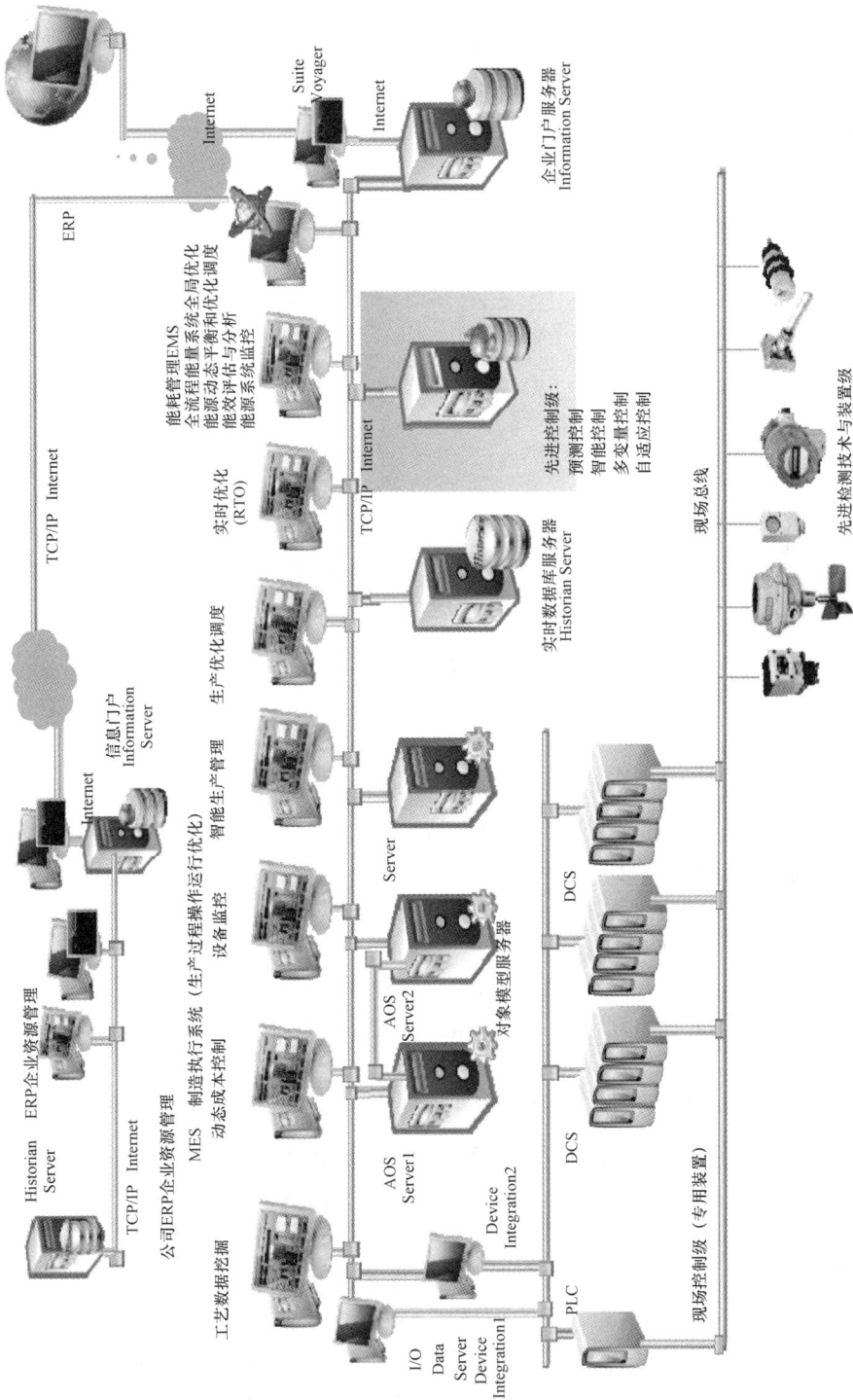

图 5-1　智能自动化促进工业节能、降耗和减排的共性关键技术

5.2.4　生产执行系统

生产执行系统 MES 涉及生产计划与调度、设备/质量/物流/能源/成本的实时数据集成和优化,其关键共性技术有:

(1) 数据校正;

(2) 动态成本;

(3) 智能生产管理;

(4) 设备远程监控及管理;

(5) 工艺数据挖掘;

(6) 生产实时优化调度;

(7) 生产实时优化;

(8) 软测量。

5.2.5　全流程能量管理系统

为了保证用户的用电,必须对电网进行管理和控制。能量管理系统 EMS 的共性技术如下。

(1) 全流程能量系统全局优化:企业能量流网络信息模型、企业能源结构优化技术、多种能源介质动态调控技术、全局过程集成技术、过程系统的能量综合和优化。

(2) 能源动态平衡和优化调度:能源动态预测技术、能源优化调度技术。

(3) 能效评估与分析:投入产出模型方法、能效评估分析方法、能量梯级利用分析方法。

(4) 能源系统监控:过程和设备能效监测与分析模型、数据校正技术、网络集成平台技术、数据集成平台技术。

5.3　智能自动化促进工业节能、降耗、减排的一些解决方案

5.3.1　流程工业的智能自动化与节能、降耗、减排

流程工业是指在我国国民经济中占有重要经济地位的石化、炼油、化工、冶金、制药、建材、轻工、造纸、采矿、环保、电力等工业行业。这些行业普遍存在能耗大、产品质量差、生产过程工艺落后、自动化水平低、管理水平低、信息集成度低、综合竞争力弱等现状。流程工业智能自动化综合系统是将先进的工艺装备技术、现代管理技术和以先进控制与优化技术为代表的信息技术相结合,将企业的生产过程控制、优化、运行、计划与管理作为一个整体进行控制与管理,提供整体解决方案,以实现企业的优化运行、优化控制与优化管理,从而成为提高企业竞争力的核心高技术。

5.3.1.1　流程工业智能自动化综合技术采用三层总体结构

（1）以过程控制系统（PCS）为代表的基础自动化层。主要内容包括先进控制软件、软测量技术、实时数据库技术、可靠性技术、数据融合与数据处理技术、集散控制系统（DCS）、现场控制系统（FCS）、多总线网络化控制系统、基于高速以太网和无线技术的现场控制设备、传感器技术、特种执行机构等。

（2）以生产过程制造执行系统（MES）为代表的生产过程运行优化层。主要内容包括先进建模与流程模拟技术（Advanced Modeling Technologies，AMT）、先进计划与调度技术（Advanced Planning and Scheduling，APS）、实时优化技术（Real-Time Optimization，RTO）、故障诊断与健康维护技术、数据挖掘与数据校正技术、动态质量控制与管理技术、动态成本控制与管理技术等。

（3）以企业资源管理（ERP）为代表的企业生产经营优化层。主要内容包括企业资源管理（ERP）、供应链管理（SCM）、客户关系管理（CRM）、产品质量数据管理（PQDM）、数据仓库技术、设备资源管理、企业电子商务平台等。

5.3.1.2　智能自动化成为流程工业提高企业竞争力的核心高技术

近年来，通过国家科技攻关和 863 计划的大力支持，在以下几方面取得了重大突破。

（1）成功研制开发了集散控制系统（DCS），并实现了产业化，目前在国内市场占有率达到 35% 左右。

（2）成功研制开发了基于现场总线 FF、HART、Profibus 等技术的现场设备与控制系统。

（3）在以 MES 为核心的 ERP/MES/PCS 综合自动化体系结构中，形成了一批 MES 的功能化模块及软件。

（4）研制开发了一批先进的控制软件及优化管理技术、方法的软件，并取得了成功应用。

（5）建设了一批典型的示范工程，并在相关基础研究方面取得了一系列重要成果。

近十年来，整体上取得了巨大的成功，拥有了一批具有自主知识产权的技术和产品，并有相当的市场份额，为今后大规模产业化和资产重组奠定了良好的基础。

5.3.1.3　流程工业智能自动化整体解决方案

我国浙大中控推出的智能工厂 InPlant（Intelligent Plant）是一种流程工业智能自动化整体解决方案，其目的是促进信息集成，实现集控制、优化、调度、管理、经营于一体的综合自动化新模式，全面提升企业产品质量、生产能力、信息化水平以及综合竞争力[9]，如图 5-2 所示。

图 5-2 智能工厂 InPlant

InPlant 工业自动化整体解决方案突破传统自动化体系的层次概念，以统一数据管理、统一通信、统一平台，有机地整合、优化各种独立、分离的产品与技术，发挥其产品、技术体系的最大功能，从而产出最大的效益。

InPlant 是开放的整体解决方案，兼具卓越的兼容性与开放性，提供"一步到位"的全程服务，最大限度地保护用户已有的投资。InPlant 的特点如下。

（1）安全：利用各种高可靠性的控制系统、检测和执行机构对设备与装置的运行提供保证，进而对关键装置进行故障诊断与健康维护。

（2）低成本：基于对过程工业的深刻理解与丰富经验，通过先进的建模技术、控制技术和实时优化技术来提高产品的合格率和转化率，并降低能耗和原料消耗。

（3）高效率：通过先进的计划调度、排产和流程模拟技术来提高设备利用率和劳动生产率。

（4）提升综合竞争力：通过数据和信息的综合集成，如先进的管理技术（ERP与 CRM）、协同办公、电子商务、企业门户、价值链分析技术等，以促进企业价值的增值，最终提高企业的综合竞争力。

5.3.1.4　智能自动化技术发展对流程工业节能降耗减排的效果

智能自动化技术发展对流程工业节能降耗减排的效果体现在以下几方面。

（1）高安全：需要用高可靠性的控制系统、检测和执行机构对设备与装置的运行提供保证，进而对关键装置进行故障诊断与健康维护。

（2）低成本：通过先进的工艺及工艺参数以降低能耗和原料消耗，以及通过先进的建模技术、控制技术和实时优化技术来提高产品的合格率和转化率。

（3）高效率：通过先进的计划调度与排产技术和流程模拟技术来提高设备利用率和劳动生产率。

（4）高质量：通过 MES 及相关技术，可以实现在线成本的预测、控制和反馈校正，以形成生产成本控制中心，保证生产过程的优化运行；可以实施生产全过程的优化调度、统一指挥，以形成生产指挥中心，保证生产过程的优化控制；可以实现生产过程的质量跟踪、安全监控，以形成质量管理体系和设备健康保障体系，保证生产过程的优化管理。

（5）竞争力：通过上述技术的综合集成，促进企业节能降耗减排、提高企业的综合竞争力。

5.3.2　智能自动化促进石化行业节能、降耗、减排的解决方案

先进控制、运行优化、生产调度与决策、信息集成等智能自动化核心技术已用于炼油、芳烃、乙烯、PTA 等行业的节能降耗减排，详细的技术与应用分析见第二篇第 1 章。

5.3.2.1　石化行业应用的智能自动化技术

1）石化行业的范围（图 5-3）

2）石化行业应用的智能自动化技术

（1）先进控制技术。以模型预估控制（MPC）为代表的先进过程控制技术在石油化工过程中得到广泛的应用。代表软件有 Setpoint、DMC、Honeywell、Adersa、AspenTech 等。

（2）运行优化技术。生产过程操作优化技术将优化理论和建模技术相结合，能有效提高装置效益。代表软件有 RT-OPT、ROMEO、ProfixMax、RTO＋等。

（3）辅助生产调度与决策。辅助生产调度，针对不同的工厂建模并进行 LP 优化，提高企业调度水平。代表软件有 FORWARD、ORION、PSS&PIMS 等。

（4）信息集成技术。通过信息化建设，将多个信息系统数据库共享和集成可以大大提升企业信息化水平，实现了以物流、资金流、信息流的"三流合一"，降低生产和管理成本。

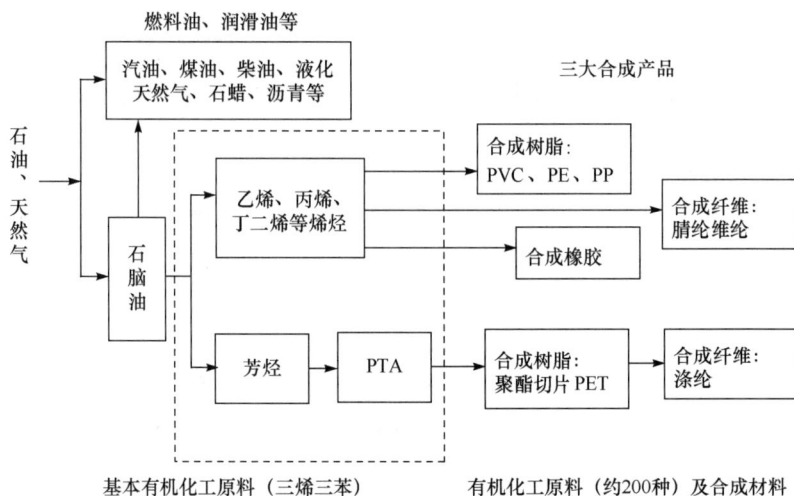

图 5-3　石化行业范围

5.3.2.2　智能自动化技术促进炼油行业节能、降耗、减排的解决方案与效果

1）常减压装置优化控制技术

（1）实现了常顶石脑油的收率提高 1.5%～2%；

（2）实现了常压塔总拔出率提高 1.5%～2%；

（3）研究成果为企业带来约 1767 万元/年的直接经济效益。

2）催化裂化先进控制与优化技术

（1）汽油和柴油总液产量最大化；

（2）年经济效益 2000 万元以上。

3）延迟焦化装置的先进控制与优化技术

实现操作约束条件下的裂解反应炉反应深度优化，达到减少能耗、回炼率的节能降耗和原油资源最大限度利用的优化目标。

4）成品油在线调和控制优化技术

（1）一次调和成功率大于 95%；

（2）取消加剂循环，每个批次减少 6～8 小时的占用时间，VOC 挥发减少5～10吨/批次；

（3）优化带来的直接经济效益 9000 万元/年(360 万吨国 V 汽油生产装置)。

5.3.2.3　智能自动化技术促进芳烃行业节能、降耗、减排的解决方案与效果

1）异构化反应过程先进控制

（1）提高了装置控制平稳率和安全性，提高对二甲苯收率 0.37%；

（2）整个装置的综合能耗降低 6.318 千克标准油/吨；

（3）同时获得了显著的经济效益,综合经济效益估算可达 1000 万元/年。

2）吸附分离过程建模与先进控制

（1）PDEB 消耗分别下降 37.8％和 25.7％；

（2）二甲苯分离过程实时优化；

（3）降低二甲苯分馏系统能耗 1.5％以上,增加 OX 产量 15％,实现年经济效益 1240 万元；

（4）芳烃抽提装置优化运行技术；

（5）低压蒸汽消耗下降 8％,抽余油中芳烃含量降低 1.25％,溶剂消耗降低 6.9 吨/年。

5.3.2.4　智能自动化技术促进乙烯行业节能、降耗、减排的解决方案与效果

1）裂解炉先进控制与实时优化技术

（1）GK-VI 型裂解炉:燃料消耗减少 3.537％,双烯收率提高 0.546％；

（2）SL-II 型裂解炉:燃料消耗减少 1.964％,双烯收率提高 0.624％。

2）冷箱与脱甲烷塔系统优化技术

（1）优化前后乙烯损失率下降 10.3％；

（2）乙烯总收率增加 0.11％；

（3）单位裂解气预冷所需蒸汽消耗下降 4.25％。

3）乙烯/丙烯成品塔优化控制技术

（1）确保塔顶最大限度地采出浓度大于 99.60％的丙烯产品；

（2）实现最小回流比控制,降低了装置操作能耗；

（3）塔釜出料中损失的丙烯显著下降。

4）碳二/碳三加氢反应过程优化控制技术

（1）C2 加氢反应选择性提升 9.57％；

（2）C3 加氢反应选择性提高 13.46％。

5）蒸汽管网系统用能监控与实时优化技术

（1）降低 SS 消耗 3.24％；

（2）蒸汽系统吨乙烯能量消耗降低 2.02％。

5.3.2.5　智能自动化技术促进 PTA 行业节能、降耗、减排的解决方案与效果

1）PX 氧化过程建模、先进控制与优化技术

（1）实现 PX 单耗下降 0.8 千克/吨 PTA 以上；

（2）醋酸单耗下降 1.2 千克/吨 PTA 以上。

2）溶剂脱水过程建模与优化技术

釜水含量和塔顶部汽相冷凝温度都突破原先专利商提高的工艺操作范围,在保证分离要求的前提下,有效地稳定了溶剂脱水塔共沸剂界面,再沸蒸汽和共沸剂消耗下降 20% 以上。

3) 加氢过程建模、先进控制与优化技术

(1) 325 目粒度分布值在 92.09%±0.793% 范围内波动;

(2) 平稳度提高了 24.3%。

4) 公用工程系统节能优化技术

(1) 全年水耗从 0.892% 下降到 0.807%,节约工业用水 14 万吨/年左右;

(2) 高压蒸汽节约 5 吨/时左右。

5.3.3 智能自动化促进化工行业节能、降耗、减排的解决方案

智能自动化核心技术已用于煤化工、合成氨、尿素、制碱、氯乙烯等行业的节能降耗减排,详细的技术与应用分析见第二篇第 2 章。

5.3.3.1 化工行业应用的智能自动化技术

1) 典型化工行业(图 5-4)

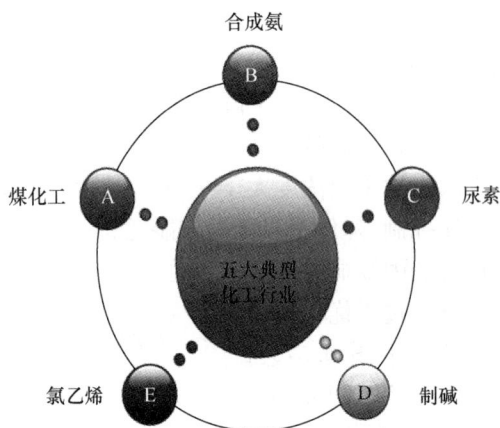

图 5-4　典型化工行业图

2) 化工行业应用的智能自动化技术

(1) 过程建模技术;

(2) 先进控制技术;

(3) 运行优化技术;

(4) 神经网络技术;

(5) 专家控制系统;

(6) 信息集成技术。

5.3.3.2　智能自动化技术促进煤化工行业节能、降耗、减排的解决方案与效果

1）煤气化炉温度软测量技术

预测精度 5%，趋势跟踪良好。

2）水煤浆气化过程的模拟与优化技术

（1）有效合成气收率提高 0.65%；

（2）比氧耗降低 0.8%以上。

3）粉煤气化过程优化控制

炉温变化的响应时间从 5~10 分钟提高到 2~4 分钟，更适应煤种的切换。

4）甲醇精馏装置的先进控制技术

（1）优化了装置的物料平衡、热量平衡以及蒸汽的分配；

（2）1.0 兆帕蒸汽用量减少了 2.5%以上。

5.3.3.3　智能自动化技术促进合成氨行业节能、降耗、减排的解决方案与效果

1）大型合成氨装置先进控制系统技术（图 5-5）

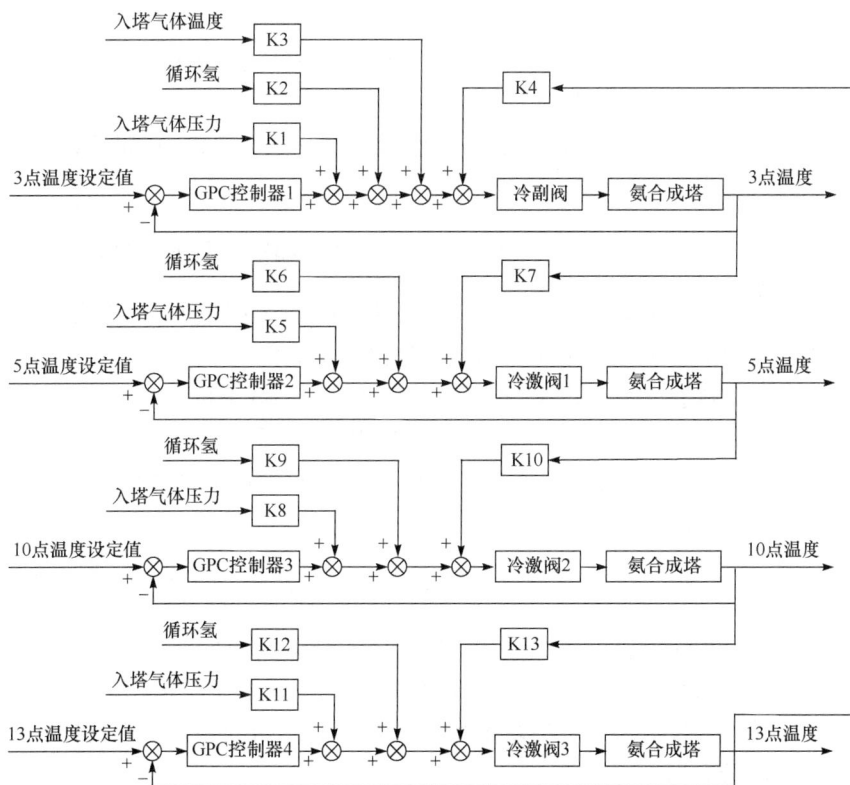

图 5-5　大型合成氨装置先进控制系统

（1）水碳比先进控制较常规控制条件下方差减少 53.66%；

（2）空碳比先进控制较常规控制条件下方差减少 49.32%。

2）氨合成塔热点温度先进控制系统

（1）负荷在 50%～100%范围内；

（2）控制精度的标准差小于 1；

（3）自动控制投运率超过 95%。

3）合成氨装置在线操作优化系统

（1）净值稳定升高 0.4%，吨氨电耗降低 40 千瓦时，吨氨块煤消耗降低 15千克；

（2）经济效益超过 800 万元/年。

5.3.3.4　智能自动化技术促进尿素行业节能、降耗、减排的解决方案与效果

（1）4580 大化肥装置和优化控制，系统效率提升 20%，投资成本下降 30%，运行稳定，适合长周期运行。

（2）50000 标准立方米/时空分装置优化控制，在 2 小时内实现 105%～75%的自动变负荷优化调节，比常规的手动调节降低生产能耗 3%以上。

（3）整体尿素装置煤耗为 1170 千克标准煤/吨氨，比国内同行业的先进水平1400 千克标准煤/吨氨降低 16.4%。

（4）整体尿素装置能耗为 170 度电/吨尿素，970 千克蒸汽/吨尿素，分别比国内同行业先进水平降低 10%～15%。

5.3.3.5　智能自动化技术促进制碱行业节能、降耗、减排的解决方案与效果

（1）国内最大的纯碱生产企业山东海化股份有限公司纯碱厂的重要工序——石灰窑工序、碳化工序、压缩工序实施了先进控制与优化。

（2）先进控制系统是在 Siemens PCS7 集散控制系统平台上实施的，先进控制软件 APC-Adcon 运行于 DCS 系统的上位机上，并以配套的先进控制软件平台ESP-iSYS-A 作为支撑。纯碱装置先进控制与优化框图如图 5-6 所示。

（3）一年可获得 584 万元的直接经济效益。

5.3.3.6　智能自动化技术促进氯乙烯行业节能、降耗、减排的解决方案与效果

（1）通过 CFD 模拟，建立流动、传热、燃烧和裂解反应的综合数学模型，对复杂的传递与反应过程进行数值模拟研究，剖析工业裂解炉反应管和炉膛内复杂的流动、传热、传质和反应等过程的基本特点以及它们之间的相互关系，得到裂解炉内重要参数的分布情况。

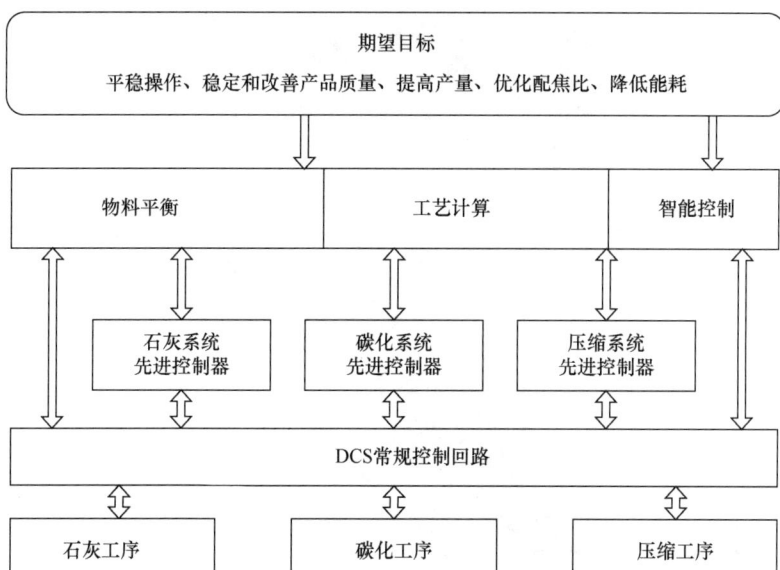

图 5-6　纯碱装置先进控制与优化框图

（2）实施氯碱炉汽包液位-负荷串级控制，汽包波动从投用前 20％的波动范围缩减到 3％以内，炉管出口温度±4℃波动范围变为为±1℃。

（3）提高二氯乙烷裂解转化率约 1％，降低燃料气使用量 100 千克/时，全年可创造直接经济效益 500 万元左右。

5.3.4　智能自动化促进钢铁行业节能、降耗、减排的解决方案

智能优化控制技术已用于炼焦、烧结、高炉煤气余压能源回收、冶金、铸钢、热/冷轧等过程的节能降耗减排，详细的技术与应用分析见第二篇第 3 章。

5.3.4.1　钢铁行业的产业链

钢铁行业的产业链包括焦化、烧结、高炉、高炉 TRT、电炉、连铸、热轧和冷轧，如图 5-7 所示。

5.3.4.2　大型焦炉炼焦生产过程智能优化控制系统

1）大型焦炉炼焦生产过程智能优化控制系统的解决方案

（1）建立协调监控级、优化控制级和基础自动化级的三级智能优化控制结构，其结构图如图 5-8 所示。

（2）炼焦配煤优化与控制、焦炉加热燃烧过程智能优化控制、焦炉作业计划与优化调度、炼焦生产全流程智能协调优化与实时集中监视；

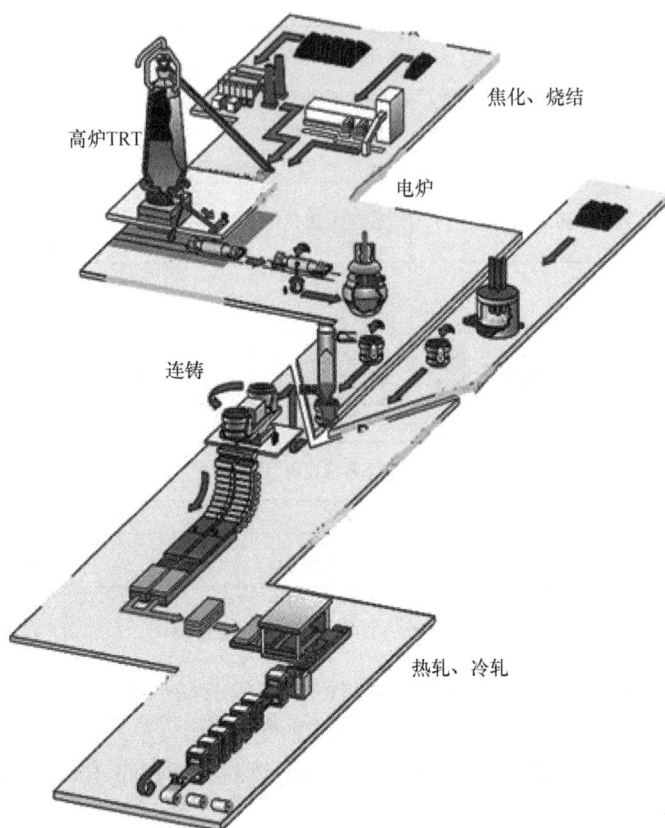

图 5-7 钢铁行业的产业链图

（3）提高焦炭质量、降低能源消耗、减少环境污染，取得了显著的经济效益和社会效益。

2）大型焦炉炼焦生产过程智能优化控制实施后的节能降耗降排效果

（1）焦炉均匀系数提高到 0.90，安定系数提高到 0.92，达到一级焦炉标准；

（2）焦炭的抗碎强度 M25 从平均 90.23％提高到 92.25％，耐磨强度 M10 从平均 6.60％降低到 6.12％，达到了国家一级冶金焦标准；

（3）冶金焦合格率从系统运行前的 91.19％提高到 94.77％；

（4）焦炉平均耗热量降低了 1.66％，炼焦工序能耗为 121.55 千克/吨，达到国际先进水平；

（5）高炉入炉焦比降低了 8 千克/吨。

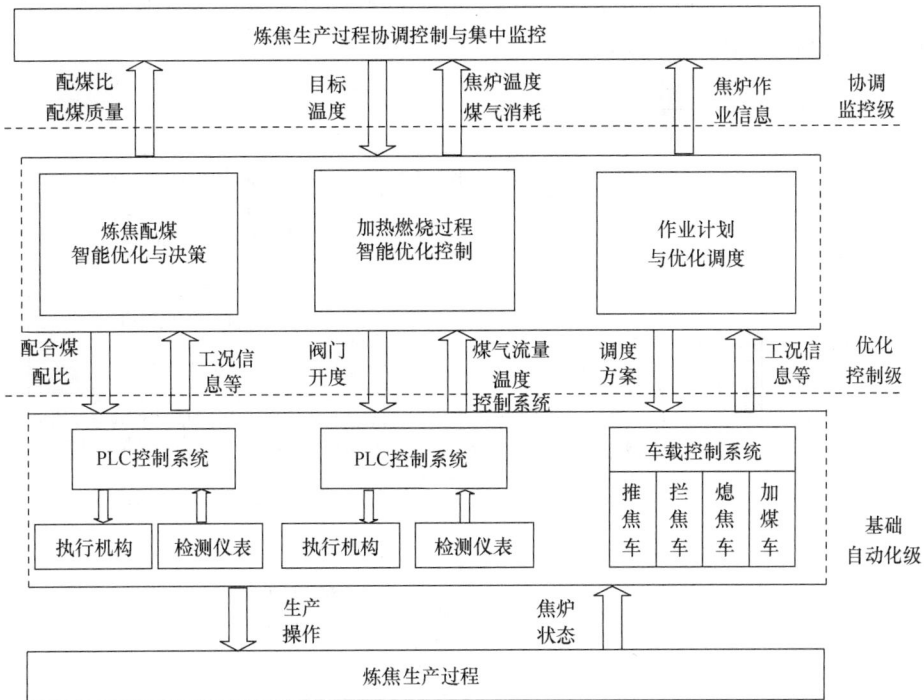

图 5-8 大型焦炉炼焦生产过程三级智能优化控制结构图

5.3.4.3 烧结机智能控制

1) 550m² 烧结机智能控制方案

550m² 烧结机智能控制方案包括:

(1) 质量智能控制系统;

(2) 烧结过程智能控制系统;

(3) 生产信息智能管理系统。

2) 550m² 烧结机智能控制实施后的节能降耗降排效果

(1) 点火煤气消耗降低 1.14 米³/吨,焦粉消耗降低了 1.23 千克/吨,电量降低了 9.60 千瓦时/吨,节能降耗所带来的经济效益为 3457 万元/年;

(2) 减少人工经济效益为 816 万元/年;

(3) 直接效益为 4273 万元/年。

5.3.4.4 高炉专家系统

1) 高炉专家系统解决方案

高炉专家系统是将高炉的数学模型和专家系统有机结合起来,利用各个数学模型对高炉生产过程进行分析,采用高炉专家的操作经验规则来实现对高炉生产过程进行控制,如图 5-9 所示。

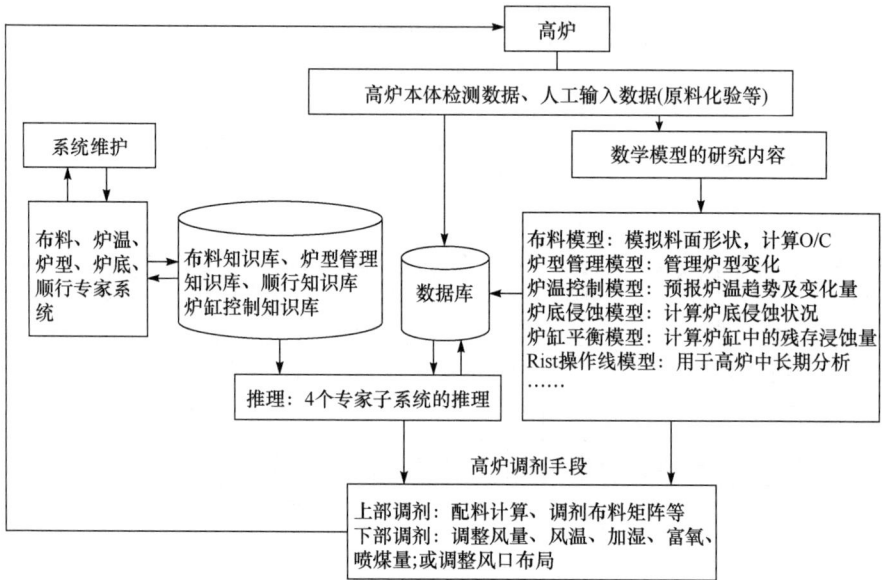

图 5-9　高炉专家系统解决方案图

根据高炉的操作需求,将高炉专家系统分解为炉温预报、布料控制、炉型管理、顺行管理等子系统,起到工长操作平台的作用。

2) 高炉专家系统实施后的节能降耗降排效果

(1) 半年降低焦炭消耗 7732.3 吨;

(2) 同期生铁产量增加 49896 吨;

(3) 增产后的固定费用降低 39.40 元/吨铁;

(4) 年效益为 2100 万元。

5.3.4.5　高炉煤气余压能源回收装置优化控制

1) 高炉煤气余压能源回收装置(TRT)优化控制

TRT 优化控制(图 5-10)包括:

(1) 多变量动态数学模型;

(2) 正常发电时带前馈结构 DMC 的顶压控制算法开发;

(3) 紧急停机时的安全切换控制(基于管网阻力系数等效的专家智能控制);

(4) 基于 FPGA 的数字式高速高精度控制器研制。

2) TRT 优化控制实施后的节能降耗降排效果

(1) 柳钢、马钢和津西钢铁公司三年直接效益 8105.63 万元;

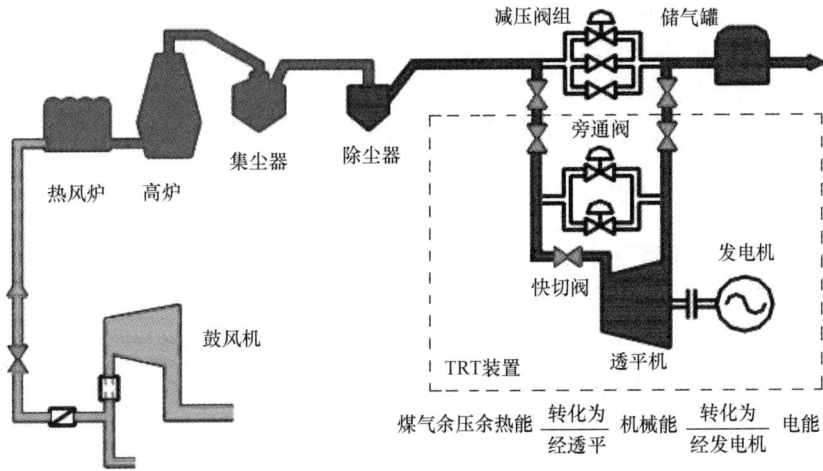

图 5-10　高炉煤气余压能源回收装置(TRT)图

(2) 每年可减少煤耗 390 万吨,少排放 15620 吨 SO_2 和 98 吨 CO_2;

(3) 国内市场占有率 75% 以上;

(4) 出口巴西 GA 钢铁公司、韩国现代集团和印度 TATA 集团。

5.3.4.6　冶金电炉智能控制

1) 冶金电炉智能控制的解决方案(图 5-11)

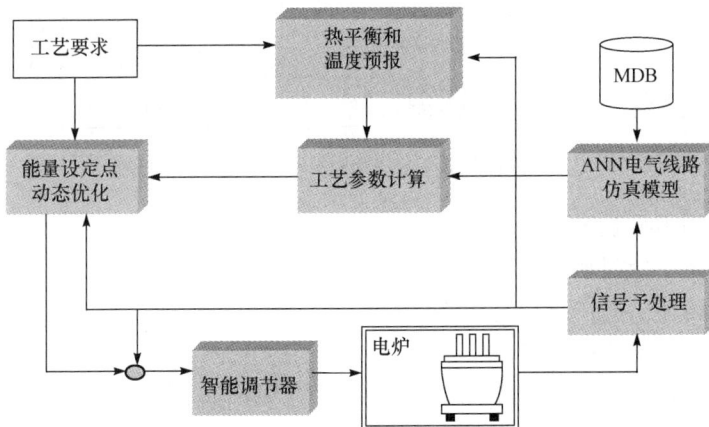

图 5-11　冶金电炉智能控制解决方案

(1) 钢水温度预报;

(2) 能量输入设定点动态优化;

(3) 电极升降复合智能控制;

(4) 数据库管理和统计过程分析。

2）冶金电炉智能控制实施后的节能降耗降排效果

（1）冶炼时间缩短 3%；

（2）吨钢电耗降低 2%；

（3）推广了 49 套，并出口韩国、土耳其。

5.3.4.7　连续铸钢过程模型与优化控制

1）连续铸钢过程模型与优化控制的解决方案（图 5-12）

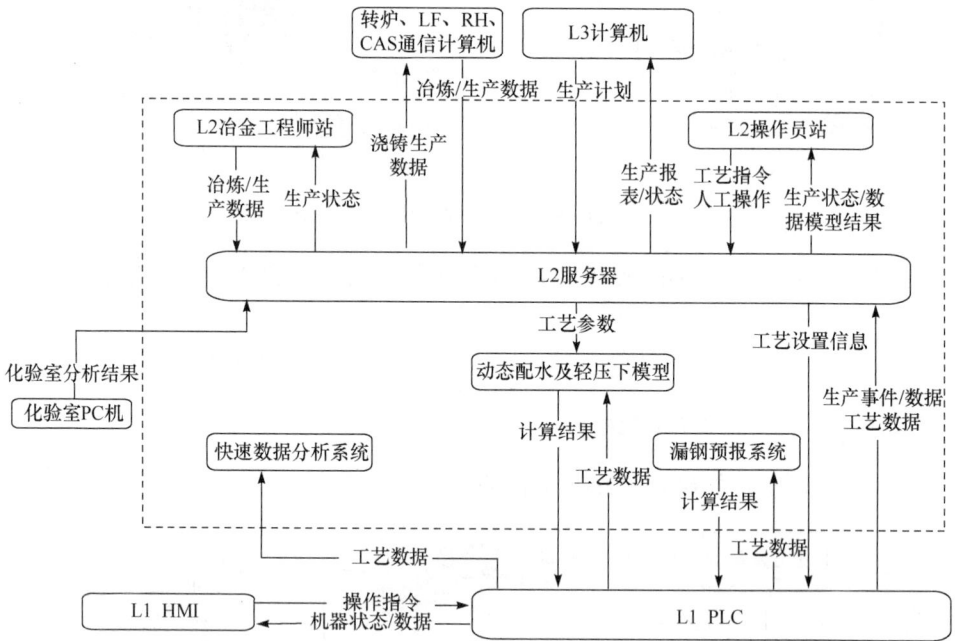

图 5-12　连续铸钢过程模型与优化控制解决方案图

（1）漏钢预报系统；

（2）动态二冷配水和动态轻压下模型；

（3）连铸坯质量在线判定系统；

（4）快速数据分析系统。

2）连续铸钢过程模型与优化控制实施后的节能降耗降排效果

（1）提高产品质量；

（2）降低乙炔消耗；

（3）减少钢坯损耗；

（4）节能降耗产生经济效益 910 万元/年。

5.3.4.8　热轧关键工艺控制与模型技术

1) 1880mm 热轧关键工艺的控制与模型技术(图 5-13)

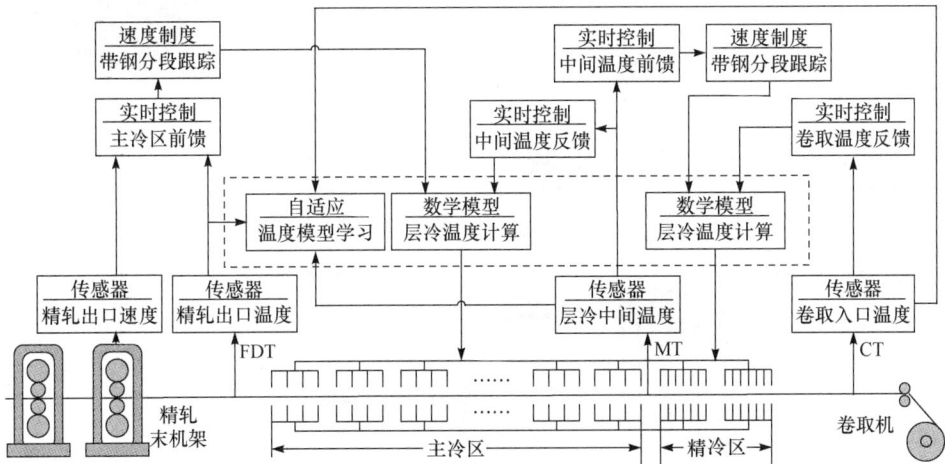

图 5-13　1880mm 热轧关键工艺的控制与模型技术

(1) 满足高端产品生产要求的热连轧过程温度场控制系列化工艺技术;

(2) 满足热轧先进高强钢生产要求的分段快冷与低温卷取工艺技术;

(3) 满足多品种集批生产与交叉轧制要求的热轧柔性(自由)轧制技术;

(4) 满足高强度薄规格产品生产要求的轧制稳定性控制技术;

(5) 适应 1880mm 热轧工艺需求的高精度模型技术。

2) 1880mm 热轧关键工艺控制与模型技术实施后的节能降耗降排效果

(1) 降低轧辊消耗,从 1.1 降为 0.34 千克/吨,产生效益 4726.77 万元;

(2) 高精度的过程控制模型,成材率提高 1.92%、0.42%和 0.43%,产生效益 5764.81 万元;

(3) 2007~2009 年,累计创造直接经济效益 134367.7 万元。

5.3.4.9　冷轧板形多目标协调优化控制

1) 冷轧板形多目标协调优化控制的解决方案(图 5-14)

(1) 基于板形控制执行器影响效率函数与在线模型自适应相结合的板形闭环控制理论,实现轧辊倾斜、弯辊、横移和分段冷却等板形控制执行器的多目标优化协调控制。

(2) 板形控制优化模型:基于工艺优化和多种板形影响因素修正补偿的板形目标设定模型;包角补偿计算模型;开发径向力修正计算模型。

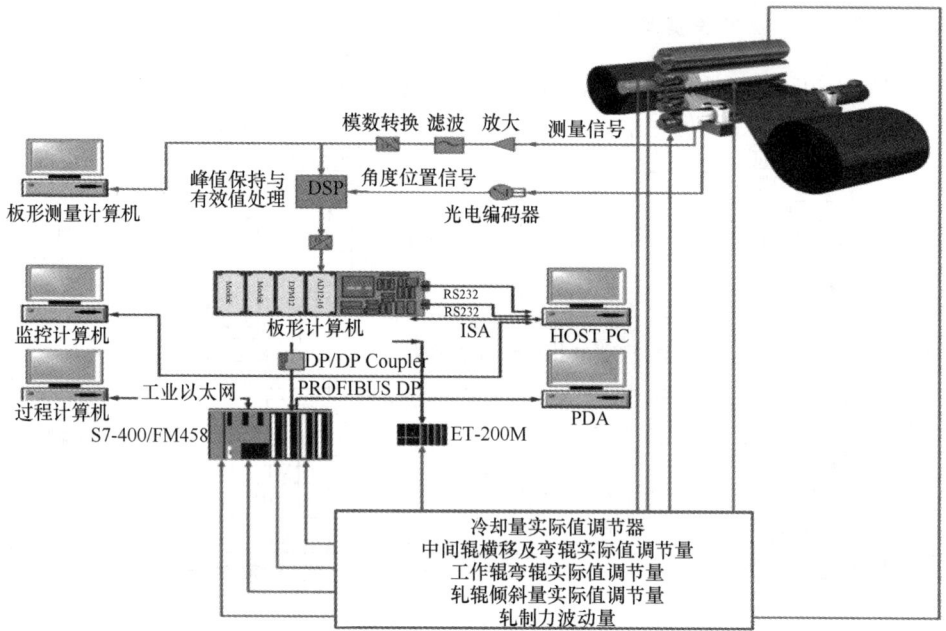

图 5-14　冷轧板形多目标协调优化控制解决方案

2) 冷轧板形多目标协调优化控制实施后的节能降耗降排效果

(1) 板形造成的断带和废品比之前减少 4.5%,年减少 3571 吨,年经济效益为 4367 万元;

(2) 板形质量提高,年经济效益 2759.31 万元;

(3) 2008 年和 2009 年的经济效益分别为 5728 万元、3517 万元。

5.3.5　智能自动化促进有色金属行业节能、降耗、减排的解决方案

智能优化控制技术已用于选矿、冶炼、配料、烧结、蒸发、电解、萃取分离等过程的节能降耗减排,详细的技术与应用分析见第二篇第 4 章。

5.3.5.1　黄金选矿过程的综合自动化系统

1) 黄金选矿过程的综合自动化系统的解决方案(图 5-15)

金矿企业综合自动化系统综合应用生产成本控制与管理、物料控制与管理、设备监控与管理、生产调度与生产数据统计分析等技术,实现金矿企业的优化控制、运行和管理。

辽宁省排山楼金矿综合自动化系统投入运行后,实现优化控制、优化运行和优化管理,具体技术如下。

(1) PCS:先进控制技术和以综合生产指标为目标的智能优化控制技术;

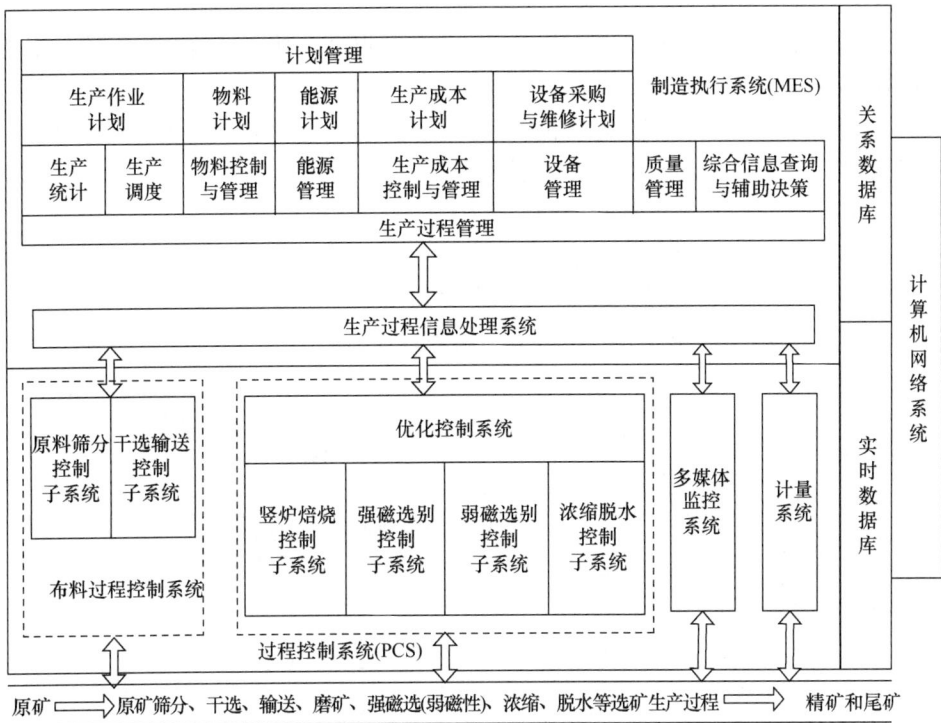

图 5-15　金矿企业综合自动化系统

（2）MES：基于案例推理的生产计划调度技术、生产过程动态成本控制技术、以综合生产指标为目标的生产过程优化运行与优化管理技术。

2）辽宁省排山楼金矿综合自动化系统实施后的节能降耗降排效果

金属回收率提高 2％，精矿品位提高 2％，操作人员减少 50％，消耗减少 20％，设备运转率达到 98％以上，取得了显著的经济效益和社会效益。

5.3.5.2　铅锌冶炼生产过程智能优化控制

1）锌湿法冶炼净化过程优化控制

（1）数据驱动的出口钴离子浓度智能预测。

（2）采用控制参数化方法，在保证出口钴离子浓度工艺指标要求情况下，优化控制各除杂反应器中锌粉和砷（或锑）盐的添加量，使总的锌粉消耗量最少。

（3）系统实施后，锌粉添加量每小时的平均量为 332 千克，远少于人工添加的平均锌粉量 374 千克/时，不仅保证净化效果，同时降低了锌粉消耗量。

2）大型锌湿法冶炼电解生产智能优化控制系统

（1）大型锌湿法冶炼电解生产智能优化控制系统结构如图 5-16 所示。

（2）应用于 40 万吨/年锌湿法冶炼生产线后：

① 整流效率三年内由 0.955 提高到 0.9837，提高了功率因数并大大减少了整流损耗；

② 降低了锌电解沉积过程的能耗，锌电解直流单耗一年内由 3040.3 千瓦时/吨降低到 3011.6 千瓦时/吨，达到节能目的。

3）铅锌熔炼过程智能优化控制技术

（1）数据驱动的熔炼产量预测；

（2）基于数据和规则的 ISF 炉况综合评判；

（3）基于聚类的炉况优化，获取最佳熔炼操作。

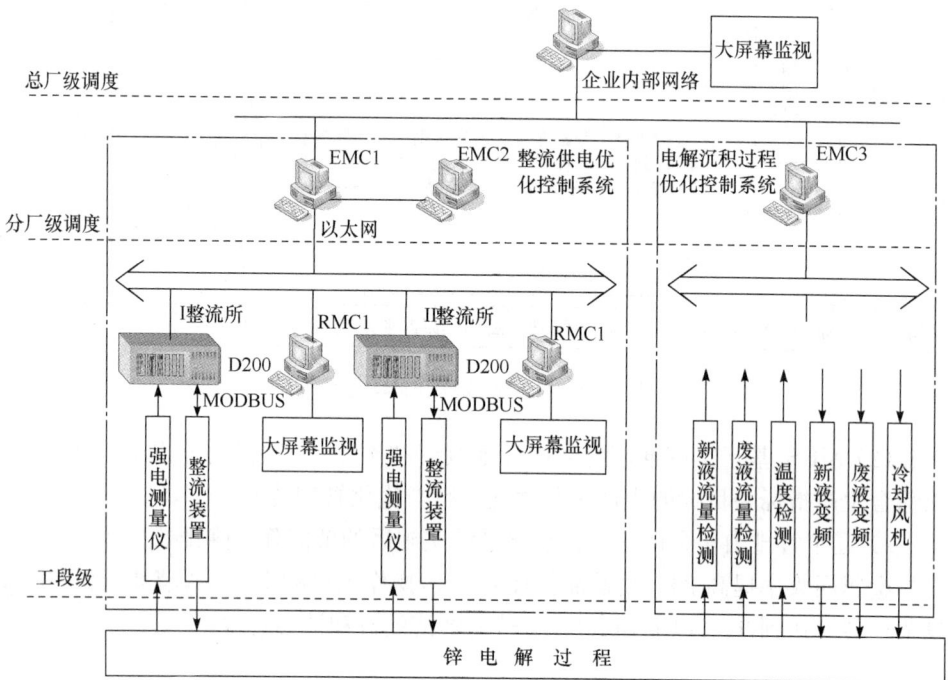

图 5-16 大型锌湿法冶炼电解生产智能优化控制系统结构图

5.3.5.3 铜冶炼生产全流程综合自动化

1）铜精矿配料过程智能优化

（1）综合考虑精矿品位、成本、库存的建立配料优化模型；

（2）软约束调整约束边界值，保证多约束优化的工程应用；

（3）单变量编码的交叉变异确定整体决策向量，改进多目标 Pareto 遗传算法，求解配料优化；

（4）实施后，配料控制精度由±1.5％提高到±1.0％，平均成本下降 3％。

2）铜精矿气流干燥过程智能优化控制

优化设定与控制燃油量、燃烧风量、稀释风量和氮气量，在保证干燥水分的情况下，尽可能降低能源消耗。

（1）基于氮气和稀释风专家控制的内环反馈控制。

（2）基于干矿水分软测量的外环反馈控制。

（3）基于热平衡模型、风矿比和含氧率计算的前馈控制器。

（4）工艺参数优化设定控制器。

（5）实施后，物料温度控制精度由原 80℃±10℃提高到 80℃±5℃；含水控制由原 3‰优化为 2.7‰；明显降低了精矿的自燃现象；优化控制后，重油消耗量降低了 3.4％。

3）闪速炉炉况智能评判与综合优化

（1）闪速炉炉况综合优化控制框图如图 5-17 所示。

（2）冰铜温度控制精度由±35℃提高至±15℃，冰铜品位提高 0.5％，炉渣含铜量下降 0.1％。

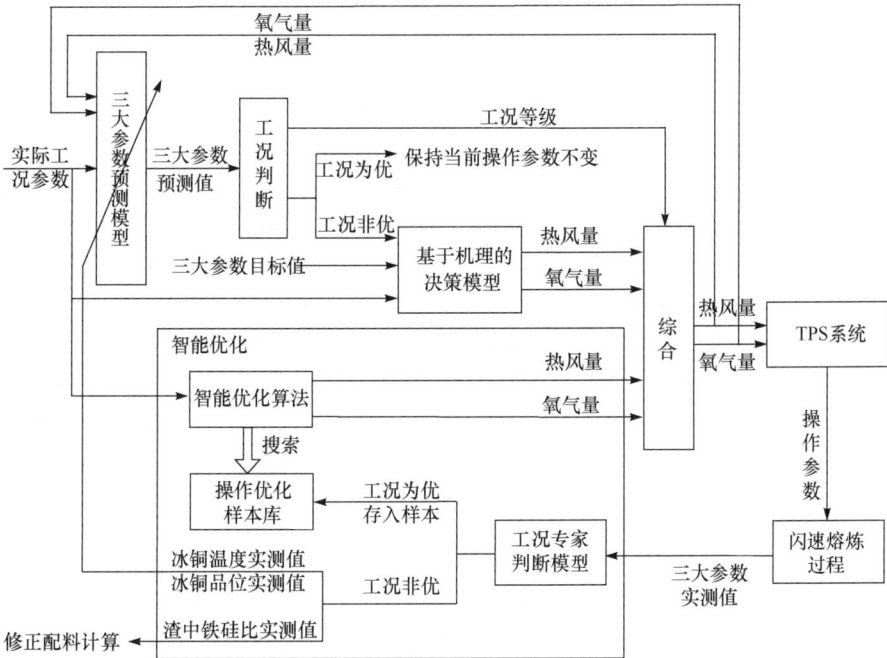

图 5-17　闪速炉炉况综合优化控制总体框图

4）PS 转炉智能优化控制技术

（1）PS 转炉吹炼终点组合预报模型如图 5-18 所示。

（2）实现吹炼终点预报和冷料添加操作优化后，终点预报误差小于 3 分钟，确保了粗铜质量，冷料处理量提高 9.98%。

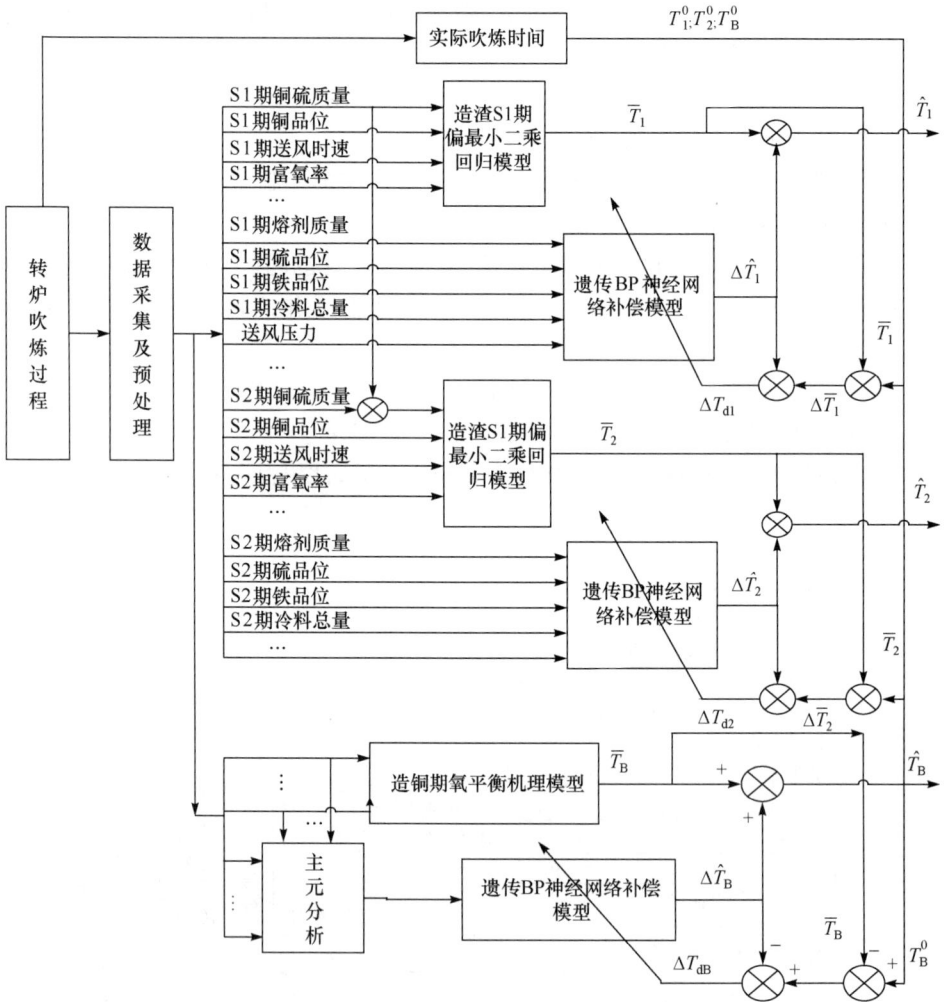

图 5-18　PS 转炉吹炼终点组合预报模型

5.3.5.4　氧化铝生产过程优化控制

1）氧化铝配料过程智能优化控制

（1）针对生料浆配料过程特点，建立原料配比优化与料浆调配优化的两级智能优化系统。

（2）基于残差补偿的生料浆质量融合预测模型，实现准确预测。

（3）生料浆配料计算采用多目标分级推理方法，依据优先级，分级按子推理过程进行配比优化。

（4）投入运行后，提高了生料浆合格率和送往熟料窑生料浆的质量，从而使熟料的质量指标 A/S、[N/R]、[C/S]的合格率分别提高了 5.95%、0.34%、0.46%，熟料窑平均冲次提高 0.74 次/（分·窑），增加了熟料窑的产能。

2）熟料烧结智能自动化

熟料烧结的目的：使调配合格后的生料浆在熟料窑中于高温下烧结，使生料各成分互相反应。

（1）具有过程控制系统、过程管理系统两层结构的熟料烧结回转窑过程综合自动化系统。

（2）回转窑烧成带温度软测量。

（3）基于图像处理的氧化铝回转窑烧结工况识别。

（4）氧化铝回转窑制粉系统磨机负荷的智能控制：避免了"饱磨"故障发生，降低了制粉单耗 4%。

（5）系统的自动投运后，台时产能提高 2 吨/时，运转率提高 1.5%；明显延长了回转窑内衬的使用寿命；达到了稳定熟料质量，提高窑运转率和节能降耗的长期效果。

3）氧化铝蒸发过程智能优化控制

（1）结合机理分析和生产经验，建立以机理模型为主嵌套多个软测量的蒸发过程集成模型。

（2）对集成模型的参数修正，实现出料浓度在线预测及蒸发过程模拟。

（3）建立基于㶲平衡的能耗模型。

（4）通过操作优化降低了吨水汽耗，提高了能量的利用率。

4）连续碳酸化分解过程智能控制（图 5-19）

（1）首槽进料软测量模型。

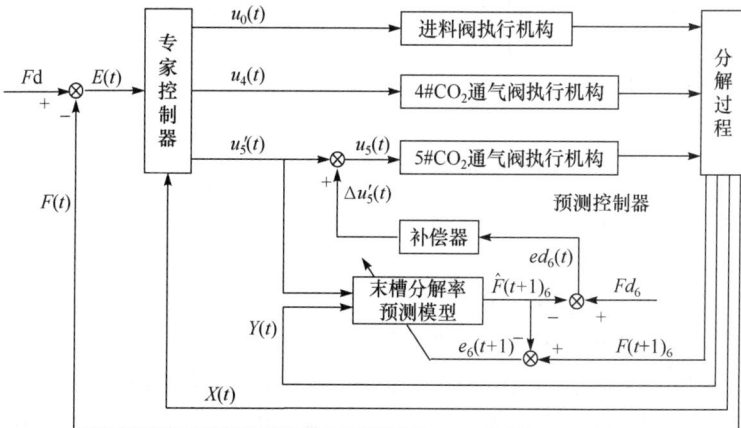

图 5-19　连续碳酸化分解过程基于专家系统的优化控制

（2）基于全局动态 T-S 递归模糊神经网络（DTRFNN）的末槽分解率在线预测。

（3）基于专家系统和智能补偿的末槽分解率优化控制。

（4）系统投入运行后，末槽分解率由 92% 提高到 95.61%，槽样硅的合格率为 95.2%，比运行前的提高了 0.2%。

5.3.5.5　大型铝电解槽综合优化

大型铝电解槽多目标多环协同优化控制结构图如图 5-20 所示。

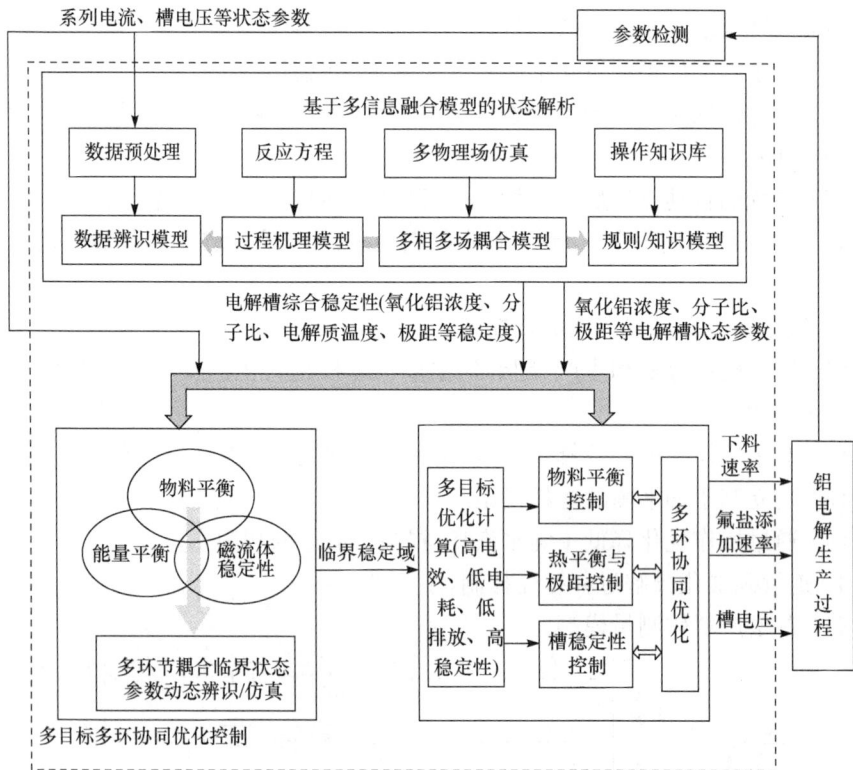

图 5-20　大型铝电解槽多目标多环协同优化控制结构图

（1）基于反应机理、数据辨识、多物理场计算和专家知识的多信息融合模型进行状态解析。

（2）机理分析与动态辨识相结合获得多环节耦合条件下的临界稳定域。

（3）协同优化求解物料平衡、热平衡（及极距）、槽稳定性 3 个关键环节，确定下料速度、氟盐添加速率和槽电压 3 个操作变量的多步优化控制序列。

（4）低电压高效节能铝电解综合优化控制应用于 50 多条大型铝电解槽生产线，使平均电流效率、吨铝直流电耗和阳极效应系数指标从原来的 91.5%、13678

千瓦时和 0.3 次/（槽・日）分别改进为 93.0%、12881 千瓦时和 0.05 次/（槽・日）；吨铝节电达到 796.7 千瓦时，PFC 温室气体减排达 80% 以上。

5.3.5.6 稀土萃取分离过程智能自动化

1）稀土萃取分离生产过程智能综合自动化（图 5-21）

（1）由过程控制系统、生产管理系统和计算机支撑系统组成；

（2）实现稀土分离生产过程的优化控制、优化运行和优化管理。

2）稀土萃取分离过程智能优化控制

（1）基于案例推理智能优化预设定萃取剂、料液、洗涤液流量；

（2）基于组分含量 RBF 软测量模型，采用前馈和反馈控制相结合方法，使各给料流量稳定跟随优化设定值；

（3）实现两端出口产品纯度指标的优化控制；

（4）系统运行后，保证了第 1 段产品氧化钇纯度大于或等于 99.5%，金属钇回收率提高了 2%，取得了显著的经济效益。

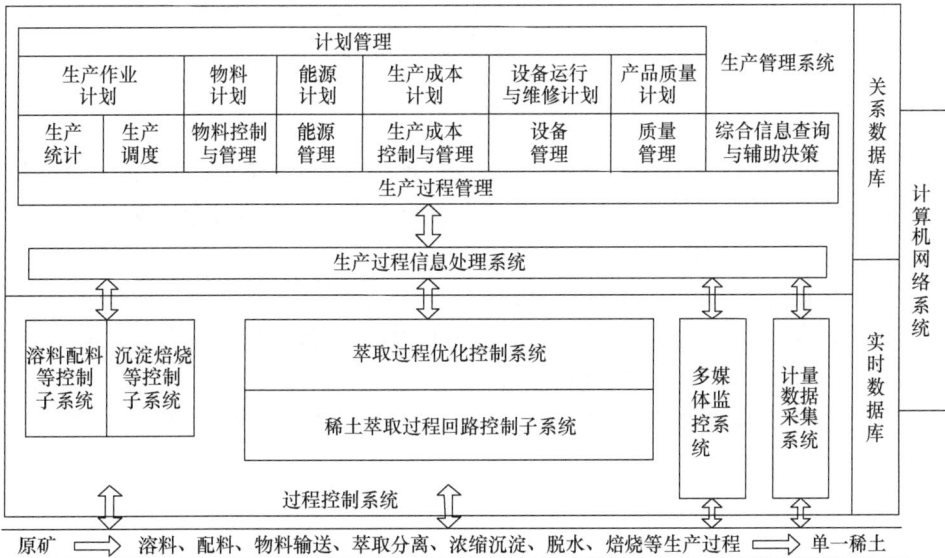

图 5-21 稀土萃取分离过程智能综合自动化系统

5.3.6 智能自动化促进建材行业节能、降耗、减排的解决方案

智能优化控制技术已用于水泥和玻璃行业的节能降耗减排，详细的技术与应用分析见第二篇第 5 章。

5.3.6.1　日产1000t的新型干法水泥分解炉出口温度智能预测控制

新型干法水泥生产过程包括生料制备、生料粉磨、水泥窑熟料煅烧、熟料粉磨等工序。水泥窑系统是水泥生产过程的核心,对水泥产量和质量影响最大,同时也是水泥生产过程中最大的耗能工序,其能耗约占生产总能耗的70%～80%,因而水泥生产过程节能降耗减排的关键在于水泥窑系统。

针对日产1000t的新型干法水泥生产线的分解炉燃烧过程,利用GM(1,1)模型建立分解炉出口温度的灰色预测模型,预测值通过模糊推理方法计算燃料加料量,实现分解炉出口温度智能预测控制。其输入变量分别是灰色预测模型对分解炉内温度的多步预测误差及其变化率,采用Mamdani推理方法和加权平均反模糊化方法,求得温度控制增量;同时引入灰色模型预测步长动态自调整机制,通过模糊决策方法确定当前最佳预测步长改善控制品质。

实际应用效果是使分解炉出口温度波动减小,基本维持在±10℃以内;分解率由81.5%上升至89.09%,明显降低了单位能耗。与常规的模糊控制算法相比,其具有控制精度高、鲁棒性强、计算量小等优点。特别适用于工况复杂、扰动频繁且难以建立精确模型的水泥生产过程,具有较高的实用价值。

5.3.6.2　新型干法水泥生产线智能控制

整条新型干法水泥生产线可分为引风机、预热器、预分解炉、回转窑和篦冷机五个子系统,选择五个子系统中的关键工艺参数来表征生产线综合工况,各子系统的关键工艺参数分别如下。

(1) 引风机:出口压力、旋转速度;

(2) 预热器:生料流量、一级旋风筒压力和温度、五级旋风筒压力和温度;

(3) 预分解炉:出口温度、煤粉流量;

(4) 回转窑:回转窑燃烧带温度、煤粉流量、回转电机电流、旋转速度出口温度、煤粉流量;

(5) 篦冷机:篦压、篦速、电除尘器温度。

利用一种改进的自适应谐振理论神经元网络(Adaptive Resonance Theory, ART-2)对历史数据进行分析,得到一系列特征工况,再用模糊推理方法对实时数据进行归类,并参考上述特征工况进行工况波动等级评定,最后根据现场操作的相关经验对不同工况采取不同的控制策略。当工况波动较小时,对各个子系统分别采用PID控制,当工况波动较大时,采用模糊推理控制或预测控制对多个子系统进行协同控制。

该方法投运后,可使分解炉出口温度波动控制在±7℃、煤粉消耗量减少了2.1千克/吨、提高产量5%、降低电耗5%、降低煤耗3%、提高设备效率1%,同时粉尘和烟气排放也有所降低。

5.3.6.3　水泥生料煅烧过程智能优化控制

针对水泥生料煅烧过程中预分解率难以在线测量以及生料边界条件(粒度、成分、流动性)波动频繁等问题,采用综合智能优化控制方法,包括基于聚类方法和带符号的 ANFIS 方法的生料分解率(RMDR)设定模块、分解炉温度和预热器出口温度预设定模块、基于模糊规则的前馈补偿模块、反馈补偿模块和生料分解率软测量模块等五个模块,如图 5-22 所示。

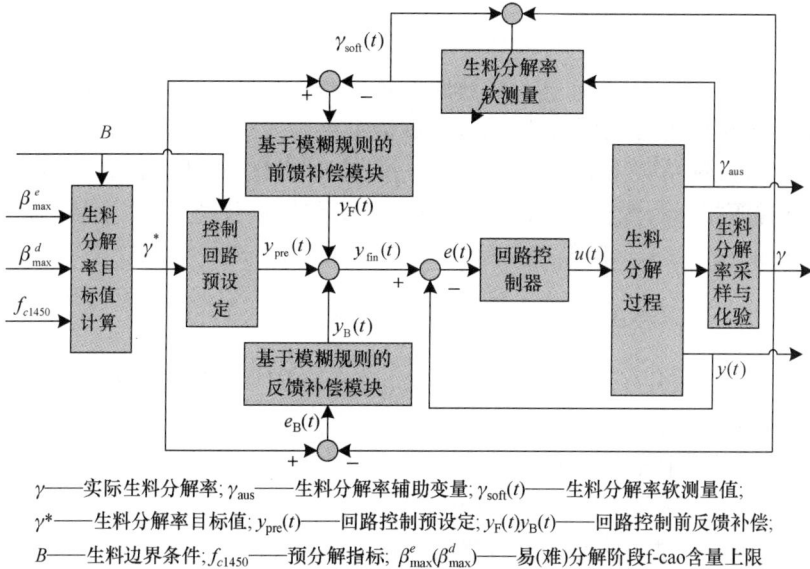

γ——实际生料分解率;γ_{aus}——生料分解率辅助变量;$\gamma_{soft}(t)$——生料分解率软测量值;
γ^*——生料分解率目标值;$y_{pre}(t)$——回路控制预设定;$y_F(t)y_B(t)$——回路控制前反馈补偿;
B——生料边界条件;f_{c1450}——预分解指标;$\beta_{max}^e(\beta_{max}^d)$——易(难)分解阶段f-cao含量上限

图 5-22　生料煅烧过程智能优化控制的整体结构

智能优化控制投运后,其生料预分解率由 86% 上升至 93%,设备利用率提高 2.55%,产量由 43.68 吨/时增长至 45.83 吨/时。

5.3.6.4　新型干法水泥熟料生产线的成套智能自动化综合优化控制

国外很多自动化公司为水泥行业设计了成套的综合优化控制系统,如 ABB 公司的专家优化器(Expert Optimizer,EO),它是以专家系统为基本构架的优化控制系统,集成了模糊逻辑控制、神经元网络控制、模型预测控制等基于模型的优化控制策略和专家知识库,对新型干法水泥生产线的水泥窑系统计算关键工艺操作参数的优化设定值,并对关键工艺参数进行闭环回路控制以提高熟料产量和质量、稳定熟料成分、降低能耗/物耗,减少有害气体和其他废弃物的排放量等。

EO 系统的另一大功能是其"替代燃料优化管理"模块,它可对水泥窑系统所用常规燃料和替代燃料的优化管理,在基于能量平衡并充分考虑化学需氧量、熟料化学成分、可挥发物的浓缩等因素,以及污染排放工艺限制(SO_2,NO_x等)、工艺允许的操作参数上下限、燃料消耗上限等约束条件下,在线给出成本最低的燃料配比方案。

新型干法水泥生产线的窑系统的关键工艺参数有预热器废气温度、预热器压力、预热器温度、分解炉燃料给料速度、窑力矩、窑尾气体成分、燃烧带温度、冷却机废气温度、熟料温度、冷却机压力、冷却机风机气流等;需优化设定的工艺操作参数有燃料给料量、原料给料量、风机转速、窑转速、冷却机速度、冷却机风机转速等。

新型干法水泥生产线的窑系统采用 Expert Optimizer 6.0 系统后,可利用 EO系统的过程优化功能(Advanced Process Optimization,APO),对各子过程分别进行建模,它可对与能耗/物耗、安全、环保等指标密切相关,且难以在线检测的状态变量,如冷却机压力、预热器温度/压力、燃烧室温度等进行实时预报,并通过模糊逻辑推理、神经网络或 MPC 等相关技术进行实时优化,以改善产量、能耗/物耗,安全及环保等指标为优化目标。通过其中的"替代燃料优化管理"模块,替代燃料使用率增加 5%~20%,降低燃料消耗 5%~20%,减少废气排放量 5%~20%。

5.3.6.5　超薄浮法玻璃熔窑专家优化控制系统

捷克的玻璃服务(GlassService GS)公司的 ES III™ 是目前世界上著名的玻璃熔窑优化控制系统。

(1) ES III™ 主要技术包含:

① 基于模型预测控制的在线优化工具;

② 基于 CFD 数学模型的离线优化工具;

③ 先进控制:模型预测控制、模糊逻辑控制、基于规则的控制、设定值逻辑控制;

④ 通过先进控制使玻璃液温度更加稳定,在此前提下,降低生产温度的设定值,从而达到节能;

⑤ 温度设定值目前不是由系统自动给定,而是由操作工人通过逐步试验确定。

(2) 主要特点:

① 可实现 24 小时连续运行,无须操作人员干预(减少干扰);

② 减少产品品种切换所需时间;

③ 提高玻璃产量;

④ 降低能耗,减少污染物排放;

⑤ 减少熔化缺陷,提高玻璃液质量;

⑥ 为成型工序创造更好的成型条件;

⑦ 提高设备安全性和熔窑寿命。

应用 ES III™ 系统后一般可减少产品缺陷,提高产量(5%~10%),降低能耗(2%~3%),产品品种改变时降低损失(25%~50%),延长窑龄。

2009 年在我国洛玻集团洛阳龙海电子玻璃有限公司的超薄浮法玻璃熔窑中安装使用了该系统,玻璃熔窑热点温度、澄清区温度和流道温度及液面波动明显减小,在稳定生产的同时降低燃料消耗约 3%。

5.3.6.6　平板玻璃智能优化控制

北京四季阳光智能自动化技术有限责任公司的平板玻璃智能优化控制,在原料、配料、锡槽、退火窑、冷端各个工段采用自动优化配料、玻璃质量预测及缺陷诊断、火焰换向智能优化、玻璃熔窑温度模糊控制、燃烧过程的空燃比优化控制和电加热神经网络控制,并在多个关键设备的控制和整条生产线的操作优化方面融入了神经网络、专家系统,模糊推理等智能技术,实现了系统节能降耗和延长窑寿命的目的。

系统投运后,成本降低 5%~10%、火焰换向期间的温度波动由 ±40℃以上降低到 ±10℃以内、节约燃料 5%、节约用电 10%、熔窑寿命由原来的 4 年提高到 5~6 年。

5.3.7　智能自动化促进火电行业节能、降耗、减排的解决方案

智能优化控制技术在压力/燃烧/汽温控制、锅炉负荷分配、机组协调等方面的应用,促进了火电行业的节能降耗减排,详细的技术与应用分析见第二篇第 6 章。

5.3.7.1　先进控制促进火电行业节能、降耗、减排

1) 先进控制促进火电行业节能、降耗、减排解决方案

(1) DCS 系统。

Honeywell 公司 TPS 分散控制系统。二炉一机集中控制,完成数据采集、模拟量控制、锅炉炉膛安全监控和顺序控制等。

(2) 常规控制投运情况。

控制方案:静态配比一次风、二次风控制氧量与床温,氧量修正控制二次风量

(3) 先进控制系统:Honeywell 公司先进能源解决方案(AES)。

① 主压力控制(MPC);

② 先进燃烧控制(ACC);

③ 先进汽温控制(ATC);

④ 锅炉负荷经济分配(ELA_B)。

2) 先进控制投运后的效果

(1) 控制效果:投入先进燃烧控制后,床温变化幅度由 ±15℃降为 ±4℃,大大

提高了燃烧系统的稳定性;蒸汽温度标准差小于 0.5℃,烟气含氧量标准差小于 0.1%,二氧化硫标准差 25 毫克/米³。

(2) 全年效益评估。

① 平均炉效提高 0.48%,全年可节原煤 512 吨、节焦 1622 吨,合计全年节煤和节焦效益 170.9 万元;

② 主蒸汽温度平均提高 2.8℃,汽轮机发电机可增加出力约 0.392%,年增加发电量约 2744000 千瓦时,年收益增加约 123 万元;

③ 投运负荷优化分配产生的效益为 119 万元;

④ 机组整体运行的稳定性和可靠性都大为提高,运行故障概率降低,机组启停次数和时间减少。

5.3.7.2　优化控制促进火电行业节能、降耗、减排

1) 控制系统概况

(1) 4×600MW 亚临界机组。

(2) 4 机 1 控制室方案,并设辅控网络,通过 DCS 与 SIS 相连实现全厂数字化管理。

(3) DCS 系统。

① 南京西门子电站自动化有限公司的 Teleperm-XP 系统;

② 功能:模拟量控制(MCS)、锅炉炉膛安全监控(FSSS)、顺序控制(SCS)、数据采集(DAS)等。

2) 机组协调控制(PROFI)系统的组成和架构

(1) 模块化设计。

① 机组协调模块;

② 凝结水节流模块;

③ 带预测的负荷裕度模块;

④ 自学习温度控制模块。

(2) 经济模块和标准概念运行于处理机 SICOMP。

(3) 可与 Teleperm XP 及其他控制系统通信。

3) PROFI 应用效益

(1) 负荷变化率为额定负荷的 4% 范围内,机组能在协调方式及滑压方式下稳定运行。

(2) 30 秒内实现 4% 内的负荷调频。

(3) 稳态和变负荷时,水、煤、风运行平滑,控制偏差小。

(4) 汽温设定值提高 5℃,动态控制偏差小于 4℃,静态控制偏差小于 2℃,超温现象大大减少。

(5) 压力设定点保持最优,减少了机组的节流。

5.3.8 智能自动化促进生物制药行业节能、降耗、减排的解决方案

5.3.8.1 生物制药对智能自动化的需求

中国生物制药中的抗生素、维生素原料药及氨基酸、有机酸、酶制剂、激素类药物等生物发酵制品产量全球领先,其中抗生素原料药总产量超过 11 万吨、维生素超过 25 万吨,分别占世界年生产能力的 70% 和 50%[23]。

工业生物发酵是生物制药生产工艺的核心。工业生物发酵是在工业发酵罐中进行,其装料量在数十至数百米³ 之间。

工业发酵的纯种培养是其基本要求,尽管在工艺操作上有一系列预防染菌的措施,如高温(120～140℃)灭菌、空气过滤、无菌接种,但实际生产的染菌罐批仍大于或等于 10%。

工业发酵通常采用间歇发酵培养方式,而流加发酵是典型生产工艺,发酵周期在数十至数百小时之间,当流加操作开始后,需要流加碳源、氮源、前体、无机盐等物质,使底物以高效地被微生物转化为目的产物。为了获得高产率和高得率,必须使发酵温度、溶解氧、pH、底物流加速率(比生长速率)和基质流加量等都实现优化控制,而目前的大部分生产厂距离最优控制都有相当的距离。

pH 过程本身具有严重的非线性,在中和点的附近具有较高的灵敏度,难于建立准确的数学模型,环境的变化以及其他干扰的存在都会改变 pH 过程特性。一般要求 pH 跟踪一条预定的时变曲线。这表明采用常规的、固定结构、单一的控制器难以达到工艺要求,不能满足 pH 控制的要求。因此,对 pH 采用先进控制非常必要。

近年来,在国际上提出流程工业现代集成制造系统框架,即 ERP(企业资源规划)/MES(生产执行系统)/PCS(过程控制系统)三层结构,成为提高企业竞争力的重要技术手段。这种结构结合了先进的工艺制造技术、现代管理技术和以先进控制为代表的信息技术,集成了企业的经营管理、生产过程的控制、运行与管理等各个方面,将其作为一个整体进行控制与管理,实现企业的优化运行、优化控制与优化管理。目前,制药工业正在按照这样的三层架构模式进行规划,有计划、有步骤地实施信息化建设。

我国在生物制药行业中,DCS 系统已经得到了广泛的推广与应用,相当一部分企业已经实施了 ERP 系统,MES 的某些功能模块已经得到应用。随着中国经济的发展和全球化进程的加快,制药企业,尤其是大型制药企业集团,更是面临着前所未有的挑战。通过现代 IT 技术的引入使公司及通过公司内部局域网、互联网和先进的软件应用,把这些曾经分散的业务和生产过程合并成为一个使公司管理层能全面控制各车间和处室的业务活动的高效、完整的整体,并大力推广基于企业的 ERP/MES/PCS 三层结构,以提高企业竞争力为目标,建立企业"两个中

心"——生产成本控制中心、生产质量控制中心。

5.3.8.2　生物制药过程的基本控制

工业发酵罐的数据采集和基本控制,通常包括温度、压力、流量、pH、DO、液位、泡沫、通气量、搅拌电机电流等,一台 DCS 通常控制一个车间的 10～20 个发酵罐。采样分析一般包括微生物浓度、产物浓度、碳源残留(残糖)浓度、前体/氨基氮/其他辅料浓度。

性能可靠的自动化控制技术,可对生物发酵罐的环境条件始终进行严密的监控和调节,如氧、温度、pH、搅拌速度等,以保证菌株能够正常繁殖,可保证大型(产量 15000L)生物发酵罐(反应器)正常运行。通过基本控制,可实现整个生物产品生产过程的连续监控,流程控制系统记录下所有的检测数据,并把这些数据输送到上一级数据处理系统中,从而可以达到稳定产品质量、提高产量的目的。

图 5-23 为生物制药过程控制现场。

图 5-23　生物制药过程控制现场

5.3.8.3　生物发酵过程的比生长速率最优控制

先进控制是实现工艺优化和工厂综合自动化的基础。生物制药过程的优化控制变量包括发酵温度、pH、补料量设定值和罐批操作周期。

(1)发酵温度、pH、补料量优化控制:发酵温度、pH 和补料量的优化设定值的设置是基于对过程的代谢动力学分析,常常需要设计大量实验,比较复杂,所以一般采取次优控制。

(2)发酵温度和 pH 的次优控制:发酵温度和 pH 的次优设定值,一般由工艺工程师给定,其进一步优化的空间相对较小。

（3）最佳比生长速率控制：微生物最优比生长速率控制就是补料量优化控制。最优补料控制就是确定补料量最优补料时间序列的设定值。

工业上，是将"半饥饿"状态作为产物生成期补料量优化的目标。在生物发酵中，补料是为了提供菌体维持生命所需的能耗。大量的工业抗生素发酵所用的微生物是菌丝（mycelium），有证据表明，菌丝必须维持生长才能使其活性最强部分得到不断的补充。然而，过高的比生长速率反而会降低产率，因为那样的话基质将主要被消耗于微生物自身的生长繁殖，也就是使其处于"半饥饿"状态。这样，就存在一个最适比生长速率。即一方面新生菌丝能够得到起码的补充，另一方面，主要基质将被用于抗生素的合成。对一般的抗生素发酵，这一最适比生长速率为 0.005 小时$^{-1}$左右。比生长速率控制能够在一定程度上提高产率（在同样的产量下缩短发酵时间）和得率（避免比生长速率在某些时段过高导致的得率下降）。因此，"半饥饿状态"优化目标的定量实现就是将比生长速率恒定控制在一个较低的水平，就可达到使底物被微生物高效地转化为目的产物。

同时要注意，一个制药厂在投产初期的补料时间序列是接近最优的，然而，随着时间的推移，菌种和设备性能在改变、原料-产物价格体系在改变，原先的补料量最优补料时间序列设定值往往需要更新。

5.3.8.4　由数据驱动的生物制药过程产量预报与故障诊断

1）滚动学习-预报产量方法

基于人工神经网络的滚动学习预报（Rolling Learning and Prediction，RLP）方法，已被证实是用于生物发酵的一类重要产量预报方法。以青霉素发酵为例，RLP 以历史罐批的前体消耗量、硫铵消耗量、青霉素产量和糖耗等数据组成训练库，可以对产量进行多步超前预报。RLP 可以进一步发展为迭代算法，从而成为在线预报技术。

2）基于产量预报的生物制药过程的故障诊断

生物发酵过程的典型故障是染菌。染菌罐批的早期发现能够避免后继发酵的原料能量损失。生物制药企业染菌概率 5%～15%不等。通常，镜检是发现染菌的常用方法。对于自动化工程师，还可以采用以下两种方法。

（1）通过尾气分析数据，观察 OUR 和 CER 是否发生异常。但这一方法要求安装尾气分析系统，而且该分析系统必须足够精确和鲁棒。

（2）通过日常操作数据进行统计分析，结合可靠的滚动学习-预报产量，进行早期故障诊断。

5.3.8.5　基于效益函数分析的生物发酵罐的发酵周期调度优化

在多罐批并行操作的发酵车间，罐批操作周期优化是对过程动态干预最少而又能带来直接经济效益的一条有效途径。

在工业上,生物发酵的实际操作周期往往是波动的,操作人员是根据罐批的优劣来灵活调整具体罐批的操作周期,也就是说,在不对上下游工段负荷产生大的扰动下,实施操作周期优化调度是工艺允许的。

生物发酵生产过程的特征是机理复杂、可重复性差,过程波动大,实际生产过程的效益函数波动范围大。对于多罐并行流加发酵罐的调度优化是根据效益函数的计算值和预报值将现行罐批分为优中劣若干类,按全车间经济效益最高为目标来进行调度。将各单罐批的发酵周期作为调度优化操纵变量,适当延长高效益罐批的发酵时间,及早终止低效益罐批和故障罐批的运行,则可以使各单罐批,停罐时刻的经济效益之和为最高。可为企业带来显著的经济效益,一方面,通过延长高效益罐批的生产可取得更多的收益;另一方面,由于及早中止了低效益罐批或故障罐批的生产又可减少更大的损失,从而带来总体效益的提升。调度优化产生的经济效益是在不增加原料能量消耗和不改变总的占用设备时间的前提下取得的。

5.3.8.6　生物制药行业的 MES 应用前景

制造执行系统(Manufacturing Execution System,MES)是一个生产控制和生产管理相结合的计算机系统,为企业提供及时准确的信息,使企业及时根据外界环境的变化调整生产,可提高企业生产效益、生产设备利用率和产品质量,降低库存、缩短供货周期,从而提高企业的盈利水平。

生物制药企业 MES 还在探索阶段,随着应用的不断深入以及对 MES 的进一步理解,MES 必将迎来新的应用高峰。

针对生物制药行业特点,MES 的典型功能主要体现在以下几个方面。[23]

1) 数据采集

生产过程数据采集是生产过程所产生的信息、操作员的输入数据信息、操作员的操作记录、事件数据以及历史数据等包括相关流程、原材料和人员、设备以及产品质量信息。

2) 生产过程控制

生产过程控制包括生产过程自动化,提供信息反馈给操作员、监督生产过程及具有报警机制,以确保生产人员了解出现的超出偏差允许范围的情况。

通常,在 MES 层的下层有 DCS,MES 能够分清手动和自动操作过程的各自职责。当生产处于手动操作运行时,MES 功能应可对生产人员下达特殊的生产指令。

3) 生产计划安排

MES 层通过对生产设备和人力资源等生产要素的分配来控制生产流程,优化生产计划安排,包括批量控制系统的启动、生产顺序的发布,以及生产运行启动指令。

4）生产资源的调配和管理

提供资源的历史记录及在生产中可供使用的实时状态的资源信息，保证资源处在最佳状态。这些资源包括设备、工具、人员（要求具备特殊技能的人员）、原材料和生产产品信息文档。信息必须具备可维护性、可利用性和有效性。

5）生产文件的自动归档

生产文件包括 SOP（标准操作程序）、生产指令、配方、控制系统程序、工艺流程图表、批量生产记录、生产报警信息记录，以及除生产报表以外的其他一些生产文档资料。

6）配方管理

生产配方的编辑、验证、发布、管理与存储。

7）产品质量管理

MES 应支持产品质量的在线和离线检验。在线实时采集质量信息，可以保证严格的产品质量，也能及时发现问题所在，并能够妥善解决所存在的质量问题。产品质量的离线分析是从生产中采集数据在实验室完成分析，以确保产品质量控制，迅速发现需要引起注意的问题，并提供相应的解决方案。产品质量的管理是最重要的 MES 功能之一。

8）设备维护管理

维持企业生产运行，必须保证生产设备、工具和仪器仪表的正常运行。MES 设备维护管理功能可保证工厂的设备能完成正常工作任务，并处在良好的状态。

9）产品批次数据的跟踪

MES 层不但关心生产计划编制，而且还跟踪实际生产和计划的执行情况，包括监控生产设备、原材料和人员在生产中的使用，用以建立相关产品的历史信息。状态信息包括该产品生产人、原料及供货商、批号、序列号、当前产品状况，以及相关的报警、返工、其他非正常生产信息和相应采取的改进措施。这个在线追踪功能产生的历史记录，可用以追踪相关半成品和最终产品的相关信息。

10）产品批次数据的分析

产品分析包括批次生产数据信息分析、人力资源与生产设备的利用、生产操作流程和产品质量及成本的分析。这些生产数据信息通常用于优化生产流程和资源配置，某些数据信息还能作为调整生产规则与调度的依据。

批次数据分析还应包括对多批产品数据的批间差异分析，包括劣质批量生产或者不符合生产工艺的生产运行的数据信息分析，以便分析和测定所存在的根本原因。对异常质量批量生产或者高质量生产的运行数据信息分析，以便分析和测定优化生产运行的条件。

11）劳动力管理

根据劳动技能、工作方式，制定在各个批次生产中操作人员的实时信息资料，这些详细信息通常都不会在人力资源系统中得到，因此人力资源的实时管理应作为 MES 功能的一部分。

5.3.9　智能自动化促进印染行业节能、降耗、减排的解决方案

印染行业是能耗高位运行行业。能源的日趋紧张，印染行业的能耗高位运行状态，加上金融危机的冲击，给行业的经营与发展带来前所未有的压力。在这种背景的触动下，应用工业自动化和信息技术、开发应用信息资源，生产过程的信息不断地被收集、传输、加工、存储和使用，使整个生产过程达到自动化，这样就可以做到管理节能和设备节能，从而实现真正意义上的节能[24]。

印染行业从计算机辅助设计（CAD）、计算机辅助生产（CAM）到计算机辅助管理（MIS、DSS、OA、ES）等形成完整的、有机的整体智能自动化技术促进节能、降耗、减排。这一方面包括采用变送器、执行器、显示器、控制器、计算机等硬件设备实现生产过程的自动化和信息化；另一方面包括建立管理信息系统（MIS）、办公自动化系统（OA）以及决策支持系统（DSS）等实现生产管理的自动化。

5.3.9.1　印染行业企业资源管理系统

1）印染行业企业资源管理系统的意义

印染行业企业资源管理系统（ERP），包括人力资源管理、工艺管理、生产计划管理、质量管理、销售管理等十大功能模块，实现从业务订单、工艺制订、生产流程、质量反馈、成本核算和设备管理等相关数据的共享、规范业务订单流程、合理安排生产任务、消除重复劳动、提高设备的利用率，从而形成一整套智能化、信息化管理模式，使企业的生产、工作效率和产品质量等产生质的飞跃，如图 5-24 所示。

2）实现过程控制数据的收集与记录达到节能减排

引入 ERP 管理系统并利用先进的信息管理技术提升企业管理水平，同时进一步实现对能源、生产设备及过程的自动监视控制，以提高市场的综合竞争能力。

利用 ERP 平台，将生产车间主要机台的工艺参数（温度、压力、流量、浓度及pH 等）通过与上位机的通信，将每一机台的质量信息和产量信息及能源利用情况信息，全面采集到 ERP 系统中，实现过程控制数据的收集与记录。并且对水、电、汽等生产动力成本耗量，通过 PID 仪表来控制模拟量的调节阀门，降低能源消耗，达到节能减排的目的。生产数据在线采集系统如图 5-25 所示。

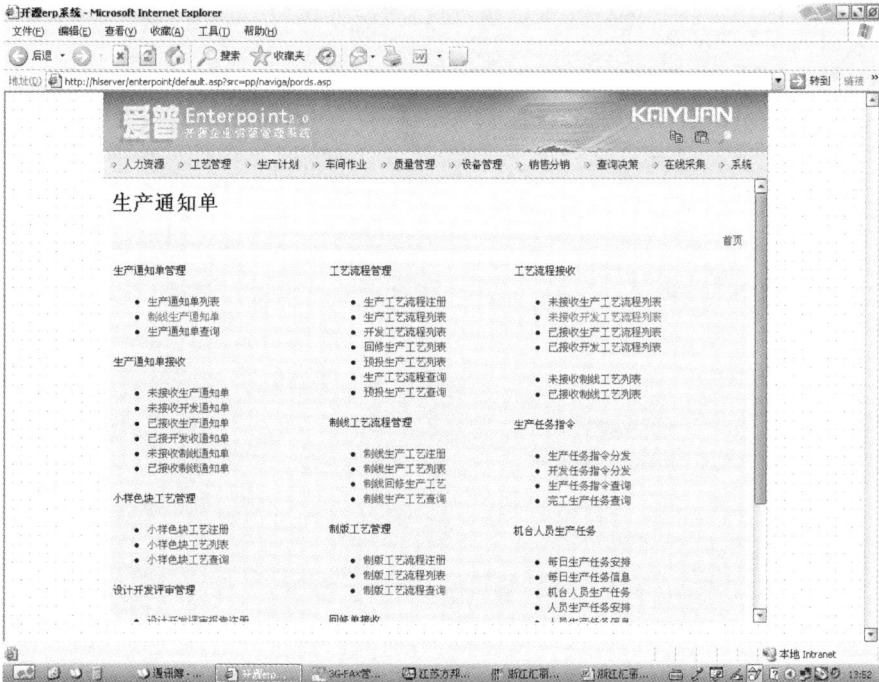

图 5-24 印染企业 ERP 管理系统

3）条形码管理系统

成品出货检验工序采用工业 PC 一体机，利用 ERP 功能菜单进行现场检验数据的录入，检验结束后将检验的结论生成条形码，同时保留布匹信息进行分色处理，然后在成品出货区选用数据采集器进行条码分批出货验证。

此系统的实施，将产品的布面质量信息转换成了条形码上的数据信息，不仅确保了成品质量、数量等各方面信息的快速性、准确性和可追溯性，而且加强对产品质量的事前、事中、事后控制（过程控制），提高了客户的满意度和工作效率，提升了在同类产品市场上的竞争力。

5.3.9.2 过程控制监控系统

1）中央过程控制监控系统

溢流染色车间所有的电脑均采用 DTR 中央过程控制监控系统，通过中央通信器和中央软体来对机台进行集中控制。做到中央系统和子系统内的数据共享，并通过主控室编辑染色程序，直接传送至 DTR 染机控制电脑。记录工艺操作资料、温度、输入、输出、曲线及流程图等，随时查阅和打印所有染机的染程运行、缸号、警报等操作记录。同时加强了对生产工艺的过程控制，如图 5-26 所示。

图 5-25　生产数据在线采集系统

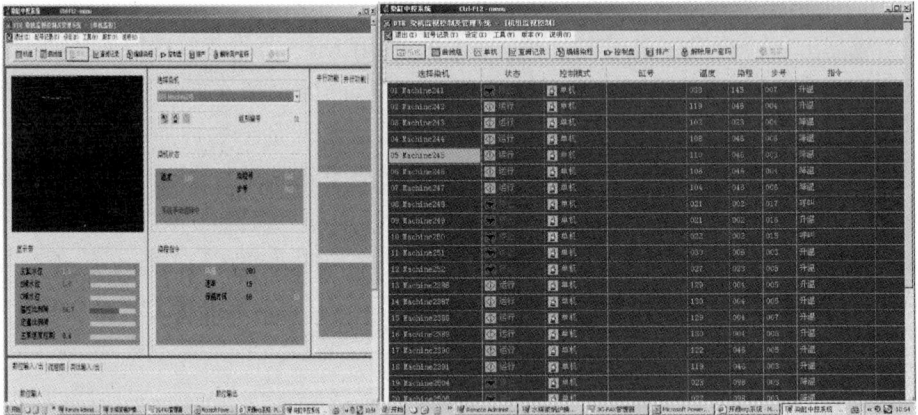

图 5-26　染色机监视控制及管理系统

2）丝光浓碱在线检测控制系统

国内大部分丝光机的碱浓度控制基本是靠人工操作完成,其缺点是量值不易掌握、实时性差,另外用碱量大、治污成本也高、丝光工艺性差,严重制约产品质量的提高。丝光浓碱在线检测控制系统采用最新的光电子技术对碱浓度进行高可靠检测,并通过对碱液密度和温度的检测,自动进行参数精确补偿,确保高精度的检测结果,并使碱浓度稳定在工艺要求的范围内。通过数字化设定参数,实现自动配碱、加补碱,工艺参数自动储存,工艺重现性好,减少人为误差,避免了采用人工滴定来控制碱浓度存在的问题,保证了丝光钡值的一致性,确保后道染色均匀,提高了产品品级。本系统投资 10 余万元,可节约液碱 0.2 吨/天。每台丝光机年节约液碱 60 吨。

　　3) 含潮率控制系统

　　采用先进的含潮率控制系统、布面温度控制系统、空气、气氛湿度控制系统,有效地防止过度烘干和高温气体的排放,减少了烘干蒸汽和定型机的热能消耗,达到最佳的经济运行状态。

　　4) 数码监控系统

　　车间及安全管理采用数码监控系统(图 5-27)进行管理,在车间内部和关键部位进行数字动态录像,保证生产设施的正常运转和人身安全保卫。生产管理人员只需通过实时监控系统即可方便地了解车间内部任何角落的设备运行情况和人员工作状态,并根据工序流程及时地调整生产,避免了怠工情况的发生,提高劳动生产效率,实现了动态管理。

图 5-27　数码监控系统

　　5) 预缩率及纬密在线显示及控制系统

　　预缩机采用德国 Mahlo 公司和常州宏大电气设备有限公司配套的预缩率和纬密的在线检测及控制系统(图 5-28),将布面的质量状况转换成数据信息,提高产品的一次性成品合格率,避免缩率的不稳定和达不到要求,从而减少返修等情况,降低能源消耗。

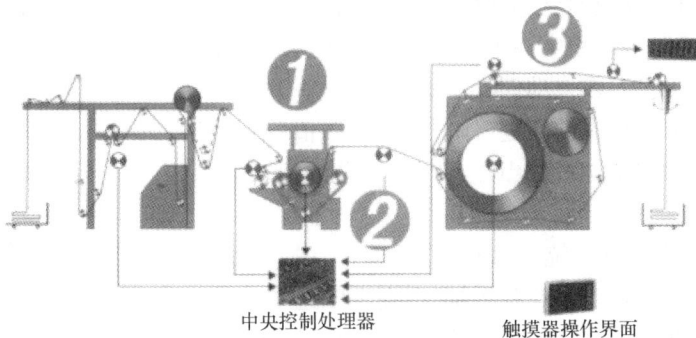

中央控制处理器　　　触摸器操作界面

图 5-28　预缩率和纬密的在线检测及控制系统

通过系统的运行,估计减少返修率约 3%,减少能源消耗约 45 万元,减少缩率过大造成的产量损失近 30 万元。

6) 印花制版系统和 CAD 电脑描稿配色套装系统

由于传统的印花制网方式必须经过胶片、包片等复杂的手工过程,浪费时间并造成人工误差增加,而采用直接喷蜡 CAM 制网技术,可大大提高精度,使得高精度的云纹、细线条等图案得到完美再现,同时也大大降低了印花制版成本。在直接喷蜡 CAM 印花制网技术的圆网、平网喷蜡制版中,采用先进的印花制版系统和电脑 CAD 描稿配色套装软件,具有速度快、精度高、效果好、成本低等优点,如图 5-29所示。

5.3.9.3 全自动高效水煤浆节能锅炉

水煤浆是一种新型、高效、清洁的煤基燃料,是当今洁净煤技术的重要组成部分。水煤浆锅炉有许多优势。

自动化程度高:其操作界面如图 5-30 所示,选用嵌入式工控电脑,锅炉的工况数据完全显示在工控机内,实现全自动控制,无须人工干预,鼓风、引风风量、浆量等自动补偿,自动控制炉膛负压,真正做到微负压低氧燃烧。

节能优势:水煤浆锅炉具有燃烧效率高达 98%,燃烧稳定、充分、炉膛充满度好;锅炉热效率大于 85%,比燃煤锅炉高许多。

环保优势:水煤浆彩用的是低硫煤组成,硫分为 0.3%～0.5%;水煤浆燃烧充分,出渣极少,避免了渣场占用及外炉排渣造成的环境污染。

用智能自动化和信息化技术改造印染行业,能够显著降低企业的单位能耗,并提升其生产能力和效率。节能减排的具体效果如下。

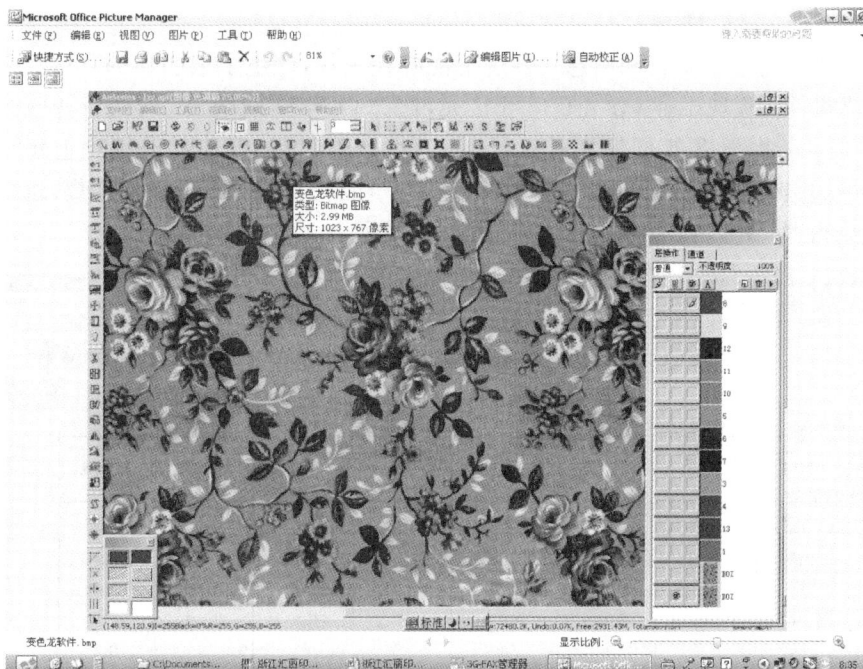

图 5-29　印花 CAM 制版系统

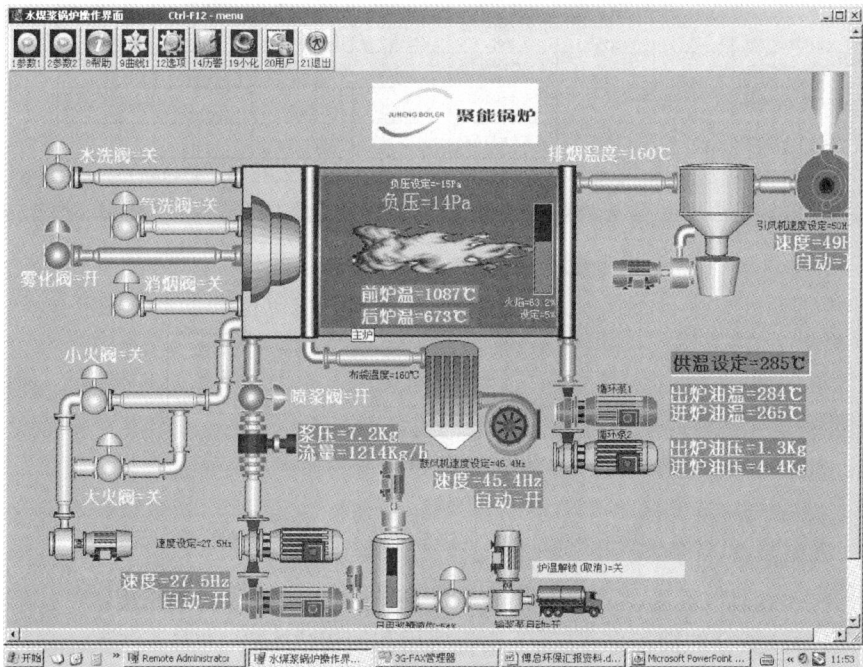

图 5-30　锅炉自动化操作界面

（1）经济效益明显。

通过以智能自动化和信息化促进节能降耗工作，产生了很明显的直接经济效益。2009 年，实现工业总产值 3.45 亿元，比 2008 年同期增长 58％，营业收入达 2.74 亿元，比 2008 年同期增长 59％。产量、产值、增加值能耗分别比上年下降 2.83％、13.21％和 13.25％，其中百米可比产量能耗为 29.19 千克标准煤，远远低于印染行业 35 千克/百米的标准，如图 5-31 所示。

2009年12月份工业企业能源消耗统计表

单位:浙江汇丽印染整理有限公司

项目名称	单位	2009年12月		2008年同期		同比增减	折标系数
		实际消耗量	折吨标煤	实际消耗量	折吨标煤		
原煤	吨	3147	2247.90	3350	2392.91		0.7143
水煤浆	吨	2015	1437.30				0.7133
热力	百万千焦	323892	11044.72	243207	8293.36	33.18%	0.0341
电力	万千瓦时	835.71	1027.08	603	741.09	38.59%	1.229
天燃气	方	3.10	35.03				11.3
综合能耗合计			15792.03		11427.35	38.20%	
			15906.70		11508.28		
项目名称	2009-12止	2008-12止	项目名称	2009-12止	2008-12止	同比增减	备注
总产量(万米)	2553	1795	万米产量吨标煤能耗	6.19	6.37	-2.83%	
工业总产值(万元)	34466	21770	万元产值吨标煤能耗	0.46	0.53	-13.21%	
工业增加值(万元)	11048	6951	万元增加值吨标煤能耗	1.44	1.66	-13.25%	
耗水量(吨)	1135545	813936	万米产量用水吨	444.79	453.45	-1.91%	

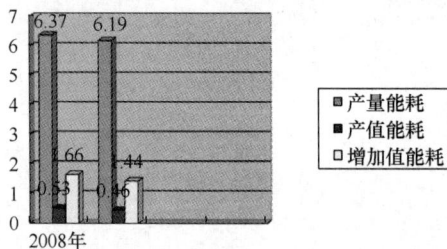

图 5-31　智能自动化促进节能降耗的直接经济效益

（2）不仅增加企业的产品产值和产量，还有以下不可取代的作用：

① 提高资金的周转率、降低了销售费用和销售成本；

② 降低原材料和成品的库存，使采购成本明显下降；

③ 将信息技术融入生产管理,在提高产品品质的同时,降低了生产成本,减少了人员成本等。

(3) 通过进一步完善信息化建设,给企业带来了一种宝贵的、间接的管理和社会效益:

① 提高了企业的市场竞争能力和创新能力,高质量的产品需要自动化的装备来生产,高附加值的产品必须依赖信息化的手段来创造。

② 降低了各种市场、技术、投资风险。信息化为产品的质量和交货期提供了保障,减少和避免了客户的投诉和索赔。

③ 优化了管理流程、提高了管理效率,降低了管理费用。

④ 提高了顾客满意度,提升了公司形象;缩短生产周期,使拖期交货减少,使客户满意度达到 97%。

⑤ 增进了公司内部的沟通和信息传达的及时性,减少了由此而引起的产品返修和其他质量事故。

⑥ 保护环境、减少污染,为节约资源、节约能源作出了很大的贡献。

5.3.10　智能自动化促进造纸行业节能、降耗、减排的解决方案

5.3.10.1　造纸工业的节能、降耗、减排与智能自动化

1) 造纸工业是污染排放的重点行业[25]

纸是日常生活中不可缺少的重要消费品,也是工业生产的重要原料和包装材料,纸和纸板是人类文化与信息的重要载体,它的消费水平是衡量一个国家现代化水平和文明建设的重要标志。

信息化社会的快速到来,使世界范围内计算机网络的应用越来越普遍,但并没有削弱纸及纸制品在国民经济与人民生活中的地位,反而促进了其消耗量的持续增长。为了提高纸的产量和质量,人们正在不断采用新的造纸工艺和设备,扩大纸机规模,提高纸机车速,使得整个制浆造纸生产过程变得越来越复杂。

然而,造纸工业是污染排放的重点行业,也是能耗大户。除少数企业达到国际先进水平外,大部分企业吨产品综合能耗平均为 1.38 吨标准煤,综合取水量平均处于 103 米³ 高位。2005 年造纸工业污水排放量为 36.7 亿吨,约占全国重点统计企业污水排放总量的 17.0%,污染物(COD)排放量 159.7 万吨,占排放总量的 32.4%。

虽然,近年来国内大型制浆造纸企业从国外引进大量的先进技术装备,包括低固形物连蒸、RDH 低能耗蒸煮、APMP、CTMP 高得率木片磨浆系统、多段逆流洗涤、全封闭热筛选、氧脱木素、高浓漂白、无元素氯漂白、多圆盘过滤机、超效浅层气浮净水器、新型节能高速纸机以及高效碱回收系统和污水治理技术装备,但是,目

前的原料结构、企业规模和技术装备确定了我国造纸工业污水负荷和能耗的现状,节能减排面临的形势十分严峻。

因此,为了促进制浆造纸工业节能、降耗、减排,制浆造纸工业自动化的发展趋势是建设企业的综合自动化系统,基于过程建模、软测量技术、先进控制策略、动态系统的故障诊断、生产管理与调度,以充分利用现代信息技术(包括计算机、通信、自动控制、系统工程、信息处理等)和现代企业管理技术,达到能在最短时间、最佳质量、最低成本和最好服务等诸多方面满足客户的需求,并能最大限度地减少污染,节约能源,获得最大经济效益。

2) 智能自动化促进制浆造纸过程节能减排的发展概况

制浆造纸工业最初是采用常规调节仪表对流量、液位、浓度及压力等常规变量进行单回路控制,目的是保证生产过程能够尽可能地平稳进行。

从 1964 年开始,计算机应用于制浆造纸工业。最初采用工业控制计算机进行过程变量或产品质量的自动控制,如浆的蒸煮温度、流浆箱液位与压力、纸抄造过程中的浆浓度与流量、纸张定量水分控制等。

20 世纪 70 年代后期,PLC 与 DCS 实现计算机先进控制,以其优良的性能在工业控制中崭露头角,自动化系统也逐渐由原来单一的过程控制向管理与控制一体化的立足于整个企业的经济效益的综合自动化方向发展。我国于 80 年代初,诞生第一套独立研制的计算机定量水分控制系统,并从数学模型、控制算法、系统硬件软件的组成以及实现技术、纸机基本信息管理(如汽、电、水消耗和纸产量的统计、班组报表、事故及断纸报表等)多方面进行应用,获得较好的经济效益。[26]

进入 90 年代后,自动控制及仪表、计算机、通信以及信息集成等相关领域的技术发展迅速,Honeywell Measure、ABB 和 Neles Valmet 等专门从事造纸自动化的公司规模越来越大,提出完整的工厂自动化整体解决方案,并能紧密地与制浆造纸新工艺相结合。我国也将建模、控制与优化、制浆造纸自动化专用仪表及设备、生产调度、信息管理以及决策系统等技术应用于蒸煮、打浆、洗选、蒸发、燃烧等几乎包括了制浆造纸所有工段,取得明显的经济效益。

造纸行业智能自动化促进节能、降耗、减排包括从备料、制浆、造纸、碱回收、污水处理到锅炉发电、化学品制备等全过程。

3) 造纸生产的工艺流程与控制

造纸生产包括制浆和造纸两部分,生产过程既有物理作用,也有化学反应。生产过程的工艺参数有温度、压力、流量、液位、有效碱浓度、打浆度、定量、水分、灰分、光滑度、透气度等。通常,将检测仪表与计算机或自动调节器连接起来,构成适用于造纸生产过程的各种自动控制系统,如纸张定量、水分、灰分的控制系统,碱回收锅炉燃烧的控制系统,熔融物还原率控制系统,纸浆蒸煮质量控制系统,漂白控制系统等。

5.3.10.2　制浆过程自动化[27]

制浆是利用化学和机械的方法使植物纤维原料离解，变成本色纸浆或漂白纸浆的生产过程。制浆可分为化学制浆、化学机械制浆、废纸制浆。化学制浆过程包括蒸煮、洗涤、筛选、漂白等工艺，运用 DCS 强大的模拟量处理功能和先进的控制算法，成功实现制浆过程控制，满足制浆过程的控制要求。

1）蒸煮过程控制

蒸煮过程主要是脱木素的过程。蒸煮是制浆过程中的一个重要环节，蒸煮粗浆的质量直接影响后续洗涤、筛选、漂白工序以及成纸的质量和工厂的效益。它分为间歇蒸煮和连续蒸煮两大类。

（1）间歇立锅蒸煮过程控制（图 5-32）。

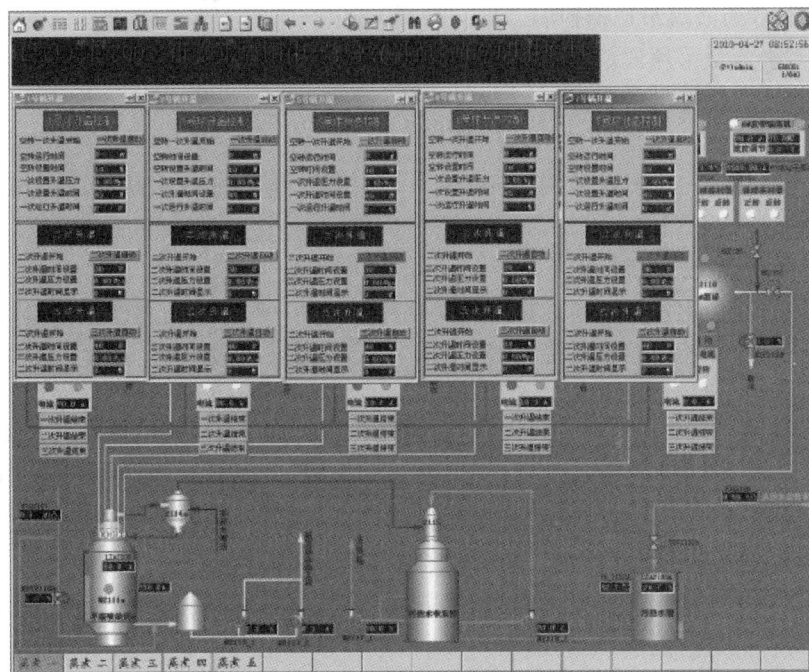

图 5-32　立锅蒸煮过程控制画面

① 蒸煮温度分段曲线跟踪控制。

蒸煮温度对药液在原料中的渗透、蒸煮反应速率、纸浆质量和产量等都有明显的影响。为适应不同的原料和纸浆的质量的不同要求，蒸煮温度是跟踪预定的蒸煮曲线进行控制。

预定蒸煮温度曲线是按照蒸煮的时间,采用分段线性方法,将控制过程分为:一段升温、小放汽、低压保温、二段升温、高压保温、喷放六段进行分段控制。

② 蒸煮过程压力控制。

蒸煮过程压力直接影响温度的控制效果。压力控制采用非线性调节规律——变增益 PID 自动控制的控制策略,在升、降压过程中,改变调节器的增益,使整个回路的增益依然保持不变,可以保证压力回路控制的稳定性。

(2)连续蒸煮过程自动化。

连续蒸煮按照"逆序(工艺流程)启动,顺序停机"的总体原则,对工艺流程的各设备进行开/停机控制与严格的连锁保护。

① 湿法配料变频器调速控制。

为了保证原料通过量及原料在计量汽蒸器停留的时间,计量汽蒸器的螺旋轴转速由变频器调速,使得速度控制准确平滑。

② 蒸煮药液流量比值控制。

蒸煮液流量采用比值控制,跟随双螺旋计量器速度而变化。蒸煮液槽液位达到上限报警自动停碱液泵。

③ 蒸煮管压力控制。

蒸煮管压力由进汽调节阀实现控制。蒸煮管压力必须设定联锁,压力高限报警时关闭进汽调节阀。

④ 蒸煮管液位控制。

蒸煮管液位由两个出料冷喷放阀实现控制。任一喷放阀皆可实现卸料器内液位自动控制。当液位持续不降时,采用备用调节阀排放浆料。

2)洗涤过程控制

蒸煮后浆料必须经过洗涤、筛选和净化等一系列物理化学处理过程,以除去蒸煮粗浆中含有的蒸煮废液和部分粗渣、泥沙等杂质。典型的洗涤设备是采用多段真空洗浆机,它是采用逆流洗涤。主要通过控制上浆浓度、进出浆和稀释水流量、排渣量等,使洗涤系统在满足工艺约束条件下运行在最优状态。

筛选净化过程则需要对进浆浓度、进浆流量、内部稀释水量、排渣量、进浆、良浆压差等参数进行控制。

3)漂白过程控制(图 5-33)

为了适应成纸的白度要求,本色浆(黑浆)必须通过加入化学药品进行漂白。漂白过程是一个连续的化学反应过程。

漂白过程控制主要是通过控制反应时间、反应温度、反应浓度,来获得提高漂白质量白度与减少对纤维的降解之间的平衡。

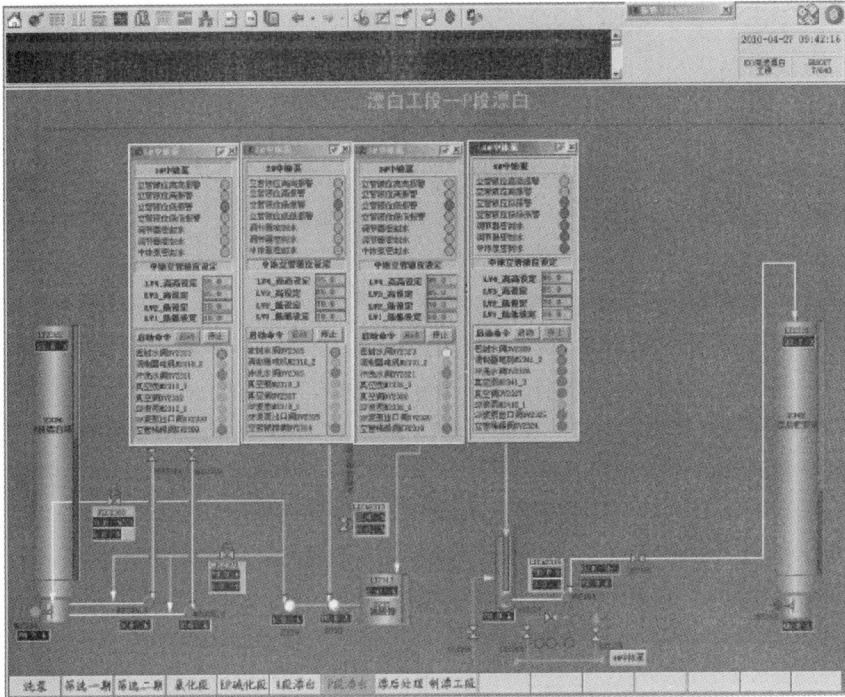

图 5-33　漂白过程控制画面

5.3.10.3　造纸过程自动化[27]

造纸过程自动化如图 5-34 所示。造纸由纸料制备和纸的抄造两大部分组成。纸料制备过程的几个工序包括浆板疏解、浆料的打浆、配浆、助剂填料添加过程等。纸的抄造包括上网前的处理、纸料的调量和稀释、净化和和筛选、除气、消除脉冲压力等过程。

1）打浆过程控制

打浆是纸浆通过机械作用以改变其物理特性的加工过程，需要控制的主要指标是打浆度。影响打浆度的因素有打浆设备的形式以及定子与转子的刀间间距，纸浆的浓度和通过量等。

打浆过程控制首先是将纸浆的浓度和通过量固定下来，再调节对打浆度影响最大的打浆设备的刀间距离，以稳定打浆度。

2）配浆过程控制

配浆过程控制是指不同的纸浆、填料、胶料、染料等添加物料，以一定的百分数配比形成混合浆，以适应抄造不同要求的纸种。配浆方式主要有连续和间歇两种。

图 5-34　造纸过程自动化

（1）连续配浆过程控制。

① 浆料进浆流量控制：浆料和添加物料的浓度在送到配比系统前已经调节稳定，设置浆料进浆流量控制系统使进浆流量稳定。

② 浆料比值控制和添加物料比值控制：配料系统有浆料配比和添加物料配比二段，在这两段过程中分别设置比值控制系统进行配比控制。

③ 纸机浆池液位控制：通过调节混合浆池来浆总流量以控制纸机浆池液位。

（2）间歇配浆过程控制。

① 几种浆料和添加物料在混合浆池中混合，由于浆池加入体积较大，使用混合池的液位法以计量加入量。

② 采用顺序控制的方法控制各种配料用量，根据加入顺序发出信号开关各种物料调节阀。

3）流浆箱总压和液位双变量控制

把抄前浆池中的成浆经高位箱、上浆泵（或冲浆泵）、多段除砂、压力筛、流浆箱等均匀地喷向网部。成纸的均匀度取决于纤维在流浆箱中分散程度和流浆箱唇口喷浆均匀度。流浆箱是造纸机成型部的关键设备，它的控制质量直接影响到成纸的匀度、强度等质量指标。

气垫流浆箱的控制系统为双输入双输出系统，被控制变量是总压和液位，由于这两个变量之间存在严重的关联（耦合），通过解耦算法可消除两个变量之间的关联,使系统在短时间内达到平衡。

流浆箱液位是通过控制进浆流量来达到液位的稳定,总压通过变频器调节电机转速,控制进气量大小,来达到总压的稳定。流浆箱的浆网速比能自动适应纸机的不同网速并可根据纸机网速自动设定浆位,从而改善了纸的匀度,方便了操作。

4) 纸张的定量和水分的解耦控制

纸张是纸厂的最终产品。定量和水分是表征纸张性质的基本参数和最终质量指标。影响定量和水分的因素有上网纸浆的浓度、纸浆的流量、车速的高低、通入烘缸蒸汽压力的大小等。这些被控参数随机干扰大,而且参数之间相互耦合,被控对象纯滞后时间很长,即使高速纸机也有 5～6 分钟的滞后时间。因此,只有采用智能化技术才能实现自动控制。

由于纸张定量和水分两个参数相互耦合,必须对定量和水分两个参数进行解耦控制。

定量控制是用定量传感器进行在线测量,然后将这些测量值送往解耦控制系统,经过控制和解耦运算之后,发出控制信号,改变纸浆流量调节器的设定值,来调节纸浆流量。另一方面,将控制信号送到烘缸蒸汽压力控制器的设定值,使蒸汽调节阀协调动作,以保证水分不致在定量控制系统动作时发生变化。控制系统要消除纸浆流量、浓度和车速变化对定量的影响。

另外,水分控制是将水分传感器送来的测量信号,通过解耦控制系统运算后,发出控制信号去调整蒸汽调节阀的开度,使烘缸内的蒸汽压力随设定值变化,达到所要求的水分,同时,另一路控制信号使纸浆流量调节阀协调动作,对定量和水分两个参数进行解耦,使定量不受水分控制信号的影响。

5) 纸张灰分控制

纸张中的灰分是由加入的填料(如滑石粉、碳酸钙粉等)量来决定的。填料呈浆状通过填料泵加入纸浆中,泵由直流电动机拖动,转速由可控硅调速系统控制。当纸浆的灰分偏离设定值时,计算机根据灰分偏差量,通过可控硅调速系统使填料泵的转速作相应改变,调节加入纸浆中填料量的大小,直到灰分回到设定值为止。

6) 纸张厚度控制

为保证纸页厚度一致,在压光机的出口侧沿光辊的轴向装有一排喷气管,并分成数段。在各段喷气管上装着许多喷气嘴,用温度为 10℃ 左右的冷风,通过喷气嘴射向压光辊,对压光辊进行冷却。利用金属具有热胀冷缩的性质,用控制喷射冷风量的办法,实现控制纸页的厚度。喷射冷风量大的区段,压光辊的温度较低,直径较小,因而该段加在纸页上的线压力较小,通过这里的纸页厚度增大。反之,减小对压光辊某区段的冷风喷射量,则通过该段的纸页厚度就会减小。

因此,纸张厚度控制是由纸页厚度传感器测出该段的纸页厚度的平均值并送给纸张厚度控制器,经运算后,输出控制信号,去控制冷风调节阀的开度,调节冷风喷射量,直到厚度回到设定值为止。如果每段纸页的厚度都等于设定值,整幅纸的厚度就能均匀一致。

5.3.10.4 碱回收过程自动化[27]

碱回收包括黑液提取、蒸发、燃烧、苛化、石灰回收等过程。

1) 黑液多效蒸发器过程控制

蒸发是把化学制浆过程中分离出来的黑色低浓废液(固形物含量 10% 左右)通过蒸发的方法浓缩成符合燃烧要求的浓黑液(固形物含量为 50% 左右)。

为保证后续燃烧过程的稳定生产,延长设备的清洗周期,以黑液浓度和流量为中心对黑液多效蒸发过程进行有效的控制。

(1) 黑液浓度和流量的预测控制。

由于蒸发过程工艺特点复杂并具有非线性、强耦合、大滞后的双输入双输出对象特性,采用前馈+反馈预测控制算法,实现对蒸发过程的在线滚动优化控制。

(2) 采用软测量预测蒸发器传热系数并预报清洗时间。

黑液蒸发过程会逐渐使设备、管道结垢因此当热效率降低到一定程度后必须进行水洗或酸洗除垢才能重新工作。系统从蒸发静态模型出发,采用软测量技术间接预测蒸发器的传热系数预报清洗时间。

2) 黑液燃烧过程控制

经蒸发过程浓缩后的黑液利用烟气和余热进一步把浓黑液浓缩供燃烧。

(1) 实现对黑液系统、燃烧系统、锅炉引风系统、给水和蒸汽系统、绿液余流等子系统自动控制。

(2) 燃烧过程优化控制策略:在特殊燃烧过程数学模型基础上,开发还原区温度自寻优控制策略,以自动寻找还原区优化温度为目标,控制燃烧炉底部进风量以获得最优回收率。

(3) “黑炉”监控:“黑炉”是碱回收炉生产操作过程中一个特殊又具有很大危险性的故障。黑液燃烧的复杂性加之回收过程中形成的垫层,使黑液燃烧的正常与否与黑液的性质及其状态存在很大的关系,这些影响因素往往难以检测与控制,系统根据已知工艺参数,设计了一套“黑炉”检测、预报及消除控制方案,以保证碱回收炉正常运行。

3) 苛化和石灰回收过程控制

苛化过程是把绿液中的硫酸钠与石灰作用生成蒸煮所需的苛化纳。石灰回收过程的作用是把苛化过程中分离的白泥(碳酸钙)在高温下焙烧成石灰(氧化钙),供苛化过程回用。石灰回收过程控制的主要目的是在满足焙烧问题的条件下提高热效率,以最少的燃料消耗获得高质量的石灰。碳酸钙在转窑中进行煅烧,分解碳酸钙为氧化钙。控制对象主要为反应物加入量(绿液浓度和流量、石灰的加入量)、反应时间、反应温度。转窑控制主要为白泥进料量和水分控制、燃油和空气调节、引风控制。

5.3.10.5　芬兰的 Anjalaxqa 纸厂全厂三层综合自动化系统

在芬兰一种被称为战略自动化的系统(Strategic Automation System,SAS)正在多项基金的资助下进行研究开发。该系统将整个制浆造纸厂的经营和过程控制信息连为一体,不仅包括传统的过程控制系统,而且包括经营、生产管理及环境保护等各方面的控制系统,最终实现在一个集成的信息和自动化系统中,控制与优化整个企业的经营与生产过程。芬兰的 Anjalaxqa 纸厂[26]作为一个典型例子说明当时发达国家已达到的水平。该厂是一个现代化的新闻纸厂,从 20 世纪 80 年代起开始研制由三个层次构成的全厂自动化系统。这三个层次是:基本监测和逻辑控制、基本过程控制、全厂综合管理。其中过程控制层包含 2000 多个检测控制回路和 800 多个受控电机,由 DCS 进行控制,控制的设备包括:精浆机(或磨浆机)、水力碎浆机、造纸机和卷纸机等;管理层负责协调全厂生产过程和生产管理活动,主要功能有:自动化订货、生产计划、生产管理、质量管理、材料与能源管理、原料库与产品库的管理、收支分析、用模型进行经营方法的模拟等。整个系统由 Millway 数据传输网络相连接进行数据传送[26]。

参 考 文 献

[1]《信息化论》导读. 农业化、工业化、信息化的关系. 中国信息界,2009,4:25

[2] 孙景民. 马克思主义视域下人类社会核心价值体系探究. 人民论坛,2013.11.29. http://www.rmlt.com.cn/2013/1129/191013.shtml

[3] 王龙云,侯云龙. 制造业数字化引领第三次工业革命——访英国《经济学家》杂志编辑保罗·麦基里. 经济参考报,2012.6.21

[4] 美报:12 种颠覆性技术驱动未来经济. 新华网,2013.5.27. http://news.xinhuanet.com/world/2013-05/27/c_124768822.htm

[5] 杰里米·里夫金. 第三次工业革命. 北京:中信出版社,2012

[6] A third industrial revolution. The Economist,2012.4.21. http://www.economist.com/node/21552901

[7] 制造业自动化发展趋势呈现绿色化. 中国化工仪器网,2009.5.20. http://www.chem17.com/news/detail/10544.html

[8] 顾寄南. 网络化制造. 北京:化学工业出版社,2004

[9] InPlant 工厂自动化整体解决方案. 中国设备网,2007.7.25. http://www.cnsb.cn/html/news/9/show_9340.html

[10] 孙柏林. 工业控制软件"十二五"发展趋势展望. 自动化博览,2011,7:24-29

[11] 张天柱. 关于循环经济若干问题的初步分析//钱易. 清洁生产与循环经济:概念、方法和案

　　例. 北京:清华大学出版社,2006

[12] 王爱兰. 我国低碳经济发展潜力的国际比较. 调研世界,2011,7:62-65

[13] BP 公司. BP 世界能源统计,2010. 6. http://www. bp. com/zh_cn/china/reports-and-publi-cations/bp_2010. html

[14] 张芸,游春,张树深,等. 钢铁工业园区生态产业复合共生网络的设计与评价. 现代化工,2008,28(4):74-77,79

[15] 节能降耗与自动化技术. 工业 360,2011. 8. 16. http://gongkong. gongye360. com/paper_view. html? id=204831

[16] 孙柏林. 先进控制自动化技术助推节能降耗. 北极星自动化网,2011. 12. 22. http://news. bjx. com. cn/html/20111222/331789. shtml

[17] 中华人民共和国国家统计局. 中国统计年鉴 2006. 北京:国家统计局出版社,2006

[18] 安祥华,等. 我国火电行业二氧化碳排放现状及控制建议. 中国煤炭,2011,1:108-110,91

[19] 周小谦. 我国电力技术发展现状与展望(上). 能源政策研究,2008,4:9-16

[20] "十一五"期间中国单位 GDP 能耗下降 19.1%. 中国新闻网,2011. 3. 10. http://www. chinanews. com/ny/2011/03-10/2896109. shtml

[21] 国家发展改革委环资司. "十一五"节能减排回顾(之一). 中国经贸导刊,2011,6:47-48

[22] 十二五期间自动化促进"节能减排". 中华机械网,2012. 1. 13. http://news. machine365. com/content/2012/0113/349290. html

[23] 孙旨义. 制药行业自动化信息技术最新应用及展望. 自动化博览,2008,10:22-26

[24] 两化融合促进节能减排试点示范企业经验交流材料. 中华文本库. http://www. chinadmd. com/

[25] 造纸工业节能减排现状及政策. 国际工业自动化,2013. 2. 1. http://www. iianews. com/ca/_01-ABC00000000000218730. shtml

[26] 王慧. 制浆造纸工业综合自动化的发展、现状及趋势. 中国造纸学报,2002,17(1):122-126

[27] 浙江中控技术股份有限公司. 中控造纸行业自动化解决方案. 工业 360,2011. 8. 28. http://gongkong. gongye360. com/paper_view. html? id=242334

第二篇
重点行业节能、降耗、减排的工业自动化关键应用技术

第1章　智能自动化促进石化行业节能、降耗、减排

1.1　石化行业节能、降耗、减排的发展现状

石油化学工业简称石油化工,是指以石油和天然气为原料,生产石油产品和石油化工产品的加工工业。石油产品主要包括各种燃料油(汽油、煤油、柴油等)和润滑油以及液化石油气、石油焦炭、石蜡、沥青等。石油化工产品则是以炼油过程提供的原料油进一步化学加工获得。如通过石脑油裂解可以得到以"三烯"和"三苯"为代表的基本化工原料,而这些原料通过进一步加工可以得到多种有机化工原料(约200种)及合成材料(塑料、合成纤维、合成橡胶),并且广泛应用于农业、能源、交通、机械、电子、纺织、轻工、建筑、建材等领域,在国民经济中占有举足轻重的地位。

国家统计局统计公报显示,2011年全国能源消费量34.8亿吨标准煤。国际能源署(IEA)及BP能源榜均指中国已超越美国成为全球第一能源消费大国。"十二五"时期,我国工业化、城镇化进程将进一步加快,能源需求呈刚性增长。2011年,我国原油对外依存度已超越美国,达到55%,石油消费超过了GDP增速,对能源生产和节能减排都带来巨大的压力。而我国目前总体能源利用效率为33%左右,比发达国家低约10个百分点。石油和化学工业总产值占全国规模工业总产值的12%。能源消耗量占全国能源消耗总量的15%,是节能减排的重点对象[1]。

"十一五"期间我国在节能方面取得较显著的成果。以乙烯为例,2010年我国乙烯总产能1495万吨、乙烯产量1419万吨。据报道,生产百万吨乙烯约需320万吨石油烃,其中18%为加工过程的能源消耗,以每吨石脑油5000元计,能源消耗费用达数十亿元[1,2]。在国家发改委推行的十大重点节能工程之一"能量系统优化工程"中,对乙烯企业进行系统节能改造是主要研究内容,其实施大幅提高了能源利用效率,实现2009年乙烯总能耗与2005年相比下降了9.04%。与此同时,各地正积极制定并发布相关地方标准,如山东省DB 37/751—2007乙烯产品能耗限额、广东省的DB 44/583—2009乙烯单位产品能源消耗限额、天津市的DB 12/046.24—2008乙烯装置单位综合能耗计算方法及限额、浙江省的DB 33/808—2010乙烯单位产品综合能耗限额和计算方法等[1]。在国家发展改革委员会公布的千家重点耗能企业中,石油和化工企业占1/3。在"十一五"的基础上,要实现国家在《国民经济和社会发展第十二个五年规划纲要》中提出的到"十二五"末实现

"单位国内生产总值能源消耗降低 16%，单位国内生产总值二氧化碳排放降低 17%"[1]。

近年来，世界许多大型石油石化公司为提高综合竞争力，把节能降耗作为发展战略的重要内容，提出了降低能耗 10%～20% 的计划目标。纵览世界各国炼油化工节能降耗技术的应用发展趋势，大体包含以下几个方面[3]。

1) 联合装置及集成设计

主要通过装置大型化及联合装置、炼化一体化、装置热联合和多套装置集成设计等途径实现节能。有关数据表明，在炼油厂规模相同的情况下，采用联合装置可减少设备总投资，提高热效率。采用炼化一体化能将炼油和石油化工生产联合在一起，通过资源的优化配置，可提高原料的综合利用水平，从而实现石化企业的节能降耗并提高经济效益。采用装置热联合，如从工艺物流的冷却过程回收热量来对需要加热的过程进行加热，从而代替单独的加热设备，可以大大降低传热设备的投资费用和热量回收。另外，多套装置集成设计具有很好的节能效果，如 Shell 公司的 Shell Bulk CDU 原油蒸馏技术把常减压蒸馏、加氢脱硫、渣油热转化等多套装置进行组合设计，实现加工流程的系统集成，大幅度减少设备数量，节省投资 30%，实现能量的系统优化。燃料油消耗节省 15%，运行成本大幅度降低。

2) 燃气轮机技术

主要采用燃气轮机—蒸汽联合循环、燃气轮机—加热炉联合循环，以提高热电综合效率。燃气轮机与加热炉联合应用可提高燃气轮机的效率和总热利用率，用燃气轮机直接驱动炼化企业工艺系统的压缩机可省去能源多次转换带来的各种损失。气电或热电联产技术是近些年来广泛应用的节能新技术，大约节能 30% 左右。整体煤气化联合循环（IGCC）技术是现代炼油厂实现气电联产、渣油改质、减少污染排放的新型技术之一。炼油厂 IGCC 技术采用高硫渣油（或焦炭）等炼厂劣质进料，通过基于部分氧化的气化技术产生合成气，不仅可使合成气通过燃气轮机-蒸汽透平发电、产汽，而且可使 CO_2 排放减少 40%，SO_x、NO_x、CO 和颗粒物质排放减少 80%，使炼厂满足污染排放标准，带来显著的环境效益。

3) 蒸汽和低温热能利用技术

蒸汽合理利用是实现节能目标的主要途径之一，主要包括提高蒸汽转换效率，降低供汽能耗；实现分级供热，蒸汽逐级利用；改善用汽状况，减少蒸汽消耗；加强蒸汽管网保温以及选择蒸汽系统热功联产等。低温热能利用也是节能重要手段之一，要求尽量减少低温热源的产生，做好燃气系统和蒸汽动力系统的平衡，实现能源的梯级利用，即首先利用高品位能源做功，其次才是工艺利用；同时做好低温热的综合利用，如低温热的工业利用或民用，或将其升级利用于供热、制冷、发电等方面。

4）新型节能技术

主要包括机泵变频调速技术、精馏装置节能技术、热泵技术等。①变频调速技术可使机泵在最高效率点附近运行,从而可大大改善许多设备"大马拉小车"的状况,对炼化一体化企业低负荷或变工况的机泵具有很好的节能效果。②精馏装置是高能耗装置,传统的精馏方式热力学效率很低,能量浪费很大。采用节能新技术后,能耗下降,有很好的节能效果。③热泵技术以消耗一部分低品位能源(机械能、电能或高温热能)为补偿,实现热能从低温热源向高温热源传递,由于热泵能将低温热能转换为高温热能,提高能源的有效利用率,因此已成为回收低温余热的重要途径。在蒸馏过程中,采用热泵可以将塔顶低温位的热量输送给塔底高温位的热源,从而有效回收塔顶低温位热量,降低蒸馏过程的能耗。与常规蒸馏相比,在产品收率和质量相同的情况下,热泵蒸馏技术可节约 80％以上的能量。

5）能量系统优化技术

炼油化工能量系统是炼化生产过程中与能量的转换、利用、回收等环节有关的设备所组成的系统,包括热回收换热网络子系统及蒸汽、动力、冷却、冷冻等公用工程子系统。对炼化能量系统以能量系统集成和优化的角度,从整体上进行优化,尤其是在设计阶段就进行综合分析,确定最优能量系统,对于装置节能、提高经济效益和环境效益均有十分重要的意义。能量系统优化的方法目前主要有夹点技术、数学规划法、人工智能专家系统。

夹点技术是指在进行换热的热、冷物流中存在着一处传热温差最小的点即夹点,夹点处的最小传热温差限制了热量的进一步回收。夹点技术是换热网络、水网络优化最实用的节能技术,目前得到了广泛应用。采用夹点技术,对新厂设计而言,比传统方法可节能 30％～50％,节省投资 10％左右;对老厂改造而言,通常可节能 20％～35％,改造投资的回收年限一般 0.5～3 年;水夹点技术在炼厂和化工厂中的应用可节水 20％～30％。

6）资源利用技术

合理利用炼厂气(含轻烃和氢),如用吸收-解吸法回收 C3 以上组分,用膜分离法回收有机蒸气组分及氢,用变压吸附法回收氢。回收利用"三废"(废渣、废水、废气),降低单位产值的能耗,间接达到节能目的。寻找石油替代能源,包括以煤代油、以气代油、以焦代油,如采用水煤浆替代锅炉燃料;充分利用高硫石油焦,建设循环流化床锅炉(CFB),替代燃油锅炉;利用炼厂气和天然气资源,替代炼厂制氢用轻油原料和发电产的锅炉燃料。优化燃料结构,减少作为燃料的石油用量,将替换出的石油资源用来生产石化产品,提高整体效益。

随着石油化工生产过程日趋大型化、集中化和连续化,对生产过程的优质、高产、低耗、环境保护及技术经济等方面有了更高的要求,特别是在当今全球能源紧缺的情况下,如何实现过程生产的最优化,最大限度提高生产率,节能降耗减排是未来急需解决的问题[4]。以下将主要从炼油、乙烯、芳烃以及精对苯二甲酸出发，进一步介绍目前石化行业的节能、降耗、减排的发展现状。

1.1.1 炼油行业节能、降耗、减排现状分析

1.1.1.1 国际现状

作为国民经济的重要行业，炼油行业为工业和日常生活提供不可缺少的燃料和化工原料。炼油行业首先通过物理、热力和化学的分离过程将原油转换为主要馏分，然后通过对一级馏分进一步分离和转换处理，制成最终的石油产品。炼油的主要产品分为：燃料（汽油、柴油、液化石油气 LPG、航煤、残渣燃料油、煤油、焦炭等），非燃料产品（溶剂油、润滑油、石油蜡、凡士林、沥青等），以及化工过程的原料（石脑油、苯、甲苯等）。据 Peak Oil Consulting 公司统计，国际炼油企业的产品产量按照类别分为：轻气 4%～4.5%，LPG 2%～3%，石脑油 2%～5%，溶剂油 1%～1.5%，汽油 25%～50%，煤油 1%～1.5%，航煤 7%～12%，柴油 10%～25%，轻油 5%，各种其他燃料油 10%～40%，润滑油 1%。

然而由于各个国家和地区的情况不同，对炼化企业的产品需求也有所不同，从而使得各地区的炼厂结构也有很大差异。国际能源组织（International Energy Agency，IEA）统计的 2014 年 3 月份石油市场报告见表 1-1[5,6]。

表 1-1　2014 年 1 月主要国家炼油行业产品需求分布

	汽油	航煤	柴油	燃料油	其他	总量
美国/(百万桶/日)	8.17	1.38	4.17	0.39	5.02	19.16
需求百分比/%	42.64	7.20	21.76	2.04	26.20	
欧洲/(百万桶/日)	1.71	1.09	5.55	0.98	3.46	12.78
需求百分比/%	13.38	8.53	43.43	7.67	27.07	
日本/(百万桶/日)	0.89	0.86	0.80	0.48	1.91	4.96
需求百分比/%	17.94	17.34	16.13	9.68	38.51	
中国/(百万桶/日)	1.72	0.42	3.45	0.544	3.75	9.88
需求百分比/%	17.41	4.25	34.92	5.51	37.96	

美国对汽油产品的需求占总量的 42.64%，欧洲对柴油的需求占总量的 43.43%，日本对汽油和柴油的需求较均衡，都为 20% 左右。但是中国和日本对其他化工原料的需求最大，分别为 37.96% 和 38.51%。美国继续沿袭了道路交通工具对汽油发动机的依赖，而欧洲地区已经成功完成了从汽油燃料向柴油燃料转型的过程。从欧盟的燃料油标准 EN590（柴油）的推出、推广，以及在发展中国家得

到的推崇,可以看出柴油燃料在将来燃料油市场上的重要性。此外,欧洲汽车制造商在小型柴油发动机的技术上占据全球领导性地位,在欧洲售出的新车中,超过一半使用柴油燃料,从而也直接形成了欧洲炼油产品的需求结构。作为亚洲国家的中国和日本,同样具有出口外向型经济,因此化工对社会经济发展具有重要意义,炼厂产品需求中的化工原料也成了重中之重。

　　2011 年以来,虽然世界经济总体上保持复苏态势,但受中东和北非政局持续动荡、欧美主权债务危机愈演愈烈等因素影响,世界经济呈现了许多新的不确定性和不稳定性因素,复苏形势严峻,欧美经济甚至存在二次探底的风险。世界经济衰退,石油需求减少,对世界的炼油工业带来了三大挑战,同时国际炼油行业作出了相应的调整,带来了新的发展方向和机遇[7]。

　　(1) 石油需求和消费波动,整体增长但趋缓,亚太地区引领增长。2010 年后,世界经济进入复苏通道,石油的需求也开始增长。根据 IEA 最近统计数据,2010年全球石油需求量为 8840 万桶/日,同比增长 3.4%。其中亚洲国家为 2730 万桶/日,约占世界份额的 31%,同比增长 5.4%;北美为 2380 万桶/日,占 27%,同比增长 2.6%;欧洲为 1510 万桶/日,占 17.1%,同比减少 1.3%。2011 年全球需求量为 8910 万桶/日,同比增长 0.8%,上升趋势放缓。其中亚洲国家为 2820 万桶/日,约占世界份额 31.6%,份额有所上升,同比增长约 3.3%;北美为 23.5 万桶/日,较上年减少 1.26%;欧洲为 1500 万桶/日,占 16.8%,比重有所下降,比上年减少 0.67%。

　　(2) 炼油能力严重过剩,装置开工率逐年下降,利润率长期低迷。据 BP 在2011 年统计,2010 年全球炼油能力新增 3600 万吨/年,主要集中在非经合组织国家(non-OECD),其中中国新增了 3200 万吨/年,占全球增量的 90%,而同时经合组织国家的炼油能力则下降了 3100 万吨/年。根据油气杂志对 2011 年炼油工业统计,全球炼油产能 44 亿吨/年,同比下降 900 万吨/年,为十年来首次下降。其中,欧洲和非洲地区的炼油能力与 2010 年基本持平,分别为 5.2 亿吨/年和 1.6 亿吨/年。亚洲中东地区的炼油能力有所上升,分别达到 2.5 亿吨/年和 3.6 亿吨/年,同比分别上涨 250 万吨/年和 150 万吨/年。北美及南美地区的炼油能力略有下降,分别为 10.6 亿吨/年和 3.3 亿吨/年,同比分别下降 300 万吨/年和 100 万吨/年。

　　(3) 在原油资源品质劣化的同时,燃料产品出于环保压力,加速向清洁、低硫、低碳方向发展。随着原油需求增加和原油储量有限的矛盾日益突出,重油、油砂、页岩油等非常规原油的产量将快速增长,以缓解原油总量的下降。从原油资源剩余储量来看,高硫、重质等劣质原油比例在逐年上升,低硫和轻质原油产量不断减少。

　　根据美国 Hart 能源咨询公司数据,世界原油的平均 API 度将由 2009 年的33.3 下降到 2030 年的 32.9,平均硫含量将由 2009 年的 1.11% 提高到 2030 年的

1.22%,如表 1-2 所示。API 小于 22 的重油产量将从 2009 年的 820 桶/日增加到 2030 年的 1680 万桶/日。

表 1-2　世界参炼原油属性预测表

地区	2009 年			2030 年		
	供应比例/%	API 度	硫含量/%（质量分数）	供应比例/%	API 度	硫含量/%（质量分数）
北美	11	30.2	1.17	13	27.3	1.69
拉丁美洲	12	24.9	1.58	12	24.1	1.56
欧洲	5	37	0.4	3	37.7	0.4
独联体	17	33.7	1.09	17	34.9	0.96
亚太	10	36.5	0.17	8	35.6	0.16
中东	30	35.4	1.73	33	34.4	1.78
非洲	14	34.1	0.31	14	37.4	0.28
合计	100	33.3	1.11	100	32.9	1.22

注:数据来源于 2011 年《国际石油经济》

与原油质量下降的趋势相反,随着环境要求的提高,世界各国对炼油产品的质量与环保要求日趋严格。其中,车用燃料标准已经发生了很大变化,且仍在升级换代过程中。最重要的指标是汽柴油中的硫含量。目前,美国现行汽油标准要求硫含量小于 30ppm[①]。欧洲现行汽油标准要求硫含量不大于 10ppm。美国执行的柴油标准要求硫含量小于 15ppm,欧洲的柴油标准要求硫含量小于 10ppm。发展中国家的清洁燃料也在升级换代中,据 Hart 咨询公司预测,到 2015 年全球 84% 的汽油的硫含量小于 50ppm,到 2020 年硫含量小于 10ppm 的汽油将达到 71%[7]。在燃料油质量升级过程中,除了降低了硫含量之外,还对与环保息息相关的指标进行了更加严格的控制,如烯烃和芳烃含量等。烯烃与芳烃含量过高,会直接影响到汽车尾气排放中的氮氧化物的含量。以欧洲汽油标准为例,从欧 II 至欧 V 的升级过程中,芳烃含量从 42% 下降到 35%。

1.1.1.2　国内现状

2000 年以来,随着国民经济的快速发展,作为基础能源和原材料基础产业,国内炼油工业克服了各种困难,取得了巨大的进步。目前中国的炼油工业已经成为世界炼油工业不可分割的一部分,在巨大进步的同时主要表现出以下几个特点[8,9]。

(1)炼油能力持续提高,排名世界第二。自 2000 年以来,我国的炼油能力已经由 2.76 亿吨/年,增加到 2005 年的 3.245 亿吨/年,年均增长 3.3%。而 2006 年

———————————

① 1ppm=10^{-6}。

后,我国的炼油能力更是突飞猛进,从 3.69 亿吨/年提升到了 2010 年的 5.12 亿吨/年,年增长率高达 9.7%,世界排名一直位居第二,仅次于美国。2010 年中国石化与中国石油分别在世界最大炼油公司中排名第 3 和第 9,表明中国在世界炼油工业中的地位也日渐重要。

(2) 我国炼油工业呈现以两大集团为主导、多元化的市场竞争格局。自 1998 年以来,作为中国主要的石油炼化企业,中国石化和中国石油共有 72 家炼厂,占全国炼厂总数 264 家的 27.2%。但两大集团的炼油能力却占全国炼油能力的 76.8%。2009 年中石化炼油产能达到 2.235 亿吨/年,占全国产能的一半,而中石油的产能为 1.425 亿吨/年,占全国产能的 29.9%。在 2000~2009 年的十年间,两大集团的炼厂规模也快速扩大,其平均产能分别由 432 万吨和 352 万吨,增加至 570 万吨和 540 万吨。其中镇海炼化和大连石化的炼油规模均已超过 2000 万吨/年。两大集团超过 500 万吨/年规模的炼厂共 21 家。

地方炼厂的炼油能力在 2008 年底之前已达 8805 万吨,主要分布在山东、辽宁和广东三省,其中以山东地方炼厂居全国地方炼厂之首。此外,通过与外资公司合资,共同建设了大连太平洋石油化工有限公司,福建炼化等一系列高质量炼厂。至 2009 年,外资在我国的炼油能力达到 1050 万吨/年,占我国炼油总能力的 2.2%。

(3) 从地域分布上看,我国炼油能力主要集中在华东、东北、华南三大地区,继续遵循靠近资源地、靠近市场、靠近沿海沿江地区建设的原则,形成了以东部为主,中、西部为辅的梯次分布,其中华东、东北、华南地区,分别占全国炼油能力的 32%、21%、15%(见表 1-3)[9]。此外,中国石油的炼厂由于受到石油资源的限制,主要分布在不是成品油主要消费区的东北和西北地区。2008 年中石油东北、西北炼厂调运至东南沿海及西南地区的成品油占其生产总产量的 50% 以上。中国石化炼厂则主要分布在油品消费高度集中的华东和华南地区,所产的成品油基本可在其传统销售区域消化。目前我国成品油总体流向大致呈“北油南运”、“西油东调”的格局。

表 1-3　我国炼油能力分地区构成　　　　　　(单位:万吨/年)

地区	2005 年		2009 年	
	炼油能力	占全国比例/%	炼油能力	占全国比例/%
华东	11075	34.13	15500	32.49
东北	8425	25.95	9900	20.75
华南	3835	11.82	7200	15.09
西北	4545	14.05	6480	13.58
华北/华中	4565	14.05	8620	18.07
合计	32445	100	47700	100

注:数据来源于 2010 年《国际石油经济》

（4）原油资源对外依存度不断提高。原油资源供应不足成为国内炼油工业发展最大的制约因素。自 1993 年成为原油净进口国以来，中国的原油进口量逐年增大，尤其是近几年增速加快。2006～2010 年，中国原油产量基本保持不变，约保持在 1.9 亿吨/年，但进口量却连年增加，对外依存度越来越大，2009 年进口原油在原油总需求量中所占的比例已大于 50%。2013 年，中国原油表观消费量为 4.79 亿吨/年，其中原油净进口量为 2.82 亿吨。原油对外依存度达到 57.6%，成为仅次于美国的第二大石油进口国和消费国。

（5）随着炼厂规模的不断扩大，炼化一体化的程度得到不断提高，自主研发和创新能力逐年提升，国际竞争力持续增强。据统计，目前世界炼油厂平均炼油规模已达到 670 万吨/年。世界排名前十的炼油商原油总加工能力达到 16.74 亿吨/年，占世界原油总加工能力的 38%。在世界范围内，炼油能力超过 2000 万吨/年的炼油厂已经达到 21 座。在炼油装置大型化与规模化方面，中国与世界先进水平间的差距正在大幅度减小，目前炼油厂平均炼油规模已达 610 万吨/年以上。

至 2012 年，我国已形成二十几座千万吨级炼油厂（见表 1-4）[9]，与 2005 年的 5 座相比取得了长足进展，初步形成环渤海、长三角和珠三角三大炼油企业群，千万吨级炼油厂炼油能力约为 2.545 亿吨/年，占国内总炼油能力的近 50.5%。依托千万吨级大型炼油厂的建设，新建或改扩建多套大型乙烯工程，使企业的综合竞争能力和抗风险能力显著增强。大型化、基地化及一体化发展提高了资源的利用效率，同时节能减排效果显著。2005～2009 年，中国石油和中国石化两大集团炼油平均综合能耗从 73 千克标准油/吨下降到 57.3 千克标准油/吨，新鲜水耗量从 0.82 吨/吨下降到 0.55 吨/吨[9]。

表 1-4　我国 2012 年千万吨级炼厂　　　　（单位：万吨/年）

单位	所属集团	2005 年能力	2010 年能力	2012 年能力
大连石化	中国石油	1050	2050	2050
抚顺石化	中国石油	1000	1000	1000
燕山石化	中国石化	800	1000	1000
上海石化	中国石化	1400	1400	1400
高桥石化	中国石化	1100	1130	1130
金陵石化	中国石化	1300	1350	1350
镇海石化	中国石化	2000	2000	2300
齐鲁石化	中国石化	1000	1000	1050
广州石化	中国石化	770	1300	1300
茂名石化	中国石化	1350	1350	1350
兰州石化	中国石油	1050	1050	1050

续表

单位	所属集团	2005 年能力	2010 年能力	2012 年能力
大连西太	中国石油	1000	1000	1000
天津石化	中国石化	550	1500	1500
福建炼化厂	中国石化	400	1200	1200
独山子石化	中国石油	550	1000	1600
青岛炼油	中国石化	—	1000	1000
惠州炼油	中国海油	—	1200	1200
广西石化	中国石油	—	1000	1000
扬子石化	中国石化	800	950	1400
海南炼油	中国石化	—	800	1000
合计		16120	24280	25880

注：数据来源于 2010 年《国际石油经济》

中国炼油企业不仅已掌握当今世界主流先进炼油技术，而且具备自主建设千万吨级炼油厂的能力。已自主开发成功重油催化裂化、石脑油连续重整、延迟焦化等一系列具有自主知识产权的成套技术，部分技术达到国际先进水平。炼油过程所用的催化剂基本上都可在国内供应，其中工业生产所用的催化裂化催化剂 90% 以上已实现国产化。在装备建设方面，国内炼油装置的主要工艺设备绝大部分都实现国产化。炼油技术的不断进步为炼油工业的发展提供了有力的技术支撑。

（6）节能减排形势严峻，行业低碳发展压力增大。根据石油和化学工业"十二五"发展指南的战略目标要求，2015 年，万元工业增加值能源消耗和二氧化碳排放量均比"十一五"末下降 15%。化学需氧量（COD）和氮氧化物排放总量均减少 10%，氨氮排放总量减少 12%，二氧化硫排放总量减少 8%，废水达标排放。化工固体废物综合利用率达到 75%，有效处置率达到 100%。

国际能源机构统计结果显示，2008 年中国二氧化碳排放量居世界第一位，美国次之，排名前十位国家二氧化碳排放量占世界总排放量的 65%。为应对气候变化，世界各国均对二氧化碳排放提出了更高要求。在哥本哈根会议上，中国政府承诺，到 2020 年，单位国内生产总值二氧化碳排放量比 2005 年降低 40%~45%，并将制定相应行业约束性指标。炼油属于高能耗、高排放行业，实施节能减排，加强环境保护，实现企业与社会、环境的协调发展已成为炼化企业履行社会责任的必由之路。

1.1.2　乙烯行业节能、降耗、减排现状分析

1.1.2.1　国际现状

近年来,世界乙烯工业保持了较快的发展速度,特别是亚洲和中东地区乙烯工业的发展明显快于世界其他国家和地区[10]。亚太和中东地区是世界上乙烯发展最快的地区,2007～2012年生产能力的年均增长率达到10.48%,明显高于世界3.99%的平均增长率,2012年新增乙烯产能全部来自中东和亚太地区,其中中东地区2012年新增两套装置,合计产能270万吨/年;亚太地区投产四套装置,合计产能375万吨/年。根据2013年《油气杂志》最新统计数据显示,2013年全世界乙烯的总生产能力为14340.2万吨,比2011年增长1.72%[11,12]。2007～2012年世界各地区乙烯生产能力详情见表1-5。

表1-5　2007～2012年世界各地区乙烯生产能力　（单位:万吨/年）

	2007年	2008年	2009年	2010年	2011年	2012年
北美	3570.8	3540.7	3446.9	3450.8	3450.8	3503.6
亚太地区	3300.2	3336.2	3793.1	4263.1	4263.1	4310.1
西欧	2443.8	2491.8	2491.8	2490.4	2490.4	2490.4
东欧	851.2	857.1	797.1	797.1	797.1	797.1
中东/非洲	1234.2	1931.2	1950.2	2335.7	2455.7	2600.7
南美	508.4	508.4	508.4	508.4	638.35	638.35
世界总计	11957.5	12665.4	12987.5	13845.5	14095.5	14340.2

注:数据来源于2013年《油气杂志》

从乙烯生产国看,2012年全球十大乙烯生产国的乙烯生产能力合计达到8940万吨/年,约占全球乙烯总生产能力的63.87%,比2011年增长约1.1%,增长原因是沙特阿拉伯和中国生产能力的增加,尤其是沙特阿拉伯产能的增加。2012年全球乙烯生产能力最大的十个国家排名没有变化,美国仍是世界最大的乙烯生产国家,2012年生产能力为2812.1万吨/年,约占世界总生产能力的19.61%;中国的生产能力仍然为世界第2位,占世界总生产能力的9.61%。2012年全球十大乙烯生产国产能占全球的比例相比于2011年的64.28%有所下降,这是由于卡塔尔、新加坡和泰国等产能增幅较大[11,12]。2012年世界十大乙烯生产国的生产能力详情见表1-6。

表 1-6　2012 年世界十大乙烯生产国能力　　（单位：万吨/年）

排名	国家	生产能力
1	美国	2812.1
2	中国（内地）	1377.8
3	沙特阿拉伯	1315.5
4	日本	693.5
5	德国	574.3
6	韩国	563
7	加拿大	553.1
8	伊朗	473.4
9	中国（台湾）	400.6
10	荷兰	396.5
合计		9159.8

注：来源为 2013 年《油气杂志》

在全球乙烯生产企业中，从生产规模来看，生产能力主要集中在沙特阿拉伯基础工业公司、陶氏化学公司、埃克森美孚化学公司等十大生产公司手中，约占全球乙烯总生产能力的 57.19%。相比于 2009 年，沙特阿拉伯基础工业公司的生产能力增加 23.52%，跃居世界第一位；陶氏化学公司的生产能力增加 7.41%，超过埃克森美孚化学公司，排名第二；中国石油化工集团公司生产能力增加 27.68%，其他公司生产能力变化不大。2012 年世界十大乙烯生产商总产能见表 1-7。从装置能力排名看，相比于 2009 年，十大乙烯装置的排名和产能变化不大，只有雪佛龙菲利浦斯化学公司在美国得克萨斯州的装置生产能力增加到 186.5 万吨/年[11-13]。2012 年世界十大乙烯生产基地和产能见表 1-8。

表 1-7　2012 年世界十大乙烯生产商总产能　　（单位：万吨/年）

排名	公司名称	厂家数目	生产能力
1	沙特阿位伯基础工业公司	15	1339.2
2	陶氏化学公司	21	1304.4
3	埃克森美孚化学公司	20	1251.5
4	壳牌化学公司	13	935.83
5	中国石油化工集团公司	13	757.5
6	道达尔石化公司	11	593.3
7	雪佛龙菲利浦斯化学公司	8	560.7
8	利安德巴赛尔公司	8	520
9	伊朗国家石化公司	7	473.4
10	英力士化学公司	6	465.6

注：来源为 2013 年《油气杂志》

表 1-8　　2012 年世界十大乙烯生产基地和产能　　（单位：万吨/年）

排名	装置所属公司名称	装置地点	生产能力
1	台塑石化公司	中国台湾省	293.5
2	诺瓦化学公司	加拿大艾伯塔省	281.2
3	阿拉伯石油化工公司	沙特阿拉伯朱拜勒	225.0
4	埃克森美孚化学公司	美国得克萨斯州	219.7
5	雪佛龙菲利浦斯化学公司	美国得克萨斯州	186.5
6	陶氏化学公司	荷兰泰尔纳赞	180.0
7	英力士烯烃和聚合物公司	美国得克萨斯州	175.2
8	埃奎斯特化学公司	美国得克萨斯州	175.0
9	延布石油化工公司	沙特阿拉伯延布	170.5
10	Equate 石化公司	科威特舒巴	165.0
	合计		2071.6

注：来源为 2013 年《油气杂志》

　　未来乙烯能力增长仍主要在中东和亚洲，预计 2013～2015 年间，世界将新增乙烯生产能力 1592 万吨/年，详细的新建和扩建计划见表 1-9。

表 1-9　　2013～2015 年全球乙烯新增产能统计　　（单位：万吨/年）

项目地点	公司	2013	2014	2015
阿尔及利亚，阿尔泽	道达尔/国家石油公司		110	
埃及，亚历山大	埃及乙烯及其衍生物有限公司			46
印度 Dahej，Gujarat	印度石油天然气公司	110		
印度 Dahej，Gujarat	印度石油天然气公司	110		
卡塔尔 Ras Laffan	卡达尔石油、埃克森美孚			160
俄罗斯 Nizhnekam，Tatarstan	俄罗斯 Nizhnekamskneftekhim	100		
俄罗斯，托博尔斯克	俄罗斯西布尔有限责任公司	150		
新加坡 Jurong	埃克森美孚化工公司	260		
中国台湾高雄	台湾中油股份有限公司	100		
中国台湾高雄	台湾中油股份有限公司	72		
阿布扎比鲁韦斯	阿布扎比聚合物有限公司	150		
肯塔基州卡尔弗特市	休斯敦西湖化工		8.2	
亚瑟港	巴斯夫-菲纳石油化工		11.5	
委内瑞拉 Jose，Anzoategu	委内瑞拉国有石化公司	105		
委内瑞拉 El Tablazo		100		
合计		1257	129.7	206

注：来源为 2013 年《油气杂志》

中国、印度、巴西等目前人均乙烯消费水平较低但发展较快的发展中国家,正在成为全球乙烯需求增长的主要动力。这些国家的迅速发展正推动建材、包装、汽车等行业对乙烯装置下游产品(主要是聚烯烃)的需求增长。但由于乙烯产能增速远超过需求增速,全球乙烯生产企业只能通过削减产量的方式来应对产能过剩的困境。具有原料优势的中东地区以及具有市场潜力的亚洲地区大量乙烯新增产能的陆续投产,必将导致亚洲、北美以及西欧地区一些竞争力差的装置关闭。今后几年全球乙烯生产商之间的竞争将日趋激烈,尤其是对中国市场的争夺。兼并重组将不可避免,规模化、集约化经营日趋明显。全球乙烯工业发展趋势展望如下。

(1) 新增产能主要集中在中东和亚太地区。未来几年世界乙烯产能还将稳定增长,新增产能主要集中在中东和亚太地区。到 2015 年,中东产能将占全球乙烯产能的 23%,其中大部分是为了支持乙烯衍生物(尤其是乙二醇和聚乙烯)的出口。亚太地区(特别是中国)产能的增加主要是为了满足国内不断增加的聚乙烯和其他乙烯衍生物需求。

(2) 东北亚成为世界乙烯需求量最大的地区。2008 年,全球乙烯需求首次出现负增长,2009 年全球乙烯需求再次增长,此轮增长主要由中国、印度等发展中国家拉动。近年来,随着中国经济的快速发展,中产阶级生活水平得到了很大的提升,中国对乙烯衍生物市场终端产品的需求在快速增长;印度的市场需求也在同步增长,但基数相对较小。2010 年,东北亚地区成为世界乙烯需求量最大的地区,占全球乙烯市场需求比例由 2000 年的 21% 增长到 25%;中东乙烯需求也有大规模增长,占全球比例由 2000 年的 7% 上升到 16%;北美所占比例由 2000 年的 33% 降至 24%。中国和中东的乙烯需求已占据世界总需求的前列。发展中国家的乙烯需求增长,将缓解全球乙烯供应过剩的局面。

(3) 中国石化市场竞争日趋激烈。目前,尽管中国乙烯市场还有一定的缺口,但随着大量低价进口产品的涌入以及中国多家大型乙烯合资项目的投产,中国石化市场已形成以中国石化、中国石油、合资乙烯和进口商四大供应系统为源头的新格局,市场供需缺口逐年缩小,竞争也愈发激烈。中东是世界乙烯生产成本最低的地区,产能增长迅猛,其中 80% 的新增能力面向海外市场,特别是中国。2009 年,中国进口乙二醇 583 万吨,主要来源于中东、中国台湾省、加拿大和韩国,其中中东占 52.15%;2009 年,中国聚乙烯进口量大幅增加,达到 741 万吨,主要来源于中东、韩国、美国和新加坡,其中中东占 26.31%。另外,埃克森美孚公司、壳牌公司、陶氏化学公司、巴斯夫公司等大型石油石化和化工公司在巩固原有市场地位的基础上,抢先进入具有资源优势的中东地区和具有市场优势的中国等亚洲国家,与当地的国家石油公司合作,在该国石油领域占据一席之地,寻求更大的发展。

(4) 乙烷在中东地区乙烯原料构成中的比例下降。近年来,中东新建乙烷裂解装置的陆续投产以及经济衰退期间原油产量的削减,导致该地区乙烷供应不足,液化石油气(LPG)和石脑油在乙烯原料中的比例不断提高,加上炼化一体化项目的增多,中东石化下游产业将得到发展,产品也更加多样化。从资源分布看,沙特阿拉伯、阿拉伯联合酋长国、科威特等国家的资源储量和产量以石油为主,而伊朗、卡塔尔的天然气储量更丰富,其在石化原料方面更有优势。未来几年,尽管乙烷在中东乙烯原料构成中的比例将下降,石化产品的成本优势有所降低,但与世界其他地区相比,其轻质原料仍保持较高比例,乙烯装置在原料成本和乙烯收率方面仍保持非常强的竞争力。

1.1.2.2　国内现状

我国乙烯工业起步于 20 世纪 60 年代初,经过近五十年的发展,取得了辉煌的业绩,特别是 2000 年以来,随着一系列乙烯装置的建成投产,到 2010 年底我国乙烯总产能达到 1494.9 万吨/年,2013 年我国蒸汽热裂解制乙烯总产量达到 1554.8 万吨/年[14]。

通过结构调整,"十一五"期间我国乙烯布局优化取得成效,在长三角、环渤海、珠三角和西部等地区形成了一批世界级乙烯生产基地。2010 年乙烯产能按地区分,华东占 42.4%、东北占 16.4%、中南占 12.5%、西北占 13.3%、华北占 15.5%,西南地区也正在建设乙烯装置,即将实现零的突破[15]。

我国 2000 年乙烯表观消费量为 478.59 万吨/年,2009 年增长至 1173.1 万吨/年,2010 年达到 1496.88 万吨/年。随着下游消费需求的迅速扩张,乙烯当量消费也快速增长,多年以来我国乙烯当量自给率为 50% 左右。2006～2008 年我国乙烯当量消费量分别为 1986 万吨/年、2141 万吨/年和 2130 万吨/年,根据主要下游消费需求增长分析和预测,2013 年我国乙烯当量消费达到约 3470 万吨/年[16],2015 年将为 4003 万吨/年,2020 年将达到 4936 万吨/年。

生产 100 万吨/年乙烯约需 320 万吨/年石油烃,其中 18%(约 57.6 万吨/年)为加工过程提供能源而消耗。按每吨石脑油 5000 元计,仅能源消耗费用就达 28.8 亿元。乙烯装置作为石油化工的"龙头"和耗能大户,节能降耗工作的力度和成效直接影响节能及效益总体目标的实现。抓住乙烯装置,节约能源资源,符合发展低碳经济、创造绿色 GDP 的要求,这也为中国乙烯应对中东廉价乙烯、其他能源化工产业、国际局势动荡等多方挑战增添了一个砝码[15]。

2010 年中国石化集团公司乙烯能耗平均值为 609 千克标准油/吨,相比 2005 年下降 11%,其中燕山石化五年间乙烯能耗降低 18.3%。根据 2009 年某国际咨询机构全球烯烃装置绩效评价,中国石化单位高附加值产品净能耗平均值已进入世界石脑油四分法第一群组。

2011 年 1 月,中国石化乙烯能耗首次下降至 592 千克标准油/吨,低于 600 千克标准油/吨的界限。其中,茂名乙烯能耗最低,为 557 千克标准油/吨;2010 年建成投产的镇海乙烯能耗 558 千克标准油/吨。与 2010 年乙烯能耗水平相比,中国石化 1 个月可降低成本 2400 万元。

2013 年,中国石化乙烯装置各项技术经济指标均创历史最好水平,其中:乙烯能耗为 575.64 千克标准油/吨(不含合资公司,下同),同比下降 3.95 千克标准油/吨;能耗前三名的企业分别为茂名乙烯(527.92 千克标准油/吨)、镇海乙烯(535.291 千克标准油/吨)和上海石化 2 号乙烯(574.03 千克标准油/吨)[17]。

中国石油乙烯装置平均燃动能耗为 628.6 千克标准油/吨,同比下降 18.5 个单位,保持稳步下降的趋势。与 2005 年相比,2012 年的平均燃动能耗降低 15%。辽阳石化、独山子石化 2 号装置等均创历史最好水平[18]。

1.1.3　芳烃行业节能、降耗、减排现状分析

1.1.3.1　国际现状

芳烃泛指含有苯环结构的一大类衍生产品,其中 BTX 芳烃(苯、甲苯、二甲苯)等是最常用的基本有机原料,二甲苯有三种异构体:邻二甲苯(OX),对二甲苯(PX),间二甲苯(MX)。以苯、甲苯和二甲苯为主要产品的芳烃装置是石油化工的重要组成部分,在国民经济中占有重要的地位。芳烃生产装置作为石化行业中主要基本有机原料(丁二烯、苯、甲苯、二甲苯、乙烯、丙烯和甲醇)的关键生产装置,其产量和规模仅次于乙烯和丙烯,其产业发展水平,直接影响着整个石化产业的发展水平和发展规模。

从地域上看,纯苯产能主要集中在亚洲、北美和西欧地区,而亚洲和中东是苯产能增长最快的地区,尤其是中东地区,其石油资源丰富,近年来纯苯产能增长迅速,今后数年内其纯苯的产能释放将继续保持迅猛态势。预计随着新建产能的陆续投产,全球的供需失衡状态将得到很大程度的缓解。虽然如此,但全球工业分析报告表明,2012 年全球纯苯消费量已超过 5400 万吨,其中大部分来自发展中国家的需求增长。由于大多数贸易国依赖进口来平衡他们的需求,而不是扩大其国内生产能力,从而造成国际市场需求与供给失衡。例如,通常美国需要大量进口纯苯以满足其工业生产需求。

随着未来几年纯苯产能的提升,亚洲、非洲和南美洲将成为主要纯苯出口地区。其中,中国、泰国和沙特阿拉伯最近几年大量制苯装置陆续投产,已成为新增产能主要地区,在世界苯产能中占据主导地位。SRI 咨询公司数据显示,2010 年的全球纯苯生产和消费量约为 4000 万吨,2010 年全球平均产能利用率为 73.6%,从 2015 年至 2020 年预计年产能利用率会缓慢增加,约为 75% 至 85%。

从甲苯产能的地域分布看,亚洲和北美的甲苯产能分别位居世界第一和第二,各占世界甲苯总产能的 47.6% 和 25.6%;西欧、中东欧、中东所占比例较少,各占 11.2%、5.9%、6.0%,非洲和大洋洲占 3.7%。从甲苯产能的年均增长率来看,亚

洲地区甲苯产能增长率最快，为 6.1％，远大于世界增长率（世界年均增长率为 2.9％）；其他地区的增长率都低于世界平均增长率，其中东欧为 1.7％，中东为 1.5％，南美、西欧各为 0.7％和 0.4％，北美、非洲、大洋洲均未增长。

从对二甲苯（PX）产能的地域分布来看，亚洲、北美、南美和欧洲为世界 PX 的主要生产地区。在世界十大 PX 生产企业中，除两家企业地处美国之外，其余均位于亚洲国家，亚洲地区是世界 PX 生产的主要地区。目前，全球 PX 产能和需求量仍以每年 2.6％左右的速率递增，其中主要在亚洲，特别是中国。

1.1.3.2　国内现状

芳烃是石油化工的一大分支，被视为衡量一个国家石化工业生产能力的标志。中投顾问发布的《2011－2015 年中国基础有机化工原料行业投资分析及前景预测报告》显示，芳烃是石油化工领域的重要基础原料，目前其衍生产品已被广泛应用于化纤、塑料、橡胶等领域。自 20 世纪 80 年代以来，中国石化芳烃工业飞速发展，为中国经济的快速发展提供了强有力的基础原材料支撑。截至 2012 年，中国已经成为全球 PX 生产第一大国，总产量占全球产量的 19％以上。近年来，PX 产能增长迅速主要受下游聚酯市场带动。据统计，世界聚酯产能以年均 7％～8％的速度增长[19]。目前，中国需要消化世界近三分之一的 PX 产量。据日本经济产业省预测，未来几年亚太地区 PX 供应总体将呈短缺状况，如韩国、东南亚各国、中国台湾省均有不同程度的缺口。而近年来我国的 PX 进口主要来自日本和韩国，其中日本占 47.5％，韩国占 42.9％[19]。

我国虽然芳烃产量大，但仍是一个芳烃资源短缺的国家，尤其是甲苯和对二甲苯，供求矛盾一直十分突出。造成这一供求矛盾的主要原因在于国内对聚酯产品的消费需求存在巨大的增长空间。面对国内巨大的聚酯原料消费缺口，国内主要的精对苯＝甲酸（PTA）生产企业都竞相进行扩能改造。同时，国家出台相关政策，放开对新建 PTA 装置的一些限制，使得一批外资和民营资本也进入了 PTA 产业，导致 PTA 生产能力迅速增加。PTA 产能增长势必要求为 PTA 提供主要原料的 PX 生产装置能够相应地配套跟上其发展步伐。

总体来看，"十一五"规划的 PX 产量和自给率目标没有实现，主要原因是：①受部分媒体炒作 PX 装置安全及产品毒性等因素的影响，部分规划内项目未能如期建成投产。②受芳烃上下游产业发展脱节以及运输等条件限制，部分建成装置未能满负荷运行。据预测，2015 年我国对二甲苯需求量将达到 1600 万吨左右，行业尚有较大发展空间。从资源优化配置角度看，对二甲苯装置应依托大型炼油厂建设。因此，"十二五"期间，我国石化企业将继续坚持"宜油则油、宜烯则烯、宜芳则芳"的原则，依托现有大型炼油企业和项目，建设炼油、乙烯、芳烃炼化一体化基地，进一步提高对二甲苯自给率，满足下游相关产业需求。

目前我国芳烃产品约 95％来自于石油化工,少量来自于煤焦油加工。2010 年我国 BTX 产量约 1420 万吨,表观消费量达 1900 万吨,供需缺口约 480 万吨,其中 PX 的自给率仅 61.6％,净进口 332 万吨。随着我国聚酯等工业的发展,预计 BTX 的需求将继续高速增长[20]。以纯苯为例,目前我国纯苯产量主要由四部分组成:乙烯装置联产、炼油装置重整芳烃抽提、对二甲苯装置甲苯歧化和煤焦油抽提。国内现有纯苯生产企业 70 余家,生产能力约 886 万吨/年,其中石油苯生产能力 686 万吨/年。又如甲苯,目前的主要生产途径:以炼厂催化重整汽油为原料进行抽提、以加氢裂解汽油为原料进行抽提以及炼焦副产品抽提等。国内现有甲苯生产能力已经接近 250 万吨/年。在芳烃联合装置中,增产芳烃的有效途径主要包括:采用高芳构化的催化重整催化剂或者常规重整余芳烃转化结合的组合工艺提高芳烃产率。应用甲苯选择歧化、甲苯甲基化和高乙苯转化率的异构化技术提高对二甲苯产率;通过轻芳烃异构化技术和重芳烃轻质化技术充分利用炼油厂资源生产更多的对二甲苯。

目前,国内芳烃装置投产时间不一,新老装置的效率和能耗相差非常大。近年来,国内各大芳烃生产企业针对各自装置特点实施了多次节能改造和优化,有效降低了芳烃生产过程的物耗和能耗。例如,上海石化通过芳烃装置改造升级,加热炉效率从 82％提高至 92％,每天燃料消耗量由改造前的 102 吨减少到改造后的 91.1 吨;通过物料及流程优化、汽提塔干气走向优化和二甲苯塔操作优化明显降低了系统装置能耗,其中歧化单元降低了 20.64％,PSA 装置降低了 21.27％[21]。此外,通过催化剂和吸附剂升级,物耗得到明显减少,其中 PX 异构化率增加了 2.2％,芳烃损失降低 0.84％,解析剂使用量降低约 29％[22]。虽然实施改造与优化后,装置效益能得到较大的提升,但与当今世界先进水平相比,还存在较大差距,因此我国亟须进一步降低芳烃行业的能耗和物耗,提高产品竞争力。

1.1.4　PTA 行业节能、降耗、减排现状分析

1.1.4.1　国际现状

PTA 的生产方法主要有硝酸氧化法、DMT 水解法、Amoco-MC 法以及二次氧化法,其中 Amoco-MC 法在工业上占主导地位。近年来,采用超临界 H_2O 技术、超临界 CO_2 技术和酶催化技术的 PTA 绿色生产技术逐步受到人们的重视,但仍处于实验室研究阶段。

20 世纪 50 年代,美国的 Amoco 公司从 MC 公司购得 PX 液相氧化工艺,在此专利基础上进行了研发,形成了目前被广泛采用的 Co-Mn-Br 催化体系,应用在 PX 液相氧化反应生成对苯二甲酸,极大地提高了 PX 的转化率。1965 年,Amoco 公司成功开发了粗对苯二甲酸(CTA)加氢精制生产 PTA 的工艺,实现了 PTA 的大规模工业化生产。英国的 ICI 和日本的三井油化(MPC)公司分别从 Amoco 公

司购买了 PX 液相氧化的专利使用权,并进行了改进,形成了 Amoco-MC 法的三大工艺:Amoco 工艺、ICI 工艺和 MPC 工艺。至 20 世纪末,Amoco 工艺在所有 PTA 生产工艺中占绝对优势,世界范围内投产的 PTA 装置 80% 以上采用了该工艺。近十五年,世界上几个主要的石油巨头为整合资源,调整了发展策略,分别并购、出售与 PTA 相关的公司业务。1999 年,Amoco 公司被英国石油(BP)公司收购,其 PTA 生产工艺被称为 BP-Amoco 工艺。美国 Du Pont 公司于 1998 年收购了 ICI 的 PTA 业务部门,形成 Du Pont-ICI 工艺;2003 年 Du Pont 成立 Invista 公司经营 PTA 及相关业务,随后被美国科氏工业集团收购,其 PTA 生产工艺最终称为 Invista 工艺。这三大工艺的流程大同小异,第一步都采用 Amoco-MC 法的 PX 液相氧化技术,只是反应器结构和催化剂配备存在不同;为去除 CTA 里的杂质对羧基苯甲醛(简称 4-CBA),三大工艺均采用加氢精制的方法,CTA 通过脱离子水配浆、加热,流经充填有钯/碳催化剂和氢气注入的固定床反应器,4-CBA 在 Pd/C 催化剂的作用下与氢气反应,主要生成易溶解于水的 PT 酸,并通过结晶、分离和干燥获得 PTA 产品。2013 年我国 PTA 产能约为 3350 万吨,行业装置加工率维持在 71.5%[23],是世界最大的 PTA 生产和消费国,但产能过剩的压力非常大。

近年来,BP 公司还在不断研发 PTA 生产新工艺。1997 年,BP(85%)与富华集团(15%)共同创立了合资企业,在 2003 年初期成功投产的珠海 PTA 一期项目运用了 BP 的新工艺,资金成本降低了 25%。2008 年投产的 PTA 二期项目,采用了最新的"能量回收"技术与循环水优化利用以及污水处理技术,工厂的温室气体排放减少 65%,废水排放减少 75%,固体废物排放减少 40%,综合能耗比一期下降 40% 左右,生产变动成本比一期节省 38% 左右。数据显示,2006~2010 年的五年间,公司单位产品能耗下降幅度达 63.4%,能耗水平始终保持全球 PTA 生产领域的领先地位[24,25]。BP 显著的节能降耗成效得益于工艺流程的优化、工艺操作参数的调整以及自动化技术的提升。据估计,作为全球领先技术的 BP 新一代 PTA 工艺,其醋酸消耗小于 34 千克/吨 PTA,PX 单耗小于 653 千克/吨 PTA,综合能耗小于 70 千克标准油/吨 PTA。

1.1.4.2　国内现状

近年来,随着我国聚酯工业的快速发展,PTA 市场需求强劲,导致 PTA 产能快速增长。2003 年我国 PTA 产能只有 438 万吨,近几年,我国 PTA 生产得到较大发展,每年都有一些新建或扩建装置建成投产。2009 年,大连逸盛 150 万吨/年以及重庆蓬威 90 万吨/年装置投产;2010 年,福建石狮佳龙 60 万吨/年项目投产;2011 年,江苏江阴汉邦 60 万吨/年以及浙江宁波逸盛 150 万吨/年装置投产[26]。

　　"十二五"期间,我国 PTA 产业处于产能快速增长的高峰期,新建或扩建多套 PTA 生产装置。"十二五"是我国 PTA 行业发展的关键时期,供应量的增速远远超过需求量的增速,国内 PTA 市场长期需要大量进口的局面得到彻底改善。"十二五"期间,我国 PTA 行业由快速发展期向成熟发展期转变[27]。

　　我国自 20 世纪 70 年代中期开始建设大规模 PTA 装置,至 2011 年底,已经有 18 家 PTA 工厂、20 多套 PTA 装置,大多采用 BP-Amoco、Invista 及 MPC 等国外 PTA 专利商的技术,造成了我国 PTA 装置生产成本较高,缺乏竞争力。绝大部分生产企业除了使用外商的专利技术,大部分设备也从国外引进。多年来虽然国内有关科研、设计、生产企业等单位对 PTA 技术进行了大量的研究和开发工作,并将研发成果逐步应用于国内 PTA 装置的改造中,但由于 PTA 生产工艺与设备特殊、专利壁垒高,拥有自主知识产权的大型 PTA 生产的成套技术、装备未得到大规模推广应用,不但近期新建的多套大型 PTA 生产装置继续重复引进,而且已经投产的装置也未达到最优工况,能耗、物耗及产量与国外先进工艺技术均有一定差距。当今世界先进的 PTA 主流工艺醋酸单耗小于 45 千克/吨 PTA,最低可以达到 34 千克/吨 PTA 以下;PX 单耗 655 千克/吨 PTA,最低可以达到 653 千克/吨 PTA 以下;综合能耗 140 千克标准油/吨 PTA,最低可以达到 70 千克标准油/吨 PTA。我国扬子石化早期引进的 PTA 装置的醋酸单耗在 55 千克/吨 PTA 左右,PX 单耗 659 千克/吨 PTA,综合能耗在 220 千克标准油/吨 PTA,虽然经过多次技术改造有大幅度下降,但仍居高不下。BP 公司在珠海投资的 PTA 装置代表了当今世界 PTA 行业的领先地位,但由于技术和运行数据的保密,外界对其了解甚少。中国石化近年来通过各种技术改造,在 PTA 的运行管理和技改方面拥有丰富的经验。扬子石化 2006 年投产的 Invista 工艺的 PTA 装置成为中国石化 PTA 行业的标杆,其综合运行技术和管理在国内较为领先,醋酸单耗 39 千克/吨 PTA,PX 单耗 656 千克/吨 PTA,综合能耗 90 千克标准油/吨 PTA;仪征化纤 PTA 装置的 PX 单耗在 653 千克/吨 PTA 左右。众多民营企业由于缺乏技术积累,其综合运行成本相对较高。采用我国自主知识产权的重庆蓬威石化 90 万吨/年 PTA 装置,与当今世界先进水平相比,还存在一定的差距。因此我国 PTA 行业的节能、降耗和减排仍任重道远。

　　经过多年的发展,我国自主开发的成套技术和自主集成创新的大型化技术已经成功应用,但关键技术和设备的进口依赖性还很大(如关键设备空压机组、干燥机、高速泵、氧化反应搅拌器、旋转压力过滤器以及真空过滤器等),国内技术的应用面还比较窄[26]。同时,我国除中国石化 PTA 装置外,先进控制与优化运行技术以及信息集成方面的应用还不够完善。因此无论建设新装置还是改造老装置,迫切需要在简化工艺流程改造的同时,研究和推广应用 PTA 生产成套自动化技术,从根本上扭转我国大型 PTA 装置能耗、物耗高的困境,提高反应效率,减少污染物排放,提高国际竞争力,让我国的 PTA 工业持续健康发展。

1.2 国内石化行业自动化技术应用情况

1.2.1 先进控制

近二十多年来,围绕化学工业的综合自动化技术发展迅速,随着市场竞争的日益激烈和科学技术的发展,在石油化工生产过程中,改善其操作控制以提高经济效益已成为一个突出的问题。20 世纪 80 年代以来,以模型预估控制(Model Predictive Control,MPC)为代表的先进过程控制技术在石油化工过程中得到广泛的应用。近年来,操作条件的闭环实时优化在石油化工生产过程中的实际应用取得了更大效益,利用计算机实现先进控制和闭环实时优化,极大地改进和提高了生产过程的操作控制水平。80 年代开始,美国、加拿大、欧洲等国已有 Setpoint、DMC、Honeywell Profimatics、Adersa、AspenTech、Treiber Controls 等多家从事先进控制和优化的软件公司,开发出适合于实时控制与优化的多变量先进控制和实时在线优化商品化工程软件,大量推向市场,并在几百家大型石化、化工、钢铁等工厂企业中应用成功,取得了巨额利润。目前这类公司之间的国际竞争日趋激烈,同时也促进了过程控制的发展,使过程控制出现全新的面貌。以乙烯装置为例,目前,国外公司如 AspenTech 在燕山石化和扬子巴斯夫、Honyewell 在上海赛科的乙烯装置上实施了先进控制和优化运行技术;国内企业和高校如华东理工大学、北京化工大学和辽宁石油化工大学等在中国石化、中国石油下属石化企业的多套乙烯装置上进行了先进控制和优化技术的应用研究。其中,我国领先的自动化和信息化技术、产品与解决方案供应商中控集团,推出了 SUPCON 集散控制系统等高新技术,在流程工业自动化、装备自动化、新能源与节能领域取得了显著的成果,如其控制系统先后在江苏灵谷大化肥、兖矿鲁南大化肥、武石化炼油等装置上成功应用。华东理工大学研究开发了国内多种型号(如 SRT-III 型、SL-II 型、SL-I 型、GK-VI 型、GK-V 型)裂解炉的先进控制系统,提高了裂解炉的进料负荷,稳定了裂解炉出口温度和裂解深度,提高了裂解炉的选择性,形成了具有自主知识产权的控制软件,达到国际先进水平。同时,华东理工大学还开发了乙烯塔、丙烯塔和 C2 加氢反应器的先进控制和优化系统,大大减小了产品损耗和质量过剩,并对乙烯分离热区的关键装置和冷箱系统,以及蒸汽管网进行了流程模拟与优化。上述先进控制和优化系统已经在扬子石化、齐鲁石化、上海石化等企业的乙烯装置上实施应用,每年可以为企业带来数千万元的经济效益。

尽管石油化工生产过程的先进控制近二十年来取得了显著的进展,但仍有很多不足之处。一个重要方面是先进控制和闭环实时优化还是以"艺术和技巧"为主,科学性较差,难以适应生产过程的变化,不能纳入石油化工生产装置的设计中,造成工艺设计与操作控制的脱节,使本应早日取得的效益迟迟不能实现。再就是目前的技术和软件主要是以提高产品收率为目标,对节能降耗和最大利用原油资源还没有引起重视。

1.2.2　运行优化

生产过程操作优化技术(Real-Time Optimization/Run-Time Optimization,RTO)的概念早在 20 世纪 50 年代就被提出,但由于软硬件条件的限制、相关优化理论研究和算法软件的不完善,一直以来未能在流程工业领域得到推广应用。自 20 世纪 90 年代以来,随着操作优化理论(尤其是大规模优化计算理论)日趋成熟,计算机硬件、软件、网络技术发展迅猛,加上国际竞争压力的日益迫切,来自流程工业企业的呼声日益高涨,操作优化技术与软件得到了前所未有的发展契机。许多过程控制与优化系统供应商及一些独立的高科技软件与工程公司投入了大量人力、物力进行研究开发,推出了各自的操作优化软件,如 AspenTech 公司的 RT-OPT、Invensys 公司的 ROMEO、Honeywell 公司的 ProfixMax、Emerson 公司的 RTO+(原 MDC Technology 公司产品)等,其应用领域已涉及炼油、乙烯和芳烃等化工过程,取得了很好的应用效果。国内的研究单位和企业,如浙江中控、石化盈科和华东理工大学等也对我国典型石油化工过程进行了运行优化技术的研发。华东理工大学以乙烯裂解过程的机理模型、乙烯裂解过程的先进控制为基础,以提高裂解过程高附产品收率或最大化经济效益为目标,开发了裂解炉实时优化技术,通过调整裂解深度,使得裂解炉在原料属性和操作条件实时变化时,始终运行在最优状态。该技术在扬子石化裂解炉成功实施,提高双烯收率 0.5% 以上,降低燃料气消耗 1.9% 以上。

由于优化软件一般都具有相当高的技术门槛,而且应用前景广阔,其价格一直居高不下(每套软件含工程实施费用高达 50 万~100 万美元)。而且国外厂商仅出售使用权,对其核心技术严格保密。这对于形成具有我国自主知识产权的操作优化技术,推动"信息化带动工业化"形成了非常大的障碍。

1.2.3　调度与决策

在流程工业调度与决策方面,国外在近年来已有商品化软件出现,如法国 TECHNIP 公司的 FORWARD 软件、美国 HOUSTON CONSULTING GROUP 公司的 ORION 软件(已被 AspenTech 公司兼并,产品更名为 Aspen Orion)、美国 AspenTech 公司的 PSS 和 PIMS 系统、Honeywell 的 Business FLEX RPKSTM 中的调度模块软件 Production Scheduler。AspenTech 公司的 Aspen Orion 是应用较多的调度软件,它在全球多个大中型石油炼化企业中被用来作为生产调度的辅助工具,它能够针对不同的工厂进行建模和进行简单的优化,并能生成数天内生产作业计划,调度工作可以定量分析,提高了调度水平,降低了工作强度,极大地为企业提高了经济效益。中国石化和中国石油自 2000 年引入 Aspen Orion 后,在其下属炼油企业的应用取得了较好的效果,不仅可以制定旬、日调度作业计划,预测氢气、瓦斯等系统平衡,也可制定油品调和方案[28]。某石化企业通过该系统,提高一次装置总拔,创造经济效益 175 万元/年,约合 0.2 元/吨原油[29]。

1.2.4　信息集成

准确的数据采集与传送是石化企业生产经营活动的基础;对生产经营数据的实时反馈及准确分析、对生产运行指标的信息化控制是提升企业完成节能减排等各项工作的有效手段。国内石化企业逐步重视加强信息的集成,信息化建设已经成为能源管理的重要基础和有效手段。中国石化均在下属单位成立了信息管理部门,以满足应用需求为目标,突出以生产计划和生产调度为核心的 MES 生产管理信息化建设和以财务管理为核心的 ERP 系统建设,实现了企业生产管理最优化、过程控制智能化,为增强企业的综合实力和生产过程的节能减排提供了有力的基础和技术支撑。例如,扬子石化、天津石化和金陵石化等中国石化下属企业已初步形成以 ERP 为经营决策层,MES 为生产执行层,LIMS、DCS、PIMS、APC 以及实时数据库 PHD 等系统为生产控制(PCS)层,设备管理 EM 系统、合同管理系统、数字档案管理系统等为辅助资源存储系统,多个信息系统数据共享和集成的信息化体系,大大提升了企业信息化水平,实现了物流、资金流、信息流的“三流合一”,降低了生产和管理成本。金陵石化的信息化工作是中国石化企业中建设较好的,其 ERP 应用已从规范应用向深化应用发展,功能效应已开始显现,实现了管理升级、生产优化、防控风险和提高核心竞争力的目的。例如,其原油调和系统包括原油优化调和系统、原油调和控制系统、原油快速评价系统、系统集成四大模块。原油调和系统结合 PIMS 系统、ORION 系统、雪佛龙数据库和快评切割软件系统能够从长周期计划到具体优化控制连成一线,使采购、生产有机地联系在一起,减少了原油调度 60% 的工作量,实现原油加工成本和高附加值产品的优化,可提高经济效益 1.3 亿元/年[30]。

1.3　智能自动化技术在石化行业的应用案例

1.3.1　炼油行业先进控制与运行优化技术

1.3.1.1　常减压装置优化控制技术

本案例以华东理工大学与扬子石油化工有限公司合作开发的“常减压装置中常压塔油品切割技术研发”项目和清华大学自动化系与中石油锦西石化分公司的常减压装置先进控制项目为例,讨论优化和控制技术在常减压装置上的应用。

　　常减压油品清晰切割案例,基于常减压装置中原油蒸馏过程的基本原理,并结合计算机应用、数据处理以及优化理论等技术,实现了对常减压装置中常压塔生产过程的流程模拟,并基于工艺模型对该过程进行了操作特性研究和操作控制指导。

　　在实际生产过程中,常压炉出口温度总是加热到最高限度,以保证足够的汽化率和稳定的装置操作,能耗大,效率低。为了保证各馏分产品的质量,在常压塔旁有汽提塔,用过热水蒸气汽提,以降低侧线产品中轻质组分的含量;由于常压塔各个侧线产品的质量难以在线测定,同时各个侧线产品的抽出量、温度之间耦合严重,因此为了保证产品质量,各个侧线产品的抽出量比较保守,收率下降。为此,本案例依据初馏塔、常压塔生产工艺和原油精馏原理,结合现场工艺数据,采用人工神经网络方法和统计建模方法基于 Aspen Plus 化工流程模拟软件,得到了符合实际工业的常压塔模型,实现了初馏塔、常压塔的流程模拟和主要产品质量指标与关键点塔板温度的模拟计算,见图 1-1。

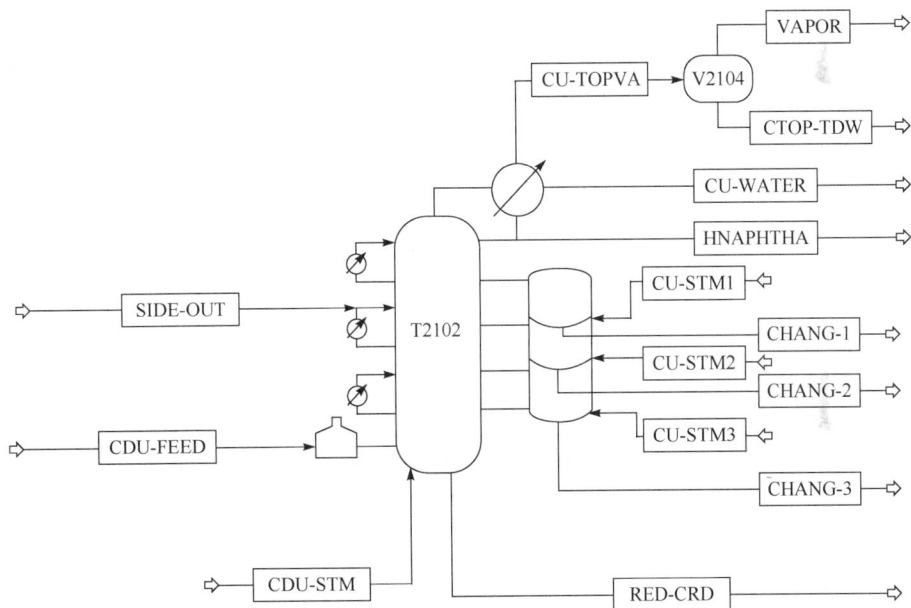

图 1-1　常压塔的过程流程图

　　为了尽量降低各侧线产品之间的重叠度,尤其是使常顶石脑油和常一线"脱空",实现油品的清晰切割,在对常减压装置常压塔流程模拟的基础上,通过应用灵敏度分析工具并结合优化算法,优化其操作条件。即根据炼制原油的性质和馏分产品的质量要求,以所建立的流程模拟模型为基础,以减小常顶石脑油与常一线油重叠度、常一线油与常二线油重叠度、常二线油与常三线油重叠度为目标,研究了常压塔的常压炉出口温度、常一线抽出量、常二线抽出量、常三线抽出量、常一线汽提蒸汽量、常二线汽提蒸汽量、常三线汽提蒸汽量、常压塔塔底汽提蒸汽量以及中段回流取热等操作条件对重叠度和各侧线油产量的影响,见图 1-2～图 1-4。从而可据此指导操作人员对常压塔操作条件进行调节控制,实现常压塔油品的清晰切割。

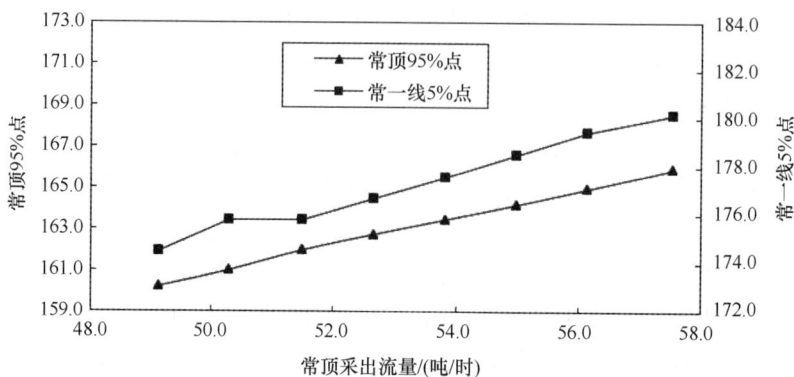

图 1-2　常顶采出流量对常顶/常一线产品重叠度的影响

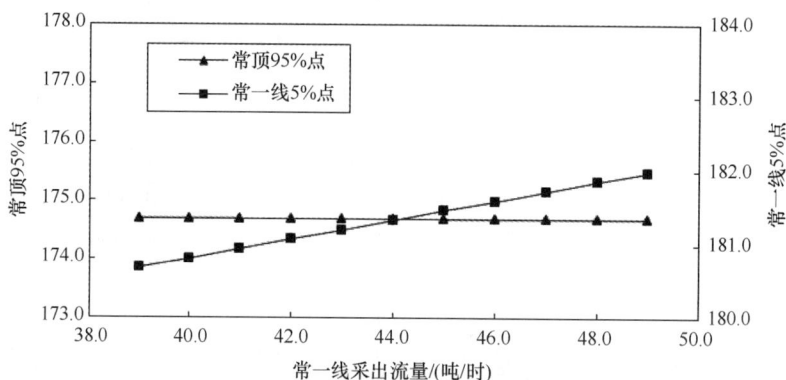

图 1-3　常一线采出流量对常顶/常一线产品重叠度的影响

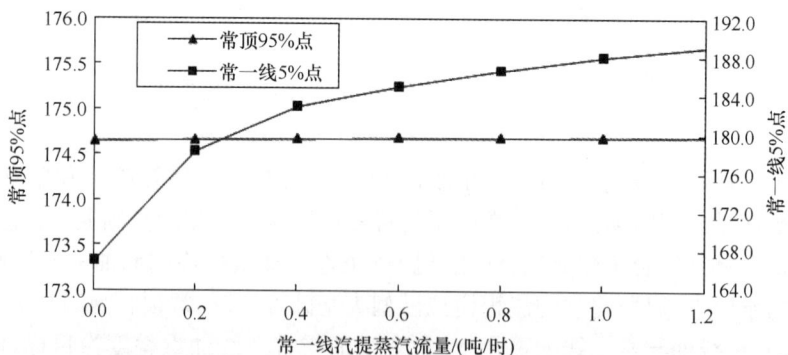

图 1-4　常一线汽提蒸汽流量对常顶/常一线产品重叠度的影响

在建立常压塔流程模拟模型的基础上,研究影响常压塔侧线产品质量和产量的各相关因素,通过优化算法寻求最优的操作条件,从而指导操作人员对常压塔的操作条件进行调节控制,实现提高石脑油拔出率和常压塔总拔出率的优化目标。

本案例通过现场实施,取得了以下成果:①实现了对扬子石油化工有限公司第二套常减压装置中常压塔的流程模拟,实现了主要产品的质量指标和关键点的塔板温度的模拟计算,并使模型的平均预测误差低于 5%;②指导了常顶石脑油与常一线油、常一线油与常二线油、常二线油与常三线油的清晰切割,减小二者重叠度,从而实现常顶石脑油的卡边操作;③实现了常顶石脑油的收率提高 1.5%~2%;④实现了常压塔总拔出率提高 1.5%~2%;⑤研究成果为企业带来约 1767 万元/年的直接经济效益。

在中石油锦西石化分公司 500 万吨/年加工能力的常减压装置先进控制案例中,清华大学自动化系研发了常减压装置的产品质量在线软测量技术、鲁棒多变量预测控制技术和加热炉优化控制技术。该技术的应用显著提高了装置抑制干扰的能力,实现炉出口温度和后续分馏过程的平稳运行、提高了加热炉热效率和增强了装置的安全运行,减少有害气体排放,提高了装置的处理能力。经过两年多的应用表明:①产品质量指标软测量精度达到 2%以内;②主要产品质量指标和操作变量波动范围大幅度减小,平均降低 50%以上,同时操作平稳性的提高使装置处理能力增加 8%以上,轻油收率提高 1.2%以上;③加热炉热效率提高,燃料消耗减少3.2%以上,年减少标准燃油消耗 1379 吨;④优化控制系统可靠性高,在线率达到95%以上。

1.3.1.2　催化裂化先进控制与优化技术

本案例以清华大学自动化系在中国石油锦西石化分公司的二套催化裂化装置上应用的先进控制与优化技术为例,讨论先进控制与优化技术为催化裂化装置带来的技术进步和经济效益。

催化裂化装置具有多变量互相关联、多重时间滞后、许多重要变量不可实时测量等特点。由于处理的原料和得到的产品都是由许多不同烃类化合物组成的复杂物系,具有很宽的沸点范围,原料组成也经常发生变化,工艺机理上定量关系因装置而异,给实施先进控制和实时优化提出了进一步挑战。在市场经济环境下,原料的来源和性质、生产装置的处理量、生产方案及所需产品的数量和性能指标,都会经常发生变化,使得生产过程中需要控制的变量和可操作的变量也随之变化,作为被控对象来说,生产过程是一个变结构的过程。如何适应生产过程的变化和变结构,是先进控制和实时优化需要考虑的问题。

针对催化裂化装置再生部分的重要性能指标,开发了以节能降耗为目标的动态软测量技术,运用先进的智能控制技术,对反应部分的裂化深度/转化率、裂化产品产率进行了优化控制;实现了再生部分的烧焦先进控制(如再生密度先进控制、再生稀相密度先进控制和烟气氧含量先进控制)和雾化蒸汽与进料比控制、汽提蒸汽与催化剂循环量比控制、预提升蒸汽对催化剂循环量比控制、反应再生系统压力平衡控制;并通过分馏系统各产品质量的控制与优化等,提高了原料油的利用率,实现了能量回收最大化。

在上述催化裂化装置先进控制技术基础上,研究开发了以节能降耗为目标的反应深度软测量、控制与优化新策略,通过增加高价值产品率、减少回炼实现单位产品耗能最低和原料油最大限度利用的优化目标;通过新的软测量技术,更加实时准确地监测再生部分的催化剂循环量、再生残碳、待生残碳、CO 含量等事关催化裂解反应高价值产品转化率(原料油的有效利用率)、生焦量(原料油的损耗)和焦炭热能回收的重要软测量指标,对采用多产 CO,通过烟气将焦炭的热能以潜能方式带出再生器后再回收新工艺,在再生器热负荷受限情况下多处理渣油,提高原料油利用率,减少物耗,保障先进控制实现再生烟气 CO 含量,保持最佳再生运行状况,确保不发生碳堆积事故,取得能量回收和原料油利用率最大化。研究与全流程集成优化和调度相结合的先进控制策略,及时响应全流程的集成优化与调度指令,调整操作方案以满足全流程优化对本装置产品生产方案、产能(通过再生操作模式和能量回收方案调节,改变本装置能量消耗和产出量,满足全流程的能量平衡)的调度需求,实现全局优化目标。

以上先进控制和优化技术经过在中国石油锦西石化分公司的二套催化裂化上进行现场验证,通过调整一段反应温度,在保证装置平稳运行的基础上,将汽油和柴油总液产量最大化,预计可取得年经济效益 2000 万元以上。

1.3.1.3　延迟焦化装置的先进控制与优化技术

本案例以清华大学自动化系在中国石油锦西石化分公司的二套催化裂化装置上应用的先进控制与优化技术为例,讨论先进控制与优化技术为延迟焦化装置带来的技术进步和经济效益。

延迟焦化装置是生产高清洁汽油和化工原料的另一个重要装置,是承担原油的重组分(渣油)经高温裂解成轻质油品和化工原料,将原油吃干榨尽进行充分利用的一个装置,其延迟焦化裂解反应过程复杂程度高于乙烯裂解过程,即要保证充分高的一次转化率,又要控制裂解炉管结焦在容许程度(结焦将导致裂解炉能耗与动力消耗增大、产量下降、安全隐患增加)。其后续的焦化塔由多塔切换使用,使焦化塔和分馏塔构成了间歇-连续混合过程,除具有加氢催化重整装置分馏过程的问题外,还要解决软测量模型、控制模型适应焦化塔的切换问题。

本案例研究开发了延迟焦化装置的反应过程和分馏过程重要指标的软测量技术(炉管结焦、延迟焦化裂解炉热效率、焦炭塔焦层高度、分馏塔产品质量指标等),

实现裂解反应炉的反应深度控制和热效率优化技术,适应焦化塔切换的分馏塔控制技术和基于分馏产率、结焦速率反馈的在线反应深度优化策略,达到减少能耗、回炼比最小和原油资源最大限度利用的优化目标。实现焦化塔由多塔切换使用,使焦化塔和分馏塔构成了间歇-连续混合过程,解决软测量模型、控制模型适应焦化塔的切换问题。研究与全流程集成优化与调度相结合的先进控制策略,及时响应全流程的集成优化与调度指令,实现全局优化目标。

本案例还研究了基于反应产物的分布模型和结焦预测模型,利用焦化炉管内外过程模拟技术和生焦反应焦化炉给热、生焦反应给热比约束,在确保焦化炉管不发生严重结焦的条件下的焦化炉注汽量及炉出口温度的优化设定方法,开发延迟焦化装置的装置级优化技术,研究延迟焦化装置的全流程实时操作优化方法,实现操作约束条件下的裂解反应炉反应深度优化,达到减少能耗、回炼率的节能降耗和原油资源最大限度利用的优化目标。

上述先进控制和优化技术在中石油辽河石化公司得到了现场应用。先进控制器不仅能较快地跟踪温度的变化,并且可以克服进料量的调整带来的波动,由于采用预测控制,燃料气波动大幅度减少,克服了 PID 控制在切塔剧烈变化情况下依靠反馈控制,为达到快速调节,燃料气调节幅度很大,在噪声扰动下燃气大幅度变化,也导致氧含量的波动增大,燃料不能平稳燃烧的问题。在先进控制投用后氧含量的波动情况也得到改善,对整个切塔过程而言,改进了对产品分馏过程的影响,有助于燃烧过程和分馏过程的平稳操作和节能增效。

1.3.1.4　成品油在线调和控制优化技术

本案例以华东理工大学在金陵石化进行的成品油管道调和控制优化系统的工程实施项目为例,讨论控制与优化技术在汽油调和领域的应用。

汽油是炼油厂最重要的产品,通常汽油的销售收入约占炼厂总收入的 60%～70%。近年来随着汽车保有量的增加,汽油的需求也逐年上升,同时也增加了氮氧化物、一氧化碳等污染物的排放量,城市交通污染进一步加剧。为此,环境保护对汽油的品质提出了越来越高的要求。油品调和作为炼油企业生产成品油的最后一个环节,调和方式直接决定了成品油的质量、生产成本和企业的效益。

成品汽油的调和方式基本可分为两种:手动罐调和方式与在线管道调和方式。其中手动罐调和方式比较传统,由于调和方式简单,对油品测量和组分参调量控制手段要求较低,在我国的炼油企业内广泛存在。在手动罐调和方式中,从调和方案的制订到调和的实施,都靠手工计算和操作。在调和开始后,由于缺少对组分油和成品油的测量与控制手段,一般情况下不对调和配方进行更新。因此造成了一次调和成功率低(60%左右),降低了生产效率,增加了损耗,而且由于产品质量无法准确控制,实际生产中为了保证产品质量合格,经常会使一些质量指标过剩(如辛烷值过剩超过 0.6 以上），造成了很大的浪费。因此，现有的手动调和方式远远不能适应当今油品调和的高效率、低损耗、高卡边率的要求。

　　在线管道调和方式，除了对组分油和成品油的属性在线测量有着硬件上的要求，对控制和优化技术和软件也有着很高的要求。控制软件要求能够完成参调组分油的比例控制、调和过程的流程控制、调和过程的故障处理，以及调和的配方管理等功能。优化软件，要求能够按照测量数据以调和模型为基础，在线优化并更新调和配方。此种调和方式虽然可以大幅度提高调和一次成功率，并降低调和的质量过剩和成本，使得调和稳定地进行，但是对控制软件，调和模型与调和配方的优化有着较高的技术要求。因此，在线管道调和方式虽然已经在国外得到了大范围的推广，在国内的应用仍然较少，尤其是国内研发的调和系统，仍然处于起步阶段。

　　本案例开发了汽油管道调和的成套技术，以完成以下具体功能。第一，根据现场调和工艺，确定参调组分油的调节自由度。对于没有储罐作为缓冲罐的组分油，为了避免影响上游装置的平稳运行，一般不对这些组分油进行流量调节。对于有缓冲罐的组分油，控制软件可以根据手动给出的配方或者优化配方控制组分油的流量。第二，由于调和过程一般为批次过程，控制软件需要完成调和批次的启动、暂停、结束和关闭等操作，在启动和停止的过程中，对调和总管流量需要进行一定的程序控制，在不同的调和阶段控制调和的流量，以保证调和过程的稳定运行。第三，针对没有缓冲罐的组分油，需要在线切换目标罐，以保证调和过程的连续进行，从而将调和流程最大化利用其中涉及对现场罐区阀门的逻辑控制，以保证在切换过程中的安全性。第四，控制软件需要完成调和过程中的配方管理功能，保证最后应用的配方合理。第五，控制软件需要发现现场的阀门、泵和控制器等设备以及软件的故障情况，并通过直接介入处理或间接报警等方式完成故障处理的功能。第六，控制软件需要提供良好的人机界面，对调和系统进行现场监控。

　　为了优化调和配方，即在保证调和产品的质量符合国家标准的前提下，将调和成本最小化，调和的质量过剩最小化。本案例开发了 ECUST_BLENDER 优化软件。在软件中，根据调和过程的非线性特性，对调和的关键指标辛烷值，提出了调和效应模型。根据不同组分在调和过程中表现出的正负调和效应，对组分油的辛烷值进行补偿，然后进行线性叠加，从而将非线性的调和关系线性化，为配方优化提供了条件。此外，为了保证调和模型的精度，软件还对模型进行了在线校正，从而使得模型在较大的操作范围内有效。

　　在调和模型的基础上，优化软件在调和过程中，对成品油调和质量指标和流量进行累积计算，从而在每个配方优化周期更新优化的目标函数以及约束条件等优化问题的设置。通过每个周期的优化，配方得到更新，并下达到控制软件中进行执行。

　　该技术已成功应用于中国石化金陵分公司的国 Ⅳ、国 Ⅴ 汽油的调和生产，取得了良好的效果。

（1）取消了加剂循环。传统的罐式调和方式：根据预先计算好的组分油配比，顺序地加入到产品罐中，再加入各种添加剂，通过泵循环、电动搅拌等方法将它们混合均匀，然后进行人工采样，进行成品化验分析，不合格则再进行倒油（包括倒入、倒出）操作，直至合格。在线管道调和控制系统方式：自动精准控制按照调和方案确定的各种组分油和各种添加剂的流量，连续不断地泵入静态混合器，使得油品在静态混合器以及管道中得到了充分混合后，进入成品油罐。取消了为消除密度分层及添加锰剂、抗氧剂、抗静电剂等所需的倒罐循环操作。管道调和在取消加剂循环操作的同时，减少了储罐的占用时间（6～8 小时）和加剂循环造成的油品损耗（0.1%），见图 1-5。以金陵石化为例，每年可减少 VOG 挥发 3800 吨，带来经济效益 3023 万元。

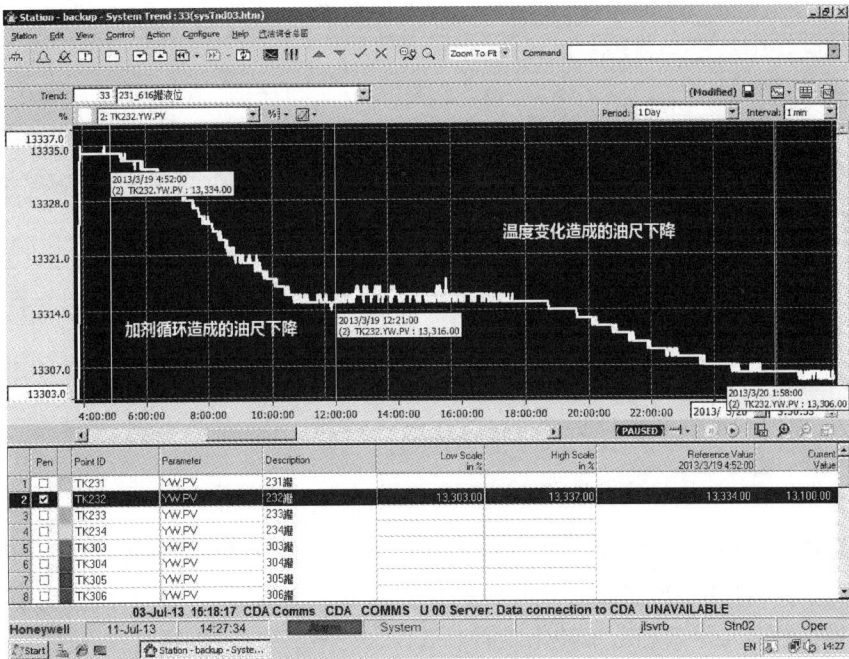

图 1-5　加剂循环操作造成的油气挥发（油尺下降）

（2）通过在线优化系统，降低质量过剩和调和成本，带来巨大的经济效益。单纯按照人工初始配方进行调和的方式，由于无法对调和过程中的油品性质变化及时作出反馈，所以为增加一次调和成功率，配方计算时必须留有足够的属性裕量，优化系统则在初始配方的基础上，根据调和的实时数据、罐底油属性、调和模型以及质量指标，在调和进行的过程中定期对配方进行优化，以克服调和过程中组分油属性和流量的波动造成的最终产品质量属性过剩或者不达标。优化的配方，能够在保证产品合格的同时，降低质量过剩，增加低辛烷值组分的用量，减少高辛烷值组分的用量,从而降低调合成本。手动配方与优化配方的对比见图 1-6。所以优化系统投用产生的经济效益主要体现在保证合格率、减少质量(抗爆指数 DON)过剩上。以金陵石化为例,通过优化配方,关键指标辛烷值的质量过剩控制在 0.2 以内,每年带来经济效益约 6574 万元。

2013-04-18 325罐93#	总量（吨）	5103.06					
组分油	OCTM直调	Szorb直调	重整	非芳	MTBE	催化	LMTBE
人工配方	16.46	55.28	6.84	12.77	8.66	0.00	0.00
优化配方	15.71	52.90	9.11	16.10	6.19	0.00	0.00
优化参调质量(吨)	791.77	2630.11	550.14	754.20	319.70	0.00	0.00
人工参调质量(吨)	829.57	2748.44	413.06	598.21	447.28	0.00	0.00
成品化验结果	RON 93.9		MON 82.3		DON 88.1		

2013-04-19 233罐93#	总量（吨）	10004.31					
组分油	OCTM直调	Szorb直调	重整	非芳	MTBE	催化	
人工配方	14.06	62.95	6.10	7.51	4.69		4.69
优化配方	12.35	58.88	7.49	10.84	4.41		6.03
优化参调质量(吨)	1223.07	5752.39	888.79	997.82	447.57		597.58
人工参调质量(吨)	1392.41	6150.02	723.84	691.29	475.98		464.79
成品化验结果	RON 94		MON 82.3		DON 88.15		

图 1-6　典型优化配方与手动配方对比

1.3.2　芳烃行业流程模拟与运行优化技术

1.3.2.1　异构化反应过程先进控制技术

异构化反应的目的是以几乎不含对二甲苯的碳八芳烃混合物为反应原料在临氢状态下进行反应,得到对二甲苯浓度接近平衡浓度的碳八芳烃混合物,实现将需求量较小的间二甲苯和乙苯转化成需求量较大的对二甲苯,提高对二甲苯的产量。

目前国内芳烃联合装置中异构化单元基本都采用常规控制系统,常规控制系统存在的控制难点如下:①装置的干扰因素多,对加热炉、反应器以及精馏系统影响大,如反应器原料流量、进反应器循环氢流量、脱庚烷塔进料温度、脱庚烷塔塔顶压力、进加热炉的燃料气压力和燃料油压力等。②由于异构化单元加热炉、反应器以及精馏系统具有能量和物料平衡的工艺关系,变量之间存在很强的耦合关系,给操作和控制带来很大困难。如脱庚烷塔塔底液位串级控制,波动较大,对后续的二甲苯精馏塔单元干扰严重。

由于常规 PID 控制系统本身的局限性,上述这些问题采用常规的 PID 控制难以得到很好的解决,而采用多变量预测控制技术却是有效的解决办法。通过将装置主要影响因素纳入到前馈或状态变量,充分考虑诸多变量之间的耦合特性,根据对反应深度、产品质量等重要参数进行预测,不断地以滚动优化的计算方式给出基本控制回路的给定值,从而使得主要工艺参数平均稳态偏差减小。在保证满足操作工况的所有约束情况下,提高反应深度的平稳性以及精馏塔的分离精度。

异构化反应深度与反应温度有关,同时也与反应压力、原料油性质和处理量、循环氢流量、催化剂活性等因素有关。常规控制方案为反应器入口温度-燃料气压力串级控制。但实际生产中,仅仅控制反应温度的平稳并不能保证在任何情况下维持反应深度的平稳。为此有人提出用宏观反应热 MHR(单位原料在反应过程时所需的热量,以下简称反应热)实时衡量反应深度,由实测过程变量和动态数学模型,在线实时计算反应热。该课题研究人员基于上述的过程分析,最终提出用"宏观反应热"衡量反应深度,并以反应热为被控变量的思想,实现对反应深度的控制。在对反应热进行控制时,反应温度仍须控制在工艺要求的区域内,而反应热和反应温度使用相同的操作变量,并同时对反应热和反应温度进行协调。

通过对加热炉、反应器以及精馏塔进行协调控制,实现了产品质量的卡边控制,极大地提高了装置控制平稳率和安全性,提高对二甲苯收率 0.37%,整个装置的综合能耗降低 6.318 千克标准油/吨,同时获得了显著的经济效益,综合经济效益估算可达 1000 万元/年[31]。

1.3.2.2 吸附分离过程建模与先进控制技术

吸附分离单元是以达到化学平衡的混合碳八芳烃为原料,通过吸附分离,制备高纯度的对二甲苯。

模拟移动床分离过程机理复杂,是连续动态与周期性切换结合的混合系统。动态模型常常将其控制机理与化工过程混杂起来,模型方程形式复杂,不符合仿真求解计算的需要。其建模方法出现偏差的根本原因在于,没有对系统的各个组成部分极其相互联系方式进行研究,了解其各部分运行的物理规律,以至于往往在建立工艺模型时,将其复杂的控制模型混在一起,导致模型形式复杂,求解思路不明确。这就要从建模方法论的角度来思考其机理模型,将工艺策略和控制策略相分离,抓住待解决问题的本质,明确模型计算的任务和目的。建立机理模型的过程,没有一种可遵循的、程式化的算法或步骤。国内有研究者采用独立分析工艺策略和控制策略,工艺模型部分只考虑其单元体积内的吸附分离工艺过程,分析其流量、浓度随时间变化的规律;控制策略只考虑其单元操作控制规律,根据阀门切换规则来确定各个床层进、出物料对其流量、浓度的影响。由此建立起了模拟移动床吸附分离过程的动态模型,将 SMB 整体分解为两个子系统,分别是工艺模型子系统和控制模型子系统,求解得到的结果能够有效计算 SMB 开工后,其流量、浓度随时间的变化曲线,实现了对吸附分离单元的动态模拟与仿真。详见图 1-7。

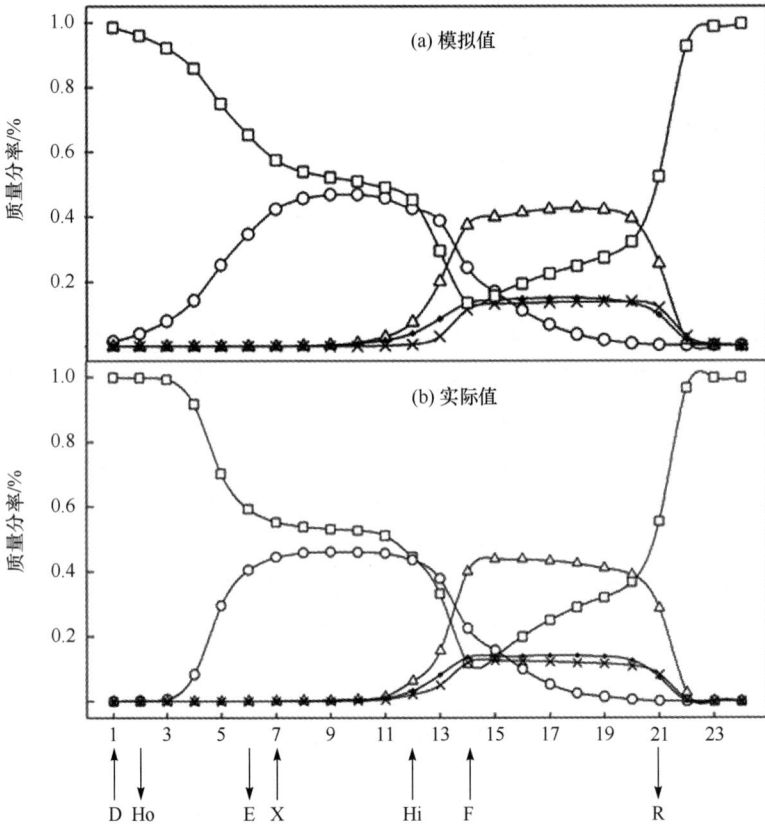

图 1-7　模拟移动床吸附分离过程组分浓度分布

　　通过对吸附分离单元实施操作优化,实现了合理调整三个吸附分离塔的操作
参数以及后续精馏塔的分离效果。以三个吸附分离塔区域回流比和抽余液塔的回
流比作为变量,通过软件进行寻优[32]。技术人员根据优化结果进行操作。实施
后,实现了 I 系列 PDEB 消耗下降 37.8%,II 系列 PDEB 消耗下降 25.7%,2♯装
置 PDEB 消耗下降 45.3%。

1.3.2.3　二甲苯分离过程实时优化

　　二甲苯分馏单元其主要功能是,利用液体混合物中各组分在相同压力下相对
挥发度的差异,使混合物中不同挥发度的组分形成汽液两相,经过多次汽液传质和
传热,各组分在液相和汽相中的分配量不同,从而将混合物各组分分离。精馏塔塔
顶得到仅含碳八芳烃的轻组分,塔釜得到 OX 和碳九及其以上芳烃。塔釜 OX 含
量根据产品市场情况进行调节,并分别将塔顶、塔釜产品送往下一个工序进行进一
步分离。

　　该装置将不同来源的混合二甲苯合并到一起作为装置进料进行精馏处理。以中国石化扬子石化芳烃联合装置为例,其二甲苯分馏单元需要同时处理来自300♯铂催化重整反应液、来自700♯和7500♯的两套异构化反应液、来自500♯歧化单元的二甲苯、来自5500♯的甲苯歧化反应液以及外购的碳八芳烃混合液。这些物料将按一定的比例分别进入 DA801 塔、DA804 塔和 DA8501 塔。由于上述三个精馏塔的塔板数、进料位置和操作压力都不相同,因此具有不同组成的混合碳八芳烃在各塔中进行精馏分离时的能量消耗也将各不相同。

　　通过对二甲苯分馏单元进行碳八芳烃资源的优化配置,实现了合理分配三塔的进料负荷比例。以来自 300♯ 的 C8A 物料在 DA801 与 DA8501 塔之间的分配为例通过软件进行寻优,将供给 DA801 塔的比例由 56% 提升到 67%,目标产物收率和单位产品能耗变化曲线如图 1-8 所示,可见过程操作优化对该系统的效果显著。通过合理分配三塔的进料负荷比例,取得了降低二甲苯分馏系统能耗 1.5% 以上的效果,与此同时塔釜 OX 产量增加了 15%。上述的优化效果为企业带来了1240 万元/年的经济效益。

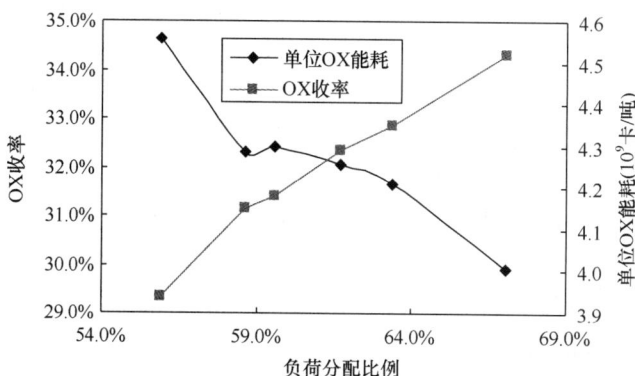

图 1-8　进料负荷分配对目标产物收率与能耗的影响

1.3.2.4　芳烃抽提装置优化运行技术

　　芳烃抽提装置以环丁砜为溶剂,以乙烯装置的二段加氢汽油和催化重整液以及吸附分离单元对二甲苯成品塔塔顶液为原料,通过溶剂抽提和抽提蒸馏相结合的方法,将原料分离成芳烃和非芳烃,芳烃再经精馏得到高纯度的苯和甲苯产品。苯作为产品送出界区,甲苯作为歧化的原料。环丁砜抽提是液-液萃取的物理过程。它所依据的原理是,根据烃类各组分在溶剂中溶解度各不相同,当溶剂和原料逆流方式接触时,溶剂对芳烃和非芳烃进行选择性的溶解,最后形成组成和密度不同的两相。由于两相组成不同,重相主要是溶剂和芳烃,轻相主要是非芳烃,这样就能使芳烃从原料中分离出来了。由于两相密度不同,两相在抽提塔内能进行连续逆流接触,为了提高传质效率,以相对流量较大的溶剂作为分散相,流量较小的烃类作为连续相。

环丁砜溶剂的性能对抽提装置的稳定运行起着非常重要的作用。溶剂性能好,则抽提产品的质量就好,生产负荷较高,退返洗量减少,产量提高,装置的运行稳定性也会增强。目前,芳烃抽提装置普遍存在环丁砜溶剂经长时间运行后,溶剂降解物以及夹带的固体杂质较多,造成抽提装置众多设备、管线、调节阀、塔盘等结垢、堵塞严重,系统退返洗液较多,影响了装置的有效生产负荷。并且导致环丁砜在线再生系统过滤器和树脂塔经常性堵塞,影响环丁砜在线再生系统的处理能力。

除了溶剂性能外,影响芳烃抽提过程的操作变量包括:溶剂比、抽提温度、汽提塔温度、返洗比等。溶剂比是指进入抽提塔的溶剂量与进料量之比。溶剂比的大小取决于进料中的芳烃的含量。一般来说,溶剂比大,则芳烃回收率高,但抽出液纯度下降甚至不合格;溶剂比小,则芳烃的回收率低,即抽余油中芳烃的损失增加。抽提温度是指进入抽提塔顶的第一溶剂的温度,其高低直接影响抽提产品的质量。通常情况下,如果抽提温度低,溶剂溶解度下降,会造成抽余油中芳烃含量增加,芳烃收率降低;如抽提温度高,超过90℃,溶剂选择性会大幅下降,将造成抽出液中非芳烃含量增加。汽提塔温度直接决定着抽出液中的非芳烃含量。汽提塔温度太高,将造成塔顶采出量增加、退返洗液量增加、抽提实际负荷下降,而且还会造成溶剂高温分解。汽提塔温度过低,将会造成非芳烃汽提不完全,抽出液中非芳烃含量高,影响苯产品质量。返洗比是指返洗液量与抽出液量之比。如果返洗比过大,将造成抽提塔塔底烃负荷过大,降低了溶剂对芳烃和非芳烃的选择性,抽出液质量下降。如果返洗比太小,会造成抽提塔塔底重质非芳烃置换不完全,抽出液中重质非芳烃超标,影响二甲苯产品质量,而且多余的返洗液不得不退至原料罐,降低了抽提装置的实际处理能力。

芳烃抽提装置生产过程中面临的主要控制问题有:①许多重要的工艺参数须手动调节,不能达到平稳和一致的控制效果;②装置的干扰因素多,对塔的影响大,如进料流量的变化、进料组分波动、溶剂质量的变化、溶剂温度的波动以及环境条件变化等,这些因素均影响装置的平稳操作;③由于装置中存在着溶剂循环、烃循环和水循环,且各塔是上下游的工艺关系,因此装置中的许多变量存在着较强耦合关联性,带来操作与控制上的困难。

针对上述问题,采用浙江中控软件技术有限公司的先进控制软件 APC-Suite 实现了芳烃抽提装置先进控制与运行优化,提高了装置的抗干扰能力和控制系统鲁棒性,实现溶剂平衡、烃平衡和水平衡以改善生产过程的平稳性;在保证产品质量的前提下,实现"卡边"控制、提高芳烃收率、降低溶剂消耗,并通过优化精馏塔的回流,实现节能降耗。

水循环系统控制主要保持整个水系统之间的水循环平衡,在保证水系统平衡的基础上实现一次水洗比的控制,保证水洗效果。汽提塔的塔底温度、塔内温度分布、压差及汽提量是汽提塔关键操作参数,直接关系装置的能耗、混合芳烃中的非芳含量及返洗比,需要在保证全塔内物料分布平衡的前提下,提高控制品质,以保证装置内部溶剂循环合理,保证产品品质、实现节能降耗。溶剂再生塔须优先保证塔顶混合芳烃纯度,主要操作参数有塔底温度、回流比等,在整个水循环系统趋于平衡后,可以优化该塔的回流比,以达到降低单元运行能耗的目标。

苯(甲苯)塔实现混合 C_8 中苯、甲苯与重组分 C_6^+ 分离,由于塔的两端产品质量都需兼顾,其灵敏板温差是关键操作变量,先进控制系统实现了塔内温度分布平衡和物料分布的平衡,保证苯(甲苯)塔的分离效果,确保苯、甲苯等产品的质量并实现节能降耗。

芳烃抽提装置先进控制与优化运行系统有效地提高了装置的抗干扰能力,各主要工艺参数能自动跟踪调整,使精馏系统的操作更平稳,主要被控变量的标准差降低50%以上;在平稳操作的基础上,抽提塔系各主要参数实现了"卡边"控制,根据装置标定,通过对比系统投运前后的统计数据,采用先进控制与优化运行系统,使低压蒸汽消耗下降8%,抽余油中芳烃含量降低1.25%,溶剂消耗降低6.9吨/年。此外,操作人员劳动强度下降,系统得到了操作人员的认可和欢迎。

1.3.3　乙烯行业先进控制与运行优化技术

1.3.3.1　裂解炉先进控制与实时优化技术

在裂解炉装置设计完成后,其能耗在很大程度上取决于裂解炉系统本身的操作和优化水平。裂解炉先进控制与实时优化技术在扬子石化、齐鲁石化、上海石化、天津石化、中原乙烯、镇海炼化和吉林石化等装置上得到了应用,其主要的技术路线及应用效果概述如下。

1) COT 先进控制技术

以燃料气热值的神经网络软测量值作为裂解炉炉管平均出口温度控制器的前馈,使其能提前对燃料气热值的变化做出响应,并通过平均出口温度控制器调整底部燃料气压力。同时构建底部和侧壁燃料气负荷专家分配模块,根据裂解炉的运行负荷状况动态调整侧壁的燃料气压力,进而通过侧壁燃料气压力控制器调节侧壁压力[33]。COT 先进控制系统结构如图1-9所示。

应用此项技术之后,大幅度提高裂解炉炉管 COT 温度和总进料负荷控制平稳度(见图1-10和图1-11),裂解模式包括液相原料裂解(重质和轻质原料),气液相分组混合裂解、单一气相原料裂解和气相原料分组混合裂解等;裂解炉平均炉管出口温度波动范围保持在±1℃内;各组炉管间出口温度偏差在±1℃内;裂解炉负荷波动范围在±0.25%(±0.05吨/时)内。

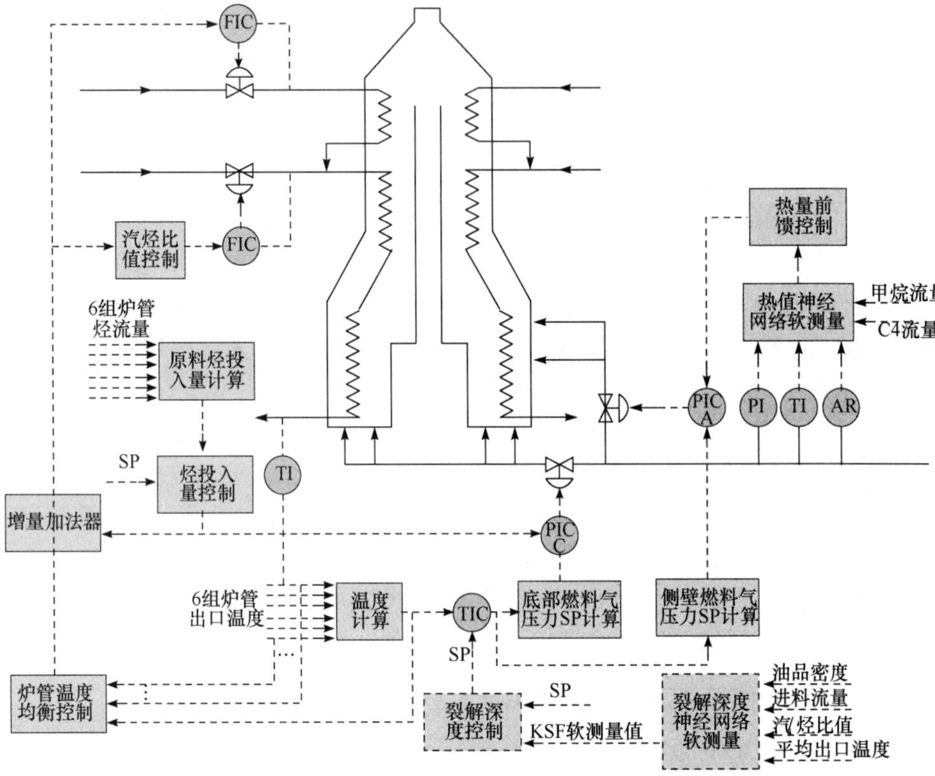

图 1-9　COT 先进控制系统结构图

2) 裂解深度先进控制技术

首先针对不同的裂解原料特征,开发裂解深度预测模型,准确地预测裂解炉的裂解深度;然后开发在线裂解气分析系统的实时监控系统,监控在线裂解气分析系统的运行状态;在裂解炉裂解深度预测模型和裂解气分析系统在线监控的基础上,开发和实施裂解深度控制系统和操作界面。裂解深度先进控制系统结构如图 1-12 所示。

工业应用后 SL-II 型轻质裂解炉的"双烯"收率由投用前的 66.35% 提高到投用后的 66.63%,同比上升 0.28 个百分点;SL-II 型重质炉的"双烯"收率由投用前的 74.31% 提高到系统投用后的 75.21%,同比提高 0.9 个百分点;GK-VI 型裂解炉"双烯"收率由 76.24% 提高到 77.02%,同比提高 0.78 个百分点;SRT-IV 裂解炉"双烯"收率由 65.51% 提高到 65.97%,同比提高 0.46 个百分点。

3) 裂解深度实时优化技术

根据裂解炉的实际情况,确定优化操作变量及约束条件,以"高附"(即氢气、乙烯、丙烯、C4 和苯质量收率之和)或高附产品价值最大为目标,利用在线校正后的

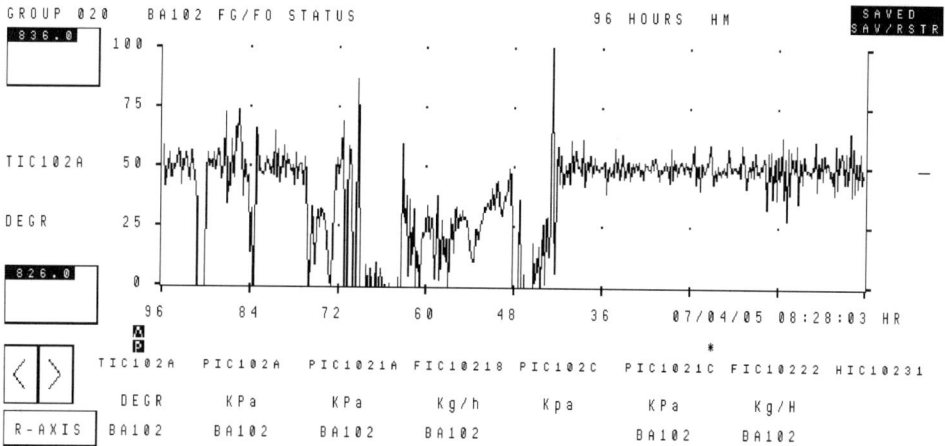

图 1-10　裂解炉 COT 控制效果

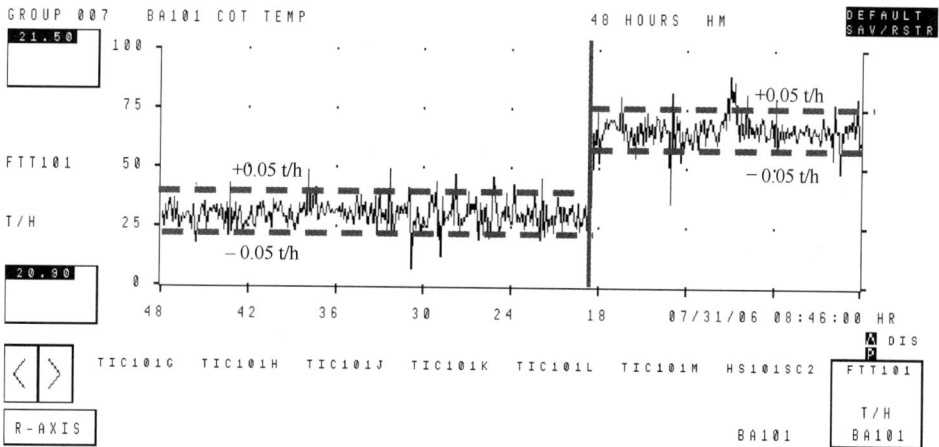

图 1-11　裂解炉进料负荷控制效果

裂解产物收率预测神经网络模型作为在线优化模型,在当前 COT 工作点对应的裂解深度指标值附近滚动优化,利用机理模型和历史数据构造的神经网络集成模型的“正向预测”,辅以现场裂解气在线分析仪的“逆向校正”,同时,根据模型的丙乙比预测值与现场实测值的偏差,对优化结果进行在线优化校正,校正后的优化计算结果通过限幅处理后作为裂解深度指标优化最终结果[34]。裂解深度实时优化系统结构如图 1-13 所示。

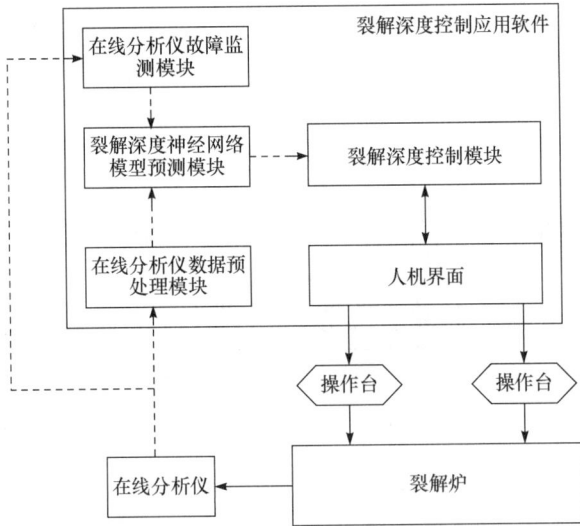

图 1-12　裂解深度控制系统结构图

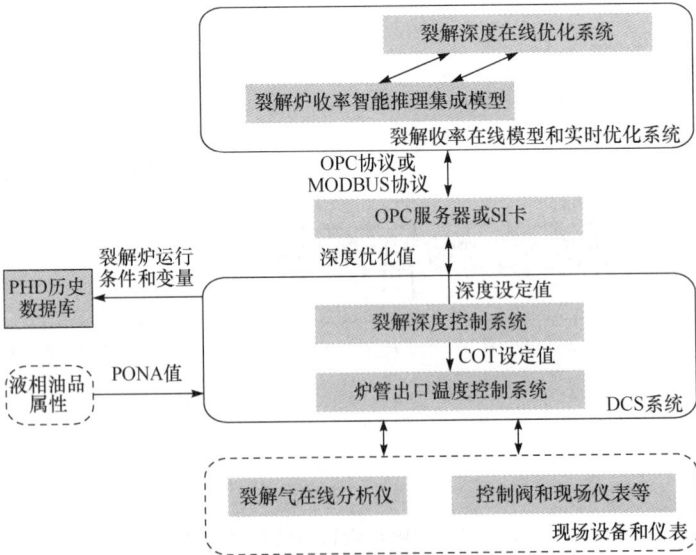

图 1-13　裂解深度实时优化系统结构图

工业应用后,GK-Ⅵ型裂解炉在进料处理量不变的前提下,燃料消耗减少 3.537%;乙烯收率降低 0.257%,丙烯收率提高 0.803%,双烯收率提高 0.546%; COT 工作点从 837℃降低到 830℃,可大幅度延长裂解炉的运行周期;SL-Ⅱ型裂解炉在进料处理量不变的前提下,燃料消耗减少 1.964%;乙烯收率降低 0.164%,

丙烯收率提高 0.788%,双烯收率提高 0.624%;COT 工作点从 837℃降到 830℃,
可大幅度延长裂解炉的运行周期。

1.3.3.2　冷箱与脱甲烷塔系统优化技术

裂解气预冷是乙烯装置分离单元的耗能大户。冷箱和脱甲烷过程操作的优化
与否,直接影响乙烯装置分离单元的能耗和主要裂解产品(乙烯)的收率。冷箱与
脱甲烷塔系统优化技术已经在扬子石化乙烯装置实施应用,优化系统框图如图 1-
14 所示,技术路线与应用效果概述如下。

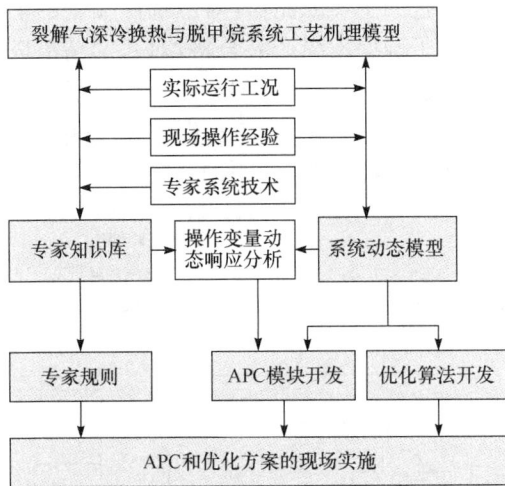

图 1-14　裂解气深冷与脱甲烷塔系统优化系统框图

1) 冷箱与脱甲烷系统设计工况建模与流程模拟

根据设计数据,采用 Aspen Plus 软件建立了冷箱与脱甲烷系统的工艺模型,
实现了对设计工况的流程模拟。冷箱系统的主要设备是换热器和汽液分离闪蒸
罐,其工艺模型的优劣主要体现在模型对裂解气经多个闪蒸罐在指定温度、压力下
汽液两相分离程度的预测精度,脱甲烷塔工艺模型的精确与否则体现在模型对关
键工艺参数和产品质量指标的模拟计算。基于建立的设计工况下冷箱与脱甲烷系
统的工艺机理模型,依结合实际工况下冷箱与脱甲烷系统的运行数据和关键流股
的人工分析数据,进行了实际工况下的建模工作,基于模型实际工况进行流程
模拟。

2) 冷箱与脱甲烷过程关键工艺参数的操作特性研究与分析

通过模型分析各关键操作参数对冷箱与脱甲烷系统乙烯损失的影响。主要研
究了冷箱与脱甲烷系统内的甲烷冷剂、乙烯冷剂、新老冷箱裂解气负荷的分配比例
以及裂解气进料组成等关键操作参数对乙烯损失的影响,以指导冷箱与脱甲烷系

统模拟计算与优化软件平台的研究开发。

3) 冷箱与脱甲烷塔系统优化技术的应用实施

深冷换热过程的冷剂用量得到了合理匹配,使得单位裂解气所消耗的乙烯压缩机(GB601)蒸汽量减少,同时也降低了丙烯压缩机(GB501)复迭制冷过程的功耗;优化前后相比乙烯损失率下降 10.3%,乙烯总收率增加 0.11%;单位裂解气预冷所需 GT601 蒸汽消耗下降 4.25%。

1.3.3.3　乙烯/丙烯成品塔优化控制技术

乙烯精馏塔是乙烯装置的主要成品塔,对乙烯产品中的杂质浓度有严格的控制指标。现场操作人员为了确保乙烯产品合格,对乙烯精馏塔塔顶采取了高回流比的过精馏操作方式,造成了产品质量过剩和能耗的增加。乙烯精馏塔优化控制技术在扬子石化、齐鲁石化、上海石化、天津石化、广州石化和中原乙烯的乙烯精馏装置上投用。乙烯精馏塔优化控制框图见图 1-15。

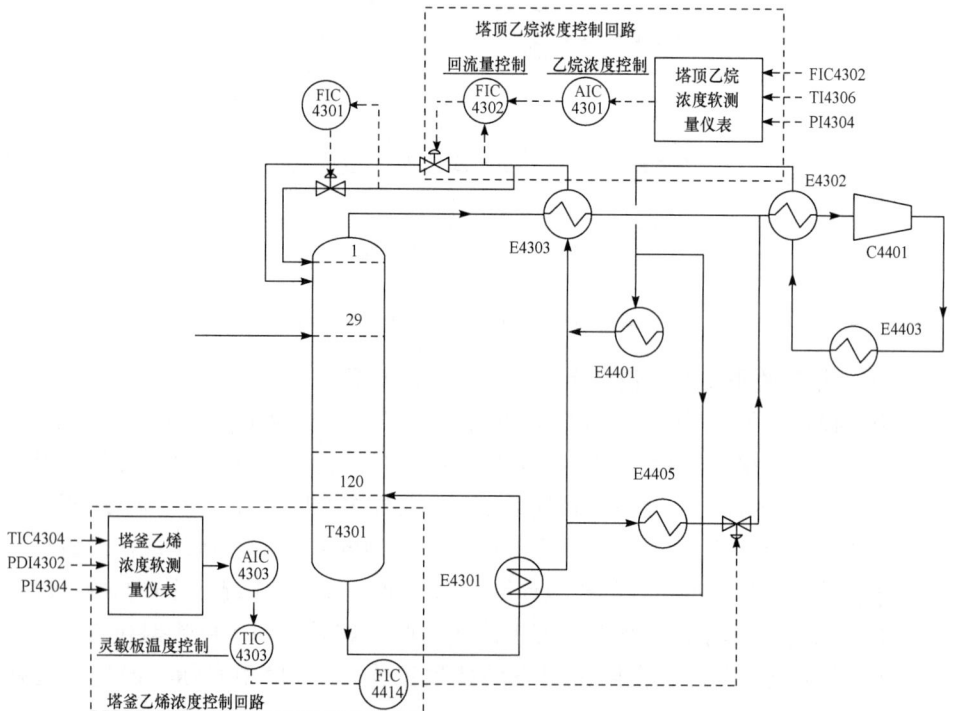

图 1-15　乙烯精馏塔控制系统结构图

主要的技术路线和应用效果概述如下。

基于分离原理建立乙烯精馏过程的工艺机理模型,实现对乙烯精馏塔的流程模拟;针对乙烯精馏系统进料组分除了含有乙烯和乙烷外,还含有甲烷、氢等物质,从而导致物系的强非线性的特点,基于热力学原理,融合智能建模方法,开发乙烯精馏塔塔顶乙烯浓度和乙烯精馏塔塔釜乙烯浓度的先进控制技术,确保乙烯产品纯度和乙烯精馏塔塔釜乙烯损失的平稳控制;基于精密精馏塔的工作原理和动态特性,建立乙烯精馏过程的数学模型,以乙烯收率最高为目标函数,利用具有全局搜索能力的智能优化算法,求解最优操作条件。乙烯精馏塔优化控制技术的应用效果:确保了塔顶最大限度地采出浓度大于 99.95% 的乙烯产品;实现最小回流比控制,降低了装置操作能耗;GB501 压缩机一段负荷下降 4.24%。

　　丙烯与丙烷是乙烯装置分离系统中组分沸点最接近的二元体系,因而在实际操作中为了获得高纯度的丙烯产品,通常是以牺牲丙烯产品的回收率为代价的,即塔釜循环丙烷中带走的丙烯损失较高。丙烯精馏塔优化控制技术在扬子石化、齐鲁石化、上海石化、天津石化、广州石化和中原乙烯的丙烯精馏装置上应用,丙烯精馏塔优化控制框图见图 1-16。

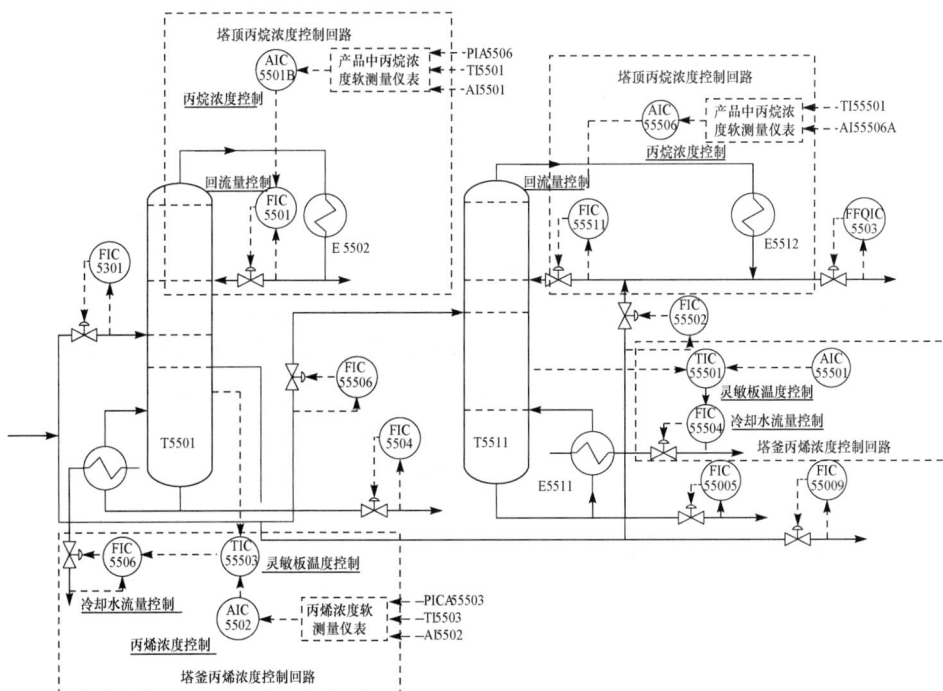

图 1-16　丙烯精馏塔控制系统结构图

技术路线和应用效果概述如下。

　　基于分离原理建立丙烯精馏过程的工艺机理模型,实现对丙烯精馏塔的流程模拟;针对丙烯精馏塔塔釜丙烯损失过高的状况,结合丙烯精馏塔的动态特性和装置实际运行数据,开发丙烯精馏塔塔釜丙烯浓度的软测量预测与控制模型,实现对丙烯精馏塔塔釜的丙烯损失的先进控制;基于精密精馏塔的工作原理和工业装置历史运行数据,结合工艺约束条件,对新、老区丙烯精馏塔聚合级丙烯与化学级丙烯产品采出进行联合优化求解,实现化学级丙烯和聚合级丙烯产量的合理分配。丙烯精馏塔优化控制技术的效果:确保了塔顶最大限度地采出浓度大于 99.60%的丙烯产品;实现最小回流比控制,降低了装置操作能耗;塔釜出料中损失的丙烯从 17.81% 降低到 9.23%。

1.3.3.4　碳二/碳三加氢反应过程优化控制技术

碳二/碳三加氢反应过程优化控制技术的研究目标为:保证乙烯产品中乙炔的含量在产品指标之内,同时使乙炔最大限度地生成乙烯,使剩氢气达最小值,减少乙炔直接反应生成乙烷,或乙烯进一步反应生成乙烷,以及减少绿油的生成、提高乙烯收率[35]。该技术已经在扬子石化和上海石化的乙烯装置应用实施,主要技术路线和应用效果概述如下。

1) 碳二、碳三加氢反应过程特性研究和模型建立

建立反应过程的反应动力学模型,基于模型研究工业装置碳二、碳三加氢反应过程的机理特性,采集表征碳二、碳三加氢反应性能的关键参数,基于 Aspen Plus 平台,建立能正确描述实际工业装置碳二、碳三加氢反应过程操作特征的工艺机理模型。

2) 碳二、碳三加氢反应催化剂性能和操作特性研究

为了指导装置进行操作优化,必须进行催化剂的性能研究,获得碳二、碳三加氢反应器催化剂活性曲线、选择性曲线,催化剂使用初期、末期时催化剂性能实验和工业数据,表征催化剂性能在不同空速、时间、温度下目标产品转化率的实验数据等,如图 1-17 所示,给出了不同运行周期下,各组分沿反应器中床层的变化。针对影响碳二、碳三加氢反应性能的关键工艺参数,如反应温度和氢炔比等,进行操作特性研究,在此基础上建立能良好反映碳二、碳三加氢反应过程的模型,通过模型分析各关键操作参数对碳二、碳三加氢反应过程性能的影响。

3) 碳二、碳三加氢反应过程优化运行技术及工业化应用

系统分析不同温度、压力和氢炔比等不同工艺操作参数对加氢反应器关键性能指标的影响,寻找碳二、碳三加氢反应过程的最优操作条件;根据离线优化得到最优操作参数,开展满足实际工艺约束条件下的碳二、碳三加氢反应过程优化运行技术,把反应温度、氢炔比等关键操作参数稳定在最优值附近,保证该单元操作稳定,各项指标满足优化运行要求。如图 1-18 所示,通过下调回流量、提高回流温度、降低压力、降低氢炔比,从而提高了丙烯增量、提高了整体选择性。

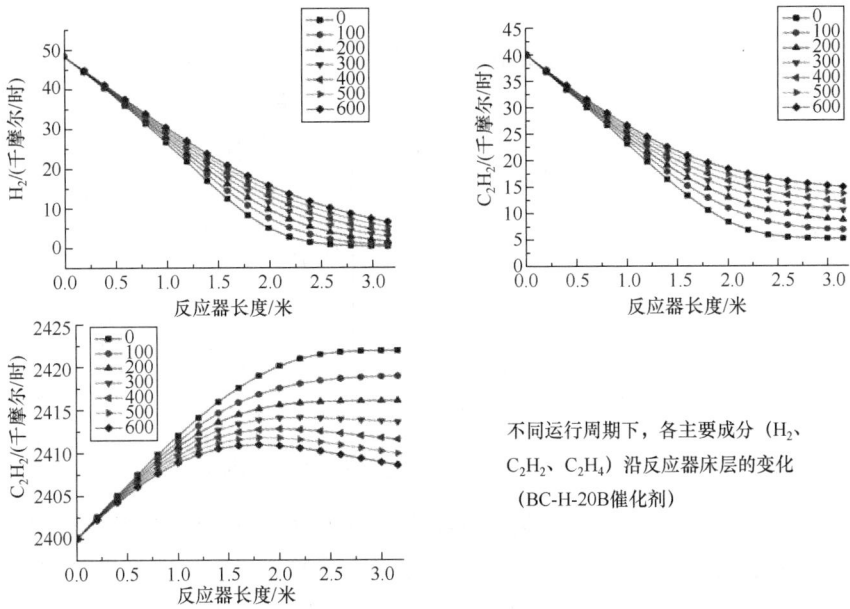

不同运行周期下，各主要成分（H_2、C_2H_2、C_2H_4）沿反应器床层的变化（BC-H-20B催化剂）

图 1-17 碳二催化剂性能研究

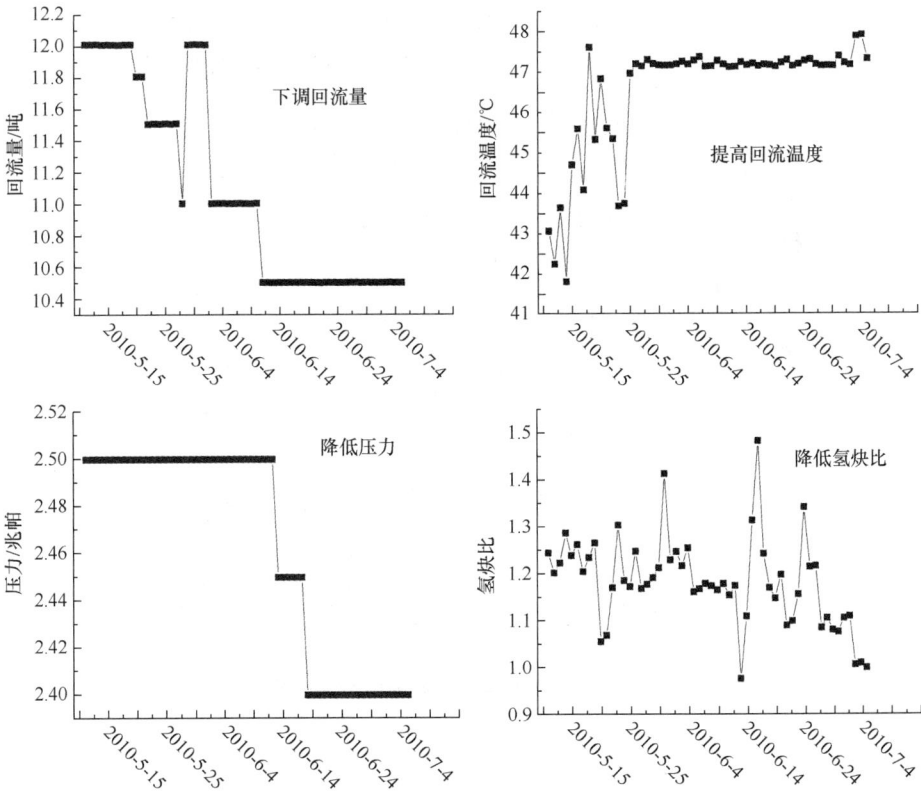

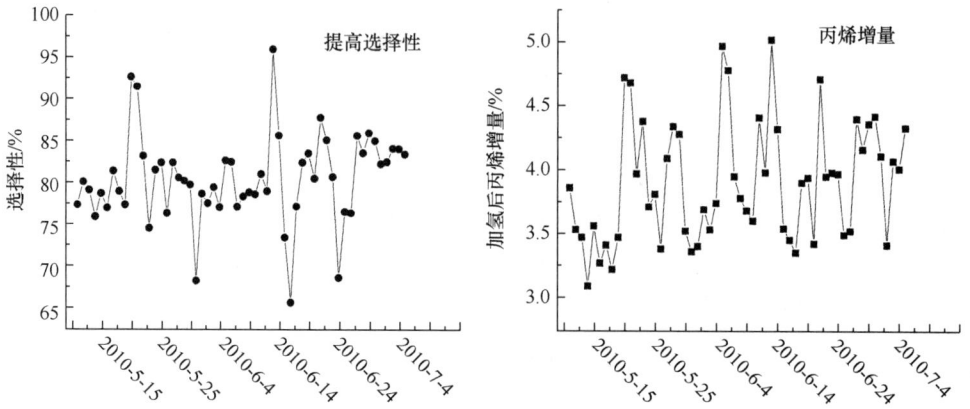

图 1-18　碳三加氢反应过程模拟优化结果

　　碳二/碳三加氢反应过程优化控制技术的效果：推断控制投用后，反应器一段出口乙炔浓度稳定在浓度值±0.05％范围内；一段加氢反应器选择性平均值由原来的44％增加到60％以上（扬子石化），如图 1-19 所示；C2 加氢反应中乙炔的两段平均总选择性从 61.77％增加到 67％，提高了 5.23％（上海石化）；C3 加氢反应器选择性平均值由原来的 78.42％增加到 85.02％以上，出口丙烯增量从 3.43％提高到 4.34％，反应器出口平均 MAPD 浓度小于 1000ppm（上海石化）。

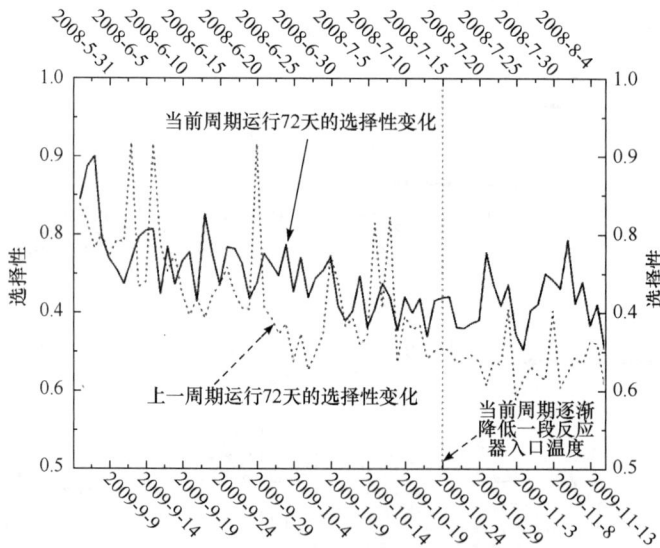

图 1-19　C2 加氢反应器选择性变化图

1.3.3.5　蒸汽管网系统用能监控与实时优化技术

由于蒸汽管网系统从管网结构到设备配置存在不合理状况,尤其是大量的用汽设备流量计量不准确或者没有安装流量表,由此导致不同等级的蒸汽用量存在分配不合理之处或某些用汽设备的蒸汽用量过大等问题。研究蒸汽系统的关键、共性的过程建模和能量优化配置技术,为工业现场提供优化操作指导。蒸汽管网系统用能监控与实时优化技术已经在扬子石化和上海石化乙烯装置实施,其系统架构如图 1-20 所示。

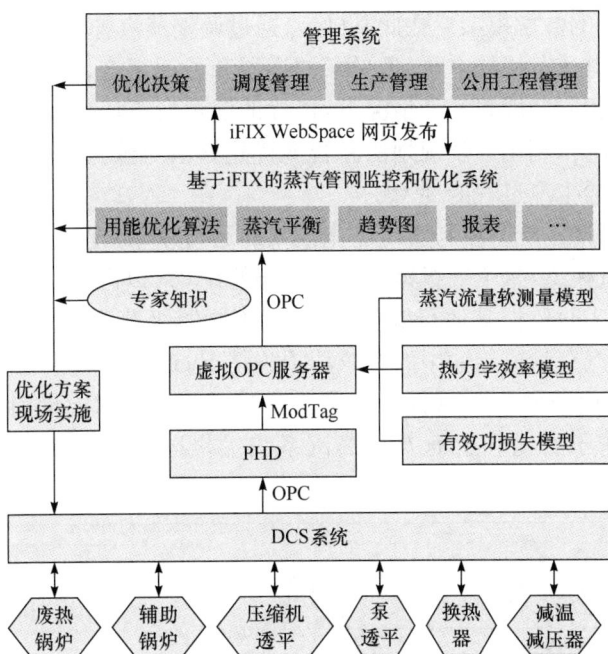

图 1-20　蒸汽管网实时监控和优化系统架构图

主要技术路线概述如下。

1）蒸汽管网中各设备蒸汽流量的软测量建模技术

采用工艺机理与智能方法相结合,完成管网中各设备蒸汽流量的软测量模型。即基于流体流动的质量守恒原理并利用聚类分析、人工神经网络和专家校正系统等多种智能计算方法综合对各用汽设备的工艺参数和设备参数进行信息挖掘(如可结合流量控制阀门的阀开度与流量的特性曲线对蒸汽流量进行软测量等),建立起蒸汽管网中各用汽设备蒸汽流量的软测量模型。

2）产汽和用汽设备热力学效率模型

结合锅炉的发汽过程和能量守恒原理,建立蒸汽管网中废热锅炉和开工锅炉等产汽设备的反平衡效率模型;不同用汽设备对蒸汽的能量利用率也不尽相同,如蒸汽透平以蒸汽压力为推动力产生轴功,自身温度和压力下降,其热力学效率取决于透平进出口蒸汽的温度和压差。

3) 蒸汽传输过程的能量损失模型

基于热传递过程机理,在对蒸汽主要热力学物性的计算方法研究的基础上,建立蒸汽管网不同等级蒸汽在传输过程中因压力降、管道与环境传热和蒸汽排放所引起的总能量损失的热力学模型。

4) 蒸汽管网用能集成设计与优化

在满足工艺生产要求的基础上,通过过程数据统计与分析,建立不同生产状况下蒸汽管网运行的数学模型。在此基础上,通过调整蒸汽管网的运行策略,即在不同运行模式下,电透备用的电泵、透平泵的投用和备用组合;调整抽汽凝汽式透平的抽汽量;寻找相同的燃料消耗情况下,最优的锅炉发汽压力和温度,减少蒸汽在传输过程中的损失,利用数学规划法和智能优化算法对蒸汽管网用能过程进行优化配置,降低乙烯生产过程能耗[36]。

蒸汽管网系统用能监控与实时优化技术的运行效果:建立了关键蒸汽设备蒸汽流量的软测量模型,每个等级蒸汽平衡的误差在3%以内;建立了关键设备的热力学效率模型,实时监控其运行效率;建立了不同等级蒸汽管网的有效功损失模型,实时监控蒸汽在管道传输中的有效功损失情况;通过现场实施优化方案,降低超高压蒸汽(SS)消耗3.24%(扬子石化);蒸汽系统吨乙烯能量消耗降低2.02%(上海石化)。扬子石化和上海石化蒸汽系统优化运行效果如图1-21和图1-22所示。

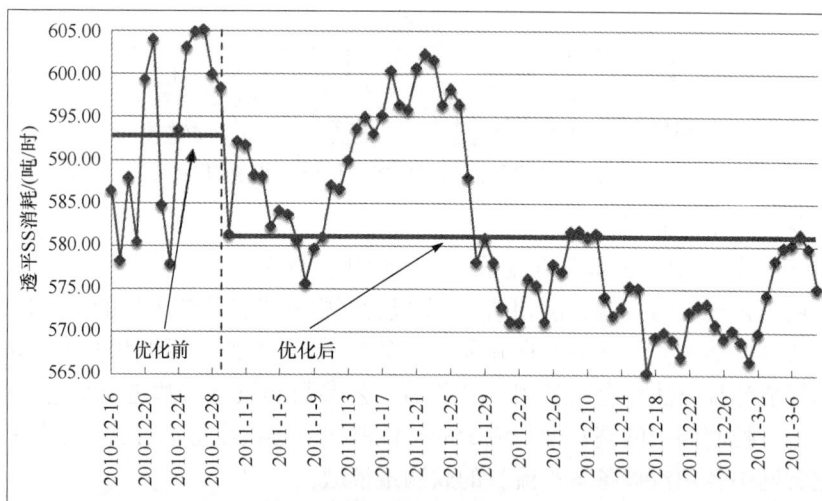

图1-21　扬子石化蒸汽管网优化前后透平SS消耗变化图

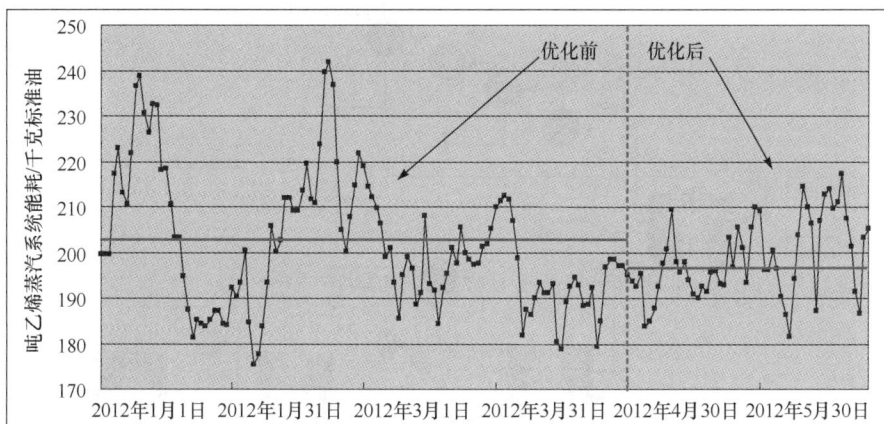

图 1-22　上海石化蒸汽管网优化方案实施前后吨乙烯蒸汽系统能耗趋势图

1.3.4　PTA 行业流程模拟与优化控制技术

1.3.4.1　对二甲苯氧化反应过程建模、先进控制与优化技术

针对对二甲苯(PX)氧化反应过程,近年来相关研究单位和生产企业开展了模型化、先进控制与优化技术的研究与应用,提高了产能,降低了醋酸和 PX 消耗,提高了装置的稳定性,确保了装置的长周期运转。

1) PX 氧化反应过程的建模[37,38]

PX 氧化反应过程是高温高压下的气液固三相反应,涉及气液的传热、传质、液相中的自由基催化反应、固体结晶(产物 CTA 析出)及淤浆悬浮等化学工程问题,其反应尾气冷凝系统主要通过多级冷凝器回收 PX 氧化反应汽相中的有机相和反应热,同时产生副产蒸汽。PX 氧化反应生产过程机理复杂,传统的单一建模方式很难获得完整表征实际工业装置特性的模型。华东理工大学采用实验室小试,进行了 PX 氧化气液固三相反应体系的基础热力学、物质传递以及反应动力学的实验研究,确立了 PX 氧化基于自由基链式反应机理的网络拓扑结构,利用神经网络和支持向量机智能方法建立了主反应宏观动力学智能模型;根据实验小试研究获得的 PX 氧化副反应过程数据,确立了副反应的宏观动力学模型,并建立了氧化反应尾气中 CO_x 含量与醋酸和 PX 燃烧损失的模型;基于燃烧法和生成焓法,研究了 PX 氧化反应过程生成热计算方法,建立了 PX 氧化反应尾气冷凝系统的模型;结合工业装置实际运行信息,提出了基于智能优化算法的模型自校正方法,建立了工业装置 PX 氧化反应过程智能模型,进行了流程模拟,如图 1-23所示。

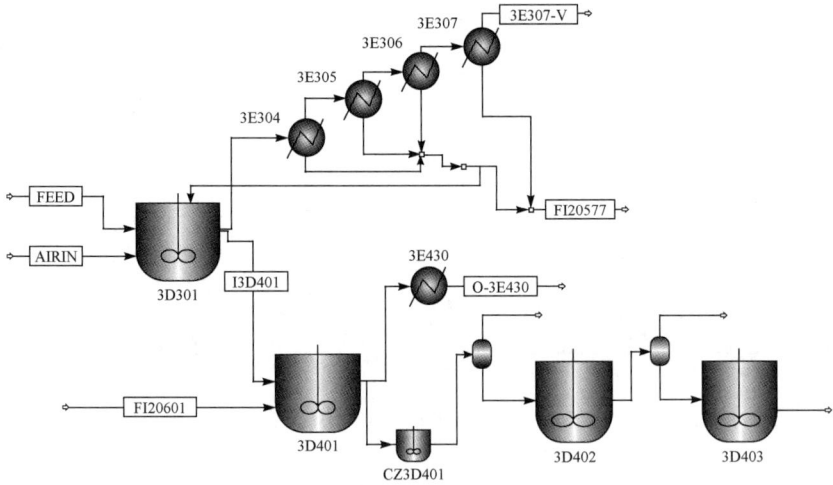

图 1-23　PX 氧化反应过程流程模拟

　　该技术成功应用于扬子石化 Amoco、Invista 专利技术以及天津石化三井专利技术等的 PTA 装置,其关键性能指标产品中 4-CBA 和 PT 酸含量以及反应尾气中 CO、CO_2 和 O_2 含量的预测误差在 ±8% 以内,图 1-24 给出了其主要副产物 4-CBA含量的模型预测效果。

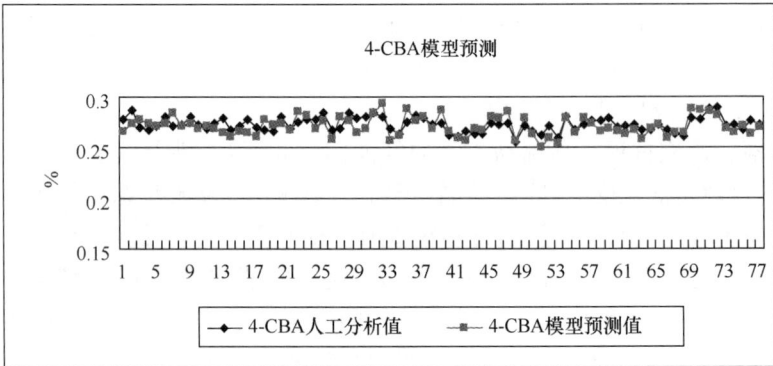

图 1-24　4-CBA 含量模型预测效果

2) PX 氧化反应过程的先进控制[37,38]

　　华东理工大学与浙江大学在扬子石化 Amoco 专利技术的 PTA 装置上,研究和实施了 PX 氧化反应过程产品质量智能控制系统,针对反应过程特点进行了控制系统的分解-协调,基于建立的氧化反应产品质量指标 4-CBA 含量的模糊神经网络软测量模型,在氧化反应进料催化剂浓度推断控制子系统、氧化反应过程实时专家控制子系统的协同作用下,实现了 PX 氧化反应产品质量的推断控制。工业装置应用实施表明,催化剂 Co、Mn 和促进剂 Br 离子浓度的控制平稳度均有明显提高,提高幅度均在 40% 以上;CTA 产品质量中 4-CBA 含量的平稳度提高了 33.28%。

　　浙江大学和华东理工大学针对扬子石化 Invista 专利技术的 PTA 装置 PX 氧化反应生产过程 4-CBA 含量和尾气 O_2 浓度波动范围较大,阻碍企业进一步挖潜增效的现状,基于 Front-suite 先进控制软件进行了工业 PX 氧化反应过程的多变量预测控制。该控制策略包括反应器空气进料,催化剂 Co、Mn 和促进剂 Br 浓度在内的 9 个操纵变量,反应器尾气 O_2 浓度、第一结晶器尾气 O_2 浓度和 CTA 中 4-CBA 含量为 3 个被控变量。该多变量预测控制器投运后取得了理想的控制效果,关键变量反应器尾气 O_2 浓度、结晶器尾气 O_2 浓度、产品 4-CBA 含量波动明显下降,波动方差降低 40% 以上,如图 1-25～图 1-27 所示。

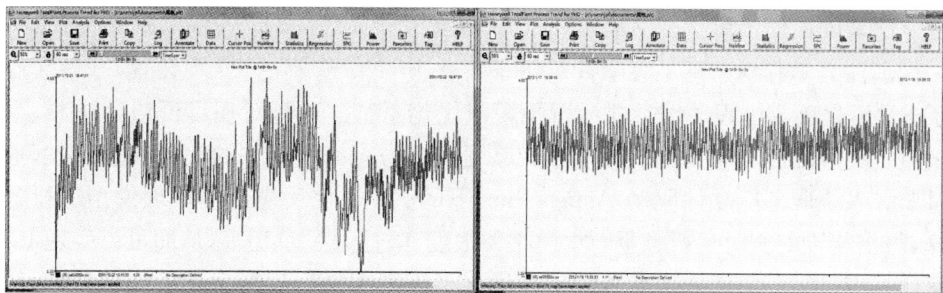

图 1-25　投运前后反应器尾气 O_2 浓度波动对比图

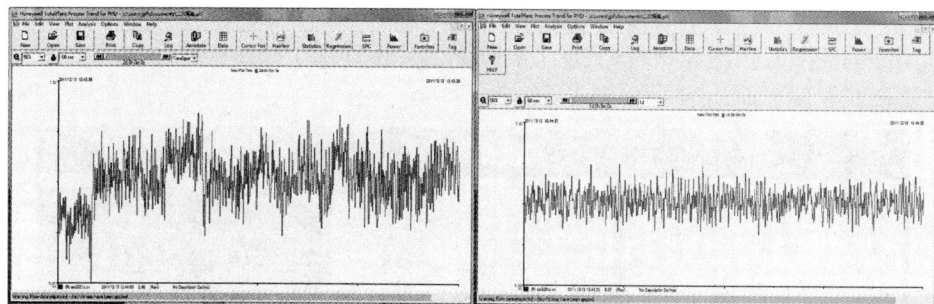

图 1-26　投运前后第一结晶器尾气 O_2 浓度波动对比图

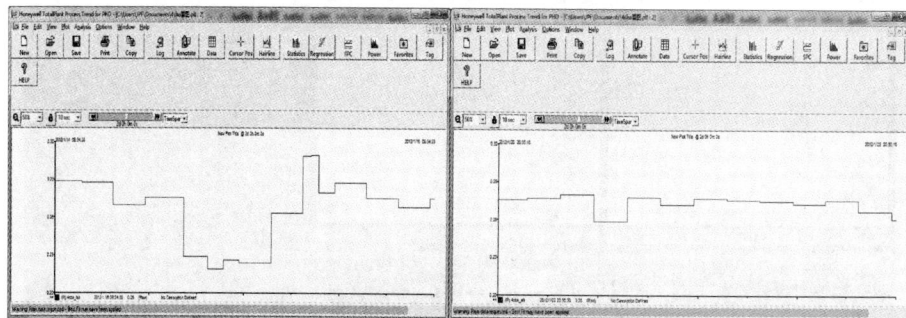

图 1-27　投运前后 4-CBA 含量浓度波动对比图

3）PX 氧化反应过程的故障诊断与预警

华东理工大学针对扬子石化 Amoco 专利技术的 PTA 装置，在对生产工艺和故障机理深入分析的基础上，依据智能故障预警系统的整体框架和智能故障预警理论的研究成果，设计开发了 PX 氧化反应过程故障预警系统。该系统采用了通用化的结构设计方法和最新的人工智能成果，使得系统运行模式在很大程度上模仿了特定系统专家的推理行为，具有相当高的预警效率和水平。现场的成功应用表明：系统能及时准确地对生产运行状态进行趋势分析和故障预警，并提供符合工艺操作规范的专家知识，为生产的安全正常运转提供了有益的保证，减少了产品质量的波动，同时减轻了操作人员在异常情况下所要承受的负担，为操作人员提供了良好的辅助诊断手段。

浙江大学和华东理工大学针对扬子石化 Invista 专利的 PTA 装置，开发实施了 PX 氧化反应过程关键参数运行预警与优化系统。通过对现场反应器进料、空气量、反应器温度、压力、液位、结晶器温度和压力等操作条件的实时数据采集，通过监控系统服务端软件驱动 Aspen Plus 下的 PX 氧化反应过程机理模型进行计算，得出装置的实时运行数据，如 4-CBA 浓度、酸耗、PX 单耗等，从而可以实现 PX 氧化反应过程的关键操作参数的预警优化。该系统包括数据交互模块、装置运行预测模块、物耗优化指导模块、质量优化指导模块和异常处理模块。该系统可将 PX 消耗、醋酸消耗在实时雷达图中显示，直观、易于理解；实现了 4-CBA、PX 消耗和醋酸消耗实时预测和预警；实现了故障原因分析和基于操作指导的在线优化，其预警优化系统界面如图 1-28 所示。

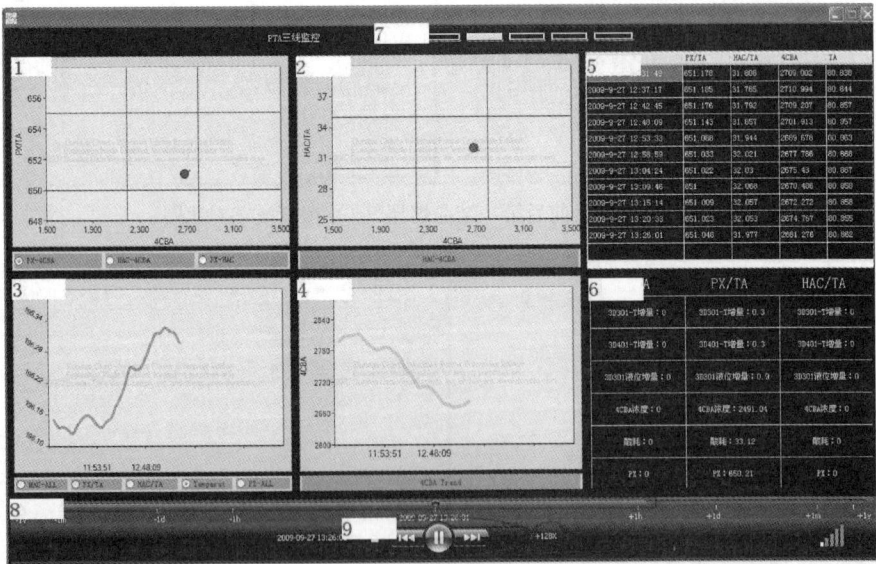

图 1-28　PTA 装置预警优化系统

4）PX 氧化反应过程的优化运行

华东理工大学近年来开发了 PX 氧化反应过程在线和离线的优化运行技术。在 PX 氧化反应过程工艺机理模型的基础上，以降低反应过程醋酸和 PX 单耗为目标，在满足工业生产产品质量等约束下，采用群智能算法或序贯二次规划等进行了工业装置操作参数的优化，确保了实际工业装置的优化运行。在扬子石化、天津石化和洛阳石化等 PTA 装置上的工业应用效果表明，该技术的实施有效突破了工艺瓶颈，增加了产能，同时使得燃烧副反应产物中尾气 CO_x 含量明显下降，降低了醋酸和 PX 的燃烧损失。以扬子石化 Invista 专利技术的 PTA 装置为例，经过此项技术的实施，实现 PX 单耗下降 0.8 千克/吨 PTA 以上，醋酸单耗下降 1.2 千克/吨 PTA 以上，其 CO_x 下降曲线如图 1-29 所示。

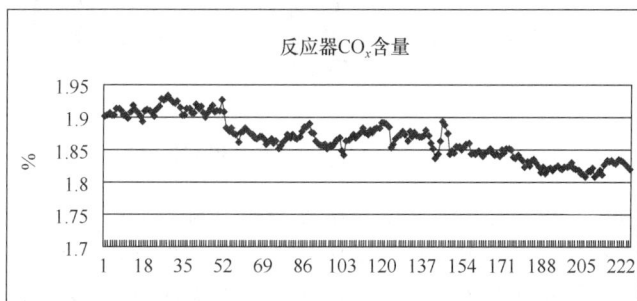

图 1-29　反应器 CO_x 调优效果

1.3.4.2　溶剂脱水过程建模与优化技术[39]

溶剂脱水过程主要回收反应尾气中夹带的醋酸溶剂以及其他有机相，传统的工艺一般采用普通精馏溶剂脱水塔，现在先进的装置基本采用共沸精馏溶剂脱水塔系回收醋酸、PX 以及共沸剂。溶剂脱水过程是 PTA 装置的用能大户，但因其物性极其复杂，其运行状态很难达到最优状态。

共沸精馏溶剂脱水工艺通过加入共沸剂，改善醋酸-水分离条件，能耗和醋酸消耗可大幅下降。该工艺同时引入了共沸剂和 PX 回收塔，各塔之间操作强耦合，使得溶剂脱水塔系很难平稳运行。华东理工大学将实验室小试与模型计算相结合，系统研究了以醋酸正丙酯为共沸剂的溶剂脱水过程机理，研发并实施了溶剂脱水塔系建模与优化运行技术。

基于实验室小试装置，进行了醋酸-水-醋酸正丙酯-醋酸甲酯-PX 体系的物性实验，获得了完备的物性数据，掌握了以醋酸正丙酯为共沸剂的多元组分共沸精馏过程的热力学特性，建立了完备的 UNIQUAC-HOC 物性模型。基于上述物性模型，建立了 PTA 装置共沸精馏溶剂脱水过程工艺机理模型（如图 1-30 所示），并通过采集表征工业装置中溶剂脱水塔、PX 回收塔和共沸剂回收塔分离性能的关键参数——温度分布、塔顶和塔釜的料液组成以及相应进料情况与操作工况等,对模型进行了校正,使之能准确描述工业装置中共沸精馏溶剂脱水塔系的实际操作工况。

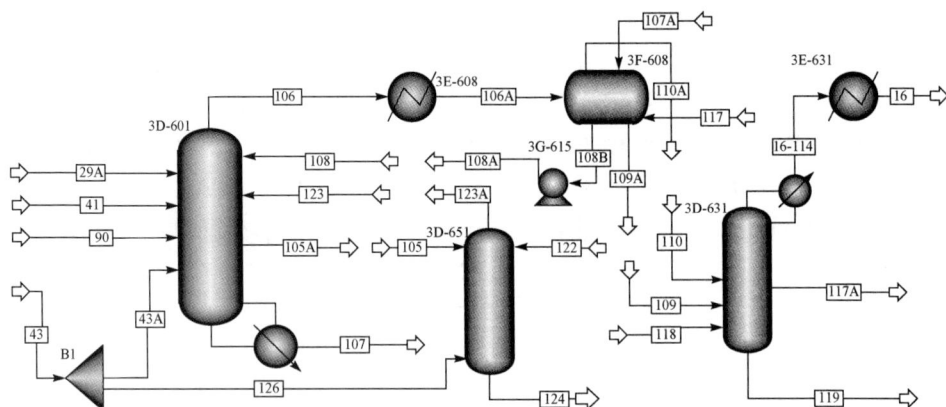

图 1-30　共沸精馏溶剂脱水过程流程模拟

基于此模型,通过工艺操作变量灵敏度分析与综合,对扬子石化 Invista 专利技术 PTA 装置溶剂脱水过程进行了操作条件优化。包括共沸剂界面位置控制策略的改进,溶剂脱水塔回流、溶剂脱水塔顶部汽相冷凝温度以及釜水含量等的优化操作,其中釜水含量和塔顶部汽相冷凝温度都突破了原先专利商提高的工艺操作范围,在保证分离要求的前提下,有效地稳定了溶剂脱水塔共沸剂界面,再沸蒸汽和共沸剂消耗下降 20％以上,如图 1-31 所示。

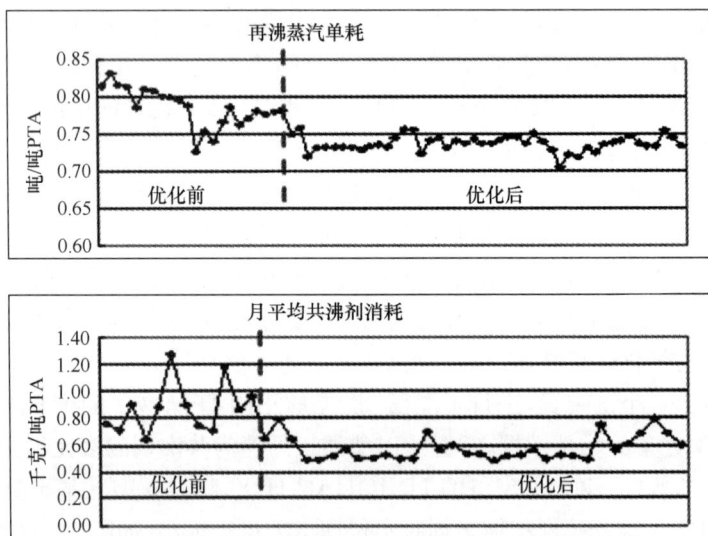

图 1-31　共沸精馏溶剂脱水过程优化前后效果

1.3.4.3　加氢反应过程建模、先进控制与优化技术

粗对苯二甲酸(CTA)加氢精制反应生产过程是通过加氢还原反应,使氧化单元产品 CTA 中的 4-CBA 转换为易溶于水的 PT 酸,从而达到纤维级 PTA 产品。CTA 加氢精制反应生产过程主要包括多级浆料预热器、固定床加氢反应器以及连续结晶器系统等,该单元与 PTA 产品的最终质量、污水排放及能耗等紧密相关。

1) 加氢反应过程的建模与优化[40]

华东理工大学基于实验室小试结果,提出和验证了 CTA 加氢精制反应过程中加氢串级主反应和脱羧副反应并存的反应动力学结构与参数,获得了实验室数据表征的动力学模型;在此基础上建立了工业装置加氢反应器的平推流工艺机理模型,根据装置实际运行信息,对该模型进行自校正并进行流程模拟,如图 1-32 所示。该建模技术成功应用于扬子石化 Amoco、Invista 专利技术以及天津石化三井专利技术等的 PTA 装置,其关键性能指标产品中 4-CBA 等含量的预测误差在±8%以内。基于加氢反应过程模型,研究了关键工艺操作参数对加氢反应产品性能的灵敏度分析,并以提高加氢精制单元配浆浓度为目标,在满足工业生产产品质量等约束下,进行了反应温度、加氢量等工艺操作参数的优化,提高了配浆浓度(即产能),并确保了装置运行的经济性。在扬子石化 Amoco 专利技术 PTA 装置上应用以来,配浆浓度提高 1%,打浆水消耗减少 6 吨/时,高压蒸汽消耗下降 1 吨/时。

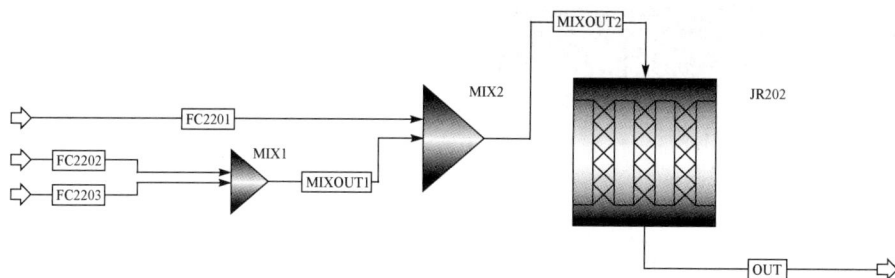

图 1-32　CTA 加氢反应过程流程模拟

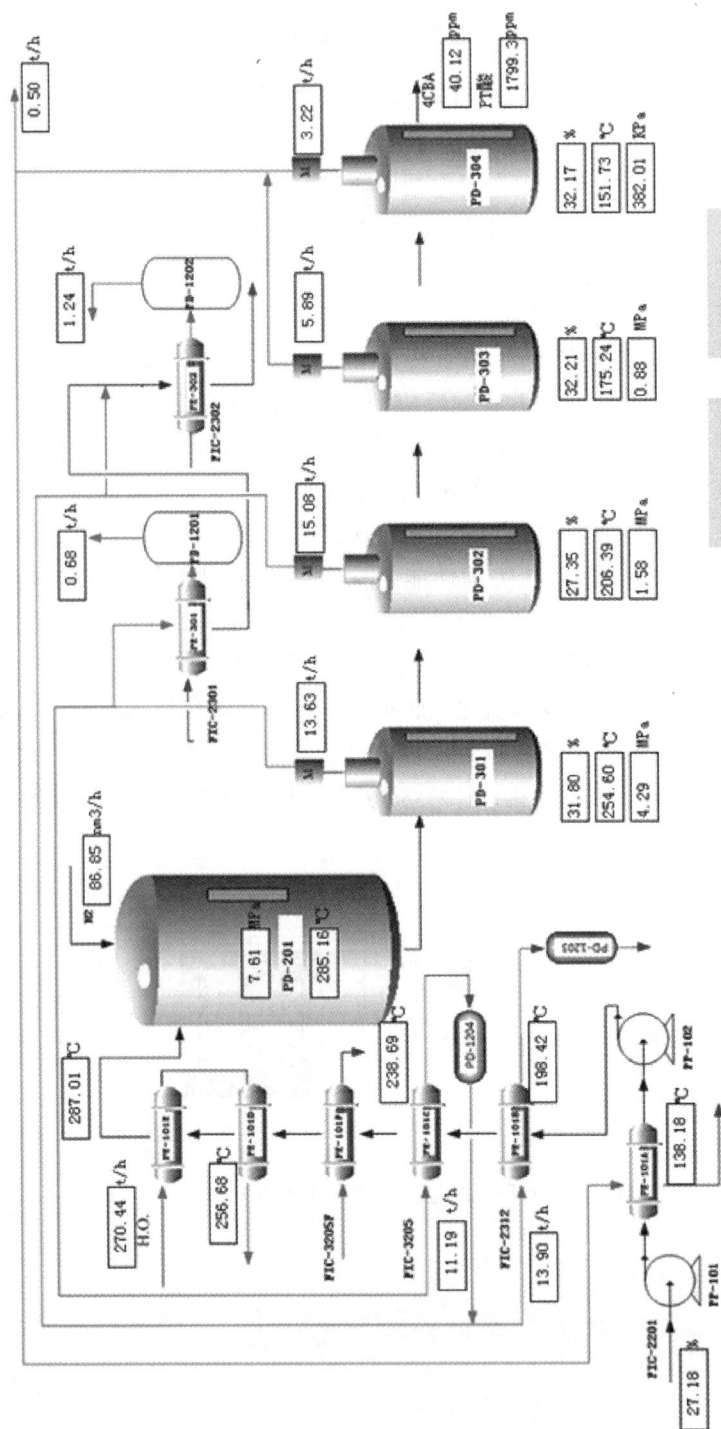

图 1-33 CTA 加氢反应过程用能评估与优化软件

2) 加氢反应过程浆料预热与结晶器系统的建模与优化

加氢反应器进料前需经过多级预热器进行升温溶解,其中 Amoco 专利技术的前五级浆料预热器的热源来自加氢精制单元五级结晶器产生的各品级副产蒸汽,后三级预热器采用外部高压蒸汽作为热源。结晶器系统的工艺操作不仅影响 PTA 产品的质量,同时也直接关系装置自身副产蒸汽的利用率。从物料流和热量流平衡出发,华东理工大学建立了表征实际工业装置运行特性的 CTA 浆料预热与结晶器系统的联合模型(如图 1-33 所示),以最大化第五级浆料预热器出口温度与第一结晶器富余副产蒸汽量为目标,以各级结晶器操作温度为变量,各级换热器热负荷、各级结晶器工艺允许的操作范围为约束,基于此模型对加氢精制反应生产过程的操作条件进行了优化,减少了脱离子水消耗、污水排放和高压蒸汽消耗等。该技术应用于扬子石化 Amoco、Invista 专利技术以及天津石化三井专利技术等的 PTA 装置,取得了明显的经济效益,其中扬子石化 Invista 专利技术 PTA 装置加氢精制单元结晶器副产蒸汽优化利用的工艺操作优化与技术改造,节约了高压蒸汽 2 吨/时(如图 1-34 所示)、低压蒸汽 3 吨/时左右,基本消除了工业装置"白龙"放空现象。

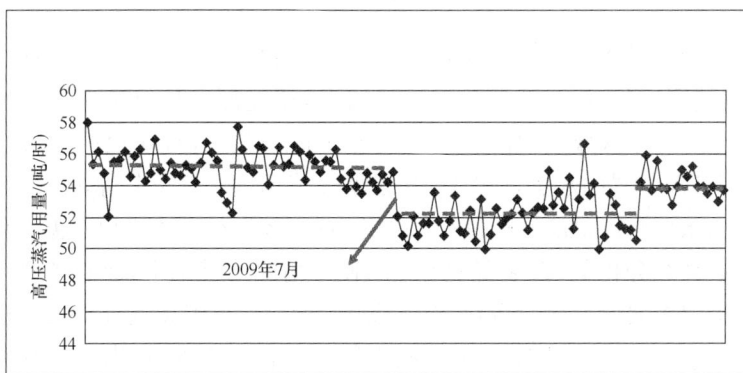

图 1-34　优化前后高压蒸汽消耗对比

3) 加氢反应过程 PTA 粒度的先进控制[37]

华东理工大学针对扬子石化 Amoco 专利技术的 PTA 装置,结合迈尔斯结晶定理,建立了 PTA 粒度基于先验知识的权值约束神经网络模型,并采用人工分析值进行自校正,PTA 平均粒径、325 目、60 目等的软测量模型具有良好的预测精度;在此基础上研制了 PTA 结晶过程产品粒度实时专家控制系统,其规则库中的知识来自于神经网络模型,推理机制采用数据驱动正向推理与一维优化搜索方法相结合的机制,对连续结晶器的操作条件进行了实时优化,操作变量为第一、二结晶器的压力与液位(即通过压力变化调整温度分布,通过液位调整改变停留时间),实现了 PTA 结晶过程产品粒度智能控制。工业装置应用实施效果如图 1-35 所示,325 目粒度分布值在 92.09%±0.793%范围内波动,平稳度提高了 24.3%。

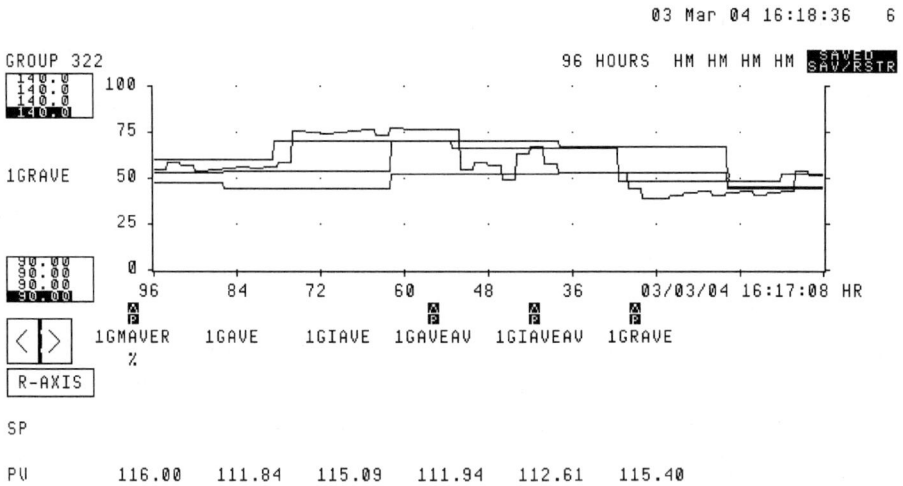

图 1-35　PTA 平均粒径模型在线运行效果

1.3.4.4　公用工程系统节能优化技术

公用工程为 PTA 装置提供水电气风等公用能源,一般为保证装置安全运行均存在过量使用现象,由于检测信息大量匮乏,用能配置均停留在经验操作。为此,华东理工大学针对扬子石化 PTA 装置的运行状况,首先根据物料与热量平衡,建立了 PTA 装置的水平衡模型,并根据环境温度与实际用水状况,对主要用水单元设备、水泵与风机的操作进行了优化调整,控制循环水进出口温差保持在合理范围内;在详细分析 PTA 装置现有蒸汽使用情况的基础上,建立了蒸汽网络的拓扑图,并抽取主要的换热设备,在温焓图的基础上,利用夹点分析技术进行了用能分析(如图 1-36 所示),指出了换热网络用能不合理之处,提出了换热网络的节

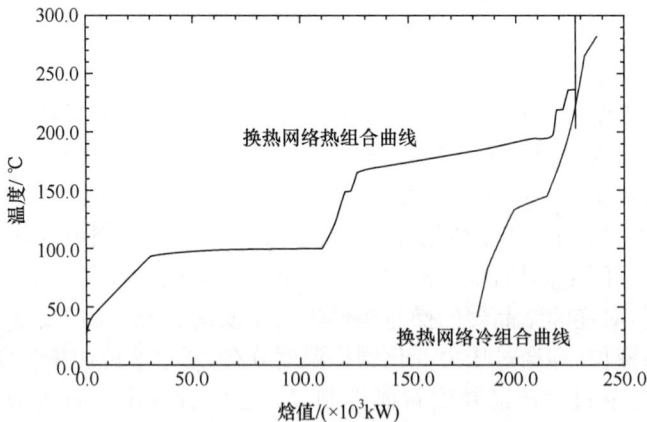

图 1-36　公用工程换热网络用能分析

能建议,在此基础上对主要用汽大户进行修缮维护和优化调整,提高了蒸汽利用率。工业装置应用实施后,停运一台水泵,全年水耗从 0.892% 下降到 0.807%,节约工业用水 14 万吨/年左右,高压蒸汽节约 5 吨/时左右。

1.4　石化行业智能自动化技术发展瓶颈

步入 21 世纪以来,我国的石化行业有了长足的发展,合成纤维、化肥等在内的大宗化工产品的产量已居世界第一,表征国民经济实力的原油加工和乙烯等装置的产能为世界第二,显著的成就使中国在世界石化行业中的地位也日渐重要。随着化工过程生产规模不断扩大、生产工艺日益复杂和生产过程高度集成,对工业过程的优质、高产、低消耗、环境保护以及技术经济等方面提出了更高的要求。另外一些石化老装置普遍存在规模小、技术落后,竞争能力较差,导致物耗、能耗较高,而且安全隐患问题日趋严重,影响了进一步发展。现有的石化装置基本都配套了集散控制系统 DCS 和紧急停车系统 ESD,部分企业装置的基础控制回路的投运率超过了 95%,基本涵盖了所有关键设备和重要参数的控制;先进控制技术已成为保障化工装置平稳运行的重要手段;实时优化技术也逐步受到企业重视,进入加速发展期,但石化行业智能自动化技术发展仍面临诸多问题和挑战。

（1）现代化工过程工艺流程长,一般都包含多个连续的物理与化学加工/反应过程,这些过程通过物质流、能量流和信息流相互耦合,构成一个有机的多层次、多功能、多相多物理场耦合的复杂过程系统。物质流、能量流和信息流耦合关系复杂,虽然可用于建模的信息量大,但信息源种类多,包括各类图像、文本及数据等,而且表征系统运行安全与工艺要求的约束信息获取困难且往往是不完备的。

（2）大型化工过程的拓扑结构以及参数之间的内在联系难于清晰表述,模型高维、约束众多,不仅存在工艺、设备、控制系统以及资源、安全、环境等的约束,而且优化指标和约束变量之间还存在不确定性。工业过程优化求解困难,获得的优化解往往不是满意解,或者缺乏可操作性。

（3）基于单一尺度、单一层次、单一目标的优化并不能保证化工过程整体行为的最优,目前对调度层、计划层与实时优化层的研究虽然已经取得不少成果,但各层间缺乏信息交流,并没有实现闭环反馈协同,甚至很多企业的实时优化只是作为一种离线优化的指导。

（4）我国部分石化老装置规模小、技术落后,竞争能力较差,导致物耗、能耗较高,而且安全隐患问题严重。虽然我国自主开发了炼油、乙烯、芳烃和 PTA 等部分核心工艺及设备,但在融合国产装备、国产检测仪表、国产 DCS 以及先进控制和优化运行软体方面所做的工作还有待进一步加强。

1.5　石化行业智能自动化前沿技术

（1）过程机理和运行信息融合的建模。采用过程机理和运行信息相融合的方式建立石化生产过程的模型是当前流程工业过程建模的主要研究方向之一。其主要通过实验小试研究过程的深层次机理，采用智能方法对过程的关键参数，如反应速率常数等进行拟合，并根据工业运行信息对模型进行校正。大规模机理、知识和数据的融合建模会导致过程对象的模型具有大范围强非线性、强瞬态、跨临界等时空特性。如何研究化工过程中反应/传递速率匹配与热集成的原理和方法，挖掘和融合不同属性、尺度的过程运行数据与知识，是机理与信息驱动互补建模的难点。

（2）过程的动态模拟。近年来，基于机理的化工过程动态模型的研究更多地侧重于过程的动态运行品质和稳定性分析，商业化的流程模拟软件为化工过程的动态建模、动态特性分析以及操作优化提供了集成化的研究平台。未来动态模拟的应用将进一步拓展到化工过程的安全性分析、全流程经济性控制和动态过程故障检测等方向。

（3）计算流体动力学模拟。随着计算流体动力学（CFD）技术的发展，石化领域研究更为关注建立流体力学和反应耦合的三维数值模型，实现反应器内部多场耦合的模拟，如通过建立流动、燃烧、传热与化学反应耦合的裂解炉模型，可以为裂解炉优化运行提供烟气和油气温度、速度、浓度及压力分布、炉管管壁温度和热通量及产物收率分布信息。

（4）控制器的性能评估。化工过程运行中易受到原料变化、设备效能退化和模型失配引起控制器性能的下降，因此对控制回路的性能监控和评估非常重要。当前，对常规单入单出和多入多出 PID 控制器的性能监控和评估理论及方法已比较成熟，如基于最小方差控制基准的评估方法，但模型预测控制器的相关研究因为存在多变量和多约束而显得更具挑战性，多变量预测控制器性能评估的最优基准的选定和灵敏度分析是当前的一个研究方向。

（5）网络环境下工业控制系统的安全防范技术。随着计算机技术和网络通信技术应用于工业控制系统，工业控制网络的安全性就一直受到很大的关注。"9·11 事件"后，美国启动了国家 SCADA 试验床和控制系统安全计划，用于保障国家电力系统免受网络攻击。2010 年"震网"病毒利用操作系统的漏洞监控伊朗铀分离机 PLC 控制系统，更改控制逻辑造成分离机异常运转，这是一起基于 APT 模式网络-物理协同攻击构成对工业控制系统最危险的事件[41]，标志着网络攻击对象已从传统的计算机网络拓展到工业控制系统。因此，网络环境下的工业控制系统，必须结合多学科尤其是信息安全领域和工业控制系统领域的专家和工程技术人员，根据网络系统面临的安全风险和可能受到的的攻击类型，研究和制定相关安全防范策略。

（6）经济型模型预测控制。经济型模型预测控制是在目标函数中加入了经济性能指标，控制器可以直接实时地优化过程经济性能。近年来这种模型预测控制方法得到了重视，相关的研究集中在控制器的终端代价函数设计、终端约束处理以及稳定性和收敛性分析等方面，但工程应用的有效性和实时性仍然需要验证。

（7）先进控制与实时优化的协同。先进控制通常采用动态测试模型，而实时优化一般采用过程稳态模型，不同的模型、不同的响应频率使两者的优化结果不可避免会产生背驰现象。针对此类问题，可以采用动态实时优化和 MPC 的双层结构，并可根据需求实时更新动态实时优化层的结果；或者采用在实时优化和 APC 中间增加一目标计算层，用以保证实时优化层给出的结果是收敛可执行的。研究先进控制与实时优化的协同，需要对过程特性的深刻掌握，根据对象特性提炼出切实可行的实时优化方案。

（8）实时优化与调度的结合。在化工过程优化框架结构中，调度位于实时优化的上层，提供最优的产品组合和生产时间等，但调度采用的模型不同于下层实时优化的模型，调度优化的结果对实时优化层往往是次优或不可实现的。为保证石化过程尤其是间歇过程的运行品质，把优化与调度结合起来是一个很好的研究思路，但这方面仍然亟须理论的突破。

参 考 文 献

[1] 游晓艳,段伟,陈诚,等. 我国石油化工行业节能相关国家标准现状. 石油石化节能,2012, 10:52-55

[2] 钱伯章. 中国乙烯工业市场和原料分析. 2011,16(6):62-73

[3] 世界炼油化工节能技术发展趋势. http://bbs. chemnet. com/redirect. php? tid=575497&goto =lastpost

[4] 陈怀忠,何仁初. 炼油化工企业的节能应用进展. 化工进展,2006,25(z1):1-5

[5] IEA. Oil Market Report for March, 2014. http://www. iea. org/newsroomandevents/news/ 2014/march/iea-releases-oil-market-report-for-march. html

[6] IEA. Oil Market Report for February, 2012. http://www. iea. org/newsroomandevents/ news/2012/february/iea-releases-oil-market-report-for-february. html

[7] 李雪静,李振宇,楼森. 世界炼油工业面临的形势和主要发展动向. 国际石油经济,2011,12: 29-35

[8] 李雪静,任文坡,朱庆云,等. 中国炼油工业面临的挑战与发展对策. 石化技术与应用,2011, 29(4):372-375

[9] 朱和,金云. 我国炼油工业发展现状与趋势分析. 国际石油经济,2010,5:5-12

[10] 王红秋,郑轶丹. 世界乙烯工业发展现状与展望. 国际石油经济,2010,10:51-57

[11] True W R. Global ethylene capacity poised for major expansion. Oil & Gas Journal,2013,

111(7):90-93

[12] 李玉芳,伍小明. 国内外乙烯工业现状及发展趋势. 中国石油和化工经济分析,2007,11:33-36

[13] 崔小明. 乙烯工业现状及发展趋势. 化学工业,2008,26(3):26-31

[14] 2012-2015 年中国乙烯行业调研及投资环境分析报告. http://blog. 1688. com/article/i28288753. html? domainid=yes686

[15] 钱伯章. 中国乙烯工业市场和原料分析. 中外能源,2011,16(6):62-73

[16] 2015-2016 或 将 迎 来 乙烯 景 气 周 期. http://blog. sina. com. cn/s/blog _ 52f5268-70102ehlr. html

[17] 姬伟毅,徐跃华,郭新. 中国石化 2013 年乙烯业务评述. 乙烯工业,2014,26(1):1-6

[18] 章龙江,刘杰. 中国石油 2012 年乙烯业务综述. 乙烯工业,2013,25(1):7-10

[19] 韩凤山,林克芝. 世界芳烃生产技术的发展趋势. 当代石油石化,2006,14(5):30-35

[20] 钱伯章. 增产芳烃技术进展. 乙醛醋酸化工,2013,5:14-17,22;6:16-19;7:11-14

[21] 林华蓉. 芳烃联合装置的节能改造. 石油化工技术与经济,2010,26(2):41-44

[22] 侯强,梁战桥. RIC-200 转化型二甲苯异构化催化剂的工业应用. 石油化工,2011,40(12):1325-1329

[23] PTA 2013 年市场回顾及 2014 年行情展望. http://info. 21cp. com/industry/News/201401/811926_3. htm

[24] 珠海 BP 单位产品能耗 5 年下降 63.4%成行业先锋"软硬"兼施提升市场竞争力. http://www. zhnews. net/html/20111207/085150,330732. html

[25] 珠 海 PTA. http://www. bp. com/sectiongenericarticle. do? categoryId = 9011344&contentId=7024551

[26] 崔小明. 我国对苯二甲酸的供需现状及发展前景. 当代石油石化,2012,10:27-31

[27] PTA 产能过剩之势显现行业面对诸多挑战. http://www. ykxrd. gov. cn/shownews. asp? id=575

[28] 王军. 炼油企业 Aspen Orion 系统开发与应用. 石油化工自动化,2004,5:69-73

[29] 李海涛,樊庆远. Aspen Orion 系统在炼油厂生产调度优化中的应用. 数字石油和化工,2008,4:28-30

[30] 罗建平. 创建一流信息化平台全面推进管理精细化. 2013 年中国过程系统工程年会,宁夏,2013

[31] 徐欧官,苏宏业,金晓明,等. 八碳芳烃临氢异构化反应动力学模型. 高校化学工程学报,2007,21(3):429-435

[32] 杨明磊,魏民,胡蓉,等. 二甲苯模拟移动床分离过程建模与仿真. 化工学报,2013,64(12):4329-4335

[33] 王振雷,杜文莉,钱锋. 乙烯生产过程软测量与智能控制. 智能化石油化工厂和乙烯、聚烯烃装置运营管理技术研讨会论文集,2005

[34] 钱锋,王宏刚,王振雷,等. 工业乙烯裂解炉裂解深度在线优化方法(国家发明专利). 华东理工大学,200910056294.9

[35] 马小瑛,杨崇侯.先进控制技术在乙烯生产过程中的设计考虑.石油化工自动化,2000,2:
     27-30
[36] 汤奇峰.协同量子粒子算法及其在蒸汽管网用能优化中的应用.上海:华东理工大学硕士
     学位论文,2011
[37] 杜文莉.精对苯二甲酸生产过程智能建模、控制与优化.上海:华东理工大学博士学位论
     文,2005
[38] 邢建良.大型精对苯二甲酸装置优化运行方法及其应用研究.上海:华东理工大学博士学
     位论文,2013
[39] 邢建良,黄秀辉,袁渭康.工业醋酸脱水过程五元体系非均相共沸精馏的模拟研究.化工学
     报,2012,63(9):2681-2687
[40] 邢建良,乔一新,钟伟民.粗对苯二甲酸加氢精制反应过程的流程模拟.杭州电子科技大学
     学报,2010,30(4):55-59
[41] 吕诚昭.工业控制系统安全(下).http://articles.e-works.net.cn/control_system/arti-
     cle99256.htm

第2章 智能自动化促进化工行业节能、降耗、减排

2.1 引 言

化学工业又称化学加工工业,泛指生产过程中化学方法占主要地位的过程工业,其主要原料和能量来源是化石能源。化学工业是利用化学反应改变物质结构、成分、形态等生产化学产品的部门,包括硫酸、盐酸、硝酸、纯碱和烧碱等主要基本化学工业和塑料、合成纤维、石油、橡胶、药剂、染料工业等。根据欧洲化学工业委员会(CEFIC)和经济合作与发展组织(OECD)有关报告,化学工业可归纳为"基础化学品、特殊化学品、医药化学品和消费化学品"四大类别化工产品的生产和制造[1]。

化学工业在我国经济发展中具有举足轻重的地位。近十年来,我国化学工业保持了良好的增长态势,增长率比 GDP 增长率高出一倍左右,产值比例占我国工业总产值 10% 左右[1]。作为国民经济的支柱产业,化学工业一方面为我国经济建设与发展提供了不可或缺的能源资源,例如,由石油炼制获得的汽油、柴油、重油等液体燃料;煤加工制成的工业煤气、民用煤气等重要的气体燃料以及从煤和油页岩制取的人造石油等;另一方面,化工在自身发展过程中也消耗了大量资源与能源,产生了大量的污染排放物,主要污染物有粉尘、烟尘、NO_x、H_2S、SO_2、CO、CO_2、HCN 等,煤化工综合废水 COD 可达 5000 毫克/升、氨氮在 200~500 毫克/升。

从化工行业战略发展方向看,当前全球化学工业的发展趋势为:全面贯彻落实可持续发展战略;高新技术进步推动全球化学工业趋于大型化、基地化和一体化,产业集中度进一步提高;化工产品向多样化、高附加价值及高性能化方向发展;生产过程向清洁化方向发展;替代能源的研究受到高度重视;应用信息技术,加快化工传统产业升级。对于我国化工行业而言,未来发展面临如下需求[1]:①可持续发展的产业需求。②突破学科界限和环境极限的需求。③技术创新的发展动力需求。化学工业属于技术密集型的产业,技术创新是取得优势的关键,是化学工业未来发展的动力。④改善经营管理提高效益的需求。⑤适应全球化发展趋势的需求。20 世纪 90 年代以来,世界经济从主要依靠资源的工业经济向主要依靠智力的知识经济转变,在全球气候变化、能源和环境压力下,化学工业发展必须适应各种全球化的大环境变化。

为了实现我国建设资源节约型和环境友好型的两型社会的目标,作为我国能

源消费大户的化工行业必须进行节能减排,以减轻我国能源供应不足和环境污染严重两个方面的压力。上一章论述的对象是以石油为原料和能量来源的炼油、乙烯、芳烃、PTA 等几大石油化工龙头产业,下面介绍的节能、降耗、减排的对象为化工行业其他几类量大面广、具有代表性的重点领域:煤化工、合成氨、尿素、制碱、氯乙烯行业。

2.2　化工行业节能、降耗、减排的发展现状

我国化学工业虽已取得了长足发展,但目前仍然面临高能耗、高污染、能源效率低的困境,给我国社会经济可持续发展带来极大的制约。美国能源署于 2009 年 2 月表示,平均每套大型化工装置的节能潜在效益为 250 万美元,实施节能措施可望使这些装置每年的能量费用支出节约 10% 以上,并可提高生产效率和减少碳排放[3]。

2.2.1　煤化工行业节能、降耗、减排现状分析

化石能源是化学工业的原料和能量来源,主要包括煤、石油、天然气。地球煤炭资源十分丰富,煤炭是世界上最丰富的化石能资源。据《BP 世界能源统计 2011》报告,2010 年全球煤炭消费增长 7.6%,为 2003 年以来全球最快的增长水平。目前煤炭占全球能源消费的 29.6%。中国的煤炭消费增加了 10.1%,中国 2010 年的煤炭消费占全球煤炭消费的 48.2%,几乎占全球消费增长的 2/3。全球煤炭产量增长 6.3%,其中中国煤炭产量增幅为 9%,也占全球增长的 2/3。我国的能源结构呈现多煤、缺油、少气的特点。尽管中国的煤在化石能源中相对丰富,由于如此巨大的消费量,储采比远低于世界平均水平。我国能源的可持续性很差,如果在未来十至二十年中仍没有大的油田被发现,石油资源瓶颈将危及国家能源安全。而煤炭资源情况与世界平均水平最为接近,具有相对比较优势,这决定了我国长期依赖煤炭的能源格局,中国“以煤为主的能源结构在未来较长时期内难以根本改变”。然而,煤炭作为燃料和原料的转化利用,由于技术水平的限制,对环境和气候的负面影响以及能源使用效率低成为目前煤炭资源利用发展亟待解决的问题。为此,国家“十二五”规划明确提出“大力发展洁净煤技术,促进资源高效清洁利用”,“在内蒙古、陕西、山西、云南、贵州、新疆等地选择煤种适宜、水资源相对丰富的地区,重点支持大型企业开展煤制油、煤制天然气、煤制烯烃、煤制乙二醇等升级示范工程建设,加快先进技术产业化应用。不断创新和完善技术,提高能源转化效率、降低水耗和能耗、降低生产成本,增强竞争力”。《国家中长期科学和技术发展规划纲要(2006~2020 年)》将“煤的清洁高效开发利用、液化及多联产”列为能源重点领域的第二个优先主题,明确指出要“大力开发煤液化以及煤气化、煤化工

等转化技术,以煤气化为基础的多联产系统技术,燃煤污染物综合控制和利用的技术与装备等"。

煤化工主要分为煤的气化、煤的液化和煤的焦化三种方式,产业链如图 2-1 所示。其中,以煤气化为核心的新型煤化工系统是解决我国未来可持续发展的方向之一。煤的气化是指煤炭在气化炉中,在一定的温度和压力条件下,与氧气和水蒸气反应生成合成气(主要成分为一氧化碳和氢气)的过程。合成气可直接用于生产合成氨、甲醇、液化烷烃和城市煤气等一系列基本化工原料,并用于生产其他下游化工产品。

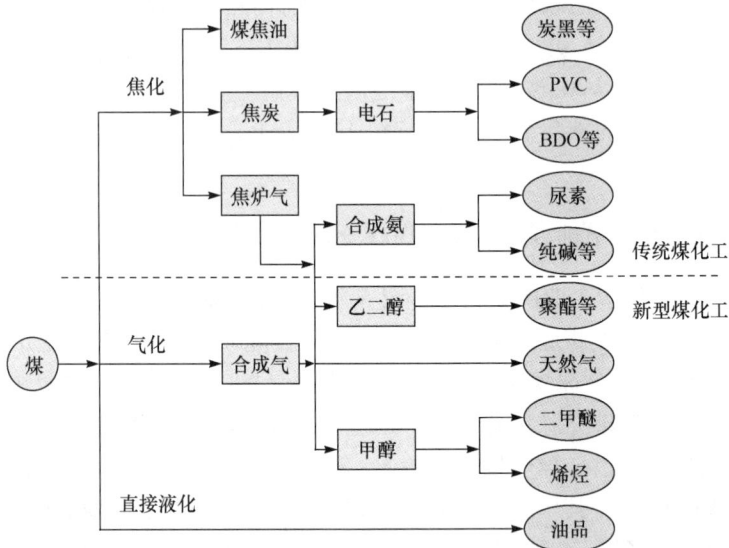

图 2-1　煤化工产业链简要框图

整个煤化工生产装置构成了一个多变量、强关联、非线性的大系统。但与炼油和石油化工传统化学工业不同,目前国内外对煤化工生产过程的研发重点仍集中于新型工艺技术路线及其相关装备技术,对于煤化工生产过程的集成控制和优化运行技术的研发还处于初始阶段。随着全球油气资源(相对于煤资源)的日趋紧缺和油价的居高不下,研究开发和实现煤化工过程集成模拟、控制、优化等技术的综合自动化平台,通过全厂工艺流程模拟来挖掘生产过程潜能、制定不同操作负荷下最优决策,实现不同设备条件和经济条件下,以物耗、能耗为最优目标的运行优化,对我国国民经济的健康发展具有重大的现实意义。

目前我国煤化工总体水平较低,当前主要存在如下不足[4]:①高能耗、高污染、低效率、低效益。煤化工由于煤的特性造成加工过程长、投资大、污染重等问题,这样的过程更适宜采用新技术,实施大型化。②煤化工气化技术进步缓慢。煤气化是煤化工的龙头和基础,在相当程度上影响煤化工的效率、成本和发展。我们追求的应该是高效、低耗、无污染的煤气化工艺。煤气化工艺至今已有一百多年,煤气化技术演进的历程:以氧气(或富氧)气化代替空气气化,以粉煤代替块煤、碎煤,以气流床和流化床代替固定床,由常压气化进展到高压气化,这些都是煤气化工艺技术演进升级的重要趋势。我国煤气化工艺的更新进展缓慢,所引进的技术对煤化工全局气化技术的改进的带动作用有限。③低水平重复建设严重。当前在全国范围内形成“甲醇热”,在建和拟建的甲醇装置能力已超过 1000 万吨。众所共知,世界甲醇市场供过于求。近年内世界几套以廉价天然气为原料的超大型甲醇装置投产后,价格将进一步下降。他们的目标市场是向我国出口,届时国内有些甲醇企业将受到严重冲击。值得关注的是,大量正在建设或拟建的甲醇装置其规模均偏小,甲醇是规模效益非常明显的化工装置。大量的资料表明,煤基甲醇装置必需依赖低价煤、大型化、先进技术及低投资四者紧密结合,在此条件下才有国际竞争力。煤基甲醇没有足够大的规模是不具备国际竞争力的。④我国新型煤化工成套技术仍处于起步阶段,先进控制与优化技术以及信息集成技术的应用还有很大发展空间。

　　“九五”期间,由华东理工大学和兖矿集团共同承担完成了多喷嘴对置式水煤浆气化装置的中试研究,并在“十五”期间进入工业示范阶段,目前已成为国内煤气化的主流工艺。多喷嘴对置式水煤浆气化工艺研制了多喷嘴对置式气流床气化炉,形成四喷嘴撞击流;开发了由喷淋床与鼓泡床组成的复合床高温煤气洗涤冷却设备;创造性地提出“分级”净化,开发了由混合器、分离器、水洗塔组成的高效节能型煤气初步净化系统。这是我国煤化工行业自主开发的一项重大成套工艺与设备,其技术达到了国际领先,具体工艺运行数据如下:山东华鲁恒升化工股份有限公司(750 吨煤/日),与同期运行的 GE 水煤浆气化炉相比:节煤约 7%,节氧约 7%,碳转化率提高 2%～3%,有效气成分提高 2%～3%,二氧化碳降低 2%～3%。兖矿国泰化工有限公司(1150 吨煤/日)与采用国外水煤浆气化技术的兖矿鲁南化肥厂同期运行结果相比:有效气成分提高 2%～3%,二氧化碳含量降低 2%～3%,碳转化率提高 2%～3%,比氧耗降低 7.9%,比煤耗降低 2.2%,国泰吨甲醇煤耗约 1.35 吨煤,鲁南化肥厂吨甲醇煤耗约 1.45 吨煤[5]。

　　但无论建设新装置还是改造老装置,迫切需要在改进提升工艺与设备的同时,研究和推广应用煤化工生产成套自动化技术,从根本上扭转我国煤化工装置能耗、物耗高的困境,提高反应效率,减少污染物排放,提高国际竞争力,让我国的煤化工行业持续健康发展。

2.2.2　合成氨行业节能、降耗、减排现状分析

　　合成氨是以煤炭或天然气为原料,通过水蒸气重整工艺制得氢气,然后与氮气

进行高压合成制得。合成氨是生产尿素、磷酸铵和硝酸铵等化学肥料的主要原料。据统计,2009 年世界合成氨产能已突破 1.92 亿吨,主要分布情况为:美国 1000 万吨/年、加拿大 520 万吨/年、南美地区 920 万吨/年、西欧 1218 万吨/年、东欧 3334 万吨/年、亚洲 8960 万吨/年[6]。2010 年世界合成氨产量 1.59 亿吨,贸易量 1960 万吨,需求量大约为 1.57 亿吨。国际肥料工业协会(IFA)表示全球合成氨总体产能将在未来保持平稳增长,年增长约在 700 万吨,产能增长主要来自亚洲、拉美和非洲。

　　中国合成氨生产始于 20 世纪 30 年代,新中国成立前只有三个厂,最高年产量不超过 5 万吨。新中国成立后,经过六十多年的发展,中国合成氨行业经过不断发展、整合、新建和改造,行业集中度明显提高,企业数量从最高峰的 1600 多家减少到 2010 年的 463 家(按企业数统计),单套装置规模也达到了 50 万吨/年以上[7]。表 2-1 中列出了六十多年来我国合成氨产量变化情况。目前,中国合成氨的生产能力和产量已经跃居世界第一位,约占世界总产能和产量的三分之一。近年来合成氨产能、产量一直保持增长势头,2013 年我国合成氨(无水氨)产量为 5745.32 万吨。

表 2-1　中国合成氨产量　　　　　　　　　　　　　　　(单位:万吨)

年份	合成氨产量	年份	合成氨产量
1950	1.1	2005	4596.3
1960	44.0	2006	4893.2
1970	244.5	2007	5094.1
1980	1348.1	2008	4995.1
1990	2129.0	2009	5135.5
2000	3379.5	2010	4963.2
2004	4222.2	2011	5068.9

注:部分数字来源于《氮肥行业简析》

　　合成氨属于耗能大户,尤其是以煤为原料的装置。中国氮肥工业协会统计显示,"十一五"期间,合成氨单位产品平均综合能耗下降了 13.7%,氨氮排放量下降了 29.3%,COD 排放量下降了 27.6%,排水量下降了 25.3%[8]。2011 年,无烟煤合成氨的综合能耗平均值为 1348 千克标准煤/吨,行业最好水平为 1118 千克标准煤/吨,最差 1832 千克标准煤/吨;烟煤制合成氨行业最好水平为 1554 千克标准煤/吨,最差为 2223 千克标准煤/吨;天然气制合成氨行业最好水平为 1024 千克标准煤/吨,最差为 1665 千克标准煤/吨[9]。《氮肥行业"十二五"发展指南》确定的合成氨综合能耗"十二五"具体目标是,以无烟块煤为原料的降到 1350 千克标准煤/吨以下(2011 年平均水平已达到),以非无烟煤为原料的降到 1650 千克标准煤/吨以下,以天然气、焦炉气为原料的降到 1150 千克标准煤/吨以下。"十二五"期间《合成氨准入条件》和《氮肥行业产业结构调整指导意见》的出台使合成氨产能结构更合理,发展更科学。然而,和国外技术相比,我国合成氨行业总体在物耗、能耗和减排方面还存在一定的差距。

先进节能技术是众多企业实现节能减排的法宝,为进一步推动合成氨行业乃至氮肥行业的节能减排工作,应加大相关节能技术的研究开发,如以 CO 等温变换反应器为核心的高效、节能工艺技术,深冷脱氮净化技术,适应高压力、宽温区的变换催化剂,推进低温、高活性钌合成催化剂工业化推广应用进程等[9]。另外,加强合成氨装置的先进控制与整体优化运行技术对促进合成氨行业节能、降耗、减排同样具有重大意义。

2.2.3　尿素行业节能、降耗、减排现状分析

尿素化学名称为脲或碳酰胺,其化学式为 CON_2H_4、$CO(NH_2)_2$ 或 CN_2H_4O,是重要的化学肥料。尿素生产的两种主要原料为氨和二氧化碳,均可来自合成氨厂。目前,全世界尿素产量占氮肥总产量(以氮计)的 1/3 以上,跃居首位,且还有继续增长的趋势。2009 年全球尿素产能为 1.708 亿吨,产量为 1.517 亿吨,产能增长主要来自于中国、阿曼、印度及俄罗斯[10]。到了 2010 年底,中国、俄罗斯、伊朗、巴基斯坦新增 800 万吨产能,全球尿素产能接近 1.788 亿吨,占全球氮肥消费的 60%~62%[11]。

当前,世界尿素生产广泛应用的方法主要是水溶液全循环法和汽提法。这两类方法的差别在于对反应热的回收、利用及对未转化物的分解方式、条件的不同。前者对未转化物的分解是采用逐级减压、加热再行吸收,其结果是分解物的冷凝和吸收只能在较低压力下进行。这样,分解的氨和 CO_2 的冷凝热不能回收,热量被冷却水带走,从而增加了冷却水消耗;另一方面,为了尽可能地吸收完全和不生成结晶,吸收过程就必须加入足够量的水,从而造成返回合成系统水量增加以致造成 CO_2 单程转化率下降,增加了蒸汽消耗。而汽提工艺的成功在于较大程度地克服了上述缺点,有效地利用了反应热,由此降低了吨尿素蒸汽消耗。

在目前采用较多的工艺流程的是二氧化碳汽提工艺和氨汽提工艺。随着汽提法尿素工艺的日趋成熟,原料利用率和能量利用率已全面达到预期目标。为实现以最小投入获得最大效率和效益的新目标,汽提工艺的技术专利商积极实施了对传统工艺流程的完善和改造,重点突出了改善装置运转的安全性、降低消耗、减少环境污染等方面,把技术进步放在提高装置整体效率上,尤其是在 20 世纪 90 年代后期,新型耐蚀材料和设备结构的改进,进一步促进了尿素生产技术水平的提高[12]。

20 世纪 50 年代,我国尿素工业开始了理论研究、工艺探索、设计制造,而后采

用了半循环法,后来又改进为高效半循环法。20 世纪 60 年代自行开发成功和引进的碳铵盐全循环法的生产装置,建立了中型氮肥厂,尽管此法消耗比较高,工艺落后,采用此法建立的中型尿素厂有 40 多套,20 世纪 90 年代建立的小型尿素生产装置有百余套。20 世纪 70 年代引进了 DSM 公司 CO_2 汽提法大型装置 16 套;引进 MTC/TEC 的改进 C 法大型生产装置 2 套;20 世纪 80 年代又引进了意大利的 I.D.R. 法进行了泸州天然气化工厂的改造;河南中原化肥厂则引进了新氨汽提法建立了一套大型生产装置,采用该方法又建立了四套中型生产装置;近年来又引进了日本 TEC 公司的 ACES 法在陕西渭南建立了一套大型生产装置。除此之外小型生产装置也有 CO_2 汽提法、ACES 法,另外,我国四川曾购买了三套年产万吨的 UTI 法的二手装置,因此,我国已具备世界尿素新老工艺技术的条件。2003 年我国第一套单系列最大能力为 2700 吨/天的尿素装置在海南中海石油化学股份有限公司投产,目前又有 2 套同等规模的大型尿素装置将分别在新疆和四川进行建设[1-2]。

　　我国现有尿素生产企业 200 多个,2012 年 1 月~9 月,我国尿素产量 2291.3万吨,同比增长 13.7%。我国尿素生产规模分为大型(480 千吨/年以上)、中型(130~300 千吨/年)、小型(40~130 千吨/年),见表 2-2[12]。我国中小氮肥 90% 采用煤为原料,其产能发展较快,生产规模滚动发展,单套装置能力由年产 40 千吨、60 千吨、130 千吨至 180 千吨,目前最大的单套装置能力达到 300 千吨/年规模。我国大型尿素装置多为引进装置,其技术水平、装备水平、自控水平、管理水平都是比较先进的,其中 20 世纪 70、80 年代引进的装置,经过多年达标管理,以及采用先进技术对传统工艺实施了节能和增产技术改造,使得这些装置在产能、消耗、产品质量、环保水平等方面仍一直处于国内化肥行业领先水平。不同年代引进的装置均代表了当期比较先进的技术。截止到 2009 年,我国已投产的成套引进大型尿素装置 31 套,其中尿素工艺专利技术有:日本东洋的改良 C 法工艺 2 套,斯塔米卡邦的二氧化碳汽提工艺 18 套(新改进的工艺 3 套),斯纳姆的氨汽提工艺 10 套,日本的 ACES 工艺 1 套。除了成套引进技术外,在装置技术改造上大量采用当今最先进工艺、设备、材料、仪器仪表等方面的单项技术,使已投产三十年的装置主要技术经济指标仍可跟踪并达到世界先进工艺技术的水平[12]。中小型尿素装置多采用国内技术,中型尿素中有水溶液全循环和等压双汽提工艺;随着技术的进步已有近一半的产能采用 CO_2 汽提工艺、氨汽提工艺等非水溶液全循环工艺。鄂尔多斯联合化工公司 3520MTPD 尿素装置原为 2 套日产 1000 吨规模装置,采用 TEC 改良 C 法全循环尿素工艺,工艺技术落后,能耗高,污染严重。经过采用 STAC 2000+ CO_2 汽提工艺进行改造升级,尿素合成塔采用高效塔板,合成塔容积减少 20%~25%,同时采用先进的反应器气体分布控制和蒸汽系统的控制系统等,尿素装置的物耗大幅下降,每吨尿素的液氨消耗从改造前的 580~590 千克下降到 566~570

千克,CO_2消耗从改造前的 830~840 千克下降到 735~740 千克,4.0 兆帕蒸汽消耗从改造前的 1.7~1.8 吨下降到 1.2~1.3 吨,各项经济技术指标已达国内领先[13]。

表 2-2　我国尿素装置工艺分类

工艺方法	套数	生产能力/(兆吨/年)	大型(480~840 千吨/年)		中小型(40~300 千吨/年)	
			套数	能力/兆吨	套数	能力/兆吨
水溶液全循环法	130	25.41			130	25.41
CO_2 汽提法	40	16.11	18	9.94	22	6.17
氨气提法	28	8.42	10	5.48	18	2.94
改良 C 法	2	1.10	2	1.10		
ACES 法	2	0.62	1	0.52	1	0.10
双汽提法	1	0.20			1	0.20
合计	203	51.56	31	17.04	172	34.52

注:数据来源于 2009 年《大氮肥》

2.2.4　制碱行业节能、降耗、减排现状分析[14]

纯碱是许多工业的基础原料,其主要成分为碳酸钠(Na_2CO_3),广泛应用于人们的日常生活以及化工、轻工、冶金、纺织、建材等工业部门,在国民经济发展建设过程中占有十分重要的地位。

18 世纪以前,由于世界上没有制碱工业,人们所需要的碱都取自天然碱,即通过天然碱湖(碱矿)采得,也可以从含碱的植物灰分中制得。1791 年,法国医生路布兰通过煅烧硫酸钠、煤炭和石灰石制成功研究出"路布兰法",即造纯碱的方法,该法首先用硫酸和食盐制取硫酸钠,然后将硫酸钠与石灰石、煤炭三者按 100:100:35.5 的质量比混合,在反射炉或回转炉内通过 950~1000℃煅烧后生成熔块(即黑灰),再通过浸取、蒸发以及缎烧等过程最终得到纯碱。路布兰法问世后,极大地推动了化学工业的发展,但同时由于该法制碱的主要生产过程要在固相中进行,并且需要高温条件,因此存在生产连续性差、原料不能充分利用、产品质量差以及设备腐蚀严重等缺点。

比利时工程师索尔维基于并综合前人的工作进行改进,在 1863 年实现了"索尔维法"制造纯碱(即氨碱法)。该法的主要生产工艺历经石灰石煅烧、盐水精制、吸氨、碳酸化、碳酸氢钠过滤、煅烧、母液蒸馏后,可制得纯碱,工艺流程如图 2-2 所示。氨碱法与路布兰法相比具有原料价格低廉、普遍易得、产品纯度高、适合大规模生产等优点,因此取代了路布兰法,并一直被广泛采用至今。尽管如此,氨碱法仍然存在两个难以克服的缺点:一是氯化钠的利用率低。虽然在理论上氯化钠的转化率可以达到 84％,实际生产中其转化率只能达到 72％～76％,这主要是由于干反应受到氯化钠在氨水中的溶解度和碳酸化反应的条件限制,24％～28％的钠离子和几乎全部的氯离子被废弃,因此氯化钠的总利用率实际上低于 30％。二是废液的处理问题。每生产 1 吨纯碱约要排出 10 米³ 左右的废液,这些废液被称之为"白海",对环境保护构成了一定威胁。1885 年,德国科学家施莱卜首先提出在制碱后的母液中添加固体盐,并冷析出固体氯化铵,母液同时能够被循环利用。1924 年德国格鲁德及吕普曼做了类似研究,并于 1931 年取得成功,该法被称为"察安法",流程如下:首先做出碳酸氢铵结晶以处理饱和盐卤,在把得到的碳酸氢钠进行过滤后,将母液冷却降温,再加入食盐从而得到氯化铵结晶。1938 年我国侯德榜博士开始制碱试验研究,并与 1943 年研制出一个与"察安法"截然不同的联碱制碱法,也被称为"侯氏制碱法"。两种方法的不同之处在于后者把过滤碳酸氢钠后的母液中的氯化铵分离出来,因此能同时生产纯碱和氯化铵两种产品。目前广泛采用的是一次碳酸化、二次吸氨、一次加盐、冰机制冷的联合制碱工艺流程。综上可知,联碱制碱技术的成功,在推动国民经济发展中具有重要意义。

在国外,其他国家也纷纷根据其资源情况,相应地开发了许多制碱方法,二战后,日本纯碱工业为了适应增产肥料的要求,进一步提高原盐的利用率,在索尔维法的基础上研究开发了联合制碱法,称为"AC 法"。1973 年出现了石油危机,氯化铵的出口量因此降低,为了解决纯碱和氯化铵销路不平衡的局面,"AC 法"被进一步改良:采用石灰乳分解固体氯化铵来回收氨,并获得较浓的氯化钙溶液,此法被称为"NA 法",其主要特点是可以调节联产氯化铵的产量,并保持了原盐利用率高的优点,同时还适用于纯碱与氯化钙的联合生产,能量消耗较低。

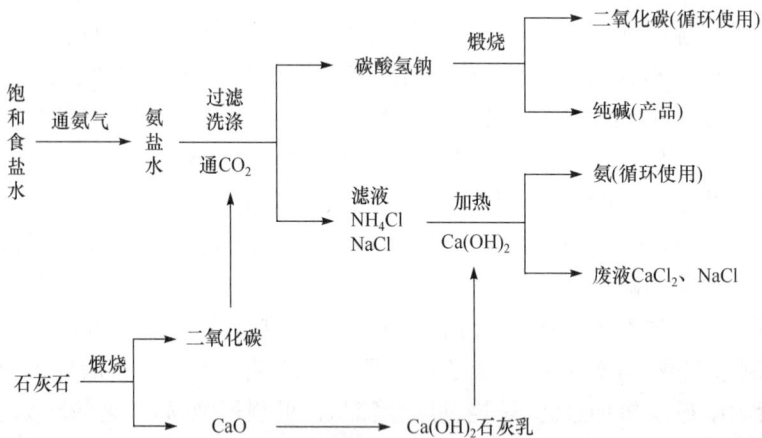

图 2-2　索尔维制碱法流程图

　　从天然碱加工制纯碱的工艺来看,国内外主要采用的方法有蒸发法、碳酸化法两种,其中的蒸发法还可以依据原料组成的不同,进一步细分为倍半碱工艺和一水碱工艺。以晶碱石($Na_2CO_3 \cdot NaHCO_3 \cdot 2H_2O$)为主的天然碱采用倍半碱工艺,在蒸发前使 $NaHCO_3$ 分解,例如,通过干法分解(煅烧)、湿分解或溶采时注入 $NaOH$ 中和,蒸发中析出 $Na_2CO_3 \cdot H_2O$;采用一水碱工艺生产重质纯碱,或采用边蒸发、边湿分解的一步法生产重质纯碱。碳酸化法适用于碱、硝、盐共生的泡型天然碱湖水或固体矿。从目前来看,世界上纯碱生产方法主要有氨碱法、联碱法和天然碱法三种,其中合成法占 68%,天然碱占 32%。同时,中国是世界上唯一同时拥有上述三种生产方法的国家。

　　进入 21 世纪以来,新兴经济国家(emergingeconomies)的 GDP 增长和城市发展,带动全球纯碱消费量在 2000～2008 年期间平均以每年 4.2% 的速率增长。2009 年由于金融危机的影响,玻璃、洗涤剂和化学品的产量减少,全球纯碱消费量下降了 7.6%,达到 44.3 兆吨的低谷,但中国等少数国家却仍在增长。2010 年则因经济复苏,全球纯碱消费量上升至 48 兆吨,近几年全球纯碱产量分布如图 2-3 所示。2010 年,全球纯碱产量为 46 兆吨,其中中国占 43.9%,美国占 22.9%。全球纯碱产能为 63 兆吨/年,其中中国占 38.6%,美国占 22.8%,欧盟占 15.4%,主要生产企业见表 2-3。全球天然纯碱的产能为 18 兆吨/年,占纯碱总产能的 28.6%[15,16]。预测到 2015 年,全球对纯碱的需求量将以每年 3% 的速率增长。需求量增长较快的工业为玻璃、洗涤剂和水处理,采矿、冶金和烟气脱硫对纯碱的需求也会增长。新兴经济国家特别是中国和东南亚,还有南亚、中东和南美,对纯碱的需求量将持续增长。发达国家则因以纯碱为原料的工业产品已相对成熟和稳定,再加上纯碱代用品和商业竞争的压力,纯碱的消费量不会有明显增长。全球人均纯碱消费量约为 10 千克/年,而美国及西欧为 20 千克/年。预计到 2015 年全球新增纯碱产能 15 兆吨/年,主要分布于中国和其他新兴经济国家[15]。

　　伴随着我国国民经济突飞猛进的发展及科学技术的现代化,我国的纯碱工业也得到了快速发展。自 2003 年起我国纯碱的产量已居世界第一,生产企业数量位居全球首位,生产工艺方法最全:我国的纯碱生产工艺不仅包括传统的氨碱工艺、天然碱工艺,也有我国自行开发的联碱工艺。近年来,我国的纯碱工业无论是在产品产量、品种、质量,还是在生产技术水平和装备水平方面,均取得了长足的进步,部分工序已跻身世界先进行列[17]。“十一五”期间,我国新增纯碱产能 1020 万吨,基本为国内国际领先水平,纯碱产能年均递增约 9.4%。2010 年我国纯碱产量为 2047 万吨,约占世界总产量的 42%[18]。

　　在生产工艺上,我国纯碱生产企业主要以氨碱法和联碱法为主,两种方法的产能基本相当,另有少量天然碱生产企业。我国现有山东海化股份有限公司、唐山三友化工股份有限公司、南京化学工业有限公司、连云港碱厂、山东海天生物化工有

限公司、青海碱厂有限公司、青岛碱业股份有限公司、湖北双环科技股份有限公司、
天津渤海化工集团公司等九座大型碱厂,另外还有中小型碱厂四十多家。我国纯
碱行业的能源消耗占到我国化学工业能源消耗总量的 2%,依托变换气制碱工艺、
自然循环外冷式碳化塔等关键技术的升级,纯碱行业节能减排成效显著[19]。2011
年我国氨碱法综合能耗平均值为 0.432 吨标准煤,联碱法综合能耗平均值为
0.293 吨标准煤。比 2006 年全行业平均单耗分别下降约 17% 和 15%,全国纯碱
生产节能共计 108 万吨标准煤,减排 CO_2 为 283 万吨。相比 2006 年,2011 年纯碱
行业主要污染物排放减排幅度分别为废水 35%,氨氮 30.4%,COD 28.6%。从单
位产品综合能耗分析,氨碱法纯碱装置单位产品综合能耗基本水平为 0.432 吨标
准煤,联碱法装置能耗为 0.293 吨标准煤。我国纯碱行业年综合能耗约为 744 万
吨标准煤,约排放 CO_2 1950 万吨[7]。以国内或国际先进水平估计,在"十二五"末
期,氨碱法纯碱单位产品的平均能耗将达到 0.366 吨标准煤,先进值≤0.35 吨标
准煤,联碱纯碱单位产品的平均能耗约为 0.27 吨标准煤,先进值≤0.255 吨标准
煤,全行业最大节能减排潜力为节约 90 万吨标准煤、减排 CO_2 达 234 万吨[20]。

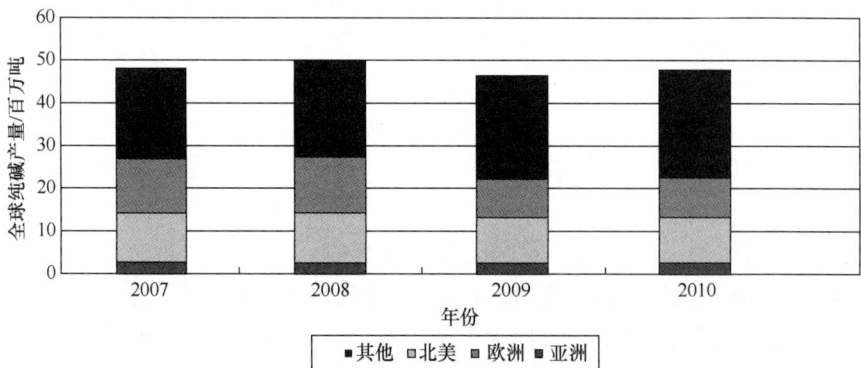

图 2-3　2007～2010 年全球纯碱产量

表 2-3　2010 年主要纯碱生产企业

公司名称	生产地	产能/百万吨
比利时苏威公司	美国、保加利亚、德国、法国、意大利、葡萄牙、俄罗斯、西班牙、埃及	9.0
印度塔塔公司	印度、美国、肯尼亚、英国	5.3
美国食品机械化学公司(FMC)	美国	3.2
马来西亚 OCI 有限公司	美国	2.8

公司名称	生产地	产能/百万吨
印度尼尔玛日化公司	印度、美国	2.6
山东海化集团	中国	2.5
荷兰化工进出口公司(Ciech)	德国、波兰、罗马尼亚	2.3
斯捷尔利塔马克纯碱厂	俄罗斯	2.1
唐山三友	中国	2.0
土耳其西塞卡姆集团	土耳其、波斯尼亚、保加利	1.7

注:数据来源于豆丁网

2.2.5　氯乙烯行业节能、降耗、减排现状分析[21,22]

化工行业另一大类基础化工产品是氯乙烯(VCM),氯乙烯在正常情况下是一种无色可燃气体,但易于液化,一般以液体状态贮存和运输,全球约 98% 的 VCM 都用来生产聚氯乙烯 PVC,其余的用于生产聚偏二氯乙烯(PVDC)和氯化溶剂等[23]。近年来,VCM 的生产技术和生产能力得到了很大的发展,进而推动了 PVC 工业的发展。我国虽是氯乙烯生产大国,但因市场需求过旺,供应较为紧张,其生产工艺和节能研究一直为人关注。

VCM 工业化生产始于 20 世纪 20 年代。目前,二氯乙烷和氯乙烯技术的主要专利商有 Oxy Vinyl、Inovyl、三井化学、Vinnolit。总体归结起来在氯乙烯生成历史上,一共出现了 5 种生产方法。

1) 乙炔法

这是 20 世纪 50 年代前出现的氯乙烯的主要生产方法。乙炔和 HCl 在汞催化剂存在下,一步反应生成氯乙烯。乙炔转化率为 97%~98%,氯乙烯产率为 80%~95%,主要副产物为 1,1-二氯乙烷,它是由氯乙烯与过量的氯化氢加成反应生成的。反应中为保证催化剂 $HgCl_2$ 不被乙炔还原成低价汞盐或金属汞,氯化氢是过量的,乙炔法技术成熟,反应条件缓和,设备简单,副产物少,产率高。但是由于催化剂含汞有毒,不仅损害工人身体健康,还会污染环境。我国至今还有 50% 以上的氯乙烯是由乙炔为原料生产出来的。这是因为我国煤炭资源比石油资源丰富,用廉价的煤炭生成电石继而制取乙炔,经济性较好,同时我国中小型氯碱生产企业众多,用乙炔法与之配套生产氯乙烯,生产上相对灵活。

2) 乙烯法

这是 20 世纪 50 年代后发展起来的生产方法。乙烯与氯经过加成反应生成二氯乙烷(EDC)。二氯乙烷再通过热裂解或通过碱分解制得氯乙烯。乙烯由石油经过热裂解大量制造出来,催化剂毒害比氯化汞要小很多。但是氯的利用率只有

50%,另一半以氯化氢的形式从热裂解中分离出来后,由于含有有机杂质,该氯化氢的精制和利用问题成了必须解决的技术问题。

3)联合法

本方法是上述两种方法的综合,目的是用乙炔来消耗乙烯法中副产物的氯化氢。本法等于在工厂中建立了两套氯乙烯生产装置,基建投资和操作费用会明显上升。

4)氧氯化平衡法

这是个仅用乙烯作为原料,又能将副产物氯化氢消耗掉的好方法,现在已成为世界上生产氯乙烯的主要方法。乙烯转化率约为 95%,二氯乙烷产率超过 90%。还可以将复产高压水蒸气供本工艺有关设备利用或发电。

5)乙烷法

乙烷氧氯化法是以天然气或石油气中的乙烷为原料,用一步法直接合成氯乙烯,其原料价格及设备投资较乙烯法工艺都大大减少。据报道,欧洲乙烯(EVC)公司开发出的乙烷法工艺预计能使 VCM 生产成本比乙烯法降低 50% 以上[24]。目前,常用的催化剂是 Cu 系列,通常情况下乙烷被加入反应器后与 HCl 和氧气反应生成二氯乙烷,而二氯乙烷裂解脱除分子氯化氢生成氯乙烯。该工艺只需一个反应器即可完成所有反应。

近年来,世界 VCM 的生产稳步发展。2004 年全世界 VCM 的总生产能力为3392.0 万吨,2009 年增加到 4422.8 万吨,生产主要集中在亚洲、北美和西欧三个地区,2009 年这三个地区的生产能力合计达到 3864.9 万吨,约占世界总生产能力的 87.38%。其中亚洲地区的生产能力为 2296.9 万吨,约占世界总生产能力的51.93%;西欧地区的生产能力为 657.0 万吨,约占总生产能力的 14.85%;北美地区的生产能力为 911.0 万吨,约占总生产能力的 20.60%;非洲地区的生产能力为46.0 万吨,约占总生产能力的 1.04%;中东欧地区的生产能力为 256.1 万吨,约占总生产能力的 5.79%;中东地区的生产能力为 129.8 万吨,约占总生产能力的2.93%;中南美洲地区的生产能力为 126.0 万吨/年,约占总生产能力的 2.85%。Formosa Plastics Group 公司是目前世界上最大的 VCM 生产厂家,生产能力为309.7 万吨/年,约占世界 VCM 总生产能力的 7.00%;其次是 Occidental Petroleum 公司,生产能力为 260.9 万吨/年,约占总生产能力的 5.90%;再次是 Dow Chemical 公司,生产能力为 207.0 万吨/年,约占总生产能力的 4.68%。其中采用乙炔法工艺路线的生产能力为 1074.6 万吨/年,约占总生产能力的 24.30%;采用二氯乙烷高温分解工艺的生产能力为 2731.1 万吨/年,约占总生产能力的61.75%;采用乙烯和二氯乙烷工艺路线的生产能力为 617.1 万吨/年,约占总生产能力的 13.95%。今后几年世界 VCM 的生产能力将以年均约 2.1% 的速度增长,2015 年后总生产能力预计将超过 5000 万吨。2009 年世界主要的 VCM 生产厂家情况以及未来几年主要的新建或扩建装置情况分别见表 2-4 和表 2-5。

表 2-4　2009 年世界各生产厂家生产能力表

生产厂家名称	生产能力/(万吨/年)	占总生产能力的百分比/%
Formosa Plastics Group 公司	309.7	7
Occidental Petroleum 公司	260.9	5.90
Dow Chemical 公司	207	4.68
Solvay 公司	177.3	4.01
Tosoh 化学公司	166.6	3.77
Geogua Gulf 公司	144.1	3.26
Ineos 公司	131.5	2.97
LG 化学公司	130	2.94
Shin-Etsu Chemical 公司	129.4	2.92
Arkema 公司	91.9	2.08
天津大沽化学公司	85	1.92
Westlake Group 公司	83.9	1.90
Vinnolit 公司	67	1.51
其他厂家	2438.5	55.14
合计	4422.8	100.00

注：数据来源于 2010 年全国氯乙烯行业技术年会

表 2-5　当前世界各生产厂家 VCM 装置扩建表

公司名称	地址	生产能力/(万吨/年)
埃及 TCI Sanmar 化学公司	Port Said	40.0
中国甘肃新川化学公司	甘肃金川	30.0
中国陕西金泰氯碱公司	陕西米脂	20.0
中国宁夏英力特化学公司	宁夏石嘴山	58.0
伊朗 Arvand 石油化学公司	Bandar Zmam Khuzestan	17.8
美国 Shin-Tech 公司	Chlcolate Bayou Texas	82.5
美国 Shin-Tech 公司	Paouemine Louisiana	37.4
中国陕西北园化学公司	陕西神木	50.0
俄罗斯 Sayankkhimplast 公司	Zima，Siberia	17.0
中国韩华化学(中国)公司	浙江宁波	30.0
俄罗斯 Rus Vinyl 公司	Kstovo	35.0
沙特阿拉伯 PETOKEMYA 公司	AJ Jubail	50.0
伊朗 Miyandoab 时候化工公司	Miyandoab	22.5

注：数据来源于 2010 年全国氯乙烯行业技术年会

2009 年全世界 VCM 的总消费量约为 3277.6 万吨,其中产量为 3277.6 万吨,进口量为 470.3 万吨,出口量为 473.2 万吨,亚洲、北美和西欧地区是最主要的消费地区。2009 年这三个地区 VCM 的消费量合计达到 2842.3 万吨/年,约占世界 VCM 总消费量的 86.72%。其中亚洲地区的消费量为 1708.0 万吨/年,约占世界总消费量的 52.11%;北美地区的消费量为 607.8 万吨/年,约占世界总消费量的 18.54%;西欧地区的消费量为 526.5 万吨/年,约占世界总消费量的 16.06%。北美和亚洲地区是世界上最主要的 VCM 进出口贸易地区。2009 年亚洲地区 VCM 的进口量为 228.0 万吨,约占世界总进口量的 48.50%;其次是北美地区,进口量为 72.0 万吨,约占世界总进口量的 15.31%;与此同时,这两个地区同样也是世界上最主要的出口地区。2009 年亚洲地区 VCM 的出口量为 183.1 万吨,约占世界总出口量的 38.69%;其次是北美地区,出口量为 117.7 万吨,约占世界总出口量的 24.87%。2009 年世界 VCM 的供需平衡情况见表 2-6。2009 年,世界 VCM 的消费结构为:聚氯乙烯对 VCM 的消费量为 3251.5 万吨,约占总消费量的 99.2%,另外约 0.8% 用于生产其他化工产品。预计今后几年,世界 VCM 的消费量将以年均约 4.5% 的速度增长,到 2014 年总消费量将达到约 4079.8 万吨。

表 2-6　2009 世界 VCM 供求平衡情况表　　　　　(单位:万吨)

国家和地区	生产能力	产量	进口量	出口量	消费量
非洲	46	42.6	0	3.2	39.4
亚洲	2296.9	1663.2	228	183.1	1708
中东欧	256.1	172.5	15.7	34.7	153.5
中东	129.1	116.7	4	35.9	84.8
北美	911	657.1	72	117.7	607.8
中南美洲	126	79.2	65.6	1.2	144.2
西欧	657	546.2	71.8	97.4	526.5
合计	4422.8	3277.6	470.3	473.2	3277.6

注:数据来源于 2010 年全国氯乙烯行业技术年会

近年来,我国 VCM 的生产能力不断增加。2004 年我国 VCM 的总生产能力只有 502.9 万吨,2009 年增加到 1307.7 万吨,约占世界总生产能力的 29.57%。2004~2011 年生产能力年均增长率约为 21.06%。2006 上海天原化工集团华胜公司与法国德希尼普(Technip)公司、OxyVinyls 公司签订技术合同,在上海化学工业区建成投产氧氯化单元。该单元是上海化学工业区连接上下游装置—乙烯和 MDI/TDI 等异氰酸酯装置的关键一环。它消耗部分乙烯和吸收、接受 MDI/TDI 装置副产的氯化氢。采用国内最大的单台氧氯化反应器建设年产 36 万吨的 EDC 装置。天原华胜化工集团公司也在上海化工区建设各为 30 万吨的氯乙烯单体和

PVC 装置,投资为 36 亿元人民币(4.35 亿美元),于 2006 年建成。天原华胜集团公司为上海天原化工集团/上海氯碱化工公司、上海焦化公司的合资企业。由 LG 化学、LG 石油化学、LG 商社、LG 大沽、渤海化学有限公司等 5 家公司共同投资的天津 LG 渤海公司的年产 35 万吨 VCM 和 30 万吨 EDC 项目于 2005 年 5 月在天津塘沽临港工业区开建。该工程采用韩国 LG 化学乙烯法工艺,于 2006 年 8 月竣工。项目建成后年产 VCM 35 万吨、二氯乙烷 30 万吨,实现年销售收入 21 亿元。该项目将大大提升天津聚氯乙烯上下游产品配套水平,并为天津渤海化工集团公司于"十一五"初建立的百万吨级 PVC 生产基地提供保证[25]。同时随着韩华(宁波)、甘肃新川、陕西金泰、宁夏英力特等多套新建或扩建装置的建成投产,预计到 2014 年,我国 VCM 的总生产能力将达到约 1508.7 万吨。2009 年我国 VCM 的主要生产厂家情况见表 2-7。

表 2-7　2009 年我国 VCM 的主要生产厂家情况表　(单位:万吨/年)

生产厂家名称	生产能力	生产厂家名称	生产能力
湖南株洲化学工业公司	20.0	四川金路股份有限公司	36.0
浙江巨化集团公司	20.0	齐鲁石油化工股份有限公司	61.0
云南盐业化学公司	13.0	天津博泰化学公司	31.0
四川宜宾天原股份有限公司	32.0	河北唐山氯碱化学公司	20.0
安徽佳泰化学公司	12.0	新疆天业股份有限公司	46.0
山东东瑞化学公司	15.0	山东海华氯碱树脂有限公司	20.0
河南方升化学公司	17.0	山东海利化学公司	20.0
福建西南电化学公司	12.0	上海氯碱化工股份有限公司	42.0
甘肃下川化学公司	10.0	山西榆社化工股份有限公司	37.0
吴华宇航化工有限责任公司	28.0	宁夏金昱元氯碱化工公司	15.0
河南神马氯碱有限公司	15.0	吉林四平吴华化工有限公司	28.0
广西南宁化学公司	14.0	内蒙古吉兰泰盐化集团公司	20.0
天津大沽化工股份有限公司	54.0	湖北宜化集团有限公司	12.0
天津 LG-渤海化工公司	35.0	宁夏英力特化工公司	20.0
内蒙古乌海化工工业公司	15.0	唐山三友化工股份有限公司	20.0
新疆中泰化学股份有限公司	38.0		

注:数据来源于 2010 年全国氯乙烯行业技术年会

以 2009 年数据为例,我国 VCM 的总消费量约为 911.7 万吨,其中产量为 831.6 万吨,进口量为 84.6 万吨,出口量为 4.5 万吨,产品约 99.7% 用于生产聚氯乙烯,其余约 0.3% 用于生产其他产品。预计今后几年,我国 VCM 的需求量将以年均约 8.9% 的速度增长,到 2014 年总需求量将达到约 1397.3 万吨。近几年我国 VCM 的供需情况见表 2-8。

表 2-8　我国 VCM 行业供求关系表　　（单位：万吨）

年份	生产能力	产量	进口量	出口量	消费量
2004	502.9	432.6	85.9	0	518.4
2005	715.6	580.6	80.7	0	661.3
2006	868.6	738.8	100.1	0	838.9
2007	1082.9	902.5	87.1	0	989.3
2008	1234.7	820.1	84.6	6.6	898.1
2009	1307.7	831.6	84.6	4.5	911.7

注：数据来源于 2010 年全国氯乙烯行业技术年会

　　从全球 VCM 生产技术现状和发展趋势看，乙烯法制 VCM 仍占据主导地位，在富含乙烷天然气资源的地区乙烷法更有发展前景。

　　采用乙烯法制备 VCM 代表性的厂家是上海氯碱化工股份有限公司。从 2001年起，上海氯碱承担了得到国家和上海市政府大力支持的"30 万吨/年氯乙烯/聚氯乙烯生产工艺技术国产化开发"项目[22]。乙烯和氯气在一定条件下反应生成二氯乙烷，通常是用 $FeCl_3$ 作为催化剂，$FeCl_3$ 的催化作用不仅使乙烯和氯气的加成反应速度加快，而且使二氯乙烷的氯化取代反应速度上升，因而产生了较多的副产物（1,1,2-三氯乙烷）。催化剂有加快化学反应速度和对反应具有选择性等基本特征，因此如何使催化作用向有利的方向进行是技术人员的研究重点。经过多年的实践发现：在直接氯化反应器中增加第二组分催化剂，使本身作为活性催化剂的$FeCl_3$ 和第二组分催化剂形成一种络合物，该络合物的催化作用是单方向的，只对乙烯和氯气的加成反应起催化作用，可使副产物减少，提高二氯乙烷纯度。在确定第二组分催化剂后，又经过多次试验，摸索出了两种催化剂的最佳配比。自主开发的直接氯化多元催化反应技术和特殊的直接氯化进料气体分布器在上海氯碱 20万吨/年二氯乙烷生产装置上应用后，装置的生产能力提高了 20%，二氯乙烷的纯度从 99.3% 上升到 99.7% 以上。同时，上海氯碱还采用了双效变压二氯乙烷精制节能技术。二氯乙烷精制单元的目的是脱除产品中的水分、低沸物和高沸物，原装置是常规的四塔流程，其中脱重塔耗能严重，再沸器易结焦，每隔 3～4 个月就要清洗一次。上海氯碱技术人员对脱重塔开展了技术研究，针对脱重塔特点，大胆设想新增一台塔，与脱重塔串联。新塔塔顶蒸出的二氯乙烷温度达 120℃，其汽化潜热十分可观。使其在原脱重塔负压操作的再沸器中得到二次利用，从而构成双效变压精馏节能系统，同时降低了原脱重塔塔釜温度，使得重组分不易聚合。在实际开发过程中，通过引进的流程模拟软件对物料平衡和热量平衡进行计算，根据双效变压新流程建立了既有冷凝器又有再沸器的精馏塔模型。该技术在上海氯碱 10 万吨/年聚氯乙烯新装置上成功应用,达到了节能增效、提高产品质量和延长设备运转周期的效果。上海氯碱最早的两套各 10 万吨/年裂解炉是引进日本三井东压公司的专利技术,该装置最大的缺点在于没有充分利用从裂解炉辐射段出来的高温裂解气,既浪费了能源,又增大了燃料气的使用量,同时炉管温度受热不均,容易有"飞温"现象产生。裂解气热能循环技术是使裂解炉辐射段出来的高温裂解气经过 1 个特殊气包,与进裂解炉的原料进行热量交换,裂解气由 500℃ 降到 250℃ 左右,而原料二氯乙烷的温度由 45℃ 瞬时升高到 200℃ 左右,极大地降低了燃料气的用量。国内裂解气热能循环利用技术首次在引进的 20 万吨/年聚氯乙烯装置上进行技术替代,取得了预期的效果,裂解炉生产能力增加 15%,燃料节约 42%,裂解转化率大于 55%,该技术达到了国际先进水平、国内领先水平[22]。

2.3　国内化工行业自动化技术的应用情况

2.3.1　仪表检测与 DCS 应用

2.3.1.1　煤化工行业

煤化工系统具有流程长、涉及装置多等特点,包括空分、气化、水洗、脱硫、甲醇合成和转化等过程,需要分析和检测的点很多,在线检测仪表和离线分析设备对煤化工过程的自动控制和生产至关重要。该过程的复杂多样性,使得自动化仪表不仅要满足直观、易用的要求,其次还需要满足智能化的需求,以此提高自动化仪表的运行效率和实际应用能力。

煤化工过程中的测量仪表主要包括以下类型:物料输送和计量、气化炉炉内高温测量、容器液位测量和调节、压力测量和调节、气体成分分析等。温度检测中由于气化炉操作温度高,工业化运行的气流床气化炉(炉壁)的温度区间在 1100～1500℃,常用的高温热电偶在开车后两周到一个月的时间内就会出现损坏和测量不准的现象,开发新的耐高温、耐气流冲刷和腐蚀的测温仪表仍是目前的研究热点。压力检测主要采用弹簧管和膜盒的机械压力表、智能压力变送器。流量检测中,以水煤浆、灰水和黑水的流量检测最为复杂,这是由于水煤浆特殊的物理特性,它含有 60% 以上的极细的煤固体颗粒,再加上辅助添加剂,其动力黏度在 500～3000 毫帕·秒,而且是非牛顿流体,腐蚀性强,多年的装置运行经验证明,采用电磁流量计测量水煤浆流量是目前唯一可用的测量手段。灰水是指含有质量分数小于 2.5% 的较细灰渣的水,黑水是指正常时含有 3%～5% 的灰渣,最高含有 10%～20% 的灰渣的水。灰水流量计可用孔板流量计测量,而黑水由于含有较多的灰渣,腐蚀性极强,一般的入口锐孔板的锐缘很容易被腐蚀,使得测量精度下降,所以一般用文丘里喷嘴或楔形流量计测量。

煤化工装置种类繁多,有上千个基础控制回路和连锁系统以及报警点,其操作控制要求非常高。现有的煤化工装置基本都配套集散控制系统 DCS 和紧急停车系统 ESD。煤化工过程优化运行需要一定的硬件支撑,尤其是 DCS 装备与各类在线分析仪表,目前国内大型煤化工企业都采用国外的硬件装备,投入很大,维护不便。

2.3.1.2　合成氨行业

合成氨生产过程主要涉及原料气的制取与净化、氨的合成和氨的分离等过程,需要参与安全监控、生产控制和环保监测的点较多。合成氨生产过程中,气体组分的在线监测非常重要,主要包括水煤气中氧气含量、中变出口和低变出口的一氧化碳含量、脱碳出口的二氧化碳含量、合成循环气中甲烷和氢气含量,以及一段和二段出口处的甲烷含量等。这些气体组分一般采用红外线气体分析仪,一般的中大型合成氨企业都有较完备的气体在线测量分析仪表和装置。

合成氨生产过程中还涉及温度、压力、流量、物位的检测。温度检测范围一般在 200℃以上,例如,脱硫工段的操作温度在 200～400℃,氨合成反应温度在400～500℃(不同的催化剂有不同的温度),可采用双金属测温计、热电偶或热电阻测温计。压力检测范围在 15 兆帕以下,例如,脱硫工段的压力在 0.7～6.0 兆帕,氨合成压力在 10～15 兆帕(不同的工艺有不同的操作压力),主要采用弹簧管和膜盒的机械压力表、智能压力变送器。流量检测包括质量流量和体积流量,一般采用孔板流量计、转子流量计和漩涡流量计等。物位测量大多采用浮筒液位计和差压液位计等。执行机构主要有气关式薄膜调节阀、故障保持型薄膜调节(气开、气关)阀、气开式活塞阀和电磁阀等。

合成氨生产过程从原料气的制备、净化到氨的合成,经过造气、脱硫、变换、碳化、压缩、精炼和合成等工段。一个中型合成氨装置的控制规模为:模拟量输入100～150 点,开关量 30～50 点,控制回路 30～40 个。主要的控制系统是[26]:煤造气自动顺序控制、重油气化炉带温度(或出口气成分)校正的双交叉限幅氧油(气/煤)比控制、造气炉蒸汽流量控制、气化炉自动开停车顺序控制、饱和热水塔出口温度极值控制、氢氮比控制、变换炉出口温度控制、氨合成塔触媒层温度控制、惰性气体-压力超驰控制、氨蒸发器出口温度-液面超驰控制、三大高压液位控制、氨合成塔群负荷分配控制、尿素合成塔 NH_3/CO 控制、H_2O/CO 控制、脱碳塔 O_2/CO_2 控制、空分装置顺序控制等。

20 世纪 60 年代以前的过程控制多采用模拟仪表的分散控制,自从 20 世纪 70年代集散控制系统应用到合成氨生产以后,操作控制上产生了很大的进步,实现了全流程的温度、压力、流量、液位和成分五大参数的检测、显示、报警、控制与连锁。我国吉化化肥厂在 1981 年使用 CENTUM-A 系统率先对中型合成氨生产过程实施了自动化控制改造,云南天然气化工厂在 1984 年采用 TDC-3000BASIC 系统对大型合成氨生产过程进行自动化控制改造,国内大多数大中型企业均实现了 DCS 控制,目前仅剩下少数几个企业仍沿用模拟仪表控制[27]。合成氨生产过程的 DCS 种类很多,基本囊括了所有的 DCS 型号。DCS 投运后,减轻了工人劳动强度,改善了操作环境,稳定了工艺生产,提高了操作精度,达到了装置安全稳定运行,节能降耗的目的。据调查各中型氨厂 DCS 应用,每套年经济效益在 60 万～200 万元不等[27]。

大型合成氨装置,由于其工艺成熟、自控设备完善,以及自身工艺、仪表技术人员的素质较高,基础控制回路的投运效果较好。然而部分中小型企业由于缺乏相应的技术支撑,对自动控制原理及技术掌握程度不够,基础控制回路投运效果不够理想,很多底层控制回路由于控制参数不当和仪表或调节阀等缺陷,无法投运自动控制。

2.3.1.3 尿素行业

尿素生产工艺过程被检测的介质腐蚀性强、凝固点高,在温度稍稍降低时会有结晶产生,原料液氨和过程中的气相介质易燃易爆。这些特点对一次测量仪表提出了较高要求。不但要求仪表应具有较高的耐腐蚀性能、较高的灵敏性,而且在防止堵塞问题上要有特殊的结构。

温度是尿素生产过程中的重要参数之一,因此在尿素生产中温度的正确检测和控制占有非常重要的地位。双金属温度计用作主要的就地安装测温仪表,其优点是体积小、价格便宜、刻度清,且具有一定抗震性,测量范围在 -80～$+600℃$,保护套材为 00Cr18Ni10,水、蒸汽、液氨、尿液、稀甲铵液等介质都可用。使用中注意事项为:耐压等级有 4.0 兆帕和 6.4 兆帕,使用时宜降一个压力等级;保护套插入长度应按被测介质管径的 $1/3$～$2/3$ 选用,管径小于 100mm 时,应加扩大管;要按具体安装位置选取结构形式(轴向、径向、钝角式、可调角式);由于尿素界区属工业腐蚀性大气,故宜选用防护型双金属温度计。热电偶具有测温范围广、测温灵敏、可带保护套管、用于高温高压强腐蚀介质场合、抗震性强、输出电信号、温度显示表可远离检测现场等优点。

尿素生产中常用压力检测仪表有:液柱式 U 形压力计,用于测量常压 CO_2 气体压力和蒸发系统的真空度;普通弹簧压力表,用于测量水、蒸汽、蒸汽冷凝液、压缩空气、仪表空气、蚀介质的压力;氨用压力表,用于测量液氨和气氨压力;防爆型带电接点氨用压力表;隔膜式耐蚀压力表,用于检测氨、甲铵液、尿素溶液等腐蚀性强、易凝固介质的压力。液氨的流量测定具有特殊重要性,在尿素成本核算和能耗分析中,液氨消耗量占其中 80% 以上,因此对原料液氨流量测定的精确度要求显得非常重要。近年多采用游涡流量计,其基本误差为 $\pm0.5\%$～$\pm1.5\%$,它的特点是可以长期提供0.15％的重复性,是一种设有可动磨损部件的节流装置,是"装上就不用再管的仪表",日常维护工作量小,可靠性强。现在已广泛用于液氨计量。尿素工业一般的中、低、常压的塔、槽容器液位检测仪表有玻璃管(板)式、浮力式、静压式、电容式液位计。对于高压设备则采用γ射线液位计。尿素贮斗的料位测量常用电容式物位计。

随着自动化技术工具的发展,尿素生产的过程控制水平亦在迅速发展,由常规控制过渡到应用集散系统,并向优化控制方向发展。尿素装置中的控制系统主要有高压系统 NH_3/CO_2 控制、CO_2 流量控制、高压冷凝器压力分程控制、循环系统温度控制、一/二段蒸发组分和温度控制、解析塔温度控制、合成塔液位控制、汽包液位控制、造粒机进料压力控制和造粒机温度控制等。我国的大、中型尿素装置从20世纪80年代开始采用从国外自动化生产厂商引进的 DCS 系统,取得了明显的效益,如降低了原料液氨和蒸汽的消耗,生产更加稳定,延长了在线运行时间。

为优化管理、提高产品质量、降低生产成本,智能控制系统和优化控制策略被积极引入到尿素生产过程。特别是国产控制系统和先进控制策略,已在多家大中型化肥企业得到应用。2008 年 11 月,兖矿鲁南化肥厂3052 大化肥装置采用国内具有自主知识产权的浙江中控技术股份有限公司的 DCS 系统,该系统进行全流程生产过程监控,实现了国产 DCS 控制系统在大化肥连续生产装置应用上的突破。系统构成的整体自动化平台覆盖了连续煤气化、净化、硫回收、氨合成、尿素等工段,各项功能、性能均达到或优于设计要求。系统稳定可靠,能满足大型化肥装置易燃易爆、高温高压的高危险等级下安全经济运行的要求[28]。山西天脊煤化工集团以及目前世界最大的江苏灵谷化工等企业的尿素生产过程也采用了浙江中控的DCS 控制系统,实现了具有自主知识产权的国产 DCS 在大化肥连续生产装置的成功应用。

2.3.1.4　制碱行业[29]

目前,我国的纯碱产量居世界第一,纯碱的主要生产方法采用:索尔维法和联合制碱法。其中,联合制碱是将合成氨生产中的变换气直接送入联碱碳化塔,在脱除变换气中的同时生产重碱,而后将重碱经滤碱机过滤和煅烧后制得纯碱,过滤后的母液送入氯化铵工段。其主要工序分为重碱生产、氯化铵生产和煅烧生产等[30]。在纯碱的生产过程中,介质腐蚀、结疤严重等因素严重影响着制碱工业自动化水平的发展。近十几年来,各纯碱企业为稳产高产、提质降耗、增强产品和企业的市场竞争力,在自动化水平提高方面,投入可观的资金和精力,以求改善,积极采用新技术,因而制碱企业的自动化水平得到了很大程度的提高[30]。

检测仪表的精度和可靠性是制碱工业自动化的基础。近十几年来,随着检测仪表技术的发展,在制碱企业,自动化仪表逐渐由电、气动型仪表向数字化、智能化、计算机化转换发展。在物料计量检测上,原机械式称量装置方式现已基本更换改造为电子式,测量方式也多样化,如电子轨道衡、电子汽车衡、电子皮带秤、冲板流量计、微机核子秤等。这些装备的使用较普遍地提高了计量准确性、测量速度和减少维护工作量。原盐和煤计量检测较多选用电子皮带秤和核子秤。重碱计量检测与重灰生产中轻灰配料计量检测,普遍采用德国 E+H 冲板流量计,使用效果较好。冲板流量计用于重碱计量检测时,由于重碱含水分易粘和磨损挡板,需辅上有憎水性耐磨材料。石灰石配料计量检测,原皆为机械式,现基本改为电子式,应用计算机技术实现配料给料控制,改变为了过去机械式的不足。

纯碱生产大中型企业在 80 年代中后期对 25～50 千克袋包装计量基本都进行了技术改造,采用从德国进口的自动化包装秤,包装计量检测控制精度达到±2‰以内,大袋包装基本上还采用机械式或机电式。小苏打和纯碱生产规模较小的多还采用机械式。在流量计量检测上,蒸汽流量计量检测各碱厂基本都还采用差压式节流孔板,差压变送器多用美国罗斯蒙特 1151 电容式,使用可靠稳定。二次仪表现多采用智能仪表和直接入微机。对流量测量值,根据需要进行压力与温度自动补偿,计量精度的可靠性、准确性比以前有所提高。二氧化碳气体流量计量检测,多采用差压孔板式和均速管式。液体流量计量检测上,纯碱生产过程母液、盐水、石灰乳、碱液等基本都采用电磁流量计。

纯碱生产系统压力测量,由于介质易结疤、结晶和气中含粉,使导压管易堵,各碱厂针对不同介质采取相应措施来解决,如定期吹堵、改进隔离罐、缩短导压管、加粗取压管、定期清堵导压管、保温等办法,保证了正常测量。液位测量困难点是碳化塔液面测量,有气液相,易结晶结疤。部分碱厂的尝试收到效果,如大连碱厂在测量现场加装 MG-F 型磁浮子液位计,配套 MA 型信号转接器及显示仪表,应用效果尚可;湖南冷水江制碱厂用双插入式法兰差压变送器,对联碱碳化塔液位进行测量。

除了检测仪表外,碱厂的在线分析仪表也有一定进展。重碱中下段气 CO_2 气体分析采用红外线自动分析仪;重碱滤过盐分测量采用酸度 pH 计测量法;烟气含氧量测量采用氧化锆氧量分析仪;石灰乳密度测量采用核密度计。均取得了较好的实用效果。在控制用调节阀的使用上,蒸汽、气体调节选择套筒阀日趋成熟,大口径气体多选用蝶阀,液体调节如灰乳、碱液、中和水、母液多选用凸轮挠曲阀。

随着现场仪表检测与控制装置技术问题逐步解决和工业计算机应用及新控制理论的技术应用,纯碱生产过程,重碱、煅烧、石灰、压缩、盐水、包装、锅炉等工序的自动调节回路成功投用越来越多,取得了高产稳产、提质降耗、效益增长的效果。对于纯碱的制造过程来讲,整个生产过程需要对 60 个温度点、20 个压力点、16 个液位点、21 个流量点及超过 210 个电机运转信号进行检测与控制,是典型的多参数、多回路、大滞后、强耦合、强非线性的复杂工业对象[31]。目前,国内大多数碱厂的生产过程都是通过工人的手动操作在 DCS 监控平台上实现日常生产。青碱公司采用 Honeywell 公司的 TDC-3000 系统用于碳化、煅烧工序的集中监控,以及调度监控和 7♯锅炉监控。天津碱厂、唐山碱厂、潍坊碱厂、连云港碱厂、双环集团采用 Fisher 公司的 PROVOX、日本横河公司的 CENTUM-CS、美国 Honeywell 公司的 TDC-3000 等系统用于碳化、煅烧、石灰、蒸汽锅炉等集中监控。杭州龙山化工总厂选用了国产产品——浙大自动化工程公司生产的 SUPCON-JX-300DCS 系统用于联碱碳化工序等。这些 DCS 系统的应用,立即显示出其优越性:可完成 HD 过程控制、多变量控制、串级、前馈调节,又可实现间断的顺序控制、批量控制、逻辑控制及自适应控制等各种专家职能控制,还可完成所需画面显示、监控、打印、输出报警、数据存储、趋势记录等要求,并且可以灵活扩展系统,管理功能强,实现人机对话,可靠性高,稳定性好。系统硬件采用冗余配置与容错技术,其结构使得局部故障时,维修方便不影响系统监控。实现平稳操作、提质降耗、效益显著。

2.3.2 过程建模

国内很多高校通过对氯乙烯过程进行建模,并通过优化技术优化氯乙烯过程,从而有效降低氯乙烯过程的能耗。

浙江大学对 VCM 装置的热能进行了夹点分析与优化,通过建立在热传递基础理论上的夹点分析,并对其作了扩充,使之与物料衡算相结合,并对设计数据和生产实际数据进行双重对比分析。尤其是其中采用的整合技术,属于发展的前沿。该技术对于新建装置而言,优化用热网络可以确定各装置的合理配套规模及最经济的公用工程装置规模,节省装置投资,增加效益;对于现有装置,优化用热网络系统有利于装置挖潜改造、消除"瓶颈",充分合理利能量资源,指导优化装置操作,达到增产、节能降耗、降低成本的目的。通过在上海氯碱厂实施验证,有效提高了该厂氯乙烯用能效率,大大提高了该厂资源整合和经济效益。

浙江大学采用 Aspen Plus 软件建立了上海氯碱厂氯乙烯车间的两套 EDC 精致装置(300 单元和 1300 单元)的流程模拟模型。通过充分比对设计数据及工厂运行数据和模拟计算结果,揭示了 300 和 1300 单元节能降耗的瓶颈,提出了可操作的改造方案,使得该装置至少可以节约蒸汽 9.5 万吨/年[32]。

天津大学建立了二氯乙烷热裂解反应机理模型,并对其反应器进行了扩能研究,该方案以天津火沽化工厂 8 万吨/年 VCM 装置二氯乙烷热裂解反应器为研究对象,通过对大量生产数据的处理,建立了二氯乙烷热裂解反应动力学模型,并应用于反应器分析与设计。通过计算机对现有裂解炉进行模拟计算,验证该模型的可靠性。进一步利用该模型,通过改变裂解炉盘管内的温度分布并模拟计算,找出了限制裂解炉生产能力的瓶颈部分,并提出了改进方案。应用建立的二氯乙烷热裂解反应动力学模型,在裂解炉管大小、原料组成和裂解炉出口转化率均保持不变的情况下,设计出绝热管式反应器,可以有效提高生产能力 10％左右。同时天津大学还对裂解炉进料二氯乙烷中杂质对反应速度的影响作了定性分析。通过对氯乙烷热裂解反应器优化操作和加装出口绝热反应段,使该二氯乙烷裂解炉能力由原设计的 8 万吨 VCM/年提高到 10 万吨 VCM/年[33]。

浙江工业大学对氯乙烯的分离序列过程进行全流程模拟,建立了分离序列的动态模型。主要设备包括:对水洗塔、碱洗塔、低沸塔、高沸塔、残液回收塔、冷却水循环系统以及各个主要设备的辅助设备等。通过采用“分段集总”的思想,把整个塔设备视为含多个组分的 N 级串联的连续搅拌槽。根据汽液两相传质的动态特性,再根据进出料的情况把实际塔板集总为“塔顶段”、“侧采段”、“进料段”、“塔釜段”等相应的搅拌槽,每段近似抽象为“虚拟理论级”,每一级汽液达到相平衡。并由此建立了精馏塔动态模型。在求解数学模型的过程中选择了序贯模块法、双层法等适宜的解法。模型建立之后,对模拟结果进行了讨论,模型的计算结果与装置的实际运行数据非常接近。由于该软件的开发具有较强的机理性,从整体工艺的模拟情况看,整个模拟过程能够很好地反映出装置实际运行情况,具有较好的动态特性,不仅可以用来进行仿真培训,还可用于的氯乙烯精馏序列开、停车研究,以安全性为中心的安全监控和故障诊断,先进控制开发,以及该过程质量交换网络综合分析等研究[34]。

青岛科技大学针对现有平衡氧氯化法生产氯乙烯装置能量消耗较高的情况,研究如何通过热集成手段改造氯乙烯装置,从而实现氯乙烯装置的节能降耗。在全流程模拟基础上,通过对氯乙烯装置各换热设备能耗的分析发现,能耗主要发生在精馏塔冷凝器和再沸器上。于是采用塔系之间以及塔与过程之间的热集成方案。采用模拟基础上的热集成手段提出不改变装置操作参数和改变装置操作参数两个节能方案。提出节能的目标函数并分别对两个节能方案进行目标函数的计算。应用夹点技术分别对上述两个节能方案进行分析、研究,找出方案中用能不合理的地方,并对氯乙烯装置的换热网络进行调优处理,提出新的节能方案。将以上三个方案相比较得出最终的节能方案[35]。

青岛科技大学还针对 20 万吨/年平衡氧氯化法氯乙烯生产工艺中循环二氯乙烷氯化脱低沸物工艺进行了开发与模拟。首先对苯氯化反应动力学方程进行了研究。确定苯氯化反应动力学方程的形式为幂函数型,针对实验数据少的特点,对实验数据随时间变化的趋势进行了拟合,用拟合得到的函数对实验数据进行了扩展。利用扩展后的实验数据对反应动力学参数进行了回归,得到苯氯化宏观反应动力学方程。借助已有的 40 万吨/年氯乙烯装置循环 EDC 氯化脱低沸物工艺中的苯氯化反应器对宏观反应动力学方程进行了验证,使用得到的动力学方程对该苯氯化反应器进行了模拟计算,得到了苯氯化反应器的结构参数并与该反应器的实际结构参数进行对比,结果表明计算值与实际值吻合度较高。得到的反应动力学方程可以用于循环 EDC 氯化脱低沸物工艺中苯氯化反应器的设计。同时,还针对20 万吨/年平衡氧氯化法氯乙烯生产工艺,开发了循环 EDC 氯化脱低沸物工艺,该工艺流程为:来自 VCM 精制工段的循环 EDC 物流分为两部分,一部分与氯气混合后,进入苯氯化反应器进行苯氯化反应,从苯氯化反应器出来的物流与另一部分与氯气混合后的循环 EDC 物流进入氯丁二烯氯化反应器进行氯丁二烯氯化反应,从氯丁二烯氯化反应器出来的循环 EDC 物流进入 EDC 精制工段将氯化后的苯和氯丁二烯脱除。针对该工艺的主要设备(苯氯化反应器、氯丁二烯氯化反应器和两个换热器)进行了模拟计算,确定了设备的结构参数,根据脱低沸物工艺确定了设备的操作参数,并对一些管路进行了计算。最后使用化工流程模拟软件对 20万吨/年氯乙烯装置增加循环 EDC 氯化脱低沸物工艺后可能受到影响的部分工段进行了流程模拟,得到了增加循环 EDC 氯化脱低沸物工艺后,这些工段的物料衡算数据和能量衡算数据。结果表明,增加循环 EDC 氯化脱低沸物工艺以后,装置内苯和氯丁二烯的含量明显降低,VCM 产品的质量没有受到影响,部分换热器的负荷有所上升。接下来对增加循环 EDC 氯化脱低沸物工艺后,塔和换热器设备的适用性进行了研究:使用化工之星(ECSS)模拟计算了增加循环 EDC 氯化脱低沸物工艺后塔的水力学性能负荷,使用换热器设计软件模拟计算了换热器的工艺数据并将工艺数据与工程经验值进行比较[36]。

2.3.3　先进控制

煤化工企业除了与传统化工企业类似,危化品生产需要安全防爆外,其工艺过程复杂、生产流程长、涉及专业技术广泛、投资巨大、对生产成本控制严格等因素都为相关自动化管控方案提出了更精细化的定制需求。目前,我国部分大型煤化工企业的过程控制级大多采用了集散控制系统(DCS),将多变量、强耦合的复杂过程化为多个单回路的跟踪调节,但 DCS 仅仅实现了底层自动化单参数的稳定化控制,并没有实现过程的优化控制。因此,针对企业现有工艺流程和生产设备,利用过程运行信息,研究开发煤化工生产过程先进控制技术,切实提高工业企业经济效益和市场竞争力,成为我国煤化工企业亟待解决的关键性问题。煤化工生产过程流程长、工序多,各工序中都存在很大的滞后,滞后时间不一,同一工序的滞后时间受原料成分和工况的影响也经常波动,具有典型的多重随机大滞后特性。因此需要研究针对各参数不同滞后时间的大滞后智能预测控制方法和不同控制作用之间的协调策略,以保证整个系统的综合性能指标最优。研究开发大型煤化工典型单元先进控制、自动控制装置和各类在线分析仪表等,从而实现具有自主知识产权的成套自动化控制系统和在线分析仪在这些重大工程中的实际应用。

　　煤化工过程关键单元的先进控制技术,需要针对不同的过程开发相应的优化控制技术。对于煤气化过程单元,主要涉及气化炉氧煤比非线性协调智能控制技术,基于多塔联合优化的合成气中水含量优化控制技术;甲醇合成过程中甲醇反应过程先进控制技术,甲醇精制过程产品指标的优化控制集成技术对于提升甲醇的合成过程意义重大;空分和下游产品(烯烃、醋酸、醚酯等)的先进控制技术的开发提升了装置的运行水平。

　　目前,先进控制技术在煤化工行业还处于研究和示范运行的阶段,可见的类似报道并不多,一方面是因为煤化工行业的大规模工业化发展还处于起步阶段,工业化过程基本采用的是工艺包自带的基本控制手段;另一方面是因为相应的工艺和控制技术并不成熟,并不满足大范围应用的条件。

　　随着计算机控制技术在合成氨生产过程中的推广,我国自"七五"期间开始尝试合成氨过程的先进控制。四川化工总厂承担了"七五"国家科技攻关课题"合成氨装置生产过程计算机控制",用 SPECTRUM 系统和 IBM-PC/XT 上位机,对合成氨触媒温度、水碳比、氢氮比等回路,经模型测试、工艺参数数据处理,建立了单元对象数学模型,实施局部优化控制。这种以两级计算机闭环优化实施控制系统的研究成功,使我国大型合成氨企业的计算机控制水平大幅提高[37]。20 世纪 80 年代,川化、卢天化、云天化等企业研究开发了气头厂合成氨生产过程的四套节能控制系统:合成氨生产过程的水碳比值控制系统(控制原料气 CH_4 量和蒸汽量)、氢氮比控制系统(控制空气量)、一段转化炉出口温度控制系统(控制燃料量)、驰放气组分压力控制系统(控制驰放气量)[37]。在 DCS 改造后,又不断完善和普及,对稳定生产、节能降耗带来了明显的经济效益。近几年,预测控制也逐渐在合成氨生产过程中得到了应用,如应用在床层热点温度的控制等,取得了较好的应用效果。先进控制在大中型合成氨生产装置上投运效果良好,但在一些中小型企业的应用还很少,主要是由于技术与投入不够,对先进控制的作用没有引起足够的重视。

　　国内大部分氯乙烯生产企业都对氯乙烯生产过程进行先进控制,可以有效地提高氯乙烯生产操作水平。下面就列举其中的集中典型先进控制策略[38]。

　　1) 乙炔生产过程先进控制

　　乙炔生成工序中的先进控制目的是提高乙炔生产效率,主要内容是建立 PFC-PID 串级控制系统,控制乙炔反应器内的化学反应温度。通过改变主、副控制变量,将冷却塔的出口压力设置为主控变量,从而保证系统压力稳定,将乙炔发生器的反应温度设置为副被控变量,在保证系统压力稳定的条件下达到提高反应温度的目的。整个系统内循环采用 PID 控制,外循环采用预测函数模型控制,从而提高乙炔生产率。建立串缓控制系统另外的优点就是取消气柜,彻底解决气柜存在的安全隐患以及建设气柜带来的经济开销。在一些大型的氯乙烯生产企业里,该工序的优化在确保氯乙烯安全生产方面起到了重要作用。

2）氯化氢合成过程先进控制

氯化氢合成工序优化的目的是提高产物的产率和纯度、提高系统安全性能和降低生产成本,优化方案的核心集中在氢气和氯气的配比上,将氯气和氢气的流量作为控制变量。设计单向封闭循环比值控制系统,改变传统的进口气流方式,以氯气为主流量,氢气作为副流量,对气流的温度和压力进行控制和补偿,避免由于昼夜温差和气压的变化以及四季气候的变化引起的气流密度变化。由于整个工艺条件发生了变化,进入合成炉的氯气和氢气组分也随着发生相应变化,甚至发生大尺度的波动,氯氢气体流量比会受到温度和压力的影响,故设计单闭环比值控制系统对其流量进行温度、压力补偿。

3）氯乙烯的转化和精馏过程先进控制

该过程先进控制可以提高氯乙烯单体的纯度和产量、降低物耗和能耗。通过优化各台转化器之间的转化温度,控制转化器夹套水的流量变化。与氯气、氢气配比控制系统相似,主流量是氯化氢,副流量是乙炔,设计单回路闭环比值控制系统,同时对氯化氢和乙炔气流量引入温压补偿运算模式,保证反应过程控制精度,实现自动化控制。

精馏塔是一个多参数的复杂分离系统,要实现对其优化操作需要配套一套精确的控制系统。在氯乙烯精馏控制方案中可以应用预测函数控制（PFC）为监督层、常规 PID 控制为控制层的先进控制系统。由于控制层采用频率较高的常规 PID 控制,可以抑制二次干扰,而 PFC 具有较强的鲁棒性、抗干扰能力和快速跟踪能力等,可以保证控制系统的快速和稳定,其控制输出用来修正 PID 闭环回路的设定值。该先控方案以透明控制结构结合 PFC 及常规 PID 控制的优点,其控制效果明显优于常规 PID 控制。此控制方案在青岛某企业与江苏南通某企业等国内多家氯乙烯精馏装置上得到了应用,获得了良好的效果[39]。

2.3.4　运行优化

国内煤化工企业长期以来一直致力于工艺运行参数的优化,但由于引入专利技术时,专利商并未提供核心基础数据,规定的工艺操作参数也未必是最优的,由于关键核心单元如水煤浆气化过程、高温合成气脱硫过程、粉煤气化的粉煤输送过程、甲醇制烯烃等过程机理非常复杂,例如,水煤浆气化过程是高温、高压、炉内存在强烈湍流的气液固三相非催化反应,影响产品质量与消耗的因素众多;高温脱硫过程中相应的催化剂开发不足等,使得煤化工过程在解决上述单元的运行参数优化时困难较大,一般只是通过经验优化调整工艺操作参数。兖矿国泰化工有限公司与华东理工大学合作,通过实验小试、机理分析与工业运行数据融合建模优化等,针对水煤浆气化过程的特点,成功对水煤浆气化过程进行了优化,有效提高了合成气收率,降低了比氧耗和比煤耗,产生了显著地经济效益。由于煤化工行业涉及的生产过程和设备广泛,运行优化技术在煤化工行业的应用空间非常大,近几年匆匆上马的众多煤化工装置,很多工艺运行指标还未达到设计值,亟需这方面的技术支持。

国内合成氨企业长期以来一直致力于工艺运行参数的优化,但由于引入专利技术时,专利商并未提供核心基础数据,规定的工艺操作参数也未必是最优的,使得合成氨企业在解决运行参数优化时,困难较大,一般只是通过经验优化调整工艺操作参数。80 年代初以来,大型合成氨企业在 DCS 应用以后,积极研究和推广装置的节能降耗优化措施,例如,川化年增产合成氨 5435.1 吨,年节约天然气 604.8 万米^3;卢天化在相同原料气消耗条件下可增产氨 1.15%;沧化每吨氨能耗下降 1226 兆焦,增产 2.9%[37]。目前运行优化技术主要包括[40]:以提高造气炉制气强度、降低煤耗的造气炉整体改造技术;节省停炉时间的自动加焦(煤)技术;油压微机控制、炉况监测与系统优化技术,合理调节控制造气循环分配时间、入炉蒸汽量、氢氮比和加煤、下灰等,能对造气炉的炉况全面监测并进行闭环调优,进而优化生产状态,达到造气系统高产、稳产、低耗的目的。

2.3.5 智能控制

自动化仪表、智能控制器以及通信网络的深入结合,如基于模式识别、神经网络等构架的自学习、自适应、自联想功能,万用表、示波器等的网络化应用,充分调动了煤化工企业内部甚至企业与企业之间仪器仪表的工作潜力,使煤化工行业自动化生产的能力大大增强。再如分布式采集系统的实现,使得煤化工行业生产过程实现了远程测量、远程采集、远程应用、远程存储的能力,构建出煤化工行业智能型网络自动化系统生产体系。为降低我国煤化工的运行成本,必须研究大型煤化工的自动控制装置和各类在线分析仪表,实现具有自主知识产权的成套自动化控制系统和在线分析仪在这些重大工程中的实际应用。

模糊控制、神经网络预测控制等智能控制方法广泛应用于联合制碱工业过程中,以解决难以用传统方法解决的复杂系统的控制问题。杭州龙山化工厂的联碱碳化过程中采用了基于模糊控制和专家经验的优化控制系统。该方法通过离线计算出的不同组合的输入情况相对应的控制量构成一张完整的模糊控制规则控制表,在实际控制时通过直接查询这张控制表进行控制,大大减少了系统的在线计算量,系统取得了较好的效果,制碱气消耗从 276 米^3/吨下降到 265 米^3/吨,重碱烧成率从 52.46% 提高到 53.24%,尾气浓度从 5.46% 下降到 2.96%[41]。山东海化村碱厂采用浙江中控软件技术有限公司的高级多变量鲁棒预测控制软件,开发了碳化过程先进控制系统,得到了成功应用,进一步提高了碳化工序的自动化水平,降低了劳动强度,保证了碳化产品质量和产量。根据现场考核,实施先进控制系统后,碳化工序的主要工艺参数平均波动幅度降低了 20% 以上[42]。

专家控制的实现是自动控制理论和方法与人工智能专家系统技术结合的过程。专家控制的特点是不需要建立精馏过程比较准确的数学模型,这对于复杂的精馏过程比较适合。氯乙烯精馏过程的专家控制是根据物料平衡、能量平衡、气液平衡的内在规律,综合性考虑、多方面制约与协调,并结合专家和操作人员的经验,建立实时专家监督控制系统。在氯乙烯精馏操作中,存在许多约束条件:①精馏塔不能出现液泛和滴流;②要有足够的塔压降保证精馏塔的有效操作;③精馏塔塔顶和精馏塔塔釜的温度、压力必须控制在一定范围内;④再沸器进出口水温差必须大于临界值,以保证换热;⑤水分离器和中间槽的物料不能满罐或排空等。专家控制的实施过程是:在精馏工况比较稳定、负荷变化不大的情况下,系统读入工艺参数,进行各种控制策略的运算,输出信号到各控制回路。当系统出现异常工况时,系统引入专家系统监督控制的方法,将专家或操作人员的操作经验加以归纳总结,并进行理论分析,在知识库中采用产生式表示方法,设置若干模糊规则,用以处理一般控制方法难以处理的精馏工艺的控制问题[39]。上海氯碱厂已在氯乙烯精馏工序中引入实时专家监督控制,应用效果较好,有效地抑制了多种干扰因素和不确定因素的影响,具有良好的静态和动态功能。

2.3.6　信息集成

随着我国煤化工、合成氨等生产能力不断扩大,供需日趋平衡,行业面临调整,一些缺乏资源优势、规模小、技术水平和管理水平落后的企业将在竞争中淘汰。经过新一轮整合和发展,今后我国化工企业将向大型化、集团化发展,通过采用先进技术和不同工艺的集成联产,形成经济规模的生产中心。在企业规模大型化的同时,采用先进的企业管理理念和管理手段,应用先进成熟的 ERP 技术等信息基础技术,整合企业信息,实现企业高效益运行,已经获得了广泛的认同。当前,国内大型化工企业逐步重视加强信息的集成,信息化建设已经成为能源和资源管理的重要基础和有效手段。这些大企业,如兖矿集团、上海华谊集团等专门成立了信息管理部门,以满足应用需求为目标,突出以生产计划和生产调度为核心的 MES 生产管理信息化建设和以财务管理为核心的 ERP 系统建设,实现了企业生产管理最优化、过程控制智能化,为增强企业的综合实力和生产过程的节能降耗提供了有力的基础和技术支撑。

2.4　智能自动化技术在化工行业的典型应用案例

2.4.1　煤化工行业应用案例

以提高资源和能源的利用率、优化煤化工生产过程为目标,综合应用化工反应与传递过程机理、计算机模拟、智能信息处理、生产过程优化等技术,研究开发大型水煤浆气化装置、甲醇装置等关键煤化工生产过程的建模、模拟及优化运行等关键技术,通过工艺机理分析、能耗物耗瓶颈分析、运行参数的优化调整,并通过应用示范,实现在保障安全平稳运行的基础上有效降低物耗能耗,保持工业装置的持续高效与优化运行。

2.4.1.1　煤气化炉温度软测量技术[43]

以兖矿国泰公司为例,该公司采用多喷嘴对置式水煤浆气化炉,气化炉炉膛操作温度高,物理测温元件高温热电偶在高热、强腐蚀气流冲刷下,使用寿命较短,在开车后两周到一个月的时间内就可能失效,实际操作中一般根据出口合成气的含量和粗渣形态分析来判断炉膛温度。为了提高炉内温度测量的及时性和可靠性,华东理工大学开发了该气化炉炉膛温度的在线软测量系统。通过深入研究气化过程的反应机理,综合现场数据的分析,融合了包括主成分分析法、最小二乘法的线性回归和神经网络等软测量方法,建立了炉膛内壁温度的软测量模型,并结合热电偶的检测信息,进行炉温软硬件冗余互校正。工业装置应用实施表明,炉膛温度的预测精度和炉温趋势跟踪效果很好,预测结果如图 2-4 所示,预测精度在±5% 以内,对于指导气化炉的安全平稳运行操作有十分重要的作用。

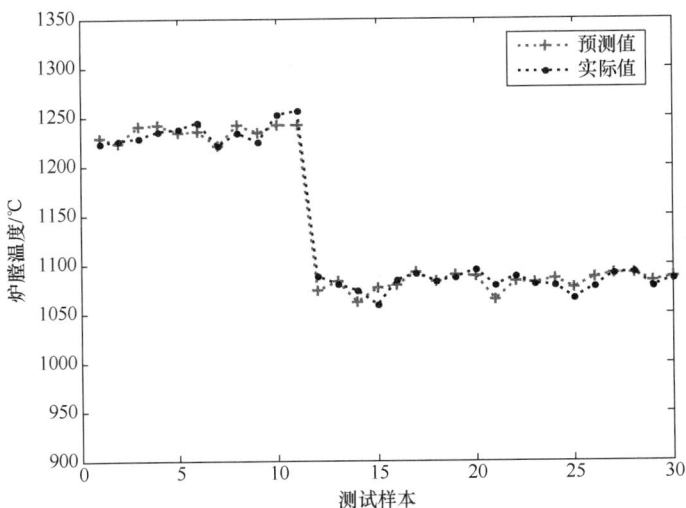

图 2-4　炉膛温度模型预测输出值与真实值对比

2.4.1.2　水煤浆气化过程的模拟与优化技术[44]

水煤浆气化过程是高温、高压、炉内存在强烈湍流作用的气液固三相反应,在炉内均相和非均相之间的传热、传质作用下,反应机理十分复杂,因而建立基于水

煤浆气化炉内的气化反应的气化炉数学模型和气化系统关键过程与设备的模型对
于优化水煤浆气化炉的生产意义重大。水煤浆气化工艺流程包括气化系统、洗涤
系统和灰水处理系统,华东理工大学针对该过程,在对气化过程机理进行深入分析
的基础上,建立了水煤浆气化过程的工艺机理模型,如图 2-5 所示。并采用流程模
拟技术,建立了整个系统的流程模型。研究数据预处理、数据调和、模型预估与校
正集成化的水煤浆气化生产过程模拟,实现将来自生产的实时数据用于模型校正
,真实地反映生产操作的实际情况,并在此基础上进行生产过程运行瓶颈分析,实现
给定优化目标下各子单元及生产流程操作条件的在线优化。利用该模型,确定装
置水煤浆含量、氧煤比、煤种变换对煤气化过程的影响和在节能降耗前提下的优化
操作参数,在此基础上实现气化炉的优化操作。该技术成功应用于兖矿国泰多喷
嘴对置式水煤浆气化和上海焦化的 GE 水煤浆气化装置中,其关键性能指标产品
中有效合成气收率提高 0.65%,比氧耗降低 0.8% 以上,过程节能降耗效果明显。
针对水洗过程的系统用水进行优化研究,提出了系统节水的优化实施方法,减少了
系统的用水量 1.9 吨/时,实现了过程的节水减排。

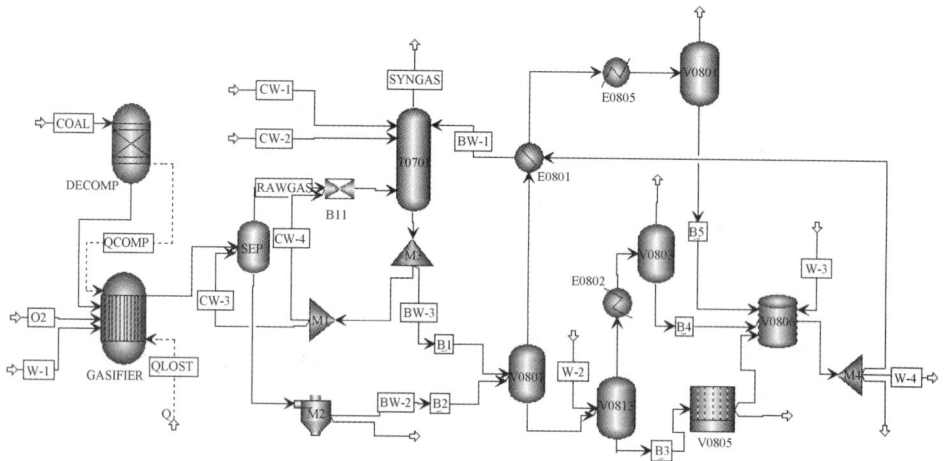

图 2-5　德士古气化过程流程模拟图

2.4.1.3　气化炉的氧煤比控制技术

气化炉的调节目的是在保证安全稳定运行的情况下尽量提高合成气中 H_2 和
CO 的百分含量,这就必须通过控制氧煤比来实现。当氧煤比较低时,气化炉的炉
温较低,碳的转化率随之降低,炉渣流动性差,渣口压差增大,易堵塞气化炉的拍闸
口,不利于气化炉的长期连续运转;而当氧煤比升高时,炉温升高,炉内耐火砖加快
溶蚀,气化炉的寿命受到影响。华东理工大学通过过程机理分析和气化炉的数学

模型,根据煤种、氧气纯度和气化炉情况,预测在给定工况下的最佳氧煤比区间,如图 2-6 所示。

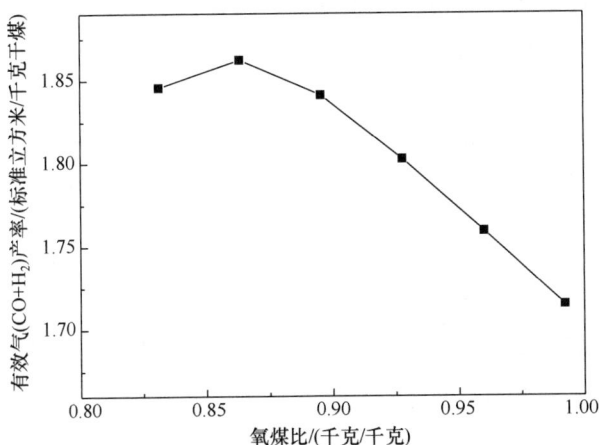

图 2-6　有效气(CO+H₂)产率与氧煤比关系图

通过控制氧煤比,使得气化过程实现高效运行。结合多喷嘴气化炉的运行特点,华东理工大学开发了多路氧煤比协调控制策略,降低了多路氧气流量的波动幅度(如图 2-7 所示),使得装置平稳运行。

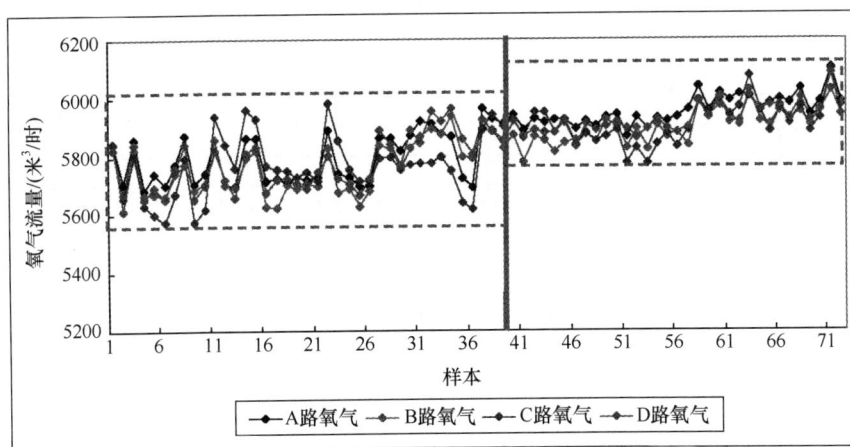

图 2-7　多路氧煤比均衡协调前后四路入炉总氧气流量趋势图

2.4.1.4　气化过程氯根浓度软测量与黑水排放技术

煤在高温燃烧或热解过程中,煤中氯化合物将发生分解和转化,大部分以氯化氢(HCl)的形式析出,造成大气污染和生态环境的破坏。虽然其数量相对于硫和氮的污染物来说很少,但氯化氢会在气化炉激冷室中溶于水中,并进入系统,酸性气体可以通过后续工段的闪蒸、汽提操作除去,而氯根 Cl-则会通过水循环在系统中富集起来。一定浓度的氯根会对管道、塔、闪蒸器等设备产生较强的腐蚀作用,因此检测和控制系统中的氯根含量对延长设备寿命,降低设备和维修费用至关重要。针对该过程的机理特性,华东理工大学开发了水煤浆气化过程的氯根软测量技术。基于系统物质守恒和时间序列分析,结合实际生产过程,采用多元回归方法建立了氯根的软测量,模型的预测效果如图 2-8 所示,预测精度在±10％以内,弥补了人工分析间隔时间长、分析值时效性不强的缺点,对于优化系统内氯根的含量提供了操作依据。根据氯根的预测模型,通过控制系统黑水排放量,调节系统内氯根的浓度。考虑到水煤浆气化装置操作的复杂性和系统运行的平稳性,应每个小时根据上述氯根浓度软测量输出与工艺允许排放的基准进行比较,通过增减黑水排放量来实现对氯根浓度的简单有效调节。该技术成功应用于兖矿集团国泰联合化工有限公司的对置多喷嘴水煤浆气化的黑水排放系统,实现了对系统内氯根浓度的调节和控制。

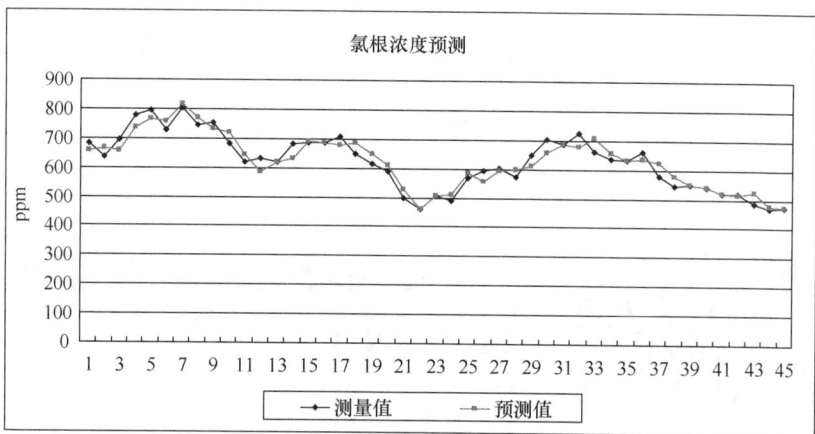

图 2-8　氯根浓度模型预测与测量值对比

2.4.1.5　粉煤气化过程优化控制[45]

我国引进的 Shell 粉煤气化装置,常常因为烧嘴罩烧穿泄漏、粗煤气过滤器瓷管断裂、煤气化炉堵渣或合成气冷却器段积灰结垢等问题造成系统频繁开停车,无法长周期满负荷稳定运行。针对中国石化引进的三套日投料量 2000 吨的 Shell 粉煤气化炉在调试和投料期间出现影响装置连续操作的主要问题,中国石化进行了工艺控制优化与改进方案的实施。具体包括:①粉煤加压和输送过程控制系统的改进。主要是通过设置差压限定及自动切换功能,避免原系统频繁自动切换所带来的影响;改变放料罐除桥顺序,修改顺控程序步骤,降低人工干预出错的频率。粉煤加压控制系统如图 2-9 所示。②气化炉控制系统的改进。气化炉控制的核心是通过调节氧煤比使炉内反应段的温度保持在预期的范围内。一般有通过合成气中 CO_2 体积分数进行氧煤比的自动控制,通过合成气中 CH_4 体积分数进行氧煤比的自动控制、氧煤比由内置曲线给出。由于实际运行中原料煤质的特性变化,使得上述通过合成气中相关组分体积分数进行控制的方案易出现不稳定。通过分析,气化炉侧水冷壁的蒸汽产量可快速反映气化炉反应段的温度变化,将其用来控制气化炉的氧煤比,可以较好地消除煤质波动对气化操作条件的影响。某装置采用多孔平衡节流整流器加微差压变送器取代了原 Shell 煤气化装置的隔板蒸汽连通阀,较准确地获得了气化炉侧反应段水冷壁的蒸汽产量,并取代了合成气中 CH_4 体积分数作为控制氧煤比的参数。工业实践表明,在汽包压力达到目标值且较稳定时投运该控制系统,气化炉温度更加稳定,炉温变化的响应时间从 5～10 分钟提高到 2～4 分钟,也更适应煤种的切换,为气化装置的长周期运行打下了坚实的基础。

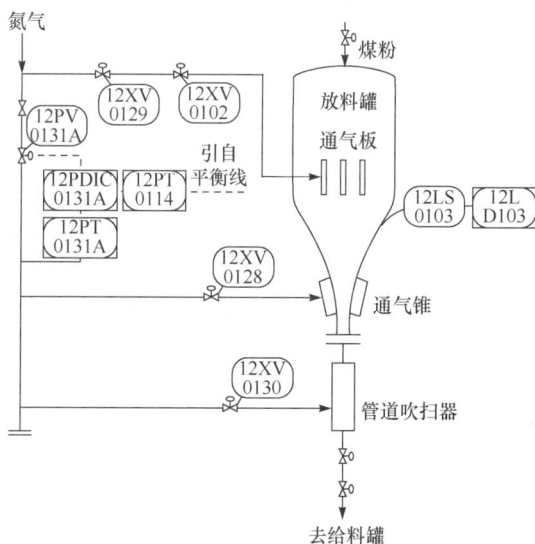

图 2-9　粉煤加压控制系统结构图

2.4.1.6　甲醇精馏装置的先进控制技术[46]

兖矿集团国宏化工有限责任公司以煤为原料的 50 万吨/年甲醇精馏装置,其工艺流程主要包括:①煤浆和氧气在 TEXECO 煤气化装置中气化生成变换气;②合成工段采用低温甲醇洗技术精华变换气;③在合成塔中合成甲醇;④四塔精馏。该装置在设计上采用了 ABB 集散控制系统,分别对精馏装置的温度、压力、流量和液位等参数进行了常规控制。但由于四塔耦合的精馏系统,各塔之间存在相对复杂的物流循环和热集成,另受系统负荷、进料条件等因素影响,精馏装置的运行并非最优。为了追求产品质量、产量和系统消耗等方面的优化,该公司对精馏装置进行了先进控制与流程模拟优化技术的开发和应用,其系统框架如图 2-10 所示。

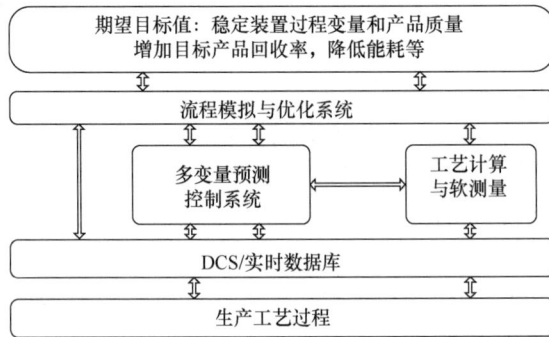

图 2-10　精馏装置先进控制与优化结构图

甲醇精馏装置先进控制器采用一个大 APC-Adcon 控制器,其中包括预精馏塔、加压精馏塔、常压精馏塔、回收塔四个子控制器,各子控制器之间的联系由物料、热量和汽液的平衡关系来体现,根据操作经验和流程模拟,优化设定关键被控变量的目标值。先进控制系统投运以后,取得了较好的效果,具体表现在:①提高装置控制性能,被控变量波动均方差减小 20% 以上;②提高自动控制投用率,减少操作干预,增加了平稳性;③精馏单元产品质量卡边操作,实现加压塔和常压塔甲醇产品质量在 99.99% 以上;④优化了装置的物料平衡、热量平衡以及蒸汽的分配,1.0 兆帕蒸汽用量减少了 2.5% 以上。

2.4.2　合成氨行业应用案例

2.4.2.1　大型合成氨装置先进控制系统技术的开发和应用[47]

中国石油乌鲁木齐石化公司化肥厂布朗工艺合成氨装置自 2008 年 7 月实施投用了先进控制系统,各项关键操作控制指标得到明显改善。其系统整体结构包括:①操作与监视平台,保证操作习惯和操作方式的一致性;②在线整定与监视平台,工程师可以通过此平台监视和优化工艺参数调整;③生产过程系统,保持以往的控制回路;④先进控制系统,包括数据处理及故障检测、过程软测量系统、优化控制系统,其系统框图如图 2-11 所示。

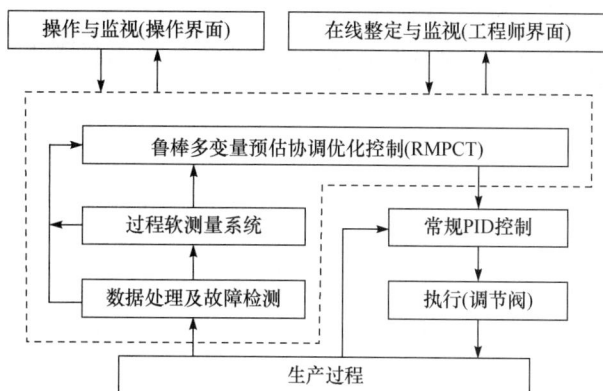

图 2-11　合成氨生产先进控制系统结构图

软测量系统主要是通过工艺参数与物料平衡来计算一些后续变量,如一段、二段出口甲烷含量等,以部分替代在线分析仪。先进控制系统部分包括转换系统控制器、净化系统控制器和合成系统控制器。水碳比先进控制的操作变量包括原料气量、工艺蒸汽量,前馈变量包括总碳量、原料温度、原料压力以及中压蒸汽压力。空碳比先进控制的操作变量包括空气量、原料气量;前馈变量包括总碳量、原料温度、原料压力以及空气温度。先进控制系统投用后,水碳比先进控制较常规控制条件下方差减少53.66%,空碳比先进控制较常规控制条件下方差减少49.32%。氢氮比先进控制的操作变量包括循环氢含量;前馈变量包括空气量、原料气量,系统压力和废气压力。先进控制系统投用后,氢氮比先进控制较常规控制条件下方差减少37.15%。一段、二段出口温度先进控制的操作变量包括一段燃料压力、空气量;前馈变量包括废气压力、瓦斯气流量。冷箱液位先进控制的操作变量包括X-1的压差和冷箱液位。一段、二段出口温度先进控制与冷箱液位先进控制投用后,极大地降低了操作员人为操作,控制参数波动均明显减小,控制更为平稳。

2.4.2.2　氨合成塔热点温度先进控制系统的开发和应用[48,49]

氨合成反应是放热反应,为了保证催化剂床层温度的稳定,必须在反应过程中不断的移出反应放出的热量。氨合成塔的操作控制最终表现在催化剂床层温度的控制上,在既定的反应温度下,应始终保持温度的相对稳定。影响温度的主要因素有压力、循环气量、进塔气体成分等。同时,作为氨合成反应的重要条件,热点温度的平稳控制将会为合成反应提供稳定的客观条件,促进反应效率。在一般的氨合成塔温度控制方案中,通常都是采用多个单回路 PID 温度控制系统。此外,除去常规的 PID 控制方案之外,较为普遍的是在控制方案中引进了影响热点温度的因素的前馈,或以热点温度为主变量,敏点温度为副变量的串级控制系统,构成热点温度的复合控制系统。随着自动化技术的发展,先进控制系统也被应用到合成氨系统中来。中国科学技术大学在临泉化工有限公司合成氨装置开发了氨合成塔热点温度先进控制系统,如图 2-12 所示。

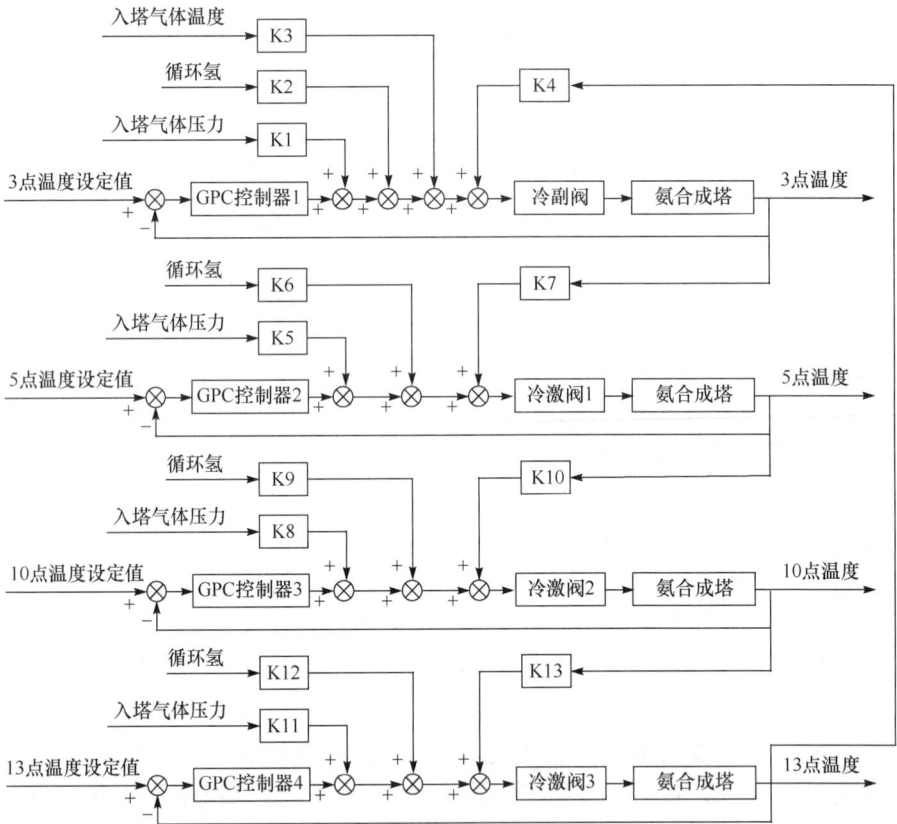

图 2-12　氨合成塔热点温度预测控制系统结构图

在这个控制方案中,采用四个单回路预测控制器实现四段床层热点温度的控制,同时入塔气体压力和循环氢等对各段热点温度的影响因素也以前馈方式引入系统,并考虑热点温度之间的相互影响,采用多回路前馈预测控制。对于一段热点温度,预测控制器主要检测一段热点温度的变化,通过塔副阀来进行自动调节。该回路同时综合了入塔气体压力、循环氢和入塔气体温度等多种前馈因素量对预测控制量进行修正。还将四段热点温度作为前馈引入,这样就把四段热点温度对于一段热点温度的影响考虑进来。在控制好一段热点温度的基础上,对于二段则不仅考虑入塔气体压力、循环氢等因素,更考虑一段热点温度变化对二段热点温度的影响,即将一段热点温度作为前馈引入二段热点温度的预测控制回路中。三段和四段的热点温度控制与二段的控制原理相似,除了考虑入塔气体压力、循环氢等前馈因素以外，分别将前一段热点温度作为前馈引入，从而达到更为精确地控制三段和四段热点温度的目的。这样，通过预测控制与前馈控制的结合，多回路控制较好地解决了系统耦合的问题。投运效果显示，负荷在 50%～100% 范围内，控制精度的标准差小于 1，自动控制投运率超过 95%，延长了氨合成塔温度的稳定时间。

2.4.2.3　合成氨装置在线操作优化系统的开发与应用[49]

我国小氮肥领域先进控制与优化的工作主要着眼于老旧系统的自动化改造和升级，缺乏针对小氮肥合成装置挖潜增效的优化技术。中国科学技术大学在临泉化工有限公司针对其 2♯ 合成氨生产系统的氨合成装置，以提高氨合成塔氨净值为目标，开发了在线操作优化系统，其主体优化软件 LHOPT 与系统结构如图 2-13 所示。

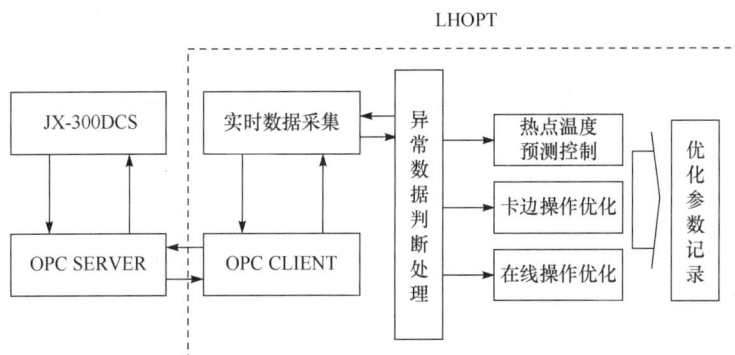

图 2-13　合成氨装置在线优化系统结构图

该优化系统采用模块化结构设计方法，主要分成七个模块：①OPC CLIENT。用于完成氨合成温度预测控制系统与实时监控软件的互联，获取系统的实时数据并向监控软件下达控制信号。②实时数据采集。通过数据缓冲池获取从 OPC CLIENT 的实时数据，并根据不同采样要求进行分类、存储。③异常数据判断处理。利用基于模式识别的统计过程控制思想，对采集的数据进行判断，并对发现异常的数据处理后再进行存储，以备优化与控制使用。④热点温度预测控制。实现基于广义预测控制与前馈控制的氨合成塔热点温度自动调节。⑤卡边操作优化。实现基于模式识别优化监督级的氨合成装置自适应在线操作优化。⑥优化参数记录。保存优化结果与优化参数。⑦其他功能。包括实时显示曲线的数据位号选择、人员管理。系统投用后，净值稳定升高 0.4%，吨氨电耗降低 40 千瓦时，吨氨块煤消耗降低 15 千克，系统压力下降 1.2 兆帕，降低了合成系统阻力，有利于延长氨合成塔触媒的使用寿命，每年增加经济效益超过 800 万元。

2.4.2.4　合成氨变换装置控制系统的开发和应用[50]

变换是合成氨生产中的一个重要环节,我国中小型合成氨装置变换工段的自动控制效果不是很理想。福州大学研发了变换装置综合控制系统,该系统实现了变换出口 CO 含量控制、饱和塔出口气体温度的寻优控制、变换炉温和其他辅助设备的自动控制。变换过程的核心是半水煤气中 CO 和水分子进行放热反应。影响出口 CO 含量的主要因素是半水煤气中各种气体的成分、半水煤气与水蒸气流量的配比和反应的过程。中小型合成氨的造气系统一般以煤为原料,半水煤气的流量和成分构成波动大,而且由于生产工艺的原因,变换装置只能被动地接收造气装置提供的半水煤气,只允许改变蒸汽进入量。因此一般的比值控制无法取得良好的控制性能。为此,变换出口 CO 含量控制以出口 CO 含量为主参数,蒸汽和半水煤气流量比为副参数,使用可以自动改变时间参数 Smith 补偿器消除滞后影响的串级-比值控制系统,如图 2-14 所示。另外,饱和塔出口气体温度控制采用了极值控制的策略,通过定期检测饱和塔出口气温,由滤波器滤除随机干扰,得出该参数的变化趋势,才有阶梯式寻优搜索,给出合适的循环水阀开度。变换炉温控制采用以二段热点温度为主环,二段入口温度为副环的串级调节策略。该变换装置控制系统首次在福建清流氨盛公司年产 2.5 万吨氨的小型合成氨装置上应用,使得系统的控制偏差小于 0.3%,该系统还应用于福建龙岩合成氨厂和福州耀隆集团合成氨厂,均取得了很好的使用效果。

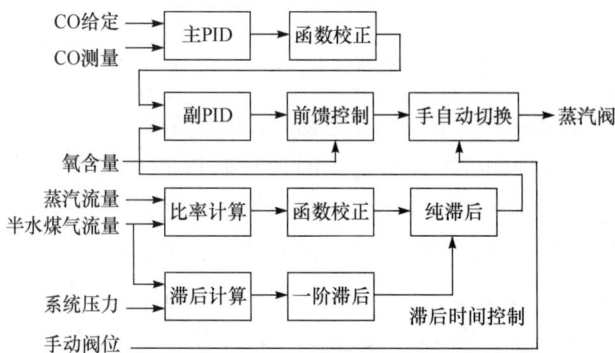

图 2-14　变换出口 CO 控制系统结构图

2.4.2.5　合成氨氢/氮比先进控制系统的开发和应用[51]

在合成氨生产中,合成塔入塔气体的氢气与氮气的比例是工艺上一个极为重要的控制指标。氢/氮比合格率对于全厂生产系统的稳定、提高产量和降低原料及能源消耗起着重要作用,氢/氮比的过高或过低,都会直接影响合成效率,导致合成系统超压放空,使合成氨产量减少,消耗增加。上海交通大学开发了氢/氮比先进控制系统,在合成氨生产过程中,影响氢/氮比的主要干扰来源是造气、脱硫两个环节,这部分仅有较小的滞后,所以对脱硫制氢采用 PID 闭环控制和较高的采样频率,这是控制的内环。然后将造气脱硫与变换、脱碳、精炼及合成组成一个广义外环,采用预测控制进行控制,这是控制的外环。可选作控制量的参数有脱硫氢、变换氢、补充氢和循环氢。循环氢是生产过程最终阶段的信号,所以这个控制方案中采用循环氢作为主调节参数,并选择脱硫氢作为副调参数,以克服循环氢的大滞后。该系统投运后,氢/氮比调节合格率由原来的 70% 提高到 92%,取得了非常满意的控制效果和可观的经济效益。

2.4.3　国产自动化成套控制系统在大型尿素装置中的应用案例[52]

江苏灵谷化工有限公司年产 45 万吨合成氨/80 万吨尿素煤基化肥生产线(简称"4580"大化肥装置)为当前国内外单套生产规模最大的煤基化肥生产装置之一,由 50000 标准立方米/时制氧空分装置、气流床多喷嘴对置式水煤浆加压气化装置、低温甲醇洗煤气净化装置、氨合成装置及尿素合成装置等五大主要单元装置组成,代表了当前我国大型煤基化肥行业装置的顶尖技术水平。2008 年 4 月初,江苏灵谷化工有限公司和浙江中控技术股份有限公司联合项目组成立,经过两年多时间的高效筹备设计和现场建设调试,装置整体于 2009 年 6 月份一次投运成功,这是国产自动化成套控制系统首次在"4508"的应用,并于 2009 年经过专家组鉴定,获得一致好评。

该项目主要实现了以下目标。

1) 基于国产 DCS 系统构建稳定高效的综合自动化控制平台

4580 大化肥生产线整个生产过程是一个复杂的整体物料、能量链,各个单元化装置既相互独立又密切关联,构成了一个规模巨大的联合控制装置。根据 4580 大化肥工程各装置组成情况和综合自动化控制要求,基于国产 DCS 系统设计实施稳定高效的综合自动化控制软硬件平台,实现全厂联合装置的生产过程、安全、储运、视频监控以及信息集成的综合自动化,为后续类似大化肥装置综合自动化控制系统的设计实施提供工程示范。

2) 4580 大化肥装置优化控制技术开发及应用

结合 4580 大化肥工程包含的各个主要分装置开发实施优化控制策略,主要包含以下内容:50000 标准立方米/时空分装置负荷调节优化控制、2000 吨/天投煤量"多喷嘴对置式水煤浆加压气化炉"整体气化效率优化控制、低温甲醇洗煤气净化装置整体优化控制、年产 45 万吨凯洛格低压氨合成塔反应效率优化控制等。在实施分装置优化控制的基础上,最终实现 4580 大化肥装置整体的节能降耗优化运行目标,其系统操作界面和相关工艺参数控制效果如图 2-15～图 2-23 所示。

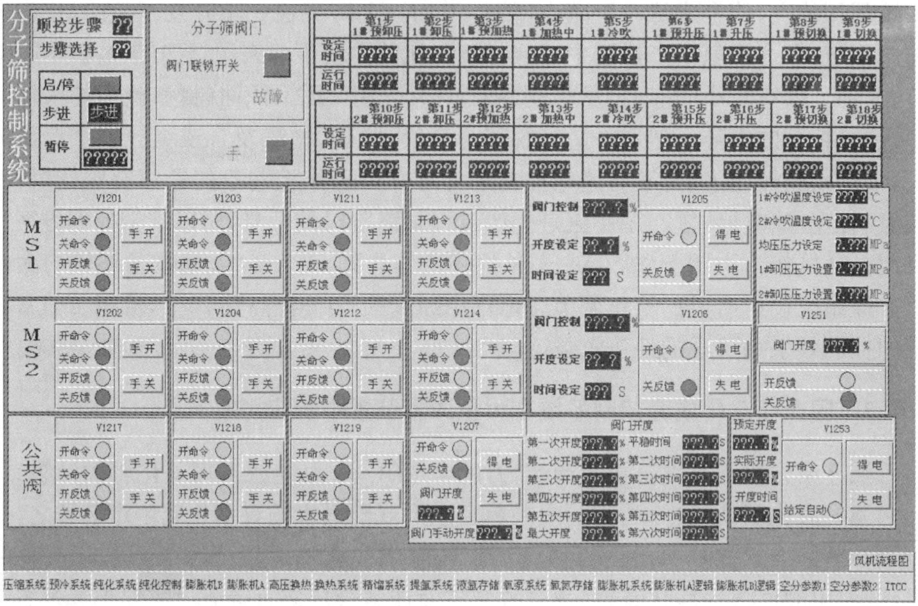

图 2-15　内压缩空分纯化系统智能顺控操作界面

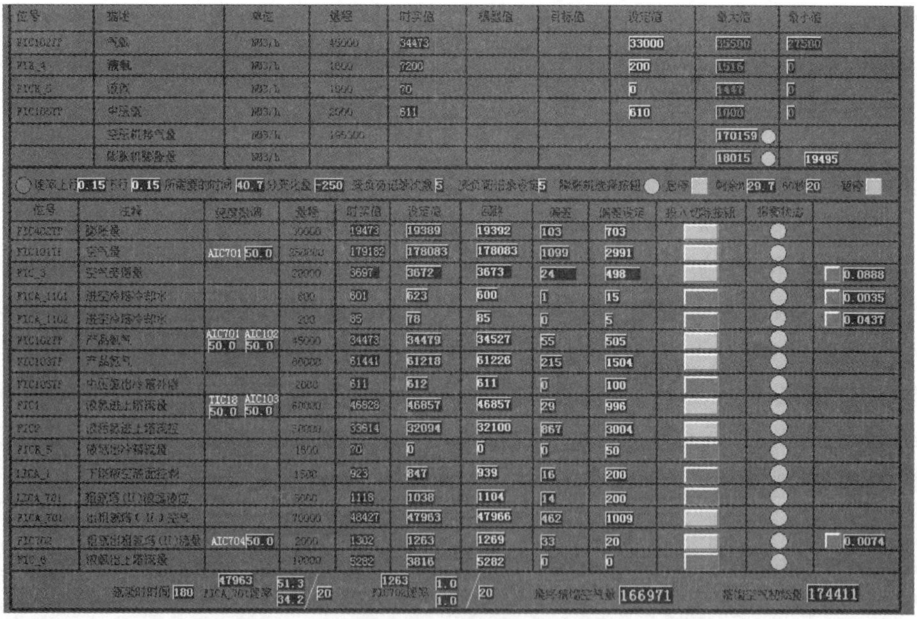

图 2-16　自动变负荷操作画面

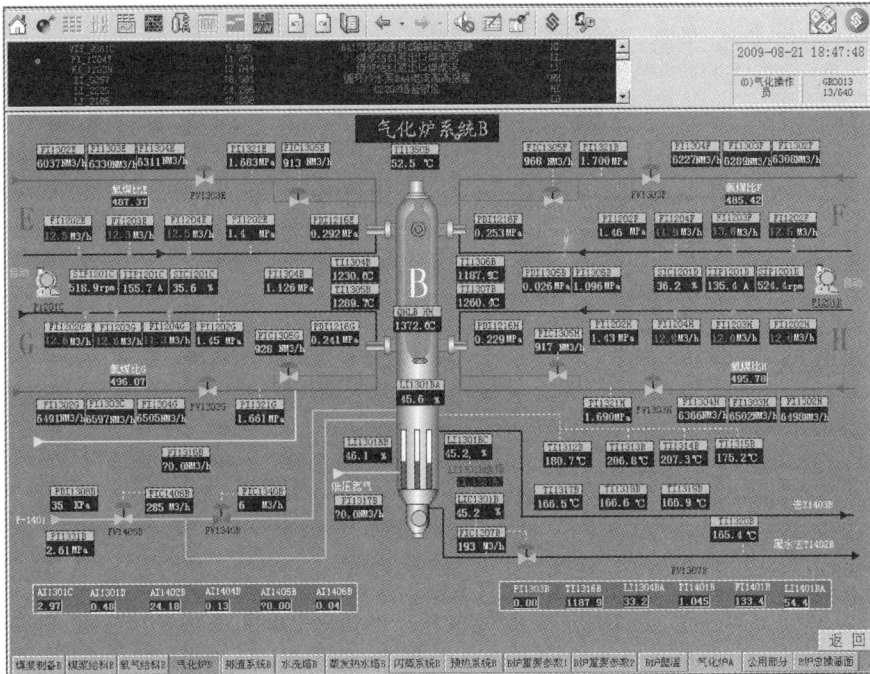

图 2-17　气化框架操作界面

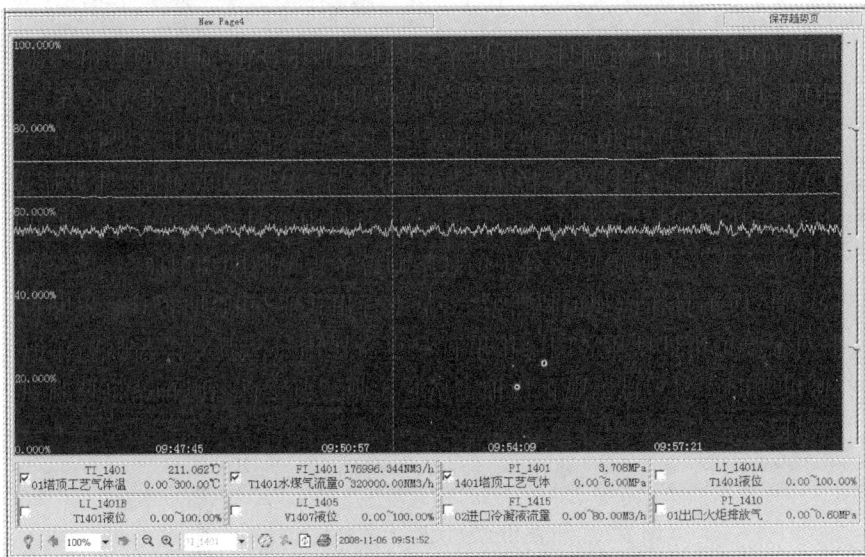

图 2-18　气化工艺操作压力、温度及流量趋势

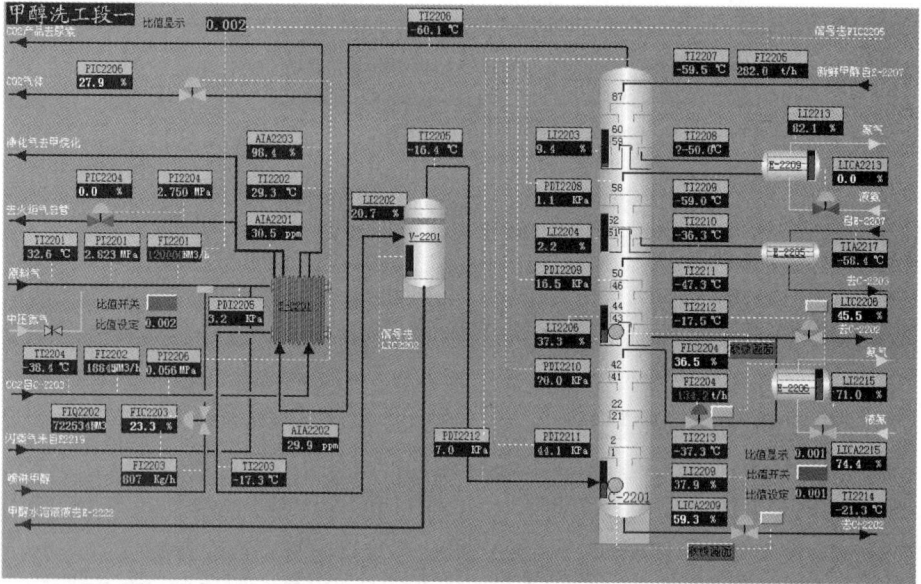

图 2-19　低温甲醇洗净化操作界面

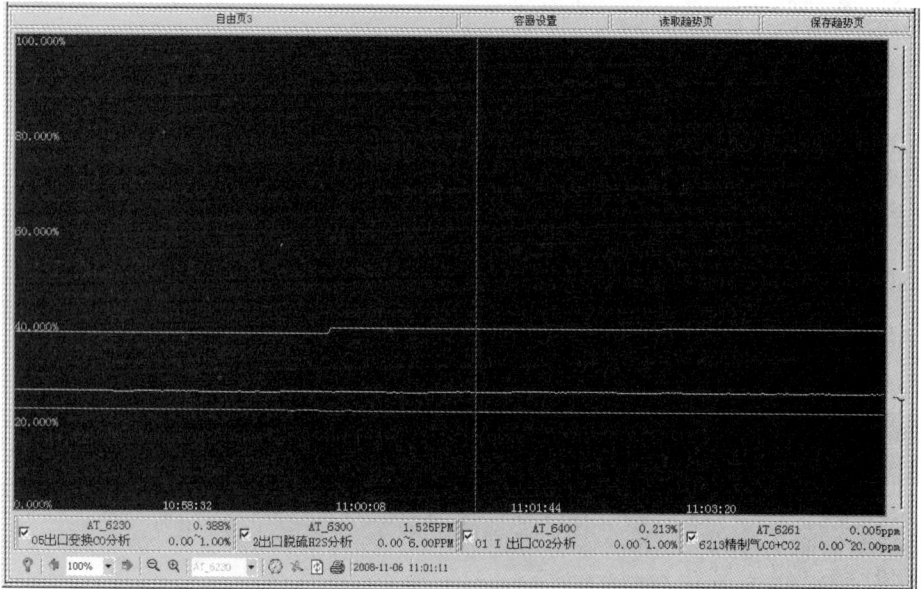

图 2-20　低温甲醇洗关键工艺参数运行趋势

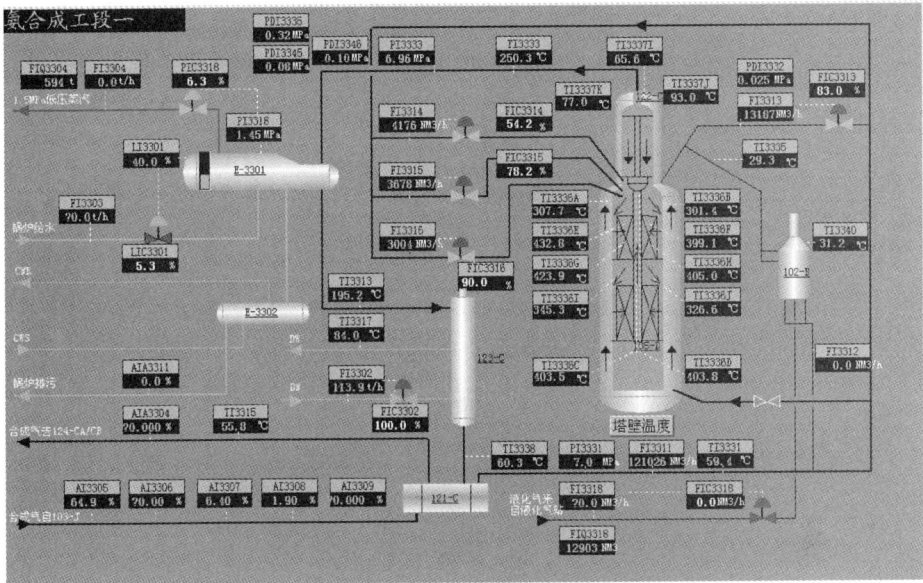

图 2-21　凯洛格氨合成操作界面

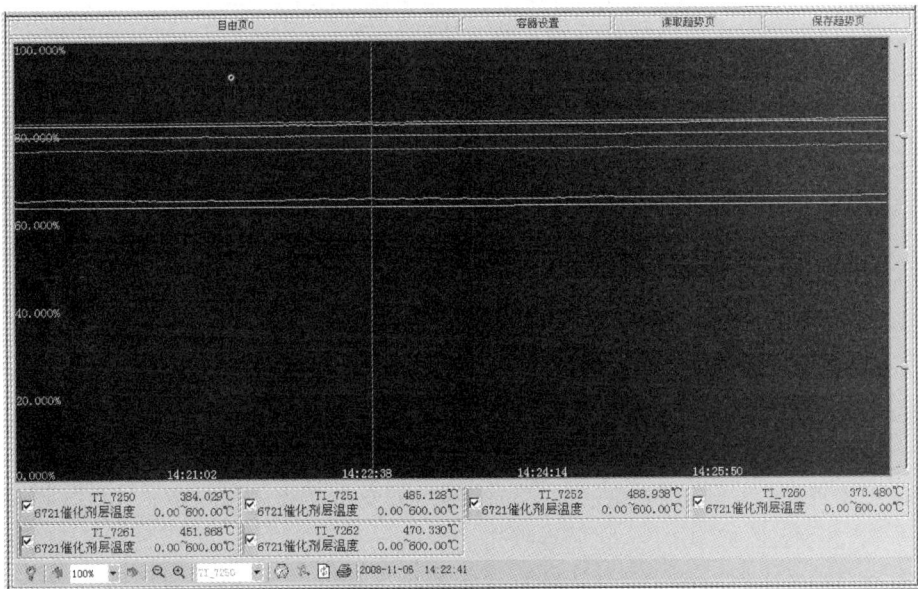

图 2-22　凯洛格氨合成塔第一床层温度运行趋势

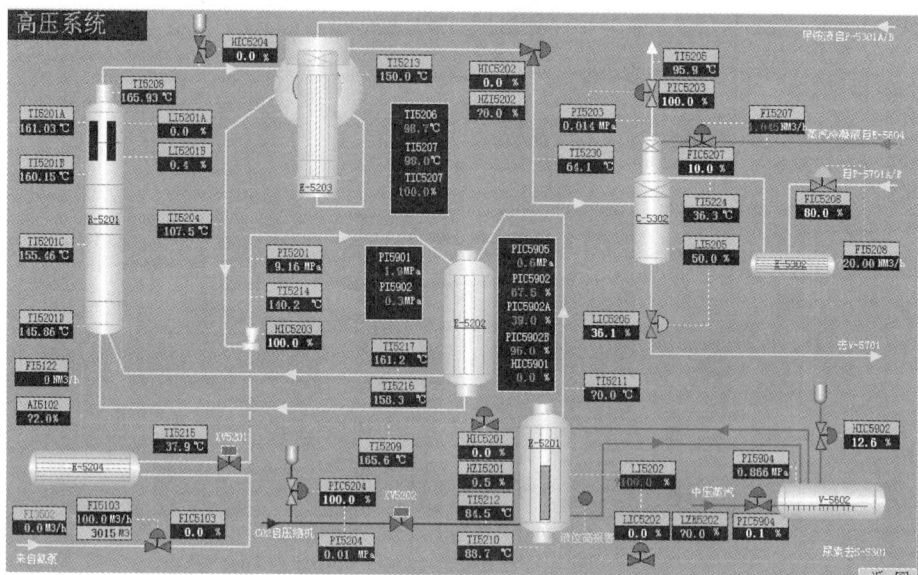

图 2-23　CO₂汽提尿素合成高压系统操作界面

该项目经过近两年的设计、开发、调试和投运,各装置先后实现了一次成功开车投运,到目前为止整体装置已经实现连续满负荷运行三年以上,整体运行情况经过现场实际测量评估,结果如下:

(1) 4580 大化肥工程控制系统整体自动投运率达到了 95％以上,效率提升 20％,整体投资成本下降 30％,装置整体运行状况稳定,适合长周期运行;

(2) 50000 标准立方米/时空分装置实现了集成优化控制,在 2 小时内实现 105％～75％的自动变负荷优化调节,比常规的手动调节降低生产能耗 3％以上;

(3) 装置整体煤耗为:1170 千克标准煤/吨氨,比国内同行业的先进水平 1400 千克标准煤/吨氨降低 16.4％,达到了国内行业领先水平;

(4) 装置整体能耗为:170 千瓦时/吨尿素,970 千克蒸汽/吨尿素,分别比国内同行业先进水平降低 10％～15％,达到了国内行业领先水平。

根据实际运行效果,系统各项功能和性能均达到或优于设计的要求,能满足大型化肥装置易燃易爆、高温高压的高危险等级下安全经济运行的要求,说明国产控制系统完全有能力应用于大化肥连续生产装置的全流程生产过程,打破了国外控制系统对国际上连续加压煤气化装置控制系统市场的技术垄断,对我国大型煤气化技术装备的完全国产化起到了重要的推动作用。项目的成功推广及应用,不仅带来了良好的社会、经济效益,而且能起到节能降耗、减排的环保效应。

2.4.4　先进控制技术提升制碱行业水平的应用案例[53]

山东海化股份有限公司纯碱厂是目前国内最大的纯碱生产企业,采用氨碱法制碱,其工艺原理是将原盐精制成饱和盐水后,吸氨形成氨盐水,氨盐水与煅烧石灰石产生的 CO_2 气在清洗塔内反应生成预碳化液,预碳化液在碳化塔内与高浓度的 CO_2 气进行碳酸化反应(俗称碳化)生成的碳酸氢钠悬浮液,经过滤得到的碳酸氢钠结晶在煅烧炉内煅烧获得纯碱产品和高浓度 CO_2 气, CO_2 气经冷却、压缩后通入碳化塔参与碳化反应。把滤去碳酸氢钠的制碱母液加热蒸馏回收其中的氨。氨碱法生产工艺的主要工序有化盐和盐水精制、氨盐水的制备、碳化和重碱过滤、重碱的煅烧、氨的回收以及石灰石的煅烧等。

纯碱装置的各生产工序已全部实现了 DCS 控制,因此生产效率明显提高,产品次品率大大降低。但常规的单回路控制不能很好地适应纯碱生产过程的一些复杂特性。为进一步提高自动化控制水平,山东海化纯碱厂选择纯碱装置的重要工序——石灰窑工序、碳化工序、压缩工序实施了先进控制与优化,先进控制系统的总体框架如图 2-24 所示。该先进控制系统是在 Siemens PCS7 集散控制系统平台上实施的,先进控制软件 APC-Adcon 运行于 DCS 系统的上位机上,并以配套的先进控制软件平台 ESP-iSYS-A 作为支撑。ESP-iSYS-A 可以以客户端方式与 DCS 系统 WinCC 软件的 OPC Server 实现数据双向通信,从而保证先进控制系统的数据集成和实时控制。

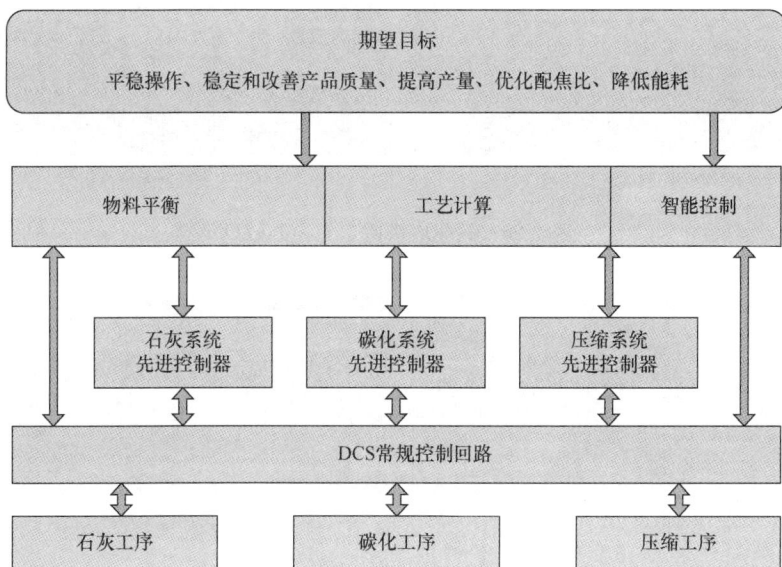

图 2-24　先进控制系统总体框架

　　通过应用先进控制技术,碳化塔中部温度、碳化塔塔底压力、碳化塔出碱温度和石灰窑出灰温度等主要工艺参数得到了有效控制,提高工艺操作的平稳性;在此基础上,进一步实现了石灰窑、碳化塔和压缩机的生产负荷分配和工况平衡等优化控制。图 2-25 给出了先进控制投用前后石灰窑窑底温度控制效果的对比,可见先进控制系统投用后温度控制平稳,波动大幅度减小。图 2-26 给出了先进控制投用前后碳化塔塔底压力控制效果的对比,压力波动幅度减小 50% 以上。图 2-27 给出了先进控制系统投运前后的中段气变化情况的对比,中段气流量波动幅度减少 40% 左右。

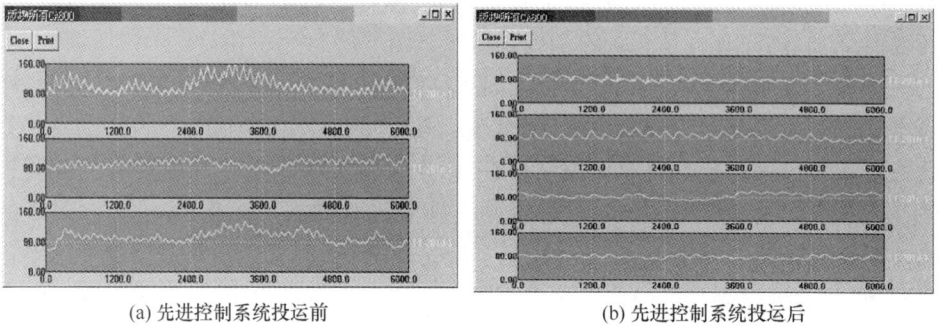

(a) 先进控制系统投运前　　　　　　　　　(b) 先进控制系统投运后

图 2-25　石灰窑窑底温度控制效果

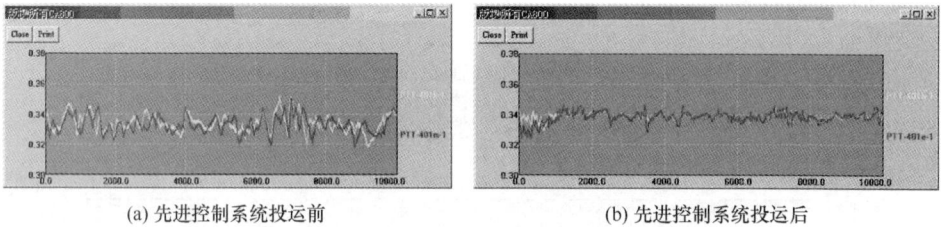

(a) 先进控制系统投运前　　　　　　　　　(b) 先进控制系统投运后

图 2-26　碳化塔塔底压力控制效果

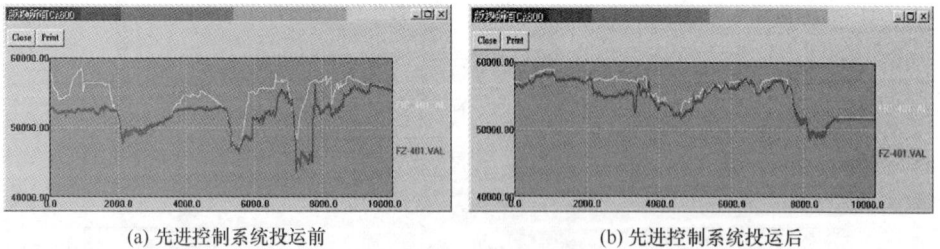

(a) 先进控制系统投运前　　　　　　　　　(b) 先进控制系统投运后

图 2-27　压缩机中段气流量设定值与实际值

　　山东海化纯碱厂在国内首次实施了纯碱装置碳化、石灰和压缩工序先进控制和优化后,解决了常规控制中不能解决的各种难题,有效地克服了干扰和滞后影响,稳定了装置工艺参数的平稳性;大大提高了装置的自动化程度,统一了操作人员的操作方法,降低了操作人员的劳动强度。经过测试分析,实施该系统后,一年可获得 584 万元的直接经济效益。

2.4.5　模拟与优化控制技术在氯乙烯行业中的应用案例

　　上海氯碱厂氯乙烯装置引进了两套装置:老的 20 万吨 VCM 装置是引进日本三井东亚技术;新的 17 万吨 VCM 装置是引进德国 UHDE 技术以及自行改进技术组成。均采用乙烯氧氯化工艺。而二氯乙烷裂解炉是生产装置中最为核心的设备,其工艺操作平稳与否,直接影响整个氯乙烯生产装置的产品质量和产量。同时,又作为装置的用能大户,二氯乙烷裂解炉能否长期处于高效的运行状态,对于节能减排起着至关重要的作用。华东理工大学以三井装置中的二氯乙烷裂解炉为出发点,从建模、优化、先进控制策略等各个方面系统完整地对其进行分析。老的三井装置经过节能改造,添加了汽包,其结构示意图如图 2-28 所示。

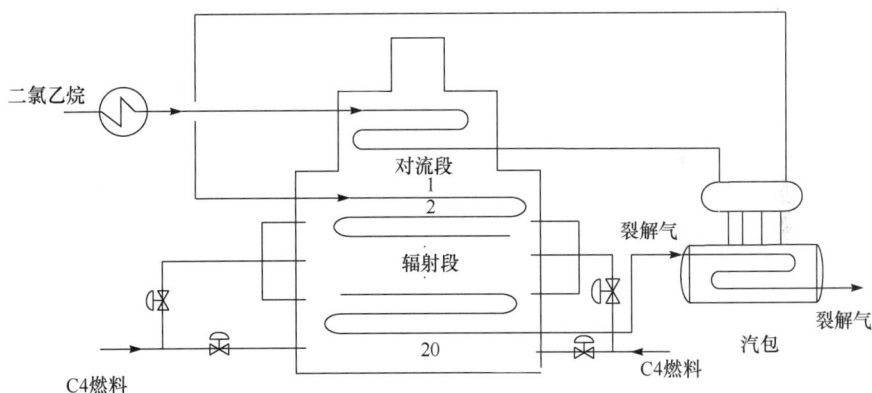

图 2-28　三井装置二氯乙烷裂解炉示意图

　　在本单元把精制的 EDC 裂解成 VCM 和 HCl。在 EDC 裂解过程中,发生副反应生成乙烯、苯、丁二烯、氯丁二烯、氯甲烷、丙烷、碳、氯丙烯等。副反应将导致所需要的主反应的反应产物氯乙烯的产率降低,影响经济效益;同时,二氯乙烷转化率与温度、压力和停留时间有关,如果操作工况选择不当,将导致结焦情况的加剧和副产物量的增加。裂解炉的加热,要考虑到炉膛温度分布的均匀性,这对炉子取得长周期运行至关重要,因此,在运行中要精心调节温度,在一般情况下要确保裂解炉平稳运行。为了提高产率,有以下两种方法:一种方法是提高裂解温度,以便获得高转化率,另一种方法是保持恒定的转化率而提高 EDC 进料速度。由于上述操作对裂解炉结焦速率和公用工程能耗有很大影响,因此必须根据与操作负荷相适应的实际性能数据,确定最合适的操作。由于上述选择缺乏理论指导,只能根据操作人员的现场操作经验,在操作工况的选择上,难免过于粗糙,并不是最优的操作工况。只有建立准确的二氯乙烷裂解炉的机理模型,才能精确地寻找到最优的操作条件。

准确可靠的二氯乙烷裂解炉模拟不仅是实施二氯乙烷裂解炉先进控制与优化的基础,对裂解炉设计优化及国产化也具有重要作用。二氯乙烷裂解炉建模从架构上可分为反应炉管建模和炉膛建模,二者不是相互孤立的,而是有紧密的热量耦合,建模比较复杂。裂解炉炉膛对于炉管影响最大是炉膛的辐射段,二氯乙烷管内裂解反应就是在辐射段进行的。华东理工大学利用两种建模方法:一维分区法和 CFD 方法对裂解炉进行完全模拟。一维分区法,方法简单实用,计算代价小,算法参数容易调整,使得模型适应性更宽。CFD 方法是利用计算流体力学软件与图形网格工具结合起来对二氯乙烷裂解炉建模。CFD 比一维分区法更为精确,但是模型可变性低,模型计算代价大,不利于优化分析,所以项目以一维分区法为基础,通过 CFD 建模和现场建模对一维分区法建模进行校正,从而使得模型更加精确。

一维模型中通过建立二氯乙烷裂解反应机理,以一维平推流处理炉管管内流动情况,炉膛燃料气燃烧考虑烟气辐射和对流传热,采用一维 lobo-evans 模型。通过模拟可以得到管内裂解气组成、压力、裂解气/炉管内外壁温度以及炉膛烟气温度分布如图 2-29 所示[54]。

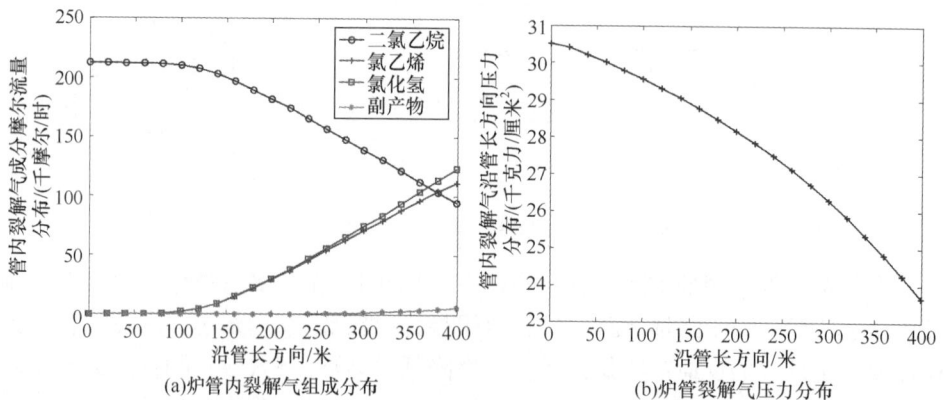

(a)炉管内裂解气组成分布　　　　　　　　(b)炉管裂解气压力分布

(c)裂解气/炉管内外壁温度分布　　　　(d)烟气温度分布

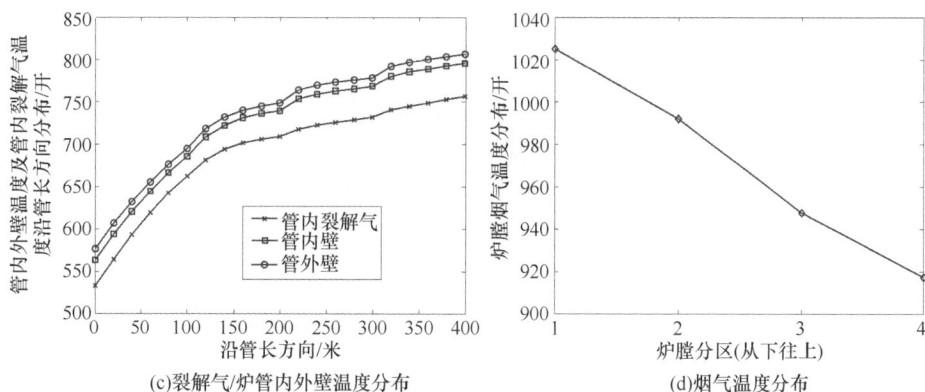

图 2-29　管内裂解气组成、压力、裂解气/炉管内外壁温度以及炉膛烟气温度分布图

由于一维 lobo-evans 方法比较简单,没有充分考虑炉膛烟气流动情况,无法完全认识炉膛燃烧机理,所以华东理工大学还通过 CFD 模拟,建立流动、传热、燃烧和裂解反应的综合数学模型,对内复杂的传递与反应过程进行数值模拟研究,剖析工业裂解炉反应管和炉膛内复杂的流动、传热、传质和反应等过程的基本特点以及它们之间的相互关系,定量认识和掌握这些复杂过程的具体细节,得到裂解炉内重要的化学工程参数的分布情况如图 2-30 所示。

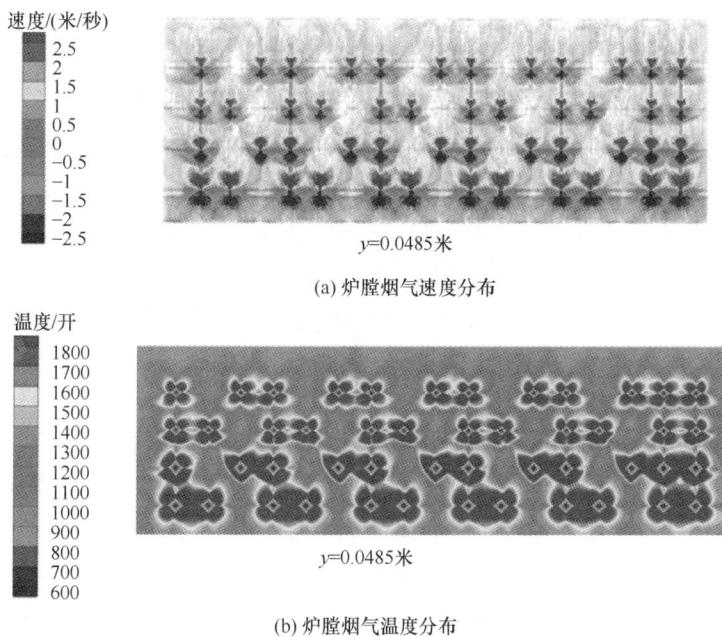

y=0.0485米

(a)炉膛烟气速度分布

y=0.0485米

(b)炉膛烟气温度分布

CO₂浓度/%(质量分数)

y=0.0485米

(c) 炉膛烟气CO₂浓度分布

CO浓度/%(质量分数)

y=0.0485米

(d) 炉膛烟气CO浓度分布

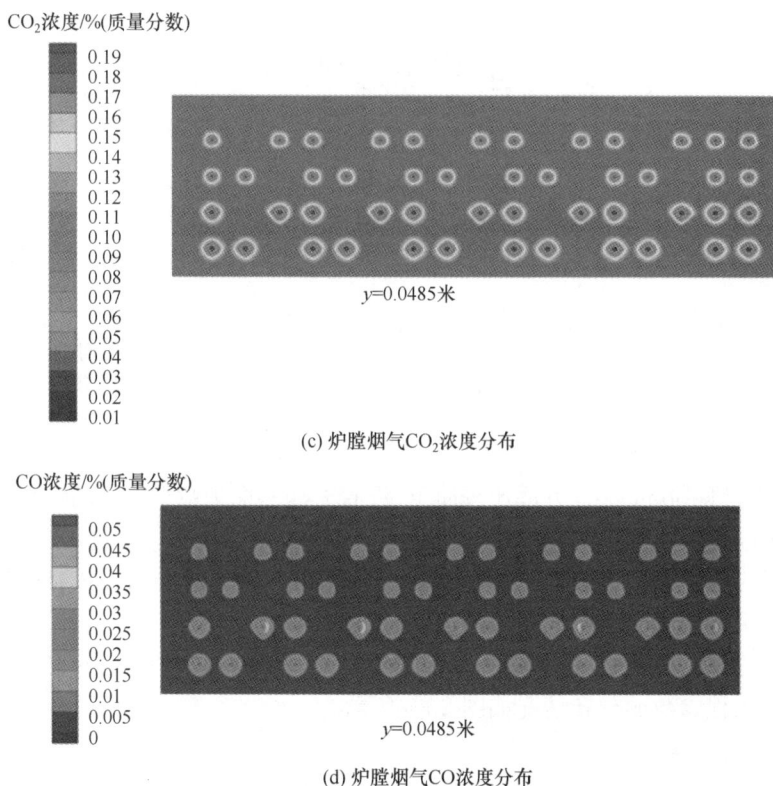

图 2-30　裂解炉内重要的化学工程参数的分布情况

上述两种模型中一维模型计算简单、耗时少,CFD 模型计算量大,但是给出了详细的信息,所以可以通过 CFD 模型验证一维简单模型的准确性,并在一维模型的基础上定量分析各操作条件对二氯乙烷裂解炉运行工况的指标包含二氯乙烷的转化率、二氯乙烷裂解反应的选择性,以及生成每吨氯乙烯所耗费的石油液化气(简称单耗)的影响。从燃料气在各排烧嘴中的分配比例(定义最下排喷嘴所占燃料气流量比例为变量)分析可以看出,不同比例可以得到不同的性能指标,通过现场工程师综合分析确定最佳比例为 0.365。

上海氯碱厂氯乙烯车间三井工艺的二氯乙烷裂解炉经过节能改造,添加了汽包,能耗有大幅下降,但同时使得工艺操作复杂。由于改造时并没完善裂解炉的控制,目前两台日本三井工艺的裂解炉操作上存在一些瓶颈,主要表现在:①汽包液位波动大,人工操作常使得汽包液位报警;又由于汽包液位关系到生产的安全,汽包液位的大幅波动给装置操作带来了很大的压力。②裂解炉出口温度 COT 波动范围大,波动范围可达 5℃以上,使得装置很难进行进一步的优化操作。③裂解炉内 2 根炉管的 COT 差别大,一般运行过程中经常超过 3℃,尤其是在运行后期,差别更大,造成了 2 根炉管的结焦程度不一致,影响了装置的长周期运行。如果二氯乙烷裂解炉原料为定值控制,二氯乙烷裂解炉汽包和辐射段存在严重的热量耦合,当 COT 波动时,会导致汽包液位剧烈波动,引发汽包内压力波动,汽包气液平衡点不断调整,从而使得蒸发进入裂解炉辐射段的二氯乙烷蒸汽不断变化。而二氯乙烷蒸汽才是裂解气真正的"瞬态负荷",当二氯乙烷蒸汽波动,会使得炉管出口裂解气 COT 波动,反过来会更加加剧汽包液位波动,甚至导致汽包内液位报警或引发停车危险,不利于裂解炉平稳运行。所以汽包液位是影响裂解炉平稳运行的关键指标,为稳定汽包液位,将汽包液位与进入汽包的二氯乙烷进料负荷联系起来形成串级反馈回路,如图 2-31 所示。

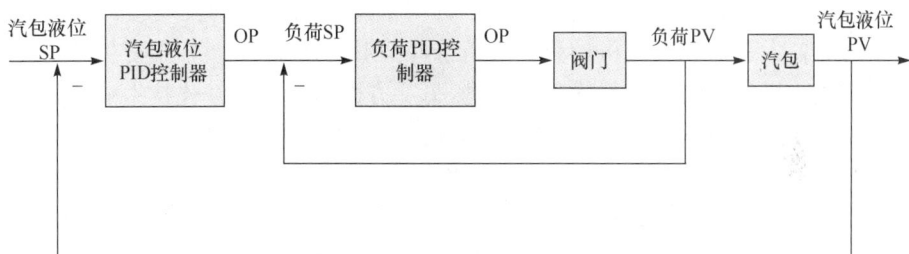

图 2-31　氯碱炉汽包液位-负荷串级控制框图

通过现场实施,从图 2-32 和图 2-33 可以看出,控制回路投用后,汽包波动从投用前 20% 的波动范围缩减到 3% 以内,汽包波动范围大大降低;炉管出口温度 ±4℃ 波动范围变为 ±1℃。这为炉管出口温度的卡边优化提供了更有利的空间,从而有助于裂解炉节能优化。

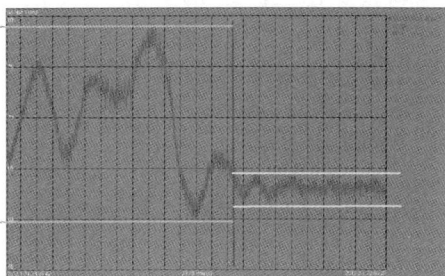

图 2-32　汽包液位投运前后对比图

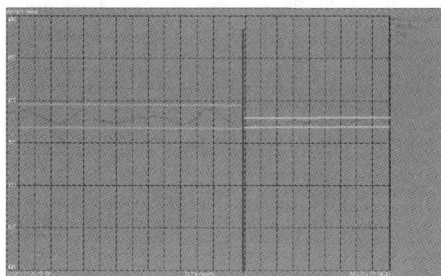

图 2-33　炉管出口温度 COT 投运前后对比图

通过该项目实施,提高二氯乙烷裂解转化率约 1%,降低燃料气使用量 100 千克/时,全年可创造直接经济效益 500 万元左右。

2.5 化工行业节能降耗减排的瓶颈问题及其智能自动化前沿技术

2.5.1 煤化工行业瓶颈问题与前沿技术

"十一五"期间我国煤化工行业实现了蓬勃的发展,各类先进的煤气化技术进行了工业化的应用,生产装置平均规模已经居世界领先水平,部分装置的一些技术经济指标总体上已经达到了国际先进水平。我国特殊的化石能源结构,支撑了我国煤化工行业的快速发展,我国煤化工行业的综合竞争能力必将在"十二五"期间继续增强。作为煤的清洁高效利用手段,近年来煤化工技术的发展越来越受到重视,国内外各大企业和研究机构都在进行洁净煤技术的研究。一方面在对现有的示范、工业化煤化工装置进行优化和改进,另一方面新型的煤气化技术的研究也在逐步开展。煤化工行业中自动化产品的应用呈现较好增长形势,2012 年市场规模达到约 39 亿元,传统煤化工行业中的自动化产品的应用达到 20 亿元;按照自动化产品种类来划分,过程仪表应用规模最大,占据整体自动化产品市场份额的38.8%,PLC 在煤化工行业中的应用比例逐步减小,主控系统基本采用 DCS[55]。

然而,我国煤化工行业在节能降耗减排方面亦存在一些问题:①部分装置规模小、技术落后,竞争能力较差。我国在"十一五"期间建设和投产了大量煤化工生产企业,但是由于资金的限制,很多新建装置规模较小,在成本的压力之下,盈利较难。因而通过技术提升和先进控制技术的应用,节约生产成本,提升经济效益的需求日益强烈。②部分工艺水平落后。目前,我国的煤化工行业中传统煤化工以合成氨、电石等为主要产品的比重依然较大,一些新型煤化工仍处于示范推广阶段,离大规模工业化应用还有相当的距离。③生产管理理念与国外有所差距。部分企业并没有充分认识到自动化技术与优化运行技术在增加企业效率、提升企业竞争力上的作用。国内煤化工行业在融合国产装备、国产检测仪表、国产 DCS 以及先进控制和优化运行软件方面所做的工作还有待进一步加强。煤化工行业自动化应用的主要方向为:①可在线维修的智能仪表。煤化工行业涉及气、固、液相,运行环境苛刻,对仪表的可靠性要求很高,亟须研发高温热电偶、水煤浆流量、粉煤流量、气体组分测量方面的智能化仪表。②预测性诊断技术。煤化工行业生产的安全风险较大,但整个行业的故障预测和诊断技术的研发很少,如何利用各种测量信息进行运行工况安全性的评估对促进煤化工行业的健康发展意义重大。③煤种选配技术。我国煤化工行业的煤种来源复杂,煤种属性差异性大,因此基于知识的煤种选配技术对稳定装置运行的作用很大。④气化炉负荷控制。现有煤化工企业一般均配有多台气化炉,实现多台气化炉之间的负荷优化控制有利于节能减排。⑤企业生产计划优化。建立煤化工行业有效的企业资源管理系统 ERP 和制造执行系统

MES,优化资源配置,减少水污染和碳排放,是煤化工行业当前研究的前沿技术之一。

2.5.2　合成氨行业瓶颈问题与前沿技术

"十二五"以前我国合成氨工业实现了跨越式发展,生产规模已经居世界领先水平,部分装置的各项技术经济指标总体上已经达到了国际先进水平,在具有独特优势的人力资源和广阔市场等有利条件支撑下,我国合成氨工业的综合竞争能力必将在"十二五"期间继续增强。然而,我国合成氨工业在节能、降耗和减排方面亦存在一些问题:①部分老装置规模小、技术落后,竞争能力较差。我国除四十多家大型合成氨企业外,其余均为中小型企业,其能耗远远高于大型先进装置水平,单机效率低,工艺技术落后。目前国内大型引进装置使用高效的单系列设备,其压缩机、风机和水泵等装置节能效果显著。而小型厂造气炉技术虽经不断改进,但仍有气化率、碳利用率低等缺点;另外压缩机技术相对落后,能量利用率低;工艺过程的单元操作还是 20 世纪 50～60 年代的传统方法,虽经过近几年的改造有所进步,但与大型企业仍然有较大差距。②"三废"综合利用不足。合成氨生产会产生大量的污水,目前我国部分企业已经实行了废水闭路循环,实现了冷却循环水和污水零排放,但行业总体污水处置状况并不理想。合成氨生产中产生大量的造气吹风气、合成弛放气、脱碳放空气等,废气中含有大量 CO、氢、氨、甲烷,目前仍未得到有效利用。③国内合成氨企业的生产管理理念与国外有所差距。部分中小型企业并没有充分认识到自动化技术与优化运行技术在增加企业效率、提升企业竞争力上的作用。

加快节能技术的开发研究,是我国氮肥工业节能降耗的重要举措。为此,氮肥协会建议"十二五"期间开展几项重点项目的攻关:一是为高 CO 含量的气体变换开发以 CO 等温变换反应器为核心的高效、节能工艺技术;二是开发深冷脱氮净化技术,有效降低原料气中惰性气体含量,改善氨合成反应条件;三是开发适应高压力、高气比、宽温区的变换催化剂,延长催化剂的使用寿命;四是推进低温、高活性钌合成催化剂工业化推广应用进程,提高钌催化剂的回收率,进一步降低钌催化剂成本,为实现低压氨合成创造条件。自动化技术是推进我国合成氨行业,尤其是中小型企业技术进步的重要支撑力量。总的来说,当前合成氨行业自动化技术的研究与应用重点为:①合成塔热点温度的先进控制。热点温度先进控制的研究已有报道,如采用预测控制的方案和自动高选的控制方案,但触媒温度具有一定的滞后性,如何兼顾各种其他因素,实施合成塔热点温度的先进控制是保证氨合成过程的重要环节。②紧急停车和安全连锁系统。合成氨装置易燃易爆、高度危险,其紧急停车和安全连锁系统的研究依然很重要。③生产过程操作优化系统。借助流程模拟与优化技术,开发合成氨装置的在线模拟与操作优化系统,对促进行业节能减排影响重大。④中小企业自动化系统的升级和国产 DCS 的应用。我国很多中小企业的自动化程度不是很高,亟须推进这方面的工作,浙江中控集团在 4580 大化肥工程上的应用非常成功,值得借鉴。

2.5.3　尿素行业瓶颈问题与前沿技术

在尿素生产装置中,多数采用传统的水溶液全循环法生产工艺,该类尿素生产装置存在着合成转化率低、热能利用不合理、技术装备落后、原料和动力消耗高、生产安全和运转稳定性差等缺点,在工艺技术和装备技术上都落后于国际先进水平,不能适应目前国家化肥产业政策的调整和行业竞争形势的变化。因此,利用先进工艺改造现有尿素生产装置,使其既能增产降耗、提高经济效益,又能达到环保要求,是当前国内尿素装置技术改造的发展方向,也是提高尿素企业生存力和增强竞争力的有效途径。具体来说,尿素行业的发展瓶颈包括:①过程控制系统陈旧,工艺运行水平低;②产品质量不稳定;③能量消耗大,CO_2 排放不达标。

在尿素企业的发展过程中,自动化的技术进步,已成为尿素过程消除“瓶颈”制约,实现节能、降耗、减排的重要支撑。特别是在国内的尿素生产企业中,只有部分规模较大的化肥企业采用了集散控制系统,而且大部分企业都有更换较为先进控制系统的愿望。但国外较为先进的控制系统,如西门子、Honeywell 等,其价格相当昂贵。随着我国自动化水平的不断提高,国内的控制系统已趋于成熟,并不断地被推广应用,而且价格便宜。因而,在已有的尿素生产装置中,配备合适的智能控制系统,运用先进控制和运行优化技术,实现尿素企业的节能、降耗、减排,是解决尿素企业发展瓶颈的前沿技术。

2.5.4　制碱行业瓶颈问题与前沿技术

近年来,我国的纯碱工业无论是在产品产量、品种、质量,还是在生产技术水平和装备水平方面,均取得了长足的进步,部分工序已跻身世界先进行列。但在当前的经济形势下,我国制碱行业仍然存在以下发展瓶颈。

(1)产能增长过快,市场供过于求,生产成本居高不下。“十一五”期间,我国纯碱生产能力高速发展,随着新增产能的释放和竞争的加剧,市场价格周期性波动加大,纯碱行业经济效益大幅下滑,2008 年下半年突如其来的金融危机加剧了纯碱行业的不利局面,导致纯碱价格大幅波动。受金融危机的影响,2009 年下游需求低迷,纯碱价格也跌入谷底,致使全行业亏损。2010 年国内经济企稳回升,市场需求增加,纯碱产量随即快速回升,国内企业的投资热情又开始逐渐高涨,预计“十二五”期间还将会有大量新增产能释放,纯碱行业很可能将再次进入下行周期。但同时,与美国天然碱生产相比,我国纯碱企业普遍存在着产品质量和生产成本上的劣势。因此如何通过改进生产工艺和控制方法,提高原盐的转化率、降低生产成本、改善产品质量已成为我国纯碱企业面临的首要任务。

（2）行业自动化水平不高，劳动生产率低。我国纯碱工业的自动化水平总体不高，虽然在重要工段、主要设备上引进了国外技术，由于种种原因并没有起到应有的作用，自控装置只作为集中显示仪表。随着计算机技术的普及，国内配套装置的技术进步，使纯碱企业的自动化水平得到了提高。但各企业的发展水平参差不齐，大部分碱厂处在部分车间的 DCS 监控和常规仪表控制水平上，缺乏先进控制技术的应用。

"十二五"期间，纯碱行业协会鼓励纯碱生产采用先进的自动化控制技术来促进企业节能减排。当前纯碱行业自动化技术的推广和应用的重点为：①控制系统的升级。例如，山东海化股份有限公司纯碱厂在 2004 年新建 60 万吨/年纯碱项目时对全厂生产过程实施了 DCS 的升级，总控制点为 1 万多点[56]。②全流程先进控制与优化。单一过程和设备的控制和优化已在很多数企业中得到了应用，但覆盖多过程的智能协调控制和多目标优化的研究比较少，浙江中控集团和山东海天生物化工有限公司的应用案例可以进一步提升和推广。

2.5.5　氯乙烯行业瓶颈问题与前沿技术

国内氯乙烯行业的发展和探讨可以从工艺、模拟、先进策略开发等诸多方面分析。

首先，在我国仍有 50% 以上的氯乙烯单体采用乙炔氢氯化法生产。这是由我国的特殊能源结构所决定的，特别是石油价格飙升的今天。而乙炔氢氯化法工艺路线一直采用剧毒的氯化汞/活性炭为催化剂，该催化剂易挥发流失，对工人健康及当地环境造成了严重的危害。如何消除汞触媒污染＋现乙炔氢氯化合成氯乙烯清洁工艺路线是摆在化学工艺工作者面前关于氯乙烯行业的亟待解决的问题。在非汞触媒的研发中大都采用贵金属，如 Au、Pd 等，因其标准电极电势比较高，所以均具有较高的催化活性。而反应体系中乙炔气体的强还原性，致使电极电势较高的金属离子被乙炔还原从而使催化剂的活性大幅下降。这一问题是高活性的非汞催化剂普遍存在的稳定性欠佳的原因。因此，对活性中心的氧化状态进行深入研究是非汞触媒的课题之一。另外，贵金属催化剂的制备价格较为昂贵，所以成本问题制约了非汞催化剂研发进展。所以，需设法减低贵金属的负载量并提高活性组分的分散度，以降低非汞催化剂的成本。其次，虽有众多活性物质对乙炔氢氧化反应展现出良好的催化性能，但是催化剂的寿命普遍较短；现有报道的寿命相对较长的催化体系成本昂贵，不适宜工业化生产。所以为保证催化剂使用稳定性和寿命问题，需依据不同的催化剂体系从以下各个方面考虑以提高催化剂的寿命：①温度的波动问题；②进料配比的控制问题；③空速的调变问题；④乙炔原料纯度变化问题。此外，一般催化剂的失活原因是活性组分在反应过程中的还原，即催化剂中部分金属离子被还原成零价，使用后的活性组分发生了一定程度的团聚，造成活性下降,且这种失活是不可逆的;使用后的催化剂伴表面上有明显的积炭现象,即催化剂部分孔道被堵塞,活性位被覆盖,造成活性下降,但这种失活现象是可逆的。所以采用相应的办法对失活后的催化剂进行除碳和氧化处理工艺是以后再生方面主要研究课题。从长远计,应淘汰过时的乙炔生产工艺,向乙烯法和乙烷法转移。目前,乙烷法有一定的经济性,尤其在富含乙烷天然气资源地区更有发展前景。

其次,不管是乙炔法、乙烯法还是乙烷法生产氯乙烯流程均包含反应器和精馏分离等多道工序,流程相对较长。如何通过"三传一反"机理模型,准确模拟氯乙烯生产过程的各单元,甚至全流程稳态和动态模型,是主要的发展方向之一。目前已有的的商业流程模拟软件有 Aspen Plus、Aspen Dyniamics、Aspen Hysys 以及 Unisim 等。通过对氯乙烯流程进行机理建模可以找出各单元最佳的操作点,深刻认识到各单元的动态特性,甚至在全流程模拟的基础上可以充分利用单元间质量流、能量流、信息流完成氯乙烯全流程的集成优化和全流程控制策略优化开发。此外,由于现有的氯乙烯生产中会产生大量的工业数据,如何利用数据挖掘技术,认识到数据之间的关系,从而完成对氯乙烯流程的集成优化,挖掘设备生产的潜力,提高设备效率,从而达到节能降耗,保质保量的目的也是目前研究的热点。

此外,氯乙烯生产过程中存在成百上千的变量需要检测和控制,即使在每个操作单元中也有数个关键的变量需要同时操纵。各变量之间往往不是独立存在,而是相互耦合、关系密切。当前氯乙烯化工过程各单元,如精馏塔、裂解炉等关键设备,90%的控制回路仍然采用传统的 PID 控制回路,已经不能满足越来越高的操作要求,如何认识各变量之间的耦合关系,开发基于模型或无模型并且适合各单元特性的先进控制策略非常重要。典型的处理多变量控制策略是预测控制,如 DMC、GPC、PFC 等,但由于这些控制算法对于模型依赖性较强,如何通过机理建模或者数据挖掘以及系统辨识等手段,准确建立各氯乙烯单元的模型并应用在多变量先进控制策略上越来越迫切。另外,现有的先进控制策略的开发往往是单元级的,设备与设备、单元与单元之间相互独立。但由于产业之间存在上下游关系,各设备各单元之间的信息不是独立的,因此开发适合氯乙烯行业的全流程控制策略也成为一个热门的研究课题。

参 考 文 献

[1] 孟祥芳,唐家龙,夏来保.我国化学工业节能减排与清洁生产技术发展战略研究.科技进步与对策,2011,28(17):67-71
[2] 季惠良.煤化工污染及治理措施探讨.化工设计,2006,19(6):24-27,9
[3] 钱伯章.全球化工公司加快节能减排步伐.中国石化,2009,7:60-62
[4] 武保平.山西煤化工行业的现状与发展.大众标准化,2005,9:46-47
[5] 多喷嘴对置式水煤浆或粉煤气化炉节能技术. http://www.jl-zp.net/gongchang/729.html
[6] 世界合成氨生产及市场分析. http://wenku.baidu.com/link?url＝Tdop7s92s1TgVUilae36

xE6SBHyQRfBxpoYDJA2qg4GNC2nzzLCpKzeIzMEmQsxCLnKAnO8L ＿ MfXiHELJpVE-CoCoZSPt1UlbXiq7WEyF91G

[7] 氮肥行业简析. http://www. docin. com/p-475958130. html

[8] 合成氨——节能降耗是一场持久战. http://www. fert. cn/news/2012/6/28/2012628118-5275213. shtml

[9] 合成氨：协同发力攻坚既定目标. http://www. ccin. com. cn/ccin/news/2012/12/24/

[10] 2010 年化肥行业风险分析报告. http://www. docin. com/p-62728513. html

[11] 全球尿素需求支撑国际市场企稳. http://www. zh-hz. cn/dzn/html/2010-04/30/content_34434. htm

[12] 孙宝慈. 国内外尿素生产及技术进步综述. 大氮肥，2009，32(1)：1-9

[13] 中国成达工程公司. 鄂尔多斯联合化工公司 3520MTPD 尿素装置改造工艺技术方案实施总结. 2010 年尿素年会

[14] 裴正建. 纯碱生产工艺综述. 内蒙古石油化工，2010，21：95-96

[15] 张晨鼎，张向宁. 2010 年国外纯碱工业概况与动态. 纯碱工业，2011，5：3-8

[16] 纯碱持续景气，粘胶底部反弹. http://www. docin. com/p-424161630. html

[17] 王月娥. 近年来我国纯碱工业技术进展. 纯碱工业，2005，6：13-17

[18] 中国纯碱工业协会. 纯碱行业"十二五"发展规划，2011

[19] 《重点化工行业节能减排规划研究》助纯碱行业实现节能减排. http://www. sdchem. com. cn/newsShows. asp? id＝15839

[20] 郁红. 纯碱：实现节能目标依据何在. http://finance. sina. com. cn/money/future/20130307/083014747886. shtml

[21] 金栋. 氯乙烯生产技术进展及国内外市场分析. 2010 年全国氯乙烯行业技术年会，2010

[22] 倪锐利，陈江. 30 万 t/a 乙烯法氯乙烯/聚氯乙烯生产工艺技术国产化开发. 聚氯乙烯，2011，39(5)：19-21

[23] 明芳. 氯乙烯生产技术的研究开发进展. 精细化工原料及中间体，2009，5：36-39

[24] 李森，胡瑞生，白雅琴，等. 乙烷氧氯化合成氯乙烯催化剂研究进展. 化工进展，2009，28(z1)：24-26

[25] 钱伯章，朱建芳. 二氯乙烷和氯乙烯单体的生产技术与市场分析. 化工科技市场，2008，31(2)：4-11

[26] DCS 在我国石油化学工业中的应用概括. http://www. gongkong. com/webpage/paper/200710/C-9D68-9DEC89F7C807. htm

[27] DCS 在我国石油化学工业中应用情况. http://www. ciotimes. com/industry/hg/chemical200810060925. html

[28] 中控负责实施的兖矿鲁南化肥厂 3052 大化肥装置首台国产化控制系统通过国家级验收. http://www. gongkong. com/webpage/news/200811/2008112510075200003. htm

[29] 刘泽梁. 纯碱工业自动化现状和发展趋势. 纯碱工业，1998，4：16-22

[30] 冉海潮，李永伟，薛增涛. 联合制碱过程的自动控制系统. 河北科技大学学报，2003，24(1)：43-47

[31] 李晶. 联合制碱过程智能建模与优化控制. 石家庄：河北科技大学硕士学位论文，2010

[32] 赵洪涛. 氯乙烯生产中 EDC 精制工艺的模拟研究. 杭州：浙江大学硕士学位论文，2005

[33] 张宝春. 二氯乙烷热裂解反应及反应器的扩能研究. 天津:天津大学硕士学位论文,2002

[34] 路浩宇. 气体分馏装置的动态模拟. 北京:北京化工大学硕士学位论文,2002

[35] 韦海鸥. 氯乙烯装置的节能研究. 青岛:青岛科技大学硕士学位论文,2008

[36] 郭毅. 文氯乙烯装置循环二氯乙烷氯化脱低沸物工艺开发与模拟. 青岛:青岛科技大学硕士学位论文,2010

[37] 曹志晔. DCS 技术在化工行业中的应用. 自动化与仪器仪表,2010,6:81-83

[38] 李铁云. 氯乙烯生产过程的控制与优化探究. 化学工程与装备,2012,2:59-61

[39] 周小文,马越峰,赖景宁. 先进的控制系统在氯乙烯精馏中的应用. 聚氯乙烯,2006,3:32-35

[40] 氮肥行业节能降耗技术纵览. http://www.docin.com/p-661219106.html

[41] 谭贤成. 专家模糊控制系统在联碱碳化过程中的应用研究. 杭州:浙江大学硕士学位论文,2001

[42] 吕志远. 纯碱装置碳化过程优化控制策略研究. 杭州:浙江大学硕士学位论文,2011

[43] 李杰. 水煤浆气化炉炉温智能软测量建模应用研究. 上海:华东理工大学硕士学位论文,2012

[44] 彭伟锋. 水煤浆气化过程的建模与优化. 上海:华东理工大学硕士学位论文,2012

[45] 李晓黎. Shell 粉煤气化工艺控制优化与改进. 石油化工自动化,2012,48(4):45-52

[46] 罗坤杰,张颖慧. 先进控制技术在甲醇精馏装置中的应用. 山东化工,2012,41(9):64-66

[47] 孔晨晖,丁凤德. 大型合成氨装置先进控制系统技术研究与应用. 大氮肥,2009,32(6):423-427

[48] 沈之宇. 小氮肥氨合成装置先进控制与优化研究与应用. 合肥:中国科学技术大学博士学位论文,2006

[49] 薛美盛. 典型工业过程的先进控制与优化. 合肥:中国科学技术大学博士学位论文,2004

[50] 吴景东. 合成氨变换装置控制系统的研究和应用. 控制工程,2013,20(1):145-148,154

[51] 合成氨工艺主要控制方案. http://wenku.baidu.com/link?url=kpneDmuMYCxG47d7-V2PppQoqiZcAg9JmeSrIsCvbZjZy2GYeZH-mZbhfLuRhN7hjWLz7xPES0T-TDibY1_fHIKnlNyma-CZTER-R6q3Qg6S

[52] 国内"4580"大型合成氨、尿素装置控制系统首台套工程化研究及应用. http://www.kong-zhi.net/corp/2010-03-06/caseview8163.html

[53] 先进控制及优化在海化纯碱生产工艺中的应用. http://www.ca800.com/apply/d_1nrutga2l12g5_1.html

[54] Li C C,Hu G H,Zhong W M,et al. Comprehensive simulation and optimization of an ethylene dichloride cracker based on the one-dimensional lobo-evans method and computational fluid dynamics. Industrial & Engineering Chemistry Research,2013,52(2):645-657

[55] 2012 年煤化工行业自动化市场概况. 中国工控网,http://www.gongkong.com/webpage/news/201311/2013111216003000001.htm

[56] 寇福卓. DCS 和 MES 在大型纯碱生产装置上的应用. 石油和化工设备,2006,6:61-63

第3章　智能自动化促进钢铁行业节能、降耗、减排

3.1　钢铁行业节能、降耗、减排的重要性

3.1.1　钢铁行业面临的挑战

钢铁行业是我国国民经济的支柱产业,也是我国的基础原材料工业。2012年,我国共生产钢 71654.2 万吨,这是我国 1996 年钢产量超过 1 亿吨成为世界第一产钢大国后,连续十七年保持世界第一,钢产量已占世界产钢产量的 47.21%。为建筑、机械、汽车、家电、造船等行业以及国民经济的快速发展提供了重要的原材料保障。2003～2012 年我国粗钢产量及占世界产量的比重见表 3-1。

表 3-1　2003～2012 年我国粗钢产量及占世界产量的比重(单位:万吨)

年份	2003	2004	2005	2006	2007	2008	2009	2010	2011	2012
产量	22234	27297	35239	42106	48924	50200	56780	62670	69500	71654.2
占世界产量比重	23%	26%	31%	33.7%	36.4%	37.8%	47%	44.3%	45.5%	47.21%

注:来自中国钢铁工业协会

但与此同时,行业发展的资源、环境等制约因素逐步增大,可持续发展矛盾依然突出。

1) 市场竞争加剧,企业盈利下降

受国际金融危机影响,钢铁市场供求关系发生了转变,市场竞争加剧,特别是随着国际铁矿石大幅度涨价,企业生产成本大幅度提高,钢铁行业平均利润率急剧下降。2009 年和 2010 年行业平均利润率不及全国工业平均利润率的一半。2012年甚至出现了全行业亏损的严重局面。在今后相当长时期内,钢铁行业销售利润率将处于较低的水平上。近年来,钢铁行业产能过剩的态势日趋严重,统计显示,截至 2013 年第二季度末,我国所有工业产能利用率为 78.6%,而钢铁产能利用率在 67% 左右[1]。

2) 节能减排国家标准提高,能源、环境约束性增强[2]

钢铁工业是国民经济的基础产业,也是我国能源资源消耗和污染排放的重点行业。2009 年,全国粗钢产量突破 5.6 亿吨,占全球的 46%,能源消耗约占全国总能耗的 16.1%、工业总能耗的 23%;新水消耗、废水、二氧化硫、固体废物排放量分别占工业的 3%、8%、8% 和 16% 左右。节能降耗是企业降低成本、提高竞争力的

重要措施。社会发展对环境质量要求越来越高,要求企业与环境相和谐,必须是低碳、绿色制造。

2009年重点统计钢铁企业平均工序能耗,仍有部分没达到新标准要求。重点统计钢铁企业烧结、炼铁、炼钢等工序能耗与国际先进水平相比还有一定差距,二次能源回收利用效率有待进一步提高,企业节能减排管理有待完善,节能减排技术有待进一步系统优化。同口径相比,吨钢综合能耗高于国际先进水平约15%。重点大中型企业按照工序能耗计算,48.6%的烧结工序、13%的焦化工序、37.8%的炼铁工序、76%的转炉工序、38.7%的电炉工序能耗高于国家强制性标准中的参考限定值。高炉、转炉煤气放散率分别达到6%和10%,余热资源回收利用率不足40%。2012年重点统计钢铁企业平均工序能耗见表3-2。

表3-2　2012年重点统计钢铁企业平均工序能耗[1]

工序能耗/（千克标准煤/吨）	焦化	烧结	炼铁	转炉	电炉	
					普钢	特钢
标准限额值	155	56	446	0	92	171
标准准入值	125	51	417	−8	90	159
重点统计企业平均能耗	102.72	50.6	401.82	−6.08	67.53	

注:标准中强制性限额指标电力折算系数等价值(0.404千克标准煤/千瓦时)的能耗数据;电力折算系数当量值(0.1229千克标准煤/千瓦时)的限额值为推荐性指标

二氧化硫、二氧化碳减排任务艰巨,主要污染物排放控制水平有待进一步提高。高炉、转炉煤气干法除尘普及率较低。烧结脱硫尚未普及,绿色低碳工艺技术开发还处于起步阶段,重点大中型企业吨钢烟粉尘、SO_2排放量与国外先进钢铁企业相比尚有较大差距;通过国家及地方政府清洁生产审核的钢铁企业仅1.4%,其中重点大中型企业约30%。钢铁行业氮氧化物、CO_2、二噁英等污染物减排尚处于研究探索阶段。国家对CO_2减排提出约束性指标要求,今后五年单位GDP的CO_2排放下降18%,而行业至今没有系统的CO_2减排路线图[3]。

3) 国内原料保障程度低,对外依存度高[3]

我国铁矿具有分布广泛、矿石品位偏低、贫矿多富矿少(贫矿约占98%)、矿床类型齐全、复杂伴(共)生组分多等特点,采选难度大、生产成本高。截至2010年底,全国累计查明铁矿资源储量726.99亿吨,其中基础储量222.32亿吨,资源量504.67亿吨。2010年我国黑色金属矿石产量及对外依存情况见表3-3。

可采储量增长滞后于消耗速度,以目前的铁矿资源储量和粗钢产量及钢铁现有长流程生产工艺计,若全部采用国产铁矿石,仅可供开采二十年左右。

表 3-3　2010 年我国黑色金属矿石产量及对外依存情况

	Fe 矿	Mn 矿	Cr 矿
生产量/万吨	106474	2100(2009)	—
进口量/万吨	61864	1158	866
对外依存度/%	~60	~60	90

3.1.2　解决节能、降耗、减排问题的迫切性

据国家工业和信息化部发布的《钢铁工业"十二五"发展规划》[4]，"十二五"末，钢铁工业结构调整取得明显进展，基本形成比较合理的生产力布局，资源保障程度显著提高，钢铁总量和品种质量基本满足国民经济发展需求，重点统计钢铁企业节能环保达到国际先进水平，部分企业具备较强的国际市场竞争力和影响力，初步实现钢铁工业由大到强的转变。

表 3-4 为规划确定的"十二五"时期钢铁工业发展主要指标，其中，单位工业增加值能耗和二氧化碳排放分别下降 18%，重点统计钢铁企业平均吨钢综合能耗低于 580 千克标准煤，吨钢耗新水量低于 4.0 米³，吨钢二氧化硫排放下降 39%，吨钢化学需氧量下降 7%，固体废弃物综合利用率 97% 以上。

要实现这些指标，尚需要付出艰苦的努力。加速推进钢铁等重点行业节能减排，是实施节能减排战略的一个主攻方向，这既是国家节能减排战略的迫切需要，也是钢铁工业调整产业结构、提升产业竞争力、走内涵式发展道路的紧迫任务。

表 3-4　"十二五"时期钢铁工业发展主要指标

序号	指标	2005 年	2010 年	2015 年	"十二五"时期累计增长/%
1	单位工业增加值能耗降低/%				18*
2	单位工业增加值二氧化碳排放降低/%				18*
3	企业平均吨钢综合能耗降低/千克标准煤	694	605	≤580	≥4
4	吨钢耗新水量降低/米³	8.6	4.1	≤4.0	≥2.4
5	吨钢二氧化硫排放量降低/千克	2.83	1.63	≤1	≥39
6	吨钢化学需氧量降低/千克	0.25	0.07	0.065	7
7	固体废弃物综合利用率提高/%	90	94	≥97	≥3*

注：* 为 2015 年比 2010 年增加或减少的百分点

3.1.3　国内外同类装置物耗、能耗、排放水平的比较[3]

我国钢铁工业能耗总体水平与国际先进水平相比，差距在 10% 左右，我国吨钢综合能耗由 2005 年的 694 千克标准煤/吨下降到 2010 年的 604.6 千克标准煤/

吨,但仍比国际先进水平高。钢铁工业 CO_2 排放占全国总量的 12% 左右,远高于国际能源组织发布的钢铁工业排放的 CO_2 占全球温室气体排放总量的 4%~5%。

(1) 烧结机。我国有烧结机 1200 多台,产量达 7.2168 亿吨。重点企业有 457 台烧结机,其中 180~630m² 的烧结机只有 125 台,中小型烧结机占烧结总面积仍达到 34% 以上。企业之间原燃料供应和价格等因素,生产条件差异较大,使烧结生产指标差距较大,如返矿率、能耗等偏高。企业之间烧结生产环保治理差异较大,烧结烟气综合治理总体水平不高、中小烧结机普遍不好。我国近年来上了一些脱硫装置,目前正在大力推广烧结烟气脱硫,但仅少数有脱 NO_x 装置。为了减少投资,绝大部分为低水平的氨法和石膏法,极少采用目前可同时脱硫、脱硝、脱二噁英的先进的活性炭法。脱硫效率低、效果差、产品利用率很差,还增加了烧结矿的生产成本。自动控制还存在测量水平低、测量精度不够、自动调节技术水平低、效果不佳等问题。

(2) 焦炉。至 2010 年底,我国有焦化企业 800 多家,焦炉总数近 3000 座,年炼焦产能超过 5 亿吨,其中钢铁企业炼焦产能占全国总产能的 40%,而独立焦化厂占 60%。但是,发展不平衡的问题尚未根本解决,我国大型焦化厂、尤其是大型钢铁联合企业焦化厂的综合水平已达到了国际先进水平,而一些小型焦化厂与国际先进水平比相差较大。产业集中度低,炼焦企业数量多而规模小,这不利于技术进步、环境污染治理和节能措施的采用。我国焦炉加热的自动控制系统和焦炉机械操作自动控制系统尚不够完善。在降低焦炉烟道废气中 NO_x 排放上落后于国外先进水平。煤调湿技术优化推广、型煤炼焦、焦炉煤气重整与高效利用、焦炉荒煤气余热回收利用、炼焦添加废塑料等新技术的开发和产业化的进展还不够理想。

(3) 高炉。目前,中国有大于 1000 米³ 高炉约 320 座(产能占总产能的 48% 以上),其中 5000 米³ 级高炉 3 座,4000 米³ 以上大高炉 14 座,大于 2000 米³ 高炉 116 座。但是,我国炼铁企业多而分散,企业之间技术发展水平不平衡,处于多层次、不同结构、不同技术经济指标共同发展的阶段:产业集中度低,高炉数量多,且高炉平均容量偏小、高炉之间技术经济指标差异较大。总体我国炼铁科技与国际领先水平相比,仍有一定的差距:重点企业 1000~4000 米³ 高炉炼铁的平均燃料比仍比发达国家先进的高炉要高出 10~50 千克/吨;中国高炉炼铁的生产集中度低,虽已建设投产了 14 座大于 4000 米³ 的高炉,但总体上高炉大型化程度仍偏低:导致高炉之间生产指标差异较大、劳动生产率不高;炼铁原燃料供应紧张、价格攀升,导致高炉炼铁入炉品位连年下降,从 2002 年的 58.18% 降低到 2010 年的 57.41%;中小高炉装备水平、生产过程控制与自动检测技术水平普遍偏低,环境治理与大高炉相比也还有差距;小高炉采取小炉容、大炉缸的设计,使其生产技术经济指标与大高炉相比相差较大;一些中小高炉过度依赖提高冶炼强度来提升产能,有的高炉冶炼强度高达 1.2~1.5 吨/(米³·天),比世界高炉平均值高出 25%~40%,造成燃料比偏高,高炉寿命偏低。提高喷煤比还有很大潜力。2010 年我国重点企业高炉平均喷煤比虽比 2005 年提高了 25 千克/吨,但总体水平还较低。近几年设计、建设的 80 座大型高炉大多数具有 200~250 千克/吨喷煤能力,但实际喷煤达到了 200 千克/吨的高炉不到 5%。

(4)转炉。2001 年我国 100 吨以上大型转炉只有 30 座,产能为 3602 万吨。至 2010 年增长到 228 座,产能超过 3.5 亿吨,十年间大型转炉的生产能力增长了近 10 倍,其中 300 吨转炉从 3 座增长到 12 座,产能从 678 万吨增长到 3600 万吨以上。但是,小型转炉还有相当大的比例,与精炼、连铸的匹配关系还有待优化。发展不平衡的问题未能解决。无论是自动炼钢水平、同样炉龄复吹条件下的碳氧积水平、煤气蒸汽回收量、对精炼工艺掌握的深度,还是供氧强度与冶炼周期等主要技术经济指标,先进与落后的钢厂差距都很大。

(5)电炉。“十一五”期间我国电炉炼钢装备基本上完成大型化发展,至今主力电炉容量均大于 70 吨,新增电炉容量大都为 100 吨以上。虽然电炉钢总产量逐年提高,然而我国电炉钢产量占粗钢总产量的比重不断下降,到 2008 年以后降至 10%左右,相比之下,全球电炉炼钢可占份额一直在持续增长,目前已达到总钢产量的 1/3。影响电炉钢比例的主要问题还是废钢资源不足,其次是电价相对较高。此外,尚有几十座应加快淘汰的不符合国家产业政策的落后小型电炉。在炉料废钢短缺情况下,优化配料、研究高效、节能的优化冶炼工艺技术还有许多工作要做。这方面我国与世界先进电炉炼钢生产国家是有很大差别的。

(6)精炼设备。2010 年重点统计钢铁企业在钢产量比 2005 年增加约 3 亿吨的情况下,钢水精炼比已达到 70%,比 2005 年提高了 1 倍多。但是当前我国钢水精炼比还偏低,不能很好满足钢铁产品升级的要求;最基本的吹氩喂线工艺技术还需要进一步完善与优化;一些新的精炼工艺技术的研发与推广应用还需加快步伐。今后钢水精炼的科技创新趋势仍然是提高精炼速度,更好地与冶炼炉及连铸衔接匹配;不断降低物耗能耗;提高精炼终点目标命中率和精炼过程自动控制水平;工艺创新则集中研发适合不同产品要求的各种成套软件系统技术,更好地稳定产品的质量。

(7)连铸。2010 年铸坯产量达 6.27 亿吨,连铸比 98.12%。连铸科技创新有了重大的进步。目前我国连铸机的设计作业率 80%左右,实际作业率一般为 80%~90%,许多连铸机作业率已经超过 90%。板坯连铸机的浇注速度一般 1~1.8 米/分,120 毫米方坯 3~4.5 米/分,150 毫米方坯 2.5~3 米/分。大型板坯连铸机的设计产量一般为 100 万吨/流,大型板坯铸机实际年产坯 140 多万吨/流。虽然取得了重大成就,但我国连铸技术还存在一些问题和差距,主要是我国板坯连铸高效化(尤其是高拉速)与国际先进水平相比还有差距;特厚板、宽板、大矩形连铸机设计虽已具有完全自主知识产权,但还需在成套工艺技术完善和设备优化上进一步努力;确保高质量无缺陷铸坯生产的基础上,稳定提高浇铸速度,并实现恒铸速生产的系统技术仍是重点;连铸生产智能化技术发展,对连铸技术与装备取得突破性进展至关重要,必须加大研发力度。

(8)轧机。据不完全统计,到 2010 年底,我国中厚板轧机已达 71 套,1250 毫米以上的宽带钢热连轧机已达到 77 套左右,1250 毫米以上的宽带钢冷连轧机(含酸洗轧机联合机组)已达到 50 余套,1250 毫米以上的单机架可逆宽带钢冷轧机(不包括用于平整轧制的轧机)已达到 150～200 套,热轧无缝管生产线已有 126 套,大型轨梁轧机有 8 套,大中型 H 型钢轧机有 12 套,连续式小型轧机有 150 套,高速线材轧机达 140 套。与国际先进水平相比,我国轧钢技术的差距主要有:大型和高端装备的设计制造水平与国外知名企业仍然差距显著,如 4500 毫米及以上宽度的中厚板轧机全部引进,国产 3800 毫米和 4300 毫米轧机是最近两年建成的,其装备质量和运行效果尚须进一步考验;热连轧的自动化系统中的硬件平台国内尚处空白,软件平台完全依赖进口,我国缺乏核心技术和成套技术;厚板轧机的主传动交直交变频传动系统也完全依靠进口;大型检测仪表在运行稳定性和精度方面与进口产品差距明显等。一些产品,如超超临界发电机组、高压大口径管线、深海工程、C 型门架、高级汽车面板、超高强度钻杆、高压锅炉管、高铁用轴承钢等关键产品尚未形成批量生产能力,仍需引进。

3.2　智能自动化与钢铁行业物耗、能耗、排放

钢铁行业生产过程涉及复杂的物理化学机理,运行环境恶劣,边界条件模糊多变,呈现出多场多相耦合等综合复杂性;质量、效益、安全、节能和减排等运行指标既相互联系又相互制约,且与国际领先水平有较大差距;系统运行指标与控制性能指标之间没有明确的物理关系。因此钢铁行业节能降耗减排等目标的实现,需要通过智能自动化技术解决"运行信息测量难"、"行为特征建模难"和"运行控制实现难"等瓶颈问题。

(1)运行信息检测难:冶炼操作都需要基于能/质传递过程、多相多场耦合运行过程、物理化学反应过程等的实时信号,然而受现有检测技术及冶炼过程的恶劣工况环境限制,冶炼装置内的煤气流分布、高炉炉料分布、铁水温度、高炉喷煤量等运行信息和重要过程参数难以获取或丢失,造成过程信息不完备甚至检测机理失效,从而导致信息缺失。此外,冶炼过程是一个热流场的分布式系统,是一个无穷维系统,对其温度等运行参数的精确测量的核心是传感器配置问题。因此,要实现大型钢铁工业"绿色冶炼、清洁生产"目标,解决恶劣环境条件下大型工艺装备运行信息的实时获取问题是前提和基础。

(2)行为特征建模难:冶炼过程的优化控制、在线安全分析和非正常工况诊断

等都需要建立冶炼过程精确的模型,然而由于燃料、原料等情况多变,常常引起生产条件变化剧烈,过程输入条件、状态变量和生产目标之间的关系十分复杂,现有模型不能完全描述这些关系,导致过程控制的盲目性。大型冶炼设备中不仅涉及温度场、流场,以及气、液、固三相流体力学作用形成的多相多场严重耦合,而且涉及复杂的多时空尺度,具有非均一、非稳态、非平衡、强非线性等特征,现有的数学描述、数值模拟等理论与方法都无法解决大型冶炼设备多相多场耦合的模型描述问题,无法从根本上支持大型冶炼设备的在线优化控制。因此,在冶炼运行信息高性能检测的基础上,要实现大型冶炼设备的"绿色冶炼、清洁生产"目标,解决融合机理、数据和知识的大型冶炼过程建模问题是关键。

（3）运行控制实现难:冶炼过程是一个多变量、强耦合、非线性、大时滞、欠调节手段、间歇式和连续式操作并存的复杂工业过程,面临着热平衡和反应平衡如何通过过程控制达到和保持稳态最优的问题,包括在扰动情况下如何调整和恢复的问题。而这一过程控制问题的实质是对大型冶炼设备多物理场分布进行控制和保持平衡的问题。这对于大型冶炼设备的节能降耗减排至关重要,因为平衡点的破坏将直接导致高能耗和低指标,在工况被严重破坏时甚至引起停炉停产,这意味着巨大的能源和原料浪费。此外,大型冶炼设备生产过程中存在煤气分布流场、质量流场、温度场等多个物理场,且多场交互作用,动态校正困难。因此,要实现大型冶炼设备的"绿色冶炼、清洁生产"目标,解决其高性能运行控制问题是核心。

3.3　钢铁行业自动化技术应用现状

钢铁行业工业化和信息化相互促进,融合程度不断加深。钢铁企业在工艺装备过程控制、流程优化、企业管理和节能减排等方面的信息化水平大幅提升,并加速向集成应用转变。基础自动化在全行业普及应用,重点统计钢铁企业已全面实施生产制造执行系统,主要钢铁企业实现了企业管理信息化,逐步形成了过程控制优化、生产管理控制和企业信息化多层次、多角度的整体解决方案[5-16]。

3.3.1　过程控制和优化

目前大中型钢铁生产企业中,工艺装备通过引进已经达到或者接近国际先进水平,现场关键工艺环节的自动化仪表和集散控制系统也已经配置到位。把工艺知识、数学模型、专家经验和智能技术结合起来,应用于炼铁、炼钢、连铸和轧钢等典型工位的过程控制和过程优化,如高炉炼铁过程优化与智能控制系统,烧结、焦化综合优化控制,转炉动态数学模型,智能电炉控制系统,连铸结晶器液位控制,加热炉燃烧控制,轧机智能过程参数设定等,取得了工艺装备明显的节能减排效果。如武钢应用高炉操作平台型专家系统后,高炉利用系数提高 0.172,焦比降低

41.86 千克/吨,喷煤比提高 22.98 千克/吨,年节约焦炭 32452 吨;武钢焦炉控管一体化系统,每年节能为 26.56 万吉焦,相当于节约 9000 吨标准煤,减少 CO_2 排放约 19000 吨;沙钢冶金电炉采用智能控制技术,取得了冶炼时间缩短 3%、吨钢电耗下降 5% 的效果。

钢铁生产按工艺流程可分为炼铁区、炼钢区和轧钢区三个主要生产过程。下面分别介绍各生产过程自动化技术应用情况。

3.3.1.1　炼铁区自动控制技术

炼铁区主要包括烧结/球团、焦化和高炉等工艺装备,其中,烧结/球团通过矿石焙烧、成型为炼铁高炉提供原料,焦化生产焦炭为炼铁高炉提供燃料,高炉将矿石中的氧化铁还原生成铁水。炼铁区自动化技术应用主要包括炼焦配煤优化系统、焦炉加热计算机控制及管理系统、烧结过程智能控制管理系统、烧结机智能闭环控制系统、炼铁优化专家系统、高炉人工智能系统等。

(1)焦化。通过最优决策和专家知识库,在保证焦炭质量、现有煤种和库存限量等条件下,自动优化炼焦用煤成本最低的配煤方案。达到尽量少配主焦煤和煤源紧张的煤种,尽量多配挥发分高、弱黏性煤或不黏性煤,尽量扩大炼焦煤源,节能增效。将焦炉加热控制与推焦操作管理有机地结合起来,采用智能控制原理,在控制过程中利用计算机模拟人的控制行为功能,最大限度地识别和利用控制系统动态过程所提供的特征信息,进行启发和直觉推理,从而实现对缺乏精确模型的对象进行有效控制。

(2)烧结。将烧结配料、混合、加水、布料、点火、烧成等生产工序的过程控制进行模型化处理,建立子模型之间的关系网络,实现烧结全过程优化智能控制。采用智能控制技术、图像分析处理技术和生产过程数模在线计算的综合解决方案,来判断烧结生产的终点。针对系统具有大滞后、时变等控制难点,采用前馈/反馈和带有参数自校正的模糊控制器,其模糊控制规则综合归纳了生产操作经验、专家知识和在线生产操作分析统计数据以及烧结矿断面图像分析结果,进行智能推理判断,实现烧结终点判断与闭环控制,烧结终点判断命中率大于 90%,终点控制系统精度误差不超过 5%。采用线性规划、最小二乘法等数学方法及神经元网络方法,解决烧结生产过程流程长、环节多、复杂性、非线性、时变性和不确定性的技术难题,从而实现烧结生产过程的智能化,达到烧结生产低耗、高产和优质的目的。

(3)高炉。以高炉"高产、优质、低耗、长寿"为目标,以"安全、稳定、顺行、均衡"为操作方针,创建描述冶炼过程非线性变动规律的"变频数理统计"算法,建立"样本空间模型"、"系统分析表"和"系统优化图"等数学模型,数量化地描述炼铁重要生产规律,为"多目标系统优化"提供工艺理论依据。提供炉况诊断专家系统,可以诊断边缘过分发展、边缘不足、中心过分发展、中心不足、向凉、向热、管道、崩料、悬料、偏料、低料线、炉墙侵蚀、炉墙结厚、炉缸堆积等 14 种异常炉况并给出操作指导,提供了趋势分析、频度分析、回归分析、相关分析、主影响因素分析、分布分析及 Rist 操作线、物料平衡、热平衡、直接还原度等分析和工艺计算算法,包括炉料下降轨迹及炉喉炉料动态模拟模型、炉热指数 T_c 计算模型、软熔带模型、热风炉燃烧优化模型。

3.3.1.2　炼钢区自动控制技术

炼钢区的主要功能是将铁水和废钢通过脱碳、脱硫、脱氧、去除夹杂物以及调节合金成分等处理,冶炼出合格的钢水,并铸成钢坯,为轧钢提供原料。主要工艺装备包括转炉、电炉、精炼炉和连铸机。

(1) 转炉。转炉自动化技术的应用主要是建立冶炼过程模型,实现全自动炼钢。其数学模型(分静态模型和动态模型)是以冶金反应机理和传输理论为基础,以经验或半经验关系式和资料为补充,以数值计算方法为手段的半机理半经验模型,并且以计算机以及测量碳含量和钢水温度的副枪为监测工具,达到冶炼过程的计算、预测和优化。转炉炼钢从吹炼条件的确定(包括冶炼钢种和冶炼初始条件的目标温度计算,主副原材料和供氧量计算),到吹炼过程控制(包括副原料投料,氧枪枪位和流量的变化),直至终点前动态预测和调整,吹至设定的终点目标值自动提枪,全部由计算机控制,并且能做到转炉吹炼终点碳和温度准确命中,快速出钢[17]。

(2) 电炉。通过建立冶炼过程热平衡和物料平衡模型,对供电功率进行合理设定和优化,保证主变压器在安全稳定的工况下运行,降低电耗。综合考虑供电和供氧技术,按冶炼过程能量需求和需氧量来确定各时段内合理的集束氧枪供氧和变压器供电工作点,实现两项功率单元的合理匹配,使炼钢过程各时段以及总的能量供需接近最优理论值。

(3) 精炼炉。采用复合人工智能技术完成热平衡计算和钢水温度预报、功率设定点优化、电极升降智能控制等功能,其中,采用人工神经元网络和专家系统相结合的钢水温度动态预报模型,适应能力强,预报精确度高,钢水温度预报平均误差不超过 5℃;采用人工神经元网络和模糊控制有机结合的复合电极升降控制算法、人工神经元网络电气参数动态预报模型、专家系统能量输入设定点优化等。建立精炼过程预报模型,如精确控制钢材成分的成分微调模型,控制齿轮钢淬透性带的齿轮钢淬透性预报模型,预报出钢后钢中溶解氧及金属、熔渣成分的出钢氧预报模型,LF-VD 过程钢中总氧含量预报模型,吹氩搅拌模型,喂线模型等,并进行系统工艺优化。

(4) 连铸机。实现连铸关键设备参数监控和拉速、液位和冷却系统闭环控制,确保设备始终处于良好状态,减少了拉速波动造成的结晶器卷渣,极大提高铸坯质量。优化板坯工艺技术,对铸机的全部工艺参数进行优化改进,提高了板坯内部质量和表面质量。铸坯在线质量判定系统,通过采集生产过程数据在线自动对铸坯进行质量判定,为板坯热装热送提供依据,根据用户对质量的不同要求,实现不同等级铸坯分类轧制,目前铸坯的无清理率达到98%以上。

3.3.1.3　轧钢区自动控制技术

轧钢区包括加热炉、热轧、冷轧等工序,主要功能是将钢坯进行变型、热处理等工序为用户提供棒、线、板、管等各种形状和规格的钢材。

(1)加热炉。建立了燃烧过程中包括预混火焰、燃烧室内传热、燃气湍流流动及介质加热过程等多模型相互耦合的燃烧全过程三维数学模型,结合数学模型的求解,以计算机模拟与优化结果为依据,通过专家系统与数据库实现了燃烧热过程的计算机优化控制。将模糊控制技术应用于加热炉控制,采用"短周期"预测炉温的模糊控制策略,提高了调节速度,缓解了滞后因素对炉温控制的影响;利用模糊技术对PID控制的参数进行自校正,解决非线性因素对PID调节准确性的影响,实现了空燃比的自寻优模糊控制,能够适应工艺状况的较大变化。

(2)轧机。建立轧制过程的数学模型,实现轧制规程优化计算、轧制规程的自适应及自学习。同时,在总结操作工规程的基础上,实现了轧制规程设定的智能化及专家系统。应用了高精度厚度控制技术、TMCP技术、平面形状控制技术、板凸度和板形控制技术、组织性能预测与控制技术。建立宽带钢冷连轧数学模型,实现宽带钢冷连轧机在连续轧制过程中最大程度的柔性轧制,实现厚度差1.5毫米、宽度差300毫米和材料强度差200兆帕的带钢跳跃能力。应用极限规格拓展和高等级带钢表面质量控制技术,实现了轧机产能和产品质量的提升。

3.3.2　生产管理控制

目前大中型钢铁生产企业中,已普遍实施了MES,通过信息化促进生产计划调度、物流跟踪、质量管理控制、设备维护水平的提升,减少了工艺衔接间的能耗。如沙钢充分利用信息化技术,构建铁水优化调度系统,实现全公司的高炉和转炉的生产进行统一调度和管理,减少了倒包引起的铁水热量损失,提高了铁水热量的利用率,每年可节约23.12万吨标准煤,采用炼钢-轧钢钢坯热送热装信息化系统,实施炼钢连铸坯热装进入轧钢加热炉,热装比达80%以上,轧钢产量增加20%左右,单位能耗下降20%以上。

目前,国内钢铁生产企业近年来开始能源中心建设,通过信息技术、自动化技术,实现电力、燃气、动力、水、技术气体等能源介质监控、能源一体化平衡调配、能源精细化管理等功能。宝钢能源中心借助信息化平台按照能级匹配的原则进行优化调度,基于数学模型对现场设备直接监控和操作指导,并将数据仓库技术应用到煤气等能介的统计结算、能耗分析、消耗预测等各环节中去,宝钢燃气系统多年来运行指标一直处于国内较高水平;高炉煤气放散率 0.87%,焦炉煤气放散率 0%,转炉煤气回收率 99.7 米³/吨钢,不但节约了大量的一次能源采购,而且减少了大量的废气排放,环境保护意义重大。

3.3.3 企业级信息化

随着企业管理水平的不断提高,钢铁企业信息化取得显著进展。基于互联网和工业以太网的 ERP(企业资源计划)、CRM(客户关系管理)和 SCM(供应链管理)等取得很多成功应用范例,在更好地满足客户需求、精细控制生产成本等方面发挥了作用。

南京钢铁公司实施了集成融合型企业信息系统。建立以财务为核心、产销质一体化为纽带,包括生产、销售、质量、采购、储运、人资、设备、财务成本、信息运作等九大领域的 ERP 主体工程,并建立计量、检化验、电子商务、铁路运输管理等支撑和延伸系统,全面集成、融合 ERP 系统、集团财务系统、MES、能源管理系统、计量与检化验、过程控制系统等各级信息化系统,形成具有功能完整、高度集成的企业集成融合型整体信息系统。实现了"管理高度集中、产销高度衔接、数据高度一致、信息高度安全、人员高效配置"的现代化管理平台。建立了精细化日成本核算体系、订单成本模拟和接单毛利预测功能,优化了订单结构,快速响应市场,在有限产能计划内实现企业效益最大化。日成本分析和效益预测快速为决策层提供决策支持,及时调整接单和生产,在线滚动优化,实现效益最大化。通过使用现代化挖掘技术,创建铁前原料结构优化回归模型和采购决策支持系统,实现铁前原燃料性价比动态评测,指导企业实现采购与配料结构优化,创造了显著的经济效益。

3.4 智能自动化技术促进节能、降耗、减排的成功案例

3.4.1 大型焦炉炼焦生产过程智能优化控制系统

炼焦生产的主要产品是焦炭,同时附带焦炉煤气和百余种化学产品,为国民经济发展提供重要的物质基础。在钢铁行业中,焦炭质量直接影响着企业生产成本、产品质量以及企业经济效益的增长。焦炉是生产焦炭的主要设备,炼焦生产涉及多个过程,主要包括配煤过程、焦炉加热燃烧过程、焦炉作业计划与调度。

目前大型焦炉炼焦生产过程存在的问题包括:

(1)煤种配比的确定由人工完成,不能根据配合煤指标以及焦炭质量指标,对配煤比进行优化计算,存在着配煤准确性低、配煤成本高的问题。

(2)焦炉加热燃烧过程是炼焦生产的一个重要过程,火道温度的稳定与否,直接关系到焦炭质量、能源消耗和炼焦生产的稳顺进行。但是,火道温度难以在线检

测,工业现场一般通过人工检测获得,导致火道温度的检测精度低,并且存在较大的滞后。

(3)焦炉加热燃烧过程的时滞、大惯性、非线性、干扰因素多等特点,导致焦炉加热燃烧过程工况复杂,但是工业现场对火道温度进行控制时,采用单一控制器难以获得理想的控制效果。

(4)随着生产规模不断扩大,不同时期建立的多座焦炉并联生产,人工编制焦炉作业计划导致设备资源优化利用的问题突出,焦炉稳顺运行难以保证,对炼焦生产、环境和焦炉使用寿命产生影响。

(5)我国炼焦过程控制与决策大都停留在单元自动化水平,未考虑各个局部过程的相互影响,众多的生产状态信息通常缺乏有效的集成而分散于各局部生产过程,没有实现集中监视,技术人员不能及时全面掌握炼焦生产过程信息。

这些问题会导致焦炭质量下降,工序消耗指标升高,高炉炼铁的生产成本增加,从而引起一系列的连锁反应,影响企业经济效益的增长与可持续发展。

为了有效解决这些问题,中南大学与湖南华菱涟源钢铁有限公司应用软测量技术、智能控制技术、智能优化技术、作业计划优化调度技术、协调优化技术、集中监视技术,建立了炼焦生产过程智能优化控制系统,为大型焦炉炼焦生产过程优化控制提供一种先进可行的解决方案[18-25]。

3.4.1.1　大型焦炉智能优化控制的系统结构

根据系统的设计原则,在不影响焦炉生产的前提下,在基础自动化平台上添加网络通信设备和工业控制计算机,用于构建炼焦配煤智能优化与决策支持系统、加热燃烧过程优化控制系统、焦炉作业优化调度系统与智能协调优化与实时集中监视系统。炼焦生产过程智能优化控制系统结构如图 3-1 所示。

通过建立包括协调监控级、优化控制级和基础自动化级的智能优化控制结构,进行炼焦配煤优化与控制、焦炉加热燃烧过程智能优化控制、焦炉作业计划与优化调度、炼焦生产全流程智能协调优化与实时集中监视,实现炼焦生产过程的智能优化控制,如图 3-2 所示。

3.4.1.2　大型焦炉智能优化控制的核心技术及应用

1)基于质量预测模型的炼焦配煤多目标智能优化技术

对于配煤过程的研究主要集中于基础自动化方面,而配煤比优化方面的研究比较少,宝钢采用煤岩配煤方法,实现了配煤专家系统。这种方法需要大量的专家经验,并且煤岩配煤方法对基础自动化水平与检测手段要求较高,需要配煤过程有煤预处理工艺。但我国大部分炼焦配煤过程都没有煤预处理工艺,基础自动化水平不高,检测手段缺乏,因此这种方法对于我国大部分炼焦配煤过程并不适用。

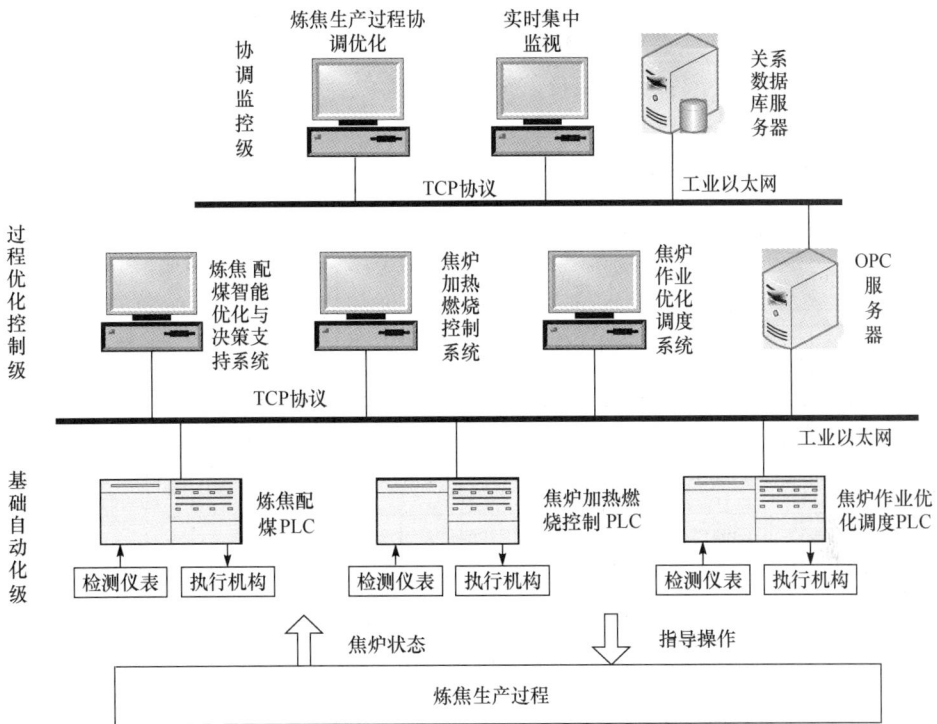

图 3-1　系统体系结构图

　　此项目根据炼焦生产的具体条件，以及现有的检测设备，采用智能建模与优化技术，提出一种基于质量预测模型的炼焦配煤多目标智能优化方法。通过建立配合煤质量线性回归预测模型和焦炭质量神经网络预测模型，建立以配合煤和焦炭质量指标、配煤和炼焦条件为约束，配合煤成本和配合煤硫分为优化目标的多目标优化模型，开发基于模拟退火算法的炼焦配煤多目标优化方法，获得最优的配煤比和配煤方案，减少了配煤比计算量，提高了配煤比计算准确性。

　　融合了线性模型和神经网络模型的质量预测模型能较为准确的预测焦炭质量，抗碎强度、耐磨强度、反应性指数和反应后强度预测的平均相对误差分别为 0.63%、3.23%、5.31% 和 4.77%，为配煤比的优化控制提供了基础；焦炭的抗碎强度、耐磨强度、反应性指数和反应后强度指标预测后的相对误差落在 $\pm 3\sigma$ 之内的统计概率分别为 97.87%、98.70%、96.67% 和 100%，完全达到了生产的实际需要。系统投入运行以来，运行稳定，焦炭质量预测准确率达到 90% 以上，提高了配煤准确率和焦炭质量稳定率，有效地降低了配煤生产成本，提供了配煤质量过程能力控制分析和丰富的报表功能。

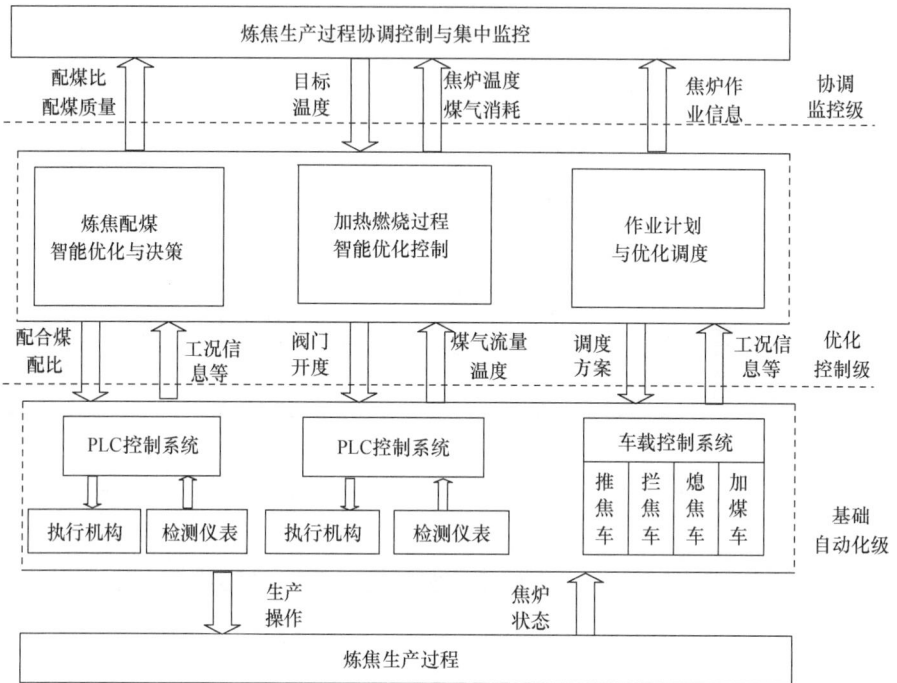

图 3-2　炼焦生产智能优化控制系统

2）基于复杂工况判断的焦炉加热燃烧过程智能优化控制技术

焦炉火道温度是焦炉加热燃烧过程中重要的工艺参数，但是由于焦炉结构的特殊性和高温特性，从测量成本、运行稳定性和维护性方面考虑，难以进行在线测量。同时，在焦炉加热燃烧过程中，工况的复杂性增加了焦炉温度控制的难度，充分利用各种测量信息加以分析、处理和综合，对工况进行判断，对于实现焦炉加热燃烧过程的优化控制是非常必要的。焦炉加热过程混杂控制系统分层递阶结构如图 3-3 所示。

随着智能控制技术的发展，智能化方法被用于焦炉温度控制，尤其是模糊控制技术，在焦炉温度控制中得到了广泛的应用，对于抑制火道温度有一定的效果。现有的控制方法存在以下问题：①火道温度难以在线检测。宝钢在 5、6 号焦炉的所有燃烧室安装热电偶检测火道温度进行控制，取得了很好的控制效果，但是由于火道温度很高，需要采用高温热电偶，两座焦炉投入成本需要 600 万元，耗资较大。同时，热电偶的寿命只有两年，维护更新费用也非常高。②并未考虑焦炉加热燃烧过程的复杂工况，采用单一的控制单元，这对实现焦炉加热燃烧过程的温度控制具有较大的局限性。

项目从低成本和高精度的角度考虑，确定能够间接反映焦炉火道温度和可在

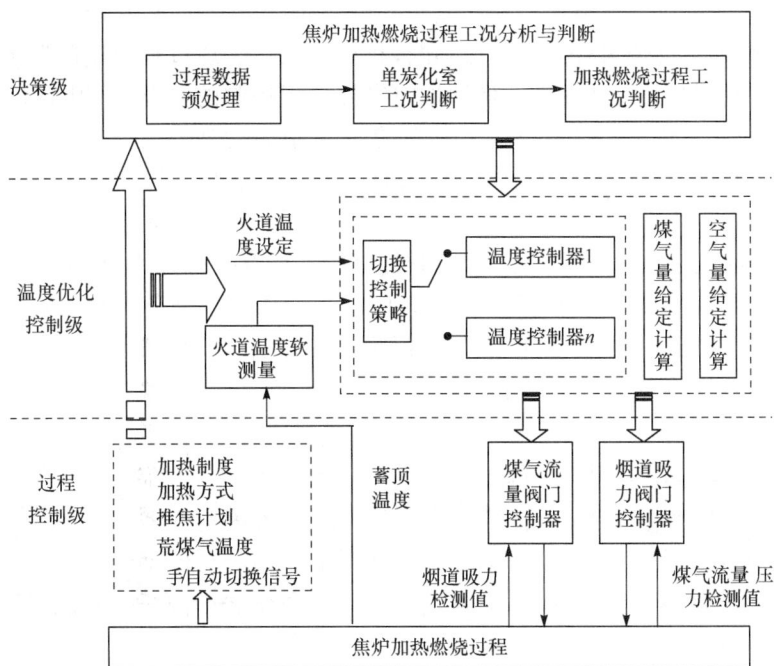

图 3-3 焦炉加热过程混杂控制系统分层递阶结构

线测量的过程参数,研究焦炉火道温度软测量模型,实现焦炉火道温度的在线检测;研究焦炉加热燃烧过程工况判断方法,将焦炉加热燃烧过程控制问题分解为多个工况下的控制问题,针对不同的工况下温度变化的特点,研究火道温度智能控制方法。

此项目应用软测量技术,选择部分蓄热室安装热电偶,基于蓄顶温度数据,实现了焦炉火道温度的在线软测量。由于只在部分蓄热室安装了热电偶,并且蓄顶温度比火道温度低,所采用的热电偶比安装在燃烧室的热电偶便宜,因此成本和维护费用都比较低。根据煤气换向规律和推焦串序,确立蓄顶温度检测点的选取原则;基于蓄顶温度检测数据,分别建立线性回归集成模型和监督式分布神经网络模型;应用专家规则对线性回归集成模型和监督式分布神经网络模型的输出进行协调,获得焦炉火道温度的实时软测量值,具有低成本、易维护、高精度的特点。

针对焦炉加热燃烧过程中火道温度的检测和控制只能依靠人工进行,火道温度波动较大的问题,建立了火道温度智能集成软测量模型,在温度优化控制中,应用串级控制的思想,将火道温度智能优化控制系统分为主、副两个回路。主回路为温度优化控制回路,根据焦炉耗热量的变化对工况进行划分,对不同工况下的设计模糊控制器,以保持火道温度的稳定;副回路为阀门控制回路,采用模糊控制与专家控制相结合的智能控制方法,克服外界扰动带来的煤气流量及烟道吸力的波动,保持煤气量与空气量能够稳定在设定值附近。通过焦炉耗热量分析,根据上升管温度对焦炉加热燃烧过程工况进行判断,将焦炉加热燃烧过程控制问题分解为多个工况下的控制问题,从而降低焦炉加热燃烧过程控制的复杂度;根据不同工况,分别设计以煤气流量和吸力控制为内环、焦炉火道温度为控制外环的串级智能控制算法,以及进行算法的模糊软切换,从而实现不同工况下的焦炉火道温度优化控制。

该系统投运后,焦炉机侧模型预测误差在±7℃以内的达到 89.3%,焦炉焦侧模型预测误差在±7℃以内的达到了 87.6%,火道温度波动范围从±25℃下降到±10℃,90%稳定在±7℃之间,满足实际生产的需要。系统投运前后 2♯焦炉火道温度的控制效果如图 3-4 所示。

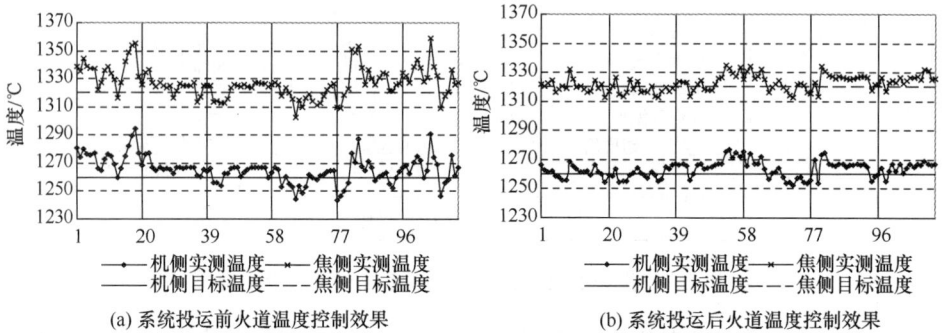

(a) 系统投运前火道温度控制效果　(b) 系统投运后火道温度控制效果

图 3-4　火道温度控制结果

同时,系统实现了混合煤气压力、烟道吸力的智能控制。系统投入运行后,机侧混煤压的偏差 90%以上控制在±50 帕之内,焦侧由于阀门特性比较差,不易调节,混煤压偏差 85%以上控制在±50 帕之内,控制效果如图 3-5 和图 3-6 所示。采用专家控制器对烟道吸力进行调节,控制精度有了大幅度的提高:机、焦侧烟道吸力的偏差 95%以上可控制在±5 帕之内,控制效果如图 3-7 和图 3-8 所示,其中的尖峰为焦炉加热过程中的换向时刻。

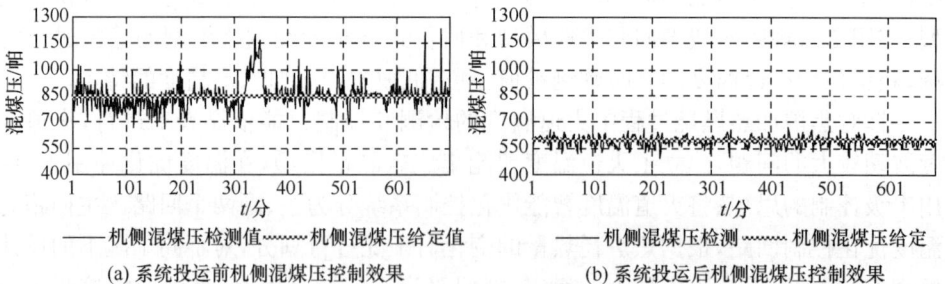

(a) 系统投运前机侧混煤压控制效果　(b) 系统投运后机侧混煤压控制效果

图 3-5　机侧混合煤气压力控制结果

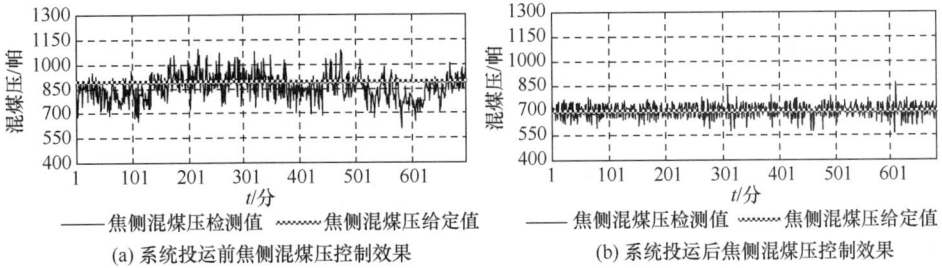

图 3-6　焦侧混合煤气压力控制结果

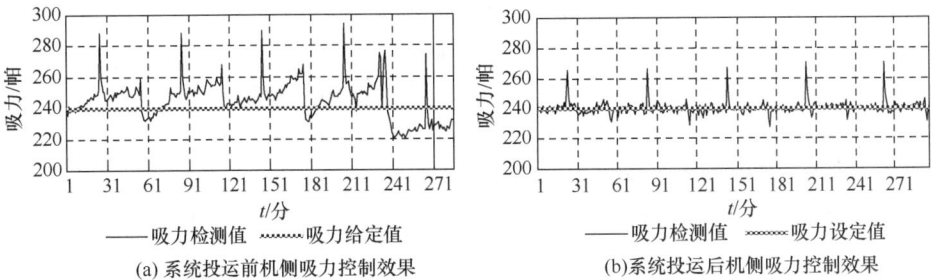

图 3-7　机侧吸力控制结果

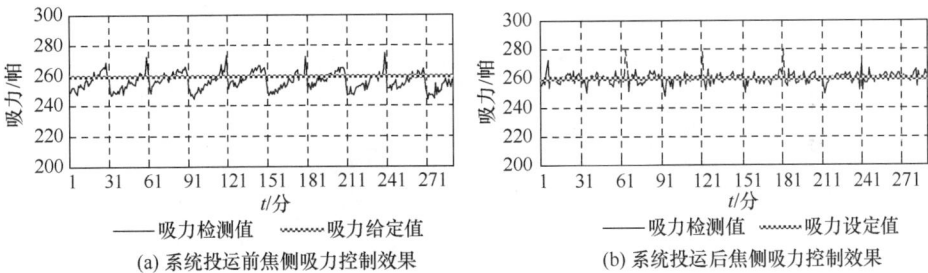

图 3-8　焦侧吸力控制结果

系统投运后,焦炉均匀系数从 0.48 提高到了 0.90,安定系数平均值与投入运行前同期比,从 0.32 提高到了 0.92,均明显的提高。

3)面向多座焦炉作业的协同计划与优化调度技术

焦炉作业计划对炼焦生产是否能稳顺进行起着重要的作用,是炼焦生产控制的核心。需要根据焦炉作业计划的特点,研究适应于多座焦炉作业计划与优化调度,实现焦炉生产操作的有效管理,提高焦炭的产量和质量,减少机械磨损,从而达到节省生产成本,减轻工人劳动强度的目的。

对于焦炉作业计划的编制,宝钢、马钢等钢铁公司焦化厂都实现了自动编排,但是都是根据工艺要求,基于人工经验进行编排,没有将调度的思想与计划编制相结合,不利于保证焦炭质量和稳定焦炉的生产,造成资源浪费和机械设备损坏。

此项目提出一种面向多座焦炉作业的协同计划与优化调度方法,建立了正常工况与异常工况下的优化调度模型,通过确定影响调度决策的工况特征参数和可调度条件,建立正常工况与异常工况下的优化调度模型;根据焦炉作业的专家规则及推焦原则,进行正常工况下的焦炉作业计划优化调度;针对焦炉生产异常工况,采用蚁群优化算法对优化调度模型求解,获得最优的推焦计划,从而达到了减少机械磨损,保证多座焦炉炼焦生产稳顺进行的目的。

系统投运后,推焦系数得到了显著提高。由于焦炉作业计划编排合理,为操作设备安排了合理的检修时间,降低了故障率,提高了推焦系数。据统计,推焦系数 $K_计$、$K_执$、$K_总$ 分别从 0.3、0.41、0.18 提高到 0.84、0.70、0.64,达到实际生产的要求,提高了炼焦车间对推焦操作的管理水平,从而保证了焦炭的质量。

4) 面向炼焦生产全流程的智能协调优化与实时集中监视技术

炼焦生产包含多个生产过程,具有多变量、强关联的特性,某一生产过程的异常,都会导致其他过程的生产状况波动,产生连锁反应。因此,实现炼焦生产过程协调优化与集中监视对于改善装置运行状况、准确地评估当前的生产状态具有重大意义。炼焦生产过程智能协调优化如图 3-9 所示。

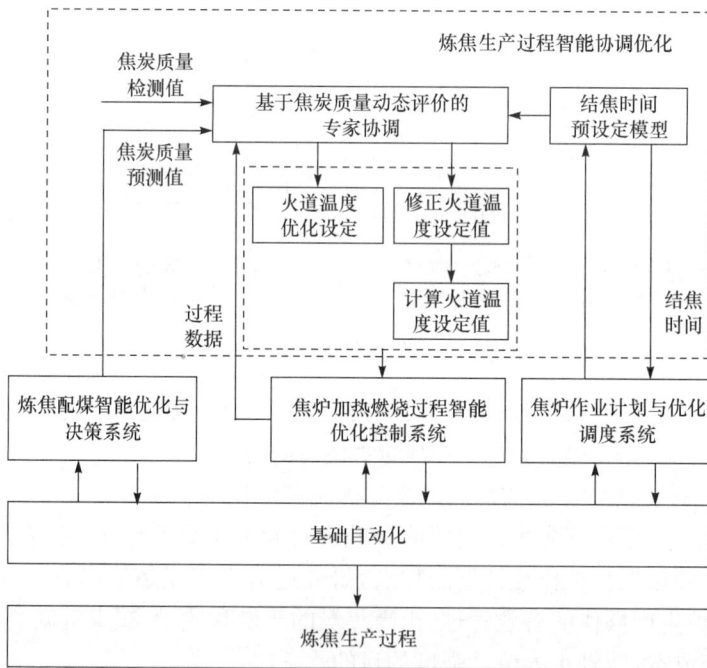

图 3-9 炼焦生产过程智能协调优化

项目研究配煤过程、焦炉加热燃烧过程、焦炉作业过程之间协调优化方法,使炼焦生产能够稳顺进行,保证焦炭质量。同时,研究炼焦生产过程集中监视技术,基于 OPC 通信技术和 Oracle 数据库技术,采用 WinCC 组态软件实现炼焦生产过程的实时集中监视。

项目提出一种面向炼焦生产全流程的智能协调优化与实时集中监视技术。以焦炭质量为目标,建立焦炉火道温度设定的智能集成模型,根据结焦时间对模型进行修正;在此基础上,根据焦炭质量的预测值与实测值之差,动态调整火道温度的设定值,实现炼焦生产全流程的智能协调优化。通过对炼焦配煤过程、焦炉加热燃烧过程和焦炉作业计划进行实时集中监视,实现炼焦生产的全流程实时集中监视。

通过对炼焦生产流程的在线集中监视,有效的帮助焦炉技术人员了解焦炉运行的最新状态。以 1♯ 焦炉的监视画面为例,焦炉加热燃烧过程、焦炉蓄热室温度、实时监视现场运行画面如图 3-10 所示,从画面中可以形象直观地了解整个炼焦生产的全貌。

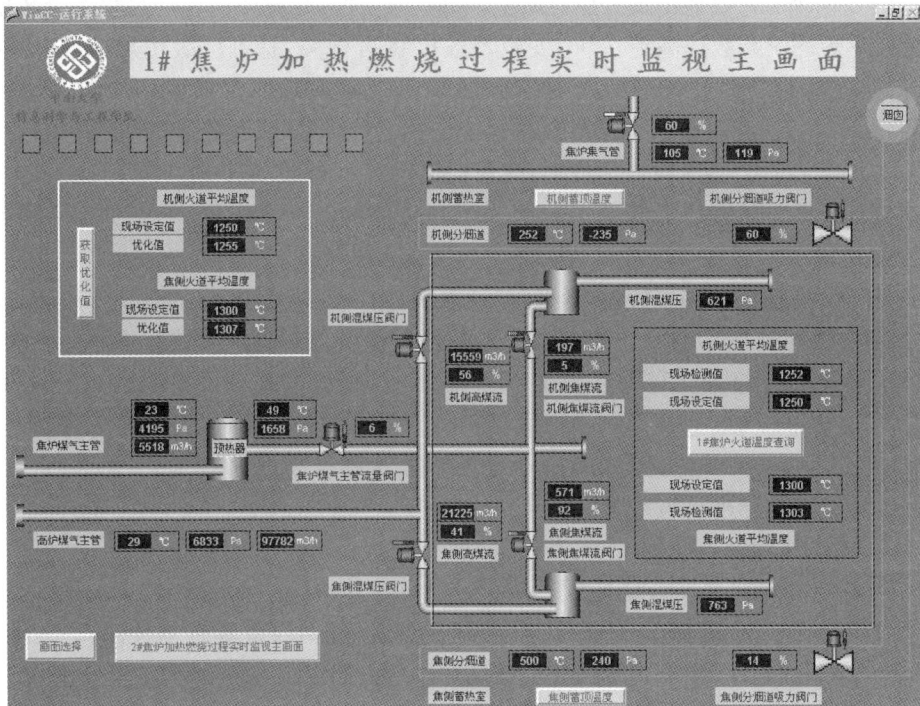

图 3-10 焦炉加热燃烧过程监视画面

3.4.1.3 综合应用效果与效益

大型焦炉炼焦生产过程智能优化控制系统,在湖南华菱涟源钢铁有限公司焦化厂 1♯焦炉和 2♯焦炉两座 JN60 型焦炉的炼焦生产过程进行了应用,达到提高焦炭质量、降低能源消耗、减少环境污染的目标,取得了显著的经济效益和社会效益。

国内外现有针对炼焦生产过程的研究,主要集中在配煤过程、焦炉加热燃烧过程、焦炉作业计划。根据《国家冶金焦炭质量标准》,抗碎强度 M25≥92.0,耐磨强度 M10≤7,焦炭质量达到一级冶金焦。我国各企业之间的炼焦生产水平工序参差不齐,工序能耗相差较大,最高达到 281.02 千克标准煤/吨,全国平均为 148.51 千克标准煤/吨,国际先进水平为 128.1 千克标准煤/吨。

系统投入运行后,显著改善了涟源钢铁有限公司焦化厂 1♯、2♯焦炉的运行状况,稳定了炼焦生产过程,降低了工人的劳动强度,提高了企业的自动化水平和信息管理水平,有效地提高了焦炭质量,降低了能耗。根据炼焦生产过程综合数据统计,焦炉均匀系数提高到 0.90,安定系数提高到 0.92,达到一级焦炉标准;焦炭的抗碎强度 M25 从平均 90.23% 提高到 92.25%,耐磨强度 M10 从平均 6.60% 降低到 6.12%,达到了国家一级冶金焦标准,冶金焦合格率从系统运行前的 91.19% 提高到 94.77%。系统投入运行后,炼焦耗热量有所降低,焦炉耗热量与投入运行前同期比,平均耗热量降低了 1.66%。炼焦工序能耗为 121.55 千克/吨,达到国际先进水平。

焦炭在高炉炼铁中起到热量来源、还原剂、生铁的溶碳、炉料的骨架作用,对高炉炼铁技术进步的影响率在 30% 以上。焦炭质量变化对高炉炼铁有重要的影响。其中,焦炭的抗碎强度和耐磨强度 M25、M10 对高炉冶炼有重要的影响。M25、M10 指标好的焦炭,直接影响入炉焦比和高炉利用系数。同时,焦炭的灰分、硫分和挥发分也会对入炉焦比有影响。由于焦炭质量的提高,高炉入炉焦比得到了有效的降低。通过分析,与系统运行前相比,高炉入炉焦比降低了 8 千克/吨。

3.4.2 550m² 烧结机智能闭环控制系统

烧结生产过程流程长、环节多,从控制观点看,烧结过程具有复杂性、非线性、时变性和不确定性,属于典型的复杂被控对象。长期以来,烧结生产在很大程度上是由操作工凭经验来人工控制的。目前,烧结智能控制系统的应用已成为追求烧结生产"优质、高产、低耗"的重要手段,并成为国内外烧结厂提高技术水平的主攻方向[26-32]。

首钢京唐钢铁联合有限责任公司和北京首钢自动化信息技术有限公司,根据京唐公司的实际工况,深入研究烧结工艺理论,运用人工智能原理,将烧结工艺理论和长期的生产实践经验相结合,以目前国内在线运行最大的 550m² 烧结机为对象,研制了烧结过程智能控制系统,实现烧结过程的智能闭环控制[33-36]。

3.4.2.1　技术难点

(1) 烧结生产流程长、环节多、设备多,且实际生产过程非线性、强耦合、大滞后、不确定因素多,难以用一种或几种经典的理论去描述和控制,在传统的烧结生产过程中,实际多为手动或局部自动连锁控制生产,在该项目的研发应用中,需要另辟蹊径,寻求更适合大型烧结生产的综合控制理论应用。

(2) 需要系统适应国内原料供应的多变和不足的现实。原料难以保证来料的相对稳定,不可避免地会经常出现变料换堆操作,而在换堆操作及灌仓过程中,各混匀矿仓的初始仓存的差异、混匀矿仓下料时间的相对不确定性,以及不同堆新、旧混匀矿交错配料等因素,都会对生产的稳定和成分质量的波动,带来较大的扰动影响。

(3) 需要克服工艺设备自身的不稳定因素对成品质量的影响。例如,应尽可能地减小下料料量的波动对成分带来的影响。在配料过程中,由于原料自身的固有特点以及现有工艺设备状况,难以避免部分原料下料过程中发生粘料和棚料等异常情形。例如,作为熔剂的白灰,其下料过程就不是很稳定,易时断时续,这种工况对碱度的稳定有很大影响。而这种情况往往又是工艺设备本身难以克服的。

(4) 需要解决烧结宽度方向上烧结速度一致性的问题。京唐 550m² 的烧结机宽度是 5.5 米,很容易导致烧结机宽度方向上烧结速度的不一致,机尾断面不理想。传统方法是定性的改变宽度方向上的铺料厚度,来消除烧结速度的不一致。但是无法定量的进行较为准确地控制。

(5) 需要充分挖掘和使用机尾断面所蕴含的丰富信息。烧结机尾断面是烧结矿层的第一可见处,蕴含着丰富的信息。例如,矿层是否烧透、FeO 高低、结矿强度等。长期以来的习惯做法是完全依靠操作工对机尾断面的肉眼观察,对燃料是否合适、矿层是否烧透等作人工判断和经验操作调整。但是由于操作工彼此水平的差异和各自的主观性,存在一定的局限性,容易造成生产上的波动。

3.4.2.2　主要功能

从控制的角度来讲,烧结生产的目的是:通过调整原料参数、操作参数和设备参数,使状态参数和指标参数达到最优。烧结矿化学成分(除 FeO 外)主要受原料参数的影响;物理性能和冶金性能主要受原料参数和部分操作参数的影响,通过调整烧结过程状态,减小中间操作对指标波动控制,生产出高质量的烧结矿,同时降低生产成本和能耗。

本控制系统针对烧结过程的自身特点,将烧结过程分成各个子系统进行控制;

包括质量智能闭环控制子系统、烧结过程智能控制子系统和生产信息管理子系统，从而形成烧结全过程的智能控制系统。

为了实现京唐烧结"高水平、高效率和高质量"的生产过程控制目标，系统的功能规划设计分为 3 个不同的层面和 18 个不同的控制子功能，并在功能设计中突出以"稳定、可靠、实用、高效率"的自动化平台为手段，完成系统的质量闭环控制、烧结过程闭环控制和生产信息优化管理等核心功能。各子系统在相对独立完成自身控制功能的同时，相互间互为支撑，协同完成系统的总体控制功能。系统功能框架如图 3-11 所示。

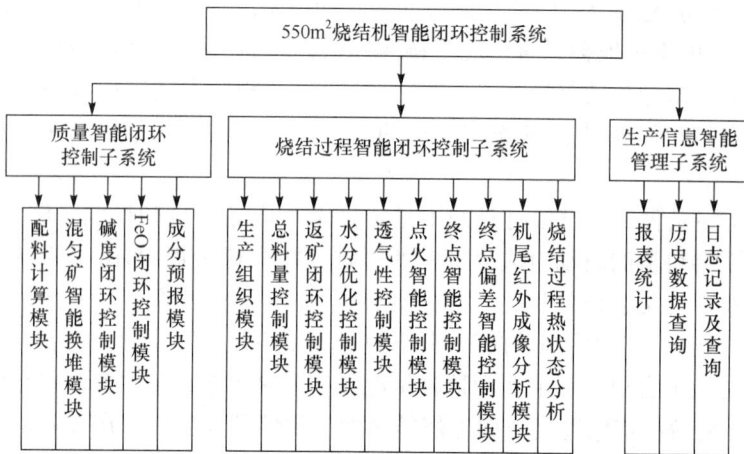

图 3-11　烧结智能控制系统功能框架图

3.4.2.3　质量智能闭环控制子系统

烧结矿作为高炉的主要原料，它的成分好坏，稳定与否直接影响高炉的冶炼过程。烧结矿的主要化学质量指标有 R（碱度）、TFe、SiO_2、CaO、MgO 和 FeO 含量等，本子系统主要是对 FeO 和 R 进行控制。系统控制流程图如图 3-12 所示。

1）配料计算

配料过程是烧结生产的第一步，也是进行成分控制的基础。现行的配料方法采用的是人工计算方法，需要进行反复的验算，计算量大，计算过程复杂，计算精度也不能满足现代烧结生产的需要；而且以前的配料过程很少考虑成本最优的问题。该模型的主要依据是物料平衡原理，根据烧结矿的目标成分，在限定的料种的使用范围内，求出各种原料使用的最优配比方案。

根据原料的成分及配料目标采用线性规划方法进行计算，给出满足目标成分和成本最优的混合料配比，实现烧结过程的优化配料。减少了人为计算的不确定性并提高了劳动生产率。

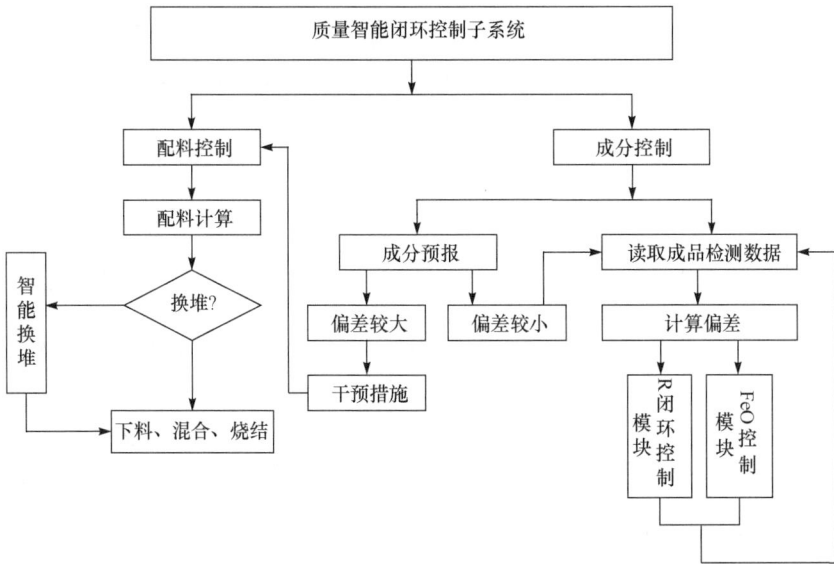

图 3-12　质量智能闭环控制系统图

2）混匀矿智能换堆

混匀矿是烧结配料过程中的主要原料,混匀矿化学成分的准确与否直接影响烧结矿品质。在连续的生产流程中,混匀矿是直接从料场运送过来的,当源头从一个料堆换成另外一个料堆时,原料成分就发生了一定变化。对应于这一工况,在实际控制中会触发"换料堆"动作,系统将根据所有投用的混匀矿仓内剩余的物料量,在原配比一定的情况下,自动修正下料设定值,使得各仓中上一料堆的物料能够基本同步配完。同时还计算出下一料堆的物料在料仓内到达下料口的时间,从而及时调整相对应的原料成分。

3）碱度闭环控制

目前,国内烧结厂主要是通过控制原料场的混匀矿成分和烧结配料系统来对烧结矿成分进行控制,并在得知成品烧结矿的化验结果后,再根据操作人员的经验,对原料配比进行相应的、粗略的调整。由于烧结生产大滞后性的特点,以及不同操作人员的差异性,往往不能在原料发生变化或成品矿质量波动时做出及时的、精确的调整,从而导致烧结矿碱度的波动增大。

控制思想是选出一个熔剂仓作为 R 调整仓,其他配比不变。首次配料,根据原料成分,计算出满足目标 R 的调节仓熔剂配比。在生产过程中,对成品矿的检化验信息进行跟踪,当检测结果与配料目标 R 发生偏差时候,对配料的目标 R 进行修正,具体做法如图 3-13 所示。

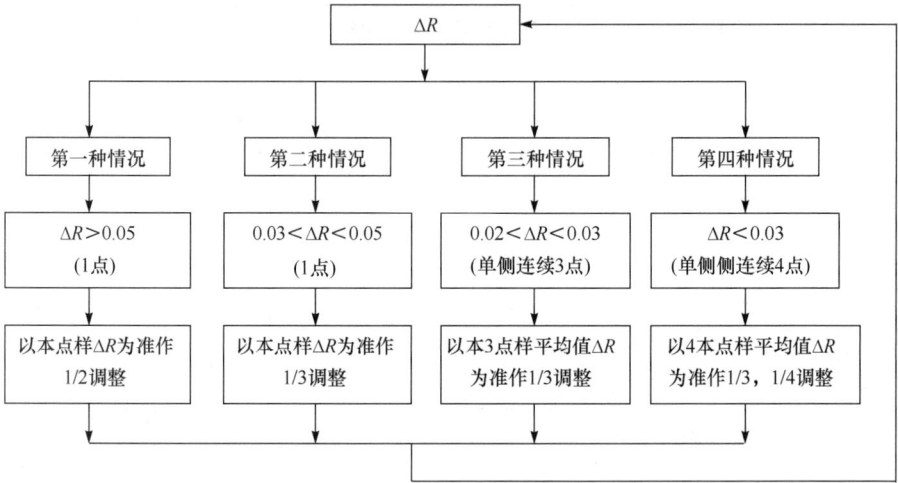

图 3-13　碱度控制方法

4）FeO 闭环控制

京唐公司引进了先进的 FeO 在线测量仪，安装在成品皮带上，能够实时得到 FeO 值，根据其进行控制，这对减少生产的滞后性具有重要的意义。

影响 FeO 含量的因素是多方面的，包括原料参数和操作参数等。原料参数对 FeO 影响是至关重要的，必须对进厂原料按照相关规定及时化验；成品矿质量的检化验也必须按照规定进行。将各类检化验结果进行规范，及时录入数据库，以便控制系统读取信息进行分析判断。

具体控制思想是：通过调整燃料量来稳定 FeO。主要考虑返矿、料厚、燃料对 FeO 的影响。

（1）当生产过程中工艺参数发生变化，相应的提前调整含碳量进行稳定 FeO 的操作。

（2）当得到最新的一个 FeO 值后，计算 ΔFeO，根据其偏差大小对混合料的燃料量进行调整。燃料调整的量化关系式如下：

$$\Delta C = \Delta RF \cdot kC\_RF + \Delta Layer \cdot kC\_Layer + \Delta FeO \cdot kC\_FeO$$

式中，ΔC 为燃料的调整建议量；ΔRF 为返矿配比变化量（百分比）；kC_RF 为单位返矿变化量对应燃料调整量；$\Delta Layer$ 为料厚变化量；kC_Layer 为单位料厚变化量对应的燃料调整量；ΔFeO 为变化量；kC_FeO 为单位 FeO 变化量对应燃料调整量，最终通过调整混合料的含碳量来稳定 FeO，实现了 FeO 的自动控制。

5）成分预报

烧结过程是一个复杂的工业过程。影响烧结矿化学成分指标的主要因素是原料参数。烧结原料经过配料、混匀制粒、布料点火，再经过烧结过程形成烧结矿，机尾卸下的烧结矿经过热破碎(热筛分)、冷却和整粒等工序到最后形成成品烧结矿,整个过程需要 4～5 小时。上述过程决定了烧结过程的大滞后性。

因此,对烧结矿成分做出预报判断,提前采取调整措施,这对稳定烧结矿的成分是十分必要的。所谓预报,其实质就是指按照一定的方法,利用某个或某些参数现在和过去的数据来预报目标值的将来值或趋势。

本系统采用的是人工神经元网络(ANN)对烧结矿成分进行预报的。它是人工智能的一个重要分支,是随着神经科学与脑功能研究的发展而开始出现并得到迅速发展的。人工神经元网络有其独特的理论和处理问题的方法,在信息处理、模式识别、自动控制等方面具有独到的优点。它在国民经济和国防科技现代化建设中具有广阔的应用领域和应用前景。

烧结矿化学成分包括 TFe、R、SO_2、CaO、MgO、FeO、Al_2O_3、S 和 P 等,针对京唐公司的具体情况,本模型主要是对 TFe、R、FeO 进行预报。采用三层 BP 神经网络模型,多个输入层结点,一个输出层结点,其中隐含层结点的个数是通过大量的数据测试才确定的,如图 3-14 所示。

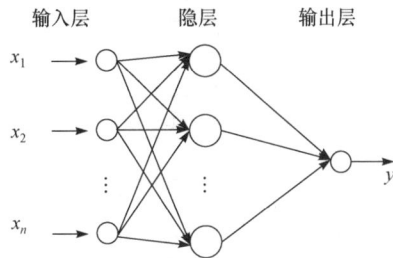

图 3-14 BP 网络结构

一定的原料参数和操作参数作用于设备参数(统称工艺参数),各个工艺参数对指标参数的影响是不一样的,需要找出对某指标参数有显著影响的参数。

R 预报的输入变量是:混合料中 SiO_2 含量、混合料中 CaO 含量、料层厚度、主管负压、机速。

FeO 预报的输入变量是:混合料含碳量、终点位置、料层厚度、返矿配比、终点温度。

对选取的优质样本进行训练,得到网络结构。然后将实时的输入变量带入网络结构进行计算预报,可以提前对烧结矿的成分做出预报。从而做出人为干预防止出现大的波动。

配料计算和混匀矿智能换堆功能最大限度地保证了原料成分的稳定,这对提高烧结矿的质量有重要意义。综合考虑影响 R、FeO 的各方面因素,采取了分多种情况进行控制,实现了 FeO、R 的自动闭环控制。同时成分预报模块的应用,避免了烧结矿成分大的波动,保证了烧结矿成分的稳定。

3.4.2.4 烧结过程智能闭环控制子系统

烧结过程就是将混合料铺到台车上,在微负压条件下点火,然后在抽风负压的作用下进行烧结。本子系统按照烧结工艺包括生产组织、总料量控制、返矿控制、水分控制、点火控制、终点控制等，实现了全系统的智能闭环生产。

混合料在烧结机上烧结是一个复杂的物理化学过程，因为其内部发生的各种反应不可见，是一个黑箱过程。目前对于烧结矿层唯一可见的就是机尾断面。为了更好的研究烧结过程的热状态，本子系统提出在烧结机两侧安装红外测温仪和机尾断面红外成像仪器，并结合风箱废气温度等信息分析烧结过程的热状态。

本控制系统的烧结生产过程分为两种方式：一是限产模式，就是根据高炉需要确定烧结矿产量；二是在主抽风门开度一定的情况下，实现烧结矿产量的最优化。图 3-15 是烧结过程控制的流程图。

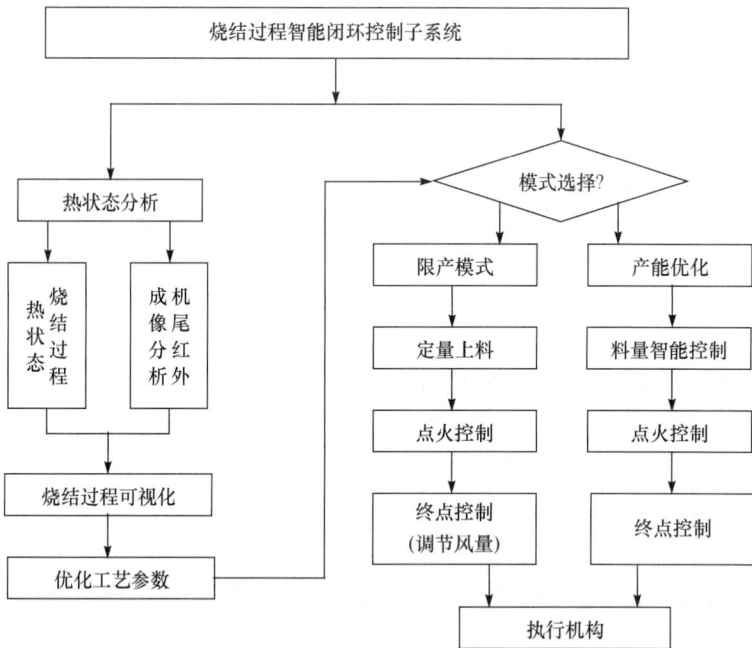

图 3-15　烧结过程控制流程图

1）一键式生产组织模块

实现了按照计划产量组织生产，保持生产的连续稳定。在烧结矿的产量控制方面，烧结机不能盲目追求产能的最大化，而是要保持高炉烧结矿仓位的平衡，一般是控制在 70% 的仓位，原则上不允许有落地矿。烧结生产必须在计划指导下，综合考虑各方面因素确定。由技术人员在每天的零点之前将第二天的计划产量输入到系统内，系统自动组织生产。

具体过程分为如下几个步骤。

（1）系统会将计划产量分配到各个班组，根据烧结机的具体工况，计算出每个班组的混合料上料量。

（2）与上料量对应的是一组关键的操作参数，包括主抽风门开度、烧结机机速、环冷鼓风机开启数目。

（3）烧结终点靠对主抽风量的微调进行控制，稳定烧结终点。

如上所述，烧结过程根据计划产量自动调整上料量，相应给出操作参数的基础值，系统实现自动闭环生产，保持了生产的连续稳定。

2）总料量控制

小矿槽作为烧结整个生产流程的缓冲环节，对于调整生产节奏，起着至关重要的作用。小矿槽料位变化受多方面因素影响，包括配料量、圆辊系数、烧结机速等工艺参数。通过对这一环节的合理调控，可以保证烧结过程的连续稳定。

小矿槽料位控制是烧结过程控制中的难点，受进料、出料两方面不确定因素的影响，呈非线性变化，同时料量调节又存在滞后的特点。因此多数情况采用手动调整总料量的方式。

此模型实时跟踪小矿槽料位的变化率，综合考虑机速、料厚等影响烧结机吃料的各种因素，合理计算总的上料量。

3）返矿闭环控制

烧结返矿是烧结生产中自循环的产物，返矿模型主要是对烧结返矿进行控制，使其在生产过程中达到动态平衡。

返矿控制的指导思想是"多有多用、少有少用"。

$$B = RA/RE$$

式中，B 为平衡系数；RA 为筛分后所得返矿；RE 为加入混合料的返矿。生产平衡时 $B=1$，根据实际工况给出基本返矿配比。根据返矿率和返矿仓位，实现返矿的自动控制，达到了烧结生产过程中返矿的动态平衡。

4）水分优化控制

混合料配水也是烧结工艺中的关键环节。混料系统主要的控制目标就是混合料的含水量，通过一次混合加水和二次混合加水，实现混合料中适宜的含水量，从而达到理想的混匀和造球效果，保证烧结过程良好的透气性。

具体工艺设备为两台混合机，一混和二混后各装有一台水分测量仪。大部分水是在一混加入的，二混只是起到一个水分微调的作用，一般一、二混加水比例为9：1。

本系统中对配水的控制采用前馈和反馈相结合的方式。首先系统会实时计算配料室运送过来的物料的含水量，其中包括所配各种原料本身的含水量，加湿机和消化器的加水量以及配料室其他环节的加水量。一次混合加水量的确定是以保证二次混合加水的调节过程处于调节精度范围之内为原则的。

5）点火智能控制

点火过程是整个烧结的起始点，点火的作用是将混合料面点着并蓄积一定的热量,使混合料在抽风的作用下自行向下燃烧。

点火模型,通过合理控制空气、煤气流量,保证合适的点火温度和点火强度,满足烧结生产的要求。综合考虑机速、煤气热值等因素,通过合理控制空气、煤气流量实现点火过程的智能化。

在操作人员给定目标点火温度和目标点火强度的条件下,自动调整过剩系数 n_{aim} 满足点火温度要求;同比例调节空气、煤气流量保证点火强度的要求,实现了点火过程的智能控制。在满足生产要求的同时,最大限度地节省煤气用量,为企业创造了可观的经济效益。

6) 终点智能控制

该模型主要实现如何准确判断烧结终点(BTP),并合理控制烧结终点,实现烧结机的智能控制,稳定生产,实现优质高产。

烧结终点是指烧结过程结束之点。烧结料在台车上被点火后,燃烧带逐渐下移到达铺底料及箅条燃烧结束之点。如果烧结终点出现过早,会出现过烧的现象,浪费烧结机的产能或者烧损箅条;如果终点滞后会出现欠烧,质量下降返矿增加;所以要合理控制烧结终点。

针对烧结厂的 $550m^2$ 烧结机,为检测风箱废气温度,建立风箱平面温度场,热电偶的详细安装位置如图 3-16 所示,从 14 号风箱开始每个风箱装有 6 个温度测点,直到 27 号风箱,图中的 1～6 列测点号,对应由南到北的 6 个闸门。这样可以对每个风箱的温度测量值取平均,拟合出一条曲线;也可以对每列测温点的测量值进行曲线拟合,对宽度方向上的烧结情况进行更细的研究。

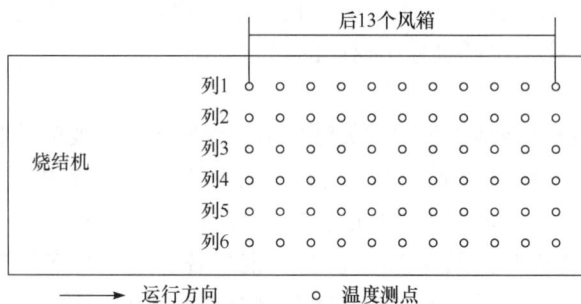

图 3-16　热电偶分布图

最小二乘法是数值分析中曲线拟合的基本方法,它通过最小化误差的平方和找到一组数据的最佳函数匹配。采用最小二乘法,可以比较客观和实际地反映出烧结生产过程的真实的温度变化趋势。

最小二乘法是以误差的平方和最小为准则来估计非线性静态模型参数的一种参数估计方法。设非线性系统的模型为 $y=f(x,\theta)$,曲线拟合效果如图 3-17 所示,由烧结工艺理论可知:x_1 点对应燃烧带前沿接近台车箅子的位置,而 x_2 点对应燃烧带最高温度抵达台车箅子的位置,燃烧过程即将完成。

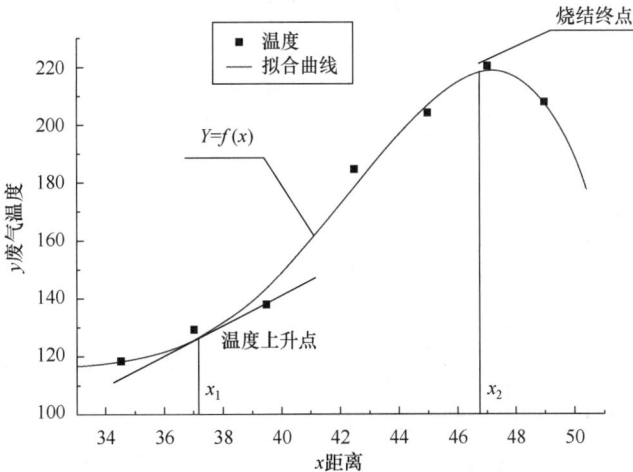

图 3-17　曲线拟合图

图中的 x_1 是温度上升点 BRP,x_2 是烧结终点 BTP。所谓 BTP 控制,就是将 BTP 稳定在一个合理的范围内。在烧结过程中,当冷料层即将消失、燃烧带即将接近台车箅条,风箱废气温度会有一个明显升高的过程,这就是温度上升点(BRP)。BTP 的控制主要采用两种方法:一是通过控制风量来控制 BTP;二是通过控制机速来控制 BTP。

方法一是通过调整抽风量来控制烧结终点:烧结经典理论告诉我们,吨矿所消耗的空气体积恒定(近似相等)。根据下述公式进行风量的调整来控制烧结终点:

$$F_a = \frac{F_c \cdot \mathrm{BTP}_c}{\mathrm{BTP}_a} \frac{h_a}{h_c}$$

方法二是通过调整机速来控制烧结终点。BRP 的位置与 BTP 之间存在着一定的关系,可以通过 BRP 预测 BTP 的位置,进而为烧结生产的调整做出提前量。实际上控制了 BRP 的位置,也就是稳定了烧结 BTP 的位置。

为了实现上述控制目标,系统根据检测到的风箱温度信息,判断出当前的BRP、BTP 位置。具体实现有两种方式:一是通过直接控制 BRP 来间接实现控制BTP;二是直接控制 BTP。根据 BRP 或者 BTP 设定值和当前机速,分析正常生产时候的机速、透气性指数、料厚、风门开度作为一个基准,计算出应该调节的机速。下述公式是模型公式,将公式中的 BRP 换成 BTP 就是烧结终点的直接控制方式。每一定周期对烧结机速进行微调,使终点位置稳定在一定的范围内。

$$speed_{sp} = \frac{BRP_{aim} \cdot speed_{cur}}{BRP_{cur}}$$

$$\times \left(\frac{K_{bpu} \cdot BRU_{cur}}{BPU_{ave}}\right)^{p\_bpu} \times \left(\frac{K_{layer} \cdot Layer_{ave}}{Layer_{cur}}\right)^{p\_layer} \times \left(\frac{K_{flow} \cdot flow_{cur}}{flow_{ave}}\right)^{p\_flow} \times K_{speed}$$

通过对废气温度场的分析,进行曲线拟合,实现了 BRP 和 BTP 准确判断,合理而准确地控制烧结终点的位置和温度,稳定了烧结生产过程,使终点的稳定率大大提高,对提高烧结矿的产、质量大有裨益。

7) 终点偏差智能控制

京唐公司烧结厂的 $550m^2$ 烧结机台车宽度是 5.5 米,很容易造成宽度方向上烧结速度的不一致。该模型解决烧结机宽度方向上,如何合理布料才能使垂直烧结速度趋于一致,合理布料会消除台车宽度方向上终点(BTP)位置的偏差。

造成 BTP 偏差的原因是由于宽度方向上的垂直烧结速度不一致,为此对宽度方向上的垂直烧结速度进行研究。沿烧结断面宽度方向将烧结混合料床等分为 $M(j=1,2,\cdots,M)$ 个区域,如图 3-18 所示,并认为烧结混合料床宽度方向上除密实度外无其他偏析,如果第 j 区域的垂直烧结速度为 V_j,各等分区域的混合料平均垂直烧结速度 $\overline{V}$。

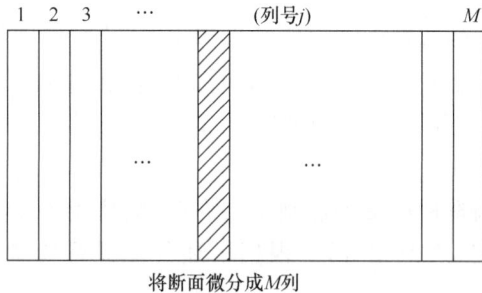

将断面微分成 M 列

图 3-18　烧结宽断面微分示意图

为了便于研究定义了燃烧速度一致性指数:

$$\lambda_j = \frac{V_j}{\overline{V}}$$

式中,V_j 为某列的燃烧速度;$\overline{V}$ 为平均燃烧速度。最终得到燃烧速度一致性指数

$$\lambda_j = \frac{x\_btp_{ave} - x\_brp_{ave}}{x\_btp_{cur}^j - x\_brp_{cur}^j} \cdot \frac{x\_btp_{cur}^j}{x\_btp_{ave}} \cdot \frac{\overline{S}_{ave}}{S_j}$$

对于烧结机尾任何一列温度检测点所覆盖的区域,可以得到料厚的计算公式:

$$Layer_{j\_sp} = \lambda_j \cdot Layer_{ave\_pv} + K\_Layer_{j\_rem}$$

式中,$Layer_{ave\_pv}$ 取最近三次测量的平均值作为过程值;λ_j 取最近三次计算的平均值作为过程值;$K\_Layer_{j\_rem}$ 为料厚设定值修正参数。

8）机尾断面红外成像分析模块

烧结机尾是烧结矿层的第一可见处，断面蕴含着丰富的信息。如矿层是否烧透、FeO 情况、强度情况等。

生产现场一般采用普通工业电视对其进行观察。普通工业电视提供的图像，不能给出红热带内部温度分布信息、红热带边缘及断面形状呈现模糊的红红的一片，只能看出红热带的相对位置，无法看清红热带的边缘。

系统软件主要实现如下几个功能：红外热图像信号采集及图像处理；特征图像获取；全视景分析特征图像中任何纵向线及横向线的温度分布；全视景分析任何选中点的温度，任何选中区域的温度分析结果；烧结矿床断面最高温度分布状态分析；烧结矿床宽度方向上等间距的 6 个纵向温度分布状态；红热带分布状态分析及显示；温度场分析功能；烧透程度定义及分析。

采用机尾断面红外热图像信号的计算机视觉处理方法，获取机尾断面烧结矿的温度分布信息。通过基于烧结专业知识的分析和判断，捕集并储存能正确反映烧结过程热状态的综合信息，如断面最高温度分布、断面纵向温度分布、红热带相对位置、红热带相对宽度、混合料层相对烧透程度等以及它们随时间的变化趋势，为分析研究和判断烧结制度的合理性等，提供重要及可靠的基础信息，从而提高烧结生产调节和控制的科学性。

9）烧结过程热状态分析

烧结过程是一个复杂的物理化学反应过程，从外部无法直接看到烧结进行的过程。如果能够通过分析得到烧结过程的热状态分布，这必将对合理确定各类操作参数发挥重要作用。为此在烧结机南北两侧各安装 20 个红外测温仪，检测台车壁板的温度。结合风箱废气温度、机尾红外图像信息，分析烧结过程热状态分布。

烧结热状态分析子系统，实现了烧结过程的可视化，这可以更好的帮助操作人员判断工况，更好对烧结过程进行监视。可以对各类操作参数进行调整，稳定、优化烧结生产过程。

生产组织模块、总料量控制模块，实现了烧结生产的优化协调，保持了生产的连续稳定。烧结机控制部分，通过对点火、布料、烧结过程的控制，实现了点火过程、烧结终点的智能控制，保证了点火过程的节能，终点位置的稳定。通过对机尾红外成像的和壁板温度的分析，对烧结过程的热状态有了更清晰的认识。从机尾断面分析得到了大量的关于烧结矿指标的信息，在减轻劳动强度的同时，提高了可信度。从壁板温度的分析得到了烧结过程的热状态分布图，实现了烧结过程的"可视化"，帮助操作者更好地对工况做出判断，优化操作参数。最终实现了烧结过程的智能闭环控制。

3.4.2.5　生产信息智能管理子系统

为了进一步提高京唐公司烧结厂的管理水平,减少操作工负担,京唐烧结二级系统还包括生产信息综合管理系统。该系统收集原料的上料停料信息、配比信息、消耗统计以及能源消耗等综合信息,同时结合三级传递的物料成分信息、小时成品的产量和物理化学信息,统计出班产量、月产量、工序能耗、并得出综合的班、日、月的质量指标信息。最后,以上信息可以通过班报、日报的形式展现出来,并可以直接打印。

生产管理数据管理子系统包括如下几个方面功能。

(1) 设备运行状态监控模块。动态记录烧结机运行状态信息,包括设备运行状态(小时平均数据),烧结机开停机时间,原料的上料和停料时间、配比等。

(2) 三级信息交互模块。通过与三级的接口表,获得小时产量以及原料和成品的成分,并更新模型计算数据。

(3) 原料消耗以及能源消耗统计。每个小时各种物料的消耗统计,风、煤气、电等能源消耗统计,并得出综合工序能耗。

(4) 成品质量判定和统计。根据设定的质量标准,自动判定产品的质量,得出合格率、一级品率等质量指标。

(5) 报表生成模块。

3.4.2.6　应用效果和经济效益

1) 应用效果

$550m^2$烧结机智能闭环控制系统运行稳定率在 99% 以上,完全能够满足生产需要。该系统的应用效果主要表现在四个方面。

(1) 改善烧结矿质量。

系统投入后,烧结矿质量指标得到明显改善。烧结矿碱度一级品率提高13.80 个百分点;烧结矿碱度合格品率提高 6.45 个百分点;烧结矿 FeO±1.00 稳定率提高 9.08 个百分点;烧结矿转鼓指数稳定率提高 5.69 个百分点;烧结矿转鼓指数提高 1.34 个百分点;烧结返矿率降低 2.92 个百分点;高炉返矿率降低 2.54个百分点。

(2) 降低烧结工序能耗。

系统投入后,烧结矿工序能耗降低。固体燃料消耗降低 1.23 千克/吨;点火煤气消耗降低 1.14 米³/吨;电量消耗降低 9.60 千瓦时/吨;工序能耗总计降低 3.07千克标准煤/吨。

(3) 优化烧结过程控制,提高稳定率。

烧结矿日产量,计划产量±3%,稳定率 90.59%;总料量控制设定值±3%,稳定率 96.58%;返矿平衡,返矿仓存 400±50 吨,稳定率 95.70%;混合料水分设定值±0.1%,稳定率 95.61%;烧结终点设定值±2.0 米,稳定率 98.17%。

(4) 人员配置减少。

燃破系统采用动态寻优方法模糊控制,达到四辊破碎机台时产量最大化,并且取消了现场人员的操作调整及控制。烧结主机系统通过烧结机智能闭环控制系统的投入运行,从配料、混合、烧结、环冷机及余热、成品筛分、主抽各岗位全部取消操作职能,各岗位人员仅仅进行巡检,同时各皮带系统取消人员的看护。烧结生产由系统自动控制运行,主控进行监控。所以,减少人员配置,提高劳动生产率。与设计指标相比,职工人数减少了 78.96%。现职工人数减少至 36 人,劳动生产率达到 16.67 万吨/(人·年)。

2) 经济效益

系统投入后,点火煤气消耗降低 1.14 米³/吨,焦粉消耗降低了 1.23 千克/吨,电量降低了 9.60 千瓦时/吨,按照一年产烧结矿 600 万吨,煤气单价 0.36 元/米³,焦粉单价 0.55 元/吨,电单价 0.493 元/千瓦时计算,此系统总投资 350 万元,按照 10 年计提折旧,每年计提折旧费用为 35 万元,节能降耗所带来的经济效益为 3457 万元/年;该系统的投入运行,使职工人数降低了 136 人,按照职工全年每人支出费用 6 万元计算,所带来的经济效益为 816 万元/年。因此,烧结机智能闭环控制系统所带来的直接效益为 4273 万元/年。

3.4.3　操作平台型高炉专家系统

高炉是一个庞大的高温对流化学反应器,它的作用是在高温下用焦炭和煤气将矿石中的铁、硅、锰等元素还原,生成高温铁水,用作炼钢的原料。高炉也可直接生产含硅量较高(大于或等于 1.2%)的铸造生铁。

焦炭和矿石按一定顺序从炉顶装入高炉,1000℃ 以上的热风从高炉下部的几十个风口鼓入,热风燃烧焦炭产生还原性气体 CO 和 H_2。高温还原性气体在炉内上升,一方面加热炉料,另一方面将 Fe、Si、Mn、S、P 等元素从矿石中还原出来,同时产生由金属氧化物组成的炉渣。高温渣铁在炉内下降过程中发生一系列复杂的化学、物理变化,最后落入炉缸,积累到一定量通过铁口排出炉外。

高炉是庞大的多变量、大滞后、非线性高温对流化学反应器,高炉中有四相存在(煤气、块状物料、液态渣铁、粉状物料),同时存在动量、热量、质量的交换,冶炼过程非常复杂,难于控制。由于高炉冶炼的复杂性,迄今为止高炉操作主要依赖于操作人员的经验。高炉生产一旦失常,就会造成数百万元乃至更大的经济损失。为提高高炉生产效率,必须提高高炉操作的自动化控制水平减少操作失误。

20 世纪 80 年代至今,日本和欧洲一些工业发达国家开发了各钢铁公司自用的一些高炉专家系统,而已经实现商业化并成功进入中国市场的只有芬兰罗塔鲁基公司和奥钢联公司的高炉专家系统。我国高炉数学模型的研究从 20 世纪 80 年代中期开始,但多停留在学术研究阶段,缺少工程化的实践。因此从 90 年代末开始,武钢、首钢、本钢、攀钢等公司先后从芬兰和奥钢联引进了高炉专家系统。

为了避免重复引进国外高炉专家系统,2002 年原国家经济贸易委员会决定以武钢为依托,联合北京科技大学、钢铁研究总院、冶金自动化研究设计院、武汉科技大学等国内高校和科研院所,开发一套适合我国高炉装备水平和原燃料特点的高炉专家系统,这套操作平台型高炉专家系统的实施对象是 2001 年大修后投产的武钢 1 号高炉($2200m^3$)[37-42]。

3.4.3.1 操作平台型高炉专家系统主要功能

武钢 1 号高炉专家系统是一种在线运行的专家系统,它是将数学模型和专家系统有机结合起来,利用各个数学模型对高炉过程进行深刻解析,结合高炉专家的操作经验规则来实现对高炉过程的有效控制。根据高炉工长的操作需求,将高炉专家系统分解为炉温预报、布料控制、炉型管理、顺行管理等几个子系统,起到面向工长的操作平台的作用。图 3-19 为系统框图。

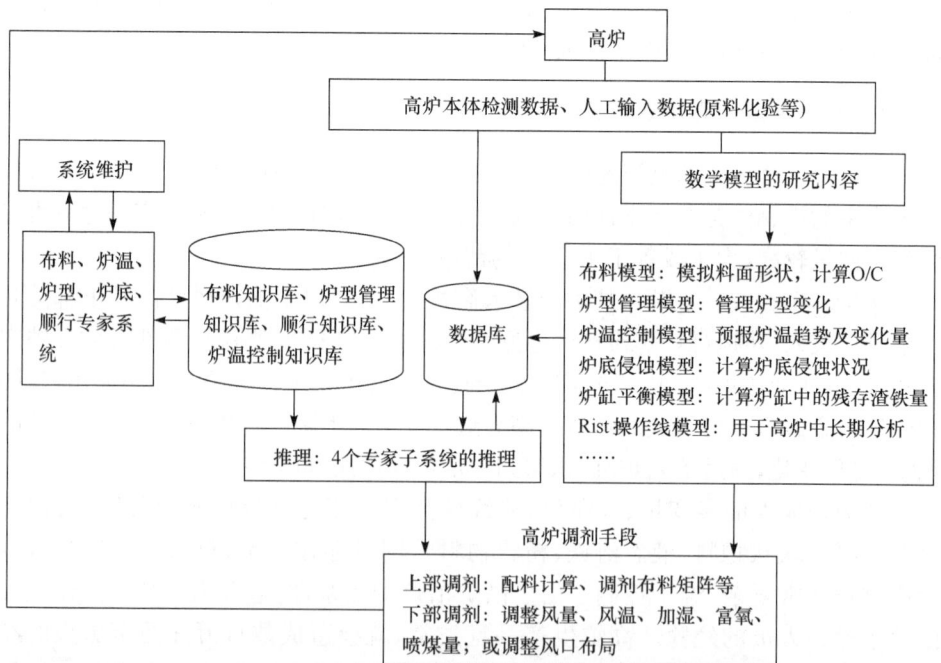

图 3-19 武钢 1 号高炉专家系统的功能

操作平台型高炉冶炼专家系统实际上是模拟操作人员对高炉现象进行诊断、处理的过程。高炉过程的控制包括数据处理、高炉状态判断和操作控制。

1）数据处理

高炉监测数据受许多因素的影响，要维持专家系统在线运行的稳定必须确保测量数据的有效性。数据有效性的检测通过三种方法实现：一是通过高炉总体 Fe、C、O、N 四元素平衡的数学模型来实现；二是通过专家系统规则进行管理；三是通过数据预处理进行数据校核，高炉各种工艺参数都有一个确定的变化范围，通过变化范围的设定可以初步剔除无效数据。经过有效性检查的数据按一定的频率写入 Oracle 数据库中。

该专家系统采用 Oracle 数据库对数据进行组织及管理，具体内容在设计过程中依工艺要求而定。数据库中共有 100 多个关系表，表中变量按照工艺要求设定，变量少的只有十几个，多的有 300 多个。

2）状态判断

高炉状态不但包括总体状态，也包括高炉内部所发生的一系列现象，如炉型状态、炉温控制、布料情况、炉底侵蚀、高炉顺行等。高炉不同部位的检测信息会随着炉内现象的变化而变化，如果高炉的某种现象发生较大的变化，专家系统就能根据设定的目标状态作出判断，从而给出相关的信息。这些信息由一些短句子组成，这些句子则由高炉操作人员经常使用的短语组成。

3）过程控制

利用产生式规则对高炉中的现象进行分析，发现高炉生产将出现某些问题时，过程控制模块将根据专家经验给出相应的控制措施，如果高炉操作人员认可并采纳相应的分析结果，就可以避免高炉操作的失误。

此项目的高炉专家系统中共有约 2400 个变量和 2000 多条规则，这些变量通过数理统计、数学模型计算、技术计算等方法得到。利用这些变量可以单独对某些现象进行有效的检测或作出判断，也可以组合应用，以处理复杂的高炉现象或对高炉的总体状态进行评估。图 3-20 列出了数据处理、状态判断和过程控制相互之间的关系。

操作平台型高炉专家系统按高炉生产及控制的需要分成六大类，即布料优化及控制、高炉操作炉型的优化及控制、高炉顺行的模拟及管理、高炉下部工作状态及炉缸工作状况的管理、高炉热状态管理、高炉生产过程的长期优化。每一大类中包含多项内容，见表 3-5。

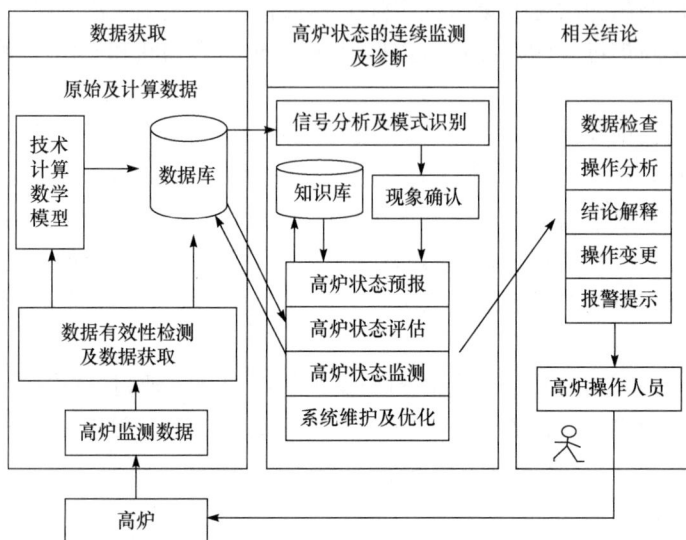

图 3-20　武钢 1 号高炉专家系统的数据处理流程

表 3-5　武钢 1 号高炉专家系统的主要内容

序号	高炉控制目标	开发内容	实现方式
1	布料优化及控制	布料数学模型	在线运行
		基于红外图像的气流评估模型	在线运行
		布料专家系统	在线运行
2	高炉操作炉型的优化及控制	炉型管理模型	在线运行
		炉型管理专家系统	在线运行
3	高炉顺行的模拟及管理	技术参数计算	在线运行
		数据有效检测	在线运行
		物料平衡、热平衡模型	在线/离线
		顺行专家系统	在线运行
4	炉温控制系统	高温区域热平衡模型	在线运行
		炉温模糊预报模型	在线运行
		炉温控制专家系统	在线运行
5	高炉下部及炉缸工作状况的管理	炉缸平衡模型	在线运行
		炉缸中渣铁流动	在线运行
		炉底侵蚀的研究	在线运行
		炉底炉缸工作状态评估专家系统	在线运行
6	高炉生产过程的长期优化	C-DRR 图、RIST 操作线、统计分析模型	在线运行
		直接还原度模型	在线运行

该专家系统知识库中约有 2000 多条规则,可以识别 140 多种高炉现象。现象识别可以通过模型、技术计算及产生式规则来实现,这些现象基本包括高炉操作中可能出现的各种异常炉况。规则门槛值通过两种方式进行管理,变化不敏感的通过高炉工程师维护,变化敏感的门槛值则通过自学习的方式进行维护。

3.4.3.2　操作平台型专家系统的实现

图 3-21 是武钢 1 号高炉专家系统的主界面,位于最上方的菜单栏有数据输入、高炉顺行、炉温控制、原料及布料控制、冷却及炉型管理等,还可点击察看炉底侵蚀、Rist 图(焦比分析)等模型。图的下部是专家系统对炉况的推理结果和操作动作量建议。

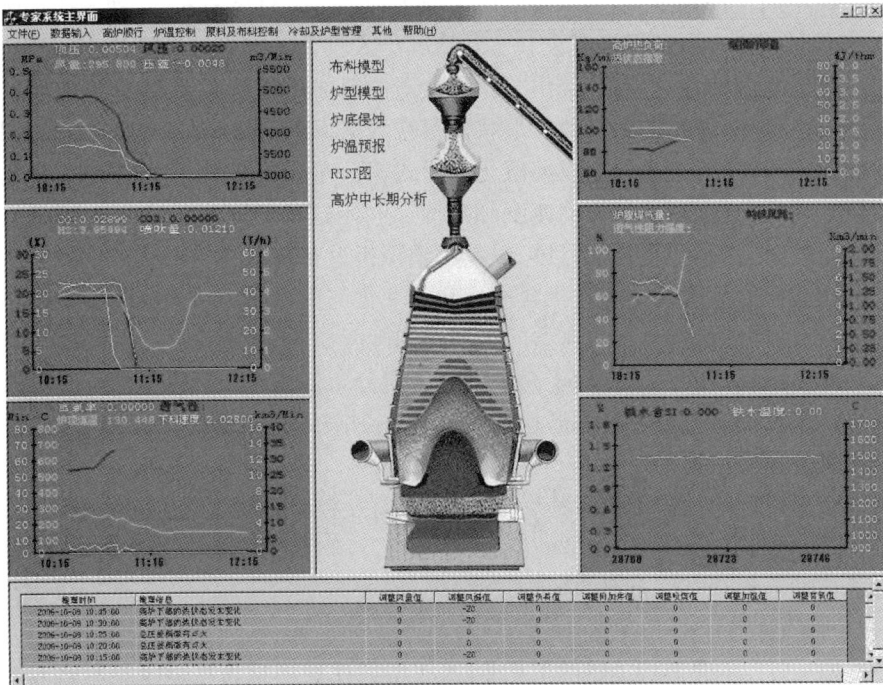

图 3-21　武钢 1 号高炉专家系统主界面

1) 布料控制专家子系统

炉料分布是指炉料入炉后所形成的料面形状、粒度分布、矿焦比分布及混合料层分布的总称,炉料分布对炉内炉料与煤气的逆向运动、还原过程、传热过程乃至高炉行程都有极大的影响。炉料在炉内的分布十分复杂,受装料程序、料流阀开度、溜槽倾角、料线深度等多种因素的影响。

布料模型开发的关键是准确测定炉料在炉喉的分布规律,但由于炉料在分布过程中,灰尘大、冲击力大,很难求得炉料在高炉内的实际分布特性。为了开发高精度的布料数学模型,开发了一套特殊测量装置,可以测得高炉点火送风前最后 5 批料的料面变形,得到了料面变形的规律,为验证模型计算结果提供了依据。

根据 1 号高炉开炉前布料实测得到的资料,并借鉴国内外布料模型的研究结果,开发了高精度的无钟炉顶布料数学模型,该模型可以实现以下功能。

计算料流轨迹。根据经典力学原理,结合散体力学知识,分析炉料在无钟炉顶设备中的运动,建立料流轨迹计算模型。求解炉料落点轨迹曲线时应考虑科氏力的作用。利用料流轨迹计算模型可模拟开炉布料实测的炉料落点轨迹,使模型计算的料流轨迹与实测轨迹一致,计算值和测量值误差在 3% 以内。

计算料面形状及矿焦比分布。传统的料面计算方法是根据基础料面形状及炉料落点的不同,将料面形状的求解归纳为几十种甚至上百种模式,这种方法在应用过程中费时、费力,而且很多假设和实际情况出入较大。在本模型设计中摒弃了料面形状分类求解的计算模式,提出了一种全新的料面形状计算模式,即通过将料面求解结果离散化,将离散化的料面形状保存在数据库中,直接利用离散化的数据来计算新料面,计算的结果仍然以离散化的形式保存在数据库中,这就避免了对料面形状的人为划分,提高了计算的速度和精度。利用这种料面形状求解方法不但可以模拟单环布料、多环布料,而且可以灵活模拟折返布料的料面形状。

利用此模型计算的不同料批料面形状的变化与 1 号高炉料面实测的结果相吻合,和高炉冶炼现象也一致。典型的布料控制画面如图 3-22 所示。

应用布料模型的目的是稳定高炉的煤气流分布。通过布料模型的计算可以向高炉操作人员提供直观的料面形状及矿焦比在炉喉的分布情况,为高炉内煤气流控制提供了重要依据。

但布料模型的计算结果有其局限,不适合直接检验煤气流状态,为此在开发专家系统时,总结了高炉操作人员的经验,建立了 173 条布料控制规则,比较全面地考虑了各种因素对高炉布料的影响。

2) 炉型管理专家子系统

炉型一般指的是高炉内壁的工作状况,正常操作炉型是指高炉内侧炉墙工作面光滑、稳定,它一方面有利于高炉生产的顺利进行,维持高炉生产的高效、连续,降低消耗,多产优质铁水,另一方面又利于维持高炉冷却系统工作正常,延长高炉寿命。

炉料从高炉上部不断下降,煤气则从高炉下部上升,在这个过程中,炉料和煤气都会对炉墙造成影响。如果边缘煤气流过旺,就会对炉墙造成过度的冲刷,如果边缘气流不足或是炉况失常,将导致炉料由于温度的变化而黏结在炉墙上。这两种情况都不利于高炉的稳定和顺行,都会对高炉的寿命产生不良的影响,炉型管理就是尽量避免这两种情况发生,将高炉炉型维持在一个合理的状态。

在此项目以前,国内高炉没有在线运行的炉型管理系统,即使从芬兰、奥钢联

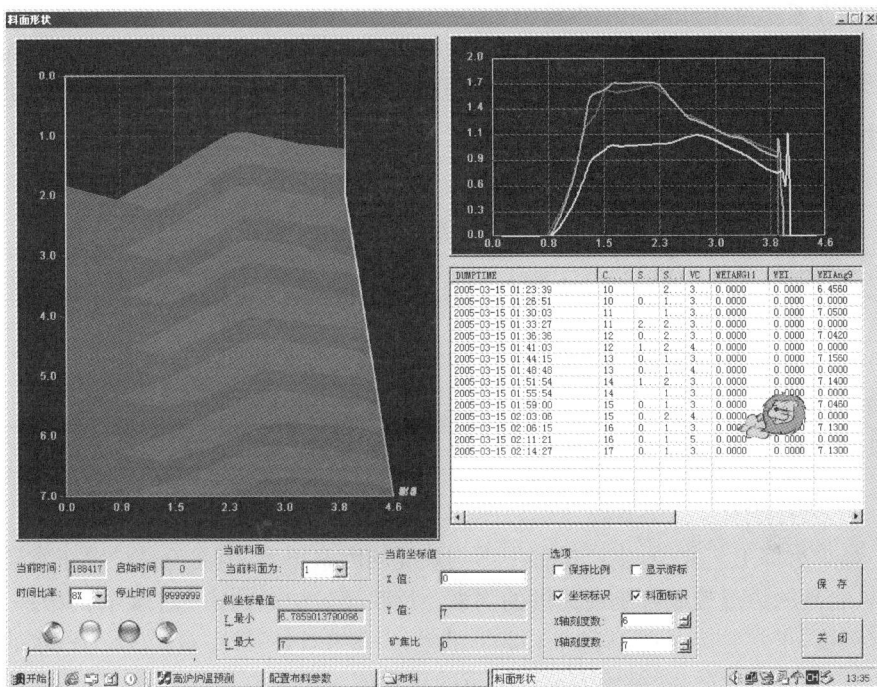

图 3-22　武钢 1 号高炉布料模型画面实例

引进的高炉专家系统也只解决了炉型的识别问题,而没有解决好炉型状态的评估问题。此项目的炉型管理子系统开发采用人工神经网络方法分析炉型的状态,并利用高炉操作指标的对比找到最优化的炉型,最后利用专家系统对各种信息(炉型特点、热负荷等)进行综合评估,最后确定高炉炉型的调剂措施,将高炉操作炉型的演变控制在合适的范围之内,确保高炉操作中炉型的稳定。

通过数据采集、算法设计、数据分类、图像显示、炉型波动及变化分析等几个过程,该软件可以及时有效地分析高炉操作炉型的波动及变化,向操作人员提供可选用的优化的炉型模式。

在识别出高炉炉型的状态及其演变的过程后,利用本模型还可判断当前状态下高炉操作炉型的优劣,通过对一段时间内高炉操作指标的变化进行统计分析,利用指标和炉型之间的对应关系可以选定优化的操作炉型。

本模型根据冷却壁温度的分布特点将它分为 25 种类型,对应这 25 种炉型模式列出了各种炉型状态出现的天数及利用系数和焦比指标。

高炉炉型的波动及变化受很多因素的影响,如原燃料质量波动、操作状态的变化等。在日常操作中,高炉操作人员通常根据模式识别及专家系统的推理结果,结合自己的经验对炉型变化进行综合分析,实现对高炉操作炉型的实时监控。在炉型管理专家系统中共有 187 条规则。

和传统炉型管理方法相比,炉型管理专家子系统在实时性和敏感性方面前进了一大步。利用此专家子系统,对炉墙黏结和渣皮脱落频繁这两种常见故障进行统计分析,得到了对应的炉型指数参数值,表 3-6 给出了异常炉型的炉型指数参数值示例。

表 3-6 两种异常炉型的炉型指数参数值

指数名称	炉墙黏结时	渣皮脱落频繁时
渣皮脱落次数	0 次,无渣皮脱落	≥3 次,有时一天中渣皮脱落 5 次以上
热负荷	<13000 兆焦/时	>55000 兆焦/时
滑料次数	≥3,小滑料频繁出现	≥5 次,滑料频繁,并时有大滑料出现
管道出现次数	≥2,小管道频繁出现	≥4 次,时有大管道出现

3) 炉温管理专家子系统

高炉冶炼工艺复杂,生产过程中影响炉况的因素很多,但无论是炉况正常还是异常,合理的炉温控制都是最关键的因素。反映高炉炉温的指标主要有两个:一是铁水温度,正常生产时在 1450～1520℃波动,一般在 1480℃左右,又称为铁水的物理热;二是铁水含硅量,炼钢生铁含硅量的正常值一般为 0.40%～0.50%,又称为铁水的化学热。在正常生产情况下,铁水温度与生铁中硅含量呈线性关系。

炉温的高低表明高炉炉缸的热状态,影响着高炉生产、能量消耗及生铁质量,高炉操作人员都把铁水硅含量控制作为衡量高炉操作水平的重要标志,或者说控制炉温是高炉冶炼的一项重要操作制度,是稳定炉况,获取最佳经济效益所必需的。

为了对炉温进行有效的预测及管理,多年来大量研究人员采用多种研究方法对炉温预报进行了研究,如经验模型、物料平衡和热平衡计算、时间序列方法、人工神经网络方法、模糊控制、专家系统方法等。在这些模型中都涉及影响变量的选取问题,由于一个模型很难将所有的因素都考虑周全,并且同一种影响因素在不同的炉况下又往往具有不同的贡献率,这在客观上影响着对各种因素的选择。在炉况异常时,各种数学模型的炉温预报命中率都不理想。

炉温控制从理论上说是高炉下部蓄热量问题,单位时间内蓄热量多炉温就可能高,相反炉温就可能低。这里说"可能"主要是炉温高低还受原燃料变化、气流波动、化学反应变化等多因素影响,所以同一蓄热量不一定对应同样的炉温。但国内外经验表明,高炉下部蓄热量与炉温变化趋势的关系是肯定的,即用下部蓄热量预报炉温变化走向是可靠的,而定量的炉温预报则须考虑多种影响因素。

由于高炉参数的复杂性,不同高炉如用同样参数会产生很大的计算误差,所以从国外引进的炉热指数公式在使用中效果欠佳。本模型根据武钢高炉的实际数据计算,得到的炉热指数与铁水含硅量的对应关系规律性很强,可很好地用于定向预报炉温。在[Si]含量为 0.5% 左右时,炉热指数 TQ 值一般为 1600 兆焦/(吨·百米),还找到了对应于 Δ[Si] 的 ΔTQ 值,使本模型炉温走向的命中率达到 100%。

迄今为止,国内外的炉温预报模型都是预报铁水[Si]含量的变化。随着低硅生铁冶炼技术的进步,近年来先进高炉的铁水[Si]含量已降到 0.3% 左右,这使铁水[Si]含量预报的相对误差趋于增大。高炉工作者一直试图研究铁水温度预报技术,但因国内的铁水连续测温装置长期以来不够成熟而未实现。近年铁水连续测温技术取得重大突破,精度高、稳定可靠,已经用于炼铁生产。为开发铁水温度预报模型,在 1 号高炉东、西两个出铁场的铁沟上方安装了两套红外铁水连续测温装置,利用该套装置每 1 分钟可以获得一个测温数据,利用这些铁水测温信息进行炉温预报开发取得了理想的效果。

高炉操作人员对炉温高低和走向的判断通常用“炉温比较高”、“炉温向凉”、“炉温向热”、“炉温降低的幅度比较大”等说法,这是很典型的模糊控制概念。因此采用模糊技术对炉温进行预报和控制是理所当然的选择。模糊系统的核心是模糊规则的设计,以前的很多研究没有取得良好效果的主要原因是选择的变量过多,各因素间互相干扰,使铁水温度预报精度不高。根据冶炼原理和武钢的实践经验,精心选择了模糊控制的主要变量,研究其隶属度与铁水温度变化的关系,预报不同时刻的铁水温度值。炉温模糊控制的示意图如图 3-23 所示,它较好地模拟了高炉操作人员的炉温控制过程。

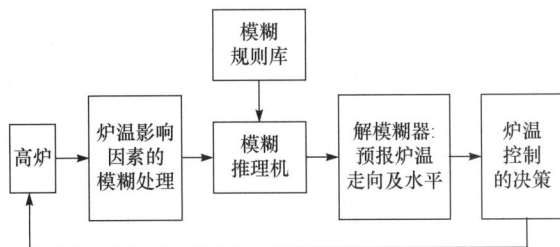

图 3-23　高炉炉温模糊控制框图

采用本模型预报铁水温度取得了理想的效果。为验证模型的精度,在一周内对模型的运行进行了考核,模型预报命中率如表 3-7 所示,本系统的预报结果和高炉实际运行结果极为吻合(图 3-24)。

表 3-7　模型预报精度考核

总炉次	趋势命中次数	预报命中次数(≤±8℃)	未命中次数(≤±12℃)
105	105	99	6

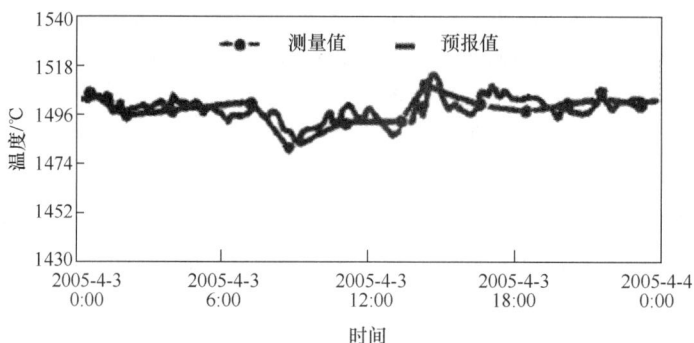

图 3-24　武钢 1 号高炉的炉温预报实例

炉温预报子系统在预报铁水温度时,考虑了相关的关键参数(如高炉透气性指数、阻力系数、炉热指数 TQ、炉料下降指数、直接还原度、熔损反应的耗碳量等)的影响。炉温控制子系统利用这些指数的变化和炉温波动之间的关系,就可以及早识别出影响炉温的波动并加以控制。在炉温控制子系统中共有规则 622 条,系统可以定期利用这些规则对高炉热状态评价并给出相应动作建议。

4) 炉缸炉底侵蚀状况管理专家子系统

高炉炉缸炉底侵蚀状况是影响高炉寿命和决定高炉是否需要大修的重要依据。炉缸炉底内衬的工作条件恶劣,炉缸直接接触高温渣、铁、煤气,炉底内衬则受到铁水置换和铁水环流的冲刷,都是高炉容易损坏的部位。我国大型高炉的寿命在 10~15 年,正在努力争取达到 15~20 年。为了达到延长高炉寿命的目标,必须准确、及时地判断生产过程中炉缸炉底的侵蚀状况,为此需要开发在线运行的炉缸炉底侵蚀预测模型。

国内外炉缸炉底侵蚀模型大都是热侵蚀模型,即利用高炉内衬耐火材料的导热率等物性值、埋设的热电偶数据和炉体热损失数据计算炉缸炉底的温度场,根据铁水凝固线温度(1150℃)来确定炉缸炉底的侵蚀位置。传统的热侵蚀模型多假定高炉炉缸炉底内的传热为稳定热态,用二阶偏微分方程描述其传热过程并求解。

为了提高模型预测精度,利用了武钢实际的耐火材料导热率等数据,采用考虑铁水凝固潜热的二维柱面坐标非稳态传热模型,对炉缸炉底温度场进行模拟计算,并结合神经网络对样本训练,最后在线地显示出炉缸炉底的侵蚀状况,直观地给出炉缸炉底的工作内型。

2005 年 4 月 14 日对炉缸炉底侵蚀模型软件进行了系统的测试,系统预测结果如图 3-25 所示。图中左边为侵蚀预测结果,右边为原始的高炉炉缸砌筑形状。图中显示,武钢 1 号高炉开炉三年后炉缸基本保存完好,只有小于 100 毫米的侵

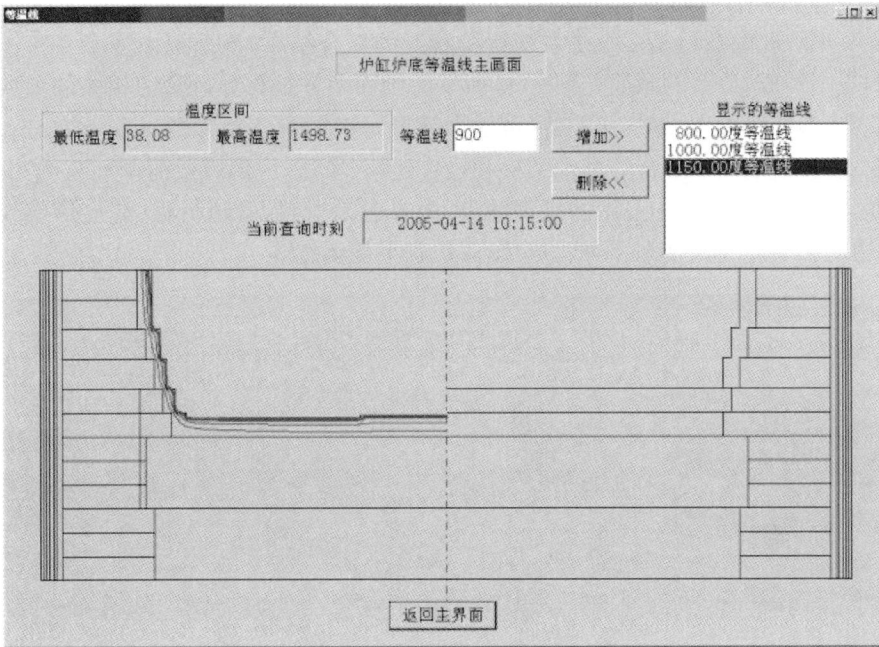

图 3-25　炉缸 A 方向侵蚀预测结果

蚀,炉底侵蚀厚度为 400～450 毫米。根据模型计算的炉底温度与埋设电偶实测温度差值为 5～20℃(小于 5％),可以满足高炉操作的要求。

在该子系统中总结了高炉炉缸管理的经验,并将这些经验编写为近 100 条规则。当炉缸炉底侵蚀到一定程度时,该子系统会提出相应的操作对策,供操作人员决策使用。

5) 煤气流分布评估模型开发

高内的煤气流分布状况对传热和还原过程有决定性的影响,但是直接测量炉内的煤气分布目前还缺乏技术手段,这方面的研究迄今未见国内外报道。在此项目在高炉炉顶安装了红外图像装置,并采用红外图像处理技术开发煤气流分布评估模型。

炉顶红外图像的明暗表征着煤气流温度的高低:图像明亮表示温度高,煤气流通过量大;反之图像暗淡则表示温度低,煤气流通过量小。如果能够得到煤气流图像连续变化特征,就可以利用红外图像的变化评估煤气流分布的变化。以 1 小时为一个时间段,每 6 秒捕捉一幅图像,每小时共 600 幅。在炉况正常的情况下,统计 600 幅图像的明暗分布特征,用曲线来表达不同时间段内煤气流分布特征的变化。

6）炉况顺行管理专家子系统

高炉炉况的顺行是多个子系统运行状况的综合结果，该系统由多个专家子系统的规则构成，典型的画面如图 3-26 所示。画面上方是与顺行密切相关的参数变化趋势，如鼓风参数、煤气压差等（可根据需要每次调看 4 组参数）；左下方是上料情况；右下方是关于顺行的推理结果和操作建议（风量、风温或负荷调剂）。炉况顺行专家子系统还有集中显示的推理结果，内容包括滑料、管道行程、渣皮形成或脱落、边沿和中心气流状态、压差、热状态、炉缸平衡状态等。

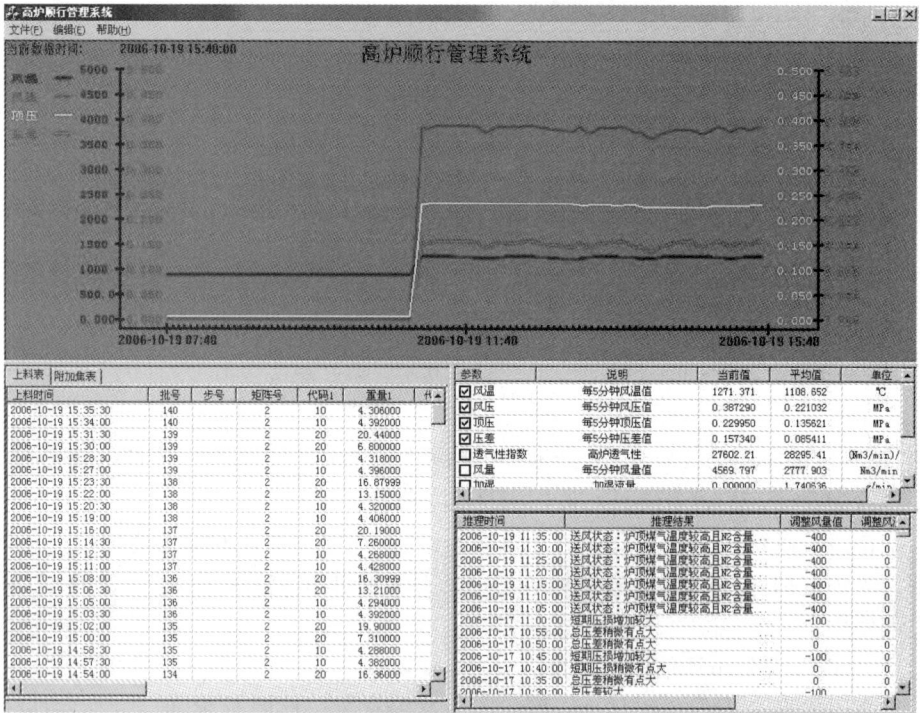

图 3-26　炉况顺行管理画面

3.4.3.3　操作平台型专家系统的应用效果

从 2005 年 6 月起，操作平台型高炉专家系统在武钢 1 号高炉正式投入运行。在此专家系统帮助下，高炉操作人员能更有效地控制高炉冶炼过程，及时掌握高炉布料、炉型、炉温及炉底侵蚀等情况的变化，高炉顺行状况得到改善，生铁产量提高，焦炭消耗降低，取得了显著的经济效益。

以 2005 年上半年为基准期，根据行业规程对指标的影响因素进行校正，将 2005 年下半年的高炉技术经济指标与其对比。1 号高炉采用专家系统后 2005 年下半年降低焦炭消耗共计 7732.3 吨，焦炭单价 1190 元/吨，创效益 920.1423

万元;同期生铁产量增加 49896 吨,增产后的固定费用降低 39.40 元/吨铁,创效益
134.5184 万元。2005 年下半年采用专家系统后因节焦和增铁共创效益约 1054
万元,年效益为 2100 万元。

该高炉专家系统充分考虑了我国大型高炉硬件水平的现状,达到了工程化、商
业化水平,适合在我国大型高炉上推广应用。目前我国 1000m³ 以上的高炉百余
座,重复引进国外的高炉专家系统不仅花费大量外汇,而且影响我国钢铁生产技术
的自主创新。高炉专家系统技术实现国产化,将有力地促进我国智能自动化水平
和冶金工程应用软件开发能力的提高,提升我国钢铁工业的国际竞争力。

3.4.4　高炉煤气余压能源回收装置优化控制系统

3.4.4.1　项目背景

钢铁工业是我国能耗巨大的支柱产业。据统计:我国钢铁工业能耗约占全国
总能耗的 11%,主要产品单位平均能耗比国际先进水平高出 20% 以上,吨铁平均
煤耗比国际先进水平高出 30 千克标准煤/吨。我国钢铁工业能耗巨大、能效较低,
其节能技术水平的提高直接影响到我国"节能降耗"能源可持续发展战略的顺利实
施。高炉煤气余压能源回收装置(blast furnace top gas pressure recovery turbine
unit,简称 TRT 装置)因其高效节能与清洁环保等特点,在日本、美国等钢铁工业
发达国家已成为实现"节能降耗"的重要手段。

高炉煤气余压透平发电装置是通过将高炉炉顶煤气导入一台透平膨胀机(煤
气透平)做功,使高炉煤气的压力能及热能转化为机械能,再驱动发电机的一种二
次能量回收装置(如图 3-27 中虚线内所示)。传统的高炉工艺流程中,高炉炉顶煤
气(压力 150~300 千帕)在通过除尘后再经过减压阀组(或比肖夫除尘器)减压到
10 千帕左右,排入储气罐供工厂热风炉作为燃料用。原高炉煤气所具有的压力能
和热能被白白地浪费在减压阀组(或比肖夫除尘器)上,造成大量的能源浪费和噪

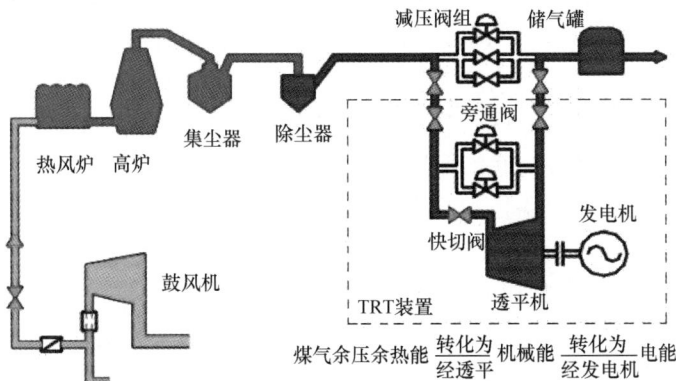

图 3-27　安装 TRT 装置的高炉炼铁流程图

声污染,噪声达 105 分贝以上。

采用 TRT 装置后,高炉炉顶煤气不再经过减压阀组,而是流经 TRT 装置进行发电,此时减压阀组仅作备用。采用 TRT 装置不改变原高炉煤气的品质,也不影响煤气用户的正常使用,却回收了被减压阀组白白释放的能量,又净化了煤气,降低了噪音。该装置在运行过程中不产生污染,几乎没有能源消耗,发电成本低。

随着冶金技术的发展,人们对高炉顶压的稳定性要求越来越高,传统的控制方法已经不能满足需要。在安装 TRT 装置后,高炉顶压通过 TRT 装置进行调节。除上海宝钢、首钢等少数钢铁企业采用昂贵的进口 TRT 装置外,国内其他钢铁企业很少使用。究其原因,主要是当时的国内 TRT 技术还不完善,比如传统的 TRT 装置高炉顶压自动控制系统属串级控制系统,其主回路以高炉顶压为被控对象,主回路控制器比较高炉炉顶实际压力与设定压力之间的偏差,计算出透平机静叶开度的设定值,并把该设定值传递给副回路的伺服控制器。传统 TRT 装置顶压串级控制系统的主、副回路均采用常规 PID 控制方法,整体控制性能不好(如炉顶压力波动达±12 千帕、升速时转速波动达±20 转每分、发电量低下等),影响了冶炼主流程和高炉安全,导致 TRT 装置无法正常高效运行,严重制约着 TRT 技术的大面积应用推广。

浙江大学根据现代控制理论和流体力学原理,深入研究 TRT 优化控制技术,开发了确保高炉顶压稳定性和 TRT 安全高效运行的控制系统,项目研究成果在总体上达到国际先进水平,彻底解决钢铁企业采用煤气余压透平发电这一高效节能技术时的后顾之忧。通过该项目实施,显著降低钢铁企业能耗,大力推动我国钢铁行业自动化科技进步与产业结构优化升级。同时,大大提高我国 TRT 技术的国际竞争力,有力拓展国际市场[43-45]。

3.4.4.2　主要功能和关键技术

该项目开发的高炉 TRT 装置安全高效运行控制系统,实现了以下主要技术指标:TRT 正常发电时顶压波动为±1.5 千帕;紧急停机时顶压波动为±2.0 千帕;TRT 升速和升功率过程平稳,3000 转每分稳定时的精度在±3 转每分以内;TRT 装置发电功率达到 4000 千瓦以上;对透平主机、发电机、油站、氮气密封系统等具有良好的运行监控与联锁保护功能。

项目研究的总体思路是:TRT 工艺分析与建模→TRT 正常发电时的顶压控制算法开发→TRT 紧急停机时的安全切换控制方法设计→基于 FPGA 的数字式高速高精度控制器研制→TRT 装置商品化优化控制系统开发与应用。以下对总体思路中各阶段涉及的技术方法、技术问题与创造性成果分别加以简述。

1) TRT 工艺分析与建模

在对 TRT 装置工艺机理进行分析的基础上,根据高炉煤气管网流体动力学原理,将整个高炉 TRT 系统分解为炉内煤气反应容器、炉顶压力容器、煤气管路阻尼和线性调节阀各个单元,并采用料柱等效可变阻尼新方法,首次建立了由鼓风机、高炉、减压阀组、透平机和管网系统组成的、反映高炉料柱影响的高炉煤气余压能源回收装置(TRT)高炉顶压多变量动态数学模型。

2) TRT 正常发电时的顶压控制算法开发

针对高炉煤气管网复杂、时滞大以及高炉上料操作对顶压存在巨大扰动等特点,采用带前馈结构 DMC 的先进控制方法,以高炉料柱的料线高度为扰动变量,以透平机静叶开度为控制变量,开发了带前馈结构 DMC 的 TRT 顶压控制新算法,在 TRT 装置正常发电工况时顶压高精度稳定控制方法上取得重大突破。

3) TRT 紧急停机时的安全切换控制方法设计

为解决 TRT 系统紧急停机过程对高炉冶炼主工艺流程冲击大的问题,采用高炉煤气阻力系数等效方法、多执行器协同控制技术以及在线校正等现代控制理论与流体力学中的新思想、新技术和新方法,创造性提出了基于管网阻力系数等效的专家智能控制方法,开发了一种基于阻力系数等效的顶压智能控制算法。该算法在由透平机静叶控制顶压向旁通阀控制顶压切换过程中,在保证管道阻力系数等效的前提下,通过静叶与旁通阀的协同控制,实现顶压稳定性控制。解决了 TRT 装置紧急切换时顶压波动过大、危及高炉与 TRT 装置安全的国际性难题。

4) 基于 FPGA 的数字式高速高精度控制器研制

针对传统模拟式电液伺服控制器 PID 参数难以调节、存在零漂和温漂、且在动力油油压和透平机静叶负载波动情况下控制性能不理想的问题,采用现场可编程门阵列(FPGA)技术,利用其集成度高、可重复编程、运算速度快和并行计算等优势,设计开发了基于 FPGA 的具有并行处理结构的透平机静叶数字式高速电液伺服控制器。

5) TRT 装置商品化优化控制系统开发与应用

基于 TRT 装置高炉顶压多变量动态模型、TRT 装置不同工况下的先进控制算法以及数字式高速电液伺服控制器等核心技术,研制具有自主知识产权的 TRT 装置商品化优化控制系统。在广西柳州钢铁股份公司和上海宝钢股份公司等钢铁企业完成工业现场示范应用,并根据具体应用情况对 TRT 装置商品化优化控制系统加以完善、推广。

该项目与当前国内外最先进的同类技术相比呈现三大特点。

(1) 专家智能控制方法。

该项目针对高炉煤气管网复杂、时滞大以及高炉上料操作对顶压存在巨大扰动等问题,建立了 TRT 装置高炉顶压多变量动态数学模型,开发了带前馈结构 DMC 的顶压控制新算法。为解决紧急停机对高炉冶炼冲击大的问题,采用阻力系数等效、多执行器协同控制及在线校正等理论方法,提出了基于管网阻力系数等效的专家智能控制方法。

而国内同类技术在控制方法上仍采用常规 PID 算法,控制方法单调,无法解决 TRT 装置中存在的时滞大及强扰动等问题;国外同类技术在控制方法上虽有所改进,但只是在 TRT 紧急停机时旁通阀开度计算上增加了一些经验数据,缺乏理论与技术支撑。

(2)总体技术和技术经济指标。

该项目在 TRT 装置升速过程平稳性、顶压控制精度、切换峰值时间、紧急切换平稳性等技术经济指标上,与国内外同类技术相比具有很大优势。

(3)能量回收效率和市场竞争力。

国内外同类技术因控制性能欠佳常常导致发电装置降功率低效运行;而该项目控制性能好,整个发电装置实现高效最大负荷运行,能量回收效率高,经济效益显著,市场竞争力强。

3.4.4.3　应用情况和经济效益

该项目所开发的 TRT 装置优化控制系统目前已通过杭州浙大人工环境工程技术有限公司实现批量生产,推广应用 30 余套,实现产品销售达 11558 万元,利润 1189 万元。本项目已在 30 家钢铁企业成功实施,为企业年增直接经济效益 6 亿元以上。

2005 年到 2007 年底新增 30 台套 TRT 装置投入工业运行,总装机容量达 13.39 万千瓦,每年为用户回收电能达 10.71 亿千瓦时,年回收电费达 5.36 亿元,节能效益非常明显。广西柳钢、安徽马钢和河北津西钢铁公司应用该项目研发的 TRT 装置优化控制技术后,近三年来新增直接效益 8105.63 万元,其中柳钢增效 2019 万元,津西钢铁公司增效 4819.63 万元,马钢增效 1267 万元。由于用煤气的余热余压发电,每年可减少煤耗 390 万吨,少排放 15620 吨 SO_2 和 98 吨 CO_2,而且降低了工厂噪音,减少了环境污染。项目具有显著的"节能降耗、减排环保"的社会效益。

高炉煤气余压透平发电装置是投资最省、见效最快、低投入、高产出的节能环保设备,深得钢铁企业的欢迎。目前国内未安装煤气余压发电装置的高炉有 150 余座,该项目凭借技术优势与强大的市场占有率(国内市场占有率达到 75% 以上),具有非常广阔的市场应用前景。同时,该项目还于 2007 年率先出口到巴西 GA 钢铁公司,实现了我国 TRT 装置出口到国际市场的"零"的突破。目前已与韩国现代重工集团和印度 TATA 集团等国际知名公司签订出口合同,应用范围逐步拓展到整个国际市场,项目发展前景及潜在效益十分巨大。

3.4.5　冶金电炉智能控制系统

冶金电炉是钢铁行业重要的炼钢设备,其主要功能之一是提供冶炼过程所需的能量,用于熔化废钢和钢水温度升温(保温)。冶金电炉有一套供电系统,通过高压开关柜、炉用变压器、短网、电极与冶金电炉内废钢/钢水构成电气回路,将高压小电流电能转成低压大电流高温电弧,产生热能用于提高钢水温度或保温。电弧炉电能到热能转化的功率的大小和转化效率的高低与控制系统有很大关系,直接影响到冶炼耗电量、电极消耗和生产效率。

冶金自动化研究设计院和东北大学研究了热平衡分析和冶炼过程温度预报、电极升降智能控制以及能量输入优化等关键技术,开发了冶金电炉智能控制系统,并在国内外推广近 50 套,取得了提高生产率、降低电耗的应用效果和显著经济效益[46-58]。

3.4.5.1　系统结构

智能冶金电炉控制系统采用基于工业计算机(IPC)的硬件结构,主要有两台 IPC(调节器 IPC1 和服务器 IPC2)构成,如图 3-28 所示。两台 IPC 通过以太网连接。两台计算机之间通过计算机网络进行通信。调节器计算机(IPC1)为客户机,另一台计算机(IPC2)为服务器。调节器将冶炼实际电流、电压、功率、电度和调节器计算结果传给服务器,服务器则将优化后的设定点传给调节器用于电极升降控制。

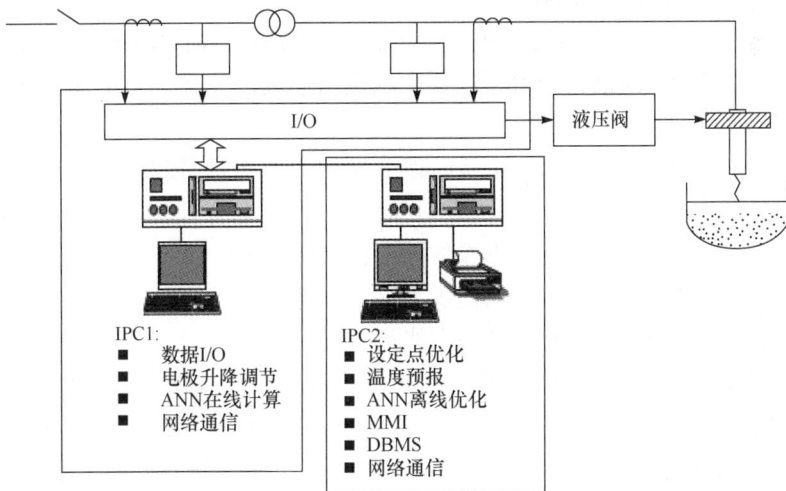

图 3-28　智能冶金电炉控制系统硬件结构

冶金电炉智能控制系统包括钢水温度预报、能量输入设定点动态优化和电极升降控制、数据库管理和统计过程分析等功能,为提高系统性能,应用了人工神经元网络、专家系统和模糊控制等复合智能技术,并与常规控制和优化算法相结合,图 3-29 为智能冶金电炉控制系统软件功能流程图。

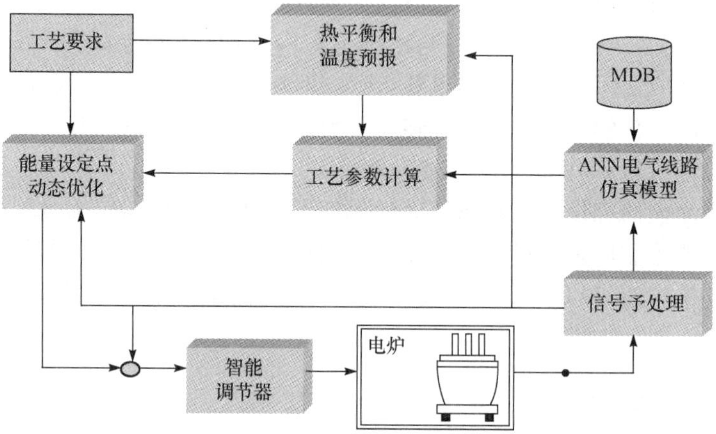

图 3-29　智能冶金电炉控制系统软件功能流程图

3.4.5.2　核心技术及实现

冶金电炉智能控制系统的核心技术包括热平衡计算和钢水温度预报、功率设定点优化、电极升降控制三方面内容。

1) 热平衡计算和钢水温度预报

热平衡计算和钢水温度预报就是根据钢水初始温度、能量输入、能量损耗和有用能量的平衡关系,预报整个冶炼过程中的钢水温度的变化。目前有机理分析和统计计算两种方法。

机理分析基于机理模型,按冶炼阶段分别建立电弧炉、搅拌、冷却水、烟尘、电弧、加料、钢水各单元的能量平衡关系,再进一步进行综合计算。这种方法的优点是物理意义清楚,计算结果对改进操作制度和冶炼工艺有指导意义,但这种机理分析需要大量的前提假设,且需现场提供大量的工艺数据,而这些数据在正常生产时是得不到的,因而制约了机理模型的在线运行。

统计计算方法是基于统计分析方法,如线性回归分析,通过大量数据找到预报量与各种过程变量间关系。其优点是算法简单,且很容易在线实现;但由于这些模型只能反映线性关系,而钢水温度与电量、合金料、时间等因素间的关系错综复杂,统计模型的精度通常不高。

基于对传统的温度预报模型优缺点的认识和现场的具体条件,研究了温度预报智能模型,模型主要是由神经网络模型和专家系统模型两部分构成,它们有各自独立的输入量,如图 3-30 所示。人工神经元网络模型接受其相应输入,产生输出;预报周期内的温度变化 $\Delta T'$。基于该值和模型上一次温度预报值 T_{t-1},可计算出当前时刻的温度预报值 $T_t'=T_{t-1}+\Delta T'$。该结果由专家系统模型根据输入量和专家规则,输出更准确的温度变化预报值 ΔT。基于该值和上一次温度预报值 $\Delta T_t'$,可计算出钢液温度预报模型的预报值 $T_t=T_t'+\Delta T$。

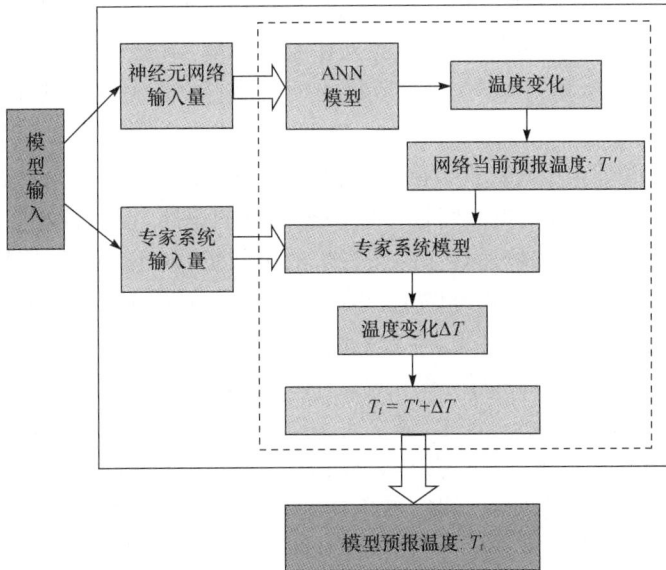

图 3-30　钢水温度预报模型的逻辑结构

2) 能量输入设定点动态优化

能量输入设定点动态优化功能可归结为选择合理的决策变量(弧压和弧流),在满足一定约束条件下,使得输入到冶金电炉内的电弧功率满足工艺要求。

以往功率设定点仅根据静态的电气圆图,制订出各种电压挡下的功率曲线,由操作工根据自己的经验选取。这种静态分析假设电气线路电阻、电抗不变和三相独立,由于冶炼工艺过程的复杂性,随机干扰因素多,三相电气变量间耦合严重,这种假设并不成立。长期以来,很多科学工作者致力于电弧炉电气特性动态物理数学模型的研究,有解析方法和黑箱方法两种。解析方法是根据能量守恒定律和弧柱等离子特性写出方程组,求解推出电弧数学模型。电弧黑箱模型的目的是描述电弧与相应电路之间的相互作用,认为电弧的电特性与电弧内部物理过程相比较更为重要。如忽略电弧热扩散、温度分布等内部物理过程,侧重推导电弧炉的一、二次等效电路。无论是解析法还是黑箱法都侧重于机理分析或现象描述,尽管有利于我们对工艺过程的理解,都无法直接应用于功率设定点优化。

近年来,国外利用人工智能技术于功率设定点的优化,取得了一定进展。一般说来,有专家系统和人工神经元网络两种方案。

专家系统方案采用基于经验的方法,即将从生产实践总结出来的功率设定点的经验,以专家系统的规则形式存储在计算机中,根据冶炼目标、冶炼实绩和检测到的电气变量等因素进行逻辑推理,得到一个比较合理的功率设定点,如美国 Milltech-HOH 公司推出的 CONTROLTECH II 和美国 Neural Application Corp. 推出的 Intelligent Arc Furnace 都是基于这种原理。但是,由于这些专家系统只是基于检测或预测的电流、电压等外在电气变量,未能充分利用反映电气系统内在规律的电阻、电抗等电气特性参数的动态变化,也就得不到精确的优化设定点。

人工神经元网络方案的典型例子是德国 SIEMENS 公司的设定点优化算法,这已接近于我们所需要的电气特性参数动态计算的思路,但这种算法的优化目标是寻求最大二次功率,比较适合作为初炼炉的电弧炉,对于钢包精炼炉,功率最大并不意味着功率最优,还必须考虑生产节奏、钢水温度和冶炼工艺的要求,在满足这些非线性、时变的约束条件下,寻求最优功率设定点。

针对上述方法存在的问题,采用人工神经元网络和专家系统有机结合的能量输入设定点动态优化方案。首先,建立人工神经元网络模型,动态计算钢包精炼炉有关的电气参数,如电阻、电抗等,然后,基于这些参数计算不同设定点下的工艺参数,如二次有功功率、弧功率、弧长、弧压和耐材指数,最后,调用专家系统规则,根据冶炼过程中各阶段的不同特性,将冶炼功率曲线分解成多个阶段,在不同阶段,根据预报的钢水温度值、电气特性曲线、冶炼工艺和生产节奏对温升的要求进行弧压和弧流设定点的调整,实现电能输入的优化。

(1) 神经网络电气参数预报模型。

对冶金电炉功率进行设定,很重要的一点就是要对冶金电炉的二次电路进行深入的分析。冶金电炉的二次电路主要包括:电弧炉变压器次极、短网、导电臂和把持器、电极几部分。它是星形联结且中性点不接地、参数变化的非线性、不对称线路。

电炉二次电路是复杂的非线性、不对称线路。通过人工神经元网络技术,可以建立起基于 BP 神经元网络的冶金电炉二次电路电气参数预报模型,准确地反映出二次电路的特性。网络测试的结果充分体现了实际的变化规律。在线应用时,二次电气参数预报模型按 10 秒预报周期计算出动态的二次相操作电抗 X_m,操作电阻 R_n,然后绘出动态的电气功率特性曲线图。

(2) 能量输入设定点动态优化。

能量输入设定点动态优化功能可归结为选择合理的决策变量(弧压和弧流),在满足一定约束条件下,使得输入到冶金电炉内的电弧功率最优。

本系统考虑了以下约束条件:实际功率小于变压器许用容量、工作电流不能超过变压器的许用电流、电弧弧长控制、较高的用电效率和热效率、耐材指数、三相功率平衡以及冶炼工艺和生产节奏对温升的要求。

3）电极升降控制

电极升降控制的目的是通过液压站比例阀或伺服阀调节电极末端距冶金电炉内钢水液面的距离来保证冶炼过程中电量的状态变量跟踪优化后的输入功率设定点。

传统电极升降控制都是以阻抗控制为基础的 PID 控制，即根据电流和电压反馈信息控制电极升降，保持电压和电流之间的比例满足预先设定的阻抗值。

PID 控制的优点是算法成熟简单，易于实现和维护，但也有许多致命的缺陷。它假设三相在理想情况下完全解耦，认为三相电压、三相电流间彼此独立，因而将三相电极看作三个独立的对象分别控制，这与实际情况相差甚远。它在控制中所用的信号，基于理想正弦波的假设，检测的平均值不能反映有效值的变化。即使改进的 PID 控制也依然依赖这些过于简单的、不正确的假设。传统的 PID 控制效果一直不能令人满意。

近年来，人工智能技术的发展，给电极升降控制技术的发展提供了新的动力，国外 NAC 公司推出了 IAF，SMI 公司推出了 SmartArc。如表 3-8 所示，基于人工智能技术的控制系统与 PID 控制系统相比，具有显著的优越性。

在充分研究电炉冶炼过程不同阶段特征的基础上，采用基于人工神经元网络和模糊控制（可变参数 PID）的复合电极升降控制方案。首先利用炉子仿真模型进行三相电极弧流的预报，然后基于设定点和预报值的差调整控制器的输出，经信号放大板送到液压阀上进行三相电极的升降控制。系统采用人工神经元网络和模糊控制（可变参数 PID）有机结合的电极升降控制算法，提高设定点的跟踪精度，降低三相功率的不平衡度，减少液压阀的动作频率。

表 3-8　智能电极升降控制与 PID 控制比较

	PID 控制	智能控制
三相耦合性	基于三相理想情况下的完全解耦，认为三相电压，三相电流间彼此独立，与实际情况相去甚远	考虑三相之间的耦合性，其算法具有三相敏感性
信号检测	基于理想正弦波的假设，检测的平均值不能反映有效值的变化	检测电流电压的瞬时值，能真实地反映实际的电流电压波形，从而得到控制所需的各种信息
系统预报	无	可预测系统变量的变化，从而防患于未然
增益自适应	简单分段线性化	根据系统的状态情况，不断调整系统的 ANN 权值，从而，得到优化的控制性能

3.4.5.3　应用效果

该系统先后在安钢 2♯LF、宝钢 150 吨 LF 和本钢特钢 8♯50 吨 LF 三座冶金电炉上进行了示范应用，取得冶炼时间缩短 3%、吨钢电耗降低 2% 的效果，表 3-9 为智能控制系统技术指标测试结果。目前，冶金电炉智能控制系统已在国内外钢铁企业推广了 49 套，包括韩国、土耳其等外国钢铁企业。

表 3-9　技术指标对比结果

测试项目	用户	原系统	智能系统	技术经济指标	
				实际值	考核要求
平均冶炼时间/分	安钢	43	40.5	缩短 5.8%	缩短 3%
	宝钢	52	50	缩短 3.85%	
	本钢	56	53.9	缩短 3.75%	
平均吨钢电耗（千瓦时/（吨·℃））	安钢	0.514	0.502	节电 2.3%	节电 2%
	宝钢	0.496	0.485	节电 2.22%	
	本钢	0.521	0.504	节电 3.3%	
平均电流控制偏差/%	安钢		4.5%	偏差 4.5%	偏差 5%
	宝钢		4.47%	偏差 4.47%	
	本钢		4.95%	偏差 4.95%	

3.4.6　连续铸钢过程模型和优化控制系统

3.4.6.1　项目背景

连续铸钢（简称连铸）是将高温合格钢水浇注到水冷结晶器内冷却成型，后经二次冷却和空冷，使之凝固，且保持形状良好、成分均匀、结构致密的钢坯的生产工艺。连铸取代模铸和初轧工序、替代了开坯工序，使钢铁企业的产品向专业化方向发展，并使钢厂结构向高效化和紧凑化发展。铸坯质量的好坏直接影响最终钢铁产品的品质和性能。特别地，连铸板坯的质量是后续板带钢材产品高性能和高附加值的基础。连铸的核心任务是保证铸坯质量以及生产过程的顺行。

首钢京唐钢铁公司在原有三台双流铸机情况下，提出建造第四台双流板坯连铸机。通过对板坯连铸工艺的深入了解，以及现有的板坯连铸机在生产过程中出现的种种问题，通过控制大包转台、结晶器液压非正弦振动，结晶器漏钢预报、动态轻压下控制、动态二冷配水等，最终实现液态钢水向固态钢坯的转变，通过控制钢包回转台和中包快速换包，及在线调宽等技术，使 4♯铸机成为高连浇率、高质量和无缺陷坯的具有国际先进水平的铸机[59-64]。

3.4.6.2　系统主要功能和结构

连铸过程控制系统连接着连铸基础自动化系统(L1级)和制造执行系统(L3级),实现了生产信息化系统与生产基础自动化系统的一体化,是钢铁企业实现企业信息化管理的重要组成部分,其集成了先进的工艺数学模型和控制技术,是提高产品质量重要的不可替代的环节。

连铸机过程控制级(PCS,L2)主要负责控制和协调生产设备能力,实现对生产的直接控制,针对生产控制级下达的生产目标,通过数据模型优化生产过程控制参数;基础自动化级主要实现对设备的顺序控制、逻辑控制及简单的数学模型计算,并按照过程控制级(PCS)的控制命令对设备进行相关参数的闭环控制。

连铸机过程控制系统包括以下系统:系统服务器、模型服务器、冶金工程师站、操作员工作站、漏钢预报系统、动态二冷配水和动态轻压下模型、连铸坯质量在线判定系统、快速数据分析系统。

PCS单元与一级自动化系统的 PLC 和 HMI 保持通信,从而获得实时的过程数据和下载优化生产所需要的设置。PCS用于多过程区域的炉次进程管理,尽可能多地使用自动化控制并为操作者提供指导,以减轻操作者的工作强度;减少同一品种生产的人为处理差别,提高连铸生产的稳定性、提高产品的产量和质量;提供人为控制失误或者意外情形的解决方案。PCS的系统结构如图 3-31 所示。

1) L2 系统服务器

包括生产、冶炼和辅助数据库,运行所有 L2 后台进程(超级用户、物料跟踪系统和通信驱动程序),与 PLC 和 L3 系统通信,与 RH/CAS/LF/转炉二级及化验室通信。

2) 操作员站

操作员主要管理控制室 PCS 接口。操作者可以通过下列方式与 PCS 进行交互:显示服务器从 PLC 获取的生产信息;允许操作者给出生产指令(炉次开始、结束等等);显示从服务器获取的输出信息(操作指令和生产事件);手工输入工艺信息;允许操作者生成、查看和打印相关厂区的炉次报告;设备资源管理(包括结晶器、扇形段设备使用更换记录,大包、中包使用更换记录等)。

3) 冶金工程师站

冶金工程师站是自动化系统于工艺室的客户端。主要有如下功能:工艺数据库的设定和修改,生产计划表调整(L3 系统故障时使用),查看厂区内的所有生产状态。

4) 漏钢预报系统

铸漏钢预报模型系统的主要功能就是为了避免连铸生产中黏结性漏钢事故的发生,通过对结晶器铜板内热电偶温度信息的分析、处理,对是否发生黏结性漏钢

转炉、LF、RH、CAS通信计算机　　　L3计算机

冶炼/生产数据　生产计划

L2冶金工程师站　　　浇铸生产数据　　　生产报表/状态　工艺指令人工操作　生产状态/数据模型结果　　　L2操作员站

冶炼/生产数据　生产状态

L2服务器

工艺参数　　　工艺设置信息

化验室分析结果　　动态配水及轻压下模型　　生产事件/数据工艺数据

化验室PC机　　　计算结果

快速数据分析系统　　工艺数据　　漏钢预报系统

计算结果

工艺数据　　工艺数据

L1 HMI　　操作指令　机器状态/数据　　L1 PLC

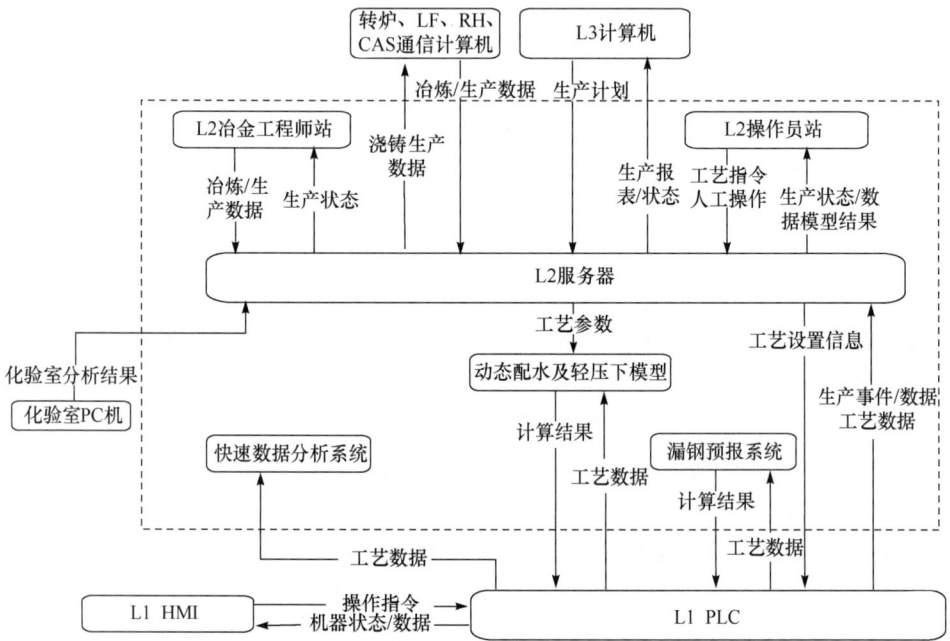

图 3-31　连铸过程控制系统结构图

进行预报。当发生黏结特征时,该模型及时进行预报,并下发控制信号给 PLC,从而降低铸造速度,增加负滑脱时间,使黏结脱离铜板,断口复合,并在出结晶器之前形成一定厚度的坯壳,使漏钢得以避免。

5) 动态二冷配水与动态轻压下模型

能针对浇铸钢种及目标冷却温度要求,自动根据浇铸工艺参数计算出每个冷却回路的冷却水量;能根据浇铸钢种、铸坯规格、浇铸参数的变化,自动调整控制参数,并用于新水量的计算。

动态轻压下模型能够根据浇注的钢种、钢液温度、拉速、冷却模式等工艺参数,分析铸坯内部的凝固状态,并动态预测铸坯液芯变化趋势。

6) 连铸坯质量在线判定系统

表面横裂纹、表面纵裂纹、角部裂纹和内部中心裂纹、中间裂纹、三角区裂纹、中心疏松与偏析、气泡和针孔等产品质量缺陷的综合预报。

7) 快速数据分析系统

快速数据分析系统是多任务的监控系统,可以详细分析各种工艺变量和事件。它提供了高频的数据采集和储存功能,既可以实时显示这些采集的变量,也可以支持历史数据的显示和分析。它可以帮助工艺工程师做如下工作:对生产工艺有更好的理解,收集临界状况和了解设备控制相关的问题动态、材料处理和质量,增加

过程数据采集和储存的能力。

8) 通信

PCS 系统除了内部各个模块之间有通信外,系统中的 L2 服务器还与一级基础自动化级(L1)、生产控制级(L3)以及与化验室有数据交互;另外工艺模型和快速数据分析系统也与 L1 有数据交换。L2 服务器及工艺控制模型与 L1 通过 OPC 方式在工业以太网上实现通信;L2 服务器与化验室计算机及 BOF/LF/RH/CAS 二级系统通过工业以太网 TCP/IP 协议进行通信;L2 服务器和 L3 系统通过公用数据表方式和传输数据表方式实现通信;快速数据分析系统与 PLC 通过专用驱动程序及 OPC 结合方式实现通信;PCS 系统的内部通信都是通过以太网进行数据交互的。

3.4.6.3 系统关键技术

1) 基于结晶器专家系统的连铸机漏钢预报系统

避免连铸漏钢是保证生产顺行的关键。连铸漏钢的发生,不仅会使浇铸中断,降低产量,影响整个生产计划,而且会对结晶器以及扇形段等设备构成一定的危害,影响设备寿命,同时也会间接影响到铸坯的质量。

结晶器专家系统通过读取实际生产数据(主要为热电偶检测的温度数据、拉速、液面高度、板坯宽度、液压缸压力等)及模型参数文件,对实际生产时的热电偶温度特征及液压缸压力等信息进行分析,如果出现漏钢特征,则给出报警信息,即模型输出报警信号。理论研究和实际生产表明,发生黏结时,断口向横向和纵向发展,形成坯壳薄厚不均,振痕紊乱的"V"形断口。在黏结发生后,"V"形断口逐渐下移。在黏结热结(即断口处高温区)逐渐靠近热电偶时,系统检测的温度将逐渐升高。当黏结热结到达热电偶位置处,系统检测的温度达到峰值,此后系统检测的温度逐渐降低。这就是黏结漏钢的典型温度特征。同时随着"V"形断口的横向扩展,相邻热电偶在一段时间后也会感知黏结热结的存在。

连铸机漏钢预报系统涉及的关键技术包括:实时数据采集、存储与去噪处理,黏结漏钢征兆报警及信息提示,历史数据存储与历史趋势图显示,特征数据的自动提取,模型在线参数调整,热电偶状态显示和热成像,结晶器振动摩擦力在线监测,结晶器平均热流密度在线监测。

2) 动态二冷配水与动态轻压下控制

连铸板坯的质量是后续板带钢材产品高性能和高附加值的基础。然而,生产高的组分均匀性和结构均质性铸坯并非易事。由于连铸过程钢水冷却、凝固过程的固有特点,常规连铸条件下,板坯最后凝固的中心部位不可避免地要出现中心缩孔/疏松、中心宏观偏析、夹杂物积聚乃至凝固裂纹等缺陷,这些低倍组织结构和成分均匀性问题一直是制约板坯全面质量提高的瓶颈,对于以下钢种尤为突出:①使用性能对杂质元素十分敏感的钢材,如汽车面板用深冲钢(IF 钢)、石油天然气输送用管线钢以及大量的低合金高强度结构钢;②凝固温区大或当量高的钢种,如不锈钢、硅钢以及高级碳素结构钢等。

　　因此,如何提高铸坯的无缺陷率、提升铸坯内部质量一直受到国内外冶金行业的高度重视。其中带液芯压下技术在控制铸坯中心线偏析和中心疏松与裂纹、提高铸坯内部质量和缩短后续轧制生产流程等方面具有独特的优越性。尤其是能在合适位置、选择合适压下量的动态轻压下技术已被认为是能够提升铸坯内质、并有利于实现连铸过程材料与能量利用率最大化的新一代连铸技术。

　　动态二冷配水与动态轻压下技术是集冶金工艺、计算机、自动控制与检测、液压与机械于一体的连铸新技术。此项技术的核心是对铸坯温度场全程的实时跟踪,实时确定合理的二次喷淋冷却水量;基于所浇钢种的特性与铸坯断面的凝固收缩特点,实时确定合理的轻压下区间,通过在线远程动态调节当地的辊缝来控制铸坯的内部质量。

　　系统研发分两个层面:①基础工艺模型研究;②在线控制模型研究。确定动态二冷配水与轻压下工艺参数是应用二冷配水与轻压下技术的基础,因此有必要对轻压下过程的热力学行为进行研究,获得最佳的二冷配水参数与轻压下工艺参数。

　　动态配水与动态轻压下系统包括:动态热跟踪模型、动态二冷配水模型、动态辊缝调节控制模型、自动控制与自动检测系统、液压与机械设备系统。图 3-32 为动态配水和动态轻压下在线控制系统原理图。

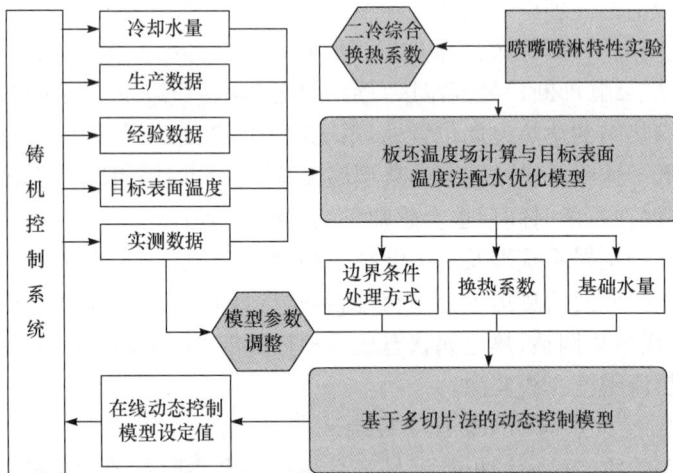

图 3-32　动态配水和动态轻压下在线控制系统原理图

　　板坯动态二冷配水与动态轻压下技术的核心就是利用动态控制模型对铸坯温度场进行实时热跟踪,系统通过切片法将完整铸流离散成若干切片。通过求解该片上的温度场分布获得动态二冷配水与动态轻压下模型所需的计算参数。

动态二冷配水模型根据实际浇注条件实时地跟踪铸坯温度场,依据目标冷却曲线控制原理动态地设定各二冷区水量,对铸坯表面温度进行在线控制,保证铸坯表面温度不会由于浇注条件的改变而出现较大的波动,实现对铸坯温度场的优化。图为动态二冷配水在线计算原理图。动态二冷配水以"坯龄"为控制参数进行基本水量的冷却控制,获得基础水量。通过铸坯的动态热跟踪模型对各冷却区表面温度进行实时跟踪计算,与目标表面温度进行对比,当两者存在偏差时,及时调整该冷却区的冷却强度,根据插值获得修正水量。图 3-33 为动态二冷配水模型实现过程。

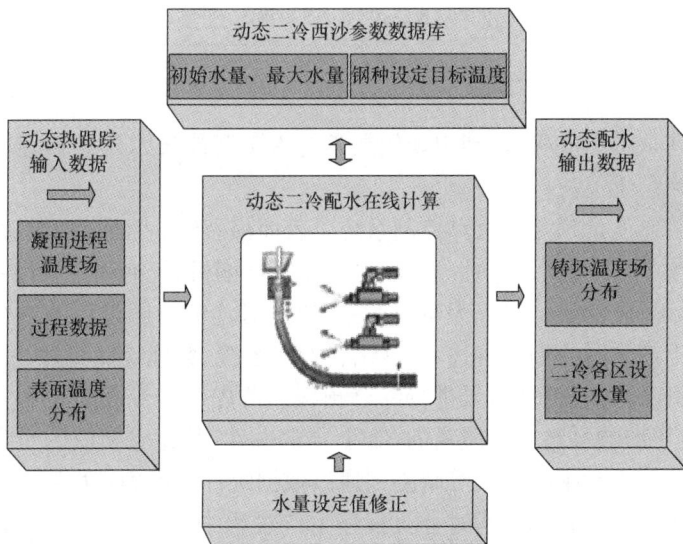

图 3-33　动态二冷配水模型实现过程

动态轻压下控制模型在动态热跟踪对铸坯凝固进程进行实时跟踪计算与动态二冷配水对铸坯进行实时动态控制的基础上,对铸坯凝固末端实时压下控制,以提高铸坯质量。图 3-34 为动态轻压下控制模型原理图。

通过该系统实时控制,有效地减少或消除铸坯中心偏析与中心疏松等内部缺陷,提高了产品质量。

3) 基于多算法的连铸坯质量在线判定系统

近年来,热送热装和直接轧制紧凑化工艺技术得到了快速发展。这些新技术要求铸坯的表面质量和内部质量基本上不经清理就能满足直接轧制的要求,铸坯没有下线进行人工取样质量检查的机会,所以传统的冷态连铸坯质量检查方法已不能满足这些新工艺的要求,而热态在线检查成为进行铸坯质量控制的必要手段。但要对铸坯各种类型的质量缺陷进行在线的全面检测,又需要一整套技术复杂且价格昂贵的设备及日常大量的维护工作,目前还难以比较经济地付诸实践。因此,

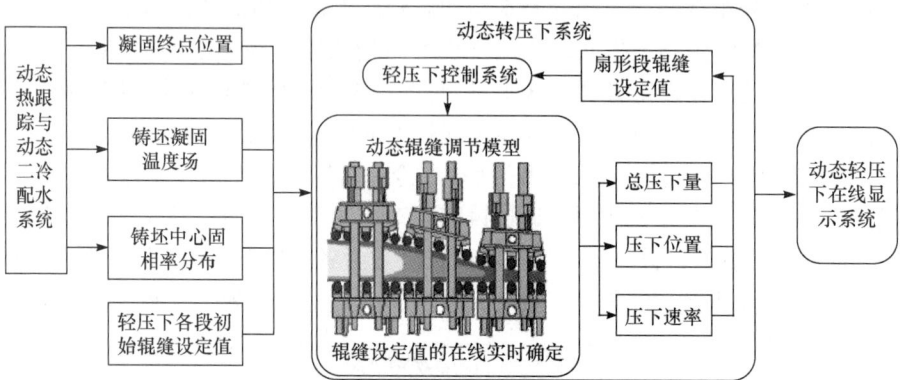

图 3-34　动态轻压下控制模型原理图

如何根据铸坯缺陷形成机理,利用现代数学与人工智能技术建立铸坯质量的在线预报系统受到广泛关注。

在线连铸坯质量预测方法和控制系统以表面横裂纹、表面纵裂纹、角部裂纹和内部中心裂纹、中间裂纹、三角区裂纹、中心疏松与偏析、气泡和针孔以及其他影响钢材最终产品品质的质量缺陷为研究对象,通过对连铸凝固过程的冶金机理分析和大量连铸生产实际数据的统计,建立结合专家系统、数理统计与神经网络的综合预测方法,对连铸过程铸坯质量进行综合预报。首先结合专家应验和实际生产数据统计,确定了影响最终产品质量的 35 个异常事件,并建立相应的专家系统知识库。其次对于较难预报的裂纹等缺陷则通过数据统计的不确定性算法以及人工神经网络推理机制的复合算法实时分析板坯生产过程中关键工艺参数,在线预测连铸坯裂纹缺陷。最后结合两部分预测结果,给出最终的连铸坯质量预测结果满足实际生产的使用要求。图 3-35 为在线连铸坯质量预测原理图。

3.4.6.4　系统运行与应用效果

2010 年 6 月,完成了过程控制系统管理功能、物流跟踪功能、漏钢预报系统开发,2010 年 8 月动态二冷配水模型投入使用,2010 年 11 月动态轻压下模型投入使用,2011 年 6 月连铸坯质量在线判定系统投入使用。

系统开发与调试由中方完成,调试时间比外方调试周期缩短两个半月,节省调试费用 750 万元。通过提高产品质量,降低火焰切割乙炔消耗,减少钢坯损耗,每年节能降耗产生经济效益 910 万元/年。

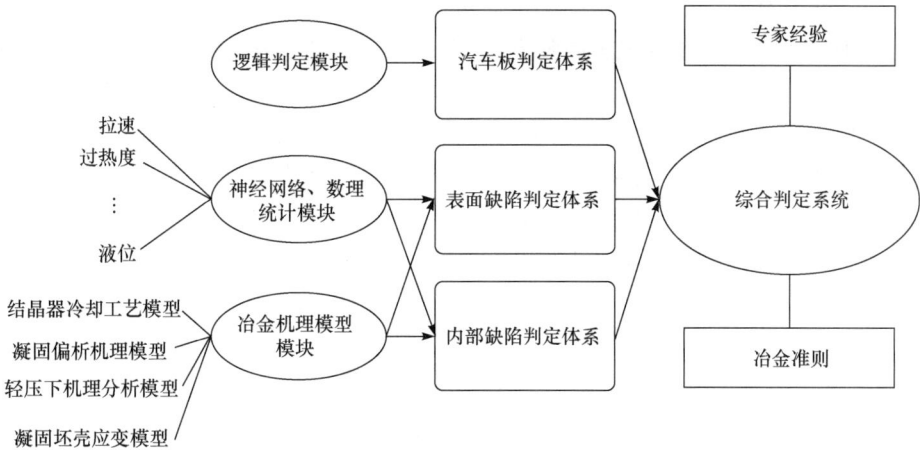

图 3-35　在线连铸坯质量预测原理图

3.4.7　1880mm 热轧关键工艺控制及模型技术

3.4.7.1　项目背景

我国是钢铁工业大国,但是支撑高端产品的大型热连轧关键工艺及模型技术,一直被国际上极少数钢铁企业、机械与电气设备设计及供应商所掌控,严重制约了我国高等级取向硅钢、高牌号无取向硅钢、热轧高强钢等高端产品的研发与生产,难以满足我国电力、工程机械、汽车等行业发展的需求。

1880mm 热轧是宝钢新建的一条宽带钢热连轧生产线,肩负生产国家急需的高等级产品的使命,产品定位于:①硅钢,特别是取向硅钢和高牌号无取向硅钢;②热轧高强钢,特别是采用经济成分设计的热轧 DP、TRIP、MP 等先进高强钢;③高等级冷轧汽车板原料,特别是宝钢原有两条热轧线(2050mm、1580mm 热轧)多年来未能实现的采用低温出炉高温终轧工艺生产的冷轧汽车板原料-IF 钢。设计产品的屈服强度级别高达 800 兆帕,抗拉强度级别高达 1200 兆帕。同时,响应国家绿色制造的要求,1880mm 热轧总体建设目要求"高效、低耗、多品种"。产品生产难度高,项目建设定位高,宝钢原有热轧工艺及模型技术已远远不能满足要求。

取向硅钢被称为钢铁"艺术品",生产难度极大,长期以来,只有新日铁等极少数国际钢铁巨头掌握其核心制造技术;而高牌号无取向硅钢由于可制造性差,目前国际上也只有少数几家先进企业可以生产。热轧是硅钢生产的关键工序,宝钢要在没有任何技术外援的条件下,形成满足这一产品生产的热轧工艺技术,而且还要同时考虑高温和低温两种工艺的要求,难度极高。

对于热轧高强钢,日本、德国等钢铁企业的开发进展很快,但作为 1880mm 热轧的典型产品之一的热轧先进高强钢,特别是采用经济成分设计,通过分段快冷和低温卷取工艺生产的热轧先进高强钢,只有日本等极少数钢铁企业可以生产,其技术亦严格保密。对于宝钢而言,要突破传统的热轧带钢轧后仅仅控制卷取温度转变到精确控制冷却过程,对热轧工艺和过程控制模型都要重新研发。

宝山钢铁公司通过对国内外热轧工艺技术发展趋势进行调研、分析,结合宝钢热轧多年生产经验的总结,确定 1880mm 热轧总体建设目标定位于"高效、低耗、多品种,全球最具竞争力的热轧生产线"。以新建 1880mm 热轧为契机,以满足高端产品的生产及降低消耗(特别是合金消耗、轧辊消耗)、实现热轧自由轧制为目标,以关键工艺及模型技术研究为突破口,采用科研和工程相结合的形式,开展了新建热连轧带钢工程项目的关键工艺及模型技术的研究、开发与集成[65-73]。

3.4.7.2　主要功能与核心技术

综合考虑典型产品的关键工艺需求、热轧高效低耗生产组织要求,本项目将 1880mm 热轧关键工艺及模型技术的开发与集成聚焦到如下几个方面:①满足高等级取向硅钢、高牌号无取向硅钢、IF 低温出炉高温终轧等生产要求的热连轧过程温度场控制系列化工艺技术;②满足采用经济成分设计的热轧先进高强钢(AHSS)生产要求的分段快冷与低温卷取工艺技术;③满足多品种集批生产与交叉轧制要求的热轧柔性(自由)轧制技术;④满足高强度薄规格产品生产要求的轧制稳定性控制技术;⑤适应 1880mm 热轧工艺需求的高精度模型技术。

1) 满足高等级硅钢及 IF 钢等生产要求的热轧过程温度场控制系列化工艺技术

取向硅钢和高牌号无取向硅钢这两类高端产品的制造工艺复杂,工艺窗口异常严格,可制造性很差,生产难度极高,目前国际上只有极少数几家钢铁企业可以生产。热轧是硅钢生产的关键工序,其对加热过程控制、温度均匀性、厚度、板形等都有极其苛刻的要求。

作为冷轧原料的 IF 钢,采用低温出炉高温终轧工艺生产是宝钢多年的愿望。然而,在原有两条热轧线(2050mm 热轧、1580mm 热轧)上经过多年的努力,都未能实现该工艺技术。2050mm 热轧为此进行过粗轧区域的综合改造,结果粗轧温降仍然在 180℃以上;1580mm 热轧进行过工艺制度的系统优化,结果粗轧温降仍然在 150℃以上。这样的温降无法满足 IF 钢热轧低温出炉(1100~1150℃)高温终轧(920℃)的工艺要求。

通过多年的研究并最终在 1880mm 热轧实施,形成了以板坯加热温度控制、粗轧过程温降控制、中间坯温度均匀性控制等为代表的一系列热轧过程温度场控制关键技术,突破了硅钢热轧工序的技术瓶颈,亦最终实现了 IF 钢低温出炉高温终轧工艺,使宝钢成功跻身为世界上极少数具备高等级取向硅钢和高牌号无取向硅钢生产能力的先进钢铁企业,同时提高了宝钢 IF 钢生产的工艺技术水平与产品质量。

（1）取向硅钢板坯加热温度控制技术。

取向硅钢板坯的加热温度与时间、加热温度均匀性等参数对成品硅钢的磁性能影响很大。通过烧嘴能力和烧嘴布置位置的确定、烧嘴火焰调整技术、大小流量自动切换技术、板坯定位控制技术和步进节奏控制技术的研发,形成了取向硅钢板坯加热温度控制工艺技术,满足了高等级取向硅钢板坯加热的要求。

（2）取向硅钢、IF 钢热轧低温降控制技术。

对于高温工艺生产的取向硅钢,尽管板坯加热温度接近 1400℃,但其终轧温度也很高,轧线温降控制难度很大;对于低温取向硅钢和 IF 钢低温出炉高温终轧工艺,对轧线温降要求则更为严格,从板坯出炉到轧制结束,其温降要控制在 180℃以内,几乎达到了传统热连轧机工艺与设备控制能力的极限,实现难度非常大。本项目通过粗轧设备间距设计和粗轧机组配置形式确定,集成高压力小流量除鳞技术和粗轧高速大压下技术等,在国内首次形成了满足取向硅钢、高牌号无取向硅钢、IF 钢低温出炉高温终轧生产要求的热轧低温降控制技术。通过这些技术在宝钢 1880mm 热轧的应用,粗轧区域实际温降控制到 120℃以内,远好于宝钢原有常规热轧线的控制水平。

（3）中间坯温度均匀化技术。

为满足高等级取向硅钢热轧中间带坯进入精轧机组时的纵向与横向温度均匀性的要求,在对多种工艺方案进行模拟计算分析后,在热轧线上首次设计了"中间坯加热器（BH）＋边部加热器（EH）"的控制方案,并自主研发了中间坯全长温升、阶梯温升、头尾温升等不同的加热模式,从而获得所要求的精轧入口带坯温度分布,对控制带钢全长方向的性能均匀性发挥了重要作用。

此外,通过采用边部加热器以及精轧机机组侧喷水、反冲水和机架间除鳞逆止阀控制技术的应用,进一步减小了带钢边部温降,改善了带钢边部组织结构,对减少硅钢边裂,提高 IF 钢轧制稳定性,提高硅钢和 IF 钢热轧成材率起到了关键的作用。

2）满足热轧先进高强钢（AHSS）生产要求的分段快冷与低温卷取工艺技术

为了有效利用能源、减少污染排放、保护环境,钢结构的减重节能具有重要意义。为此,汽车（包括乘用车、中/重型卡车、特种车辆）、工程机械、集装箱等行业广泛采用高强度钢材。根据上述工艺要求,为了满足热轧先进高强钢的生产要求,在 1880mm 热轧开发与集成了以下关键技术:①满足热轧先进高强钢分段快冷工艺要求的加强型层流冷却技术;②分段式层流冷却工艺及控制实现技术;③高强钢低温卷取工艺技术。

（1）满足热轧先进高强钢分段快冷工艺要求的加强型层流冷却技术。

为了实现热轧先进高强钢的前述冷却工艺要求，1880mm 热轧层流冷却系统首次在新建传统热连轧机上采用了"加强型层流冷却＋常规层流冷却＋加强型层流冷却"的布置形式。加强型层流冷却区的冷却能力是常规冷却区的两倍。通过前部加强型层流冷却集管组，使终轧后的带钢尽快冷却到中间空冷温度；通过后部加强型层流冷却集管组，使中间空冷后的带钢尽快冷却到马氏体转变温度以下。同时，为了获得足够的空冷时间，层流冷却段的长度达到了 100 米以上。

此外，为了控制带钢中间空冷温度，除了在精轧出口和卷取入口安装常规测温仪外，还在 No. 6、7 冷却集管组之间安装有 1 台中间温度测量仪，以便对带钢第一次水冷后进入中间空冷区的控制实绩进行监测。

（2）分段式层流冷却工艺及控制实现技术。

热轧先进高强钢的两段式冷却方式中需精确控制中间空冷时间，因此对精轧的轧制速度有严格要求。按照空冷时间至冷却集管组是否达到设计时间，分两种冷却形式来计算速度范围：①空冷时间达到的情况下，以空冷时间上限、下限，以及为保证中间测温环境要求的速度交集为精轧速度范围；②空冷时间在 No. 8 冷却集管组时仍达不到设计要求的情况下，还需校验第 2 段水冷的冷却能力，此时取空冷时间下限与保证中间测温环境要求的速度及第 2 段最大冷却能力速度的交集为精轧速度制定范围。

实际生产时，由于第 2 段冷却速率只有下限而没有上限要求，阀门模式可以采取全开，根据全开情况下各钢种实际能达到的冷却速率，重新计算最大轧制速度，取速度交集，此时可以拓展高强钢的轧制速度范围。

（3）高强钢低温卷取工艺技术。

带钢卷取温度越低，强度越高，弯曲成形越难。为了满足高强度带钢低温卷取的要求，除了在卷取设备配置上进行了特殊考虑外，还针对超高强钢优化了卷取工艺控制，包括助卷辊压力工艺设定、助卷辊强压控制时间、助卷辊压靠圈数以及六段式阶梯张力制度，形成了适应此类钢种生产的低温卷取工艺技术。

（4）热轧先进高强钢生产实绩。

采用上述装备、工艺及控制技术，1880mm 热轧实现了 S700MC、DP590、TRIP590、MP1200 等钢种的分段快冷工艺方式。层冷中间空冷后温度控制实绩之一例如图 3-36 所示，中间空冷温度基本能得到稳定控制。DP590 中间空冷时间实绩 2～3 秒，控制在目标值（3±1 秒）范围内；设计卷取温度小于 200℃，实际生产时温度达到 150～200℃，试制钢卷卷取温度达到了低于 200℃ 的设计要求；第二段水冷冷却速率达到了 150℃/秒以上。生产实绩表明，1880mm 热轧的层流冷却系统满足 DP、TRIP 等热轧先进（相变强化）高强钢的冷却要求。

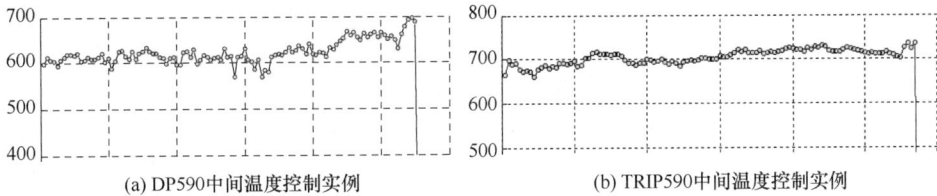

(a) DP590中间温度控制实例　　　　(b) TRIP590中间温度控制实例

图 3-36　1880mm 热轧先进高强钢中间空冷温度控制实例

在生产的热轧钢卷上取样进行金相分析表明，DP590、TRIP590、MP1200、S700MC 等钢种都获得了预期金相组织。

在钢卷上取横向、纵向拉伸试样，测试屈服强度、抗拉强度和延伸率，试制钢卷所有性能指标均满足设计要求，特别是 MP1200 的成功开发，使得宝钢热轧先进高强钢的生产技术跨入了国际先进水平。

3）适应多品种集批生产与交叉轧制的热轧自由轧制技术

在热轧带钢轧制过程中，由于轧辊磨损和轧辊热变形的固有特性，为了满足板型控制要求，在一个轧制批次（也称作"轧制计划"）中，轧制带钢的宽度要逐渐变窄，对轧制计划中的同宽长度、钢种和规格的变化都有严格要求，这样的轧制计划组织形式难以满足钢种、规格多样化、小批量化和越来越短的制造周期的要求；同时，也限制了热装轧制的节能效果。为此，要求热轧带钢生产线能以更灵活的轧制计划组织生产，即实现基于"自由轧制"技术的柔性生产组织方式。

宝钢 1880mm 热轧在生产硅钢，特别是高温取向硅钢时，要求按硅钢集批生产及与碳钢交叉轧制的方式组织生产，同时由于轧制计划单重的逐渐加大，对热轧带钢的轮廓控制提出了更高的要求。为了满足这一需求，结合宝钢 2050mm 热轧先期研究结果和大量的模拟计算分析，首次提出利用 1880mm 热轧精轧机组后部三个机架长行程窜辊与在线磨辊相结合的热轧带钢轮廓控制方法，并建立了相应的轮廓控制模型；首次开发并形成了兼顾带钢轮廓控制与轧制稳定性控制的长行程窜辊策略技术；首次研发出基于遗传算法和工艺规则的窜辊优化方法、工作辊优化窜辊与在线磨辊相结合的应用技术。

为了适应 1880mm 热轧集批生产与交叉轧制的自由轧制技术要求，以带钢轮廓控制为目标，在 1880mm 开发与集成了以下关键技术：①满足带钢板型与断面形状联合控制要求的精轧机组工艺装备配置；②兼顾带钢轮廓控制与轧制稳定性控制的长行程最优窜辊策略技术；③考虑工作辊窜辊因素的在线磨辊使用技术；④高速钢轧辊及轧制工艺润滑使用技术。

（1）满足带钢板型与断面形状联合控制要求的精轧机组工艺装备配置。

实现多品种交叉轧制和同宽集批轧制的关键在于带钢板型与断面形状的联合控制，为此，在分析、总结宝钢 2050mm、1580mm 热轧多年来板型与断面形状控制实践经验,1580mm 热轧镀锡板、硅钢等产品同宽轧制控制实绩的基础上,结合热轧工艺装备技术进展情况,针对 1880mm 热轧特定的设备设计商,在热连轧精轧机组上提出并实施了带钢板型与断面形状的联合控制集成解决方案。

为了突破原有轧制计划编制规程的限制,实现大幅度提高同宽轧制长度,具备由窄到宽的稳定轧制能力,允许钢种和规格实现较大幅度跳跃的自由程序轧制,1880mm 热轧在上述工艺装备配置的基础上,进一步开展了最优窜辊策略控制技术、ORP 轧辊轮廓控制技术、高速钢轧辊及轧制工艺润滑使用技术等有关自由轧制关键工艺控制技术的研究、开发与集成。

(2) 兼顾带钢轮廓控制与轧制稳定性控制的长行程最优窜辊策略技术。

随着用户对热轧带钢几何尺寸精度要求越来越高,现在对于带钢几何尺寸精度的要求不仅仅在于厚度、宽度、平直度和凸度,更加注重带钢断面形状。然而,在热轧带钢精轧轧制过程中,由于带钢边部温度相对较低,以及带钢横向流动和带钢边部形状等的影响,造成带钢边部对轧辊造成的磨损大于中部,形成所谓的边部局部磨损。特别是在同宽轧制时,随着轧制公里数的延长,对应于带钢边部区域的轧辊磨损相对于带钢中部越来越大,结果造成轧辊边部出现严重的局部磨损低点,反映到带钢上就形成断面反翘或局部高点,造成带钢断面形状恶化。这既影响了同宽轧制公里数以及整个轧制计划的延长,亦严重影响了硅钢等产品的质量。此外,轧辊热膨胀亦会对带钢断面形状造成同样的影响。

获得良好的热轧带钢断面形状(也称之为“轮廓形状”),特别是在同宽轧制、宽度反跳以及延长轧制公里数的同时仍能获得良好的带钢断面形状,一直是热轧带钢生产领域的难题。1880mm 热轧为了解决这一难题,首次在精轧 F5-F7 机架同时配备有工作辊长行程窜辊系统和在线磨辊系统。通过工作辊窜辊可以均匀轧辊磨损和分散轧辊热膨胀,最终改善热轧带钢断面形状。

1880mm 热轧板型控制系统中的轮廓控制模型初始设计采用的是简单的长行程周期窜辊模式,热负荷试车一段时间后发现,这种窜辊模式不能满足不同钢种规格、不同计划类型,以及轧制稳定性控制的需要。从有利于保证带钢轮廓形状的角度考虑,应尽可能发挥窜辊行程,在设备能力±200 毫米内移动;但随着轧制公里数的延长,对应于带钢边部两侧轧辊不均匀磨损加剧,造成轧制制稳定性降低。若上下辊磨损情况相同,此状况可缓解,但由于实际上上下辊磨损状况不同,此现象不可避免。因此,从有利于轧制稳定性角度考虑,在轧制计划的中后期应逐渐减小窜动行程。

通过模拟计算分析不同步长与窜辊模式对带钢两侧边部对轧辊造成的绝对磨损量、磨损量偏差、等效磨损的影响,1880mm 热轧研究、开发并实施了具有自主知识产权的最优窜辊策略。

（3）考虑工作辊窜辊因素的在线磨辊（ORP）使用技术。

在一个轧辊轧制周期内，随着轧制公里数的增加，由于窜辊对轧辊中部区域的磨损没有改善作用，轧辊中部区域的磨损量会越来越大，轧辊磨损边缘变得越来越陡，造成热轧带钢的边缘降越来越大。另外，随着轧辊中部区域磨损越来越大，热轧带钢凸度的控制难度会越来越大；当带钢出现宽度反跳或窜辊窜动量大时，两侧辊缝远小于中部辊缝，带钢边部的压延会明显大于带钢中部区域，造成较大的双边浪。

为了降低热轧带钢的边缘降、提高带钢凸度和平直度的控制能力，通过使用结合窜辊的 ORP 磨削策略，采用段差磨削和全面磨削相结合的磨削方法，重点磨削轧辊边部区域，以减小轧辊边部区域的斜率和轧辊中部区域的等效凸度；同时，周期性的全面磨削可起到光滑轧辊轮廓的作用。

通过对 ORP 的使用和控制技术的分析、改进，1880mm 热轧形成了以下 ORP 使用与控制技术：①与窜辊相结合的 ORP 磨削定位技术；②考虑周期窜辊和轧制稳定性的 ORP 磨削方法；③ORP 磨削精度提高技术；④防止 ORP 振痕和走刀痕的控制技术；⑤段差磨削与全面磨削相结合的轧辊磨削方法；⑥可用磨削时间校正技术；⑦磨削中断处理技术。

（4）高速钢轧辊及轧制工艺润滑使用技术。

1880mm 热轧从热负荷试车开始，精轧前部机架工作辊就同时使用了高速钢辊与高 Cr 辊。为了适应高速钢工作辊的使用，宝钢提出了轧辊冷却水配置的特殊要求，包括轧辊冷却水压力、各机架流量、机架入/出口流量分配、流量沿辊身长度的分布等关键工艺参数。在 L2 及板型控制系统中，同时考虑了高速钢轧辊和高 Cr 辊热膨胀特性的不同，建立了不同的模型参数。从而使得 1880mm 热轧在生产准备期间精轧前部机架工作辊就可以按高速钢辊和高 Cr 辊各一半的方式准备，投产后很快就适应并几乎全部过渡到高速钢辊，大大缩短了高速钢辊的过渡期。由于其优良的耐磨性，高速钢辊的使用不仅有助于降低辊耗，亦有助于自由轧制技术的实施。

1880mm 热轧轧制油系统油水混合点设置在轧机传动侧，距离喷嘴非常近，从而提高了轧制油的乳化效果，对轧制油使用效果的体现起到了重要作用。通过独立调整各机架油的流量来调整各机架油水比。各机架油的流量可以通过 L1 系统和 L2 系统来进行调整。由于 L1 系统固定了各机架的流量，且不能做到随不同钢种动态变化，所以适应性不是很强，需要操作人员频繁调整；而 L2 系统通过规程表对不同钢种给定合适的轧制油流量，提高了轧制油系统的使用效果，减小了由于流量设定不当对轧制稳定性的造成的影响。

通过对轧制工艺润滑液喷嘴型号（基于 Everloy nozzle）、润滑液油水比例、机旁水压等进行了大量的试验分析、调整后，逐步确定了相关参数，轧制工艺润滑的效果最终得以明显体现出来，如图 3-37 所示，F3、F4 机架使用轧制工艺润滑后，轧制力可以降低 17% 以上，接近 20%。

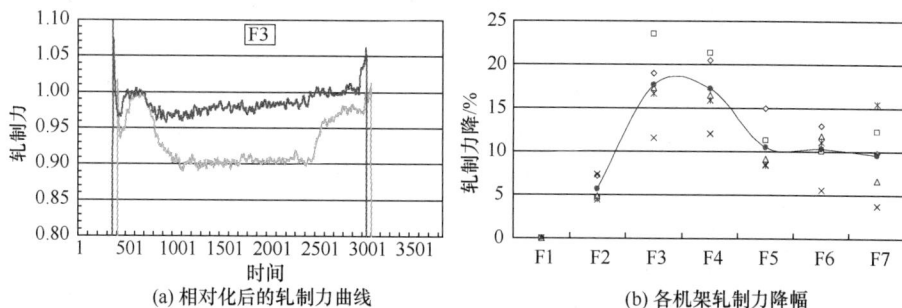

(a) 相对化后的轧制力曲线　　　　　　(b) 各机架轧制力降幅

图 3-37　1880mm 热轧轧制工艺润滑使用效果在轧制力降方面的体现

通过上述自由轧制相关技术的研发，宝钢 1880mm 热轧在自由轧制技术方面取得了突破性进展，实现了硅钢集批生产、硅钢与碳钢交叉轧制和板坯冷热分装交叉轧制等多种灵活的生产组织方式，实现了柔性制造。硅钢与碳钢交叉轧制的总长度已达到 120 公里，交叉轧制时宽度的反跳量达到 350 毫米；集批同宽轧制长度达到 70 公里。此外，由于同宽轧制长度的大幅延长以及宽度大幅反跳的实现，放宽了对轧制计划编制的限制，轧制批次单重从常规平均 1400 吨提高到平均 1800 吨，辊耗降低到 0.3 千克/吨，其体现自由轧制技术水平的同宽轧制长度与宽度反跳等指标达到了国际先进水平。

4) 适应高强度薄规格产品生产的轧制稳定性控制技术

热轧带钢生产过程中，影响轧制稳定的因素非常复杂，除模型设定精度外，板坯粗轧过程中的翘扣头控制、板坯咬入时的打滑控制、带坯跑偏控制等，带钢精轧过程中的穿带稳定性控制、活套控制、轧制线高度调整以及抛钢稳定性控制等属于热轧带钢的轧制稳定性范畴。

为了适应 1880mm 热轧薄规格高强度产品轧制稳定性的控制要求，对下述关键技术进行了开发与集成：①粗轧轧机打滑控制技术；②粗轧（R2）下工作辊辊面标高动态设定与调整技术；③粗轧轧制中间坯纠偏与镰刀弯控制技术；④精轧轧制线高度自动调整技术。

（1）粗轧轧机打滑控制技术。

为了适应低温降控制的要求，1880mm 热轧粗轧机组采用了高速大压下技术。在粗轧高速大压下情况下，板坯咬入时打滑更容易发生。1880mm 热轧粗轧 R2 轧机在工作辊换辊后轧制了 4000~7000 吨左右板坯后，在 R2 压下量较大时，经常会发生带钢头部咬入打滑，严重时导致带坯撞坏设备，引起废钢，同时也会对主传动系统造成不利影响。为了解决粗轧高速大压下情况下的打滑问题，1880mm 热轧通过优化粗轧压下负荷分配，调整除鳞制度，增加轧辊的摩擦系数,减少 R2 电机负荷平衡调节量,增加 R2 下工作辊辊面标高修正功能等来减轻打滑程度。

（2）粗轧（R2）下工作辊辊面标高动态设定与调整技术。

传统热轧粗轧机轧制线高度调整主要是换支撑辊后通过调整轴承座下垫片的高度来保证轧制线高度的,调整过程比较麻烦,且轧制线高度不能随着支撑辊换辊周期内工作辊辊径变化而始终保持一定的高度。1880mm 热轧 R2 首次采用了液压推上与机械压下相结合的压下控制方式,利用液压推上功能,开发了轧制线高度动态设定与调整功能,可以根据不同的工作辊和支撑辊辊径自动对轧制线高度进行调整,也可以随着粗轧各道次压下量的不同进行调整,使轧制线高度始终保持在有利于板坯咬入,从而防止翘扣头的高度值。

（3）粗轧轧制中间坯纠偏和镰刀弯控制技术。

热轧过程中,经过粗轧机每个道次轧制后的中间坯出现水平方向弯曲的现象,通常称为镰刀弯。产生镰刀弯的中间坯在进入精轧机后会造成机架间跑偏而影响精轧机的稳定轧制,严重时造成跑偏废钢。1880mm 热轧除了通过常规的温度调节技术以及辊缝偏差调节技术以外,还采用了强力侧导板压力控制技术,纠正带钢在粗轧轧制过程中的水平弯曲,防止中间坯镰刀弯的产生。其基本控制原理是:如果中间坯产生一定程度的镰刀弯,则采用侧导板对中间坯进行水平方向上变形约束,即在水平方向上施加一个矫正的力来抑制镰刀弯,如果中间坯没有产生镰刀或者镰刀弯小于某个程度,则侧导板仅起导向的作用。

（4）精轧机组轧制线高度自动调整技术。

精轧机组轧制线高度也是影响轧制稳定性的显著因素之一,目前轧机因配辊的限制且缺少比较灵活有效的辊面高度调整手段,不能有效避免各机架辊面高度落差。为了适应精轧机组轧制线高度的自动调整,1880mm 热轧配置了下阶梯垫板,主要的控制思想是在一个支撑辊换辊周期内,在工作辊更换时,根据不同工作辊辊径调整下支撑辊下的轧线调高装置的级数,使 F1-F7 机架下辊面高度能够实现辊面水平型或带钢水平型等控制目标,保证辊面高度在一个小的范围内变化,以提高轧制稳定性。

为了确保穿带的稳定,1880mm 热轧导板高度也是自动可调的,换辊后控制系统根据辊径的大小以及规定的导板与轧辊辊面之间的高度差进行自动设定导板高度,以保证轧制线高度的稳定。

5）支撑热连轧高端产品的过程控制成套模型技术

模型是贯彻工艺思想、实施设备控制、保证产品质量、稳定生产的关键技术。国际上热轧过程模型技术基本掌握在少数几家知名电气制造商手中,如德国西门子、日本 TMEIC 等公司。国内大型热轧产线模型大都依赖进口,而进口的模型大都为"黑匣子";国内部分自主开发的热轧过程控制系统所采用的模型技术,从模型的架构设计到实现,还难以摆脱早期国外模型框架的影子,国内自主集成产线的产品生产指标同世界先进水平相比尚存在一定的差距。随着热轧产品、设备和工艺技术的进步,对热轧模型提出更高的要求,常规高度依赖参数自适应的粗放型模型难以满足。为此根据产品特性、工艺特征、设备控制特点研发了精细化模型成套技术。

(1) 基于热轧产品特性的模型设计技术。

热轧钢种层别主要为过程机各种模型和工艺的分类参数提供索引代码,这些参数包括:模型参数、模型自适应遗传系数、工艺参数和模型自适应缺省值等,合理的层别设计是整个热轧模型和工艺的基础。1880 三热轧主要钢种包括:碳素结构钢等宝钢传统产品,更包括宝钢新的战略产品高牌号无取向硅钢、高磁感取向硅钢和热轧 DP/MP/TRIP 等高强钢。过程控制模型必须综合考虑这些产品的特点,并满足将来各种新产品和新工艺拓展需求。为此,项目通过测试、分析、归纳不同产品的特性,首次提出了结合成分体系和工艺制度的产品分类方法。1880 三热轧钢种层别分为三级:产品大类层别 113 种,各大类层别下建立 4 种小类层别,最后一级层别为出钢记号。产品大类层别中的碳钢、合金钢根据化学成分区分,IF 钢、硅钢和高强钢根据特设的出钢记号区分;产品小分类层别中的碳钢和合金钢按碳当量进行分类,其他钢种按出钢记号指定。

物性参数是保证热轧产品内部质量和尺寸控制精度的基础数据,但目前国内对于材料高温物性参数的测定存在一系列的难点和问题,测试费用高、测试精度难以保证。项目结合材料高温物性理论,对材料高温下的比热、热膨胀、热传导、比重等物性规律进行了研究,在三热轧产品层别大类的基础上对钢种从新分类和测试数据修正,最终确定了 22 类材料的物性参数,全部种物性参数在三热轧中过程机和各种测量仪表中统一使用,三热轧良好的生产技术指标验证了这些物性参数的合理性。

另外项目针对 1880 中的取向硅钢和热轧高强钢等新产品,开发一系列特殊模型。在加热炉区域针对硅钢生产开发硅钢在炉时间预测、左右控制等特殊控制功能。轧制区根据硅钢交叉轧制生产的特殊模式,开发相关自适应模型学习算法;针对硅钢温度特殊性,从带钢内部的物性参数到带钢外部边界条件进行了一系列的细化工作;针对高强钢硬度较大的特点,在新产品首次轧制前,开发一套方法,利用已有生产数据和实验室测试数据确定轧制力等模型初始参数,确保了产品试轧成功。

(2) 热轧加热炉成套模型技术。

在 1880 热轧建设中,无法通过外方获得"取向硅钢高温加热炉和全蓄热加热炉过程模型控制技术",通过该项目研发了"取向硅钢高温加热炉和全蓄热加热炉全套控制模型",形成了宝钢自主知识产权的加热炉模型成套技术。1880 热轧加热炉模型精度在±10℃以内,自动投入率 90% 以上,达到较高的水平。1880 热轧加热炉模型具有以下特色技术。

① 跟踪预报模型一体化技术:现有加热炉模型中板坯温度跟踪和预报模型一般采用两套模型,目的是减少计算量,这必然导致两套模型参数,使得设计和维护复杂、同时两套模型容易参数失配,精度降低。该项目采用独特的"跟踪预报模型一体化技术",让跟踪和预报采用相同的模型结构,并通过合理设计优化算法,解决了这些相互矛盾的问题。

② 多模式加热控制技术:加热炉控制段分为预热段、一加热段、二加热段、均热段,而计划只提供出炉目标温度,如何动态生成各段的目标温度,一直没有得到很好的解决,该项目提出一种优化的各段目标温度动态生成方法,在此基础上,实现了多模式的加热控制技术。该技术可以根据工艺的要求,可以按照各段的段末目标控制、可以按照二加段末进行控制、也可以按照均热段目标控制,多种控制模型形成控制矩阵代码,通过代码的组合,对不同的钢种可以形成最优控制策略。

③ 开闭环相结合的休止控制技术:除了正常的燃烧控制,加热炉模型必须提供休止控制。不管是完全采用模型还是完全专家规则的方法,都有一定问题,前者对于长的休止时间和板坯温度高于段末温度时,无法有效控制炉温,后者休止规则复杂,效果不佳。本项目针对这些情况,通过状态判断,对特殊情况,利用规则进行开环控制;对于正常情况,利用模型进行闭环控制。

④ 温度模型容错控制技术:热轧生产要求加热炉温度模型要安全可靠,以往的模型技术缺乏有效的应对方法,一旦出现故障,就要花费很长时间来恢复。本项目设计了温度模型容错控制技术,在一定程度上,克服这一难题。该技术要点有二:一是热电偶容错技术,由于要实现左右炉温控制,必须利用所有的热电偶来拟合炉宽方向的温度场,所以热电偶的状态直接影响温度计算,本技术把 L1 和 L2 的信息结合起来,实时把握热电偶的状态,通过特定的方法,防止由于热电偶故障导致温度计算出现大的偏差;二是防止温度模型关闭引起的温度计算异常,该方法通过加热炉板坯位置、在炉时间、炉气温度等信息,在温度模型启动时自动判断状态是否正常,如果异常,将自动定位故障点,并修复故障期间的板坯温度。

⑤ 基于埋偶实验的辐射系数确定方法:利用板坯在加热炉炉内的位置数据、加热炉内热电偶的实际数据和埋入板坯的热电偶实际测量数据,分别建立热流量模型,炉气温度模型以及综合辐射系数模型,来计算确定加热炉各个位置的综合辐射系数。该技术结合埋偶实验的实际数据,采用独特的反问题求解方法,确定了板坯在加热炉内各个位置的综合辐射系数,并应用优化在线模型系数。

⑥ 加热炉主从控制比例系数确定方法:提供一种热轧加热炉主从控制比例系数的确定方法,利用热平衡的原理,预报在一段时间内加热炉控制段所需要的上下燃料流量,并结合实际的上下流量累计值确定主从控制比例系数。该方法可以快

速准确地预报加热炉控制段上下燃料的比例关系,为加热炉的主从控制提供上下燃料的比例系数,更好地满足板坯加热质量、轧线节奏的要求,并节约能源,从而克服了目前靠人工经验设定的缺陷。

⑦ 新的剩余在炉时间预报模型:板坯剩余在炉时间预测的精度直接影响到板坯温度预测模型的精度,是影响加热炉烧钢过程中的炉温以及板坯的温度控制的重要因素之一。新的板坯剩余在炉时间模型中将四个加热炉看成一个整体统筹考虑加热炉系统的抽钢节奏,再将系统的抽钢节奏对应到同一炉内的板坯出炉间隔。通过对加热炉系统出炉间隔的预测,可以预先知道在正常生产的情况下出炉节奏的变化,避免了在板坯变规格时由于轧制节奏的变化引起出炉间隔的变化而导致的在炉时间计算的不稳定,从而提高板坯剩余在炉时间计算的精度。

(3)满足高精度轧制过程控制需求的精细化轧制模型。

轧制区域是热轧生产最重要的生产工艺段,产品的尺寸精度、性能主要由轧线决定。热轧产品的尺寸精度主要包括宽度、厚度和板形指标,终轧温度对应热轧产品内部性能非常重要。本项目通过采用一系列高精度的模型新技术,使 1880 热轧宽度、厚度和终轧温度等方面产品质量取得显著进步。

① 精轧自然宽展及拉窄综合预测新模型:热轧只有粗轧机的立辊才具有宽度压下的功能,因此准确预测带钢精轧宽度变化对于控制带钢最终成品宽度非常重要。项目开发一种新的精轧自然宽展预测模型,该模型主要由短时模型和长时模型两部分组成。短时模型用于在线快速跟踪短时间内精轧宽度的变化情况,其特点是对带钢在精轧区域的宽度变化具有快速的跟踪能力;长时模型同短时模型相比模型结构有所区别,另外模型的参数按照带钢质量等级分类,并有长时模型的修正,其主要用于跟踪带钢最基本的宽度变化。

② 轧制力相关模型技术:轧制力是热轧关键的模型,其预测精度对于保证头部厚度精度和轧制稳定性有至关重要。项目提出一种新的热轧过程力能参数的综合状态系数法,使得新的轧制力和轧制力矩模型避开应力状态影响系数和力臂系数的计算,新系数仅含压下率、压扁半径与出口厚度比两个影响因子,公式形式简洁,物理意义明显;同时在变形抗力计算模型中归纳化学成分对变形抗力的影响规律,同时考虑张力等因素对变形抗力的影响。新的轧制力模型显著提高了轧制力、轧制力矩的预测精度。

③ 辊缝轧制力模型的自适应学习策略:通常的精轧设定模型自适应学习方法是:用"同时点"弹跳厚度与流量厚度之差修正辊缝模型,用"同一点"弹跳厚度进行轧制力后计算;有的热轧生产线甚至不区分同一点与同时点实测数据的差别。针对以上问题,项目提出:将辊缝、轧制力两个模型的学习过程联系起来,采用"同时点"弹跳厚度与流量厚度之差修正辊缝模型,同时又用这个厚度差去修正"同一点"弹跳厚度,用修正后的"同一点"弹跳厚度进行轧制力模型的自学习。本技术改善

了轧制力、辊缝等模型的自适应能力,从而提高模型的设定精度,实现对带钢厚度的优化控制。

④ 基于组合预测的前滑率模型:前滑率模型对穿带过程的轧制稳定性起着至关重要的作用,热轧前滑率计算具有难测量实际值、影响因素复杂等特点,通常的 SIMS 前滑率模型可以满足一般的生产要求,但容易使得穿带过程中机架间的张力偏大,引起头部宽度拉窄,不利于产品指标。针对 1880 超严的产品指标要求,在分析 SIMS 理论模型优缺点的基础上,建立一个新的有利于提高产品质量的实验模型。为同时提升产品的轧制稳定性和尺寸精度,提出使用组合预测前滑率的思路。组合模型投运后,轧制稳定性、宽度指标均稳步提升,验证了模型的精度。

⑤ 温度相关模型:热轧生产中温度是一个极为重要的工艺参数,准确地预报各个环节的温度变化是实现热连轧机计算机控制的重要前提。热轧温度模型包括各道次除鳞冷却及轧辊水冷、空冷、轧制变形区的变形热和与轧辊接触热损等。传统热轧生产中使用的温度模型除了层流冷却外基本是一种平均温度计算模型,这种模型无法计算厚带钢的内部温度分布。1880 三热轧热轧温度从加热炉开始到层冷,全部采用在线一维分布式差分模型。温度模型参数方面的关键主要包括材料的物性参数和边界热交条件。三热轧物性参数根据不同钢种划分,模型边界条件根据钢种、不同设备进行细化。

⑥ 辊缝计算模型:辊缝设定是轧制过程设定中最重要的设定量,辊缝模型计算需要考虑带钢的出口厚度、轧制力对弹跳的影响、工作辊及支承辊的热膨胀与磨损、油膜轴承对辊缝的影响以及根据实际的流量厚度计算辊缝修正量。

(4) 满足热轧先进高强钢生产需求的高精度层流冷却控制模型。

层流冷却模型控制系统通过对冷却过程的控制改善带钢的组织形态,卷取温度是层冷重要的技术指标。"以水代金"是最新的热轧生产工艺,其核心思想是通过精确控制带钢冷却过程,实现材料金相组织的控制,获得优良的组织性能,取代了常规的通过添加合金实现这一目标的方法。为此国内首次开发层流冷却差分温度模型、相变计算模型、超低温条件下水冷换热系数计算模型,开发二段式冷却控制、冷却速率控制、密集冷却控制等新模式,保证产品的卷取温度控制精度。

① 层流冷却全过程差分计算模型:传统计算温降的指数模型的前提条件是带钢无内热源,在冷却过程中物性参数和表面换热系数均为常数,而实际上带钢的物性参数是随温度变化的,同时在超低温条件下带钢的表面换热是非线性剧烈变化的,再加上带钢内部存在等温相变,相当于有内热源。因此,传统的指数模型已经不适用于最新的热轧产线。本项目提出了基于一维差分的分布式温度模型,模型的物性参数分钢种进行了细化、优化,对表面换热系数和等温相变进行了在线计算,从而实现了层流冷却全过程的差分计算,满足了相变高强钢、硅钢等特殊钢种

的需要。

②冷却速率分段控制技术：冷却速率分段控制技术主要用于生产热轧高强钢，通过控制带钢的冷却过程控制带钢内部组织的相变过程，从而达到以水代金的效果。宝钢1880三热轧开发了冷却速率分段控制技术，实现了带钢多段冷却速度控制，从而满足DP、TRIP等相变高强钢种的生产要求。冷却速率分段控制技术如图3-38所示，其基本功能包括：冷却策略、预设定计算、动态前馈控制、动态反馈控制、冷却后计算等。

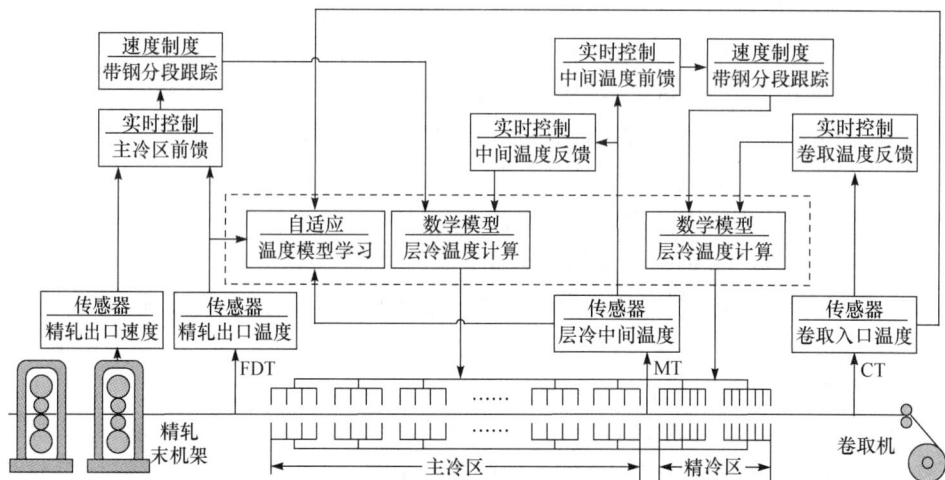

图 3-38　层冷区的温度模型及控制图

③等温相变百分比在线计算模型：为提高相变高强钢在层流冷却区的中间温度控制精度，需要在线计算等温相变百分比。本项目提出一种实用的 Avrami 方程计算方法，将方程进行了对数化处理，在等温转变曲线(TTT 图)任取两点，通过联立方程就可以得到相关参数。该方法简单实用，有较高的计算精度，可以在一定程度上提高中间温度控制精度，改善相变高强钢的热力学性能。产品控制精度指标对比见表3-10。

表 3-10　产品控制精度指标对比

机组	厚度(±50 微米)	终轧温度(±20℃)	卷取温度(±20℃)
宝钢 2050	99.68%	97.33%	98.04%
宝钢 1880	99.54%	98.89%	97.16%
中钢 1#	99.33%	86.77%	95.81%
中钢 2#	99.53%	92.52%	96.77%
浦项 2#	98.99%	—	94.20%
光阳 1#	99.62%	—	94.46%

3.4.7.3 实施效果与经济效益

通过本项目的实施,宝钢实现了由一贯制工艺技术管理向一贯制工艺技术生成的转变;实现了过程控制计算机系统及模型的自主开发与集成。这些突破性的进展打破了国外技术垄断与封锁,有力地支撑了1880mm热轧建设目标的实现,确保了高等级取向硅钢以及当今国际上最高强度级别之一的热轧高强钢MP1200产品的生产,轧辊等消耗指标亦达到国际先进水平,产生了巨大的经济效益和社会效益。具体体现如下。

(1) 有力地支撑了1880mm热轧在6个月的热负荷试车期间顺利完成了设计产品大纲的一贯制验证,热负荷试车第6个月实现月达产(超过32万吨),创造了同类生产线品种规格拓展最快、达产时间最快的纪录。

(2) 满足了取向硅钢热轧工序技术要求,有力地支撑了宝钢取向硅钢产品,特别是目前国内外只有极少数几家钢厂可生产的高等级取向硅钢等产品的开发,为宝钢跻身于低成本高等级取向硅钢产品制造商的行列奠定了基础。

(3) 实现了目前国内外只有少数几家钢厂所拥有的、采用经济型C-Si-Mn成分设计和分段冷却工艺生产的热轧先进高强钢(如热轧双相钢DP590、相变诱导塑性钢TRIP590、多项钢MP1200等)的生产,使得宝钢热轧先进高强钢的生产达到了世界先进水平。

(4) 实现了热轧轧辊消耗(简称"辊耗")的进一步降低。1880mm热轧在投产后第5个月辊耗即降低到0.4千克/吨以下,优于宝钢原有2050mm和1580mm热轧当时水平,投产后不到一年即达到0.34千克/吨,达到了国际先进水平。

(5) 首次采用了精轧后部机架(F5-F7)大行程窜辊(±200毫米)与在线磨辊相结合的带钢轮廓控制技术,建立了相应的轮廓控制模型,实现了硅钢集批生产、硅钢与碳钢交叉轧制和板坯冷热分装交叉轧制等多种灵活的生产组织方式。目前硅钢与碳钢交叉轧制的总长度已达到120公里,交叉轧制时宽度的反跳量达到350毫米;集批同宽轧制长度达到70公里。其体现自由轧制技术水平的同宽轧制长度与宽度反跳等指标达到了国际先进水平。此外,由于同宽轧制长度的大幅延长以及宽度大幅反跳的实现,放宽了对轧制计划编制的限制,轧制批次单重从常规平均1400吨提高到平均1800吨,使得轧辊消耗进一步降低,2009年9、12月辊耗进一步下降到0.3千克/吨以内。

(6) 首次在新建热轧带钢工程项目上实现了模型及过程控制系统的开发与集成,并系统策划了精细化的模型功能设计,在国际上首次以通用的互联网通信引擎平台(ICE)为基础构建了新一代热轧过程控制模型架构,实现了全线一体化温度、轧制力与辊缝的高精度设定计算,实现了热轧过程控制模型开发技术的跨越。表征模型水平的厚度、宽度、终轧温度、卷取温度等指标达到了同类生产线的国际先进水平。

2007～2009 年三年来，1880mm 热轧商品材及供冷轧工序产品新增利税 123876.12 万元，增收节支总额 10491.58 万元，累计创造直接经济效益 134367.7 万元。其中，通过在 1880mm 热轧实现自由轧制等柔性生产组织方式，减少换辊次数，降低轧辊消耗，宝钢 1880mm 热轧投产前三年与 1580 热轧投产前三年的辊耗数据同年度对比有了大幅下降，分别从 1.1、0.8、0.7 千克/吨降为 0.4、0.339、0.34 千克/吨，产生效益 4726.77 万元；通过开发出高精度的过程控制模型，宝钢 1880 热轧投产前三年在表征产品综合质量水平的成材率与 1580 热轧投产前三年同年度相比较有大幅的提升，分别提高 1.92%、0.42% 和 0.43%，产生效益 5764.81 万元。

3.4.8　冷轧板形多目标协调优化控制系统

3.4.8.1　项目概述

冷轧技术是轧钢领域技术要求最高的环节之一，而冷轧板形控制技术是冷轧技术领域中最复杂的技术。随着用户对冷轧产品质量要求的提高，国内主要冷轧生产厂均在冷轧生产线上使用板形控制技术与控制系统。全世界只有日本三菱、日立，德国西门子，瑞典 ABB 等极少数著名跨国公司可以提供冷轧板形控制技术与控制系统。因此，国内能够自主研发冷轧板形控制技术与控制系统将对我国冶金行业技术进步起到重要推进作用。

东北大学和鞍山钢铁公司自主研发出基于模型自适应和影响效率函数相结合的多目标冷轧机板形闭环控制系统方法[74-89]。该系统适用于冷连轧、单机架冷轧生产的在线高精度板形控制，实现了我国冷轧机板形控制系统核心技术的突破。①首次提出基于板形控制执行器影响效率函数与在线模型自适应相结合的板形闭环控制方法，实现轧辊倾斜、弯辊、横移和分段冷却等板形控制执行器的多目标优化协调控制。②自主研发板形控制优化模型：建立基于工艺优化和多种板形影响因素修正补偿的板形目标设定模型，使板形控制精度大幅度提高；提出包角补偿计算模型，实现板形辊在变包角条件下，系统的精确控制；开发径向力修正计算模型，提高了板形控制系统的抗干扰能力。

3.4.8.2　主要功能与关键技术

1）板形控制策略

现代高技术带钢冷轧机通常具备多种板形调节手段，如压下倾斜、弯辊、横移等。实际应用中，需要综合运用各种板形调节手段，通过调节效果的相互配合达到消除偏差的目的。因此，板形控制的前提是对各种板形调节手段性能的正确认识。随着工程计算及测试手段的进步，利用调控功效函数描述轧机性能成为可能。调控功效作为闭环板形控制系统的基础,是板形调节机构对板形影响规律的量化描述。由于各板形调节机构对板形的影响很复杂,且它们之间互相影响,很难通过传统的辊系弹性变形理论以及轧件三维变形理论来精确的求解各板形调节机构的调控功效系数。在实际轧制过程中,调控功效系数还受许多轧制参数的影响,如带钢宽度、轧制力等,不同规格的带钢对应不同的中间辊横移调控功效,因而轧机实验和离线模型计算的计算值并不能满足实际生产中板形控制的要求。在鞍钢 1250 单机架六辊可逆冷轧机的板形控制系统改造中,使用在线自学习模型来获得板形调节机构的调控功效系数,并将其应用于闭环板形控制系统中,具有较高的板形控制精度。

1250 单机架可逆冷轧机的板形控制系统采用的是板形闭环反馈控制结合轧制力前馈控制的策略。板形调节机构有工作辊弯辊、中间辊正弯辊、中间辊横移、轧辊倾斜。轧制力前馈控制用来补偿轧制力波动引起的辊缝形状的变化。冷轧机板形控制系统原理图如图 3-39 所示。

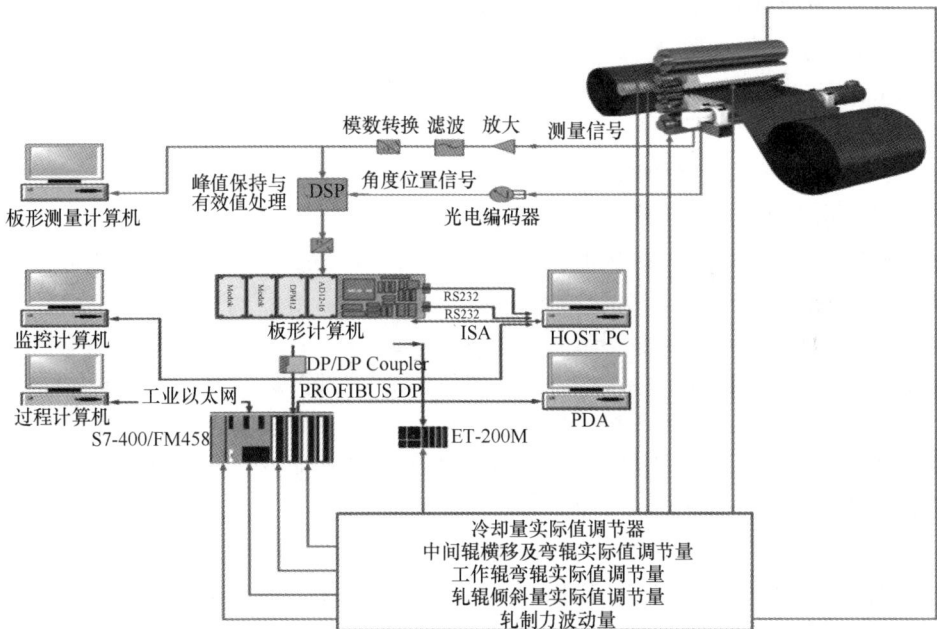

图 3-39 冷轧机板形控制系统原理图

对于 1250 单机架冷轧机而言,板宽方向板形测量点有 20 个,板形调节机构有 4 个,分别是工作辊弯辊、中间辊正弯辊、中间辊横移、轧辊倾斜。轧制力波动对板形的影响也通过调控功效来表达。

板形闭环反馈控制采用的计算模型是基于最小二乘评价函数的板形控制策

略。它以板形调控功效为基础。使用各板形调节机构的调控功效系数及板形辊各测量段实测板形值,运用线性最小二乘原理建立板形控制效果评价函数,求解各板形调节机构的最优调节量。

获得各板形调节机构的板形调控功效系数之后,板形控制系统按照接力方式计算各个板形调节机构的调节量。首先根据板形偏差计算出轧辊的倾斜量,然后从板形偏差中减去轧辊倾斜所调节的板形偏差,再从剩余的板形偏差中计算工作辊的弯辊量,按照这种接力方式依次计算出中间辊正弯辊量、中间辊横移量。最后残余的板形偏差由分段冷却消除。调节机构的执行顺序会影响板形控制效果,需要按照各调节机构的特性以及设备状况制定执行顺序。各板形调节机构之间具有替代模式,当计算出的某个调节机构的调节量超限时,则使用另外一个调节机构来完成超限部分调节量。

轧制力前馈控制主要是用来补偿轧制力波动引起的辊缝形状的变化。和闭环反馈板形控制策略相同,轧制力前馈计算模型也是以板形调控功效为基础,基于最小二乘评价函数的板形控制策略。为了抵消轧制力波动对带钢板形的影响,用于补偿轧制力波动的板形调节机构要与轧制力具有相似的板形调控功效系数,一般选取工作辊弯辊和中间辊弯辊。当工作辊弯辊达到极限时,再使用中间辊弯辊进行补偿。

2) 板形调控功效系数的自学习模型

(1) 板形调控功效系数的定义。

板形调控功效是在一种板形控制技术的单位调节量作用下,轧机承载辊缝形状沿带钢宽度上各处的变化量,可表示为

$$\text{Eff}_{ij} = \Delta Y_i \cdot (1. / \Delta U_j)$$

式中,Eff_{ij} 为板形调控功效系数,它是一个 $m \times n$ 的矩阵,m 和 n 分别为板宽方向上测量点的数目和板形调节机构数目,其中 i 为板宽方向上的测量点序号,j 为板形调节机构序号;ΔY_i 为当第 j 个板形调节机构调节量为 ΔU_j 时,板宽方向第 i 个测量点处带钢板形变化量;$1. / \Delta U_j$ 表示 1 点除 ΔU_j。

对于 1250 单机架冷轧机而言,板宽方向板形测量点有 20 个,板形调节机构有 4 个,分别是工作辊弯辊、中间辊正弯辊、中间辊横移、轧辊倾斜。轧制力波动对板形的影响也通过调控功效来表达,因此板形调控功效系数矩阵大小为 20×5,即

$$\text{Eff} = \Delta Y \cdot (1. / \Delta U) = \begin{bmatrix} \Delta y_1 \\ \Delta y_2 \\ \vdots \\ \Delta y_{20} \end{bmatrix} \cdot \begin{bmatrix} \dfrac{1}{\Delta u_1} & \dfrac{1}{\Delta u_2} & \cdots & \dfrac{1}{\Delta u_5} \end{bmatrix} = \begin{bmatrix} \text{eff}_{1,1} & \text{eff}_{1,2} & \cdots & \text{eff}_{1,5} \\ \text{eff}_{2,1} & \text{eff}_{2,2} & & \\ \vdots & & & \ddots \\ \text{eff}_{20,1} & & & \text{eff}_{20,5} \end{bmatrix}$$

(2) 板形调控功效系数的计算过程。

板形调控功效系数是板形控制的基础和落脚点,没有准确的板形调控功效系

数,实现高精度的板形控制就无从谈起。鉴于板形调控功效系数在板形控制系统中的重要性,为了获得精确的板形调控功效系数,在 1250 单机架可逆冷轧机的改造中,板形调节机构的调控功效系数是通过在线自学习获得。

功效系数的自学习过程是:在对轧机进行调试时,根据板形调节机构的调节量和产生的板形变化量,计算几个轧制工作点(一个工作点对应一组轧制力和带钢宽度参数)处的板形调控功效系数,这些功效系数作为自学习模型的先验值,然后不断通过学习过程来改进功效系数的先验值,进而获得较为精确的板形调控功效系数。

如图 3-40 所示,在板形调控功效系数自学习模型中,通过各个板形调节机构的调节量、沿带钢宽度方向板形辊对应的各个测量点的张应力变化量、正常轧制时当前工作点参数,就可以在线获得各个板形调节机构的调控功效系数矩阵。

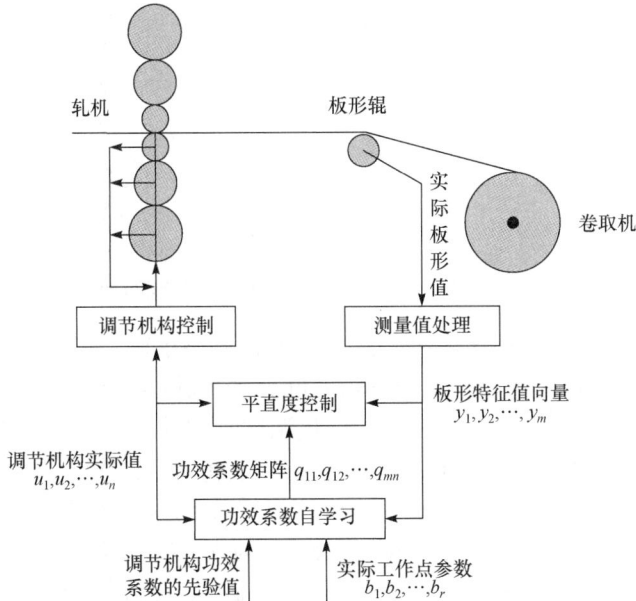

图 3-40　板形调节机构对板形调控功效系数的自学习确定

（3）板形调控功效系数的先验值。

在对轧机调试时,选择几种不同宽度规格的带钢进行轧制,板形闭环控制系统不投入,当出现板形缺陷时,手动调节各个板形调节机构来调节板形,板形计算机记录由板形辊测得的带钢宽度方向上各个测量点的板形改变量。根据板形调节机构的调节量与板形变化量之间的关系,计算出各个测量点处调节器对板形的影响系数,这些影响系数就是各个板形调节机构的调控功效系数先验值。

图 3-41 为 1250 冷轧机轧机调试时,由实测板形数据计算得到的某个轧制工

作点处的板形调控功效系数曲线,由图中数据可知对称性的弯辊和中间辊横移对板形的影响基本是对称的,可以用来消除二次和高次板形缺陷;轧辊倾斜调节对板形的影响是非对称性的,可以用来消除一次板形缺陷。在板形影响因素中,轧制力波动对板形的影响较大。

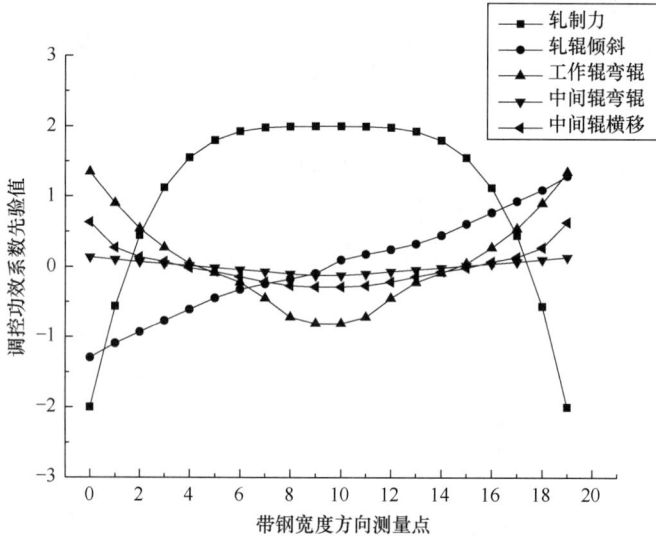

图 3-41　调控功效系数的先验值曲线

在轧制不同宽度规格的带钢时,这些先验值并不准确,通过自学习过程,可以

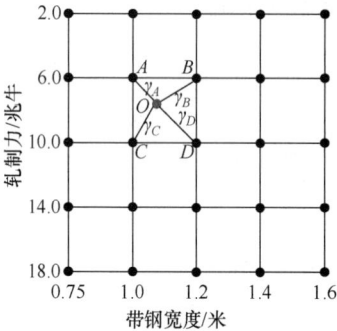

图 3-42　不同工作点下的
板形调控功效系数表

获得精确的板形调控功效系数。

轧机调试时,选择几种不同规格的带钢进行轧制,将每一组轧制力和宽度参数作为一个工作点,得到若干个工作点处的板形调控功效系数的先验值后,将这若干个不同的工作点做成表格,然后以文件的形式保存下来,如图 3-42 所示。每个工作点都对应一个二维的先验功效系数矩阵。

图 3-42 中的工作点参数有两类,即轧制力和带钢宽度。每个结点的值都是一个 $i \times j$ 的矩阵,表示在这个工作点下的板形调控功效系数,i,j 分别为沿带钢宽度方向上的板形测量点数目和板形调节机构数目。各结点的初值是板形调控功效系数的先验值,由于只是通过一组实测板形数据确定的,因此这些先验值并不精确。为了得到精确的板形调控功效系数,使之更接近于现场实际情况,需要根据实测板形数据来不断地提高这些先验值的精确度。

轧制过程中,根据实际带钢宽度和轧制力大小可以在图中确定实际轧制过程的工作点位置。如图中所示,当轧制过程中实际轧制力和带钢宽度分别为 7600 千牛和 1.08 米时,则可通过查表确定其在图中的工作点位置为 O 点,它在图中的边界分别为 A,B,C 和 D 四点。A,B,C 和 D 四个工作点下的板形调节机构调节量和板形改变量是在轧机调试阶段记录下来的,用来计算这四个工作点下的板形调控功效系数。四点的板形调节机构调节量分别为

$$\Delta U_K = \begin{bmatrix} \Delta u_{K1} & \Delta u_{K2} & \cdots & \Delta u_{Kj} \end{bmatrix}^{\mathrm{T}} \quad (K=A,B,C,D)$$

对应的板形改变量分别为

$$\Delta Y_K = \begin{bmatrix} \Delta y_{K1} & \Delta y_{K2} & \cdots & \Delta y_{Ki} \end{bmatrix}^{\mathrm{T}} \quad (K=A,B,C,D)$$

根据上述板形调控功效系数的计算公式可得四点的板形调控功效系数值分别为 Eff_A,Eff_B,Eff_C 和 Eff_D,它们都是一个大小为 $i \times j$ 的矩阵,也就是这四个工作点处的板形调控功效系数先验值。

(4) 板形调控功效系数的自学习。

工作点 O 处的实测板形调节机构的调节量和板形改变量分别为 $\Delta U_O = \begin{bmatrix} \Delta u_{O1} & \Delta u_{O2} & \cdots & \Delta u_{Oj} \end{bmatrix}^{\mathrm{T}}$,$\Delta Y_O = \begin{bmatrix} \Delta y_{O1} & \Delta y_{O2} & \cdots & \Delta y_{Oi} \end{bmatrix}^{\mathrm{T}}$。为了提高 A、B、C 和 D 四个工作点下的板形调控功效系数的精度,首先根据这四个点的板形调控功效系数先验值以及工作点处的实测板形调节机构的调节量计算 O 处的板形改变量。

令 δ_O 为工作点 O 处板形改变量的实测值与由先验值计算的板形改变量之间的偏差,即

$$\delta_O = \Delta Y_O - \Delta Y_O'$$

则 A,B,C 和 D 四个工作点的板形调控功效系数自学习模型可按照下式设定:

$$\mathrm{Eff}_k' = \delta_O \cdot \Delta U_O \cdot \gamma_k \cdot v + \mathrm{Eff}_k \quad (k=A,B,C,D)$$

式中,Eff_k' 为 A,B,C 和 D 四个工作点处经过学习改进后的板形调控功效系数;γ_k 为权重因子;Eff_k 为这四个工作点处板形调控功效系数的先验值;v 为学习速度,值在 $0 \sim 1$,通过它可以改变学习速度。

轧制过程中,当轧制操作对应的工作点(轧制力和带钢宽度)落在图 3-4 中的其他区间时,同样按照这种自学习模型来提高其他边界点的板形调控功效系数的精度。板形调控功效系数的自学习模型不断利用本周期的实测板形数据改进上周期学习后的板形调控功效系数,同时将改进后的板形调控功效系数以文件的形式保存下来,计算当前实际工作点的调控功效系数,用于下周期的板形闭环反馈控制以及轧制力前馈控制,可以使板形控制精度不断得到提高。当学习达到精度要求后,则停止学习,并将最终的板形调控功效系数文件保存起来,供板形控制系统调用。

3.4.8.3　应用效果与经济效益

冷轧机板形控制系统在鞍钢 1250 冷轧机得到工业应用。板形控制系统的实际效果举例说明。带钢为宽度 993 毫米，出口厚度 0.5 毫米，压下率 21.3％，钢种为 ST12，成品第 5 道次的板形控制实际数据。

图 3-43、图 3-44 分别表示带钢轧制过程中的板形控制系统的实际参数。起车阶段，由于设备未进入稳定运行状态，板形闭环未投入（轧制速度大于 70 米/分钟时，闭环控制投入），板形控制由操作工手动调节，此阶段板形控制有较大浮动。板形闭环投入控制后，沿带钢长度方向的板形绝对值的最大值 11.47I，最小值 1.140I，平均值：2.672I，正态分布统计：1sigma（68.26％）区间 1.140～4.260I，2sigma（95.44％）区间 1.140～5.848I，3sigma（99.73％）区间 1.140～7.436I。上述数据是带钢从头到尾的全长数据分析，板形均小于 8I。按照当前国际板形控制标准，稳态条件下板形控制质量远小于 5I，板形控制结果远远高于国际先进水平指标。

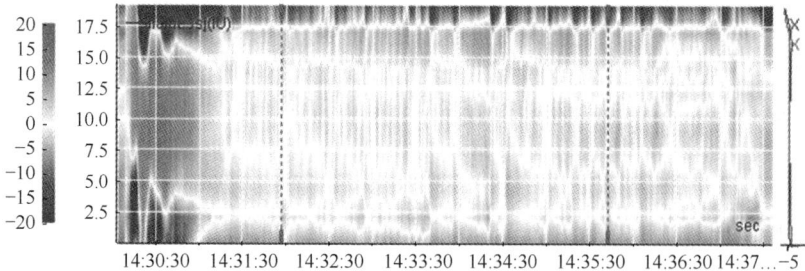

图 3-43　各测量段带钢板形偏差云图/I 单位

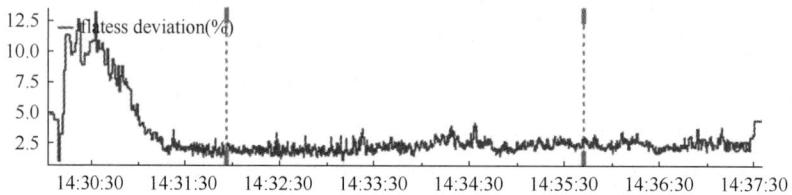

图 3-44　各测量段带钢板形绝对值的平均/I 单位

超薄带钢板形控制实例：如图 3-45 所示，带钢为宽度 1045 毫米，出口厚度 0.18 毫米，压下率 18.6％，钢种为 ST12，成品第 5 道次的板形控制实际数据。0.18 毫米轧制已经超过 1250 冷轧机设计要求的极限规格，为了验证板形控制系统的工作效果，对相关轧机极限参数进行修改，使轧机可以进行 0.18 毫米超薄带钢轧制。板形控制实际效果表明，0.18 毫米超薄规格带钢在稳态轧制过程中，板

形测量系统和控制系统运行稳定,出口带钢表面平直,带钢平直度质量平均值为
$6.7I$,国际先进板形指标为$10I$。这表明,该冷轧板形控制系统可以适用于超薄冷
轧产品的板形控制,可以满足镀锡板冷轧机产品板形质量控制要求。

该项目在鞍钢投入使用后,为企业带来了显著经济效益。2007 年鞍钢 1250
冷轧机月供料 10800 吨,因板形造成的断带和废品比之前减少 4.5%,月减少 486
吨,年减少 3571 吨。冷轧硬质成品价格与回炉原料价格之差为 3000 元/吨,由此
产生经济效益为 4367 万元;2007 年由于板形质量提高,板形实物质量与普通精度
提高到高级精度,创造效益 100 元/吨(冷轧产品板形普通精度与高级精度产品价
格差),由此产生经济效益 2759.31 万元。2008 年和 2009 年的经济效益分别为
5728 万元、3517 万元。

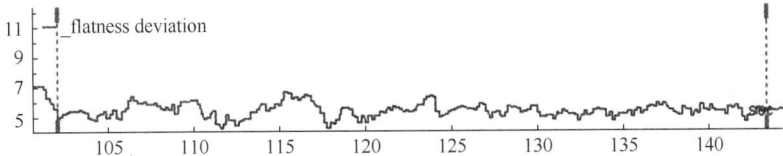

图 3-45　0.18mm 带钢板形控制值

3.5　钢铁行业智能自动化技术需求与前沿技术分析

3.5.1　技术需求

目前,重点大中型企业按照工序能耗计算,48.6%的烧结工序、13%的焦化工
序、37.8%的炼铁工序、76%的转炉工序、38.7%的电炉工序能耗高于国家强制性
标准中的参考限定值,与工艺生产过程优化控制水平不高有很大关系。钢铁企业
的工艺装备具有大型化、高参数化、工艺复杂化等特点,钢铁生产过程是典型的多
变量、非线性时变系统,单一机理模型或数学模型的精度不高,导致过程控制软件
适应性差,迫切需要研究开发数据驱动和知识驱动相结合的钢铁生产过程智能控
制软件。

我国钢铁企业的设计和运行,缺乏基于流程仿真模拟等信息化技术的全流程
动态分析、评估、验证手段,钢厂的设计和运行管理只能通过对不同工序装备的能
力进行静态估算,加上工序之间的简单连接,形成一种粗放的生产流程,同样的产
品结构,生产效率比国外先进水平大约低 20%。需要采用流程仿真模拟、动态分
析和系统优化等技术,为钢厂精准设计、工序间有机衔接、流程运行动态有序提供
技术手段。

在生产管理和能源管控方面,目前我国钢铁企业运行的制造执行系统和能源
管控系统大多只起到了数据集成、信息展示和事务处理的作用,高炉煤气、转炉煤

气放散率分别达到 6% 和 10%，余热资源回收利用率不足 40%，系统节能潜力很大。需要综合应用运筹学、专家系统和流程仿真等技术，研究开发综合业务模型、动态调度、智能优化等技术，提升全线计划排产、物流跟踪、质量跟踪控制、设备预测维护、能源平衡调配等水平。

目前，一些先进自动化、信息化系统还依赖国外引进，但是，由于国内生产工艺、原料燃料状况、企业管理模式等与国外情况不完全相符，使得配套引进的系统和相关软件不能充分发挥作用。因此，研发高性能价格比的、满足国内需求的自动化、信息化系统，可打破国外垄断，提高我国钢铁企业装备水平和技术水平，节能降耗，提高产品质量，促进产业结构调整，支撑钢铁工业可持续发展。

3.5.2　前沿技术分析[5,90-92]

（1）冶金流程在线连续检测和监控系统。采用新型传感器技术、光机电一体化技术、软测量技术、数据融合和数据处理技术、冶金环境下可靠性技术，以关键工艺参数闭环控制、物流跟踪、能源平衡控制、环境排放实时控制和产品质量全面过程控制为目标，实现冶金流程在线检测和监控系统，包括铁水、钢水及熔渣成分和温度检测和预报，钢水纯净度检测和预报，钢坯和钢材温度、尺寸、组织、缺陷等参数检测和判断，全线废气和烟尘的监测等。

（2）冶金过程关键变量的高性能闭环控制。基于机理模型、统计分析、预测控制、专家系统、模糊逻辑、神经元网络、支持向量机（SVM）等技术，以过程稳定、提高技术经济指标为目标，在上述关键工艺参数在线连续检测基础上，建立综合模型，采用自适应智能控制机制，实现冶金过程关键变量的高性能闭环控制。包括高炉顺行闭环专家系统、钢水成分和温度闭环控制、铸坯和钢材尺寸和组织性能闭环控制等。

（3）计算机流程模拟。基于原子尺度仿真计算（分子动力学、蒙特卡罗法）、微观结构仿真计算（以连续介质概念为基础的计算；用热力学方法预测材料的相变过程及相变产物的微观结构）和宏观尺度仿真计算（材料或材料部件尺度）进行多尺度仿真计算，支持新产品开发；基于铁钢轧工序冶金模型以及工序间衔接关系，建立一个分布式、网络化的流程仿真模型，通过人机交互和协同计算，模拟钢铁工业产品生产全过程，支持现有生产流程优化和新生产流程设计。

（4）智能制造执行系统（MES）。在生产组织管理方面，基于事例推理、专家知识的生产计划与运筹学中网络规则技术，提供快速调整作业计划的手段和能力，以提高生产组织的柔性和敏捷化程度；根据各工序参数，自动计算各工序的生产顺序计划及各工序的生产时间和等待时间，实现计划的全线跟踪和控制，并能根据现场要求和专家知识，进行灵活的调整；异常情况下的重组调度技术以及在多种工艺路线情况下，人机协同动态生产调度。在质量管理方面，基于数据挖掘、统计计算与神经网络分析技术,对产品的质量进行预报、跟踪和分析;根据生产过程数据和实际数据,判定在生产中发生的品质异常。在设备管理方面,采用生产设备的故障诊断与预报技术,建立设备故障、寿命预报模型,实现预测维护。在成本控制方面,采用数据挖掘与预报技术,建立动态成本模型预测生产成本;利用动态跟踪控制技术,优化原材料的配比、能源介质的供应、产线定修制度、生产的调度管理,动态核算成本,以降低生产成本。

（5）能源管理和优化系统。针对新一代可循环钢铁制造流程,采用能源介质和主要能效设备在线监测、能源负荷预测和能源供需平衡分析、能源结构和调度优化等关键技术,形成能源在线监测装置、能效分析工具和企业级能源优化系统。综合考虑钢铁制造流程物质和能源的相互作用和相互影响,协同生产管控和能源管控,实现物质流和能量流整体优化。

（6）实时优化管理。协调供产销流程,实现从订货合同到生产计划、制造作业指令、到产品入库出厂发运的信息化。生产与销售连成一个整体,计划调度和生产控制有机衔接;质量设计进入制造,质量控制跟踪全程,完善 PDCA 质量循环体系;成本管理在线覆盖生产流程,资金控制实时贯穿企业全部业务活动,通过预算、预警、预测等手段,达到事前和事中的控制。

（7）知识管理和商业智能。利用企业信息化积累的海量数据和信息,按照各种不同类型的决策主题分别构造数据仓库,通过在线分析和数据挖掘,实现有关市场、成本、质量等方面数据-信息-知识演化,并将企业常年管理经验和集体智慧形式化、知识化,为企业持续发展和生产、技术、经营管理各方面创新奠定坚实的核心知识和规律性的认识基础。

（8）网络安全。针对钢铁企业无线传感网、现场总线、工业以太网、互联网的安全问题,建立网络安全评估模型,分析网络安全事件类型、外部和内部侵入途径、安全风险等级;通过异构通信系统的数据网关,识别有效的工业通信协议,过滤不符合系统要求的数据包,阻断病毒、恶意软件传播的途径,保障数据的来源可信、内容可信。

参 考 文 献

[1] 中国工业节能与清洁生产协会. 中国节能减排发展报告(2013). 北京:中国经济出版社,2013
[2] 中华人民共和国工业和信息化部. 工业和信息化部关于钢铁工业节能减排的指导意见. 工信部节[2010]176 号,2010
[3] 中国金属学会,中国钢铁工业协会. 2011－2020 年中国钢铁工业科学与技术发展指南. 北京:冶金工业出版社,2012
[4] 中华人民共和国工业和信息化部. 钢铁工业十二五发展规划. 工信规[2011]480 号,2011
[5] 中国金属学会. 冶金工程技术学科发展报告(2012-2013). 北京:中国科学技术出版

社,2013

[6] 中国钢铁工业协会. 中国钢铁工业"十一五"技术创新成果汇编,2010

[7] Hofmann A, et al. SMS Siemag BOF process model: Stable and optimized performance under suboptimal conditions. Proceedings of Iron& Steel Technology Conference,2011,Indianapolis,1153—1159

[8] 曹跃光. 炼钢厂生产过程数据综合分析系统的设计与实现. 宝钢 2013 年学术年会论文集,2013,110—117

[9] 张进之,许庭洲,李敏. 板带轧制过程厚度自动控制技术的发展历程. 宝钢 2013 年学术年会论文集,2013,29-40

[10] 杜斌,朱俊. 宝钢生产管理优化技术研究新进展. 宝钢 2013 年学术年会论文集,2013,152-158.

[11] Sun Y. Energy flow information model based dynamic multi-type energy scheduling in steel works. BAOSTEEL,BAC 2013,266-271.

[12] Du T. Energy Consumption and its influencing factors of iron and steel Enterprise. Iron and Steel Research,International,2013,20(8): 8-13

[13] Matsumiya T. Remarks on special issue on computational science: Progress of computational science and its position in the iron and steel industry. Nippon Steel Technical Report, No. 102,2013: 1-5

[14] Liu S. Hybrid model of multi-agent and DEDS for steelmaking-continuous casting-hot rolling manufacturing process simulation. BAOSTEEL,BAC 2013,261-265

[15] Larsson M,Dahl J. Reduction of the specific energy use in an integrated steel plant - The effect of an optimisation model. ISIJ International,2003,43(10): 1664-1673

[16] Larsson M,Sandberg P,Dahl J. System profits of widening the system boundaries - Renovation of the coke oven battery at an integrated steel plant. International Journal of Energy Research,2004,28: 1051-1064

[17] 2000~2001 年度冶金科学技术奖一等奖介绍. 世界金属导报,2002

[18] 吴敏,周国雄,雷琪,等. 多座不对称焦炉集气管压力模糊解耦控制. 控制理论与应用,2010,27(1): 94-98

[19] 王伟. 炼焦过程综合生产目标的智能预测与协调优化研究. 长沙:中南大学博士学位论文,2011

[20] 李鹏. 基于工况判断的焦炉火道温度智能集成控制方法. 长沙:中南大学硕士学位论文,2008

[21] 邓俊. 炼焦配煤智能优化模型及其应用研究. 长沙:中南大学硕士学位论文,2007

[22] 李贵君. 面向节能目标的焦炉加热燃烧过程优化控制方法研究. 长沙:中南大学硕士学位论文,2010

[23] 蹇钊. 炼焦生产过程实时集中监视系统设计及其应用. 长沙:中南大学硕士学位论文,2008

[24] 龚伟平. 炼焦生产集中监视系统设计与实现. 长沙:中南大学硕士学位论文,2009

[25] 李玉珠. 基于 Web 的炼焦生产实时监控系统设计与实现. 长沙:中南大学硕士学位论文,2009

[26] 甘晓靳. 太钢 450m² 烧结机专家系统碱度控制模型. 烧结球团,2008,33(3): 15-18

[27] 孙文东. 烧结生产系统的优化与控制研究. 武汉:华中科技大学博士学位论文,2004

[28] 向婕. 铁矿石烧结过程智能集成优化控制技术及其应用研究. 长沙:中南大学博士学位论文,2010

[29] 高文华. 烧结配料控制系统设计与智能控制方法研究. 鞍山:辽宁科技大学硕士学位论文,2008

[30] 冯华,耿丹. 烧结矿 FeO 含量在线测量装置在大型烧结机上的应用. 河北联合大学学报(自然科学版),2013,35(1): 5-8

[31] 申炳昕. 基于人工神经网络的烧结矿化学成分预报系统的研究. 长沙:中南大学硕士学位论文,2002

[32] 陈许玲. 烧结过程状态集成优化控制指导系统的研究. 长沙:中南大学博士学位论文,2005

[33] 中国钢铁协会,中国金属学会. 550m² 烧结机智能闭环控制系统(编号 2010140). 冶金科学技术奖评审资料,2010

[34] 周卫. 京唐 550m² 烧结机智能控制系统研究与应用. 2010 年全国炼铁生产技术会议暨炼铁学术年会文集(下),2010

[35] 耿丹,安钢,王全乐,等. 550m² 烧结机智能闭环控制系统的设计与应用. 烧结球团,2010,35(4): 35-39

[36] 周卫,彭宪建. 首钢烧结终点智能控制系统的应用. 全国冶金自动化信息网 2009 年会论文集,2009

[37] 中国钢铁协会,中国金属学会. 操作平台型高炉专家系统的开发和应用(编号 2008128). 冶金科学技术奖评审资料,2008

[38] 周驰化. 模糊专家系统在高炉炉温预测中的研究与应用. 成都:西南石油大学硕士学位论文,2007

[39] 陈令坤,汪卫. 武钢 5 号高炉冶炼专家系统的开发及应用. 中国计量协会冶金分会 2011 年会论文集,2011

[40] 陈令坤,汪卫. 武钢 5 号高炉操作平台型专家系统开发. 2010 年全国炼铁生产技术会议暨炼铁学术年会文集(下),2009

[41] 陈令坤,周曼丽,吴男勇. 铜冷却壁高炉操作炉型诊断管理模型的开发与应用. 炼铁,2004,23(6): 25-29

[42] 陈令坤. 数据挖掘技术在高炉专家系统参数自学习中的应用. 中国计量协会冶金分会 2011 年会论文集,2011

[43] 刘希琳. TRT 装置高炉顶压控制系统研究与设计. 杭州:浙江大学硕士学位论文,2008

[44] 高尚敏. TRT 系统紧急停机工况下的炉顶压力控制方法研究. 杭州:浙江大学硕士学位论文,2007

[45] 刘永军. TRT 顶压稳定性控制技术研究. 沈阳:东北大学硕士学位论文,2008

[46] 孙彦广,王代先,陶白生,等. 智能钢包精炼炉控制系统. 冶金自动化,1999(6):9-12

[47] 张鲁兵. 基于粒子群算法的精炼炉供电曲线的多目标优化. 沈阳:东北大学硕士学位论文,2010

[48] 钱王平. 智能技术在永新钢包精炼炉上的成功运用. 江苏冶金,1999(3):77,85

[49] 李心智,孙鸣华. 精炼炉控制模型的应用分析. 江苏冶金,2001,4:24-27

[50] 姜静,孟利东,孙铁,等. 电弧炉三相电极神经网络控制器的研究. 中国计量协会冶金分会2012年会暨能源计量与节能降耗经验交流会论文集,2012

[51] 孙彦广,陶百生,高克伟. 基于智能技术的钢水温度软测量. 仪器仪表学报,2002,23(S2):754-755

[52] 孙彦广,陶白生,王铁男. 钢水温度和成分智能控制系统. 2001中国钢铁年会论文集(下卷),2001

[53] 周王民,马戎. 电弧炉智能电极控制器的研究. 测控技术,2007,26(4):55-57

[54] 王玉辉. 钢水温度软测量. 天津:天津科技大学硕士学位论文,2001

[55] 朱灵山,程曼,袁洪波,等. 基于智能技术的温度测量系统的设计. 科学技术与工程,2007,7(20):5371-5374

[56] 刘国元. LF精炼炉温度预估模型与合金化模型的研究和实现. 西安:西安理工大学硕士学位论文,2008.

[57] 王磊. 综合智能优化控制策略在电弧炉炼钢生产中的应用. 西安:西安理工大学硕士学位论文,2007

[58] 王玉辉,宋蕴兴,孙彦广. 人工智能技术在钢水温度预报中的应用. 天津轻工业学院学报,2002(2):32-34

[59] 首钢迁钢优质板坯连铸技术开发. 中国冶金,2013,23(8):60

[60] 韩占光,曾智,张家泉,等. 大断面圆坯连铸动态二冷配水在线控制系统应用实践. 圆坯大方坯连铸技术论文集,2009

[61] 王亮. 通钢薄板坯连铸机二级计算机控制系统的设计与实现. 沈阳:东北大学硕士学位论文,2010

[62] 王文为,韩占光,陈明,等. 莱钢合金钢大方坯铸机自动化控制系统. 自动化技术与应用,2009,28(5):122-124

[63] 王国新,韩占光,张家泉,等. 包钢350km/h高速轨用钢连铸坯质量控制的关键技术. 第四届发展中国家连铸国际会议论文集,2008

[64] 孙丹,钱宏智,蒋学军,等. 连铸坯质量预测专家系统的研发与应用. 2012年炼钢—连铸高品质洁净钢生产技术交流会论文集,2012

[65] 中国钢铁协会,中国金属学会. 宝钢1880mm热轧关键工艺及模型技术自主开发与集成(编号2010217). 冶金科学技术奖评审资料,2010

[66] 陈东辉. 唐钢高线厂加热炉燃烧模糊控制系统. 河北理工学院学报,2002,24(S):39-44

[67] 解旗,祝孔林,黄建平,等. 自由轧制技术在宝钢1880mm热轧线上的应用. 轧钢,2010,27(6):57-60

[68] 孙业中. 宝钢1880mm热轧实现自由程序轧制关键技术研究. 沈阳:东北大学硕士学位论

文,2010

[69] 李维刚,刘相华,易剑等. 热轧带钢变行程窜辊策略优化模型. 钢铁,2012,47(3)：46-50

[70] 解旗,祝孔林. 1880mm 热连轧轧制线高度控制技术. 轧钢,2011,28(2)：37-40

[71] 黄传清,张文学. 宝钢热轧带钢生产技术进步与展望. 宝钢技术,2008(3)：1-11

[72] 吕立华,张健民,陈永刚,等. 宝钢热轧加热炉控制模型及其应用. 技术创新与循环经济-第
二届宝钢学术年会论文集,(第二分册),2006

[73] 吴建峰. 热轧带钢调宽技术研究与优化. 沈阳：东北大学博士学位论文,2009

[74] 中国钢铁协会,中国金属学会. 冷轧机板形控制核心技术自主研发与工业应用(编号
2010128). 冶金科学技术奖评审资料,2010

[75] 冷轧板形控制核心技米自主研发与工业应用. 世界金属导报,2013

[76] 王军生,彭艳,张殿华,等. 冷轧机板形控制技术研发与应用. 2012 年全国轧钢生产技术会
论文集(上),2012

[77] 张殿华,王鹏飞,王军生,等. UCM 轧机中间辊横移控制模型与应用. 钢铁,2010,45(2)：
53-57

[78] 于丙强. 整辊智能型冷轧带钢板形仪研制及工业应用. 秦皇岛：燕山大学博士学位论
文,2010

[79] 刘佳伟,张殿华,王鹏飞. 单机架可逆轧机板形测控系统的研究与设计. 东北大学学报(自
然科学版),2010,31(10)：1521-1428

[80] 王鹏飞,张殿华,刘佳伟. 1450 冷连轧机板形控制系统分析与改进. 中国冶金,2009,19
(9)：31-35

[81] 王鹏飞,张殿华,刘佳伟,等. 冷轧板形目标曲线设定模型的研究与应用. 钢铁,2010,45
(4)：50-55

[82] 张秀玲. 冷带轧机板形智能识别与智能控制研究. 秦皇岛：燕山大学博士学位论文,2002

[83] 中国钢铁工业协会. 中国金属学会冶金科学技术奖获奖项目简介. 中国冶金,2013

[84] 王长松,张云鹏,张清东. 效应函数在冷轧机板形控制中的应用. 轧钢,1999(4)：28-30

[85] 何海涛. 宽带钢冷轧机板形在线控制智能模型的研究与应用. 秦皇岛：燕山大学博士学位
论文,2005

[86] 李威. 冷轧带钢板形控制机构调控功效分析研究. 秦皇岛：燕山大学硕士学位论文,2012

[87] 柴明亮,张岩,费静,等. 关联规则在冷轧板形控制中的应用. 鞍钢技术,2013(4)：34-36

[88] 周会锋. 板形识别预测和控制仿真的智能方法研究. 秦皇岛：燕山大学硕士学位论
文,2005

[89] 刘宏民,彭艳,于丙强,等. 整辊智能型冷轧板形仪及其工业应用. 2010 钢材质量控制技
术、形状、尺寸精度、表面质量控制与改善学术研讨会文集,2010

[90] 孙彦广. 冶金自动化技术现状和发展趋势. 冶金自动化,2004(1)：1-5

[91] 孙彦广. 我国冶金自动化技术进展和发展趋势分析. 自动化博览,2008(2)：16-19

[92] 孙彦广. 工业智能技术及其在冶金工业中应用. 技术创新与循环经济-第二届宝钢学术年
会论文集(第二分册),2006

第4章 智能自动化促进有色金属行业节能、降耗、减排

4.1 有色金属行业节能、降耗、减排的重要性

4.1.1 我国有色金属工业的战略地位及发展趋势

有色金属作为我国国民经济和国防军工发展的重要基础原材料和战略物资，广泛应用于机械、电子、化工、建材、航天、航空、国防、军工等各个行业，在经济建设、社会发展和国家安全保障中具有不可替代的重要战略地位。有色金属是国家参与新世纪国际经济竞争的支柱产业，更是支撑国家安全和国家重大战略工程的关键材料，有色金属工业的发展水平已经成为衡量一个国家工业现代化水平的重要标志。2009 年，有色金属工业成为我国实现"保增长、调结构"经济目标的"十大振兴产业"之一。

我国有色金属工业发展迅速，2002～2013 年，十种有色金属产量从 1012 万吨增长到 4029 万吨[1]（详见图 4-1），年均增长 12.8%。我国已成为有色金属生产和消费大国，据 2011 年统计资料显示，铜、铝、铅、锌四种最主要的有色金属产量和消费量均占较大比重（详见表 4-1）。2013 年是我国"十二五"规划承上启下的重要一年，随着我国国民经济的高速稳定增长与高新技术产业的快速发展，以及国防安全的迫切需要，有色金属需求更加旺盛，消费持续迅猛增长。

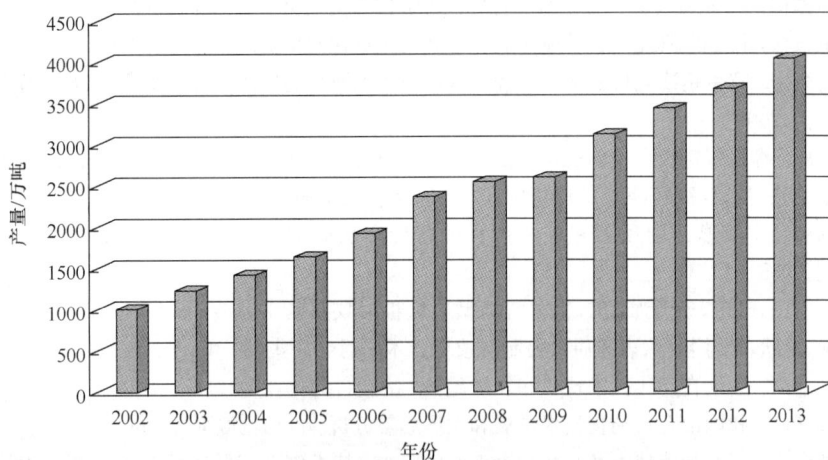

图 4-1 我国十种主要有色金属产量增长情况

表 4-1　2011 年我国四种有色金属产量和消费量所占比重

	铜	铝	铅	锌
中国产量占总产量百分比/%	32.36	68.54	44.80	40.91
中国消费量占总消费量百分比/%	36.92	41.02	45.34	40.21

4.1.2　我国有色金属工业发展受到的严重制约

　　有色金属是不可再生矿产资源,我国主要有色金属资源严重不足,原料进口依赖性大。据 2011 年工业和信息化部、科学技术部、财政部印发的《再生有色金属产业发展推进计划》显示,目前我国铜原料约 65%、铝原料约 55%、铅锌原料约 30%以上依靠进口,并且还有进一步扩大的趋势。我国有色金属冶炼的资源利用率低是造成资源紧缺的一个重要原因,其中常用有色金属的资源回收率仅为 60%,比发达国家低 10～15 个百分点。尽管"十二五"我国共伴生金属得到了综合开发,使其综合利用率提高到 45%以上,但仍比发达国家低十几个百分点。同时我国有色金属矿产资源呈现出四多、四少的特点(即小矿多,大矿少;贫矿多,富矿少;共生矿多,单一矿少;难选冶矿多,易选冶矿少)。由此造成有色金属冶炼工艺特殊、生产流程长,单位产品能耗高、水耗大,三废产生量大等问题[2]。

　　我国能源供需矛盾尖锐,有色金属工业单位产品能耗为 4.76 吨标准煤,能耗约占全国能源消费量的 3.48%。其中铜、铝、铅、锌冶炼能耗占总能耗的 90%以上,而电解铝又占有色金属总能耗的 75%,并且电解铝耗电约占全国发电量的5%。经过不断的行业结构调整、技术进步及技术创新,我国有色金属工业能源利用效率得到了较大提高,但在能源消耗方面与工业发达国家相比,仍有较大差距[3]。我国有色金属行业单位产品能耗比国际先进水平高 15%左右,其中,从不同产品看,国内电解铝平均电耗比国际先进水平高 2%[4];铜闪速炉冶炼平均能耗比国际先进水平高 20%;密闭鼓风炉锌冶炼平均能耗比国际先进水平高 33.4%;铅冶炼平均能耗比国际先进水平高 84.2%[2]。根据国家统计局数据,2012 年,国内电解铝直流电耗低于 1.25 千瓦时/吨,氧化铝综合能耗接近 0.504 吨标准煤/吨;铜闪速炉冶炼平均能耗为 0.441 吨标准煤/吨,粗铜综合电耗为 1861 千瓦时/吨。我国有色金属生产的能源费用占到了生产成本的 30%～40%,而我国有色金属工业能源消耗与工业发达国家相比又存在较大差距,导致我国有色冶金企业的生产成本远远高于工业发达国家,严重影响我国有色冶金企业的国际竞争力,制约了我国有色金属工业的发展[5]。

　　在环境污染方面,有色冶金生产过程中产生大量的固体废弃物、废水和废气,环境污染严重。有色金属冶炼行业的环保任务异常艰巨,有价金属回收和重金属污染的问题亟待解决。据资料显示,2011 年,我国有色金属工业主要三废达标排放率均低于全国平均水平,特别是二氧化硫、烟尘、粉尘与国内平均水平相比还有较大差距。全国工业二氧化硫达标排放率为89%,有色金属工业二氧化硫达标排放率为76%[6];全国工业烟尘达标排放率为90%,有色金属工业烟尘达标排放率为85%。另外,有色金属工业生产每年排放可能超过3亿吨的温室气体(折合CO_2),还排放大量的其他有害气体,如SO_2等,不仅污染环境,同时大量的余热不能得到有效利用,造成能源浪费。有色金属工业的废水重金属污染严重,目前有色金属工业废水达标排放率为91%,低于全国工业废水93%的达标排放率。有色金属行业排放的重金属废水的积累已成为饮用水源最大的安全隐患。据统计,我国由于废水排放受锌、镉、砷、铅等重金属流域性污染的耕地面积接近2000万公顷,约占总耕地面积的1/5;我国每年因水体重金属污染而减产粮食量超过1000万吨,而被重金属污染的粮食每年也多达1200万吨,不仅造成经济损失合计约为200亿元,更对人民群众身体健康构成了直接威胁[7]。除了废水和废气外,由于有色金属矿产普遍品位很低,生产过程还产生大量难以处理的尾矿、废渣。例如,生产1吨氧化铝将产生1吨以上的固体废物赤泥,而到目前还没有切实有效的综合利用办法,堆放不仅占用大量土地,而且还可能污染地下水。以2012年国内生产3812.42万吨氧化铝测算,当年即产生赤泥3800万吨以上。2011工业固体废物贮存量多达60424万吨,危险废弃物达3431万吨,堆存的工业固体废物和危险废弃物的持续增加,对环境造成严重压力。

资源紧缺、能源消耗大、环境污染严重成为制约我国有色金属工业发展的瓶颈。国家的战略需求和我国有色金属工业发展的阶段特点决定了我们只有依靠自主技术创新,站在世界的前沿,来解决有色金属工业面临的问题。

4.1.3 我国有色金属工业发展的转折点和分水岭

近年来,我国经济快速增长,但也付出了巨大的资源和环境代价。经济发展与资源环境的矛盾日趋尖锐,节能减排已成为国家强力推进的重大举措和社会关注的焦点。"十一五"期间,我国在节能减排方面取得了显著的成效,为保持经济平稳较快发展提供了有力支撑。国务院下发的《"十二五"节能减排综合性工作方案》明确指出:"'十二五'时期,我国发展仍处于可以大有作为的重要战略机遇期。随着工业化、城镇化进程加快和消费结构持续升级,我国能源需求呈刚性增长,受国内资源保障能力和环境容量制约以及全球性能源安全及应对气候变化影响,资源环境约束日趋强化,'十二五'时期节能减排形势仍然十分严峻,任务十分艰巨。[8]"

为应对全球气候变化并保证经济的可持续发展,"十二五"规划将"单位国内生产总值能源消耗降低15%,单位国内生产总值二氧化碳排放降低17%"作为约束性指标,以进一步加强节能减排工作。相应的,有色、钢铁、石化、建材等高能耗、高污染行业也将节能减排作为各自行业"十二五"规划的重点。节能减排不仅关系到有色冶金企业的经济效益和国际竞争力,还成了决定这些企业能否生存的重要因素。因此,研究如何提高我国有色金属冶炼过程的能源利用效率,实现节能降耗,对我国有色金属冶炼企业具有重要意义。

对于有色金属行业而言,"十二五"是其可持续和不可持续发展的关键转折点和分水岭。只有通过有效的有色金属产业结构转型升级,提高资源保障能力、加快技术创新、加大重金属污染防治力度和大力推进节能减排,才能确保有色金属工业的可持续发展[9]。

4.1.4　有色金属行业的可持续发展对工业自动化提出的新要求

为解决资源、能源与环保的问题,我国有色金属工业正朝着大规模、高效、临界强化反应以及多功能集成的现代冶金和绿色冶炼方向发展[10]。从工艺上来说,绿色冶金传递过程,通过控制污染物生成、加快反应周期,并采用集多功能于一体的反应器及先进的控制技术,以达到大幅提高资源与能耗的利用率、有效减少污染的目的。

然而,由于反应规模大、边界条件复杂、场间耦合交互作用显著、临界反应平衡容易破坏、工况恶化,对于生产指标、能耗及环境指标、设备维护造成的后果更加严重,以前运行良好的控制模型及单回路闭环控制方案已不能再使用。因此,要实现有色金属冶炼的绿色生产,现有的过程控制技术必须有新的突破,必须要求对冶金反应器内各种现象的预测更加精准,实时参数掌握更全面,关键参数操作与控制更加精细,从而达到优化生产和节能降耗减排的目的。

此外,除了新工艺的正常安全运行对工业自动化提出了高要求,对于目前有色金属行业的许多需要进行产业结构调整和技术改造的企业,其冶炼设备和过程的优化运行也对工业自动化提出了新要求。只有进一步提升有色金属行业工业自动化水平,才能真正达到节能、降耗、减排的目的,从而满足国家重大需求,推动有色金属工业的可持续发展。

4.2　有色冶金过程高能耗、高污染和高排放的原因分析

对于有色冶金生产过程,实现节能减排降耗主要有采用节能新工艺、加强生产管理、应用先进的自动控制方法和技术三种途径,这三种途径都非常重要,缺一不可。其中,采用节能新工艺是面向不同生产过程提高节能水平的有效途径,并且经过前一时期落后工艺的淘汰与改进,已取得很大进展。在加强生产管理方面,目前我国大中型有色冶金企业已基本建立了一套规范的、行之有效的生产管理体系。应用先进的过程控制方法和技术因其可在不增加工艺投资、不改变现有工艺的前提下,提高有色冶金过程的经济技术指标,促进有色冶金企业的节能降耗与增产挖

潜而备受关注,而且事实已经证明,先进的过程控制方法和技术在提高产品产量与质量,降低生产成本与能耗等方面具有显著作用。

从过程控制角度看,影响有色冶金过程节能减排降耗的深层次原因主要有:

(1) 过程信息多元化,关键参数难以检测。有色金属生产过程反应机理复杂、工艺流程长、生产工序多,大量生产数据与操作经验同时存在,包括定性、定量、半定性半定量信息,存在噪声数据、含糊的不确定的甚至矛盾的知识描述,关键工艺节点上可能采集有视频、音频等多媒体信息,造成了信息的多元化;另一方面,由于高温高压、强酸强碱等恶劣的现场环境,且经常固、液、气三相共存,使得许多重要的工艺参数难以获取。这些都给有色冶金能耗物耗的计量、分析与建模带来了极大的困难,难以实现生产过程中能耗物耗的控制,造成有色金属生产过程能耗高、资源消耗大。

(2) 缺乏对过程机理的深入分析,多场多相交互作用,机理模型建立困难。有色冶金生产过程中存在物理化学反应、相变反应及物质和能量的转化与传递过程,由于多相多场之间的交互作用非常强烈,其能量消耗既包括宏观的热平衡、物料平衡的能耗转换,也包括冶金过程中热力学、动力学和气、液、固三相流体力学作用以及多物理场相互作用造成的微观能量消耗。长期以来,对多相多场条件下有色冶金生产过程中物质和能量传递、转换与消耗的机理缺乏多尺度的深入分析和细致的模型化描述方法。而且由于矿源多、工艺复杂、耦合严重,难以建立生产过程的能耗模型,使得能源消耗的控制处于一种"盲目"的状态,造成有色冶金生产过程的高能耗。

(3) 缺乏系统性的参数辨识和仿真手段,难以适应现代绿色冶金过程的精细化控制要求。有色冶金生产过程反应机理复杂,高温、高压、强酸、强碱等恶劣的现场环境且多相多场共存,使得许多重要的工艺参数难以获取。现有的参数仿真模型要么比较粗略,要么求解耗时过长,不能适应实时控制和精细化控制的要求,特别是能够表现多相多场交互作用的仿真模型还没有出现。同时有色冶金过程现场又存在大量的数据、机理和知识信息,这些信息没有得到充分利用。面向节能减排降耗的现代绿色冶金生产过程要求过程控制的精细化水平不断提高,因此缺少相应的仿真技术和计算技术支持是难以实现的。

(4) 过程存在多重随机大滞后,闭环控制或工作点调整时造成长时间大范围波动,严重影响能耗物耗指标。有色冶金生产由不同的生产工序组成,例如,烧结法氧化铝生产过程包括配料、烧结、溶出、脱硅、分解、焙烧以及蒸发等七个工序,各个工序都存在很大的滞后,滞后时间不一,同一工序的滞后时间受原料成分和工况的影响也经常变动。当矿源改变或外界干扰引起有色冶金生产过程稳态工作点改变时,一般需要多名操作工人基于经验同时调整,逐渐过渡到新的稳态工作点,这种动态调整往往时间很长,短则几个班,长则几天甚至十多天。长时间的工况不稳

定造成生产指标波动大、产品质量不合格,必然带来大量能源资源浪费和不合理排
放。而且由于我国矿源的复杂性和外部扰动的频繁,这种稳态工作点的改变经常
发生,造成了能源资源的大量消耗。

(5) 缺乏以节能减排降耗为目标的过程优化控制研究。有色冶金生产过程往
往是非平衡、非均一、非稳定和非线性的,工况多变,过程参数在线检测困难,这就
使得有色冶金过程的优化控制目标难以实现。目前在有色冶金生产过程中已经实
现的一般是局部参数的回路控制。工作点参数的设定一般是以工况稳定为前提,
凭经验进行设定,很难综合考虑能源、资源和污染物排放等指标,无法保证以节能
降耗减排为目标的现代绿色冶金生产的稳态运行。

4.3　国内外技术现状

长期以来,有色金属工业自动化技术的研究主要集中在工艺参数分析与检测、
过程建模以及过程优化与控制等方面,国内外学者做了大量的研究,取得了一定的
成效。

4.3.1　过程建模技术

有色冶金过程常用的过程建模方法主要有基于机理的建模方法、基于数据的
建模方法以及基于智能集成的建模方法等。无论是机理模型还是基于数据的模
型,都有各自的优点,但同时也各有不足之处。机理模型可以表达过程的基本动态
特性,智能模型可以补充机理模型由于参数不确定性等问题造成的模型不准确,二
者取长补短,可以更灵活、高效、准确地实现过程的优化建模。将机理模型和基于
数据的智能模型有机结合,这种智能集成混合建模方法能综合各自的优点,有效改
善过程模型的性能。

近年来,基于智能集成的过程模型化技术得到了广泛的重视,不少学者提出了
多种混合建模的方法。Aguiar 等[11] 比较了从操作条件中预测纸浆 kappa 值的三
种建模方法,包括确定性模型、神经网络模型及综合两种模型的集成模型,结果表
明这种基于组合的集成模型具有更高的预测精度和更短的训练时间。Abbod
等[12] 研究了在不同变形条件下铝合金物质特性基于混合结构的一种新的建模方
法,提出了通过模型串并联的混合半参数模型,为金属形变热处理模拟提供了一个
有效工具。Ng 和 Hussain[13] 研究了半间歇反应聚合过程的基于神经网络模型和
机理模型的串联、并联集成建模形式,所建立的混合模型具有比扩展卡尔曼算法更
高的精度,且更容易实现。

国内学者在复杂工业过程建模方面做了大量研究工作,建立了智能集成建模
的体系结构[14],提出了融合机理模型、神经网络、模糊模型、专家系统的智能集成

建模方法,为准确描述有色冶金过程、解决有色冶金过程建模难题提供了有效方法,并将该方法应用于实际的有色冶金过程。应用效果表明,智能集成的建模方法是解决复杂工业过程建模的最有效的方法,已成为当前过程建模的一个研究热点。

4.3.2 在线检测技术

近年来在过程控制领域涌现出的软测量技术,是解决复杂工业过程变量难以在线检测的一种有效方法。其基本思想是把控制理论与生产过程机理知识有机结合,针对测量困难或者暂时不能测量的关键工艺参数,选择其他可检测的过程参数,通过构成某种模型描述来实现被检测工艺参数的在线估计,采用软件推算模型来取代传感器。这种过程参数在线估计技术具有投资少、分析速度快等特点,为复杂工业过程关键工艺参数的在线检测提供了新方法,并在实际工业生产中获得了成功的应用。

生产过程中物料多金属组分的分析一直是国内外分析化学的研究热点,科技工作者进行了大量研究。Trujillo 等[15]以 DPTH-gel 为吸附剂富集并分离被检测金属元素,采用电感耦合等离子体质谱法在线检测海水中的多种微量重金属,该方法检测速度快、灵敏度和选择性高,但仪器工作条件和环境要求苛刻。Korolczuk等[16]研究了铅膜电极吸附溶出伏安法同时测定水中镍离子和钴离子方法,该方法灵敏度高,能测定纳摩尔级的镍离子和亚纳摩尔级的钴离子。Armstrong 等[17]采用铋膜电极作为选择性电极,研究了铅、镉、锌的阳极溶出伏安法同时测定,并在河水污染物的测定上得到了应用。

关于工业过程在线分析检测系统,欧美等工业发达国家进行了研究和开发,如芬兰奥托昆普公司开发的 Courier 系列载流 X 射线荧光分析仪、澳大利亚阿姆德尔公司开发的 γ 射线荧光分析仪 OLA-100、美国得州核子公司 7200 分析仪等,能同时分析矿浆中多种金属元素。我国选矿行业先后引进购置了多套,但由于工艺流程的特殊性和取样装置等辅助措施不到位,难以实现自动取样和在线分析,在生产过程中尚未发挥应有的作用,造成了巨大的浪费。国内方面,四川先达核测控设备有限公司开发了能量色散 X 射线荧光精矿品位及水分在线分析系统,并在选矿厂铁精矿品位和水分的在线分析上得到了应用。虽然这些工业在线分析系统在选矿生产等流程上获得了应用,但总体上来说分析检测精度和稳定性难以满足工业生产过程的检测要求,物料连续采样设计上尚未摆脱传统采样方式,不适用于冶金复杂物料的在线取样与分析检测。

在复杂生产过程关键工艺参数在线检测方面,我国学者基于工艺机理分析、神经网络、图像处理、信息融合等方法,建立了一系列智能集成软测量模型。研制了矿物浮选泡沫图像处理系统[18],提出了基于数字图像统计特征、过程工艺检测数据以及工艺机理知识的多信息智能融合方法,形成了浮选矿浆品位、精矿品位和尾矿金属含量的实时预测技术,提出了基于机理模型和数据驱动的球磨机建模方法[19],首次揭示了铝土矿破碎速率的非一阶动力学特性,建立的铝土矿磨矿过程数学模型成功应用于世界上第一条选矿拜耳法氧化铝生产线。

4.3.3　过程优化控制技术

有色冶金过程气、液、固三相共存,多相交互作用下发生物理化学反应,生产过程机理复杂、边界条件动态变化,生产过程优化控制难以实现。针对这些问题,国际控制领域学者开展了大量研究工作,Kontopoulos 等[20]开发了基于产品质量连续预测动态模型的混合专家优化控制系统,通过优化调整鼓入空气的速率,在保持较高产量的同时降低了能源消耗;美国内华达州金冶炼厂成功安装和运行了自适应过程控制系统(APCS),过程控制采用基于模糊逻辑规则的专家系统,控制逻辑由不断更新的预估和优化补充完善,由于产量增加,在两周内收回了设备投入费用;加拿大魁北克 Bousquet 金铜矿在氰化过程采用最佳化控制策略[21]使药剂消耗降低,保护了环境,经济效益也明显提高。

国内学者围绕冶金过程优化控制难题也开展了大量研究,东北大学柴天佑教授研究团队提出了以全流程生产指标优化值为目标、运行指标为决策变量的智能优化方法[22]与生产指标预报校正和实际生产指标反馈校正相结合的运行指标优化决策方法,并结合由竖炉、磨矿、磁选组成的选矿生产全流程的运行指标决策问题,提出了运行指标多目标动态优化决策方法[23]。建立了以运行指标优化目标值为输入,过程控制系统的设定值为输出的预设定模型,提出了运行指标预报模型、预设定值的前馈与反馈补偿器,运行工况诊断与基于设定值调整的容错控制组成的混合智能运行优化控制方法,实现了铁矿选矿中的竖炉焙烧优化控制[24]。针对磨矿过程将建模与控制相集成,反馈、预测、前馈相结合,利用数据与知识,采用案例推理、模糊推理、神经网络等智能方法,提出了磨矿过程智能优化运行控制方法[25],成功应用于赤铁矿选矿过程的磨矿过程。这些成果的工业应用对稳定生产、降低生产能耗、提高产品产量与质量发挥了重要作用。中南大学桂卫华教授研究团队提出了面向多模型集成与多约束的智能优化方法、面向多目标的不确定分散满意优化方法、软约束调整满意优化方法,并结合有色冶金生产实际,研究开发了一系列关键工序优化控制系统,成功应用于铜、铝、铅、锌等有色冶金生产过程的控制中,明显降低了能耗和减少了环境污染[26]。此外,考虑到大型有色工业企业建立了先进的集散控制系统,积累了大量工业运行数据,这些数据中包含了丰富的反映生产运行规律和工艺参数之间关系的潜在信息,提出了操作模式优化的概念,从有色冶金过程积累的大量工业运行数据中挖掘有效信息、智能地获取指导生产过程优化运行的知识。这一方法用于实现铜闪速熔炼过程以及万吨水压机、大型立式淬火炉的操作优化,应用成效显著。不过,目前操作模式优化的研究还仅仅处于初级阶段,海量数据中如何实现操作模式的发现、评价、演化等仍是值得研究的课题。

4.3.4 铜材和铝材的加工自动化技术

我国自改革开放以来,通过引进和自主开发相结合,铜、铝及其合金材料加工技术水平不断提高[27]。现我国铜加工材年产量1184.52万吨,占世界总产量的一半,居世界第一;铝加工材为3074万吨,也居世界第一。我国已经成为有色金属加工生产大国,有色金属行业综合实力明显增强。有色金属加工行业成就的取得,一靠改革开放环境,二靠科技进步支撑。其中自动化技术发挥着越来越重要的作用[27]。生产过程需要检测与控制的参数众多,工艺参数之间关系复杂、耦合严重,必须使用运算速度快、处理功能强的计算机才能完成在线控制任务。

4.3.4.1 铸造过程自动化

目前我国生产铜及其合金铸锭(坯)采用的铸造设备有铜带坯水平连铸机、立式半连续铸造机、水冷模、铸铁模等。20世纪80年代中期开始,我国陆续引进水平连铸机。在此基础上先后设计制造了多条水平连铸机组,基本实现了国产化。水平连铸机组的设备组成包括:熔炼炉、保温炉、结晶器、二次冷却装置、引锭机、双面铣床、剪切机、卷取机。

机列电控系统由熔化炉控制系统、保温炉控制系统、引锭机控制系统、剪切机及卷取机控制系统组成,机列采用网络控制。熔化炉为工频感应炉,感应线圈采用单相串联连接。保温炉也为工频感应炉,主回路接线方式为单相反并联,控制系统中有温度自动控制功能。熔化炉、保温炉电控相对于整个机组电控是完全独立的。引锭机由交流变频伺服马达、交流伺服变频器、可编程控制器等部分组成。程控器对引锭机等设备故障进行诊断、记忆、显示,并实现机列可靠连锁。剪切机控制系统、卷取控制系统,均采用PLC控制。

从80年代末开始,国内几个厂家相继引进了国外较先进的铝带坯连铸轧设备,这些国外先进技术的引进,促进我国连铸轧技术的迅速发展。国内对铝带坯连铸轧机的引进消化工作已取得卓有成效的进展,国内(如洛阳有色金属加工设计研究院等)许多单位已设计制造出了倾斜式或水平式的各种规格的连铸轧机。

铝带坯连铸轧机组组成包括:熔炼-保温炉组、除气过滤系统、夹送辊、铸轧机、液压剪、偏导辊、卷取机、卸卷小车等,有的还配有园盘切边剪及其碎边机和卷取用助卷器。

在铸轧机和卷取机的控制系统中,上、下铸轧辊电机控制采用全数字交流调速控制系统,无负荷运行时,上、下铸轧辊各为速度调节系统工作;带荷运行时,其中一个铸轧辊为速度调节系统(上或下铸轧辊均可)工作,另一个铸轧辊可选择速度方式或力矩方式。卷取机电机控制采用全数字交流调速控制系统。辅助传动、辅助液压泵站、机列操作控制及其连锁控制系统和操作系统采用可编程控制器控制，PLC 控制系统采用 PROFIBUS-DP 方式进行通信。轧辊冷却循环水系统，为了保证轧辊的冷却水清洁、不结垢，采用闭式冷却系统。在轧辊冷却水入口处设置测温元件，测得的温度值送入 PLC 程控器中，与设定值比较后，根据差值大小发出信号由流量调节阀自动控制回水流量，达到温控目的。

立式半连续铸造机是目前有色金属加工厂中生产圆锭和扁锭使用广泛的铸造机。近十几年来，随着制造业的进步，液压缸制造技术及液压元器件可靠性大大提高，液压式半连续铸造机得到迅速发展。半连续铸造机电控系统以可编程控制器为核心，分别实现对结晶器翻转框架、铸造平台的升降和供排水系统进行自动控制。通过该系统可以动态显示铸造机各主要部件的工况，设定或在线修改工艺参数，实现铸造速度控制以及设备报警。

4.3.4.2　板带设备自动化

从 20 世纪 90 年代以来，我国有色金属板带箔的生产得到了迅速发展，特别是铝板带箔的发展更加迅速，引进了大量先进设备，同时国内自主研发方面也取得了可喜的成果。有色金属板带箔加工设备正在向着大型化、连续化、数字化、自动化和智能化方向发展。板带箔加工设备分铜、铝和稀有金属等不同金属的热轧、冷轧和精整设备三大类。

1) 热轧机组

当今热轧机组实现的三个最主要的控制功能是：自动厚度控制、自动凸度控制和自动温度控制。厚度控制系统是应用位置传感器设定轧机液压缸位移的自动厚度控制系统[28]。现代化的热轧机多使用测厚仪和凸度仪合为一体的带材厚度、凸度检测仪，同时检测带材的厚度和凸度[29]。温度则可用接触式和非接触式两种传感器来测量。

单机架四辊可逆式热轧机组的机架主传动及左右卷取机传动均采用全数字交流或直流调速装置。主传动采用速度控制，卷取一般采用间接张力控制，辊道传动采用多传动调速系统。传动装置有完善的自诊断功能以及调试和维护工具软件。

整个机组一般采用两个以上程序控制器分别对传动系统、机列、油系统、操作系统等进行逻辑和顺序控制、数据处理和某些闭环控制以及传动控制，主要用来完成热轧过程中模拟量和数字量的控制处理、程序控制(如换辊控制等)、辅助逻辑控制(介质系统、开/关控制等)、材料跟踪(微跟踪)HMI 系统、数据通信及采集等。PLC 控制系统采用 PROFIBUS-DP 等方式进行通信，各种所需的信号、数字在操作台触摸屏上显示。

在自动厚度控制(AGC)系统中，热轧机组一般采用电动压下粗调，液压压下精调。该系统具有如下功能:轧制力 AGC(RM/FM)、测厚仪监控 AGC(FM)、绝对 AGC(RM/FM) 控制。轧制力 AGC(RM/FM) 是通过调整辊缝开口度进行厚度控制。测厚仪监控 AGC(FM) 是根据位于机架出口端的测厚仪检测到的厚度偏差信号进行控制,该控制为反馈控制,得到的厚度值也就是最终产品的绝对厚度。绝对 AGC(RM/FM) 控制是由于轧制力 AGC 的目标值为设定状态下的厚度,如果设定的压下位置跟达到目标的压下位置不同,在这种情况下就不可能达到绝对目标值。另一方面,绝对 AGC 可以通过采用不同的设定厚度和目标厚度改变轧制力 AGC 的设定值从而达到目标厚度。

自动凸度控制(ACC)的主要控制功能包括:初始化设定、反馈控制、轧制力补偿控制、冷却剂控制、自学习控制、操作向导、数据记录。在粗轧阶段,考虑到轧辊的热凸度,在每一个道次从入口道次到精轧道次轧辊辊缝形状应该保持成矩形。

自动温度控制(ATC)系统:在轧机区提供几个温度传感器,分别位于入口侧和出口侧。铸锭的温度在入口辊道上通过接触式传感器检测,铸锭的温度值被输送到计算机,用于校准非接触式传感器测得的温度绝对值,用于粗轧道次的设定计算,非接触式传感器信号用于自适应地调节道次数据。温度控制根据工艺控制系统中的温度计算模型,设定各道次的轧制力、轧制速度、冷却量等参数,并把在线实测的带材温度与设定的目标温度相比较,得到温度偏差,通过调节热轧机的轧制速度和冷却量在线调节带材温度以保证热轧机的温度要求[29]。

铝带 1+1 双机架铝带热轧机组的传动和顺序控制系统同单机架双卷取四辊可逆式铝带热轧机基本相似。自动厚度控制(AGC)系统增加了两种功能:加速补偿(FM)、带尾补偿(FM)。加速补偿(FM)是由于在锁定后轧机加速时(确定轧制力 AGC 参考带材厚度),由于支撑辊轴承的油膜厚度变化会造成带材厚度减少,即使采用轧制力 AGC 也是一样,而且测厚仪式轧制力 AGC 不能补偿这种厚度偏差,因此,应采用加速补偿来补偿。带尾补偿(FM)是指在带材离开机架时,后部带材张力变为零,则下一机架的出口厚度就会增大,为补偿这种变化,采用压下开环控制。自动凸度控制(ACC)在粗轧阶段同单机架双卷取四辊可逆式铝带热轧机基本相似。在精轧机上,凸度控制计算机通过以数据表为基础的第一次设定计算来确定每个 TP 辊和工作辊弯辊器的设定值。目标凸度和实际凸度之间的差异在轧制期间可以通过工作辊弯辊器动态纠正。

由 1 台可逆热粗轧机和 4 台不可逆热精轧机串联起来构成连续热轧生产线。这种生产方式具有生产工艺稳定、工序少、产量大、生产效率高等特点,特别适用于大规模生产在世界铝板带材产量中占有很大比例的制罐料以及优质铝箔等高精产品[30]。

根据自动控制系统各主要部分所担负的任务不同,通常把多机架铝带热连轧自动化控制系统分为四级[31]。一般把第三级控制系统称为管理自动化;第二级控制系统称为过程自动化;第一级和零级系统称为基础自动化,它同单机架双卷取四辊可逆式铝带热轧机基本相似[31]。热连轧的二级控制系统主要有神经元网络自学习系统、厚度自动控制系统、凸度自动控制系统、温度自动控制系统、张力自动控制系统等,这些系统与单机架热轧机的内容和控制重点有所不同[30]。

在轧制过程中,热连轧二级控制系统利用神经元网络系统的自学习自适应功能,实现道次与道次之间、每块料之间、每坯料之间的自学习自适应,从而使整个轧制过程成为不断优化的过程[31]。现代铝热连轧生产线配置有世界先进的多点式测厚仪,厚度控制精度可以达到目标厚度的±0.8%以内。热连轧凸度自动控制系统由一个实时负反馈闭环系统实现,它极大地依赖于测量被控量传感器的有效性与实用性。现代铝热连轧配置有多发射源与检测头的多通道的凸度仪。现代铝热连轧凸度自动控制系统的控制范围可达 0.2%~0.5%。外国某公司热连轧机的CLPC 凸度控制系统如图 4-2 所示。

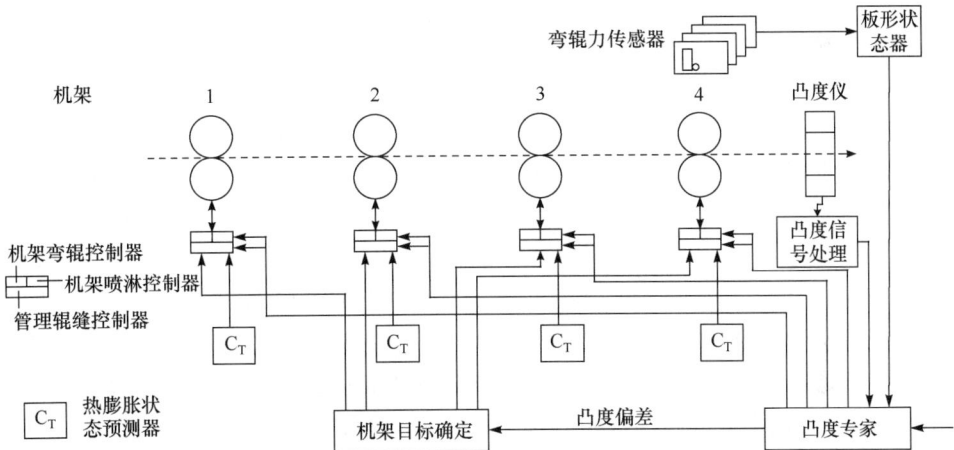

图 4-2　CLPC 凸度控制系统的结构

目前国外在热连轧机上已普遍采用以数学模型为基础的计算机控制系统进行自动轧程表计算和轧机的设定值计算。当今热连轧过程自动化主要由三级系统组成:Level0 传动控制级;Level1 基础自动化级;Level 2 自动化级。典型的铝带热连轧计算机控制系统如图 4-3 所示。

目前基于高精度数学模型的热轧温度控制系统已成为高精度铝板带热轧带坯自动控制系统必不可少的组成部分[32]。另外,热连轧过程中的张力控制是通过控制机架间的速度差来实现的,机架间的张力通过张力辊检测[30]。

由于铜热轧板还需要铣面,故铜板带热轧机组不需凸度控制功能。自动厚度控制和温度控制是铜板带热轧机重要的控制功能。机架主传动采用全数字传动装置。传动装置与控制系统之间采用通信网络方式进行数据交换。传动装置有完善

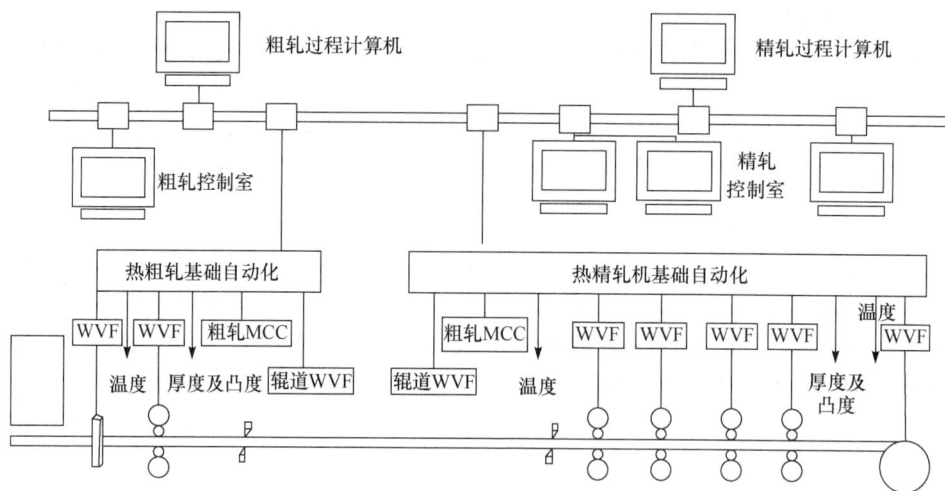

图 4-3　铝带热连轧计算机控制系统

的自诊断功能。辊道传动采用多电机交流调速传动装置。传动系统采用多个大型
PLC 作为控制器,可进行逻辑和顺序控制、数据处理和闭环控制以及传动控制[29]。

　　铜板带热轧机自动厚度控制(AGC)系统中,热轧机组一般采用电动压下粗
调、液压压下精调。该系统具有如下功能:轧制力 AGC(RM/FM)、测厚仪监控
AGC(FM)、绝对 AGC(RM/FM)控制、加速补偿(FM)。轧制力 AGC(RM/FM)
是通过调整辊缝开口度进行厚度控制;测厚仪监控 AGC(FM)是根据位于机架出
口端的测厚仪检测到的厚度偏差信号进行控制;绝对 AGC 可以通过采用不同的
锁定厚度和目标厚度改变轧制 AGC 的锁定值从而达到目标厚度;由于轧辊轴承
的油膜厚度变化会造成带材厚度减少,测厚仪式轧制力 AGC 不能补偿这种厚度
偏差,因此,应采用加速补偿来修正。

　　在加热炉的出口、淬火装置的出口设置有非接触式测温装置,实现在线温度检
测,检测结果在操作台 HMI 内显示。温度控制根据工艺控制系统中的温度计算
模型,设定各道次的轧制力、轧制速度、冷却量等参数,并把在线实测的带材温度与
设定的目标温度相比较,得到温度偏差,通过调节热轧机的轧制速度和冷却量在线
调节带材温度以保热轧机的温度要求[29]。

　　2) 冷轧机组

　　现代化的铝带冷轧机,大致有单机架不可逆式四辊冷轧机,多机架四辊式冷连
轧机组,以及单机架不可逆式六辊冷轧机组和四、六辊混合的冷连轧机组。

　　单机架不可逆式四辊冷轧机的自动控制系统分为四级传动控制。零级控制即
基本自动控制,主要完成轧机的基本驱动功能。一级控制包括轧制过程的各种闭
环控制:自动厚度控制(AGC)和自动板形控制(AFC);二级控制的主要目的是实

现轧制过程最佳化,包括轧机控制模式、轧机设定、道次分配(轧制规程)、过程数据的采集与分析、过程自适应控制和质量控制;三级控制用于实现全厂生产计划最佳化,包括减少材料库存、材料物流最佳化、传输时间最佳化、生产程序合理化、关键订货的准确跟踪、交付时间缩短和专题报表。

多级过程计算机包括设定控制、自动计算轧制道次、轧制策略以及为各种处理设备设定数据。数据设定控制是预定控制,它运用数学模型,通过分析轧制理论和设备厂家丰富的经验开发。在线自学习功能可以在一个卷的点与点之间自学习,也可以卷与卷之间、批与批之间自学习。

两机架冷连轧机(图 4-4)由左卷取机、右卷取机、冷轧机 1、冷轧机 2、冷轧机N、上卷、卸卷小车等组成。

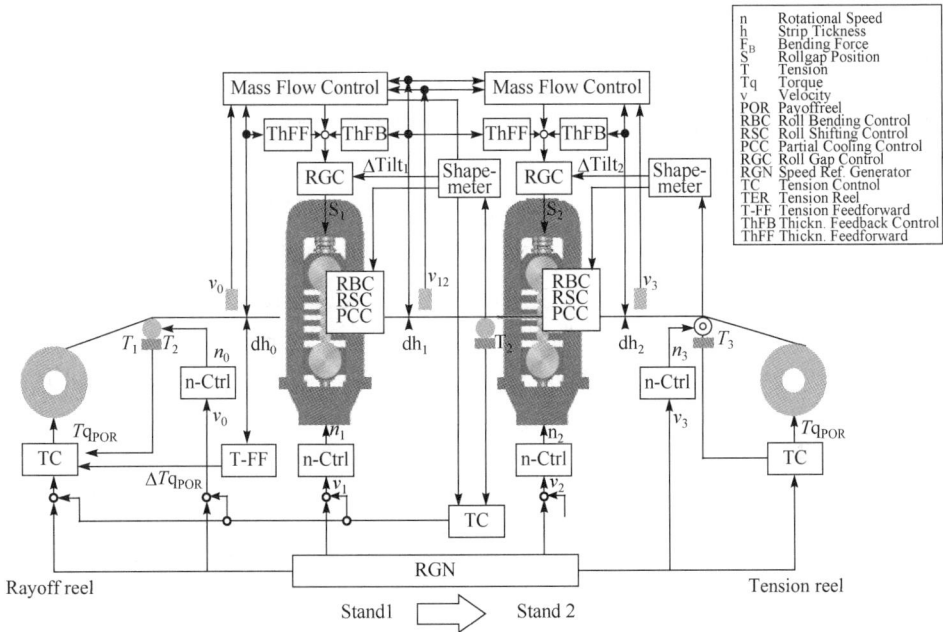

图 4-4　两机架冷连轧机组

德国 SMS 公司的两机架冷连轧机组的自动化系统同样由四级控制组成。零级控制即基本自动控制,主要完成轧机的基本驱动功能。一级控制包括轧制过程的各种闭环控制。连轧自动厚度控制(AGC)与单机架轧机的不同点在于连轧机的厚度控制除传统的控制方式外还采用前馈和物流自动厚度控制(mass flow AGC)。在带材轧制过程中,执行机构不能满足瞬时控制的要求,因此板形控制系统具有惯性并带有滞后的特点,造成智能控制在板形控制中的应用研究得到迅猛发展。机架间张力恒定控制是利用张力仪直接检测出张力的实际值,经张力调节器送入系统中进行闭环控制。第二、三级控制同铝带冷轧机。

　　3) 箔轧机组

　　现代化铝箔轧机一般均为四辊不可逆式轧机。德国 ACHENBACH 公司铝箔轧机的自动化系统可分为四个控制级：基本自动化(零级)；轧制过程的闭环控制(一级)；过程控制(二级)；生产和计划安排(三级)[28]。系统为分布式控制，采用了微处理器、PLC 及其远程 IO、PC 计算机等。这些设备使用以太网和 PROFIBUS 总线进行数据通信。主传动、开卷和卷取采用全数字交流变频调速系统或全数字直流调速系统。主传动采用速度控制，开卷和卷取采用间接或直接张力控制，一般选用超声波或激光测距设备进行卷径检测，有条件的厂家亦选用激光测速设备和张力测量设备。机列的辅助系统采用一套或多套可编程控制器，采用 PROFI-BUS-DP 等方式进行通信，各种所需的信号、数字在操作台触摸屏上显示出来。二级控制的主要目的是实现轧制过程最佳化，包括轧机控制模式、轧机设定、道次分配(轧制规程)、过程数据的采集与分析、过程自适应控制以及质量控制。三级控制用于实现全厂生产计划最佳化，包括减少材料库存、材料物流最佳化、传输时间最佳化、生产程序合理化、关键订货的准确跟踪、交付时间缩短和专题报表[28]。四级控制系统中由多台计算机硬件所组成的网络是保证带/箔材轧机轧制水平的关键所在。以太网和 PROFIBUS 总线的高速传输性能和数据交换能力，使系统调试、运行、管理、诊断更加方便有效，甚至通过网络可实现远程诊断[28]。当轧机出现故障时，通过 Internet 轧机技术服务总部可以提取、分析、修改轧机控制系统的所有数据，缩短故障处理时间。铜带多辊轧机的自动化控制系统同铝带箔轧机基本相似。

4.3.4.3　精整设备自动化

　　近十多年来，在精整机组的投资建设上，国内建设了从纵切机组、横切机组到铝箔合卷机、分卷机、铝箔厚箔剪、薄箔剪，共二百多条各类精整生产线。特别是进入 21 世纪以来，随着国内自主研发的拉弯矫直机组问世以来，国内掀起了带材拉弯矫直建设热潮。

　　拉弯矫直机(图 4-5)即是综合了连续张力矫直机与辊式矫直机的特点，使带材在拉伸和连续交替弯曲的联合作用下产生塑性延伸从而获得较好矫正效果的设备。

　　由于该机组的传动电机数量较多，机械集中传动结构复杂，延伸率通过差速器控制，精度低，而电气分别传动策略，结构简单，力矩分配灵活可调，带材与辊面的打滑率大大降低，蠕变量小，并且延伸率控制精度高，可达±0.01%。因而目前国内外均采用电气分别传动方案。整个机列采用全数字交流或直流传动，开卷机、卷取机恒张力控制；带材延伸率采用张力辊组间的速差控制模式，大大提高了延伸率

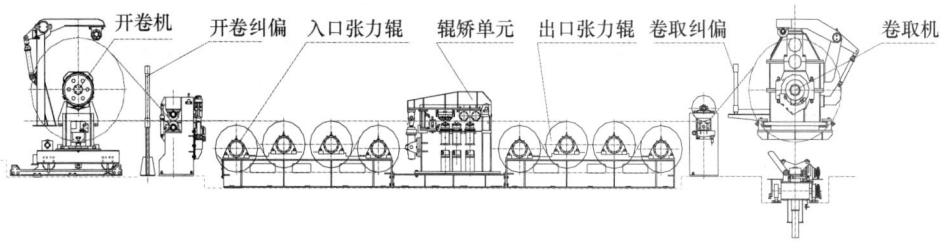

图 4-5　拉弯矫直机

控制精度[33]。可编程控制器和传动系统之间通信网络采用 PROFIBUS-DP 协议，系统之间用光纤连接。PLC 系统在机列全线自动化系统中起到"承上启下"、"上传下达"的作用，实现全线速度的设定、全线协调控制和数据传输。为消除层差及保证来料处于机列中心线，在开卷侧和卷取侧均设有带材对中和纠偏控制系统，从而避免带材跑偏过大撞坏设备或造成断带停产，同时实现了自动卷齐，为下道工序提供整齐的卷材，并可大量减少带边的剪切量，提高带材轧制质量和成品数量，提高成品率。

铜带拉弯矫和铝带拉弯矫的不同之处在于铜带拉弯矫机组中的矫直机需要具有分段调整辊形、升降和摆动等功能，且没有清洗系统，其他基本相同。铜带矫直机的升降和摆动采用交流变频技术来控制升降和摆动电机，分段调整采用六个比例阀和六个位置传感器分别控制六个液压缸的动作来实现。每个比例阀的控制均采用 PI 调节。

在铝带材生产过程中，带材表面多残留有轧制油和游离铝粉，需要用连续表面处理机进行清洁。该机组的电控系统和拉弯矫机组基本相同。

铝带材横切机组的主要工作是将经冷轧机轧制完毕的带材切去头尾、切边、矫直、横切、垛板。飞剪是其中的关键设备，它在保证剪刃和机列其他设备及带材的速度同步配合的情况下，将平动中的带材按要求的定尺进行高精度的剪切。飞剪及其传动电机的驱动采用交流或直流单元全数字控制装置，图盘剪开口度测量、垛板长度和宽度测量及控制等工作由 PLC 独立完成，全线协调控制和数据传输采用 PROFIBUS-DP 方式进行通信。

按照不同用户的商业要求，需要用纵剪机组把轧制好的铝板切成不同宽度的铝板若干条，并按恒张力方式卷取成铝卷。纵剪机组的电控系统和拉弯矫机组基本相同。该系统一般采用交流多传动变频系统，电机控制程序设置在各自的数字传动控制器中，通过高性能的主控制器给出每个电机的速度或力矩给定进行控制。

4.4　智能自动化促进有色冶金节能、降耗、减排案例分析

4.4.1　选矿自动化

4.4.1.1　选矿工艺

选矿是冶炼前的准备工作,从矿山开采下来矿石以后,首先需要将含铁、铜、铝、锰等金属元素高的矿石甄选出来,为下一步的冶炼活动做准备[34]。选矿的目的是提高矿石品位,主要包括破碎、磨矿、选别三段工序。

传统破碎工序采用三段一闭路的工艺流程,包括粗碎、中碎和细碎。粗碎在井下(地下开采)或在露天采场(露天开采),典型设备配置是复摆颚式破碎机。液压圆锥破碎机作为中碎设备和细碎设备,料仓作为中间缓冲储料设备,振动筛作为粒度分级装置,将不满足工艺粒度要求的物料返回到中碎形成闭路碎矿;皮带运输机是连接各设备并要保证连续供料的运输设备。中、细碎工序存在粉尘污染严重,厂房占地面积大等缺点。近十年来,大型选矿厂为了提高处理量、降低单耗、杜绝粉尘污染,多采用可调速半自磨机湿式磨矿流程来代替中、细碎流程,解决了粉尘污染问题。

半自磨机＋球磨机——分级机闭路磨矿系统是磨矿工序的基本流程,主要设备包括半自磨机、球磨机、渣浆泵和水力旋流器(或螺旋分级机)。以水力旋流器为核心的闭路磨矿回路为例,半自磨机排料口的矿浆经震动筛分级,筛上矿石返回半自磨机进料口,筛下矿浆与球磨机排料口的矿浆进入同一矿浆泵池,再经渣浆泵送入水力旋流器进行分级,旋流器底流矿浆返回球磨机,溢流矿浆进入选别工序。磨矿工序的任务就是为选别工艺提供合格的矿浆产品。

选别工序依方式不同也可分为磁选、重选、浮选等。重力选矿法根据矿物密度的不同,在选矿介质中具有不同的沉降速度而进行选矿;磁力选矿法是利用矿物的磁性差别,在不均匀的磁场中,磁性矿物被磁选机的磁极吸引,而非磁性矿物则被磁极排斥,从而达到选别的目的;浮游选矿法是利用矿物表面不同的亲水性,选择性地将疏水性强的矿物用泡沫浮到矿浆表面,而亲水性矿物则留在矿浆中,从而实现不同矿物彼此分离[35]。

选矿后的产品有精矿、中矿和尾矿。精矿是选矿后得到的含有用矿物含量较高的产品,一般直接或者间接进入湿法冶金流程进行处理,以获得最终的金属产品;中矿为选矿过程中间产品,需进一步选矿处理;尾矿是经选矿后留下的废弃物[35],传统采用尾矿地表堆存处理,目前也出现了一些诸如尾矿高效脱水技术、全尾矿充填采空区技术和膏体式尾矿干式堆存技术等安全、高效的尾矿处理技术。

4.4.1.2　选矿过程检测装置及技术

检测是过程控制的关键。选矿工艺过程需要检测的工艺参数很多,矿浆浓度、粒度和品位是关键工艺参数,与生产指标密切相关;此外还有称重、物位、压力、流量等工艺参数,这些参数的检测与控制,对于提高产品质量、保证设备安全和生产连续可靠运行都重要意义。近十多年来,国外各种品牌的常规仪表进入中国市场,为这些常规参数检测提供了有效的检测手段,只要选型正确,满足安装条件,基本都可以达到非常好的测量效果。

1) 矿浆品位检测分析技术及应用

矿浆品位检测是浮选过程的重点和难点。目前用于在线分析矿浆品位的仪器绝大多数都是载流型 X 射线荧光分析仪。

我国自 20 个世纪 80 年代就开始引进芬兰奥托昆普(Outokumpu)公司研制的 Courier 系列 X 射线荧光在线品位分析仪产品。近十多年来,该产品也在不断地升级换代,从 Courier 300 逐步发展到 Courier 6SL 系列。这些产品在不同时代都被我国引进过,如 2000 年,江西贵冶选厂引进了 1 台 Courier 3SL,用于 3 个矿浆流的矿浆品位检测;2002 年甘肃金川有色金属公司引进了 1 台 Courier 6SL,用于 12 个矿浆流的矿浆品位检测;2003 年安徽冬瓜山铜矿引进了 1 台 Courier 6SL,用于 24 个矿浆流的矿浆品位检测等。

Courier 6SL 系列 X 射线荧光在线品位分析仪是目前奥托昆普公司首推的产品,到目前为止,我国已从芬兰奥托昆普公司引进库里厄家族的载流 X 射线荧光分析仪 25 台,达 6 个品种之多,普遍使用状况良好,在提高劳动生产率,稳定产品质量和生产指标方面发挥了巨大的作用。

由于 Courier 系列产品造价昂贵,国内的大多数选矿厂仍然无法承受。而且国外的售后服务费用高,周期长,也是导致 Courier 产品有效运转时间降低的主要原因之一。我国从 1974 年起开始研制载流射线分析仪,多家科研院所参与其中,开发出了基于微处理器的多流道多探头在线 X 射线品位分析系统。该产品最多可同时连接 16 个探头,每个测量点的探头采用 RS-485 方式与主机通信,各测点探头中由 89C51 单片机获取 512 道能谱数据,按照上位工控机的指令发送多道数据。

2) 矿浆粒度检测技术及应用

磨矿粒度是磨矿工序的关键检测和控制参数,是磨矿产品质量的重要指标。入选矿浆的粒度与选别指标关系甚大,生产和试验都充分证实,不同粒度的颗粒,在浮选中的产率不同,只有粒度比较适宜的矿粒才可以获得最大的产率。如果粒度过粗,单体解离度低,将影响精矿品位、回收率;如果粒度过细,因矿石过磨而影响磨机处理量,同时矿浆泥化,可浮性变差,也将影响精矿品位、回收率。测量矿浆粒度分布的方法或者原理大致可以分为三种:超声波吸收原理、基于机械位移式的测量原理和激光测量方法。

(1) 超声波原理及代表产品。

基于超声波吸收原理测量矿浆粒度分布的代表性产品是 PSM-400M 型料浆粒度分析仪,该产品使用的超声波吸收技术,精确度非常高(绝对分析精度0.75%)。PSM 坚固的设计允许在恶劣的环境下连续工作。大流量的、有代表性的矿浆直接流过探测器,因而不需要稀释(多达 60%固体百分含量)。

PSM-400MPX 连续测量和报告检测信息,包括粒度分布、料浆密度或固体百分含量、时期平均值、趋势和历史数据日志等参数。

(2) 机械位移式测量原理及代表产品。

基于机械位移式测量是一种直接测量矿浆粒度的仪器,整个测量无须除气、脱磁或稀释。最有代表性的产品有 PSI-200 型和 BPSM 型在线粒度分析仪。

(3) 激光粒度测量方法及代表产品。

激光粒度仪是一种新型粒度在线测量仪器,代表产品为 PSI-500 型激光粒度仪,它的测量过程是:样品经过一次和二次取样器,在稀释单元内用水稀释到一定浓度,以保证激光能够有足够量穿过样品。其检测部分由一个固态二极管激光发射器、样品流槽、透镜、环状光束接收器组成。被稀释的样品流通过两侧装有平行钢化玻璃窗的矿浆流槽,该流槽使矿浆呈紊流状态,以使得样品的最大粒度很好地显露出来。发射器发出一组相关光束穿过样品,然后经透镜放大后被环状光学探测器接收以检测被散射的激光分布状况,从而判断粒度的分布情况。

3) 矿浆浓度检测技术及应用

选矿过程矿浆浓度是保证选矿技术指标必不可少的重要参数。选矿工艺流程中矿浆浓度检测点主要是入选矿浆浓度,有时候为了核算磨机负荷和处理效率,还会同时测量水力旋流器的入口矿浆浓度,以及各种沉降、浓缩设备的底流矿浆浓度。目前能够实现矿浆浓度有效测量的有两类产品:γ 射线浓度计和重量法浓度计。

γ 射线浓度计具有非接触性测量和无损测量的优点,适应性强、应用面广、精度较高、运行可靠,能适应于矿浆这种特定的介质和应用环境。但是由于 γ 射线是放射源,人们对放射性物质的"恐核心理"阻碍了这种仪器的应用和推广。γ 射线矿浆浓度计要求矿浆必须充满测量管道,不能有气泡进入,因此,对管道设计要求十分苛刻,影响了正常使用。国家目前对放射源的管理非常严格,要求放射源的使用情况、保管条件更加规范、严密,致使有些现场难以达到。

重量法浓度计中的矿浆浓度是以重量定义的,因此通过直接称量矿浆质量来计算矿浆浓度的方法属于直接测量,与其他方法相比避免了因中间环节转换引起的误差,从而提高了测量方法的准确性和测量精度。重量法矿浆浓度计得以成功推广应用的另一个原因是称量传感器技术性能有了很大的提高,商用电子秤(精度0.03%)已得到广泛应用。高性能称重传感器的出现,使在线直接测量矿浆浓度成为可能。

4) 矿浆酸碱度检测技术及应用

矿浆 pH 也是选矿厂必不可少的工艺参数之一,主要原因是我国矿产资源的组成复杂,为了满足浮选药剂的要求,矿浆 pH 必须调整到一定的范围,药剂才能发挥作用。

矿浆 pH 检测的难点是解决矿浆对电极的污染问题,国内现有的产品有使用玻璃电极的,也有使用金属电极的。采用玻璃电极的 pH 计的优点是测量范围宽,且其测量精度和灵敏度都比较高,但是玻璃电极在测量矿浆 pH 上的难点是易碎,不容易维护。金属电极的 pH 计有两种:一种采用钛电极作测量电极,另一种采用锑电极作测量电极,这两种电极都带有专门配置的清洗装置,解决矿浆对电极的污染,但是这类电极的缺点是比较笨重,维护时不太方便。这类电极的酸度计产品在国内应用较广。

5) 物位测量技术及应用

物位测量对于生产连续运转和设备安全都非常重要,选冶过程需要测量物位的地方很多,包括料仓、矿浆泵池、浮选槽、搅拌桶、药剂桶、储槽等容器类设备的液位检测和报警,从而实现液位连锁。其目的,一是要保证被测容器设备不要溢出,以免造成生产事故停车;二是保证容器不要打空,以免泵等设备因为空转而损坏,或者生产缺原料而造成停产或者生产指标恶化。

目前矿山的各种原矿仓、粉矿仓、水泥仓,应用较多的有同位素料位计、雷达料位计、超声波料位计等"非接触式"料位计。近年来同位素料位计使用较好,但对较大的原矿仓的射源强度达到了居里级,如此大剂量的仪表防护较麻烦,现场操作工心理负担重,应尽快用其他新的仪表来代替。雷达料位计因为发射的是电磁波,强度大,可以克服粉尘颗粒对波的散射,测量效果比较理想。但是为了测量大面积料仓,往往需要 2~4 支雷达料位计方能正确反应料仓的料位分布情况,成本较高。超声波料位计比较适用于小型粉矿仓,安装角度灵活可调,但是发射功率要足够强,方能克服粉尘颗粒的干扰,同时也需要安装多台,方能反映料仓的料位分布情况,但是成本要低很多;如果选择一带多的测量主机,成本还可降低。

近几年的实践证明,矿浆泵池、药剂储槽等储存流体的设备,物位采用超声波料位计更合适一些,因为"非接触",易安装维护,也不太容易受污染损坏。

对于湿法冶金流程中的各种溶液储槽,选择物位计时应慎重。必须考虑溶液的腐蚀性、挥发性等化学特征,以及测量环境温度和湿度的变化,在造价允许的情况下,采用聚四氟乙烯封装的天线比较好。

6）流量、压力、温度等常规参数检测技术及应用

流量检测对于计算和控制物料平衡十分重要，选冶流程中流量的检测非常普遍，主要包括：矿浆流量检测、气体流量检测、水及溶液的流量检测。

矿浆流量检测是个难点，主要是矿浆对管道和检测元件的磨损。近几年随着电磁流量检测技术的发展，电磁流量计已经成为矿山普遍使用的一种常规仪表，特别是在大口径、粗颗粒的测量条件下，一些品牌的电磁流量计也取得了不错的应用效果。对于矿浆、水及水溶液的测量，电磁流量计是一种非常好的选择，应用得也最广泛。对于其他流量检测，可以采用热式流量计这种新型产品，也可以采用孔板、涡街等差压检测原理的流量计。

压力检测需要注意的是矿浆对于传感器的磨损和与设备的连接方式，如选矿厂典型应用是旋流器的入口压力检测，尾矿输送泵的出口压力检测，由于矿浆流速大、冲击频繁，对传感器的磨损十分严重，必须引起重视。现在可以选用一种一体化隔膜式压力传感器，膜片完全被不锈钢封装，在与矿浆接触侧增加了100毫米的延伸，对膜片也起到了保护作用，连接方式为法兰连接，有足够耐压能力。

4.4.1.3 基于机器视觉的泡沫浮选过程监控技术

泡沫浮选是最重要的选矿方法，广泛应用于钢铁、有色金属、煤炭、化工、环保等工业部门，几乎所有的矿石都可用该方法来分选，其中90%以上有色金属是经泡沫浮选处理[36]。浮选过程是在矿浆中加入浮选药剂，产生气泡，气泡上浮过程中，金属矿物粒子吸附在泡沫表面，通过收集含矿泡沫，回收有用矿物，提高精矿品位。

矿物浮选泡沫表面视觉特征是浮选工况与工艺指标的直接指示器，人工观察泡沫进行现场操作的方式无法满足当前经济发展对浮选精矿产量、质量以及节能降耗减排的需求。将机器视觉应用到浮选过程建模与监测中成为浮选过程自动化发展的一个新方向。

1）高质量的泡沫图像采集方法

矿物浮选工艺复杂、流程长，各个浮选槽之间存在关联耦合现象，并且粉尘多，浮选机震动大，有酸（水）雾干扰，光照条件复杂多变。为此，分别在粗选槽、精选槽及扫选槽构建由高分辨率工业摄像机、高频光源、防护装置等设备组成的泡沫图像采集平台。在此基础上，集成工业摄像机与基于微处理器的处理子系统，实现专用的高速泡沫图像采集与处理。图像采集系统[37]如图4-6所示。

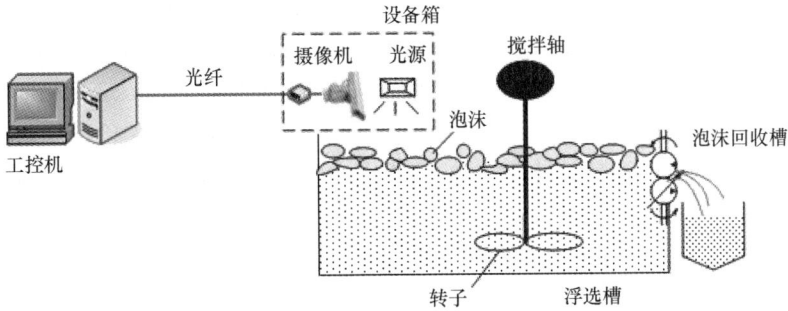

图 4-6　矿物浮选过程图像采集系统

2) 浮选泡沫图像特征提取与表征

浮选泡沫特征与工况参数和生产指标有着密切的联系。为此,采用多颜色空间信息融合的方法提取泡沫颜色特征;采用基于分层分水岭的泡沫图像自适应分割算法,研究混杂黏连泡沫图像自适应分割技术,并运用统计方法,定量描述尺寸分布特征;针对模糊纹理谱的隶属度函数进行改进,研究改进模糊纹理谱的纹理特征提取技术;对相邻帧区域图像特征进行配准,提取流速与稳定度特征。

(1) 泡沫颜色特征往往受拍摄光源和环境光照的影响,为了准确提取与浮选工况密切相关的浮选泡沫的真实颜色特征,检测出泡沫颜色的细微差别,研究基于多颜色空间信息融合的泡沫特征表征方法[38]具有重大的意义。

(2) 泡沫图像分割是浮选泡沫其他形态特征分析与提取的基础,分割的好坏直接影响这些视觉特征参数的测量精度[39,40]。对于表面气泡大小分布不均及混合黏连的泡沫图像,目前还没有很好解决泡沫图像的过分割与欠分割问题。基于分层分水岭的泡沫图像自适应分割算法[41]可以解决浮选泡沫图像分割中普遍存在的过分割或者欠分割问题,实现浮选气泡的形态化测量。

(3) 基于改进模糊纹理谱的泡沫图像纹理特征提取方法可以提取出浮选泡沫在不同的工况环境下表现出的纹理状态。

(4) 浮选泡沫动态特征提取方法:浮选泡沫的动态特征(泡沫流速、泡沫稳定度)是泡沫浮选生产效率的直接指示器,传统的计算机图像处理算法因无法对发生多种气泡畸变(坍塌严重、破碎率高、旧泡兼并伴随着新泡上浮)的泡沫图像序列进行泡沫识别和跟踪,而难以实现浮选泡沫动态特征的准确测量[42]。为了准确测量泡沫速度特征,研究了基于子块配准的稳定泡沫速度特征提取方法;针对浮选气泡在流动过程中不可避免地发生角度旋转与尺度缩放等几何畸变,常用的目标跟踪方法难以实现对几何形态畸变严重的浮选泡沫的精确跟踪难题,提出了一种自适应的基于 Fourier-Mellin 变换(FMT)与子块配准相结合的泡沫图像宏块跟踪方法[43];针对浮选泡沫在流动过程中气泡破碎率高、坍塌严重,随着旧泡兼并伴随着新泡不断产生,常用的运动估计方法无法实现对气泡破碎区域的匹配与跟踪问题[42],提出了一种基于泡沫灰度 SIFT(Scale Invariant Feature Transform)与 Kalman 滤波相结合的泡沫图像速度特征提取方法跟踪各种泡沫运动子块。在实现了浮选泡沫流速准确测量的基础上,通过定义相应的稳定度评价准则,实现了泡沫形变系数、泡沫破碎率的量化描述,解决了泡沫图像稳定度特征提取与合理化表征的难题,为实现浮选泡沫状态的客观评价提供了数字化参量[42]。

(5)泡沫图像特征统计分布表征方法:浮选泡沫图像特征是由图像采集视野中各矿化气泡共同组成的,其分布往往表现出典型的随机分布状态,采用统计均值、方差等简单数学描述手段并不能对泡沫视觉特征的统计分布进行准确描述,为此,研究了基于非参数密度估计算子的泡沫尺寸分布方法。

3)基于泡沫视觉信息的浮选过程工况识别

浮选过程中,随着矿源的波动、生产操作条件的变化,浮选生产过程工况也不断发生改变。准确的工况分析是实现不同优化操作策略的基础。可以通过统计分析浮选泡沫表面视觉特征与浮选生产工况间的关系,建立基于泡沫视觉特征的浮选工况分类识别模型[42],实现泡沫状态的自动分类与生产状况的客观评价,从而对浮选生产进行及时调节,方便浮选生产根据工况的不同而选择相应的最佳操作方式。

(1)矿物泡沫浮选的气泡尺寸是反映矿物分选性能指标的一个重要表观特征。泡沫表观尺寸特征与浮选工艺之间存在密切关系,其泡沫尺寸的变化不但能够反映浮选工况的变化状况以及故障信息,还能够反馈分选信息并指导关键操作变量(药剂添加量)的调整,有利于优质泡沫层的形成以及整个浮选流程的优化[44]。为此,研究了基于浮选泡沫尺寸分布的故障工况识别问题[45]。

(2)浮选工况直接影响精矿品位,而泡沫浮选的目的是得到较高品位的精矿,因此可根据精矿品位的高低将工况划分为过浮选、欠浮选和正常浮选等几个区域。当工况处于不同区域时,可采用不同的控制策略对浮选过程实施操作区域优化控制。为此,研究了基于加权 FSVM 的浮选工况识别方法[46]。

4)基于泡沫视觉信息的浮选关键工艺参数监测

实施矿物浮选过程的关键工艺参数的监测是实现选矿企业节能降耗、减少环境污染的重要手段。矿物浮选过程中关键生产工艺参数测量滞后,导致浮选过程指标恶化,影响浮选产量与质量。矿浆的 pH 是高效泡沫浮选的关键,影响到精矿品位和回收率。而浮选精矿品位和有用矿物回收率直接反映了浮选生产效益的好坏。为此,研究了浮选生产过程中 pH、精矿品位以及回收率等浮选关键生产工艺参数监测问题[47]。

(1)针对粗选流程,研究了粗选矿浆 pH 与粗选泡沫视觉特征的关系,建立了基于混合神经网络的 pH 软测量模型。

（2）针对精选流程，研究了精选矿物品位与精选泡沫视觉特征的相关性，建立了基于 BS-PLS 的精矿品位预测模型。

（3）针对扫选流程，研究了扫选矿物品位与泡沫图像视觉特征的关系，并根据尾矿品位与回收率的关系，建立了基于稀疏多核 LSSVM 的回收率预测模型。

5）基于机器视觉的矿物浮选过程监控系统

目前，针对铝土矿泡沫浮选、湿法炼锌硫浮选、铜优浮选以及金锑浮选过程，研究开发了基于机器视觉的矿物浮选泡沫图像监测系统成功应用于工业现场，实现了浮选泡沫图像颜色、纹理、形态和运动特征的提取以及矿浆 pH、矿浆品位和精矿品位等工艺参数的检测[42]。图 4-7 为铝土矿浮选过程粗选、粗选和精选流程集中监测图。开发系统应用于铝土矿浮选过程，使精矿产率和回收率分别提高 1.53 和 1.48 个百分点，多回收精矿 6.9 万吨/年；推广应用于硫浮选过程，使硫精矿品位提高 10%；推广应用于金锑浮选过程，使金锑精矿品位完全达标率提高 20%。系统应用效果表明系统可操作性强、稳定性高，能够为浮选过程运行优化提供操作指导，在提高精矿质量、产量，降低药剂消耗，改善工人工作环境和降低工人劳动强度等方面发挥了积极作用，经济效益和社会效益好，具有广阔的应用前景。

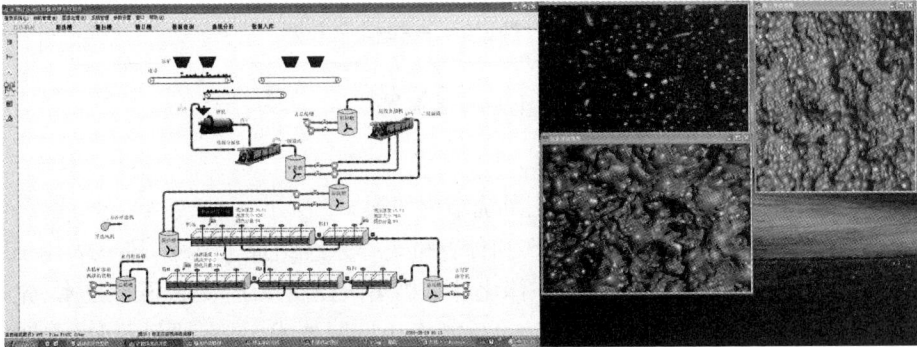

图 4-7　铝土矿浮选流程集中监测

4.4.1.4　黄金选矿过程的综合自动化系统

金矿企业综合自动化系统将金矿生产成本控制与管理、物料控制与管理、设备监控与管理、生产调度与生产数据统计分析等技术应用于金矿经营与生产管理过程[48]，研发了以生产调度与统计、物料、生产过程成本、设备、质量、地测采的实时管理为中心的 MES 和以财务管理为中心的 ERP；通过 MES 的承上启下作用和计算机网络与数据库支撑系统将 PCS、MES、ERP 和企业网服务系统集成，实现企业的信息流、物流、价值流优化集成，实现了金矿的优化控制、优化运行和优化管理。系统功能先进、实用、可靠，具有很强的自适应能力；显著提高了生产率、金回收率、设备运转率,降低了生产成本,改善了工作环境,实现了污染的零排放,取得了显著的经济效益和社会效益,不仅为黄金企业实现综合自动化树立了样板,也是采用高新技术改造与提升传统产业的成功范例,而且提供了采用信息技术建设贫矿的新模式[49]。

1) 工艺流程简述

辽宁省排山楼金矿是一座新建的大型现代化黄金矿山。采用全泥氰化炭浆提金工艺,日处理矿石1800吨。基于建设新型现代化矿山的规划,排山楼金矿全面采用了计算机、自动化技术,建成了选矿厂综合自动化系统,成为我国目前自动化水平最高的黄金矿山[50]。

排山楼金矿选矿厂[50]采用全泥氰化-炭浆法提金工艺,主要由碎矿、磨矿、浓密、浸吸以及提金工序组成。其中破碎工序采用三段破碎一闭路流程,磨矿工序采用两段磨矿两闭路流程。提金工序采用全泥氰化-炭浆法提金,经过高压解吸、电解得到高品位金泥送往炼金室冶炼。主要工艺流程图如图4-8所示。

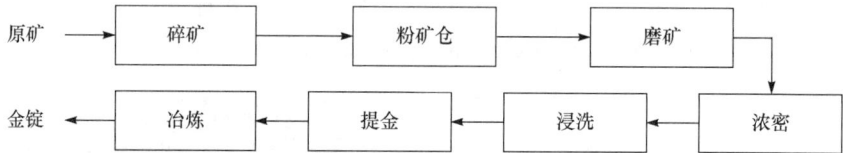

图 4-8　工艺流程图

2) 系统总体结构及功能

黄金选矿生产过程综合自动化系统结构如图4-9所示。

该系统由选矿PCS、选矿MES和计算机支撑系统组成。其中,PCS采用EIC(Electric Instrument Computer)一体化计算机集散控制系统,集成设计技术、先进控制技术和以综合生产指标为目标的智能优化控制技术,具有原料筛分、干选输送、竖炉焙烧、磨矿与选矿、浓缩脱水等过程控制子系统与生产过程多媒体监控系统,以及竖炉焙烧、磨矿与选矿等生产过程优化控制子系统。

MES采用基于案例推理的生产计划调度技术[51]、生产过程动态成本控制技术[52]为核心的以综合生产指标为目标的生产过程优化运行与优化管理技术,具有下列子系统:生产计划与调度、生产过程数据统计与分析、物料控制与管理、生产过程成本控制与管理、质量控制与管理、设备运行管理、能源管理、生产过程综合查询与辅助决策等。

计算机支撑系统由关系数据库、实时数据库和计算机网络系统组成。通过计算机支撑系统实现MES与PCS的信息集成,从而实现选矿生产过程综合自动化。

选矿厂综合自动化系统的功能总体上包括:

(1) 选矿厂主要电气设备的运行逻辑、设备运行状态监视及信号联络;

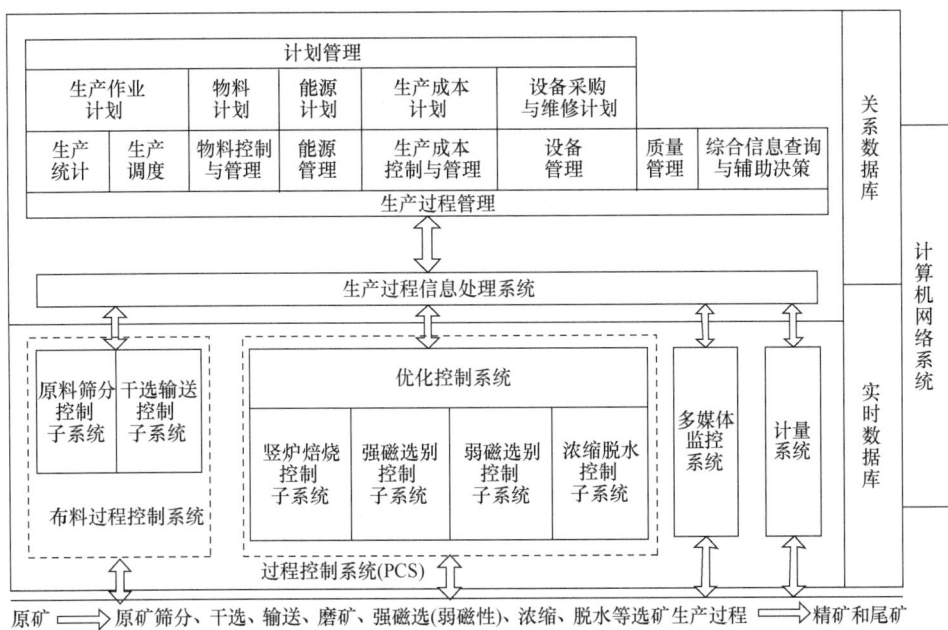

图 4-9　选矿生产过程综合自动化系统体系结构

(2) 实现电气操作方式和计算机操作方式的无扰动转换;

(3) 生产过程自动控制与监视;

(4) 生产过程的监视、炼金室的人员出入监视和安全防范、防盗报警等功能;

(5) 为生产管理系统预留了数据接口。

由于焙烧过程和磨矿过程具有多变量强耦合、强非线性,故其关键工艺参数磁选管回收率、磨矿负荷、矿浆粒度不能连续在线测量,而且难以用控制回路的输入与输出的解析式来表示[49]。因此,难以采用常规的优化控制方法进行优化控制。可采用图 4-10 所示的智能优化控制技术,通过回路控制层和回路优化设定层两层结构实现选矿过程的优化控制[49]。

选矿过程的综合生产指标是金属回收率、精矿品位和精矿产量。优化控制系统通过基于案例推理的关键工艺参数设定模型[53,54,55],产生磁选管回收率、磨矿负荷和矿浆粒度的优化值。通过智能优化设定模型产生竖炉焙烧过程的温度、压力、流量等控制回路的优化设定值和磨矿过程的给矿量、矿浆浓度等控制回路的优化设定值,通过回路反馈控制使选矿生产过程的温度、压力、流量、给矿量、矿浆浓度等稳定跟随优化设定值。利用选矿过程的输入、输出量,通过磁选管回收率、磨机负荷、矿浆粒度的预报模型,产生磁选管回收率预报值、磨机负荷预报值和矿浆粒度预报值,并与磁选管回收率、磨机负荷和矿浆粒度的优化值进行比较,产生的误差经过前馈补偿来校正回路优化设定值,并通过化验过程产生的磁选管回收率和

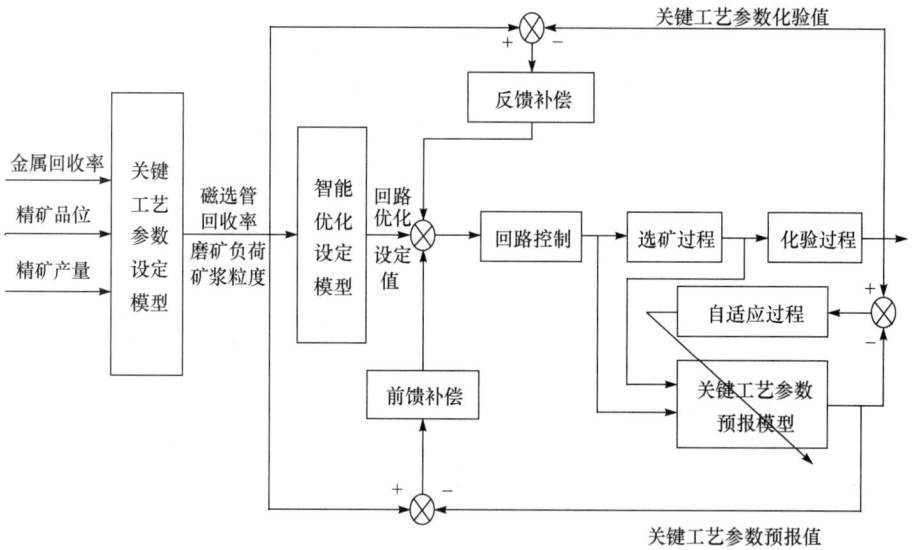

图 4-10　智能优化控制技术结构图

矿浆粒度的化验值与磁选管回收率和矿浆粒度的优化值进行反馈以校正回路设定值,通过回路控制使选矿过程实现优化。

排山楼金矿综合自动化系统于 1997 年 7 月正式投入运行,系统运行稳定可靠,各项工艺指标达到设计要求,金属回收率提高 2 %,精矿品位提高 2 %,操作人员减少 50 %,消耗减少 20 %,设备运转率达到 98 %以上,降低了生产成本,大幅度减少了人员编制,改善了操作工人的劳动条件[49]。该系统的建成为我国新矿山自动化建设及老矿山改造提供了较好的经验。

4.4.2　铅锌冶炼生产过程智能优化控制

铅锌冶炼的目的是通过复杂的物理和化学过程将原料中的金属铅和锌提炼出来,其冶炼方法主要有湿法冶炼和火法熔炼,其中湿法主要由焙烧、浸出、净化、电解和熔铸等五个工序组成;火法熔炼主要由鼓风烧结和密闭鼓风炉熔炼等工序组成。原料供应是铅锌冶炼企业中十分重要的环节,它不仅直接影响企业的生产成本,而且会影响铅锌冶炼过程的加工成本以及产品的产量与质量。由于铅锌冶炼过程工艺机理复杂、生产环境恶劣,给生产过程优化控制的实施带来了很大的困难,严重影响了铅锌冶炼生产的优化运行。本节针对铅锌冶炼企中的净化、电解、密闭鼓风炉熔炼等工序的特点,阐述铅锌冶炼生产过程的优化控制方法、技术及应用。

4.4.2.1　锌湿法冶炼净化过程优化控制技术

净化过程是湿法炼锌中的一个重要环节,其主要目的是除去中性上清液中的各种杂质离子,为电解提供合格的新液。在中性上清液内,主要存在镉、钴、镍、铜等杂质离子。其中,钴离子对电解的影响很大,不仅影响电解的效率,而且超标严重时还可能导致电解烧板,不仅影响产品的产量和质量,而且会引起生产事故而造成停产。因此,钴离子浓度是影响电解效率与产品质量的一个关键参数,必须对净化过程中钴离子浓度进行严格监控。同时,镉离子在溶液中大量存在,其含量较其他成分的离子含量高很多,对溶液中镉离子净化程度的好坏也是一个重要的判断指标。

1) 锌湿法冶炼净化过程生产工艺

湿法炼锌生产系统目前采用的是锌粉锑盐三段净化法。净化过程分为三段,来自浸出过程的含有硫酸锌的中性上清液进入净化 I 段,在 $50\sim60℃$ 的溶液温度下,在第一个反应槽内添加锌粉,主要除去杂质镉和铜离子。I 段出口净液经过压滤和加热后进入 II 段净化过程,在 $80\sim90℃$ 的溶液温度下,在 II 段净化的第一个反应槽内添加锌粉和催化剂锑盐,沉淀除去杂质钴离子,并继续沉淀除去镉离子。II 段净化是整个净化过程中最关键的一环,因为 II 段净化过程直接关系到电解工序。II 段出口净液经过压滤后进入 III 段净化过程,在溶液的自然温度下,添加少量锌粉除去复溶的杂质镉离子。III 段出口新液经过压滤和冷却后直接送电解工序。

锌粉锑盐净化除钴镉过程的第 II 段最为重要,其净化效果受到许多因素的影响,包括温度、pH、反应时间、粉末颗粒与溶液的混合程度、I 段后液钴离子、镉离子和其他微量杂质离子浓度、锌粉添加量、锑盐添加量、锌粉的成分与粒度等。它们在不同程度上影响着置换反应的速率,进而影响沉淀除钴和镉离子的反应过程。

2) 净化过程钴离子浓度的智能预测

II 段净化出口的钴和镉离子浓度是反映净化效果的重要指标。实际生产中,钴、镉离子浓度无法在线检测。因此,需依据净化过程的大量生产数据,建立 II 段净化出口离子浓度的智能预测模型,及时预报出口离子浓度的变化情况,为操作员实时控制锌粉添加量提供有用信息。

针对硫酸锌溶液净化过程产生的异常数据,采用 3σ 准则(拉依达准则)予以发现、剔除;接着,对原始数据进行标准化,减小实际生产过程中的测量数据间的差异;此外,通过分析 II 段出口离子浓度实时检测数据的影响因素——II 段净化反应槽入口钴、镉离子浓度,溶液温度,溶液流量,锌粉下料量和锑盐流量,并确定各变量之间的相关性;最后,利用连续运行的硫酸锌溶液净化过程不断产生的生产数据,采用在线支持向量回归的新增样本递增算法和在线支持向量回归的逆矩阵迭代更新算法[56]，建立在线支持向量回归预测模型，预测钴离子和镉离子浓度。表4-2给出了用生产数据仿真得到的标准支持向量回归模型与在线支持向量回归模型性能比较。仿真结果表明，在线支持向量回归模型的平均相对误差比标准支持向量回归方法要明显小很多，表现出较高建模精度，且运算时间大大缩短。在线支持向量回归模型的相对误差最大值不超过10%，已达到硫酸锌溶液净化过程中对离子浓度检测的精度要求。

表 4-2　标准支持向量回归模型与在线支持向量回归模型性能比较

建模方法	平均相对误差（钴离子）	平均相对误差（镉离子）	运算时间（钴离子）	运算时间（镉离子）
标准支持向量回归	0.0437	0.0496	36.74s	47.32s
在线支持向量回归	0.042	0.047	19.05s	21.97s

3）净化过程的优化控制

锌液净化过程的优化控制是要基于其动态特性，优化控制各除杂反应器中锌粉和砷（或锑）盐的添加量，保证净化后的锌液杂质离子浓度满足电解生产的要求，并使总的锌粉消耗量最少。净化过程的动态反应模型是一个时滞的动态方程，各变量相互耦合，且动态方程中含有两个非线性项，导致利用解析法很难求解非线性优化控制问题。Teo 和 Goh 等提出的控制参数化方法是一种有效求解优化控制问题数值解的方法，可将非线性优化控制问题转化为一系列近似的最优参数选择问题，每个问题都可以看做数学规划问题来求解。为此，针对动态反应模型的特点，采用控制参数化的方法，在每个控制参数相应的子区间内把非线性项转化为线性的，并利用合适的优化控制算法进行求解[57]。利用实际生产中的数据，可以确定动态反应模型中的参数，建立Ⅱ段净化过程锌粉沉淀除钴和镉离子的时滞关联动态反应方程（详见文献[58]）。

实际生产中，一般以一个班（8 小时）的锌粉消耗量为一个统计单位，锌粉控制量通常根据每小时化验的离子浓度值调整一次。设控制量按每小时间隔被离散化为 8 个控制参数，则优化控制问题转变为一个优化参数选择问题，采用数值计算方法就可以很容易地求解[59]。

采用时滞优化控制方法求解最优控制参数的时候，会同时得到一组新的状态曲线，这组状态曲线能很好地反映实际离子浓度变化情况。相应的钴和镉离子浓度状态曲线如图 4-11 所示，其中实线表示优化控制参数时得到的离子浓度状态曲线，虚线表示由动态模型求得到的离子浓度状态曲线。

按基于控制参数化的优化控制方法予以控制，所提方法能较好地解决硫酸锌溶液净化过程中锌粉添加量的优化控制问题，不仅能保证净化效果，同时能降低锌粉的消耗量。

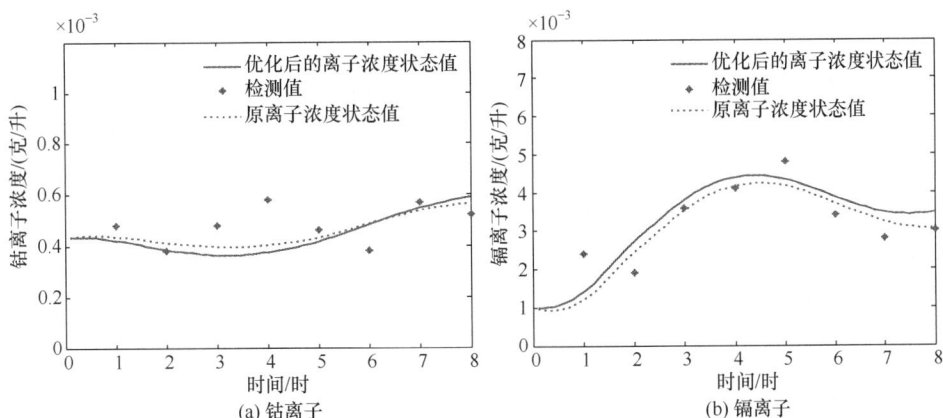

图 4-11　离子浓度状态曲线

4.4.2.2　大型锌湿法冶炼电解生产智能优化控制技术

1) 大型锌湿法冶炼电解生产工艺

电解是锌湿法冶炼的关键工序之一,其电能消耗占整个湿法炼锌过程能耗的75%~80%。锌电解生产包括电解液的制备、电解沉积以及整流供电三个主要过程。电解液的制备是指将硫酸锌溶液(新液)与电解后的溶液(废液)按一定比例混合,通过控制冷却风机以调节混合后电解液的温度,并加入合适的添加剂,以制备具有合适酸锌浓度和温度的电解液。电解沉积是通过消耗大量的直流电能,电解液中的锌离子放电析出的电化学过程。整流供电系统则是高压输电网通过调压变压器和整流机组转换为直流电,为锌电解沉积提供直流系列电流。

锌电解过程工艺流程图如图 4-12 所示。在锌电解过程中,影响能耗的因素极其复杂,包括电流密度、电解液酸锌浓度、温度、杂质含量、添加剂情况及电解周期等,需要对工艺条件进行综合优化,以保证最优的电解条件,达到降低电解能耗及用电费用的目的。另外,为了平衡电网的用电负荷、提高功率因数和用电效率,我国电力部门采用了分时计价的电费计价方式,不同时段的电价不同。考虑到电流密度过高或过低,都将导致锌析出状况差、电能消耗高、电流效率低等情况,需要综合优化锌电解生产中电力负荷调度及电解工艺条件,并优化控制整流供电系统以保证整流供电过程功率损耗最小。

2) 大型锌湿法冶炼生产智能优化控制

大型锌湿法电解生产智能优化控制总体框架如图 4-13 所示。

首先通过锌电解条件实验,获得大量不同电解条件(电流密度、电解液酸锌浓度、电解液温度)下电流效率、槽电压、能耗等实验数据,如图 4-14 所示;再根据锌

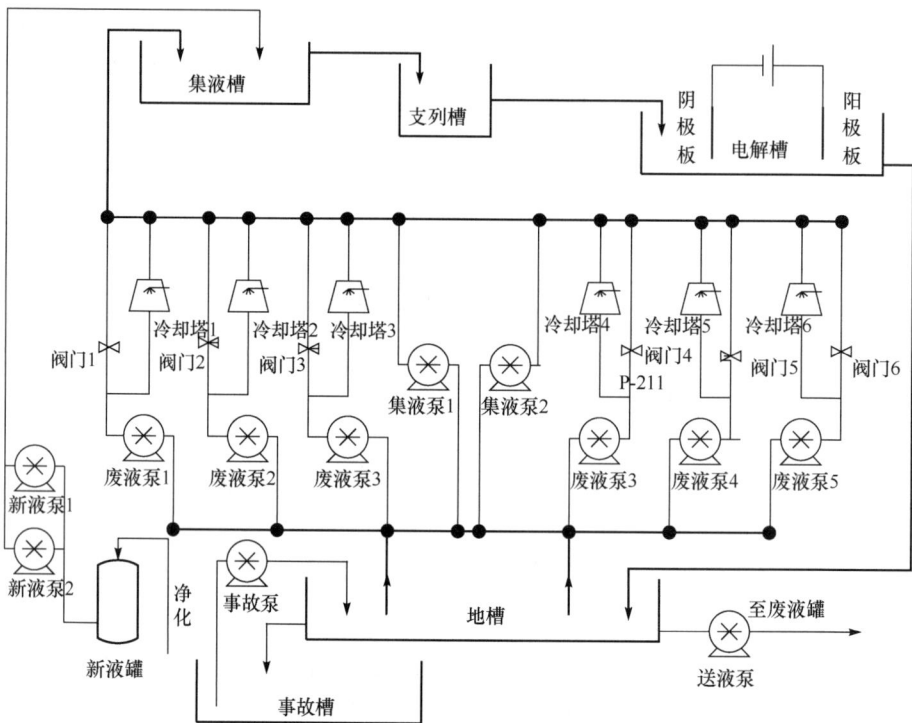

图 4-12　锌电解生产工艺流程图

电解过程能量传递与消耗机理,确定锌电解过程中电流效率、槽电压及能耗与电流密度、电解液酸锌比浓度及电解液温度等电解工艺参数之间的模型结构,利用锌电解条件实验数据辨识出模型参数,建立能耗数学模型。并利用实际生产中获得的数据,对能耗机理模型进行在线校正,保证能耗模型的精度满足实际生产的要求。在此基础上,建立以锌电解过程中能耗及用电费用为目标,以电解锌产量、质量及各工艺参数的上下限为约束条件的多目标优化模型[60]。针对优化模型的特点,提出了改进的粒子群多目标优化算法[61],求解获得最优的电解条件。结合现场专家经验,对新液流量、废液流量和电解温度进行在线控制,保证电解生产运行。电解液制备过程专家控制系统如图 4-15 所示,包括酸锌浓度专家控制及温度专家控制。此外,针对分时负荷的优化调度导致锌电解过程中直流负荷波动很大的问题,建立整流机组优化运行模型,优化决策多台机组的最优投运组合和各机组的最优电流分配,提高整流效率,降低交、直流损耗[62]。

　　图 4-14(a)和(b)是同一温度(40℃)、不同酸锌浓度条件下电流效率、槽电压及能耗与电流密度之间的关系;图 4-14(c)和(d)是固定酸锌浓度(170/55)、不同温度条件下电流效率、槽电压及能耗与电流密度之间的关系。

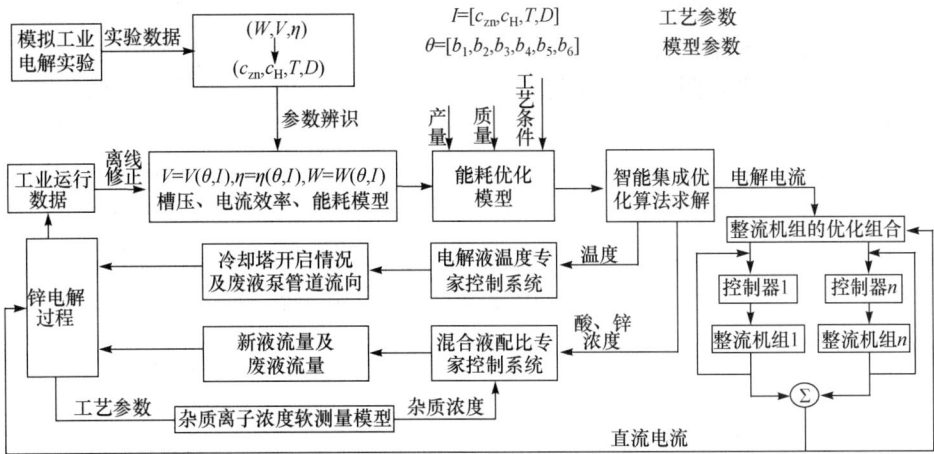

图 4-13 锌湿法电解生产智能优化控制总体框架

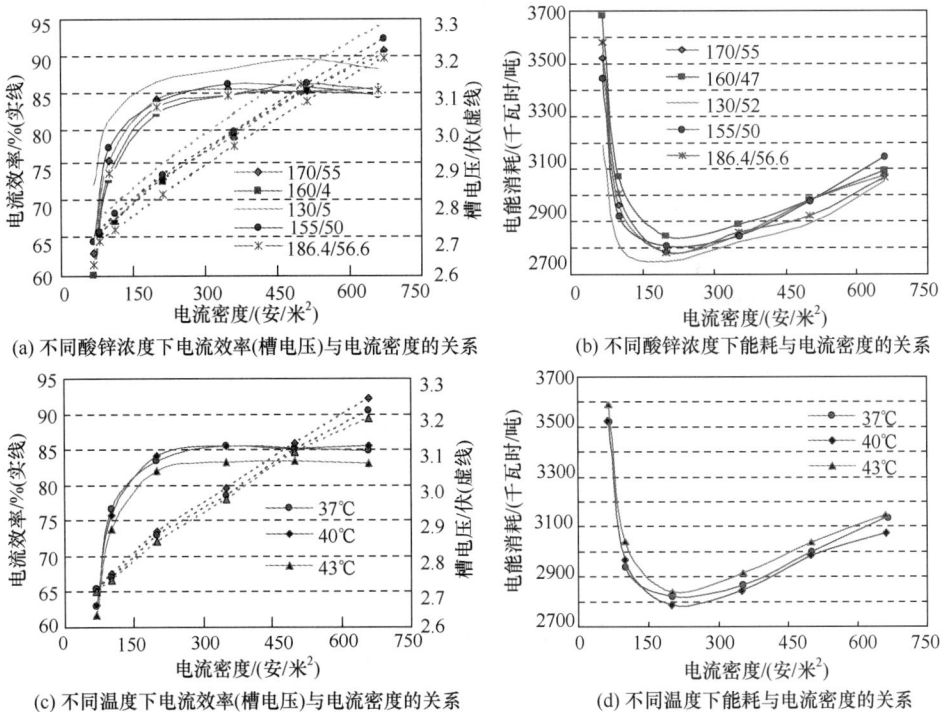

(a) 不同酸锌浓度下电流效率(槽电压)与电流密度的关系

(b) 不同酸锌浓度下能耗与电流密度的关系

(c) 不同温度下电流效率(槽电压)与电流密度的关系

(d) 不同温度下能耗与电流密度的关系

图 4-14 锌电解实验结果

图 4-15 中的酸锌浓度专家控制系统由电解液酸锌浓度预测模型、新液流量机理模型和基于专家经验的新液流量修正三个部分组成。电解液酸锌浓度预测模型

为 BP 神经网络,可保证模型适应各种工况,实际应用中,利用电解液酸锌浓度的化验结果对预测模型进行在线修正。新液流量机理模型基于物料平衡原理建立,考虑了机理模型满足阴极板析出锌所需要的新液流量,并没有综合考虑锌电解系统情况,因而需要在机理模型的基础上,综合考虑系统各因素,用专家系统对新液流量进行补偿。图 4-15 中的温度专家控制主要是通过控制冷却风机的开启台数来实现。实际生产中,冷却风机的开启情况主要由电流密度、环境温度及温度优化设定值决定[63]。当环境温度或电流密度上升时,应增加冷却风机开启台数;反之,应减少冷却风机开启台数。基于现场专家经验及实际操作情况分析,可以确定在设定的电解液温度情况下冷却风机开启台数与电流密度及环境温度三者之间的关系,从而用于控制。

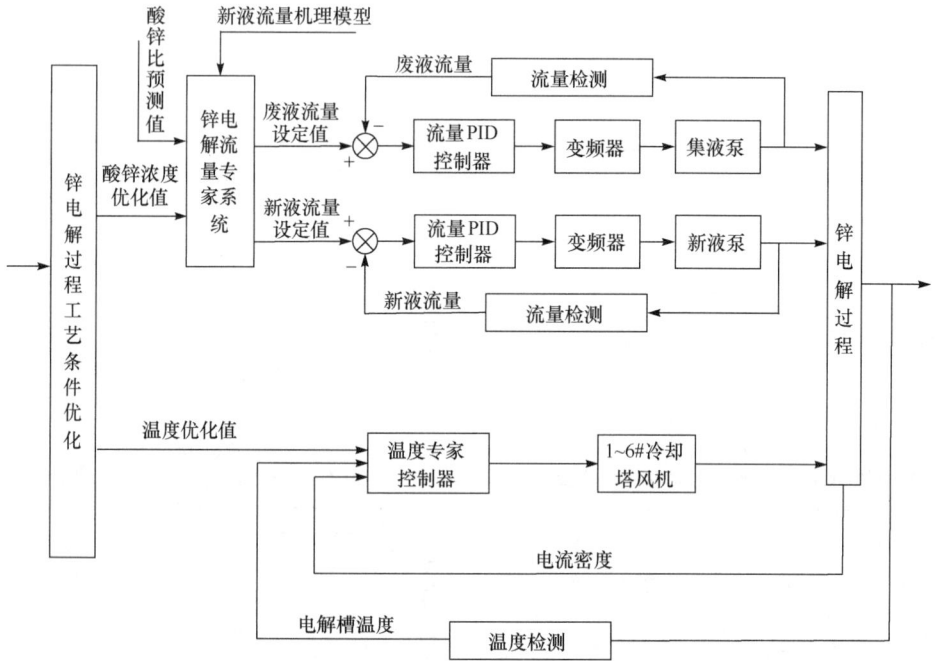

图 4-15　电解液制备过程专家控制系统

3) 大型锌湿法电解生产智能优化控制系统及节能降耗效果分析

大型锌湿法电解生产智能优化控制系统结构如图 4-16 所示,由总厂调度级、分厂调度级和工段级的三级实时控制网络组成。总厂调度级 DMC 完成锌电解综合优化计算,实时在线优化锌电解系列电流、电解液酸锌浓度、温度等关键工艺参数,以及全厂整流供电系统、锌电解生产状态集中监视(大屏幕)、事故报警和其他系统安全管理等功能。分厂调度级 EMC1 和 EMC2 实时监视整流供电运行状况。整流所 RMC1、RMC2 确定整流机组的最优投运组合和各投运机组的最优电流,整流机组控制器完成各系列电解槽稳流控制。EMC3 实时监视电解生产运行状况，实现各系列电解槽的电解液酸锌浓度和温度的实时控制。

大型锌湿法电解生产智能优化控制系统已成功应用于 40 万吨/年锌湿法冶炼生产线。所开发的供电优化与监控系统投入运行后，实现了整流机组的组合优化以及调变挡位与晶闸管控制角的协调控制，整流效率逐年提高，三年间由 0.955 提高到 0.9807、0.9829 乃至 0.9837，电流精度稳定在 0.5% 以内，提高了功率因数并大大减少了整流供电过程的电能损耗；建立的总调度室、厂调度室与工段级的三级实时控制网络，实现了系列电流的网络大闭环控制、电解液酸锌浓度及温度的实时控制；采用双机双网冗余技术，提高了网络控制的可靠性。所开发的锌电解生产优化控制系统投入运行后，实现了锌电解过程电流密度、电解液温度及酸锌浓度等工艺条件的优化，并通过优化控制电解液制备过程新液、废液流量及冷却风机，实现了工艺条件的优化控制，稳定了生产工艺指标，降低了锌电解沉积过程的能耗，锌电解直流单耗一年内由 3040.3 千瓦时/吨降低到 3011.6 千瓦时/吨，并实现了锌电解生产过程工艺参数及设备运行情况的在线监控、故障报警、统计分析及安全管理等功能，提高了企业的科学管理水平。

大型锌湿法电解生产智能优化控制系统的成功应用，确保了电解生产过程高效可靠稳定运行，为有色金属冶炼电解过程的节能降耗提供范例。

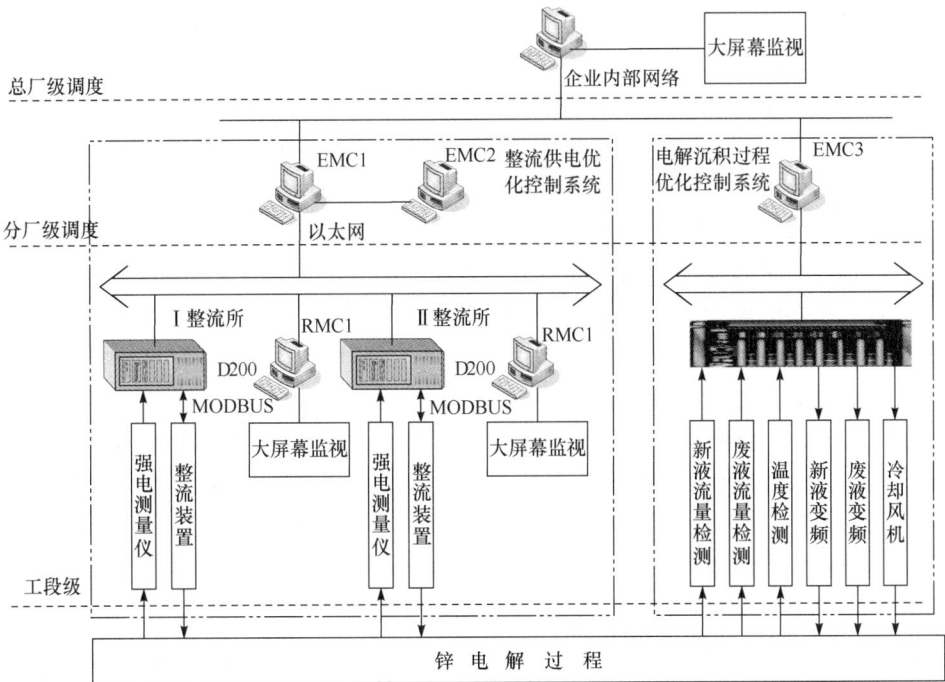

图 4-16　大型锌湿法电解生产智能优化控制系统结构图

4.4.2.3　铅锌熔炼过程智能优化控制技术

1) 铅锌熔炼过程工艺机理分析

密闭鼓风炉炼铅锌技术,又名帝国冶炼法(Imperial Smelting Process,ISP),于 20 世纪 50 年代由英国帝国熔炼公司始创,是近代火法炼铅锌的先进方法之一。ISP 熔炼过程在一个密闭的鼓风炉内进行。根据铅、锌的熔沸点不同,可同时生产出铅、锌两种金属。

熔炼过程最关键的问题是如何维持炉况稳定,减少因为炉况波动而造成的损失。目前,我国某冶炼厂 ISP 熔炼过程已采用集散控制系统(DCS)实现了重要参数的单回路控制,对每一个单变量控制回路,基本上能获得比较满意的控制性能[64]。但由于对密闭鼓风炉的内部反应未知,建立生产过程的数学模型困难,无法实现生产过程的优化控制。实际生产中,基本上是依靠操作人员的经验设定工艺参数,容易造成鼓风炉炉况不稳,影响炉龄,严重时导致停炉休风,直至复风,需要很长的时间,从而造成巨大的经济损失[65]。

经分析,密闭鼓风炉熔炼过程急需解决的问题主要包括三个方面:①鼓风炉炉内检测参数较少,不能实时跟踪鼓风炉熔炼状态;②熔炼过程反应的复杂性、强耦合性和严重的非线性,难以用传统的数学表达式描述,因而对鼓风炉熔炼过程的控制,缺少一定的理论依据;③炉况调整操作的滞后性和盲目性[64],不能保证炉况的真正稳定。这些问题的存在,使铅锌生产过程仍停留在初级自动化阶段,阻碍了其产品产量和质量的提高。因此,建立合理的炉况判断模型,实现生产过程的参数全局优化,使控制系统满足生产目标的要求,进而使整个生产经营运行于最佳状态,是鼓风炉熔炼过程亟待解决的关键问题,具有极其重要的意义。

2) 铅锌熔炼产量预测模型

铅锌产量是鼓风炉熔炼的重要指标之一。结合机理和主元分析,确定影响铅锌产量的主要因素为:二次风量 W_l、底部风压 P_l、热风温度 T_k、烧结块含锌 B_{Zn}、烧结块含铅 B_{Pb}、烧结块含硫 B_S。考虑到这些变量与铅锌产量间存在一定的线性关系,取现场采集的生产数据,经过异常数据剔除、时间滞后对应和平均值滤波等处理后,形成有效数据样本,通过系统辨识可得到产量预测的线性回归模型。以生产数据进行仿真验证,图 4-17 为模型预测结果以及与实际产量的对比。图中实线为实际产量,虚线为预测结果。预测均方差为 5.1232 吨,最大误差为 8.8876 吨,满足工艺精度要求。

根据工艺机理可知:在正常范围内,底部风量越大,底部风压越小,产量越高;风温越高,还原气氛强,还原的锌越多;烧结块的含铅锌量越高,产量越高;烧结块含硫量高,鼓风炉内部适度结瘤,避免锌蒸汽逸出。线性回归模型与机理分析的结果基本相符,可用于铅锌产量预测。

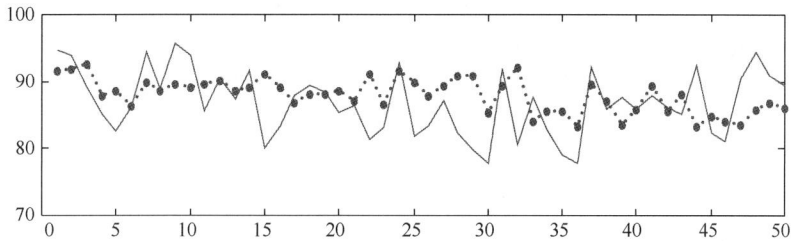

图 4-17　基于线性回归模型的预测结果

3) 铅锌熔炼过程炉况评判及炉况优化

(1) 密闭鼓风炉炉况评判。

密闭鼓风炉炉况评判,就是依据 DCS 上获取的检测数据,对密闭鼓风炉运行状态及其趋向进行判断,是实现优化操作的关键。密闭鼓风炉熔炼过程操作人员在长期生产实践中积累的经验是进行密闭鼓风炉炉况评判的主要依据。借助人工智能技术,将专家的技能和经验转变为知识模型,是处理密闭鼓风炉这类复杂对象的有效途径[66]。基于对当前炉况的正确评判,可及时给出优化操作,保证密闭鼓风炉的正常运行,以取得最好的经济效益。

密闭鼓风炉炉况判断采用基于数据的综合判断和基于规则的专家评判相结合的方法。在综合判断中将密闭鼓风炉炉况分为产量、透气性、炉渣三个类别,根据生产数据把每个类型分为优、良、中、差四个级别,通过三个类别的模糊组合得到炉况的综合判断;在专家评判中,采用产生式规则进行炉况的专家判断,规则模型的输入变量为锌产量、透气性指数以及渣含锌、渣含铁和渣中的钙硅比,输出变量为密闭鼓风炉炉况;得到炉况综合评判结果和专家评判的炉况结果后,将评语集中 {优,良,中,差} 数量化 {2,1,0,-1},采用加权平均法,从而得到最终评判结果。

根据炉况评判,可得到当前的炉况,如果非优,则进行参数优化;如果为优,则继续保持当前炉况。操作优化样本库中保存有大量的各种不同物料成分情况下的优化操作参数,这相当于保存了历史上大量的优化操作专家经验。由于操作优化样本库中样本多,可采用聚类搜索方法,进行操作参数的寻优;当不能从样本库匹配到优化样本时,则利用专家规则指导熔炼过程。

(2) 基于聚类算法的炉况优化。

密闭鼓风炉炉况参数优化中选择二次风量、底部风压、热风温度、烧结块含锌、烧结块含铅、烧结块含硫、渣含锌、渣含铁、渣中钙硅比和透气性为聚类变量,对优化样本进行标准化处理,然后运用模糊 C-均值聚类。

选取密闭鼓风炉实际生产中一组数据,依据前面介绍的炉况评判方法,可以得到此组数据对应的炉况为中。为此,对于该炉况,采用基于聚类的优化算法,确定一组优化操作参数指导生产,优化前后炉况的效果如表 4-3 所示。

表 4-3　炉况为中时的炉况参数

	底部风量	底部风压	风温	烧结块含锌	烧结块含铅	烧结块含硫	渣含锌	渣含铁	钙硅比	透气性
优化前	34.49	49.15	969	44.69	17.98	0.52	11.41	21.74	0.8763	0.7017
优化后	37.46	49.01	928	45.05	17.43	0.67	10.41	23.46	0.9874	0.7643

综上所述,在利用综合评判和专家规则得到密闭鼓风炉炉况评判的基础上,对于炉况非优时,可采用基于聚类的优化算法,在优化样本库中寻找到较优炉况所对应的优化操作参数,根据优化操作参数对密闭鼓风炉进行操作,可以有效地改变密闭鼓风炉的炉况。

4.4.2.4　铅锌生产过程密闭鼓风炉智能故障诊断技术

铅锌火法冶炼过程主要包括烧结与熔炼两个部分,前者以鼓风烧结机为主体,后者以密闭鼓风炉为主体。铅锌产量的高低主要由密闭鼓风炉的生产能力和工况水平决定。要维持高的铅锌产量,需要保证炉体尽可能不出故障或少出故障,从而使密闭鼓风炉稳定运行,减少休风时间、延长炉体检修时间间隔,这就需要对密闭鼓风炉可能出现的故障进行诊断,提前作出正确的处理。

密闭鼓风炉熔炼过程反应机理复杂、生产环境恶劣,需深入分析铅锌密闭鼓风炉故障征兆的反应机理,利用神经网络、灰色理论、案例推理等智能方法,研究密闭鼓风炉冶炼过程故障的智能诊断方法,开发密闭鼓风炉铅锌熔炼过程智能集成故障诊断系统[67],以减少密闭鼓风炉故障尤其是重大、恶性事故的发生。这对降低密闭鼓风炉冶炼过程的维修费用,提高经济效益,具有十分重要的意义。

1) 密闭鼓风炉铅锌熔炼过程故障分析

密闭鼓风炉熔炼过程常见的故障可分为设备故障和工艺故障两类。设备故障主要包括加料设备故障、料钟故障、冷凝器转子故障、热风炉系统故障、炉顶冒烟冒火故障、供电系统故障以及供水故障等。工艺故障主要包括结瘤、悬料、风口故障、漏渣与漏风故障、粘渣故障及直升烟道温度过高等。

设备出现故障会有明显的故障现象,而且会反应在生产过程的监测参数上。但是对工艺故障来说,判断就不是那么容易和简单了,而且有些工艺故障的出现是个渐进的过程,开始出现时故障现象不明显,渐进的变化有时不会立刻反应在过程监测的变量上,或者有些变量无法直接测量,导致这些故障的诊断极为困难[67]。

2) 密闭鼓风炉铅锌熔炼过程透气性预报模型

密闭鼓风炉熔炼过程中,鼓风炉的透气性对产品的产量与质量影响极大,也是反映炉内结瘤状况的重要参数。对于密闭鼓风炉的透气性好坏,可以用透气性指数来描述,并结合 BP 神经网络和灰色预测模型的优点,对灰色理论模型和神经网络模型进行自适应模糊组合,实现透气性指数可靠、准确的预测[67]。组合模型的结构如图 4-18 所示。

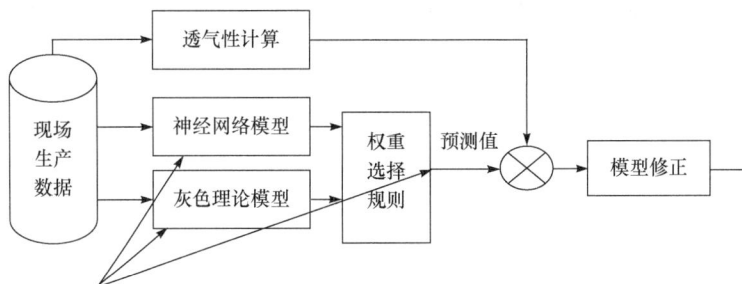

图 4-18　灰色理论和神经网络模型的集成形式

　　基于某工厂的现场生产数据进行仿真验证,组合模型的预测结果如图 4-19 所示。图中横坐标为样本点个数,纵坐标为透气性指数,其中实线表示实际的透气性指数,虚线表示相应的预测值。从预测结果可以看出,组合模型的预测精度高,能够满足实际生产的要求。经工业应用结果验证,也说明提出的模型能很好实现密闭鼓风炉透气性预测,能及时发现故障和预报故障[65]。

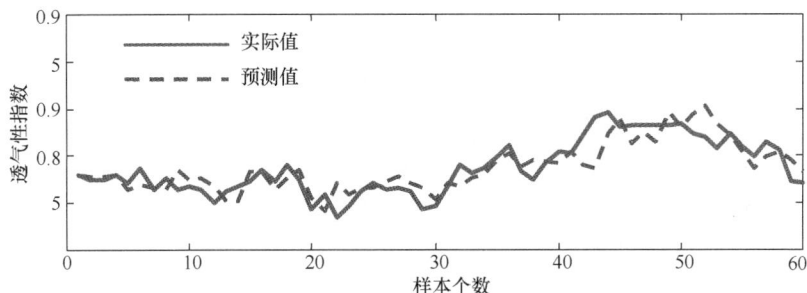

图 4-19　组合模型预测结果

3) 密闭鼓风炉结瘤故障智能诊断

　　密闭鼓风炉熔炼过程工艺故障中最重要的故障是熔炼炉结瘤。在长期的密闭鼓风熔炼生产中,积累了大量的生产数据和各种炉况状态信息,特别是每次结瘤故障发生后,故障分析和解决办法等有着详细的记录。这些历史数据,对结瘤故障诊断并维持炉况稳定具有十分重要的意义。为此采用基于案例(Rule-Based Reasoning,RBR)的故障诊断方法利用这些历史数据进行故障诊断。首先通过统一的案例表示方法,描述结瘤故障案例;同时建立良好的密闭鼓风炉故障案例的结构和索引;接着,根据案例推理系统的工作原理,当出现新故障时,通过检索案例库,查找与当前故障相似的案例,并对其处理措施作适当调整,使之适应于处理新故障,形成一个新的故障案例,再存入案例库中,并得到解决当前故障的措施[67]。

密闭鼓风炉基于案例推理的故障诊断模型,如图 4-20 所示,包括故障数据库、故障案例库、故障特征分析、故障案例检索、故障案例匹配、故障案例复用、故障对策评价、故障对策调整和故障案例保存等几部分。

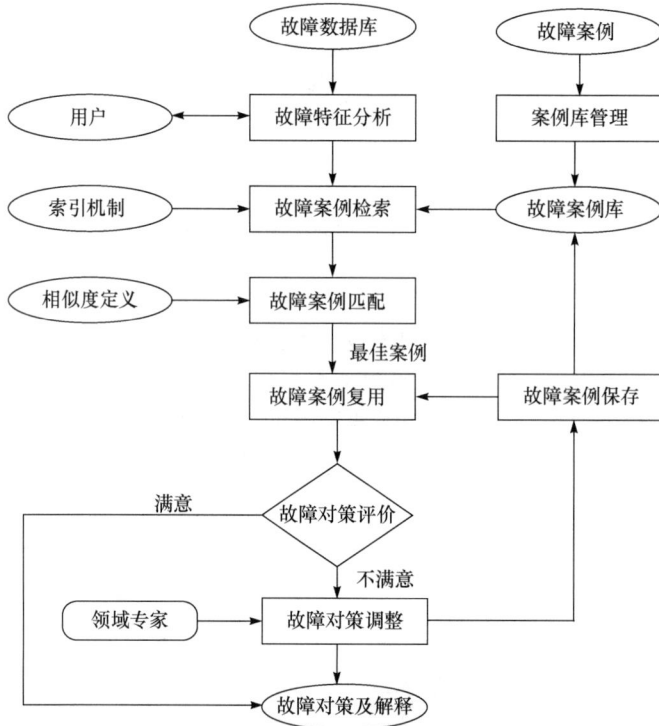

图 4-20　基于案例推理故障诊断模型

4) 密闭鼓风炉智能故障诊断系统

针对铅锌密闭鼓风炉冶炼厂开发了密闭鼓风炉熔炼过程故障诊断系统(如图 4-21 所示),功能主要包括:网络通信、故障报警、信息输入、历史数据查询及报告打印。

开发的密闭鼓风炉智能故障诊断系统已成功应用于铅锌密闭鼓风冶炼企业,实现了对炉况状态和运行趋势的预报,对异常参数或炉况进行诊断与报警,避免了炉况操作的盲目性,有利于提高铅锌产量和质量[67]。

4.4.3　铜冶炼生产全流程综合自动化关键技术及应用

世界铜生产工业主要采用火法冶炼,其产品产量约占精炼铜总产量的 85%,主要用于处理硫化铜矿石或精矿[68]。现代火法炼铜的典型冶炼炉包括闪速熔炼

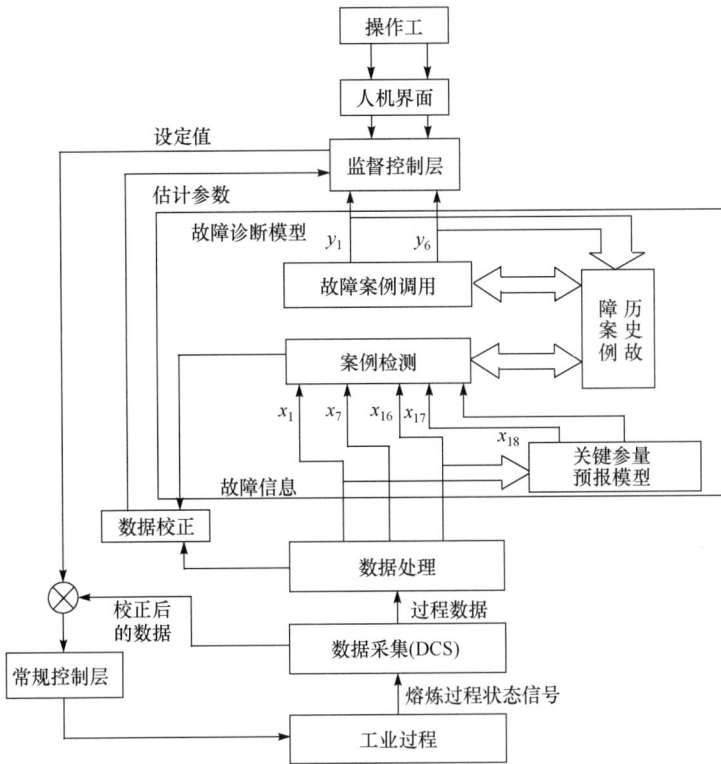

图 4-21　密闭鼓风炉熔炼过程故障诊断系统功能结构框图

炉、艾萨炉、诺兰达炉、澳斯麦特炉等。本节主要针对闪速熔炼工艺介绍铜冶炼生产如何采用综合自动化技术实现节能、降耗、减排,再简单介绍目前其他熔炼炉的相关情况。

4.4.3.1　铜闪速冶炼生产工艺

铜闪速熔炼生产流程包括铜精矿配料与干燥、闪速炉熔炼、转炉吹炼、电解精炼过程以及渣选矿、烟气制酸等工序,其工艺流程图如图 4-22 所示。

4.4.3.2　铜精矿配料过程智能优化技术

铜精矿配料过程是将若干种不同来源的铜精矿,配成满足闪速熔炼要求的混合精矿,是铜闪速熔炼生产过程的第一道工序。闪速熔炼炉反应时间极短,要求物料均匀且稳定,对配料要求就更为严格。在操作条件一定且矿源成分已知的情况下,配料成分由参与配料的各种铜精矿配比决定[69]。目前,各种铜精矿的比例主要依靠调度人员多年积累的生产调度经验,通过考虑进厂精矿的数量、成分、计划

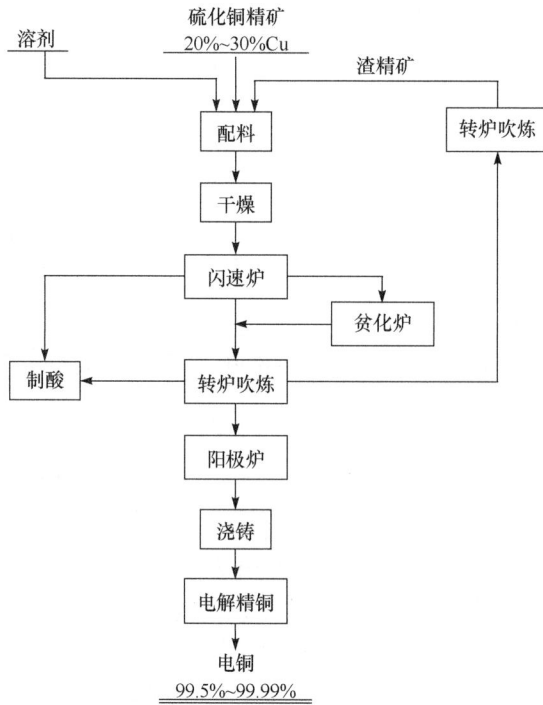

图 4-22　铜闪速冶炼工艺流程图

产量以及生产工艺状况,人工计算调配。然而,由于精矿来源广泛、种类较多、成分偏差大,以往采用人工经验配料,仅由人的主观意识来判断和确定配比,难以平衡各影响因素之间的关系,对混合精矿是否能够最大限度地满足工艺要求也难以把握;另一方面,混合精矿的成分含量约束多取决于生产经验,其边界值也由人为主观决定,在缺乏对由此确立的可行域进行判断和调整的前提下,各个约束条件之间可能会产生冲突,不能统筹兼顾得到最优配比。

为此,从闪速熔炼配料的影响因素分析出发,提出一种基于软约束调整的闪速熔炼配料过程智能优化方法[70]。首先,结合工艺过程特点,建立综合考虑精矿品位、成本、库存的配料优化模型;并利用软约束调整的概念对由人为主观确定的约束边界值进行一定范围内的调整,以降低优化问题不可行的概率;最后,针对模型的多目标、多变量特性,采用以单变量编码的交叉变异确定整体决策向量的方案,从而改进多目标 Pareto 遗传算法,克服多维变量在编码过程中可能导致搜索空间剧增的缺陷。

该方法应用于铜火法冶炼企业铜闪速熔炼配料过程。图 4-23 给出了配料优化计算的结果与人工调配结果的比较情况,粗实线为人工手动调配结果,细虚线为优化计算结果[71]。

图 4-23(a)为混合精矿 S/Cu,优化后得到的 S/Cu 比较接近手动调配值,且按优化配比配矿的 S/Cu 平均值为 1.15,比人工配比配矿的 S/Cu 平均值 1.16 更接近工艺要求;图 4-23(b)为杂质 As 的含量,优化计算的结果明显低于手动调配值,其余杂质 Bi、Sb、ZnPb 含量都有不同程度的下降;图 4-23(c)为所耗精矿的总成本(包括精矿的原料成本和存储成本),优化配比下所耗精矿的总成本明显低于人工调配下的精矿成本。系统工业应用后,配料控制精度由±1.5%提高到±1.0%,平均成本下降了 3%。可见,按照优化配比进行配矿,在满足闪速熔炼要求的同时,能够有效降低混合精矿的杂质含量,而且能够降低所耗精矿的总成本。

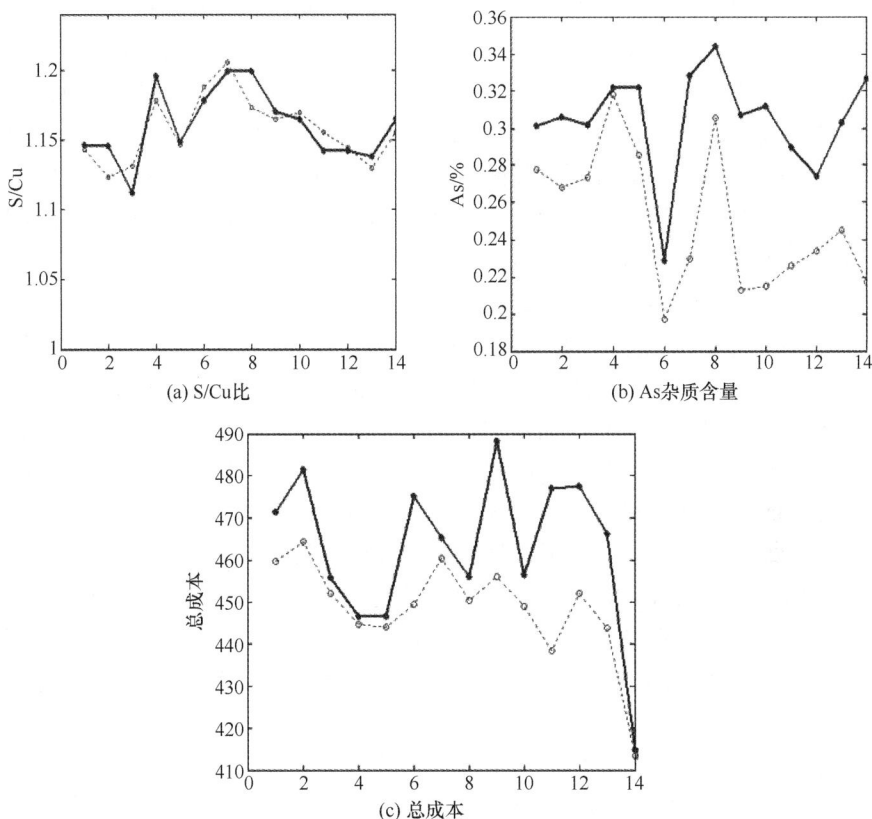

(a) S/Cu比

(b) As杂质含量

(c) 总成本

图 4-23　混合精矿成分指标人工调配值与优化计算值对比

4.4.3.3　铜精矿气流干燥过程智能优化控制技术

气流干燥利用加热气流或废烟气流来使精矿颗粒悬浮起来。精矿颗粒被热气流所包裹,固气两相直接充分接触,使精矿中的水分迅速蒸发出来,数秒内完成精矿干燥。在闪速熔炼过程中,由于炉料从进入反应塔到落入沉淀池,停留时间大约为 1 秒,因此炉料的干燥程度对闪速熔炼过程影响非常大。如果炉料水分含量过高,炉料中的水分从物料颗粒内部运动到颗粒表面,进而从表面蒸发,炉料在脱水过程中还没来得及与富氧空气反应就已经落入沉淀池内,造成生料堆积,所以一般工艺要求水分率控制在 0.3% 以下。如果精矿过于干燥(水分含量低于 0.1%),精矿中的硫会在干燥过程中与氧反应,造成精矿的自燃,不但会损伤设备,而且会使干精矿在沉尘室吸潮而结板[72]。因此,控制入炉精矿水分含量在 0.1%～0.3% 是稳定闪速熔炼生产的前提。

目前,铜冶炼一般采用三段(回转窑、鼠笼、气流干燥管)气流干燥方法对精矿进行干燥。干燥过程中,根据多年的生产经验总结出沉尘室温度与干矿水分含量之间的对应关系来估测干矿水分,并以此为依据来调节燃油量及风矿比。这种经验操作方法给生产带来不便,且存在一定的盲目性。因此,利用易于获取而且与水分有着密切关系的测量信息,构造干矿水分与热风温度、风矿比、沉尘室温度、混气室温度和干燥回转窑尾的温度之间的软测量模型,实现对干矿水分的在线软测量,并依据干矿水分软测量结果,及时调节干燥系统中变频风机的转速和烧油量,来保证干矿水分的稳定;在保证精矿稳定的前提下,建立智能优化模型,通过调整燃烧风机、风矿比等工艺参数,实现燃料使用最少的优化目标。

干燥系统智能优化控制框图如图 4-24 所示,包括基于氮气和稀释风专家控制的内环反馈控制和基于干矿水分软测量的外环反馈控制。前馈控制器根据进矿量及其含水率、烟气量及其温度、期望的含水率,在满足风矿比、含氧率的条件下,由热平衡模型计算燃油量和各风量的初始值。氮气和稀释风流量控制器是通过调节充入的氮气和稀释风来控制窑内气体的含氧率和窑头温度,确保精矿不着火。根据由稀释风、废热烟气、重油和燃烧风产生的气体和氮气组成的混合气体中氧气占的比重进行含氧率计算,得到进入系统气体的含氧率,然后根据含氧率和窑头温度给出氮气和稀释风的调节量,采用专家控制器来调节系统内的含氧率和温度,确保系统内精矿不着火。燃油量的控制就是根据干矿水分软测量的输出结果,利用遗传算法搜索在当前工况约束下的最佳燃油量、稀释风量和燃油量,及时改变干燥气体的温度。干矿水分软测量由基于机理分析的热平衡模型和主元回归模型加权组合而成。其中,机理模型以影响气流干燥过程的影响因素为出发点来建模;主元回归模型基于大量的历史生产数据建立。一般当工况稳定,而且沉尘室温度在 75～100℃ 时采用热平衡模型和主元回归模型集成来预测干精矿的含水率;当工况发生突变,或者沉尘室温度不在 75～100℃,则采用热平衡模型来预测干精矿的含水率[71]。

图 4-24 中,M_1,W_2,W_3,W_4 分别表示燃油量、燃烧风量、稀释风量和氮气量;K 表示燃烧风量、稀释风量和燃油量的前馈计算值;K' 表示前馈计算的氮气量 W_4;ΔK 表示由优化控制器优化计算得到的燃烧风量、稀释风量和燃油量的调节量;

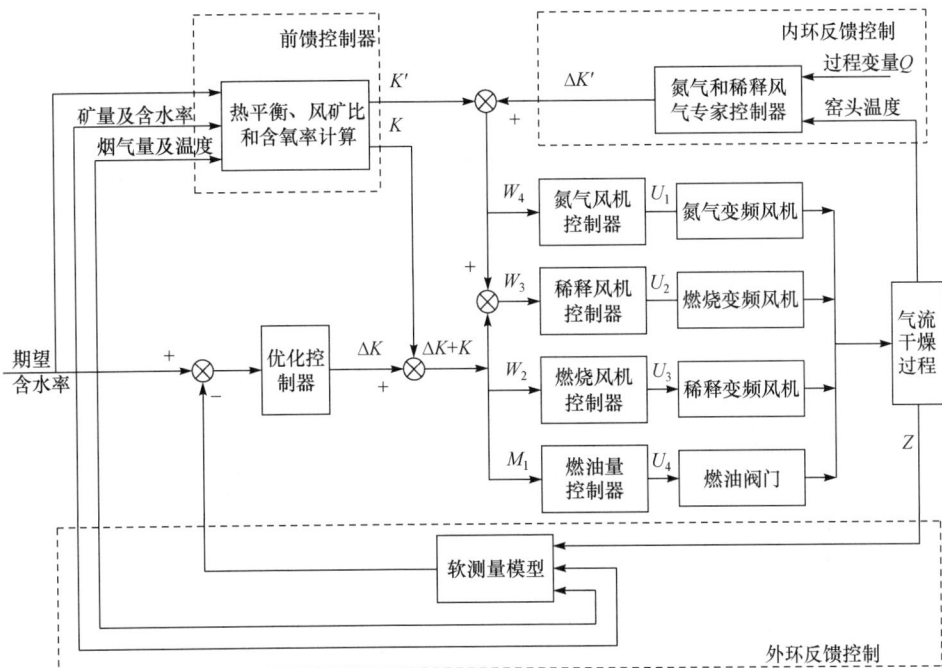

图 4-24　干燥系统智能优化控制框图

$\Delta K'$表示由氮气和稀释风专家控制得到的氮气和稀释风的调节量;Z代表过程变量热风温度、机内负压、窑头温度、窑尾温度和沉尘室温度[73];Q表示过程量重油、重油品位、烟气量、烟气含氧率、稀释风量、燃烧风量和氮气量。

　　基于水分软测量的气流干燥过程智能优化控制系统功能如图 4-25 所示。系统投入实际生产运行后,物料温度控制精度由原 80±10℃提高到 80±5℃,物料含水控制由原 3‰优化为 2.7‰,明显降低了精矿的自燃现象,通过优化控制重油量和燃烧风的配比,使得重油消耗量降低了 3.4%,降低了能耗,提高了生产效益。

4.4.3.4　闪速炉炉况智能评判与综合优化技术

　　在铜闪速熔炼过程中,闪速炉产出的铜锍温度、铜锍品位及渣中铁硅比是闪速熔炼过程的综合判断指标。只要稳定这三大参数就基本实现了熔炼、吹炼、硫酸等整个闪速熔炼流程的生产稳定[74]。目前,是根据静态的冶金计算模型,得到风量、氧量和燃料流量等操作参数的设定指导值。但由于对这三大参数的检测只能在放出铜锍时进行人工测量,而铜锍每隔一段时间才从铜锍口放出,这样测得的数据滞后 1 小时以上,再加上人为因素的影响,使得测量得到的三大参数更加难以及时起到修正操作参数的作用。此外,由于对铜锍温度的检测是使用消耗式热电偶在炉前铜锍口处测量铜锍温度,这种一次性热电偶测温存在不可重复性,测量成本较

水分软测量及智能优化控制系统

数据采集及预处理　过程状态可视化监控　软测量及智能优化控制　数据库管理　打印、用户登录、管理及帮助

采集控制　数据预处理　过程监测　过程参数查询　过程参数曲线　气流专家控制　水分软测量控制　燃油优化控制　生产数据存储　预测数据存储　操作记录存储　数据备份　报表画面打印　用户登录和管理　帮助文档

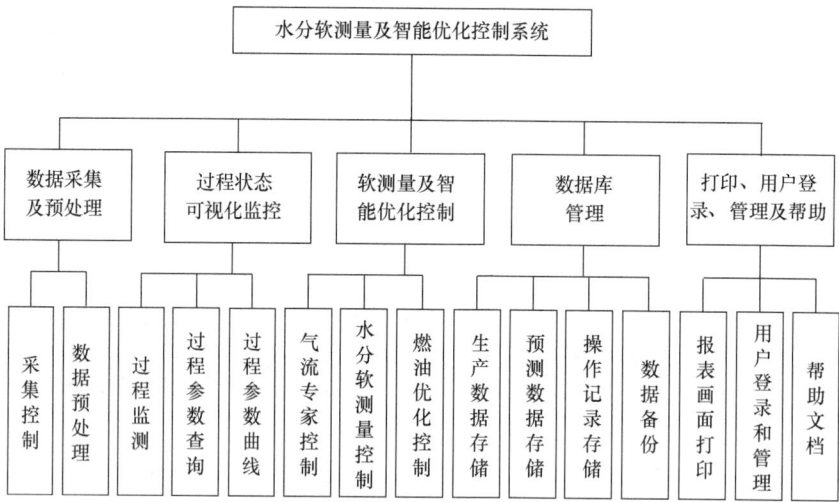

图 4-25　气流干燥过程智能优化控制系统功能图

高[75]。因此,本节首先研究铜锍温度、铜锍品位和渣中铁硅比三大指标的预测,以此为基础,研究其操作模式的智能优化,最后设计了闪速炉炉况综合优化控制系统,并将其应用到实际系统中,获得良好的应用效果[76]。

铜锍温度、铜锍品位和渣中铁硅比三大指标智能集成预测模型的结构如图 4-26 所示[73]。智能集成模型主要有三大工艺参数的机理模型和模糊神经网络模型组成。机理模型是在对工艺机理深刻认识的基础上,通过列写宏观的物料平衡与热平衡方程来确定三大参数与其他输入变量之间的数学关系[76];模糊神经网络模型是数据驱动模型,采用简化的 T-S 模糊神经网络结构。机理模型误差较大,但在工况不稳定时又比模糊神经网络的预测效果好;模糊神经网络模型总体拟合性好,但由于数据的不完备而导致在工况不稳定时不能正确预测。为了充分发挥两个模型的优势,弥补彼此的缺陷,设计了一个智能协调器将两个模型的输出进行集成。智能协调器的作用就是通过对输入变量区域的划分与综合,计算每个模型的加权系数[76]。其基本原理是当生产条件正常、参数变化较小时,模糊神经网络模型占有较大的权重,对保证估计精度起主要作用;当工艺状况波动时,基于物料平衡与热平衡的机理模型能够起到补偿作用,提高模型的可靠性[77]。

三大参数预测模型经工业现场数据验证,铜锍温度预测的最大相对误差为 6.08%,平均相对误差为 1.83%;铜锍品位的最大相对误差为 3.82%,平均相对误差为 1.49%;渣中铁硅比的最大相对误差为 10.90%,平均相对误差为 4.21%。三大参数的预测精度满足工艺要求,尤其在生产条件波动较大时,预测值也能较准确地反映三大参数的变化。

铜闪速熔炼三大工艺参数铜锍温度(T_m)、铜锍品位(P_m)、渣中铁硅比($C_{铁硅}$)

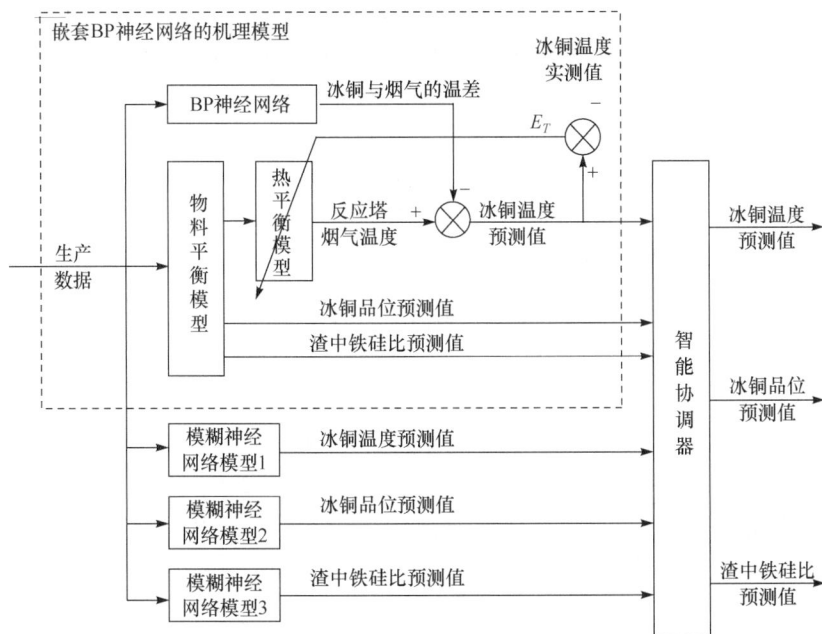

图 4-26　基于智能集成策略的三大参数预测模型结构图

可反映闪速熔炼过程的炉况,但不能直观反映,为此基于三大参数定义综合工况指数 S,基于专家经验加权三个参数反映整个闪速熔炼过程的综合工况[76]。根据计算获得的 S 值,可将综合工况指数分为优、良、中、差四个区间。如果当前的综合工况指数落在"优"区间,则保持当前的操作参数(热风和氧气加入量);如果当前的综合工况指数落在"非优"区间,则调用操作参数优化模型,给出操作优化指导[76]。由此,以闪速熔炼综合工况的稳定为控制目标,实现炉况综合优化控制。

首先,从历史工况数据中找出工况较为稳定时的操作参数,建立操作优化样本库,将实际工况参数与操作参数存入样本库中。当进行操作参数优化时,通过智能优化算法从操作优化样本库中搜索与当前工况最相似的样本,然后以炉况评价标准为评价函数,采用优化算法进行寻优,将其操作参数作为优化的操作参数输出。但是,工况越不稳定时,其操作优化的样本数就会越少,智能优化算法搜索到的数据可能会与当前工况有较大的出入,无法保证得到的操作参数是最优的。因此,采用协调策略,对基于机理的决策模型与智能优化算法进行综合,得到的炉况智能综合优化控制总体框图如图 4-27 所示[78,79]。

利用基于机理的决策模型和智能优化模型对操作参数分别进行优化,再通过对两组优化结果进行综合,得到最终操作参数优化结果。该结果一方面输出到三大参数预测模型,对三大参数进行预测,从而进行工况判断;另一方面输出到闪速熔炼 TPS 控制系统,经 TPS 系统将操作参数用于闪速熔炼过程控制。经过闪速熔炼过程以后,利用三大参数的实测值对工况进行判断:若当前综合工况为优,则将当前的工况参数与操作参数存入操作优化样本库;若当前工况非优,则用三大参数实测值对三大参数预测模型与配料计算进行反馈修正[76]。

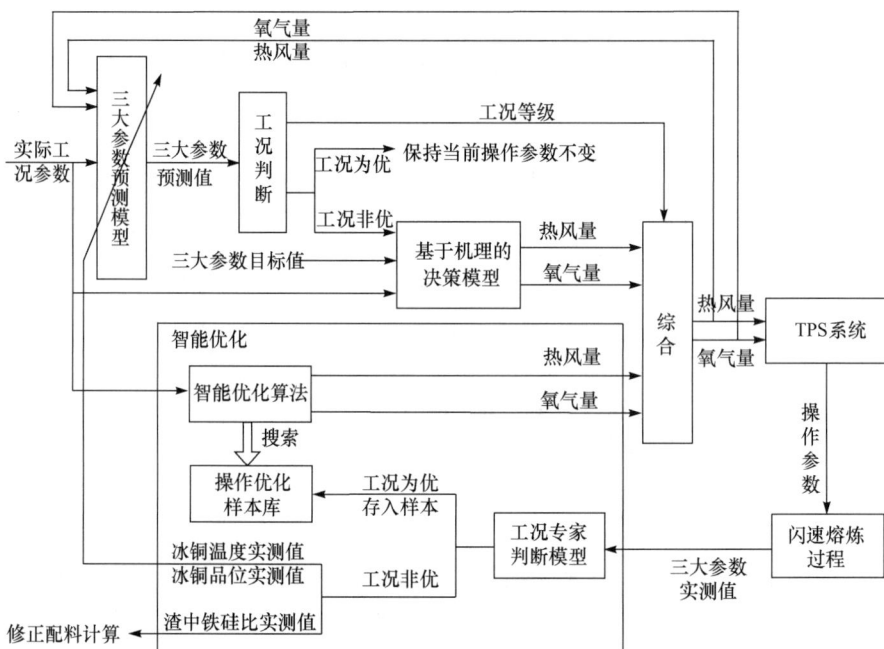

图 4-27　炉况智能综合优化控制总体框图

　　闪速炉生产监控及操作优化指导系统,其软件功能如图 4-28 所示。操作优化指导系统主要由五大功能模块构成[80],包括:过程状态可视化监控模块、数据采集与通信模块、参数预测及优化指导模块、数据库管理模块及辅助功能模块。其中过程状态可视化监控模块主要包括工艺流程监视、实时数据显示、工艺参数实时趋势图显示等;参数预测及优化指导模块主要完成三大参数的预测和操作参数的优化计算,这些计算可定期自动进行,也可人工启动计算;数据库管理模块完成生产数据记录、工况报警记录、历史记录查询等功能,可实现对三大参数的预测值、实测值以及操作参数优化结果历史数据的查询等。系统投入使用后,实时监控闪速炉的生产状态,能较为精确地预测出三大参数的变化趋势,并对炉况进行综合优化,使冰铜温度控制精度由 ±35℃ 提高至 ±15℃,冰铜品位上升 0.5%,渣含铜下降 0.1%,提高了冰铜的质量,稳定了生产。

```
                    ┌─────────────────────────────┐
                    │ 闪速炉生产监控及操作优化指导系统 │
                    └─────────────────────────────┘
```

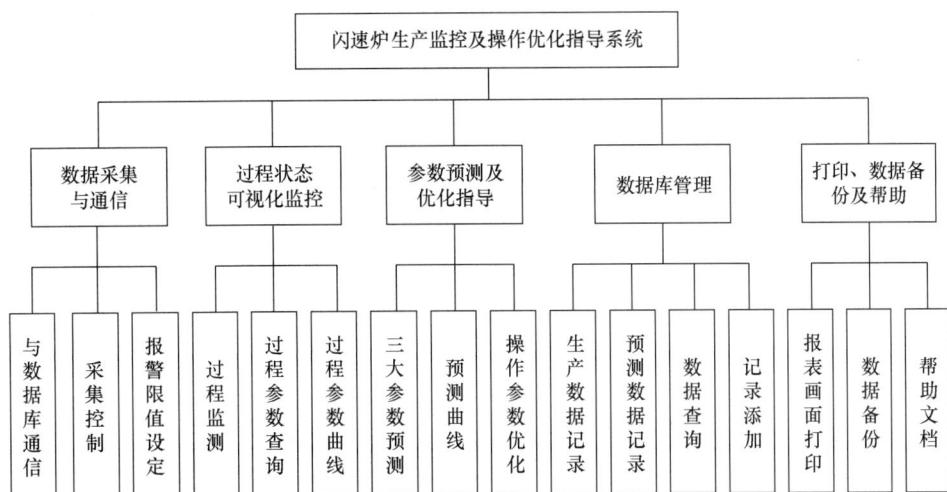

图 4-28　闪速炉生产监控及操作优化指导系统软件结构图

4.4.3.5　PS 转炉智能优化控制技术

1) 转炉铜锍吹炼过程

铜锍吹炼的主要设备为卧式转炉,又简称 PS 转炉,全球矿产粗铜的 80% 都是用这种 PS 转炉吹炼而得。铜精矿熔炼获得的铜锍是一种中间产品,其组分主要是 Cu_2S、FeS、Fe_3O_4,并含少量 Pb、Zn、Ni 等元素的硫化物以及金、银和铂族金属。吹炼时,向铜锍中鼓入空气,将其中的铁、硫及其他有害杂质氧化除去以获得粗铜,并将贵金属富集到粗铜中。

铜锍的吹炼过程分两个阶段进行。第一阶段以产出大量炉渣为特征,称为造渣期。造渣期,铜锍中 FeS 与鼓入空气中的氧发生强烈的氧化反应,生成 FeO 和 SO_2 气体,FeO 与加入的石英熔剂反应造渣,使铜锍中含铜量逐渐升高。由于铜锍与炉渣相互溶解度很小且密度不同,所以在吹炼停风时,熔体分成两层,上层炉渣被定期排出。这个阶段持续到锍中含 Cu 为 75% 以上、含 Fe 少于 1% 时结束,这时的锍常被称为白铜锍。铜锍吹炼的造渣期又分造渣一期 S_1 和造渣二期 S_2。造渣期完成后,继续对白铜锍(主要成分为 Cu_2S)吹炼,即进入第二阶段。在这个阶段,鼓入空气中的氧与 Cu_2S 发生强烈的氧化反应,生成 Cu_2O 和 SO_2,Cu_2O 又与未氧化的 Cu_2S 反应生成金属铜和 SO_2,直到生成的粗铜含铜 98.5% 以上时吹炼的第二阶段结束。这个阶段不加入熔剂、不造渣,以产出粗铜为特征,称为造铜期 B。

为保证粗铜的质量、减少粗铜的带渣量和炉渣中铜的含量,需准确预报吹炼终点,同时在不改变现有生产设备和流程的前提下,强化生产,提高粗铜产量和质量,提高整个吹炼过程的操作水平和经济效益,使转炉操作科学化、程序化,达到安全、稳定、高产、高效的目的。

2) 吹炼终点预报

铜锍吹炼过程通过建立硫、铁、氧等元素平衡方程进行物料衡算,用氧平衡模型计算整个吹炼过程的耗氧量,从而可根据已知的风量预测整个吹炼过程所需时间,估计吹炼终点。但直接采用氧平衡预测模型预测造铜期的终点时间很难达到生产要求,主要原因如下:

(1) 由于对转炉吹炼过程的复杂性和不确定性认知的局限,机理模型是在一定假设条件下得到的,只反映了确定因素对指标的影响,不能反映不确定因素对指标的干扰。

(2) 考虑铜锍、冷料和熔剂物料成分时,只考虑了铜、铁及硫主要成分的含量,没考虑铅等含量相对较小的有效成分含量;另外,底渣的成分含量没有进行检测。

为此,建立如图 4-29 所示的吹炼终点组合预报模型。根据各期终点时间误差特点,在造渣期和造铜期主规律模型的基础上,利用偏差时间建立各期的神经网络补偿模型,以补偿不确定因素和未知因素带来的偏差,将回归模型和氧平衡模型与偏差补偿模型分别进行并联求和,提高模型预测精度。

图 4-29 中 T_1^0,T_2^0 和 T_B^0 分别为造渣 S_1 期、造渣 S_2 期和造铜期的实际吹炼时间值;$\overline{T}_1$,$\overline{T}_2$ 和 $\overline{T}_B$ 分别为造渣 S_1 期回归模型、造渣 S_2 期回归模型和氧平衡计算模型的输出值;$\Delta\overline{T}_1$,$\Delta\overline{T}_2$ 和 $\Delta\overline{T}_B$ 为回归模型和氧平衡机理模型的建模误差值;$\Delta\hat{T}_1$,$\Delta\hat{T}_2$ 和 $\Delta\hat{T}_B$ 为 S_1,S_2 和 B 期的建模误差补偿模型的输出,利用 ΔT_{d1},ΔT_{d2} 和 ΔT_{dB} 来校正建模误差补偿模型。

经过神经网络补偿后组合模型对转炉吹炼各期的预测精度大大提高,吹炼终点平均预测误差小于 3 分钟,反映了吹炼各期终点时间的变化趋势,达到了期望要求,可以满足工程需要,为生产过程提供有益的参考。

3) 冷料添加操作智能优化

转炉吹炼过程化学反应放出大量的热,热量不仅能满足吹炼过程的需求,而且有时存在热量过剩。为了避免高温作业,防止炉衬耐火材料因过度受热而加快损耗,必须向炉内适当加入冷料以消耗反应生成的过剩热量,保证炉子的热平衡,借此保证吹炼温度,以提高粗铜质量,同时回收冷料中的铜,增加铜产量。冷料是决定转炉热状态的重要因素,也是决定粗铜质量的重要因素。冷料种类选择不当,可能会导致生产管理出现问题、产品质量不合格、物料浪费等问题;加入时机选择不当,可能会增加吹炼热损耗、产品质量受到影响等。冷料的投入量、投入时机及种类取决于冷料的性能(包括冷料品位、冷料形状及大小等)及 PS 转炉的炉况等。然而,由于冷料品种较多,一般包括包壳、床下物、废铜等十余种,S 期与 B 期加入的冷料种类不同,且 PS 转炉熔体具有高温、强腐蚀、反应剧烈、流速快等特点,使

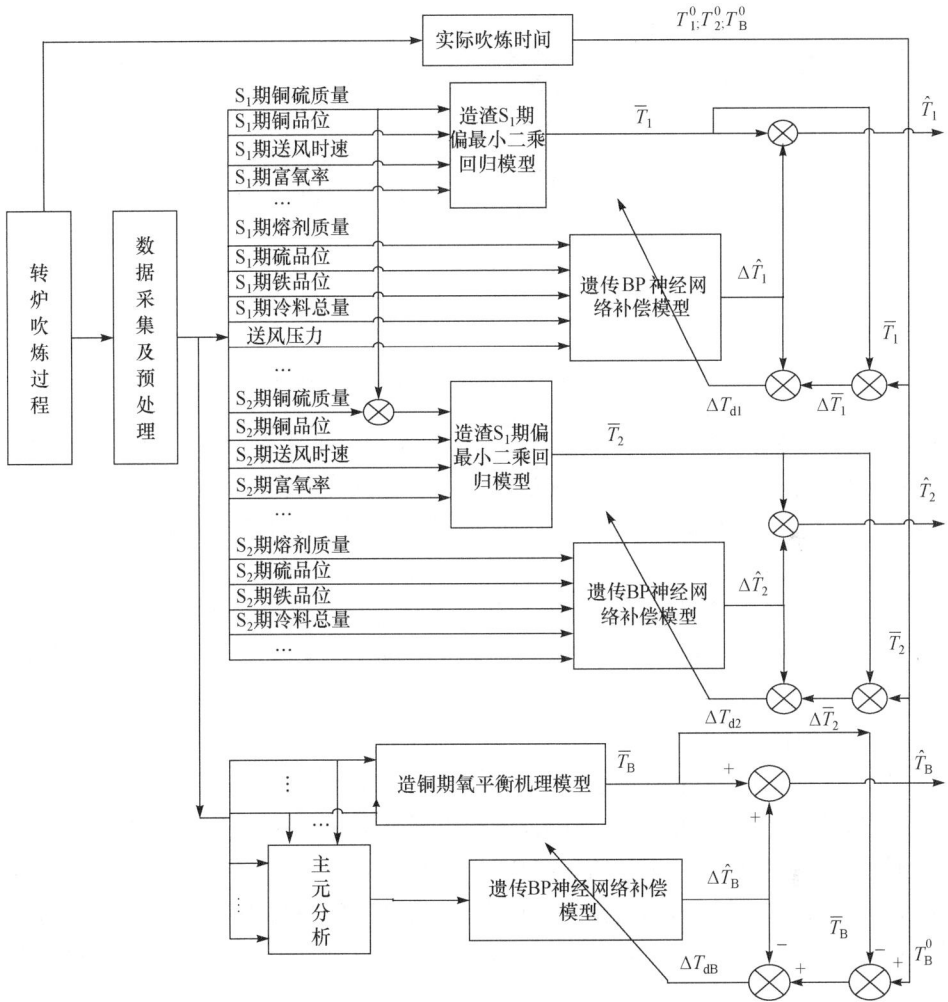

图 4-29　吹炼终点组合预报模型

得反应炉况的关键参数——熔体温度难以准确测量。目前现场操作人员只能在恶劣环境下凭肉眼观察熔体的温度,结合个人经验进行冷料量、冷料加入时机和种类的决策。显然,这种方式难以实现冷料准确、及时地添加。

为此,提出一种基于预测模型和专家规则的冷料添加操作智能优化指导方法[81],在剩余热组合预测模型的基础上,将冷料组合优化模型与操作优化规则模型相结合,建立冷料添加操作智能优化模型,实现冷料添加操作的优化和指导。冷料添加操作智能优化指导框图如图 4-30 所示。

冷料添加操作智能优化指导,在加入冷料量足以平衡吹炼剩余热、且不超过冷料库存量的前提下,以最大限度增加铜产量为优化目标,将组合预测模型的剩余热

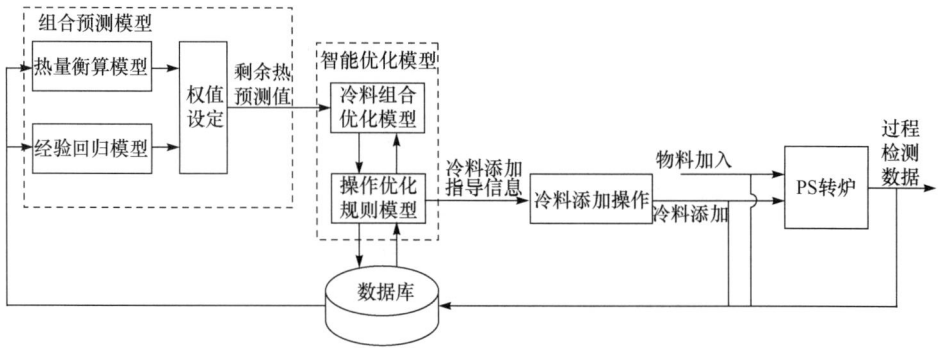

图 4-30　冷料添加操作智能优化指导框图

预测值、专家系统及数据库提供的工艺信息和库存信息作为冷料组合优化模型的输入,采用遗传算法,得到冷料全局最优组合。根据冷料全局最优组合解,操作优化规则模型运用专家系统结合现场数据、人工经验以及热平衡的原理,给出冷料添加指导信息,实现冷料添加操作的优化指导。通过系统模型给出的指导信息,指导PS 转炉铜锍吹炼过程进行冷料添加操作。当前生产过程数据、信息不断存入数据库,结合历史数据,不断修正组合预测模型参数和组合权值,以提高模型的适应性,保证指导信息的有效性。

4) PS 转炉优化控制系统

转炉操作优化控制系统由优化指导系统主机和现场可编程控制器 PLC 组成,其优化指导系统功能如图 4-31 所示,包括数据采集和实时监控模块、吹炼各期终点预报模块、过程状态可视化监测模块、操作优化指导模块、系统配置模块等。可从现场获取的实时数据,通过操作优化模型,得到冷料添加决策的指导信息,通过终点预报模型得到熔剂添加指导信息,指导操作人员进行冷料添加和溶剂添加操作[82]。

所形成的 PS 转炉终点预报及冷料添加优化控制技术已推广应用到其他铜冶金企业的转炉吹炼过程和氧气底吹造锍捕金工程转炉中,实现了铜锍吹炼过程的集中监视和优化运行,铜转炉冷料平均处理量增加 9.98%,吹炼终点预测精度满足实际生产的要求;系统对保证产品质量、提高劳动生产率、改善作业条件、降低能耗起到了重要的作用,经济效益和社会效益显著。

4.4.3.6　艾萨炉、诺兰达炉、澳斯麦特炉等典型炉型的控制技术

1) 艾萨炉自动控制

艾萨炉是目前中型冶炼厂首选的铜冶炼设备,投资少、操作简单、对原料要求没有闪速炉那么严格。艾萨炉结构示意图如图 4-32 所示,其炉型为垂直圆柱体,

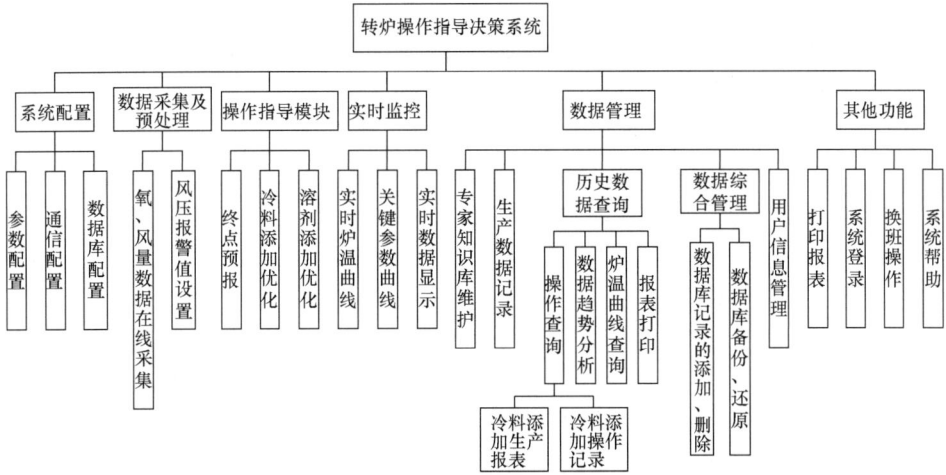

图 4-31　转炉操作优化指导系统软件功能结构框图

外层为钢板炉壳,内衬为耐火材料、冷却原件,附有喷枪及喷枪操作系统。艾萨炉属于"顶吹式熔池"熔炼炉,炉料从炉顶投入,空气或富氧空气从炉顶中心插入浸没式喷枪吹入熔池,强烈搅动熔池,其中,喷吹压力约 0.1 兆帕,熔池温度 1170～1200℃。物料快速卷入熔体,熔化,反应生产铜锍和炉渣。需要补充的燃料,若为碎煤,可配入炉料中,与炉料同时加入炉内;如为粉煤、燃油或气体燃料,可通过喷枪喷入熔池。生成的炉渣和铜锍从炉体放出口一起放入沉降炉,在沉降炉完成渣锍分离。

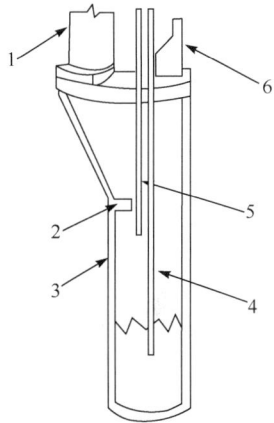

图 4-32　艾萨炉结构示意图
1. 垂直烟道;2. 阻溅板;3. 炉体;
4. 喷枪;5. 保温烧嘴;6. 进料箱

　　为最大程度提高艾萨炉有效作业率,保证生产流程长周期稳定运行,艾萨炉控制系统从上料、喷枪卷扬、喷枪端部压力控制、燃烧控制、温度控制等子系统各个工序进行监测、控制及优化,实现工艺参数检测、显示报警、设备状态显示、设备联锁控制、回路自动调整控制等功能[83]。主要包括:

　　(1)上料系统:主要实现上料流程设备的顺序启动、停车联锁控制,铜精矿、煤和熔剂的自动称量控制和原料配方控制,输送皮带的跑偏、撕裂等报警,料仓振打器自动控制等。

　　(2)喷枪卷扬系统:实现喷枪手动、自动的快速、慢速和蠕动提升/下放控制,喷枪联锁控制,喷枪准确定位控制,喷枪重量监测。

（3）喷枪端部压力控制系统：实现自动显示、调节喷枪在熔池内的深度。

（4）燃烧控制系统：实现熔炼氧气、煤燃烧氧气、油燃烧氧气、工艺用风、二次燃烧空气的自动/串级控制。

（5）温度控制系统：实现熔池、耐火砖和烟气温度的自动检测、报警。

（6）炉子冷却水控制系统：根据总冷却水的流量、压力，顺序启动、停止冷却水泵、热水泵，执行联锁控制，实时监测冷却水各回水支管的流量、温度。

（7）风机控制系统：主要用于对艾萨炉风机进行远程加载、卸载，压力设定，并实时监测风机的主要运行参数。

（8）保温烧嘴系统：主要用于保温烧嘴的燃烧控制，实现烧嘴卷扬机的自动控制。

（9）加热烧嘴系统：在艾萨炉开炉时候，该系统主要用于实现对加热烧嘴的燃烧控制，及卷扬机的自动控制。

（10）燃油控制系统：根据艾萨炉生产的实际需要，自动控制燃油压力和流量，保证供油系统安全、稳定运行。

（11）炉子抽力控制系统：根据炉腔负压，利用 DCS 进行手动/自动控制收尘风机的转速，从而及时改善艾萨炉加料层的工作环境。

（12）外围设备状态监控系统：对艾萨炉余热锅炉、贫化电炉、氧气站、硫酸风机、收尘风机等保持信号联系，使操作员能实时了解前后工序及相关配套系统的运行情况，安全、有效地组织生产。

（13）分析数据接收系统：与配料 DCS 系统进行数据通信，同时得到荧光分析仪传给配料 DCS 的分析数据，使操作员能及时掌握原料成分、冰铜品位等相关的分析数据，正确指导生产。

（14）现场设备状态监测：从 DCS 上能直接采集到现场智能仪表输出的 4～10 毫安信号、仪表量程、上下限值、仪表运行状态等数据，并能直接通过 DCS 对现场智能仪表进行校验[82]。

2）诺兰达炉自动控制

诺兰达炉是 1964 年由加拿大诺兰达公司开发的一种炼铜炉，诺兰达炉是一个可转动的水平圆筒形反应炉，其反应炉类似于常规吹炼铜锍的转炉，结构示意图如图 4-33 所示[84]。将铜精矿、石英石、燃料、返料等按冶金计算出的比例混合，通过抛料机从炉头抛入炉内，富氧空气从炉子一侧靠加料端的一排浸没风眼鼓入，使熔体维持强烈搅动状态。熔体中的硫与铁元素在鼓风吹炼区与鼓入的氧气发生强烈的氧化反应，产生的反应热为熔炼热收入的主要来源。热能不足的部分由随炉料加入的燃料及炉头燃烧器补充。该炉子沿长度方向分成吹炼区（或称反应区）和沉淀区。在吹炼区产生的铜锍与炉渣的熔体流到沉淀区澄清分离。铜锍口设在与风眼同一侧的沉淀区，高品位（65%～73%或更高）的铜锍从该放出口放进铜锍包，再倒入转炉吹炼。含 Cu 约 5% 的熔炼炉渣从炉尾一端放出或用包子装运到缓冷场缓冷，经破碎、磨浮选矿，回收渣中铜和铁，或直接进入电炉将渣进行贫化。烟气从反应炉炉口排出，经水冷密封烟罩、余热锅炉（或喷雾冷却烟道）、电收尘器送往硫酸系统制酸。

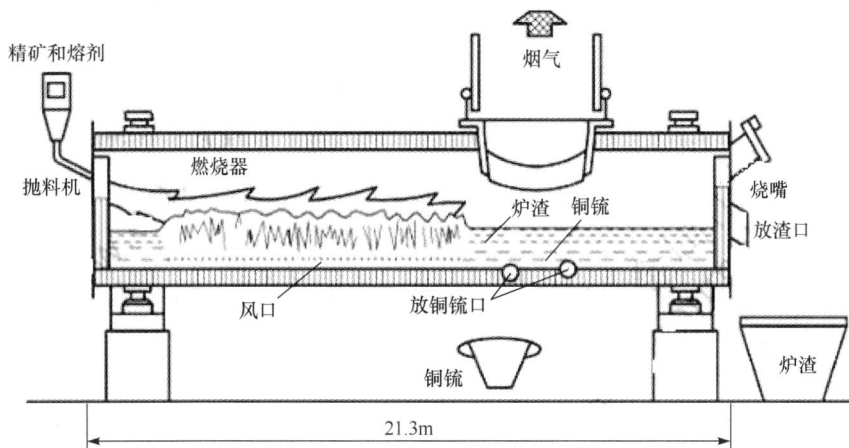

图 4-33　诺兰达炉示意图

诺兰达炉的主要控制工艺参数包括：铜锍品位、炉渣 Fe/SiO_2 比值、炉温和熔体液面。

（1）铜锍品位的控制。

铜锍品位是诺兰达炉生产过程控制的中心，而诺兰达熔炼过程铜锍品位的控制实际上就是氧平衡控制。实际熔炼运行过程中，当实际分析的铜锍品位与设定值之间出现偏差时，一般认为是由于炉料需氧量的变化（或操作者对需氧量的变化估算有偏差）所引起，则需要根据铜锍品位的变化情况，按如下公式重新计算新的需氧量，并按其结果进行调控操作：

鼓入的总氧量×氧利用系数＝加入精矿量×精矿需氧量
＋燃料量×燃料需氧量＋铜锍品位变化的需氧量

（2）炉温的控制。

反应炉炉温是诺兰达熔炼生产控制的重要参数之一。炉温过高会使耐火材料本身的强度下降，炉体对炉衬的冲刷、侵蚀加重，并增加能耗；炉温过低，渣的黏度增加，流动性差，难以排放，操作困难，而且炉料入炉反应不完全，往往随渣排除，更严重的是可能造成死炉。诺兰达的炉温通过安装在特定风眼口的风口高温计实时测量，并直接传送到 DCS 控制系统。其控制策略为：冷料（返料）率随炉温升高（降低）而增加（减少）；高硫精矿比例随炉温升高（降低）而减少（增加），当增加高硫精矿比率时，氧浓度相应上调；石油焦加入量随炉温升高（降低）而减少（增加），同时调整氧量;氧浓度随炉温升高(降低)而减少(增加);加料量燃油供应量随炉温升高(降低)而减少(增加),同时调整供风、供氧。其中,以调节冷料(返料)量最为简单、快速、有效。

(3)渣型控制。

渣型的控制与调整主要是通过熔剂的需要量来进行的,而炉渣的产量则由铜与铁的平衡方程式计算获取。并基于设定的 Fe/SiO_2 进行石英石熔剂加入量的调整。

(4)熔体液面的控制。

铜锍液面最低值的控制是为了防止风眼鼓入的风直接鼓入渣层,从而引发喷炉事故;控制最高铜锍液面的目的则是为了防止铜锍从渣口中放出。良好的液面控制水平,一方面可以保证炉内熔体-炉料间有充分的传质传热空间,从而保证铜锍较好沉淀,炉渣顺利排除;另一方面,还可以防止突发事故时,反应炉风眼能转出液面,有足够的空间处理问题,不至造成风眼堵死的事故。而铜锍液面的控制分以下两种情况进行处理:

① 铜锍液液面<970毫米时,立即停止放锍;改变配料比,在保持铜锍品位和炉温波动不大的前提下减少高需氧量的物料,增加低需氧量或含铜高的物料比例;特殊情况下,增大含铜高的高需氧量物料,适当降低铜锍品位,增加炉内铜锍积蓄量。

② 当铜锍液面>1300毫米时,立即排锍;降低加料量,控制锍量的增加;如遇转炉暂不需要铜锍等特殊情况时,则炉子转到待料位置,保持等待。

(5)其他参数的控制。

除上述几个最重要的参数需严格控制外,反应炉熔炼还有总风量、鼓风含氧浓度、烟气温度、烟罩内压力及铜锍质量等参数需要控制。

3)澳斯麦特炉自动控制

澳斯麦特炉是澳大利亚澳斯麦特有限公司开发的用于冶炼铜、铅、锡及渣烟化等的专利技术装置,国际上已有十几个冶炼厂采用该技术装置。其具有投资少、生产能力大、污染少、烟气可制酸和耗能低等特点,非常符合现代金属工业炉发展的方向,炉体结构示意图如图4-34所示。

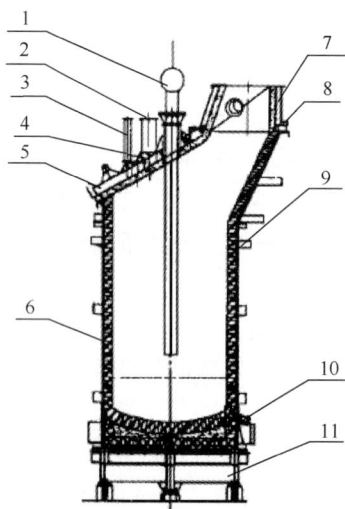

图4-34 澳斯麦特炉结构示意图

1. 喷枪;2. 备用燃烧器;3. 取样装置;4. 下料口;5. 炉盖;6. 炉衬;7. 过渡烟道;8. 水冷系统;9. 克;10. 出料口;11. 炉底支撑

将含水小于7%的精矿经制粒或混匀后,通过炉顶呈自由落体加入熔池面上。富氧空气通入熔渣面下200～300毫米的浸没喷枪以出口压力为50～250千帕喷入熔体中。熔体受到喷吹气流的剧烈搅动与旋转,落在熔池上面的炉料便被这种卷起的熔体所吞没而熔融,在熔体中发生系列的液-固、气-固、气-液的强化熔炼反应,加速了造锍熔炼过程。熔炼铜精矿时,床能力最高已达到 238 吨/(米² · 天),一般可达 190 吨/(米² · 天)。这是目前炼铜方法中床能力最高的一种。炉子的供热亦通过喷枪喷入燃料(煤、油或天然气)在喷枪头部燃烧来达到。

澳斯麦特熔炼技术是一种“顶吹沉没喷枪”熔炼技术,其控制的一些工艺参数主要有:熔池温度、铜锍品位、渣成分、给料速率、烟气量和成分、套管风的速率等。

(1)熔池温度的控制:熔池温度的控制主要通过调改变炉料与团煤的加料速率、改变喷枪重燃油加油的速率、改变富氧浓度进行实现。

(2)铜锍品位的控制:铜锍品位的控制主要是通过改变熔炼反应所需鼓入喷枪熔炼氧的速率来进行控制。

(3)渣成分的控制:该参数主要是通过改变 SiO_2 的加入量来调整。

(4)给料速率的控制:给料速率的控制应在确保生产的铜锍品位满足吹炼要求外,还应尽量提高炉子生产率。

(5)烟气量和成分的控制:整个熔炼过程中,给料速率以及喷枪的供气量都会影响烟气的排放量和成分,因此,必须严格执行操作制度,降低富氧浓度则会增大氧气量,降低烟气中 SO_2 浓度又会影响制酸系统。

(6)套管风速率的控制:鼓入的套管风应保持一定速率,以确保所有的挥发性物质和未完全燃烧产生的一氧化碳在炉内充分燃烧。

4.4.4　镍冶炼过程自动化

镍是一种重要的有色金属,主要作为原料炼制各种不锈钢和特种钢,用于国防及民用工业。我国镍的资源及生产主要集中在甘肃金川和吉林磐石。金川镍矿是世界著名的多金属共生的大型硫化铜镍矿床之一,镍金属储量 550 万吨,列世界同类矿床第三位。近十年来我国镍生产呈快速增长趋势,2006 年镍产品已达 11 万吨,名列世界镍生产企业第五。镍生产基本是以硫化镍矿火法冶炼生产高镍硫为主。1992 年金川开始采用奥托昆普型闪速熔炼生产冰镍,和铜闪速熔炼一样由于属强化熔炼过程,生产效率高,充分利用物料的化学反应热,能耗低,脱硫率高,有利于烟气制酸工艺,也有利于环境保护。目前镍的冶炼主要采用闪速熔炼及奥斯麦特熔池熔炼。

4.4.4.1　镍闪速熔炼的自动控制技术

金川镍闪速熔炼工艺(生产高冰镍)的流程,由于采用了先进的强化熔炼过程,其自动化技术的应用也得到充分发展,是我国有色金属工业首先应用 DCS 系统的企业之一。系统由于配备了完善的自控系统,采用了 DCS 控制系统(MOD300 系统），其控制水平与铜闪速熔炼相似，1998 年开发了闪速炉在线控制数学模型，使得金川镍闪速熔炼过程处于国际镍冶炼领先地位。该控制系统主要分闪速炉、转炉和电炉三部分。各部分设有控制室和机柜室实现相应工序的控制。

目前金川集团有限公司在建的富氧顶吹镍熔炼工程，镍原料年处理能力为 100 万吨。流程主要包含镍熔炼系统、烟气制酸系统和 2×22500 米^3/时氧气站三个工程区。镍熔炼系统，采用镍精矿预干燥-富氧顶吹炉熔炼-熔炼炉低镍锍和炉渣电炉沉降分离-转炉吹炼-吹炼炉渣电炉贫化的主工艺流程。该项目也在国内外镍行业率先将"富氧顶吹浸没熔池熔炼技术"运用于镍熔炼工艺中。

1）系统控制内容

（1）备料区域包括：湿精矿配料、湿精矿输送、精矿干燥、干精矿输送及烟尘输送控制等。

（2）熔炼区域包括：精矿制粒、熔炼炉配加料、熔炼炉风氧油水监控系统、熔炼炉本体、熔炼炉余热锅炉、熔炼炉排烟收尘、环保排烟等控制。

（3）电炉区域包括：沉降电炉和贫化电炉 2 台电炉本体以及各电炉的加料系统、液压系统、电收尘系统、水淬渣系统等控制。

（4）转炉区域包括：3 台转炉及其加料系统、转炉本体、转炉供风、供油、供氧、转炉余热锅炉、转炉排烟收尘等控制。

（5）现场所有机组随设备附带的 PLC 控制系统，以及部分智能 MCC 电气设备，则通过现场总线与主控制系统通信。

2）控制系统配置

控制系统采用 ABB IndustrialIT AC800 系统，系统配置 I/O 点数 8000 余点，共 31 台操作员站分布于各控制室。控制区系统配置如图 4-35～图 4-38 所示。

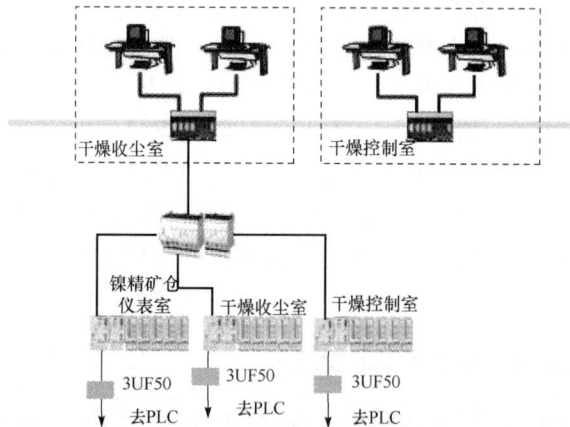

图 4-35　备料控制区

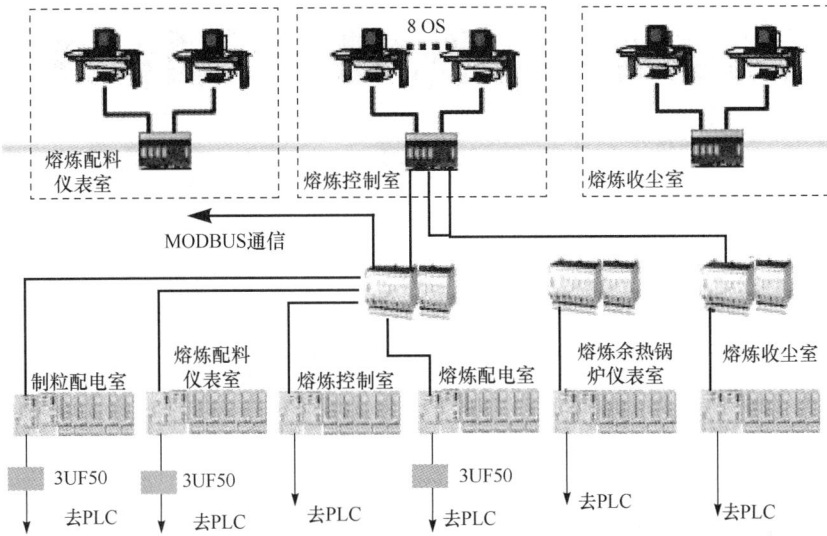

图 4-36　熔炼控制区

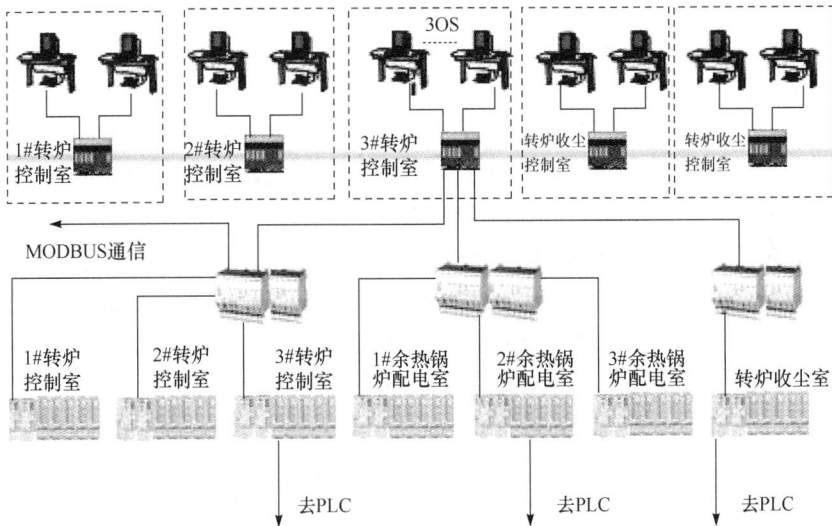

图 4-37　转炉控制区

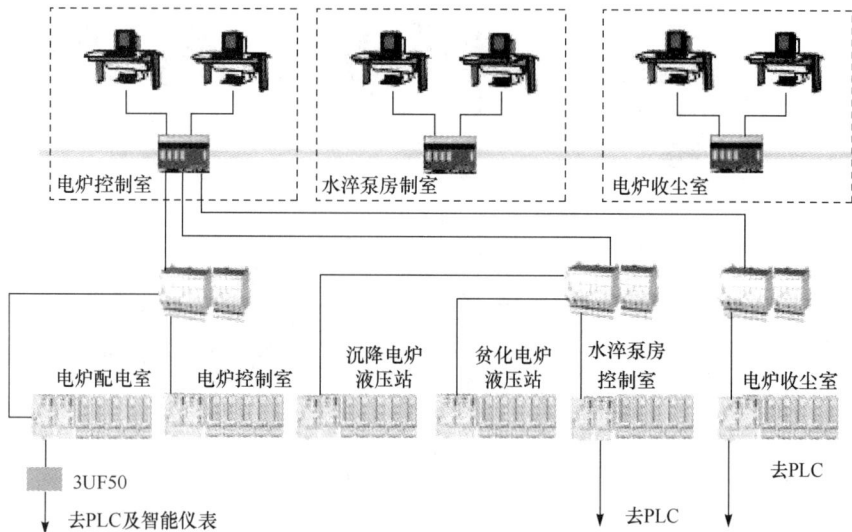

图 4-38　电炉控制区

　　系统配置 1 台工程师站,及 1 台移动工程师站,安装 Control Builder F 软件,使用工业以太网和过程站及其他设备进行通信,可以实现硬件编辑、过程站编程、操作员站组态一体化编程和调试。

　　31 台操作员站,安装 Digivis 中文版软件,部分的操作员站安装在中控室,部分安装在现场控制室。每一个操作员站都是冗余数据网络上(工业光纤以太网)一个节点,且每个操作员站有独立的冗余通信处理模件,分别与冗余的控制器的通信模件相连。操作员站之间的数据和画面可以完全共享。具有总体显示、系统过程站显示、系统模件显示、趋势显示、实时操作记录及打印和报表管理等。

　　过程控制单元均采取 AC800F 冗余现场控制器配置,冗余控制器中的每个控制器都有独立的电源、通信等模件,通信接口冗余。除了主控单元放置在各个区域的中控室以外,其余所有的 IO 站全部通过光电转换器采用远程光纤扩展的方式分布到现场,整个系统的通信网络也都是冗余的通信网络,现场控制器之间及其与操作员站之间、控制器与 S800I/O 站的通信总线均为冗余配置。现场控制器与工程站和操作员站之间数据通信采用 10Mbps/100Mbps 工业以太网(遵循 TCP/IP 协议),通信介质采用多模光纤通信。现场控制器与 S800I/O 站之间的通信采用标准的、冗余的、易扩展的 Profibus DP 现场总线协议,总线的通信速率最高为 12Mbps,通信介质采用标准的 Profibus DP 光纤通信电缆。

　　先进熔炼工艺及自控技术在节能、高效、环保等方面取得明显效应,也是镍冶炼技术的重大进展。

4.4.4.2　镍熔炼矿热电炉生产过程智能决策支持系统

原材料复杂,成分不稳定,检测手段不全,准确测量困难,操作主要凭经验是有色企业普遍存在的问题,镍熔炼矿热电炉生产过程智能决策支持系统,以生产过程整体优化的思想为指导,以节能降耗为目标,结合计算机辅助管理系统,对镍熔炼矿热电炉生产过程进行智能控制。它是按照数字模拟-计算机全息仿真-整体优化决策的技术路线,利用冶金工艺过程、冶金传递过程与冶金反应过程原理建立了半理论半经验性质的物料平衡与热平衡过程仿真模型;利用时间序列预测原理建立了原材料与中间产品成分自适应预测模型;利用多变量模糊自适应控制模型建模及系统辨识技术建立了矿热电炉和贫化电炉生产过程模糊控制模型;利用自适应预报技术和物料平衡及热平衡原理建立了转炉吹炼终点自适应预报控制模型;利用最优控制原理开发了以降低电耗、增加处理量、减少有价元素随炉渣损失量为目标的多变量整体优化决策软件。在管理信息系统原理的指导下,以关系数据库技术和计算机图形学理论为基础,采用现代管理科学中的全面质量管理和统计学原理开发了镍熔炼过程计算机辅助管理软件,实现了矿热电炉-转炉-贫化电炉炼镍工艺过程的计算机辅助控制与辅助管理。该成果的应用提高了生产车间的管理、决策水平和主要技术经济指标,具有显著的经济效益。

镍熔炼生产过程决策的目标是尽量降低吨焙砂耗电量和镍随渣损失,从而降低能耗,提高熔炼回收率,其实现途径是先按焙砂重量和成分调控石英石和焦粉的输入量,然后按入炉物料和生产状态调控负荷电流及低镍硫和电炉渣的放出量。由于炉料成分不稳定,检测设备不完善,测量结果的误差和滞后性较大,技术参数的实时准确测量很困难,难以根据物料平衡和热平衡计算来进行生产过程优化决策。为实现熔炼过程的优化决策,研制了一套基于模糊控制模型辨识算法的生产过程-智能决策支持系统(IDSS),其结构如图 4-39 所示。

人机接口通过对话实现用户和计算机间的信息交换、接收并检查由用户输入的各种信息,协调各子系统间的通信,输出决策结果和其他有用信息。

知识库管理系统是 IDSS 的关键部分,它控制数据、知识、模型和方法的综合运用,将不同子系统有机地联系起来.数据库管理系统从事编辑、修改和组织数据库文件及文件中的数据,将数据库与其他子系统连接起来,输出各种生产报告和统计分析图表。数据库存储生产过程决策所需的全部数据。模型库管理系统的功能类似于数据库管理系统。模型库存放电炉输入和输出量的优化决策模型、焙砂成分预测模型和物料平衡与热平衡计算模型,由于其内容可自动修改,所以模型库具有自学习和自适应功能。方法库管理系统的功能类似于数据库管理系统,绘图软件、常用的相关分析和模型辨识算法均存放于方法库,其内容可由用户增删、修改和调用。

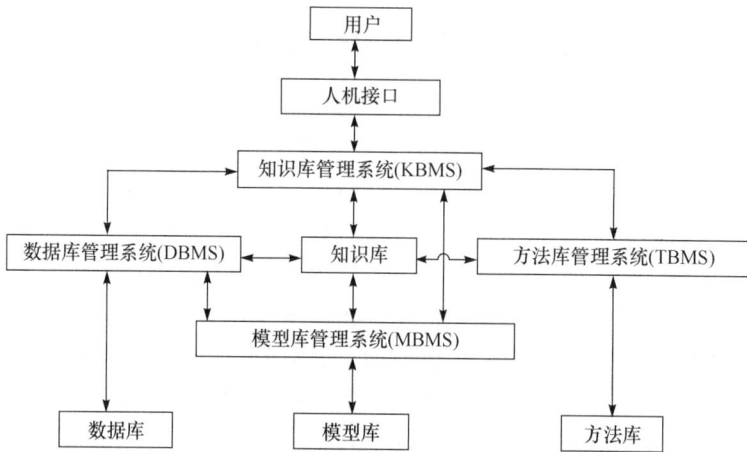

图 4-39　镍熔炼矿热电炉生产过程 IDSS

IDSS 具有下述功能：

（1）生产数据的格式化采集、统计分析及报表打印；

（2）电炉工艺与热工过程的基本技术分析（物料平衡、元素平衡、热平衡及物相组成等）；

（3）生产指标的动态分析，绘出生产指标波动图、控制图、散布图、直方图等；

（4）生产过程的优化决策，以吨焙砂电耗和镍随渣损失量最少为目标，根据生产条件的变化确定最佳炉料配比、电炉负荷及低镍梳和电炉渣的放出量。

利用模糊推理和决策理论，镍熔炼矿热电炉 IDSS 能对熔炼过程进行优化决策，有效地指导生产人员的操作，还能提供许多关于熔炼过程的统计和分析图表，便于决策者随时了解生产状态，分析影响生产指标的因素，改进生产条件和工艺。该系统应用于实际工业现场，渣内含镍的质量分数从 0.247% 降至 0.233%；吨焙砂耗电量降低 18 千瓦时，可见应用 IDSS 进行优化决策可有效地降低电耗和镍随渣损失量，提高资源利用率。

4.4.5　氧化铝生产过程优化控制

4.4.5.1　氧化铝生产工艺

氧化铝生产方法大致可分为碱法、酸法、酸碱联合法和热法。但在工业上得到应用的只有碱法。碱法生产氧化铝，是用碱（NaOH 或 Na$_2$CO$_3$）来处理铝矿石，使矿石中的氧化铝转变成铝酸钠溶液。矿石中铁、钛等杂质和绝大部分的硅则成为不溶解的化合物，将不溶解的残渣（赤泥）与溶液分离，经洗涤后弃去或进行综合利用。从净化后纯净的铝酸钠溶液分解析出氢氧化铝，分解母液经蒸发后用于溶出下批铝土矿。碱法生产氧化铝又分拜耳法、烧结法和拜耳-烧结联合法等多种流程。

选矿-拜耳法是通过选矿方法将铝土矿中的含铝矿物与含硅矿物有效地分离，从而提高含铝矿物中 A/S 比，使得高 A/S 比的含铝矿物能够用拜耳法经济地处理。这种选矿和拜耳法联合生产氧化铝的方法就是选矿-拜耳法。选矿-拜耳法是针对中国铝土矿 A/S 比较低的特点，直接采用拜耳法不经济的现实情况而开发的一项重大科研成果，1999 年完成工业试验，是"九五"铝工业所取得的一项重大成果。目前中国铝业股份有限公司中州分公司建成了 30 万吨/年的产业化示范工程。应用选矿-拜耳法建设示范工程，与混联法或烧结法相比，能耗降低 50% 以上，投资减少 15%～20%，氧化铝成本可以降低 5%～10%。

4.4.5.2　氧化铝配料过程智能优化控制技术

作为烧结法氧化铝生产的第一道工序，配制的生料浆指标的好坏直接关系到熟料质量的高低，因此稳定生料浆成分和质量不容忽视。生料浆的配制不仅仅是简单几种物料的混合，它直接关系到整个系统的碱平衡和水平衡。通过优化配料提高生料浆的质量，不仅能保证整个系统稳定，而且将进一步提高氧化铝的生产产量，从而增加企业经济效益，其实际意义非常明显。

实际生产过程中，由于供矿来源的不稳定，生产过程存在很大的随机性。这些因素的存在使原料信息具有明显的不确定性。生产流程的大滞后和各槽生料浆成分检测的大滞后，使配料过程无法及时获取各个环节的生料浆质量信息，带来了配比计算所需质量反馈信息的不确定性。为此，针对配料过程中存在的不确定性，研究其配料优化控制方法，实现生料浆配料过程智能优化控制，达到提高生料浆质量，简化生产工艺，提高生产效率的目的。

1）智能优化控制总体方案

根据生料浆配料过程特点，提出包括原料配比优化与料浆调配优化的两级智能优化系统结构[85]，如图 4-40 所示。原料配比优化以提高入槽生料浆质量为目标，根据入磨原料成分、返回液成分，确定最优配比，并通过集散控制系统（DCS）实现各物料下料量的稳定控制；料浆调配优化以保证送往熟料窑的生料浆质量为目标，根据入槽生料浆质量指标进行组合计算，获得最优调配方案，实时控制倒槽泵运行，实现生料浆的优化调配。

图 4-40 中，送往熟料窑的生料浆（终点生料浆）质量作为终点优化目标（I_T），其质量指标根据熟料烧结过程的生产状态实时确定；以入槽生料浆（一次生料浆）质量作为中间优化目标（I_M），其值根据终点优化目标和槽内已配制的生料浆质量（I_S）实时调整；由于物料平衡计算的简化以及过程中的不确定性因素和未知因素等造成机理模型存在预测误差，为此建立生料浆质量预测智能集成模型，提高质量预测模型的预测精度；所建立的智能集成预测模型根据原料成分和拟定的原料配比实时预测入槽生料浆质量，当预测质量（$\hat{I}_M$）与中间优化目标存在偏差（e）时，配

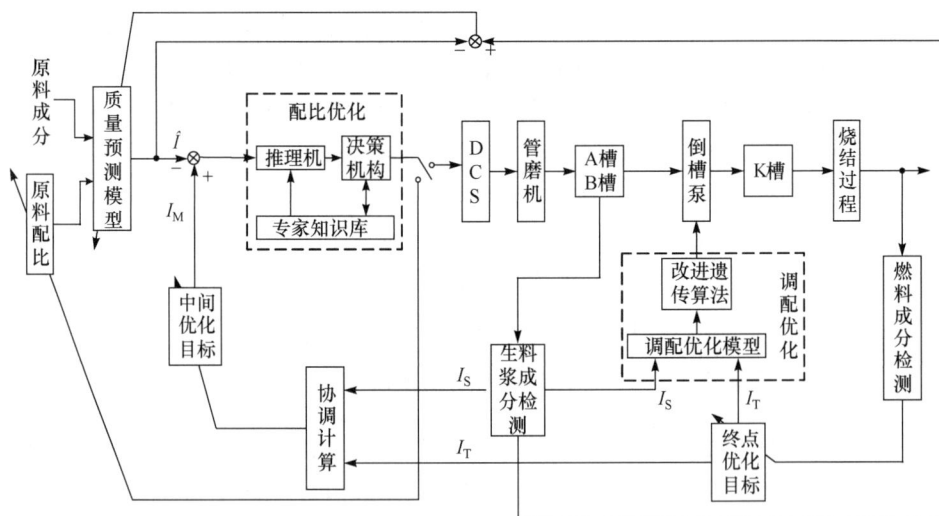

图 4-40　两级智能优化系统结构

比优化专家系统不断调整原料配比,直到满足中间优化目标即入槽生料浆质量要求。中间优化目标是前一级原料配比计算的质量优化目标,也是后一级调配优化要求满足的质量前提,其合理设定是保证两级优化协调的关键。

　　生料浆质量智能集成预测模型如图 4-41 所示,由物料平衡数学模型、残差补偿组合模型组成。其中数学模型中嵌套了数学模型中不可解参数的神经网络模

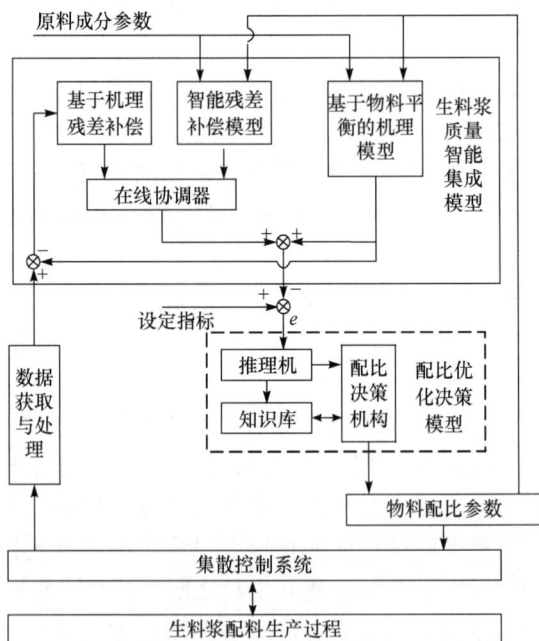

图 4-41　生料浆质量智能集成预测模型

型。残差补偿组合模型通过一个在线协调器控制其输出。在正常生产条件下,误差补偿值依赖于训练好的神经网络计算结果;在生产波动的情况下,数学模型的误差值通过提取历史数据进行补偿。然后将此组合残差补偿模型的值补偿到数学模型的输出值上,建立了生料浆质量智能预测模型,实现了生料浆成分可靠、准确的全局在线预测。

另外,由于氧化铝配料原料种类多,约束指标多,且一种物料量的变化同时影响多个指标值,这些特点造成配料计算过程非常复杂。为此,以实际生产情况为指导,对生料浆配料专家知识按照"以 A/S 为主线,其他指标逐步跟进"的思路将配料规则组织成若干个配料知识类,提出多目标分级推理方法,将多目标依据优先级分解,形成若干分级的子推理过程进行配比优化。分级推理过程如图 4-42 所示。

从管磨机出来的生料浆往往难以满足指标要求,需要进行倒槽处理,而倒槽过程存在着数据处理量大、倒槽过程人工计算速度慢、劳动强度大以及倒槽组合选择不合适、影响熟料窑烧结等问题。为此,提出了智能倒槽的思想,以保证倒槽后混合的生料浆质量满足生产要求,且剩余槽生料浆质量变化不太大、生产稳定为约束,建立了用于智能倒槽的非线性组合优化模型,并采用改进遗传算法寻优自动地求出满足生产要求的倒槽方案,实现料浆调配过程的智能化[86]。

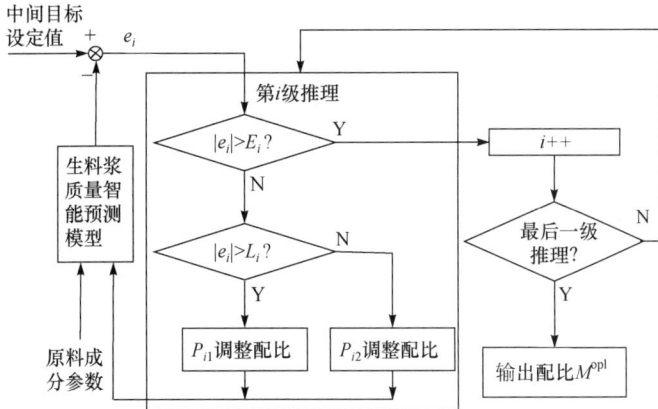

图 4-42　多目标分级推理示意图

2) 生料浆优化配料系统工业应用

氧化铝生料浆配料优化控制系统(BOCS)由优化计算机(EOC)、实时监控计算机(MCC)和分散控制器(DC)组成,其中 EOC 通过 OPC 技术与 6 台 MCC 进行信息交换,MCC 通过 DH+Network 将配比设定值发送到 DC,实现各物料下料量的跟踪控制。BOCS 除完成配比优化计算和智能倒槽两大主要功能外,还实现过程监视、信息管理、数据通信和报表打印等功能。BOCS 于 2005 年 10 月在某氧化铝厂配料车间投入运行,图 4-43 所示为系统投入运行前后入槽生料浆和送往熟料窑生料浆的质量对比结果。其中,(a)为入槽生料浆质量,(b)表示送往熟料窑生料浆质量。

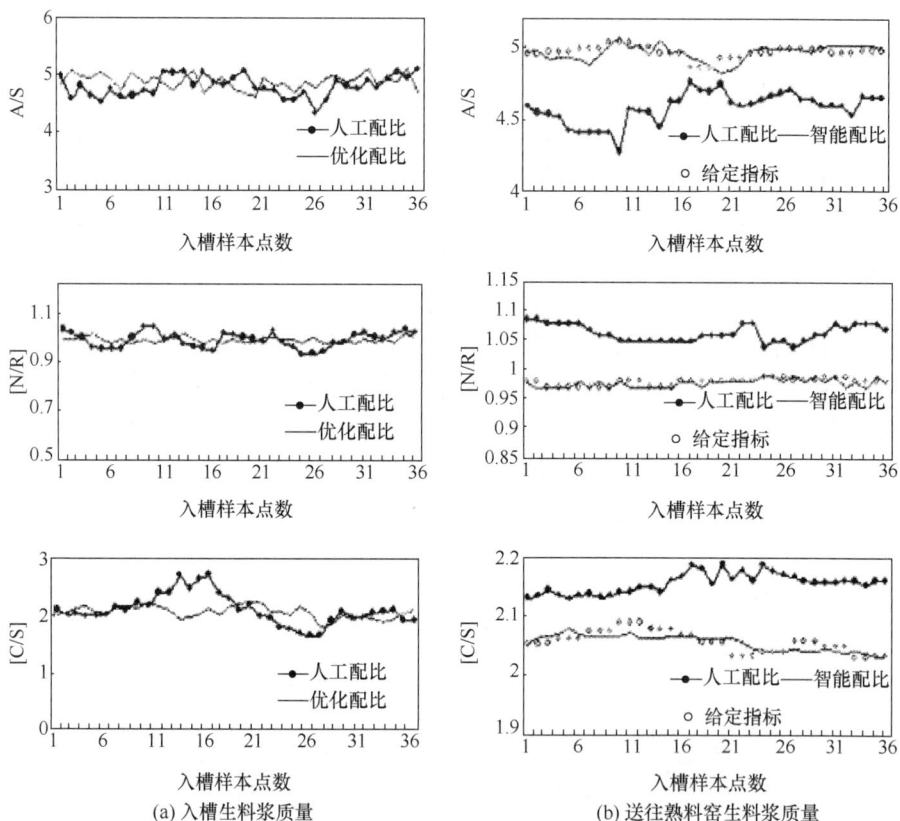

图 4-43　优化系统应用结果

由图 4-43(a)可知,采用优化配比配制的生料浆指标值曲线较之人工配比结果显得更加平滑,说明入槽生料浆指标值的平稳性较之人工操作有了很大提高,能够有效解决人工调整配比时入槽生料浆指标波动大的问题,为调配过程的简化提供了可能。由图 4-43(b)可以看出优化系统调配的生料浆指标值较之人工调配稳定,并且生料浆三个指标值都非常接近给定值,合格率大幅提高。

BOCS 的工业应用提高了入槽生料浆和送往熟料窑生料浆的质量,减少了生产指标的波动,稳定了配料生产,提高了配料产能,间接降低了生产能耗。同时熟料窑生料浆质量的提高使烧结后熟料的质量指标 A/S、[N/R]、[C/S]的合格率分别提高了 5.95%、0.34%、0.46%,熟料窑平均冲次提高 0.74 次/(分·窑),增加了熟料窑的产能,保证了后续工序生产的稳定。

4.4.5.3　熟料烧结工序智能自动化技术

铝土矿炉料的烧结(熟料烧结)是烧结法生产氧化铝的主要工序之一。熟料烧结过程的目的是使调配合格后的生料浆在熟料窑中于高温下烧结,使生料各成分互相反应。熟料烧结可以理解为,在高温下生料各成分相互之间发生一系列复杂的物理化学变化,把粉状固态物料黏结起来成为一种致密度比原来大的、具有一定机械强度的粒状结构。

我国铝土矿资源十分丰富,由于矿石品位的限制,多数适宜采用烧结或混联法生产氧化铝,因此熟料烧成工序在氧化铝生产中占有重要地位。熟料烧成部分的投资约占全厂投资的 1/3,热耗占总热耗的一半左右。很多人在研究熟料烧成设备并不断加以改进,这对节能降耗,提高产品产量与质量具有特别重要的意义。

1) 回转窑烧成带温度软测量方法

熟料烧结回转窑是生产氧化铝的重要设备,一般分为窑头、冷却带、烧成带、预热分解带、烘干带与窑尾六个主要区域,这些区域的温度以及窑头、窑尾的压力直接关系到回转窑工作的稳定性,其中烧成带的温度是影响烧结过程的尤为重要的工艺参数之一。目前我国常采用人工看火对烧成带温度进行人工估计。这种方法掌握困难、没有系统的科学依据且回转窑工作条件恶劣,又容易引发安全事故。从人工看火得到启示,烧成带温度与火焰和物料的颜色有关,所以利用烧结图像进行软测量。目前已有的温度软测量方法有基于辐射原理的测温方法、基于人工神经元网络的测温方法和支持向量回归方法[87]等。

中国铝业公司山西铝厂 3♯ 氧化铝熟料烧结回转窑采用支持向量回归方法对烧成带温度的软测量进行了研究。支持向量回归是一种基于统计理论的机器学习方法,是 SVM 的扩展,该方法在最小化经验风险的同时简化了模型的复杂度,使得模型具有较好的泛化能力。通过 CCD 摄像机拍摄视频信息,之后图像采集卡将连续的模拟信号转换成离散的数字信号,送入计算机进行图像处理与烧成带温度估计。采用了序列最小优化(SMO)方法建立训练算法,RBF 为核函数。为了保证温度软测量的效果,消除比色测温仪测量时的波动性,采用前向滑动平均(prior moving average)的方法对温度值进行滤波,提高温度软测量精度。

2) 基于图像处理的氧化铝回转窑烧结工况识别

回转窑烧结工况综合反映了窑内火焰燃烧状态与物料烧结状况,与回转窑过程熟料产品的质量、产量、能耗以及设备安全等因素密切相关,它的自动识别对于实现回转窑过程的自动控制具有非常重要的意义。回转窑长达百米,由于其结构的特殊性以及烧结法工艺的复杂性导致了氧化铝回转窑过程具有质量指标熟料容重难以在线测量,关键工艺参数烧成带温度检测干扰严重,多变量强耦合、强非线性、大惯性以及不确定性干扰等综合复杂特性。受到回转窑窑体倾斜、旋转以及窑内各类复杂的高温固、液、气三相物理化学反应产生的火焰闪烁、物料运动以及窑内各区域间的对流换热和辐射换热等因素的影响,回转窑过程还存在着窑内烧成带火焰区与物料区难于分辨,过程数据检测可靠性差等问题,难以采用常规仪表与监测技术实现对回转窑烧结工况的连续在线准确监测。工业现场长期依赖"人工看火"方式,肉眼观测窑内烧成带火焰燃烧状态与物料烧结状况,再结合过程数据识别烧结工况后,进行回转窑过程的控制,这容易造成熟料的欠烧或者过烧,导致熟料容重合格率低、设备运转率差、窑内衬使用寿命短、产量低、能耗高、环境污染严重等问题。为此,进行了基于图像处理的氧化铝回转窑烧结工况识别系统的研究与开发[88]。针对氧化铝回转窑烧结工况图像频域噪声干扰的特点以及彩色图像处理算法复杂、实时性差的问题,提出了利用频域滤波技术与灰度变换技术相结合对烧结工况图像进行预处理的算法,实现了烧结工况图像的去噪与灰度变换。针对单纯的基于像素灰度值的图像分割方法难以精确分割火焰区与物料区的难题,分析了氧化铝回转窑烧结工况图像火焰区与物料区在纹理特征方面的差别,提出了利用 Gabor 小波纹理粗糙度对基于像素灰度值的 FCM 聚类结果进行去模糊化的烧结工况图像分割算法,实现了图像中火焰区与物料区的分割[89]。根据"人工看火"经验描述了物料高度、闪烁频率、整体平均灰度、火焰颜色与物料颜色五个氧化铝回转窑烧结工况图像特征,提出了从整体图像及分割后的图像中提取上述特征的算法。根据"人工看火"过程的数据融合原理,针对烧结工况图像特征以及由烧成带温度、窑头温度、窑尾温度以及冷却机电流构成的关键过程数据的特点,提出了包括数据滤波、同步序列化与归一化处理的融合算法,得到了融合后的混合特征数据。将混合特征数据作为输入,欠烧结、正烧结和过烧结三种基本烧结工况作为输出,建立了基于准正态二叉树支持向量机的烧结工况识别模型。提出了基于上述模型的烧结工况自动识别算法,并利用专家修正样本进行模型的反馈增量学习,提高了模型适应生产边界条件波动的能力。研制了由前端图像采集设备、网络视频传输设备、图像采集卡、工业控制计算机、显示与存储设备构成的远程分布式系统硬件平台和计算机操作系统、应用程序接口(API)、组件对象模型(COM)、动态链接库(DLL)、软件二次开发包(SDK)、工况识别软件组成的基于图像处理的氧化铝回转窑烧结工况识别系统,并应用于山西铝厂 3# 回转窑熟料烧结过程。系统运行过程稳定可靠,能够实时的识别烧结工况,识别率达到 93.5%。

3) 氧化铝回转窑制粉系统磨机负荷的智能控制

在氧化铝烧结过程中广泛使用的制粉系统,利用回转窑烧结熟料过程中产生的余热来加热煤粉、提高磨机出口温度。提高磨机的出力对于提高制粉效率、降低制粉电耗具有十分重要的意义,磨机的出力取决于磨机负荷的控制,因此如何控制磨机负荷,使其处于生产工艺规定的负荷范围内,具有尽可能高的出力,是氧化铝烧结过程制粉系统控制的关键。

由于氧化铝回转窑处于不同工况,如点火、烘窑等不同阶段再加上不同成分生料浆时熟料温度不同以及进入篦冷机的熟料量不同,造成由篦冷机冷却熟料产生用于制粉系统的热风温度频繁在 150～400℃波动且常常处于 300℃以下的低温状态。由于热风温度低且变化频繁,常常导致制粉工况处于过负荷异常工况,出现"饱磨"故障,导致停磨,使负荷控制系统无法投入自动运行。为此,将 PI 控制与基于规则推理控制相结合,负荷工况识别与不同负荷工况下控制器切换相结合提出了由基于规则推理的切换机制,磨机负荷 PI 控制器,"给煤保持"控制器,"强制减煤"控制器和"抽粉"控制器组成的磨机负荷智能控制方法[90]。磨机负荷智能切换控制器系统结构如图 4-44 所示。该系统在余热温度变化频繁时自动识别工况,当磨机处于正常工况时切换到 PI 负荷控制器,过负荷工况时切换到基于规则推理的过负荷控制器,从而将磨机负荷控制在工艺规定的范围内,且尽可能使磨音处于最佳负荷所对应的磨音设定值附近,使磨机远离故障工况。

所提方法成功应用于某氧化铝回转窑制粉系统,避免了"饱磨"故障发生,降低了制粉单耗 4%,取得了显著应用效果。

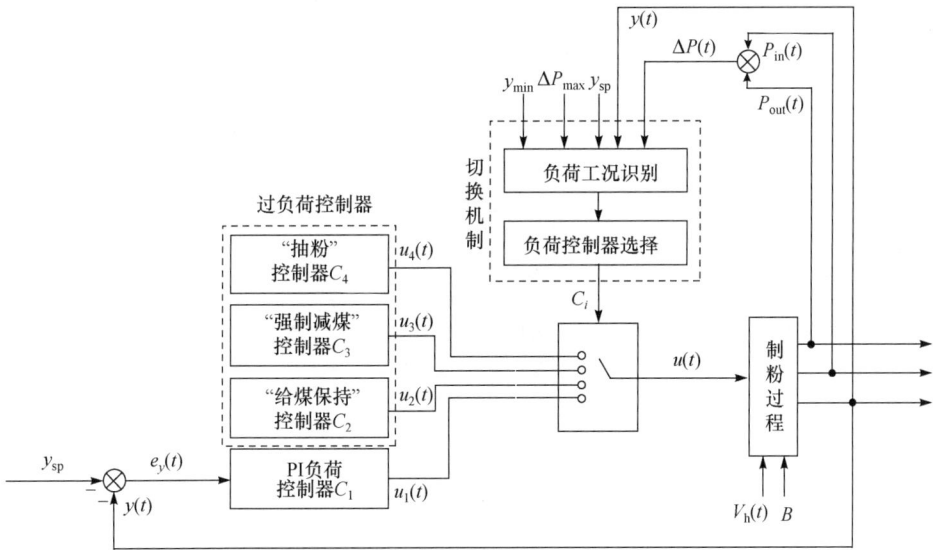

图 4-44　磨机负荷智能切换控制器系统结构

4) 熟料烧结回转窑过程综合自动化系统

熟料窑体积庞大,内部烧结过程特性复杂,难以用数学模型描述。关键变量如窑内各带温度、下煤量、下料量、风量、窑速等耦合严重;运行条件与工况变化大,如窑内衬、窑皮的厚薄、生料浆流量、水分、成分、燃料煤质等变化频繁;关键工艺参数(如烧成带温度)难以准确测量。回转窑过程存在检测手段有限、且测量干扰严重、大时滞、非线性等控制难题而难以实现自动控制,在很大程度上仍然依赖于人工技巧和经验。

鉴于氧化铝熟料烧结回转窑过程的复杂性,从稳定熟料质量、提高窑运转率、降低能耗的回转窑过程总体控制目标出发,基于优化设计思想,结合专家知识和智能控制方法,提出了如图 4-45 所示由过程控制系统、过程管理系统两层结构组成的氧化铝熟料烧结回转窑过程综合自动化系统[91]。过程控制系统包括喂煤过程控制子系统、鼓风过程控制子系统、排烟过程控制子系统、喂料过程控制子系统,烧结过程优化控制系统与多媒体监控系统。多媒体监控系统包括窑内燃烧状况监控子系统、下料口熟料状况监控子系统和冷却机出口监控子系统。过程管理系统由运行管理和系统管理两部分组成。运行管理包括系统监测、故障诊断、设备管理、生产安全管理、报表生成与打印和操作指导。系统管理包括系统安全管理、系统通信和系统导航。过程控制系统和过程管理系统通过计算机网络和实时数据库实现两层和各个子系统之间的信息集成,从而实现氧化铝熟料烧结回转窑过程的综合自动化。

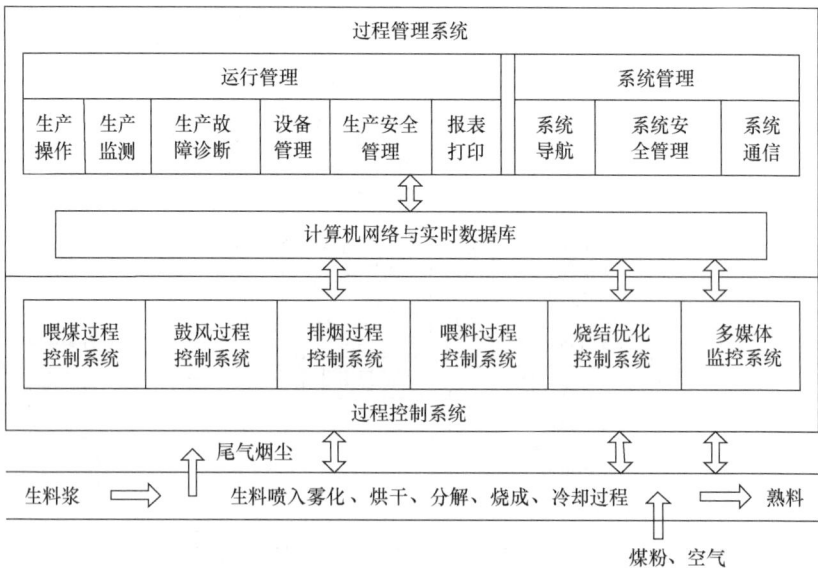

图 4-45　氧化铝熟料烧结回转窑过程综合自动化系统结构图

过程控制系统实现逻辑连锁控制、基础回路控制和优化控制等功能。逻辑连锁控制主要包括回转窑机组、给煤机、鼓风机、排烟机和冷却机等设备装置的单机起停操作和全线联动起停操作。基础回路控制主要实现重要操作条件的稳定,设计了对鼓风流量、鼓风压力、生料浆流量的回路控制,保证回转窑内良好的燃烧条件和喂料条件。烧结过程优化控制系统结合专家知识建立正烧结瘟疫与烧结温度范围自动设定模型、回转窑生产工况智能预测模型,采用回转窑生产多变量多目标决策协调控制、回转窑生产变结构调煤控制等方法,实现稳定熟料质量、提高窑运转率、降低能耗的回转窑过程总体控制目标。

过程管理系统实现运行管理和系统管理功能。从生产过程采集的数据或由过程控制系统处理后的数据,传送到过程管理系统,由过程管理系统对其进行监视和管理。操作员在中央控制室通过监控画面和多媒体对生产实景的监视画面,全面监控烧结生产状况,从而可实现在软手动方式下的生产操作或在全自动方式下实施必要的人工干预。生产与设备故障诊断专家系统可对断料、窑圈形成、窑尾结疤、下煤不均等异常工况作出判断,送出报警与指导信息。

回转窑过程综合自动化系统在山西铝厂 3# 熟料烧结生产过程中应用。投运后,避免了人为主观因素对窑热工制度和运行条件造成的影响,保证了熟料烧结生产的科学性、平稳性,明显延长了回转窑内衬的使用寿命;系统的自动投运率达到90%;台时产能提高 2 吨/小时,运转率提高 1.5%,达到了稳定熟料质量,提高窑运转率和节能降耗的长期效果。

4.4.5.4　溶出工序智能自动化技术

溶出过程是拜耳法生产氧化铝的关键环节,不仅要把矿石中的 Al_2O_3 尽可能多地溶出来,而且还要得到苛性比值尽可能低的溶出液,为后续工序创造良好的作业条件。溶出工艺主要取决于铝土矿的化学成分以及矿物组成的类型,其次是生产粉状氧化铝还是生产砂状氧化铝,目前高压溶出和管道化溶出两种工艺,其中管道化溶出具有溶出速度快、产量高、溶出指标高、节能降耗等优点。

1) 高压溶出过程苛性比值和溶出率智能软测量

苛性比值和溶出率是氧化铝高压溶出过程中的两个重要生产指标。降低苛性比值,可以减少溶出过程中应配入的纯碱的数量,即同样的循环母液可以溶出更多的氧化铝;同时,可以提高种分的分解率,如果固定分解母液的苛性比值不变,则可以缩短分解时间。这些都可以为企业带来巨额的经济效益。但是,如果苛性比值太低,会造成溶出液中的氧化铝的水解损失。保持恒定的苛性比值,对整个氧化铝工业的稳定高产具有重要的意义。氧化铝溶出率是直接反映产率的生产指标,它的高低直接反映了溶出质量的好坏。苛性比值和溶出率不仅反映了氧化铝的溶出效果与碱耗,而且对氧化铝后续生产有着极大的影响。然而,苛性比值与溶出率是在对原矿浆及溶出矿浆进行化学分析的基础上计算出来的,存在较大的滞后,很大程度上影响了高压溶出过程的优化控制。因此,基于高压溶出过程的工艺机理,利用现场可检测的工艺参数,建立苛性比值与溶出率的软测量模型,实现其在线预测,对氧化铝高压溶出过程的优化控制具有十分重要的意义。

溶出过程的化学反应十分复杂,尽管基于物料平衡原理及专家知识建立的苛性比值与溶出率机理模型能在一定程度上反映高压溶出过程的生产状况,但由于很难完全了解高压溶出机理,且专家知识也有一定的局限性,模型精度不是很高,难以直接应用于实际生产。为此,针对氧化铝高压溶出的特点,在机理模型的基础上,综合运用数据预处理、神经网络、灰色理论、专家系统等知识,建立苛性比值与溶出率的智能集成模型,如图 4-46 所示。

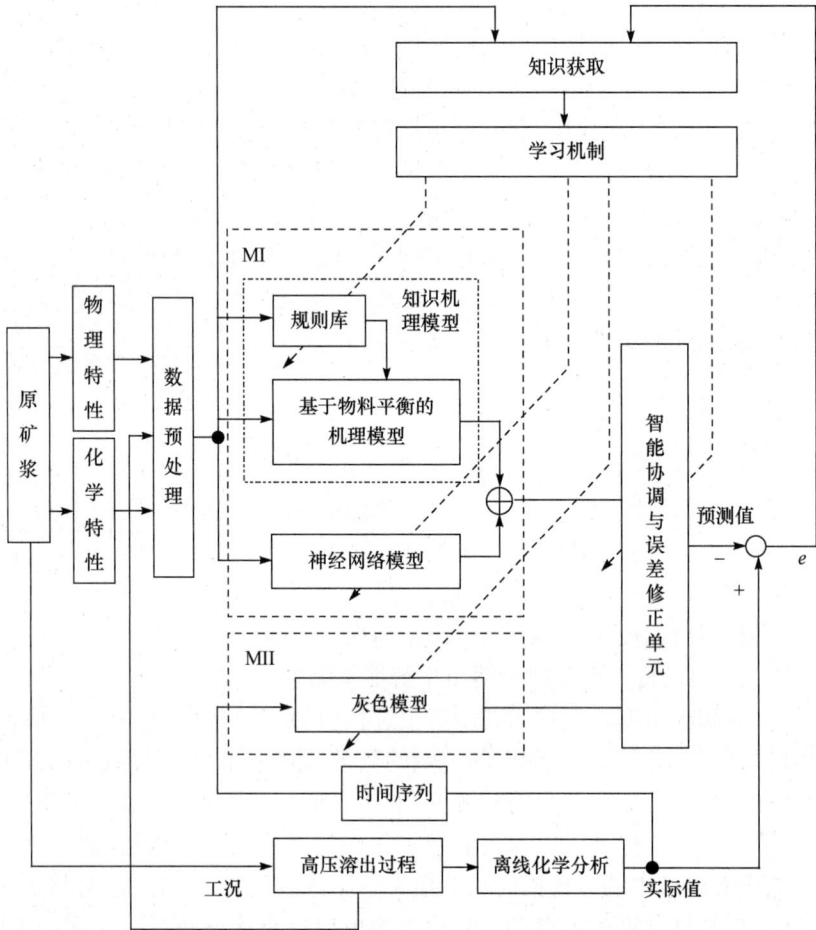

图 4-46　苛性比值与溶出率软测量智能集成模型

苛性比值与溶出率软测量智能集成模型主要包括数据预处理、基于知识机理及神经网络的集成模型 MI、灰色模型 MII、智能协调单元及学习机制等五个部分。这五个模块并不独立,而是相互关联、相互协调,成为一个整体,共同实现对苛性比值与溶出率的在线预测。软测量模型现场投入运行后,模型一段时间内的绝大多数预测点相对误差在 3% 以内,所有预测误差均在 5% 以内,预测精度较高,预测结果基本上能跟上实际变化趋势。

2）高压溶出控制系统

高压溶出是一个极其复杂的生产过程,需要检测和控制的变量多,如自蒸发器的压力、预热器温度溶出器的压力和温度以及液位,矿浆流量以及蒸汽缓冲器压力等,它们又相互耦合构成一个复杂得多变量系统。通过简化系统,根据工艺特点将控制系统分为三部分:①自蒸发器压力控制子系统;②溶出温度控制子系统;③生产过程操作、管理子系统。以便将影响氧化铝溶出率和溶出液苛性比值的主要参数溶出温度和压煮器的满罐率(溶出器液位)都稳定在最佳状态,保证高压溶出生产正常稳定运行。

高压溶出预热器的热源来自自蒸发器的乏汽,利用乏汽对原矿浆进行间接加热,对原矿浆溶液中苛性碱的浓度没有影响。为了既充分利用乏汽,节约能耗,又保证自蒸发器正常工况,自蒸发器压力控制子系统选择自蒸发器的压力作为被控物理量,预热器温度作为被监测的辅助参量,用于监视管道管壁结疤情况。

高压溶出温度对氧化铝的溶出率影响很大,保持溶出温度稳定是提高溶出率的关键之一。但实际生产过程中,溶出温度受新蒸汽压力、预热器出口温度、矿浆的流量、溶出器液位、溶出器之间的压差等因素的影响,被控对象是一个具有纯时延,大惯性、时变、非线性,并有随机扰动的复杂对象,为此,采用自适应预测模型控制和智能专家控制的混合控制策略,实现溶出温度的精确控制。

3）管道化溶出控制系统

管道化溶出生产工艺的主体控制系统通过网络控制三个子系统,实现对整个溶出过程生产工艺参数的监视、安全连锁保护和生产管理;预脱硅、溶出、自蒸发、稀释、酸洗等工段电气设备的控制;自蒸发器及冷凝水器液位调节。隔膜泵控制子系统完成隔膜泵的同步控制、转速调节及连锁保护。熔盐炉控制子系统实现对盐泵、熔盐炉的连锁保护及熔盐炉燃烧温度控制。熔盐管路电加热子系统实现熔盐管路表面温度监测和电加热温度控制。

管道化溶出是在高温高压下溶出矿浆中的铝成分的生产工艺过程,具有能大大缩短铝矿石溶出时间、产量高、溶出指标高、节能降耗等优点。管道化已成为我国氧化铝提产的急需,为保证管道化系统稳定可靠运行,根据管道化溶出的生产工艺要求及现有自控系统在实际生产使用中现状,将管道化控制系统设计为管道化主体系统、隔膜泵系统、熔盐炉系统、熔盐电加热系统等四大部分,系统以主体DCS为核心,下挂隔膜泵、熔盐炉、电加热三个相对独立的子系统,通过控制网络相连,采用先进的计算机控制、仪表检测、电气技术,综合了集散系统、现场总线、可编程控制器及智能仪表,完成管道化综合控制系统。

在主体控制系统中,自蒸发器及冷凝水器液位调节是主体控制系统的核心,根据系统的工艺特点,利用过程控制系统的优势,采用模糊控制和PID控制,实现自蒸发器液位的自动控制。

隔膜泵控制子系统完成隔膜泵的同步控制、转速调节及连锁保护。由于隔膜泵配套有大量附属安全保护设备,为实现隔膜泵的安全运行,连锁保护设计为启动连锁和停车连锁两部分。连锁保护包括盐泵连锁保护和熔盐炉炉本体连锁保护。连锁信号全部进 PLC,由 PLC 内部编程实现连锁、输出保护动作、进行信号报警。盐泵连锁包括启动连锁和运行连锁,启动过程中,若连锁条件之一不满足,则盐泵不能启动;运行过程中,若有一个连锁条件不满足,则盐泵连锁跳停。

当调整熔盐炉负荷时,燃料量与风量相互交叉限制,可确保燃烧控制始终保持在充分燃烧的基础上:燃油控制器根据盐温实际值和给定值偏差调节油阀,控制重油流量,实现盐温控制;空气控制器调节空气阀,控制空气流量;燃油控制器和空气控制器互相配合,保持合适风油比(需要升温时,首先开大风门,提高风流量,然后再开大油阀,提高油流量;降温时,首先减小油阀开度,减小油流量,然后,减小空气阀开度,减小空气流量;这样可避免不完全燃烧)。通过对燃烧的控制实现熔盐炉内盘管中熔盐加热控制。控制原理如图 4-47 所示。

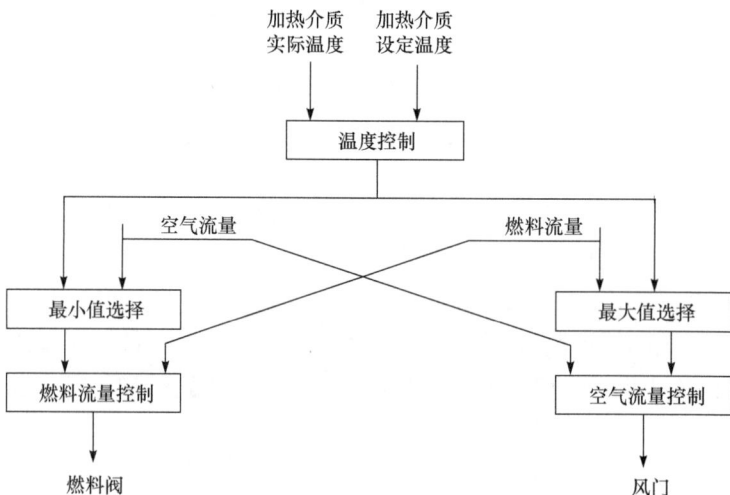

图 4-47　燃烧控制原理图

4.4.5.5　氧化铝蒸发过程智能优化控制技术

蒸发过程作为氧化铝生产过程中必不可少的重要工序,也是氧化铝生产过程中主要的能耗工序。由于工业铝酸钠溶液成分复杂、腐蚀性强及黏度高等原因,蒸发过程一直是氧化铝生产的薄弱环节,尤其是碳分母液的蒸发,被喻为生产的"瓶颈",因此实现蒸发过程的操作优化,通过改进工艺技术提高蒸发系统能力,降低蒸汽消耗和物料单耗等问题,意义重大。

　　由于工业铝酸钠溶液的强腐蚀性和高黏度造成出料管堵塞使得在线密度计检测不准，浓度在线分析仪受到其安装条件、价格等限制也不能应用到实际生产过程中。因此实际生产过程中出口母液浓度指标仍采用现场人工定时取样送实验室分析化验的办法(一般 4 小时一次)，数小时后反馈给现场操作人员。现场操作人员根据反馈的指标凭经验对进入蒸发系统的物料、蒸汽量进行调节，使得出口母液浓度指标符合工艺指标要求。这种凭经验进行调节,会使蒸发器操作调节滞后且很难同时考虑到主要参数的波动影响,造成出口母液浓度波动大,甚至出现不合格的情况,蒸汽消耗量大,而且它也无法同时考虑能耗指标。为减小蒸发过程出料浓度的波动,实现出料浓度的在线预测,同时在不改变现有生产设备和流程的前提下,实现蒸发过程的优化控制,达到强化生产、降低能耗和汽耗、提高蒸发器运转率及蒸发过程操作水平的目的,蒸发过程优化控制[92]以能流界面参数为关键参数予以实现,总体框图见图 4-48。

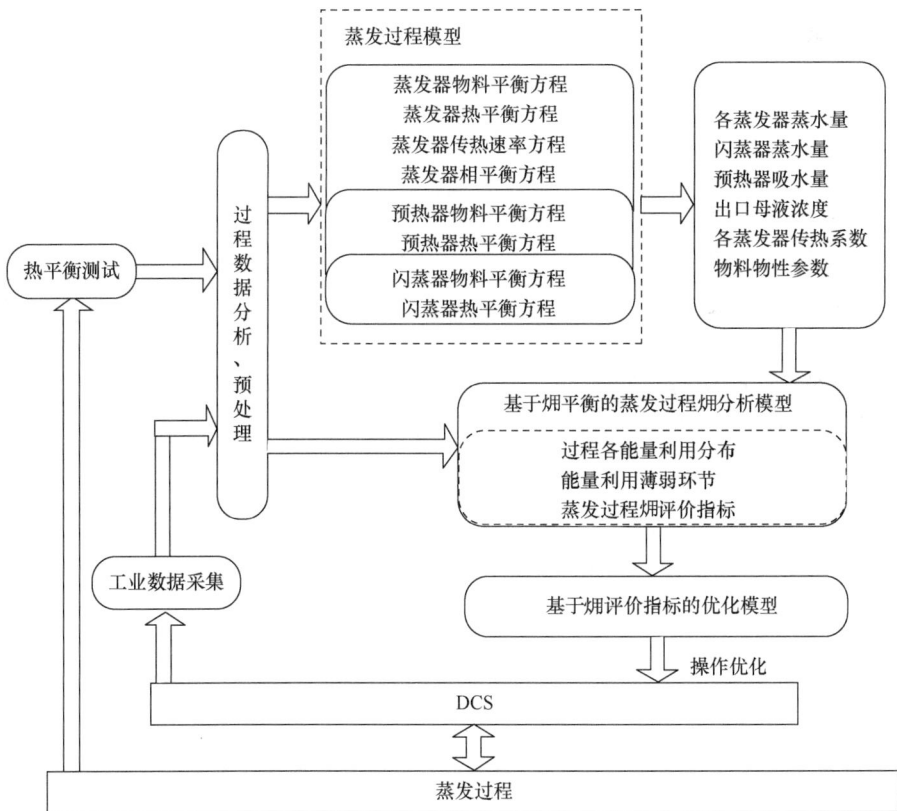

图 4-48　蒸发过程优化控制总体架构图

　　首先,基于蒸发装备的热平衡测试数据和现场运行数据,结合机理分析和生产经验,建立以机理模型为基础嵌套多个中间参数软测量的集成模型,反映能流界面参数与出口浓度之间的关系。根据实际物料采样分析及参数波动判断,对集成模型进行修正,实现出料浓度的在线预测及蒸发过程的模拟。

集成模型主要采用基于 FCM 的偏最小二乘法预测得到末效出口浓度值对机理模型中的修正系数进行修正。以热平衡测定结果中的一组数据为例,集成模型对各设备出料浓度预测结果与实测值对比如图 4-49 所示。从图中可以看出,集成模型能较好地预测各设备出料浓度值,尽管数据中含有一些工况不稳定、受干扰时的数据,该集成模型仍然具有较好的预测效果,能满足现场要求。

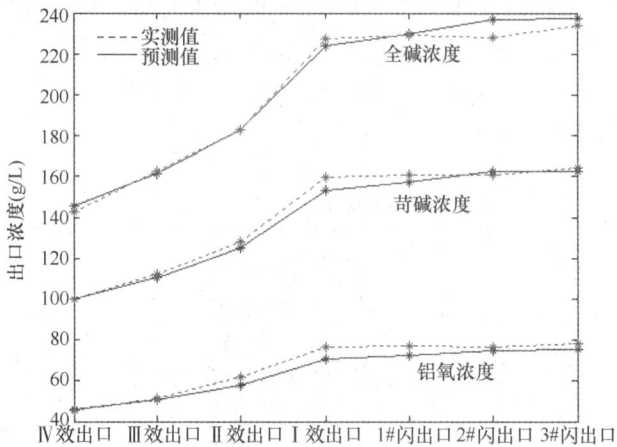

图 4-49　各设备出料浓度预测值与实测值对比图

对系统一组给定参数条件下,蒸发过程模型对系统模拟的主要参数结果对比如图 4-50 和图 4-51 所示,由此可见该模型能较好地模拟实际生产过程。

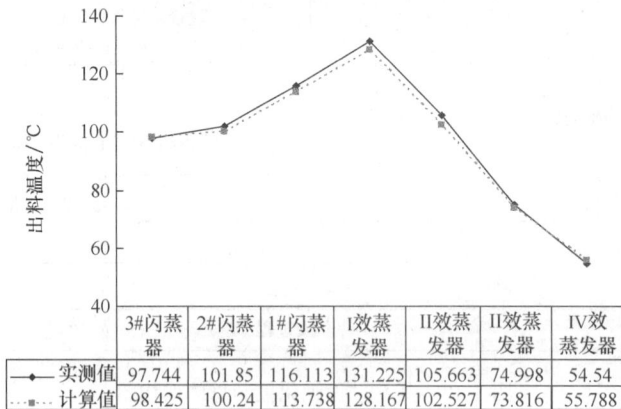

	3#闪蒸器	2#闪蒸器	1#闪蒸器	I效蒸发器	II效蒸发器	II效蒸发器	IV效蒸发器
实测值	97.744	101.85	116.113	131.225	105.663	74.998	54.54
计算值	98.425	100.24	113.738	128.167	102.527	73.816	55.788

图 4-50　各设备出口物料温度对比图

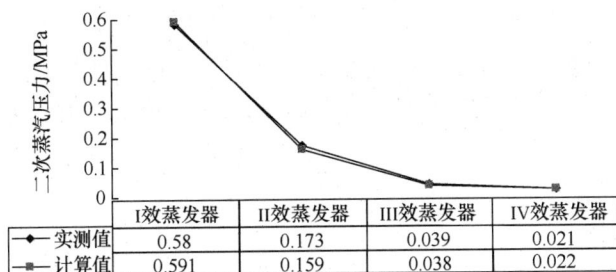

	I效蒸发器	II效蒸发器	III效蒸发器	IV效蒸发器
实测值	0.58	0.173	0.039	0.021
计算值	0.591	0.159	0.038	0.022

图 4-51　各设备出口二次蒸汽压力对比图

　　基于模拟模型的计算数据,采用有效能(㶲)分析方法可分析出蒸发系统的能耗动态分布状况,能量利用的薄弱环节及相应的节能措施;最后,以降低能耗及汽耗为目的,建立基于有效能评价指标的蒸发过程能耗优化模型;采用智能优化技术求解模型得到优化后的操作参数,为优化控制提供基础。

　　蒸发过程优化模型为一个非线性的、带有线性和非线性约束的、有边界条件约束的多目标的优化问题,非支配排序遗传算法 NSGAII 被用于求解蒸发过程节能优化问题。图 4-52 为 NSGA-II 算法进行 300 次寻优的 Pareto 前沿的分布。由图可知,优化解集中在吨水汽耗 0.34~0.35,㶲损百分比 41%~42% 范围内。

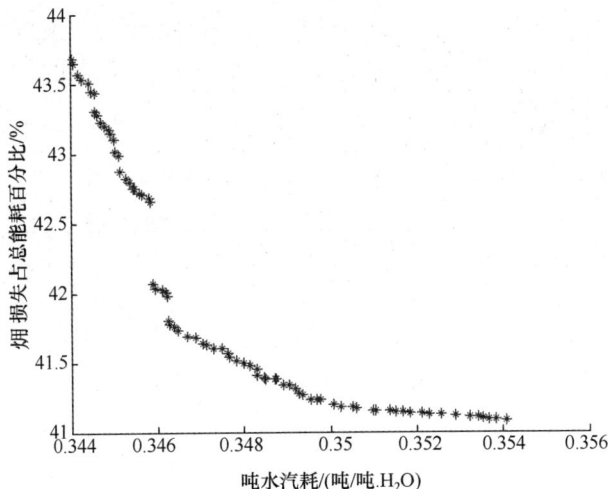

图 4-52　迭代 300 次 NSGA-II 算法寻优 Pareto 前沿

　　从图 4-52 可看出效率与吨水汽耗相互矛盾,为降低吨水汽耗则必须以损失能量利用效率为代价。与系统实际运行的吨水汽耗 0.402 吨/吨. H_2O、损失比例 0.48 相比,优化操作降低了吨水汽耗,提高了能量的利用率。优化得到的 Pareto 解集为不同的控制目标提供了多种选择,可满足不同工况条件下操作需求,当实际生产过程中侧重于某一指标时,可在 Pareto 最优解集另一指标较小的方案中进行选择;若没有特别侧重的目标时可折中选择。由此可见,对于逆流蒸发系统蒸汽分流、物料分流均不利于降低吨水汽耗或有效能损失,且增加产能也不能提高能量的利用效果。

4.4.5.6 连续碳酸化分解过程智能控制技术

1) 碳分过程机理分析

在烧结法生产氧化铝过程中,铝酸钠溶液的碳酸化分解过程是一个非常重要的承前启后的中间生产过程。它处理由上游脱硅工序处理的铝酸钠溶液,生产出一定质量的氢氧化铝,并提供合格的母液。通过向各分解槽的铝酸钠溶液中通入 CO_2 气体使氢氧化铝($Al(OH)_3$)析出,它包括 CO_2 为铝酸钠溶液吸收以及二者间的化学反应和 $Al(OH)_3$ 的结晶析出等过程,在分解过程中特别是后期还伴随着二氧化硅(SiO_2)的析出。

连续碳分就是将多台碳分槽串联起来,首槽进料,各槽按照一定的比例通入 CO_2 气体进行分解,末槽分解完毕出料。连续碳酸化分解由于可以避免进料、待分和待出、出料等过程,这样在保证了碳分槽利用率的前提下,可以大大延长分解时间以有利于得到颗粒较粗、强度较高的氢氧化铝晶体。同时因为生产过程较易实现自动化,分解终点比较稳定,CO_2 吸收率高,并保持整个生产流程的连续性,设备利用率和劳动生产率高,劳动强度低,目前被广泛采用。最常见的是六槽连续碳酸化分解,其工艺流程图如图 4-53 所示。

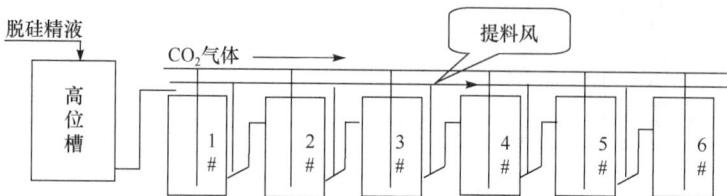

图 4-53 连续碳酸化分解工艺流程图

2) 连续碳分过程优化控制总体方案

连续碳分过程[93]具有强耦合、多变量、大惯性、大滞后性的特征,这为连续碳分过程的控制带来了困难。为此,设计如图 4-54 所示的连续碳分过程优化控制系统,综合运用冶金平衡计算、软测量、人工智能等技术,以解决首槽进料流量的软测量和末槽分解率预测为突破口,以调节分解槽 CO_2 通气量和稳定进料流量为手段,以实现连续碳酸化生产过程分解梯度优化,最终实现末槽分解率的优化控制以及整个生产过程的安全监控与生产数据综合管理为目标,达到稳定生产、提高槽样硅合格率、提高产量的目的。

专家控制器

$u_0(t)$ → 进料阀执行机构 → 分解过程

Fd　$E(t)$

$u_4(t)$ → 4#CO_2通气阀执行机构 → 分解过程

$u_5'(t)$　$u_5(t)$ → 5#CO_2通气阀执行机构 → 分解过程

$F(t)$

$\Delta u_5'(t)$　预测控制器

补偿器　$ed_6(t)$

末槽分解率预测模型　$\hat{F}(t+1)_6$　Fd_6

$Y(t)$

$e_6(t+1)$　$F(t+1)_6$

$X(t)$

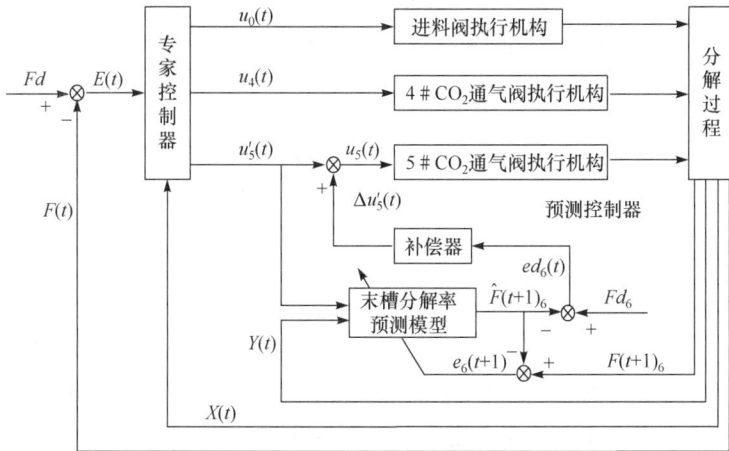

图 4-54　连续碳分过程优化控制系统结构图

3) 首槽进料量软测量与稳定控制

目前操作工人一般根据每小时 1~6#槽成分检测结果、生产过程参数（如 CO_2 压力、浓度等）调节进料量大小。在相邻两次进料量报样控制的时间间隔内，由于上游供料工序的变化，高位槽液位经常波动，引起进料量不稳定，导致氢氧化铝颗粒不合格，故维持合适稳定的进料量是连续碳酸化分解过程控制的关键。为减小进料量波动对分解梯度的影响，系统根据高位槽液位变化情况，每隔一段时间调节一次进料阀门开度，维持进料量稳定。但是，由于进料管较短、管径比较大且容易结疤，首槽进料量难以用常规过程检测仪表进行测量，为此采用软测量技术，通过寻找高位槽液位、阀门开度与进料量的函数关系，建立软测量模型，间接测量进料量，以实现首槽进料量的调节。

该软测量模型首先根据首槽进料的抽象模型，将两个高位槽和首槽简化为一个大平面液面下的汇流；由此基于汇流的伯努利方程，就可推导出高位槽液位、原料阀门、管道阻力系数与原液流量的软测量模型；另外，为消除软测量模型的系统误差和修正计量模型的随机误差，并使修正结果平稳，对进料流量误差进行修正，在软测量模型中引入一个修正因子 γ，采用低通滤波结合一阶动态响应处理的方法，依靠历史的偏差修正值得到当前偏差的修正值，对检测结果进行在线修正。

为验证软测量模型的正确性，取工业现场一段时间的生产数据计算首槽进料流量 Q，并与实际值 Q' 进行对比，表 4-4 给出了不同液位和损失系数下计算的进料流量和实际流量的情况，表明该模型能较好地反映实际流量，可靠性高。

表 4-4　不同液位和损失系数下的流量值

z_1/米	z_2/米	Q/(米³/时)	Q'/(米³/时)	e/(米³/时)	η/%
4.27	8.32	228.187	233.0	4.813	2.06
4.10	8.32	226.972	226	0.972	0.43
3.95	8.46	226.100	223.8	2.3	1.02
3.92	8.36	225.944	224.7	1.244	0.55

进料量稳定控制原理如图 4-55 所示,每小时成分检测结果出来后,系统根据成分结果调整进料量设定值 Q。当高位槽液位发生变化时,采集 1♯、2♯ 高位槽实际液位 z_{1s} 和 z_{2s} 及阀门 C 实际开度 u_s,启动进料量软测量模型算出实际流量 Q',与设定值 Q 比较,经过进料阀门控制器 f' 得到控制量 u_k,调节进料阀门 C,实现进料量的稳定控制。其中,流量的设定值由专家控制器给出。由于实现了进料量的稳定控制,使得进料流量的优化设定值能够准确可靠地得到应用,系统投入运行前 2003 年的,投入运行后末槽分解率的合格率由 94% 提高到 98% 以上,提高了 4%。

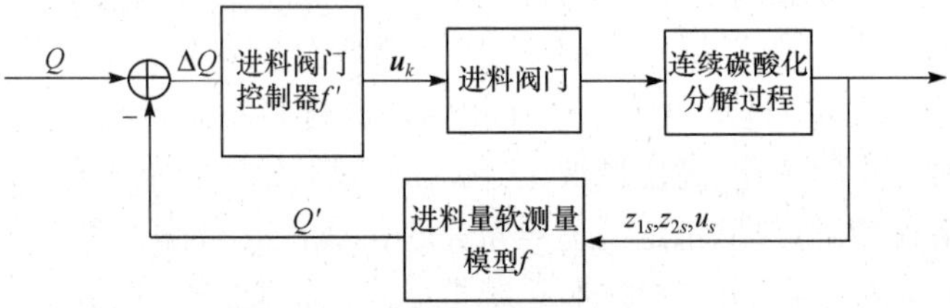

图 4-55　进料量稳定控制原理图

4) 末槽分解率在线预测与优化控制

连续碳酸化分解过程是将多台分解槽串联起来,末槽分解率不仅取决于 5♯ 槽上一时刻的分解率,还取决于 1~4♯ 槽前几个时刻的分解率和 CO_2 的通气量。影响因素众多,具有多重大滞后性,且影响因素间相互耦合。为此,基于智能集成的思想,首先用聚类的方法对变量进行分类,分类后获得每类变量的主成分,再用于构建神经网络预测模型。其中神经网络采用全局动态 T-S 递归模糊神经网络(DTRFNN)模型,具体结构如图 4-56 所示。

连续碳酸化分解率的优化控制由专家控制器来完成,控制器主要解决进料流量、4♯ 和 5♯ 槽 CO_2 通气量设定值的计算问题,主要由知识库、推理机、控制决策等模块组成,其结构如图 4-57 所示。

特征识别与信息处理模块实现对碳分工艺参数的提取和加工,为控制和学习适应提供依据;知识库是专家控制器的基础,存储经归纳总结的工艺工程师、仪表工程师和熟练操作人员的经验知识,包括事实库与控制规则集;数据库主要保存过程实时数据;推理机根据实时数据和规则进行推理,得到控制结论;进料控制决

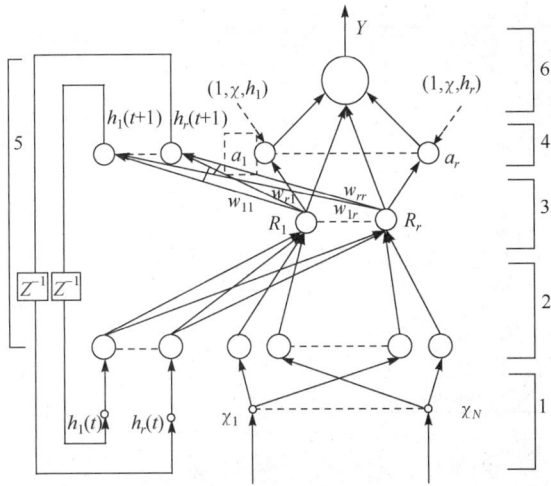

图 4-56 全局动态 T-S 递归模糊神经网络(DTRFNN)模型

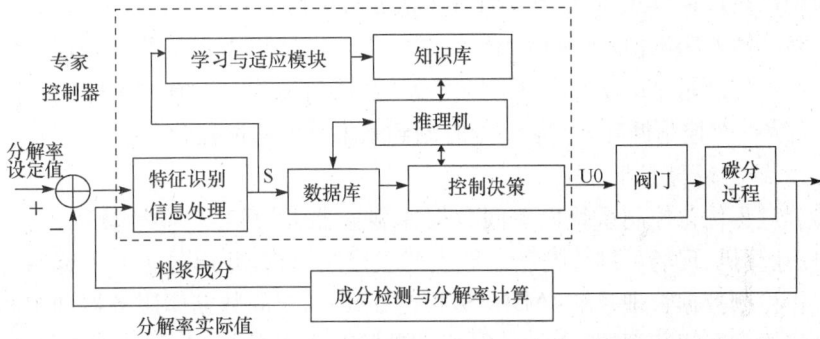

图 4-57 分解率专家控制器结构

策模块则是协调专家控制器与其他修正模型的关系,将修正模型的控制量与专家控制器的控制量进行叠加,输出给控制对象;学习与适应模块的功能就是根据在线获取的信息,补充或修改知识库内容,改进系统性能,以便提高问题求解的能力。

使用单一的专家控制方法难以满足工况波动较大时对末槽分解率的控制要求,故在此基础上引入预测控制策略对专家控制器输出进行补偿。如图 4-58 所示,末槽分解率预测补偿控制器由末槽分解率预测模型、智能补偿器、反馈校正、参考轨迹、执行机构等组成。

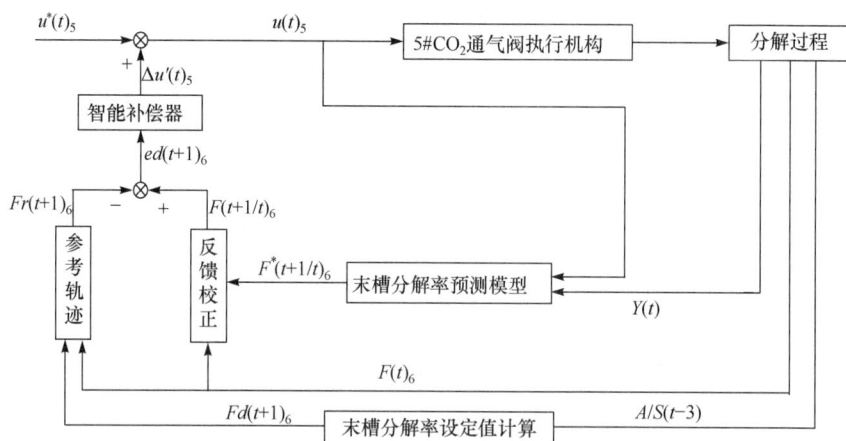

图 4-58　末槽分解率预测补偿控制器结构

在 t 时刻,根据专家控制器 5♯槽 CO_2 通气阀输出值 $u^*(t)_5$ 和料浆成分 $Y(t)$,预测模型经过反馈校正得到 $t+1$ 时刻末槽分解率预测值 $F(t+1/t)_6$,将其与末槽分解率参考轨迹输出值比较得到偏差 $e_d(t+1)_6$,$e_d(t+1)_6$ 经过智能补偿器作用产生一个补偿控制量 $\Delta u'(t)_5$,用其对 $u^*(t)_5$ 补偿后得到 5♯槽 CO_2 通气阀调节值 $u_5(t)$,完成一个控制循环,等待 $t+1$ 时刻到来重复上述过程。

5)系统实现与工业应用

碳分过程优化控制系统以车间数据库服务器、车间客户端计算机、主控计算机、监控计算机、现场可编程控制器形成三级控制结构,并通过企业内部网与分公司的分析检测数据管理系统(ADIMS)相连。其中,车间数据库服务器和车间客户端计算机构成车间管理层,主控计算机和监控计算机构成过程监控层,PLC 及检测元件、执行机构等构成现场控制层。PLC 通过输入模块(A/D、DI)实时采集碳分生产过程的检测信息,又通过输出模块(D/A、DO)自动调节进料量、CO_2 通气量的电动阀门,完成现场控制任务;主控计算机定时从 ADIMS 导入料浆成分离线化验数据,并根据实时检测数据进行优化计算,将控制信息传给 PLC 执行,其中所有数据都同时存入车间数据库服务器;监控计算机对生产过程实时监控,并作为主控计算机的备份存在;车间数据库服务器存储和管理整个分解生产数据;车间客户端计算机实现对分解生产过程的远程监视和调度管理。

碳分过程优化控制系统已投入工业现场运行。系统投入运行前 2003 年的末槽分解率为 92%,试运行的 2004 年的末槽分解率为 93.1%,运行后 2005 年的分解率平均值为 95.5%,2006 年为 95.61%,末槽分解率逐年提高。由于末槽分解率的准确预报和分解率梯度的优化设定,槽样硅的合格率为 95.2%,比运行前提高了 0.2%。此外,系统实现了远程控制、数据自动处理和统计、故障精确预报预警,大大降低了工人的劳动强度。

4.4.5.7　焙烧工序自动化技术

氢氧化铝焙烧是氧化铝生产工艺中的最后一道工序,焙烧的目的是在高温下把氢氧化铝的附着水和结合水脱除,从而生产出一种 α-Al_2O_3 和 γ-Al_2O_3 混合物构成的、物理化学性质符合电解要求的氧化铝。

氢氧化铝焙烧工艺主要有回转窑焙烧和循环流态化焙烧两种,两种工艺大同小异,回转窑焙烧流程如图 4-59 所示。

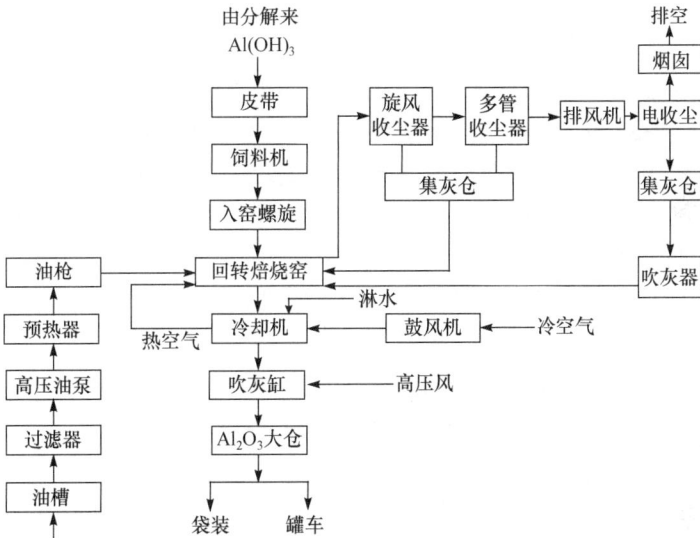

图 4-59　氢氧化铝焙烧生产流程图

1) 焙烧工序流程特点

循环流态化焙烧的工艺流程为:由前道过滤工序输送来的湿氢氧化铝进入氢氧化铝储仓,储仓出口的螺旋喂料机将湿料加入一级文丘里干燥器,在此与来自预热系统的热烟气进行热交换,经烟气流烘干后的干氢氧化铝进入第一级机械收尘器,再经电收尘器收下较细颗粒的氢氧化铝,收下的全部氢氧化铝经螺旋输送机、空气斜槽输送机、空气提升机送至螺旋分离器,分离后的干氢氧化铝进入二级文丘里预热器,脱去部分结晶水、经二级旋风分离,分离器分离后的氢氧化铝进入焙烧炉,完成由再循环分离器、返料槽组成的循环焙烧系统进行循环焙烧,焙烧后经分离的氧化铝进入一级冷却器与空气进行间接换热,再进入二级冷却器与冷却水进行间接换热,冷却后的氧化铝经出料阀、皮带输送机进入料仓。焙烧炉分为焙烧、电收尘两个作业区域,由低压配电室供电。循环流态化焙烧工艺的优点是:准确控制温度,维修费用低,热耗低,产品质量高,投资少,对环境污染少。

2) 焙烧过程自动化

焙烧过程自动化需要完成以下的控制功能：

(1) 环路控制：包括风机出口温度控制、炉膛差压控制、回转阀单回路控制及炉顶温度串级控制。

(2) 逻辑控制：通过梯形图组态，完成系统顺序控制、联锁/解锁电机启/停等控制。

(3) 数据采集：通过 DI、AI 模块完成所有控制系统所需开关量、模拟量的采集。

(4) 信号输出：I/O 站主控单元运算后发出的指令通过 DO、AO 模块输出 DO、AO 信号，控制现场设备。

(5) 掉电保护：组态软件固化在主控单元的半导体存储器中，实时数据存储于带掉电保护的 SRAM 中，可满足系统的可靠性、安全性、实时性的要求。

焙烧过程中较复杂的炉顶温度控制一般有两种控制方式：

(1) 设定生产负荷控制喂料螺旋，由变频风机和重油调节阀与炉顶温度 PID 组成的串级调节回路控制炉顶温度；

(2) 设定炉顶温度控制喂料螺旋，由变频风机和重油调节阀与生产负荷组成的单回路调节实现对给定生产负荷控制。

控制的关键点在于根据最佳的风油比系数值通过高、低选择器，调节风机频率和油阀，使整个系统达到最大限度地用风而用油量最小，并使系统处于最佳运行状态(控制原理如图 4-60 所示)。

焙烧过程自动化实现的主要管理功能有：焙烧工艺流程图画面显示，所有参数集中显示、报警、记录、联锁、控制，原、燃料计量、计算，电动机、电动阀的手动、遥控、联动，焙烧全自动点火燃烧控制，焙烧全自动开车。

3) 焙烧过程计算控制系统及应用

氧化铝生产焙烧过程计算机控制系统包括过程控制层与过程监控层，物理实现框架由以太网、控制网和设备网三层网络结构组成，以实现控制系统的信息集成和功能集成。氧化铝焙烧过程的控制包括过程回路控制、设备连锁逻辑控制以及烘炉过程顺序控制。过程回路控制包括进料量控制回路、文丘里干燥温度控制回路、烟道氧含量控制回路、预热旋风管出口烟道温度控制回路、重油压力控制回路、焙烧炉温度控制回路。其中，温度控制采用流量-温度串级控制方案，设备连锁逻辑控制主要包括设备的启停、连锁关系、远程 PLC 控制。计算机控制系统应用到郑州铝厂氧化铝扩建项目焙烧工序[94]，实现了生产的分散控制与集中管理，提高了设备运转率，降低了操作人员的劳动强度，减少了燃料消耗，氧化铝灼减小于 0.8%，γ-Al_2O_3 含量小于 20%，改善了氧化铝的品质，提高了产品合格率，并且产能达到 1850 吨/天，提高了氧化铝生产的经济效益。

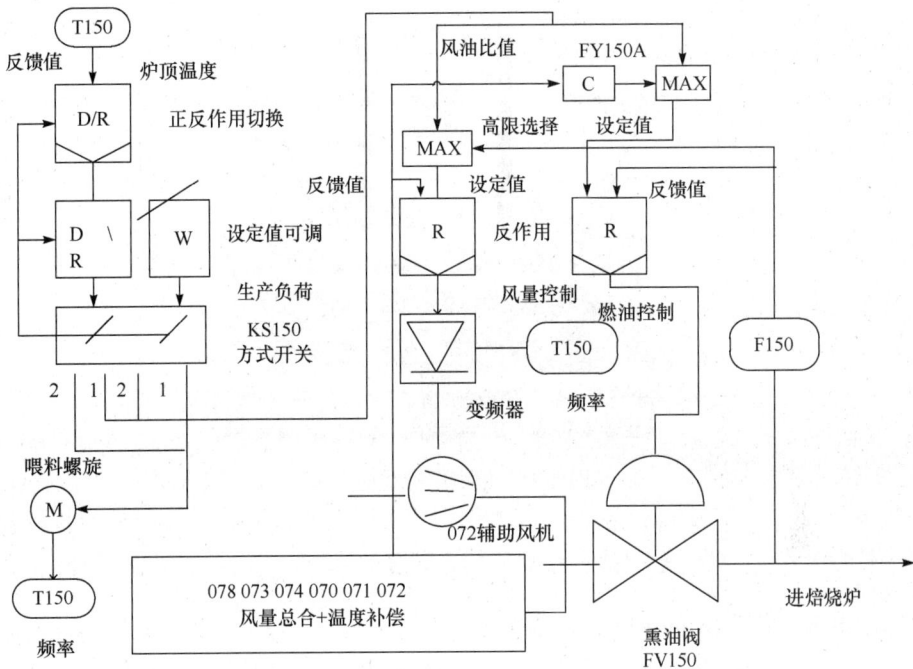

图 4-60　炉顶温度控制原理图

4.4.6　铝电解低电压高效节能控制技术

4.4.6.1　铝电解生产工艺

铝电解过程在铝电解槽中通过通入直流电发生铝电解反应,电解时所用的原料为氧化铝,电解质为熔融的冰晶石,阳极为碳素。电解一般是在 943～960℃高温下发生的。铝电解槽结构如图 4-61 所示,包括阴极结构、上部结构、电气结构和电气绝缘等部分。

接通铝电解槽的直流电源后,溶解在熔融冰晶石熔体中的固体氧化铝开始发生化学反应,在电解槽的阳极上得到一氧化碳或二氧化碳气体,阴极上析出液态铝,其过程为

$$熔融的氧化铝 \xrightarrow{\quad 直流电(960℃)\quad} 液态铝(阴极)+气体物质(阳极)$$

随着反应持续发生,电解质熔体中的物质不断被利用掉,因此,保证生产持续进行,则要不断往电解质中补给氧化铝和添加碳阳极等物质。理论上,冰晶石是不需要补充的,但是在高温熔解条件下存在一定的损失,因此需要作一定的补给。此外,还需要向反应过程提供大量的直流电能来推动反应向生成铝的方向进行。

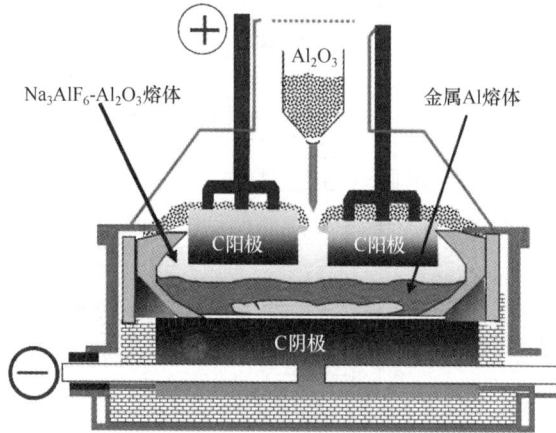

图 4-61　铝电解槽结构图

4.4.6.2　大型铝电解槽多相多场耦合计算技术

铝电解槽内外分布着形状各异的几十种媒质材料,在强大的直流电(160~500千安)作用下,体系中形成气(阳极气体)、液(电解质熔体和铝熔体)、固(加入的原料及凝固电解质等)三相共存,并在体系中形成多种物理场,如电场、磁场、热场(即温度场)、流场、应力场、浓度场等。这些物理场的状态对于铝电解生产过程有直接影响,电、磁、流场相互耦合引起电解槽内铝液-电解质界面的不稳定,从而影响生产过程的稳定性,甚至影响槽寿命;电场、热场等物理场与电流效率直接相关;电热场形成的应力场严重影响槽的寿命等。特别是对于现代大型铝电解槽,由于电流强度大,导致体系中不同相之间、不同场之间以及多相-多场之间的耦合作用以及它们对电解槽运行特性的影响非常强烈,必须建立更精确的模型对多相-多场给予更深入的研究才能为大型铝电解槽结构、工艺和控制技术的优化奠定基础。为此,提出多相-多场耦合建模方法并建立了多相-多场三维耦合计算模型(如图 4-62 所示),为大型铝电解槽状态分析与优化提供了先进可靠的技术手段。

多相-多场耦合计算模型与算法具有如下特点。

(1)将两类三相流、六种物理场和两种最重要的电解槽特性参数(磁流体稳定性、电流效率)的计算机三维耦合计算集成于一体并充分考虑了它们之间的复杂耦合关系。

(2)在流场计算中,建立并使用了“液(电解质)-液(铝)-气”和“液-气-固(氧化铝颗粒)”两类三相流耦合计算模型与算法,更加精确地实现了全域流场、铝液-电解质界面分布的一体化数值解析,为多相-多场耦合计算的实现,特别是为低电压(低极距)下的电解槽流场等物理场的优化、阳极气泡排放优化等提供了新的技术手段。

（3）建立了基于上述两类三相流耦合计算的浓度场（氧化铝浓度分布）计算模型，更加精确地实现了对电解槽下料过程中氧化铝颗粒瞬态分散与传质过程规律的计算研究，为下料策略优化提供了新的技术手段。

（4）建立了基于铝电解过程电流效率损失机理、相间传质理论、三相流耦合计算和磁流体稳定性计算的电解槽区域电流效率计算模型，并在此基础上建立起了铝电解槽主要技术经济指标（电流效率、吨铝电耗和槽寿命）的理论计算与评估模型，从而在电解槽参数-多相流特性-多物理场特性-技术经济指标之间建立起了直接的关系模型。

（5）完整的多相-多场耦合计算模型克服了传统模型对"多相-多场"耦合性考虑不够（以往主要分别考虑"电-磁-流"耦合和"电-热-力"耦合）而无法精确考察电解槽各类参数间的复杂耦合关系与相互影响规律的问题，显著提高了电解槽物理场计算的精度，将主要物理场仿真输出变量的偏差从 $15\% \sim 30\%$ 缩小到 $5\% \sim 10\%$。

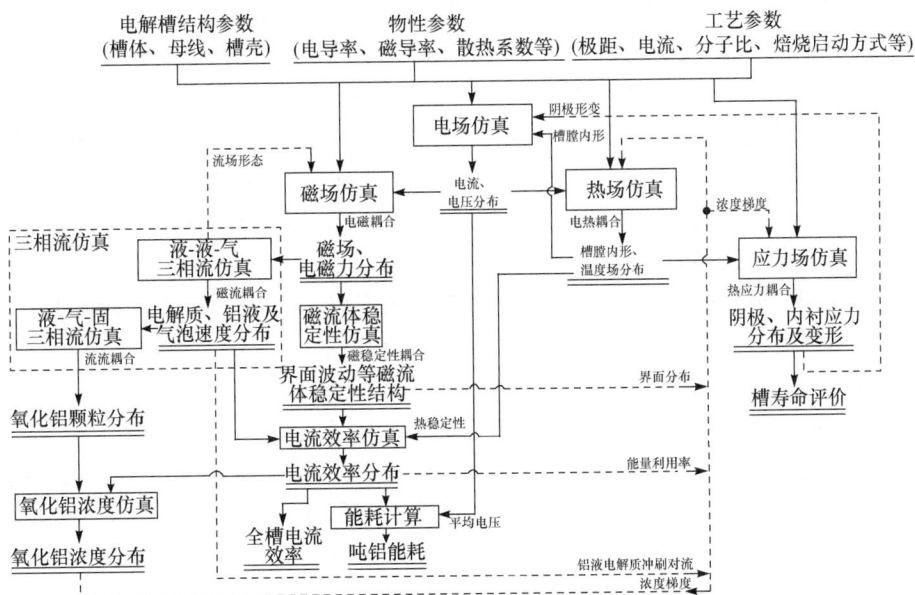

图 4-62　铝电解槽多相-多场耦合计算模型

4.4.6.3　大型铝电解槽结构、工艺与控制综合优化技术

由于铝电解槽的各种物理场分布特性及流体稳定性不仅取决于电解槽的结构参数和筑槽材料的物性参数（"先天因素"），而且与电解槽的工艺参数（"后天因

素")密切相关,因此槽设计优化、工艺优化和控制优化脱节的问题影响了整体优化结果。针对大型铝电解槽多种工艺参数和结构设计参数均对多相-多场分布特性产生重大影响并形成复杂耦合关系的特点,提出基于多相-多场耦合仿真的大型铝电解槽结构与工艺综合优化方法,通过应用该方法进行大量仿真研究并结合现场试验,发现并建立了可使大型铝电解槽在 3.7～3.9 伏的低工作电压下实现高效、低电耗、低排放、稳定运行的状态空间及其配套条件,并据此建立低电压高效节能新工艺[50]。

　　低电压高效节能新工艺最显著的特征是,电解槽的极距(即阴、阳极间距离)从过去的 4.5～5.0 厘米降低到 3.3～3.8 厘米,对应的工作电压从过去的 4.1～4.3 伏降低到 3.7～3.9 伏,这打破了电解槽的极距一般不能低于 4.0 厘米(对应的槽电压一般不低于 4.0 伏)的传统认识。传统理论认为,若极距低于 4.0 厘米,则电解槽内的铝熔体(磁流体)稳定性会显著变差,从而引起电流效率显著降低,进而引起电解能耗升高或电解槽无法正常运行。但是,研究发现,引起磁流体稳定性和电流效率显著变差的极距"临界点"可以向低极距方向大幅度移动,因为降低极距所产生的对磁流体稳定性和电流效率的不利影响完全可以通过改变其他因素来抵消。例如,通过调整热平衡改变槽膛内形与适当强化电流的措施相结合不仅能使电解槽在低电压下达成新的稳定热平衡,而且能够显著提高阴极电流密度,从而形成有利于提高电流效率的条件,这便在很大程度上抵消了极距降低对电流效率的不利影响;再配以将电解质温度、电解质过热度、氧化铝浓度和阳极效应系数等重要工艺参数也控制在尽可能低但尚可以控制的"临界点"附近,则处于"临界极距"附近的低电压不仅不会降低电流效率,而且可以提高电流效率。由于铝电解的吨铝直流电耗指标仅取决于平均槽电压和电流效率(计算公式为:吨铝直流电耗＝2980×平均槽电压(伏)÷电流效率(％)),因此在电流效率不变(甚至提高)的条件下实现槽电压的显著降低就可以实现吨铝直流电耗的大幅度降低。

　　大型铝电解槽结构、工艺与控制综合优化方法从有效降低电解槽"临界极距"的技术思路出发,辩证地解决了强化电流与降低极距(降低槽电压)的矛盾,以及降低极距与提高电解槽稳定性和提高电流效率的矛盾,成功地获得了一种针对不同电解槽特性建立低电压高效节能新工艺的方法。新工艺以"五低-三窄-一高"(即低温、低过热度、低氧化铝浓度、低槽电压、低阳极效应系数,窄物料平衡工作区、窄热平衡工作区、窄磁流体稳定性调节区,高阳极电流密度)为主要特征,其中以"五低"追求电解过程的高电效、低电耗和低排放,以"三窄"追求电解过程的平稳性和电解槽长寿命,以"一高"追求电解过程强化增效并满足低电压下的热平衡要求。并且在新型控制技术的保障下,这些技术条件良性互动,使槽况进入综合指标最优的状态空间。

4.4.6.4　铝电解生产过程下料控制技术

长期以来,各种控制技术由于只能对电解槽的全槽氧化铝平均浓度进行估计,因此均是将电解槽内的所有下料器视为一个整体进行控制的。虽然一些控制系统为了增强下料的均匀性而采取分组交替下料的模式,但只是简单重复地交替,而并没有根据每个下料点下方区域熔体的流动特性进行"个性化"调控。

而现代大型铝电解槽随着容量(电流强度)的不断扩大,槽体尺寸主要沿长度方向扩大(导致长宽比不断增大)。容量及长宽比扩大,这两个因素共同导致大容量电解槽各个区域的物理场分布差异性增大。在下料控制方面,这种差异性就更加突出地表现在电解槽内氧化铝浓度分布不均。特别是在实施低电压高效节能"临界"工艺技术条件后,氧化铝分布的不均匀性加剧而且受多相流运动影响更加强烈。

现代大型铝电解槽均采用中间点式下料,即沿着电解槽纵向中心线安装有数个(4～8个)点式下料器用于添加氧化铝。这些下料器在控制系统的作用下以一定的时间间隔打壳下料,先用其锤头打穿下方的壳面形成一个加料孔,再将一定量的氧化铝原料通过加料孔加入到电解质熔体中。颗粒状的氧化铝原料不会立即在下料点处全部溶解,而是与电解质熔体和阳极气体构成"液(电解质)-气(阳极气体)-固(氧化铝颗粒)"三相流,随着三相流熔体的运动(该运动还受下方金属铝熔体运动的影响)而在全槽电解质熔体中扩散并逐步溶解。其中,每个下料器动作一次加入到下方电解质中的物料量取决于下料器定容室设计值,控制系统通过调整下料器动作时间间隔来实现对下料速率的调整。

根据针对熔体流场仿真特别是针对"三相流"仿真结果的分析,由于有的下料器在熔体大漩涡中心部位,有的则在漩涡边缘,而有的远离大漩涡,因此每个下料器下方对应的"三相流"流动特性及物料传播与溶解特性有很大的区别。所以,原有的同速下料控制方法更容易导致浓度场不均匀,引起槽内沉淀的问题。

若依据"三相流"流动特性与物料传播与溶解特性研究结果对电解槽内不同区域下料器的基准下料间隔(即基准下料速率)进行"个性化"设计,并在实际控制中依据物理场分布和流体稳定性动态仿真与解析结果对各个下料器的下料速率进行"个性化"调控,则氧化铝浓度分布的均匀性显著改善。因此在新型低温低电压铝电解槽下料控制中采用并开发出基于多相-多场耦合解析的区域按需下料方法与技术,建立起槽内不同区域下料器的下料速率与其所在区域的多相流运动特征参数和浓度分布梯度之间的关系模型,避免了常规的全槽"同速"下料模式所导致的浓度分布不均、一些部位易形成沉淀的问题,为改善氧化铝控制效果提供了新的技术手段,满足了低电压高效节能新工艺对氧化铝浓度实施"临界"控制的高要求。

4.4.6.5 铝电解生产过程临界稳定与协同优化控制技术

大型铝电解槽在低电压高效节能工艺条件下的控制具有多目标优化(高电效、低电耗、低排放、高稳定)、关键工艺参数临界稳定(氧化铝浓度、分子比、电解质温度、极距)和多环节耦合(物料平衡、能量平衡和磁流体稳定性)的复杂特点,常规控制方法无法满足控制要求,因此,提出了包括基于多信息融合模型的铝电解生产状态解析,多环耦合临界稳定域辨识,面向高电效、低电耗、低排放、高稳定的多目标优化计算,以及物料平衡、能量平衡与槽稳定性多环节协同控制的多目标多环协同优化控制技术,控制结构如图 4-63 所示。

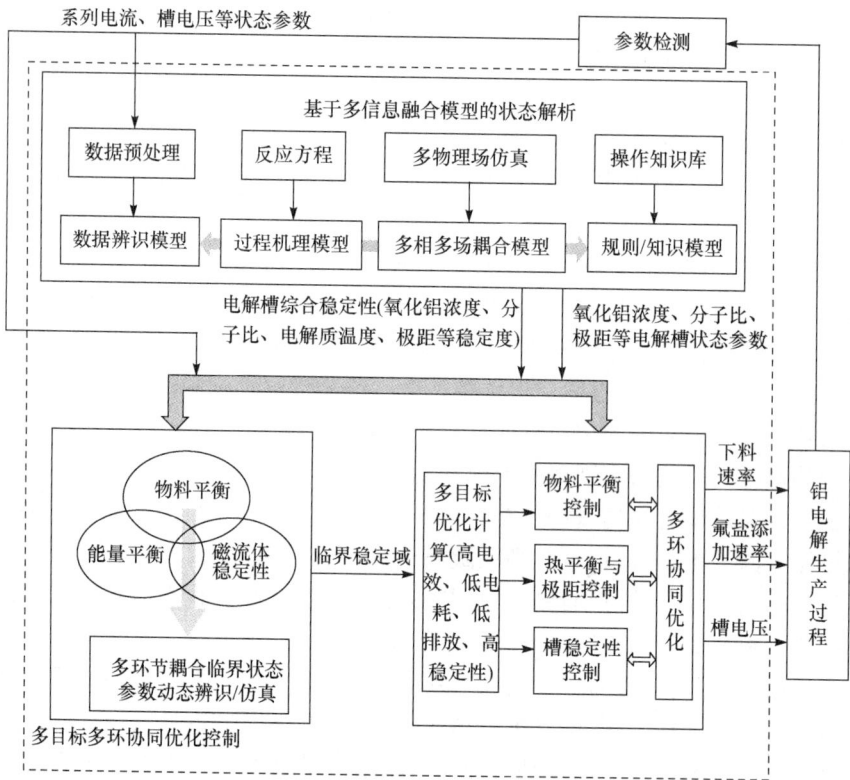

图 4-63 多目标多环协同优化控制结构图

首先根据铝电解槽反应的特点和生产工艺,研究基于反应机理建模、数据辨识建模、多物理场仿真建模和专家知识建模的多信息融合模型,对无法实时获取的氧化铝浓度、电解质温度、分子比和极距等反映槽状况的关键工艺参数进行预估和校正,并以电解槽的高频和低频槽电阻噪声强度序列作为主判据,综合考虑多个工艺参数的变量序列以及阳极效应系数,对氧化铝浓度、分子比、电解质温度与极距的稳定度进行解析和综合稳定性判断,获得全槽状态解析。

在铝电解槽状态解析基础上,根据在线检测和估计的状态参数与特征参数(包括氧化铝浓度、极距、过热度、综合稳定性参数等),结合物料平衡、热平衡和稳定性分析,通过动态辨识获得对电解槽当前槽况的完整描述,计算获得多环节耦合条件下的临界稳定域(即氧化铝浓度、极距、过热度等参数的临界稳定域约束边界条件),并根据电解槽状态参数和稳定性判别结果以及多物理场仿真模型对电解槽的实时状态进行动态仿真以确保临界稳定域的正确性。

在确定临界状态稳定域基础上,面向高电效、低电耗、低排放、高稳定性目标优化计算多环节耦合条件下的理想临界状态,根据当前状态与理想临界状态的偏差、电解槽状态参数、电解槽综合稳定性,对物料平衡、热平衡(及极距)、槽稳定性三个关键环节进行协同优化求解,得到下料速度、氟盐添加速率和槽电压三个操作变量的多步优化控制序列,使电解槽的状态快速稳定逼近理想临界状态,达到高效节能低排放目标。

4.4.6.6　节能减排的运行效果分析

高效节能铝电解综合优化控制技术已成功应用于我国 160kA、200kA、300kA 和 400kA 系列铝电解槽的控制,取得了显著的节能、增效和减排效果。

(1) 在 160kA 全系列铝电解槽上的应用,实现平均槽电压、电流效率、阳极效应系数和直流电耗由 4.22 伏、92.5%、0.1 次/(槽・日)和 13600 千瓦时/吨.Al 改进到 3.89 伏、93.5%、0.02 次/(槽・日)和 12400 千瓦时/吨.Al,吨铝节电 1200 千瓦时,PFC 温室气体减排 80%;

(2) 在 200kA 全系列铝电解槽上的应用,实现平均槽电压、电流效率、阳极效应系数和直流电耗由 4.20 伏、92.1%、0.1 次/(槽・日)和 13589 千瓦时/吨.Al 改进到 3.86 伏、92.8%、0.02 次/(槽・日)和 12395 千瓦时/吨.Al,吨铝节电 1195 千瓦时,PFC 温室气体减排 80%;

(3) 在 300kA 系列铝电解槽上的应用,工作电流强化到 320 千安以上,平均槽电压、电流效率、阳极效应系数和直流电耗从 4.23 伏、90.3%、0.4 次/(槽・日)和 13959 千瓦时/吨.Al 改进到 3.87 伏、93.2%、0.05 次/(槽・日)和 12389 千瓦时/吨.Al;

(4) 在 400kA 系列铝电解槽上的应用,工作电流强化到 440 千安,平均槽电压、电流效率、阳极效应系数和直流电耗从 4.17 伏、91.0%、0.15 次/(槽・日)和 13650 千瓦时/吨.Al 改进到 3.84 伏、92.8%、0.03 次/(槽・日)和 12327 千瓦时/吨.Al,吨铝分别节电 1570 千瓦时和 1323 千瓦时,PFC 温室气体减排达 84% 以上。

目前,低电压高效节能铝电解综合优化控制技术已推广应用于国内外近 40 家铝电解企业共 50 多条大型铝电解槽生产线,使平均电流效率、吨铝直流电耗和阳极效应系数指标从 2004 年的 91.5%、13678 千瓦时和 0.3 次/(槽·日)分别改进到了 2010 年的 93.0%、12881 千瓦时和 0.05 次/(槽·日),吨铝节电达到 796.7 千瓦时,PFC 温室气体减排达 80%以上。

4.4.7　大型高强度铝合金构件制备重大装备智能控制技术

大型高强度铝合金构件,如飞机大梁、机翼和尾翼的龙骨以及其他工业用铝合金构件等,由于它们形状复杂,成形精度要求高,变形力大,其制备大都采用大型模锻水压机成形,再用大型立式淬火炉进行淬火热处理,从而获得高强度的力学性能和均匀的晶粒织构。为此,研究探讨大型模锻水压机和大型立式淬火炉的智能控制技术以满足高品质的大型铝合金构件对模锻成形和淬火热处理的要求。

4.4.7.1　大型模锻水压机智能控制技术

1) 大型模锻水压机和模锻工艺分析

大型模锻水压机设备(以一万吨多向模锻水压机为例),其结构由六大可移动部分(垂直横梁、左右水平横梁、移动工作台、中央顶出器、侧顶出器、左右增压器)构成,它们按顺序协同动作完成模锻成形过程。各移动部分分别由操作台上的垂直操作手柄、水平操作手柄、移动工作台操作手柄和扳把开关来操作,采用"油控水"的方式,分别通过六个对应的分配器凸轮的转动带动顶杆控制各水路的阀门开闭,再由水压系统驱动可移动工作部分运动协同完成锻压过程。

六大移动部件的作用为:①垂直横梁对锻件进行垂直加压;②左右水平横梁对锻件进行水平加压;③移动工作台把待压锻件移入水压机锻压区或将压好的锻件移出锻压区;④中央顶出器把压好的锻件从模具中顶出来;⑤侧顶出器把压好的锻件从工作台上顶下来;⑥左增压器、右增压器对泵站来的高压水进行增压,使得水压达到锻件形变的合适压力。图 4-64 为多向模锻加工过程示意图。

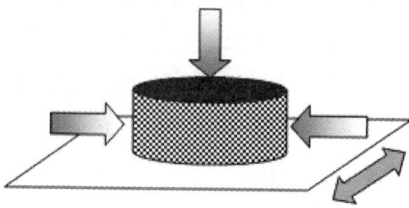

图 4-64　多向模锻加工过程示意图

图 4-65 为泵-蓄势器传动方式的水压系统简图,由凸轮式四阀分配器来实现空程、加压、回程和停止一个工作循环的四个行程。

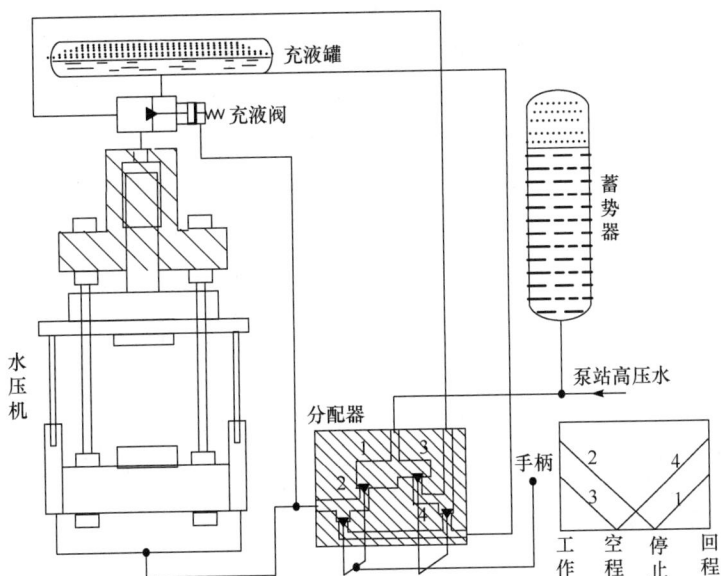

图 4-65　大型模锻水压机水压系统简图

1. 回程缸进水阀；2. 回程缸排水阀；3. 工作缸进水阀；4. 工作缸排水阀

　　模锻成形是在外力作用下使金属坯料在模具内产生塑性变形并充满模腔以获得所需形状和尺寸锻件的锻造方法。衡量模锻件产品加工质量的两个重要指标是加工精度和内部织构，其中模锻件加工精度取决于锻压的欠压量，模锻件内部织构主要取决于模锻加工过程中水压力的变化。而大型模锻水压机工作压力大、欠压量无法在线检测，造成模锻加工欠压量大；同时，反映整个模锻工作循环中水压力变化的压力曲线通常是生产操作人员根据实际生产过程状态变化凭经验选择压力级别和操作手柄控制分配器形成的，不能保证模锻过程压力曲线最优，模压产品的质量很大程度上取决于操作工人对模锻过程的把握程度，不同的操作工加工出来的产品质量有所不同，造成模锻件质量的不稳定[95]。

　　2) 大型模锻水压机欠压量在线智能检测方法

　　模锻件加工精度用欠压量 E 来描述，欠压量检测过程如图 4-66 所示，首先通过超声波定位装置测量活动横梁的位置，再通过应变量补偿计算，最后得到欠压量值。

　　欠压量 E 为锻件实际尺寸与设计目标尺寸之间的误差，它受多个因素的影响，这些因素分别为压力曲线 $P_i(t)$，分配器转动角度误差 $\Delta\theta_{i,j}$ 和分配器角度设定值 $\theta_{r_{i,j}}$，其中 $i=1,2,3$ 分别代表垂直方向、左水平方向和右水平方向，$j=1,2,3,4$ 分别代表模锻加工过程的四个进程：空程、工作、回程和停止。

大量的生产实际经验和实验表明,对欠压量 E 影响最大的是转角误差 $\Delta\theta_{i,j}$。压力曲线 $P_i(t)$ 对锻件织构影响很大,但对欠压量影响相对较小。设定值 $\theta_{r_{i,j}}$ 由操作手柄位置决定,一般四个位置的转角是固定的。因此减小欠压量 E 最有效的措施是提高数字电液伺服系统的控制精度,减小 $\Delta\theta_{i,j}$。模锻欠压量在线检测装置目前国际上还未研制成功,只能离线测量。通过大量的试验和分析可知,欠压量 E 和 $\Delta\theta_{i,j}$ 的关系呈明显非线性,当 $\Delta\theta_{i,j}<5℃$ 时,$\Delta\theta_{i,j}$ 对 E 的影响较小,当 $\Delta\theta_{i,j}>5℃$ 时,$\Delta\theta_{i,j}$ 对 E 的影响较大。为此,采用 MTS 位移传感器在线检测欠压量,该方法原理图如图 4-67 所示。

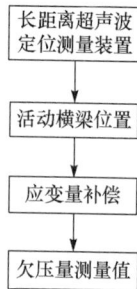

图 4-66　欠压量检测过程

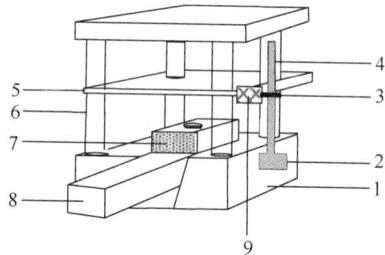

图 4-67　欠压量检测原理

1. 限程套;2. 传感器测头;3. 活动磁环;4. 波导管;5. 活动横梁;6. 立柱;7. 支承座;8. 工作台;9. 连接装置

水平移动工作台将模具支承座送入,位移传感器测头固定于水压机立柱的限程套上,位移传感器的活动磁环通过连接装置与活动横梁相连,并通过波导管与传感器测头相连。当模锻水压机模锻加工时,活动横梁沿水压机立柱向下运动,开始是空程,当上模具和下模具接触时,进入工作行程,给活动横梁加压,使模锻件变形,获得模具成型的锻件,完成工作行程。此后活动横梁进入返程,沿水压机立柱向上运动,最后停止,可停靠在操作空间中任意位置。工作行程内活动磁环跟随活动横梁向下移动一定距离,活动磁环与波导管形成的相交磁场产生的应变脉冲信号返回位移传感器测头,检测出活动磁环在工作行程内移动的精确距离,将此距离与模锻件加工设定的距离比较计算得到模锻件的欠压量。

经过大量的实验数据分析,得到模具及其支承座应变量与压力的关系呈近似线性关系,为此通过线性回归反映模具及其支承座应变量随压力变化的拟合公式。并根据欠压量 E 和 $\Delta\theta_{i,j}$ 的关系曲线以及该拟合公式,检测水压机工作行程中加压的压力值,计算出应变量来补偿 MTS 位移传感器的检测值,可得模锻件准确的欠压量。

3) 多关联位置电液比例伺服系统高精度快速定位智能控制技术

垂直、左右水平和移动工作台三组数字电液伺服系统的组成基本相同,由绝对式光电编码器、现场控制器、液压驱动系统、分配器、水压系统和水压机组成,如图 4-68 所示。光电编码器 OPT1 通过弹性连轴节和操作手柄的转动轴相连,OPT2 用弹性连轴节和分配器转动轴连接,操作手柄和分配器分别带动这两台编码器转动,编码器将操作手柄和分配器的转动角度转换成 10 位数字信号,输入现场控制器。控制器将两个角度值进行比较,判断偏差的大小和方向,经算法处理后,输出控制信号。再经过中间继电器接通不同的电磁阀,使中压油进入接力器缸推动分配器转动,直到 OPT1 与 OPT2 之间的角度差小于允许值,电磁阀断电,分配器便停在要求的位置上。

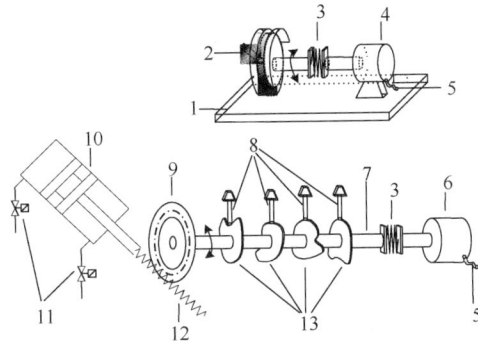

图 4-68　分配器结构示意图

1. 工作台；2. 操作手柄；3. 弹性连接轴；4. 转角给定光电编码器 OPT1；5. 电缆；6. 转角检测光电编码器 OPT2；7. 分配转动轴；8. 顶杆；9. 齿轮；10. 液压缸；11. 电磁阀；12. 齿条；13. 凸轮

　　液压驱动系统由液压站、油缸活塞和齿条齿轮变速装置组成,齿轮安装在分配器的轴上,驱动分配器旋转。液压驱动系统伺服阀为开关电磁阀,由现场控制器输出信号控制,它们等效为带死区 δ_i 的继电器特性环节；阻力矩 M_f 是闸型水阀受高压水的压力产生的,随阀门开度和高压水压力变化,它是带有不确定性的转角 θ_i 的非线性函数；减小角度跟踪误差 $\Delta\theta_i$ 使分配器不产生振荡地准确到位难度很大,若分配器转动产生振荡,会引起压力曲线 $P_i(t)$ 变化,使锻件内部织构变差。

　　为此研制了智能超差二次调整控制策略,其基本原理是用神经网络拟合计算出合适的提前量 ε_i,使伺服阀断电,驱动系统由于惯性作用,分配器继续旋转一个角度,再判断 $\Delta\theta_i$ 是否满足 $-\delta_i < \Delta\theta_i < \delta_i$。若不满足,则根据 $\Delta\theta_i$ 的符号、高压水的压力和要求的控制精度 δ_i 采用模糊推理规则决定给伺服阀再次通电的时间 τ_i。智能超差二次调整控制系统原理框图如图 4-69 所示。智能超差二次调整控制策略的实施,使角度跟踪误差 $\Delta\theta_i$ 由 ±9° 减小到 ±2°,极大地减小了欠压量,提高了水压机控制系统的工作可靠性。

　　4) 模锻水压机批量生产自学习控制技术

　　模锻水压机批量生产自学习系统采用机械记忆式学习和实例学习相结合的方

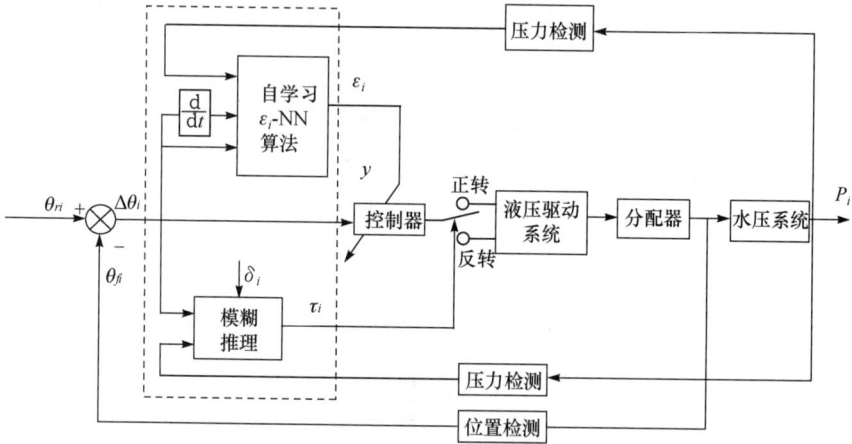

图 4-69　智能超差二次调整控制系统原理框图

法,定时从现场控制器获取水压机的工作状态和操作人员的操作信息,构成提取操作特征值的原始资料,计算机通过解释、整理这些信息,从中提取特征值,从而学到了操作员的操作知识,并构成自己的操作知识库,仿人控制器根据操作知识库中的知识发出指令,就可以实现批量无人操作。

（1）操作特征值的提取和操作知识库的构建。

操作特征值的提取和操作知识库的构建过程如图 4-70 所示。提取操作特征值分两步进行。第一步是确定哪些操作量可以作为操作员操作一次模锻过程的框架知识中的槽。操作量是否完整合理是构成学习控制系统的关键环节,必须在仔细观察、分析模锻加工过程的基础上进行。第二步是获取各操作量的值。能否准确地获取各操作量的值对学习控制系统的运行品质将产生重要的影响,甚至影响到系统运行的稳定性和可靠性。

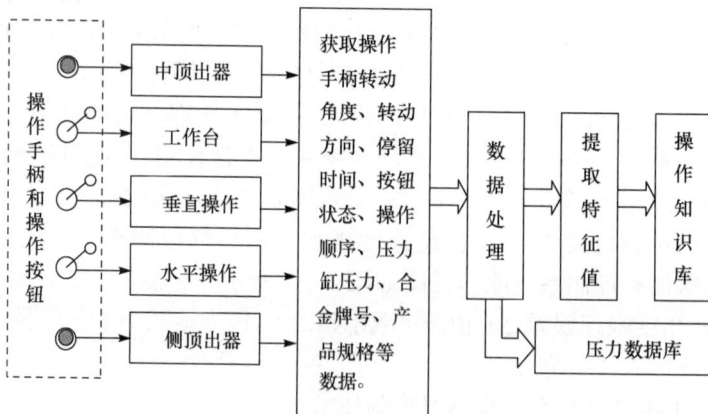

图 4-70　操作特征值的提出和操作知识库的形成过程

（2）操作知识库的形成。

操作人员向操作计算机输入开始"学习"的命令后，系统首先建立一个数组 Study$[M][N]$存放特征值在各次模锻过程中的取值[76]，其中，M 是特征值的总数，$N-1$ 为学习的次数。当操作人员输入学习结果的命令后，系统对 Study 数组进行处理。由于操作人员在相同的情况下可能作出不同的操作决策，系统要在不同的操作决策情况下，通过对同一个特征值在各次模锻过程中的不同取值进行中值平均，形成操作知识。同时，用各特征值的方差评价各特征值的取值质量。当每个特征值的方差都小于设定的门限值时，认为操作知识是正确的，停止学习，将操作知识存入操作知识库中；当有的特征值的方差大于门限值时，系统将继续进行学习。在继续学习的过程中，对那些方差超过门限值的特征值，用新的取值取代原数据中偏差最大的取值，再进行中值平均，直到其方差满足门限值的要求为止。

（3）无人操作的实现。

模锻加工自学习无人操作系统如图 4-71 所示。现场控制器有两套应用程序，一套程序当系统处于学习状态时启用，接受来自操作台的信号。另一套程序当系统处于无人操作批量生产时启用，接受来自操作计算机传送过来的操作信息。操作机发出的操作命令通过现场控制器来驱动相应的电磁铁、电磁阀。在执行无人操作程序时，随着模锻过程的进行要不断检测水压机的工作状态，判断模锻过程是否处于正常工作状态。遇到故障，转入故障处理程序，中断模锻过程，在 CRT 画面上显示故障信息，指导操作人员处理，保证模锻过程可靠地进行。

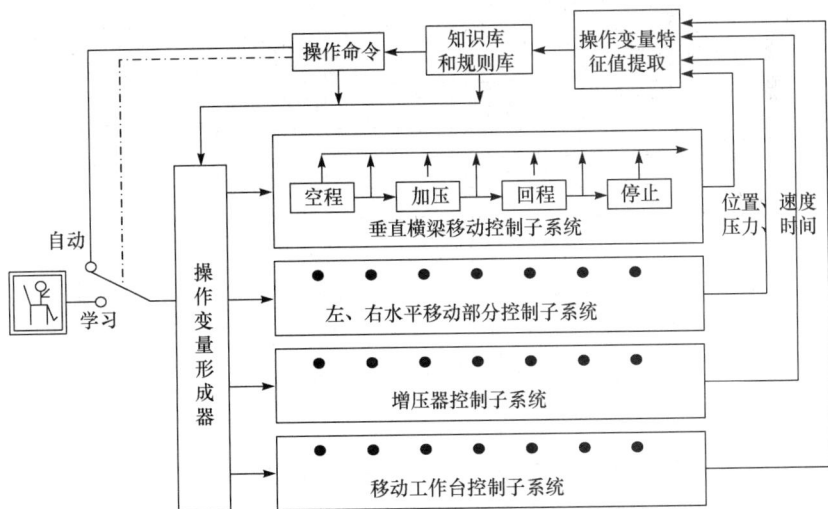

图 4-71　模锻加工自学习无人操作系统框图

5）基于压力原则的模锻过程压力智能优化控制技术

为了获得模锻件的优良晶粒织构品质和最小的欠压量,基于压力原则的模锻过程压力优化控制技术是十分重要的,其工作原理如图 4-72 所示。

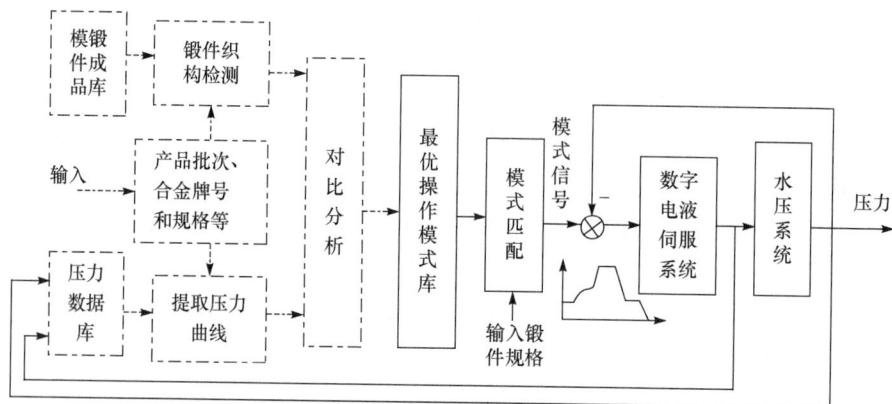

图 4-72　基于压力原则的模锻过程压力优化控制技术原理图

从大量计算机记录的操作数据中提取操作模式,包括加压过程压力曲线和操作特征值等,将操作模式与锻件内部晶粒织构和欠压量进行比对分析,选取最优操作模式,建立最优操作模式库。在无人操作批量生产中,根据输入的加工产品型号和规格,由计算机在数据库中选取合适的压力曲线,控制模锻过程的进程,确保加工质量的稳定。典型压力曲线如图 4-73 所示。

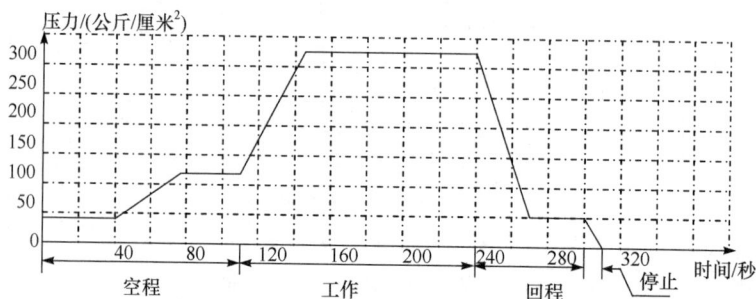

图 4-73　模锻过程压力曲线

6）工业应用效果

大型模锻水压机智能控制系统在万吨多向模锻水压机上工业应用。大型模锻水压机智能控制系统主要由油压系统、接力器(油缸)、分配器凸轮驱动系统、电气控制系统、工业控制计算机组成,硬件结构如图 4-74 所示。

第一级为工控机,对整个模锻水压机机械本体、控制系统、油压操作系统、水路分配系统的工作状态进行监控和生产数据管理;第二级为西门子 PLC,用于程序

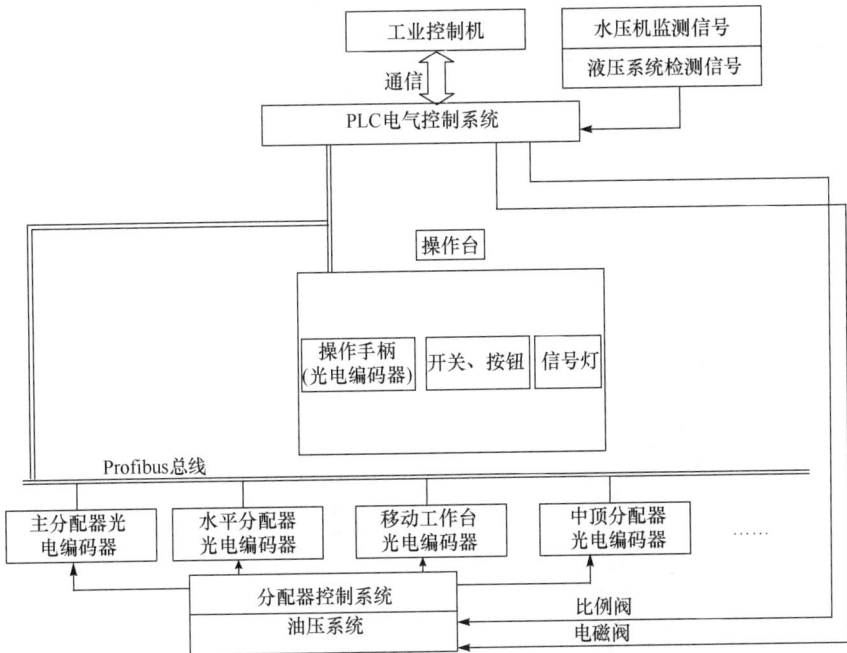

图 4-74　一万吨多向模锻水压机操作系统总体结构图

管理、数据采集、控制运算;第三级为西门子 ET200、绝对式光电编码器和 MTS 位移传感器的从站,用于现场数据的采集和输出数据的发送。编码器采用德国 P+F 绝对式旋转编码器,带总线通信接口,采集手柄和分配器转过的角度,并把信号通过 PROFIBUS-DP 总线传到工控机;位移传感器采用美国 MTS 垂直位移传感器,带总线通信接口,其功能为采集活动横梁高度的高度,并且将信号通过 PROFI-BUS-DP 总线传到在上位机显示活动横梁高度和设置欠压量。显示系统各级采用 PROFIBUS 总线连接,提高了网络通信的可靠性和实时性,而且大大减少了电气元件之间的连线,方便了维护和设备的更换。

　　万吨多向模锻水压机智能控制系统自投入运行以来,台班作业率由原来的 79% 提高到 95%,产品成品率由 89.3% 提高到 94.1%,年节电 50 万千瓦时。其大型模锻水压机智能控制技术的应用,保证了油控水分配器准确到位,角度跟踪误差小于 ±2°,较原系统角度跟踪误差(±9°)大为减小,解决了水压机加工欠压量大影响产品质量的难题,提高了大型铝合金构件的加工精度和内部织构品质。

4.4.7.2　大型立式淬火炉智能控制技术

1) 大型立式淬火炉工作原理及控制要求

大型立式淬火炉是高强度铝合金构件的重大热处理装备,适用于小批量、多品种的大型构件淬火热处理,属于周期式加热炉,炉体外形如图 4-75 所示,炉体结构如图 4-76 所示。对于 31m 立式淬火炉,其炉高 31.64 米,炉体沿径向分为炉壁、加热室、工作室壁、工作室四个部分,加热室内径 2.8 米,工作室外径 1.5 米,电热元件置于加热室壁,待加热构件悬吊于工作室中心位置,加热室内多组电热元件沿轴向均匀分布组成多个加热区段,各个加热区段放置相应功率的电热元件,炉温通过改变电热元件的功率调节。在炉底设置两台大通风量的离心风机强制空气循环,将热空气从上往下带动循环,增强炉体的对流换热。

图 4-75　31m 淬火炉外观

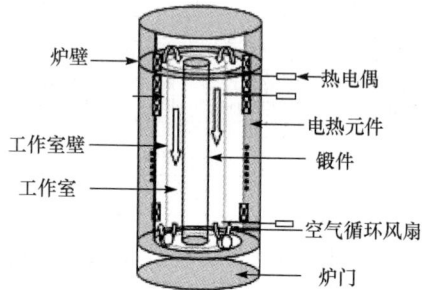

图 4-76　淬火炉炉体结构示意图

　　大型高强度铝合金构件的淬火工艺对大型立式淬火炉大空间范围的温度分布均匀性及温度控制精度要求严格[96,97]。然而,大型立式淬火炉体积庞大,炉体结构复杂,多种热交换方式并存,炉内温度分布呈本征非均匀特性,多区段加热方式使得各区段温度具有强耦合性,构件悬吊于工作室中心,温度不能直接测量,传统的炉温控制策略无法实现大型立式淬火炉温度控制的高精度高均匀性。为此,针对大型立式淬火炉高精度高均匀性温度控制难点,研究锻件温度测量方法、研制高精度高均匀性温度控制技术、开发大型立式淬火炉智能控制系统。

　　2) 炉内锻件温度智能测量技术

　　由于大型锻件悬吊于炉体的中心,加热过程中大幅摆动,温度传感器无法直接安置在锻件上,只能固定于工作室壁,测得的温度数据不能准确反应锻件温度,而获得锻件温度的准确值是保证温度控制精度的前提条件。大型立式淬火炉锻件测量方法[9]示意图如图 4-77 所示。

　　图中,淬火炉电热系统的 PWM 电流值和测量温度值 $T(k)$ 输入参数辨识模块,得到参数修正值 $\Delta\theta(k)$ 和参数设定值 θ_r 相加求出实际的热力学参数值 $\theta(k)$,通过温度场数学模型计算出最优温度修正值 $\Delta T(k)$ 与测点温度 $T(k)$ 相加得到锻件

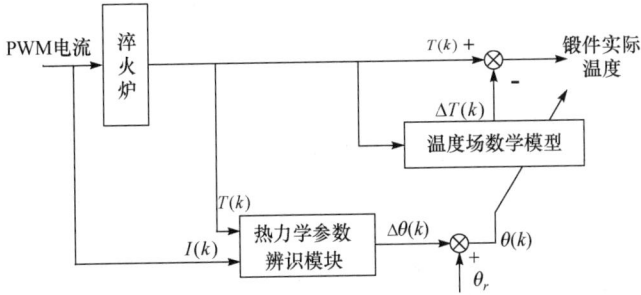

图 4-77　锻件温度测量方法示意图

实际温度 $T_f(k)$。

3）多区段高精度高均匀性温度智能控制技术

大型立式淬火炉智能控制技术原理如图 4-78 所示，它包括最佳淬火工艺参数匹配模块、温度补偿模块、智能解耦控制策略模块、11 台大功率固态继电器 PWM 调功柜和大型立式淬火炉。通过模型修正算法对温度场模型的参数进行修正，优化补偿工艺设定值。由正交函数逼近法在线辨识得到解耦动态控制模型，构成智能解耦控制策略模块，对各个区的温度偏差值进行处理，输出功率调节信号，通过 11 台大功率固态继电器 PWM 调功柜，对淬火炉的 11 个区温度分别进行控制，满足大型高强度铝合金锻件的高难度淬火工艺要求。

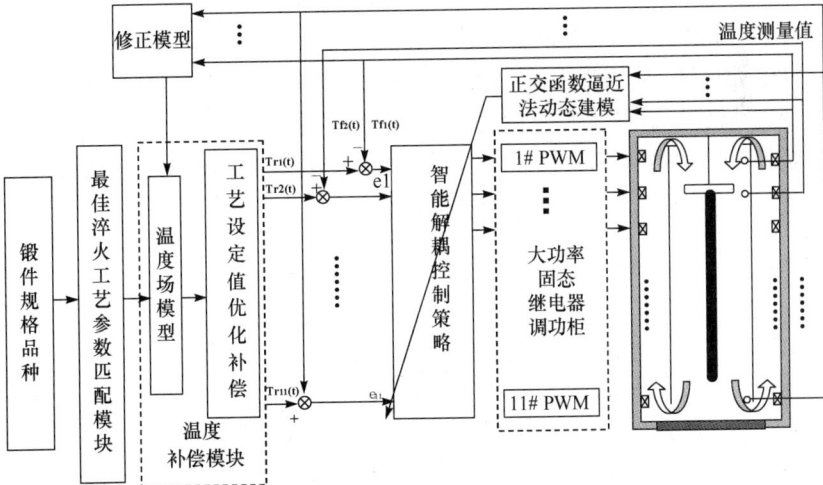

图 4-78　大型立式淬火炉智能控制系统原理图

按照淬火工艺的实际操作情况，将锻件入炉到出炉的整个淬火过程分为三个阶段，其中第一阶段和第二阶段属于升温过程，第三阶段属于保温过程，第 i 个支路的控制过程如图 4-79 所示。

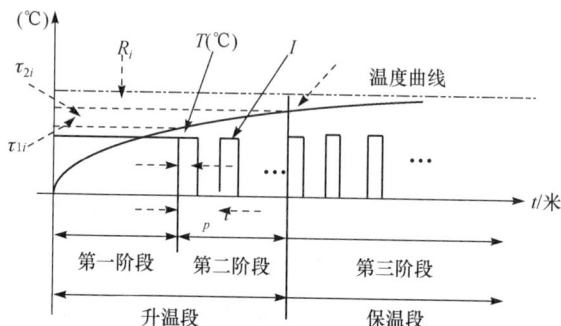

图 4-79　第 i 个支路的控制过程示意图

升温第一阶段,各个区段的温度低于经验值 τ_{1i} 时,仅采用比例控制,加快升温过程,ΔK_{ip} 为正值,K_{ip} 通过 ΔK_{ip} 调节增大到某个专家经验值,并以此为基础作适当调整获得新的专家经验值。

进入升温第二阶段后,温度在 τ_{2i} 和 R_i 之间时,炉温已接近温度设定值,为降低超调,ΔK_{ip} 取负值,由偏差大小进行自调整,从而降低炉温上升速度。而 ΔT_{iI} 和 ΔT_{iD} 不断增加至专家经验值,并以此为基础作适当调整作为下一阶段的基准,保证温度平稳上升到设定值。

当温度小于 R_i 时,进入保温阶段,此时 ΔT_{iD} 取负值,逐渐下降至 0,进一步抑制超调,继续调整 T_{iI} 和 T_{iD} 至第三个经验值,最终消除静差。

用自学习得到的各个支路参数计算出电流通断占空比,通过现场控制器控制电热元件电流通断,从而将保温阶段各个区段的温度保持在允许波动的范围内。

4) 基于操作模式的大型立式淬火炉温度优化控制技术

为获得模锻件的优良晶粒织构品质,基于操作模式的淬火炉温度优化控制技术是十分重要的,其工作原理如图 4-80 所示。

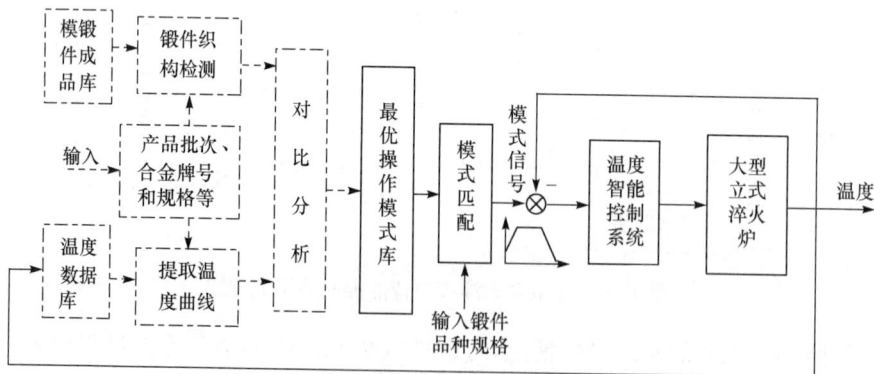

图 4-80　基于操作模式的淬火炉温度优化控制技术原理图

从大量计算机记录的温度数据中提取操作模式,操作模式中的主要参数包括升温与保温过程的温度曲线和热处理时间等,将操作模式与锻件内部晶粒织构进行比对分析,选取最优操作模式,建立最优操作模式库。根据键入的模锻件品种和规格,由计算机在数据库中选取合适的温度曲线,控制淬火热处理过程的进程,确保模锻件淬火质量的稳定[98]。

5）工业运行及效果

大型立式淬火炉智能控制系统已在 24m、31m 立式淬火炉上工业应用。大型立式淬火炉智能控制系统硬件结构如图 4-81 所示。由 11 台大功率调功柜、现场控制站、风机控制柜、联锁控制柜、操作台和上位机等组成。其中上位机部分由触摸屏和工业控制计算机构成,现场控制站采用 PLC 构成下位机,下位机和上位机之间采用 MPI 协议进行通信。工控机和触摸屏形成了双重控制的冗余结构,触摸屏可取代工控机单独对系统进行控制,当工控机正常工作时,触摸屏不参与控制,一旦工控机发生故障,系统可自动切换为触摸屏控制,触摸屏构成工控机的热备份,这样确保了控制系统工作的可靠性,减少可能由于工控机故障导致停产造成的经济损失;大功率调功柜采用大功率固态继电器,由现场控制器输出 PWM 控制信号,使固态继电器输出 PWM 电流波形,通过调节 PWM 信号占空比,可以改变电热元件通电时间,使其输出平均电功率变化,调节电热系统产生的热能,控制淬火炉温度,这种控制方式不产生电流谐波,对电网零污染,称为"绿色"电热系统。

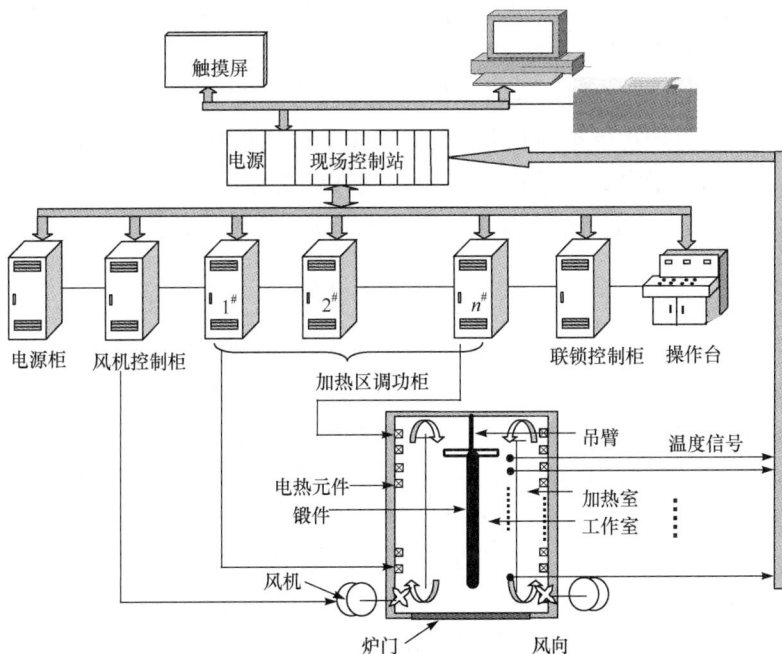

图 4-81　大型立式淬火炉智能控制系统硬件结构图

24m 和 31m 大型立式淬火炉智能控制系统自投入运行以来,实现了升温过程时间最短优化控制,每炉平均生产时间由原来的 3 小时缩短至 2.75 小时,炉温均匀性由±6℃提高到±1℃,减小了因锻件过烧及性能不合格引起的淬火炉锻件报废;24m 淬火炉的成品率提高了 6.3%,年节电 64 万千瓦时;31m 淬火炉的成品率提高了 5.7%,年节电 95 万千瓦时。大型立式淬火炉智能控制技术的应用,保证了大型高强度铝合金构件淬火温度的准确性,实现了低超调快速升温,并采用冗余控制结构保证淬火周期内无中断运行,提高了淬火成品率,确保了大型铝合金构件的热处理质量,满足了飞机大型关键构件的高难度淬火工艺要求。

4.4.8　氧化镁生产智能自动化

电熔镁砂的主要成分为高纯度晶体氧化镁,是许多工业行业的重要原料和耐火材料。电熔镁行业主要是以菱镁矿为原料,使用三相交流电熔镁炉来生产电熔镁砂。熔炼过程中电能的消耗占电熔镁砂生产成本的 60% 以上,如何降低电耗是生产企业最关心的问题。

电熔镁砂的主要熔炼设备为三相交流电熔镁炉。熔炼过程主要是通过调整三相电极位置来控制电极电流进而保证熔炼过程稳定,整个熔炼过程电能消耗极大。在以节能降耗为目的的背景下,熔炼过程运行控制的目标是保证产品产量的前提下,尽量降低产品单吨能耗。产品单吨能耗与电极电流值和极心圆直径关系密切,它们之间的动态特性往往具有强耦合、非线性、难以用精确机理模型描述、随工况运行条件变化而变化的综合复杂特性。

现有生产方式下,电机电流设定值和极心圆直径设定值还只能靠操作员凭经验人工给定,当生产边界条件发生变化时操作员往往很难及时准确调整上述两个设定值,甚至给出错误的设定值,导致产品的性能指标达不到要求,造成能量的浪费。为此需要基于智能方法实现电熔镁炉中关键参数的优化设定与控制。

4.4.8.1　电熔镁炉操作参数智能优化设定技术

复杂工业过程的运行控制可分为两个部分:回路设定层和底层控制回路[99]。回路设定层根据控制目标确定底层控制回路的设定值;底层控制回路控制被控对象,使其输出跟踪设定值。电熔镁炉电流的智能控制策略[100]如图 4-82 所示。

电流的智能控制包括由电流预设定模型、能耗预报模型、前馈补充和反馈补偿模型组成的回路设定层和由电极升降控制器、电机构成的底层控制回路。

(1) 基于案例推理的电流预设定模型。电流预设定模型根据性能指标的期望值和边界条件产生控制回路的预设定值。将案例推理技术与人工经验相结合得到由案例产生、案例检索、案例重用、案例修正和存储组成的电流预设定模型。

(2) 能耗预报模型。利用实际单吨能耗与单吨能耗期望值之差来调整设定值

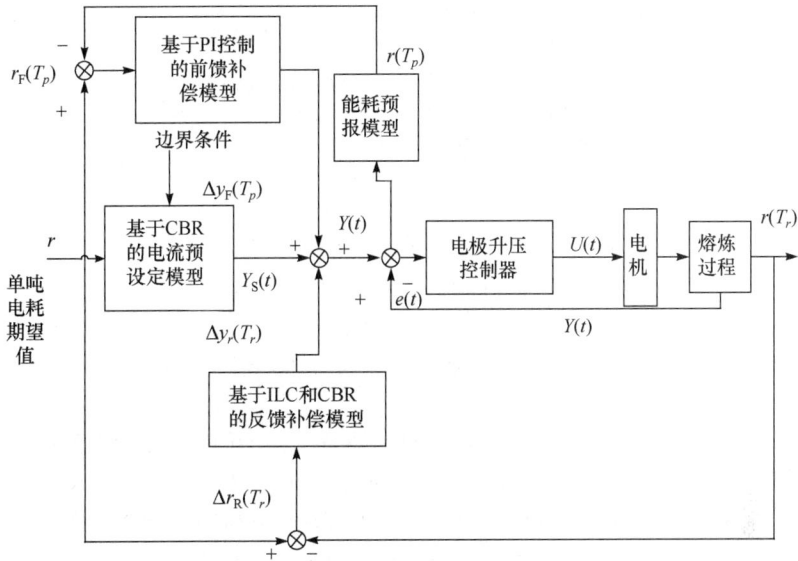

图 4-82　电流智能控制系统结构图

存在大滞后问题,这就需要对单吨能耗进行预报。为此,通过分析电极电流与单吨能耗之间的关系,建立能耗预报模型。在电流设定值允许范围内,预报模型能够根据当前时刻的设定值预报产品的单吨能耗。

(3) 基于 PI 控制的前馈补偿模型。固定的电流设定值不能适应整个熔炼过程,当边界条件发生变化时需要对电流预设定值进行校正。利用单吨能耗期望值和预报模型的输出值之间的偏差来产生电流预设定值的前馈补偿值。

(4) 基于迭代学习和案例推理的反馈补偿模型。能耗预报模型本身难免存在误差,因此为提高控制精度,设计了一个反馈补偿模型。电熔镁炉熔炼过程具有典型的批过程特性,这就需要设计不同批次熔炼过程之间的学习补偿机制。迭代学习控制方法适用于具有重复运行性质的被控对象,可实现有限区间上的完全跟踪任务[101]。

与电流设定值类似,人工经验结合理论分析得到的极心圆直径设定值在边界条件变化时同样不能满足生产要求。为此,采用具有补偿机制的极心圆直径智能确定方法,基本思想如图 4-83 所示。

首先利用过程数据建立一个基于神经网络的极心圆直径预设定模型,该模型可得到使单吨能耗最小的极心圆直径预设定值;然后通过规则推理对极心圆直径预设定值进行补偿,以消除边界条件变化带来的影响。虽然依据现有的生产工艺,极心圆直径的调整还需要人工参与,但是该方法可以帮助操作员确定合适的极心圆直径和调整时机。

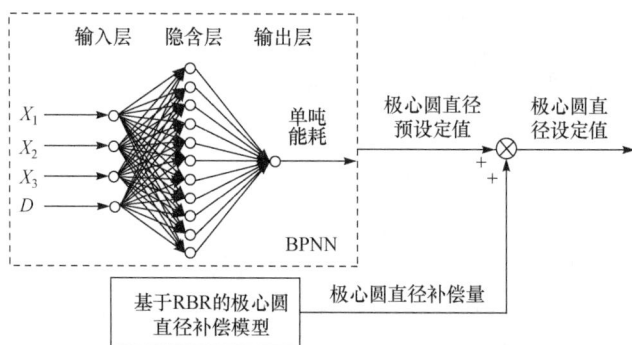

图 4-83　极心圆直径智能确定方法结构图

（1）基于神经网络的极心圆直径预设定模型。使用 BP 神经网络来建立极心圆直径预设定模型，输入包括不同品位产品所占的百分比（$X_1；X_2；X_3$）和极心圆直径（D），输出为产品单吨能耗，隐含层节点数为 11。利用该模型，设置相应的产品品位系数和不同的极心圆直径可以得到不同的产品单吨能耗，单吨能耗最小值所对应的极心圆直径即为极心圆直径预设定值。

（2）基于规则推理的极心圆直径补偿模型。当熔炼过程的边界条件发生较大变化时，神经网络预设定模型无法体现边界条件变化对极心圆直径的影响，需要进行修正。因此通过对生产工艺的研究和对人工经验的总结，设计基于规则推理的极心圆直径补偿模型。

国内某电熔镁砂厂拥有电熔镁炉 18 台，每年生产各种品位的电熔镁砂约 10 万吨。改造前该厂电极电流和极心圆直径的设定值完全凭借经验人工给定。智能设定方法应用到该厂的实际生产中，取得了很好的控制效果，图 4-84 所示为某熔炼过程在 2：00～5：00 时间段内的电极电流和极心圆直径的变化情况。3：05 和 4：28 时，边界条件两次发生变化，电流设定值和极心圆直径设定值也相应地进行了自动调节。该方法于 2008 年投入使用至今，取得了良好的经济效益。

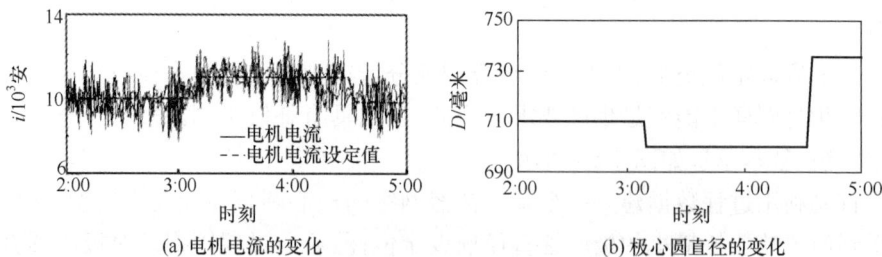

(a) 电机电流的变化　　　　　　　(b) 极心圆直径的变化

图 4-84　电极电流值和极心圆直径的变化

4.4.8.2　基于规则推理的电熔镁炉智能控制技术

传统的电熔镁炉熔炼过程人工控制方法存在生产过程能源消耗大、产品品位低、工人劳动强度高等不足。利用工业现场人工操作经验总结出的控制规则与相关控制理论相结合对电熔镁炉熔炼过程进行自动控制[102]。基于规则推理的电熔镁炉智能控制系统,包括电流预设定模型、电流偏差阈值自学习模型和电流平衡调节补偿模型等协调控制电动机。

电熔镁炉控制系统是以三相电极电流和电压值、工艺指标目标值以及边界条件作为输入量,三个拖动电机的输出作为输出量的多输入多输出系统。依据目前整个行业以节能降耗为目的的实际情况,选择产品的单吨能耗作为控制目标,并将规则推理与相关控制理论相结合,以降低电熔镁砂单吨能耗为目的,构造基于规则推理的电熔镁炉智能控制系统。

基于规则推理的电熔镁炉智能控制系统如图 4-85 所示,熔炼过程中,电流预设定模型根据不同的工况输出相应的电流设定值。电流偏差阈值自学习模型通过对当前时刻电流设定值与实际电流值的偏差进行自学习,完成对电流偏差阈值的修正。电极升降控制器根据输入的电流偏差阈值和电流偏差值以及当前工况去匹配控制器中的控制规则,得到电机驱动信号脉冲宽度,然后与电流平衡调节补偿模型产生的脉冲补偿信号相叠加来控制拖动电机产生输出量。

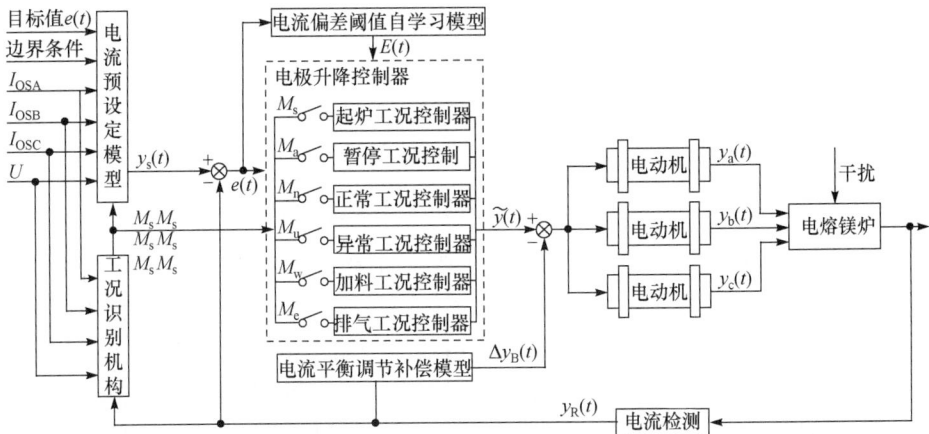

图 4-85　电熔镁炉智能控制系统结构图

国内某电熔镁砂厂每年生产各种品位的电熔镁砂约 4 万吨,根据该厂的实际情况,将设计的基于规则推理的电熔镁炉智能控制系统应用到该厂的实际生产中,取得了良好效果。图 4-86 和图 4-87 分别为手动控制和自动控制下三相电极电流的变化情况。

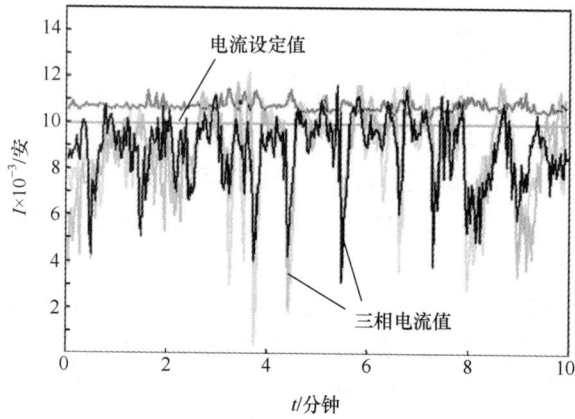

图 4-86　手动控制下的电极电流变化曲线

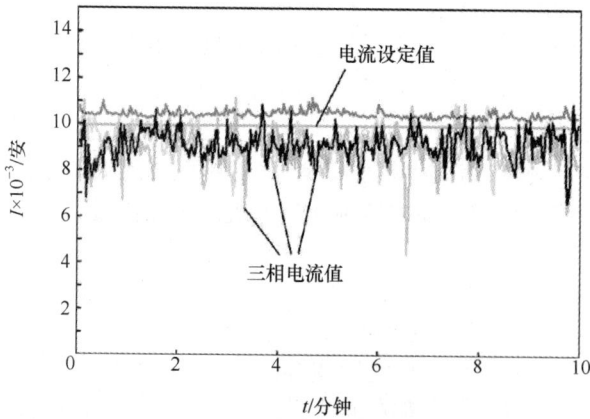

图 4-87　自动控制下的电极电流变化曲线

通过对图 4-86 和图 4-87 的比较可以看出,采样周期同为 100 毫秒的情况下,手动控制下电极电流波动很大,主要集中在 5500～11500 安范围内,实际电流值与电流设定值偏差较大;自动控制下的电极电流波动明显小于手动控制,电流值主要集中在 8500～10500 安范围内,这说明自动控制下电极电流跟踪设定值的能力要优于手动控制。在保证了产品质量的前提下,自动控制可比手动控制单吨能耗降低约 100 度电,同时自动控制状态下跳闸和漏炉等情况明显减少,工人的劳动强度大大降低,这证明系统实现了预期目标。

4.4.8.3　电熔镁炉嵌入式专用控制器及其智能切换控制技术

电熔镁炉熔炼过程要求控制器能够直接与企业的互联网相连接,同时具有人机交互、大容量数据存储等功能。这些要求的提出对电熔镁炉控制器本身的设计带来了一定难度,传统的控制器设计和使用方案难以满足熔炼过程的要求。

通过分析电熔镁炉熔炼过程对控制器的要求,结合当前控制器设计的发展趋势,设计开发了基于嵌入式计算机 X86 架构的电熔镁炉嵌入式专用控制器以及相应的电熔镁炉智能切换控制策略[103]。将嵌入式控制器应用于电熔镁炉实际熔炼过程,改善了控制系统对复杂控制算法的运算能力,提高了控制精度,同时还可满足控制系统在过程监控、故障诊断、容错控制等方面的需求,充分发挥控制系统的效能和作用,降低系统的制造和使用成本。

1) 系统硬件设计

考虑到电熔镁炉熔炼特征具有强电磁干扰、对控制器计算能力要求很高等特点,设计了一种基于 X86 架构的嵌入式控制器体系结构。电熔镁炉嵌入式专用控制器硬件可分为 CPU 主板、数据采集卡和信号调理电路板等三部分。控制器采用模块化设计、"堆栈式"连接,CPU 主板与数据采集卡之间通过 PC104 总线直接上下相连,数据采集卡与信号调理电路板之间通过排线相连。

(1) CPU 主板:嵌入式控制器 CPU 主板采用符合 PC104 总线标准的 SysCentreModule/PMI2-6C 主板,该主板采用了嵌入式 PC 的 X86 计算机架构,主频可以达到 1GHz 以上,具有小尺寸、低功耗、模块自由扩展、高可靠的工业规范、堆栈式连接、简化系统设计等特点。该 CPU 主板支持 RTW(Real-Time Workshop) 代码转换机制,可以方便地实现复杂控制算法的开发和调试。该 CPU 主板与 PC/AT(PC/Advanced Technology) 标准完全兼容,在 PC 上能够运行的软件多数能在以其为基础的系统中运行。除此之外,由于 PC104 总线特殊的"堆栈式"连接方式,有很好的防尘抗震性能,这些特点对电熔镁炉熔炼过程十分必要。

(2) 数据采集卡:数据采集卡是控制器的关键硬件设备之一,通过分析控制系统对数据采集卡的性能要求,本文选择了 SysExpanModule/ADT652 数据采集卡。该数据采集卡可通过 PC104 总线与 CPU 主板构成一个高性能的数据采集与控制系统,适用于结构紧凑、高可靠的嵌入式应用。

(3) 信号调理电路板:信号调理电路为结合电熔镁炉的生产工艺,自行设计开发。电熔镁炉嵌入式专用控制器的输入包括 3 路模拟量输入(交流 0~5 安,三相电极电流)和 7 路数字量输入(三相电极升降信号、手/自动转换信号)。控制器的输出包括 6 路继电器型输出信号,用于实现三相电极的升降控制。

2) 系统软件设计

为了实现复杂控制算法在嵌入式控制器上的快速实现,采用"快速原型"技术思想设计开发电熔镁炉嵌入式专用控制器软件系统,即首先选择一个集成开发环境,在集成开发环境下编写控制程序并进行仿真验证,仿真通过后利用集成开发环境的自动代码生成功能直接将控制程序生成代码,通过生成的标准代码进行系统实现。如果仿真结果有误，可以改进控制算法，再通过代码自动生成完成系统开发，避免重复编写大量代码的过程。

控制程序使用 Simulink 和 Stateflow 相结合的方式开发完成。Stateflow 是有限状态机的图形化实现工具，可直接嵌入 Simulink 仿真模型中用于解决时间驱动系统中复杂的逻辑问题。它采用图形建模的方式构建层次化、并行的工作状态以及它们之间由于时间驱动而形成的逻辑迁移关系。

控制策略包括两个控制器：正常工况控制器和特殊工况控制器，两种控制器之间的切换由工况识别机构完成。具体结构如图 4-88 所示。

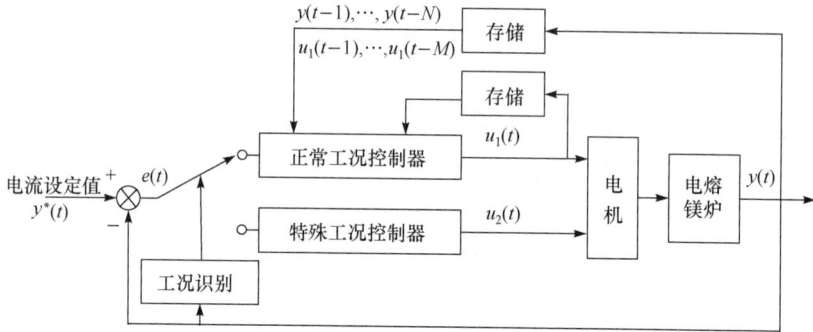

图 4-88　智能控制策略结构图

电熔镁炉嵌入式专用控制器及其控制策略应用到该厂实际生产中，控制系统结构如图 4-89 所示。

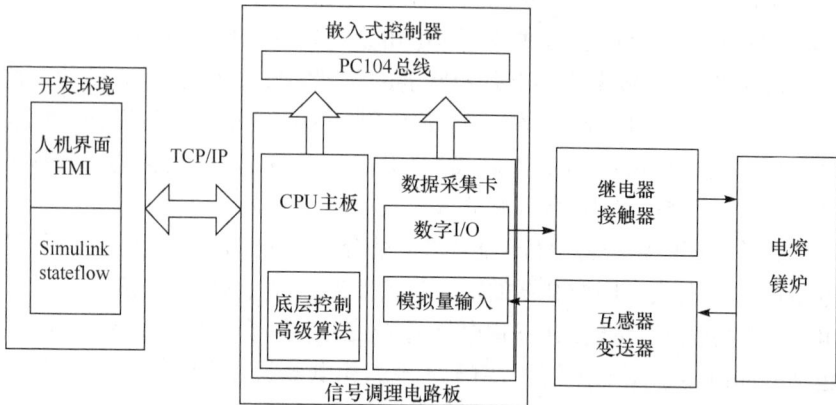

图 4-89　嵌入式控制系统结构

电熔镁炉嵌入式专用控制器自 2010 年 12 月在国内某电熔镁砂厂投入运行以来取得了良好的应用效果[103]，如表 4-5 所示。根据统计，和该厂以往使用的 PLC 控制系统相比，嵌入式控制系统可明显减小电流的控制偏差，同时可实现单位合格产品耗电量降低 5.5%、产品品位提高 2.17% 的控制效果,每年可为企业增加经济效益约 330 万元。

表 4-5　现场运行效果分析表

参数	PLC 控制系统	嵌入式控制系统
平均电流控制偏差/安	1778.9	1034.6
单位合格产品耗电量/(千瓦时/吨)	2827	2676
平均节电率/%	—	5.50
成品提高率/%	—	2.17
单位增加经济效益/(万元/年)	—	13.80

4.4.9　稀土萃取分离过程自动化

我国稀土资源十分丰富,不仅储量占世界首位,而且轻、中、重稀土配套,品种齐全。自 20 世纪 70 年代以来,在串级萃取理论指导下,通过从事稀土研究的学术界和产业界科技工作者的共同努力,我国的稀土分离工艺和生产已经取得了举世瞩目的成就。稀土溶剂萃取分离技术达到世界先进水平,稀土分离工业的规模和产品产量也已雄居世界之首。随着稀土工业生产的大型化、集中化和连续化,迫切要求高效、稳定的自动化生产线。法、日、美等国在稀土分离生产线上实现了物料浓度、酸度和流量的自动检测,并实现了对稀土生产过程中给料流量的自动控制,使其稀土产品质量稳定。我国稀土工业生产过程自动化装备水平普遍较低,基本停留在离线分析、手工调整、经验控制的水平,导致企业生产效率低、资源消耗大、产品质量不稳定,成为制约我国稀土工业发展的瓶颈。研究与开发出适合我国稀土萃取分离生产过程的自动化技术及系统已经成为发展我国稀土工业的重大科技关键问题[104]。

稀土萃取分离生产过程将混合稀土溶液进行分离、富集、提取得到所需纯度和收率的稀土产品。稀土萃取分离生产流程一般包括由 n 级混合澄清槽构成的萃取段和 m 级混合澄清槽构成的洗涤段。

4.4.9.1　稀土萃取分离过程组分含量在线智能检测技术

1) 稀土萃取分离过程在线分析方法

稀土萃取分离常用的在线检测方法有:X 射线荧光(XRF)、紫外可见分光光度法、流动注射法、同位素激发的 XRF、LaF_3 粒子选择电极。其中 X 射线荧光(XRF)和同位素激发的 XRF 方法用于检测所有的稀土元素,流动注射法和 LaF_3 粒子选择电极分别用来分析 Eu 和 La 元素。

控制变量如萃取液、洗涤液或料液流量的调节作用,通常要经过长达数小时甚至几十小时的逐级传递才能影响到两端出口产品纯度。为此在萃取过程两端出口附近设置监测点，即在离出口 5～25 级间设置过程检测点，通过检测并控制此处的稀土元素组分含量以确保两端出口产品纯度（ρA，ρB）。合理地选择分析采样点可以节约采样成本，提高检测敏感度，有利于生产线的自动控制。对于不同的萃取生产线，分析采样点的设置也应有所差异。

料液组分含量检测值是自动控制系统的反馈量。能否进行快速、准确的在线检测，并能和计算机进行通信联络，是在线分析仪必须解决的主要技术问题。中国稀土设计院研制的 X 射线荧光能谱分析仪监测周期为 5～6 分钟，采用自动巡回检测的方式可监测槽体中的实时组分含量，且分析结果自动打包发送至分析单元。

2）基于 RBF 的稀土萃取分离组分含量软测量

近年来，软测量技术在工业过程控制中的应用研究十分活跃。其基本思想是将控制技术与生产工艺过程有机结合，对于难以检测或根本无法测量的关键工艺参数（主导变量），选择另外一些较易测量的工艺参数（辅助变量），通过建立测量模型来推断和估计，以软件代替硬件（传感器）的功能。

软测量技术具有精确、可靠、经济的特点，且动态响应迅速、可连续给出萃取过程中元素组分含量，易于对出口产品纯度进行预测控制，成为稀土萃取分离生产过程组分含量在线检测的一条新途径[105]。组分含量软测量建模是实现稀土萃取分离组分含量软测量的关键和难点。软测量建模方法主要有机理建模、神经网络和模糊建模、系统辨识和参数估计、多变量统计学建模及上述建模方法相互融合的混合建模等方法。

根据萃取过程机理分析、现场工艺控制经验以及生产过程检测数据，确定萃取有机相流量、水相料液配分和给料流量、洗涤液酸度和给料流量、环境温度等为组分含量软测量的辅助变量。

RBF（Radial Basic Function）网络是一个 3 层前向网络，其输入到输出的映射是非线性的，而隐含层空间到输出空间的映射是线性的，从而大大加快了学习速度并避免了局部极小问题。用 RBF 神经网络来拟合以 6 个辅助变量为输入，i 级萃取槽水相中 j 组分含量为输出的非线性关系。图 4-90 为基于 RBF 的稀土萃取分离组分含量软测量模型。

训练 RBF 网络所需要确定的参数主要有激励函数的中心、中间层神经节点个数及网络输出权值。有很多的聚类方法可用来求激励函数的参数，其中最简单而有效的方法是基于误差平方和准则的 K-均值法。网络输出权值可以采用多种方法实现，最为常用的是正交最小二乘法（Orthogonal Least Squares，OLS），OLS 很好地解决了网络权值的计算和隐层神经节点个数的确定问题。

由于影响稀土萃取分离效果的因素较多，受客观条件的限制，采集的萃取分离过程输入、输出数据并不能完全反映过程变量之间的准确关系。因此在实际应用

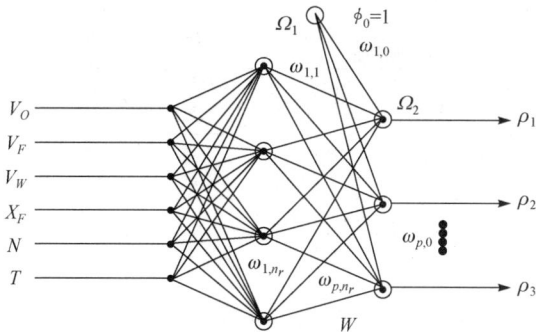

图 4-90　RBF 神经网络组分含量软测量模型

中必须应用化验室分析仪器定期化验的结果对上述软测量模型进行校正,提高软测量模型的泛化能力,使之在料液组成、萃取分离过程工艺参数及工艺控制方案调整时有较高的预测精度和可靠性。软测量模型校正由短期校正和长期校正两部分组成。短期校正以某时刻软测量对象的真实值(化验值)与模型的估计值之差为动力,采用带遗忘因子递推算法重新计算神经网络隐层到输出层的连接权值,使软测量的输出值逼近化验室分析值[106]。

4.4.9.2　稀土萃取分离生产过程智能综合自动化技术

1) 萃取分离过程综合自动化系统总体结构

典型的稀土分离生产过程包括原料处理、萃取分离、浓缩脱水、焙烧、混料和包装等工序,任何工序出现故障都将影响到整个生产流程的正常进行。为此必须制定合理的生产作业计划,为每个环节提供可供选择的调度手段,以实现正常的物流管理和在非常情况下物流的有效调度。从原料处理到萃取分离过程的关键工艺参数的调度尤为重要,因为它是确保稀土分离企业产品质量、成本和产量的关键。在稀土分离生产过程中,需要保持物流连续高效运作,上下工序紧密衔接,充分考虑工序的并行性,不仅存在物流平衡问题,而且存在时间平衡问题。实现生产的物流平衡即实现生产计划协调和生产批量的协调。实现生产的时间平衡如生产线列车时刻表的制定,以提高设备利用率,最大限度消除生产瓶颈。实现各工序计划管理,使其负荷均衡、物流紧密衔接,保证生产柔性、产品质量和准时交货,选择最佳物流路径,以降低物料成本、能耗和其他各种损耗,从而降低生产成本,提高经济效益。

稀土萃取分离生产过程智能综合自动化系统具有工业过程综合自动化系统的体系结构[107]的特点,结合稀土萃取分离生产过程的特点,可以实现稀土产品纯度、产品产量和金属回收率等综合生产指标优化。稀土萃取分离生产过程综合自动化系统结构如图 4-91 所示。

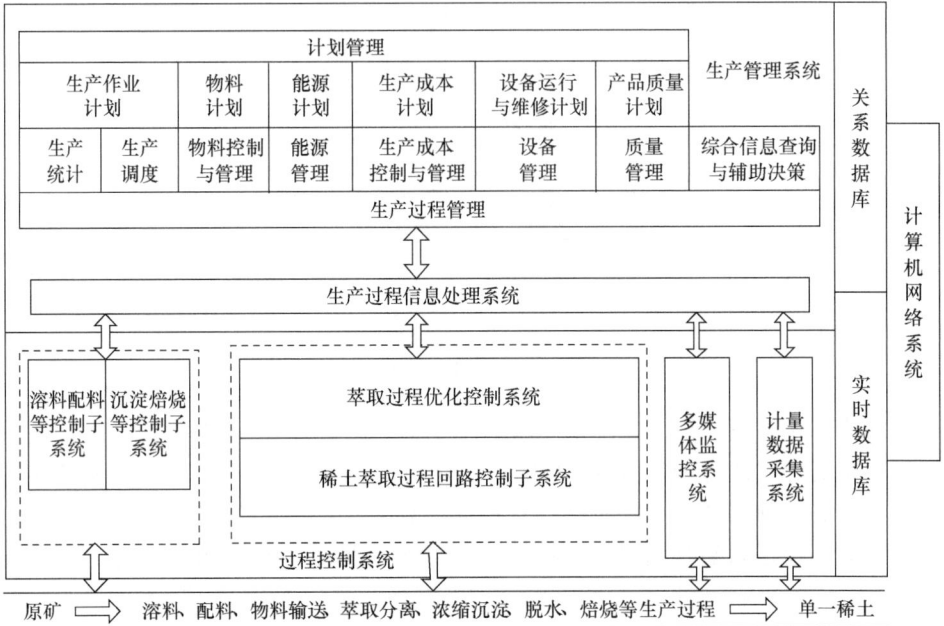

图 4-91　萃取分离过程综合自动化系统

　　该系统由稀土分离生产过程控制系统、生产管理系统和计算机支撑系统组成。稀土分离过程控制系统采用 EIC(Electric Instrument Computer)三电一体化计算机集散控制系统集成设计技术、先进控制技术和以综合生产指标为目标的智能优化控制技术,由稀土分离基础自动化系统、萃取分离过程优化控制系统及生产过程多媒体监控系统组成。生产管理系统采用基于案例推理的生产计划调度技术、生产过程动态成本控制技术[108]以及以综合生产指标为目标的生产过程优化运行与优化管理技术,由稀土分离生产计划与调度、生产数据统计与分析、生产成本控制与管理、设备运行管理、产品质量管理、生产过程综合查询以及稀土分离辅助决策支持等子系统组成。由关系数据库、实时数据库和计算机网络系统构成的支撑系统,通过生产过程信息处理系统将生产管理系统与过程控制系统集成,实现生产过程管理和控制的一体化,从而保证稀土分离生产过程的优化控制、优化运行和优化管理[109]。

　　2) 萃取分离过程的智能优化控制

　　稀土元素组分含量难以在线测量,加上稀土萃取分离过程具有多变量、强耦合、大滞后、非线性、时变等综合复杂性,因此难以用常规的优化控制方法实现以产品纯度指标为目标的优化控制。结合稀土萃取分离生产过程特点,将离线化验检测与组分含量软测量相结合、优化设定与闭环控制相结合、过程建模与控制相集成的智能优化控制策略,对萃取分离过程中萃取剂、料液和洗涤液的流量值进行优化设定和前馈与反馈校正,实现两端出口产品纯度指标的优化控制。萃取分离过程智能优化控制系统如图 4-92 所示。

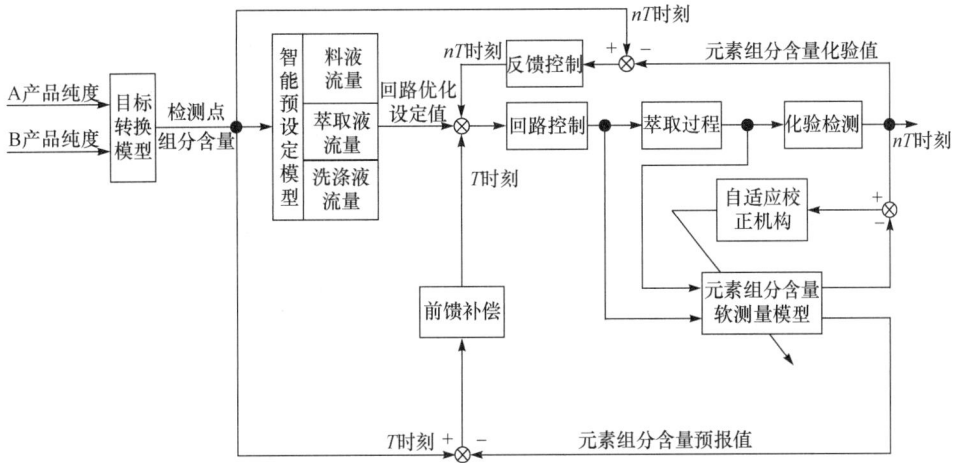

图 4-92　稀土萃取分离过程智能优化控制

　　萃取分离过程优化控制系统的目标转换模型将稀土生产过程计划与调度系统下达的 A 产品纯度和 B 产品纯度指标转换为监测点组分含量理想指标。通过基于案例推理的智能预设定模型产生萃取分离流程所需的萃取剂、料液、洗涤液等控制回路的优化设定值,通过回路反馈控制使萃取分离生产过程各给料流量稳定跟随优化设定值。利用稀土萃取分离生产过程的输入与输出检测值,通过稀土萃取分离过程元素组分含量的软测量模型[76],产生测点稀土元素组分含量的预报值;并与测点组分含量的理想指标值进行比较,产生的误差经过前馈补偿来校正萃取剂、料液、洗涤液等流量控制回路的优化设定值。化验过程得到的测点组分含量的化验值与测点组分含量的理想指标值相比较,偏差通过反馈补偿萃取剂、料液、洗涤液等控制回路的设定值,同时利用测点组分含量的化验值与元素组分含量软测量模型预报值,通过自适应校正机构对元素组分含量软测量模型进行校正,提高模型预报精度,从而实现以两端出口产品纯度指标为目标的稀土萃取分离过程优化控制。

3) 基于案例推理的萃取分离过程给料流量智能优化控制

　　稀土萃取过程给料流量的智能优化控制由流量控制设定模型、基于规则的反馈补偿模型、组分纯度软测量模型和流量回路控制四部分组成。流量控制设定模型采用案例推理方法实现,如图 4-93 所示,首先根据有机萃取剂浓度、料液组分含量等工况描述,通过案例检索给出流量(有机、氨水、洗酸、反酸)设定值的案例解;当案例库中没有当前工况完全匹配的工况时,则由物料平衡公式和串级萃取极值

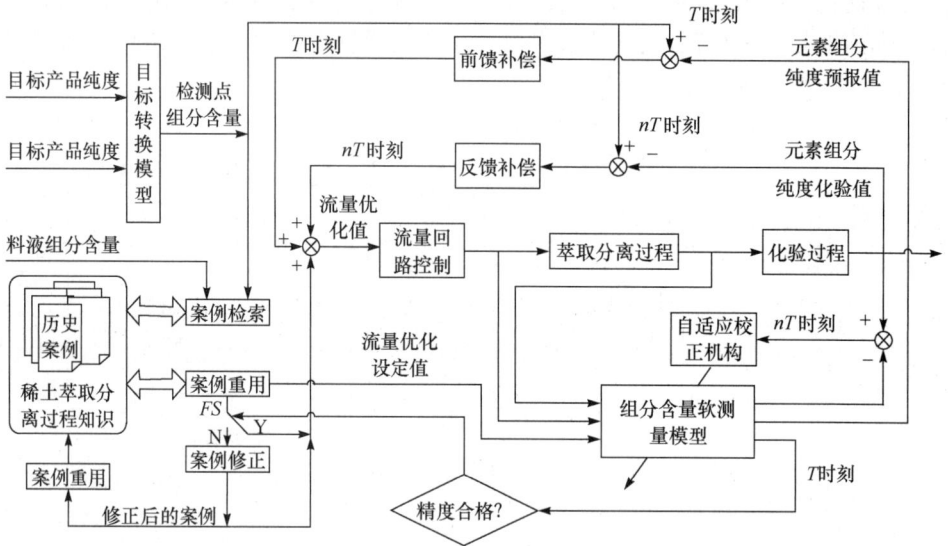

图 4-93　稀土萃取过程给料流量的智能优化控制

公式组成的设定模型通过计算给出有机、氨水、洗酸、反酸的流量设定值。根据控制结果,通过案例的重用、修正与存储,以及案例的库的不断更行,提高流量控制设定模型对稀土萃取过程的适应性。

　　给料流量智能优化控制系统与通过优化控制系统的目标转换模型将稀土生产过程计划与调度系统下达的 A 产品纯度和 B 产品纯度指标转换为监测点组分含量理想指标。基于案例推理的智能预设定模型提取当前运行工况的描述特征,并根据这一描述特征在案例库中检索与当前工况相似的历史案例,通过案例重用、修正与保存,以及案例库的不断更新,产生萃取分离流程所需的料液、萃取剂、洗涤液等控制回路的优化设定值,通过回路反馈控制使萃取分离生产过程各给料流量稳定跟随优化设定值。利用稀土萃取分离生产过程的输入与输出检测值,通过稀土萃取分离过程元素组分含量的软测量模型,产生测点稀土元素组分含量的预报值,并与监测点组分含量的理想指标值进行比较,产生的误差经过前馈补偿来校正料液、萃取剂、洗涤液等流量控制回路的优化设定值。将化验过程得到的测点组分含量的化验值与测点组分含量的理想指标值相比较,产生的偏差通过反馈补偿来校正料液、萃取剂、洗涤液等控制回路的设定值。同时,利用测点组分含量的化验值与元素组分含量软测量模型预报值,通过自适应校正机构对元素组分含量软测量模型进行校正,提高模型预报精度,从而实现以两端出口产品纯度指标为目标的稀土萃取分离过程优化控制。

　　该智能优化控制系统在某公司 HAB 萃取提钇生产线得到成功应用,实现了稀土萃取分离生产过程的优化控制和优化运行[110]。系统运行后,保证了第 1 段产品氧化钇纯度≥99.5%,金属钇回收率提高了 2%,取得了显著的经济效益。

4.5　前沿技术和展望

4.5.1　恶劣环境下的工艺指标在线分析与检测技术

目前,我国有色冶金过程生产条件和生产环境十分恶劣与复杂,往往高温高压、强酸强碱,甚至存在易燃、易爆、有毒物质,化学溶液易结晶结疤,生产现场电磁干扰大,环境温度、湿度变化大,致使生产过程中的关键工艺参数,如矿浆成分、金属品位等难以实时准确测量,带来了冶炼生产的盲目性。因此,有色冶金过程关键工艺参数的在线检测和分析技术极其重要,属于有色冶金过程自动化的难点技术和前沿技术,也是有色冶金过程优化控制能够有效实施的决定性因素。

国外对有色冶金过程分析检测技术非常重视,已经研发了一系列先进的分析检测仪器。在矿浆粒度检测方面,主要有 Outotec 公司的基于直接机械测量法的 PSI200、基于位移原理的 PSI300 和基于激光原理的 PSI500 分析仪,德国 SYM-PATEC GmbH 生产的在线超声衰减粒度仪 OPUS,澳大利亚联邦科工研究组织 (CSIRO)开发的超声波粒度分析仪以及美国热电公司的 PSM-400 型粒度;矿浆品位在线分析方面,主要有 Outotec 公司 Courier 系列产品和美国热电的 MSA 多流道载流分析仪;浮选泡沫状态分析方面,主要有 Outotec 开发的 forthmaster 图像在线分析仪和 frothsense 图像系统,瑞典 SGS 公司开发的浮选泡沫状态分析仪 METcam-FC 以及美国 KSX 公司开发的 PlantVision 系统。目前国内大多数有色金属生产过程中的在线分析检测仪器都是从芬兰 Outotec 公司引进,下面主要以 Outotec 公司的粒度分析仪、在线元素分析仪以及图像分析仪为例,分析国外有色冶金自动化前沿技术发展状况。

1) 粒度分析仪

1991 年,Outokumpu 公司推出了第一款磨矿粒度分析仪 PSI 200,采用直接机械测量法,以统计量和统计标准偏差为自变量的多元线性模型描述粒级分布(粒度测量范围为 600～30 微米),该粒度仪已成为矿浆粒度测量的行业标准。但 PSI 200 对高、低端数据不敏感;假定颗粒分布服从正态分布规律,难以描述双峰分布的粒度信息,并且测定点较多,工作繁重。针对 PSI 200 的缺陷,Outotec 公司采用激光散射技术以及基于 CFD 优化的稀释方法开发了 PSI 500 粒度分析仪,粒度测量范围提升至 1～500 微米。然而,激光衍射技术需要对矿浆进行稀释,容易产生测量误差,而矿物光学性质、矿浆内裹气泡等会影响激光散射强度分布,也会造成测量误差。因此,仅测量粒度的体积分布,难以获得粒度重力分布。

2) 在线元素分析仪

品位、浓度是有色金属冶炼生产过程中的重要工艺参数,在线元素分析仪对生产过程稳定控制具有重要意义。Outotec 公司生产的库里厄系在线元素分析仪占据了我国在线元素分析仪的主要市场。库里厄分析仪含有一次取样器和二次取样装置,以 X 射线管为激发源,采用波长色散 X 射线荧光分析或能量色散 X 射线荧光分析测量方法进行元素在线分析。当浓度或品位较低时,检测相对标准差为 $3\%\sim6\%$;溶液浓度或矿浆品位正常条件下,相对标准偏差可达 $1\%\sim4\%$。仅 $1980\sim2003$ 年期间,我国从 Outotec 公司引进了库里厄家族的载流 X 射线荧光分析仪 26 台,达 6 个品种之多。但由于我国有色冶炼矿源复杂,矿浆品位和溶液浓度波动较大,并且伴随高温、高压、高酸等恶劣环境,库里厄系分析仪在使用过程中常出现采样管结晶堵塞、检测精度波动较大等情况。

3) 图像分析仪

针对矿物泡沫浮选,Outotec 开发了首台商用浮选过程机器视觉系统——forthmaster 图像在线分析仪。该分析仪采用多泡沫图像捕捉系统和图像分割算法,对浮选槽的起泡速度、泡沫大小、泡沫稳定性进行了在线检测分析。目前,Outotec 新推出的 frothsense 图像系统,将自动检测与控制结合一体,实时检测泡沫速度与方向、泡沫大小分布、泡沫稳定性和泡沫颜色,同时采用层次化多变量算法实现流量控制。其中,frothmaster 图像在线分析仪占领了我国浮选过程监测系统的主要市场,如中国铝业中州分公司引进了 frothmaster 图像分析系统在线监测铝土矿泡沫浮选过程,然而,由于该系统泡沫尺寸检测范围窄,无法识别铝土矿浮选泡沫,而且仅提取 R、G、B 直方图对泡沫分析,缺乏泡沫纹理、泡沫检测速度等反应浮选生产工况的关键泡沫特征分析,在实际工业生产过程中的无法取得预期应用效果,难以满足我国有色金属生产泡沫浮选过程的工艺需求。

综上所述,目前国外在有色冶金过程的一些关键工艺指标上已有相应的在线分析检测仪器,但由于国内工艺流程的特殊性,常常未能发挥应有的作用。另外,这些在线分析仪往往耗资巨大,且核心技术保密、服务昂贵、应用条件苛刻,为此开发具有自主知识产权的有色冶金过程在线分析检测仪器具有重要意义。

有色金属矿多为伴生金属矿,湿法冶炼过程中产生的大量溶液除含主金属离子外还伴有其他杂质金属离子,需通过净化手段有效去除杂质金属离子,为此,急需溶液的多组分多金属离子同时在线检测技术和产品。目前,国内这方面的研究还是空白,开展技术攻关迫在眉睫。

4.5.2　现代有色冶金体系反应器建模与全信息流程模拟技术

现代有色冶金体系通过大规模或超大规模现代化生产方式,强化冶金传递过程,控制污染物的生成,加快反应周期,并采用集多功能于一体的反应器以及先进的控制技术,以达到大幅提高资源与能量的利用率、有效减少污染的目的。现代有色冶金体系的反应器具有大规模、高效、临界强化反应以及多功能集成等特点,传统的建模与仿真方法无法准确的描述其复杂的有色冶金反应动力学与传递过程特征,限制了对现代有色冶金体系的深入了解和研究,阻碍了现代有色冶金科学的发展。为此,现代有色冶金体系反应器建模技术与全信息流程模拟技术,是有色冶金自动化领域的前沿技术。

目前,主要的化工流程模拟软件有美国 SimSci-Esscor 公司的 PRO/II,美国 AspenTech 公司的 Aspen Plus、Hysys,英国 PSE 公司的 gPROMS,美国 Chemstations 公司 ChemCAD 和美国 WinSim Inc. 公司的 Design II,加拿大 Virtual Materials Group 的 VMGSim,其中美国 AspenTech 公司的产品在我国流程模拟软件中占最大市场份额。不过这些流程模拟软件主要用于石油化工领域,在有色冶金领域的流程模拟软件主要集中在选矿过程,如南非肯瓦特(Kenwalt)公司的 SysCAD 软件,法国地矿研究局 BRGM 的 USIM PAC,澳大利亚的昆士兰大学所属研究机构 JKMRC 开发的 JKSimMet、JKSimFloat 软件。这些软件主要针对一些通用的化工和选矿工艺流程设备的模拟,无法适应我国一些特殊的生产工况,更难以用于模拟现代有色冶金体系中大规模、高效、临界强化反应且多功能集成的反应器。这需要在反应器的机理分析、模型研究以及模拟手段方面都有所突破。

4.5.3　现代有色冶金绿色生产的综合优化控制技术

为解决资源、能源与环保的问题,我国有色金属工业正朝着大规模、高效、临界强化反应以及多功能集成的现代冶金和绿色冶炼方向发展。绿色生产过程涵盖了产量、质量、效率、能耗、排放、资源综合利用率等广泛的可持续性生产指标。为实现有色冶金绿色生产过程稳定、高效运行,先进的优化控制技术是根本保障。但由于现代有色冶金生产过程机理异常复杂,高温、大时滞、强耦合、非线性、工况多变,过程参数在线检测困难,难以准确描述过程反应机理,制约了有色冶金自动化水平的提升,严重影响了有色冶金过程的节能减排降耗指标的实现。因此,突破面向节能减排降耗目标的优化控制关键技术是有色金属工业实现绿色生产的科学基础,也是前沿技术。

在优化控制技术开发方面,南非 Mintek 公司积累了二十五年的选矿生产数据并结合大量的工业实践开发了选冶过程优化软件包 StarCS,芬兰 Outotec 公司历经四十年开发了 PROSCON 先进控制系统,这均是当前国际矿业界优化控制软件产品的典型代表。Outotec 公司对磨矿、浮选、浸出、净化等工业过程的工艺参数进行了监视、控制、优化等并实现了模块化设计,特别是提供了可涵盖浮选过程的控制解决方案。该方案首先利用 Outotec 的先进控制软件包 ACT 优化各个控制回路的设定值,达到流程稳定控制的目的;然后利用 EXACT-Level 工具实现整个浮选流程液位对干扰的同步、超前补偿,从而使得整个流程的稳定性达到最佳,这是达到最佳浮选生产指标的最重要的保证;最后依靠 FrothMasterTM 检测的浮选泡沫属性,结合 Courier 系列品位在线分析数据,按照品位/回收率优化算法实现浮选的优化控制。目前这些优化控制软件主要是针对传统有色金属选冶过程进行,即使有些是针对先进的有色冶金工艺开发的优化控制软件,其核心技术封锁,一旦不适应中国复杂的矿源和生产环境,这些软件就无法使用。2007 年,我国从 Outotec 引进的锌湿法冶炼常压富氧直接浸出控制系统就是针对先进的锌常压富氧直接浸出工艺开发的控制系统,包含了净化除铜锌粉添加量控制、除钴砷盐添加量控制等模块,可根据工况信息实时控制各流程关键操作参数。但是,在实际运行过程中,由于矿源多变、生产环境复杂,而 Outotec 封装核心控制算法以及相关参数,无法根据工况变化实时校正模型相关参数,因此,仍然存在控制参数无法跟踪工况变化的问题,容易导致生产不稳定、产品质量波动,难以满足我国有色冶炼企业生产控制的需求。

由此可见,考虑到国家节能、降耗、减排的重大需求,必须结合我国有色冶金过程自身的工艺和生产特点,研究现代有色冶金绿色生产的综合优化控制方法和技术。

4.5.4　有色冶金过程污染物防治的自动化关键技术

有色金属工业是典型的重污染行业,每年都产生大量的工业废水、工业烟尘、工业粉尘、二氧化硫和工业固体废弃物。这些污染物对生态环境和群众健康构成了严重威胁,一些重大污染事故也造成了巨大的不良社会影响,阻碍了有色金属行业的健康发展。国家环境领域十二五规划中把有色金属选矿和冶炼生产,列为环境污染防治实施的五大关键行业前二位。若在有色金属生产过程中控制住大部分污染源,实现污染物转移排放的全流程监测、控制和减量优化,将从源头上真正满足国家减排环保的重大需求,这涉及污染物成分的在线分析检测、污染物分布特征识别和调度、污染物的减量优化控制以及全流程监控和预警等自动化关键技术。由于环境污染的防治本身就是一个新兴产业,再加上现代有色冶金工艺流程复杂、生产环境和条件恶劣,污染物的检测、优化、控制与预警难,目前尚未见有关以污染物排放控制为目标开展有色冶金过程自动化关键技术研究工作的报道,更缺乏相关的自动控制关键技术产品和装备支撑,这一领域尚属于急需开展深入研究的前沿技术。

参 考 文 献

[1] 中国有色网. 2013 年十种有色金属产量首超 4000 万吨. http://www.cnmn.com.cn/
ShowNews1. aspx? id=288745

[2] 邓湘湘. 我国有色金属行业环境污染形势分析与研究. 湖南有色金属, 2010, 26(3):55-59

[3] 吴滨. 中国有色金属工业节能现状及未来趋势. 资源科学, 2011, 33(4):647-652

[4] 有色金属产品能耗强制性标准明年实施. http://news. chemnet. com/list/zt/industry/ ysjscpqzx/

[5] 黄天佑, 范琦, 张立波, 等. 中国铸造行业节能减排政策研究. 铸造技术, 2009, 30(3):399-403

[6] 纪罗军. "十一五"我国硫酸工业回顾及"十二五"展望. 硫酸工业, 2011, (2):1-11

[7] 国家统计年鉴 2012

[8] 政府采购信息网. 十二五节能减排综合性工作方案. http://www. caigou2003. com/law/ scr/20110908/scr_194506. html

[9] 左铁镛, 戴铁军. 有色金属材料可持续发展与循环经济. 中国有色金属学报, 2008, 18(5): 755-763

[10] 张琳. 技术创新引领再生有色金属产业升级. 有色金属工程, 2011, 1(1):18-21

[11] Aguiar H C, Filho R M. Neural network and hybrid model: A discussion about different modeling techniques to predict pulping degree with industrial data. Chemical Engineering Science, 2001, 56 :565-570

[12] Abbod M F, Zhu Q, Linkens D A, et al. Hybrid models for aluminium alloy properties prediction. Control Engineering Practice, 2006, 14:537-546

[13] Ng C W, Hussain M A. Hybrid neural network-prior knowledge model in temperature control of a semi-batch polymerization process. Chemical Engineering and Processing, 2004, 43: 559-570

[14] 王雅琳. 智能集成建模理论及其在有色冶炼过程优化控制中的研究. 长沙: 中南大学博士学位论文, 2001

[15] Trujillo S, Alonso E V. On-line solid-phase chelation for the determination of six metals in sea-water by inductively coupled plasma mass spectrometry. Journal of Analytical Atomic Spectrometry, 2010, 25(7):1063-1071

[16] Korolczuk M, Tyszczuk K. Application of lead film electrode for simultaneous adsorptive stripping voltammetric determination of Ni(II) and Co(II) as their nioxime complexes. Analytica Chimica Acta, 2006, 580(2):231-235

[17] Armstrong K C, Tatum C E, Dansby-Sparks R N et al. Individual and simultaneous determination of lead, cadmium and zinc by anodic stripping voltammetry at a bismuth bulk electrode. Talanta, 2010, 82(2):675-680

[18] 阳春华, 桂卫华, 贺建军, 等. 一种基于机器视觉的浮选泡沫图像识别设备及精矿品位预测方法: 中国, CN101036904, 2007. 9. 19

[19] Wang X, Yang C, Gui W, et al. Wet grindability of an industrial ore and its breakage parameters estimation using population balances. International Journal of Mineral Processing, 2011, 98(1-2):113-117

[20] Kontopoulos A, Krallis K, Koukourakis E, et al. A Hybrid, knowledge-based system as a process control 'tool' for improved energy efficiency in alumina calcining furnaces. Applied

Thermal Engineering, 1997, 17(8-10): 935-945

[21] McMullen J, Pelletier P, Breau Y, et al. Gold-copper ores processing. Case study: Optimization of flotation residue cyanidation. International Symposium on Control and Optimization in Minerals, Metals and Materials Processing. Quebec City, Quebec, Canada, 1999: 405-419

[22] 柴天佑, 丁进良, 王宏, 等. 复杂工业过程运行的混合智能优化控制方法. 自动化学报, 2008, 34(5): 505-515

[23] Chai T, Ding J, Wang H. Multi-objective hybrid intelligent optimization of operational indices for industrial processes and application. World Congress, 2011, 18(1): 10517-10522.

[24] Chai T, Ding J, Wu F. Hybrid intelligent control for optimal operation of shaft furnace process. Control Engineering Practice, 2011, 19(3): 264-275

[25] Zhou P, Chai T, Wang H. Intelligent optimal-setting control for grinding circuits of mineral processing process. IEEE Transactions on Automation Science and Engineering, 2009, 6(4): 730-743

[26] 桂卫华, 阳春华. 复杂有色冶金生产过程智能建模、控制与优化. 北京: 科学出版社, 2010

[27] 国家中长期发展规划纲要资料 (百度文库). http://wenku.baidu.com/view/42c42003eff9aef8941e06fd.html

[28] 张燕红. 浅析现代化铝箔轧机的自动控制系统. 有色金属加工, 2003, 32(1): 60-62

[29] 张业. 现代化铝热轧机的电控系统. 轻合金加工技术, 1999, 27(2): 1-7

[30] 魏云华. 现代铝热连轧机组主体设备的配置和控制特点. 有色金属加工, 2004, 33(2): 34-40

[31] 魏云华. 现代铝热连轧主体设备的构成及其特点. 轻合金加工技术, 2003, 31(1): 1-3

[32] 陈朝伟. 铝带材热连轧机温度控制. 有色金属加工, 2002, 31(6): 15-16

[33] 韩晨, 余金海, 陈加圣. 国内铜板带生产技术与加工装备现状概述. 铜业工程, 2012 (2): 12-16

[34] 钢铁行业工艺流程介绍. 百度文库. http://wenku.baidu.com/view/0f00d83e580216-fc700afd83.html

[35] 阿蒙. 冶金工艺介绍. http://blog.sina.com.cn/s/blog_567bc42a010124tu.html

[36] 范珍珍. 立体车库网络智能管理系统研究. 赣州: 江西理工大学硕士论文. 2007

[37] 许灿辉. 矿物浮选气泡速度和尺寸分布特征提取方法与应用. 长沙: 中南大学博士学位论文, 2011

[38] Yang C, Xu C, Gui W, et al. Application of highlight removal and multivariate image analysis to color measurement of flotation bubble images. International Journal of Imaging Systems and Technology, 2009, 19(4): 316-322

[39] 阳春华, 杨尽英, 牟学民, 等. 基于聚类预分割和高低精度距离重构的彩色浮选泡沫图像分割. 电子与信息学报, 2008, 30(6): 1286-1290

[40] Yang C, Xu C, Mu X, et al. Bubble size estimation using interfacial morphological information for mineral flotation process monitoring. Transactions of Nonferrous Metals Society of China, 2009, 19(3): 694-699

[41] 周开军. 矿物浮选泡沫图像形态特征提取方法与应用. 长沙: 中南大学博士学位论文, 2009

[42] 牟学民. 矿物浮选泡沫图像序列动态特征提取及工业应用. 长沙: 中南大学博士学位论文, 2012

[43] Mu X, Liu J, Tang Z, et al. Flotation froth images velocity feature extraction and analysis based on Fourier-Mellin transform and gray-template matching. Proceedings of the 8th World Congress on Intelligent Control and Automation, 2010, 6078-6083

[44] 杜建江. 基于泡沫尺寸统计分布的浮选过程故障诊断研究. 长沙: 中南大学硕士学位论文, 2011

[45] Xu C, Gui W, Yang C, et al. Flotation process fault detection using output PDF of bubble size distribution. Minerals Engineering, 2012, 26(1): 5-12

[46] 任会峰, 阳春华, 周璇, 等. 基于泡沫图像特征加权 SVM 的浮选工况识别. 浙江大学学报 (工学版), 2011, 45(12): 2115-2119

[47] 阳春华, 任会峰, 许灿辉, 等. 基于稀疏多核 LSSVM 的浮选关键指标软测量. 中国有色金属学报, 2011, 21(12): 3149-3154

[48] 彭延坂, 韩学义, 张维勇, 等. 白庄煤矿综合自动化系统建设. 第 18 届全国煤矿自动化与信息化学术会议论文集, 2008, 156-159

[49] 柴天佑, 丁进良, 严爱军, 等. 选矿生产过程综合自动化系统. 有色冶金设计与研究, 2003, 21: 1-5

[50] 张晓东, 李小平, 王小刚, 等. 排山楼金矿选矿厂综合自动化系统. 冶金自动化, 1999, 23(6): 29-34

[51] 郑秉霖, 胡琨元, 常春光. 一体化钢铁生产计划系统的研究现状与展望. 控制工程, 2003, 10(1): 6-10

[52] Li X, Chai T, Yu Z, et al. Dynamic cost control method in production process and its application. World Congress, 2002, 15(1): 30-30

[53] Ding J, Liu C, Wen M, et al. Case-based decision making model for supervisory control of ore roasting process. Lecture Notes in Computer Science, 2008, 5264: 148-157

[54] Xing G, Ding J, Chai T, et al. Hybrid intelligent parameter estimation based on grey case-based reasoning for laminar cooling process. Engineering Applications of Artificial Intelligence, 2012, 25(2): 418-429

[55] Zhao D, Chai T, Yue H, et al. Intelligent method with case-based reasoning for setpoints optimization and its application. 6th International Symposium on Instrumentation and Control Technology: Sensors, Automatic Measurement, Control, and Computer Simulation. International Society for Optics and Photonics, 2006: 635845. 1-635845. 8

[56] 王凌云, 桂卫华, 刘梅花, 等. 基于改进在线支持向量回归的离子浓度预测模型. 控制与决策, 2009, 24(4): 537-541

[57] 王凌云. 湿法炼锌净化过程建模及基于控制参数化的优化方法. 长沙: 中南大学博士学位论文, 2009

[58] Wang L, Gui W, Teo K, et al. Time delayed optimal control problems with multiple characteristic time points: Computation and industrial applications. Journal of Industrial and Man-

agement Optimization,2009,5(4):705-718

[59] Wang L,Gui W,Teo K,et al. Optimal control problems arising in the zinc sulphate electro-lyte purification process. Journal of Global Optimization,2012,54(2):307-323

[60] Yang C,Deconinck G,Gui W,et al. An optimal power-dispatching system using neural net-works for the electrochemical process of zinc depending on varying prices of electricity. IEEE Transactions on Neural Networks,2002,13(1):229-236

[61] 桂卫华,张美菊,阳春华,等. 基于混合粒子群算法的锌电解过程能耗优化. 控制工程, 2009,16(5):748-751

[62] 王俊年,申群太,周少武,等. 锌电解整流供电系统的微粒群优化控制策略. 控制与决策, 2008,23(2):145-150

[63] 莫志勋. 约束多目标改进粒子群优化算法研究及应用. 长沙:中南大学硕士学位论文,2010

[64] 李瑞娟. 基于锌产量预测模型的密闭鼓风炉炉况优化研究. 长沙:中南大学硕士学位论文,2005

[65] 朱红求. 密闭鼓风炉熔炼过程透气性预测智能集成建模研究. 长沙:中南大学硕士学位论文,2002

[66] 吴湘华. 密闭鼓风炉炉况智能优化操作指导系统. 长沙:中南大学硕士学位论文. 2004

[67] 唐朝晖. 铅锌生产过程密闭鼓风炉故障诊断技术及应用. 长沙:中南大学博士学位论文,2008

[68] 朱祖泽,贺家齐. 现代铜冶金学. 北京:科学出版社,2003

[69] 陶杰. 铜闪速熔炼配料过程满意优化研究及应用. 长沙:中南大学硕士学位论文,2007

[70] 阳春华,王晓丽,陶杰等. 铜闪速熔炼配料过程建模与智能优化方法研究. 系统仿真学报, 2008,20(8):2152-2155

[71] 黄佳. 气流干燥过程水分软测量系统的研究与开发. 长沙:中南大学硕士学位论文,2007

[72] 张定华,桂卫华,李勇刚,等. 闪速熔炼气流干燥优化控制系统的设计与实现. 信息与控制,2006

[73] 阳春华,谢明,桂卫华,等. 铜闪速熔炼过程冰铜品位预测模型的研究及应用. 信息与控制, 2008,37(1):28-33

[74] 颜青君,桂卫华,彭晓波. 铜闪速炉冰铜温度预测模型的研究. 株洲工学院学报,2007,20 (6):67-71

[75] 颜青君. 铜闪速熔炼操作参数优化的研究与应用. 中南大学硕士论文,2007

[76] 岑丽辉. 基于工况参数预测模型的铅锌烧结过程操作优化系统设计. 长沙:中南大学硕士学位论文,2003

[77] 彭晓波,桂卫华,李勇刚,等. 动态 T-S 递归模糊神经网络及其应用. 系统仿真学报,2009, 21(18):5636-5638,5644

[78] 桂卫华,阳春华,李勇刚,等. 基于数据驱动的铜闪速熔炼过程操作模式优化及应用. 自动化学报,2009,35(6):717-724

[79] 彭晓波,桂卫华,胡志坤,等. 铜闪速熔炼过程操作模式智优化. 控制与决策,2008,23(3): 297-301

[80] 孙鑫红. 铜转炉吹炼终点预报模型的研究及应用. 长沙:中南大学硕士学位论文,2007

[81] 鄢锋. PS 转炉铜锍吹炼过程冷料添加操作优化的研究与应用. 长沙:中南大学硕士学位论文,2007

[82] 刘文灿,高庚. 艾萨熔炼工艺的自动控制系统. 有色冶炼,2003,32(5):66-69

[83] 刘文灿. 艾萨炉控制系统的优化与思考. 中国有色冶金,2006,34(5):19-23

[84] 万黎明. 化学法净化铜电解液工艺研究. 长沙:中南大学硕士学位论文. 2010

[85] Yang C, Gui W, Kong L, et al. A two-stage intelligent optimization system for the raw slurry preparing process of alumina sintering production. Engineering Applications of Artificial Intelligence,2009,22(4-5):796-805

[86] Yang C, Gui W, Kong L, et al. A genetic-algorithm-based optimal scheduling system for full-filled tanks in the processing of starting materials for alumina production. Canadian Journal of Chemical Engineering,2008,86(4):804-812

[87] 姜慧研,王晓丹,周晓杰,等. 基于 SVR 的回转窑烧成带温度软测量方法的研究. 系统仿真学报,2008,20(11):2951-2955

[88] 孙鹏. 基于图像处理的氧化铝回转窑烧结工况识别系统研究. 沈阳:东北大学博士学位论文,2009

[89] 孙鹏,周晓杰,柴天佑. 基于纹理粗糙度的回转窑火焰图像 FCM 分割方法. 系统仿真学报,2008,20(16):4438-4445

[90] 张立岩,柴天佑. 氧化铝回转窑制粉系统磨机负荷的智能控制. 控制理论与应用,2010,27(11):1471-1478

[91] 周晓杰,徐德宝,张莉,等. 氧化铝熟料烧结回转窑过程综合自动化系统. 吉林大学学报(工学版),2004,34(z1):350-353

[92] Chai Q, Yang C, Teo K, et al. Optimal control of an industrial-scale evaporation process:Sodium aluminate solution. Control Engineering Practice,2012,20(6):618-628

[93] Wang X, Yang C, Gui W, et al, Chen X. CSTR-based modeling for the continuous carbonation of sodium aluminate solution. The Canadian Journal of Chemical Engineering,2011,89(7):617-624

[94] 熊志利. 氧化铝生产焙烧过程计算机控制系统的设计与开发. 沈阳:东北大学硕士学位论文,2007

[95] 赵学起. 基于压力曲线分析的一万吨水压机模锻过程质量控制系统研究. 长沙:中南大学硕士学位论文,2008

[96] Zhou X, Yu S, Yu J, et al. Temperature measurement and control system of large-scaled vertical quench furnace based on temperature field. Journal of Control Theory and Application,2004,2(4):401-405

[97] 周璇,喻寿益. 分布参数系统中参数辨识的最佳测量位置的优化. 中南大学学报(自然科学版),2004,35(1):97-100

[98] 周立宏,喻寿益,贺建军,等. 31m 空气循环淬火炉计算机温度控制系统. 中南大学学报(自然科学版),2004,35(2):285-289

[99] 柴天佑,丁进良,王宏,等. 复杂工业过程运行的混合智能优化控制方法. 自动化学报,

2008,34(5):505-515

[100] 吴志伟,柴天佑,付俊,等. 电熔镁炉熔炼过程的智能设定值控制. 控制与决策,2011,26
(9):1417-1420

[101] Srinivasan B,Bonvin D. Controllability and stability of repetitive batch processes. Journal
of Process Control,2007,17(3):285-295

[102] 吴志伟,吴永建,柴天佑,等. 一种基于规则推理的电熔镁炉智能控制系统. 东北大学学报
(自然科学版),2009,30(11):1526-1529

[103] 吴志伟,方正,柴天佑,等. 电熔镁炉嵌入式专用控制器及其控制方法研究. 仪器仪表学
报,2012,33(6):1261-1267

[104] 柴天佑,杨辉. 稀土萃取分离过程自动控制研究现状及发展趋势. 中国稀土学报,2004,22
(4):427-433

[105] Yang H,Tan M,Chai T. Neural networks based component content soft-sensor in counter-
current rare-earth extraction. Journal of Rare Earth,2003,21(6):691-696

[106] 杨辉,张肃宇,李健,等. 应用软测量技术实现稀土萃取分离过程的优化控制. 吉林大学学
报,2004,34(3):427-432

[107] Chai T,Ding J,Zhao D,et al. Integrated automation system of minerals processing and its
applications. World Congress,2005,16(1):1700-1700

[108] Li X N,Chai T Y,Yu Z X,et al. Dynamic cost control method in production process and its
application. World Congress,2002,15(1):30-36

[109] 杨辉,柴天佑. 稀土分离过程综合自动化系统研究. 稀有金属,2004,28(6):1070-1075

[110] 杨辉,王永富,柴天佑. 基于案例推理的稀土萃取分离过程优化设定控制. 东北大学学报
(自然科学版),2005,26(3):209-212

第5章　智能自动化促进建材行业节能、降耗、减排

5.1　建材行业近年来取得的成就

建材行业是国民经济中重要的基础原材料工业之一，主要包括水泥、平板玻璃、建筑卫生陶瓷、墙体材料、非金属矿物材料等五个子行业。建材产品包括建筑材料及制品、非金属矿及制品、无机非金属新材料等三大类，其广泛应用于国民经济和社会发展的各个领域。

经过改革开放以来三十多年的发展，我国建材行业取得了举世瞩目的成就，我国已成为世界上最大的建筑材料生产国和消费国，水泥、平板玻璃、建筑卫生陶瓷、石材和墙体材料等主要建材产品的产量已连续多年位居世界第一。其中，我国水泥产量自 1985 年起已连续 28 年位居世界第一，平板玻璃产量自 1989 年起也已连续 24 年位居世界第一。

"十一五"期间，建材行业继续实施"由大变强、靠新出强"的跨世纪发展战略，在国家出台的振兴房地产、高铁产业等多项扩大内需举措和其他相关重大政策的引导下，我国建材行业实现了快速发展。"十一五"期间，我国水泥、平板玻璃等主要建材产品产量和效益稳健增长，图 5-1 为"十一五"期间我国水泥、平板玻璃产量。"十二五"以来，受国家对房地产宏观调控政策及加大节能降耗减排政策力度的影响，我国水泥、平板玻璃、建筑卫生陶瓷等主要建材产品的产量增长速度虽有所减缓，但建材行业总体上仍保持较快的发展速度。根据国家统计局公布的数据，2013 年我国水泥产量 24.1440 万吨，同比增长 2.26 亿吨，增幅为 9.6%；平板玻璃产量 7.8 亿重量箱，增长 11.2%。2013 年我国水泥产量占全世界水泥当年总产量的 60%，平板玻璃产量占全世界平板玻璃当年总产量的 50%。

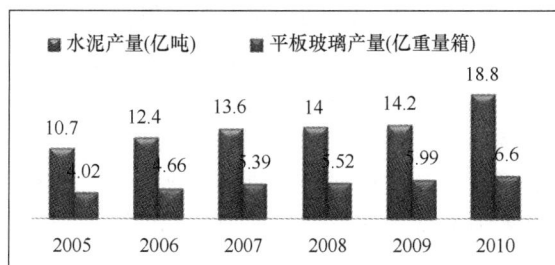

图 5-1　"十一五"期间我国水泥、平板玻璃产量

　　另外,建材行业在满足强劲增长的市场需求同时,全行业结构调整、工艺装备水平、节能减排等方面均取得了较大进步。

　　"十一五"末,我国已全面掌握了新型干法水泥、大型浮法玻璃等先进生产技术,并具备了与之相应的工程设计和成套装备制造能力,其中,在水泥的大型原料均化、工程设计和装备制造等方面已达到或接近世界先进水平。近年来,我国玻璃、水泥、陶瓷等行业大中型企业的装备和工艺水平显著提高,迄今,我国已拥有国产化新型干法水泥生产线 1712 条[①],浮法玻璃生产线 325 条[②]。

　　"十一五"期间,国家相关部委和建材行业协会出台了一系列政策引导建材行业加强节能减排和资源综合利用,大力发展循环经济,推进清洁生产,着力开发集安全、环保、节能于一体的绿色建筑材料,有计划地组织推进行业节能减排攻坚和节能减排专项工程的实施。同时,不少建材企业通过引入先进管理模式、先进工艺及先进检测装置和执行机构、变频器、DCS/PLC、MES 等相关工业自动化技术,实施余热回收利用、脱硫、脱硝等节能降耗减排工程,以加强企业的节能减排建设。例如,700 多条水泥生产线已配套建成余热发电设备,总装机容量超过 4800 兆瓦。绝大多数日产 5000 吨以上的新型干法水泥生产线和日产 700 吨以上的浮法玻璃生产线已配备相应的烟气脱硫装置。通过上述各种措施,建材行业节能减排工作成效显著。2010 年建材行业单位工业增加值综合能耗比 2005 年降低 52%,主要污染物排放总量呈明显下降趋势,其中烟气粉尘排放量、二氧化硫排放量分别比 2005 年减少 46% 和 12%。"十二五"以来,我国进一步加强了建材行业的节能减排工作,2012 年全年淘汰落后水泥产能(包括水泥熟料产能和水泥粉磨产能)近 2.2 亿吨,淘汰落后平板玻璃产能 4700 万重量箱。40 余条水泥生产线利用削减氮氧化物新技术进行改造,配套建设脱硝示范装备,近 20 条水泥生产线开展了协同处置城市生活垃圾、污泥、工业废弃物等工程示范。

　　我国建材行业近年来所取得的成就为其进一步发展奠定了坚实的基础,同时,党的十八大报告提出的"走中国特色新型工业化、信息化、城镇化、农业现代化道路"的"四化"发展目标及国家大力发展新材料、节能环保、新能源等战略性新兴产业的战略决策为我国建材行业实现持续快速发展提供了良好契机。

　　虽然我国建材行业近年来取得了巨大成就,但目前仍存在着经济增长方式和产业结构不合理、行业大而不强、整体技术创新能力不足等突出问题,严重制约了我国建材企业的生产效率、产品质量和附加值、能耗/物耗、生产成本、环保等综合生产指标的进一步改善。目前我国建材行业大多数企业在上述综合生产指标上与国外先进水平相比仍存在较大差距,通过先进技术和管理手段改善企业综合生产

----

①　2013 年全国新型干法水泥生产线名录。

②　中国玻璃信息网。

指标、提高行业综合竞争力、实现转型升级和可持续发展已成为我国建材行业的当务之急。

5.2　建材行业节能降耗减排的迫切性及面临的挑战

5.2.1　建材行业节能降耗减排的迫切性

5.2.1.1　高耗能、高污染、资源利用率低的状况未得到根本改变

建材行业是我国工业中的资源、能源消耗和污染物排放大户,全行业能源消费量在全国工业部门中位列第四[1]。据国家统计局统计,2011 年,我国能源消费总量为 34.8 亿吨标准煤,其中,工业能源消耗总量为 24.6 亿吨标准煤,建材行业能源消耗总量为 3.0 亿吨标准煤,约占全国工业能源消耗总量的 12.2%,约占全国能源消耗总量的 8.6%;烟粉尘排放 279.1 万吨,约占全国烟粉尘排放总量 1278.8 万吨的 22%,约占全国工业烟粉尘排放总量 1100.9 万吨的 25%,是全国烟粉尘排放最多的工业行业。建材行业二氧化硫排放 143 万吨,占全国工业二氧化硫总排放的 10.6%,仅次于电力和钢铁行业,位居工业行业第三;氮氧化物排放 238 万吨,占全国工业氮氧化物排放总量的 16.2%,仅次于电力行业,位居工业行业第二。

近年来,建材行业虽然在节能减排工作上已取得较大成绩,但其单位产品能耗、污染物排放指标与国际先进水平相比仍有较大差距,该差距集中反映在水泥、平板玻璃、建筑卫生陶瓷等建材行业三大高耗能产业上,而上述三大产业是建材行业产值增长、能源和资源消耗、污染物排放的主要来源。近年来,水泥、平板玻璃、建筑卫生陶瓷三大行业的工业增加值比重已超过建材行业工业增加值总量的 50%以上,三大产业已呈现明显的产能过剩现象,2012 年底,我国水泥、平板玻璃行业产能利用率分别仅为 73.7%和 73.1%,明显低于国际通常水平[2],建材行业产能利用率低和产能过剩状况极大制约了其单位产品能耗和污染物排放指标的改善。如图 5-2 所示,我国水泥综合能耗为 139 千克标准煤/吨水泥,比国际平均水平高 4%,比国际先进水平高 18%。如图 5-3 所示,我国浮法玻璃平均单耗 19 千克标准煤/重量箱,比国际平均水平高 15%,比国际先进水平高 27%,陶瓷辊道窑烧成能耗 33500~46000 千焦/千克瓷,约是国际先进水平的 2 倍。

造成我国建材行业能耗和污染物排放指标与国际先进水平差距较大的原因是多方面的,除以上提到的建材行业产能利用率低、产能过剩原因外,我国中小型建材企业的数量在建材行业仍占较大比例也是一个重要原因。这类企业的生产设备和生产工艺相对落后,原料不稳定,现场工艺操作和管理水平较低,且节能降耗减排意识较薄弱,导致单位产品能耗和污染物排放指标居高不下,从而造成行业整体

■水泥综合能耗/(千克标准煤/吨水泥)

139

134

118

我国　　　　国际平均　　　　国际先进

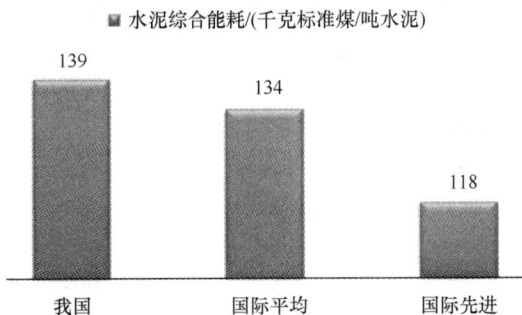

图 5-2　国内外水泥平均综合能耗对比

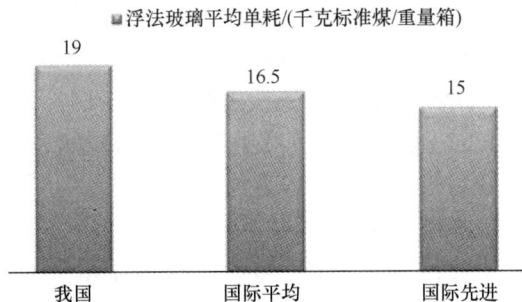

■浮法玻璃平均单耗/(千克标准煤/重量箱)

19

16.5

15

我国　　　　国际平均　　　　国际先进

图 5-3　国内外浮法玻璃平均单耗对比

上单位产品能耗和污染物排放指标仍较高。

另外,在水泥、平板玻璃和建筑卫生陶瓷等建材行业三大子行业各企业,高耗能生产设备相对集中,少数关键高耗能设备的能耗总和至少占企业总能耗的 60%以上,如水泥行业的分解炉、回转窑和磨机等,平板玻璃行业的玻璃熔窑等,陶瓷行业的辊道窑和隧道窑等,如图 5-4 所示。上述关键高耗能设备既是企业的耗能大户,也是企业最主要的污染物排放源,而上述关键高耗能设备的能源利用率和环保指标与国外先进水平仍存在较大差距,从而导致我国建材行业的能耗和污染物排放指标近年来仍持续偏高。

5.2.1.2　国家节能降耗减排政策力度持续加大

为规范建材行业的投资行为,防止盲目投资和重复建设,促进结构调整,提高能源和资源的综合利用率,保护环境,国家近年来颁布了一系列相关法律和产业政策,如《淘汰落后产能工作考核实施方案》、《水泥行业准入条件》、《平板玻璃行业准入条件》、《建筑卫生陶瓷产品单位能源消耗限额》、《工业窑炉大气污染物排放标准》、《国务院关于进一步加强淘汰落后产能工作的通知》、《国务院关于化解产能严重过剩矛盾的指导意见》等,以加大对建材行业的宏观调控及节能降耗减排政策力

水泥回转窑　　　　　　　　玻璃熔窑

陶瓷辊道窑　　　　　　　　水泥球磨机

图 5-4　建材行业高耗能设备举例

度。陆续淘汰了一大批高耗能、高污染、高排放建材企业。其中,水泥、平板玻璃等建材行业企业是其中的淘汰大户,尤其水泥行业淘汰量最大,仅 2012 年就有多达 1053 家水泥企业、48 家玻璃企业被列入淘汰落后产能企业名单。近两年来,受国家房地产宏观调控政策及加大节能减排政策力度的影响,我国建材行业的发展速度有所放缓,但水泥、平板玻璃和建筑卫生陶瓷等主要建材产品的产能仍严重过剩,呈现供过于求的态势。

国务院于 2013 年颁布的《国务院关于化解产能严重过剩矛盾的指导意见》对"十二五"期间建材行业的节能降耗减排工作提出了更高的目标:

(1) 提前一年完成"十二五"水泥、平板玻璃等重点行业淘汰落后产能的目标任务;

(2) 至 2015 年底,再淘汰水泥(熟料及粉磨能力)1 亿吨,平板玻璃 2000 万重量箱。

综上所述,建材行业作为高能耗、高排放和资源型的行业,要达到国家相关部委和行业协会对其在节能降耗减排上的高标准要求和完成行业的节能降耗减排目标,任重而道远。

为改变建材行业目前的高耗能、高污染、资源利用率低的突出现状以适应国家对节能降耗减排的高标准要求,建材行业迫切需要进一步加大节能降耗减排工作力度,转变经济增长方式,大力减少能源、资源消耗和污染物排放,在满足相关法律和政策强制性要求的同时,力争超额完成行业各阶段节能降耗减排目标。

5.2.1.3　建材行业生产经营面临极大困境

与钢铁、有色、石化、电力等其他高耗能行业相比,建材行业原材料和能源成本在其生产总成本中所占的比例较大,约占 60%～80%,原材料和能源价格的波动对建材企业的经济效益有关键影响。从 2012 年开始,由于国家不再出台新一轮的扩大内需投资计划,并针对建材行业的下游——房地产行业出台了多项宏观调控政策,国内建材行业的经济形势受到极大的影响,主要表现在需求锐减、市场竞争激烈、订单量急剧下降、产品市场价格低位运行。但与此同时,国内建材企业所需的原材料价格仍持续上涨,煤炭和石油焦等建材企业常用燃料的价格虽然下降较多,但由于近年来国内空气污染严重程度加剧,国家和各级地方政府加大了对高污染企业的环保整治力度,对建材行业使用燃料的种类限制日趋严格,很多地区已禁止使用石油焦,对使用煤炭的建材企业也提出逐步进行煤改气的要求,天然气等清洁能源的消费量在建材行业能源消费总量中的比重逐步加大,其将成为建材行业未来的主要能源,但天然气等清洁能源的价格近年来持续攀升。

原料和燃料价格的持续上涨导致建材企业的生产成本攀升,再加上建材产品市场价格低位运行,造成我国建材企业盈利空间急剧缩减,处于低效益的运行态势,生产经营面临极大的困境,多数建材企业处于亏本或微利的状态。在外部环境短期内难以根本改变的情况下,以节能降耗方式降低生产成本刻不容缓,必将成为建材企业维持生产运营和提高经济效益的关键手段。

节能降耗减排是当前及今后相当长一段时期内我国建材行业发展所面临的瓶颈。建材行业应进一步加大节能降耗减排工作力度,加快产业结构调整,提高行业整体经济效益和综合竞争力,走内涵式可持续发展道路。国家应结合我国建材行业发展实际和国家节能降耗减排战略目标,通过提高建材行业能源消耗和污染物排放标准,加大执法处罚力度,加快淘汰一批落后产能等多种措施,促进建材行业向资源/能源节约型、环境友好型方向转变。

5.2.2　建材行业节能降耗减排面临的挑战

从总体上看,近年来国家和地方各级政府对建材行业的节能降耗减排工作非常重视,在财政、税收等方面出台了相关政策积极引导和鼓励建材行业企业开展相关节能减排工作,相关行业协会也高度重视建材行业的节能降耗减排工作。一些大型建材企业针对水泥窑系统、玻璃熔窑、陶瓷窑炉、水泥磨机等高耗能设备或整条生产线,通过引进先进的生产设备,改进高耗能设备的结构和生产工艺,采用全氧/富氧燃烧、蓄热室燃烧、高效节能喷枪、余热回收利用、高效保温/隔热材料、脱硫脱硝等节能环保材料、工艺和装置,变频器、DCS/PLC 装置、烟气分析仪、高温红外测温仪、固体流量计、在线物料水分分析仪等先进检测和控制装置,预测控制和模糊控制等先进控制方法,以及 MES、EMS 等系统级节能技术,进行了较全面的节能降耗减排技改,取得了显著的节能降耗减排效果。另外,一些中小型建材企业从自身实际出发,采用余热回收利用、电机变频调速、DCS/PLC 等单项技术对相关高耗能设备进行了局部节能降耗减排技改,也取得了一定的节能降耗减排成效。

但从总体上看,近年来我国建材行业在节能降耗减排上的成效与国家、行业协会所提目标还有较大差距,建材行业节能降耗减排工作面临着严峻的挑战。

5.2.2.1　对节能降耗减排重要性认识不足

近年来,我国建材行业在取得显著进步的同时,也付出了巨大的资源和环境代价。不少建材企业尤其是中小型民营建材企业对节能降耗减排重要性的认识仍存在明显不足,对开展节能降耗减排技改的积极性不高,尤其是 2009 年以来,在国家4 万亿投资拉动内需政策的推动下,国内对建材产品的需求量大增,建材行业的经济形势一直较好,多数建材企业对加大节能降耗减排力度缺乏内在动力。近两年来,一方面由于国家对建材行业的节能降耗减排政策日趋严格,对建材企业产生了较大的节能降耗减排压力;另一方面受国家房地产宏观调控政策及原材料和燃料价格上涨等因素的影响,建材行业多数企业生产经营困难,急需通过降低生产成本来提高企业经济效益,从而使得建材企业节能降耗减排意识普遍有所增强,但要深入推进建材行业的节能降耗减排工作,仍需通过制定相关政策进一步引导建材企业提高对节能降耗减排重要性的认识。

另外,我国一些地方政府对节能降耗减排重要性的认识也存在明显不足,不少建材企业作为当地纳税大户和解决就业的主要渠道受到其地方政府的过度保护,导致建材行业淘汰落后产能工作阻力重重,使得国家和行业协会对建材行业所实施的节能降耗减排政策的实际效果大大减弱,落后产能屡禁不止,能耗、污染物排放居高不下,为此,需采取强有力措施,从根本上扭转一些地方政府节能降耗减排意识薄弱,在贯彻国家节能降耗减排政策上不作为和执行不利状况。

5.2.2.2　建材生产利润率低,融资困难,技改经费严重缺乏

近年来,建材行业总体上生产利润率较低,自我积累少,尤其是中小型企业可用于节能降耗减排技改的自有资金非常缺乏,又由于受银行银根紧缩政策的影响,中小企业很难从银行获得节能降耗减排技改融资贷款。

另外,建材行业与钢铁、石化等其他高耗能行业相比,中小型企业居多,而在高耗能设备中,中小型设备又居绝对主体。像日产 5000 吨新型干法水泥生产线窑系统、日产 500 吨浮法玻璃熔窑等年消耗标准煤在数万吨以上的设备在建材行业已属于大型的高耗能设备,且数量较少,而钢铁行业的大型高炉、石化行业的百万吨级乙烯装置、电力行业的大型燃煤锅炉等大型高耗能装置年消耗标准煤一般在 10万吨以上,但国家的节能降耗减排补贴政策往往主要针对大型高耗能企业和大型高炉、百万吨级乙烯装置、大型燃煤锅炉等大型高耗能设备,建材行业的多数企业由于单个节能减排项目可预期的年节能量较小,难以达到国家和各级地方政府节

能补助政策所需满足的最低年节能量要求（年节能 500 吨标准煤），因而难以获得各级政府的节能减排补助。

由于严重缺乏技改经费，建材行业节能降耗减排工作的开展受到很大限制。

5.2.2.3　建材行业适用的节能减排技术十分缺乏

技术水平落后也是制约我国建材行业进一步降低能耗/物耗、减少污染物排放的重要因素之一。

企业是技术创新的主体，但由于受认识程度、经济和技术实力等多种因素影响，我国建材全行业各企业的年度技术总投入不到全行业总销售收入的 0.5%，而其在先进生产工艺、节能环保材料与工艺、工业自动化等节能降耗减排相关技术研发上的投入就更为不足。另外，与钢铁、石化等其他高耗能行业相比，国家和各级地方政府在面向建材行业节能降耗减排的相关基础研究和关键技术研究上的投入也相对较少，近年来，我国相关高校、研究院所和建材企业及其他相关企业在面向建材行业的节能降耗减排方向所获得的国家 973 计划项目、国家 863 计划项目、国家科技攻关或科技支撑计划、国家自然科学基金项目、国家发改委高技术产业化项目等国家科技计划项目或产业化项目为数很少，上述单位开展相关基础研究、关键技术攻关和工程应用所需的研发和产业化经费极其缺乏。同时，国内建材企业对与相关高校和研究院所以产学研合作方式，联合开展面向建材行业的节能降耗减排相关关键技术研究和成果应用示范的积极性也不高，这导致我国相关高校和研究院所在面向建材行业的节能降耗减排关键技术研究和产品研发上，虽然取得了一些成果，但上述成果多数还停留在实验室阶段或中试阶段，其实际应用效果、技术适用面和行业影响力均很有限，难以在行业内进行大范围推广，适合建材行业特点、具有较好节能降耗减排效果和行业影响力及较好产业化前景的相关技术成果还十分缺乏。

如何进一步提高国内各建材企业对节能降耗减排重要性的认识，引导建材企业积极开展节能降耗减排技改，帮助建材企业解决节能降耗减排技改经费融资困难，研发更多面向建材行业的先进适用的节能降耗减排技术和产品是当前建材行业节能降耗减排工作所遇到的重大挑战。

5.3　智能自动化技术在建材行业节能降耗减排中的应用概述

自动化技术近年来在我国建材行业各企业得到大量应用，各建材企业的相关自动化系统已成为确保其生产过程持续稳定运行的必不可少的关键支撑系统之一，对建材企业实现节能降耗减排发挥了较重要作用。但传统自动化技术和系统在建材企业复杂生产环境下还存在较大的局限性，无法满足我国建材企业进一步实现节能降耗减排的要求。近年来,智能自动化技术得到快速发展,其是在传统自动化技术基础上形成的先进自动化技术,是自动化技术发展的高级阶段,代表了自动化技术的发展方向,主要涉及先进检测、先进控制、智能操作优化、智能故障诊断与预报、MES/EMS、软测量等。智能自动化技术对提高建材企业生产效率、产量和质量,降低能耗/物耗,减少污染物排放,降低生产成本以及工人劳动强度,提高企业整体经济效益和综合竞争力具有关键作用,是建材行业实现节能降耗减排的关键支撑技术,在建材行业大力推广智能自动化技术对促进建材行业进一步实现节能降耗减排具有重大作用。

以下将对智能自动化技术在建材行业的应用现状做简要介绍,考虑到建材行业中的墙体材料、非金属矿物材料等其他子行业的产品类型过于庞杂,加工工艺种类繁多,且上述子行业所应用的智能自动化技术较少,以下仅介绍智能自动化技术在水泥、平板玻璃和建筑卫生陶瓷行业中的应用概况。

5.3.1　智能自动化技术在水泥行业中的应用概况

目前,新型干法水泥生产技术是国内外水泥生产企业的主流生产技术。新型干法水泥生产过程主要包括生料制备、生料粉磨、熟料煅烧、熟料粉磨等工序。总体来说,国内大多数新型干法水泥生产企业普遍采用 PLC/DCS 系统进行生产过程控制。在生料水分/细度/成分、燃料热值/水分/颗粒度、熟料 f-CaO/立升重等工艺参数或指标的离线检测上具有较好水平,对分解炉出口温度、窑速、篦速等一些工艺参数可实现在线检测,但对回转窑烧成带温度、分解炉预分解率、熟料 f-CaO/立升重等关键工艺参数或指标尚未实现在线检测。对喂料量、喂煤量、窑速等若干工艺参数已基本实现基于 PID 策略的闭环控制,但对回转窑烧成带温度、篦冷机料层厚度等仍未实现闭环控制,对燃烧过程的空燃比也未实现根据分解炉和回转窑的火焰燃烧状况进行自动调节。另外,对回转窑烧成带温度、窑速、分解炉出口温度、篦床压力、二次风/三次风风量等关键工艺操作参数的设定值仍主要由操作人员凭经验确定。

国外发达国家的一些水泥企业和国内少数先进的水泥企业将智能自动化技术应用于工艺参数在线检测与闭环控制、关键工艺操作参数设定值优化、软测量、故障诊断和离线模拟等方面,取得了一定成效。以下对智能自动化技术在水泥行业中的应用状况做一简要介绍。

5.3.1.1　生料制备过程

水泥生料制备过程的核心环节是石灰石、砂岩、粉煤灰等水泥原料的配料过程,配料过程质量控制对提高原料利用率,确保生料质量,进而确保生产优质熟料和水泥具有重要作用。国内大多数建材企业在生料制备过程中,普遍采用离线化学滴定法检测生料成分,采用冲板流量计、电子秤等传统计量装置分别对生料流量和重量进行计量,原料配比则由人工确定,自动化程度不高。近年来,为提高配料过程质量控制水平,国内外一些先进的水泥生产企业将智能自动化技术应用于水泥生料制备过程,取得了一定的应用成效。

1) 生料成分在线检测

水泥生料化学成分是衡量水泥生料质量的关键指标之一,其对水泥煅烧过程的能耗/物耗、熟料质量、生产成本、环保等综合生产指标有重要影响。对生料化学成分进行实时检测并据此及时调整水泥原料配比有助于改善水泥煅烧过程的综合生产指标。

目前,国外先进水泥企业已普遍采用美国佳美公司、瑞士 ABB 公司等国外知名自动化公司研发的先进检测装置进行生料成分的在线检测,其中应用较广泛的装置主要有在线 X 射线荧光分析仪、在线伽马射线分析仪、在线近红外光谱分析仪、中子活化仪、在线钙铁分析仪等。我国一些自动化公司也自主研发了在线伽马分析仪、中子活化仪、在线钙铁分析仪等生料成分在线检测装置,但上述装置还未得到较多应用。

2) 生料固体流量检测

水泥生料的原料除水分外,均为固体原料,对固体原料流量的较准确检测是确保生料配料质量控制效果,实现节能降耗减排、提高产品质量的关键。

由于生料固体原料具有易扬尘、不均匀等特性,采用传统固体流量检测装置进行生料固体流量在线检测,其检测精度不高,难以满足水泥生产要求。近年来,德国斯威尔(SWR)公司等国外一些自动化公司研发了微波固体流量计等基于微波原理的新型固体流量检测装置,该类检测装置已在国外水泥企业生料固体流量在线检测中得到较多应用。

3) 生料配料过程控制

目前,国内外水泥企业对生料制备过程的自动控制普遍基于 PLC 和组态软件实现,但国内外在生料配料过程控制水平上差距较大。国内水泥企业在生料配料过程中,普遍采用由操作人员定期对生料成分和水分进行离线检测,并根据生料成分要求对原料配比设定值进行人工调整,而国外部分大型水泥企业采用先进检测仪表对生料成分和水分进行在线检测,并在满足生料成分要求的前提下,以降低生料成本为目标,采用专家系统等智能优化方法,自动对各原料配比设定值进行动态优化,生料成分控制效果较佳。

5.3.1.2　熟料煅烧过程

熟料煅烧是水泥生产过程中的核心环节,其主要涉及预热器、分解炉、回转窑、篦冷机等设备。以下分别对国内外一些先进水泥企业在分解炉、回转窑、篦冷机等熟料煅烧过程相关设备上应用智能自动化技术的情况进行简要介绍。

1）在分解炉上的应用

在新型干法水泥生产线中，碳酸盐的分解过程包括窑外分解和窑内分解，其中，窑外分解需在分解炉内完成，分解炉将经过多级预热器预热的生料在高温悬浮状态下进行充分混合，以完成生料中大部分碳酸盐的分解。目前，应用于分解炉中的智能自动化技术主要包括离线模拟、软测量和智能控制技术等。

（1）离线模拟。

水泥分解炉内物理变化和化学反应复杂，为制定合理工艺指标，实现节能减排，降低实验成本，进而提高企业经济效益，需详尽了解分解炉内气、固、液三相物质传递、热量传递、动量传递和化学反应规律，分析分解炉结构和相关工艺对产品质量、能耗等指标的影响，而离线模拟技术是实现上述目标的有效手段。近年来，计算流体力学（CFD）等离线模拟技术在国内外水泥企业新型干法水泥生产线中的分解炉结构设计和工艺优化中得到一定应用。

（2）预分解率软测量。

分解窑中生料预分解率是分解炉及回转窑优化控制中的一项重要指标。目前，用于测定预分解率的方法均为离线近似方法：如烧失量法、CO_2气体吸收法、CO_2容积增量法等，但上述方法均无法满足分解炉在线优化控制的需求，需借助基于人工智能的软测量技术实现生料预分解率在线测量。近年来，国内外一些先进水泥企业采用支持向量机、神经网络等智能建模方法对生料预分解率进行软测量。

（3）分解炉出口温度智能控制。

在熟料煅烧过程中，碳酸盐能否充分分解对熟料质量有关键影响，而分解炉温度稳定在预定的工艺范围内是实现碳酸盐充分分解的前提和基础。目前，国内外水泥企业对分解炉出口温度的控制大多仍主要依靠人工现场观测火焰，并凭经验调节燃/原料加料量和助燃风风量来实现。近年来，模糊控制、神经网络控制、灰色控制等智能控制方法已在国内外一些水泥企业分解炉出口温度控制上得到应用，取得了较好的控制效果。

2）在回转窑上的应用

熟料煅烧是水泥生产过程中的重要环节，其主要在回转窑中进行。水泥回转窑的运行状况对水泥产品的产量/质量、能耗/物耗、环保等综合生产指标有重要影响，近年来，国内外一些水泥生产企业将智能自动化技术应用于水泥回转窑筒体温度检测、烧成带熟料成分在线检测、回转窑烧成带温度控制、回转窑筒体及关键设备异常工况判断和故障诊断、回转窑离线模拟等，取得了较好的应用效果。

（1）筒体温度检测。

在水泥生产过程中，回转窑筒体温度在一定程度上反映了回转窑的能耗状况。水泥回转窑在高温环境下运行，具有物理变化和化学反应复杂、环境扰动大、温度场分布不均匀且波动较大等特点,同时,回转窑在运行过程中始终处于旋转状态,上述特点使得热电偶等用于静态测温环境的温度检测手段难以有效用于检测回转窑筒体温度,从而影响了回转窑优化控制效果。近年来,美国 Raytek 雷泰公司、法国 HGH 公司等国外自动化公司研发了基于红外检测原理的窑筒体扫描仪等新型温度检测装置,该类装置已在国内外水泥回转窑中得到应用。

(2) 烧成带熟料成分在线检测。

对回转窑烧成带熟料中的氮氧化物,硫化物和游离氧化钙等成分进行在线检测对实现回转窑优化控制具有重要作用,但由于回转窑生产环境恶劣,工况复杂,传统的成分检测技术难以有效应用于回转窑烧成带熟料成分在线检测中。近年来,基于红外热成像和智能图像处理技术的回转窑烧成带熟料成分在线检测技术有了较大发展,意大利波蒂奇(Powitec)公司、瑞士 ABB 公司等国外自动化公司已开发出可用于回转窑烧成带熟料成分在线检测的成套软测量产品,该类产品已广泛应用于国外水泥企业中,在国内水泥企业也得到了一定的应用。

(3) 烧成带温度控制。

水泥回转窑烧成带温度是影响回转窑系统质量、产量和能耗指标的关键因素之一,将回转窑烧成带温度控制在合理范围内是实现回转窑系统优化运行的关键。但由于烧成带温度控制问题具有大时滞、强非线性、不确定、烧成带温度难以实现在线精确测量等特性,常规的 PID 控制策略难以满足烧成带温度控制要求,目前国外已有少数大型水泥企业采用模糊预测控制、RBF 神经网络自适应 PID 控制、专家模糊 PID 自适应控制等智能控制方法对烧成带温度进行控制,国内也有若干先进水泥企业采用无模型控制等控制方法对烧成带温度进行控制,取得了较好的应用效果。

(4) 筒体异常工况判断和故障诊断。

回转窑筒体在长期运行过程中会逐渐变形,引起耐火砖脱落,造成"红窑"。若不及时对其进行处理,筒体钢板会被烧穿,从而引发重大安全事故。因此,回转窑筒体异常工况判断和故障诊断是水泥窑系统安全生产的重要保障。目前国内水泥企业主要通过操作人员人工观察或定期停机检查的方法来进行故障诊断,效率较低,且无法及时反应窑筒体的运行状况。近年来,智能自动化技术在国内外水泥回转窑异常工况判断和故障诊断中得到了一定的应用。

(5) 离线模拟。

对回转窑进行离线模拟可有助于了解窑内的燃烧状况、温度分布、气流速度分布以及氧和可燃成分的浓度分布,进而为回转窑的优化设计提供重要依据。加拿大温哥华过程仿真有限公司采用计算流体力学(CFD)技术开发了水泥回转窑仿真系统,用于对水泥回转窑进行离线模拟。

3）在篦冷机上的应用

篦冷机对水泥熟料进行冷却和输送，为回转窑及分解炉等提供热空气，是熟料烧成系统热回收的主要设备。篦冷机工况的稳定性直接影响其冷却效率、热回收等性能指标，高效、可靠的熟料篦冷机成为确保水泥窑系统生产能力的关键因素。近年来，智能自动化技术在水泥篦冷机中得到了一定的应用，其主要涉及篦床压力控制、冷却工艺离线模拟等。

（1）篦床压力智能控制。

为保证熟料的质量和回收热风量的稳定，篦板上熟料层应保持一定厚度。而篦床料层厚度主要通过调节篦床速度来控制。由于篦冷机系统结构复杂，控制对象具有大滞后、大惯性的特点，传统 PID 控制难以获得理想的控制效果。针对上述问题，国内外一些水泥企业和研究机构，将神经网络、模糊推理、专家系统等技术应用于水泥生产线的篦床压力控制中，篦床压力的波动明显减小，二次风温度提高且波动减小，熟料出窑温度降低，回转窑燃烧更加充分，热回收效率也明显提高。

（2）冷却工艺数值模拟。

近年来，Ansys 和 CFD 等模拟软件已开始应用于水泥篦冷机工艺模拟，以优化篦冷机的结构和运行参数。

5.3.1.3　水泥粉磨过程

水泥粉磨包含生料粉磨和熟料粉磨，其对产品质量、能耗、效率等综合生产指标有重要影响，其中，粉磨过程的耗电量约占水泥生产总电耗的 70%。

近年来，智能自动化技术在水泥粉磨系统中得到了一定的应用，其主要涉及生料细度控制、球磨机负荷/喂料控制以及关键设备故障诊断等。

1）在生料细度控制上的应用

生料粉磨是新型干法水泥生产中的重要环节，生料细度是生料粉磨的重要指标之一，其对后续窑系统的煅烧状况具有重要影响。目前，常采用固定研磨压力，凭经验手动设定选粉机转速的方法来调节生料细度。当生料特性和粉磨工况发生变化，操作人员往往无法及时对选粉机转速进行调节，从而影响生料细度合格率和熟料质量。近年来，国内外一些先进水泥企业采用常规控制和案例推理等智能控制方法相结合的策略，自动调整选粉机转速以实现对生料细度的智能控制。

2）在球磨机上的应用

球磨机是粉磨过程的主要设备，智能自动化技术在球磨机上的应用主要涉及球磨机负荷检测、喂料量控制以及喂料量和选粉机转速的优化设定。

（1）球磨机负荷检测。

球磨机负荷是指磨机中钢球、物料以及水量的总和，是粉磨过程中一个重要参数，直接影响粉磨效果。在实际生产过程中，受一系列扰动和工人操作水平差异等因素的影响,球磨机负荷难以维持在较佳水平,不利于充分发挥球磨机的功效,能否较准确地对球磨机负荷进行检测是实现球磨机优化控制的关键。近年来,基于音频、振动等信号分析的球磨机负荷检测方法在国内外水泥企业球磨机负荷检测中得到一定的应用。

(2) 喂料量控制及喂料量和选粉机转速的优化设定。

球磨机喂料量控制及喂料量和选粉机转速的优化设定对球磨机的运行状况具有重要影响。德国西门子、美国普微林(Pavilion)科技公司等国际知名自动化公司在球磨机喂料量控制、喂料量和选粉机转速优化设定等方面采用了预测控制、专家系统等智能自动化技术,取得了较好的应用效果。

另外,除上述智能自动化技术外,MES、EMS 等智能自动化技术也在国外较多水泥企业和国内少数大型水泥企业得到应用。

5.3.2　智能自动化技术在平板玻璃行业中的应用概况

我国绝大多数平板玻璃企业均应用了 DCS 系统,基本实现了玻璃生产过程中温度、压力、液位、流量等工艺参数的在线监测和闭环控制,但我国平板玻璃企业的自动化水平与国外先进企业相比,仍存在较大差距,从总体上看,智能自动化技术在我国平板玻璃企业的应用还较少。具体表现在如下几个方面。

5.3.2.1　原料配料过程

玻璃原料配料环节直接关系到玻璃产品质量和产量的稳定。目前,国内外平板玻璃行业对原料控制主要体现对配合料组分(含水分)的控制上,配料控制系统大多基于 PLC 和组态软件实现。

除水分外,配合料各组分的控制国内外水平相当,各组分的配料设定值均由操作人员依据化验室离线化验结果按照工艺要求手工给定,各组分的给料分别采用PID、模糊控制等控制策略进行控制,称量设备和给料机构的精度直接决定最终配合料组分的控制精度。

在配合料水分控制上,国内玻璃企业主要在对配合料水分离线检测的基础上,采用人工方式进行配合料水分控制,而国外先进玻璃企业在采用非接触微波式水分仪、中子水分仪、固体水分仪等先进仪器对配合料水分进行在线检测的基础上,对配合料水分进行自动控制,以有效减小配合料水分的波动。

5.3.2.2　玻璃熔窑

玻璃熔窑是平板玻璃生产过程中能耗最高的设备,其能耗占玻璃生产过程总能耗的 70% 以上,玻璃熔窑的运行状况对玻璃企业产量、质量、能耗、物耗、环保、成本等生产指标有重大影响。

目前,国内外平板玻璃企业普遍实现了对熔窑碹顶温度、蓄热室碹顶温度、烟道温度、窑压、液位、燃料/助燃风流量或压力等工艺参数的在线检测,普遍采用传统 PID 控制策略实现了对窑压、液位、燃料/助燃风流量或压力等工艺参数的闭环控制。但国内玻璃企业对玻璃熔窑的温度和燃烧控制仍主要采用开环控制方式,仅由操作人员通过观察火焰情况和碹顶热电偶所测温度,凭经验手动调节各小炉对应的燃料用量和空燃比设定值,以控制各小炉碹顶温度和燃烧状况,个别大型玻璃企业还通过不定期使用手持式烟气分析仪分析烟气成分辅助进行助燃风流量的调节,熔窑碹顶温度和燃烧控制效果不佳。对窑压和液位普遍采用基于传统 PID 策略的闭环控制,窑压和液位等工艺参数波动较大。另外,国内外平板玻璃企业在碹顶温度、窑压、液位等熔窑关键工艺操作参数的设定上还主要依赖于工艺试验和人工经验,设定过程缺乏定量依据,难以综合考虑多类关键影响因素,严重影响了熔窑能耗、玻璃液质量、窑龄等指标。同时,一些玻璃熔窑还配置了鼓泡、电加热等较先进的生产辅助装置,但对鼓泡频率/直径、加热功率等工艺操作参数的调整普遍凭经验进行。

近年来,国内外一些先进的平板玻璃企业将离线模拟、智能控制等智能自动化技术应用于玻璃生产工艺设计和生产过程控制中,取得了一定的应用效果。

1) 玻璃熔窑工艺离线模拟

目前,计算流体力学技术在国内外玻璃熔窑工艺离线模拟中得到一定应用,国外相关公司开发了针对玻璃熔窑模拟的专用软件和 Flutank(由 Microstone Industry Software 开发)、GFM(由 Argonne 实验室开发)等通用软件,在国内外玻璃企业应用后对优化玻璃熔窑结构参数和运行参数,提高玻璃质量,降低能耗产生了较好效果。

2) 玻璃熔窑工艺参数智能控制

熔化部温度控制对提高熔窑生产能力,降低能耗,保证玻璃液质量及其成型质量至关重要。目前,国内多数平板玻璃企业,对玻璃熔窑熔化部温度仍未实现闭环控制,少数企业采用常规 PID 控制策略对熔窑熔化部温度进行闭环控制,但控制效果不佳。近年来模型预测控制[3]等先进优化控制方法开始在玻璃熔窑温度控制中得到应用,并取得了一定的效果,如加拿大安德里兹自动化有限公司[4]开发出自适应预测控制系统脑波(BrainWave),该控制系统成功应用于美国波蒂奇 Cardinal 玻璃实业集团浮法玻璃生产线熔窑熔化部温度控制中,使得熔窑运行更加平稳,次品率大大降低,废碎料减少了 40%。

窑压也是玻璃熔窑中的重要工艺参数之一,其对稳定熔窑运行状态起到重要作用。目前,国内大多数玻璃企业采用传统 PID 控制策略,通过调节烟道闸板来对窑压进行控制。近年来,模糊控制和神经网络控制[5]等智能控制方法在玻璃熔窑窑压控制中开始得到应用,并取得较好效果。

5.3.2.3 锡槽

玻璃液的成型主要在锡槽中完成,锡槽自动化主要涉及玻璃液厚度和板宽控制以及锡槽温度控制,其控制效果的好坏直接影响玻璃带的宽度和厚度,控制效果不佳还可能造成锡斑等成品玻璃缺陷。

目前,国内玻璃企业的锡槽普遍采用 PID 控制策略对锡槽的横向温度和纵向温度及玻璃厚度和板宽进行控制,但电加热功率、拉边机转速、拉引角度、机头压入玻璃带边部的深度等关键工艺操作参数目前仍需由操作人员凭经验设定。

近年来,国内外一些玻璃企业开始使用模糊控制、神经网络控制等智能控制方法实现对锡槽温度的精确控制,并取得了一定成效。

5.3.2.4 退火窑

玻璃退火的目的是消除玻璃带中的残余应力和光学不均匀性,稳定玻璃内部的结构,保证玻璃制品的机械强度、热稳定性、光学均匀性以及其他相关性质。玻璃退火窑也是浮法玻璃生产线中的关键热工设备之一。目前,国内外玻璃企业退火窑普遍实现了基于 PID 策略的退火温度和窑压控制,但在退火窑温度制度等关键工艺操作参数设定上还主要依赖于工艺试验和人工经验。应用于玻璃退火窑的智能自动化技术还较少,主要包括退火窑温度智能控制、故障诊断等。

1)退火窑温度智能控制

近年来,国内外一些大型玻璃企业将模糊自适应 PID 控制、无模型控制等智能控制方法应用于退火窑温度控制,取得了较好的应用效果。

2)退火窑故障诊断

近年来,基于专家系统和案例推理技术的故障诊断系统已在国内外玻璃企业退火窑上得到一定应用,该类系统可帮助操作人员在退火工序发生异常事件或故障时进行在线诊断。

5.3.2.5 冷端

目前,国内外不少玻璃企业的冷端配备了在线应力/厚度检测仪和英国 Pilk-ington 公司、美国 Image Automation 公司、德国西门子公司、LASOR 公司和 In-nomess 公司等国际知名厂商生产的在线缺陷检测仪。在线应力/厚度检测仪可分别对成品玻璃应力、厚度进行在线检测,在线缺陷检测仪则可对成品玻璃的气泡和结石等缺陷进行在线检测,并对玻璃质量进行统计分级。

另外,除上述智能自动化技术外,MES、EMS 等智能自动化技术也在国外较多浮法玻璃企业和国内少数大型浮法玻璃企业得到应用。

5.3.3　智能自动化技术在建筑卫生陶瓷行业中的应用概况

建筑卫生陶瓷生产工艺流程主要包括原料制备、成型、干燥、制釉和煅烧等工序,其中,煅烧工序能耗占生产总能耗 50%以上,干燥工序能耗占 20%～25%。煅烧工序是建筑卫生陶瓷生产过程中的核心工序及耗能最大的工序,也是最具有节能潜力的工序。以下对智能自动化技术在建筑卫生陶瓷行业中的应用概况进行简要介绍。

1) 原料制备过程

建筑卫生陶瓷的原料制备过程能耗主要集中在破碎和球磨系统中的各类破碎机和球磨机等。与水泥粉磨过程类似,智能自动化技术在陶瓷原料制备过程中的应用主要包含原料细度控制、球磨机负荷/喂料控制以及破碎机和球磨机故障诊断等。

2) 成型与干燥过程

在建筑卫生陶瓷生产过程中,注浆成型与干燥也是耗能较多的环节。智能自动化技术在国内成型与干燥过程的应用较少,美国等发达国家的先进陶瓷企业已开发出一些可用于建筑卫生陶瓷成型与干燥过程的智能控制系统,但国内外陶瓷企业在成型与干燥工序成型时间、添加剂添加量、干燥时间等关键工艺操作参数的设定上仍主要依赖于工艺试验和操作人员的经验。

3) 陶瓷煅烧过程

陶瓷煅烧过程中使用最广泛的热工设备是陶瓷窑炉。目前,国内外一些先进陶瓷企业已将智能自动化技术应用于建筑卫生陶瓷窑炉离线模拟和关键工艺参数的闭环控制,但国内外陶瓷企业在陶瓷窑炉温度制度、炉压设定值、辊道传动速度等关键工艺操作参数的设定上仍主要依赖工艺试验和操作人员的经验。

综上所述,近年来,国内外水泥、平板玻璃、建筑卫生陶瓷等建材行业的一些企业在其生产过程工艺参数检测与闭环控制、操作优化、故障诊断和离线模拟等方面应用了智能自动化技术,取得了较好的节能降耗减排效果。以下对智能自动化单元技术和综合技术在水泥、平板玻璃、建筑卫生陶瓷等建材行业中的应用案例进行介绍。

5.4　智能自动化技术在建材行业的应用案例

5.4.1　智能自动化技术在水泥行业中的应用案例

5.4.1.1　智能自动化单元技术在水泥行业中的应用案例

水泥生产系统主要由生料制备系统、水泥窑系统和水泥粉磨系统等组成。其中,水泥窑系统是水泥生产过程的核心环节,其对水泥产量和质量影响最大,同时,水泥窑系统也是水泥生产过程中最大的耗能环节,其能耗约占生产总能耗的70%~80%,因而实现水泥生产过程节能降耗减排的关键在于水泥窑系统的节能降耗减排。

近年来,为降低水泥窑系统能耗,提高水泥熟料生产效率和质量,国内已广泛采用新型干法水泥熟料生产工艺。该类新型生产线主要涉及预热器、分解炉、回转窑、冷却机等多个设备。与传统水泥生产线相比,新型干法水泥生产线的主要特点在于将水泥生料的分解过程集中在预分解系统的分解炉中,减轻了回转窑内的分解压力,提高了生产效率,降低了能耗。但该类生产线水泥窑系统的结构相当复杂,需设定的关键工艺操作参数较多且相互耦合严重,如窑速、分解炉出口温度、回转窑烧成带温度、窑尾温度、篦冷机压力、篦冷机风机转速、二次风风量、三次风风量等;待控制的关键工艺参数也很多,如烧成带温度、分解炉出口温度、篦冷机料层厚度、预热器出口烟气、分解炉出口烟气和窑尾烟气中的 O_2/CO 含量等。要实现上述复杂窑系统中的关键工艺参数的闭环控制和关键工艺操作参数的优化设定具有较大难度,而水泥窑系统智能控制和操作优化软件是解决上述问题的有效工具之一,其在满足相关生产约束的前提下,基于运行指标期望值要求及运行工况和运行指标的实际反馈值,利用先进的智能操作优化方法,优化确定关键工艺操作参数的设定值,利用先进控制/智能控制方法将关键工艺参数稳定在其设定值要求的范围内,以达到稳定窑系统工况,提高产品质量和产量,降低能耗/物耗和生产成本,减少环境污染等生产目标。

水泥粉磨(包括生料粉磨系统、煤粉磨系统和熟料粉磨系统)是水泥生产过程中另一个重要环节,水泥粉磨系统的电耗占整个水泥生产过程总电耗的 2/3,然而,该部分能量仅 2%~20%转化为物料粉碎功,其余能量则损耗在物料颗粒之间及物料颗粒与研磨体之间的摩擦过程以及粉磨系统的机械传动过程中。由于水泥粉磨系统在水泥生产过程整体电耗中比例最大,而且相关设备多,检测手段缺乏,控制和工艺操作水平落后,因此要降低水泥生产中的电耗,关键是在保证水泥质量的前提下,最大限度地降低水泥粉磨系统的电耗。

为解决新型干法水泥生产过程中的上述难题,国内外众多研究机构,自动化公司及水泥生产企业,已开始在水泥生产过程中使用智能自动化技术,并取得了一定应用成效。下面将介绍一些典型应用案例。

1) 水泥窑系统

(1) 智能优化控制(包括控制和操作优化)技术在水泥窑系统上的应用案例。

① 分解炉出口温度控制。

浙江大学针对浙江江山水泥公司一条日产 1000 吨的新型干法水泥生产线,利用线性神经元设计了一种分解炉出口温度智能控制方法[6],该控制方法由参数自学习 PID 控制器、前馈控制器、反馈比例控制器构成。其中,参数自学习 PID 控制器用实际分解炉出口温度与其设定值的偏差、偏差变化率及二次变化率作为线性神经元的输入,通过赫布(Hebb)和代尔塔(Delta)两种学习算法修正线性神经元输入端的权值(即 PID 参数)。由于分解炉炉内温度变化规律可有效反映分解炉生料喂料量的变化规律,且其变化趋势与分解炉出口温度变化趋势相同,但分解炉炉内测温点靠近生料投料口和煤粉入口,因而分解炉炉内温度变化明显超前于分解炉出口温度的变化,超前时间在 1～2 分钟范围内波动。鉴于此,设计了前馈控制器将分解炉炉内温度作为分解炉出口温度的前馈补偿,前馈控制器与参数自学习 PID 控制器并联。反馈比例控制器也与参数自学习 PID 控制器并联,但交替使用,当分解炉出口温度与设定值偏差较大时,采用反馈比例控制,反之则采用自学习 PID 控制,其整体结构如图 5-5 所示。

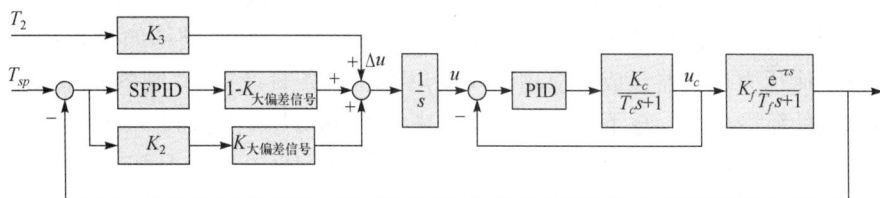

图 5-5　分解炉温度控制结构

该方法已在浙江江山水泥公司分解炉出口温度控制中得到成功应用,其控制效果明显优于传统 PID 控制,且对生产过程工况变化有较强的自适应性,分解炉出口温度波动减小约 50%,喂煤量的人工调整次数也明显减少。

浙江大学还针对新型干法水泥生产线分解炉燃烧过程设计了一种基于灰色模型的预测控制方法,该方法首先通过灰色模型 GM(1,1)实现分解炉出口温度的多步预测,并依此计算预测误差变化率,再将上述多步预测结果作为二维模糊推理控制器的输入,通过 Mamdani 推理方法计算燃料加料量[7]。同时,根据分解炉出口温度误差(实际值与设定值偏差)和误差变化率,通过模糊决策方法自动调整上述控制器中灰色模型预测步长,以进一步改善控制品质。实际应用效果表明,该方法能使分解炉出口温度波动减小,基本维持在 ±10℃ 以内,在燃料使用量维持不变的情况下,分解率由 81.5% 上升至 89.09%,明显降低了单位能耗。与常规模糊控制算法相比,该方法能用较小的计算量实现更高精度的控制效果,且鲁棒性更好。其现场控制效果如图 5-6 所示。

② 篦冷机篦床压力控制。

印度尼西亚水泥与混凝土研究所设计了一种水泥篦冷机篦床压力模糊 PID 控制器[8],该控制器根据实际篦压与其设定值的偏差及偏差变化率调整篦冷机篦速,当进入篦冷机的熟料增多时,篦压增大,应提高篦冷机速度,反之则减小。由于

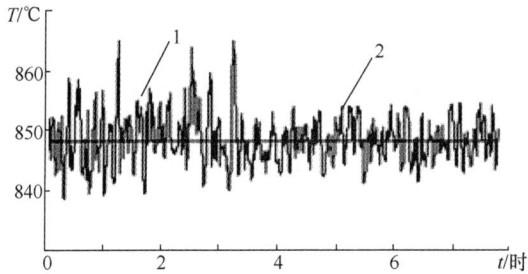

图 5-6　　现场运行中的分解炉温度曲线

1. 基于常规模糊控制方法；2. 基于灰色模型的预测模糊控制方法

篦冷机是一个强非线性控制对象，常规 PID 控制器难以满足其动态特性要求，通过引入模糊推理方法，根据篦冷机压力及其变化率实时调整 PID 参数，以使该控制系统能满足生产过程动态特性要求及适应各种极端工况，其结构如图 5-7 所示。

该篦床压力控制器已成功应用于印度尼西亚一条日产 4600 吨的新型干法水泥生产线的篦冷机上。篦下压力波动从原来的 50mmH$_2$O 降低到 5mmH$_2$O（降低 90%），由于篦厚稳定在设定值上，二次风温度提高到 150℃ 以上且波动减小，说明热回收效率有明显提高；熟料出窑温度从 150℃ 降低到 90℃，反映了回转窑过燃烧现象已明显改善，燃料利用率明显提高。

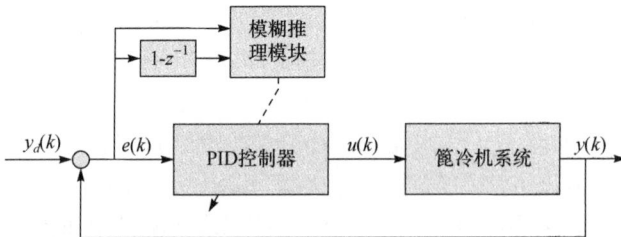

图 5-7　　PID-Fuzzy 控制结构

③ 预分解过程优化控制。

东北大学针对水泥熟料煅烧过程中预分解率难以在线测量，生料边界条件（粒度、成分、流动性）波动频繁等问题，提出了一种智能优化控制方法[9]。该方法包括五个模块，即基于聚类方法和带符号的 ANFIS 方法的生料分解率（RMDR）设定模块、分解炉温度和预热器出口温度预设定模块，基于模糊规则的前馈补偿模块和反馈补偿模块，以及生料分解率软测量模块，其整体结构如图 5-8 所示。

其中，生料分解率优化设定模块根据生料边界条件（氧化铁、氧化铝和氧化硅含量，生料粒度和喂料量，回转窑温度）的波动情况优化计算出生料分解率目标值；分解炉温度和预热器出口温度预设定模块则利用上述模块所获得的生料分解率目

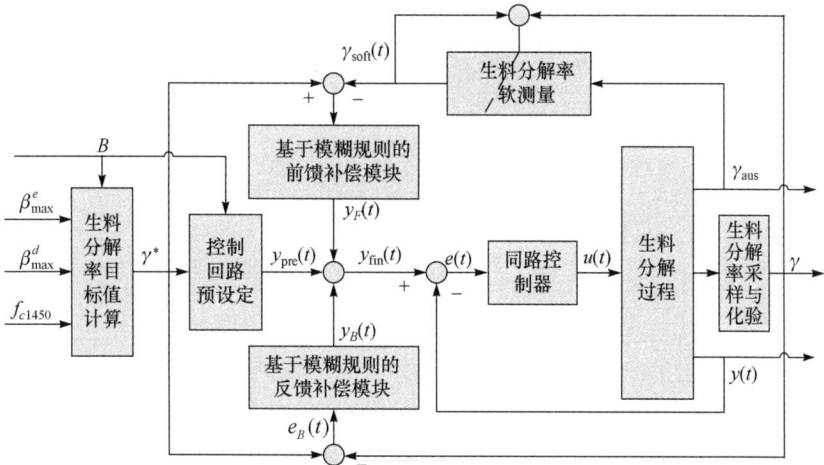

图 5-8　熟料煅烧过程智能优化控制方法整体结构

γ——实际生料分解率；γ_{aus}——生料分解率辅助变量；$\gamma_{soft}(t)$——生料分解率软测量值；

γ^*——生料分解率目标值；$y_{pre}(t)$——回路控制预设定；$y_F(t)y_B(t)$——回路控制前反馈补偿；

B——生料边界条件；f_{c1450}——预分解指标；$\beta^e_{max}(\beta^d_{max})$——易(难)分解阶段 f-CAO 含量上限

标值经由案例推理方法再计算出分解炉温度和预热器出口温度设定值；前馈和反馈补偿模块采用模糊推理方法对该设定值进行前馈和反馈校正；生料分解率软测量模块采用递归限定记忆主元分析和最小二乘支持向量机对生料分解率进行在线软测量，该软测量值作为前馈和反馈补偿模块的输入。该方法已成功应用于酒钢宏达水泥厂，其生料预分解率由 86% 上升至 93%，设备利用率提高 2.55%，产量由 43.68 吨/时增长至 45.83 吨/时。

④ 水泥窑系统联合优化控制。

济南大学设计了一种新型干法水泥生产线智能控制系统[10]，该系统利用 ART-2 神经网络对预热器、分解炉、回转窑和箅冷机等设备的关键工艺参数所表征的整条生产线综合工况进行分类，再对综合工况波动等级进行评定，进而根据不同工况采用不同的控制策略。该系统主要由工况辨识模块和过程控制模块两部分组成，具体方法如下所述。

首先将整条生产线分为引风机、预热器、分解炉、回转窑和箅冷机五个子系统，选择五个子系统中的关键工艺参数来表征整条生产线的综合工况，如表 5-1 所示。

表 5-1　水泥窑系统关键工艺参数

子系统	关键工艺参数
引风机	出口压力、旋转速度
预热器	生料流量、一级旋风筒压力和温度、五级旋风筒压力和温度
分解炉	出口温度、煤粉流量
回转窑	回转窑燃烧带温度、煤粉流量、回转电机电流、旋转速度
篦冷机	篦压、篦速、电除尘器温度

　　利用一种改进的 ART-2 神经网络对相关历史数据进行分析,得到一系列特征工况,再用模糊推理方法对实时数据进行归类,并参考上述特征工况进行工况波动等级评定,然后根据相关操作经验对不同工况采用不同的控制策略。当工况波动较小时,对各个子系统分别采用 PID 控制策略,当工况波动较大时,采用模糊推理控制或预测控制对多个子系统进行协同控制。该方法已在国内若干水泥企业得到成功应用,其平均效果如下:可提高产量 5%,降低电耗 5%,降低煤耗 3%,提高设备效率 1%,同时粉尘和烟气排放量也有所减少。如图 5-9 所示,该方法在一条日产 2500 吨的新型干法水泥生产线上应用后,分解炉出口温度波动在 ±7℃,煤粉消耗量减少了 2.1 千克/吨。

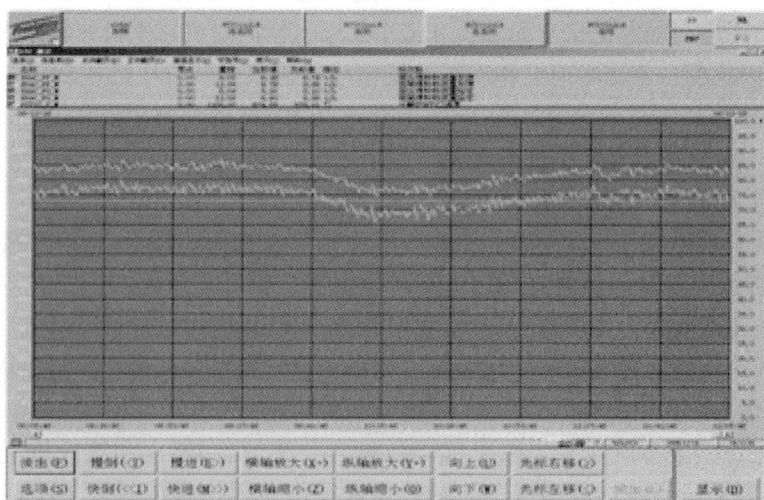

图 5-9　分解炉出口温度波动曲线

　　⑤ 福勒斯密斯集团专家优化控制系统。

　　丹麦福勒史密斯(FLSmidth)集团的 ProcessExpert(PE)专家系统[11]可用于多个行业的复杂生产过程。该系统基于 ECS (Expert Control & Supervision)工业控制平台,能对生产工况进行综合评定,并对生产过程进行实时优化控制。由于不同企业生产过程的约束条件、优化目标和控制目标有所不同,为确保系统具有较好的可推广性和应对各类复杂工况的能力,ProcessExpert 采用分层控制和协调优化相结合的机制实现生产过程的整体优化控制,可根据不同企业的实际需求做模块化定制。其中,上层为可定制的决策模块,该模块集成了福勒史密斯公司近三十年来所积累的水泥窑系统优化专家控制知识库,利用这些专家知识对生产工况进行特征识别,针对典型工况提供多种备选决策方案,并对各种决策方案进行评价和择优;下层为过程控制模块,其集成了模糊逻辑、神经网络、模糊预测控制及统计过程控制等先进控制策略。另外,ProcessExpert 还具有优化目标的优先级管理功能。例如,当分解炉内 CO 含量增大时,PE 将忽略优先级较低的回转窑优化目标(如氧含量),将二、三次风风量急剧调大,以满足预热器出口对烟气成分的要求。

ProcessExpert 已在 150 多个国家和地区各类不同规模的企业得到成功应用,如葡萄牙水泥集团的科英布拉北桑瑟拉斯水泥厂、墨西哥 GCC 集团在美国科罗拉多州的普韦布洛水泥厂、西班牙国际水泥集团的伊雅西水泥厂和越南晃撒奇水泥有限公司等。多年平均应用效果表明,该系统能使产量提高 3%～8%,能耗降低 2%～4%,游离氧化钙波动减少 30% 以上。

(2) 软测量技术在水泥窑系统上的应用案例。

针对水泥熟料生产过程中生料分解率难以在线测量的难题。东北大学将递归限定记忆主元分析法与最小二乘支持向量机(LS-SVM)相结合,以生料粒度、回转窑给煤量、分解炉给煤量、窑头和窑尾温度等 18 个量为辅助变量,间接测量生料分解率[12]。该方法首先通过规则去除异常数据点,再通过递归限定记忆主元分析(RFMPCA)方法对 18 个输入变量进行降维,将所得到的主成分作为最小二乘支持向量机的输入,最小二乘支持向量机的输出即为生料分解率的软测量值,该软测量值可用于指导分解炉温度设定和喂煤量的调整。该方法在酒钢宏达水泥厂得到成功应用,其软测量效果如图 5-10 所示。

图 5-11 为生料分解率软测量值 $y(t)$、分解炉温度设定值 T_{sp}、分解炉温度 $T(t)$ 和给煤量 $u(t)$ 之间对应关系曲线图。由图 5-11 可知,该方法所得的生料分解率软测量值基本反映了生料分解过程的实际运行工况。操作员可根据生料分解率的软测量值设定合适的分解炉温度。上述生料分解率软测量方法应用后,台时平均产能由 43.68 吨/小时提高至 45.83 吨/小时,设备平均运转率提高了 2.55%。

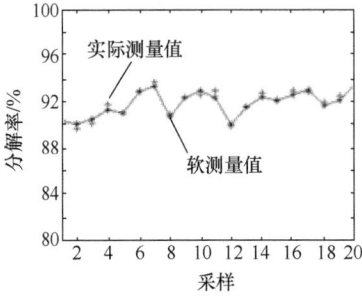

图 5-10　生料分解率软测量值和
　　　　　实测值关系曲线

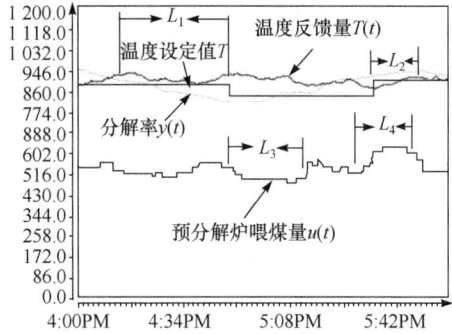

图 5-11　分解炉温度设定值和
　　　　　生料分解率关系曲线

（3）故障诊断和预报技术在水泥窑系统上的应用案例。

① 回转窑煅烧工况在线故障预报。

伊朗沙里夫大学开发了一种回转窑在线故障预报系统[13]，该系统通过局部线性模糊神经网络模型对回转窑系统进行辨识，再利用该模型对回转窑窑头温度进行预报，并据此分析窑系统工况。其中，局部线性模糊神经网络的输入为生料投料率、燃料投料率、回转窑转速、I. D. 风扇转速及二次风压力，输出为窑头温度；为降低系统辨识难度，辨识前先采用李普希兹方法对各输入变量相对窑头温度的时滞进行辨识，再根据时滞和时间常数的不同，对不同输入变量采用不同的采样率，以提高故障预报的准确性，最后利用一种渐进树结构算法（LOLIMOT）对回转窑模型进行训练，得到三个工况模型：一个表征正常工况、一个表征声音异常、一个表征窑皮脱落故障。该故障预报系统在伊朗 Saveh White 水泥公司的应用效果表明：上述三个模型可利用现场数据准确判断回转窑的工况（异常、故障或正常状态），可提前 7～15 分钟对回转窑即将发生的故障进行预报，表 5-2 是三个工况模型实际性能统计情况。

表 5-2　不同预报时间长度下的预报均方误差

时间/分钟	正常工况	声音异常	涂层脱落
1	0.00004	0.00018	0.00018
3	0.00027	0.00049	0.01032
5	0.00092	0.00062	0.03803
7	0.00256	0.00078	0.07997
10	0.00456	—	—
15	0.00974	—	—

　　从表 5-3 可知,正常工况模型的预报精度明显高于其他两种故障工况模型的预报精度,在两种故障工况将要发生时,其对应模型的预报精度也将明显提高。但由于回转窑系统结构复杂,输入输出变量较多,上述基于结构辨识和参数估计的故障预报方法的适应性和可移植性较差。

表 5-3　不同故障预报均方误差

模型 工况	正常工况	声音异常	涂层脱落
正常工况	0.000459	0.430821	0.030940
声音异常	0.003278	0.006542	0.338630
涂层脱落	0.042313	0.012692	0.000116

　　② 回转窑系统机械在线故障诊断。

　　瑞士霍尔希姆水泥公司(Holcim)自主研制的 Sphinx 监控系统(SMS)[14]可用于对回转窑旋转装置进行远程监控和故障诊断,具有数据采集、数据处理和数据显示等功能。Sphinx 监控系统(SMS)基于主从式架构,服务器包含一个存有设备配置信息和设备工况评价规则的数据库及一套原始工况数据处理软件,工作流程如图 5-12 所示。

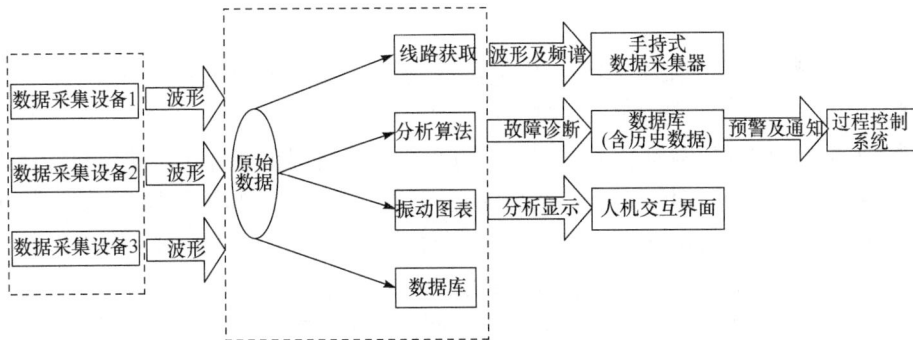

图 5-12　Sphinx 监控系统工作流程

　　首先,SMS 通过数据采集卡采集旋转设备的加速度、扭矩等信息并进行预处理,再利用机理公式计算出振动频谱、转矩波动波形及相位等,最后通过服务器中的设备工况评价规则,对关键设备的轴承缺陷、齿轮缺陷、电机故障、风扇叶片和泵叶片故障等进行预报,采用上述故障诊断系统可有效地避免因旋转装置故障累积而造成的重大安全事故。图 5-13 为其使用效果,振幅图中的黑色脉冲表示设备处于正常工况,灰色脉冲表示振幅超过警戒值;同时,示意图还能标明异常在设备中所处位置,以提示工人进行及时检修。

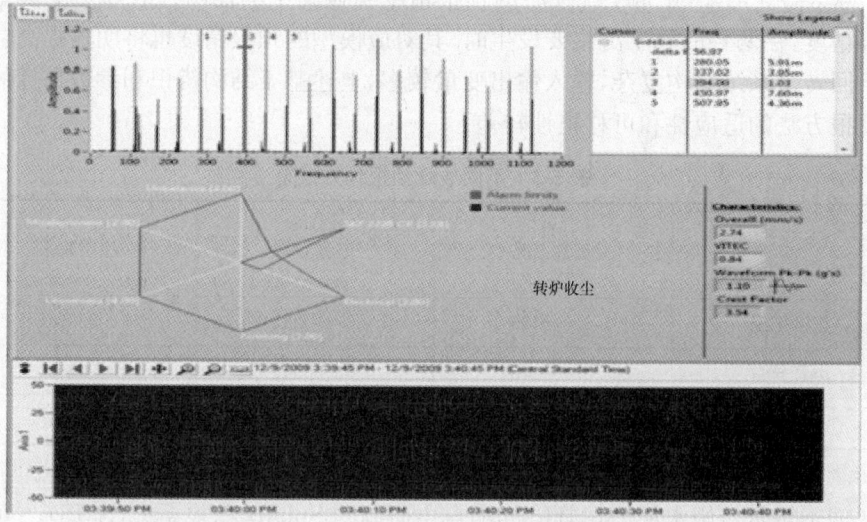

图 5-13　Sphinx 监控系统应用效果

　　该监控系统可根据现场生产经验数据,对设备工况的评价规则进行不间断学习和调整,使评价规则能不断适应工况的变化。然而,该系统在不同设备之间移植时,需要重新积累大量经验数据,通用性较差。

　　2)水泥磨系统

　　智能优化控制(包括控制与操作优化)在水泥磨系统上的应用案例。

　　① 水泥生料细度智能优化控制。

　　中国科学院沈阳自动化研究所和北方重工集团有限公司针对水泥生料细度难以在线测量,无法采用传统控制方法控制的问题,结合专家知识和操作经验,提出了一种基于案例推理的水泥生料细度智能优化控制方法[15]。根据立磨内选粉机转速、通风量、研磨压力等信息,采用案例推理方法自动调整选粉机转速,从而使水泥生料细度满足质量要求。该智能优化控制方法由智能优化设定层和回路控制层组成,其整体结构如图 5-14 所示。

　　智能优化设定层由预设定模块和反馈补偿模块组成,其中预设定模块根据生料细度的目标值和边界条件等,应用案例推理方法给出选粉机转速控制回路的预设定值,反馈补偿模块的作用是采用专家知识对细度实际化验值与目标值之间的偏差进行补偿。回路控制层采用临界比例度 PID 控制方法对选粉机转速进行闭环控制,其中对选粉机进行变频调速。该方法将智能优化与常规控制相结合,充分考虑生产过程的非线性和滞后特性,较好地解决了生料细度的优化控制问题。根据粉磨工况变化和生料细度指标要求,自动调整选粉机转速控制回路设定值,能较好地适应工况的变化和工艺要求,并有利于准确设定控制参数,提高控制精度。该

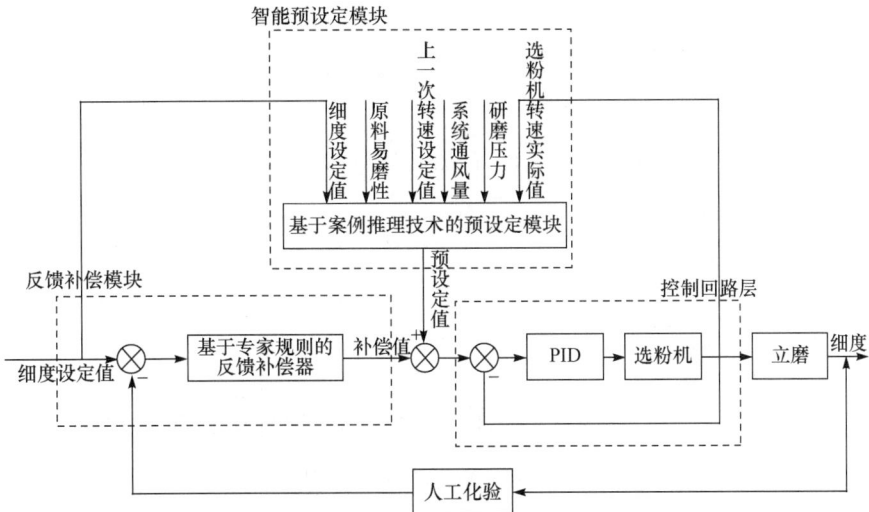

图 5-14　智能控制结构

方法在现场使用后,降低了操作员的劳动强度,生料细度合格率达到 89%,比手动控制方法提高了 11%。

② 西门子磨机专家优化控制系统。

西门子公司研制了一种球磨机专家优化控制系统 MCO[16],该系统综合运用了神经网络软测量和模型预测控制(MPC)技术。其中软测量模块利用选粉机转速、喂料量、涡流调节阀位置,磨内填充水平(包括循环斗提升功率、磨机驱动输出量、一仓和二仓电耳),磨机温度和配料类型等九个工艺参数为辅助变量,并将这些辅助变量作为多层 BP 神经网络的输入,神经网络的输出即为研磨粒度初步预测值;再用离线化验获得的实际研磨粒度对该软测量结果进行修正,得到研磨粒度的最终测量值;模型预测控制模块中嵌入了混合动态模型,同时考虑粗料回粉量和磨系统中各个环节的相互影响,通过调整磨机喂料量和选粉机转速设定值,使研磨粒度和回粉量达到预定要求且实现产量最大化,并能提高设备使用寿命。其结构如图 5-15 所示。

该系统在德国 Rohrdorf 建材集团 Südbayerisches 波特兰水泥有限公司一个产量为 60 吨/时的球磨机上得到成功应用。与使用 MCO 之前相比,产品质量更加稳定,磨机能耗明显降低,总体生产率提高了 5%～8%[17]。

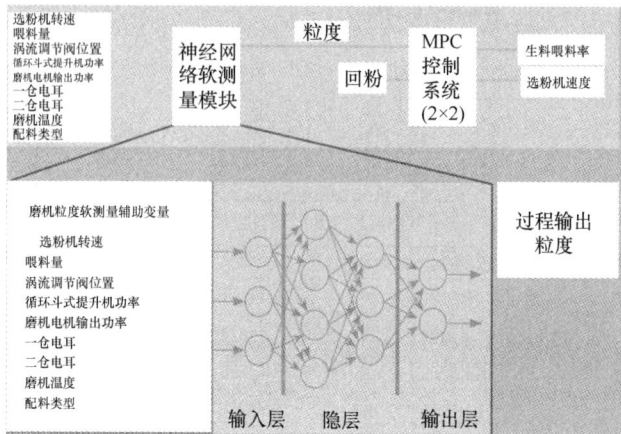

图 5-15　MCO 结构示意图

5.4.1.2　智能自动化综合技术在水泥行业中的应用案例

1) 智能自动化综合技术在水泥窑系统上的应用案例

(1) ABB 公司以专家系统为基本架构的优化控制系统。

国外若干自动化公司为水泥行业设计了成套的综合优化控制系统,如 ABB 公司的 Expert Optimizer(EO)。

EO[18]是以专家系统为基本构架的优化控制系统,它集成了模糊逻辑控制、神经元网络控制、模型预测控制等基于模型的优化控制策略,结合 ABB 公司多年积累的针对水泥行业操作优化经验所形成的专家知识库,可用于水泥窑系统关键工艺操作参数设定值的优化和关键工艺参数的回路控制。用户可根据需要,选择合适的优化控制策略,并逐步建立和完善适合自身生产工况特点的专家知识库。下面以新型干法水泥生产线的窑系统为例,说明采用 EO 如何提高熟料产量和质量、稳定熟料成分、降低能耗/物耗,减少有害气体和其他废弃物的排放量等。

如图 5-16 所示,在实现新型干法水泥生产线闭环控制和实时优化的过程中,需控制的工艺参数有:预热器废气温度、预热器压力、预热器温度、燃料给料速度、生料给料速度、窑力矩、窑尾气体成分、燃烧室温度、冷却机废气温度、熟料温度和冷却机压力等;需优化设定的工艺操作参数有:燃料给料量、生料给料量、风机速度、窑转速、冷却机速度和冷却风速等。

为提高产量,实现节能降耗,窑系统不仅要持续稳定运行,还必须运行在最优或近优工况。为实现上述目标,EO 系统的过程优化功能(Advanced Process Optimization,APO)可充分考虑生产过程的机理和经验知识,将实际系统细分成若干

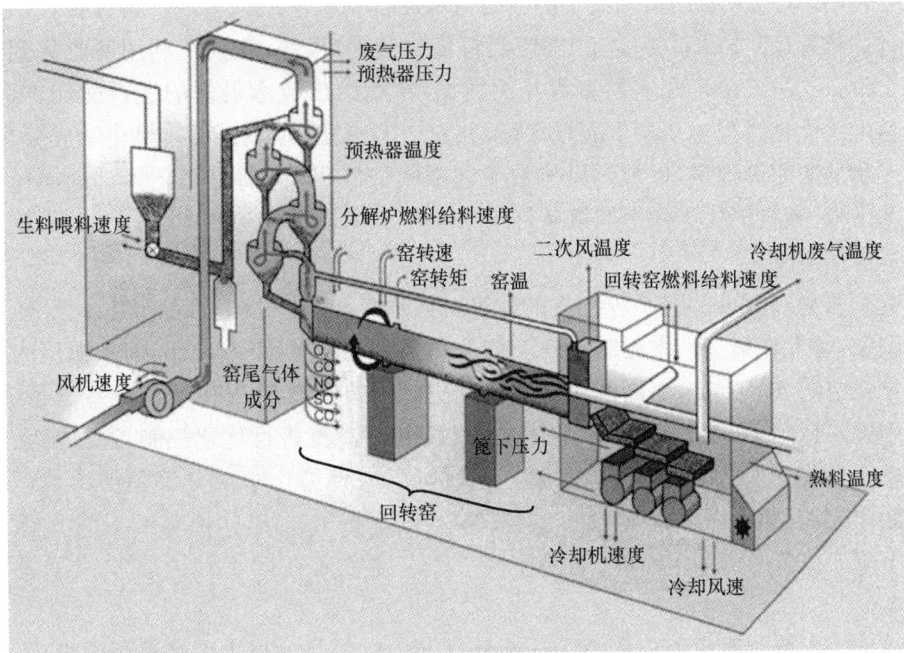

图 5-16　新型干法水泥熟料生产线结构示意图

子过程,通过对各子过程分别进行建模,最终得到整个系统的状态模型。利用该状态模型,可对与能耗/物耗、安全、环保等指标密切相关且难以在线检测的状态变量,如冷却机压力、预热器温度/压力、燃烧室温度等进行实时预报。利用基于模糊逻辑推理、神经网络或 MPC 等技术的实时优化策略,以改善产量、能耗/物耗,安全及环保等指标为优化目标,求取关键工艺操作参数的设定值,并实现对相关工艺参数的闭环控制,进而减小关键工艺参数波动,降低能耗。

　　由于水泥窑系统原/燃料品质波动较大,其反应过程的复杂性及环境扰动的严重性,要使系统稳定运行在最优工况非常困难。EO 系统能在系统运行过程中考虑多种不同类型的约束,并权衡各种约束的优先级的前提下,综合运用多类优化技术,获取工艺操作参数的近优解或满意解。同时,该系统能综合运用专家知识和现场工人的操作经验,调整关键工艺操作参数,减轻异常工况的冲击,提高系统鲁棒性,避免窑系统的致命损害。

　　目前水泥企业的燃料成本约占水泥生产成本的 40%～50%,并且随着燃料价格的上涨,水泥生产成本还将不断上涨,这都促使水泥企业亟须寻求较为廉价的替代燃料以降低生产成本,增加企业市场竞争力。常用的替代燃料包括生物质类、化学危险废物以及其他工业废料。替代燃料虽然价格低廉,但与常规燃料相比,其热值通常较低,且燃烧产物污染严重,因此需要在生产过程中将常规燃料和替代燃料混合使用。EO 系统的另一大功能就是对水泥窑系统所用的常规燃料和替代燃料进行优化管理。EO 系统设有"替代燃料优化管理"模块,该模块利用所收集到的关于设备、生产、市场和实验室等相关数据,在线给出成本最低的燃料配比方案。燃料配比优化过程主要基于能量平衡,并充分考虑化学需氧量、熟料化学成分、可挥发物的浓缩等因素,以及污染排放工艺限制(SO_2,NO_x 等)、工艺允许的操作参数上下限、燃料消耗上限等约束条件。

应用情况:

豪西蒙(Holcim)是世界领先的建筑材料制造集团公司,遍布全球五大洲逾 50 个国家,是世界第二大水泥制造商。该公司在意大利北部 Ternate 的水泥厂为实现更稳定的产品质量,更高的生产效率和更好的节能效果,安装了 EO 专家系统,其中的 APO 模块对水泥窑系统中的回转窑和篦冷机进行优化控制,通过窑系统数学模型优化窑内温度分布、窑放热、窑排放量、熟料化学成分等关键参数。使用效果表明,生产过程稳定性有效提高,生产率提升了 8%,熟料 C_3S 含量标准差下降 40%,游离氧化钙标准差下降 25%,该企业在四个月内就收回了投资成本[19]。

巴西沃特兰亭水泥公司(Votorantim Cimentos)是世界十大水泥企业之一,也是巴西水泥行业的领军企业,有 40 多个水泥品牌,旗下 40 余个子公司遍布巴西。该公司位于伊塔乌(Itau)和萨尔托(Salto)的子公司于 2008 年引进 Expert Optimizer 6.0,通过采用其中的替代燃料优化管理模块进行燃料配比优化,该公司增加替代燃料使用率 5%～20%,降低燃料消耗 5%～20%,减少废气排放量 5%～20%。

(2) 圣安东尼奥 Captial 水泥公司智能预测优化控制系统。

位于美国得克萨斯州圣安东尼奥的 Captial 水泥公司是 Captial 集团下 Zachry 建筑公司的子公司。2004 年以前,该公司在其一条新型干法水泥生产线的熟料磨上已采用 MPC 技术并取得很好效果。为进一步提高产品质量和产量,降低成本和能耗物耗,减少环境污染,2004 年 6 月,该公司决定在上述整条生产线安装智能预测优化控制系统。

该生产线包括塔式预分解炉、回转窑、篦冷机及生/熟料磨等。其中四层塔式预分解炉,以煤粉和石油焦为主燃料;回转窑燃料也以煤粉和石油焦为主,同时使用废弃轮胎;烧成带安装了一个热成像仪,但仅用于观察燃烧状况,其信号未接入控制系统;篦冷机循环风扇以使热回收效率最大的恒定速度运行;游离氧化钙的含量每 4 小时通过人工方式采集一次。

该生产线上安装的优化控制系统采用模块化设计思想,并同时考虑预分解炉、回转窑、篦冷机的多变量耦合特点。整个优化控制系统分为预分解窑模型预测控

(MPC)制器、篦冷机 MPC 控制器、分解炉氧气信号分析与滤波模块、氮氧化物信号分析与滤波模块及回转窑游离氧化钙含量校正模块,其整体结构如图 5-17所示。

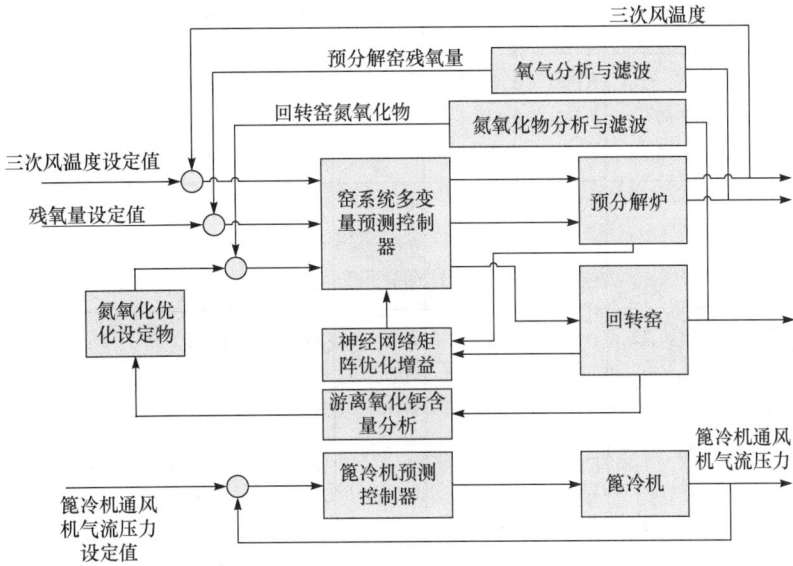

图 5-17　MPC 控制系统整体结构

① 预分解窑 MPC 控制器。

预分解窑控制器是一个多变量 MPC 控制器,其功能包括:通过控制塔式预分解炉第四级温度以稳定炉内煅烧工况;控制分解炉出口残氧量以降低能量损失;控制回转窑头氮氧化物含量,使烧成带温度达到最佳设定值;通过温度变化趋势预测回转窑内游离氧化钙含量并据此优化设定回转窑内温度以确保熟料质量。该控制器还配备了三个异常工况分析模块,分别用于分析和校验残氧量信号、氮氧化物含量信号和游离氧化钙含量信号。另外,游离氧化钙预测值可根据实验室化验结果进行校正。预分解炉温度和残氧量设定值由人工经验给出,回转窑氮氧化物含量由操作优化模块根据游离氧化钙预测值及当前工况优化设定。

预分解窑 MPC 控制器的控制矩阵如表 5-4 所示,其中包括 9 个被控量(CV),4 个控制量(MV)以及一个扰动变量。该控制器所使用的模型均为一阶线性模型,以便于利用现场数据对模型进行实时校正,提高模型动态适应性。

表 5-4　预分解窑 MPC 控制器控制矩阵

新型干法回转窑控制矩阵	分解炉四级出口温度(CV)	分解炉氧含量(CV)	回转窑氮氧化物含量(CV)	分解炉CO含量(CV)	回转窑CO含量(CV)	分解炉1级A区温度(CV)	分解炉1级B区温度(CV)	肘型管压力(CV)	游离氧化钙含量(CV)
分解炉喂煤量(MV)	K:51.65 θ:60 τ:324.6	K:−1.4 θ:60 τ:90	K:863 θ:540 τ:360	K:0.1 θ:0 τ:5		K:18.5 θ:180 τ:156	K:18.5 θ:180 τ:156		Indirect Model
回转窑喂煤量(MV)	K:63.5 θ:0 τ:138		K:3193 θ:60 τ:900		K:0.1 θ:0 τ:5	K:43 θ:90 τ:90	K:43 θ:90 τ:90		Indirect Model
引风机风扇转速(MV)	K:1.7 θ:180 τ:300	K:0.12 θ:60 τ:180		K:−0.03 θ:60 τ:180	K:−0.03 θ:60 τ:180	K:4 θ:180 τ:180	K:4 θ:180 τ:180	K:−0.1 θ:30 τ:90	
回转窑转速(MV)	K:−58.77 θ:180 τ:48	K:−1.85 θ:180 τ:225	K:−2316 θ:180 τ:180			K:−145 θ:150 τ:216	K:−145 θ:150 τ:216		Indirect Model
辊压机压力(MV)		K:−0.375 θ:30 τ:120				K:−12 θ:180 τ:180	K:−12 θ:180 τ:180	K:0.22 θ:0 τ:30	

注:K 为模型增益,θ 为死区,τ 为时间常数

② 箅冷机 MPC 控制器。

箅冷机控制器是一个单变量 MPC 控制器,通过控制箅冷机风扇转速以调整箅床厚度(反映为箅床压力)。该控制器采用单变量一阶模型,模型增益根据箅冷机排气流速单位变化量所引起的箅床压力增量进行实时调整。

③ 分解炉氧气信号分析与滤波模块。

由于分解炉工作在高温高粉尘环境,其内部的氧气探头每隔 10 分钟必须用高压气流清扫一次。清扫过程中,由于气流很大,探头测得氧气含量较平时测量值要高出好几个百分点,且清扫过程须持续约 1 分钟。分解炉氧气信号分析与滤波模块实时监测氧气含量变化率及变化幅度,当这两个指标达到预定阈值且信号波动因设备清扫引起时,则保持最近的正常氧气监测值,直到实际监测值恢复正常;当上述两个指标达到预定阈值而非清扫操作引起,且未来 1~2 分钟后未能恢复正常时,则给出报警信号,其滤波示意图如图 5-18 所示。

④ 氮氧化物分析信号滤波模块。

回转窑中氮氧化物探头同样工作在高温高粉尘环境下,每天必须人工取出进

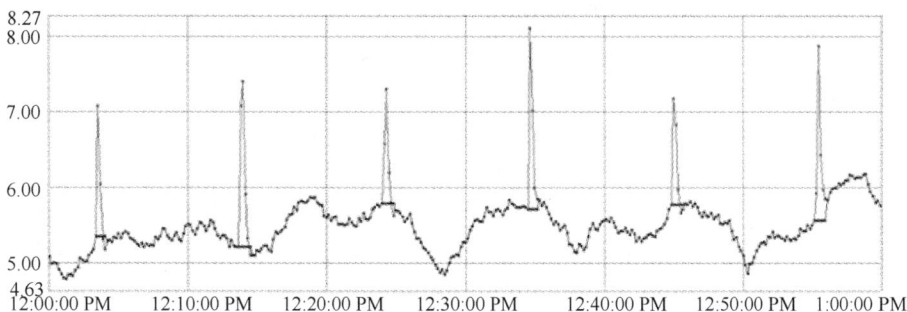

图 5-18 预分解窑氧气信号分析及滤波效果

行清洗,清洗时间 10 分钟左右,清洗期间窑内氮氧化物含量检测信号消失。氮氧化物信号分析与滤波模块在保持最近的正常测量值的基础上,通过内部模型预测近十分钟的氮氧化物含量用于修正清洗期间缺失的信号。该模块兼有故障分析和预报的功能,其滤波效果如图 5-19 所示。

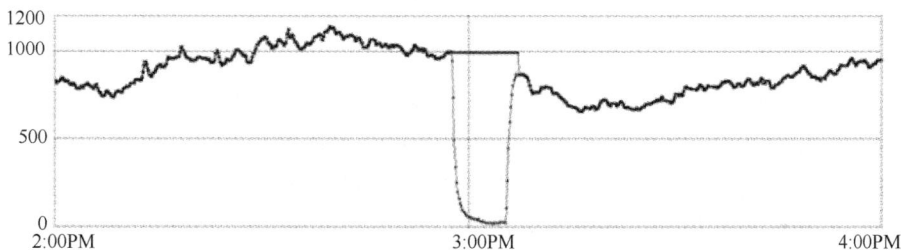

图 5-19 回转窑氮氧化物信号分析及滤波效果

⑤ 游离氧化钙含量校正模块。

目前,回转窑游离氧化钙还难以做到实时检测,本模块通过建立窑内游离氧化钙含量与氮氧化物含量的对应关系模型,再根据熟料质量指标要求,利用该关系模型优化回转窑 MPC 控制器中氮氧化物含量设定值。实际运行过程中,每隔 4 小时对熟料进行抽样检测,离线化验游离氧化钙含量,游离氧化钙含量校正模块利用离线化验结果对上述关系模型进行校正,以确保回转窑游离氧化钙含量的预测精度。

上述智能优化控制系统从 2004 年 2 月开始在 Captial 水泥公司新型干法水泥生产线上投入运行,经过近六个月的试运行(2004 年 2 月中旬到 2004 年 7 月底),取得如下应用效果:

① 平均喂料量增长 2.5%;

② 窑系统出口氧气含量减少 0.58%,标准差减少 41%;

③ 氮氧化物含量减少 8%,标准差减少 42%;

④ 预分解炉三次风温度平均提高 7%(72 ℉),标准差减少 33%;

⑤ 游离氧化钙平均含量提高 14%,标准差减少 36%;

⑥ 控制系统正常运行时间提高 89%。

2) 智能自动化综合技术在水泥磨系统上的应用案例

近几年,随着我国新型干法水泥生产线装备水平和生产工艺水平的不断提高,国内一些大型骨干水泥企业在工艺和设备方面已经达到国际先进水平。但我国在水泥粉磨生产系统的能耗(电耗)、产量和质量方面与国外先进水平还存在较大差距。表 5-5 为国内外水泥粉磨系统吨水泥电耗情况对比,可看出国内先进水平和国内平均水平均分别与国际先进水平和国际平均水平有较大差距,因此我国水泥生产企业粉磨系统的节能潜力还很大,对水泥粉磨系统进行节能改造必能带来较大经济效益。以一个 150 吨/时的水泥粉磨生产线为例,经过节能改造后吨水泥电耗平均降低 1 千瓦时,每年就可节省电费近百万元[20]。

表 5-5　国内外水泥粉磨系统吨水泥电耗情况

水泥粉磨系统	国际先进	国内先进	国际平均	国内平均
吨水泥电耗/(千瓦时/吨)	29	33	34	39

图 5-20 为由球磨机和选粉机组成的圈流粉磨工艺示意图,其中球磨机是主要的粉磨设备也是主要耗能设备。选粉机将从球磨机产出的物料分为两部分,一部分细粉直接成为水泥成品,另一部分未达要求的粗粉会重新回到球磨机中研磨[21]。水泥粉磨系统的复杂性主要包括:

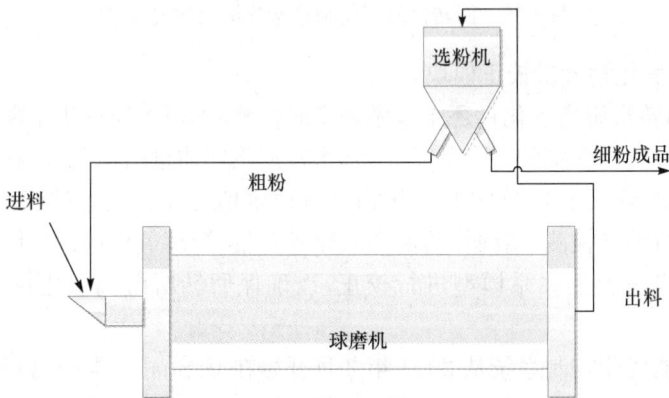

图 5-20　圈流粉磨工艺示意图

(1) 生产工艺复杂,设备众多,如预粉磨系统的主要设备包括辊压机、球磨机、选粉机、收尘器等,只有各个设备协调运行在最优状态下才能保证产量和质量;

（2）生产过程中操作参数数量多，如系统喂料量、循环风机转速、选粉机转速等，且相互耦合严重，目前凭操作人员经验人工进行设定，缺乏理论依据，需进行协同优化设定；

（3）缺乏针对影响生产的关键参数的检测方法，如球磨机负荷、物料粒度等。

因此，对粉磨系统进行优化控制，采用优化方法确定与能耗、产量、质量等运行指标相关的工艺操作参数，对稳定工况，提高粉磨产品的质量，降低粉磨电耗都具有重要意义。

（4）水泥粉磨系统优化控制技术。

西安交通大学、西安桑瑞自动化有限责任公司和郑州金龙水泥股份有限公司在 2005 年成功完成了"磨机负荷优化控制共性技术的研究与开发应用"项目，并研制了一套磨机负荷优化控制系统[22]。

欲对磨机进行负荷控制，首先要准确获取磨机物料量，填充率等信息，但由于检测方法落后或工艺条件限制，这些信息均难以准确测量[23]。该项目首先设计了一种智能型磨音传感与变送器，其通过频谱分析技术，提取磨机噪音信号特征频段信息，并据此实时计算磨机内部料位，为实现磨机负荷制奠定了基础。

在磨机料位信息可实时软测量后，该项目采用参数自调整的模糊控制算法，设计了一种 Fuzzy-PID 双层控制方法，该方法特别适合于磨机系统的大惯性、纯滞后、动态特性复杂及参数时变等特点[24]。其中的自寻优模块对磨机的最佳料位进行在线自动寻优，给出磨机最佳料位设定值；Fuzzy-PID 控制器第一层根据磨音传感变送器测得的磨机料位信号和料位设定值的偏差，计算出打散分级机的转速设定值；其第二层根据恒速秤实际测得的混合细料流量，以及粉煤灰和混合细料的配比得到输送粉煤灰调速皮带秤的设定值。该控制策略使系统具有很好的静、动态性能，较好地解决了粉磨系统控制中的关键难题之一——磨机负荷不易控制或控制效果不佳的难题。

最后，针对磨机具体工况，该项目将控制系统硬件结构模块化、软件功能化，以便于现场安装及在各类工况下大面积推广，而且提高了系统可靠性、可维护性和可扩展性。该系统已分别在陕西、辽宁、河南、山西、新疆等十余个省市的发电厂、水泥厂推广应用。应用该系统可降低磨机钢球及衬板消耗约 20%，增加磨机效率15%～20%，降低磨机电耗 10%～15%。实际应用后已产生了近 1.4 亿元的经济效益。

5.4.2　智能自动化技术在平板玻璃生产过程中的应用案例

玻璃熔窑、锡槽、退火窑是平板玻璃生产过程中的三大高耗能热工设备，也是影响平板玻璃质量的关键设备，其中，玻璃熔窑是对玻璃制品的产量和质量影响最大的关键设备，也是玻璃生产线中能耗最高的设备，其能耗占玻璃生产线总能耗的

70%以上,而玻璃熔窑消耗的燃料成本约占玻璃生产总成本的 35%～50%,以一条 700 吨/天烧天然气的浮法玻璃生产线为例,玻璃熔窑每年消耗的燃料成本超过 1.2 亿元。此外,玻璃生产线排放的污染物也主要来自于熔窑。以能耗指标为例,我国自行设计的大部分浮法玻璃熔窑玻璃液单耗为 6300～7500 千焦/千克玻璃液,而国外大型浮法玻璃企业仅为 5800 千焦/千克玻璃液左右。近年来,为降低玻璃熔窑的能耗,提高玻璃生产效率和质量,越来越多的玻璃生产企业采用大型浮法玻璃熔窑,并引入蓄热燃烧技术,提高生产效率,降低能耗。由于大型浮法玻璃熔窑组成部分多,需设定的关键工艺操作参数多且相互耦合,如各小炉碹顶温度制度等,且待控制的关键工艺参数多,如各小炉碹顶温度和气氛、窑压和液位等,必须对浮法玻璃熔窑进行全流程优化控制,才能达到提高产品质量和产量,降低能耗/物耗等生产目标。

锡槽也是浮法玻璃生产的关键热工设备之一,在合理的锡槽结构和尺寸的条件下,制定正确的热工制度将对浮法玻璃的质量产生很大的影响。锡槽的热工制度是根据玻璃在锡槽中浮抛工艺要求来确定的,它与玻璃带在锡槽中的传热状态有关。合理的热工制度可通过必要的加热和冷却措施来实现,因此要维持合理的热工制度,需对锡槽温度进行控制。

玻璃退火的目的是消除玻璃带中的残余应力和光学不均匀性,稳定玻璃内部的结构,保证玻璃制品的机械强度、热稳定性、光学均匀性以及其他各种性质[25]。退火窑主要任务是建立一个匀热和满足玻璃结构调整需要的均匀温度场,保证玻璃带在退火窑内各区的降温速率,减少玻璃各部分间的结构差异,形成一个受控的冷却过程,即满足退火工艺制度的要求。如果退火炉运行状态不好,会导致玻璃在退火窑内炸裂,直接影响玻璃的产量和质量,严重时还可能引起停产。

上述三大热工设备的优化控制问题均具有非线性、强耦合、大时滞、不确定、难以建立过程精确机理模型、若干关键工艺参数难以在线检测等复杂性,基于 PID 的传统闭环控制方法和基于精确机理模型的传统优化方法很难有效应用于上述高耗能设备的优化控制中。近年来,国内外一些玻璃企业开始采用模糊控制、神经网络控制等智能控制方法对玻璃熔窑、锡槽、退火窑进行控制,并取得了一定成效。以下对智能自动化技术在平板玻璃行业中的应用案例进行介绍。

5.4.2.1　智能自动化单元技术在平板玻璃行业中的应用案例

1) 智能优化控制技术在平板玻璃行业中的应用案例

(1) 玻璃熔窑窑压和温度协同控制。

西安交通大学针对浮法玻璃熔窑换向过程中窑压和碹顶温度波动较大的问题,设计了一种 PID 控制与模糊神经网络控制(FNNC)相结合的玻璃熔窑控制方法[5],整体结构如图 5-21 所示,其中,采用两个 PID 控制器分别控制玻璃熔窑的碹顶温度和窑压,每个 PID 控制器并行配置一个模糊神经网络控制(FNNC)器,用于在玻璃熔窑换向过程中,根据玻璃熔窑碹顶温度和窑压的波动量计算每个 PID 控制器的修正系数,将每个修正系数与相应的 PID 控制器输出相乘,其值分别作为换向期间碹顶温度和窑压的控制量。采用上述混合神经网络控制器可减小换向过程中碹顶温度和窑压的波动。

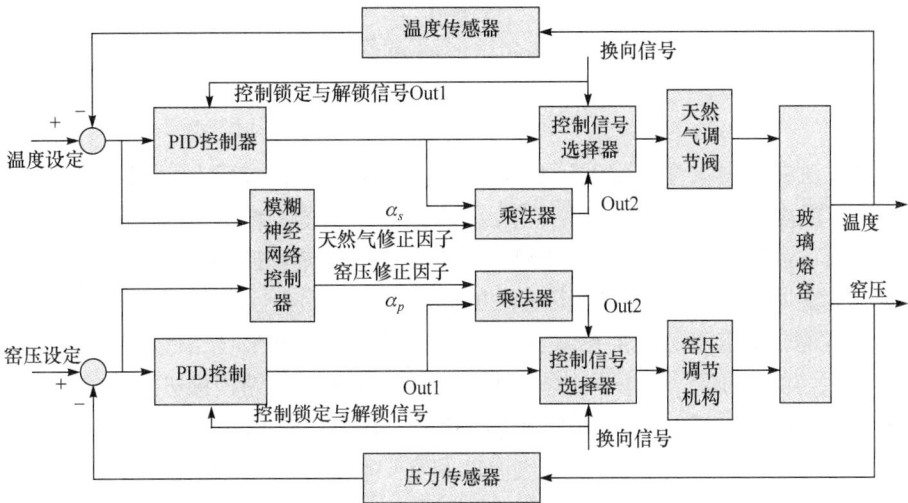

图 5-21　混合模糊神经网络控制器

如图 5-21,在非换向期间,模糊神经网络控制器被锁定,控制信号选择器选择 OUT1 作为执行机构的控制信号。而在换向期间,PID 控制器被锁定,控制信号选择器选择 OUT2 作为执行机构的控制信号,其中,FNNC 基于窑压和碹顶温度分别与其设定值的偏差、天然气和助燃风流量等信息计算碹顶温度和窑压控制量的最佳修正系数 α_s, α_p。现场应用效果表明,该控制方法能使熔窑换向期间碹顶温度温降幅度从 30℃降至 14.5℃,窑压波动从 ±10 帕降至 ±2.5 帕,从而稳定了燃烧环境,保证了产量和质量,有效降低了产品单位能耗。

(2) 玻璃熔窑碹顶温度控制。

中国科技大学自动化系设计了一种阶梯式广义预测控制(GPC)器,用于玻璃熔窑碹顶温度的回路控制[3]。其中阶梯式 GPC 控制器作为主回路控制器,以克服燃料热值波动对碹顶温度的影响,PID 调节器作为副回路控制器,以稳定小炉燃料流量。该控制器为考虑不同小炉碹顶温度之间的耦合,如 3♯温度受到 1♯和 4♯温度的影响,在系统中引入 1♯和 4♯温度作为前馈,其控制框图如图 5-22 所示,其他各小炉碹顶温度控制器设计与此类似,即在各自的控制器中将影响本小炉碹顶温度的其他小炉碹顶温度作为前馈信号,以达到解耦的目的。

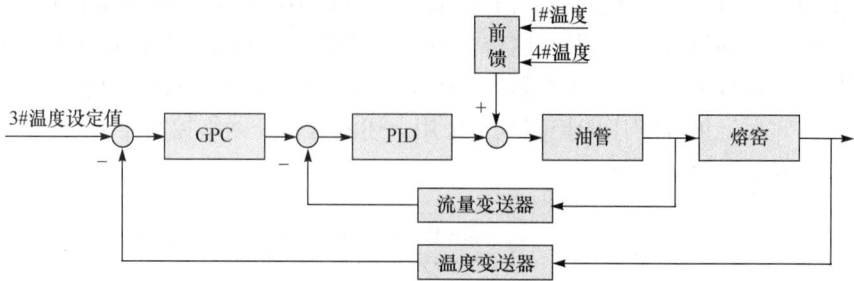

图 5-22　碹顶温度串级控制

　　该方法在国内某浮法玻璃厂日产量为 400 吨的玻璃熔窑上应用后,碹顶的 5 个测温点温度更稳定,特别是对工艺上要求最为严格的 1♯、5♯、7♯测温点,在熔窑换向结束后的平稳阶段中,碹顶温度与设定值的偏差可控制在±1℃以内。

　　2) 软测量技术在平板玻璃行业中的应用案例

　　为实现玻璃熔窑的气氛控制,即利用最少的煤气量和最佳空燃配比,获得最高的炉温,铁道科学研究院电子计算技术研究所利用多层前馈模糊进化神经网络,设计了一种玻璃窑炉废气氧含量软测量方法[26]。该方法选择熔窑输入助燃风流量、煤气压力、煤气温度、窑炉温度、废气温度和窑炉压力作为辅助变量,预测废气中氧含量,其基本结构如图 5-23 所示。

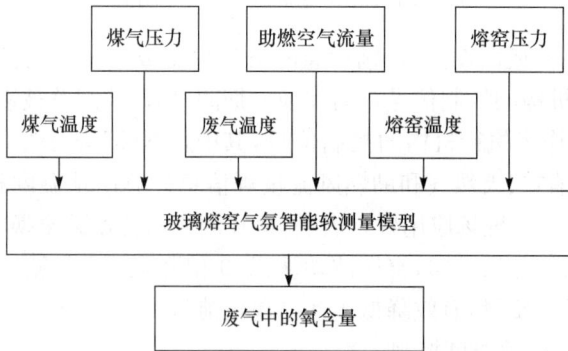

图 5-23　玻璃熔窑气氛智能软测量模型

　　通过便携式氧含量分析仪采集训练数据,利用模糊进化学习算法对神经网络模型进行离线训练,并根据现场运行数据对其进行定时修正。在实际应用中,根据实时软测量结果,利用单回路 PID 或模糊控制器即可实现空燃比的控制,该含氧量软测量方法的测量精度约为 0.4%,基于该方法的气氛控制精度为 0.5%,可有效满足生产工艺要求,实现了对玻璃熔窑气氛的控制。

3) 故障诊断技术在平板玻璃行业中的应用案例

为保证浮法玻璃成品质量,避免盲目实验和玻璃熔窑故障积累对企业造成重大损失,燕山大学亚温材料制备技术与科学国家重点实验室自行设计了一套浮法玻璃熔窑故障诊断方法[27]。该方法通过对成品玻璃端面条纹图像进行分析,推测熔窑中存在的故障类型及具体位置。其实施步骤如下:①利用自行研制的浮法玻璃条纹图像分析仪检测成品玻璃透射光程差,并将其转换成端面条纹图像;②采用树脂模拟方法分析玻璃端面条纹形成机理,建立端面条纹图像与故障类型及位置的对应关系;③通过对待检成品玻璃端面纹理图像进行分析,根据上述对应关系反推出玻璃熔窑潜在故障类型和位置,并给出相关工艺参数的调整方向。

该方法利用 ANSYS 软件中的 FLOTRAN 模块对玻璃液在熔窑中的流动情况进行数值模拟,其结果表明玻璃液在熔窑中流动存在三个循环,分别对应熔窑出口处的三层玻璃液,如图 5-24 所示,成品玻璃上层玻璃液来自熔窑内的循环 I、中层玻璃液来自循环 II、下层玻璃液来自循环 III。循环 I 的玻璃液由熔化部中的坯料熔化而成,其玻璃质量一般;循环 II 的玻璃液是陈旧玻璃液在熔化部的热点附近和工作部间交替流动,从而充分均化而成,其形成的成品玻璃端面条纹缺陷最少;循环 III 的玻璃液是工作部中新旧玻璃液的混合体,该部分循环过程复杂,其形成的成品玻璃缺陷最多。通过对国内一条浮法玻璃生产线 7 年时间的连续跟踪,验证了玻璃端面条纹与熔窑工况变化之间所遵循的特征规律。根据所积累的特征数据建立了端面条纹图像与熔窑故障类型及部位的对应关系。在充分挖掘熔窑内玻璃液流动规律和上述对应关系后,可用自行研制的端面条纹分析仪对成品玻璃条纹图像进行分析,并根据分析结果查找出产生不均匀玻璃液的熔窑部位和相关原因,进而及时处理。

该方法可分析和检测的玻璃品种广泛,并能实时获取成品玻璃所经历的热历程信息,对生产过程控制指导意义较大。该方法已在全球 12 家企业 29 条生产线上得到成功应用,与国外同类产品相比,具有功能多、适应性强等特点,对提高玻璃成品质量、降低熔窑能耗具有重要作用。

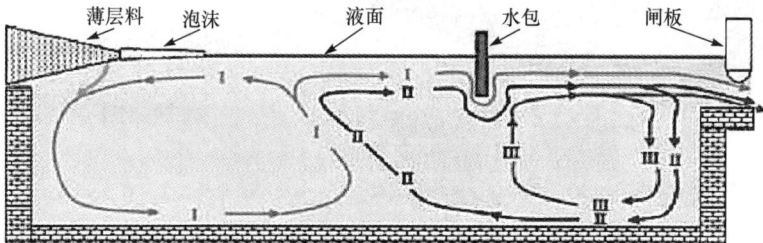

图 5-24　熔窑内玻璃液的流动流向示意图

5.4.2.2　智能自动化综合技术在平板玻璃行业中的应用案例

1) GS 公司的熔窑优化控制系统

捷克的玻璃服务(Glass Service,GS)公司在玻璃窑炉建模和优化技术方面具有领先地位。该公司在全球的子公司和研究团体有 70 多个,均专门从事玻璃行业的技术服务。该公司将所研发的 ES III™ 系统应用于大型玻璃熔窑系统中,取得了较好的应用效果。

1996 年 ES II 在美国一家浮法玻璃生产线上安装运行。在 ES II 基础上发展起来的 ES III™ 是目前世界上一个著名的玻璃熔窑优化控制系统[28]。

ES III™ 是一款针对所有类型玻璃窑炉的优化控制系统。该系统集成了 MPC、模糊逻辑、神经网络和专家知识系统等高级优化控制技术,旨在实现对整个玻璃熔窑生产过程进行优化控制,稳定炉温,降低能耗,提高产品质量,缩短生产周期,提高窑炉寿命。该系统对多种测量误差和原/燃料燃料特性波动具有一定的鲁棒性。该系统还特别注重故障预报和窑炉安全问题,采用了数据冗余、性能评估、内置故障检测和报警功能,给操作者留有最高操作权限以保证炉窑安全运行。ES III™ 运行在 Windows XP 系统上,硬件投入只需要 Pentium 以上的个人微机和相应的网络连接。其基本结构如图 5-25 所示。2005 年美国 Gurdian 工业集团在其西班牙的玻璃企业中安装使用了该系统。

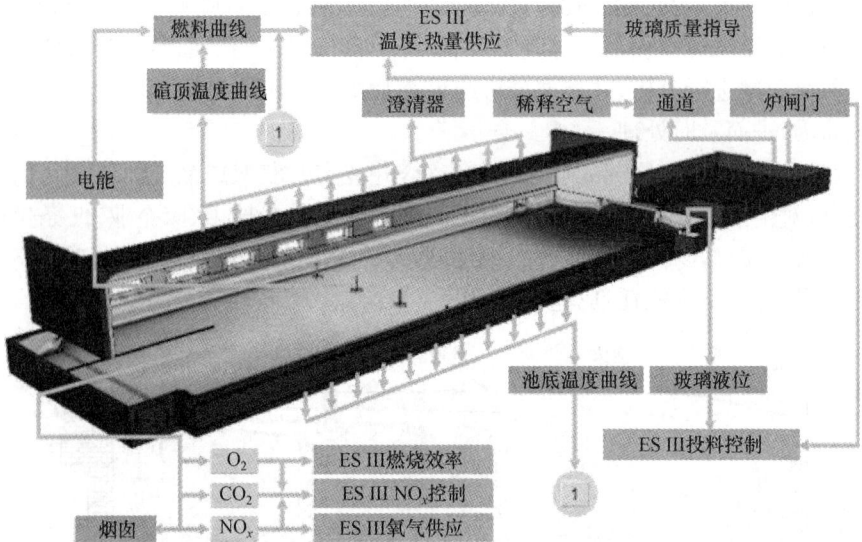

图 5-25　ES III™ 在窑炉控制中的作用示意图

（1）ES III™主要包含如下技术：

① 基于模型预测控制的在线优化工具；

② 基于 CFD 数学模型的离线优化工具；

③ 先进控制器：模型预测控制、模糊逻辑控制、基于规则的控制、设定值逻辑控制；

④ 通过先进控制使玻璃液温度更加稳定，在此前提下，通过降低生产温度的设定值，从而达到节能；

⑤ 温度设定值目前不是由系统自动给定，而是由操作工人通过逐步试验确定。

（2）主要特点：

① 可实现 24 小时连续运行，无需操作人员干预（减少干扰）；

② 减少产品品种切换所需时间；

③ 提高玻璃产量；

④ 降低能耗，减少污染物排放；

⑤ 减少熔化缺陷，提高玻璃液质量；

⑥ 为成型工序创造更好的成型条件；

⑦ 提高设备安全性和熔窑寿命。

该系统已经在全世界 36 套浮法玻璃生产线、16 套玻璃容器生产线、16 套纤维复合材料生产线、12 套纤维耐火材料生产线及 7 套其他生产线上得到应用。其中在玻璃企业中，典型 ES III 的安装使用情况如表 5-6 所示。

该系统具有如下应用效果：减少产品缺陷，提高产量（5%～10%），降低能耗（2%～3%），产品品种改变时降低损失（25%～50%），延长窑龄。如在德国埃森（Essen）的格雷斯海姆公司（Gerresheimer）的玻璃熔窑中安装使用后，能耗降低 4%，在我国洛玻集团洛阳龙海电子玻璃有限公司应用[29]后，玻璃熔窑热点温度、澄清区温度和流道温度及液面波动明显减小，在稳定生产的同时降低燃料消耗约 3%。

表 5-6　系统应用情况

套数	国家	产品类型	熔窑类型
1	加拿大	玻璃纤维	横焰
2	捷克	容器	端焰
3	捷克	餐具	端焰
1	捷克	餐具	电炉
1	捷克	电视显像管	横焰
1	德国	电视面板	横焰，蓄热

套数	国家	产品类型	熔窑类型
1	荷兰	容器	端焰
1	荷兰	玻璃管	横焰
2	墨西哥	容器	端焰
1	墨西哥	浮法玻璃	浮法
1	挪威	玻璃纤维	横焰
1	斯洛伐克	餐具	端焰
1	瑞士	浮法玻璃	浮法
7	美国	浮法玻璃	浮法
1	美国	压花,浮法	电炉
1	美国	电视面板	横焰

2) 北京四季阳光公司的智能优化控制系统

北京四季阳光智能自动化技术有限责任公司在多年自动化工程实践经验的基础上,研制了一套平板玻璃智能优化控制系统[30]。该系统采用分散控制(原料、配料、熔窑、锡槽、退火窑、冷端各个工段可单独控制)与集中控制(中控室内对各点进行远程控制)相结合的操作方式,且在多个关键设备的控制和整条生产线的操作优化方面融入了神经网络、专家系统,模糊推理等智能技术,实现了系统节能降耗和延长熔窑寿命的目的。

(1) 配料自动化模块。

按当前整条生产线生产率目标值和料仓原料量实时信息进行自动配料。配料优化模型可在1秒钟内对6种原料进行优化配料:首先根据成品玻璃成分指标、原料成分测量值及相关工艺要求,计算各种原料干料重量,然后根据碎玻璃比例及各种原料的时间水分含量计算出湿料重量,使配合料水分含量达到工艺要求。优化配料以降低生产成本为优化目标,以成品玻璃成分指标和其工艺要求为约束条件,构建混合优化模型。

(2) 成品质量预报及缺陷诊断模块。

该模块以专家系统为基础,采用统计方法或神经网络方法自动建立玻璃质量指标模型,能预测出平板玻璃生产过程常见的玻璃缺陷。另外,该系统还能对出现上述缺陷潜在原因和可能工序进行辅助分析。

(3) 火焰换向智能优化模块。

利用换向期间熔窑对象模型及蓄热室温度计算出最佳换向时间间隔。该模块中采用模糊推理和专家系统自适应调整相关工艺参数,使换向期间的温度波动由原来的±40℃降低到±10℃以内。

（4）玻璃熔窑温度模糊控制模块。

本系统中采用模糊双限幅控制方法对玻璃熔窑进行控制,并能调节过剩空气系数(K),其结构如图 5-26 所示。

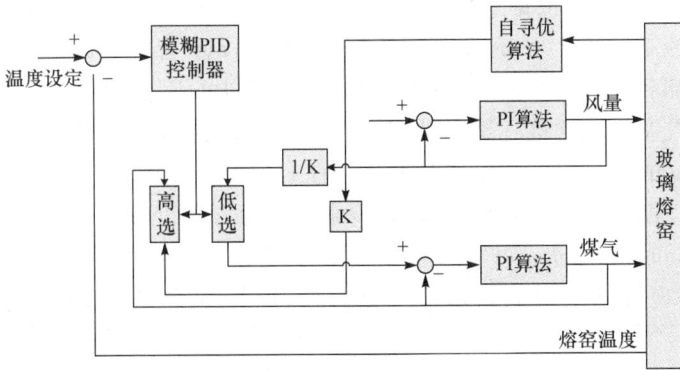

图 5-26　玻璃熔窑温度模糊控制器

（5）空燃比优化控制模块。

采用串级并联控制结构,通过调整助燃风和燃料流量设定值来稳定窑内温度,为保证燃料充分燃烧,在助燃风和燃料流量调整时,采用高低选择器来实现调整时序(温度低时先加风,后加燃料,高时先减燃料,后减风)。该模块还可根据火焰状况优化空燃比。使用空燃比优化控制系统,可节约燃料 5% 左右。

（6）神经网络电加热控制模块。

在锡槽和退火窑的电加热控制中,通过神经网络建立被控对象的逆模型,作为前馈模块修正常规 PID 控制器,其结构如图 5-27 所示。神经网络控制器利用 PID 控制器计算的控制信号和期望轨迹信号及系统的控制误差进行在线学习,使系统反馈误差逐渐趋近于零,从而使神经网络逆控制逐渐在控制作用中占主导地位。但在系统出现干扰时,反馈控制器依然起主导作用,因此可确保系统的鲁棒性和稳定性,而且可有效地提高控制精度。采用该神经网络电加热控制方法,可节电 10% ~ 20%。

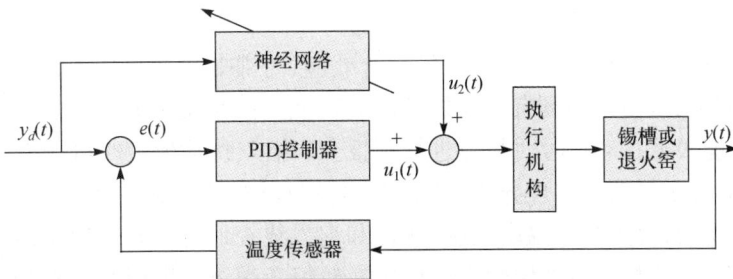

图 5-27　神经网络电加热控制系统

3) 安德里兹公司的智能控制系统

BrainWave 智能控制系统[4]由安德里茨 1997 年正式推出，其核心由独特的非线性自适应模型和相关预测控制器组成。在复杂的非线性工况条件下，Brain-Wave 智能控制系统可根据现场运行数据实时调整模型的结构和参数，这是传统的模型预测控制(MPC)系统所不具备的。BrainWave 智能控制系统已成功应用于全球诸多知名玻璃生产企业，每年节省成本至少上百万美元。

该智能控制系统的核心是一种基于拉尔盖函数的动态建模方法(DMT)。该方法利用正交的拉尔盖函数序列对生产过程对象进行逼近，建立生产过程的预测函数模型。该模型能根据系统增益、时间常数和时滞的变化自适应调整模型的结构和参数。同时，为了进一步提高控制效果，该方法将系统扰动也在预测模型中一并考虑，以实现扰动效应的自适应前馈补偿，该控制系统的算法流程如图 5-28 所示。

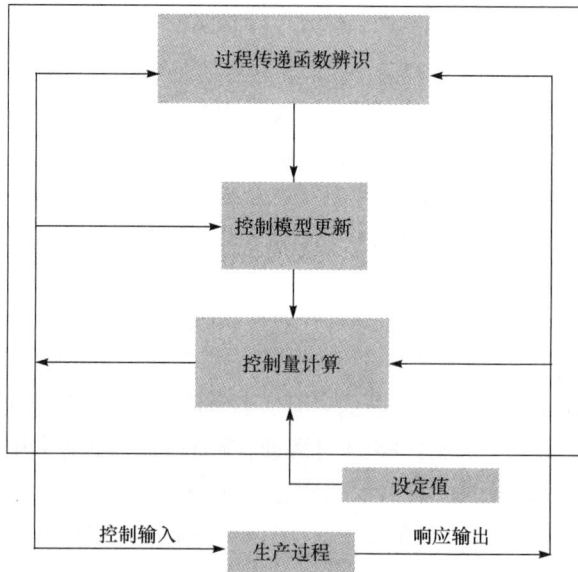

图 5-28　预测-适应控制算法的基本步骤

该预测控制系统同时考虑多变量耦合效应、时滞效应。根据不同的工况选用不同的模型系数，使系统具有很强的自适应特性。该系统中同时还集成了多种控制方法，并能根据扰动信号对故障进行预报。当输入扰动较大时可切换到 PID 控制或其他的修正策略以处理异常工况。BrainWave 智能控制系统能用于玻璃生产过程熔窑、锡槽、退火窑的温度控制，液位和泡界线控制等。在原料成分和燃料热值发生较大波动时，能将玻璃生产线稳定在较好工况下，即使得产量、质量、能耗/物耗和环保指标保持在较好水平。

BrainWave 智能控制系统已成功应用于美国卡迪纳尔玻璃实业集团的浮法玻璃生产线熔窑温度控制中,卡迪纳尔公司是全球最大的住宅玻璃生产商之一,主要业务是设计并生产各种高档住宅玻璃产品,该公司日产量可达 600 多万件,售往全球 160 多个国家。在安装使用该系统之前,该公司浮法玻璃生产线存在的问题突出表现以下几方面:

(1) 温度控制回路的响应时间较长,约 20～40 分钟;

(2) 玻璃生产设备的冷却/加热过程具有强非线性特征;

(3) 生产效率的变化会对温度控制回路的增益和时滞造成严重影响;

(4) 玻璃成品的热力学和机械性能与温度之间呈非线性关系。

传统 PID 控制策略很难对上述玻璃熔窑温度进行有效控制,导致熔窑实际温度波动严重,特别是在生产率发生变化,原料成分和燃料热值发生波动时,很多情况下必须切换到人工控制。该公司应用 BrainWave 后,3 小时之内熔窑内温度基本达到稳定,比传统 PID 控制效率要高 50%。另外,BrainWave 智能控制系统还实现了玻璃液位的有效控制,使废品率降低了 40%。

5.4.3　智能自动化技术在陶瓷行业中的应用案例

球磨过程和煅烧过程是陶瓷生产过程中的主要高耗能过程,且煅烧过程之前的成型过程对煅烧成品率也有重要影响,对这三个过程实现高效控制与优化是实现陶瓷行业节能降耗减排的关键。近年来,智能优化控制方法在陶瓷生产过程已开始得到应用,并取得了一定成效。

1) 陶瓷球磨机出料量控制[31]

陶瓷工业中的球磨机承担各种原材料的研磨任务[32],其最大生产能力及最佳负荷随原料粒度和易磨性的变化而变化,由于这些影响因素难以准确测量,要实现最佳的负荷控制具有很大难度。闭路球磨机系统是一种带有选粉装置的球磨机,当球磨机喂料量较小时,磨机处于欠负荷状态,出料量与喂料量大致相当,但生产能力过剩;当喂料量较大时,研磨不充分,选粉装置的回粉量较大,磨机出料量大大小于喂料量,如果这种状态持续较长时间,磨机将会卡死。闭路球磨机的控制目标是根据磨机出料量实时控制喂料量,使磨机出料量最大,从而使磨机达到最佳工作状态。中国科学院工程热物理研究所和华北电力大学联合研制了一套陶瓷球磨机智能控制系统。其基本结构如图 5-29 所示。

该控制系统首先采用一个 3 层前馈神经网络对闭路球磨机的逆模型进行辨识,并将该神经网络作为控制器的推理装置,根据当前出料量、磨机出料量设定值,实时推理最佳喂料量,从而实现球磨机的最佳产量控制。该控制系统可针对现场情况灵活地采用单机或多机网络方式工作,功能完善,性能可靠,降低了工人劳动强度,减少能耗 5% 以上,同时提高了生产效率,降低成本,经多个生产厂家使用,系统性能良好。

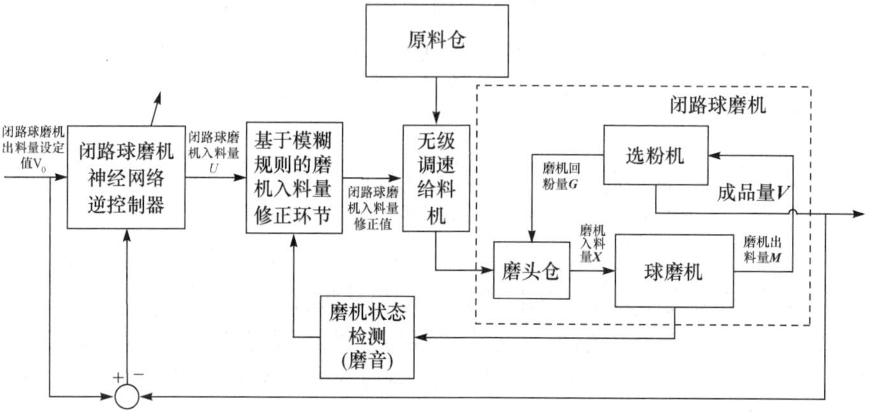

图 5-29　闭路球磨机神经网络控制系统

2) 陶瓷窑炉温度控制[33]

陶瓷窑炉是陶瓷生产过程中的一个高耗能设备,我国陶瓷辊道窑烧成能耗约为 33500～46000 千焦/千克瓷,约是国际先进水平的 2 倍,对陶瓷窑炉温度实施有效控制,是陶瓷行业中节能降耗的一个重要手段。集美大学研制了一套辊道窑温度分布式智能控制系统,该系统由两部分组成。中控室中的上位机向下位机(现场控制器)发送命令,并对所接收的现场数据进行分析、存储、报表打印、显示等。下位机由 6 个现场温度智能控制器、温度传感器,电动比例调节阀等组成。其中 6 个温度控制器均采用模糊 PID 控制方法,通过调节喷油量分别控制窑炉内 6 个测温点的温度,其结构如图 5-30 所示。

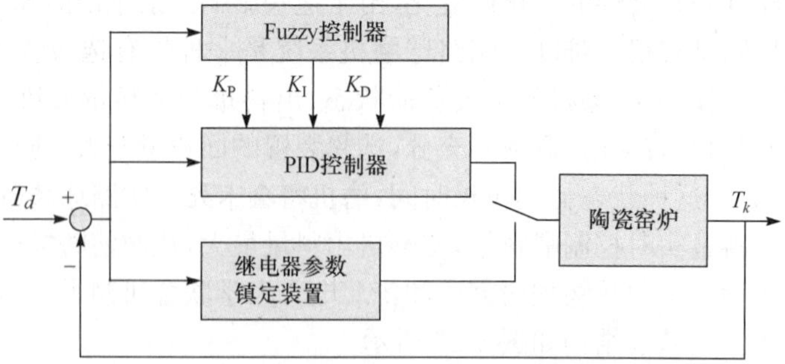

图 5-30　辊道窑温度控制器

如图 5-30 所示,继电反馈系统根据误差信号调整继电特性的幅值,以使系统发生自振荡,然后测定临界增益 K_u 和临界周期 T_u,再利用临界周期和增益,根据 Ziegler-Nichols 方法可得出三个参数 $K_P^0 = 0.6K_u$,$K_I^0 = 0.5T_u$,$K_D^0 = 0.12T_u$ 作为模糊控制器的初值。在系统运行过程中,根据实时工况信息,利用辊道窑温度偏差及偏差积累量,基于模糊推理方法在线调整 PID 控制器的三个参数。采用该方法后,窑炉温度波动范围明显减小。原来采用手动控制方式时,窑炉温度波动为 $1200\pm25℃$,使用该控制系统后,窑炉温度波动为 $1200\pm3℃$,从而使得瓷砖质量与产量得到进一步提高。另外,现场调试时间也大大缩短。

陶瓷窑炉内部燃烧工况相当复杂,单点温度控制很难保证窑内温度场分布的均匀性,要实现熔窑煅烧效率最大化,有必要对窑内温度场实施整体控制。景德镇陶瓷学院设计了一种基于数据融合技术的陶瓷窑炉温度智能控制系统[34]。首先,在窑炉的多个测温点安装了两种温度传感器:第一类为具有数据无线发送功能的热电偶,其优点是测温精度高,但它是点式测温,反应局部测温点的温度;第二类为 CCD 摄像机,其通过分析炉膛火焰燃烧图像信号的灰度等级,以反映窑炉内较大区域的温度分布情况,再利用小波边缘分割滤波方法,处理反映窑内不同特征区域温度的图像信号。将两种类型传感器所检测到的温度信号送入温度数据融合模块,通过多元信息融合方法进行融合,以得到信息融合后的温度反馈值。将该反馈值输入模糊专家控制系统,可实现对窑炉更加全面和准确的控制。现场应用效果表明,该系统能明显降低窑内温度波动范围,提高控制效果。

3) 陶瓷注浆成型过程优化

注浆成型是建筑卫生陶瓷生产过程中的一个重要环节,铸造率和铸件截面湿度梯度分布是该环节两个重要的指标。铸造率要求适中,目的是保证成品质量的同时能控制原材料的用量;铸件截面湿度梯度要求尽量均匀,以保证后继煅烧过程的成品率。这两个指标受生产过程中众多状态变量影响,主要有环境温/湿度、铸造时间、硫酸盐添加量(添加的凝固剂量)、10/100 转黏度、黏度变化率、滤液率等。其中铸造时间、硫酸盐添加量是该工序的关键工艺操作参数。目前大部分陶瓷企业都是采用人工实验的方法,在每天投产前对这两个参数进行人工设定,缺乏实时性和科学性。美国奥本大学工业与信息系统工程中心针对陶瓷注浆成型过程,设计了一种操作参数分层智能优化系统[35]。该系统主要包括如下四部分:铸造率预测模块、铸件截面湿度梯度预测模块、铸模特征评价模块及铸造时间优化模块,其结构如图 5-31 所示。

由图 5-31 可知,该系统通过两个并行的前馈神经网络分别对铸造率和铸件截面湿度梯度进行预报。同时,该系统通过模糊推理方法对铸造时间和硫酸盐添加量等关键工艺操作参数进行优化,该类模糊推理模块均包含在工艺操作参数优化模块中。从图 5-32 可知,该系统对铸造时间的优化采用两级模糊推理方法:一级推理模块主要是根据当前环境温湿度及铸模使用寿命(以使用次数计)对当前铸模状态进行评估(根据当前模具的吸水状态共分为 10 个等级);二级模糊推理模块根据目标铸造率、铸造模具状态及其他工艺参数信息优化得到铸造时间。

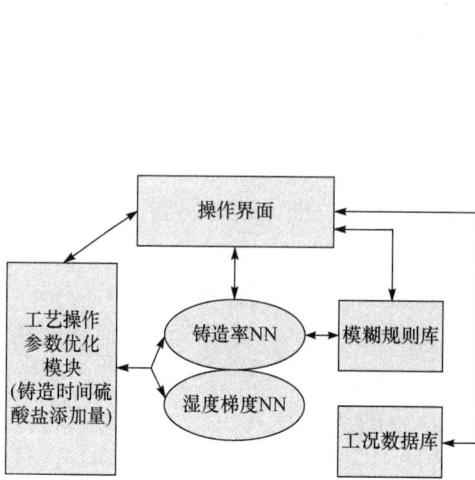

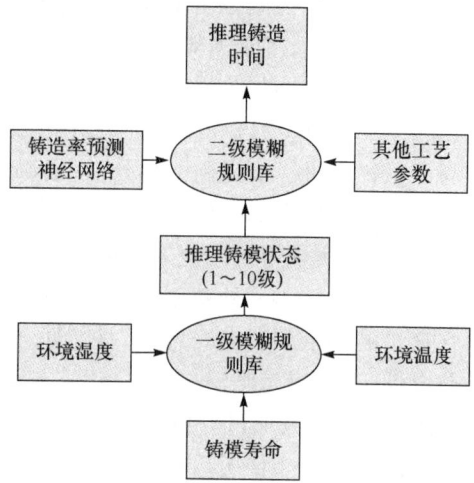

图 5-31　系统结构图　　　　　　　　图 5-32　铸造时间优化算法

　　由于模糊推理优化模块在很大程度上依赖历史数据和工人生产经验的积累，故该智能优化系统对每个工艺操作参数均给出三个备选值，由操作工人根据现场工况选择使用。同时，该系统还对各种极端工况进行评估，并适时修正模糊规则数据库，从而使其具有自学习功能。该系统已经在美国某大型陶瓷厂得到成功应用，大大提高了铸造效率和成品率。

5.5　智能自动化技术在我国建材行业应用推广面临的瓶颈和解决对策

　　综上所述，我国建材行业智能自动化技术应用现状从总体上看迄今还处于单元技术局部应用阶段，与国外发达国家同行业及我国石化、化工、钢铁等其他行业相比，智能自动化技术在我国建材行业的应用广度和深度均存在较大差距，为进一步推动我国建材行业节能降耗减排工作，促使建材行业走高效、节能、环保、安全的可持续发展道路，亟须在我国建材行业大力推广面向节能降耗减排的智能自动化技术。但当前在我国建材行业节能降耗减排中推广应用智能自动化技术还面临如下瓶颈，需要采取有针对性的应对对策。

　　(1) 对智能自动化技术在建材行业节能降耗减排中所具有的重要作用认识不足。

　　国内建材行业对自动化技术作用的认识还普遍停留在可确保生产过程的平稳顺行，未能充分认识到智能自动化技术具有显著改善建材企业的效率、能耗、物耗、质量、成本、环保、安全等综合生产指标，帮助企业进一步实现节能降耗减排的重大作用。同时,由于国内外市场上不少面向建材行业的智能自动化技术和产品成熟度和实用性不够,在建材行业节能降耗减排中的成功应用案例不多。同时,受企业在设备、工艺、管理、操作等方面的现有基础和实际生产状况,及对节能降耗减排技改项目重视程度等多方面因素的影响,国内一些建材企业利用相关智能自动化技术实施节能降耗减排技改项目的实际效果远未达到预期目标,上述多种原因导致国内多数建材企业对相关智能自动化技术在节能降耗减排上的效果普遍缺乏信心,持怀疑和观望态度,因而对利用智能自动化技术开展节能降耗减排技改的积极性和主动性不高。为此,亟须制定相应政策大力引导相关建材企业逐步转变观念,提高对智能自动化技术在建材企业节能降耗减排中所具有的重要作用的认识,增强利用智能自动化技术进一步实现企业节能降耗减排的信心,提高利用智能自动化技术开展节能降耗减排技改的积极性和主动性。

(2) 缺乏面向建材行业节能降耗减排的先进适用的智能自动化技术和产品。

目前,由于在重视程度、现有基础、资金投入和人才支撑等多方面原因,我国面向建材行业节能降耗减排的智能自动化技术水平与国外先进水平相比还存在较大差距。同时,由于我国建材行业在原燃料特性、工艺和装备水平、操作和管理水平等方面与国外先进国家存在较大差异,从国外先进国家引进的相关智能自动化技术和产品不完全适合我国建材行业特点,节能降耗减排效果有限。另外,上述引进技术和产品价格昂贵且技术对我国保密,二次开发和维护困难,难以在我国建材行业得到较多推广。适应我国建材行业节能降耗减排需求,具有自主知识产权,技术先进,实用性好,性价比较高的智能自动化技术和产品迄今还十分缺乏。

为此,国家和各级地方政府应在财政投入机制和财税政策上出台更多的支持政策,在各级相关行业协会的支持和配合下,积极引导相关高校、研究院所、自动化公司和建材企业,以产学研用紧密合作方式,积极面向我国建材行业节能降耗减排需求,开展智能自动化关键技术和产品研发。鼓励和大力支持国内相关单位与国外先进国家积极开展该领域的国际交流与合作,不断提高原始创新、集成创新和引进消化吸收再创新能力,更加注重协同创新,大力提高我国在该领域的技术水平,研发更多具有自主知识产权和较好节能降耗减排效果、先进适用的建材行业智能自动化技术和产品,争取在以下领域取得重点突破。

① 研发面向建材生产全流程的综合模拟技术和系统。为进一步改善建材生产过程能耗/物耗、产量、质量、环保等综合生产指标,应对建材生产全流程中各关键高能耗装备结构参数、不同工况下运行操作参数等进行优化设计,为此需针对不同类型的建材生产过程,研发面向建材生产全流程的综合模拟技术和系统,以对建材生产全流程中各关键高耗能设备进行全方位、全过程的综合模拟。

② 研发极端生产环境下关键工艺参数的在线检测技术与装置。为实现建材行业中对能耗/物耗、质量、效率、环保、成本有重要影响的关键工艺参数的在线检

测,急需研发高温、熔融、粉尘、多相流、旋转等极端生产环境下,可用于对气固两相流流量、炉腔空间和火焰温度,原燃料水分、成分和粒度等,烟气成分以及玻璃液黏度等关键工艺参数进行在线检测的先进检测技术和装置。

③ 研发与原燃料质量控制相关的智能优化控制技术和装置。为确保配合料和燃料(主要指煤)的成分和水分稳定及均匀性,进一步提高生产效率和产品质量,降低能耗/物耗和生产成本,急需研发与原燃料质量控制相关的智能优化控制技术和装置。

④ 研发适合建材生产过程工艺特点的生产过程智能控制与操作优化技术与系统。针对建材行业生产过程的高温(煅烧、熔融)、多相多场耦合、复杂燃烧、传质/传热/动量传递交织、复杂物理变化与化学反应同时存在等难点,研发适应我国不同类型建材生产过程特点、面向建材生产全流程或关键生产装备的智能控制与操作优化技术与系统。

⑤ 研发具有显著节能降耗减排效果的综合智能自动化系统和装备。目前,适应我国我国建材行业特点的综合智能自动化系统和装备极其缺乏,应大力研发集先进检测装置、先进控制与操作优化、设备故障诊断与预报、软测量等智能自动化技术于一体,具有显著节能降耗减排效果的综合智能自动化系统和装备。

(3) 缺乏面向建材行业节能降耗减排的智能自动化技术成功应用案例。

我国建材行业包括水泥、平板玻璃、建筑卫生陶瓷、墙体材料、非金属矿物材料等五个子行业,在同一子行业内,企业规模、产品类型/规格、生产工艺、生产设备、自动化水平、操作水平和管理水平及节能降耗减排工作基础也存在较大差异,目前在建材行业十分缺乏适应于不同类型的建材企业,具有较好节能降耗减排效果的智能自动化技术成功应用案例。为加快智能自动化技术在建材行业节能降耗减排中的应用推广,应针对不同类型的建材企业,大力加强面向建材行业节能降耗减排的智能自动化技术应用示范工程建设,树立智能自动化技术在建材企业节能降耗减排中更多成功应用案例,以增强全行业对智能自动化技术促进建材行业节能降耗减排的信心。

(4) 建材行业缺乏智能自动化技术人才。

大力推进面向建材行业节能降耗减排的智能自动化技术研究和应用,需要大量掌握智能自动化技术的相关人才,但目前建材行业十分缺乏智能自动化相关人才,严重制约了面向建材行业的智能自动化技术的研发和应用推广工作,为此,亟须在相关高校、研究院所、设计院、自动化公司和建材生产企业积极引进和培养大批面向建材行业的智能自动化技术人才。

(5) 智能自动化技术在建材行业的推广模式有待创新。

由于受国家对房地产行业宏观调控政策影响和国家节能降耗减排政策力度的加强,建材行业多数企业近年来经营状况普遍不佳,导致不少企业虽然有利用智能自动化技术节能降耗减排技改的需求和愿望,但在项目资金筹措上存在较大的困难,为推动更多的建材企业应用智能自动化技术进一步实现节能降耗减排,应不断改进智能自动化技术在建材行业的推广模式,加强模式创新。国家和各级地方政府应通过财政补贴和奖励、税收减免、融资担保等多种支持政策,鼓励有实力的节能服务公司以合同能源管理方式推广面向建材行业节能降耗减排的智能自动化技术。

5.6　面向建材行业节能降耗减排的智能自动化技术未来发展趋势

建材行业智能自动化技术近年来得到快速发展,未来十年内,面向建材行业节能降耗减排的智能自动化发展趋势主要表现在如下几个方面。

5.6.1　面向建材行业极端生产环境下新型检测技术和装置

目前,建材行业生产过程中部分对能耗/物耗、产品质量、生产效率、生产成本、环保水平等指标影响较大的极端生产环境下关键工艺参数迄今仍未实现可靠的在线检测,如对水泥回转窑筒体温度、熟料游离氧化钙,浮法玻璃熔窑中的火焰燃烧状况、玻璃液黏度、影响玻璃液传热性能 FeO 含量等工艺参数,至今尚无可靠的在线检测仪表或装置。在面向建材行业的检测技术和装置上发展趋势为利用近红外、中子活化、微波、激光、质子、超声波等新型传感手段,并结合软测量及多源数据融合和智能信息处理等先进技术,研发极端生产环境下用于关键工艺参数在线检测的高性能先进检测技术和装置。

5.6.2　面向建材生产全流程的智能控制与操作优化技术和系统

面向建材行业的全流程智能控制与操作优化控制技术,主要针对建材行业中由多个高耗能关键单元设备串联组成的生产线的智能控制与操作优化。

建材行业生产过程的能耗/物耗/污染物排放往往集中在水泥生产过程中的分解炉、回转窑和篦冷机等,玻璃生产过程中的玻璃熔窑、锡槽和退火窑等大型高耗能设备中,且这些设备在生产工艺流程中往往属于相邻工序,相互影响程度大,目前,国内外建材行业普遍缺乏针对建材生产全流程的智能控制与操作优化技术和系统,制约了智能自动化技术在建材行业节能降耗减排中的应用效果进一步提高,为此应针对不同类型的建材生产过程,采用数据、知识和机理相结合,智能建模、智能控制与智能优化相结合,前馈补偿和反馈调整相结合,分解与协调相结合等多种手段,研发面向建材生产全流程的智能控制与操作优化技术和系统,包括水泥行业中的新型干法水泥熟料煅烧过程(包括预热器-分解炉-回转窑-篦冷机全流程)智能控制与操作优化技术和系统,平板玻璃行业中浮法玻璃生产线(包括玻璃熔窑-锡槽-退火窑全流程)的智能控制与操作优化技术和系统,以显著提高建材行业节能降耗减排效果。

5.6.3　面向建材生产全流程的智能综合模拟技术

建材行业浮法玻璃生产线、新型干法水泥煅烧过程、水泥粉磨系统等均由多个高耗能设备组成,各设备工艺复杂,具有高温(煅烧、熔融)、多相多场耦合、复杂燃烧、传质/传热/动量传递交织、复杂物理变化与化学反应同时存在,难以建立较精确的过程整体机理模型等特点,而这些特点往往与高能耗、高物耗和高污染物排放相关联。传统的面向建材行业的离线模拟技术往往局限于对给定工况下建材生产过程中单个设备的结构参数、设备布局、工艺参数等局部环节或局部参数的模拟,无法实现对不同工况下建材生产全流程、全方位、全过程的协同综合模拟和性能综合评价,而且现有离线模拟方法模拟过程复杂,需较多的人工介入,主要在研究和培训中使用较多。

面向建材生产全流程的智能综合模拟技术采用机理分析和数据驱动相结合的手段,综合运用人工智能技术、仿真技术、控制理论、系统工程、计算机技术及相关工艺机理和专家经验,实现对不同工况下建材生产全流程中各关键高耗能装备结构参数、设备布局、工艺操作参数等全方位、全过程的智能化协同综合模拟及全局/局部性能综合评价,以指导工艺设计人员、操作人员和相关技术人员进行建材生产全流程中各关键高能耗装备结构优化设计、工艺操作参数优化设计以及自动化控制系统的优化设计,全面改善建材生产过程能耗/物耗、产量、质量、环保和安全等综合生产指标,模拟过程智能化程度高,所需的人工介入少。上述技术不仅可用于相关培训中,还可用于指导实际建材生产线设备布局、结构参数优化设计、工艺操作参数优化设计、控制系统优化设计等。

参 考 文 献

[1] 中国建筑材料联合会推进建材工业节能减排工作方案. 中国建材,2012(3):17-19
[2] 国务院. 国务院关于化解产能严重过剩矛盾的指导意见. 国际商报. 2013
[3] 刘长远. 阶梯式广义预测控制在浮法玻璃熔窑中的应用. 自动化博览,2006(6):62-63
[4] BrainWave® Control solutions for glass making. http://www.andritz.com/automation
[5] Yang QY,Ju LC,Ge SB,Shi R,Cai YL. Hybrid fuzzy neural network control for complex industrial process. Lecture Notes in Control and Information Sciences,2006,344/2006:533-538
[6] 徐德,诸静. 湿磨干烧水泥生产线分解炉温度控制. 硅酸盐学报,2001,29(2):120-122
[7] 邹健,杨莹春,诸静. 基于灰色模型的预测模糊控制策略及其应用研究. 中国电机工程学报,2002,22(9):12-14
[8] Wardana ANI. PID-fuzzy controller for grate cooler in cement plant. Conference Publications

of Control Conference,2004

[9] Qiao J H,Chai T Y,Wang H. Intelligent setting control of raw meal calcination proces. IEEE Intcriiatioiial Confsrence on lnwlligent Processing Systcms,1997

[10] Yu H L,Wang X H,Yuan Z G. Research on the intelligent control of sintering process based on the integrated automation of cement enterprise. 9th International Conference on Hybrid Intelligent Systems,2009

[11] http://www. flsmidth. com/en-US/Products/Product ＋ Index/All ＋ Products/Process ＋ Control/Advance

[12] 乔景慧,周晓杰,柴天佑,等. 水泥熟料生产过程生料分解率软测量模型. 控制工程,2011 (4):495-499

[13] Masoud S,Alireza F. Identification,prediction and detection of the process fault in a cement rotary kiln by locally linear neuro-fuzzy technique. 2nd International Conference on Computer and Electrical Engineering,2009

[14] Online condition monitoring network for critical equipment at Holcim's STE. genevieve plant

[15] 宁艳艳,王卓,苑明哲,等. 基于案例推理的水泥生料细度智能控制. 中南大学学报,2011, 42(Suppl):918-923

[16] http://www. google. com. hk/url? sa＝t&rct＝j&q＝soft＋sensor＋for＋cement&source＝ web&cd＝46&ved＝CGAQFjAFOCg&url＝http％3A％2F％2Fwww. industry. siemens. com％2Fdatapool％2Findustry％2Findustrysolutions％2Fcement％2Fen％2FSICEMENT-IT-MCO-en. pdf&ei＝qT3cT7TgI8qziQeJ5eSaCg&usg＝AFQjCNHxzvkxXbsNxCANeV-Bo8WLM_74Ipg&cad＝rjt

[17] http://www. automation. siemens. com/mcms/topics/en/magazines/process-news/opera-tional-excellence/portland-ze[ment-expert-system-boosts-throughput/Pages/Default. aspx

[18] http://www. chinabaike. com/z/gyzd/383325. html

[19] ABB 电控系统在水泥厂体系化节能、减排、增效上的应用. 首届全国水泥企业节电新技术交流会暨鸿升科技节电新技术联谊会,北戴河,2009

[20] 《水泥行业研究报告》国民财经研究中心

[21] 《新型干法水泥工艺设计手册》

[22] 2005 年国家科技进步二等奖-磨机负荷优化控制共性技术的研究与开发应用简介

[23] 张彦斌,等. 西安交通大学"十五"重大科技成果推介之三-磨机负荷优化控制共性技术的研究与开发应用. 中国高校科技与产业,2006(04):80

[24] 崔栋刚,张彦斌,谢嘉,等. 辊压机联合粉磨系统中的磨机负荷控制. 水泥,2003(03):39-41

[25] 罗漪. 浮法玻璃退火窑的研究与设计. 成都:成都理工大学硕士学位论文,2009

[26] 史天运,贾利民. 工业窑炉气氛智能控制方法研究. 中国铁道科学,2008,23(4):97-100

[27] 刘世民. 基于条纹检测的浮法玻璃熔化过程调控技术. 武汉理工大学学报,2010,22

[28] http://www. gsl. cz/en/products. html

[29] 倪植森,汪俊涛,刘志刚,等. ES-III 专家系统在超薄浮法玻璃熔窑上的应用. 玻璃,2009 (1):37-40

［30］白凤双.飞天智能自动化系统在浮法玻璃生产线上的应用.仪器仪表与分析监测,2002
　　　(2):8-14

［31］王雪瑶,等.基于智能控制系统的陶瓷球磨机神经网络控制方法的开发.陶瓷,2007(7):
　　　31-34

［32］王雪瑶,刘石,李志宏,等.基于智能控制系统的陶瓷球磨机神经网络控制方法的开发.陶
　　　瓷,2007(07):31-34

［33］黄义新,方怡冰.辊道窑温度分布式智能控制系统的研究及应用.中国电机工程学报,
　　　2002,22(5):148-151

［34］朱永红,鲁昌龙,姚杰.基于数据融合技术的陶瓷窑炉温度智能控制.中国陶瓷工业,2007,
　　　14(1):20-26

［35］Lam S S Y,Petri K L,Smith A E. Prediction and optimization of a ceramic casting process
　　　using a hierarchical hybrid system of neural networks and fuzzy logic. IIE Transactions,
　　　2000,32:83-91

第6章 智能自动化促进火电行业节能、降耗、减排

6.1 引 言

我国能源总量比较丰富,其中以煤炭、石油、天然气为主。煤炭储量为1.5万亿吨,在能源结构中占主导地位,居世界第3位;石油储量为70亿吨,居世界第6位;天然气储量为33.3万亿立方米,居世界第16位。同时我国又是世界上人均能源保有量最低的国家之一,煤炭和水利资源人均拥有量相当于世界平均水平的50%,石油、天然气人均资源量仅为世界平均水平的1/15左右,人均能耗水平不足世界平均水平的1/2。目前我国是世界第一大能源生产国。2013年,一次能源生产总量34.0亿吨标准煤,比2012年增长2.4%;原煤产量36.8亿吨,比2012年增长0.8%;原油产量2.09亿吨,比2012年增长1.8%;天然气产量1170.5亿立方米,比2012年增长9.4%;发电量53975.9亿千瓦时,比2012年增长7.5%。另一方面,2013年全年能源消费总量37.5亿吨标准煤,比2012年增长3.7%,是世界最大的能源消费国之一。

我国的能源分布结构决定了煤炭成为能源消耗的主体,一次能源消费中,煤炭占较大的比重,20世纪50～60年代为90%左右,70年代占80%左右,80～90年代为70%左右,到2000年煤炭比重仍占到65%。根据中国工程院《中国可持续发展能源战略研究》的报告,在今后相当长的时间里,煤炭仍然是主要能源,到2050年,我国一次能源消费中煤炭比重依然会保持在50%左右。

我国2002年电力体制改革从启动至今,电力工业得到快速发展。全国发电装机容量从2002年的3.6亿千瓦到2012年突破11亿千瓦,电力工业为我国经济的跨越发展提供了有力支撑。[1]

1) 火电:装备技术不断突破

全国共建设投产火电项目规模2.15亿千瓦,至2012年4月底,全国火电装机容量达7.7亿千瓦,增长38.8%。全国30万千瓦及以上大型火电机组占火电机组比重由62.5%提高到76%,其中,60万千瓦及以上清洁机组占火电机组比重已达39%。

目前已投产和在建的100万千瓦超超临界火电机组59台。这些大型、高效、环保机组的建设,在满足国民经济和社会发展的同时,使我国的火电机组供电煤耗显著下降,从2007年底的356克,下降到目前的330克,能耗下降了7.58%,相当于年节约标煤1.1亿吨。

在节能减排方面,全国累计淘汰小火电 6674 万千瓦。据测算,这些机组的关停,每年可以节约原煤 7580 万吨,减少二氧化硫排放 131 万吨、二氧化碳 1.54 亿吨,节能减排成效显著。

我国还积极推进洁净煤技术发展与应用。一是发展整体煤炭气化燃气-蒸汽联合循环发电,2007 年开工建设华能天津 IGCC 示范工程。二是发展循环流化床燃烧技术。2011 年正式开工建设 60 万千瓦等级 CFB 机组示范工程。三是探索研究碳捕集与封存技术,建成 3000 万吨级和 10 万吨等级的 CCS 装置。

此外,我国还积极推进大型煤电基地建设。十七大以来,先后启动了内蒙古呼伦贝尔、宁夏宁东煤电一体化项目、新疆能源基础设施项目。同时,在组织有关单位启动锡盟大型煤电基地水资源、生态环境、送电市场等前期研究论证工作的基础上,已启动锡盟地区 800 万千瓦高度节水电站前期工作。

2) 水电:水电装机实现超越

十六大以来,我国每年新增水电装机均超过 1000 万千瓦,2004 年我国水电装机规模突破 1 亿千瓦,超越美国跃居世界第一。2010 年 5 月,澜沧江中下游河段的龙头水库小湾水电站 4 号机组投产,我国水电装机突破 2 亿千瓦。我国水电用了短短十年的时间,就实现了水电总装机规模比新中国成立五十年的总和翻一番的超越。

在此期间,我国通过引进、消化、吸收、再创新,拥有了水轮机水力设计、定子绕阻绝缘、发电机蒸发冷却等具有自主知识产权的核心技术。哈尔滨电机厂和东方电机厂各自设计制造的三峡右岸 4 台(套)水轮发电机组,运行实践表明其各项主要指标优于左岸进口机组,实现了国产 70 万千瓦水轮机的突破。

在建的溪洛渡、向家坝、白鹤滩、乌东德等电站,单机容量从 70 万千瓦向 80 万千瓦乃至 100 万千瓦机组发展。在建水电站还创造了多项第一,其中,澜沧江糯扎渡水电站心墙堆石坝最大坝高 261.5 米,位居国内同类坝型第一;锦屏一级水电站大坝为混凝土双曲拱坝,最大坝高 305 米,建成后将成为世界最高拱坝;锦屏二级水电站电站隧洞群为世界规模最大的水工隧洞群。

3) 核电:合理规划核电建设

截至 2012 年,大陆地区已投入商运的核电机组共 15 台,装机容量 1253.8 万千瓦;国内已开工建设的核电机组共 26 台,在建装机容量 2924 万千瓦。

2007 年,国务院已经正式批准了国家发改委上报的《核电中长期发展规划(2005～2020 年)》。这标志着核电发展进入了新的阶段。规划提出到 2020 年,核电运行装机容量争取达到 4000 万千瓦;核电年发电量达到 2600 亿～2800 亿千瓦时。在目前在建和运行核电容量 1696.8 万千瓦的基础上,新投产核电装机容量约 2300 万千瓦。同时,考虑核电的后续发展,2020 年末在建核电容量应保持 1800 万千瓦左右。

三门核电项目和海阳核电项目共 4 台机组被确定为我国引进 AP1000 技术的自主化依托项目,是世界上首批建设的 AP1000 机组,按计划,两个核电站的首台机组将分别于 2013 年 8 月和 2014 年 2 月并网发电。

截至目前,开工建设的核电项目分别是:岭澳二期工程、秦山核电站二期扩建工程、红沿河一期工程、宁德核电站一期工程、福清核电站一期工程、阳江核电站、秦山核电站扩建项目、三门核电站一期工程、海阳核电站一期工程、台山核电站一期工程、海南核电站、防城港核电站一期工程。

4)电网:以自主创新为目标

目前,我国电网规模跃居全球第一,基本满足了经济社会发展的用电需要。自 2005 年提出发展特高压输电以来,我国已建成云南楚雄至广东惠州、向家坝至上海两回 ±800 千伏直流示范工程、晋东南-南阳-荆门特高压交流试验示范工程及其扩建完善工程。此外,目前锦屏至江苏、糯扎渡至广东、哈密至郑州 ±800 千伏直流工程,淮南至上海 1000 千伏特高压交流输电工程正在建设。

其中,向家坝至上海 ±800 千伏特高压直流输电示范工程,线路长度 2071 公里,是目前世界上电压等级最高(±800 千伏)、额定电流最大(4000 安)、输送容量最大(额定功率 640 万千瓦、最大功率 700 万千瓦)、送电距离最远(约 2000 公里)的直流输电工程。工程采用的设备创造多项世界第一,如 6 英寸晶闸管换流阀、容量最大的换流器、单台容量最大换流变压器、电压等级最高、通流量最大的干式平波电抗器等,代表世界直流输电技术的最高水平。晋东南—荆门 1000kV 特高压交流试验工程线路长度 653.8 公里,2011 年 12 月 16 日扩建工程投运后,输送能力(500 万千瓦)大幅提升。

截至目前,我国在特高压设备设计、试验、制造等领域取得重大突破,实现自主创新,掌握核心技术,形成自主知识产权。在直流特高压方面,我国是全球唯一一个将 ±800 千伏直流输电技术进行工程化应用的国家;在交流特高压方面,试验示范工程建设对提高我国输变电设备制造水平、掌握交流特高压核心技术发挥了重要作用。初步形成了以西安、沈阳、保定、河南等一批重点骨干企业为主体的输变电设备制造基地。同时,在技术标准领域,大幅度增加中国的"话语权",打破了长期以来输变设备技术标准由国外发达国家高度垄断的局面。

5)农电:城乡同网同价将全面实现

十六大以来,我国农村能源建设发展迅速,生物质发电技术基本成熟,大中型沼气技术日益完善,农村沼气应用范围不断扩大,木薯、甜高粱等非粮生物质制取液体燃料技术取得突破,木薯制取液体燃料开始了规模化利用。万吨级秸秆纤维素乙醇产业化示范工程进入试生产阶段。农村电网结构明显增强,供电可靠性显著提高,农村电力管理和服务基本达到城市同等水平。到 2010 年年底,各类生物质发电装机容量总计约 550 万千瓦,沼气年利用量约 140 亿立方米,成型燃料年利用量约 300 万吨,生物燃料乙醇年利用量 180 万吨,生物柴油年利用量约 50 万吨。各类生物质能源年利用量合计约 2000 万吨标准煤。

2004 年,我国启动了中西部农网完善工程,工程总投资 760 亿元,其中中央预算资金 174.4 亿元。工程的实施改善了中西部农村电网的供电结构,增强了供电能力和供电可靠性,提高了当地人民群众生产生活用电条件,促进了农村经济社会的快速发展。

2006 年,无电地区电力建设工程启动,2006～2012 年累计安排无电地区电力建设工程投资计划 264.6 亿元,其中中央预算内资金 80 亿元,工程目标是,"十二五"期间,通过电网延伸和可再生能源发电全部解决无电人口的用电问题。

2010 年 7 月 12 日,全国农村电网改造升级工作会议召开,启动实施了新一轮农村电网改造升级工作,明确了农网改造升级工作的重点。2011 年 5 月,国务院办公厅转发了发展改革委关于实施新一轮农村电网改造升级工程意见的通知(国办发[2011] 23 号)。2010～2012 年三年已安排农村电网改造升级工程投资计划 2059 亿元,其中中央预算内资金 360 亿元,工程目标是,到 2015 年,全国农村普遍得到改造,农村居民生活用电得到较好保障,农业生产用电问题基本解决,县级供电企业"代管体制"全面取消,城乡用电同网同价目标全面实现。

2011 年 7 月 9 日,全国农村能源工作会议召开,会议部署了"十二五"农村能源工作,启动绿色能源示范县中央资金补助项目建设,明确了完善农村能源管理体制机制的方向,将农村能源纳入国家能源行业管理,创新农村能源管理体制机制,加强和改善农村能源管理。会后组织了绿色能源示范县建设,批复了实施方案,下达了中央财政补助资金。

一直以来,我国的电力工业都是以燃煤火电为主。20 世纪 50 年代,煤电占总装机容量的 90.4%,占总发电量的 82.2%,到 2000 年煤电在总装机容量的比例仍然高达 74.4%,占总发电量的 81%。电力工业的迅速发展使发电用煤占煤炭的比重由 1980 年的 18% 逐年上升到 2010 年的 50%。2005 年我国发电耗煤量 10.3 亿吨,火电耗煤量占煤炭总量的 47.6%;2006 年,全国发电用煤 12 亿吨,排放的 CO_2 占全国总排量的 54%,烟尘排放量占全国总排放量的 20%。如今,电力工业已经成为能源消耗的大户,因此,电力工业的节能减排无疑对我国重要资源的节约和优化配置具有十分重要的意义。

发展低碳经济、实行节能减排是我国实现可持续发展的必然选择,也是推进新型工业化的关键环节。我国"十一五"规划明确规定了节能减排约束性指标,要求在 2010 年单位 GDP 能耗降低 20%,主要污染物排放总量减少 10%。"十一五"期间,前 4 年全国单位国内生产总值能耗累计下降 14.38%,距离完成降低 20% 左右的目标,任务仍然十分艰巨。"十二五"规划中也明确提出了在节能减排上的目标:分别为单位 GDP 二氧化碳排放降低 17%,单位国内生产总值能耗下降 16%,主要污染物排放总量减少 8%～10% 的目标。"十二五"规划中还明确了主要污染物控制总类,在"十一五"化学需氧量、二氧化碳这两个类别基础上,增加了氨氮和氮氧化物两个类别的污染物控制指标。指标明确了 2015 年我国单位工业增加值能耗、二氧化碳排放量和用水量分别要比"十一五"末降低 18%、18% 以上和 30%,工业固体废物综合利用率要提高到 72% 左右;明确今年这四项指标同比要分别降低 4%、4% 以上和 7% 左右以及提高 2.2%。

长期以来,我国政府高度重视资源环境问题,坚持实施可持续发展战略,把节约资源、保护环境作为基本国策,努力建设资源节约型、环境友好型社会。我国政府承诺到 2020 年单位 GDP 的二氧化碳排放下降 40%～45%,这对于能源消费以煤炭为主的我国来说,是一个十分艰巨的任务。而火电行业作为我国的煤炭消耗大户,2010 年我国火电装机容量约为 7.04 亿千瓦,消耗的煤炭为 15.9 亿吨,占全国总耗煤量 33.86 亿吨的 46.95% 左右。根据 1 吨原煤燃烧约产生 1.83 吨二氧化碳来核算[2],估算其二氧化碳排放量为近 30 亿吨,约占二氧化碳排放总量的近 40%。在产业结构和能源消费结构一时不会有重大变化的情况下,技术进步、技术创新对节能减排显得尤为重要。只有在技术、工艺、设备和材料的创新与应用上取得重大突破,才能在较短的时间内推进节能降耗减排工作再上新台阶。采用先进的信息化和自动化技术推进高耗能、高排放行业的节能减排将为完成"十二五"规划目标提供坚强的技术支撑。2007 年《国务院关于印发节能减排综合性工作方案的通知》中明确提出,要在"钢铁、有色、煤炭、电力、石化、化工、建材、纺织、造纸、建筑等重点行业,推广一批潜力大、应用面广的重大节能减排技术"。在今后节能减排的工作中,电力工业尤其是火电工业无疑是重中之重。

在经济全球化的背景下,火电发电企业如何提升核心竞争力,如何实现可持续发展,采用先进的自动化技术设备无疑是一条走出以往"高投入、高能耗、高污染"发展道路的有效途径。

6.2 我国发电工业节能降耗减排的发展现状

截止到 2010 年底,我国发电行业装机容量达 96641 万千瓦,其中火电为 70967 万千瓦,占总容量的 73.47%;2011 年电力装机容量达 10.63 亿千瓦,同比增长 9.95%,其中火电装机容量为 7.68 亿千瓦,占总容量的 72%。2012 年全国用电量达到 4.96 万亿千瓦时,同比增长 5.5%,发电装机容量超过 11 亿千瓦。

表 6-1 为 2005～2012 年发电行业总装机容量及各种发电机装机容量。

表 6-2 为 2005～2012 年电厂供电标准煤耗。

表 6-1　2005~2012 年发电行业总装机容量及各种发电机装机容量

（单位：万千瓦）

年份	2005	2006	2007	2008	2009	2010	2011	2012
火电装机容量	38413	48405	55442	60286	65107	70967	76834	81968
水电装机容量	11652	12857	14526	17260	19629	21606	23298	24947
风电	95	187	403	839	1760	2958	4623	6142
核电	685	685	885	908	908	1082	1257	1257
太阳能					3	26	222	341
总装机容量	50841	62200	71329	79273	87410	96641	106253	114676
火电所占比重	75.6%	77.82%	77.72%	76.05%	74.48%	73.43%	72.31%	71.48%

注：根据中国电力企业联合会网

表 6-2　2005~2012 年电厂供电标准煤耗　（单位：克/千瓦时）

年份	2005	2006	2007	2008	2009	2010	2011	2012
煤耗	374	366	355	345	340	333	330	325

注：根据中国电力企业联合会网

6.2.1　电力工业发展回顾和节能减排情况分析[3,4]

电力工业是国民经济发展的基础产业，电能与其他能源相比，具有清洁、方便、易于传输、易于转化为其他形式能量等诸多优点，电力工业的发展状况是衡量一个国家经济发展程度、人民生活水平的重要标志之一。新中国成立之初，全国发电装机容量只有 185 万千瓦，发电量只有 43 亿千瓦时，分别位列世界第 25 位和 21 位，人均用电量只有 9 千瓦时。改革开放的 30 年来，我国电力工业开始迅速发展。从 2000 年开始到 2007 年的七年中，电力年均增长 12.8%，比我国 50 多年来电力平均年增 11.7%速度高 1.1 个百分点。进入"十一五"，电力发展进一步加速，前两年平均达 14.5%，而 2007 年则达 15.6%的新高峰，一年新增电量 4400 亿千瓦时，新增发电装机容量达 1.095 亿千瓦。1978 年我国发电装机容量占全球总发电装机容量的比例不到 3%，而 2008 年已超过 15%。1987 年，我国电力装机容量达到了 1 亿千瓦，1995 年和 2000 年分别跨过了 2 亿千瓦和 3 亿千瓦。

2002 年以来的十年间，我国电力装机迅速增长。尤其是自 2006 年以来，每年新增电力装机在 1 亿千瓦左右。目前，我国超临界机组发电技术应用达到国际先进水平，大型空冷发电机组的开发和应用居世界领先水平，并成为世界上大型循环流化床锅炉应用最多的国家。截至 2011 年底，全国发电设备容量 105576 万千瓦，其中，水电 23051 万千瓦（含抽水蓄能 1836 万千瓦），占全部装机容量的 21.83%；火电 76546 万千瓦（含煤电 70667 万千瓦、常规气电 3265 万千瓦），占全部装机容量的 72.5%；并网太阳能发电规模发展较快，达到 214 万千瓦。累计上述并网的新能源发电装机容量，达到 5159 万千瓦，发电量达到 933.55 亿千瓦时，相当于节约标煤 2885 万吨，相应减排二氧化碳 8020 万吨、二氧化硫 62 万吨、氮氧化物 27 万吨。

2011 年，全国全口径发电量 47217 亿千瓦时，比上年增长 11.68%，跃居世界第一位。分类型看，水电发电量 6626 亿千瓦时，比上年降低 3.52%，占全部发电量的 14.03%，比上年降低 2.21 个百分点；火电发电量 38975 亿千瓦时，比上年增长 14.07%，占全国发电量的 82.54%，比上年提高 1.73 个百分点；核电、并网风电发电量分别为 874 亿千瓦时和 732 亿千瓦时，分别比上年增长 16.95% 和 48.16%，占全国发电量的比重分别比上年提高 0.08 和 0.38 个百分点。

从发电厂发电设备利用程度来看，2011 年，全年 6000 千瓦及以上电厂发电设备平均利用小时数为 4731 小时，比上年增加 81 小时（反映经济总体发展）。其中，水电设备平均利用 3028 小时，比上年降低 376 小时（反映水源下降），是近二十年来的最低水平；火电设备平均利用 5294 小时，比上年提高 264 小时，是 2008 年以来的最高水平；核电 7772 小时，比上年降低 69 小时；风电 1903 小时，比上年降低 144 小时（反映风源下降）。

6.2.1.1　电力行业节能降耗减排的总体情况[5,6]

电力行业整体迅速发展的同时，随着技术的不断改进，我国发电工业的能耗、污染情况也得到了有效的控制和改善。1980～2011 年，我国供电标准煤从 448 克/千瓦时下降到 330 克/千瓦时，下降幅度达到 118 克/千瓦时；发电厂用电率由 1992 年 7% 的最高值下降到 2011 年包括脱硫、脱硝耗电在内的 6.11%，减少了 0.89%；电网输电线损率由 8.93% 降为 6.37%，减少了 2.56%。并且，主要的污染物如 SO_2、氮氧化物和烟尘的排放也得到了初步的控制。

大气污染得到有效控制。SO_2 的排放量实现了历史性的转折。继 2006 年底全国烟气脱硫机总容量达到 160 吉瓦之后，脱硫机组投入运行的规模不断加大，截至 2010 年年底，全国已投运脱硫机组 5.78 亿千瓦（烟气脱硫机组超过 5.6 亿千瓦），烟气脱硫机组约占全国煤电机组容量的 86%，比美国 2010 年高 31 个百分点。"十一五"期间，全国新增燃煤机组烟气脱硫装置逾 5 亿千瓦，占燃煤机组的比例较 2005 年提高 72 个百分点。

通过结构减排、工程减排、管理减排的综合减排作用，电力 SO_2 排放量持续下降。根据中电联统计分析，2010 年，全国电力 SO_2 排放 926 万吨，比 2005 年排放量下降 374 万吨，降低约 29%，超过全国 SO_2 排放下降量，为全国 SO_2 减排作出了巨大的贡献。

根据中电联最新统计分析，2011 年全国电力 SO_2 排放 913 万吨，比上年下降

1.4%；单位火电发电量 SO_2 排放量为 2.3 克/千瓦时，好于美国 2010 年水平（美国 2010 年为 2.9 克/千瓦时）；截至 2011 年底，全国已投运燃煤机组烟气脱硫装置容量 6.3 亿千瓦，占燃煤机组容量的 89%。

烟尘控制水平逐年提高，"十一五"期间，尽管火电发电量增长 67%，但与 2005 年相比，2010 年电力烟尘排放总量降低 55.6%，单位火电发电量烟尘排放量降低约 37.5%，为 0.5 克/千瓦时。2011 年，电力烟尘排放总量降至 155 万吨左右，单位火电发电量烟尘排放量降低到 0.4 克/千瓦时。从除尘技术应用情况看，所有燃煤电厂全部配置高效除尘装置，其中电除尘应用比例约为 93%，袋式除尘器（包括电袋复合式除尘器）的应用比例约占 7%。

氮氧化物的控制初见成效。"十五"以来，新建燃煤机组按照要求采用了低氮氧化物的燃烧方式，一批现有机组结合技术改造安装了低氮氧化物燃烧器。在发电装机容量增长 86% 的情况下，NO_x 排放量总量由 740 万吨增加到 950 万吨，排放绩效由 3.62 克/千瓦时下降到 2.78 克/千瓦时。

这主要是由于电力工业在"十一五"期间大规模建设 30 万千瓦及以上大容量机组、关停中小容量机组，并同步建设低氮燃烧器和烟气脱硝装置（约 9000 万千瓦，占煤电容量 14%）的综合结果。

随着氮氧化物作为主要污染物列入国家"十二五"规划纲要，氮氧化物的控制力度不断加大，电力氮氧化物排放量增长明显放缓。2011 年，电力 NO_x 排放量约 1003 万吨，排放绩效降至 2.6 克/千瓦时。新建燃煤机组全部按要求同步采用了低氮燃烧方式，现有机组结合技术改造也加装了低氮燃烧器。烟气脱硝装置得到大规模建设。根据中电联统计，截至 2011 年底，全国已投运烟气脱硝机组容量约 1.4 亿千瓦，占火电机组容量的 18%，规划和在建的烟气脱硝机组已超过 5 亿千瓦。已投运的烟气脱硝机组以新建机组为主，选择性催化还原法（SCR 法）占 95% 以上。据初步测算，已投运的 1.4 亿千瓦脱硝机组具有 140 万吨的氮氧化物脱除能力。

其他方面，固体废物综合利用率不断提高，2011 年，电力行业粉煤灰产生量约 5.4 亿吨，是 2005 年的 1.8 倍；综合利用率约为 68%，相当于比 2005 年多利用 1.7 亿吨。2011 年当年产生脱硫石膏 6770 万吨，是 2005 年的 10 倍多，综合利用率约 71%，比 2005 年提高 60 余个百分点。

单位发电废水排放量不断降低，2010 年，全国火电厂单位发电量耗水量 2.45 千克/千瓦时，比 2005 年降低 0.65 千克/千瓦时；单位发电量废水排放量（废水排放绩效值）0.32 千克/千瓦时，比 2005 年降低 0.67 千克/千瓦时。2011 年，全国火电厂单位发电量耗水量 2.34 千克/千瓦时，比上年降低 0.11 千克/千瓦时；单位发电量废水排放量 0.23 千克/千瓦时，比 2010 年降低 0.09 千克/千瓦时。

6.2.1.2　电力行业节能降耗减排存在的问题和面临的挑战

虽然从整体上看我国的电力工业取得了辉煌的成就,但是与世界发达国家相比还存在着一定的差距。1996 年我国人均年用电量为 868 千瓦时,2011 年人均用电量 3483 千瓦时,比 2010 年增加 351 千瓦时,15 年间增幅达到 4 倍,人均用电量已超过世界平均水平。近年来我国电力工业,尤其是火力发电得到了前所未有的发展,我国电力行业火电机组平均供电煤耗、线损率、厂用电率等指标已接近世界先进水平。例如,2011 年我国平均供电煤耗(标准煤)330 克/千瓦时,与发达国家 330 克/千瓦时的平均水平相等,但与日本、德国等国 300 克/千瓦时左右的供电煤耗相比还是有明显的差距。必须看到,目前我国的电力工业发展也存在诸多不合理的因素,这些因素不利于未来我国经济的可持续发展,需要引起足够的重视。

与日本、德国相比,我国电力工业节能仍有较大的潜力。其中,供电煤耗仍然有 30 克/千瓦时左右的差距,也就是说,如果按 2011 年火电机组发电量 38975 亿千瓦时计算,我国一年要多耗标准煤约 1.16 亿吨。

2011 年,全国线路损失率降至 6.37%。目前我国电网综合线损率低于 2007 年的英国(7.4%)、澳大利亚(7.5%)、俄罗斯(11.95%),接近 2007 年美国(6.38%)水平。目前我国发电、输配电效率和用电效率与发达国家相比存在着一定的差距。输电效率上,比世界先进水平(美国为 6%,日本为 4%)高出近 1～2 个百分点,相当于一年多损耗电量 500 亿千瓦时,这相当于我国中部地区一个省一年的用电量。

用电效率上,若以单位 GDP 的电耗来算电力的利用效率,我国与发达国家差距极大。据国家发改委主任张平在十一届全国人大常委会第二十二次会议向全国人大常委会作报告时透露:2010 年我国单位国内生产总值能耗是世界平均水平的 2.2 倍。根据中电联的预测报告:2015 年全社会用电量将达到 5.99 万亿～6.57 万亿千瓦时,2020 年全社会用电量将达到 7.85 万亿～8.56 万亿千瓦时。按照日本的发电、输配电的能效水平,我国的节煤潜力巨大。具体地说,我国电力行业正面临以下几个方面的问题:

(1) 我国电力产业结构不合理。我国的资源分布决定了我国能源结构以火电为主,水电、核电、风电所占比例较小。根据国家统计局 2010 年我国能源消费总量中,煤炭 68%,天然气 4.4%,石油 19%,水电、核电、风电 8.6%,而同年世界能源消费中,平均煤炭 29.63%,天然气 23.81%,石油 33.56%,核电 5.22%,水电 6.46%,再生能源 1.32%。在电力的能源结构中,我国煤电的比重同样占很大的比例,在过去相当一段时间内都在 80% 以上,而世界平均水平一般都在 35% 左右。我国以煤为主的能源结构带来了严重的环境、生态与气候问题,为调整能源结构,电力工业将面临严峻的挑战。

近几年来,虽然国家大力支持开发新能源,风电、核电、水电等都等到了较快的发展,但是在今后相当长的时间里,煤炭仍然是主要能源,燃煤火电依然是电力工业中的主力军。

(2) 大机组的比重过小。2010年全国6000千瓦及以上的火电机组有6373台,总容量为69349.28万千瓦,平均机组容量为10.88万千瓦;30万千瓦及以上机组有1169台,总容量为50404万千瓦,占总容量的72.68%。在全国火电机组中,亚临界及其以上参数机组占36.84%,其中超超临界机组只占火电总装机容量的3.37%,而美国、日本、俄罗斯等发达国家已占到50%以上。

(3) 环境污染、资源消耗问题十分严重。2010年,我国火电装机容量约为7.04亿千瓦,消耗的煤炭为15.9亿吨,占全国总耗煤量33.86亿吨的46.95%左右。如此大的燃煤量无疑会对环境及社会经济的发展带来重大的影响。当前我国温室气体CO_2的排放量超过30亿吨,仅次于美国,居世界第二位,约占全球年总排放量的13.6%。2010年我国发电综合水耗为2.45千克/千瓦时,小于发达国家2000年2.52千克/千瓦时的水平,而美国全国单位发电量耗水量平均值达到1.78千克/千瓦时,对发电行业而言节水减排还有很多工作要做。

(4) 我国电力工业未来的发展也遭遇着严峻的挑战——大规模能源需求的挑战。我国是一个十三亿人口的大国,处于工业化、城镇化发展阶段,对于能源需求正在不断增长,因此确保能源的安全供应,将是一个严峻的挑战。预计到2020年我国需要一次能源43亿吨标准煤,需要电力6.5万亿千瓦时(相应需装机在15亿千瓦以上),人均用电在4500千瓦时左右,而到2030年约需53亿吨标准煤,需要电力9万亿千瓦时以上(相应需装机在20亿千瓦时以上),人均用电水平在6000千瓦时左右。

(5) 控制技术不适应AGC的调峰要求。目前,电厂的生产过程控制系统几乎100%地采用传统的单回路控制技术。在变负荷、被控对象特性变化等非常规工况下,已无法进行有效的自动控制,需要运行人员手动干预才能保证生产过程的连续正常运行,但由于单回路控制技术的简单、容易实现和电厂过程控制多年的习惯,以及电力行业对生产的安全性和稳定性的较高要求,使得其在电厂生产过程控制系统中一直是首选控制算法。

电厂锅炉的燃烧过程是典型的大滞后、强耦合、强非线性过程,目前的控制方式大都采用负荷指令前馈+PID反馈的调节方案。由于机组控制及测量设备不精确、运行参数与设计参数经常存在较大偏差等原因,导致控制效果和机组运行稳定性达不到要求,AGC的跟随速率不高。虽然有少数机组应用优化软件对控制系统进行了优化,也取得一定的效果。但由于后期维护工作没有跟上,多数机组没有真正解决原来存在的过热蒸汽温度和再热蒸汽温度波动大、AGC负荷响应速度迟延、主汽压力控制偏离控制值等问题。

6.2.2 火电行业的能耗和污染排放统计与分析

6.2.2.1 火电行业的能耗统计与分析

发电行业,尤其是火电工业,是电力行业的能耗、排放大户,其节能、降耗、减排技术的发展一直是全社会关注的焦点。发电行业的能耗主要有三项:发电煤耗、厂用电和线损,其中以发电煤耗为主要能耗指标。以一个年发电量为 60 亿千瓦时(相当于 600MW 机组年发电量)的中型火力发电厂为例,如果发电耗煤量是 2011年全国的平均值 330 克/千瓦时,则年耗标准煤 198 万吨,以标准煤 600 元/吨来计算,年燃料费约为 11.88 亿元。发电煤耗每降低 1 克/千瓦时,即节约燃料费 360万元/年。

来自于中电联的中国电力企业联合会和中国能源化学工会主办的全国火电30 及 60 万千瓦级以上机组能效对比及竞赛数据显示,2010 年全国火电 300MW机组年度能效水平见表 6-3～表 6-6,600MW 及以上机组年度能效水平见表 6-7～表 6-10。

表 6-3 供电煤耗

序	分类条件	统计台数	平均供电煤耗/(克/千瓦时)
1	300MW 级纯凝湿冷机组	209	333.64
2	300MW 级供热机组	59	327.20
3	350MW 进口机组	47	323.40
4	300MW 级空冷机组	20	354.12
5	300MW 级国产纯凝湿冷机组	18	331.08
6	300MW 级进口机组	10	336.39

表 6-4 生产厂用电率

序	分类条件	统计台数	厂用电率/%
1	湿冷其中开式机组	142	5.65
2	闭式机组	201	6.01
3	空冷机组电泵配置	20	8.56

表 6-5 油耗

序	分类条件	统计台数	油耗/(吨/(台·年))
1	全部	365	297.4

表 6-6　水耗

序	分类条件	统计台数	综合耗水率/(米³/兆瓦时)
1	闭式循环	201	2.14
2	开式循环	142	0.79
3	空冷机组	20	0.34

表 6-7　供电煤耗

序	分类条件	统计台数	平均供电煤耗/(克/千瓦时)
1	1000MW 超超临界机组	10	290.57
2	600MW 级超超临界机组	4	311.40
3	600MW 级超临界机组	100	312.12
4	600MW 级亚临界机组(湿冷)	75	322.24
5	600MW 级俄(东欧)制机组	10	330.72
6	600MW 级空冷机组	37	339.84

表 6-8　生产厂用电率

序	分类条件	统计台数	厂用电率/%
1	湿冷其中开式机组	100	5.21
2	闭式机组	99	4.98
3	空冷机组其中气泵配置	12	5.16
4	电泵配置	25	8.38

表 6-9　油耗

序	分类条件	统计台数	油耗/(吨/(台·年))
1	全部	236	318.06

表 6-10　水耗

序	分类条件	统计台数	综合耗水率/(米³/兆瓦时)
1	水冷机组其中闭式循环	99	1.89
2	开式循环	100	0.39
3	空冷机组	37	0.61

6.2.2.2　火电行业的污染排放统计与分析

由于我国以燃煤为主,粉尘、SO_2、NO_x、CO_2 成为我国大气的首要污染物。我国污染物排放中,SO_2 的 87%、NO_x 的 67%、CO_2 的 71% 和粉尘的 60% 是由于煤燃烧引起的。其中由 SO_2、NO_x 和 CO_2 引起的酸雨和温室效应,已引起国际社会的广泛关注[7]。电力行业的污染物主要包括温室气体(CO_2)、二氧化硫(SO_2)和氮氧化物(NO_x)等。近年来,我国发电行业的污染排放控制压力不断增大。2006 年,发电行业排放的二氧化碳、二氧化硫、氮氧化物、烟尘分别占到全国总排放量的 40%、53%、50% 和 42% 左右。

1) SO_2 排放分析

大气中的 SO_2 主要来源于煤和石油的燃烧。据相关数据显示,2009 年我国二氧化硫的年总排放量为 2214 万吨,造成 1/3 的国土遭受酸雨的污染,每年经济损失到达 1000 亿元以上。随着我国电力工业的飞速发展,特别是燃煤电厂的大量建设,导致 SO_2 大量产生并排放,SO_2 所导致的酸雨污染已经引起了密切关注。我国的大气污染主要是由燃煤大气污染物形成的,可称为"煤烟型"污染。煤炭燃烧过程中产生的主要大气污染物 SO_2 转化成的酸雨危害极大。SO_2 在大气中经催化氧化等过程形成的酸雨,被称作为"空中死神",属于跨界的污染问题,对森林、湖泊、农业生产、建筑及材料造成危害极大。目前我国已成为世界上 SO_2 污染最严重的国家之一,究其原因是燃煤量逐年增加,尤其是火电厂用煤。火电厂 SO_2 排放总量在全国排放总量中占 40% 以上的比重。作为国家控制酸雨和二氧化硫污染的重点行业,火电行业二氧化硫排放在全国各行业中居首位。火电厂烟气脱硫已成为控制我国大气污染的关键。

表 6-11 是来自于国家环境保护部的 2001~2010 年间全国二氧化硫排放、工业二氧化硫排放以及火电二氧化硫排放数据。

表 6-11　2001~2010 年二氧化硫排放数据　　　（单位:万吨）

年份	2001	2002	2003	2004	2005	2006	2007	2008	2009	2010
全国排放量	1948	1926.6	2159	2254.9	2549.3	2588.8	2468.1	2312.2	2214.4	2185.1
工业排放量	1567	1562	1792	1891	2168.4	2237.6	2140	1991.3	1865.9	1868.4
火电排放量	838.3	857.5	1105.7	1078.8	1277.2	1320	1245.5	1151	1027.6	986.5
占工业排放量/%	53.5	54.9	61.7	57.1	58.9	59.0	58.2	57.8	55.1	52.8

"十一五"期间,火电行业通过加大现役火电机组的脱硫改造力度,新建燃煤机组全部配套建设脱硫装置,同时通过充分发挥结构减排、技术减排和管理减排的综合减排作用,电力二氧化硫排放量继续下降[8]。截止到 2011 年底,全国已投用脱硫机组超过 7.08 亿千瓦,烟气脱硫机组占燃煤总装机容量的 89%,比 2009 年的美国高 39 个百分点。

另据中电联统计称,2010 年,全国电力二氧化硫排放 926 万吨,比上年下降 2.3%,比 2005 年降低约 29%;全国电力二氧化硫排放量占全国二氧化硫排放量的比例由 2005 年的 51.0％下降到 42.4％,减少了 8.6 个百分点;火电二氧化硫排放绩效值每千瓦时由 2005 年的 6.4 克下降到 2.7 克,实现了国家"十一五"规划目标,好于美国 2009 年水平(美国 2009 年为每千瓦时 3.4 克)。为落实《国民经济和社会发展第十一个五年规划纲要》中关于减排任务的约束性指标,国家环保总局发布了《对现有燃煤电厂二氧化硫治理的"十一五"规划》,针对 2005 年底以前建成投产的现有燃煤电厂,提出了电力产业的约束性指标,即到 2010 年底,现有燃煤电厂二氧化硫排放达标率达到 90％;年排放总量下降到 502 万吨。国家环境保护部和国家质量监督检验检疫总局发布并于 2012 年 1 月起实施的《火电厂大气污染物排放标准》GB13223－2011,火电行业面临较大压力。按照新标准,我国 97％的现役火电企业均需要重新进行脱硫、脱硝或除尘设备改造[9]。

2) 氮氧化物排放分析

在能源消费快速增长的背景下,氮氧化物排放量正以超过 6％的年增长率增长。大气中的氮氧化物除对人体器官产生强烈的刺激作用外,当氮氧化物和挥发性有机物达到一定浓度后,在太阳光照射下,还会导致光化学烟雾的形成。光化学烟雾在特定的地理位置,当遇逆温或不利扩散的气象条件时便会集聚不散,造成区域性的臭氧和 PM2.5 细颗粒污染,使区域空气质量退化,并对生态系统造成损害。[10]

我国的火电行业以燃煤发电为主,2005～2010 年的五年间,火电厂装机容量增长 83.96％,煤耗量增长了 43.25％,火电厂氮氧化物年排放量约为 900 万吨左右,占我国氮氧化物年总排放量的 35％～40％,是氮氧化物控制的重点行业。近年来,我国火电厂氮氧化物控制工作已经起步,关停小火电机组、在役机组的低氮燃烧技术改造和新增机组低氮燃烧技术及部分烟气脱硝装置的建成并投入运行,对降低氮氧化物排放水平起到了一定作用,为进一步控制火电行业氮氧化物的排放提供了良好基础[11]。但是,与世界发达国家比较,我国火电行业单位发电量的氮氧化物排放水平依然很高,为 2.63 克/千瓦时。

2008 年,美国烟气脱硝机组占煤电机组容量的 42％左右,中电联《中国电力行业年度发展报告(2011 年)》称:截至 2010 年底,全国已投运烟气脱硝机组容量约 9000 万千瓦,约占煤电机组容量的 14％;在建、规划(含规划电厂项目)的脱硝工程容量超过 1 亿千瓦。已投运的烟气脱硝机组以新建机组为主,且 95％以上采用选择性催化还原法(SCR)工艺技术。由于尚未出台脱硝电价政策,企业难以自行消化较高的脱硝成本,脱销装置投运率不高[8]。因此,电力 NO_x 减排的空间很大。

3) 温室气体排放分析

温室气体指的是大气中能吸收地面反射的太阳辐射,并重新发射辐射的一些气体,如水蒸气、二氧化碳、大部分制冷剂等。它们的作用是使地球表面变得更暖,类似于温室截留太阳辐射,并加热温室内空气的作用。这种温室气体使地球变得更温暖的影响称为"温室效应"。

1997 年于日本京都召开的联合国气候化纲要公约第三次缔约国大会中所通过的《京都议定书》，承诺对六种温室气体进行削减，包括：二氧化碳（CO_2）、甲烷（CH_4）、氧化亚氮（N_2O）、氢氟碳化物（HFCs）、全氟碳化物（PFCs）及六氟化硫（SF_6）。其中以后三类气体造成温室效应的能力最强，但对全球升温的贡献百分比来说，二氧化碳由于含量较多，所占的比例也最大，约为 55%。[12]

近一百年来，化石燃料燃烧产生的温室气体给世界各地带来了显著气候变化，我国是世界上以煤炭为主要燃料的国家之一，超过一半以上被用于火力发电并排放出大量温室气体。

火电排放的温室气体主要有 CO_2、N_2O、CH_4 和 NMVOC 等，CH_4 和 NMVOC 的排放量非常小，几乎可以忽略不计，所以在讨论火电排放温室气体总量时只考虑 CO_2 和 N_2O 的排放量，温室气体排放总量为两者之和。

国务院《"十二五"控制温室气体排放工作方案》的主要目标是：大幅度降低单位国内生产总值二氧化碳排放，到 2015 年全国单位国内生产总值二氧化碳排放比 2010 年下降 17%。控制非能源活动二氧化碳排放和甲烷、氧化亚氮、氢氟碳化物、全氟碳化、六氟化硫等温室气体排放取得成效。

(1) CO_2 排放分析。

我国 2009 年的二氧化碳排放总量是 73.6 亿公吨，为世界第一。对于常规煤粉锅炉来说，产生的温室气体主要是 CO_2。CO_2 的人为排放源多种多样，主要来自于化石能源的生产、转化和消费。电力生产是 CO_2 的一个集中排放源，超过 CO_2 排放总量的 30%。在我国电源结构中，火电机组占总装机容量的 72% 以上，这是因为我国"富煤、缺油、乏气"的资源禀赋条件决定了一次能源以煤炭为主的状况将长期存在，以煤电为主的格局难以发生重大变化。随着火电装机容量的增长，煤炭消费量也随之增加。源于世界银行的各国二氧化碳排放报告的数据，我国 1992～2009 年二氧化碳排放量见表 6-12。

表 6-12　1992～2009 年二氧化碳排放数据　　　　　（单位：亿吨）

年份	1992	1993	1994	1995	1996	1997	1998	1999	2000
CO_2 排量	27.0	28.8	30.6	33.2	34.6	34.7	33.2	33.2	34.1
年份	2001	2002	2003	2004	2005	2006	2007	2008	2009
CO_2 排量	34.9	36.9	45.3	52.9	57.9	64.1	67.9	70.3	73.6

(2) N_2O 排放分析。

近年来，燃烧过程中氧化亚氮（N_2O）的排放引起了很大重视。N_2O 是一种温室气体，并且在平流层中破坏臭氧层。自 1750 年以来，全球大气 CO_2、CH_4 和 N_2O 浓度显著增加，目前已经远远超出根据冰芯记录得到的工业化前几千年来的浓度值,其中 N_2O 浓度从工业化前约 270ppb[①] 增加到 2011 年的 324ppb。

研究表明,煤在流化床锅炉中的燃烧是 N_2O 的一个重要来源。在流化床燃烧条件下,燃烧产物中的 N_2O 来源于煤中的氮。在煤燃烧过程中,煤中氮的转化经过两个阶段:在挥发份析出阶段,一部分氮主要以 HCN 和 NH_3 的形式析出,通过均相反应生成 NO、N_2O 和 N_2;挥发份析出以后,残余焦炭中的氮经过化学反应转化,也会生成类似的产物,但是这一阶段 N_2O 的生成机理目前还没有完整统一的认识。[13]

炉膛温度的高低直接影响到 N_2O 的排放,虽然目前对于 N_2O 的生成原理还没有确切的解释,但是大部分的研究都认为温度是影响燃煤锅炉 N_2O 排放量的主要因素,炉膛温度越低越有利于 N_2O 的生成,反之则有利于 NO_x 的生成,燃煤锅炉中煤粉燃烧温度较高,所以温室气体主要以 CO_2 为主,而循环流化床锅炉由于炉膛内温度较低,容易生成 N_2O,虽然排放量仍比不上 CO_2,但是由于其全球增温潜势为 CO_2 的 310 倍,排放量仍然不容小视。

4) 烟尘排放分析

烟尘是燃煤和工业生产过程中排放出来的固体颗粒物。它的主要成分是二氧化硅、氧化铝、氧化铁、氧化钙和未经燃烧的炭微粒等。钢铁、有色金属、火力发电、水泥和石油化工企业的生产过程,车辆和飞机的排气,以及垃圾燃烧、采暖锅炉和家庭炉灶排出的烟气等,都是烟尘污染的主要来源,其中以燃料燃烧排出的数量最大。

根据国家环境保护部历年的环境统计年报,全国烟尘排放量、工业烟尘排放量和电力烟尘排放量如表 6-13 所示。

表 6-13 2001～2010 年烟尘排放数据 （单位:万吨）

年份	2001	2002	2003	2004	2005	2006	2007	2008	2009	2010
全国烟尘排放量	1069.8	1012.7	1048.7	1095	1182.5	1088.0	986.6	901.6	847.7	829.1
工业烟尘排放量	851.9	804	846.2	887	848.9	864.5	771.1	670.7	604.4	603.2
电力烟尘排放量	414.0	365.0	392.6	392.1	402.4	386.4	329.3	279.0	246.6	218.4
占工业排放量/%	48.6	45.4	46.4	44.2	47.4	44.7	42.7	41.6	40.8	36.2

另据中电联称:2010 年电力烟尘排放总量 160 吨,比 2009 年下降 31.9%。"十一五"期间,2010 年火电发电量比 2005 年增长近 70%,但电力烟尘排放总量比 2005 年降低了 55.6%,2010 年单位火电发电量烟尘排放量降低约 37.5%,为每千瓦时 0.5 克。

---

① 1ppb 即十亿分之一。

从目前的情况来看,粉尘已通过除尘设备得到了初步控制,因而 SO_2 和 NO_x 等气态污染物就成为首要污染物。

按照新标准,火电企业的减排压力骤增,除了脱硫、脱硝、除尘三项指标的标准大幅提高外,还增加了重金属汞的排放指标,自2015年1月1日起,燃煤锅炉执行汞及其化合物污染物排放限值。[9]

新的《火电厂大气污染物排放标准》要求现有机组2014年7月前完成改造,据中国电力企业联合会的初步调查,这些需要改造的环保设施近40%无法在一个大修周期内完成改造,对于2012~2014年期间没有大修计划的机组还需要专门进行停机改造。

另外,近几年由于煤电矛盾导致企业投资火电的热情不断降低,且环保的压力不断叠加,火电企业发展面临严峻形势!

6.2.3　火电行业节能降耗减排的潜力分析与措施

6.2.3.1　火电行业能耗分布[14]

火电机组能耗指标体系主要由锅炉、汽轮机发电机组以及附属设备及其系统的各类能耗指标等组成。锅炉能耗指标主要是指锅炉效率;汽轮发电机组的能耗指标主要指汽轮机效率(热耗率);机组厂用电指标主要是指厂用电率,影响厂用电率的主要辅机设备(如吸风机、送风机、一次风机、排粉机、磨煤机、脱硫增压风机、脱硫循环泵、脱硫磨机、二次风机、流化风机、冷渣风机、循环水泵、冷却风机、给水泵、凝结水泵、凝结水升压泵等)的耗电率。

锅炉效率是评价锅炉运行经济性的重要指标,是锅炉能耗水平的综合反映。排烟热损失是影响锅炉效率的各项热损失中最大的一项热损失。排烟温度、排烟氧量是决定锅炉排烟热损失大小的重要指标。影响锅炉排烟温度的主要因素有锅炉负荷、空预器入口温度、空预器换热效果、受热面及尾部烟道积灰、送风量以及燃烧调整等。排烟氧量是体现锅炉系统漏风情况的主要指标。锅炉系统漏风主要包括空预器漏风、炉本体漏风、负压制粉系统漏风和电除尘漏风。漏风不仅造成锅炉排烟热损失增大,还会使风机耗电量增加。

汽轮发电机组的热效率是火力发电厂生产过程中对机组效率影响最大的一项指标。汽轮机发电机组能耗指标分析的重点是影响汽轮机热效率的各项主要指标。影响汽轮机本体效率的主要是高、中、低压缸效率。

回热系统对提高热力循环效率也有较大影响,各加热器相关参数的变化都直接影响到循环效率。给水温度,各加热器的投入率(尤其是高压加热器的投入率),各加热器上端差和下端差的变化,各加热器的温升,高加三通阀后的温度,抽气管道压损的变化,高、低压加热器及轴封加热器的水位,除氧器的运行温度、压力以及抽气管路的压降等都对热力循环效率有很大影响。

厂用电指标主要指辅机的耗电率。引起辅机耗电率高的因素很多,如电机设计功率与设备出力是否匹配,是否存在较大裕度;辅机运行方式是否最优化;主要辅机是否选用高效能设备或进行了高效能改造;全厂厂用电量平衡计算是否相符等。

主要辅机耗电率高的原因主要有:

(1)影响引风机耗电率的主要因素是烟道阻力、漏风。

(2)影响送风机耗电率的主要因素是氧量、漏风、差压。影响一次风机耗电率的主要因素是煤质、漏风、差压。

(3)制粉耗电率对厂用电率的影响较大,其影响因素也较多,主要有:入炉煤质(低位发热量、哈氏可磨系数、挥发份、全水分含量等)的变化情况、中储式制粉系统是否保持额定出力运行、钢球磨的电流与出力的变化是否正常、分离器的分离效果是否良好、回粉管是否畅通、直吹式制粉系统在相同负荷下磨煤机运行台数是否合理、煤粉细度是否结合煤质变化维持在最佳范围内。

(4)除灰耗电率主要受机组负荷、燃煤特性及除灰系统自身是否完善等因素的影响。干除灰系统重点在于系统设计、输灰方式及程序是否最优化,系统是否存在漏灰、漏气缺陷等。湿排灰系统重点在于灰水比是否达到设计值或最优值,灰管线是否存在结垢等影响输灰能力的问题,灰浆泵的运行方式是否合理等。

(5)影响电除尘耗电率的主要因素是机组负荷、燃煤特性以及电除尘自身节电性能等。电除尘各电场硅整流变的运行电压和电流是否正常;大梁、灰斗、阴极振动保护箱的加热装置工作是否正常;电除尘电场灰量及出口粉尘浓度的变化情况,都影响电除尘设备的耗电率。

(6)凝结水泵、给水泵耗电率受系统阀门内漏(如再循环阀)的影响较大。

(7)循环水泵的耗电率随运行方式、循环水压力变化、循环水系统管道、阀门和凝汽器阻力的变化而变化。

(8)输煤系统耗电率与入炉煤质、输煤皮带出力、堆取煤量的关系很大。

(9)脱硫装置厂用电率受入炉煤中含硫量的影响较大,煤质(主要是含硫量的高低)和锅炉燃烧状况决定了脱硫装置的耗电率。

6.2.3.2　火电行业节能潜力分析

我国火电行业节能潜力分析。

(1)我国目前平均供电煤耗指标比国外最先进水平高约30克/千瓦时,存在较大差距主要是火电比例过高造成的。先进水平的国家如意大利、日本、韩国2006年就低于307克/千瓦时,而我国2011年煤电机组供电煤耗为330克/千瓦时,按2011年我国火力发电量3.58万亿千瓦小时算,若达到307克/千瓦时的水平,我国每年可以节约约10.9亿吨标准煤,节能潜力巨大。

（2）2010 年全国发电厂用电率为 5.43%，与先进国家 4% 的发电厂用电率相比也是有不小的差距，如果按 2011 年 4.72 万亿千瓦时计算，全国发电厂用电率下降 1 个百分点，全年将可以节电 472 亿千瓦时。

（3）2010 年，全国火电厂单位发电量耗水量 2.45 千克/千瓦时，比 2005 年降低 0.65 千克；单位发电量废水排放量 0.32 千克/千瓦时，比 2005 年降低 0.67 千克。2005～2011 年全国火电厂单位发电量耗水量、单位发电量废水排放量见表 6-14。

表 6-14　2005～2011 年发电耗水量及废水排放量　（单位：千克/千瓦时）

年份	2005	2006	2007	2008	2009	2010	2011
发电耗水量	3.1	3	2.9	2.8	2.7	2.45	2.34
发电废水排放量	0.99	0.85	0.7	0.6	0.53	0.32	0.23

注：根据中国电力新闻网

6.2.3.3　火电行业的节能措施

火电厂目前比较成熟的节能减排技术改造项目和内容主要有：

1）锅炉部分[15,16]

（1）回转式空气预热器柔性密封改造技术。

原锅炉回转式空气预热器由于结构庞大，密封性能较差，大机组投运一段时间后空预器漏风往往达 7%～10%，甚至更大，严重影响了锅炉效率和风机的电耗。改造采用新型弹性密封组件，是一种先进的回转式空气预热器密封技术，具有零间隙、耐冲刷、耐磨损、耐高温、耐腐蚀、弹性好、密封磨损量自动补偿、不增加风阻等特点；采用合页弹簧技术，允许空预器的转子在热态运行状态下有一定的圆端面变形及圆周方向的变形；采用密封滑块自润滑合金，高温下干摩擦系数 $\mu=0.1$。对主轴电机驱动电流影响较小；空预器漏风率会随着运行时间的增长而适当变大，可利用停炉时进行检查并重新调整密封组件。

空气预热器柔性密封改造当前已有较多成功实例，某 600MW 机组改造前测得空预器 A/B 侧漏风率分别为 8.30%/7.90%，改组后分别为 4.64%/4.38%，漏风率平均下降 3.59%。

根据 600MW 机组参数变化对煤耗率的影响计算，漏风率每下降 1% 使供电煤耗下降 0.18 克/千瓦时，两侧平均漏风率下降 3.59%，使供电煤耗下降 0.65 克/千瓦时。按单台机组年发电量 35 亿千瓦时计算，每年可节约标煤 2275 吨。空预器柔性密封改造后，两台送风机、两台引风机、两台一次风机运行电流合计值在相同工况下（600MW）比改造前下降了约 60 安，每年可节电 436.46 万千瓦时。

（2）风机节能改造。

当空预器改造后漏风大幅下降,但环保逐步要求增加脱硫系统、脱硝系统,烟尘排放要求电除尘器改造为电袋复合或布袋除尘器等因素,都会使锅炉各种风机实际工作点大幅变化,导致各大风机不断需要进行改造。根据机组的实际情况,改造的方案多种多样,常见的有轴流风机转子节能改造（减少叶片数）、选用高效风机叶型增容改造、轴流静叶可调风机改造为动叶可调、引风机和增压风机合并改造、增压风机加旁路提高运行灵活性节电改造等。

例如,某电厂 1000MW 超超临界机组原配有两台轴流风静叶可调的引风机和增压风机,电厂决定拆除脱硫系统烟气换热器（GGH）,需要对风机系统进行节能改造,改造方案可选:静叶可调风机重新选型、静叶可调改造为动叶可调、引风机和增压风机合并改造、风机马达改为双速等。通过对运行费用、维护费用、改造投资大小、回收期、施工期、运行灵活性、安全可靠性等方面综合比较,最终选用引风机和增压风机合并,单速轴流静叶可调风机改造方案。具有节电量显著的特点,一台风机改造费用约为 200 万元（包括加固、烟道等其他费用）,改造后一台风机年节电量为 405 万千瓦时,改造后两年即可回收投资。

（3）机组启动点火技术的改进。

当前,国际原油价格不断攀升,每桶已高达 135 美元,因此,控制锅炉燃油消耗已成为各个燃煤电厂的不得不面对的现实问题。传统的大油枪点火方式已不能适应日益紧张的石油资源供应形势,等离子点火、小油枪点火技术等各种无油或少油点火稳燃节油技术不断涌现。等离子点火和微油点火稳燃节油技术既节油,又可以在点火期间就投运电除尘器,具有良好的环保效益,已在很多机组上投入运行。

① 等离子点火技术。

等离子点火系统工作原理主要是直流电流在一定介质气压的条件下引弧,并在强磁场控制下获得稳定功率的定向流动空气等离子体,该等离子体在点火燃烧器中形成 $T>4000$ 开尔文的梯度极大的局部高温火核,煤粉颗粒通过该等离子"火核"时,迅速释放出挥发物、再造挥发份,并使煤粉颗粒破裂粉碎,从而迅速燃烧,达到点火并加速煤粉燃烧的目的。等离子燃烧系统由点火系统和辅助系统两大部分组成。点火系统由等离子燃烧器、等离子发生器、电源控制柜、隔离变压器、控制系统等组成;辅助系统由压缩空气系统、冷却水系统、图像火检系统、一次风在线测速系统等组成。等离子点火的主要特点是:

（a）阳极与阴极使用抗氧化材料,使等离子体载体可以采用廉价易得的压缩空气,降低了运行成本;

（b）输出电功率可达到 100 千瓦以上,阳极使用寿命长（≥1000 小时）,适合与各种燃烧器配合;

（c）燃烧器采用了分级燃烧、气膜冷却及浓淡分离等技术,使其适应煤种范围

宽,对煤粉细度无特殊要求,且出力大、不易结焦、耐磨损、使用寿命长;

(d) 供电电源及控制主机采用了总线式的通讯方式,切换方便,两台单元式锅炉可采用共用一套供电电源、各自使用独立的操作界面的办法,从而节省大量的初始投资,提高设备的利用率。

等离子点火器的实际运行证明,等离子点火器一次投入成功率高达 99%,系统安全可靠,试运行全过程可实现零油耗,既经济又环保。

② 微油点火稳燃技术。

微油燃烧器由油燃烧室、煤粉一级燃烧室、煤粉二级燃烧室,煤粉三级燃烧室组成,该燃烧器既能保证安全、稳定地点燃,又能作为主燃烧器功能,保持原主燃烧器的原有性能。微油燃烧器的工作原理是:微油枪在微油燃烧室内气化并点燃燃烧,产生的高强度火焰进入到微油燃烧器的一级燃烧室,与进入一级燃烧室的煤粉气流混合,发生强烈的化学反应,煤粉裂解同时产生大量挥发分并被点燃,被点燃的煤粉火焰随气流进入到二级燃烧室,在这里引燃进入到二级燃烧室的煤粉气流,依次类推进入三级燃烧室,实现分级燃烧和能量逐级放大,最终引燃绝大多数煤粉,在燃烧器出口产生约 1200℃的煤粉火焰。微油系统由微油点火系统、一次风加热系统和控制系统三大部分组成。其中微油点火系统由微油进油管路、压缩空气管路、微油燃烧器、微油燃烧助燃风,以及微油点火、火检、炉膛壁温监测等组成,对于直吹式制粉系统还应增加一次风暖风加热系统;控制系统主要对点火系统和一次风加热系统纳入就地和远程 DCS 控制,进行就地控制操作和远程控制操作,实现锅炉微油点火和燃烧的安全保护及连锁,确保锅炉的安全、稳定、可靠运行。微油燃烧的特点主要有:

(a) 大幅度降低锅炉启停及低负荷稳燃时的用油量,6 支微油枪额定运行参数(1.5 兆帕)时油耗仅 300 千克/时,节油率高:烟煤一般在 95% 以上,贫煤、无烟煤在 70%～80%。

(b) 点火初期煤粉燃尽率高,可达 80% 以上(烟煤),并能有效控制冷炉点火初期冒黑烟的现象。在锅炉启停阶段,可投入电除尘,满足环保要求。

(c) 煤种适应性广,可以做到每支油枪用油<250 千克/时的微油燃烧引燃煤粉的能力。对于烟煤,基本上可控制<80 千克/时(每支油枪)即可满足 600MW 机组的应用;对于贫煤和无烟煤,则需要 200 千克/时出力的油枪。

(d) 采用高规格的耐温、耐磨损材料,使用气膜冷却技术,燃烧器运行安全。

(e) 微油燃烧器运行参数(煤粉浓度、一次风速)可控范围宽,煤粉浓度 0.2～0.8 千克(煤粉)/千克(空气),一次风速 20～32 米/秒(烟煤),18～24 米/秒(贫煤、无烟煤),在以上参数范围内变化时,一次风煤粉均能被很好引燃。

(f) 节油显著,节油率高:烟煤一般在 95% 以上,贫煤、无烟煤在 70%～80%。

(g) 初投资省,系统简单,改造工程量小,投资回收率高,运行维护成本低。

(h) 微油系统所有热工信号均可直接送至DCS,由DCS统一调度控制,所有操作和保护均通过DCS实现。

对于直吹式制粉系统,存在冷态启动时由于热风温度不够,不能干燥制粉的问题,通过采用蒸汽暖风器加热磨煤机入磨冷风的方式来解决这个问题。

微油燃烧器实际投运结果表明:

(a) 在不投大油枪的情况下,锅炉能应用微油点火技术实现改造后升温升压、汽机冲转、带负荷等整个冷态启动过程,同时也适用于锅炉的低负荷稳燃;

(b) 微油燃烧器能顺利点燃煤粉,火焰明亮,燃烧稳定,燃烧器长期运行壁温正常、不结焦。同时撤出微油枪后气化微油燃烧器作为主燃烧器运行时,在一次风风速正常的情况下,相应给煤量能满足锅炉满负荷运行和作为主燃烧器使用的要求。

随着社会对原油的不断消耗,原油资源越来越稀缺,无论从节能或者环保方面来考虑,未来燃煤电厂必须选择采用等离子点火或者微油点火等少油或无油点火稳燃技术。我们可以根据使用的煤种、现场场地以及费用等实际因素来决定采用等离子或微油点火稳燃技术。对于进厂煤种不稳定,原来已经有轻油系统的机组,选择微油点火稳燃技术后,其可靠性经济性都比原来的高能点火技术明显提高。对于有可靠的煤源,煤质稳定,而且是烟煤等挥发份较高易于燃烧的煤种,可以考虑取消燃油系统,一步到位,采用等离子点火稳燃技术。

(4) 锅炉燃烧优化调整。

新机组投产,机组的控制系统往往没有经过细致的调整,特别是锅炉系统,有必要进行燃烧调整优化的工作。通过一系列针对性的试验和最终调整锅炉控制逻辑、控制函数和整定参数,可以消除存在的相关设备缺陷,使锅炉运行的安全可靠性和经济性有一定程度的提高。某超临界600MW机组实施锅炉燃烧优化调整后,消除了锅炉燃烧器损坏等重大缺陷,排烟温度下降10℃、主汽和再热汽温度平均提高4～5℃、石子煤排放平均下降4‰,氮氧化物排放有所下降,供电煤耗下降达3克/千瓦时,综合效益十分可观。

2) 汽轮机部分[15]

汽轮机设备及其系统是火电厂重要的组成部分,近年来汽轮机的设计水平有了很大的提高,节能降耗潜力较大。

(1) 汽轮机本体改造。

汽轮机本体节能改造工作主要分成三部分,即汽轮机通流部分、汽轮机汽封系统以及汽轮机的进汽和排汽部分的改造。

目前国产和首批引进技术生产的亚临界300MW汽轮机用户纷纷采用先进的三维流场动静叶片设计技术实施了通流部分改造,实践表明可以大幅降低汽轮机的热耗,是一项成熟的改造技术。目前采用先进的三维流动设计技术,改造后

300MW 亚临界汽轮机热耗可以达到 7960 千焦/千瓦时左右。如果改造前汽轮机设计热耗较差,不可修复的老化损失较严重,改造后机组实际运行煤耗可降低 8～10 克/千瓦时左右。

如果设备原始设计热耗较低,通流部分整体改造热耗下降较少,影响投资收益率,可进行汽轮机气封系统的改造,这方面已有不少案例,有些改造确实短期内效果较好,但还未经过长期考验。汽轮机气封改造包括动静叶汽封、隔板汽封和轴封等的改造,隔板汽封和轴封的改造形式有布莱登汽封、蜂窝汽封和刷子汽封等,改造后汽缸效率可提高 2～3 个百分点,煤耗降低 1～3 克/千瓦时,投资也不大。汽轮机汽封改造有高精密性和高可靠性的要求,虽然大多数改造是成功的,但也出现了个别失败的案例,因此必须强调,汽轮机汽封改造技术必须获得原汽轮机制造厂的认可,改造使用的汽封备件的制造必须成熟可靠。

汽轮机进汽部分的改造主要是减少进汽部分的节流损失和尽量避免气流激振,消除轴承振动大的缺陷。某 600MW 机组进汽部分的改造包括配汽系统优化和进汽调节阀门重组、设置合适的阀门重叠度,可大大减少进汽的节流损失和大幅减少因部分进汽引起的气流激振,改造后机组轴承瓦温下降了 20～30℃,振动下降了 20～70μm,在 500MW 负荷汽耗降 0.1 克/千瓦时,折合煤耗约 2 克/千瓦时。

(2) 汽轮机辅机及其系统改造。

汽轮机辅机及其系统的节能改造包括各种水泵的改进和热力系统的节能改造。由于设计以及选型的不合理,有些水泵压头余量过大和水泵本身效率不高,通过水泵性能和管路特性测试,正确评价水泵节能潜力是水泵节能改造可行性研究的关键。某电厂对前置泵和凝结水泵的改造案例提供了水泵节能改造的原理和方法,包括车削叶轮、流道打磨、修正进出口角等叶型优化改进、选用高效叶轮等可降低电耗和提高水泵效率;循环水泵流道涂特殊涂料也可提高循泵效率,节电效果十分明显,某 600MW 机组两台循环水泵实施后进行对比试验,循环水泵运行电流下降分别为 3.8% 和 3.4%,年节约电费约 20 万元,投资回收期在一年内。

汽轮机疏水系统往往设计复杂,冗余系统多,甚至存在设计、安装错误、阀门泄漏严重,不仅造成机组的经济损失,还使维修工作量及维护费用增加,运行人员操作量增加,对机组安全性、可靠性也有影响,某 200MW 机组改造后,额定工况下降低热耗 53.66 千焦/千瓦时,折合煤耗 2.05 克/千瓦时。汽轮机疏水系统优化改造值得推广。

3) 电气部分[15]

当前火电厂已大量采用电机调速技术达到根据主机负荷调节辅机出力的节电目的。采用的主要技术有变频调速、永磁调速和电机由单速改为双速等。由于目前火电机组负荷率相对较低,各类调速技术节能效果十分显著。例如,300MW 机组凝结水泵采用变频或永磁调速后节电率可达 30%～50%。若采用变频技术,设备及配套投资约为 150 万～200 万元,但年节约电费可达 70 万～100 万元,三年内肯定能收回成本;某 330MW 机组一次风机改造后各负荷点节电率分别在 20%～40%范围内,风机平均功率从 1150 千瓦下降到 590 千瓦,以运行 7000 小时计算,年节电量达 773 万千瓦时;某 600MW 机组循环水泵电机改为双速,单台电机改造费用约 35 万元,若保守按一台循环水泵一年内有 3 个月投入低转速运行就可节电约 200 万千瓦时,一年内可回收成本。近年来,随着技术的不断成熟和可靠,变频调速器功率已越来越大,变频器使用范围也越来越广,从最初用于小型辅机、凝结水泵等逐步发展到各种风机,甚至循环水泵,节电效果十分显著。但改造时均要增加辅助系统(变频器、永磁调速器等),在带来可观的节能效益的同时,也带来了系统复杂化、整体可靠性下降、维护修理费用增加等问题。因此,改造前必须扎实做好多方案可行性研究,择优选择投资回收期短的项目。改造调试时必须精心测试,确定可能存在的共振转速区,设定变频器或永磁调速控制器只能快速通过的速度范围;改变频后对原有电机的使用寿命也可能会有一定的影响,个别已发生电机损坏的事故;若干年后变频器部分元器件的可靠性和更换费用问题会凸现,也应引起注意。

4) 自动控制部分[17]

自动化技术的提高及广泛应用是实现节能减排的关键。随着国内自动控制技术的大力开发和成功应用,自动化技术在电厂的应用取得了重要突破:

第一,电厂主机组的集中控制实现了多机一控。目前国内众多的运行电厂,绝大多数是一个控制室控制两台机组,也有一个控制室控制一台机组的。随着电厂自动化水平的提高,近几年开始发展到三台机组一个控制室、四台机组一个控制室,甚至开始尝试更多台的机组一个控制室。

第二,电厂辅助车间系统实现了网络化集中控制。电厂除了主机即锅炉、汽轮机和发电机及相关系统外,还有许多辅助系统,包括煤处理系统、水处理系统、灰渣处理系统、燃油系统等,这些辅助系统往往需要一个单独的控制系统,需要单独的控制室来控制它。随着设计水平的提高和控制技术的进步,逐步把地理位置相近和工艺性质相同的辅助系统实施集中控制。

第三,基于现场总线的控制系统已开始得到应用。现场总线在电厂的应用已有近十年的时间,开始是局部的零星小系统,后来发展到完整的辅助车间系统如华能玉环电厂的水处理系统,最近则开始在主机组中大规模运用。例如,由中国电力工程顾问集团华东电力设计院设计的华能金陵电厂和由中国电力工程顾问集团东北电力设计院设计的华能九台电厂,已将基于现场总线的控制系统全面应用于主机组的设计中,目前这两个项目正在建设中。

第四,本土自动化企业自动控制技术的进步。近些年来,国产 DCS 产品有比

较大的进步,自动化硬件和软件水平以及信息化水平都比较成熟,已成功应用到
60 万机组甚至 100 万机组上。实时/历史数据库能实时采集并储存电厂 DCS,其
他专用控制系统和辅助控制系统等各自动化系统的实时和历史数据,建立全厂信
息共享数据平台,并基于数据库平台实现全电厂生产过程的实时监测、经济指标计
算与分析等高级应用功能,可以为发电厂节能降耗提供分析和安全性评估服务。

同时,随着这两年节能减排的需求,国内一些研究机构、高校、DCS 厂家已研
发出采用先进控制算法的优化控制软件,并已在实际机组上投运,取得了非常不错
的效果,水平与进口同类软件不相上下,为火电机组的自动化水平的提高和实现机
组的节能减排起到了非常积极的作用,更好地实现了生产过程和企业管理的一体
化。

6.2.3.4　火电行业的减排措施

火电机组是 SO_2 和 NO_x 的排放大户。就 SO_2 而言,目前我国 SO_2 排放量排在
世界第一位。因此,我国对于 SO_2 排放的重视程度和治理力度,已经达到了前所未
有的高度。我国仅用了不到十年时间已发展成为全球最大的烟气脱硫市场,而美
国用了三十多年时间才发展起其脱硫产业。现在,我国的脱硫产业已从只有几家
企业的小规模发展到如今仅年新增需求就达 100 多亿元的大规模的脱硫市场。

截止到 2011 年,全国脱硫机组装机容量占火电装机容量的比重已提高到
87.6%;全国脱硝机组装机容量占火电装机容量的比重已提高到 16.9%;安装脱
硫设施烧结机面积占钢铁行业总烧结面积的比重已提高到 32.8%。"十一五"末
建成的自动监控系统充分发挥作用,脱硫设施投运率达到 95% 以上;56 台、2370
万千瓦机组脱硫设施拆除烟气旁路,火电综合脱硫效率提高到 73.2%。

而 NO_x 排放方面,据统计,我国大气污染物中 90% 以上的 NO_x 源于矿物燃料
(如煤、石油、天然气等)的燃烧过程,其 70% 来自于煤的燃烧,而火电厂发电用煤
又占了全国燃煤的 70%。2011 年全国 NO_x 排放总量达到 2404.3 万吨,按照目前
的排放控制水平,2020 年我国 NO_x 排放量将达到 2900 万吨左右,其中火电厂排
放的 NO_x 占全国排放总量的比例还会更大。

根据《火电厂大气污染物排放标准》,从 2012 年 1 月 1 日开始,新建燃煤锅炉
的 SO_2 排放标准为 100 毫克/米^3 以下;NO_2 排放标准为 100 毫克/米^3 以下。

1) 烟气脱硫技术[18]

烟气脱硫一般可分为干法、半干法和湿法三大类,其中以石灰石-石膏湿法烟
气脱硫技术应用最为广泛。我国目前的燃煤烟气脱硫技术以引进为主,在实际应
用过程中,引进技术常常因为与我国国情适应性差,导致已建烟气治理设施在运行
中出现性能不稳定、投运率不高、经济性差等问题。通过对 22 家 2008 年底前建设
的火电厂烟气脱硫工程后评估结果的综合分析,60% 电厂脱硫机组实际燃煤含硫

量超出设计值,67%气-气换热器、44%除雾器等设备存在严重质量问题,且脱硫设备缺乏有效诊断系统性能的手段,造成重复建设和国家投资的浪费。

湿法脱硫是采用液体吸收剂洗涤 SO_2 烟气以脱除 SO_2。常用方法为石灰/石灰石吸收法、钠碱法、铝法、催化氧化还原法等,湿法烟气脱硫技术以其脱硫效率高、适应范围广、钙硫比低、技术成熟、副产物石膏可做商品出售等优点成为世界上占统治地位的烟气脱硫方法。但由于湿法烟气脱硫技术具有投资大、动力消耗大、占地面积大、设备复杂、运行费用和技术要求高等缺点,所以限制了它的发展速度。

干法脱硫技术与湿法相比具有投资少、占地面积小、运行费用低、设备简单、维修方便、烟气无需再热等优点,但存在着钙硫比高、脱硫效率低、副产物不能商品化等缺点。几种有代表性的干法烟气脱硫技术:喷雾干燥法、活性炭法、电子射线辐射法、填充电晕法、荷电干式吸收剂喷射脱硫技术、炉内喷钙尾部增湿法、烟气循环流化床技术、炉内喷钙循环流化床技术。

2)烟气脱硝技术[19]

选择性催化还原(Selective Catalytic Reduction,SCR)技术是脱硝效率高、最具市场前景的烟气脱硝技术,已成为国际上火电厂 NO_x 排放控制的主流技术。目前,我国火电厂烟气脱硝技术及相关政策还处于探索阶段,国内已建或在建的烟气脱硝工程96%以上采用 SCR 工艺,基本是采用全套引进 SCR 关键技术和设备的方法建设,不仅投资及运行成本高,且存在适应性的难题。因此,结合我国煤的特点,开展煤组分对催化剂的作用机理等关键技术的研究,开发适合我国煤燃烧系统的烟气脱硝相关工艺和设备,是实现我国烟气脱硝技术的国产化及产业化自主创新发展的关键。燃煤烟气脱硫脱硝系列国家标准项目组通过《燃煤烟气脱硝技术装备》(GB/T 21509—2008)的编制,对 SCR 脱硝各关键环节进行了规范化、标准化引导,解决了 SCR 工艺及催化剂如何适应我国燃煤复杂多变的难题。该标准填补了国内燃煤烟气 SCR 脱硝装备标准的空白,形成了 SCR 脱硝行业的准入门槛,避免了不合格的 SCR 产品充斥市场,打破了国外企业对 SCR 催化剂的垄断,推动国内企业建立了 SCR 催化剂生产基地,为我国"十二五"全面开展脱硝工作提供了技术支撑。

目前的脱硝行业主要技术有:

(1)SCR 烟气脱硝技术。

SCR 烟气脱硝装置采用选择性催化还原烟气脱硝工艺,在320~420℃的环境下,在特定的催化剂作用下,吹入 NH_3 使 NO_x 还原为氮气和水蒸气,达到脱除 NO_x 的目的。

(2)SNCR 烟气脱硝技术。

选择性非催化还原(SNCR)是当前 NO_x 治理中广泛采用且具有前途的炉内脱硝技术之一。SNCR 是一种不用催化剂,在850~1100℃范围内能还原 NO_x 的方法。SNCR 技术是把还原剂如氨、尿素喷入炉膛温度为 $850\sim1100\,^{\circ}\!C$ 的区域,该还原剂迅速生成 NH_3 气并与烟气中的 NO_x 进行 SNCR 反应生成 N_2 和 H_2O。该方法以炉膛为反应器,可通过对锅炉进行改造实现。在炉膛 $850\sim1100\,^{\circ}\!C$ 这一狭窄的温度范围内,在无催化剂作用下,氨或尿素等氨基还原剂可选择性地还原烟气中的 NO_x,基本上不与烟气中的 O_2 反应。

(3) 炉内降低 NO_x 的燃烧技术。

炉内降低 NO_x 一般是采用低氮燃烧器更换原来常规的燃烧器。低氮燃烧器(LNBS)是通过特殊设计的燃烧器结构,以及通过改变燃烧器的燃料和空气的比例,可以将空气分级、燃料分级和烟气再循环降低 NO_x 燃烧的原理用于燃烧器,通过尽可能地降低着火区氧的浓度,适当降低着火区的温度,达到最大限度地抑制 NO_x 生成的目的。

用低氮燃烧器替换原来的燃烧器时,燃烧系统和炉膛结构不需更改,这样实现很容易,是一种最经济的降低 NO_x 排放的技术。但单靠这种技术无法满足更严格的排放标准,LNBS 常常和其他 NO_x 控制技术联合使用。

6.3　火电行业自动化技术的发展及其现状

6.3.1　火电行业自动化系统的概述和组成

回顾一下我国火电机组的自动化技术的发展:[20]

(1) 20 世纪 70 年代前后,机组主要以常规仪表组成监视控制系统,主辅机可控性差,自动保护投入率低。

(2) 80 年代中后期,除常规仪表外,采用计算机完成 DAS 功能和组件组装仪表完成 MCS 功能,保护功能较为完善,但主辅机的可控性没有明显改进。

(3) 80 年代成套进口的电站,采用计算机进行监测,部分自动调节采用了以微机为基础的分散控制系统(DCS),大量的常规仪表和操作设备仍保留,但主辅机的可控性好,自动保护投入率高。

(4) 进入 90 年代,DCS 在火电站试用中证明可靠性高,取得运行人员的信赖。因此,在新建机组中普遍采用 DCS,并逐步减少常规仪表及硬手操设备,只保留个别极重要的按钮和仪表。

(5) 90 年代末期,火电机组大量运用 DCS 实现检测与控制,主辅机可控性也有明显提高,自动保护投入率可达到 100%;电厂电气部分(发电机~变压器组)也在试用 DCS 的基础上,纳入全厂的 DCS 功能中(简称 ECS);部分火电厂的自动化水平已跻身到世界先进水平的行列。现在 DCS 系统已在我国大型火电厂中普遍应用。

(6) 进入 21 世纪后,在完善单元机组自动化的基础上,逐步应用厂级监视信息系统(SIS),提高电厂的经济运行水平,以适应"厂网分开、竞价卜网"的要求,使电厂自动化水平得以进一步提高,为实现其综合自动化打下了基础。

火电机组自动化系统主要有测量单元、变送单元、调节单元和执行单元等组成。以新原理、新材料、新工艺生产的各种传感器、变送器不断地被开发出来。这些检测各种过程参数的传感器、变送器、分析仪器仪表、就地指示仪表和执行各种指令的执行机构(电磁阀、调节阀)等,是实现机组自动控制的一个非常重要的基础。

目前,DCS 装置在应用最新的计算机技术的基础上,速度和容量都有很大的提高,其覆盖面包括了单元机组的 6 大控制功能即 DAS、MCS、SCS、FSSS、DEH(MEH)和 ECS,使整个单元机组的检测控制、连锁保护、报警等功能融为一体,简化了系统,提高了可靠性,因而进一步提高了单元机组的自动化水平。

另外,还有可编程控制器(PLC),其特点是可靠性高,抗干扰能力强,价格便宜,适宜在电气控制或以开关量为主具有顺控特点的输煤、除渣、除灰、定期排污、吹灰系统等使用,采用现场总线技术与 DCS 相互通信,可以组成一个完整的综合自动化控制系统。

厂级监控信息系统(SIS)是一个全厂性的实时、历史数据库平台,通过应用软件实现全厂实时生产过程监视与机组的优化运行指导,以求达到各项经济指标如全厂煤耗、厂用电率、补给水率和设备检修的最佳状态。SIS 的基础是单元机组的 DCS 及各辅助车间(输煤、补给水处理,供水)的控制系统,接受上述系统中经过处理的信息,再补充若干上述系统中不具有的测点信号。通过对设备信息完整的记录,分析机组及辅助设备整体的运行状态,形成厂级生产过程的实时监视与经济优化运行,为实现经济目标控制下的全厂的协调生产和经营提供决策支持,如:提出机组负荷分配(包括水、煤分配)建议,主要设备检修并安排建议,送给电厂领导(总值长、总工程师和分管生产的厂长)最终决策,人工发出指令指导运行或设备检修。

随着计算机技术不断进步,除主控系统 DCS、ECS、SIS、PLC 及管理信息系统(MIS)外,计算机技术正在向电厂更多的方面渗透,如智能仪表、执行机构及现场总线等,都是以计算机为主组成的,整个电厂逐步实现了智能化、网络化、数字化。

6.3.2　火电行业的 DCS 应用情况[21]

随着世界高科技的飞速发展和我国机组容量的快速提高,电厂热控技术不断地从相关学科中吸取最新成果而迅速发展和完善,一方面作为机组主要控制系统的 DCS 走向成熟,控制范围延伸至全厂范围,国产 DCS 在 600MW 及以上机组的广泛应用水平,打破了进口 DCS 在超临界机组上的垄断地位,且与主流进口品牌

DCS 的市场竞争实力逐步上升。另一方面随着厂级监控和管理信息系统、现场总线技术和基于现代控制理论的控制技术的应用,给热控系统注入了新的活力。同时随着国家节能、降耗、减排要求的提高,机组优化控制的探索与应用也正逐步展开。

分散控制系统(Distribute Control System,DCS)随着工业生产的大型化和过程控制要求的不断提高,已发展成为火力发电机组控制的中枢系统,日益发挥着举足轻重的作用,其本身的性能影响着机组的安全性、可靠性和经济性。

分散控制系统由运行操作接口、开发维护接口、现场过程控制接口和网间通信接口四个相对独立的部分组成,各部分通过内部通信网络有机结合,灵活组态,合理配置,实现火电机组过程控制所需的各种功能,深入到火电机组的全厂控制。

6.3.2.1　火电机组 DCS 应用情况

火电机组 DCS 的应用情况汇总于表 6-15。从表中统计可见,进口 DCS 在火力发电厂 300MW 及以上机组的控制领域占据了主要份额。其中应用比较广泛的是艾默生 OVATION 系统、福克斯波罗 I/A 系统、ABB-Symphony 系统、西门子 TXP 及 T3000 系统、日立 HIACS-5000M＋系统、利诺 MAX 系统、GE 新华 XDPS 系统。此外还有日本横河 CENTUM、日本三菱 DIASYS-UP、H&B 和 HONEYWELL-TPS 等,但所占比例很少。XDPS-400 分散控制系统原为上海新华控制工程有限公司开发,并一度在国内 300MW 以下机组市场占据半壁江山,但 2005 年后被 GE 能源公司收购,市场份额下降明显。目前 GE 新华公司在 XDPS-400 基础上开发出 OC6000E 分散控制系统在河北沙河、河南金亨电厂应用。

在 300MW 以上发电机组国产 DCS 系统应用方面,除国电智深 EDPF 系统、和利时 HOLLYSYS 系统有较多的应用外,国电南自 TCS3000 系统和山东鲁能 LN2000 系统已进入 600MW 机组应用,浙大中控 ECS 系统、南京科远 NT6000 系统和上海新华在 XDPS-400 基础上开发的 XDC800 系统在 300MW 机组上应用;此外西安热工院 FCS165 系统在秦岭 600MW 机组上应用,还有四方 CSPA-2000 系统和上海自动化仪表 SUPMAX800 在火电机组中也有应用,但应用量小,未列入统计表中。

6.3.2.2　国产 DCS 应用进程分析

1) 国产 DCS 应用情况综评

由于国产 DCS 起步较晚,国外 DCS 占据了主要市场,但是经过多年持续的对进口 DCS 系统的消化吸收、自身研发与努力,国产 DCS 系统近年已取得了长足的进步与发展。在相关发电集团公司的支持下,实施电厂积极参与实施过程中的过程可靠性研究,通过有效的技术和管控措施,使得国产 DCS 的性能、功能、质量和可靠性等方面得到了快速提升。近几年国电智深 EDPF-NT 系统、和利时 MACS-V6 系统等国产 DCS 在 600MW 和 1000MW 机组上成功投入商业运行,系统的硬、软件运行状况良好,机组的热控自动投入率和热控保护投入率、热控保护动作正确率均达到较高水平。从机组投产至今均未发生因为 DCS 原因导致机组的停运事件,说明了国产 DCS 已取得了质的飞跃,进入了一个新的时代,已具备与主流进口品牌 DCS 相当的市场竞争实力。在 600MW 及以上机组广泛应用的水平,结束了高端自动控制系统完全依赖进口的历史,打破了进口 DCS 在超临界机组上的垄断地位。

此外国产 DCS 品牌中,南自 TCS3000 系统和山东鲁能 LN2000 系统在 600MW 和 300MW 多台机组上应用,西安热工院 FCS165 控制系统在秦岭 600MW 机组上应用,南京科远、上海新华、上自仪、浙大中控等,在 300MW 级机组中也得到成功应用。这些新成长起来的国产品牌的加入,将进一步强化市场竞争,促进 DCS 技术的发展。

2) 国产 DCS 技术与能力

综合国产 DCS 的运行效果总结其技术与能力如下:

(1) 硬软件方面,近几年投运的国产 DCS 系统与进口产品比较综合性能差距不大,各类全封闭设计的免维护卡件性能可靠,总的 I/O 点数也应用到 15054 点;软件在 Windows 平台运行,界面友好、组态修改方便、全中文环境易于理解和掌握,应用功能适合国内电厂的实际需求。表明 DCS 设计制造、性能参数方面均能满足当前我国火电机组建设的设计规范要求。国产 DCS 品牌在整体设计成套、制造方面已经成熟、具备和进口品牌竞争的实力。

(2) 在 DCS 使用可靠性方面,统计分析表明,近几年投运的国产 DCS 系统,在工程与机组运行期间卡件故障率与发生的问题已较早期大幅度下降,DCS 故障引起主机跳闸、年均各类故障总次数及设备损坏率方面,几家主要国产 DCS 品牌和大多数进口品牌都处于同一水平。表明国产 DCS 在工程应用上已经成熟,能经受得住现场应用的考验。而进口 DCS,为了适应投标价大幅度降低的环境,往往采用低配的方式,反而降低了系统的可靠性。

(3) DCS 在技术层面上应无条件实现机组运行期间进行组态修改和下载功能。虽然进口和国产 DCS 都具有该功能,但都建议机组运行中不执行或尽量不执行该功能(因为在机组运行中执行该功能时发生过机组运行异常事件)。因此提高机组在线组态修改和下载功能的能力,是进口和国产 DCS 都需要继续努力的工作。

(4) 国产 DCS 容易实现一体化,如国电庄河电厂 EDPF-NT 成功实现连辅控在内的一体化 DCS,减少不同系统间数据通信及交换,几乎不存在与外系统兼容性问题,具有生产维护统一、方便的优点。

（5）国产 DCS 维护方便,其工程能力和售后服务能力均强于进口 DCS。由于国产 DCS 多年来一直处于争市场的定位,服务周到是其一贯的优势,出现问题也容易发现,现场解决不了的问题,一般都能及时到厂,且由于 DCS 厂商对自己产品都有深入了解,大部分问题通过电话沟通就能解决。而进口公司相对人员少,出了问题一般服务不能像国产 DCS 响应那么积极,就算能积极响应,但由于其自身对系统的掌握也存在一定的问题,往往不能迅速得到处理。

但国产 DCS 也还有其缺陷,综合机组运行效果反馈,存在的主要不足,一是硬件制造工艺上略显粗糙,机柜内部布线不够规范,控制处理器功能与进口比较处理容量略小。二是软件组态功能块集成化程度低于进口 DCS,标准模块功能还有所欠缺。

3）国产 DCS 价格水平

国产 DCS 成功打破了进口 DCS 在市场方面的垄断局面,大大降低了我国近些年电力装机快速发展阶段的投资成本。迫于国产 DCS 在大机组上成功投运的压力,进口 DCS 的价格大幅下跌。以 2 台 1000MW 机组为例,进口 DCS 的中标价从 2005 年的 2500 万元（浙江玉环电厂）降到了现在的 800 多万元（湖北赤地电厂）。因此国产 DCS 的大量应用,有效拉低了 DCS 平均市场价格;同时迫使进口 DCS 降价,使得进口 DCS 与国产 DCS 之间的价格差距逐步缩小。目前情况,国产控制系统设备建设投资比进口设备相比仍低 30% 左右。

从 DCS 厂家的售后服务看,进口 DCS 产品采用大幅度提高备品备件价格（西门子一块控制卡要价到 50 万元）和售后服务费用（西门子来现场处理问题一天要12.5 万元人民币）的策略,来挽回大幅度降低工程投标价带来的利润减少。而国产 DCS 厂家的服务态度和到位及时性,都明显要高于进口 DCS,服务费用也大大低于进口 DCS:在备品、备件供货周期,现场服务等待时间以及年均设备更换费用、质保服务费用方面和进口品牌相比都具有明显的地域优势和价格优势。总体运行维护费用大约为国外品牌的 1/3 左右。因此机组后续的维护费用,国产 DCS大大低于进口 DCS。

4）关于 DCS 国产化的建议

国产系统在技术水平和可靠性上已拥有与国际产品一比高下的平台。为减少节能降耗的成本,我们给出以下几条建议:

（1）建议政府部门积极引导各发电集团公司优先采用国产 DCS,给予国产DCS 用户一定的鼓励和优惠政策。通过重点科技项目等手段,积极扶持国产 DCS企业的新技术研发,提高国产 DCS 企业的市场竞争力。

（2）合同中应增加指标达不到要求或多少年内 DCS 故障引起机组跳闸的罚款条款（与合同价格挂钩，而目前国产 DCS 引起机组跳闸的案例并不高于进口 DCS），对违约的应通过案例或信誉问题通报，排除其产品参与投标等进行惩罚。同时将现场服务即时性、后续备品备件价格及现场服务费用等也量化列入招标合同（避免后续的漫天要价），这些是国产 DCS 的优势，有利于提高其竞争力和中标机会。

（3）对国产 DCS 厂商而言，需进一步提高产品质量、重视新技术的研发；在完善传统功能的基础上，积极开展先进优化技术、保护安全系统一体化技术以及现场总线技术等的研发，增强自身的市场竞争力。

5）关于辅控采用国产 DCS 的建议

充分发挥国产 DCS 的价格优势：

随着对电厂灰、水等辅助车间控制系统控制要求的提高，要求 PLC 控制系统双网冗余和双机热备，并设若干个上位机站。系统的扩展和提升使得 PLC 系统原有的价格优势消失。从电厂招标的结果来看，进口 PLC 系统的价格高于国产 DCS 系统，而备品备件价格要高于国产 DCS 更多。国产 DCS 扩展成本低，优势明显。由于国产 DCS 软件除使用 Windows 平台外，其他软件均为自行开发，随硬件提供电厂使用，不收取费用。当电厂改造需增加新系统时，所增加的监控部分仅需采购硬件即可。而由 PLC 所构成的系统采用进口软硬件，软件按套按点收钱，并由于是小量采购，价格昂贵。虽然一般设计院在招标时均要求数据库点数、控制软件的点数均有较大冗余，但由于成本原因，一般投标商只口头响应实际均不能响应，电厂往往在设备需要改造时才发现需重新购买软件。

另外，使用 DCS 组成辅控系统将使电厂实现全厂一体化或辅控和脱硫的一体化，减少运行维护费用，使得热控人员只要面对同一人机界面及掌握一套控制系统，减轻了工作量，提高了处理问题的能力。由于系统构成相对简单，热控维护人员也相应减少，可达到减人增效的目的。国产 DCS 的应用，迫使进口产品在保持原来的系统可靠、安全性高的优势的同时，在提高服务响应速度、备件价格回归公道、软件维护方便、逻辑易于修改等方面做出努力。进口和国产 DCS 将在竞争中共同提高，共同发展，各有其市场份额。从目前的情况来看，只要国产 DCS 积极进取，进一步提供产品质量，发挥自己的长处和优势，利用十年左右的时间在电厂自动控制系统上取得绝对优势并非不可能。进一步走出国门，参与国际竞争也是可以预期的。

电力行业 DCS 应用情况调查表见表 6-15。

表 6-15 电力行业 DCS 应用情况调查表

	控制系统名称	1000MW			1000MW 以下~600MW			600MW 以下~300MW		
		台数	应用电厂	应用范围	台数	应用电厂	应用范围	台数	应用电厂	应用范围
国外产品	西屋 OVATION	42×1000MW 超超临界,投产 27 台	国电泰州	DCS42 台,DEH12 台	172 台投产 138 台		DCS 等 150 台,DEH140 台	232 台投产 184 台		DCS130 台,DEH202
	西门子 T3000/TXP	10×1000MW 超超临界	外高桥三期/宁海二期	DCS10 台,DEH38 台	58		DCS58 台,DEH47 台	65		DEH22 台
	福克斯波罗 I/A 系统	2	华润苍南电厂	DAS,MCS,FSSS,SCS,DEH,MEH,FGD	243+15	国内常规电厂+核电厂	DAS,MCS,FSSS,DFS,SCS,ECS DEH,FGD	214	国内电厂	主控,DEH 或一体化
	ABB Symphony 系统				119			98		
	日立 HIACS 5000M+ 系统	16	海门绥中新/密/贺州潮州六横	DEH,MEH,METS/主控,DEH,MEH,脱硫,脱硝	28	国内电厂	主控,DEH,MEH,脱硫	46	国内电厂	主控,DEH,MEH,脱硫
	GE 新华 XDPS-400 系统				4+24	贵州盘南贵州发耳等	DCS(DAS/MCS/SCS/FSSS/SCS/ECS),FGD+DEH,MEH,ETS 旁路	230+368	内蒙古酸测沟/河北雄华海南东方等	(DCS/ECS,全厂辅网,FGD,SCR)+(DEH,MEH,ETS,旁路)
	GE 新华 OC 6000e 系统				4	河北沙河河南金亭 2×660MW	主控 DCS,DEH,MEH,ETS,全厂辅网,FGD,SCR			
	三菱 DIASYS-UP/V				4×60 万 2×67 万	漳州后石/珠海电厂		3×350MW (2+1)	山西河津/上海宝山电厂	
	上自三厂 MAX 系统	2	华电句容	FGD+DEH+MEH	14	国内电厂	DCS+FGD+DEH+MEH	80	国内电厂	DCS+ECS+DEH+MEH

续表

控制系统名称	1000MW			1000MW 以下~600MW			600MW 以下~300MW		
	台数	应用电厂	应用范围	台数	应用电厂	应用范围	台数	应用电厂	应用范围
和利时 MACS-V	2	广东国华台山电厂	主机,MEH,旁路、脱硫、脱硝	12×600MW 亚临界	锦界店塔/呼和浩特贝尔/粤呼江盘县电厂	主机、旁路、脱硫、脱硝/主机、旁路、脱硫、脱硝,MEH,DEH	125+83		主机、旁路、脱硫、脱硝/主机、旁路、脱硫、脱硝,DEH
国电智深 EDPF-NT	6×1000MW 超超临界机组	国电谏壁/国电徐州/国电汉川发电厂	DAS/MCS/SCS/FSSS/BPS/ECS/FGD/MEH+ETS	20×600MW 超临界机组	双辽/四川白马/福建/宝泉/宝鸡/蚌埠/康平/庄河/河北龙山	一体化	2×350 机组	国电肇庆电厂	全现场总线应用 DAS/MCS/SCS/FSSS/BPS/ECS/DEH/MEH/FGD+BOP-DCS 辅控车间一体化
国电南自 TCS3000 系统	2×1000MW 超超临界机组	华润蒲圻电厂二期工程	BOP-DCS 辅控车间一体化	10×660MW 超临界机组	内蒙古布连/国电南宁/山西霍州/南通/山西大同	一体化 10 台 另 BOP-DCS 辅控车间一体化 12 台	180×300MW	石嘴山电厂/天津北塘电厂等	主辅机组
山东鲁能 LN2000 系统				2×600MW	四川华电巴县电厂	DCS+ECMS+MEH+FGD	25	华电所属电厂	DCS+NCS+ECMS+FGD
				2×600MW 空冷	内蒙古鄂温克电厂	主控、ECS 辅控、脱硫、输煤	8	运河/莱芜/哈密电厂	莱芜、合丰主控,DEH 辅控;运河、哈密主控辅控
								宁夏驾鸯湖/山西河曲/山东黄岛电厂	水、煤、灰及辅网/工业水处理、脱硫、气力除灰、空压机、化补水
南京科远 NT6000 系统	2×1000MW 超超临界	国电泰州电厂	辅控:全厂水系统、除灰渣系统、电除尘系统、输煤系统、脱硫系统、全厂辅控网	4×600MW 超超临界	国电铜陵/大唐南京电厂	辅控:全厂水系统、除灰渣系统、输煤系统、暖通系统、全厂辅控网	1×300MW+4×300MW	国华舟山电厂/华润蕉口/东阳光宜都电厂	(DAS+CCS+FSSS+BPS+SCS+ECS+DEH+MEH+FGD)+(全厂辅控)水、除灰渣、脱硫、辅控)

国内产品

6.3.3　常规控制调节系统运行现状分析

6.3.3.1　常规控制系统自动投入率及控制品质现状

1) 常规控制系统自动投入率现状

我国目前火电机组占装机容量的 70% 以上,尤其是沿海经济发达地区火电所占的比例更高。20 世纪 80~90 年代投产的火电机组,经过这些年的 DCS 改造,自动化控制水平和运行管理水平明显提高,取得显著的经济效益。其中自动控制系统的投入率多数能达到 90%;控制系统对各种工况的自适应能力有所提高,大多数时间能保持汽压、汽温及烟气含氧量在指标范围内,燃烧效率和煤耗也有所改进;经过汽轮机控制系统改造的机组,可实现机组协调控制和 AGC 控制,基本能满足电网负荷调度要求;与此同时,辅控系统集控的改造和自动投入率及运行人员素质的提高,实现了集控,减少了值班员人数。

而近十年投产机组主要以 600MW 及以上的亚临界机组、超临界机组和 1000MW 超超临界机组为主。这类机组 DCS 控制系统应用已延伸至全厂范围。投产时机组的 AGC、一次调频功能均要求满足电网两个细则要求。在 AGC 方式下,运行机组的主要控制系统(如机组协调控制、给水控制、燃烧控制、送风控制、引风控制和蒸汽温度控制)均要求投入自动运行,所以机组自动投入率均在 95% 以上。

2) 自动控制系统调节品质现状

不管是改造机组还是新上的大机组,它们中的大多数机组热控调节系统,采用的仍是传统的常规 PID 控制,虽然有少数机组应用优化软件对控制系统进行了优化,但由于底层设备原因,加上优化软件适应国情的应用环境尚不理想,导致控制系统的调节品质与机组的运行需求尚存在很大距离[22]。多数机组没有真正解决原来存在的问题,如过热蒸汽温度和再热蒸汽温度波动大、AGC 负荷响应速度迟延、主汽压力控制偏离控制值等。一些电厂扰动过程中的主要参数变化记录见表 6-16。

表 6-16　扰动过程中主要参数变化记录

机组容量与 AGC 试验速率	过程	负荷目标值/MW	实际负荷偏差/MW	主汽压力偏差/MPa	主汽温度偏差/℃	再热汽温度偏差/℃
某 660MW 超超临界, 速率 1.0%Pe/min	扰动前稳态值	480		0.10	3	4
	升负荷过程	480→600	600	0.7/-0.6	5/-18	9/-21

续表

机组容量与AGC试验速率	过程	负荷目标值/MW	实际负荷偏差/MW	主汽压力偏差/MPa	主汽温度偏差/℃	再热汽温度偏差/℃
某700MW超超临界，速率1.0%Pe/min	扰动前稳态值	560	3/0	0.8	4	
	降负荷过程	560→500	+27/−16	+1.3/−1.8	+5.6/−26	
	升负荷过程	520→620	+9/−45	+0.75/−1.8	+5/−28	
某1000MW超超临界，速率1.5%Pe/min	扰动前稳态值	901	10/−6	0.6/−0.4	5.5/−6.1	5/−6
	降负荷过程	901→750	3/−12	0.55/−0.82	3/−12	+5/−15
	升负荷过程	650→972		0.75/−0.85	3/−26	+5/−12
某630MW超临界，速率0.5%Pe/min	扰动前稳态值	560		0.30	6/12	
	降负荷过程	560→500	7.6/−8	0.75/−0.50	+10/−5（中间点温度）	
某600MW超临界，速率1.5%Pe/min	扰动前稳态值	540		0		
	升负荷过程	540→580		1.3/−1.4		

6.3.3.2　常规控制系统运行现状分析

火电机组自动控制系统作为现代火力发电机组 DCS 中的核心控制部分，承担着协调锅炉、汽机侧各个闭环控制系统工作以响应调度负荷指令的重要任务，是连接电网与单元机组之间的桥梁，其控制性能直接影响着机组 AGC 运行的安全性、稳定性、经济性、节能减排效果和电网有功调节水平，因此控制品质显得非常重要[23]。

目前，国内火电机组的 DCS 中的调节系统，实现的控制策略基本都是传统的、经典的控制策略，主要由国外各大 DCS 厂商提供的组态逻辑，大都采用负荷指令前馈＋PID 反馈的调节方案，其核心思路在于：尽可能地将整个控制系统设计成开环调节的方式，反馈调节仅起小幅度的调节作用。这种方案要求前馈控制回路的参数必须整定得非常精确，对于煤种稳定、机组设备稳定、机组运行方式成熟的国外机组，这种方案是比较有效的，因此一直以来都是国外 DCS 厂商的推荐方案；实际上对于国内煤种不变的坑口发电厂或基建 168 试运行结束前的机组，这种方案也是比较有效的，新建机组在 168 前的涉网试验中基本都能达到每分钟 2％的 AGC 速率且运行稳定即说明了这一点。但随着机组运行工况和煤种的多变，则暴露出越来越多的问题，加上机组控制及测量设备不精确、运行参数与设计参数经常存在较大偏差等原因，导致控制效果明显变差，机组运行稳定性达不到要求，AGC 的速率也随之下降。

1) 影响常规控制系统调节品质的因素[22]

影响常规控制系统调节品质的最主要因素,是煤种变化与煤种质量。燃烧的煤种成分离线测量滞后于燃烧控制需要,在线测量研究刚起步尚未进入实用。由于煤种变化大、混烧现象严重,导致其主要的成分热值和挥发分多变又得不到控制系统的及时响应调整,影响燃烧稳定性而导致主蒸汽温度和再热蒸汽温度、主蒸汽压力及协调控制品质差,被控参数波动幅度大,使得大部分电厂还得借助运行人员的手动干预才能使参数回归定值;此外煤种质量差,还易引起出力下降或炉膛燃烧不稳而导致熄火,如某机组有时候需要六台磨煤机同时运行才能带足机组负荷,且炉膛结焦加重,塌焦又引起炉膛压力保护动作,对锅炉的安全、经济运行和节能降耗减排造成较大影响。

除煤种影响以外,影响常规控制系统调节品质的具体问题还有以下几个。

(1) 参数测量不准。

如一、二次风量测量不准、灰堵,影响燃烧和磨煤机自动的调节效果;启停磨过程中的煤量预测计算不理想对协调控制系统产生较大扰动,汽包水位测量偏差大影响水位自动调节品质;转速测量精度低影响一次调频控制效果。部分测点的设计安装位置不能保证测量的准确性(如某汽机转速测量的安装位置不合理,使得转速测量不稳定,稳态转速波动大,一次调频考核达不到指标),或不便于检修维护,造成参数异常时得不到及时处理,影响了控制系统的正常运行。

(2) 控制策略不满足机组运行需要。

由表 6-16 可见,一些机组控制参数偏离控制值过大,其原因除煤种变化外,相关联的是自动控制策略不满足机组的控制需求,或者不够细化、控制参数设置不合理且调整维护不及时,导致自动调节参数波动频繁。一些 DCS 系统控制软件对参数的坏质量判断处理不当,对系统造成扰动,也影响了系统的运行稳定性。

(3) 设备选型存在缺陷。

控制系统的异常变化,有一部分是就地测量信号异常造成,一些重要控制系统信号设计为单点信号,其运行中异常、故障或测量偏差,都将影响控制系统的运行稳定性或控制精度。

设备选型不合理造成自动系统投入困难,如除氧器上水阀在自动调节过程中造成管道振动大;凝泵变频由于电机的原因在转速低时振动大、调节区域小、母管压力偏高或偏低,影响了机组的经济性运行。执行机构老化、故障率高、控制精度低,导致响应动作缓慢;部分调节阀门内漏大,挡板线性和稳定性差,调节特性和来回变差不满足控制系统调节要求。

(4) 电力调度信号偏差、频繁变化。

机组性能试验表明,当机组负荷低于 80% 额定负荷时,高压缸效率明显下降,引起机组热耗率明显上升。目前电力调度所直调机组负荷,且一些地区的机组负荷率低,降低了机组效率。同时一些地区调度与电厂之间的数据传输中存在失真、滞后、数据堵塞和偏差等情况,造成 AGC 调节性能和考核结果不理想;此外负荷的频繁调度、AGC 信号波动过于频繁,幅度过大,使得热控系统大部分时间处于动态的调节过程中,同时跟随幅度响应频繁,不但降低了控制系统的工作稳定性,还将对锅炉主设备的长期运行寿命带来不利影响。

(5) 一次调频负荷响应速度不够。

一次调频负荷响应幅度不够,如某电厂 3♯、4♯机组一次调频试验,在转速差±11 转/分时响应的最大负荷与转速差±9 转/分时响应的最大负荷基本相同,大约在±45 兆瓦左右,最大响应负荷不能满足两个细则的±60 兆瓦的要求。由于测量误差、电网低频振荡等原因使机组转速和频率不能精确一致,导致 DEH 和协调系统在小范围内不能同步调频,调节阀门特性曲线使得局部变化率在某些负荷点偏离规定值,都影响了调频效果。

(6) 调整维护不及时。

调整维护不及时是导致控制系统品质不满足规程指标要求的原因之一,如某机组历史曲线显示,控制参数动静态品质都不理想。但通过交流了解到,该地区考核相对较宽松,电科院服务中没有机组检修后进行控制系统调整试验的项目,而厂热工专业在这方面又比较薄弱,所以基建投产和检修后,很少进行控制系统规范性试验和参数调整优化工作。而有的电厂,控制系统的试验与调整维护又全部依赖于当地电科院,电厂人员很少根据品质变化进行调整。

以上反映存在的问题,一部分通过设备的改造和换型可以解决,但是锅炉混煤掺烧的稳定性和安全性一直是困扰电厂运行的一个难点;PID 控制对大迟延、大惯性、时变的复杂被控对象无法实现有效的控制,控制目标仅限于缩小底层被控变量与其设定值的偏差,无法实现锅炉效率、污染物排放等高层目标的控制。

2) 常规 AGC 控制系统目前存在的问题[23,24]

AGC 控制系统实质上包括了机组协调控制系统和其他重要闭环控制子系统(主、再热汽温控制、风量及氧量控制、制粉系统控制等),在机组设备正常条件下,AGC 运行性能几乎完全由这些闭环控制系统的性能决定。通过对现场运行情况的考察和研究,在运机组的 AGC 控制问题主要体现在如下几个方面。

(1) 控制系统抗扰动能力差。

控制系统抗扰动能力差,是火电厂机组运行中最普遍出现的情况。机组在大幅度变负荷、启停制粉系统、吹灰等扰动工况下,控制系统常会出现控制不稳定或温度、压力大幅偏离设定值的情况,严重影响运行安全性。不少汽包锅炉机组在大范围、快速变负荷过程中主汽温度超温或偏低过多,再热器温度控制效果更差,一些机组减负荷过程(减负荷超过 5%MCR)再热汽温度偏低达 20℃。超(超)临界直流锅炉机组的控制品质整体略好于汽包锅炉机组。但在大范围、快速变负荷过程中也存在汽包炉同样情况。

（2）负荷变化响应速度慢。

采用常规的 AGC 控制方案,不能对大滞后的被控对象实现有效的控制,机组负荷的升、降速率仅在 1%/分钟左右,机组的调峰、调频能力差,无法满足电网对机组负荷的响应要求。

（3）煤种变化缺乏自适应能力。

在燃煤品质变差时,控制系统缺乏自适应手段,控制性能也随之变差。运行人员为保证机组安全,只能采用很低的变负荷率运行。

（4）燃料、给水等控制量波动大。

机组正常 AGC 运行中,由于 AGC 指令的频繁反复变化(平均 1~2 分钟变化一次),使得机组的燃料、给水、送风等各控制量也大幅来回波动,此时虽然主汽压力、温度等被控参数较为稳定,但会造成锅炉水冷壁和过热器管材热应力的反复变化,容易导致氧化皮脱落,大大增加了锅炉爆管的可能性。

（5）再热烟气挡板难以投入自动。

超(超)临界机组的再热汽温通常采用喷水减温＋烟气挡板的调节手段,但由于烟气挡板对再热汽温的滞后很大(控制对象时间常数达十几分钟),且部分锅炉再热汽温控制与主蒸汽温度控制相互强耦合干扰,采用 DCS 常规控制方案基本无法投入烟气挡板的自动控制。运行人员只能以再热喷水减温为控制手段来调节,机组运行经济性明显受到影响。

（6）最佳运行方式未能采用。

部分新型超(超)临界机组的汽轮机设计采用高压调门全开的方式运行(如上汽引进西门子技术的 N660-25/600/600 型汽轮机),但由于电网 AGC 考核要求,汽机必须参与功率调节,而不得不使高压调门在节流方式运行,对机组的运行经济性影响较大。

（7）中储式钢球磨煤机自动控制系统投入率低。

中储式钢球磨煤机在火电厂中仍有不少应用,但中储式钢球磨煤机制粉系统的能耗较高。由于磨煤机是一个具有非线性、大滞后和不确定性扰动的多变量对象,乏气中含有制粉量 10%~15% 的煤粉参与了锅炉的燃烧,磨煤机启停过程中这些不能准确测量的煤粉变化对锅炉燃烧带来很大的扰动。目前其控制系统自动大多未投入,制粉电耗相当高。

出现上述问题的主要原因是,随着机组工况和煤种的变化,机组被控对象的动态特性已变得越来越差,过程的滞后和惯性已变得越来越大,对象非线性和时变性的特征也越来越明显。在这种情况下,常规的采用负荷指令前馈＋PID 反馈的AGC 调节方案,已很难协调好控制系统快速性和稳定性之间的矛盾,出现上述问题具有相当的必然性。解决上述问题的办法,也是将先进的控制技术如:预测控制、神经网络控制、自适应控制、模糊控制等技术应用到火电机组的优化控制中来。

3) 滑压自动寻优及配汽优化控制系统

国内三种 1000MW 超超临界汽轮机在部分负荷下实际的热耗特性与其设计存在较大的差别,实施配汽优化后都能提高高压缸效率,改善汽轮机的热耗特性。例如,优化后的哈汽 1000MW 汽轮机复合滑压方式下的运行经济性要高于三阀滑压方式,上汽 1000MW 汽轮机组调门开度优化后也可以提高经济性。但即使对配汽实施了优化,仍存在相关问题:

(1) 由于实际工况与设计计算工况不同,实际调门曲线很难维持在阀门设定曲线的阀点上,造成节能效果打折(例如,哈汽的三阀滑压方式改为复合滑压方式后,设计计算的节能效果为 3.55 克标准煤/千瓦时,但实际为 1.5 克标准煤/千瓦时);

(2) 对哈汽和东汽超(超)临界汽机的喷嘴调节方式,在阀门顺序开关过程中,阀在 0~7% 范围内节流损失很大,目前的控制方案中无法避免;

(3) 对上汽超(超)临界汽机的节流调节方式,在蒸汽调节门开度开大后(降低滑压),会明显影响机组的 AGC 和一次调频性能。

4) AGC 直调机组负荷问题

目前,电网对火电厂机组的调度绝大部分采用 AGC 直调方式,即将负荷指令发给每台机组,直接调度每台机组负荷。发电机组 AGC 的投入对电网的安全稳定、经济运行起到了积极有效的促进作用。但是目前的负荷调度方式,由于不能在发电厂内部实现各台机组的最佳经济负荷分配,加上有的区域网对两个细则的考核力度大,因此网内的电厂机组的变负荷速率设定都很快;机组的调节速率加快后,压力和汽温的波动范围很大,运行手动干预较多,一定程度上牺牲了机组的经济性指标、使用寿命和检修成本,不能适应当前低碳经济和节能减排政策的要求。

随着电力系统规模的日益扩大,电力系统的经济运行日显重要,更好地兼顾电网和机组的安全、稳定和经济运行,AGC 直调机组负荷的调度方式需要通过全厂负荷优化分配课题的研究与实施来解决。据国内外统计资料表明,实现优化负荷分配可节约 0.1%~1.5% 的燃料消耗,能取得非常可观的经济效益。

6.3.3.3　国内脱硝控制的现状及存在问题

1) 脱硝控制的意义

SCR 脱硝系统由于其较高的脱硝效率,是近年来大型火电机组脱硝系统改造的首选类型,而长期以来对 SCR 脱硝系统的研究主要针对其物理原理、设备结构和运行方式方面,一直忽略了对脱硝自动控制策略的研究,而实际上脱硝系统的自动控制品质与电厂的长期运行成本密切相关。

　　统计资料表明,NH$_3$成本在脱硝日常运行成本中占比可达 50% 以上,若脱硝控制系统运行品质不佳,NH$_3$将不得不维持长期的高耗用,电厂的运行成本也将长期偏高。

　　目前国内的 SCR 脱硝闭环控制策略,基本设计为固定摩尔比控制方式(constant mole ratio control)。该控制方式下的设定值为氨氮摩尔比或者脱硝效率,控制系统根据当前的烟气流量、SCR 入口 NO$_x$ 浓度和设定氨氮摩尔比计算出 NH$_3$ 流量需求,最终通过对流量偏差的 PID 运算改变氨气阀开度来调节 NH$_3$ 实际流量,这种控制方式近似于开环控制,脱硝系统的 NH$_3$ 需求量仅根据静态物理特性计算得出;部分电厂在总结固定摩尔比控制方式的不足后,采取了固定 SCR 出口 NO$_x$ 浓度控制方式,此时系统设定值为 SCR 出口 NO$_x$ 浓度,并根据其与实际出口 NO$_x$ 浓度的偏差来动态修正氨氮摩尔比,达到闭环控制 SCR 出口浓度的效果。

　　2) 脱硝控制系统存在的问题

　　不论采用上述何种控制方案,在正常运行中脱硝控制系统均表现出如下问题:

　　(1) 控制目标不与考核目标对应。

　　环保部门最终对电厂进行考核核算的指标是烟囱入口处的 NO$_x$ 浓度测量值(由 CEMS 表计测得)。固定摩尔比控制方式仅控制摩尔比,是简单的开环控制,控制目标与考核目标有一定程度的关联;而固定 SCR 出口 NO$_x$ 浓度的控制方式,由于 SCR 出口 NO$_x$ 浓度与烟囱入口 NO$_x$ 浓度不论在静态关系还是动态特性上均存在着较大的差别,也使得电厂的最终环保考核结果不佳。

　　(2) 控制策略与脱硝被控对象不相适应。

　　根据现场试验结果表明,脱硝被控对象(NH$_3$流量→烟囱入口 NO$_x$ 浓度)的响应纯延迟时间接近 3 分钟,整个响应过程达十几分钟,是典型的大滞后被控对象。控制系统想要获得良好的控制品质,必须以基于大滞后被控对象的设计思路进行优化;而目前普遍应用的控制策略均采用简单的 PID+前馈的方案,必然无法获得良好的控制品质。

　　(3) 控制系统缺乏自适应机制。

　　目前国内应用的脱硝控制策略,均考虑了机组负荷、烟气量变化对脱硝控制的前馈作用,但这种对应关系仅仅是基于静态物理特性的。也就是说:对于机组运行在 500 兆瓦或者 600 兆瓦负荷点,控制系统有对应的控制能力;但机组从 500 兆瓦上升到 600 兆瓦的动态过程(变负荷速率,燃料、风量变化情况等),控制系统的控制能力很差,这就使得脱硝控制品质在机组负荷频繁变化时尤为不佳。同时上述的静态机理特性无法根据机组工况、燃煤品质的变化做出调整,应对目前电厂煤种多变的国内环境。

（4）控制系统的运行过分依赖于所有测点的完好。

SCR 进、出口的 NO_x、O_2 测量仪表由于长期运行在灰、尘较高的环境下，容易出现部分或整体失真的情况，且仪表的定期吹扫、标定也会使测量值瞬间突变。目前国内应用的脱硝控制策略对上述问题均无相应的应对措施，一旦某个测点失灵，整个控制系统即处于瘫痪，系统的长期可用性明显受到影响。

出现上述问题的主要原因是，目前国内机组的脱硝控制策略基本沿用国外厂家的原始设计方案，对于煤种稳定、机组负荷稳定、测量结果准确的机组脱硝系统，可以采用这种近似于开环的简单控制方案（因为一切特性参数可长期与设计值或试验值保持一致）；但对于目前国内大多数机组的负荷受 AGC 频繁调度、煤种多变、测量仪表准确性差的国内脱硝运行环境，这种简单的控制方案无法达到所需的控制效果。解决的办法，是引入先进的控制技术如：预测控制、神经网络控制、自适应控制、模糊控制等对脱硝控制系统进行优化。

6.3.4　国内外控制系统节能降耗优化应用现状分析

图 6-1 是国家发展和改革委员会能源研究所发布的我国燃煤发电供电能耗的逐年变化情况（2012 年是上半年数据）。由图可知，虽然我国火电机组的供电煤耗逐年下降，机组的运行经济性也有了大幅度的提高，但与发达国家的先进水平相比还有一定差距。

发电厂热力过程是个复杂的物理化学过程，涉及燃烧学、流体力学、热力学、传热传质学等学科领域，其过程的控制无一能离开热控的测量与控制，因此火电厂机组热力过程控制的节能优化，也应是实现火力发电厂节能降耗的重要手段之一。事实上发达国家通过机组控制系统优化，在促进节能减排方面已取得明显效果。因此，分析热力过程控制在节能增效上的潜力，采取有效的控制系统节能增效优化措施，对推进燃煤机组节能降耗工作的开展有着重要意义。

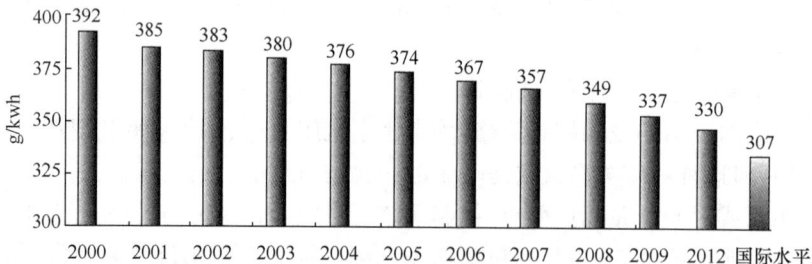

图 6-1　我国燃煤发电供电能耗的变化图

6.3.4.1　控制系统节能降耗优化概述

1) 控制系统节能降耗优化形式

火电厂机组热力过程控制的节能优化,包括控制系统结构性节能优化和热控系统的控制策略节能优化二方面。

控制系统结构性节能优化,主要是采用合适的控制结构来降低控制系统自身的能耗,并提高控制参数的精度和稳定性,以达到节能降耗的目的。例如,泵与风机等在火电厂大量使用的旋转设备,可以根据其工作原理和工作方式不同,采用变频器或液力耦合器对其进行变频调速,以达到降低厂用电的目的;直流锅炉可利用凝结水和回热抽汽瞬间调负荷来提高电网瞬间 AGC 速率和一次调频的响应要求等。

热控系统的控制策略节能优化,包括 DCS 控制模型的设计、控制策略和控制参数的节能优化,主要是针对具体的控制系统,通过优化调整 PID 参数,或采用预测控制、自适应控制、模糊控制、智能控制等各种先进控制策略来替代传统的 PID 调节,以获得更好的控制精度,减少参数的波动,提高控制系统的稳定性,最终达到节能降耗和减少 NO_x 排放的目的。这类优化主要涉及 AGC 所协调的控制子系统。由于其优化技术不需要对锅炉设备进行任何改造,能够充分利用锅炉的运行数据,在 DCS 控制的基础上,通过先进建模、优化、控制技术的应用,直接提高锅炉运行效率,降低 NO_x 排放,因此具有投资少、风险低、效果好的优点[25]。因此近几年有了快速发展的趋势。

2) 国内外控制系统节能降耗优化概况[22]

国外发电机组在 2000 年前后,开始应用优化控制技术对热力生产过程的控制进行优化,主要包括磨机优化、燃烧优化、主蒸汽温度优化、吹灰优化、协调优化、空气污染物处理优化(SCR、FGD、ESP)等。主要的技术供应商厂商包括:Emerson、Invensys、Neuco、ABB、GE、Simence、Pegasus、Honeywell 等,在北美和欧洲的电厂实施取得了很好的减排效果和经济效益。这些厂商采用的优化技术都是从利用神经网络建立燃烧模型进行优化的方法,发展为以模型预测控制(MPC)为动态控制核心的闭环在线优化方法,仅在优化层保留部分神经网络模型,在控制层采用更先进的 MPC 控制算法,模型也采用更能够反映电厂运行特性的测试模型,取得较好的效果。

而国内机组,目前主要采用的仍是 PID 控制,其对大机组的大迟延、大惯性、时变的复杂被控对象无法实现有效的控制;控制目标仅限于缩小底层被控变量与其设定值的偏差,无法实现锅炉效率、污染物排放等高层目标的控制;此外锅炉燃烧系统检测手段有限,如风量、氧量、CO 含量、飞灰含碳量、煤种等信号的测量精度难以保证;因此一直以来电厂重点投入放在锅炉和汽机本体系统的优化改造上,对控制系统的优化缺乏足够的重视和投入。

　　随着锅炉、汽机本体节能降耗减排能力被挖掘的空间减小,而大机组运行工况的多变性增加,过程生产领域对控制系统要求的不断提高,加上电厂控制系统的复杂性和强耦合性特征,使得传统的控制方法越来越难以满足火电厂热力流程对系统稳定性和性能的要求,煤种多变引起燃烧不稳带来协调系统超标(尤其是汽温超标)已经成为制约机组负荷变化响应能力和安全稳定运行的主要障碍之一,二个细则考核指标达不到要求又对机组的经济性构成直接影响。因此电厂将节能降耗减排的注意力开始转向控制系统的优化,由此基于现代控制理论的一些控制系统优化软件在火电厂过程控制领域中开始逐步应用,如基于过程模型并在线动态求解优化问题的模型预测控制(简称 MPC)法、让自动装置模拟人工操作的经验和规律来实现复杂被控对象自动控制的模糊控制法、利用熟练操作员手动成功操作的经验数据,在常规的串级 PID 调节系统的基础上建立基于神经网络技术的前馈控制作用等。这些优化软件,在提高机组控制系统的控制效果和调节品质(尤其是汽温控制)过程中都发挥了一定的作用,统计表 6-17 是某机组应用国产优化软件优化前后试验数据记录。数据表明优化取得较好效果。

　　但大多数实施过先进控制的机组目前仍采用的是 PID 控制,部分优化软件投运后的后续维护跟不上,使得优化软件未能很好地体现其经济效益。

表 6-17　某机组应用国产优化软件优化前后试验数据记录

机组容量与 AGC 试验速率		1000MW 超超临界				
时间	过程	扰动前稳态值		降负荷最大值	升负荷最大值	允许值
		实际值	允许值			
优化前	负荷目标值/MW	901		901→750	650→972	/
	负荷指令变化率/(%Pe/min)	/	/	1	1	/
	负荷偏差/(%Pe)	+1/−0.6	±1.5	+2/−1.2		±3
	主汽压偏差值/MPa	+0.6/−0.4	±0.3	+0.55/−0.82	+0.75/−0.85	±0.5
	主汽温/℃	+5.5/−6.1	±3	+3/−12	+3/−26	±8
	再热汽温/℃	+5/−6	±4	+5/−15	+5/−12	±10
优化后	负荷目标值/MW	930		930→830	800→900	
	负荷指令变化率/(%Pe/min)	/	/	2	1.5	
	实际负荷变化率/(%Pe/min)			1.8	1.4	
	负荷响应纯延迟时间/s	/	/	50	20	90
	负荷偏差/(%Pe)	±0.3	±1.5	+0.9/−0.1	+0.4/−1.9	±3
	主汽压偏差值/MPa	±0.15	±0.3	+0.5/−0.4	+0.5/−0.6	±0.5
	主汽温/℃	±2	±3	+2/−5	+2/−3.86	±8
	再热汽温/℃	+2/−4	±4	+6/−16	+6/−18.8	±10

　　注:Pe 为机组的额定功率;表中再热汽温超出指标值,试验时减温水调门已关死,再热挡板已开至最大,运行反映煤质很差。

3）国内控制系统节能降耗优化进展

（1）锅炉燃烧控制系统优化。

锅炉燃烧控制系统的基本任务是使燃料燃烧所提供的热量适应锅炉蒸汽负荷的需要，同时保证燃烧过程的安全性和经济性，其主要任务是保证汽压、炉膛过量空气系数（氧量）和炉膛负压为给定值。目前锅炉燃烧自动的优化调整，主要还是根据机组的实际情况，对燃料、送风和引风三个控制系统的 PID 参数、前馈系数等参数进行调整、优化，或者修改 DCS 逻辑，根据需要增加少量辅助回路。这类优化调整可以在一定程度上提高汽压、氧量和负压的调节品质，提高锅炉运行的效率，但是碍于 DCS 系统的数据处理和分析能力，难以在综合分析、整体优化上突破。

近几年，锅炉燃烧优化专用软件在一些电厂开始应用，锅炉燃烧优化也从早期的减少被控参数的动稳态偏差、提高锅炉燃烧安全性为目标，转到提高锅炉燃烧安全性、经济性和节能、降耗、减排，提高机组发电效率为目标，取得一定的效果。但是，有的闭环优化控制软件缺少动态寻优功能，最优值不能跟踪实际生产参数的变化，数据可靠性差，真正达到优化效果的不多。因此，闭环优化控制软件在实际应用上还存在一定差距。

在经济全球化进程中，市场竞争会进一步加剧，节能降耗工作越来越突出，先进控制策略和优化控制软件将会得到更加广泛的应用。

（2）过热汽温控制系统优化。

汽温控制是火电厂自动控制系统的难点之一，这主要是因为汽温控制对象具有大迟延、大惯性、非线性和时变性等特点，采用常规和简单的控制规律难以获得理想的调节效果。目前工程中常用的汽温控制系统，还是采用最基本的串级调节和具有导前微分的双回路控制结构，并在此基础上引入 SMITH 预估、参数自适应等控制策略，以改善汽温的调节品质。

① 史密斯补偿器的应用。

大机组汽温控制对象具有大纯迟延、大惯性的特性，采用传统的 PID 调节规律难以取得较满意的调节效果。由于汽温对象为一高阶惯性环节，它可用一个低阶惯性环节（通常是一阶）和一个纯滞后环节的串联近似，在模型匹配的情况下可应用史密斯补偿器，这样可以克服大滞后的影响，其性能优于常规 PID 控制，有效改善系统调节品质。但是史密斯补偿器对克服内扰的作用明显，对克服外扰的影响效果甚微。另外，在模型失配的情况下，应用史密斯补偿器的效果还不如 PID 理想，因此实际应用的史密斯补偿器需要带有自校正功能。

② 先进控制策略的应用。

随着控制理论的推进，越来越多的智能控制技术，如模型预测控制、自适应控制、模糊控制、神经网络、鲁棒控制、基于状态观测器的状态反馈控制等，被引入到锅炉过热蒸汽温度控制系统优化研究与应用中，一些优化软件取得较好的效果，在升降负荷、炉膛吹灰、启停磨煤机等较大扰动工况下,汽温控制品质明显改善,主蒸汽温度动/稳态偏差能有效控制在设定值±5℃/±2℃以内;但由于主设备设计缺陷,再热汽温的控制仍没有达到需要的效果。

（3）机组自启停控制系统。

机组自启停控制系统(Automatic Power Plant Start-Up and Shut-Down System,简称 APS 系统),俗称"一键启停",是一种先进的控制理念,它对目前的控制系统提出了更高的要求。对模拟量控制系统而言,只要开机和设备运行,就依据工艺系统的参数,按系统规定好的程序,统筹安排 CCS、MCS、FSSS、DEH、MEH、BPC、SCS、全程给水控制系统、燃烧器负荷程控系统及其他控制系统(如 ECS 电气控制系统、AVR 电压自动调节系统等)等的投切,目标设定值也依据不同的启动阶段进行相应的调整,实现各个系统的全程控制。

之前一些国产 600MW 机组设计了自启停控制系统,但真正调试投运的机组很少。主要原因是国产机组主辅机的可控性无法满足机组自启停功能的控制要求,而且由国内公司供货、组态的电厂分散控制系统(DCS)缺少设计机组自启停功能的经验。随着国产机组主辅机可控性的不断提高、DCS 性能的逐步完善,更多的系统可归入 DCS 进行统一管理和控制,特别是机组容量的扩大也对机组控制系统提出了更高要求,APS 技术也就成为近几年热控发展的一个方向,目前已有一些机组实现了 APS 功能,最具代表性的是华能海门电厂 1000MW 超超临界机组。它不仅提高了机组的自动控制水平,而且还极大地提高了机组的管理水平。

但 APS 投运的系统,还存在深入研究的问题,其中最主要的是要缩短启停所需要的时间,控制逻辑的完善等。

（4）超超临界机组协调控制。

直流锅炉由于没有汽包,其蓄热能力和热惯性小,对扰动比较敏感,在受到外部扰动时,自行保持负荷及参数的能力就较差。为了满足电网 AGC 速率和一次调频要求,有些机组只能调门保持节流状态,有加负荷的要求时,瞬间开调门以满足电网的要求,但由于调门节流就不可避免地带来经济损失。

通过改进机组的协调控制方法,根据机组的设计特点保持调门全开避免机组节流损失,加负荷瞬间通过减少机组的回热抽汽和调整增加凝结水量,来满足瞬间调频速率的要求,然后按正常的控制技术,通过汽轮机侧开补汽阀、锅炉加燃料来获得机组加负荷的持续性,达到节能效果。

（5）锅炉受热面吹灰优化控制。

锅炉水冷壁、过热器、再热器、省煤器"四管"及省煤器后部空气预热器在运行中,受热面积灰结渣污染,是影响锅炉受热面传热效果和锅炉效率的一个主要因素,而传统的定期吹灰方式,容易存在"过吹"或"欠吹"的现象,且由于消耗大量的介质,系统运行稳定性差,不但影响着锅炉的安全性、经济性和运行的高效性,也影响着锅炉的寿命,不能满足电厂经济高效运行的需要。因此,通过吹灰试验与机组经济性的优化分析,建立优化吹灰模型,实现对机组的经济优化控制,达到提高锅炉效率兼顾汽温平稳控制的目标,作为提高吹灰系统可用率和锅炉运行经济性,实现节能降耗目的的优化吹灰系统的研究,在一些电厂展开并实施。

为了实现吹灰优化控制,目前在进行研究和开发基于在线监测参数,直接或间接诊断炉内积灰或结渣的在线监测技术,将不可见的锅炉内部状态,变为可视化的实时图表和数据,从而提高运行操作的透明度。另外,基于在线监测参数的锅炉受热面积灰结渣监测及计算分析模型,所依赖的大部分实时数据均为电厂 DCS 系统采集的实时参数,与其他方法相比,基本无需增加新的测点,不必采用复杂的诊断设备和数据采集、处理装置。在实时监测的基础上,可以进一步摸索运行工况和受热面积灰结渣的相互影响关系,优化锅炉整体运行。特别是对于那些曾发生过或经常发生受热面结渣积灰故障的锅炉,运行过程中的监测对于避免再次发生故障或减轻故障危害具有现实意义。[26]

随着时间的发展,国内电厂在安全运行的前提下,会不断地注重经济性,因而优化吹灰的研究在国内必将达到一个新的水平。

(6) 全厂负荷优化分配。

目前调度采用的 AGC 方式,是直接把负荷要求按比例分配给投入 AGC 方式的发电机组。其问题是,电网负荷变化频繁,投入的机组始终处于相应的变负荷状态,机组的煤、分、水随之变化,造成蒸汽压力和温度大幅度往返波动,对机组和辅机设备的寿命有较大的负面影响。

全厂负荷优化分配,就是电网调度向发电厂发一个全厂负荷指令,由全厂的负荷分配系统合理安排机组的负荷或变负荷任务。如采用轮流调节的方法,以投入最少机组来完成负荷调节任务为原则来分配机组的负荷调节任务,最大限度地减少机组变负荷的频度,防止机组热负荷上下波动产生的疲劳损耗,以有效地延长机组使用寿命和检修周期,同时经济分配各台机组的负荷,降低全厂的供电煤耗。

根据上述理论建立起来的网厂二级发电调度与厂级负荷优化分配运行技术,近几年在一些发电厂已得到试验性应用,通过优化被控变量,将负荷控制和优化融为一体,实现上层的优化管理和下层的协调控制,如广东省妈湾电厂 300MW 机组、国华台山电厂 1000MW 机组,中电投黔西电厂 300MW 机组等。它们的技术原理都是将原来复杂的整体优化调度任务,按电网与电厂两个层次进行分解,电网层是分散风险以及减小优化维度,以单个发电厂为单元,按单元负荷最优化进行负荷分配,保证整体电网安全经济运行。电厂侧则建立厂内负荷优化分配系统,主要功能:

① 接收电网实时发送的全厂负荷指令时,在线采集生产运行数据,根据各台机组的汽轮机热耗率和锅炉燃烧效率,自动拟合出各机组的发电煤耗特性曲线并

不断修正,在满足负荷响应快速性要求的同时,将电网层分配的负荷在整个单元内进行经济最优分配,优化分配结果直接送至机组 DCS,实现机组负荷的自动增减,保证整个电厂的总能耗在较低水平;

② 系统根据实时计算的各负荷点发电煤耗值,自动拟合出各机组发电煤耗特性曲线;

③ 系统根据机组主辅机运行状态自动设定负荷的上下限,并具有避免机组长期停留在临界负荷点的能力;

④ 设定负荷调节不灵敏区,当电网调度给定负荷与当前电厂总负荷之差小于不灵敏区时,通过对各单台机组负荷的增减来满足电网负荷变化要求,避免所有机组都频繁调节;

⑤ 当自动负荷分配系统失效后,值长可根据机组实际运行情况通过手动调整各机组负荷。

从投运电厂经验介绍情况看,全厂 AGC 改造后有效地节约了燃料消耗,取得了非常可观的经济效益。

6.3.4.2　国内外控制系统节能降耗优化软件应用情况

国外控制系统优化系统,在国内实施的有西门子公司的 PROFI 优化系统、Pegasus 公司的燃烧优化系统、Ultramax 公司的燃烧优化系统、英维思公司的 Connoisseur 电厂锅炉燃烧优化套件、Honeywell 公司的 SentientSystem 优化系统、GE 新华公司的 IntelliMax 优化控制平台等。

国内开发的控制系统优化系统,在机组应用实施的有南京英菲迪自动化工程有限公司 INFIT 系统、国网浙江电力公司电力科学研究院的 TOP 热控优化控制平台 AGC 智能优化控制系统、荷兰 Tai-Ji 公司和浙江大学联合开发的 Tai-Ji MPC 系统、上海明华的智能化协调控制系统、北京华清 OCP3 电站锅炉燃烧优化控制软件、华中科技大学基于火焰辐射能的燃烧优化控制系统,以及和利时公司的优化控制软件等。

1) 西门子公司的 PROFI 优化系统

PROFI 系统是西门子公司各方面专家对很多运行中的火力发电厂存在的问题进行深入分析后,将先进的理论和实践经验相结合后开发的优化软件,成功应用于各种类型的火力发电厂中。

PROFI 基于模块化的设计,主要包括机组控制、尖峰负荷、凝结水节流、经济模块、温度模块、燃烧配风优化、吹灰优化等模块,各个功能模块之间既相互独立,也可搭配组合,根据电厂实际情况使用其中一个或几个模块。

各模块可以随时无扰的投入和切除,即使发生硬件故障时也只是无扰切换到机组原有的运行方式,不会产生危及机组安全的不良影响,因此具有较高的安全性。另外,PROFI 适用面广,可用于燃煤、燃气、燃油机组不同的 DCS 系统,无需对原系统做太大的改变,就能方便地加入到原有系统中。

PROFI 系统主要应用于神华(国华)发电股份公司所属 15 台机组的 AGC 和主蒸汽温度的优化,其中准格尔电厂 2 台 330MW 机组、定州和沧东电厂各 2 台、宁海电厂 4 台、台山电厂 5 台 600MW 机组。

PROFI 调试后投入初期,AGC 能达到 4% 的速率,汽温都有很大改善,但软件没有自适应能力,不适应运行环境的多变(如煤种变化),每过一或两年时间要重新调整一次,此外不适应目前实施的两个细则考核要求,黑匣子无法进行检修维护和修改,PROFI 初期投入费用高,AGC 和汽温优化两个模块的实施费用需要 500 万元,后期的维护费用也很高。

2) Pegasus 公司的燃烧优化技术[25]

(1) NeuSIGHT 系统。

美国 Pegasus 公司 1995 年开发的 NeuSIGHT 燃烧优化控制系统,是全球电力工业的第一套闭环监督控制系统,其核心技术基于 Computer Associates 公司的神经网络平台,为应用人工智能神经网络技术设计的燃煤电厂燃烧优化控制系统,其主要功能是以提高锅炉热效率和降低 NO_x 排放为目标的稳态优化。

NeuSIGHT 系统利用 DCS 本身具有的数据库的数据作为数据分析的基础,经过神经网络模型在线分析,迅速得出运行参数的最优值,然后输出到 DCS,DCS 系统通过控制偏移量,进而实现 NeuSIGHT 对锅炉燃烧的优化控制。

NeuSIGHT 系统在美国市场的占有率为 40%。在全球范围内拥有近 80 个成功案例,通过相关应用资料了解,可以改善机组的以下性能:

① 提高机组效率,降低煤耗 0.5%～5.0%,减少 CO_2 和 SO_2 排放;

② 降低 NO_x 排放达 10%～60%(满负荷下一般为 25%～35%);

③ 具有闭环控制、实时系统、自调节性能,提高运行水平;

④ 独有的"传感器验证"、"提示检修重点"等功能,保障机组的安全运行,提高机组的可用率。

但 NeuSIGHT 系统这种燃烧优化控制技术并没有考虑机组运行的动态特性和过程,所以这种优化也只是稳态优化,而稳态的寻优只能算操作指导,不适合电站锅炉负荷多变的情况下的优化控制。

(2) PowerPerfecter 系统。

PowerPerfecter 系统是美国 Pegasus 公司另一个锅炉运行优化控制软件,国外也称它为 DeltaE3 系统。它基于与 NeuSIGHT 系统类似的神经网络技术,增加了模型预测控制(MPC)技术,能通过建立多目标的动态优化控制器,动态调整 DCS 设定参数与偏置,实现锅炉燃烧优化动态闭环控制。

由于 PowerPerfecter 系统的核心技术也都来自 Pegasus 公司,所以相比 Neu-

SIGHT 系统,在硬件上没有变化,主要增加了动态预测功能和离线仿真功能。此外,该系统可以用来查找模型的失谐和提供偏差扰动的纠正能力。同时,系统可以采用动态反馈来升级模型,通过使用动态反馈消除扰动偏差、模型的失谐以及传感器的噪声。但 PowerPerfecter 为了实现对现存的控制系统进行调整,需要在 PowerPerfecter 和 DCS 之间建立高效可靠的数据通讯,PowerPerfecter 采用客户/服务器方式与 DCS 系统进行接口。Pegasus 公司称该系统可以提升 0.5%~2.5% 的锅炉热效率,降低氮氧化物排放量 10%~30%,降低飞灰含碳量 7%~9%,系统还可以改善过热、再热蒸汽品质,改善燃烧均衡性等。该系统可应用于各种装机容量和类型的燃煤锅炉的优化控制。

该优化软件国内应用于山东省的华电莱城电厂 1 号锅炉和华能天津杨柳青电厂 5 号锅炉(300MW 机组)上。据介绍投入后锅炉热效率平均提高了 0.53%,NO_x 排放量平均降低了 21.8%,再热减温水量平均降低了 90.5%,送、引风机电耗平均降低了 17.6%,但由于缺乏后期维护,目前系统已基本失去优化意义。

3) 英维思公司的电厂锅炉燃烧优化和预测控制系统[27]

电厂锅炉的燃烧过程是典型的大滞后、强耦合、强非线性过程,过程的动态响应会随着煤种、负荷等的变化发生显著且快速的变化。英维思公司针对其过程特性,研发了电厂锅炉燃烧优化和预测控制系统(APC)软件。

该软件具有最小负荷扰动的 PRBS(伪随机二进制序列)自动工厂测试工具和统计工具,包括相互关联和功率谱密度;控制优化基于 RBF(径向基函数)的神经网络系统,识别和量化整体因果关系;采用二次方程规划,提高锅炉热效率、降低飞灰含碳率、提高爬坡速率;在线模型自适应,消除过程随时间推移带来的影响;通过模糊逻辑处理,解决大滞后、强耦合、强非线性过程控制。

该软件通过多层炉膛燃烧器区域虚拟仪表,实现模拟风和燃料分布的影响与炉膛状况、NO_x 生成量等,对给煤机、二次风门等进行实时优化控制;对过热和再热喷水流量控制以及燃烧器倾角控制进行解耦;不同区域温度的实际情况和除尘负荷条件下,应用模型和专家系统,实现自动或指导性的智能吹灰,来保证最佳热效率;在进口温度、磨煤机温度约束条件下,使进入磨煤机的冷风量最少,减少 NO_x 排放。

目前国内实际应用的有华电包头发电厂 600MW 机组及 300MW 燃煤带供热发电机组,台湾电力公司 600MW 燃油发电机组。据介绍国外应用的有泰国 RB 电力公司 700MW 燃气发电机组、泰国 SCG 公司褐煤 & 固体燃料循环床发电机组、美国 MIRANT 公司 630MW×2 超临界机组。

华电包头发电厂 2 台 600MW 机组的优化,根据测试单位(西安热工院)2010 年的测试报告,投入 APC 相比切除 APC,锅炉效率分别提高 0.51% 和 0.53%;飞灰含碳量降低 27.14% 和 15.00%;NO_x 排量降低 12.90% 和 22.81%;平均负荷提升速率提高一倍以上,分别为 12.09 兆瓦/分和 12.42 兆瓦/分;主汽温度标准偏差基本可以控制在±5℃、再热蒸汽温度标准偏差基本可以控制在±8℃以内(个别工况下温度波动范围略有超限);智能吹灰通过对锅炉各级汽温及减温水量进行在线监测和分析计算,提供实时参考画面。根据机组运行状况,提出吹灰优化指导,传统的定时吹灰改为按需吹灰。

但由于建模缺乏自适应功能,锅炉 A 检修后未能及时更新建模,未能实现针对不同煤种最优运行卡片的设置和系统所依据表盘数据的校准,加上一些设备的可控性差,运行人员未能熟悉掌握 APC 系统,做好 APC 系统与运行习惯之间的协调。因此在锅炉检修后,该优化软件性能下降。

4) Honeywell 公司的多变量预测控制技术优化系统

根据 2010 年 ARC 报告,Honeywell 公司先进控制与优化技术应用全球排名第一。其技术可以应用到大多数流程工业中。专利技术 RMPCT(鲁棒多变量预测控制技术)的核心套件 Profit Controller 的主要特点为:

(1) 区域控制及漏斗技术。

采用区域控制这一专利技术,可在控制器求解同时满足控制及优化目标的最佳操作方案时,尽可能减少模型的不确定性所造成的影响。在实现被控变量目标时不强求遵循特定的轨迹,而是采用所谓"漏斗技术",这样为控制器提供了更多自由度,以保证实现控制过程的动态优化。

(2) 被控变量"性能比"。

Profit Controller 中每个被控变量都有一个叫"性能比"(performance ratio)的参数,可直接调节该变量来控制闭环响应速度,而对其他变量没有影响。该参数不同于变量权重因子,每个变量权重因子的调整会影响其他相关变量。所以与其他通过调节权重因子来调节响应速度方式相比,"性能比"的调节更简单有效。

(3) 前馈响应调节。

先进控制技术都是前馈加反馈的预测控制,但唯有 Profit Controller 采用专门的前馈响应调节。用户可根据前馈模型的可靠性调节控制器对各前馈输入的响应程度。

(4) 目标优化。

Profit Controller 内置线性和二次目标函数:线性目标函数可实现某变量的最大或最小化,二次目标函数则可实现某变量所确定的目标的优化。用户可根据实际生产情况和市场信息,通过设置相关变量线性或二次优化系数构建合适的目标函数,该过程可在线进行,十分方便。与其他同类产品不同的是,目标函数的参数既可以是操作变量,也可以是被控变量。

(5) 在线增益修正。

Profit Controller 可在线修改模型增益及滞后时间,这一功能非常有利于对控制器的投运调试和日后维护。如果再结合其他增益调节技术，Profit Controller 在非线性领域也能得到很好的应用。

先进能源解决方案（AES）是基于 Profit Controller 技术，专为电力行业、发电机组和区域供暖生产设计的先进的控制和优化软件包。2005 年起中国石化上海石油化工股份有限公司与美国 Honeywell 公司双方投资合作，采用 AES 进行该公司所属的母管制循环流化床机组先进控制的应用研究，涉及主压力控制器（MPC），经济负荷分配（ELA-B），先进燃烧控制（ACC）和先进温度控制（ATC）四个软件包，都是基于模型预测、多变量、变化率最优控制器来实现。采用高精度自学习的过程建模模块提供的数据模型，持续在线按照机组实际的性能状况确认和修正模型；采用逐步逼近的寻优方式；采用软测量传感器，对于那些锅炉响应计算中需要但不能测量的过程变量提供一个合成的数值量。

在上海石化热电部专业人员的全力配合下，该优化软件取得较好的效果，并且长期稳定运行（详见典型案例分析 6.4.1）。但在安徽凤台电厂上的应用（Honeywell 授权澳大利亚 Synengco 公司销售，改名为 SentientSystem 先进应用解决方案）优化效果不明显。

5）GE 新华公司的 IntelliMax 优化控制平台

IntelliMax 节能导航，是依托于 GE 集团分散控制系统 OC 6000e Nexus 的自动处理和控制单元而提供的一整套先进控制解决方案，硬件结构上分为优化控制单元（ACU）和系统能效测评单元（ECU）。优化控制单元（ACU）采用工业中最常用的 modbus 通信方式实现与原有机组数据的通信和优化控制，同时提供失效保护和脱网保护等安全机制。系统能效测评单元（ECU）也采用独立的 modbus 通信方式对机组的重要数据进行均值、高值、方差等数理统计，提供给业主优化前后或同一班组不同时段的效果对比。而基于先进控制理论之上的机组级优化，采用模型流体力学、辨识控制算法、人工智能检测、推理诊断校正等原理。可以提供单级 PID 回路自整定优化软件，实现热控参数优化、锅炉效率优化、燃烧排放优化等优化控制。通过 AGC 负荷指令识别器预测指令变化、OCS 对象补偿器补偿压力对负荷的响应延迟、利用锅炉蓄热和燃料热值在线统计增强机组对燃料的适应性及燃料量调整的准确性、内模预测控制提高燃料调整的预见性和准确性、汽温的模型预测控制实现汽温优化控制。可对汽温优化（TCO）、汽压优化（PCO）、AGC 优化（GCO）、NO_x 优化（ECO）、排放物优化（NCO）、厂级优化（XCO），提供一整套分块可定制的解决方案。

该系统的汽温控制优化器（TCO）应用于山东太阳纸业自备电厂 480 吨/时锅炉的汽温控制。据介绍投运后，主汽温度的波动明显改善，控制定值提高 3℃。折合煤耗率节约 2965 吨标准煤/年，年增加经济效益 237 万元；同时减少了超温现象和减温水量。以瞬态工况为例，与投运该系统前的过/再热减温水量平均值相差 3

吨,节省标煤共计 378.45 吨标准煤/年,折合人民币约 30.276 万元。

该系统的发电控制优化器(GCO)应用于内蒙古上都电厂的 2×660MW 亚临界机组,稳步提高了电网两个细则考核的成绩,从原先的考核对象转变成补偿对象,AGC 调节性能综合指标 Kp 值由优化前的月均值低于 1.0 提升了 200% 以上,为电厂获得了近千万的年经济效益。

6)南京英菲迪自动化工程有限公司的 INFIT 优化控制系统

火电机组 AGC 协调及汽温优化控制系统简称 INFIT 系统,通过智能预测算法减小机组运行中的燃料、给水波动幅度,减小机组设备磨损和爆管、延长锅炉金属管材寿命。采用神经网络技术实时校正煤种的热值、制粉延迟的变化,以消除煤种变化对机组控制品质的影响,使机组适应燃用煤种的变化。提高 AGC 的负荷响应速率和调节精度,改善一次调频的性能;减小了主汽压力、过热及再热汽温等关键参数的波动,提高机组的运行稳定性。该系统已在华能太仓、华能汕头、华能玉环、江西新昌、国华太仓、大唐洛河等一批 300MW 亚临界机组、600MW 超临界机组及 1000MW 超超临界机组上应用有 100 多台(是目前国内应用最多的热控系统优化软件)。其中华能玉环 1000MW 机组实施项目,2012 年评审前经相关测试机构现场实际测试结果,该系统对煤种变化具有一定的自适应能力,减少了再热喷水量,各种扰动工况下主汽压力、机组的负荷响应速率和控制精度得到有效提高,其中在变负荷速率设定为 15 兆瓦/分钟和 20 兆瓦/分钟时,实际负荷率分别为 14 兆瓦/分钟和 18 兆瓦/分钟,主汽温度动态最大偏差为 +2/−5℃ 和 +2/−0℃,静态最大偏差 <±2℃;主汽压力动态最大偏差分别为 −0.4/+0.5 兆帕和 −0.6/+0.5 兆帕。其中主蒸汽温度的动、静态偏差均优于《火力发电厂模拟量控制系统验收测试规程》规定的性能指标,也优于在线运行的大多数优化软件。对比未实施该项目之前的主蒸汽温度控制效果,有明显提高。[28]

大型火电机组的脱硝被控过程反应慢,从喷氨到考核点 NO_x 的变化需要较长的时间。随着 SCR 脱硝系统运行时间的增加,催化剂越用越少,被控过程的特性会发生较大的变化。此外随着运行时间增加,NO_x 的测量值也往往有较大的误差。电厂为了要 NO_x 运行在较低的数值,常常加大所需的喷氨量,反而又降低了经济效益。加上 SCR 脱硝控制系统由于控制策略设计不完善、控制目标不明确、现场测量条件等问题,系统的自动投入率和投入效果均较差,使得整个脱硝系统的运行性能受到明显影响。针对上述问题,INFIT 基于预测控制技术及智能前馈控制技术,开发了火电机组 SCR 脱硝控制软件,在 INFIT 实时优化控制系统中实现,目前在南热 2 台 600MW 超临界机组、化工园 2 台 300MW 亚临界机组及玉环 1000MW 超超临界机组等 20 多台火电机组上成功应用,其效果明显。可确保喷氨控制系统能长期稳定地投入运行,NO_x 的波动小,浓度被控制在设计值 ±5 毫克/标准立方米(稳态)和 ±10~15 毫克/标准立方米(大幅变负荷)范围内,确保不会被环保部门考核。同时由于 NO_x 的波动小,基本可以将 NO_x 的设定值设在环保考核值的附近,压考核值的红线运行,据这些工厂给出的统计数据,可节省10%左右的氨气使用量。该脱硝优化控制系统,是目前国内改造应用最广、控制品质较优良的一套系统。

7) TOP 热控优化控制平台 AGC 智能优化控制系统

TOP 热控优化控制平台 AGC 智能优化控制系统由浙江省电力试验研究院研发,集成了三项功能模块,其中:①AGC 全程运行智能控制模块,采用智能窗控制技术实现了单元机组在全负荷范围内的全程自动控制。②协调优化与汽温精确控制模块,采用动态解耦优化算法与预估优化控制算法实现机组协调控制系统动态解耦控制与复杂工况下的主汽温精确控制,解决了火电机组中汽温与协调系统的控制难题,满足机组 AGC 深度调峰的需求。③机组侧辅助服务性能品质监测模块,实现了机组辅助服务与重要自动控制品质的在线监测与考核分析,为辅助服务性能分析与优化改进提供实时的辅助决策依据。

该系统在浙江国电北仑、大唐乌沙山、浙能乐清、兰溪、温州等电厂300～600MW 亚临界、600MW 超临界,以及 660～1000MW 超超临界等各等级、各类型机组上实施应用。有效改善了机组负荷、汽压、汽温等主要参数的控制品质,提高了机组的运行经济性,促进了火电机组的节能减排。机组动态工况负荷偏差+2/−1.5%,主汽压力偏差+0.4/−0.5兆帕,主汽温度偏差+2/−5℃;采用智能分时节能优化控制技术,降低煤耗0.3克/千瓦时;通过协调控制优化组件中能量观测器的应用,以及汽温控制优化组件的应用,有效减小机组汽温的超温频度和幅度,汽温波动幅度由+5℃减小至+2℃,平均汽温可以提升3.0℃,节约煤耗约0.6克/千瓦时。同时还减轻了运行人员操作压力,降低了机组汽压、汽温波动幅度,减小机组寿命损耗,改善了机组负荷控制精度,增加了机组 AGC 的自动投用范围,提高了电网运行的安全稳定性。

8) Tai-Ji MPC 多变量控制系统

荷兰 Tai-Ji 公司和浙江大学共同开发的 Tai-Ji MPC 系统是具有自适应能力的模型预测控制软件,融合了非线性模型预测控制算法、多变量闭环测试辨识、模型预测控制性能监视等技术,具有低成本、快速实现、自动维护、性能持续保证等优点。采用"多变量 ASYM(ASYMptotic Method)闭环辨识"技术,显著地提高模型精度,节省建模时间70%以上,自创的"扰动自适应预估"和"线性变参数(LPV)模型"技术,可以有效地克服煤种变化、设备特性缓慢变化带来的机组运行特性变化,无需人工干预,自动修正模型,提高对运行特性预测的精度,解决了目前先进控制后续维护的难题。

该技术国外在埃克森-美孚(ExxonMobil)、陶氏化学(Dow Chemical)、英国石油公司(BP)等全球八十多家炼油和石化企业应用。国内在浙江浙能温州和钱清发电厂应用。其汽温控制系统项目验收鉴定现场测试时,控制效果较好(按规程要求升降负荷实际控制动态最大偏差<±3℃。负荷变化小于 1% 额定负荷情况下主汽温度静态最大偏差<±2℃)。

9)上海明华的智能化超临界机组协调控制系统

中国电力投资集团上海明华技术工程有限公司的智能化超临界机组协调控制系统,包括智能化协调方式的控制、直流炉智能化给水控制、智能化快速反向变负荷控制、智能化超调控制、智能化燃料热值修正等控制模块。机组在变负荷时,根据变负荷的方向、幅度和机组运行参数等预估给水和燃料的超调幅度,及时正确地平衡机组的能量,在保证机组安全条件下,汽机调门对功率进行主调,给水对功率进行辅助控制。完成变负荷后,汽机调门平滑地过渡为控制蒸汽压力,给水平滑地过渡为控制蒸汽温度,使得机组在稳定工况下,蒸汽温度、蒸汽压力的变化最小,处于稳定经济的运行状态,较好解决滞后、时变、非线性的锅炉控制问题,实现厂网协调。在安徽田集电厂实施后,AGC 变负荷平均速率达 1.5% 额定负荷/分钟,在大幅度变负荷过程中,负荷最大偏差 6 兆瓦,主蒸汽压力最大偏差 0.7 兆帕,分离器出口蒸汽温度最大偏差 6.5℃,主蒸汽温度和再热蒸汽温度偏差减小。2009 年 AGC 和一次调频辅助服务获奖发电量 3900 万千瓦时。此外与机炉专业结合,对机组进行整体优化,降低了供电煤耗率约 4.42 克/千瓦时。目前项目已成功应用于多台超临界机组。[28]

常规的火电机组协调控制方式主要分炉跟机为主和机跟炉为主两类,针对全周进汽并采用汽机调门节流调节的机组,该公司还开发了一种新型节能的协调控制系统:即让汽机调门全开,不再参与负荷(汽压)控制,主汽压处于自由滑动状态,以消除调门节流损失;由锅炉燃烧率来调节机组负荷;利用凝结水节流调负荷技术,在凝汽器和除氧器水位正常时由凝结水调门共同参与负荷控制,以弥补锅炉热惯性大的缺点,加快变负荷初期的负荷响应速度;利用煤水智能超调、给水温(焓)控智能死区等技术来加快锅炉燃烧率变化以提高负荷响应能力;结合凝结水节流和阀限自动调节等技术来实现机组一次调频功能,从而在基本满足电网对机组变负荷性能要求的前提下,提高发电效率,实现节能减排。目前已在多台 1000MW 等级机组上得到成功应用,在 AGC 工况下机组供电煤耗率平均下降约 1.2 克/千瓦时。对于 1 台年运行 7000 小时、负荷率 75% 的 1000MW 机组而言,则一年可节约标煤约 6300 吨,减少 CO_2 排放约 16380 吨。

10)中控锅炉 APC 先进控制系统

浙江中控技术股份有限公司的锅炉 APC 先进控制系统,是针对循环流化床锅炉特点而设计的一整套控制与优化解决方案,主要由母管协调、燃烧自动、指标优化与性能计算组成。

母管协调控制系统负责控制主蒸汽母管压力,动态协调并行运行锅炉的负荷,根据锅炉系统综合负荷煤耗量增量最小化原则进行动态负荷的优化分配,在各锅炉保持相对最佳运行负荷区间内,快速适应负荷波动,稳定主蒸汽压力;锅炉燃烧控制系统实现锅炉负荷、主汽温度、烟氧含量、炉膛负压、床层温度、料层厚度等指标的自动控制,采用了基于工艺机理的规则多变量模型预测控制算法,更好地适应流化床锅炉的动静态特性,克服煤质变化的滞后响应、耦合干扰等问题,提高各指标的控制精度与扰动响应速度;指标优化系统负责在可行的搜索区域内,以锅炉效率损失、烟气污染物排放、风机等动力设备电能消耗等为惩罚因子构成动态优化目标,采用非线性寻优方法,找到针对特定工况的最佳烟氧含量、床层温度、料层厚度等信息,参与修正燃烧自动调节,从而使锅炉燃烧系统最优运行;性能计算负责整个系统的闭环评估组织,在线实时统计评估锅炉系统各项能耗损失、主要辅机设备的能耗情况,是整个系统的评测环节。

通过 APC 先进控制系统,可实现循环流化床单台锅炉燃烧自动优化匹配设置,实现锅炉的连续稳定经济运行,多台自动运行锅炉的母管压力协调控制,保证各台锅炉相对最优化运行的同时稳定母管压力,有效抑制烟气污染物排放量,提高直接与间接的经济效益。

该系统应用于河南、福建、广西等地多家循环流化床用户,优化后的控制特性满足循环流化床锅炉的运行特点,平均减低系统煤耗 0.5%～1.5%,取得较好的应用效果,获得用户的认可和好评。

上述这些优化软件,在提高机组控制系统的控制效果和调节品质(尤其是汽温控制)过程中都发挥了一定的作用,特别是刚调试完成时多数能取得较好的明显效果(如 PROFI 调试后投入初期,AGC 能达到 4% 的速率,汽温都有很大改善)。但大多数软件自适应能力差,随着运行环境的变化(如煤种变化、机组检修后或长时间运行机组特性发生改变后),每过一或两年时间就需要长时间重新建模和参数调整才能达到机组运行要求。由于多数优化软件研发单位或供应商追求的是最大化的利润空间,软件优化成本和后期维护费用高,控制系统优化投运后,进一步完善与维护未能及时跟上,使得运行一段时间以后控制系统优化后取得的控制品质效果开始逐渐下降,其中也有少数优化软件最后被撤出运行而搁置。此外有些软件不适应目前实施的两个细则考核要求,黑匣子无法进行检修维护和修改。因此在电厂微利或亏损经营的当前局面,控制系统优化时的投入与优化后的产出效果不明显,长期运行效益和安全效果还有待观察,大多数电厂对开展控制系统优化工作持观望态度。

面对国家对环境保护指标要求的严格控制、发电企业处于微得或亏损运行的状况,通过控制系统优化去发掘电厂节能减排空间将被提上日程,未来电厂过程控制优化,将围绕"节能增效,可持续发展"这个主题,以机组的安全、效率、排放等作为控制目标,安全、经济效益方面取得明显效果、通用性强、安装调试方便的优化控制专用软件,将会受到电厂青睐而得到进一步发展与应用。[22]

6.4 节能、减排与降耗智能自动化技术的典型案例分析

6.4.1 先进控制在中石化上海石化热电部的应用

6.4.1.1 企业热电设备概况

中石化上海石油化工股份有限公司下属热电部(以下简称热电部)的主要任务是向上海石化所属生产装置以及生活区域供电、供热与供纯水。热电部拥有热电联合装置 2 套、电控装置 1 套、燃料输运车间 1 个、制水车间 1 个、220 千伏变电站 1 座、2 回 220 千伏联络上海电网线路以及 7 个行政处室。目前装机容量为 7 炉 7 机,总发电量 425 兆瓦,总蒸发量 2880 吨/时,设计供热能力 1378 吨/时,最大制水量 2685 吨/时。其中 1# ~ 4# 锅炉为燃煤锅炉(410 吨/时),5# 、6# 锅炉为煤焦混烧 CFB 锅炉(5A/5B 为 310 吨/时、6# 锅炉为 620 吨/时);0# 汽轮机为 B25 背压机组,1# ~ 3# 汽轮机为 C50 单抽机组,4# 汽轮机为 CC50 双抽机组,5# ~ 6# 机为 CC100 双抽机组。

热电部下属的原热电一站(燃油,现为 1# 联合装置东区)建于 70 年代,该厂内装有 4×C50 抽汽凝汽式汽轮发电机组＋2×B25 背压式汽轮发电机组＋1×CB25 抽汽背压式汽轮发电机组,并配有 2×220 吨/时＋4×410 吨/时燃油锅炉,总装机容量 275 兆瓦,厂址位于上海石油化工股份有限公司厂区的东部。原热电二站一期工程(燃煤,2# 联合装置西区)建于 80 年末、90 年代初,厂址位于公司厂区的西南边缘地带,该厂内装有 3×C50 抽汽凝汽式汽轮发电机＋1×CC50 双抽汽凝汽式汽轮发电机组＋1×B25 背压式汽轮发电机组,并配有 4×410 吨/时燃煤锅炉。原热电二站一期配置公共除氧给水系统,具有 2 台低压除氧器、5 台高压除氧器、三台提升泵、8 台给水泵(其中 1 台可调速的汽动可调速给水泵,1 台可调速电动给水泵、6 台定速电动给水泵)、1 台调压机。

为了满足石化地区工业生产发展和人民生活增长需要,同时为了解决延迟焦化装置建成投产后每年 $28×10^4$ 吨含硫石油焦的出路问题,原热电二站进行二期扩建(2# 联合装置),该工程为 2 台 310 吨/时 CFB 锅炉配置 1 台 100 兆瓦抽凝式汽轮发电机组,已于 2002 年 8 月投入商业运行。2007 年原热电二站进行了第三期扩建(2# 联合装置),该工程为 1 台 620 吨/时 CFB 锅炉配置 1 台 100 兆瓦抽凝式汽轮发电机组,并于 2008 年 3 月投入商业运行。二电站现有总装机容量 425 兆瓦。

2005 年 9 月 15 日,上海市环境监测中心对热电一站仍在运行的 4# 燃油锅炉进行监测,结果显示该锅炉的氮氧化物排放浓度为 878 毫克/米³ 超过了《火电厂大

气污染物排放标准》(GB13223—2003)规定的 650 毫克/米³ 的限值,并限期在 2007 年完成氮氧化物达标排放的治理。上海石化结合中石化压缩燃烧油政策和热电一站设备老化的实际情况,为了改善上海石化地区的生态环境及多用煤热工作的深入展开,根据中石化集团公司的总体部署,上海石油化工股份有限公司已于 2007 年 9 月 15 日停运了热电一站的所有机炉。1♯、2♯联合装置承担起上海石化的供电、供热任务。

由于 1♯联合装置西区工程建设时间较早,限于当时的技术水平,锅炉部分控制系统采用的德国西门子的 TELEPEM AS-235K 系统,汽机部分仪表控制采用国产的电动仪表,除氧给水系统的监控设备基本是 DDZ-II 仪表,盘装按钮操作,自动投入率较低,仪表控制系统严重老化,自控系统故障率较高,严重影响了热电部的安全、经济运行。根据上海石化投资计划的安排,在 2004～2011 年期间对 1♯联合装置 4 炉 4 机监控系统和除氧给水的监控系统进行了改造,改造后自控投入率 96% 以上,各自控系统调节品质优良。

6.4.1.2 先进控制在循环流化床机组的应用

1) 机组概况

热电部 5♯机组的 2 台 310 吨/时循环流化床锅炉是引进 Foster Wheeler 的新技术,采用典型的 CFB 燃烧方式,以煤、石油焦混合燃料作为锅炉的主要燃料。锅炉设计的焦、煤混合比例为 3:1,允许适用的焦、煤比例范围 1:1～5:1。配风方式主要是一、二次风,还有少量输送石灰石高压风和回料腿循环风由高压风机引入。锅炉排渣由可选择式冷渣器经底渣输送系统送入渣库。

CFB 机组系统如图 6-2 所示。两台 310 吨/时的循环流化床锅炉和一台 100MW 双抽凝汽式汽轮发电机组构成母管制蒸汽系统。锅炉的出口蒸汽汇集至蒸汽母管后送入汽轮机,部分做功后的过热蒸汽分中、低压参数进入各自的供热蒸汽母管。为保证供热系统的稳定和安全,在蒸汽母管系统中还配置了两台减温减

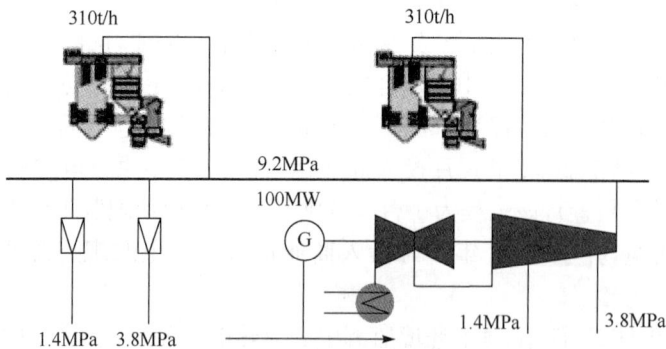

图 6-2　CFB 机组系统图

压器,高温高压过热蒸汽经减温减压后作为中、低压供热蒸汽的备用汽源。

DCS 系统采用美国 Honeywell 公司生产的 TPS 分散控制系统。二炉一机集中控制,完成数据采集、模拟量控制、锅炉炉膛安全监控和顺序控制系统等功能。

根据循环流化床的控制要求,锅炉的控制系统包括:主汽压力控制、燃料控制、一次风控制、床温控制、氧量控制、上部二次风控制、下部二次风控制、二次风压控制、炉膛压力控制、左一级减温水控制、右一级减温水控制、左主汽温控制、右主汽温控制、汽包水位控制、二氧化硫控制、冷却器各段流化风速控制、床压控制、预热器后烟温控制、启动燃烧器风量控制、风道燃烧器风量控制、高压风压力、连排扩容器水位控制、定排扩容器温度控制、锅炉启动压力控制。

2）常规控制投运情况

循环流化床燃烧技术是最近三十年内快速发展起来的一种清洁煤燃烧技术,它以燃料适应范围广、燃烧中直接脱硫、低 NO 排放、燃烧效率高、负荷调节范围宽、灰渣便于综合利用等优点,已经成为清洁燃烧技术的主要发展方向,在电力、供热、化工生产等行业中得到越来越广泛的应用[29]。

从控制的角度而言,循环流化床锅炉是一个集分布参数、非线性、多变量紧密耦合为一体的控制对象,其自动控制系统需要完成比一般煤粉炉更为复杂的控制任务。由于循环流化床锅炉燃烧的复杂性和特殊性,一般煤粉锅炉和其他过程控制对象行之有效的常规控制方法,已难以保证循环流化床锅炉各项控制指标的实现。对循环流化床锅炉的控制特性及控制系统的研究是当前电厂控制领域的一个新的课题[30]。

在热电部、上海发电设备成套设计研究院和美国 Honeywell 公司的共同努力下,经过半年时间的现场机组控制特性试验,了解和掌握了循环流化床锅炉的控制特性,针对循环流化床锅炉延迟性大、耦合性强和具有逆向特性的特点,率先提出了一次风、燃料对床温控制动态解耦的思想,设计了用静态配比一次风、二次风控制氧量与床温,氧量修正二次风量的控制方案。在当时国内循环流化床机组自动投入率不超过 60% 的情况下,2003 年 5 月热电部 5# 机组的自动投入率达到100%。同年 9 月由上海市经委组织召开《上海石化热电总厂 310 吨/时循环流化床机组控制系统》鉴定会,岑可法院士任组长主持鉴定,与会的专家一致通过《上海石化热电总厂循环流化床机组控制系统》的鉴定,鉴定意见为:"上海石化热电总厂循环流化床机组的控制系统的设计、投运是成功的,其控制系统的设计和调试水平为国内领先水平"。

3）先进控制投运情况

（1）循环流化床锅炉先进控制的提出。

Honeywell 公司的先进能源解决方案（Advanced Energy Solutions, AES）是专为火力发电厂和热电厂设计,旨在加强对发电、供热生产环节进行控制和优化。

此外,它还可以帮助降低生产成本,减少有害气体排放和延长设备的使用寿命。

2003 年 AES 首先应用于捷克 TEPLARNAO TROKOVICE 热电厂。该厂装机容量为 50 兆瓦,共有 3 台 125 吨/时锅炉,2 台 25 兆瓦发电机(一台背压,一台凝汽抽汽式)。发电量 250 吉瓦时/年,供热量 $2.1×10^{12}$ 千焦/年。实现先进控制后,降低了耗空气量 31%,降低了 CO 的排放,减少 NO_x 排放 15%,全年锅炉平均增长效率为 1%,具有较好的经济效益。

2006 年,韩国三星精细化工厂的热电厂采用 Honeywell 的 AES。用于提高工厂机组的经济负荷分配效率,优化锅炉的燃烧、提高机组的热效率,减少排放量,以及在电力价格和燃料成本不断变化的不稳定市场环境下,实现成本的最优化。

着眼于更高的节能、减排的目标,2005 年起上海石化与美国 Honeywell 公司双方投资合作,采用 Honeywell 公司的 AES 进行热电部循环流化床机组先进控制的应用研究,其目的是建立先进控制在循环流化床锅炉控制方面的应用。同时邀请上海发电设备成套设计研究院参与项目的建设。

(2) 循环流化床锅炉先进控制系统的组成。

基于模型预测的热电部循环流化床锅炉先进控制系统如图 6-3 所示,它包括了主压力控制、负荷优化分配、燃烧先进控制和汽温先进控制。

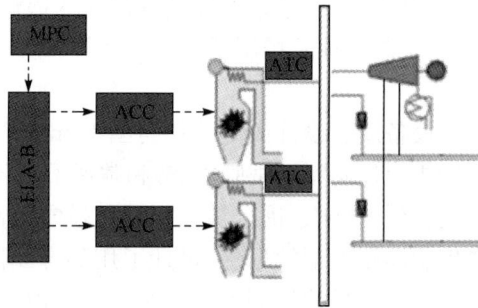

图 6-3　热电部循环流化床锅炉先进控制系统

主压力控制(Master Pressure Controller,MPC)是在蒸汽生产过程串级控制的顶端。它在蒸汽需求量变化的情况下维持主压力在需要的范围内,它的控制输出给锅炉的协调控制提供总热量输入。总热量输入提供给负荷优化分配模块,对同一母管上的锅炉进行协调控制。

锅炉负荷经济分配(Economic Load Allocation for Boiler,ELA-B)是锅炉先进控制的一个基本组成部分。它在严格遵守锅炉负荷动力学并满足非稳态时母管的要求情况下,实现锅炉经济运行。经济负荷分配软件包采用模型预测控制来优化工厂的运行,在充分考虑到锅炉的负荷特性、时变的母管蒸汽需求和锅炉的经济运行的情况下使锅炉得到更加有效的控制。

先进燃烧控制(Advanced Combustion Control,ACC)是降低工厂运行成本的一种有效的方法。通过改善燃烧过程的控制效果,可以优化燃烧过程、降低燃料消耗并延长工厂设备的使用寿命。先进燃烧控制给锅炉燃烧过程的空燃比提供实时在线的优化和控制,而且可以在不中断 ACC 工作的情况下,对不同锅炉状况(高峰/非高峰时间,稳定/非稳定主蒸汽压力等)进行独立的调整配置。

电厂锅炉的蒸汽温度是机组安全、经济运行的重要参数之一。常用的蒸汽温度控制方法有采用常规的 PID 控制器构成串级控制系统或采用导前微分补偿信号的双回路控制系统,但由于汽温被控对象具有大时延和大惯性的特点,传统的控制方法难以获得满意的控制效果。基于模型预测的过热蒸汽温度先进控制系统(Advanced Temperature Control,ATC)能有效地减小系统的超调量和汽温的波动范围,提高汽温调节的质量。

循环流化床机组先进控制投运后,能达到的效果:

① 更稳定、响应更快的生产操作;

② 降低煤耗,提高锅炉热效率;

③ 提高机组效率;

④ 降低厂用电。

(3) 循环流化床锅炉先进控制项目的实施[29]。

① 运行数据收集。

为了更好地评估先进控制带来的效益,确定和解析循环流化床机组各变量之间的静态关系,通过实时数据库(PHD)收集实施先进控制前该循环流化床机组 12 个月的运行数据。根据这些数据可以获得相应锅炉的效率特性关系。

② 专项运行测试。

生产运行测试的主要目的是评估随锅炉负荷、过剩空气变化的锅炉效率、石灰石量变化对锅炉效率的影响、母管制下两台平行锅炉进行动态负荷分配的效益以及各参数相互之间的关系,其中包括:

(a) 锅炉负荷分配:计算负荷经济分配和燃烧优化能带来的效益和可行性。

(b) 锅炉燃烧优化:试验的目的是为了提高床温控制能力、提高锅炉燃烧的稳定性和锅炉的燃烧效率,在满足约束的条件下减少锅炉的过剩空气。为实现锅炉的燃烧优化,需要通过一系列试验建立动、静态模型。

(c) 锅炉蒸汽温度优化:目的在于提高锅炉汽温控制的品质,提高在负荷发生较大变化时的主蒸汽温度控制能力,减小蒸汽温度的波动。

专项生产运行测试的主要工作搜集 5 天的锅炉数据,主要测试条件为 4 种蒸汽负荷工况,每一种蒸汽负荷下设 4 个烟气含氧量设定点。每个测试结束后进行煤、焦采样及组分分析,每次测试结束后的底灰、飞灰样品采集。

③ 主要控制变量的确定和模型的建立。

在对锅炉的生产运行测试和数据搜集基础上,计算锅炉效率,评估先进控制实施的效益,确定对锅炉效率提高有影响的变量,进行先进控制的设计。

根据收集的运行数据和专项试验数据,建立包括锅炉效率模型、锅炉增量价格模型和各控制对象模型。并按照循环流化床锅炉燃烧的特点,在广义卡尔曼滤波器的基础上通过软测量获得不可直接测量的重要信号:床料中的燃料量、炉床石灰石量、瞬时石灰石的消耗率和在炉床上释放的瞬时产生的热量,由此提出用一次风控制炉床释放的热流量,用进料量控制、稳定床料内的燃料量的新控制策略。

④ 操作员界面。

AES的操作员图形用户界面与控制室内已有的 DCS 操作屏幕画面完全集成在一起。一体化集成的目的是为了便于操作员的监视和操作。无论先进控制系统处于投运还是停用状态,操作员仍然使用相同的画面、图形模式,直观地监督生产过程。

图 6-4 和图 6-5 为 5♯炉 DCS 汽水系统显示画面,先进控制系统中燃烧优化系统的设置界面。先进控制的投、切操作均已无缝融合在 DCS 组态界面中。

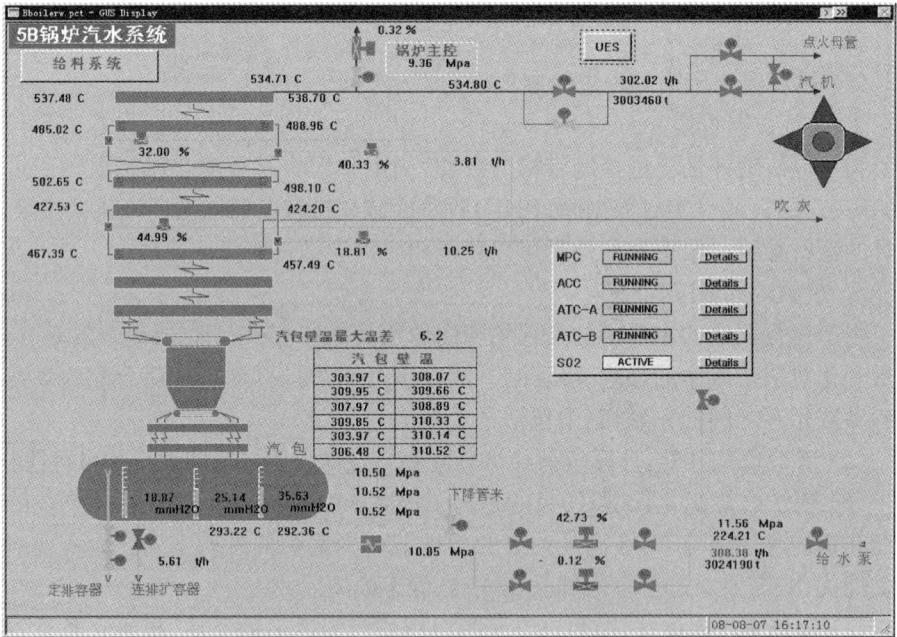

图 6-4　5♯炉 DCS 系统的汽水系统显示画面

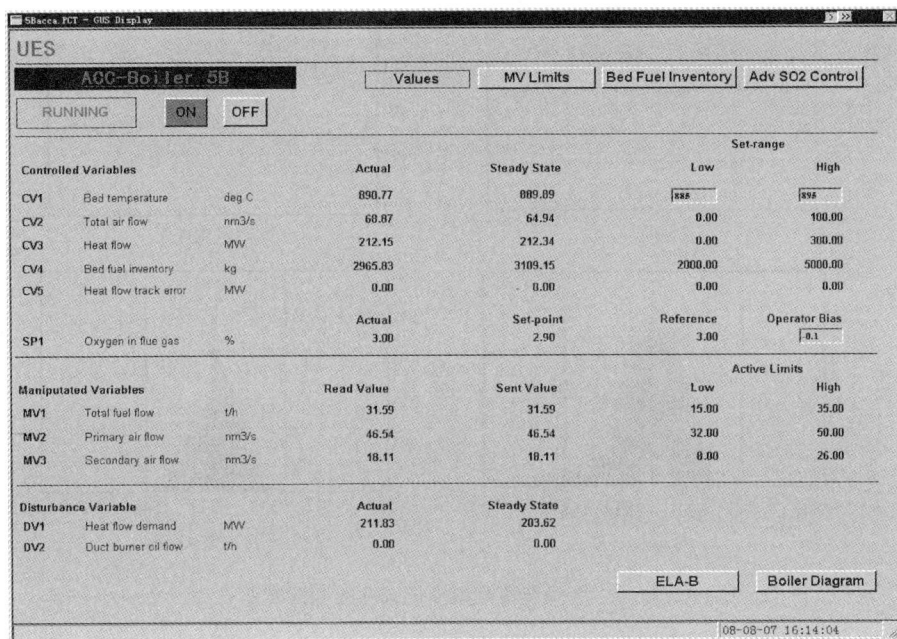

图 6-5　5♯炉 DCS 系统燃烧优化系统设置界面

⑤ 先进控制的投运效果。

图 6-6 和图 6-7 显示了投入 MPC、ACC、ATC 后床温、蒸汽温度、烟气含氧量和二氧化硫含量的记录曲线。设定的蒸汽母管压力的"通道"宽度为 0.2 兆帕,床温控制的"通道"宽度为 15℃,控制的床温标准差<1℃,蒸汽温度"通道"宽度为 2℃,控制的蒸汽温度标准差<0.5℃,烟气含氧量的标准差<0.1%,二氧化硫的标准差 25 毫克/米³。

先进燃烧控制的策略和实施,使循环流化床锅炉控制变量的变化幅度显著减小,图 6-8 显示了床温控制七天记录曲线:前六天锅炉的燃烧控制处于常规的 PID 控制下,床温变化幅度为±15℃,第七天为投入先进燃烧控制后的床温记录曲线,其变化幅度减少为±4℃,大大地提高了燃烧系统的稳定性。

图 6-9 是投入主压力控制、先进燃烧控制和先进温度控制后,外加 10%的负荷扰动对蒸汽母管压力、蒸汽流量、蒸汽温度和烟气含氧量调节过程的记录曲线。其中:蒸汽母管压力变化幅度<±0.07 兆帕,蒸汽温度变化幅度<±1℃,床温变化幅度<±4℃,烟气含氧量变化幅度<±0.4%。

在 5♯炉先进控制系统投运后,邀请第三方进行先进控制投运前后的性能测试工作,全年效益评估为:

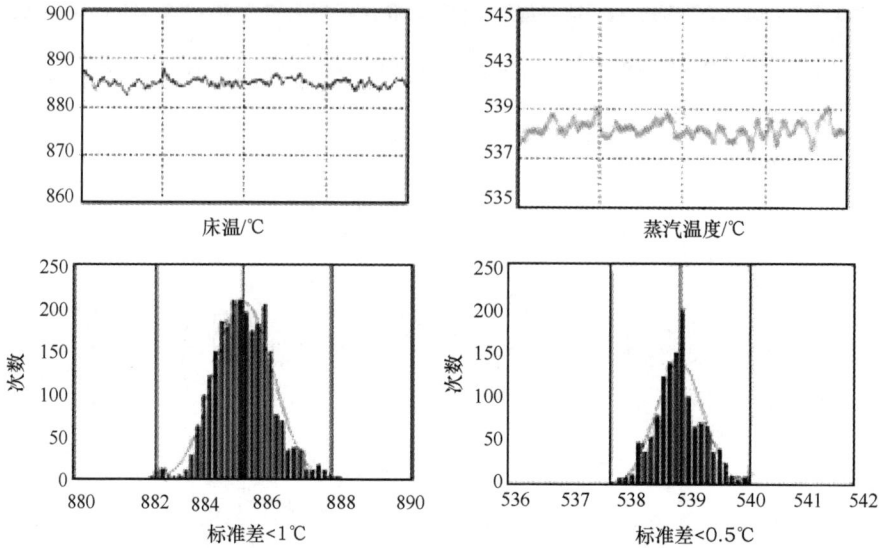

图 6-6　床温和蒸汽温度记录曲线和标准差

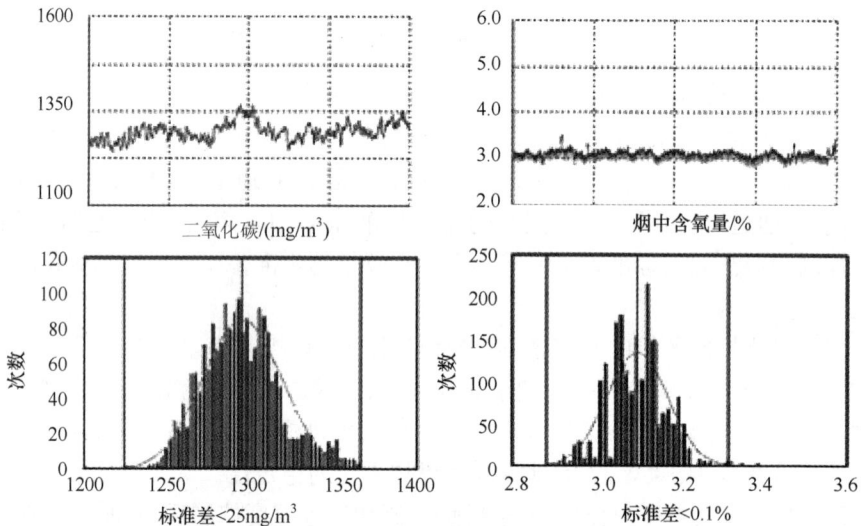

图 6-7　二氧化硫和烟气含氧量记录曲线和标准差

（a）机组平均炉效提高 0.48%，全年可节原煤 512 吨和节焦 1622 吨，合计全年节煤和节焦效益：512×698+1622×833=170.9 万元。

（b）优化前后测试的主蒸汽温度对比提高了 2.11℃，参照实时数据库 2008 年 7～8 月的主蒸汽温度对比平均提高 2.8℃，以 AES 优化后主蒸汽温度平均提高 2.8℃评估对汽机性能的影响：因主蒸汽温度提高，汽轮机发电机可增加出力约

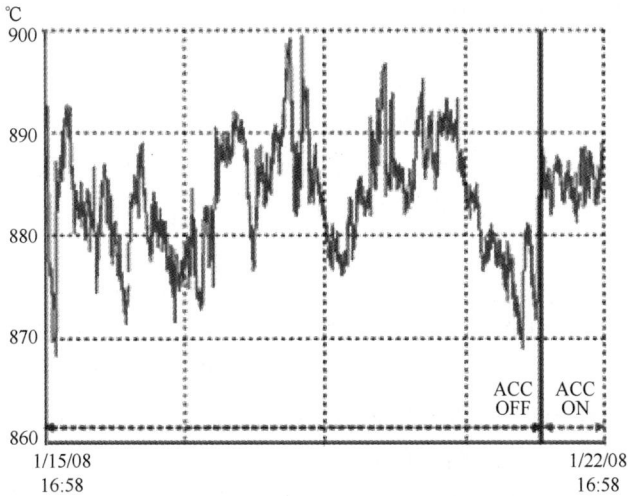

图 6-8　常规 PID 控制与先进控制下的床温控制对比曲线

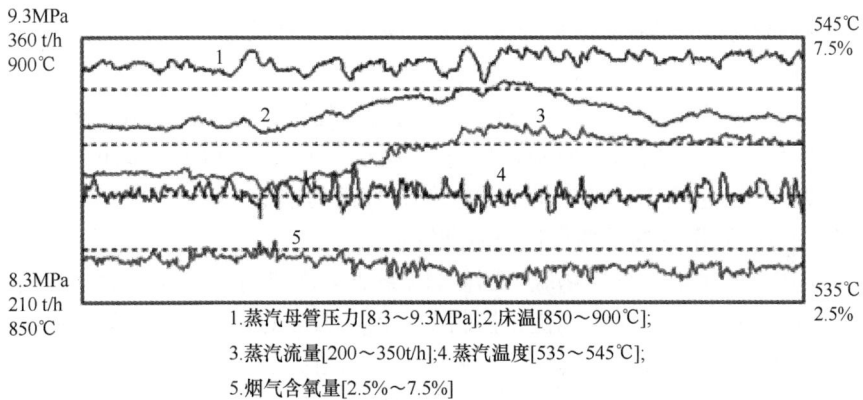

1.蒸汽母管压力[8.3～9.3MPa];2.床温[850～900℃];
3.蒸汽流量[200～350t/h];4.蒸汽温度[535～545℃];
5.烟气含氧量[2.5%～7.5%]

图 6-9　10%负荷扰动对蒸汽母管压力、蒸汽流量、蒸汽温度和烟气
含氧量调节过程的记录曲线

0.392%,即 392 千瓦,以年运行 7000 小时计算,年增加发电量约 2744000 千瓦时,电价以 0.45 元/千瓦时计,年收益增加约 123 万元。

（c）根据 5A、5B 炉的增量效率模型以及 2007 年 5A、5B 炉的平均总负荷 581 吨/时计算,投运负荷优化分配后产生的效益:25×6.8×7000＝119 万元。

（d）年综合经济效益达到约 412 万元。另外由于增加了主汽压力控制（MPC）、先进燃烧控制（ACC）、先进温度控制（ATC）和经济负荷分配（ELA）在内的所有先进控制内容,机组整体运行的稳定性和可靠性都大为提高,降低了机组运行的故障概率,能减少机组启停次数和时间,这从短期的运行经济性上较难直接衡量。但从长期来看,定会产生良好的作用。

6.4.1.3　应用经验

1) 企业重视、项目实施单位配置合理

热电部管理层对该项目十分重视,成立以热电部经理为领导小组组长、副经理为项目组组长的项目领导、管理组织机构,各处室、部门积极配合,按节点完成项目进程中的每项工作。

先进控制项目的实施,不但需要有专业的软件队伍,还需要有丰富的电厂运行和控制经验的本地工程师,以及能熟练掌握 DCS 组态修改和高级应用的现场服务团队,三者缺一不可。本项目的合作单位由热电部、美国 Honeywell 公司和上海发电设备成套设计研究院组成,为项目的实施提供了坚实的基础。

2) 先进控制的实施要有良好的常规控制基础

常规控制系统的自控投入率的高低直接反映了所涉及的控制设备状态好坏。常规控制系统如不具备自动控制运行条件,优化控制亦无法发挥其实际作用。这是优化控制对机组自动化水平和常规控制系统自动投入率的反制效应。所以,机组自动化控制水平不到位,优化控制就无从谈起。这将促使电厂用户要未雨绸缪,重视机组的基础自动化建设,为优化控制奠定基础。

热电部 5♯机组是世界上第一台投运整套先进控制的循环流化床机组,之所以成功投运是建立在它常规控制自控投运率达到 96% 的基础上,该机组 2003 年的自控投运率已达到 100%,并且长期保持在较高的水平。

3) 先进控制系统的长期投运与后期维护

系统运行维护需培育现场服务团队,以保证优化控制系统投运后能持续地发挥优化控制作用。这也是实现优化控制需要重点考虑的条件。本项目的系统运行维护工作由上海发电设备成套设计研究院承担,该院自动控制研究所专门从事电站自动控制的研究开发工作,全程参与了项目的实施过程。按每套先控系统 8 万元/年计,5♯机组先控系统的运保费为 16 万元/年。这些设备的完好是先进控制系统长期投运的基本保障。避免了一旦工程结束,由于缺乏维护造成先控系统停运,优化控制成了摆设。

6.4.2　优化控制技术在神华国华电力的应用

6.4.2.1　DCS 控制系统概况

神华国华电力拥有 8 台百万级超超临界机组,以及 26 台 600MW 级别超临界、亚临界等一批先进机组,配备了进口和国产的 DCS 系统,产品包括西门子 TXP/T3000、新华公司 XDC80、爱默生 Ovation、福克斯波罗、美卓控制、和利时等,全面实现机组的模拟量控制(MCS)、锅炉炉膛安全监控(FSSS)、顺序控制

(SCS)和数据采集(DAS)等功能,基本满足各种运行工况的要求。通过与汽机数字式电液控制系统(DEH)、给水泵汽轮机电液控制系统(MEH)、汽机旁路控制系统(BPC)、全厂 GPS 系统、汽机安全监视仪表(TSI)、网络监控系统(NCS)、自动电压调节装置(AVR)、发变组继电保护等其他控制系统的通信,形成全厂的生产级信息系统,并采用 PI 等数据服务手段,形成厂级监控信息系统(SIS)。

6.4.2.2　优化控制软件应用背景和需求分析

随着国家的节能减排政策的实施和更加严格的环保法规的颁布,在运行的机组的能耗指标受到越来越多的关注。电网对供电品质的要求也越来越高,《发电厂并网运行管理实施细则》的实施,对并网机组的一次调频、自动发电控制(AGC)、调峰、无功调节、旋转备用、热备用等功能和性能提出严格的要求和考核,并网机组的性能优劣,直接影响了发电市场的占有率,形成了激烈的技术和装备竞争的态势,这对机组自动控制水平提出了严峻的挑战,从一次调频到 AGC(自动发电控制)都对电厂控制系统提出了更高的要求。

尽管分散控制系统(DCS)在电厂应用至今已有十余年的历史,硬件产品水平也随着计算机技术的发展而得到很大的提高,但是 DCS 的应用软件(过程控制软件)大多数仍停留在常规 PID 控制的水平。这就导致多数电厂的控制系统存在如下问题:

(1) AGC 功能控制的负荷范围小,变负荷速率、AGC 响应时间和调节精度满足不了调度要求,影响到电网的供电数量和质量;

(2) 主汽温和再热汽温波动大,特别是变负荷,启、停磨煤机时,影响机组的安全、经济运行;

(3) 一次调频响应时间滞后,一次调频稳定时间过长。

另外,原来粗放型的控制造成的燃料过多的消耗,机械设备无谓的磨损,都增大了发电成本,降低了电厂的经济效益。为此,各个发电厂竞相对原控制系统进行优化,以期提高控制品质,降低发电成本,提高经济效益,满足电网调度的要求,以在电力市场上抢占先机。根据统计,在工艺系统中采用 DCS 而不采用智能控制软件优化过程控制,增加的效益只有系统最优的 10%～20%,DCS 的优势并未完全发挥出来;当采用了优化软件,只需增加很少的投资,如 20%,就可得到全部收益的 70%,大大提高了 DCS 的性能价格比[31]。

6.4.2.3　西门子 PROFI 软件的实施情况和应用效果

1) 控制系统概况

浙江国华宁海发电厂一期工程为 4 台 600MW 亚临界机组,2005 年首台机组投产,2006 年全部投产发电。锅炉、汽轮机、发电机组分别由上海锅炉有限公司、上海汽轮机有限公司、上海汽轮发电机有限公司采用引进技术制造。锅炉为上海锅炉有限公司制造的型号为 SG-2028/17.5-M908,亚临界、一次中间再热、固态排渣、平衡通风、四角切圆燃烧、控制循环汽包炉。汽轮机为上海汽轮机有限公司生产的 N600-16.7/538/538 引进型中间再热凝汽式汽轮机组,额定功率600.243MW。发电机为上海汽轮发电机有限公司制造的 QSFN-600-2 水氢冷却汽轮发电机组。

　　宁海厂一期工程采用了四机一控制室的方案,并设辅控网络,以实现全厂辅助系统的集中监控。通过分散控制系统(DCS)与厂级监控系统(SIS)相连,应用 IT 网络技术,实现全厂的数字化管理。

　　宁海厂工程 4×600MW 机组分散控制系统(DCS)采用了南京西门子电站自动化有限公司的 Teleperm-XP 系统。DCS 主要是为了实现模拟量控制(MCS)、锅炉炉膛安全监控(FSSS)、顺序控制(SCS)和数据采集(DAS)等功能,以满足各种运行工况的要求,确保机组安全、高效运行。

　　通过高性能的工业控制网络及分散处理单元、过程输入输出通道、人机接口和过程控制软件等完成锅炉、汽机及其辅机热力生产过程和发电机、变压器组及厂用电源系统的控制。系统安全、可靠、先进,且易于组态、易于使用、易于扩展。

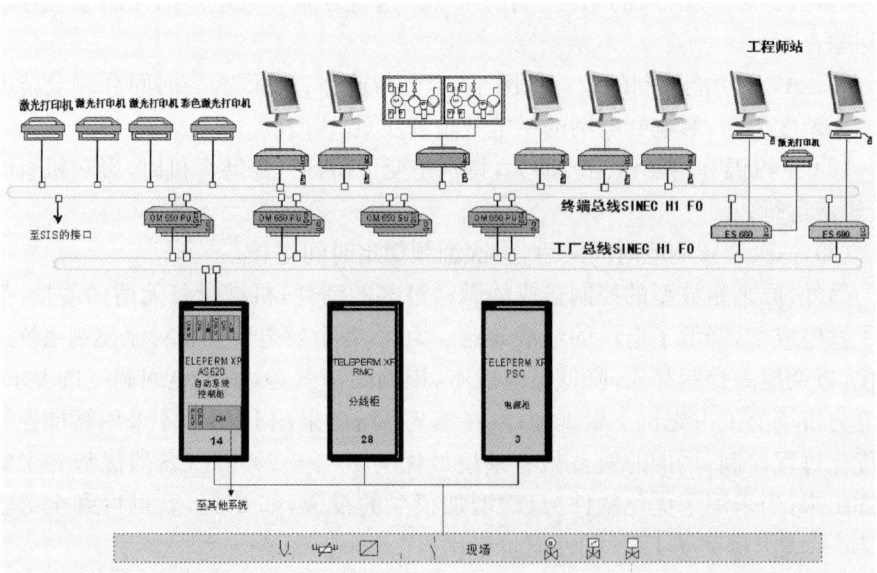

图 6-10　单元机组控制系统由分散控制系统(DCS)和子系统组成

　　DCS 的设计采用了合理的冗余配置和诊断至模件级的自诊断功能,使其具有高度的可靠性。系统内任一组件发生故障,均不会影响系统其他部分的工作。系统的监控、报警和自诊断功能高度集中在画面上,并能同步打印。控制系统建立在功能完善、危险分散、物理分离及负荷均衡的基础上。同时,DCS 还采取了有效措施,以防止各类计算机病毒侵害和 DCS 内各存储器的数据丢失以及外部系统和人员对系统的侵害。与全厂生产监控及信息系统的接口具有双向性,并采取有效措施防止网络的恶意入侵。本系统还具有仿真方式,并可接入全部 DCS 的输入输出信号,进行闭环运行、测试和演示 DCS 的功能和性能要求,系统可利用率达到99.9%。单元机组 DCS 结构见图 6-10。

　　2) PROFI 系统的组成和架构[32,33]

西门子电站自动化有限公司针对新的形势和技术发展的要求,研究开发了电站控制优化软件(PROFI),为提高机组效率和在电力市场中的竞争地位,宁海电厂引进了西门子 PROFI 控制软件,对所属 $4 \times 600MW$ 机组的机组协调和温度控制进行优化。经过双方一年多的摸索,完成 PROFI 系统在 2♯机组上的应用研究、试验优化后,已推广应用于其余三台机组,均取得较好效果。

该软件运用现代控制理论,实现了实时、在线的过程控制系统的优化,使得机组负荷变化过程中减少过程参数动态偏差和被调量的时间延迟,从而达到降低发电成本,提高经济效益的目的。

PROFI 是基于模块化的设计,主要由机组协调、凝结水节流、带预测的负荷裕度和自学习温度控制四大功能模块组成。各个功能模块之间既相互独立,又可灵活搭配,根据电厂实际需求,可使用其中一个或几个模块。各个模块都具有较好的可操作性和可控性,大大减少运行人员干预和控制系统波动变化次数。由于各模块可随时无扰的投切,即使硬件发生故障也只是无扰地切换到机组原有的运行方式,因此不会产生任何危及机组安全的不良影响。

　　(1) 机组协调模块和汽温模块功能。

机组协调模块是一种全新的机组协调动作思路,通过充分利用机组的蓄能,达到机组迅速响应负荷需求变化,解决了现代电力系统中电网调度和火力发电厂中机组反应迟缓的矛盾,使得机组既能快速响应电网调度的指令,又能保证机组平滑稳定的运行,提高机组在电网中的竞争力的同时,解决了机组启停速度过慢,减少了锅炉燃烧部分的过调,保持稳定燃烧,提高了机组的燃尽率,同时还能降低设备的磨损和维护费用。

温度控制模块利用了状态观测器和自学习回路等高级控制算法,成功解决了温度这种大滞后对象的控制,即使吹灰或投切磨煤机时也能将温度迅速稳定地控制在指标范围内,解决了普遍存在的超温和振荡现象,提供了机组运行的安全性。

　　(2) PROFI 组成和架构。

PROFI 经济模块和标准概念运行于一台处理机 SICOMP 上,这个模块可以在任何制造商提供的过程控制系统中工作,并和经过测试的具有标准通信功能配置的控制系统进行通信。

（a）系统结构。

SICOMP 是一种功能齐全的紧凑型个人机，它可以直接相连 Simatic PLC 及 Teleperm XP 控制系统，并为 CPU 提供额外计算能力以解决复杂的和需集中处理的实时运算任务，同时具有数据采集、处理和大容量存储功能。

SICOMP 由 PROFI 控制卡件、扩展插槽和电源模块组成，其中组态服务器根据不同的配置而定，如果采用了组态服务器则扩展插槽的数目减少，组态服务器主要用于支持多用户同时进行组态修改。电源模块一般从 DCS 机柜得到 24 伏直流电源。当 SICOMP 与非西门子的 DCS 进行接口时，只需在扩展槽中增加相应的 I/O 卡件和通信卡件即可。SICOMP 实物如图 6-11 所示。

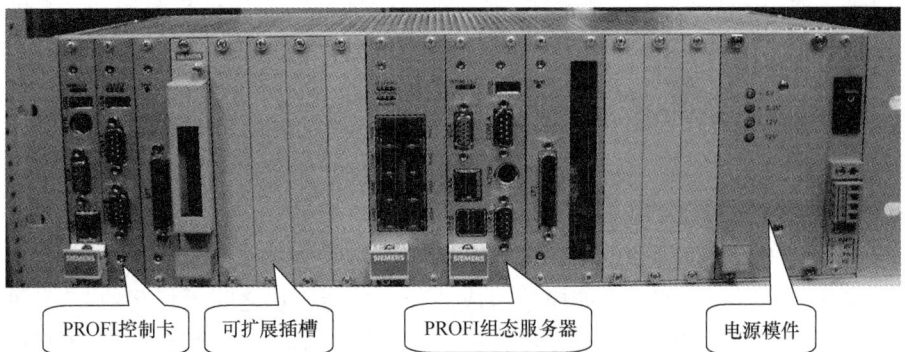

图 6-11　SICOMP 处理机实物图

（b）系统软件。

SICOMP 固件包含连接自动系统 CPU 的通信软件。其基本操作系统是 DOS，该系统能够使用户软件运行在一个快速、稳定、无故障的环境中，系统重新启动时间非常短。重新启动后，PKW（Program system for KraftWerk）应用软件承担了所有和 BIOS 及硬件设备的内部通信。也就是说 DOS 不是用于完成自动控制任务而是用于系统的启动和调试。

通过一个串行口使 PROFI 控制卡与一台外部 PC 机相连，就能够把应用程序和用户软件组态并装载至 SICOMP 模块中。如果配置了组态服务器则可以通过以太网直接进行组态。

（c）应用软件。

PROFI 经济模块和高级控制标准，是 PKW 程序系统的高级控制软件的应用，该程序系统带有一个完善的自动化控制处理内核 AS。通过扩展 PROFI 控制卡内存，即使结构庞大的自动系统软件都可以进行处理。

在控制结构上，这个 AS 自动化控制核心程序，能够以 50 毫秒循环周期处理所有的应用软件。使用串口连接如 modem 通信，可以使得实时信号和储存的曲线通过 AS 核心程序从 PROFI 控制卡中下载。它同样可以在 AS 中储存新的应用程序。在完成用户程序的调试之后,AS 核心程序将被永久存储在该用户电厂的 PROFI 控制卡中。

(3) PROFI 系统与 Teleperm XP 及其他控制系统连接。

PROFI 控制卡可安装在任何 TXP AP 机柜中,SICOMP 和 AP 中央处理器之间通信通过使用 CP1413 通信处理器和工厂总线进行。至 SICOMP 的 I/O 信号的接口可以通过 ES680 工作站进行组态。

本项目实施中,采用了硬接线和软件通信相结合的连接方式,即关键信号和快速信号采用硬接线,慢速和重要性不高的点采用软件通信方式。根据需要在 SI-COMP 示意图中,除了 PROFI 控制卡件和电源模块是必需的以外,其余的插槽都可以用于安装输入和输出卡件。而组态工作站可以直接连接到 PROFI 控制卡件上。

3) PROFI 的实施与应用[33]

宁海电厂结合电厂机组的实际情况和电网方面的要求,选用了 PROFI 中的机组协调和温度控制模块,并成立项目组进行应用研究和具体实施。

(1) 系统总体设计方案。

经过对机组运行实际情况的观察,确定整个机组控制的总体方案如图 6-12 所示。

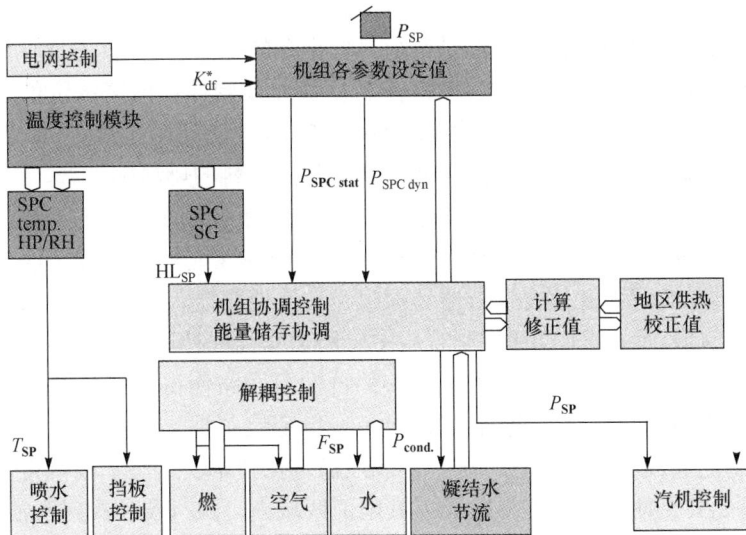

图 6-12　PROFI 机组控制总体方案

(2) 硬件设备的安装。

2005 年 11 月完成在 T-XP 机柜和组态中安装 PROFI 控制站,包括对原有网络拓扑的修改,PROFI 控制站的网络地址生成以及 PROFI 控制站和其他相关站点的通信连接测试,在 T-XP 系统中进行 PROFI 控制站硬件部分的组态和电厂原有控制回路原理的耦合连接,以及 PROFI 控制回路的无扰切换回路的设计和组态工作。

同年 12 月装入 MODEM,建立了远程访问的途径,应用研究人员通过远程拨号登录,获得电厂机组的动态特性参数,建立起初步的机组控制模型。

(3) 机组特性测试和子回路优化。

完成 DCS 和 PROFI 之间所有信号交换性能测试和机组特性测试,以及子回路优化后,在 PROFI 中进行了机组协调控制,一级过热汽温,二级过热汽温和再热汽温燃烧器摆角及喷水控制逻辑的设计及优化调试。

(a) 机组协调回路。

在 PROFI 控制策略设计过程中,充分使用了基于模型的现代控制理论,运用自学习、辨识和状态观测器等先进算法,使得机组控制达到较好的动态品质。其协调控制策略将锅炉、汽机作为一个整体控制对象来考虑,使整个机组控制回路的内在稳定性得到加强。当机组负荷指令发生变化或出现扰动时,机组控制能在很短的时间内使机组的运行恢复到稳定工况。

锅炉控制回路的负荷设定值基于模块化的前馈环节,在此前馈环节中考虑了锅炉自身的响应特性,调节中使机组的热应力变化最小。在汽机控制回路中的压力控制使主汽压力的调节变得非常迅速和稳健,该控制回路的压力设定值也是基于控制通道的前馈计算(该设定值是负荷目标指令的函数)。在首先计算出机组的内部能量储存特别是蒸汽压力储存后,控制模块才开始计算前馈设定值。只有当估算的机组蓄热不足于工况的变化要求时,才需要对燃料设定值进行改变,这种控制的结果使锅炉能够很平稳地运行,并提高炉膛内燃料的燃尽率。

由于控制对象存在迟滞、死区或迟延现象,造成了控制子回路的控制对象通常显示非线性特性,这种非线性特性造成控制回路振荡性地来回调节。这对机组运行产生连续性的振荡,并使得执行器和阀门经常性地磨损。在常规调节方式下,这种振荡很难克服,而在 PROFI 控制策略中应用了非线性补偿技术能够较好克服这种反复性的调节振荡现象,并且采用了一种自学习回路使得即使具有非线性传递函数的回路也能满足回路奈奎斯特(Nyquist)稳定性判据。而且如上所述的稳健的机组控制能够成功地在线支持这些非线性稳定化技术。这些手段首先保持锅炉平滑运行,尤其是使蒸汽温度参数靠近其限值区域内。执行器和阀门磨损较小,这样使机组仪控维护成本和工作量大大降低。

PROFI 机组控制模块可以工作在机组压力-负荷运行方式的所有模式中:定压方式、滑压方式、当机组负荷接近 MCR 时带固定压力的滑压方式。因此 PROFI 控制模块可以安装在任何类型的锅炉或汽机组合的电厂中。

　　(b) 自学习蒸汽温度控制回路。

在电厂运行中,总是希望机组的主汽参数和再热汽参数尽可能地高并维持恒定,以提高汽机效率,避免对机组的热应力冲击。汽温品质如得不到有效的控制,将缩短机组运行寿命,提高维护成本,最终导致机组的市场竞争力降低。因此汽温控制的任务,就是在机组运行的整个过程中,保持汽温参数的稳定。

传统的温度调节方式是采用串级调节,其中辅调节器回路控制喷水量,而主调节器回路控制着汽温。但由于煤质、阀门特性等影响,使得控制对象的特性无法满足机组运行的实际需求,且随着时间的推移,锅炉逐渐老化,现场设备运行环境的恶化,使得机组的可控性越来越差。

PROFI 的汽温控制策略具有很好的抑制各种扰动的能力,解决了锅炉动态运行中的典型问题。PROFI 模块中采用了递增的计算算法,使控制回路对控制对象的调节不产生偏移。其主调节回路采用比例调节特性(及扰动前馈),使得汽温控制系统的内在鲁棒性增强。通过状态观测器实现对过热器和再热器的高阶惯性特性补偿,使汽温得到快速精确地控制避免过调。通过非线性滤波环节减少噪声信号并抑制振荡,减少了对执行机构和阀门的磨损。在喷水控制回路中采用了一种自学习回路,使控制回路一直能够克服调节阀开度曲线的非线性带来的影响,其优点在机组动态运行时体现得尤其充分,保证机组参与一次调频控制和大负荷变化运行时,能很好地控制汽温变化在允许的范围内。

　　4) PROFI 调试时存在的问题及解决办法

PROFI 系统首先应用于 2♯机组。由于 2♯机组为首台投运机组,且 168 小时试用结束不久,很多回路未细调,自动控制品质不理想。经测试分析后,主要存在以下问题:

　　(1) 主汽温和再热汽温两侧不均衡,吸热少的一侧很容易发生减温水阀门全关,但温度仍然偏低的现象;

　　(2) 燃烧器摆角特性不正常,在 20%～50%开度(喷嘴延长线在水平线下)时,对汽温的影响异常;

　　(3) 磨煤机出口温度控制缓慢;

　　(4) 磨煤机一次风量控制调节品质差;

　　(5) 水位控制偏差较大;

　　(6) 燃料主控不平滑有振荡的现象;

　　(7) 机组升降负荷变化率比较低。

针对以上问题,项目组采取各个击破的方法,制定相应的技术方案如下:

　　(1) 对于温度不平衡的问题,进行了消旋风的调整,使得火焰燃烧均衡,同时为了有效地控制过热汽温,设计了一级和二级过热汽温的平衡回路,自动进行调整,始终保持过热汽温喷水有调整范围,有效实现温度的控制。

（2）针对燃烧器摆角小于 50% 的角度时对温度影响异常问题，通过分析和试验后调整了控制策略。针对再热喷水会降低机组效率的情况，在 PROFI 中设计了调整摆角、减少喷水量来控制温度的优化回路。

（3）对入口温度测量元件不能真实地反应实际温度，反应偏慢的现象，在 PROFI 中进行补偿控制，引入磨煤机温度模型，采用出口温度直接控制，取消了入口温度的控制导前作用，保证了对磨煤机出口温度的有效控制。

（4）由于磨煤机一次风量测量不准确，项目组经过讨论和分析，对测量相关部分进行了改造，提高了一次风的测量准确度，保证了一次风自动的投入。

（5）对给水系统的控制方案进行了重新设计和整定，使得各个参数的配比趋向合理，有效地克服了各种扰动，满足了不同工况的要求，即使在 4% 的变化率升降负荷时也能保持汽包水位偏差不超过 ±35 毫米。

5）PROFI 投入前后的调节品质对比[34]

在解决调试中碰到的问题后，对于机组协调时负荷升降速度较慢的问题，使用 PROFI 中的先进控制算法，通过其中的精确模型控制和自适应算法，使得机组能够以高达 4% 的速度进行升降负荷。图 6-13 为 PROFI 投入前后结果的比较。

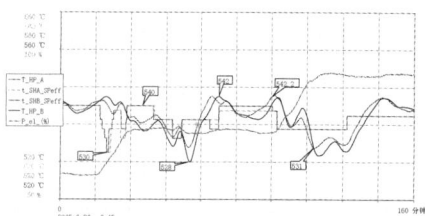

(a) 优化前1%速率变负荷时负荷压力曲线

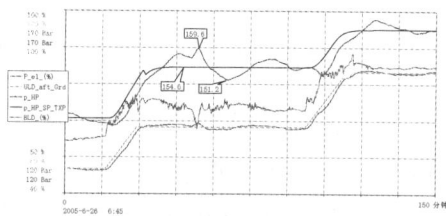

(b) 优化前1%速率变负荷时主汽温度曲线

优化前压力波动 +0.5～-0.3 兆帕，燃料主控有很多毛刺，不平滑不稳定。在该过程中过热蒸汽温度的变化情况如曲线（b）所示，可以看到温度设定点经常人为改变但是温度波动仍然很大，范围为 528～542℃

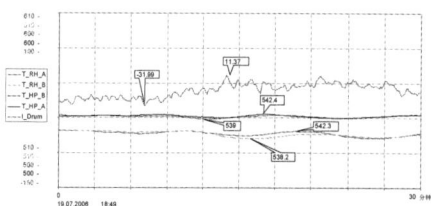

(c) 优化后1%速率变负荷时负荷压力曲线

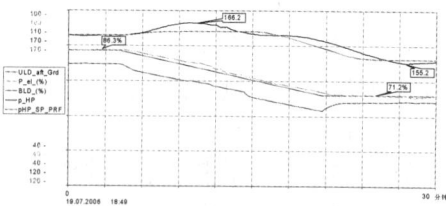

(d) 优化后1%速率变负荷时主汽温度曲线

按照 1% 的速率升降负荷 100 兆瓦的响应曲线可以看出，压力偏差为 +0.2～-0.15 兆帕，过热汽温的波动范围为 539～542.4℃，再热汽温的波动范围为 538.2～542.3℃，且燃料主控比较平滑

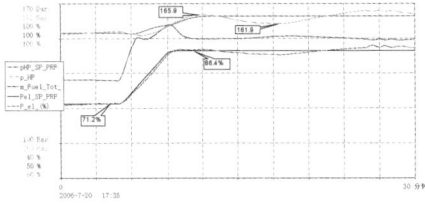

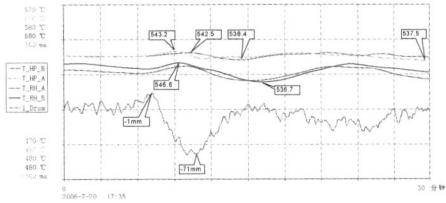

(e) 优化后4%速率变负荷时负荷压力曲线　　　　(f) 优化后4%速率变负荷时主汽温度曲线

按照 4% 的速率升降负荷 100 兆瓦的响应曲线可以看出,压力偏差为＋0.21～－0.19 兆帕,过热汽温的波动范围为 537.5～543.2℃,再热汽温的波动范围为 536.7～546.6℃。燃料主控比较平滑,负荷跟踪比较迅速,控制品质比较好。在升降负荷过程中燃烧器摆角一直投入自动,再热汽温正常调节以燃烧器摆角为主,并保持喷水量最小

图 6-13　PROFI 投入前后调节品质比较

6) PROFI 应用结论

PROFI 成功投运后,获得的主要效益可归纳为以下几点: [34]

(1) 额定负荷 60%～100%,负荷变化率为额定负荷 4% 范围内,机组能在协调方式及滑压方式下稳定运行;

(2) 在 30 秒内,实现 4% 内的负荷调频能力;

(3) 在稳态和变负荷时,水、煤、风运行平滑,控制偏差小;

(4) 汽温设定值提高 5℃,动态控制偏差小于＜4℃,静态控制偏差小于＜2℃,超温现象大大减少;

(5) 压力设定点保持最优,减少了机组的节流。

PROFI 的投运,解决了机组运行中普遍存在的控制问题,保证了机组能快速响应电网调度的调峰和调频要求,优化了热工调节系统的品质,减少运行人员干预,且通过降低机组的过调和平滑的燃料主控,减少设备的磨损,延长机组使用寿命,降低运行和维护成本,将使得电厂在充满竞争的电力市场中占据优势。

6.4.2.4　存在问题的分析和思考

1) 国外进口优化软件的采购成本高昂

以西门子 PROFI 为例子,一套软件的合同价格几乎是 DCS 价格的一半,且由于 PROFI 是在软硬件基础上植于西门子控制系统上的,在技术上没有其他可选,在商务上缺乏谈判条件。

2) 先进控制的实施过程中核心技术向中方人员封锁

整个 PROFI 系统调试过程,中方人员特别是用户的技术人员,只能配合提供机组的性能测试工作,现场施工和调试的消缺维护工作。具体的模型对象特性的测试分析结果,并不给用户公开,系统组态的软件,也不培训用户和给用户授权使

用,做到了充分的技术保密封锁。

3) 先控系统的后期维护困难

整个 PROFI 系统对用户来说,就是一个黑匣子。当机组运行一段时间后,热力特性会发生各种变化,应该采取相对应的参数优化,但这些工作只能由软件完成,往往不够及时,只有等系统的优化效果出现明显的偏差之后,或者定期售后服务期间,才能开展基本的调整工作,且这些工作也是对用户技术封锁的。由于现场缺少像传统 DCS 那样合格的系统管理员和协调工程师,难以保证优化控制系统投运后能持续地发挥优化控制作用。

6.5　智能自动化技术促进火电行业节能、降耗、减排的前沿技术

可以预见,随着电力系统规模的日益扩大,电力系统稳定、安全、环保、经济运行的要求越来越高,国家对电力企业节能减排的政策力度日益加大,先进的自动化控制系统将越来越发挥重要作用。新一代智能自动化技术将以优化、适应为特征,以节能、降耗、减排、高效为目标,实现全范围、全工况、全自动的闭环运行。面向节能、降耗、减排控制的新型检测技术、超超临界机组的高端控制、适合我国燃煤发电的高效低排放优化控制技术、电网和电厂的协调节能优化技术,以及提高机组自动化与运行可靠性的程控与诊断技术将是其中的重点。

6.5.1　过程参数在线测量与检测新技术

锅炉燃烧参数检测技术是燃烧优化技术的基础,检测装置和技术目前普遍存在品质和测量准确性的不足。这个问题已经受到研究人员和生产企业高度关注,大量的研究开发工作,将使这个问题在不久的将来得到较好的解决。[35]

6.5.1.1　辅助变量的软测量技术

软测量就是采用间接测量的思路,利用易于获取的其他测量信息,通过计算来实现对被测变量的估计。其基本思想是把自动控制理论与生产过程知识有机结合起来,应用计算机技术,针对难于测量或暂时不能测量的重要变量(称为主导变量,如产品分布、物料成分),选择另外一些容易测量的变量(称为辅助变量,如压力、温度等),通过构成某种数学关系来推断和估计,以软件来代替硬件(传感器)功能。这类方法响应迅速,能够连续给出主导变量信息,且具有投资低、维护保养简单等优点。在工业过程中主要应用于实时估计、故障冗余、智能校正和多路复用等方面。[36]

1）烟气含氧量软测量技术[37]

烟气含氧量是影响锅炉燃烧效率的重要参数,应随负荷的变化进行自动调节,以保证锅炉的燃烧效率,其前提是对烟气含氧量进行及时、准确测量。目前电厂测量烟气含氧量的氧气传感器主要是热磁式氧量传感器和氧化锆氧量传感器。热磁式氧量传感器是利用烟气组分中氧气的磁化率特别高这一物理特性来测定烟气中的氧气含量。虽然具有结构简单、便于制造和调整等优点,但由于反应速度慢、测量误差大、容易发生测量环室堵塞和热敏元件腐蚀严重等缺点。而氧化锆氧量计相对于热磁式氧量计,具有结构和采样预处理系统简单、灵敏度和分辨率高、测量范围宽、响应速度较快等优点。但是氧化锆氧量计在高温下易出现裂纹或铂电极脱落,使用寿命短、投资大;本底电势离散性大,经常需要调整;氧化锆表面尘粒等污染会带来较大测量误差。因此,许多学者希望用软测量的方法来解决烟气含氧量的测量问题。

烟气含氧量软测量模型中的二次变量(即软测量模型的输入)选择对烟气含氧量有直接或隐含关系的可实时检测变量。尾部烟气含氧量主要受煤质变化、锅炉炉膛漏风、未完全燃烧等因素的影响。因此,需要选择能反映负荷、燃料、风量、排烟等方面的变量作为二次变量。一般可选择主蒸汽流量、给水流量、燃料量、送风量、送风机电流、引风量、引风机电流、排烟温度等工艺参数作为软测量模型的输入。烟气含氧量软测量在建模方法上早期采用比较多的是神经网络技术,近几年又出现了采用如数据融合、支持向量机等技术的方法。

2）飞灰含碳量软测量技术[37]

飞灰含碳量是电厂燃煤锅炉的主要考核指标之一,对锅炉的运行效率和机组总体性能有较大影响,特别是对于燃用劣质煤的锅炉。实时准确监测飞灰含碳量,有利于随时优化调整运行方式,将飞灰含碳量控制在最佳范围,从而尽量提高燃烧程度,提高机组运行效率。同时,低含碳量飞灰还可以废物利用,不但增加电厂的经济收益,而且减少飞灰的填埋成本和环境污染,这对于电厂节能、提高经济效益、保护环境都有着现实意义。但影响燃煤锅炉飞灰含碳量的因素多而且复杂,受到如锅炉燃用煤种、设计安装水平、锅炉运行操作水平等多种因素的影响,很难直接在线测量或采用简单的公式进行估算。

燃煤锅炉飞灰含碳量特性受到如煤种、运行参数和锅炉设计制作安装等因素的影响,关系较为复杂。在软测量建模时,由于锅炉已经建成运行,其设计和安装参数均已确定,因此可以只选择煤质特性参数和锅炉运行工况作为软测量的输入。选择二次变量时,一般可采用燃煤的收到基低位发热量、挥发分、灰分和水分,来反映煤质特性;采用锅炉负荷、省煤器出口氧量、各磨煤机给煤量、炉膛与风箱差压、一次风总风压、各层二次风压、燃烧器摆角等参数反映锅炉运行工况。

锅炉的燃烧过程是一个复杂的物理、化学过程,影响锅炉飞灰含碳量的诸多因素具有耦合性强、非线性强等特征。因此锅炉飞灰含碳量的软测量,难以采用机理建模,比较适合采用辨识建模。神经网络能够描述高度非线性的输入输出关系,且具有并行计算、分布式处理和容错性、适应性强等优良品质,而 BP 神经网络结构具有强非线性拟合能力、学习规则简单、便于计算机实现等优点。所以,在对飞灰含碳量进行软测量建模时,多采用 BP 学习算法进行辨识建模。

3) 燃煤发热量软测量技术[38]

煤的收到基低位发热量是评价燃料煤品质的主要指标,计算煤耗、锅炉热平衡、热效率,以及确定混煤配比等都要用到煤的发热量。因此,应用新的理论和方法研究煤发热量的测定和计算有重要意义。

由于发热量与工业分析数据之间存在某种联系,有研究采用多元回归分析方法推导出低位发热量的经验公式。但是,许多经验公式的适用范围很小,具有一定的局限性和时效性,并且经常会因模型实质是非线性的而导致线性回归模型不适用。

近年来,人工智能技术在燃煤发热量的预测中得到了越来越多的应用。例如在常规的人工神经网络方法(ANN)对入厂煤质数据进行建模训练、得到收到基低位热值预测模型的基础上,引入支持向量机(SVM)方法,提高模型的学习泛化能力;利用支持向量回归机(SVR)和遗传算法(GA)对煤的低位发热量建模,采用遗传算法对支持向量机预测模型的各项参数进行寻优。为减少所选参数对训练样本的依赖性,引入交叉验证的思想,以推广能力最好的一组参数作为最终参数,得到基于遗传算法的支持向量回归机模型,提高模型的可靠性和精确性。

4) 锅炉热效率软测量技术[39]

锅炉热效率是反映锅炉运行经济性的一项主要技术经济指标,也是锅炉节能优化的目标参数,对锅炉进行性能评价、燃烧优化调整,都需要进行不同工况下的锅炉热效率试验,以确定锅炉运行经济性、查找锅炉的节能潜力、分析影响锅炉运行经济性的重要因素。目前锅炉效率计算仍采用人工方式进行热力试验和锅炉性能核算,这需要大量的人力物力,而且试验周期长,往往不能及时反映出锅炉当前运行性能指标和可改进的方向,同时对节能的新技术新方法也难以及时验证,燃烧优化目标也无法实现闭环控制。因此,对锅炉热效率这一目标参数的软测量研究具有广阔的应用前景。

近年来,国内外有学者开始将迅速发展起来的人工神经网络理论应用在锅炉的各个方面,并取得了一定的成果。采用 BP 神经网络等技术尝试对锅炉热效率进行数学建模,以采集到较少量的热力参数,及时快捷地对锅炉效率进行软测量。锅炉实际运行中,影响效率目标值的参数众多,考虑到参数的表征权重,模型的输入参数取额定负荷、燃煤低位发热量、给水流量、蒸汽压力、烟气中二氧化合物含量、一氧化碳含量、氧气含量、碳氢化合物含量、燃料特征系数、冷空气温度和排烟温度。模型仿真结果表明 BP 神经网络在锅炉软测量建模方面具有可行性,并具有一定的指导意义。

5) 其他参数软测量技术

目前还有许多针对锅炉与汽轮机系统优化控制参数的软测量研究工作正在开展,典型的有:[37]

(1) 针对锅炉的烟气流量难于测量的问题,通过机理分析,以管式空气预热器作为监测对象,给出具有通用性的烟气流量软测量模型计算方法;

(2) 针对汽轮机真空系统漏气量难以直接测量的问题,提出基于真空系统严密性实验,并以影响真空下降速度的凝汽器各运行参数和真空下降速度为二次变量,采用 BP 神经网络建模,对漏入真空系统空气量进行软测量;

(3) 通过对燃料燃烧的分析,利用现场烟气成分测量仪表的测量结果,建立了入炉煤质监测的软测量模型,实现入炉煤质的在线监测;

(4) 通过对电站锅炉燃烧反问题的研究,采用基于机理分析的软测量方法,实现入炉煤收到基碳、收到基氢、收到基氧、收到基氮、收到基硫、收到基灰分、收到基水分和收到基低位发热量的实时监测;

(5) 利用软测量和数据融合的方法,建立多个基于统计分析的风量软测量模型,并将多传感器数据融合技术应用到软测量的数据处理上,有效提高软测量预测值的可靠性和准确性;

(6) 综合线性辨识方法和非线性神经网络建模方法的优势,提出利用模糊神经网络辨识煤种信息的方法;

(7) 通过机理分析,提出在线监测电站锅炉省煤器积灰的软测量方法;选取传热端差作为研究对象,提出基于模糊建模的冷凝器污脏软测量方法;

(8) 基于气固两相流理论,提出一种乏气送粉方式下,根据风粉混合前后压力差大小计算煤粉浓度的软测量方法;

(9) 测量直管段长度不足时的磨煤机一次风流量软测量方法,选取风门挡板开度、一次风机电流、一次风温度和压力、给煤量等作为软测量辅助变量,采用基于支持向量机回归方法建立风量软测量模型,获得比现有测量装置更准确可靠的测量结果;

(10) 针对火电厂热力参数失效、优化运行的问题,提出基于支持向量机的软仪表,实现给水温度、高压缸第一级抽汽量、凝汽器真空和主蒸汽流量等热工参数的软测量。

面向节能优化控制参数检测的软测量技术研究范围非常广泛,除了以上具体参数开展的软测量研究外,针对节能、降耗、减排控制的最终控制目标,采用软测量技术构造节能、降耗、减排的目标指标参数,最终实现多目标闭环优化控制。

6.5.1.2　炉膛火焰在线检测技术

任何燃料在燃烧时,会不同程度地向外辐射紫外线、可见光和红外线等光波。燃料不同,辐射出的光波段就不同。燃烧条件不同,火焰辐射光波在各波段上的可检测性也不同。火焰的光谱跨越紫外线、可见光和红外线三个频谱带,其中紫外线波长分布在10～380纳米段内,可见光分布于380～700纳米段内,红外线分布于700～1000纳米波段内。由于可见光谱检测受环境光线干扰大,因此还需要结合火焰图像来获取更多的可见光信息。火焰比较重要的物理现象有:辐射(包括热和光的辐射)、温度、传播速度、闪烁频率等。火焰的分析方法即针对以上现象而发展起来的[40]。通过炉膛火焰的在线分析与检测技术,可以获取实时的炉膛燃烧状态、组分参数、热量分布以及控制需求,结合燃烧优化措施,实现闭环控制,有效提高锅炉燃烧效率和电站能源利用率,加强安全,减少大气污染。

1) 激光吸收光谱火焰组分检测技术[41]

激光光谱技术诊断燃烧流场的过程本质是激光与物质相互作用的过程。当激光与燃烧场中的粒子、分子、自由基作用时,会由于各种线性和非线性效应产生喇曼散射、瑞利散射、米散射、荧光等信号,这些信号携带了燃烧场的温度、密度、组分浓度等信息。激光光谱技术就是从微观上研究各种检测信号与燃烧场的参量信息之间存在的物理联系,从宏观上采用实验技术测量检测信号进而获得燃烧场参量信息的方法。

基于激光光谱的燃烧诊断技术是非接触测量技术,和传统的接触法测量技术相比,它对燃烧场几乎没有扰动,可以精确测量真实的燃烧过程;测量信息丰富,可以在线测量瞬态燃烧场的温度、压力、流速、组分、浓度分布、反应过程等各种信息,空间(微米量级)和时间(纳秒量级)分辨率高,可以测量瞬时一维、二维及三维燃烧场信息,具有可视性,形象直观,结合图像处理与图像显示等手段,可以模拟与显现燃烧场在不同燃烧条件的变化特性。

20世纪80年代以来,激光光谱技术在美国、法国、德国、瑞典、澳大利亚等发达国家得到迅速发展,并在航空、航天、汽车发动机设计和燃烧机理研究等领域获得了广泛的应用。国内胡志云、刘晶儒等人建立了多种激光光谱技术实验系统,相继开展了自发振动喇曼散射、激光诱导荧光、相干反斯托克斯喇曼散射、分子滤波瑞利散射、可调谐二极管激光吸收光谱等诊断技术研究,全面测量了预混火焰稳态燃烧场的温度、主要组分及浓度、火焰构造和流场密度等参量,并获得了较高的测试精度;此外,利用多种测试技术实现了对固体燃剂瞬态燃烧场主要参数的时空分辨测量。

2) 炉膛火焰温度场检测技术[42,43]

高温火焰的温度场测量是燃烧领域一个极其重要的问题,对于燃烧状态的判断、预测和诊断有着十分重要的意义。电站锅炉炉内的燃烧状况,一直是热能与动力工程领域中长期研究的课题,传统的诊断方法依靠热电偶等接触式测量方法获得炉内热工参数,但因测点较少,而且仅能获得局部参数,不能全面反应炉内参数尤其是温度场的特征。

由于炉内过程的复杂性和火焰内部强烈的物理、化学反应,传统的测温方法无法实现对火焰温度场的长期、分布式、无干扰的在线测量,在这种情况下,光学非接触测温方法几乎成了唯一可行的测温方法,从而引起了有关专家和学者的重视。

光谱辐射测温法原理简单,技术相对成熟,其中比色测温法被广泛采用。辐射测温的原理是建立在普朗克黑体辐射定律基础之上的。近年来,随着光电技术和计算机图像处理技术的发展,通过面阵电荷偶合器件(CCD)进行火焰监测,并将炉膛火焰图像中求取的炉膛温度场分布技术应用于电站控制中。基于 CCD 的数字图像处理测温方法主要有参考温度法和比色测温法,参考温度法也称为单色法,是在 CCD 摄像机前加装滤色片以获取单波长下火焰辐射图像,同时利用高温热电偶实测炉内一点的燃烧温度,这样图像上任一点的温度都可以从其灰度值与参考点的灰度值比较中得到,但未能完全摆脱传统接触式测温法的限制;比色测温法又称双色测温法,是非接触测温,而且使用同一时刻同一点的信息,不受参考点限制,也可以得到较好的结果。在实际应用中,国内外学者广泛采用相对简单的比色测温法,并对火焰模型和 CCD 的光谱特性进行了一系列简化和假设。然而这种假设与事实并不完全相符,使测量结果存在较大误差。Jenkins 等提出了一种新的光学测温法调制的吸收辐射测温法(MAE),在测量过程中同时考虑同一波长的辐射和吸收,这就大大减小了比色测温法中的不确定(不确定度从±50 开降低至±20 开),避免了要依靠折射率模型获得温度的限制。

此外,周昊等采用背景纹影技术进行温度场测量与重建,通过试验获得存在温度场梯度分布的背景斑点图像和不存在温度场梯度分布的背景斑点图像,然后使用粒子图像处理软件对两幅图像进行互相关分析,求取背景粒子偏移量,获得光线通过温度场以后在相机上的投影偏折角。将获取的任意切面偏折角数据进行迭代重建,求取这一切面的折射率分布,最后根据盖斯公式和气体状态方程进行求解,获得任意切面的温度场分布,将重建结果和谱线反转法测定的温度场进行比较,温度场分布符合实际情况。试验条件较为简单,迭代重建算法也极为成熟,具有广泛应用前景。

3)炉膛入炉煤质火焰检测技术

电站锅炉的优化运行参数的控制,是在特定煤质下得出的,煤质变化较大时相应控制参数也应发生变化。煤的种类及性质对锅炉燃烧设备的结构形式、受热面布置、运行经济性和安全性都有很大影响,要使锅炉在最佳工况下运行,首先要保证煤种的相对稳定。实时检测与快速识别煤质,可以及时调整控制策略,指导锅炉优化运行。

燃料的着火和炉内的燃烧特征反映了燃料的燃烧化学反应能力。燃料的着火又是化学反应和燃烧生成产物的主要过程。当燃料被喷入到锅炉的炉膛内进行燃烧时,燃料内含有的挥发份中的碳氢化合物首先与高温空气中的氧气发生化学反应,释放出包括紫外线、红外线、可见光、热辐射等能量,这些能量构成了火焰检测的传感基础,同时燃料的辐射能反映了燃料的品质。因此在与实际锅炉燃烧条件相近的试验条件下检测与分析燃料的着火特点,对研究炉膛火焰特性、特征参数及煤种相关性具有重要的指导意义。

采用火焰闪烁特性、光谱特性、燃烧后烟气组分、炉膛温度特性等多源数据融合的手段可实现当前燃用煤质的在线辨识,从而使燃烧控制系统更能适应煤质的变化特性。火焰闪烁频率是表征发电厂炉膛火焰特性的一个重要参数,更准确表征并有效复现该参数的特征表达与煤种相关性是重点研究对象之一,通过对火焰闪烁频率的计算方法与准确性和可复现性进行较深入的研究,探索实用性强的火焰闪烁频率计算方法与实现手段。同时,火焰发射光谱的谱线信息与不同煤种特征成分的对应关系是另一项重要研究方向,通过发掘火焰特征谱线与煤种特有成分或组成比例之间的可识别关联,建立相关性强的火焰煤种特征关系,实现在线识别。

随着光学设备的快速发展,更小型化、现场恶劣工况适应性强的新型检测设备的不断出现,为火焰发射光谱的应用研究创造了条件,同时燃煤电站的大量发展,进一步突显了该技术的研究与应用价值,随着理论研究的逐步深入以及数据分析技术与计算机应用技术的发展,使实用化研究成为可能。利用火焰煤种关联性研究成果,开发集合火焰光谱分析、燃烧烟气产物组分信息和数字化煤场信息等多源信息的煤质在线跟踪方法,集合多种参数的测量与数据融合技术,信息更全面,有更高的关联性与辨识度,有利于进一步研究燃烧特性,优化燃烧控制。

6.5.1.3　其他在线检测技术

1)煤粉浓度测量技术[44,45]

输送管道中煤粉浓度检测是电站锅炉入炉煤量检测的一个重要组成部分。目前,围绕这一问题,国内外许多研究者进行了深入的研究,提出了许多煤粉浓度及质量流量的测量方法,虽然各种测量方法都有自己的优点,但不可避免地存在一定的缺点以及应用范围狭窄的问题。电容层析成像技术是 20 世纪 90 年代发展起来的一项新的浓度测量技术,开始应用于气固、气液两相流测量中,它不会对流场产生干扰,不受固体浓度、加速度、透明度的限制,是一种非侵入式和快速测量技术。电容层析成像技术在实际应用时存在下面两个问题:其一,两相流动过程十分复杂,检测场内固相颗粒分布不均匀,流型变化快;其二,电容传感器检测场属于"软场",有其固有的灵敏度分布不均匀性问题,使测量结果不仅与固相浓度有关,而且受固相分布及流型变化的影响很大,测量误差较大。近年来相关技术用于气固两相流的速度测量也越来越广泛,相关的研究有电容、静电、光学和电阻相关等。

同时,电站煤粉管道具有很多弯头,煤粉气流流过弯头时,由于弯头的离心作用,会发生煤粉气流的浓淡分离,从而形成所谓的煤粉绳(roping)现象。对于由煤粉气流在单个弯头中的流动情况,已有不少的试验和数值模拟研究,但对于两个以上弯头形成的组合弯头内的煤粉气流流动情况,还较少有研究。由于煤粉绳现象对燃烧器出口煤粉气流的分布均匀性和炉内燃烧的稳定性具有较大的影响,而锅炉燃烧器前由于布置位置局限,往往布置有组合弯头,甚至空间组合弯头,研究煤粉气流在组合弯头内的流动情况,对提高燃烧设备的安全性和经济性都有一定意义。郑立刚等人采用一种基于光学波动法的激光测量技术,在大型气固多相试验台上对组合弯头内的煤粉气流流动进行了测量研究,分析了组合弯头对管内浓度测量的影响,对工程有一定的指导作用。

2) 一氧化碳在线测量技术[46]

燃烧过程中的排放具有快速、高温的特点,作为碳氢化合物燃烧的主要产物之一,一氧化碳的排放量是燃烧效率的重要指示,对燃烧过程排放的浓度进行实时测量,根据燃烧情况对空燃比进行调整,可以提高燃烧效率、节约能源。可见,对燃烧过程排放进行实时测量对相关的各工业过程控制而言十分重要,有着广阔的应用前景。

传统的测量方法基于气体样品的定期收集和分析,不能连续监测,而且由于其采样之后需要一定的预处理过程而使得测量结果误差较大。而可调谐二极管激光器具有窄线宽和波长快速调谐的特性,是气体检测的理想光源。利用可调谐二极管激光器的波长调谐特性,获得被测气体的特征吸收光谱,从而对污染气体进行定性或者定量分析,基于可调谐二极管激光器技术的测量系统具有在恶劣环境下进行实时气体传感的能力,具有高分辨率、高灵敏度以及响应快等特点,是在燃烧环境下对气体进行非接触式实时测量的理想方法。

6.5.2 超超临界机组的高端控制

随着电力系统的发展,材料技术的发展和节能要求的不断提高,对火电机组的经济性提出了更高的要求。通过提高蒸汽参数并与发展大容量机组相结合是提高常规火电厂效率及降低单位容量造价最有效的途径。与同容量亚临界火电机组的热效率相比,采用超临界参数在理论上可提高效率 2%~2.5%,采用超超临界参数可提高 4%~5%。目前,世界上先进的超超临界机组效率已达到 47%~49%。大容量超超临界机组具有运行经济性高、负荷适应性强的特点,是我国未来大型火电机组的发展方向[47]。同时,长时间低负荷运行或频繁参与调峰等不当的运行方式将造成经济性大幅下降,这又为机组运行与电网调度带来了挑战。超超临界机组在 50%～100% 额定负荷运行时,主蒸汽温度不影响机组效率;在 70%～100% 额定负荷运行时,再热蒸汽温度不影响机组效率。在以上范围内变负荷运行时,蒸汽压力影响机组效率[48]。因此,滑参数运行的超超临界机组在低负荷运行时,机组的经济性将大幅下降。

随着华能玉环电厂、华电邹县电厂、国电泰州电厂等一批百万千瓦级超超临界机组相继投入运行,标志着我国已经成功掌握世界先进的火力发电技术,我国的电力工业已经开始进入"超超临界"时代。截至 2011 年年底,我国已建成投产的百万千瓦级超(超)临界机组达到 38 台。[49]

超超临界机组的直流特性、变参数的运行方式、多变量的控制特点,与亚临界汽包炉相比在控制上具有很大的特殊性。

6.5.2.1　超超临界机组控制的特点和要求

1) 控制对象的特点[47,50]

(1) 多变量以及强耦合。

由于超超临界直流锅炉在汽水流程上的一次性通过的特性,没有汽包这一明晰的汽水分界节点,在直流运行状态汽水之间没有一个稳定的界面,给水从省煤器进口就被连续加热、蒸发与过热,根据工质(水、湿蒸汽与过热蒸汽)物理性能的差异,可以划分为加热段、蒸发段与过热段三大部分,在流程中每一段的长度都受到燃料、给水、汽机调门开度的影响而发生变化,从而导致了功率、压力、温度的变化。

机组的主要控制参数功率、压力、温度均受到了汽机调门开度、燃料量、给水量的影响。直流锅炉控制系统是一个三输入/三输出并具有相互耦合关联极强的特性。

(2) 对象的非线性。

在超超临界直流锅炉中,不同工况下各区段工质的比热、比容、热熔与其温度、压力的关系是非线性的,工质传热特性、流量特性是非线性的。在整个锅炉启动过程中也是非线性过程。

(3) 机组可利用的蓄热较少。

机组的可用蓄热主要来源于锅炉汽水流程中的金属吸热部件与汽水工质在温度变化时的热惯性,与汽水工质相比,金属部件的比热要小许多,因此,在锅炉蓄热能力中起主要作用的是在锅炉管道与联箱中流动与混合的汽水工质,而处于蒸发区的饱和水的比热最大,蓄热能力最强。与汽包炉相比,直流锅炉没有重型汽包、较粗的下降管,水容积也小许多,尤其是蒸发区容积很小。因此,在相同的汽压条件下,其蓄热能力仅为汽包炉的 1/4～1/3。一方面,由于汽水容积小,对工质流量变化的响应快,可以实现机组的快速启停和负荷调节;另一方面,由于蓄能小,负荷变动时汽压反映很敏感,因此,机组变负荷性能较差,保持汽压困难。

2) 控制设备的要求

(1) 系统规模更大。

1000MW 超超临界机组 DCS 系统单元机组和公用系统 I/O 测点数目达到12000 点左右,控制设备数目达到 1100～1400 个。

(2) 快速控制、快速保护要求更高。

1000MW 超超临界机组只能采用直流锅炉,在直流锅炉中循环工质总质量下降,循环速度上升,工艺特性加快。又因机组采用超临界参数,波动范围要求更严,进一步强化了对快速控制的要求。

为满足机组快速控制和快速保护的要求,需全面改进控制系统实时性能,包括快速可靠的网络通讯、快速稳定的控制器周期、快速的 I/O 处理和高精度 SOE,这些一直是 DCS 改进和完善的难点。

(3) 可靠性要求更高。

超超临界机组热力系统复杂,设置了更多的热工保护项目,以避免因操纵失误而造成重大设备损坏。同时,由于超超临界机组容量大,机组安全运行对整个电网的安全也至关重要。这就要求整个自动化系统具备更高的安全性和可靠性。

(4) 智能化要求更高。

1000MW 超超临界机组的安全经济运行对电网的稳定是很重要的,1000MW 超超临界机组必须更加依靠自动化系统,而靠手动操纵运行是不可想象的。控制方式、事故报警、操纵指导等方面智能化程度的进步,能更好地改进 1000MW 超超临界机组的安全经济运行水平。

6.5.2.2　超超临界机组控制方式

超超临界机组控制方式主要有以 ALSTOM 公司为代表的欧美流派和以三菱/日利公司为代表的日本流派的两种设计理念,在国内都有成功应用的实例。

1) 煤水比控制方式[51]

目前国内已经投产的 1000MW 超超临界机组的协调控制系统按照锅炉制造厂的不同分为两种典型的控制方法:煤跟水和水跟煤的协调控制。ALSTOM 公司的机组采用水跟煤的协调控制结构,三菱/日立公司的机组采用煤跟水的协调控制结构并辅以动态前馈回路。

(1) 水跟煤控制方式。

水跟煤控制方式是在锅炉侧采用水跟煤的控制方案时,燃料量指令直接响应锅炉负荷指令,给水流量的设定值由两部分组成:一部分根据锅炉负荷和煤水比形成,这是给水流量指令的主要部分;另外一部分由分离点温度或熔值的稳态校正信号形成,这是给水流量指令的次要部分。这种控制方案也叫以煤为基础的控制方案,外高桥第三发电厂、宁海二期 1000MW 超超临界机组采取这种方案。

从控制锅炉主蒸汽温度的角度来考虑,给水流量对分离点蒸汽温度的响应要快一些,所以采用水跟煤的控制方案有利于主蒸汽温度的控制,但不利于主蒸汽压力的控制。

(2)煤跟水控制方式。

煤跟水控制方式则在锅炉侧采用煤跟水的控制方案时,给水流量指令直接响应锅炉负荷指令,燃料量指令的设定值由两部分组成:一部分根据锅炉负荷和设计的煤水比形成,这是燃料量指令的主要部分;另一部分由分离点温度(或者过热度)或焓值的稳态校正信号形成,这是给水流量指令的次要部分。这种控制方案也叫以水为基础的控制方案,华能玉环电厂 1000MW 超超临界机组采取这种方案。

采用煤跟水的控制方案有利于主蒸汽压力的控制,但不利于主蒸汽温度的控制。

2)分离点介质状态的控制方式[52,53]

在直流锅炉中,给水加热成蒸汽一次完成,汽水通道可看作由加热段、蒸发段和过热段三部分组成。其中蒸发段是汽、水混合物,随着管道的往后推移,工质由饱和水逐渐被加热成饱和蒸汽。三段受热面之间没有固定的分界线,而是随着给水流量、燃烧率的变化前、后移动,各受热面的吸热量分配比例及与之有关的受热面面积的比例却发生了变化。

蒸发段的前移会使过热汽温偏高,蒸发段后移则引起汽温偏低,甚至品质下降,这些都对机组安全运行不利,所以要控制蒸发段的位置。一般来说,需要控制蒸发段出口(分离点)的微过热汽温(或焓值)。在控制系统的设计上有采用分离点焓值和温度去修正给水流量指令的两种控制方式。

(1)分离点介质温度控制。

控制分离点温度原则是保持 15~20℃ 的微过热度,以避免过热器带水和超前信号失效。若分离点温度过高,水冷壁出口管段成为过热器,危及水冷壁的安全运行。

(2)分离点介质焓值控制。

随着计算机技术的发展,在采样周期内在线实时计算出对应工况下水蒸气焓值已经不成问题。焓值的校正相对于温度校正在灵敏度和线性度方面具有明显的优势,而且不受汽压波动的干扰。因此,焓值校正的给水控制策略越来越受到人们的青睐,并逐渐广泛应用于工程实践。

(3)分离点温度控制与焓值控制方式的特点对比。

用分离点温度控制煤水比,可以减少蒸汽温度调节的滞后时间,还能及时控制水冷壁的工质温度,防止水冷壁发生传热恶化。且对运行人员来讲,采用控制温度比控制焓值更直观、方便。但当机组处于启停阶段或负荷降至干湿态转换区域时，分离点温度就难以表征煤水间的热量匹配程度了，分离点温度会维持在饱和温度，机组无法实现全程的煤水协调控制。对于一定压力，超超临界机组工质存在一个大的比热区，在大比热区内工质温度随吸热量变化不大。负荷变化时，在大比热区控制分离点温度容易造成给水控制的失调。若负荷升高，根据分离点温度控制给水流量容易造成分离点温度过高，引起过热蒸汽超温。

而对于分离点焓值控制方式，由于过热蒸汽焓值代表过热蒸汽的做功能力，控制微过热蒸汽的焓值，即控制了过热器入口蒸汽的初始做功能力，有利于负荷控制。焓值比分离点温度灵敏度高，特别是在接近饱和温度时，工质的焓值不受工质物态的影响，仍能准确反映能量平衡关系，对煤水比失调能较快反应，有利于防止分离点参数在饱和区附近的控制，在进入饱和区时，与分离点温度控制方式相比可以较快地退出饱和区。但焓值控制方式被控参数的非线性较大，参数整定难度大，局部响应过于敏感，稳定性不如分离点温度控制方式。

6.5.2.3　超超临界机组控制研究工作

截止到 2012 年 2 月我国已投产的 1000MW 超超临界机组已达 47 台，大部分超超临界机组达到或超过设计的指标，其中部分机组的能耗水平达到或接近世界先进水平的超临界机组能耗水平；但也有部分的机组由于设计、制造、安装、调试等方面的原因，目前的运行状况不能令人满意。

研究超超临界机组的控制对象特性和控制技术，了解、把握超超临界机组对DCS 系统性能指标、功能和规模上的要求，消化、吸收国外的先进控制理念，完善超超临界机组的常规控制，创新、推进先进的控制方法在超超临界机组的应用。

1）对超超临界机组的热力学特性、运行方式的深度研究

由于超超临界机组采用的直流锅炉工质在汽水流程上一次性通过的特性，被控对象的各变量间耦合关系复杂，构成多输入多输出系统。由于蓄热量明显减小，且机组蓄热能力与汽压呈反比关系，即汽压越高、蓄热能力越小，控制策略应克服蓄热能力小带来的不利影响而发挥其有利因素。同时，由于机组主要采用滑压运行方式，控制策略应适应大范围滑压运行的要求，采用适合的协调控制系统方式。

在实际运行中，往往还存在燃用煤种变化、大负荷变化过程中的磨煤机启停、磨煤机检验备用带来的倒磨等问题。控制系统需要进行补偿和修正。

2）加强超超临界机组控制特性的试验研究

由于国内超超临界机组投运的时间均较短，对机组的控制特性还缺乏更多的实际运行和动态特性数据，这已经成为制约控制系统设计和优化的一个重要因素。这方面有必要尽快针对典型超超临界机组开展试验和分析研究。

3）实现超超临界机组控制系统标准化设计

随着第一批超超机组的投运,国内电力行业控制界已经熟悉和把握了引进的不同类型超超临界机组和不同机炉匹配下的控制系统的基本控制策略,很多国外主机制造厂商提供的控制策略也各有其特点。根据国内实际情况和目前 DCS 的技术水平,有针对性开展标准化设计,以更好地满足电厂运行监控的需要,保障在机组基建调试工期较为紧张的情况下控制策略设计的完整性,更好地实现包括 APS、FCB 在内的更高一级的自动和保护功能。

4）推进具有国内自主知识产权的先进控制系统在超超临界机组的应用

先进控制系统在中石化的母管制循环流化床机组应用获得成功,国内自主知识产权的先进控制平台已经开始在 300MW 机组上应用。半实物的 1000MW 机组仿真系统正在建设中,建成后可以开展 1000MW 机组的特性研究和控制系统的研究,将为积极推进具有国内自主知识产权的先进控制系统在超超临界机组的应用打下良好的基础。

6.5.3　适合我国燃煤发电的高效低排放优化控制技术

6.5.3.1　智能吹灰优化控制技术[26,54]

在锅炉运行技术比较先进的发达国家,吹灰被视为确保锅炉机组安全、经济运行的重要手段,吹灰器的投用率较高。在我国,近年来机组的吹灰系统投运率也有了很大提高,但一般均为定时(期)吹灰方式。

锅炉吹灰优化控制的原理是利用简单换热器模型计算出换热工质的流量,以此工质流量并根据相应受热面的物理结构,求得传热系数;利用简单换热器模型的换热器性能评价功能,求出受热面导热热阻的变化量。对于锅炉受热面而言,可以忽略金属管壁导热热阻的变化,认为运行中受热面导热热阻的变化量等于烟气侧积灰热阻的变化量,这样就确定了积灰程度的变化量;根据各锅炉受热面的传热特性和吹灰优化目标,确定各受热面允许的积灰热阻值,实现吹灰控制系统的优化。

对吹灰系统进行优化控制,首先需要确定受热面的积灰程度,再根据受热面允许的污染程度决定是否需要进行吹灰。因此,实现吹灰系统优化控制的关键在于能准确计算出表征受热面积灰程度的指标。目前常用的指标有:灰污热阻、传热有效度比、清洁因子。指标计算的基本方法是热平衡法,从原理上讲,采用这种方法能够计算出受热面的污垢热阻变化量,可以对吹灰控制系统进行优化。但是,在实际使用中却存在污染指标计算精度不高,灰污热阻变化判断不准的问题。所以,热平衡法不适合用于对吹灰系统进行优化控制。需要尝试新的建模方法,使用新的监测指标来提高受热面灰污变化的监测精度。一个可行的方法是采用目前广泛使用的数据挖掘技术,充分利用 DCS 历史数据、数据融合、软测量、故障分析诊断等合理安排吹灰的时间和程序。

　　吹灰系统的最优运行方式,应当是根据某些特定的运行参数的变化,监测受热面的实际灰污程度和发展趋势,并根据积灰结渣的状况和运行需要,及时有效地采取吹灰清渣措施。在吹灰措施完备的前提下,设计时甚至允许一定程度的可能的灰沉积,而按灰污程度进行吹灰为通过吹灰优化获得投资与运行的经济性提供了有利的保证。吹灰不仅是防止结渣与积灰的措施,同时也是电厂节能的一种手段,这已被国内外的实践证明。

　　为了实现吹灰优化控制,需要研究和开发基于在线监测参数、直接或间接诊断炉内积灰或结渣的在线监测技术,将不可见的锅炉内部状态,变为可视化的实时图表和数据,从而提高运行操作的透明度。另外,基于在线监测参数的锅炉受热面积灰结渣监测及计算分析模型,所依赖的大部分实时数据均为电厂 DCS 系统采集的实时热工参数,与其他方法相比,基本无需增加新的测点,不必采用复杂的诊断设备和数据采集、处理装置。在实时监测的基础上,可以进一步摸索运行工况和受热面积灰结渣的相互影响关系,优化锅炉整体运行。特别是对于那些曾发生过或经常发生受热面结渣积灰故障的锅炉,运行过程中的监测对于避免再次发生故障或减轻故障危害具有现实意义。

　　随着时间的发展,国内电厂在安全运行的前提下,会不断地注重经济性,因而优化吹灰的研究在国内必将达到一个新的水平。

6.5.3.2　基于汽机调门减损的节能型机组协调控制技术

　　机组协调控制就是为了协调锅炉和汽机的整体运行,根据机组运行工况形成适合的锅炉输入指令、汽机输入指令。机组处于协调方式下(CC)时,机组负荷指令同时送给锅炉和汽机,以便使输入给锅炉的能量能与汽机的输出能量相匹配。CCS 送给汽机 DEH 经过压力修正后的功率指令,DEH 将接受到的功率指令转化为汽机调门指令。锅炉输入指令将根据主蒸汽压力偏差修正的机组负荷指令形成。通过控制进入锅炉煤量、水量、风量和汽机调门开度来调节机组的电能输出并保证机组各项参数正常。

　　基于汽机调门减损的节能型协调控制的主体思想是通过汽轮机顺序阀方式下的机组滑压曲线优化,保持汽轮机各调门处于较大开度或全开运行,减少汽轮机高压调节汽门的节流损失,提高汽轮机运行效率,达到节能降耗的目的;同时利用凝结水节流控制策略,弥补汽轮机负荷调节能力的下降,辅助实现机组的负荷调节功能,满足电网调节需求。

　　定压运行的汽轮机,高压调门直接参与主汽流量的调节,机组变负荷响应速度较快,但在低负荷阶段存在因调门开度过小而使节流损失增大的情况;滑压运行的汽轮机可以保证较大的调门开度,减小节流损失,但随着机组运行参数的降低,机组的循环效率会有所下降,反而降低机组的变负荷运行效率[55]。机组采取滑压优化调整后的运行方式,既要考虑滑压优化调整后的运行方式对机组运行效率有改善作用的因素,同时也要考虑其不利的影响。通过试验获取汽轮机调门开度对机组各相关运行特性参数的影响关系后,需结合这些试验结果进行综合推算和比较。通过建立各运行参数对机组运行效率影响结果的计算模型,对各项有利因素与不利因素进行综合计算分析后,才能够得出滑压运行方式改进后的机组效率总体收益。

汽轮机滑压曲线优化的机理主要基于以下几个方面。

1) 滑压曲线优化的经济性影响[56]

大型机组采用滑压运行方式对降低热耗、节能减排具有普遍意义。滑压负荷变动时由于主汽温度维持额定基本不变,使高压缸排汽温度变化很小,这样使再热汽温也能维持在额定范围内,将有效改善机组低负荷工况下的循环热效率。另一方面相同负荷情况下,调门开度较大时,主蒸汽压力较低,给水泵出口压力相应降低,在给水流量基本接近情况下,给水泵功耗较小,从而使得小汽机(即驱动汽动给水泵的汽轮机)进汽流量也相对较小。由此可见,滑压运行方式中,随着高压调门开度的增大,给水泵功耗这项因素对机组运行经济性也将产生有利的影响。

另外,汽轮机高压调门开度不变时,即使机组负荷发生较大的变化,高压缸进汽压损基本保持不变。而随着高压调门开度的改变,高压主汽、调门前后压损将相应改变。理论上阀门全开工况下汽门节流损失最小,但不能保证机组调频调峰的响应,试验表明日常滑压运行如果偏离设计的经济阀位,产生较大的高压缸进汽压损,将使得包含高压主汽、调门压损的高压缸效率明显下降,并且随着高压调门开度的减小,高压缸效率逐渐降低至远离高效工作区,该项因素对运行经济性造成极大影响。

2) 背压变化对机组功率增量的影响[56]

在汽轮发电机组的所有热力参数中,背压变化是对机组运行经济性影响最大的参数之一。由于受机组负荷、循环水流量、循环水入口温度、凝汽器清洁度、真空严密性、凝汽器和抽汽器的结构特性等诸多因素的影响,运行中背压经常变化,从而影响机组的出力和经济性。特别是采用汽动泵的滑压运行机组,凝汽器真空的变化还会引起驱动给水泵汽轮机排汽压力的改变,进而影响驱动汽轮机的出力和汽耗量。

通常认为凝汽器机组真空变化时,机组的做功能力变化主要由两部分组成:一部分是在中低压缸效率不变的情况下,由于中低压缸部分可用绝热焓降的变化引起的做功能力变化;另一部分为机组真空变化时,由于末级低加抽汽量变化引起的附加做功能力的变化。

3) 循环水泵运行方式对节能的影响[57]

对于整个机组而言,循环水泵的最优运行方式直接影响到汽轮机真空和循环水泵功耗,而汽轮机真空是其运行经济性好坏的综合体现,直接影响到机组运行的经济性和安全性。对循环水系统而言,提高真空的手段是在凝汽器进汽量一定时,增加冷却水流量,提高冷却水携带排汽热量的能力,这就要求增大泵功的投入。也就是说,在真空提高,汽轮机末级做功能力增加的同时,循环水泵的功耗也在增加。因此,须合理调整优化循环水泵的运行方式,在满足机组负荷变化运行对背压要求的前提下,根据季节性水温的变化情况对循环水泵的运行方式进行调配,通过调节运行泵的台数来调整循环水量,以适应不同负荷、不同季节主机的运行要求。

4) DEH 阀门控制方式

汽轮机运行时可以采用单阀和顺序阀运行两种方式,采用顺序阀运行可以减少节流损失,具有优良调节品质的顺序阀控制方案可以显著降低汽机调门的节流损耗。同时,对顺序阀方式下的阀门重叠度进行优化,还可提升机组负荷的可控性与稳定性,有效避免局部区域的负荷抖动与电网低频振荡等故障发生。

5) 凝结水节流辅助机组负荷调节[58,59]

常规协调控制系统为了达到较快的变负荷性能,需要通过汽轮机调门的快速动作以利用锅炉的蓄能,而对于节能型协调控制策略,汽轮机调门已经优化至较大开度,对于升负荷的工况几乎没有调节能力,因此无法利用锅炉蓄热。针对这样的控制方式,需要考虑在热力系统中的其他蓄能加以利用,以辅助机组的负荷调节,同时对机组经济运行影响最小。

常规火电机组的低压加热系统从汽轮机中低压缸的级间进行抽汽,将抽汽用来加热凝结水。如果减少这些级间抽汽,进入中低压缸做功的蒸汽流量就会增加,从而迅速改变机组的发电功率。要改变中低压缸的抽汽流量,可以通过改变机组凝结水流量来实现。因为一旦凝结水流量改变,各级低压加热器内的液化程度随之改变,进而改变低压加热器内的压力和中低压缸的抽汽流量。

所谓凝结水节流辅助机组负荷调节,是指机组变负荷初期,在凝汽器和除氧器允许的水位变化范围内,改变凝泵出口调门的开度,快速减小凝结水流量,从而改变汽轮机低压抽汽量,暂时增加一部分机组的输出负荷。此时,除氧器水位下降,凝汽器水位上升。凝结水节流辅助调负荷技术本质上也是一种利用蓄能的技术,利用的是汽机回热/加热系统中蓄能的变化,其主要作用是提高变负荷初期的负荷响应,能够改善由于锅炉侧的滞后而产生的负荷响应的延时,但机组最终的负荷响应仍然取决于锅炉燃烧率的变化。

新的控制策略需要对除氧器、凝汽器、低加水位等控制回路进行优化设计。根据除氧器和凝汽器容器的具体尺寸,计算出正常运行水位附近的除氧器水位和凝汽器水位间的近似折算关系(即同样凝结水量变化对除氧器水位和凝汽器水位的变化关系),凝汽器常补/危补调节阀控制的不再是单一水位偏差,而是除氧器水位偏差与凝汽器水位偏差的加权和。此外,也需要对低加的常疏调门的控制回路进行改进,因为凝结水流量的大幅度的快速变化也对低加的常疏调门的控制提出了更高的要求。凝泵低流量保护回路也需要作相应完善。

对于负荷控制回路,当升负荷过程调门开度达到限值时,启动凝结水节流辅助机组负荷调节回路,经处理的负荷偏差指令送至凝泵出口调节阀的控制回路,把负荷需求直接转化为需要的凝结水变化量,在除氧器和凝汽器的水位允许的变化范围内,凝泵出口调节阀不再控制水位,而直接控制机组负荷偏差,快速响应负荷指令。当变负荷结束,凝泵出口调节阀再平滑切换至正常的水位控制。在变负荷过程中,当除氧器和凝汽器的水位偏差超出一定的范围,凝泵出口调节阀兼顾机组负荷和水位;当除氧器和凝汽器的水位偏差进一步加大,超出允许的安全变化范围,凝泵出口调节阀则完全恢复至控制水位,确保机组的安全。为了保证凝泵的安全流量和避免除氧器和凝汽器水位的过大波动,对凝泵出口调节阀的高/低限进行限制处理。

凝结水调负荷功能承担了变负荷初期的任务,改善了由于锅炉的滞后而产生的负荷响应的延时,但最终的负荷响应仍然依赖锅炉燃烧率的变化,锅炉侧快速合理的控制策略仍然是根本,最终响应负荷,并及时恢复凝汽器和除氧器水位。当凝泵出口调门快速跟随负荷指令变化,提高变负荷初期的负荷响应性能,并通过给水量的超前变化,机组电负荷会持续较快变化,但由于锅炉热负荷客观上存在着较大的延迟,总是滞后于电负荷的变化,所以必须超调燃烧率,加快和加大热负荷的产生,最终补充凝泵出口调门利用了的蓄热和补充因给水量快速变化而产生的锅炉蒸汽温度的变化。

6.5.3.3　汽温优化控制技术[60,61,62]

对于大型火电机组,主蒸汽温度是确保机组安全、经济运行的重要参数之一。主蒸汽温度过高,会直接影响过热器管道、汽轮机等设备的安全运行;主蒸汽温度过低,则影响机组的热效率。目前困扰火电厂汽温控制的主要问题是:汽温控制精度不高,运行人员为防止超温而长期降设定值运行,因此严重影响了机组的运行效率。但是蒸汽温度被控对象存在大迟延、非线性、强耦合、时变等复杂特性,再加上电网负荷需求的连续变化导致的机组负荷的频繁波动,运行过程中主汽温度、再热蒸汽温度经常大幅变动,往往需要运行人员手动干预才能保证生产过程的连续正常运行,机组 DCS 中的常规 PID 控制系统已无法满足自动控制的要求。因此,精确有效的汽温控制是火电机组节能降耗控制的重要手段。

火电机组汽温控制系统实际运行中,燃料量和风量的变化对汽温控制系统存在较大的扰动。为保证汽轮机的安全经济运行,在规定负荷下,对过热蒸汽温度提出了较高的要求,即要将其控制在额定值的 $+5 \sim -10^{\circ}\text{C}$ 范围内。因此需要对汽温控制实施系统的优化控制策略,包括较准确的对象特性辨识、控制预估算法、扰动预估算法和控制系统的鲁棒优化等几个方面。

1）主蒸汽温度控制结构

火电机组汽温控制一般采用多级系统,通过减温水来调节温度,各级控制采用相同的控制结构,经典的结构是串级控制,减温水阀后的温度是导前信号,主调节器的输出作为导前汽温的设定值。这种经典的控制结构对于处于 AGC(自动发电控制)状态的机组来说,控制效果很难满足要求。采用预估控制结构,目的是减小纯迟延对系统的影响,使控制器能够提前动作。

从锅炉运行过程来看,影响汽温较大的主要扰动因素可以概括为蒸汽流量、受热面吸热量和入口汽温的扰动。通常预估控制系统可以有效克服内扰,即入口温度的扰动,但蒸汽流量和受热面吸热量的扰动需要预估扰动量来克服,对于吹灰、制粉系统动作等扰动,也需要采取相应措施来提高控制品质。

2）过热蒸汽温度控制中的问题

一般调峰机组经常出现超温现象,调试人员由经验整定的控制器参数不能满足运行的要求,需要针对控制对象的特性设计新型预估控制系统,这样才能有效提高控制系统的品质。在实际的过热蒸汽温度控制系统中,由于复杂工况的影响,很难获取准确的对象特性,增加了控制系统设计的难度,因此如何获取准确的对象模型是设计高效控制器的基础。

汽温对象一般都是大惯性大迟延系统,常规基础 PID 控制器存在响应滞后、控制品质较差等问题,需要设计预估控制算法来提高控制品质,这是汽温控制优化的关键所在。在调峰机组中,预估算法为系统的快速动作提供了保证,但是燃料量和风量扰动对汽温系统的扰动大而频繁,是造成系统超温的主要因素,因此需要设计扰动预估系统来克服外扰对系统的影响。

汽温控制中的另一个重要问题是控制参数的多样性。不同的调试人员可以得出不同的参数,都能实现对汽温的控制,但是控制性能的优劣各不相同,为得到鲁棒性能高的控制系统,需要对控制系统进行鲁棒优化。

3）汽温控制系统的优化策略

（1）阀门实际流量特性线性化:目的是减小控制系统执行机构引起的非线性特性。首先进行减温水阀门的流量特性试验,通过非线性变换的方法,使减温水阀门具有实际的线性化流量特性。

（2）对象特性试验及模型辨识:目的是确定对象的数学模型,为优化计算控制器参数做准备。对象特性试验及模型辨识的输入信号可采用二进制伪随机序列信号(Pseudo-Random Binary Sequence,PRBS),它是一组等幅且具有不同宽度和周期的序列信号。

伪随机二进制序列是一种很好的辨识输入信号,它具有近似白噪声的性质,可以保证良好的辨识精度;输入净扰动小,幅值、周期、时钟节拍容易控制;伪随机二进制序列信号是周期信号,可以缩短试验时间;伪随机二进制序列信号只有两个状态,在工业设备的执行机构上易于实现。

(3) 控制预估算法:目的是减弱对象纯迟延对系统的影响,使控制系统提前动作,该提前量是提高控制品质的重要保证。算法的关键是模型修正环节,保证了控制预估算法的现场适用性。这对于预估控制算法模型是最重要的,当内部模型出现偏差时必须采取有效措施来在线动态校正。

(4) 扰动预估算法:该算法是针对系统受到的外扰而设计的,当机组处于AGC状态时,煤量和风量对系统产生强烈作用,是最常见也是最主要的一种扰动形式。扰动预估算法的基本原理是将动态过程中的外扰与汽温波动进行折算,使之作用于预估控制算法中。

(5) 控制系统的鲁棒优化:为寻找到一组合适的控制器参数,使之能够具有较好的鲁棒性,采用鲁棒指标结合遗传算法对控制系统进行优化。遗传算法作为一种优化工具,其原理是通过选择、交叉、变异等操作实现全局最优。

4) 多变量模型预测控制

随着控制理论的发展,越来越多的智能控制技术,如模型预测控制、自适应控制、模糊控制、神经网络、鲁棒控制、基于状态观测器的状态反馈控制等,被引入到锅炉过热蒸汽温度控制中,这些控制技术大大改善和提高了控制系统的控制品质。

多变量模型预测控制技术,考虑各控制参数之间的关联性,能够有效地解决各控制目标的约束条件,达到最优控制。同时采用模型预测技术,有效解决汽温控制回路的大迟延,大滞后特性。预测控制通过优化某一随时间变化的性能指标来确定未来的控制作用,而且在优化过程中利用实测信息对基于模型的预测不断进行反馈校正,之后进行新的优化,从而增强系统鲁棒性。

预测控制算法是利用过程模型来控制未来行为的一类计算机算法。尽管预测控制算法形式多种多样,就一般意义来说,预测控制算法都包含预测模型、滚动优化和反馈校正三个主要部分。其思想在于,把整个对象工作空间划分为两大类,一个是平稳工况下的较为精确的稳工况模型类,另一个是较大扰动工况的变工况模型类,如吹灰过程,升降负荷、启停磨煤机过程等。把这个两大类模型作为预测模型,然后采用线性优化和非线性优化方法计算预测控制器的输出,采用智能逻辑进行混合模型的切换和控制。这种混合模型预测控制方法,体现了预测控制的灵活性,而且在处理较大扰动工况时体现出一定的优势,能够有效实现汽温的全工况控制要求。

6.5.3.4　锅炉燃烧优化控制技术[63,64,65,66]

锅炉燃烧自动调节系统的基本任务是使燃料燃烧所提供的热量适应锅炉蒸汽负荷的需要,同时保证燃烧过程的安全性、经济性与污染物排放要求。

在锅炉燃烧过程中,需要对以下主要运行参数进行控制:蒸汽压力、蒸汽流量、喷油量、送风量、引风量、炉膛负压及给水。锅炉的燃烧效率决定于锅炉燃烧系统状态的好坏,因此,应保证锅炉燃烧系统的稳态运行过程处于优化状态。采用自动控制系统对锅炉的燃烧过程进行控制,可以使系统工作过程长时间维持在稳定运行状态。

锅炉燃烧自动的优化调整,是根据机组的实际情况,对与燃烧相关的负压、风量、汽温、汽压、负荷等控制系统的 PID 参数、前馈系数等参数进行调整、优化,或者修改 DCS 逻辑,根据需要增加少量辅助回路。这类优化调整可以在一定程度上提高汽压、汽温和负荷的调节品质,提高锅炉运行的效率,但是缺少控制目标的综合寻优,难以形成整体目标的均衡闭环控制。

锅炉燃烧优化,最早以提高锅炉燃烧安全性和经济性为目标,通过燃烧优化来降低锅炉煤耗,提高火电厂发电效率。随着信息技术的发展,人工智能技术给电站锅炉燃烧优化注入了新的活力,锅炉燃烧优化技术进入新的快速发展时期。但目前采用相互孤立的定值控制方式,往往无法完全针对锅炉燃烧的特点控制最佳运行工况,而是运行人员的经验和操作水平在很大程度上决定了机组的运行性能。建立锅炉燃烧优化系统来提高锅炉 DCS 的控制调节能力,减少操作人员的人为影响,正受到越来越多的关注和应用。

火电厂锅炉燃烧的过程是一个复杂的物理、化学过程,影响因素众多,且具有强耦合、高度非线性等特征。锅炉燃烧的优化调整是机组优化运行的重要组成部分,锅炉效率和污染物(氮氧化物 NO_x)是两个要首先考虑的优化控制目标。锅炉燃烧优化调整是实现电站锅炉高效燃烧和污染物控制的最经济、最有效的方法之一。锅炉燃烧除受到有关控制参数影响外,还受到机组负荷、煤质、环境温度等随机因素的影响,难以用基于机理的明确数学函数型模型来实现适应于多种工况的自动控制。许多研究者对锅炉燃烧中 NO_x 的排放特性、影响因素及其与锅炉效率的关系进行了深入分析研究。

6.5.4　电网和电厂的协调节能优化[67]

如何在确保电网安全和优质运行的前提下,通过优化调度最大限度地实现节能降耗,是关系到国家节能调度政策能否有效落实的关键。节能发电调度是具有多目标、多约束特性的大系统优化问题,其求解存在收敛性与实时性问题。同时,节能发电调度关系到电网的安全与稳定运行,并与运行工况、管理体制、发供电价格等因素直接相关,企图单独从电网侧或电厂侧来解决这一优化问题是不现实的。

6.5.4.1　电网侧节能发电调度原理性方案

节能发电调度的原理性方案在中调能量管理系统(EMS)中加入针对全网机

组的节能调度模块,根据电网负荷需求,结合上网机组煤耗特性,实时计算各个机组的优化负荷指令,是一种集中优化调度策略。虽然思路清晰,但是实现难度很大,主要表现在:

(1) 由于上网机组过多,极易出现组合膨胀引起的"维数灾"现象,优化计算难度增加,实时性变差。

(2) 为了将机组煤耗计算引入 EMS,机组与中调之间需要大量的实时数据传递,使安装维护成本增加,且因个别信号故障造成整个系统无法运行的概率增加。另外,从机组 DCS 中取出的实时数据的真实性也是关系到节能调度成功与否的关键因素。

(3) 机组设备故障引起出力变化时,会导致全网机组指令的重新分配,影响电网运行的稳定性。

(4) 可能使机组负荷停留在临界负荷点附近,不利于机组的稳定运行。

6.5.4.2　节能发电调度网厂两级优化方案

按照分级递阶结构设计的网厂两级优化方案在中调能量管理系统(EMS)中加入针对全网各厂的节能调度模块,根据电网负荷需求,结合全厂(或机组)煤耗特性或上网报价(竞价上网情况),实时计算全厂的优化负荷指令。同时,在发电厂安装厂级负荷分配系统,根据中调给定的全厂负荷指令,结合各机组煤耗特性及运行状态进行负荷的二次分配,在保障设备安全的前提下,既满足中调负荷及负荷变化率要求,又达到全厂供电煤耗最小。

1) 调度侧节能优化系统主要功能

调度侧节能优化系统的主要功能为:①接受各厂负荷上下限、厂级负荷分配系统投入情况、机组及全厂实发功率等信号,获取近期试验的全厂(或各机组)供电煤耗特性曲线;②基准负荷基础上,根据发电节能调度方法确定各厂次日发电负荷及实时调峰负荷,并通过 RTU 下达到各厂;③当处于手动方式时,中调值班员手动下达全厂负荷指令;④根据全厂实发功率对负荷指令的跟踪速度及精度考核电厂的调峰能力。

2) 电厂侧负荷分配系统主要功能

电厂侧负荷分配系统的主要功能为:①接收中调实时发送的全厂负荷指令或负荷调度计划(96 点负荷曲线),在满足负荷响应快速性要求的同时实现机组间负荷的经济分配;②向中调发送全厂及机组实时运行数据;③根据机组主辅机状态自动设定负荷上下限,并具有避免长期停留在临界负荷(如启停磨煤机)附近的能力;④实时计算机组经济指标,自动拟合机组煤耗特性曲线;⑤可实现负荷分配的手/自动无扰切换,值长站具有选择运行方式及手动调整各机组负荷指令的能力。

3）节能调度两级优化方案特点

该方案特点主要有：①由于采取了分级结构，使中调侧与电厂侧优化系统均容易实现。②中调侧节能优化的依据是机组近期性能试验（如检修之后），不需要实时更新，一方面减少数据传输与计算量；另一方面机组性能数据由第三方给出，保证了数据来源的真实性。③调度方式更加灵活、高效。中调直接调厂后，中调的部分功能由厂级实现，系统结构简化。同时从考核机组负荷曲线转变为考核全厂负荷曲线，管理效率得以提高。④充分发挥发电厂积极性。例如，当某机组故障不能继续调频调峰时，通过厂级负荷分配，可以将该机组负荷由其他机组承担，对保障电网稳定及减少机组故障起到积极作用。

6.5.5　提高机组运行可靠性的程控与诊断技术

6.5.5.1　自动程序启停系统（APS）[68]

超超临界机组是国内外燃煤机组发展的主导方向和未来三十年洁净煤发电的主流技术。截至 2009 年底，我国投运的 1000MW 超超临界机组已有 20 多台。这种机组是典型的多输入多输出控制系统，参数之间耦合较强，而且控制对象动态特性的延迟时间和惯性时间比较大，非线性比较严重，这些都对自动控制系统提出了更高的要求。

大型火电机组对运行人员的操作和管理水平提出了更高要求，在机组启动和停运过程中，运行人员手动操作不仅耗时长、工作压力大，容易发生误操作事故，而且也极大地影响了机组运行的安全性和经济性。机组自启停控制系统（Automatic Power Plant Start-Up and Shut-Down System，简称 APS 系统）可以使机组按照规定的程序进行设备的启停操作，不仅大大简化了操作人员的工作，减少了出现误操作的可能，提高了机组运行的安全可靠性，同时也缩短了机组启动时间，提高了机组的经济效益。因此，对发电机组特别是大容量超超临界机组自启停控制技术进行研究和应用，提高机组的运行效率和经济性，成为近年电厂热工自动控制技术的研究热点之一。

机组自启停控制系统总体研究主要包括了 APS 系统框架设计，功能组设计以及 APS 与其他系统的接口设计，其中接口主要包括 APS 与 MCS 的功能接口技术，APS 与 DCS 及 DEH 的接口技术等。在机组自启停控制系统总体中，通过分析、研究及结合运行人员经验，APS 系统一般采用四层塔形结构，采用合理的层控制方式，每层任务明确，层与层之间接口界限分明、结构清晰。

机组的断点设计是机组自启停系统的核心问题之一，断点设计的合理与否关系到自启停系统应用和实施的成败，APS 系统的断点设计要结合机组设备实际情况和运行人员的经验和需求，按机组设备启停的过程来设计。各断点既相互联系又相互独立，适合机组各种的运行方式，符合电厂生产过程的工艺要求，既可给

APS 系统提供支持,实现机组的自启停控制,又可满足对各单独运行设备及过程的操作要求。APS 系统断点主要有机组启动准备断点、冷态冲洗及抽真空断点、锅炉点火升温断点、冷机冲转断点、自动并网断点、升负荷断点、降负荷断点、机组解列断点、机组停运断点。

结合 DCS 和现场设备实际情况对系统功能组进行优化设计,实现闭冷水系统功能组、循环水系统功能组、凝结水系统功能组、凝结水上功能组、辅组蒸汽系统功能组、除氧气加热功能组、给水管道注水功能组、锅炉上水及开式循环清洗功能组、锅炉冷态循环清洗功能组、高压缸预暖功能组、汽机调阀与暖功能组和高加系统功能组等。

APS 自启停控制系统涉及电厂主、辅机设备的自动控制,其控制理念已从以往仅在机组正常带负荷运行进行自动控制和调节的理念,转变为从机组冷态启动到机组正常运行全程自动控制,最大限度优化操作流程、缩减人为错误、减少机组启停时间、提高过程可靠性的理念。浙江省电力科学研究院在应用研究中提出并行线程流程优化技术,提取运行经验与系统需求,统筹优化流程断点与并行线程,大大缩短了机组启停总时间。同时利用相关变量辅助表决技术提高顺控逻辑的容错性与运行柔性,有效提高了 APS 系统的可用性,显著降低中断率。

6.5.5.2 控制系统可靠性与故障诊断

大型火电机组生产过程往往包含几千个测点、上百个控制回路,信号回路间相互关联加上难以建立精确的数学模型等因素,致使出现异常或故障时不能迅速找到原因,造成事故扩大。对于这类系统,目前采用的常规处理办法是制定严格的运行规程。运行规程是对生产过程运行经验及故障处理措施的总结。操作人员根据运行规程能够解决生产中的常见问题,进行故障的判断与诊断。然而运行规程中的知识是以自然语言形式出现的,且故障征兆和故障原因之间具有一定的模糊性。[69]

控制系统的故障诊断与可靠性研究对提高机组运行安全稳定性、减少故障停机概率、降低运行维护成本均有重要意义,也是机组降低综合能耗的重要手段。

参 考 文 献

[1] 傅玥雯.电力工业支撑我国经济快速发展.中国能源报,2012.10.8
[2] 安祥华,姜昀.我国火电行业二氧化碳排放现状及控制建议.中国煤炭,2011,37(1):108-110,91
[3] 周小谦.我国电力技术发展现状与展望(上).能源政策研究,2008,(4):9-16
[4] 中电联统计信息部.中电联发布全国电力工业统计快报(2011 年).2012. http://www.cec.org.cn/xinxifabu/2012-01-13/78769.html

[5] 霍丽文.电力清洁之路上的成绩与困扰.中国电力报,2012.6.5

[6] 霍丽文.我国电力节能减排部分指标超过美国世界先进.中国电力报,2012.6.5

[7] 崔彦亭,刘宝林,何伯述.燃煤电厂污染控制技术进展与展望.电力环境保护,2006,22(4):
50-53

[8] 潘荔."十二五"中国电力行业氮氧化物控制规划研究.北京:华北电力大学硕士学位论
文,2012

[9] 苏伟.火电企业执行排放新标 如何补偿应给一个"说法".中国电力报,2012.2.2

[10] 刘慧亮,张晶,郑利霞.我国燃煤电厂氮氧化物控制现状及建议.内蒙古环境科学,2009,
21(5):67-69

[11] 刘孜,易斌,高晓晶,等.我国火电行业氮氧化物排放现状及减排建议.环境保护,2008,
(16):7-10

[12] 温室气体.http://www. hudong. com/wiki/%e6%b8%a9%e5%ae%a4%e6%b0%94%
e4%bd%93

[13] 任维,吕俊复,张建胜,等.焦炭流化床燃烧条件下氧化亚氮生成过程的实验研究.热能动
力工程,2005,20(1):18-21

[14] 佟文博.降低机组能耗水平实现节能降耗目标控制措施探讨.黑龙江科技信息,2013,
(34):40-41

[15] 金兴.浅谈火力发电厂的节能减排技术.上海节能,2011,(8):7-10

[16] 吴耀全.等离子点火和微油点火稳燃技术在燃煤电厂的选用.现代企业文化,2008,(12):
123-124

[17] 自动化技术与电厂节能减排现状与未来发展方向.中国电力科技网,2009. http://www.
eptchina. cn/html/thesis/2009-6/19/0961912364654687. html

[18] 目前最常用的几种烟气脱硫技术的优缺点.中国环保技术网,2006. http://www. eptec.
cn/fq/fumes/2006-07-17/336. html

[19] 黄成群,金非.300MW 燃煤锅炉 NO_x 排放控制技术的选择.冶金能源,2010,29(3):56-60

[20] 李子连.火电厂自动化与仪器仪表发展综述.中国仪器仪表,2006,(11):25-31

[21] 黄勃,孙长生,丁俊宏,等.国产 DCS 应用情况调研与推进应用进程的建议.仪器仪表用户,
2012,19(5):15-17

[22] 孙长生,尹淞,苏烨,等.电力行业燃煤机组热控调节系统运行情况调研.中国电力,2013,
46(4):16-20

[23] 邱文超.现代 AGC 实时优化控制系统在华能太仓电厂的应用.2010 年全国发电厂热工自
动化专业会议论文集,2010,199-209

[24] 刘宗奎,黄宏伟,许晓敬,等.基于现代控制理论的超(超)临界机组模拟量控制系统研究与
应用.2013 年中国电机工程学会年会论文集,2013,413-418

[25] 孔亮,张毅,丁艳军,等.电站锅炉燃烧优化控制技术综述.电力设备,2006,7(2):19-22

[26] 陈明.燃煤电站锅炉对流受热面积灰、结渣在线监测与优化吹灰系统研究.武汉:华中科技
大学硕士学位论文,2004

[27] 英维思(中国).英维思电厂锅炉燃烧优化的解决方案.http://wenku. baidu. com/view/

b230c8e2551810a6f5248642.html

[28] 孙长生.国内热工自动调节优化系统应用的主要厂家评析.中国电力报,2012.4.19

[29] 陈金泉,赵伟杰.CFB锅炉UES联合能源管控系统应用研究.石油化工技术与经济,2008,
24(6):53-56

[30] 穆宏帅,傅昆.先进控制达到电厂期望.软件,2008,(8):36,38

[31] 马欣欣.火电厂优化软件的应用及前景(续).中国电力,1999,32(7):52-56

[32] 苟建兵.西门子PROFIT电厂IT解决方案.电力设备,2005,6(11):106-107

[33] 张艳亮.优化控制系统PROFI在国华定洲电厂中的应用.保定:华北电力大学(河北)硕士
学位论文,2007

[34] 郑慧莉.优化控制软件系统在电厂的发展前景.仪器仪表用户,2012,19(5):11-14

[35] 周建新,樊征兵,司风琪,等.电站锅炉燃烧优化技术研究发展综述.锅炉技术,2008,
39(5):33-36,42

[36] 胡斌,于晨斯.软测量技术及其应用.科技广场,2010,(3):209-212

[37] 韩璞,乔弘,王东风,等.火电厂热工参数软测量技术的发展和现状.仪器仪表学报,2007,
28(6):1139-1146

[38] 江文豪,韦红旗,屈天章,等.基于遗传算法优化参数的支持向量机燃煤发热量预测.热力
发电,2011,40(3):14-19

[39] 黎华,李茂东,陈洪君,等.基于BP神经网络的燃油工业锅炉热效率软测量.能源研究与利
用,2010,(4):20-22

[40] 廖晓思.火焰光谱分析系统.西安:西安电子科技大学硕士学位论文,2009

[41] 刘晶儒,胡志云,张振荣,等.激光光谱技术在燃烧流场诊断中的应用.光学精密工程,
2011,19(2):284-296

[42] 杨春沪,王淮生.高温火焰温度场测量技术的发展现状.上海电力学院学报,2008,24(2):
149-153

[43] 吕小亮.背景纹影技术的温度场测量.杭州:浙江大学硕士学位论文,2011

[44] 孙猛,刘石,雷兢,等.电厂送粉系统煤粉浓度和速度的在线测量技术研究.热能动力工程,
2009,24(2):211-215,267

[45] 胡效雷,何祖威,饶苏波.燃烧器弯头煤粉浓度的光波动测量法.热力发电,2005,34(12):
20-22,26

[46] 夏慧,刘文清,张玉钧,等.可调谐激光吸收光谱技术监测燃烧中CO检测方法比较.大气与
环境光学学报,2008,3(1):42-46

[47] 刘磊,高爱国,骆意.超超临界直流炉机组协调控制策略.中国电力,2011,44(10):69-73

[48] 张亚夫,朱宝田,雷兆团.超超临界机组经济运行负荷研究.热力发电,2007,(11):1-3

[49] 中国发电装机容量突破10亿千瓦跃居世界第一.2012.http://wenku.baidu.com/view/
6d67a6280066f5335a8121c3.html

[50] 戈黎红,杨景祺.超临界机组控制策略分析.发电设备,2004,(增刊):1-4,20

[51] 张秋生,刘潇,梁华,等.两种1000MW超超临界机组协调控制典型控制方案的分析.2010
年全国发电厂热工自动化专业会议论文集,2010,575-585

[52] 李凤翎. 超临界机组中间点温度控制的研究与仿真. 保定:华北电力大学(河北)硕士学位论文,2009

[53] 徐培培,谷俊杰. 超临界直流锅炉两种给水控制系统分析. 锅炉技术,2009,40(6):21-23,77

[54] 祁智明,高文彦,郭勇,等. 用简单换热器模型开发的吹灰优化控制系统. 热力发电,2006,(3):42-45

[55] 童小忠,孙永平,樊印龙. 汽轮发电机组滑压运行寻优方法的试验研究. 浙江电力,2008,(5):24-26

[56] 吴永存,罗志浩,陈卫,等. 1000MW 超超临界机组全程背压修正及滑压优化研究. 电站系统工程,2012,28(2):22-24

[57] 王立新. 电厂循环水泵的经济运行与节能研究. 保定:华北电力大学(河北)硕士学位论文,2006

[58] 姚峻,祝建飞,金峰. 1000MW 机组节能型协调控制系统的设计与应用. 中国电力,2010,43(6):79-84

[59] 戴航丹,罗志浩,徐熙瑾. 1000MW 机组凝结水泵变频全程控制除氧器水位的应用. 电站系统工程,2012,28(4):58-60

[60] 董春雷,章刚峰,宓春杰,等. 扰动自适应预测控制技术在主蒸汽温度控制优化中的应用. 电力建设,2011,32(11):65-68

[61] 李泉,朱北恒,孙耘,等. 火电机组主汽温控制优化策略的研究. 浙江电力,2010,(3):26-29

[62] 王建强,郑渭建. 600MW 锅炉汽温多变量模型预测控制. 中国电力,2011,44(10):60-63

[63] 林新队. 基于神经网络的锅炉燃烧监督控制方法研究. 机电工程技术,2006,35(2):71-72,81

[64] 应剑,徐旭,王兴龙. 电站锅炉燃烧优化技术的发展与应用. 能源工程,2006,(2):55-58

[65] 龙文,梁昔明,龙祖强,等. 基于蚁群算法和 LSSVM 的锅炉燃烧优化预测控制. 电力自动化设备,2011,31(11):89-93

[66] 吴锋,周昊,郑立刚,等. 基于非支配排序遗传算法的锅炉燃烧多目标优化. 中国电机工程学报,2009,29(29):7-12

[67] 牛玉广,谭文,苏凯,等. 节能发电调度的网厂两级优化方案. 中国电力,2010,43(9):15-18

[68] 陈世和,朱亚清,潘凤萍,等. 1000MW 超超临界机组自启停控制技术. 南方电网技术,2010,4(增刊1):1-5

[69] 牛玉广,胡晓艳,李玉荣. 运行故障知识表达及模糊专家系统诊断. 控制工程,2007,14(增刊):99-101

索　引

AGC 控制　556

Amoco 工艺　148

艾萨炉自动控制　390

氨合成塔热点温度先进控制　227

氨碱法　199

澳斯麦特炉自动控制　394

BrainWave 智能控制系统　508

拜耳法　400

板带设备自动化　349

板形调控功效系数的自学习模型　328

板形控制　327

焙烧工序自动化技术　421

箅床压力智能控制　477

箅冷机箅床压力控制　483

玻璃熔窑工艺参数智能控制　479

玻璃熔窑工艺离线模拟　479

玻璃熔窑碹顶温度控制　501

玻璃熔窑窑压和温度协同控制　500

玻璃窑炉废气氧含量软测量　502

CLPC 凸度控制系统　351

操作参数分层智能优化系统　511

操作平台型高炉专家系统　283

常减压装置优化控制　152

厂级监控信息系统　75

厂用电率　535

成品油在线调和控制优化　157

吹灰优化控制　564

吹炼终点组合预报模型　388

催化裂化先进控制与优化　155

萃取分离过程智能优化控制系统　453

萃取分离过程综合自动化系统　451

萃取分离过程组分含量在线智能检测　449

淬火炉温度优化控制技术　440

大型合成氨装置先进控制　226

大型立式淬火炉智能控制技术　437

大型模锻水压机智能控制技术　430

大型锌湿法电解生产智能优化控制　369

氮氧化物排放　467

氮氧化物排放分析　532

等离子点火技术　538

低氮燃烧　545

低碳经济　44

第二次工业革命　6

第三次工业革命　8

第四次工业革命　8

第一次工业革命　5

颠覆性技术　9

电机调速技术　541

电力工业节能减排　59

电力系统自动化　37

电熔镁炉电流的智能控制策略　442

电网调度自动化　38

动态轻压下控制　307

多喷嘴对置式水煤浆气化工艺　195

多相-多场三维耦合计算模型　424

ES III™系统　504

Expert Optimizer　492

二甲苯分离过程实时优化　162

二氧化硫排放　467

发电机组热效率　535

芳烃抽提装置优化运行　163

飞灰含碳量软测量　595

分级机闭路磨矿系统　356

分解炉出口温度控制　482

分解炉出口温度智能控制　475

分离点介质状态控制　604

分散控制系统　545

粉煤气化过程优化控制　224

风机节能改造　538

浮法玻璃熔窑故障诊断　503

浮选过程工况识别　362

浮选泡沫图像监测系统　363

辅助生产调度与决策　81

复合电极升降控制　303

干燥系统智能优化控制　382

钢水温度预报　300

钢铁行业节能减排　62

高精度层流冷却控制模型　323

高效节能铝电解综合优化控制　429

高性能闭环控制　334

给料流量智能优化控制　453

工业过程节能降耗减排　53

工业节能降耗减排　59

工业生物发酵　107

工业文明　3

工业装置的持续高效、优化运行　74

工艺流程模拟　74

公用工程系统节能优化　186

故障诊断与预报　74

辊道窑温度分布式智能控制系统　510

滚动学习-预报　109

锅炉负荷经济分配　578

锅炉燃烧优化和预测控制系统　568

锅炉燃烧优化控制　563

锅炉热效率软测量　596

锅炉效率　535

过程机理和运行信息融合　188

过程控制系统　79

过热汽温控制系统优化　563

合成氨变换装置控制　230

合成氨氢/氮比先进控制　230

合成氨装置在线操作优化　229

回转式空气预热器柔性密封改造　537

回转窑煅烧工况在线故障预报　488

回转窑烧成带温度软测量方法　405

回转窑系统机械在线故障诊断　489

火电机组能耗　535

ICI 工艺　148

INFIT 系统　571

IntelliMax 平台　570

机列电控系统　348

机组协调控制　564

基于案例推理的故障诊断　378

基于聚类算法的炉况优化　375

激光吸收光谱火焰组分检测　598

极心圆直径智能确定方法　443

集成制造　26

计算机流程模拟　334

计算流体力学　475

加氢反应过程建模与优化　183

夹点技术　133

甲醇精馏装置的先进控制　225

监视控制和数据收集系统　38

碱回收过程自动化　126

建材行业节能减排　64

建材行业能源消耗　467

焦炉加热燃烧过程智能优化控制技术　264

阶梯式广义预测控制器　501

节能发电调度网厂两级优化　614

经济的传统增长模式　41

经济型模型预测控制　189

精细化轧制模型　322

苛性比值与溶出率的智能集成模型　410

可编程控制器　546

控制器的性能评估　188

矿物浮选过程图像采集系统　361

矿物浮选泡沫图像处理系统　346

拉弯矫直机　354

冷料添加操作智能优化　388

冷却工艺数值模拟　477

冷箱与脱甲烷塔系统优化　170

冷轧板形多目标协调优化控制　326

离线模拟　475

粒度分析仪　455

连续碳酸化分解过程智能控制技术　416

连续铸钢过程模型和优化控制　304

连铸机漏钢预报　307

连铸坯质量在线判定　309

联合法　204

联合装置集成设计　132

联合制碱法　200

炼钢区自动控制技术　259

炼焦配煤多目标智能优化技术　262

炼焦生产过程智能优化控制系统　262

炼焦生产全流程的智能协调优化　268

炼铁区自动控制技术　258

炼油行业节能减排　60

两级智能优化系统结构　401

裂解炉先进控制与实时优化　165

流程工业　35

流程工业智能自动化整体解决方案　79

流程工业智能自动化综合技术　79

流程工业自动化技术　35

炉况顺行管理　294

炉况智能综合优化控制　385

炉内锻件温度智能测量技术　438

炉膛火焰温度场检测　598

炉膛入炉煤质火焰检测　599

炉温管理　290

炉型管理　288

铝带热连轧计算机控制系统　352

铝电解生产工艺　423

氯根浓度软测量　223

氯化氢合成过程先进控制　218

氯乙烯的转化和精馏过程先进控制　218

MPC 工艺　148

煤粉浓度测量　600

煤气化炉温度软测量　221

煤气流分布评估模型　293

煤水比控制　603

密闭鼓风炉透气性预测　377

敏捷制造　27

模锻水压机批量生产自学习控制技术　433

模糊控制　219

磨机负荷智能切换控制器系统　407

NeuSIGHT 系统　567

能量输入设定点动态优化　301

能量系统优化技术　133

能源管控系统　74

能源管理和优化　335

能源经济效率　45

能源消费结构　45

镍熔炼系统　396

农业文明　3

诺兰达炉自动控制　392

PowerPerfecter 系统　567

ProcessExpert 专家系统　486

PROFI 系统　566

PTA 粒度的先进控制　185

PX 氧化反应过程故障诊断与预警　180

PX 氧化反应过程建模　177

PX 氧化反应过程先进控制　178

PX 氧化反应过程优化运行　181

气化炉的氧煤比控制　222

企业资源管理　79

汽轮机本体改造　540

汽轮机辅机改造　541

汽轮机滑压曲线优化　608

汽温优化控制　591,610

铅锌熔炼过程智能优化控制技术　374

嵌入式控制系统　448

清洁生产　47

球磨机负荷检测　477

球磨机专家优化控制系统 MCO　491

全厂负荷优化分配　565

全流程工程系统建模　75

全流程能量管理系统　78

全生命周期分析和管理　50

燃煤发热量软测量　596

燃气轮机技术　132

热轧关键工艺控制及模型　311

热轧加热炉成套模型　320

溶出工序智能自动化技术　409

溶剂脱水过程建模与优化　181

柔性制造系统　24

软测量技术　346

SO_2排放分析　531

Sphinx 监控系统　489

三维印刷　9

闪速炉生产监控及操作优化指导系统　386

烧成带熟料成分在线检测　476

烧成带温度控制　476

烧结过程智能闭环控制　275

烧结机智能闭环控制系统　270

神经网络预测控制　219

生产制造执行系统　75

生料浆质量智能集成预测模型　402

生料配料过程控制　474

生料细度控制　477

生态工业园　51

生态文明　3

生物制药行业节能、降耗、减排的解决方案　107

圣安东尼奥 Captial 水泥公司智能预测优化控制系统　494

实时优化管理　335

实时运行优化　75

熟料烧结回转窑过程综合自动化系统　408

数据驱动　109

数学模型、专家经验和智能技术　74

水煤浆气化　221

水泥粉磨系统优化控制　499

水泥生料细度智能优化控制　490

水泥窑系统联合优化控制　485

水压机欠压量在线智能检测　431

Tai-Ji MPC 系统　572

TOP 平台　572

TRT 工艺分析与建模　296

TRT 紧急停机时的安全切换控制　297

TRT 优化控制技术　296

TRT 正常发电时的顶压控制　297

碳二/碳三加氢反应过程优化控制　172

碳汇林业　46

陶瓷球磨机出料量控制　509

陶瓷球磨机智能控制系统　509

陶瓷窑炉温度控制　510

陶瓷注浆成型过程优化　511

天然碱法　201

铜精矿配料过程智能优化技术　379

铜闪速冶炼工艺　380

筒体异常工况判断和故障诊断　476

图像分析仪　456

退火窑故障诊断　480

退火窑温度智能控制　480

网络化制造系统　29

微油点火稳燃技术　539

喂料量和选粉机转速的优化设定　478

喂料量控制　478

温室气体排放分析　532

我国能源总量　55

无钟炉顶布料数学模型　288

物联网　9

物料多金属组分的分析　346

吸附分离过程建模与先进控制　161

先进检测技术与装置　73

先进控制技术　73

先进控制与实时优化协同　189

先进控制与优化技术　76

先进能源解决方案　570

效益函数分析　109

锌电解过程工艺流程　369

锌湿法电解生产智能优化控制系统　372

锌湿法冶炼净化过程优化控制技术　367

新型干法水泥生产技术　473

新型节能技术　133

信息-物理融合系统　8

信息集成技术　81

选矿工艺　356

选矿过程的综合自动化系统　363

选矿过程检测装置及技术　357

选择性催化还原烟气脱硝技术　544

选择性非催化还原烟气脱硝技术　544

循环经济　47

循环流化床机组先进控制　576

烟尘排放分析　534

烟粉尘排放　467

烟气含氧量软测量　595

烟气脱硫技术　543

延迟焦化装置的先进控制与优化　156

氧化铝生产工艺　400

氧氯化平衡法　204

冶金电炉智能控制系统　299

一氧化碳在线测量　601

移动互联网　9

乙炔法　203

乙炔生产过程先进控制　217

乙烷法　204

乙烯/丙烯成品塔优化控制　170

乙烯法　203

异构化反应过程先进控制　160

印染行业节能、降耗、减排的解决方案　112

有色金属工业节能减排　63

预分解过程优化控制　484

预分解率软测量　475

原始文明　3

运行优化技术　81

运行指标多目标动态优化决策方法　347

在线分析检测系统　346

在线连续检测和监控　334

在线元素分析仪　456

造纸过程自动化　123

造纸行业节能、降耗、减排的解决方案　119

轧钢区自动控制技术　260

蒸发过程的优化控制　413

蒸汽管网系统用能监控与实时优化　175

蒸汽和低温热能利用技术　132

知识型工作自动化　9

制浆过程自动化　121

制造绿色化　24

制造全球化　24

制造虚拟化　24

质量智能闭环控制　272

智慧软件　9

智能集成建模　345

智能集成预测模型　384

智能制造　32

智能制造执行系统　334

智能自动化　22

智能自动化技术　472

中控锅炉 APC 先进控制系统　573

专家控制　220

专用控制装置　76

转炉铜锍吹炼过程　387

转炉优化控制系统　390

资源利用技术　133

自动厚度控制系统　350

自动化仓库技术　34

自动凸度控制　350

自动温度控制系统　350

自启停控制系统　564

自适应过程控制系统　347

最优决策和专家知识库　74